*Winnacker · Küchler*
**Chemische Technik**
Prozesse und Produkte

**Band 6 b**
Metalle

*Winnacker · Küchler*
**Chemische Technik**
Prozesse und Produkte
5. Auflage

Band 1: Methodische Grundlagen
ISBN 3-527-30767-2
Band 2: Neue Technologien
ISBN 3-527-31032-0
Band 3: Anorganische Grundstoffe, Zwischenprodukte
ISBN 3-527-30768-0
Band 4: Energieträger, Organische Grundstoffe
ISBN 3-527-30769-9
Band 5: Organische Zwischenverbindungen, Polymere
ISBN 3-527-30770-2
Band 6: Metalle (Set aus Band 6a und 6b)
ISBN 3-527-30771-0
Band 6a: Metalle
ISBN 3-527-31580-2
Band 6b: Metalle
ISBN 3-527-31578-0
Band 7: Industrieprodukte
ISBN 3-527-30772-9
Band 8: Ernährung, Gesundheit, Konsumgüter
ISBN 3-527-30773-7

Set mit allen Bänden
ISBN 3-527-30430-4

Winnacker · Küchler
# Chemische Technik
Prozesse und Produkte

Band 6 b
## Metalle

*Herausgegeben von
Roland Dittmeyer, Wilhelm Keim, Gerhard Kreysa,
Alfred Oberholz*

5. Auflage

WILEY-VCH Verlag GmbH & Co. KGaA

**Dr.-Ing. Roland Dittmeyer**
Karl-Winnacker-Institut der DECHEMA
Technische Chemie
Theodor-Heuss-Allee 25
60486 Frankfurt

**Prof. em. Dr. Wilhelm Keim**
Institut für Technische Chemie und
Makromolekulare Chemie
RWTH Aachen
Worringerweg 1
52074 Aachen

**Prof. Dr. Dr.-Ing. E. h. Dr. h. c. Gerhard Kreysa**
Geschäftsführer
DECHEMA e. V.
Gesellschaft für Technik und Biotechnologie e. V.
Theodor-Heuss-Allee 25
60486 Frankfurt

**Dr. Alfred Oberholz**
Mitglied des Vorstandes
Degussa AG
Bennigsenplatz 1
40474 Düsseldorf

■ All books published by Wiley-VCH are carefully produced. Nevertheless, authors, editors, and publisher do not warrant the information contained in these books, including this book, to be free of errors. Readers are advised to keep in mind that statements, data, illustrations, procedural details or other items may inadvertently be inaccurate.

Alle Bücher von Wiley-VCH werden sorgfältig erarbeitet. Dennoch übernehmen Autoren, Herausgeber und Verlag in keinem Fall, einschließlich des vorliegenden Werkes, für die Richtigkeit von Angaben, Hinweisen und Ratschlägen sowie für eventuelle Druckfehler irgendeine Haftung.

**Bibliografische Information Der Deutschen Bibliothek**
Die Deutsche Bibliothek verzeichnet diese Publikation in der Deutschen Nationalbibliografie; detaillierte bibliografische Daten sind im Internet über <http://dnb.ddb.de> abrufbar.

© 2006 WILEY-VCH Verlag GmbH & Co. KGaA, Weinheim

Gedruckt auf säurefreiem Papier.

Alle Rechte, insbesondere die der Übersetzung in andere Sprachen, vorbehalten. Kein Teil dieses Buches darf ohne schriftliche Genehmigung des Verlages in irgendeiner Form – durch Photokopie, Mikroverfilmung oder irgendein anderes Verfahren – reproduziert oder in eine von Maschinen, insbesondere von Datenverarbeitungsmaschinen, verwendbare Sprache übertragen oder übersetzt werden. Die Wiedergabe von Warenbezeichnungen, Handelsnamen oder sonstigen Kennzeichen in diesem Buch berechtigt nicht zu der Annahme, daß diese von jedermann frei benutzt werden dürfen. Vielmehr kann es sich auch dann um eingetragene Warenzeichen oder sonstige gesetzlich geschützte Kennzeichen handeln, wenn sie nicht eigens als solche markiert sind.

All rights reserved (including those of translation into other languages). No part of this book may be reproduced in any form – by photoprinting, microfilm, or any other means – nor transmitted or translated into a machine language without written permission from the publishers. Registered names, trademarks, etc. used in this book, even when not specifically marked as such, are not to be considered unprotected by law.

**Satz** Typomedia GmbH, Ostfildern
**Druck** betz-druck GmbH, Darmstadt
**Bindung** Litges & Dopf Buchbinderei GmbH, Heppenheim
**Umschlaggestaltung** Gunter Schulz, Fußgönheim
**Titelbild** Pressefoto GEA Wiegand, Ettlingen

Printed in the Federal Republic of Germany.

**ISBN-13:** 978-3-527-31578-9
**ISBN-10:** 3-527-31578-0

# Inhalt

**Vorwort** XI

1 **Alkali- und Erdalkalimetalle** 1
   Ulrich Wietelmann unter Mitarbeit von Anja Steinmetz

2 **Zirkon und Hafnium** 35
   Gunther Maassen

3 **Die Refraktärmetalle Niob, Tantal, Wolfram, Molybdän und Rhenium** 45
   Gerhard Gille, Wilfried Gutknecht, Helmut Haas, Christoph Schnitter, Armin Olbrich

4 **Beryllium** 89
   David Francis Lupton

5 **Nebenmetalle** 99
   Ulrich Kammer, Robert Jahn, Grit Monse
   Beitrag basiert auf dem Artikel der 4. Auflage von U. Wiese, Bismut wurde
   unverändert aus der 4. Auflage übernommen

6 **Quecksilber** 131
   Reiner Andrae

7 **Antimon** 141
   Ulrich Kammer
   Beitrag basiert auf dem Artikel der 4. Auflage von U. Wiese

8 **Seltene Erden** 147
   Herfried Richter, Karl Schermanz
   Aktualisierung des Beitrags aus der 4. Auflage

9 **Edelmetalle** 209
   Andreas Brumby, Christian Hagelüken, Egbert Lox, Ingo Kleinwächter

10 **Produkte der Pulvermetallurgie** 277
*Rainer Oberacker, Fritz Thümmler*

11 **Schutz von Metalloberflächen** 339
*Werner Rausch*
*Überarbeitet durch Martin Stratmann, Joachim Heitbaum, Bernd Schuhmacher,*
*A. Schütte, Wolfgang Bremser*

12 **Werkstoffe in der Chemischen Technik** 457
*Manfred Gugau, Christina Berger, Jürgen Korkhaus, Hans D. Pletka*
*unter Mitarbeit von Jörg Ellermeier, Torsten Troßmann, Erhard Broszeit*

13 **Nuklearer Brennstoffkreislauf** 539
*Wolfgang Stoll, Helmut Schmieder, Alexander Thomas Jakubick, Günther Roth,*
*Siegfried Weisenburger, Bernhard Kienzler, Klaus Gompper, Thomas Fanghänel*

**Stichwortverzeichnis** 649

# Herausgeber und Autoren

**Herausgeber**

Dr.-Ing. Roland Dittmeyer
Karl-Winnacker-Institut der DECHEMA
Technische Chemie
Theodor-Heuss-Allee 25
60486 Frankfurt

Prof. em. Dr. Wilhelm Keim
RWTH Aachen
Institut für Technische Chemie und
Makromolekulare Chemie
Worringerweg 1
52074 Aachen

Prof. Dr. Dr.-Ing. E. h. Dr. h. c.
Gerhard Kreysa
Geschäftsführer
DECHEMA e. V.
Gesellschaft für Technik und
Biotechnologie e. V.
Theodor-Heuss-Allee 25
60486 Frankfurt

Dr. Alfred Oberholz
Mitglied des Vorstandes
Degussa AG
Bennigsenplatz 1
40474 Düsseldorf

**Autoren**

Dr. Reiner Andrae
GMR Gesellschaft für
Metallrecycling mbH
Naumburger Str. 24
04229 Leipzig
(Quecksilber)

Prof. Dr.-Ing. Christina Berger
Technische Universität Darmstadt
Institut für Werkstoffkunde
Grafenstr. 2
64283 Darmstadt
(Werkstoffe in der Chemischen
Technik)

Prof. Dr. Wolfgang Bremser
Universität Paderborn
Chemie und Technologie der
Beschichtungsstoffe
Warburger Str. 100
33098 Paderborn
(Schutz von Metalloberflächen)

Dipl.-Ing. Andreas Brumby
Umicore AG & Co. KG
Rodenbacher Chaussee 4
63457 Hanau-Wolfang
(Edelmetalle)

Prof. Dr. Thomas Fanghänel
Forschungszentrum Karlsruhe GmbH
Institut für Nukleare Entsorgung
Postfach 3640
76021 Karlsruhe
(Nuklearer Brennstoffkreislauf)

Dr. Gerhard Gille
H. C. Starck GmbH
Leitung Zentralbereich Forschung und
Entwicklung
Im Schleeke 78–91
38642 Goslar
(Die Refraktärmetalle Niob, Tantal,
Wolfram, Molybdän und Rhenium)

Dr. Klaus Gompper
Forschungszentrum Karlsruhe GmbH
Institut für Nukleare Entsorgung
Postfach 3640
76021 Karlsruhe
(Nuklearer Brennstoffkreislauf)

Dr. Manfred Gugau
Technische Universität Darmstadt
Institut für Werkstoffkunde
Grafenstr. 2
64283 Darmstadt
(Werkstoffe in der Chemischen
Technik)

Dr. Wilfried Gutknecht
H. C. Starck GmbH
Stab F & E Zentralbereich Forschung
und Entwicklung
Im Schleeke 78–91
38642 Goslar
(Die Refraktärmetalle Niob, Tantal,
Wolfram, Molybdän und Rhenium)

Dr. Helmut Haas
H. C. Starck GmbH
Elektronik-Materialien 1, Zentralbereich
Forschung und Entwicklung
Im Schleeke 78–91
38642 Goslar
(Die Refraktärmetalle Niob, Tantal,
Wolfram, Molybdän und Rhenium)

Dr. Christian Hagelüken
Umicore AG & Co. KG
Rodenbacher Chaussee 4
63457 Hanau-Wolfang
(Edelmetalle)

Prof. Dr. Joachim Heitbaum
Chemetall GmbH
Trakehner Str. 3
60487 Frankfurt/Main
(Schutz von Metalloberflächen)

Dipl. Ing. (FH) Robert Jahn
Retorte Ulrich Scharrer GmbH
Sulzbacher Str. 45
90552 Röthenbach a. d. Pegnitz
(Nebenmetalle)

Dr. Alexander Thomas Jakubick, P. Eng.
Wismut GmbH
Unternehmensleitung
Jagdschänkenstr. 29
09117 Chemnitz
(Nuklearer Brennstoffkreislauf)

Dr. Ulrich Kammer
PPM Pure Metals
Am Bahnhof 1
38685 Langelsheim
(Nebenmetalle, Antimon)

Dr. Bernhard Kienzler
Forschungszentrum Karlsruhe GmbH
Institut für Nukleare Entsorgung
Postfach 3640
76021 Karlsruhe
(Nuklearer Brennstoffkreislauf)

Dr. Ingo Kleinwächter
Umicore AG & Co. KG
Rodenbacher Chaussee 4
63457 Hanau-Wolfang
(Edelmetalle)

Dr. Jürgen Korkhaus
Technische Universität Darmstadt
Institut für Werkstoffkunde
Grafenstr. 2
64283 Darmstadt
(Werkstoffe in der Chemischen Technik)

Dr. Egbert Lox
Umicore AG & Co. KG
Rodenbacher Chaussee 4
63457 Hanau-Wolfang
(Edelmetalle)

Prof. Dr. David Francis Lupton
W. C. Heraeus GmbH
Heraeusstr. 12–14
63450 Hanau
(Beryllium)

Gunther Maassen
Haines & Maassen Metallgesellschaft mbH
Pützchens Chaussee 60
53227 Bonn
(Zirconium und Hafnium)

Dipl. Chem. Grit Monse
Retorte Ulrich Scharrer GmbH
Sulzbacher Str. 45
90552 Röthenbach a. d. Pegnitz
(Nebenmetalle)

Dr.-Ing. Rainer Oberacker
Universität Karlsruhe
Institut für Keramik im Maschinenbau
Haid-und-Neustr. 7
76131 Karlsruhe
(Produkte der Pulvermetallurgie)

Dr. Armin Olbrich
H. C. Starck GmbH
Hydrometallurgie und Elektrochemie,
Zentralbereich Forschung und
Entwicklung
Im Schleeke 78–91
38642 Goslar
(Die Refraktärmetalle Niob, Tantal,
Wolfram, Molybdän und Rhenium)

Dr. Hans D. Pletka
Technische Universität Darmstadt
Institut für Werkstoffkunde
Grafenstr. 2
64283 Darmstadt
(Werkstoffe in der Chemischen Technik)

Dr. Herfried Richter
Oskar-Messter-Str. 14
06886 Lutherstadt Wittenberg
(Seltene Erden)

Dr. Karl Schermanz
Buchbergstr. 15
9314 Launsdorf
Österreich
(Seltene Erden)

Dr. Günther Roth
Forschungszentrum Karlsruhe GmbH
Institut für Nukleare Entsorgung
Postfach 3640
76021 Karlsruhe
(Nuklearer Brennstoffkreislauf)

Dr. Helmut Schmieder (INP Grenoble)
ehemals Forschungszentrum Karlsruhe
Institut für Technische Chemie
(Heiße Chemie)
Postfach 3640
76021 Karlsruhe
(Nuklearer Brennstoffkreislauf)

Dr. Christoph Schnitter
H. C. Starck GmbH
Elektronik-Materialien 1, Zentralbereich
Forschung und Entwicklung
Im Schleeke 78–91
38642 Goslar
(Die Refraktärmetalle Niob, Tantal,
Wolfram, Molybdän und Rhenium)

Bernd Schuhmacher
DOC – Dortmunder Oberflächen
Centrum GmbH
Eberhardstr. 12
44145 Dortmund
(Schutz von Metalloberflächen)

A. Schütte
(Schutz von Metalloberflächen)

Prof. Dr. Wolfgang Stoll
Institut für industrielle Umweltfragen
Ameliastr. 25
63452 Hanau
(Nuklearer Brennstoffkreislauf)

Prof. Dr. Martin Stratmann
Max-Planck-Institut für
Eisenforschung GmbH
Postfach 140 444
40074 Düsseldorf
(Schutz von Metalloberflächen)

Prof. em. Dr.-Ing. Fritz Thümmler
Universität Karlsruhe
Institut für Werkstoffkunde II
Kaiserstr. 12
76131 Karlsruhe
(Produkte der Pulvermetallurgie)

Dr. Siegfried Weisenburger
Forschungszentrum Karlsruhe GmbH
Institut für Nukleare Entsorgung
Postfach 3640
76021 Karlsruhe
(Nuklearer Brennstoffkreislauf)

Dr. Ulrich Wietelmann
Chemetall GmbH
Trakehner Str. 3
60487 Frankfurt/Main
(Alkali- und Erdalkalimetalle)

## Vorwort zur 5. Auflage

Seit dem Erscheinen der 4. Auflage des Winnacker-Küchler »Chemische Technologie« im Hanser Verlag sind nahezu zwanzig Jahre vergangen. Anhaltende tiefgreifende Veränderungen der Weltwirtschaft haben seither auch in der Chemischen Industrie sichtbare Spuren hinterlassen. Globalisierung, Fusionen und Umstrukturierungen großer Unternehmen, Konzentration auf wenige Kerngeschäfte und damit verbunden die Ausgliederung von Geschäftsbereichen zu eigenständigen, neuen Unternehmen sind prägende Merkmale dieses Wandels. Forschung und Entwicklung sind davon nicht ausgenommen: viele der früheren Zentralbereiche wurden dezentralisiert und Business Units zugeordnet. Sie erhielten weitgehende geschäftliche Eigenständigkeit und Verantwortung und akquirieren heute in vielen Fällen auch externe Geschäfte. Gerade in einem globalisierten und sehr dynamischen Umfeld mit verändertem Verbraucherverhalten, geschärftem Umweltbewusstsein und beschleunigten Innovationszyklen ist der wichtigste Garant für den langfristigen Erfolg eines Unternehmens auch in Zukunft die Erschließung aller sich bietenden Innovationspotentiale. Dabei hat das alte NIH-Syndrom (Not Invented Here is bad) ausgedient, moderne erfolgreiche Unternehmen betreiben ein aktives Innovations- und Technologiemanagement, um ihre Wettbewerbsposition auf den für sie wichtigen Märkten weltweit zu sichern. Stärker als je zuvor ist die Tatsache ins Bewusstsein getreten, dass die Produkte der Chemischen Industrie nahezu alle Branchen der Volkswirtschaft prägen – in fast allen Industrieprodukten und Konsumgütern steckt Chemie. Innovationen in der Chemie sind heute meist von Anfang an von den Anforderungsprofilen der Kunden an ihre Produkte getrieben. Wissenschaft und Technik sind enger verzahnt als früher, und in vielen Bereichen, wie z.B. der Verfahrenstechnik, der Analytik und den Materialwissenschaften, vollziehen sich sprunghafte Fortschritte. Dies alles verstärkt die Notwendigkeit von Kooperationen und erfordert hochqualifizierte Mitarbeiter, deren Spezialwissen der Ergänzung durch das breite Wissen um generelle Trends bedarf. Vor diesem Hintergrund schien es gerechtfertigt, den Winnacker-Küchler als deutschsprachiges Standardwerk der Chemischen Technik neu herauszubringen.

Die verlegerische Verantwortung für dieses Werk ist vom Hanser Verlag auf den WILEY-VCH Verlag übergegangen, und die bisherigen Herausgeber, Prof. Dr. Heinz Harnisch und Prof. Dr. Rudolf Steiner, haben uns ihre Aufgabe übertragen. Den eingeführten Markennamen »Winnacker-Küchler« haben wir vor allem aus Respekt vor der herausragenden Leistung aller bisherigen Herausgeber beibehalten. Die Struktur wurde den aktuellen Entwicklungen, einer neuen Sichtweise und veränderten Informationsbedürfnissen angepasst. Die neuen Bände »Industrieprodukte« und »Ernährung, Gesundheit, Konsumgüter« sollen der Dienstleistungsfunktion der Chemischen Technik für fast alle Branchen der Volkswirtschaft gerecht werden. Die acht Bände mit mehr als 5.000 Seiten enthalten über 80 Kapitel, die alle von neu gewonnenen Autoren grundlegend überarbeitet wurden – 14 Themen sind gegenüber der letzten Auflage neu hinzugekommen. Sie betreffen zukunftsträchtige moderne Entwicklungen, von denen hier nur beispielhaft Gentechnologie, Mikroverfahrenstechnik, Kombinatorische Chemie, Nanotechnologie, Wasserstofftechnologie und Nanomaterialien genannt seien.

Unser besonderer Dank gilt allen Autoren des neuen »Winnacker-Küchler«, die sich trotz zunehmender Arbeitsverdichtung in ihrem Berufsleben dieser anspruchsvollen Aufgabe gestellt haben. Ihre ausgewiesene Expertise garantiert die hohe Qualität dieses Werkes. Ebenso danken wir Herrn Dr. Lothar Heinrich von der Degussa AG für seine intensive Mitwirkung an der neuen Auflage. Weiterhin danken wir Frau Karin Sora, Herrn Rainer Münz und allen beteiligten Mitarbeiterinnen und Mitarbeitern bei WILEY-VCH für ihren unerlässlichen Beitrag zur Gestaltung und Herstellung dieses Standardwerkes, dem wir die gebührende Verbreitung und intensive Nutzung wünschen.

Oktober 2003

*Roland Dittmeyer*
*Wilhelm Keim*
*Gerhard Kreysa*
*Alfred Oberholz*

# 1
# Alkali- und Erdalkalimetalle

*Ulrich Wietelmann*
*unter Mitarbeit von Anja Steinmetz*

| | | |
|---|---|---|
| 1 | **Allgemeines** *3* | |
| 1.1 | Historisches *3* | |
| 1.2 | Wirtschaftliches *4* | |
| | | |
| 2 | **Physikalische und chemische Eigenschaften** *6* | |
| 2.1 | Physikalische Eigenschaften *6* | |
| 2.2 | Chemische Eigenschaften *7* | |
| 2.2.1 | Alkalimetalle *7* | |
| 2.2.2 | Erdalkalimetalle *9* | |
| | | |
| 3 | **Herstellung** *10* | |
| 3.1 | Natrium *10* | |
| 3.1.1 | NaOH-Schmelzflusselektrolyse *10* | |
| 3.1.2 | NaCl-Schmelzflusselektrolyse *12* | |
| 3.1.3 | Handelsformen *15* | |
| 3.2 | Lithium *16* | |
| 3.2.1 | Rohstoffe *16* | |
| 3.2.2 | Gewinnung *17* | |
| 3.3 | Kalium *18* | |
| 3.4 | Rubidium und Caesium *19* | |
| 3.5 | Calcium *21* | |
| 3.6 | Strontium und Barium *22* | |
| | | |
| 4 | **Verwendung** *23* | |
| 4.1 | Natrium und Kalium *23* | |
| 4.2 | Lithium und Lithiumverbindungen *26* | |
| 4.3 | Rubidium und Caesium *29* | |
| 4.4 | Calcium *30* | |
| 4.5 | Strontium, Barium und ihre Verbindungen *30* | |
| | | |
| 5 | **Sicherheit und Umweltschutz** *32* | |

Winnacker/Küchler. *Chemische Technik: Prozesse und Produkte*.
Herausgegeben von Roland Dittmeyer, Wilhelm Keim, Gerhard Kreysa, Alfred Oberholz
*Band 6b: Metalle.*
Copyright © 2006 WILEY-VCH Verlag GmbH & Co. KGaA, Weinheim
ISBN: 3-527-31578-0

*1 Alkali- und Erdalkalimetalle*

**6**     **Verpackung und Versand**   *32*

**7**     **Literatur**   *33*

# 1
# Allgemeines

Die Alkalimetalle umfassen als erste Hauptgruppe des Periodensystems die Elemente Lithium (Li), Natrium (Na), Kalium (K), Rubidium (Rb), Caesium (Cs) und Francium (Fr). Sie haben auf ihrer äußersten Elektronenschale nur ein s-Elektron, das aufgrund der Abschirmung gegenüber dem Atomkern durch die vollbesetzten Edelgasschalen nur sehr schwach gebunden ist. Daraus ergibt sich die hohe Reaktionsfähigkeit der Alkalimetalle und ihre Tendenz, in Verbindungen mit Elementen hoher Elektronegativität Festkörper mit Ionenbindung zu bilden. Die Alkalimetallionen sind stets einfach positiv geladen.

Die Gruppe der Erdalkalimetalle besteht aus den Elementen Calcium (Ca), Strontium (Sr) und Barium (Ba). Sie ist nicht identisch mit der II. Hauptgruppe des Periodensystems (Erdalkaligruppe), in der außerdem die Elemente Beryllium, Magnesium und Radium stehen. Beryllium wird bei der Klassifizierung der Metalle zu den Sondermetallen, Magnesium zu den Leichtmetallen gerechnet. Als Elemente der II. Hauptgruppe besitzen die Erdalkalimetalle auf ihrer äußersten Elektronenschale ein zweifach besetztes s-Orbital. Ihre ionische und elektropositive Natur nimmt mit steigender Atomordnungszahl zu. Infolge der höheren Kernladung sind die Atomradien der Erdalkalimetalle kleiner als die der Alkalimetalle. Die Erdalkalimetalle sind härter und weniger reaktiv als die Alkalimetalle.

## 1.1
## Historisches

Als erstes Alkalimetall wurde Kalium im Jahre 1807 von Sir Humphrey Davy entdeckt und durch Elektrolyse von geschmolzenem Kaliumhydroxid gewonnen. Im gleichen Jahr und auf gleichem Wege stellte er auch Natrium aus Natriumhydroxid dar. Lithium wurde 1817 durch Arfvedson in dem Mineral Petalit entdeckt. Die Herstellung kleiner Mengen von Lithiummetall gelang erstmals Davy und Brandé im Jahre 1818 durch Einwirkung von Gleichstrom auf geschmolzenes Lithiumoxid. Die selteneren Alkalimetalle Caesium und Rubidium wurden 1860 bzw. 1861 von Bunsen und Kirchhoff entdeckt. Caesium ist das erste Element, das spektroskopisch gefunden wurde. Caesiummetall wurde erst 1881 von Setterberg durch Elektrolyse eines geschmolzenen Gemisches aus Caesiumcyanid und Bariumcyanid dargestellt. Rubidium wurde ebenfalls spektroskopisch als Bestandteil des Lepidolitherzes (»Lithionglimmer«), entdeckt. Die erste Darstellung von Rubidiummetall gelang Bunsen 1861 durch Elektrolyse von geschmolzenem Rubidiumchlorid. Die Erdalkalimetalle Calcium, Strontium und Barium wurden erstmals im Jahre 1808 von Davy in Form ihrer Amalgame durch Elektrolyse ihrer Chloride unter Verwendung einer Quecksilberkathode gewonnen. Die Darstellung der reinen Elemente gelang erst Jahrzehnte später. Calcium wurde 1898 von Moissan durch Reduktion von wasserfreiem Calciumiodid mit Natrium hergestellt. Bunsen erhielt reines Strontium durch Elektrolyse des Chlorids. Die Darstellung von reinem Barium gelang Guntz 1901 durch Erhitzen von Bariumamalgam im

Wasserstoffstrom und anschließende thermische Zersetzung des gebildeten Bariumhydrids.

## 1.2
## Wirtschaftliches

Wie Tabelle 1 zeigt, hat Natrium von allen Alkali- und Erdalkalimetallen die weitaus größte wirtschaftliche Bedeutung, weil das Ausgangsmaterial Steinsalz sehr billig zur Verfügung steht und außerdem die Handhabung des Natriums aufgrund seiner physikalischen und chemischen Eigenschaften einfacher ist als die der schwereren Metalle. Natriummetall wurde in der Vergangenheit hauptsächlich für die Produktion von Bleitetraalkylen als Antiklopfmittel für Benzin eingesetzt. Dieser Bedarf ist in den letzten Jahren durch die schrittweise Verminderung bzw. den völligen Ersatz durch Bleisubstitute stark zurückgegangen.

Heutzutage wird Natriummetall für die Herstellung von Hydriden ($NaBH_4$), Natriumalkoholaten und Natriumamid sowie als Reduktionsmittel in der organischen Synthese eingesetzt.

Natrium wird heute ausschließlich durch Schmelzflusselektrolyse eines eutektischen Gemisches aus $NaCl$, $CaCl_2$ und $BaCl_2$ in sogenannten Downs-Zellen hergestellt. Daher hängen die Herstellkosten wesentlich von den Stromkosten ab. Der Verbrauch an elektrischer Energie für die Elektrolyse liegt bei etwa 10 kWh/kg Natrium. Der Gesamtenergieverbrauch (Dampf, Gas, Strom) für die Herstellung von 1 kg Natrium beträgt einschließlich der Aufbereitung und Reinigung des Rohsalzes etwa 12 kWh. Einen großen Einfluss auf die wirtschaftliche Herstellung von Natrium hat die Verarbeitungs- bzw. Absatzmöglichkeit des bei der Schmelzflusselektrolyse zwangsweise anfallenden Chlors.

Zur Herstellung von Lithiumprodukten dient der Basisrohstoff Lithiumcarbonat, dessen Gewinnung in den letzten 20 Jahren eine durchgreifende Wandlung erfahren hat. An die Stelle von Lithiumerzen, welche eine relativ aufwändige Aufarbeitung erfordern, sind natürliche Lithiumsalzlösungen getreten. Solche Vorkommen gibt es u. a. in Chile, Argentinien, den USA und China [1]. Lithiummetall und seine

**Tab. 1** Ungefähre weltweite Produktionskapazitäten für Alkali- und Erdalkalimetalle, Stand 2000

| Metall | t/a |
|---|---|
| Lithium | ca. 1000 |
| Natrium | < 100 000 |
| Kalium | 200 |
| Rubidium | < 1 |
| Caesium | < 1 |
| Calcium | 5000 |
| Strontium | 100 |
| Barium | 100 |

Verbindungen hatten bis zum Zweiten Weltkrieg nur geringe wirtschaftliche Bedeutung. Das Metall fand (ab den 1920er Jahren) hauptsächlich als Legierungsbestandteil einer Blei-Lagerlegierung (»Bahnmetall«), für alkalische Batterien und bei der Herstellung von Pharmazeutika Verwendung. Dann stieg der Bedarf stark an.

2002 wurden weltweit (ohne USA) etwa 15 100 t an Lithiummineralien gewonnen (gerechnet als Li-Inhalt). Die derzeitig identifizierten Lithiumreserven werden auf etwa 14 Mio. t geschätzt [2]. Das mengenmäßig bedeutendste Produkt ist Lithiumcarbonat, das in der Glas-, Keramik-, Aluminium- sowie der Bauindustrie direkt eingesetzt wird. Weiterhin wird es als Rohstoff für die Herstellung anderer Lithiumsalze und -verbindungen verwendet, wobei der Herstellung von Lithiummetalloxiden (hauptsächlich Lithiumcobaltoxid) für wiederaufladbare Batterien eine stark steigende Bedeutung zukommt.

Weitere kommerziell wichtige Lithiumprodukte sind das Lithiumhydroxid (für Schmierfettherstellung und Atemgeräte), Lithiumchlorid (Schweißbäder, Luftentfeuchtung), Lithiumbromid (Klimaanlagen), Lithiumnitrat (Gummiindustrie), Lithiumhexafluorophosphat (Leitsalz für Lithiumakkus), Lithiummetall und Organolithiumverbindungen (Elastomere, Pharmazeutika) sowie Lithiumhydrid und Lithiumaluminiumhydrid (organische Synthese, Herstellung von Feinchemikalien).

Die Kaliumproduktion der westlichen Welt ist gering (vgl. auch Tab. 1). Der überwiegende Teil wird zur Herstellung von Kaliumhyperoxid (Kaliumdioxid) $KO_2$ sowie Kaliumalkoholaten (vor allem Kalium-*tert*-butoxid) eingesetzt. Ferner wird Kalium in K/Na-Legierungen als Wärmeübertragungsmedium sowie zur Herstellung von Kaliumalkoxiden verwendet. Kalium wird heute hauptsächlich durch Reduktion von Kaliumchlorid mit Natrium hergestellt [3].

Rubidium hat nur einen begrenzten Anwendungsbereich für lichtempfindliche Schichten in photoelektrischen Zellen sowie als Gettermaterial in Hochleistungslampen und Elektronenröhren. Da Rubidium nur mit geringen Gehalten in Lepidolith und Carnallit vorkommt und seine Gewinnung schwierig und aufwendig ist, wird seine Verwendung auch in Zukunft gering bleiben.

Caesium zeichnet sich durch ein besonders großes Elektronenemissionsvermögen aus und wird deshalb bei der Herstellung von Photozellen und Elektronenröhren verwendet. Der Bedarf an metallischem Caesium beträgt einige kg pro Jahr.

Caesiumverbindungen werden seit 50 Jahren im industriellen Maßstab produziert. Zu Beginn war der Markt auf wenige Anwendungen wie die Dichtegradientenzentrifugation limitiert. Mit der Zeit haben sich die Caesiumverbindungen aufgrund ihrer besonderen Eigenschaften in den unterschiedlichsten Märkten etabliert, so dass der heutige Jahresbedarf in Form von Spezialchemikalien im Bereich einiger hundert Tonnen liegt. Nimmt man den Bedarf an Caesiumformiat als Commodity für die Erdölförderung hinzu, so erhöht sich die Gesamtmenge auf etwa 2000–3000 Tonnen. Für die Zukunft ist ein weiteres Wachstum abzusehen.

Calcium wird zur Herstellung von Sondermetallen wie Zirconium, Thorium und Vanadium verwendet. Weitere Anwendung findet Calcium als Raffinationsmittel für Stahl, Aluminium oder andere Metalle meist in Form einer Ca/Si-Legierung (siehe auch Stahlveredler, Band 6a). Schätzungen zufolge betrug der Verbrauch von Calciummetall in den westlichen Industriestaaten 2002 etwa 5000 t. Calcium wird

## 1 Alkali- und Erdalkalimetalle

durch Reduktion von Calciumoxid mit Aluminiumpulver bei ca. 1200 °C hergestellt. Vor dem Zweiten Weltkrieg war die Schmelzflusselektrolyse von Calciumchlorid vorherrschend.

Barium und Ba/Al/Mg-Legierungen finden als Gettermetalle in Elektronenröhren Verwendung. Ferner verbessert Barium die Eigenschaften von Bleilegierungen in Säurebatterien. Jährlich werden weltweit etwa 50 t Bariummetall produziert.

Der Bedarf an Strontium ist gering.

## 2 Physikalische und chemische Eigenschaften

### 2.1 Physikalische Eigenschaften

Aufgrund ihrer Elektronenstruktur (nur ein s-Elektron in der äußersten Schale) und des großen Atom- bzw. Ionenvolumens ist die Gitterenergie der Alkalimetalle verhältnismäßig klein. Sie besitzen daher im Vergleich zu den Erdalkalimetallen eine geringere Härte, niedrigere Schmelz- und Siedepunkte, kleinere Dichten und niedrigere Sublimationswärmen [4]. Aus der Schmelze erstarren alle Alkali- und Erdalkalimetalle kubisch-raumzentriert; bei Raumtemperatur sind Calcium und Strontium kubisch-flächenzentriert. Die Alkali- und Erdalkalimetalle besitzen die typischen Metalleigenschaften wie gute Leitfähigkeit für Wärme und Elektrizität. Das elektrische Leitvermögen des Natriums beträgt bei 20 °C etwa ein Drittel desjenigen

**Tab. 2** Physikalische Eigenschaften der Alkali- und Erdalkalimetalle

| | | | Li | Na | K | Rb | Cs | Ca | Sr | Ba |
|---|---|---|---|---|---|---|---|---|---|---|
| spezifische Wärmekapazität | bei 20 °C | (J/g K) | 3,3 | 1,22 | 0,776 | 0,332 | 0,218 | 0,65 | 0,31 | 0,20 |
| | bei T = | (J/g K) (°C) | 4,2 (180) | 1,34 (200) | 0,80 (200) | 0,368 (200) | 0,234 (200) | 0,75 (900) | 0,40 (900) | 0,29 (900) |
| Wärmeleitfähigkeit | bei T = | (W/cm K) (°C) | 0,818 (100) | 0,870 (97,8*) | 0,522 (100*) | 0,333 (39*) | 0,201 (100) | 1,92 (100) | 0,325 (100) | 0,184 (22) |
| Verdampfungswärme beim Siedepunkt | | (J/g) | 22 700 | 3877 | 2077 | 888 | 611 | 3864 | 1800 | 1273 |
| Temperatur beim Dampfdruck* | | | | | | | | | | |
| | 1,333 mbar | (°C) | 723 | 439 | 341 | 297 | 279 | 800 | 740 | 860 |
| | 13,33 mbar | (°C) | 881 | 549 | 443 | 389 | 375 | 970 | 900 | 1050 |
| | 133,3 mbar | (°C) | 1097 | 701 | 586 | 514 | 509 | 1200 | 1100 | 1300 |
| Härte nach Mohs | | | 0,6 | 0,4 | 0,5 | 0,3 | 0,2 | 1,75 | 1,5 | 1,25 |
| Fp. des Chlorids | | (°C) | 614 | 808 | 771 | 717 | 645 | 772 | 873 | 963 |

* Die Werte gelten für das geschmolzene Metall

von Kupfer. Von technischer Bedeutung für die Herstellung und Anwendung von Alkalimetallen ist, dass diese bei relativ niedrigen Temperaturen in weiten Temperaturbereichen flüssig sind. Ferner sind die niedrigen Dampfdrücke und die niedrigen Dichten von Lithium und Natrium günstig für die elektrolytische Herstellung in einer Diaphragmazelle. Da flüssiges Kalium einen weitaus höheren Dampfdruck besitzt als Lithium und Natrium, hat sich die Herstellung durch Schmelzflusselektrolyse nicht bewährt. Auch beim Caesium hat sich neben der hohen Reaktivität der hohe Dampfdruck als nachteilig für eine direkte Herstellung des Metalls durch Schmelzflusselektrolyse erwiesen.

Alle Alkali- und Erdalkalimetalle geben charakteristische Flammenfärbungen: Li karmesinrot, Na gelb, K violett, Rb und Cs rotviolett, Ca gelbrot, Sr rot, Ba grün.

## 2.2
## Chemische Eigenschaften

### 2.2.1
### Alkalimetalle

In der Gruppe der Alkalimetalle nehmen mit steigender Ordnungszahl das Ionisationspotential und die Elektronegativität ab. In gleicher Richtung nimmt die Reaktivität, abgesehen von der Reaktion des Lithiums mit Stickstoff, zu. So läuft z. B. die Reaktion der Metalle mit Wasser unter Bildung von Hydroxid und Wasserstoff bei etwa 25 °C mit steigender Ordnungszahl zunehmend heftiger ab: Lithium entzündet sich nur, wenn es in fein verteilter Form vorliegt, Natrium zersetzt Wasser stürmisch (der freigesetzte Wasserstoff kann an der Luft zu heftigen Explosionen führen), und Kalium reagiert so heftig, dass sich der frei werdende Wasserstoff sofort entzündet. Rubidium und Caesium reagieren explosionsartig.

Lithium besetzt eine Sonderstellung unter den Alkalimetallen und zeigt in seinen Reaktionen und den Löslichkeitseigenschaften einiger Salze Analogien zu Magnesium [4]. Hierfür einige Beispiele:

Lithium bildet mit Sauerstoff wie Magnesium ein normales Oxid ($Li_2O$ bzw. $MgO$), kein Peroxid oder Hyperoxid. Darüber hinaus reagiert es mit Stickstoff wie Magnesium zum Nitrid ($Li_3N$ bzw. $Mg_3N_2$). $Li_2CO_3$ und $Li_3PO_4$ sind im Unterschied zu $Na_2CO_3$ und $Na_3PO_4$ und in Analogie zu $MgCO_3$ und $Mg_3(PO_4)_2$ in Wasser schwer löslich.

An feuchter Luft überzieht sich Lithium sofort mit einer grauen, später schwarzen Schicht, die aus Lithiumnitrid, -hydroxid und -oxid besteht. In trockener Luft bleibt es bei Raumtemperatur und einer relativen Feuchte von weniger als 2 % blank und kann daher in dieser Atmosphäre verarbeitet werden.

Die blanken Schnittflächen des Natriums überziehen sich an feuchter Luft mit einer dünnen, zunächst rötlichen, später grauen Oxidhaut. Geschmolzenes Natrium kann sich an feuchter Luft bei Temperaturen über 115 °C entzünden. In trockener Luft ist es beständig und verbrennt erst bei höheren Temperaturen zu einem Gemisch aus $Na_2O$ und $Na_2O_2$.

Kalium bildet beim Erwärmen an Luft drei Oxide, $K_2O$, $K_2O_2$ und $KO_2$.

Rubidium und Caesium entzünden sich bei Sauerstoffzutritt sofort unter Bildung der Hyperoxide.

Wegen des stark elektropositiven Charakters der Alkalimetalle hydrolysieren die verschiedenen Oxide leicht in Wasser.

$$M_2O + H_2O \longrightarrow 2\ M^+ + 2\ OH^- \tag{1}$$

$$M_2O_2 + 2\ H_2O \longrightarrow 2\ M^+ + 2\ OH^- + H_2O_2 \tag{2}$$

$$2\ MO_2 + 2\ H_2O \longrightarrow 2\ M^+ + 2\ OH^- + H_2O_2 \tag{3}$$

Die ionischen Peroxide der Alkalimetalle sind stark oxidierende Reagenzien. Sie reagieren mit organischen Verbindungen bei Raumtemperatur zu Carbonaten und mit Kohlendioxid unter Freisetzung von Sauerstoff:

$$2\ M_2O_2 + 2\ CO_2 \longrightarrow 2\ M_2CO_3 + O_2 \tag{4}$$

Analog reagieren auch die Hyperoxide [5].

$$4\ MO_2 + 2\ CO_2 \longrightarrow 2\ M_2CO_3 + 3\ O_2 \tag{5}$$

Diese Reaktionen werden in Atemschutzgeräten zur Regenerierung der Atemluft technisch genutzt.

Die Alkalimetalle (ausgenommen Lithium) reagieren nicht mit Stickstoff. Er kann daher als Schutzgas für diese Metalle verwendet werden. Die Amide der Alkalimetalle lassen sich durch Einwirkung von gasförmigem Ammoniak auf die erhitzten Metalle gewinnen. In flüssigem Ammoniak lösen sich die Alkalimetalle zunächst mit blauer, in stärkerer Konzentration mit kupferroter Farbe. Die Alkalimetallamide werden in großem Umfang zur Herstellung von organischen und anorganischen Verbindungen eingesetzt, z. B. Natriumamid für die Indigosynthese nach Heumann-Pfleger und zur Herstellung von Natriumazid für die Sprengstoffindustrie. Mit Wasserstoff bilden die Alkalimetalle bei erhöhten Temperaturen salzartige oder salzähnliche Hydride der Zusammensetzung MH. Die Alkalihydride reagieren vielfach ähnlich wie die Metalle. Sie sind z. B. starke Reduktionsmittel [6]. Natriumhydrid dient zur Erzeugung von Natriumborhydrid, $NaBH_4$, einem wichtigen Produkt zur in situ-Herstellung von Natriumdithionit für die reduktive Zellstoffbleiche sowie zur Reduktion von Carbonylverbindungen zu Alkoholen. Mit Halogenen reagieren die Alkalimetalle in der Kälte verschieden lebhaft, in der Hitze ist die Reaktion meist heftig. Organische Halogenverbindungen wie Chloroform und Tetrachlorkohlenstoff können mit Alkalimetallen bei Schlag oder Stoss explosionsartig reagieren.

Brennende Alkalimetalle reagieren heftig mit Kohlendioxid. Mit festem $CO_2$ können sie sich sogar explosionsartig umsetzen. Daher können Kohlendioxid und Natriumhydrogencarbonat nicht als Löschmittel bei Alkalimetallbränden verwendet werden. Solche Brände löscht man am besten durch Abdecken mit trockenem Kochsalz, Sand oder Zement. Sand, Zement und andere oxidbasierte Löschmittel sind jedoch für Lithiumbrände ungeeignet, da mit diesen Stoffen eine thermitähnliche Reaktion, z. B. gemäß

$$\text{SiO}_2 + 4\,\text{Li} \longrightarrow 2\,\text{Li}_2\text{O} + \text{Si} \tag{6}$$

stattfindet. Für Lithium sind deshalb nur oxid- und fluoridfreie Metallbrandpulver auf Basis NaCl geeignet.

Ein geeignetes Löschmittel für Natrium-Flächenbrände ist auch Grafit, denn Natrium reagiert im Unterschied zu den übrigen Alkalimetallen nicht mit Grafit [6].

Alkalimetalle werden im Laboratorium häufig unter Petroleum, Paraffinöl oder Mineralöl aufbewahrt. Zur Erhöhung der Reaktionsgeschwindigkeit verwendet man in der organischen Synthese bevorzugt Alkalimetall/Kohlenwasserstoff-Dispersionen. Für technische Anwendungen ist Lithiummetall in Form von Barren, Stangen sowie als Granulat erhältlich. Natriumarme, reine Qualitäten kommen für Batterien und die Legierungsherstellung zum Einsatz; neben Barren und Stangen sind auch Folien mit anwendungsspezifischen Abmessungen erhältlich (Chemetall GmbH, FMC Corp.). Die Alkalielemente werden oft auch in Form ihrer Hydride, Amide oder Alkoholate zu den verschiedenartigsten Reaktionen in der organischen Chemie eingesetzt.

## 2.2.2
### Erdalkalimetalle

Calcium, Strontium und Barium sind in ihrem chemischen Verhalten einander sehr ähnlich. Beim Verbrennen an Luft entstehen Oxide und Nitride. Die Erdalkalimetalle müssen daher unter trockenem Argon oder Helium gelagert werden. Größere Stücke der Metalle oxidieren langsam und lassen sich unter Paraffinöl aufbewahren. Calcium kann in trockener Luft bei Zimmertemperatur aufbewahrt werden. Barium ist so reaktionsfähig, dass es nur schwierig in hoher Reinheit hergestellt und untersucht werden kann. Wegen ihrer großen Affinität zu Sauerstoff wirken die Erdalkalimetalle als starke Reduktionsmittel. So werden die Oxide von Cr, Zr, Ce, Ti, V, W, Th und U zu den Metallen reduziert. Mit kaltem Wasser reagieren die Erdalkalimetalle träge, beim Erwärmen lebhafter unter Wasserstoffentwicklung und Bildung der Hydroxide $M(OH)_2$.

Mit trockenem Stickstoff bilden die Erdalkalimetalle beim Erwärmen Nitride. Im Wasserstoffstrom entstehen zwischen 300 und 500 °C Hydride.

Die meisten Bariumverbindungen sind thermodynamisch weniger stabil als die entsprechenden Verbindungen von Magnesium und Calcium und können daher durch diese Metalle reduziert werden. Calcium, Strontium und Barium bilden eine Vielzahl von Legierungen und intermetallischen Verbindungen [7, 8].

# 3
# Herstellung

## 3.1
## Natrium

Natrium wurde von 1854 bis etwa 1890 mit Hilfe thermisch-chemischer Reduktionsverfahren hergestellt, danach bis etwa Mitte der 1950er Jahre durch Schmelzflusselektrolyse von Natriumhydroxid nach Castner. Es folgte ab etwa 1921 die Kochsalz-Schmelzflusselektrolyse aus einem binären Salzgemisch nach Downs und ab Mitte der 1950er Jahre aus einem ternären Salzgemisch in einer modifizierten Downs-Zelle [9]. Andere elektroyltische Verfahren wie die Abscheidung als Legierung an flüssigem Blei oder an Quecksilber als Amalgam mit der anschließenden elektrolytischen oder destillativen Gewinnung des reinen Natriums konnten sich nicht durchsetzen [10] (vgl. auch Chlor, Alkalien und anorganische Chlorverbindungen, Band 3).

### 3.1.1
### NaOH-Schmelzflusselektrolyse

In großem Umfang wurde Natrium erstmals durch Elektrolyse von geschmolzenem Natriumhydroxid in der Castner-Zelle produziert. An der Einführung dieser Zelle in großtechnischem Maßstab hatte die *Degussa* maßgeblichen Anteil.

Die Elektrolyse nach Castner liefert Natrium, Wasserstoff und Sauerstoff:

$$4\ Na^+ + 4\ e^- \longrightarrow 4\ Na \quad \text{(Kathode)} \tag{7}$$

$$4\ OH^- \longrightarrow 2\ H_2O + O_2 + 4\ e^- \quad \text{(Anode)} \tag{8}$$

$$2\ H_2O + 2\ Na \longrightarrow 2\ NaOH + H_2 \tag{9}$$

Der Gesamtvorgang verläuft also nach folgender Summengleichung:

$$4\ NaOH \longrightarrow 2\ Na + 2\ NaOH + H_2 + O_2 \tag{10}$$

Daraus ergibt sich, dass die Stromausbeute nicht mehr als 50 % betragen kann. In der Praxis erreichte man Stromausbeuten bis zu 45 %.

Die Castner-Zelle war in Ausführung und Arbeitsweise so einfach, dass sie im Laufe vieler Jahre nur wenig verändert wurde (Abb. 1). Sie besteht aus einem Trog, der in ein Mauerwerk eingesetzt ist. Die zylindrische Kathode aus Kupfer ist konzentrisch in dem Eisentrog angeordnet. Sie wird von dem von unten durch den Behälterboden geführten Stromzuführungsarm getragen. Die zylindrische Anode aus Nickel umgibt die Kathode konzentrisch und ist am oberen Rand des Behälters befestigt. In dem 25 mm weiten Ringspalt zwischen Kathode und Anode befindet sich konzentrisch das aus einem Eisendrahtgewebe mit 100 Maschen/cm$^2$ bestehende Diaphragma, das an der Natriumsammelhaube aufgehängt ist. Das an der Kathode abgeschiedene flüssige Natrium steigt infolge des Dichteunterschieds zum Elektrolyten nach oben und sammelt sich in der Haube. Über diesen Weg entweicht auch

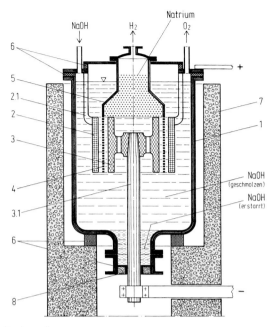

**Abb. 1** Castner-Elektrolysezelle.
1 Stahlbehälter, 2 Nickelanode, 2.1 Anodenaufhängung (Stromzuführung), 3 Kupferkathode,
3.1 Kathodenhalterung (Stromzuführung), 4 Drahtnetzdiaphragma, 5 Natriumsammler, 6 Isolation,
7 Mauerwerk, 8 Kathodendurchführung

der gebildete Wasserstoff. Der anodisch gebildete Sauerstoff entweicht über Öffnungen im Anodenring, über die auch die Zuführung des Natriumhydroxids erfolgt. Aus der Natriumsammelhaube wurde das Natrium zunächst von Hand mit einem perforierten Löffel abgeschöpft, in dem das Natrium infolge seiner großen Oberflächenspannung verbleibt, während mitgeschöpfte Schmelze zurückläuft. Später wurden mechanische Austragsvorrichtungen für das Natrium verwendet.

Der in der Castner-Zelle verwendete Elektrolyt bestand aus einem Gemisch von 80–85 % Natriumhydroxid, 10 % Natriumchlorid und 5–10 % Natriumcarbonat. Diese Zusätze erfolgten zur Erniedrigung des Schmelzpunkts. Die wichtigsten Betriebsdaten einer Castner-Zelle sind in Tabelle 3 zusammengestellt. Der Castner-

**Tab. 3** Wichtigste Betriebsdaten einer Castner-Zelle

| | | |
|---|---|---|
| Strombelastung | (kA) | 8–10 |
| Zellenspannung | (V) | 4,3–5,0 |
| Stromausbeute | (%) | 36–45 |
| Verbrauch elektrischer Energie, ohne NaOH-Gewinnung | (kWh/kg Na) | 11,2–12,4 |
| Elektrolyttemperatur | (°C) | 320 ± 10 |

Elektrolyse-Prozess war von 1891 bis etwa 1920 das einzige Natriumherstellverfahren von praktischer Bedeutung.

## 3.1.2
### NaCl-Schmelzflusselektrolyse

Die Herstellung von Natrium durch Elektrolyse von geschmolenem Natriumhydroxid setzt die vorherige Gewinnung des Natriumhydroxids, z. B. durch Elektrolyse von NaCl in wässriger Lösung, voraus. Es fehlte deshalb nicht an Versuchen, Natrium direkt aus Natriumchlorid durch Elektrolyse zu gewinnen und damit die Herstellkosten erheblich zu reduzieren. Schon 1911 setzten bei der *Degussa* in Rheinfelden Entwicklungen ein, geschmolzenes Kochsalz in einer modifizierten Castner-Zelle zu zerlegen. Durchgesetzt hat sich dann jedoch die 1921 von *Roessler & Hasslacher* zum Patent angemeldete Downs-Zelle. Die entscheidende Verbesserung des NaCl-Schmelzflusselektrolyseverfahrens erreichte Downs dadurch, dass er gegenüber der Castner-Zelle die Anordung von Kathode und Anode umkehrte, so dass die Anode konzentrisch von der Kathode umgeben war. Dadurch wurde eine problemlose Abführung des Chlors möglich.

Das Downs-Verfahren wurde im Laufe der Zeit bezüglich der Gestaltung der Elektroden sowie der Zusammensetzung der Salzschmelze weiterentwickelt. Die hohe Schmelztemperatur von Kochsalz (808 °C), die bei dieser Temperatur starke Aggressivität des Chlors gegen alle mit ihm in Berührung kommenden Bauteile der Zelle, der hohe Dampfdruck des Natriums (0,5 bar bei 808 °C) und dessen hohe Löslichkeit von 4,2 % im geschmolzenen Salz machten es notwendig, die Schmelztemperatur durch geeignete Zusätze zu erniedrigen. Zunächst wurde mit binären Gemischen von 40 % Natriumchlorid und 60 % Calciumchlorid bei Salzschmelztemperaturen von 560–580 °C gearbeitet.

Abbildung 2 zeigt schematisch eine Downs-Zelle in ihrer ursprünglichen Form. Die Zelle besteht aus einem ausgemauerten Stahlblechbehälter, durch dessen Boden die Grafitanode eingeführt ist. Die Anode wird zylindrisch von der Eisenkathode umgeben. Die Stromzuführungsarme der Kathode sind seitlich durch die Behälterwand isoliert hindurchgeführt. In dem ringförmigen Spalt zwischen den Elektroden ist ein Diaphragma aus Eisendrahtgewebe angeordnet, das an der über den Elektroden befindlichen Vorrichtung zum getrennten Auffangen von Natrium und Chlor aufgehängt ist. Diese Auffangvorrichtung ist isoliert auf den offenen Rand der Behälterwand aufgelegt. Die Strombelastung dieser Zelle wurde von zunächst 8 kA im Laufe der Zeit auf 25 kA gesteigert. Es wurden Zellenleistungen von 330 kg Natrium pro Tag erreicht. Ein Nachteil des als Elektrolyt verwendeten binären Salzgemischs bestand darin, dass das abgeschiedene Natrium 3,5–4 % Calcium enthielt. Hierdurch kam es zu häufigen Verstopfungen der Natrium-Austragsvorrichtung.

Nach verschiedenen Weiterentwicklungen, vor allem bei der Firma DuPont, wobei auch die Zusammensetzung des Elektrolyten geändert wurde, wird heute in allen bedeutenden Natrium-Produktionsstätten der in Abb. 3 schematisch dargestellte Zellentyp eingesetzt.

Diese Zelle arbeitet mit einem Elektrolyten, der aus einem ternären Salzgemisch

3 Herstellung | 13

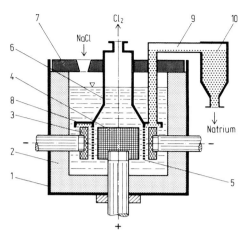

**Abb. 2** Downs-Elektrolysezelle
1 Stahlbehälter, 2 Keramische Ausmauerung, 3 Eisenkathode, 4 Grafitanode, 5 Drahtnetzdiaphragma,
6 Dom für Chlorabzug, 7 Isolationsdeckel, 8 Sammelring mit Steigrohr für Natrium, 9 Natrium-Überlauf,
10 Natrium-Sammelgefäß

aus $BaCl_2$, $CaCl_2$ und NaCl besteht. Der Anteil an $CaCl_2$ wurde dabei vermindert. Dadurch reduziert sich die unerwünschte Abscheidung von Calcium, so dass der Calciumgehalt im abgeschiedenen Natrium nur noch ca. 1 % beträgt. Die Schmelztem-

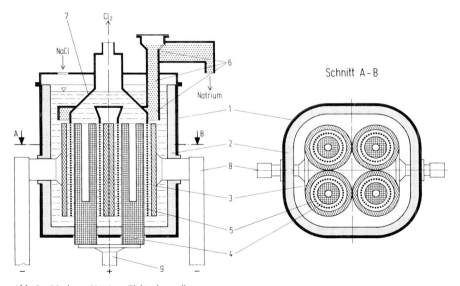

**Abb. 3** Moderne Natrium-Elektrolysezelle.
1 Stahlbehälter, 2 Keramische Ausmauerung, 3 Kathode mit Kathodenarm, 4 Anode, 5 Diaphragma,
6 Sammelring mit Steigrohr und Überlauf für Natrium, 7 Dom für Chlorabzug, 8 Kathodenschiene,
9 Anodenschiene

peratur liegt bei ca. 600 °C. Das eutektische Gemisch mit 31 % $BaCl_2$, 49 % $CaCl_2$ und 20 % NaCl kann trotz des günstigen Schmelzpunktes von 455 °C nicht eingesetzt werden, weil der Calciumgehalt im Natrium bis auf 6 % ansteigt und die elektrische Leitfähigkeit der Schmelze zu niedrig liegt.

Das wesentliche Merkmal der heute üblichen Zelle ist die Aufteilung von Kathode und Anode in je 4 Segmente. Vier zu einer Einheit zusammengestellte Kathodenrohre umschließen konzentrisch 4 Grafitzylinder, die als Anode geschaltet sind. Der Elektrodenabstand beträgt weniger als 50 mm. In den 4 ringförmigen Spalten ist je ein zylindrisches Eisendrahtsieb mit etwa 100 Maschen/$cm^2$ als Diaphragma angeordnet. Diese Siebzylinder sind an der Sammelhaube zum getrennten Auffangen der Elektrolyseprodukte Natrium und Chlor befestigt.

Das an der Kathode abgeschiedene Natrium steigt infolge seiner im Vergleich zur Salzschmelze geringeren Dichte (0,8 gegenüber 2,7 g/$cm^3$) über die Auffangvorrichtung und ein Steigrohr in einen geschlossenen Sammelbehälter. Das Diaphragma muss wegen auftretender Verstopfungen und Beschädigungen nach Standzeiten von durchschnittlich 35–45 Tagen ausgetauscht werden. Im übrigen erreicht die Zelle Betriebszeiten von etwa 3 Jahren. Sie wird normalerweise stillgelegt, wenn durch Abnutzung der Anoden die Zellenspannung und der Energieverbrauch zu hoch geworden ist.

Die verschiedenen heute üblichen Elektrolysezellen werden mit Stromstärken bis zu 45 kA betrieben, wobei Leistungen bis zu 800 kg Natrium pro Tag erreicht werden. In Tabelle 4 sind die Betriebdaten einer solchen Zelle zusammengestellt.

In den großen Natrium-Produktionsstätten werden von einem Gleichrichter 40–50 hintereinandergeschaltete Elektrolysezellen mit Gleichstrom versorgt. Dabei werden Siliciumgleichrichter verwendet, die einen Wirkungsgrad von 95–98 % haben.

Für die elektrolytische Herstellung von Natrium werden an den Ausgangsstoff Kochsalz besonders hohe Reinheitsanforderungen gestellt. Deshalb sind der eigentlichen Elektrolyse umfangreiche Anlagen zur Reinigung des Salzes vorgeschaltet. Das Rohsalz wird zunächst in Wasser zu einer gesättigten Sole gelöst, aus der durch Zugabe von Bariumchlorid und Soda hauptsächlich $CaSO_4$ entfernt wird. Der Niederschlag ($BaSO_4$ und $CaCO_3$) sedimentiert zusammen mit den im Rohsalz vorhandenen Tonmineralien. Die filtrierte Salzlösung wird eingedampft und das auskristallisierte Salz über Zentrifugen einer Trocknungsanlage zugeführt. Die Trocknung

**Tab. 4** Betriebsdaten einer modernen Natrium-Elektrolysezelle

| | | |
|---|---|---|
| Betriebstemperatur | (°C) | 600 |
| Lebensdauer der Zelle | (d) | 1100–1200 |
| Zellenspannung | (V) | 6,5–7 |
| Strombelastung | (kA) | bis zu 45 |
| Stromausbeute | (%) | 85–90 |
| Verbrauch elektrischer Energie | (kWh/kg Na) | 9,8–10 |

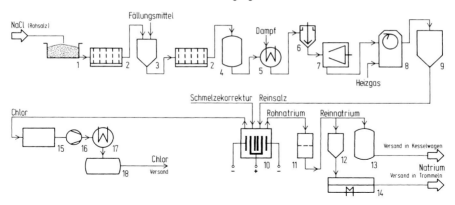

**Abb. 4** Fließbild der Natriumherstellung.
1 Lösebehälter, 2 Filter, 3 Fällbehälter, 4 Behälter für Reinsole, 5 Eindampfer, 6 Eindicker, 7 Zentrifuge, 8 Drehtrommeltrockner, 9 Reinsalzbunker, 10 Elektrolysezelle, 11 Natriumfilter, 12 Natriumspeicher, 13 Natriumtank, 14 Gießtisch, 15 Chlorreinigung, 16 Chlorkompressor, 17 Verflüssiger, 18 Chlorlagerbehälter

des Salzes auf einen Wassergehalt von weniger als 600 ppm ist für einen optimalen und störungsfreien Betrieb der Elektrolysezellen sehr wichtig. Abbildung 4 zeigt das Schema eines Natriumherstellungsprozesses.

Das erzeugte Rohnatrium enthält noch etwa 1% Calcium, 0,3% Calciumoxid, 0,3% Natriumoxid und geringe Mengen mitgerissener Salzschmelze. Zur Herstellung einer handelsüblichen Qualität wird es auf etwa 120 °C abgekühlt und von sich dabei abscheidenden Verunreinigungen mit Hilfe von Drahtgewebe-Filterkerzen getrennt.

Das so gewonnene Reinnatrium wird für bestimmte Verwendungszwecke einer Nachbehandlung mit $Na_2O$ oder $Na_2O_2$ bei 300–400 °C unterworfen, um den Calciumgehalt auf weniger als 10 ppm zu reduzieren. Bei dieser Behandlung wird das Calcium zu Calciumoxid umgesetzt, das abfiltriert wird.

Das bei der Elektrolyse anfallende Chlor wird von mitgerissenem Salzstaub befreit und gegebenenfalls verflüssigt [9].

### 3.1.3
**Handelsformen**

Natrium wird zum größten Teil in Bahnkesselwagen bis zu 45 t Ladegewicht und kleineren Containern mit einigen 100 kg bis einigen t Fassungsvermögen versandt. Dabei wird flüssiges Natrium in die Behälter eingegossen und durch Abkühlen vor dem Versand erstarren gelassen. Beim Empfänger wird das Natrium zum Entleeren wieder aufgeschmolzen.

Ein kleinerer Teil des Natriums kommt in Form gegossener sowie stranggepreßter Stücke in Stahltrommeln verpackt in den Handel. Das Handelsprodukt hat eine Reinheit von 99,8 %.

## 3.2
## Lithium

Lithiummetall wird ausschließlich aus Lithiumchlorid durch Schmelzflusselektrolyse hergestellt. Zur Gewinnung des Lithiumchlorids geht man vom Lithiumcarbonat aus, das aus den in der Natur vorkommenden Lithiumlaugen gewonnen wird.

Alternative Prozesse, ausgehend von oxidischen Rohstoffen, besitzen noch keine kommerzielle Bedeutung.

### 3.2.1
### Rohstoffe

Die vier wichtigsten Lithiummineralien sind Amblygonit, Spodumen, Petalit und Lepidolith. Das Lithium-Aluminiumsilicat Spodumen $LiAl[Si_2O_6]$ enthält theoretisch 8,03 % $Li_2O$. Meist liegt der $Li_2O$-Gehalt aber wegen des teilweisen Ersatzes des $Li^+$-Ions durch $Na^+$- und $K^+$-Ionen zwischen 6 und 7,5 %.

Auch beim Petalit $Li[AlSi_4O_{10}]$ liegt der tatsächliche Gehalt an $Li_2O$ mit 3,5–4,5 % unter dem theoretischen von 4,9 %. Von den Glimmermaterialien enthält der Lepidolith $K(Li,Al)_3[(F,OH)_2][Al,Si)_4O_{10}]$ je nach Herkunft 3,3–7,7 % $Li_2O$. Abbauwürdige Lagerstätten weisen Gehalte von 3–4 % auf. Das Mineral enthält häufig 3–5 % $Rb_2O$ und $Cs_2O$. Der $Li_2O$-Gehalt abbauwürdiger Vorkommen von Amblygonit, einem komplexen Phosphat der allgemeinen Formel $(Li,Na)Al[(F,OH)/PO_4]$ liegt zwischen 7–9 %. Das Mineral kommt allerdings nicht in größeren Lagerstätten vor. Lithiumerze, insbesondere solche australischen Ursprungs (Greenbushes Mines) werden vor allem in der Glasindustrie eingesetzt. Zur Herstellung reiner Lithiumverbindungen haben sie kaum noch Bedeutung.

An die Stelle von Lithiumerzen sind die in der Natur vorkommenden lithiumhaltigen Salzlaugen getreten. Die kommerzielle Ausbeutung von Laugenvorkommen begann 1966 in Nevada durch Foote Mineral. Die heute wichtigsten Vorkommen sind der Salar de Atacama (Chile), der Salar del Hombre Muerto (Argentinien), Salar de Uyuni (Bolivien, z. Zt. keine Produktion) sowie der Tajmar Lake im Quaidam Basin (China, z. Zt. keine Produktion). Dort werden die unterirdischen Salzlaugen durch Brunnenbohrungen in große Verdunstungsbecken gefördert und durch Sonneneinstrahlung konzentriert. Dabei fallen Begleitsalze durch Übersättigung aus, während die Konzentration an Lithiumsalzen in der Lösung ständig zunimmt. Nach Erreichen einer Konzentration von min. 0,5 % $Li^+$ wird durch Zugabe von Soda schwerlösliches Lithiumcarbonat ausgefällt, das als Rohstoff für alle weiteren Lithiumprodukte dient [1]. Alternativprozesse zur Direktgewinnung von reinem Lithiumchlorid sind in jüngster Zeit zur technischen Reife gebracht worden (Chemetall Foote: fraktionierte Kristallisation, FMC: Feststoffadsorptionsprozess). Aus dem Lithiumcarbonat wird Lithiumchlorid durch Umsetzung mit Salzsäure hergestellt, wobei wegen der außerordentlichen Korrosivität des Lithiumchlorids Geräte aus Spezialstählen oder Nickel benutzt werden müssen. Beim Einengen der übersättigten Lösung, z. B. in einem Vakuumverdampfer, kristallisiert Lithiumchlorid aus, das von der Mutterlauge getrennt und nach dem Trocknen feuchtigkeitsdicht verpackt wird.

An die Reinheit des zu elektrolysierenden Lithiumchlorids müssen hohe Anforderungen gestellt werden, da von der Qualität des Lithiumchlorids die Leistung und besonders die Lebensdauer der Zelle abhängen. Des weiteren werden für Anwendungen in der Batterietechnik sowie der Legierungsherstellung besonders reine Metallqualitäten vorausgesetzt.

### 3.2.2
**Gewinnung**

Bei der elektrolytischen Gewinnung des Lithiums aus Lithiumchlorid verwendet man als Elektrolyt eine Salzschmelze aus LiCl und KCl. Die Schmelztemperatur des Eutektikums (44,3 % LiCl, 55,7 % KCl) beträgt 352 °C. In der Praxis verwendet man Salzgemische mit einem Lithiumchloridanteil von 45–55 % und arbeitet bei Schmelzentemperaturen von 400–460 °C.

Das Lithium wird in Elektrolysezellen, die den modernen Downs-Zellen zur Herstellung von Natrium ähnlich sind, produziert. An den Kathoden der Lithiumzelle abgeschiedenes Metall steigt infolge des Dichteunterschieds zwischen dem Lithium und der Salzschmelze nach oben und wird unter Argonabdeckung aufgefangen. Die heute üblichen Elektrolysezellen werden mit Stromstärken bis zu 41 kA betrieben, wobei Leistungen bis zu 230 kg Lithium pro Tag erreicht werden. Die Zersetzungsspannung von Lithiumchlorid liegt bei 3,7 V, während die Zellenspannung 6–6,8 V beträgt. Weitere Betriebsdaten enthält Tabelle 5.

Lithium steht in Form gegossener Barren oder Zylinder zur Verfügung und kommt in Metallbehältern – entweder benetzt mit einer ausreichenden Schicht aus Mineralöl oder unter Argon – zum Versand. Das Metall wird zum Teil für bestimmte Verwendungszwecke durch Extrudieren oder Walzen in die Form von Stangen, Drähten, Bändern oder Folien (bis herab zu 0,05 mm Dicke) gebracht. Bei dieser Verarbeitung muss zur Erhaltung einer nitrid- oder oxidfreien silberglänzenden Oberfläche bei sehr geringer Luftfeuchte oder unter Schutzgas gearbeitet werden. Die handelsübliche technische Qualität enthält 99,4 % Li und ca. 0,5 % Na, während

**Tab. 5** Betriebsdaten einer Lithium-Elektrolysezelle

| | | |
|---|---|---|
| Betriebstemperatur | (°C) | 420–450 |
| Lebensdauer der Zellen | (d) | ca. 200 |
| Zellenspannung | (V) | 5,8–6,8 |
| Strombelastung | (kA) | bis zu 41 |
| Stromausbeute | (%) | 85–94 |
| Verbrauch elektrischer Energie | (kWh/kg Li) | 27,7–28,5 |

für Batterieanwendungen ein min. 99,8%-iges Material mit <0,01% Na zum Einsatz kommt. Zur Legierungsherstellung sind Spezialqualitäten, z. T. mit Aluminium legiert, erhältlich.

## 3.3
## Kalium

Ende der 1920er Jahre stellte die *Degussa* verhältnismäßig reines Kalium in einer Castner-Zelle her. Der Elektrolyt bestand aus etwa 66% KOH, 19% $K_2CO_3$ und 15% KCl. Später benutzte man ein ternäres Salzgemisch aus KCl und KF mit einigen Prozenten $K_2CO_3$. Die Schmelztemperatur des Salzgemischs lag bei 600 °C.

Die Versuche zur Herstellung des Kaliums durch Schmelzflusselektrolyse analog dem Downs-Verfahren scheiterten u. a., weil sich Kalium im Elektrolyten löst und sich somit nicht in einfacher Weise abtrennen läßt. Weiterhin konnten Explosionen dadurch eintreten, dass Kalium infolge seines im Vergleich zu Natrium höheren Dampfdrucks verdampfte oder Kaliumhyperoxid in der Zelle entstand, das explosionsartig mit Kalium oder Verunreinigungen reagieren konnte. Ferner werden auch die Grafitelektroden von Kalium angegriffen.

Die Hauptmenge des Kaliums wird heute nach dem von der *Mine Safety Appliances Co.* in den 1950er Jahren eingeführten Verfahren durch Reduktion von Kaliumchlorid mit Natrium bei 870 °C hergestellt. Dabei entsteht zunächst eine Na/K-Legierung, die in einem zweiten Schritt fraktioniert destilliert wird. Das Verfahren kann auch kontinuierlich betrieben werden. Dabei wird die fraktionierte Destillation in die Anlage mit einbezogen (Abb. 5).

In einer Füllkörperkolonne wird Natriumdampf der 870 °C heißen Kaliumchloridschmelze entgegengeführt, wobei ein Metalldampfgemisch aus Natrium und Kalium entsteht, das in der darüberliegenden Zone fraktioniert wird. Das bei der Umsetzung entstandene Natriumchlorid kann als Schmelze kontinuierlich abgezogen werden.

Die Anlage besteht aus vier Teilen: einem Ofen mit Heizrohren zum Verdampfen des Natriums, einer Kolonne mit Raschig-Ringen aus rostfreiem Stahl mit der Reak-

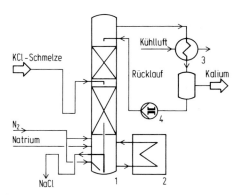

**Abb. 5** Kontinuierliche Herstellung von Kalium nach dem Verfahren der *Mine Safety Appliances*. 1 Füllkörperkolonne, 2 Ofen, 3 Kondensator, 4 elektromagnetische Pumpe

tions- und Verdampfungszone im unteren und der Destillationszone im oberen Teil, einem Salzfluss- und -abzugssystem und einem Kondensationsteil. Alle Apparateteile sind aus Edelstahl. Während des Betriebs werden die Einsatzstoffe, geschmolzenes Natrium und geschmolzenes Kaliumchlorid, kontinuierlich in die Kolonne eingebracht. Das Natrium wird in den Heizrohren verdampft, steigt in der Kolonne hoch und reagiert mit dem herabfließenden flüssigen Kaliumchlorid unter Einstellung des Gleichgewichts

$$Na + KCl \rightleftharpoons K + NaCl \tag{11}$$

Die Kolonne wird unter Einleiten von Stickstoff bei leichtem Überdruck betrieben. Das Rückflussverhältnis ist leicht über eine elektromagnetische Pumpe regelbar, die einen Teil des abdestillierten Kaliummetalls in die Kolonne zurückführt. Das gewonnene Kalium hat eine Reinheit von 99,5 %. Durch entsprechende Einstellung der Destillationsbedingungen können auch Na/K-Legierungen jeder gewünschten Zusammensetzung gewonnen werden. Das 99,5 %-ige Kalium kann durch weitere Rektifikation in einer Edelstahlkolonne auf eine Reinheit von 99,99 % gebracht werden [3].

In relativ kleinem Umfang wird noch das Griesheimer Verfahren durchgeführt. Hierbei wird ein trockenes Gemisch aus Kaliumfluorid und Calciumcarbid, das in Kugelmühlen unter $CO_2$-Schutzgas fein gemahlen wurde, bei Temperaturen von 1000–1100 °C in Stahlbehältern (Retorten), die sich in einem ausgemauerten Ofen befinden, umgesetzt.

$$2\ KF + CaC_2 \longrightarrow 2\ K + CaF_2 + 2\ C \tag{12}$$

Das gasförmige Kalium wird überdestilliert, in einem Eisenrohr kondensiert und in einer Vorlage unter Paraffin aufgefangen. Das Verfahren ist einfach und sicher, erfordert nur verhältnismäßig geringe Investitionskosten und gestattet, die Mengen der chargenweise betriebenen Produktion dem jeweiligen Bedarf gut anzupassen. Nachteilig ist, dass der Rohstoff Kaliumfluorid relativ teuer ist. Die Reaktionsbehälter aus Stahl oder Chrom-Nickel-Stahl sind nur für wenige Chargen verwendbar.

Kalium wird, mit Petroleum oder Paraffinöl überschichtet, in Form kleiner Kugeln (4–5 g) oder zylindrischer Formstücke in Zinkannen geliefert. Aus sicherheitstechnischen Gründen sind die Zinkannen in Kieselgur enthaltende Stahlbehälter verpackt. Ähnlich erfolgt auch die Handhabung von K/Na-Legierungen, die mit folgenden Zusammensetzungen erhältlich sind:
- 78 % K, 22 % Na (Smp. –11 °C, Sdp. ca. 785 °C, Dichte bei 100 °C 0,847 g/cm$^3$)
- 56 % K, 44 % Na (Smp. 19 °C, Sdp. 825 °C, Dichte bei 100 °C 0,886 g/cm$^3$)

Zur Reinheit des handelsüblichen Kaliums vgl. [11].

## 3.4
**Rubidium und Caesium**

Ausgangsprodukt für die Gewinnung von Rubidium sind Alkalicarbonat-Rückstände, die bei der Lithiumgewinnung aus Lepidolith anfallen, der bis zu 3,5 %

Rb$_2$O enthalten kann. Der Durchschnittsgehalt liegt bei 0,5 % Rb$_2$O. Das bevorzugte Ausgangsmaterial zur Gewinnung von Caesium ist der Pollucit, ein Caesium-Aluminiumsilicat (Cs[AlSi$_2$O$_6$]), dessen theoretischer Cs$_2$O-Gehalt 45 % beträgt. Das natürliche Mineral enthält nur bis zu 35 % Cs$_2$O, da im Kristallgitter Cs teilweise durch andere Ionen, wie z. B. Kalium- und Natriumionen ersetzt oder darin auch Wasser enthalten ist. Die größten bisher erschlossenen Vorkommen liegen in Kanada und Südwestafrika. Daneben sind größere Vorkommen in den USA, in Schweden und in Russland bekannt.

Das Lithiummineral Lepidolith enthält neben Rubidium geringe Mengen Caesium. Bei der Aufarbeitung zu Lithiumcarbonat können Rubidium- und Caesiumverbindungen als Nebenprodukte gewonnen werden. Zur Herstellung von Rubidium wird aus den gemischten Alkalicarbonat-Rückständen der Lithiumproduktion zunächst Rb$_2$[SnCl$_6$] oder Rb$_2$Zn[Fe(CN)$_6$] gewonnen. Aus dem Chlorostannat wird durch Pyrolyse Rubidiumchlorid hergestellt, aus dem Cyanoferrat durch thermische Oxidation Rubidiumcarbonat.

Allen Verfahren gemeinsam ist die schwierige Abtrennung von Rubidiumverbindungen aus wässrigen Lösungen anderer Alkaliverbindungen, insbesondere denen des Kaliums und Caesiums. Zur Darstellung reiner Rubidiumverbindungen wendet man die fraktionierende Kristallisation der Alaune an. Hierbei wird so gearbeitet, dass etwa die Hälfte des in heißem Wasser gelösten Alauns bei 55 °C auskristallisiert. Diese Fraktion ist reich an Rubidium und Caesium. Durch Abkühlen der Mutterlauge auf Raumtemperatur wird eine zweite Fraktion gewonnen, die rubidiumarm ist und vorwiegend Kalium enthält. Nach einigen Kristallisationsvorgängen ist der Rubidium-Caesiumalaun praktisch kaliumfrei. Rubidium und Caesium werden über die sauren Tartrate getrennt. Nach diesem Verfahren lassen sich Rubidiumverbindungen mit Reinheiten von 99–99,9 % gewinnen.

Zur Gewinnung reiner Caesiumsalze aus Pollucit finden verschiedene Verfahren Anwendung. Der Aufschluss mit Flusssäure ermöglicht die höchste Ausbeute an Caesium. Aus Gründen der Arbeitssicherheit werden jedoch die Aufschlussverfahren mit Schwefelsäure, Bromwasserstoff oder Salzsäure bevorzugt. Nach einem in Kanada durchgeführten Verfahren wird der gemahlene Pollucit mit 35–40 %-iger Schwefelsäure bei 110 °C behandelt. Nach Filtration der unlöslichen Rückstände lässt man den Caesiumalaun auskristallisieren. Dieser wird anschließend unter Zuschlag von 4 % Kohle geröstet. Die Zersetzungsprodukte werden mit Wasser ausgewaschen. Mittels Ionenaustauscher wird das in der Lösung enthaltene Caesiumsulfat zu Caesiumchlorid umgesetzt, das nach Eindampfen der Lösung bei 260 °C getrocknet wird.

Das wichtigste Verfahren zur Herstellung von Rubidiummetall ist die Reduktion von Rubidiumchlorid, -hydroxid oder -carbonat mit Calcium, Lithium oder Magnesium. Sehr reines Rubidium erhält man durch thermische Zersetzung des Azids oder Hydrids. Caesiummetall wird durch Reduktion von Caesiumchlorid mit Calcium, Barium oder Lithium bei Temperaturen zwischen 700 und 800 °C im Vakuum hergestellt. Es kann auch durch Umsetzung von Caesiumhydroxid bzw. Caesiumcarbonat mit Magnesium und nachfolgender Vakuumdestillation hergestellt werden.

Caesium kann auch durch direkte Reduktion aus Pollucit hergestellt werden, wenn ein geringer Gehalt an Verunreinigungen nicht stört. Dazu wird das feingepulverte, bei 900 °C getrocknete Material im Vakuum mit der dreifachen Menge Calcium auf Temperaturen von 900 °C erhitzt. Das abdestillierende Caesium ist mit Rubidium und Calcium verunreinigt, die Ausbeuten liegen bei 85 % [12].

Rubidium und Caesium müssen wegen ihrer großen Affinität zu Sauerstoff und Wasser unter Luftausschluss aufbewahrt werden. Sie kommen gewöhnlich in evakuierten Ampullen in den Handel.

## 3.5 Calcium

Vor dem Zweiten Weltkrieg wurde Calcium hauptsächlich durch Schmelzflusselektrolyse von Calciumchlorid hergestellt. Heute ist das aluminothermische Verfahren vorherrschend.

Bei der Schmelzflusselektrolyse nach *Rathenau* und *Suter* scheidet sich das Metall an einer sogenannten Berührungskathode ab. Da die Kathode lediglich die Oberfläche der Schmelze berührt, erstarrt das abgeschiedene Metall schnell und wird durch eine Schmelzkruste gegen Oxidation geschützt. In Abhängigkeit von der sich bildenden Calciummenge wird die Kathode langsam höher gezogen, so dass ein Calciumstab entsteht. Das *Rathenau*-Verfahren wurde von den *Elektrochemischen Werken Bitterfeld* in die Technik eingeführt. Dort wurden Zellen mit einer Strombelastung von 0,9–2 kA betrieben. Eine größere 5 kA-Elektrolysezelle bestand aus einem rechteckigen, ausgemauerten Eisenkasten von etwa 1,5 m × 2,5 m Grundfläche und einem Fassungsvermögen von 1000 kg Schmelze. Als Elektrolyt diente ein sehr reines Gemisch aus 85 % $CaCl_2$ und 15 % KCl (Schmelzpunkt 650 °C). Die Zellenspannung betrug 25 V bei einer Zersetzungsspannung des $CaCl_2$ von 3,2 V. Der Energieverbrauch war mit 40–50 kWh/kg Ca sehr hoch. Die Betriebszeit einer solchen Zelle betrug 3–5 Monate.

Von den thermochemischen Verfahren zur Herstellung von Calcium wird heute praktisch ausschließlich die Hochtemperatur-Vakuumreduktion von Calciumoxid mit Aluminium durchgeführt. Dieses aus Laboruntersuchungen bekannte Verfahren wurde durch die *New England Lime Co.* (Connecticut) in den technischen Maßstab übertragen. Ein Gemisch aus feingemahlenem reinem Calciumoxid und Aluminiumpulver (5–20 % Überschuss) wird brikettiert. Die Briketts werden in hochtemperaturfesten Retorten unter Vakuum von weniger als 0,1 mbar auf 1100–1200 °C erhitzt. In dem außerhalb des Ofens befindlichen wassergekühlten Teil der Retorte kondensiert der Calciumdampf im Verlauf der sehr langsam ablaufenden, ca. 24 h dauernden Reaktion. Durch die laufende Entfernung des Calciums aus dem Gleichgewicht verläuft die Reaktion in der gewünschten Richtung. Nach diesem Verfahren werden Calciumblöcke mit einer Reinheit von 99 % gewonnen. Das Verfahren ist sehr energieintensiv, sowohl wegen der hohen Reaktionstemperaturen als auch wegen der Einsatzstoffe, die ebenfalls in energieintensiven Verfahren gewonnen werden.

Das erhaltene Calcium kann durch Vakuumdestillation gereinigt werden (Abb. 6). Dabei wird unter Vakuum von weniger als 0,1 mbar bei Temperaturen von

# 1 Alkali- und Erdalkalimetalle

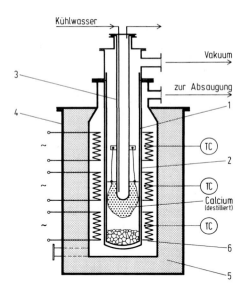

**Abb. 6** Destillationsofen für Calcium.
1 Einsatz, 2 Retorte, 3 Kondensator, 4 Mantel, 5 Wärmeisolierung, 6 Elektroheizung

900–925 °C gearbeitet. Unter diesen Bedingungen destilliert Calcium in den Kondensationsteil über. Die Destillation kann jedoch den Gehalt an flüchtigen Verunreinigungen, wie z. B. Magnesium, nicht reduzieren. Flüchtige Alkalimetalle können dagegen vom Calcium getrennt werden, indem man den Dampf über Oxide wie $TiO_2$, $ZrO_2$ oder $Cr_2O_3$ leitet, wobei sich die nicht flüchtigen Oxide des Natriums und des Kaliums bilden [8, 13].

Calcium wird in Form von Spänen und Granalien sowie in Stücken angeboten, und zwar in drei Reinheitsgraden: 97 %, 99,5 % und 99,9 % [14].

## 3.6
## Strontium und Barium

Während früher Strontianit, natürliches $SrCO_3$, eine größere Bedeutung als Rohstoff für die Herstellung von Strontiumverbindungen hatte, wird derzeit nahezu ausschließlich Cölestin, natürliches $SrSO_4$, verarbeitet. Es dient nach Entfernung toniger Verunreinigungen und der quarzartigen Gangart als Ausgangsverbindung für die Herstellung von $SrCO_3$. Cölestin kann entweder durch Reduktion über Strontiumsulfid oder durch direkte Umsetzung mit Soda, bzw. Ammoniumcarbonat zu Strontiumcarbonat verarbeitet werden.

Die Reduktion von fein gemahlenem Strontiumsulfat erfolgt bei 1100–1200 °C mit Kohle im Drehrohrofen. Das dabei erhaltene Strontiumsulfid wird im Gegenstrom mit heißem Wasser ausgelaugt. Nach Filtration wird aus der Lauge mit Kohlendioxid oder Soda das Carbonat gefällt.

$$\text{SrSO}_4 + 2\,\text{C} \longrightarrow \text{SrS} + 2\,\text{CO}_2 \qquad (13)$$

$$\text{SrS} + \text{CO}_2 + \text{H}_2\text{O} \longrightarrow \text{SrCO}_3 + \text{H}_2\text{S} \qquad (14)$$

Bei der direkten Umsetzung von Strontiumsulfat mit Soda trägt man den fein gemahlenen Cölestin in eine heiße Sodalösung ein. Das ausgefällte Rohprodukt ist unrein und muss in den meisten Fällen durch nochmaliges Auflösen in Säure, Neutralisation und Filtration der erhaltenen Lösung und anschließende Fällung gereinigt werden.

Ein alternativer Herstellungsprozess von $\text{SrCO}_3$ ist wie folgt :

$$\text{CaCO}_3 \longrightarrow \text{CaO} + \text{CO}_2 \qquad (15)$$

$$2\,\text{NH}_3 + \text{CO}_2 + \text{H}_2\text{O} \longrightarrow (\text{NH}_4)_2\text{CO}_3 \qquad (16)$$

$$\text{SrSO}_4 + (\text{NH}_4)_2\text{CO}_3 \longrightarrow \text{SrCO}_3 + (\text{NH}_4)_2\text{SO}_4 \qquad (17)$$

$$(\text{NH}_4)\text{SO}_4 + \text{CaCO}_3 \longrightarrow (\text{NH}_4)_2\text{CO}_3 + \text{CaSO}_4 \qquad (18)$$

Das nach obigen Verfahren hergestellte $\text{SrCO}_3$ wird wie bei der direkten Umsetzung mit Soda durch Auflösen in Säuren und anschließender Fällung gereinigt.

Aus Strontiumcarbonat kann durch mehrstündiges Erhitzen auf 1400–1500 °C im elektrisch beheizten Vakuumofen Strontiumoxid gewonnen werden, welches aluminothermisch zu Strontiummetall reduziert oder durch Auflösen in Wasser zu Strontiumhydroxid weiter verarbeitet werden kann.

# 4
# Verwendung

## 4.1
## Natrium und Kalium

Nur wenige chemische Stoffe werden in so weitgestreuten Anwendungsgebieten eingesetzt wie Natrium. Als Chemikalie ist es wegen seiner außergewöhnlichen chemischen Eigenschaften in vielen chemischen Prozessen unentbehrlich, als Metall findet es wegen seiner besonderen physikalischen Eigenschaften vielfältige Anwendung.

Das über lange Zeit wichtigste technische Anwendungsgebiet des Natriums war die Herstellung von metallorganischen Verbindungen. Mehr als die Hälfte des erzeugten Natriums in den 1980er Jahren wurde für die Herstellung von Bleitetramethyl und Bleitetraethyl (Antiklopfmittel für Vergaserkraftstoffe) verbraucht. Dabei wird Natrium mit Blei zu einer Legierung verschmolzen, die dann mit Ethylchlorid, Methylchlorid oder einer Mischung von beiden umgesetzt wird.

$$4\,\text{PbNa} + 4\,\text{C}_2\text{H}_5\text{Cl} \longrightarrow (\text{C}_2\text{H}_5)_4\text{Pb} + 3\,\text{Pb} + 4\,\text{NaCl} \qquad (19)$$

Mit Einführung des Autoabgaskatalysators und damit des bleifreien Benzins zuerst in den USA Anfang der 1970er Jahre ging die Nachfrage nach Natrium langsam, gegen Ende der 1970er Jahre dann stark zurück. Seit 1990 befindet sich der Verbrauch von Bleitetraethyl in den westlichen Industriestaaten, insbesondere in den USA und Canada, auf marginalem Niveau. Zahlreiche Anlagen wurden stillgelegt. Weltweit betrachtet ist Bleitetraethyl jedoch auch heute noch die größte Anwendung für Natriummetall, wenn auch mit weiter fallender Tendenz. Man rechnet mit Rückgängen um 10–15 % pro Jahr; der Einsatz von verbleitem Benzin ist überwiegend auf Entwicklungsländer beschränkt, die auf kostengünstige Treibstoffe angewiesen sind.

Auch die Verwendung von Natrium als Reduktionsmittel für die Herstellung von Titan aus Titantetrachlorid (Hunter-Verfahren) besitzt heute nicht mehr die selbe technische Bedeutung wie in den 1980er Jahren, da zunehmend Magnesium als Reduktionsmittel eingesetzt wird (Kroll-Prozess, vgl. Titan, Bd. 6a, Abschn. 2.2).

Natriummetall ist daher heute mehr Spezialchemikalie als Commodity und wird für eine Vielzahl von chemischen Produkten mit überwiegend kleiner Tonnage verwendet. Neben den bereits erwähnten Benzinadditiven sind dies:

- Natriumborhydrid
- Natriumamid
- Natriumazid
- Natriumcyanid
- Natriumalkoholate wie
  - methoxid
  - ethoxid
  - *tert*-butoxid
- Herbizide und Insektizide
- Farbstoffe
- Gummimischungen
- Aroma- und Duftstoffe

Von diesen Anwendungen ist Natriumborhydrid (s. auch Borverbindungen, Bd. 3, Abschn. 3.3) eine der wichtigsten. Dessen Anteil am Gesamtbedarf für Natriummetall in den USA in Höhe von ca. 30 000 t wird auf 35 % geschätzt (vgl. Tab. 6, [15]).

Die Herstellung erfolgt durch Reaktion von Natrium mit Wasserstoff zu Natriumhydrid, das daraufhin mit Trimethylborat zu Natriumborhydrid umgesetzt wird. Natriumborhydrid wird verwendet zur Herstellung von Natriumdithionit, das in der Zellstoff- und Papierindustrie als reduzierendes Bleichmittel für Zeitungs- und Hochglanzpapier eingesetzt wird. Auch Natriumborhydrid-Lösungen werden zur

**Tab. 6** Geschätze Verwendung von Natriummetall in den USA. Gesamtbedarf (USA) für 1999 und Folgejahre ca. 30 000 t/a [15].

| Verwendung | Anteil [%] |
| --- | --- |
| Natriumborhydrid | 35 |
| Produkte für die Landwirtschaft | 25 |
| Andere chemische Zwischenprodukte | 10 |
| Reduktion von Metallen | 8 |
| Verschiedenes | 22 |

Bleiche von Holzschliff für den Zeitungsdruck eingesetzt sowie um den Weißgrad von Recyclingpapieren zu erhöhen. Natriumborhydrid dient darüber hinaus als spezielles Reduktionsmittel zur Herstellung von Pharmazeutika und Feinchemikalien. Verschiedene andere Anwendungen betreffen z. B. die Schwermetallentfernung aus industriellen Abwässern, die chemische Reinigung und die Küpenfärbung von Baumwolle und Mischgeweben.

Außer für die Titanherstellung wird Natriummetall auch als Reduktionsmittel für Tantal, Zirconium und Hafnium eingesetzt. Andere Anwendungen im Bereich der Metallerzeugung beinhalten die Siliciumherstellung, die Raffination von Blei, Silber und Zink, die Zulegierung zu anderen Metallen, die Entzunderung von Stahl durch Natriumhydrid und die Verwendung als Fänger für Verunreinigungen beim Erschmelzen von Metallen.

Für eine Reihe hochselektiver organischer Reduktionsreaktionen unter milden Bedingungen wird Natrium als Reduktionsmittel verwendet. Es wird darüber hinaus für viele weiteren Reaktionen in der organischen Chemie eingesetzt. Dabei geht es häufig auch über seine Folgeprodukte Natriumhydrid, Natriumamid und die Natriumalkoholate in die Synthesen ein. Natriumhydrid, das bei etwa 300 °C aus den Elementen hergestellt wird, wird für Reduktionsreaktionen und besonders für Kondensationsreaktionen eingesetzt. Wichtig sind die Umsetzungen von Natriumhydrid mit Bor- und Aluminiumverbindungen zur Herstellung komplexer Bor- und Aluminiumhydride. Natriumaluminiumhydrid, $NaAlH_4$ ist ein in Tetrahydrofuran lösliches selektives Reduktionsmittel für organische Verbindungen mit funktionellen Gruppen. Es wird entweder aus den Elementen oder durch Umsetzung von NaH mit Aluminiumhalogeniden hergestellt. Natriumamid, $NaNH_2$, das durch Reaktion von Natrium mit Ammoniak gewonnen wird, ist ein hochbasisches Kondensationsmittel für die Synthese organischer Feinchemikalien (Alkylierungen), die Indigosynthese nach Heumann-Pfleger und zur Herstellung von Natriumazid für die Sprengstoffindustrie. Weitere wichtige Natriumfolgeprodukte sind die Alkoholate, die für viele organische Synthesen, vor allem in der pharmazeutischen Industrie, verwendet werden.

Darüber hinaus besitzt Natriummetall wegen seiner besonderen physikalischen Eigenschaften, vor allem der hohen Wärmeleitfähigkeit und hohen spezifischen Wärmekapazität, dem niedrigen Schmelzpunkt und dem großen Temperaturbereich der flüssigen Phase Bedeutung als Wärmeübertragungsfluid für Spezialanwendungen, z. B. in Kernreaktoren.

Weiterhin zu nennen ist die Natrium/Schwefel- und die Natrium/Nickelchlorid-Batterie, die in Zusammenhang mit Elektrofahrzeugen diskutiert wurden. Beide sind ähnlich aufgebaut und unterscheiden sich wesentlich von den bekannten Batterietypen: die Betriebstemperatur liegt im Bereich von 300 °C und sie benutzen $\beta$-Aluminiumoxid als keramischen Festelektrolyten, der Natriumionen leitet und für Elektronen ein Isolator ist. Die Reaktanden Natrium und Schwefel bzw. Nickelchlorid $NiCl_2$ gemischt mit Natriumaluminiumchlorid $NaAlCl_4$ liegen in geschlossenen Gefäßen getrennt durch den Festelektrolyten flüssig vor. Dem beim Entladen durch den äußeren Lastwiderstand fließenden Elektronenstrom entspricht ein durch den Festelektrolyten fließender Natriumionenstrom von der Natriumseite zur Schwefel- bzw. Nickelchloridseite, wo Natriumpolysulfid bzw. Natriumchlorid entstehen.

Die Natrium/Schwefel-Batterie wurde von *ABB* entwickelt und in Flottenversuchen erprobt. Später hat *ABB* die Entwicklung jedoch eingestellt. Die Natrium/Nickelchlorid-Batterie wurde von *AEG* bis zur Pilotfertigung entwickelt, ist jedoch heute ebenfalls nicht kommerziell verfügbar.

Der Gesamtverbrauch von Natriummetall weltweit wird auf kleiner 100000 t, Tendenz fallend, geschätzt. Die wichtigsten Hersteller sind *DuPont* in Niagara Falls (USA) mit einer Kapazität von ca. 50000 t/a, *Métaux Spéciaux* in Pomblière Saint-Marcel (Frankreich), 27000 t/a und *Mongolia Lantai Industrial Co.* (Wuhai, Innere Mongolei, China) mit 24000 t/a.

Kalium findet im Vergleich zu Natrium weniger vielfältige Anwendungen, da es in den meisten Fällen durch das weniger gefährliche und billigere Natrium ersetzt werden kann. Ein wichtiger Anwendungsbereich für Kalium sind allerdings Na/K-Legierungen. Diese wirken im allgemeinen stärker reduzierend als Natrium alleine und sind billiger als das reine Kalium, weswegen sie steigende Bedeutung als Reduktions- bzw. Kondensationsmittel bei der Synthese organischer Verbindungen gewinnen. Infolge des niedrigen Schmelzpunktes und der guten Wärmeleitfähigkeit werden die Legierungen auch als Wärmeübertragungsmedien benutzt. Weitere bedeutende Anwendungen für Kaliummetall sind die Herstellung von Kaliumalkoholaten und von Kaliumperoxid, das in Atemschutzgeräten eingesetzt wird. Der größte Hersteller von Kaliummetall, nach Übernahme der Firma *Callery Chemical* in 2003, ist heute die *BASF*, Produktionsstandort ist Evans City, PA/USA.

## 4.2
### Lithium und Lithiumverbindungen

Lithium findet weit mehr Anwendung in Form seiner Verbindungen als in elementarer Form. Der größte Teil des Lithiummetalls wird zur Herstellung von Organolithiumverbindungen, vor allem der Butyllithium-Isomere verwendet. Die industrielle Herstellung von Organolithiumverbindungen fußt auf einer von K. Ziegler und H. Colonius entdeckten Umsetzung von Alkylhalogeniden mit feinverteiltem Lithiummetall in einem organischen Lösemittel [16]:

$$\text{RHal} + 2\,\text{Li} \longrightarrow \text{RLi} + \text{LiCl} \tag{23}$$
$$\text{Hal} = \text{Cl, Br}$$

Lithiumorganyle unterscheiden sich von den analogen Verbindungen der anderen Alkali- und Erdalkalimetalle durch ihre gute Löslichkeit und Stabilität in Kohlenwasserstoffen oder Ethern. Über die Natur der chemischen Bindung C-Li gab es langjährige Diskussionen bezüglich des kovalenten oder ionischen Anteils. Heute geht man von überwiegend elektrostatischen Wechselwirkungen aus [17].

*n*- und *sec*-Butyllithium dienen als Initiatoren zur anionischen Polymerisation konjugierter Diene wie Butadien, Isopren und Styrol. Die mit Butyllithium hergestellten Synthesekautschuke sind durch eine definierte Stereoregularität gekennzeichnet (überwiegend 1,4-*cis*-Produkte) und besitzen eine gezielt steuerbare, enge Molekulargewichtsverteilung. Von besonderer Bedeutung sind Styrol-Butadien

Blockcopolymere (»SBR«), die durch bestimmte Kupplungsmittel zu thermoplastischen Elastomeren mit hoher Reiß- und Schlagfestigkeit verarbeitet werden können [18].

n-Butyllithium wie auch Hexyllithium werden weiterhin in der organischen Synthese als starke Basen für Deprotonierungen sowie zum Lithium-Halogenaustausch verwendet.

Eine geringere technische Bedeutung haben tert- und iso-Butyllithium sowie Methyl-, Ethyl- und Phenyllithium erlangt, die jeweils zur Einführung des Organorestes in organische und heteroelementorganische Verbindungen dienen [18a].

Daneben wird Lithiummetall (in nennenswerten Mengen) mit Wasserstoff zu Lithiumhydrid umgesetzt. Lithiumhydrid, vor allem aber komplexe Hydride wie Lithiumaluminiumhydrid, $LiAlH_4$, und Lithiumborhydrid, $LiBH_4$, finden Anwendung als selektive Reduktionsmittel in der organischen Synthese [19].

Lithiumcarbonat, das Ausgangsprodukt für die Herstellung aller übrigen Lithiumverbindungen, wird in der Glas-, Email- und Keramikindustrie als Flussmittel eingesetzt. Es findet ebenfalls als Zusatz zum Schmelzelektrolyten für die Aluminiumherstellung Verwendung, wobei es den Schmelzpunkt des Elektrolyten sowie seine Dichte und Viskosität herabsetzt und die elektrische Leitfähigkeit um ca. 10% erhöht. Dadurch ergeben sich eine niedrigere Temperatur der Schmelze, Energieeinsparung und verringerte Fluoremissionen. Als Bestandteil von Zementmischungen und Bauklebern bewirkt es eine beschleunigte Aushärtung.

Von wachsender Bedeutung ist reines, vorzugsweise gemahlenes Lithiumcarbonat als Lithiumquelle für die Herstellung von Lithiummetalloxiden, die als Kathodenmassen für Lithiumionenbatterien dienen. Für Anwendungen in der portablen Elektronik hat Lithiumcobaltoxid, $LiCoO_2$, eine überragende Bedeutung erlangt, während zukünftig auch gemischte Lithium-Nickel/Cobaltoxide sowie Lithiummanganspinell, $LiMn_2O_4$, eingesetzt werden könnten [20a]. Die hohe Hygroskopizität des Lithiumchlorids wird in Gastrocknungsanlagen ausgenutzt. Der größte Teil des hergestellten Lithiumchlorids wird jedoch für die Gewinnung von Lithium durch Schmelzflusselektrolyse eingesetzt. Ferner findet es als Bestandteil von Flussmitteln und Tauchbädern für das Schweißen und Löten von Aluminium- und Leichtmetalllegierungen Verwendung.

Lithiumhydroxid wird zur Herstellung von Schmierfetten verwendet. Etwa 40% der heute in Kraftwagen und Landmaschinen benutzten Fette enthalten Lithiumstearate. Diese Fette behalten eine ausreichende Viskosität bei Arbeitstemperaturen bis zu 200 °C und sind andererseits praktisch wasserunlöslich.

Lithiumnitrat bildet mit Kaliumnitrat ein niedrig schmelzendes Eutektikum und wird als solches unter den Markennamen Sabalith™ für die Salzbadvulkanisation von Gummimischungen verwendet.

In der Metallurgie wird elementares Lithium zur Raffination von Metallschmelzen benutzt, um zu desoxidieren, zu entschwefeln, zu entkohlen und zu entgasen. Ein geringer Zusatz von 0,005% Lithium führt beim Kupferguss zur Kornverfeinerung und zur Erhöhung der elektrischen Leitfähigkeit. In Lithium-Aluminium-Legierungen führt ein Anteil von 3% Lithium zu einer erheblichen Verbesserung von Materialeigenschaften wie Zugfestigkeit, Elastizität und Ermüdungsfestigkeit im

Vergleich zu anderen Aluminiumlegierungen. Im Flugzeugbau ist vor allem die Gewichtsersparnis von ca. 10%, die entsprechend mehr Nutzlast oder weniger Treibstoffverbrauch mit sich bringt, von Bedeutung.

Wegen seines hohen elektrochemischen Äquivalents und seines niedrigen elektrochemischen Potentials findet Lithiummetall in neuerer Zeit zunehmendes Interesse als Lösungsanode in elektrochemischen Stromquellen hoher Energiedichte. Als Kathoden für solche, nicht wiederaufladbaren Batterien finden Braunstein, $MnO_2$, Thionylchlorid, $SO_2Cl_2$, sowie Kohlenstoffmonofluorid, $(CF)_x$ Verwendung. Wiederaufladbare Lithiumbatterien mit Metallanode sowie speziellen Polymerelektrolyten befinden sich am Beginn der Kommerzialisierung. Dagegen haben wiederaufladbare Batterien, bei denen das Lithiummetall der Anode durch Kohlenstoff mit grafitischer Struktur ersetzt ist (s. Abb. 7), einen beispiellosen Markterfolg erlebt. Die wegen ihrer Li-Metallfreiheit als »Lithiumionenbatterien« bezeichneten Akkumulatoren wurden von der Firma *Sony* Anfang der 1990er Jahre für Anwendungen im Bereich portabler Elektronik markteingeführt. Heute besitzen sie für diese Anwendungen eine dominierende Bedeutung und haben die Konkurrenzsysteme Nickel-Cadmium und Nickel-Metallhydrid weit abgehängt. Es wird erwartet, dass Lithiumionenbatterien zukünftig auch für elektrisch und hybrid-elektrisch getriebene Straßenfahrzeuge Verwendung finden werden [20, 21].

Lithiumionenbatterien weisen Insertionsmaterialien als elektrochemisch aktive Komponenten auf. Neben der erwähnten Graphitanode sind dies Lithiummetalloxide, z. B. $LiCoO_2$, $LiMn_2O_4$, $LiFePO_4$, die kathodisch geschaltet sind (die genannte Polarität gilt für den Entladevorgang). Je nach Kathodenmaterial liegt die Zellspannung zwischen etwa 2,5 und 4 V. Dieser Wert liegt über der Zersetzungsspannung von Wasser, weshalb wässrige Elektrolyte nicht einsetzbar sind. Vielmehr werden im allgemeinen Lösungen bestimmter fluorierter Lithiumsalze wie $LiPF_6$, $LiBF_4$

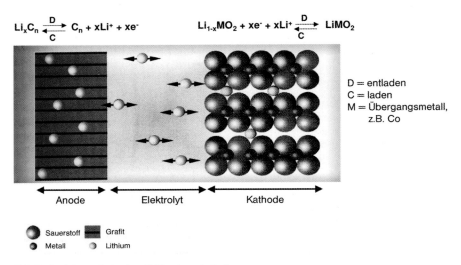

**Abb. 7** Funktionsprinzip einer Lithiumionenbatterie.

oder LiN(SO$_2$CF$_3$)$_2$ in polaren organischen Lösemitteln, häufig Mischungen zyklischer und offenkettiger Kohlensäureester, verwendet [22]. Als Ersatz für giftige und sicherheitstechnisch bedenkliche Produkte werden Lithiumchelatoborate, z. B. Lithium-bis(oxalato)borat (»LiBOB«) untersucht [23].

Eine Schlüsselstellung kommt Lithium und seinen Verbindungen ferner als Tritiumquelle bzw. als Wärmeübertragungsmedium bei dem in Entwicklung befindlichen Fusionsreaktor zu [1].

## 4.3
## Rubidium und Caesium

Elementares Rubidium wird nur in geringem Umfang für spezielle Zwecke verwendet, z. B. in Magnetometern und Quecksilberschaltern (Rb-Amalgam) sowie als Gettermaterial in Vakuumröhren.

Rubidiumverbindungen finden Verwendung in der Medizin, für Festkörperlaser, Leuchtstoffe (Rb-Aluminat), Molekularsiebe zur Wasserstoffadsorption, zur Glashärtung durch Ionenaustausch und als Elektrolytbestandteil für Brennstoffzellen. Silberrubidiumiodid, RbAg$_4$I$_5$, besitzt eine hohe Ionenleitfähigkeit, die es als Festelektrolyt für Primär- und Sekundärelemente und als elektrographisches Bildaufzeichnungsmaterial geeignet macht.

Elementares Caesium wird bis heute nicht in großen Mengen verwendet. Haupteinsatzgebiet ist die Verwendung als Frequenzstandard in Atomuhren. Im internationalen Einheitensystem SI ist eine Sekunde definiert als das 9 192 631 770-fache der Periodendauer der dem Übergang zwischen den beiden Hyperfeinstrukturniveaus des Grundzustandes von Atomen des Nuklids $^{133}$Cs entsprechenden Strahlung. Da zur Generierung dieser Referenzfrequenz geringste Mengen Caesium ausreichen, erklärt sich der begrenzte Umfang des Marktes von wenigen Kilogramm pro Jahr.

Kommerziell verfügbare Verbindungen von Caesium umfassen Caesiumhydroxid, -sulfat, -nitrat, -carbonat, -formiat sowie die Halogenide. Die Produkte sind in Reinheiten bis zu 99,999 % erhältlich und finden vielfältige Anwendungen in industriellem Maßstab.

Aufgrund seiner starken Emission im Nahinfrarot-Bereich wird Caesiumnitrat als Oxidationsmittel in Leuchtraketen (»Flares«) einerseits zur strategischen Gefechtsfeldbeleuchtung und andererseits zur Abwehr wärmegesteuerter Raketen eingesetzt [24].

Große Mengen von Caesiumformiat werden als Bohr- und Komplettierungsflüssigkeiten für Hochtemperatur/Hochdruck-Bohrungen zur Offshore Erdöl- und Erdgasförderung eingesetzt. Diese Anwendung profitiert von der Nichttoxizität des Caesiumformiats. Weitere Vorteile sind die hohe Dichte (bis 2,3 g/ml), die Hochtemperaturstabilität und Nichtkorrosivität sowie die Tatsache, dass beim Einsatz im Bohrloch auf Feststoffadditive verzichtet werden kann [25, 26].

Caesiumaluminiumfluorid ist ein wichtiger Bestandteil in Flussmitteln für das Löten von Aluminiumbauteilen mit hohem Magnesiumanteil. Diese Bauteile werden in der Automobilindustrie in Wärmetauschern von Klimaanlagen eingesetzt.

Ein Vorteil von Caesiumaluminiumfluorid gegenüber konventionellen Flussmitteln (KAlF$_4$) ist der um etwa 100 °C niedrigere Schmelzbereich.

Hochreines Caesiumiodid wird in der Medizintechnik aufgrund seiner Szintillationseigenschaften eingesetzt. In Röntgendetektoren werden eingehende Röntgenstrahlen mit hoher Ortsgenauigkeit in einer Schicht bestehend aus parallel ausgerichteten Caesiumiodid-Kristallnadeln in sichtbares Licht umgewandelt. Die Lichtsignale werden von Photodioden, die den späteren Pixeln entsprechen, in digitale Signale umgewandelt und auf einem Bildschirm ausgegeben.

In der organischen Synthese werden Salze wie Caesiumcarbonat oder Caesiumfluorid als Basen eingesetzt. Im Vergleich zu den analogen Alkalisalzen können häufig höhere Ausbeuten unter milderen Bedingungen und nach kürzeren Reaktionszeiten gewonnen werden.

Die Salze Caesiumnitrat, Caesiumhydroxid oder Caesiumsulfat werden als Promotoren in verschiedenen industriellen Katalysatorsystemen eingesetzt. Zu derartig katalysierten Prozessen zählen zum Beispiel die Schwefelsäure- [27, 28], die Ammoniak- sowie die Polyolsynthese.

## 4.4
## Calcium

Calcium wird als Reduktionsmittel bei der Herstellung von Beryllium, Chrom, Zirkonium, Thorium, Vanadium und Uran verwendet. Ferner wird es als Raffinationsmittel für Stahl, Aluminium und andere Metalle eingesetzt. Wegen seiner hohen Affinität zu Sauerstoff, Schwefel und anderen störenden Verunreinigungen findet es in Form von Ca/Al-, Ca/Si-, Ca/Mn/Si-, Ca/Ti/Si- und Ca/Si-Mehrstofflegierungen in der Metallurgie Verwendung (vgl. Stahlveredler, Bd. 6a).

Calcium wird auch als Desoxidationsmittel zur Kupferraffination verwendet, um eine hohe Leitfähigkeit des Kupfers zu erzielen. Zur Bleiraffination nach dem Kroll-Betterton-Verfahren wird Calcium entweder allein oder mit Magnesium zur Entfernung von Bismut verwendet. Als Legierungszusatz zu aushärtbaren Pb-Legierungen, die für Kabelhüllen, Batterieplatten und ähnliche Zwecke benutzt werden, spielt Calcium eine wichtige Rolle. Es wird auch zum Trocknen von Alkoholen, Aminen und Ölen, zur Raffination und Entschwefelung von Erdöl, als Hilfsmittel bei der Synthese organischer Produkte und zur Reinigung von Edelgasen verwendet [29].

## 4.5
## Strontium, Barium und ihre Verbindungen

Strontiummetall hat nur geringe technische Bedeutung. Es findet Verwendung bei der Veredelung von Leichtmetalllegierungen, zum Härten von Blei und zur Herstellung von Spezialstählen. Ferner verwendet man Strontium zur Herstellung von Blei-Strontium-Legierungen, von Platten für Automobilbatterien und zur Modifizierung der Struktur von eutektischen Aluminium-Siliciumlegierungen.

Die wichtigste Strontiumverbindung ist Strontiumcarbonat. Da Strontiumverbindungen die Eigenschaft haben, Röntgenstrahlen zu absorbieren, wird SrCO$_3$ für die

Herstellung strahlungssicherer Bildschirme in Farbfernsehröhren eingesetzt. In Kombination mit $BaCO_3$ wird $SrCO_3$ bei der Fertigung des Frontglases der Bildröhre verwendet, während im Trichterglas Bleioxid zur Absorption der Röntgenstrahlung eingesetzt wird. Ein weiteres Anwendungsgebiet von Strontiumcarbonat ist die Herstellung von Hartferriten, die u. a. für Kleinmotoren in der Automobilindustrie Verwendung finden. Bei der elektrolytischen Zinkraffination dient das Strontiumcarbonat zur Entfernung von Bleiverunreinigungen aus dem Elektrolyten. Strontiumchromat wird aus Strontiumcarbonat hergestellt und als Korrosionsschutzpigment in der Farben- und Lackindustrie eingesetzt. Der Einsatz von Strontiumcarbonat in Glasuren und Spezialgläsern gewinnt zunehmend an Bedeutung. Strontiumnitrat wird in Feuerwerkssätzen verwendet und ist Bestandteil von Signalraketen (rote Flammenfärbung). Geringe Mengen an besonders reinem Strontiumsulfid finden in der Kosmetik oder als Leuchtstoff Verwendung.

Reines Bariummetall wird vorwiegend in Elektronenröhren als Gettermaterial sowie zur Aktivierung von Elektroden benutzt. Es kann auch als Desoxidationsmittel zur Herstellung hochreiner Metalle, z. B. Kupfer, verwendet werden.

Vergleichbar mit Strontiumcarbonat hat die kohlensaure Verbindung des Bariums die größte technische Bedeutung, wobei die Hauptanwendung ebenfalls die Herstellung von Frontgläsern in Farbfernsehröhren ist. $BaCO_3$ wird auch hier zur Absorption der Kathodenstrahlung eingesetzt. Aufgrund der geringen Löslichkeit von Bariumsulfat wird $BaCO_3$ zur chemischen Bindung von Sulfaten bzw. zur Entfernung von löslichen Sulfaten verwendet. Als größte Anwendung zur Fixierung von löslichen Sulfaten ist die Herstellung von Tonziegeln und keramischen Produkten zu nennen, wodurch Ausblühungen, bedingt durch lösliche Sulfate im Tonrohstoff verhindert werden (vergl. Keramik, Bd. 8). Bariumcarbonat dient auch zur Fällung von Sulfationen aus Salzsolen für die Chloralkalielektrolyse, Rohphosphorsäure, Weinsäure und sulfathaltigen Abwässern. Der Zusatz von $BaCO_3$ in Glasuren erhöht die Härte und die Auslaugbeständigkeit der Glasuren. Weitere Verwendungsgebiete sind die Emailherstellung, Elektrokeramik (Bariumtitanat) und die Magnetkeramik (Bariumferrite).

Natürliches Bariumsulfat wird in großem Umfang bei Erdölbohrungen zur Herstellung eines Bohrschlammes hoher Dichte eingesetzt. Über Bariumsulfid oder $BaCO_3$ synthetisch hergestelltes Bariumsulfat (Blanc fixe) dient als Füllstoff in der Farben-Lack- und Druckfarbenindustrie. Es findet weiterhin Einsatz als Streichpigment zur Veredelung von Papieroberflächen sowie als Füllstoff in Klebstoffen, Kunststoffen und der Gummiindustrie. Ein weiteres Beispiel für die Anwendung von chemisch gefälltem Bariumsulfat ist der Zusatz in Bleiakkumulatoren, wo Blanc fixe als Kristallisationskeim dient. Sonderqualitäten von Blanc fixe werden in der Medizin als Röntgenkontrastmittel verwendet.

Bariumsulfid tritt meistens als Zwischenprodukt bei der Herstellung von Bariumsulfat, Lithopone und Bariumcarbonat auf. Bariumchlorid dient als Ausgangsprodukt zur Herstellung spezieller Bariumverbindungen. Bariumnitrat und Bariumchlorat werden in Feuerwerkskörpern zur Erzielung grüner Flammenfärbungen verwendet. Bariumhydroxid wie auch Bariumoxid dienen als Grundstoffe zur Herstellung von organischen Bariumverbindungen, z. B. Öladditive [30, 31].

## 5
**Sicherheit und Umweltschutz**

Die Alkalimetalle sowie die Erdalkalimetalle können sicher gehandhabt werden, wenn sie unter inerter Atmosphäre oder in inerten Flüssigkeiten aufbewahrt und verarbeitet werden. Beim Umgang mit Alkali- und Erdalkalimetallen stellt vor allem die unkontrollierte Umsetzung mit Säuren, Wasser, niedrig siedenden Alkoholen und organischen Halogenverbindungen eine Gefahrenquelle dar. Diese Stoffe sind daher bei Transport, Lagerung und Verarbeitung von Alkali- und Erdalkalimetallen fernzuhalten.

Zur Löschung der brennenden Metalle sind die speziell für Metallbrände (Brandklasse D) entwickelten und zugelassenen Löschpulver der Klasse PU, aber im allgemeinen (Ausnahme: Lithium) auch trockener Sand, Zement, trockenes Kochsalz und wasserfreie Soda geeignet. Für reine Natriumflächenbrände ist ein spezieller Blähgrafit als Löschmittel empfehlenswert. Nicht verwendet werden dürfen Feuerlöscher, die Schaum und Halogenkohlenwasserstoffe (z. B. Tetrachlorkohlenstoff) oder $CO_2$ als Löschmittel enthalten. Für die Brandbekämpfung im Falle Lithiummetall scheiden oxidbasierte Löschmittel wie Sand, Kalksteinmehl oder Zement aus, d. h. es sind Pulverlöscher mit trockenem Kochsalz zu verwenden.

Ein besonders strenger Brandschutz muss bei der Verarbeitung von Alkali- und Erdalkalimetallen in Gegenwart leicht entflammbarer Lösemittel eingehalten werden, da zu der Brandgefahr durch das Metall die weitaus höhere Gefährdung durch Entzündung des Lösemittels oder seiner Dämpfe kommt.

Die Verbrennung der Alkali- und Erdalkalimetalle verläuft unter erheblicher Rauchentwicklung. Die hierbei gebildeten Aerosole enthalten feinste Partikel aus Alkali/Erdalkalioxiden bzw. -carbonaten, die sich nur schwer auswaschen oder filtrieren lassen. Für ihre Entfernung sind daher Brink-Filter oder eine Aerosolabscheidung durch Zentrifugalagglomeration erforderlich. Bei normaler Luftfeuchte oxidieren die Alkali- bzw. Erdalkalimetalle an der Oberfläche mehr oder minder rasch zu Oxiden und/oder Hydroxiden (Lithium wird zunächst nitridiert), die ihrerseits mit dem Kohlendioxid der Luft weiterreagieren. Die stark alkalischen Stoffe dürfen nicht mit dem menschlichen Körper in Berührung kommen. Besonders gefährdet sind Schleimhäute und Augen wegen der starken Verätzungsgefahr. Daher sind beim Umgang mit diesen Metallen stets Schutzbrille, Handschuhe und Schutzkleidung zu tragen. In besonderen Fällen ist ein zusätzlicher Gesichtsschild erforderlich. Die Schutzkleidung muss aus flammhemmendem Gewebe (FPT = fire-proof textile) hergestellt sein.

## 6
**Verpackung und Versand**

Die Alkali- und Erdalkalimetalle sind wie auch deren Hydride (z. B. Lithiumhydrid, Lithiumaluminiumhydrid) in die Gefahrgutklasse 4.3 mit dem Gefährlichkeitsmerkmal Verpackungsgruppe I eingestuft (GGVSE[ADR/RID], IMDG-Code, IATA-

DGR). Sie dürfen nur in speziellen nach UN-Vorschriften geprüften und zugelassenen Verpackungen verschickt werden. Es gelten für den Transport über See bestimmte Stauvorschriften auf den Schiffen. Der Transport im Frachtraum von Passagiermaschinen ist untersagt. Die Mengen, die pro Packstück von diesen Stoffen im Frachtflugzeug mitgeführt werden dürfen, sind sehr begrenzt.

Lithiumalkyle werden in die Gefahrgutklasse 4.2 mit der Nebengefahr 4.3 eingestuft. Auch für diesen Verbindungstyp gilt das stärkste Gefährlichkeitsmerkmal Verpackungsgruppe I, d.h. es dürfen nur bestimmte geprüfte und zugelassene Verpackungen eingesetzt werden. Für Lithiumalkyle gelten ab einer zu transportierenden Menge von 1000 kg in Tanks mit einem Inhalt von mehr als 3000 l Transportbeschränkungen auf der Straße. Lithiumalkyle sollen ab einer bestimmten Menge – wenn irgend möglich – mit der Eisenbahn befördert werden. Ist ein Transport auf der Schiene nicht zu realisieren, so muss eine Fahrwegsgenehmigung erwirkt werden, d.h. es wird eine bestimmte Fahrroute festgelegt, die unbedingt einzuhalten ist. Für den Seetransport sind auf den Schiffen vorgeschriebene Stauvorschriften einzuhalten. Das Material darf nur an Deck geladen werden. Der Flugzeugtransport ist für Lithiumalkyle gänzlich untersagt.

Auch Lithiumzellen und -batterien sind Gefahrgüter. Sie sind eingestuft in Klasse 9 mit dem Gefährlichkeitsmerkmal Verpackungsgruppe II. Sie müssen in geprüfter und zugelassener Verpackung verschickt werden. Sowohl für Lithiumprimärbatterien wie auch Lithiumionenbatterien existiert eine große Anzahl an Sondervorschriften. Auch wenn die Lithiumbatterien oder -zellen in Ausrüstungsgegenstände eingebaut sind, sind diese Gegenstände Gefahrgüter der Klasse 9 mit dem Gefährlichkeitsmerkmal Verpackungsgruppe II.

Von den gebräuchlichsten anorganischen Alkalimetallsalzen sind nur einige wie die Nitrate, Hydroxide und Fluoride als Gefahrgut eingestuft. Diejenigen Salze, die als Gefahrgut deklariert sind, müssen in geprüfter und zugelassener Verpackung versandt werden.

# 7
# Literatur

1 Wietelmann, U., Bauer, R. J., Lithium and Lithium Compounds, in *Ullmann's Encyclopedia of Industrial Chemistry*, 6. Aufl., Wiley-VCH, Weinheim **1998**.
2 http://minerals usgs. gov/minerals/pubs/commodity/lithium/ (Stand 2003).
3 Krettler, A. in *Ullmann's*, Bd. 13, **1977**, S. 441.
4 Hollemann, A. F., Wiberg, E., *Lehrbuch der Anorganischen Chemie*, deGruyter, Berlin.
5 Cotton, F. A., Wilkinson, G., *Advanced Inorganic Chemistry*, 6. Aufl. Wiley-Interscience, New York **1999**.
6 Whaley, T. P., in *Comprehensive Inorganic Chemistry* (Hrsg.: Bailar Jr., J. C., Ermeléus, H. J:, Nyholm, Sir R., Trotman-Dickenson, A. F.), Bd. 1, Pergamon Press, Oxford, **1973**, S. 369.
7 Kirk-Othmer, *Encyclopedia of Chemical Technology*, 2. und 3. Aufl., Wiley, New York.
8 Kunesh, C. J., in [7], 3. Aufl., Bd. 4, **1978**, S. 412.
9 Kunz, W., Klencz, P., in [1], Bd. 17, **1979**, S. 143.
10 Pickhart, P., in *Chemische Technologie* (Hrsg.: Winnacker, K., Küchler, L.),

3. Aufl., Bd. 6, Hanser Verlag, München, **1973**.
11  Hoechst AG, Merkblatt Kalium-Metall, **1983**.
12  Bick, M., Prinz, H., Cesium and Cesium Compounds, in *Ullmann's Encyclopedia of Industrial Chemistry*, 6., elektronische Auflage, Wiley-VCH, Weinheim **2002**.
13  Schaufler, G., in *Ullmann's Enzyclopädie der technischen Chemie*, 3. Aufl., Bd. 4, Urban & Schwarzenberg, München, **1953**, S. 830.
14  Gesellschaft für Elektrometallurgie, Merkblatt Calcium-Metall.
15  Mannsville Chemical Products Synopsis, Sodium, Adams, NY/USA, May **1999**.
16  Ziegler, K. Colonius, H., *Justus Liebigs Ann. Chem.* **1930**, *476*, 135.
17  Streitwieser, A., Bachrach, S. M., Dorigo, A., Schleyer, P.v.R., in *Lithium Chemistry – a theoretical and experimental overview* (Hrsg.: Sapse, A.-M., Schleyer P.v.R.), Wiley, New York **1995**.
18  Parshall, G. W., Ittel, S. D., *Homogenous Catalysis*, 2. Aufl., Wiley, New York, **1992**.
18a Clayden, J., Organolithiums: *Selectivity for Synthesis, Tetrahedron Org. Chem. Sec. 23*, Pergamon Press, Amsterdam, **2002**.
19  Rittmeyer, P., Wietelmann, U., Hydrides, in *Ullmann's Encyclopedia of Industrial Chemistry*, 5. Aufl., Bd. A13, Wiley-VCH, Weinheim **1989**, S. 199–226.
20  *Handbook of Batteries* (Hrsg.: Linden, D., Reddy, T. B.), 3. Aufl., McGraw-Hill, New York **2003**.
20a Winter, M., Besenhard, J. O., Spahr, M. E., Novák, P., *Adv. Mater.* **1998**, *10*, 725–763.
21  Srinivasan, V., Lipp, L., *J. Electrochem. Soc.* **2003**, *150*, K15-K38.
22  Winter, M., Besenhard, O., *Chemie in unserer Zeit* **1999**, *33*, 320–332.
23  Chen, J., Buhrmester, C., Dahn, J. R., *Electrochem. Solid-State Lett.* **2005**, *8*, A59-A62.
24  US Patent 6,230,628, Infrared illumination compositions and articles containing the same.
25  Howard, S. K., *Formate Brines for Drilling and Completion: State of the Art*, SPE 30498, *SPE Annual Technical Conference & Exhibition*, Dallas **1995**.
26  Saasen, A., Jordal, O. H., Burkhead, D., Berg, P. C., Loklingholm, G., Pedersen, E. S., Turner, J., Harris, M. J., *Drilling HT/HP Wells Using a Formate Based Drilling Fluid*; SPE 74541, *IADC/SPE Drilling Conference*, Dallas **2002**.
27  Sulfuric Acid and Sulfur Trioxide, in *Ullmann's Encyclopedia of Industrial Chemistry*, 6., elektronische Auflage, Wiley-VCH, Weinheim **2002**.
28  Villadsen, J, Livbjerg, H., *Catal Rev. – Sci. Eng.* **1978**, *17(2)*, 203–272.
29  Planet-Wattohm: Merkblatt Calcium und -Legierungen.
30  Kunesh, C. J., Kirkpatrick, T., in [7], 3. Aufl., Bd. 3, **1978**, S. 457.
31  Emley, F., Simoleit, H., Walter, L., in *Ullmann's*, Bd. 8, **1974**, S. 301.

# 2
# Zirconium und Hafnium

*Gunther Maassen*

| | | |
|---|---|---|
| **1** | **Vorkommen und Rohstoffe** | *36* |
| 1.1 | Erzaufschluss *37* | |
| 1.2 | Abtrennung von Hafnium *38* | |
| **2** | **Herstellung von Zirconium- und Hafniummetall** | *38* |
| **3** | **Verarbeitung von Zirconium- und Hafniummetall** | *39* |
| 3.1 | Verformung von Zirconium und Hafnium und deren Legierungen | *39* |
| 3.2 | Fügetechniken *40* | |
| **4** | **Zirconiumlegierungen** | *40* |
| **5** | **Eigenschaften und Verwendung** | *41* |
| **6** | **Recycling** | *42* |
| **7** | **Wirtschaftliches** | *42* |
| **8** | **Literatur** | *43* |

Winnacker/Küchler. *Chemische Technik: Prozesse und Produkte.*
Herausgegeben von Roland Dittmeyer, Wilhelm Keim, Gerhard Kreysa, Alfred Oberholz
*Band 6b: Metalle.*
Copyright © 2006 WILEY-VCH Verlag GmbH & Co. KGaA, Weinheim
ISBN: 3-527-31578-0

## 1
## Vorkommen und Rohstoffe

Zirconium steht mit einem Gehalt von 200–300 ppm in der Erdkruste an 20. Stelle in der Häufigkeitsskala der Elemente. Alle Zirconiumminerale enthalten bezogen auf Zr etwa 0,5–2 % Hf, nur in Einzelfällen wie z. B. im Alvit, finden sich höhere Hafnium-Konzentrationen. Von etwa 50 zirconiumhaltigen Mineralien hat nur der Zirkon ($ZrSiO_4$) Bedeutung erlangt und wird in großen Mengen gewonnen. Er kommt als Begleitmaterial in vielen Gneisen, Graniten und Nephelinsyeniten vor. Wegen seiner großen chemischen Resistenz und der relativ hohen Dichte reichert sich Zirkon nach der Verwitterung der Muttergesteine in Form von sog. Schwersanden an, die in erheblichen Mächtigkeiten auftreten können. Die zuerst entdeckten großen Zirkonvorkommen an der Ostküste Australiens reichen von Queensland bis etwa Newcastle in New South Wales. Weitere Vorkommen liegen in den USA in Florida und Georgia sowie in Südafrika an der Richard's Bay.

Neben Zirkon spielen andere Zirconiumminerialien nur eine untergeordnete Rolle. Baddeleyit, $ZrO_2$, wird hauptsächlich in Brasilien gewonnen, während Eudialit, ein komplexes Zr-Silicat mit etwa 14 % $ZrO_2$, in der Ukraine abgebaut wird. Das in den Zirconiumminerialien stets enthaltene Hafnium wird, da es ein starker Neutronenabsorber ist, abgetrennt, wenn das Zirconiummetall für Hüllrohre der Brennelemente in Kernreaktoren bestimmt ist. Hafnium findet in geringem Umfang Anwendung als Neutronenabsorber in der Nukleartechnik und bei der Herstellung von Legierungen.

Hauptmineralien:
Alvit      [(Hf, Th, Zr) $SiO_4 H_2O$],
Baddeleyit $ZrO_2$,
Eudialit   $(Na, Ca, Fe)_6 Zr[(OH,Cl)|(Si_3O_9)_2]$,
Thortveitit $(Sc, Y)_2 [Si_2O_7]$ und
Zirkon     ($ZrSiO_4$)

Eine Übersicht über Zirconiumreserven und -fördermengen findet sich in Tabelle 1.

**Tab. 1** Zirconiumreserven und -fördermengen

| Zirkonium | Fördermengen 2004 (in 1000 t) | Reserven in Mio. t |
|---|---|---|
| USA | – nicht veröffentlicht | 5,3 |
| Australien | 450 | 30 |
| Brasilien | 22 | 4,6 |
| P. R. China | 15 | 3,7 |
| Indien | 20 | 3,8 |
| Süd Afrika | 302 | 14 |
| Ukraine | 35 | 6,0 |
| Andere | 11 | 4,1 |
| Total ohne USA | 860 | 72 |

Die Fördermenge stieg im Jahr 2004 gegenüber 2002 um ca. 10 % an.
Die weltweiten Hafniumreserven werden auf mehr als $1 \cdot 10^6$ t geschätzt.

## 1.1
## Erzaufschluss

Zirconiumtetrachlorid wird heute fast ausschließlich durch Chlorieren von Zirkon in Gegenwart von Kohlenstoff im Fließbett bei 1000 °C hergestellt.

$$ZrSiO_4 + 4\ C + 4\ Cl_2 \longrightarrow ZrCl_4 + SiCl_4 + 4\ CO$$

Als Nebenprodukt fällt dabei $SiCl_4$ an, das für die Herstellung von Siliciumverbindungen verwendet wird (vgl. Siliciumverbindungen, Bd. 3). Wegen der hohen Sublimationstemperatur von $ZrCl_4$ lassen sich die Verunreinigungen $TiCl_4$, $SiCl_4$, $AlCl_3$ und $FeCl_3$ leicht abtrennen: eine Abtrennung von Hafniumtetrachlorid ist auf rein physikalischem Wege jedoch kaum erreichbar. Nach dem derzeitigen Trennverfahren durch Flüssig/Flüssig-Extraktion muss die kostspielige Chlorierung zu $ZrCl_4$ ein zweites Mal durchgeführt werden, wie Abbildung 1 zeigt.

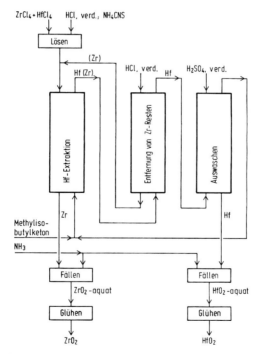

**Abb. 1** Grundfließbild der Zr/Hf-Trennung [2].

## 1.2
## Abtrennung von Hafnium

Für nukleare Anwendung muss der Hafniumgehalt im Zirconium unter 50 ppm gesenkt werden, um einen niedrigen Einfangquerschnitt des Metalls für thermische Neutronen zu erzielen. Für Anwendungen in der chemischen Industrie, in der Zirconium wegen seiner Korrosionsbeständigkeit zunehmend eingesetzt wird, ist eine Abtrennung nicht erforderlich. Von den verschiedenen Verfahren zur Abtrennung des Hafniums hat sich bisher nur die Flüssig/Flüssig-Extraktion durchgesetzt (vgl. Abb. 1). Dieses Verfahren beruht darauf, dass aus wässrigen schwach sauren, Thiocyanat-Ionen enthaltenden Zr/Hf-Lösungen bevorzugt der Hafniumthiocyanat-Komplex in die organische Phase (Methylisobutylketon) extrahiert wird. Aus dieser wird das Hafnium mit verdünnter Schwefelsäure in die wässrige Phase rückextrahiert und aus der Lösung als Hafniumoxidhydrat ausgefällt. In gleicher Weise wird aus der von Hafnium befreiten Zirconiumlösung Zirconiumoxidhydrat ausgefällt, das calciniert und zur Herstellung von $ZrCl_4$ erneut in Gegenwart von Kohlenstoff chloriert wird [1].

## 2
## Herstellung von Zirconium- und Hafniummetall

Analog dem Kroll-Verfahren (siehe Titan, Bd. 6a, Abschnitt 1.2) werden die Tetrachloride des Zirconiums und des Hafniums mit Magnesium in exothermer Reaktion zu Metallschwamm reduziert [2, 3].

$$ZrCl_{4(g)} + 2\ Mg_{(l)} \longrightarrow Zr + 2\ MgCl_{2(l)} \quad \Delta H_R = -338 \text{ kJ mol}^{-1}$$

Die Reduktion muss so durchgeführt werden, dass trotz der Wärmeentwicklung eine obere Grenztemperatur von 950 °C nicht überschritten wird. Sowohl $ZrCl_4$ als auch $HfCl_4$ lassen sich im Gegensatz zu $TiCl_4$ nicht flüssig zudosieren, weil ihr Schmelzpunkt oberhalb des Sublimationspunktes liegt. Die ursprüngliche Technik, die unmittelbar vor dem Zudosieren eine Umsublimation des Tetrachlorids vorsieht, wird in neueren Anlagen nicht mehr eingesetzt. An die Stelle der kostspieligen und arbeitsaufwändigen Umsublimation tritt eine chargenweise Zugabe der kristallinen Tetrachloride. Nach beendeter Reaktion wird die Hauptmenge des Magnesiumchlorids und des überschüssigen Magnesiums, ähnlich wie bei der Titanherstellung, flüssig abgezogen und der anhaftende Rest durch Vakuumdestillation entfernt. Nach dem vollständigen Erkalten wird der Metallschwamm mechanisch aus dem Reaktionsbehälter ausgeräumt. Sowohl Zirconium- als auch Hafniumschwamm neigen an der Luft eher zur Selbstentzündung als Titanschwamm. Entstehende Brände müssen mit Edelgas gelöscht werden.

# 3
## Verarbeitung von Zirconium- und Hafniummetall

Zirconium- und Hafniumschwamm werden fast ausschließlich durch Lichtbogenschmelzen im Vakuum zu kompakten Metallen oder Legierungen verarbeitet. Zu diesem Zweck wird der Schwamm, evtl. zusammen mit Rücklaufmaterial und Legierungsbestandteilen, zu Blöcken gepresst, die durch Elektronenstrahlschweißen zusammengefügt und als Abschmelzelektrode in einem Vakuumlichtbogenofen mit wassergekühlter Kupferkokille eingeschmolzen werden. Die so erhaltenen Ingots können ihrerseits wieder als Elektroden eingesetzt und ein zweites Mal umgeschmolzen werden, um die notwendige homogene Verteilung der Legierungselemente über den gesamten Ingot zu gewährleisten, gleichzeitig werden verschiedene Verunreinigungen reduziert.

An Hafniummetall, das für den Einsatz in Kernreaktoren vorgesehen ist, werden besondere Reinheitsanforderungen gestellt. Der schon relative reine Hafniumschwamm kann durch eine Transportreaktion über $HfI_4$ nach dem van Arkel-de-Boer-Verfahren weiter gereinigt werden [4, 5]. Hafniumschwamm wird in Inconelbehältern mit Iod zu $HfI_4$ umgesetzt, das über die Gasphase zu einem elektrisch beheizten Hafniumdraht wandert. Dort zersetzt sich $HfI_4$ zu Hafniummetall und Iod, das in den Kreislauf zurückkehrt. Das thermisch abgeschiedene Hafnium ist extrem rein und wird als »crystal-bar« Hafnium in den Handel gebracht. Ähnliche Reinheitsgrade können aber auch durch Elektronenstrahlschmelzen von Hafnium im Hochvakuum erhalten werden.

## 3.1
### Verformung von Zirconium und Hafnium und deren Legierungen

Zirconium und Hafnium sind duktile, relative leicht verformbare Metalle. Beide liegen bei Raumtemperatur in der hexagonal dicht gepackten Modifikation vor und neigen bei mechanischer Verformung zu starker Texturbildung und zu deutlicher Verformungsverhärtung. Dadurch werden viele Eigenschaften anisotrop. Die Textur kann durch geeignete Verformungsführung auf den Verwendungszweck abgestimmt werden, wobei von Vorteil ist, dass die in Zirconium fast unvermeidlichen Hydridausscheidungen durch die Texturbildung entlang der für die Festigkeitsanforderungen unbedenklichen Gitterebenen stattfinden [6]. Der erschmolzene Ingot wird meist zunächst bei etwa 980–1080 °C durch Schmieden oder Rundhämmern verformt, um die grobkörnige Gussstruktur aufzubrechen. Die daran anschließende Warmformgebung erfolgt bei etwa 540–790 °C. Große Zirconiumblöcke können an Luft geschmiedet werden. Die sich dabei bildende Oxidschicht schützt vor weiterer Oxidation und wirkt als isolierende und selbst schmierende Zwischenschicht zwischen dem Metall und dem Umformwerkzeug. Vor der weiteren Verarbeitung der Schmiedebrammen muss die Oxidschicht durch chemische oder mechanische Bearbeitung entfernt werden. Nach Verformungsschritten erforderliches Zwischenglühen muss unter Schutzgas oder im Vakuum erfolgen. Zirconiumhüllrohre für Kernbrennelemente werden in der Regel durch Heißstrangpressen aus Rundstäben hergestellt und durch Kaltpilgern mit rekristallisierenden Zwischenglühungen auf die Enddimensionen gebracht. Entsprechend den hohen Sicherheitsanforderungen in der Kernenergietechnik werden Zirconiumrohre einer besonders eingehenden Qualitätskontrolle unterworfen (vgl. Nuklearer Brennstoffkreislauf).

Zirconium und Hafnium können nach allen in der Stahlindustrie eingeführten spanabhebenden Verarbeitungstechniken bearbeitet werden. Hartmetallwerkzeuge ergeben meist bessere Oberflächenqualitäten als Werkzeuge aus Schnellarbeitsstählen. Bei der spanabhebenden Bearbeitung ist die starke Tendenz von Ti, Zr und Hf zur Verformungshärtung zu beachten, weshalb mit relativ großen Spantiefen abgespant werden sollte, um die durch Verformung gehärtete Oberflächenschicht zu durchbrechen. Die Drehspäne neigen vor allem bei geringen Spanquerschnitten zur Selbstentzündung und sollten stets unter Wasser gelagert werden. Eine Anhäufung von Dreh- oder Bohrspänen auf der Maschine sollte vermieden werden.

## 3.2
### Fügetechniken

Zirconium und Hafnium sowie Ihre Legierungen lassen sich durch Schweißen gut verbinden, wenn dafür gesorgt wird, dass die Aufnahme von Verunreinigungen aus der umgebenden Atmosphäre unterbunden wird. Aus diesem Grunde werden ausschließlich Lichtbogenschweißverfahren mit Schutzgaseinrichtung oder Elektronenstrahlschweißverfahren im Vakuum verwendet. Die Schweißnaht zeigt Grobkornbildung und besitzt in der Regel höhere Festigkeit, aber geringere Zähigkeit als das Grundmetall. Zirconium und Hafnium lassen sich mit anderen Metallen durch Löten, aber nicht durch Schweißen verbinden, da sich in der Schweißnaht spröde intermetallische Phasen bilden. Durch Explosionsplattieren lässt sich jedoch auch Halbzeug aus Zirconium und Hafnium mit anderen Materialien verbinden.

## 4
### Zirconiumlegierungen

Die meisten Elemente lösen sich in festem Zirconium nur geringfügig. Aluminium, Antimon, Zinn, Beryllium, Stickstoff und Sauerstoff lösen sich bevorzugt in der hexagonalen $\alpha$-Modifikation und erhöhen die Temperatur der Umwandlung in die kubisch raumzentrierte $\beta$-Phase. Die so genannten $\beta$-Stabilisatoren Fe, Cr, Mo, W, V, Nb, Ta, Cu und Ni erniedrigen die Umwandlungstemperatur und lösen sich bevorzugt in der kubischen Hochtemperaturphase. Alle Legierungselemente erhöhen die Festigkeit des Zirconiums, einige auch die Korrosionsbeständigkeit, solange sie im Mischkristall gelöst vorliegen. Beim Überschreiten des Löslichkeitsbereichs kommt es zur Ausscheidung intermetallischer Phasen, die normalerweise die Duktilität und die Korrosionsbeständigkeit vermindern. Technisch durchgesetzt haben sich vor allem Zirconiumlegierungen mit Sn (und mit geringen Mengen an Fe, Cr und Ni) wegen ihrer Beständigkeit gegen Heißdampfkorrosion, und in geringerem Ausmaß auch Legierungen mit Nb und Mo, die eine bessere Formbarkeit besitzen.

**Tab. 2** Eigenschaften wichtiger Zirconiumlegierungen

| Bezeichnung | Zusammensetzung (%) | Steckgrenze $s_{0,2}$ (N/mm$^2$) | Zugfestigkeit (N/mm$^2$) |
|---|---|---|---|
| unlegiertes Zirconium | 1–3 Hf<br>0,2 FE<br>0,1 N | 150–250 | 350–450 |
| Zircaloy-2 | 0,01 Hf<br>1,2–1,7 Sn<br>0,17–0,38 Fe + Ni<br>0,007 N | 340 | 410–450 |
| Zircaloy-4 | 0,01 Hf<br>1,2–1,7 Sn<br>0,05–0,13 Cr<br>0,18–0,24 Fe + Ni<br>0,007 N | 300–340 | 400–450 |
| ZrNb 3 Sn 1 | 3Nb<br>1 Sn | Erhöhte Warmfestigkeit | |
| ZrCu 0,5 Mo 0.5 | 0,5 Cu<br>0,5 Mo | Erhöhte Warmfestigkeit | |

In Tabelle 2 sind die Eigenschaften der wichtigsten Zirconiumlegierungen zusammengefasst.

# 5
# Eigenschaften und Verwendung

Die wichtigsten Eigenschaften von metallischem Zirconium und Hafnium sind in Tabelle 3 aufgeführt.

Hafniumfreies *Zirconium* wurde ursprünglich fast ausschließlich in der Kernindustrie als Hüllrohrmaterial für Brennelemente eingesetzt, weil es einen sehr niedrigen Absorptionsquerschnitt für thermische Neutronen ($s$ = 0,18 barn) hat. Seine hervorragende Korrosionsbeständigkeit in sauren Chlorid-Lösungen, die auch freies Chlor enthalten können, führte zu einem verstärkten Einsatz von Zirconium für korrosiv stark beanspruchte Bauteile in der Chemischen Industrie. Eisen(III)-chlorid löst jedoch Spannungsrisskorrosion aus.

*Hafnium* hat einen relativ hohen Einfangquerschnitt für thermische Neutronen ($s$ = 105 barn) und zudem gegenüber anderen Neutronenabsorbern den Vorteil hoher chemischer Beständigkeit. Hafnium kann auch als Werkstoff in Wiederaufbereitungsanlagen von Kernbrennstoffen eingesetzt werden, weil es die Sicherheit solcher Anlagen erhöht. Hafnium findet als Legierungselement in Superlegierungen Verwendung, wo es als »Schwefelscavenger« (es bildet sehr stabile Sulfide) und zur Stabilisierung der $\gamma'$-Phase dient. Hafniumcarbid wurde erfolgreich als Substitutionsmaterial von Tantalcarbid in Hartmetallen eingesetzt, wo es in Dreh-

**Tab. 3** Eigenschaften von metallischem Zirconium und Hafnium

|  | Zirconium | Hafnium |
|---|---|---|
| Schmelzpunkt | 1852 °C | 2227 °C |
| Siedepunkt | 4409 °C | 4602 °C |
| Dichte | 6,51 g/cm$^3$ | 13,31 g/cm$^3$ |
| Absorptionsquerschnitt | 0,18 barn | 105 barn |
| Entdecker | Martin Heinrich Klaproth | Dirk Coster und Georg de Hevesy |
| Entdeckt | 1789 | 1923 |

werkzeugen ähnlich wirkt wie TaC [7]. In Fräswerkzeugen ist das Verhalten von HfC allerdings deutlich schlechter. Hafniumhaltige Legierungen werden in Auto-Abgaskatalysatoren eingesetzt.

# 6
# Recycling

Zirconium- und Hafniumschrotte werden entweder wieder in den Produktionsprozess zurückgeführt (Elektrodenschmelzverfahren) oder für die Erschmelzung von Legierungen direkt eingesetzt.

# 7
# Wirtschaftliches

Ca. 95 % der Zirconiumförderung wird in Form von Zirkon, Zirconiumoxiden oder Zirconium-Chemikalien verwendet. Der Rest verteilt sich auf Zirconiummetall und -legierungen. Größere Mengen werden auch in Form von $ZrO_2$ zur Herstellung von Glasuren und Farbpigmenten für keramische Produkte und von der Schleifmittelindustrie zur Herstellung von Zirkonkorund aufgenommen. Da die weitaus größte Menge des Zirconiums für die Nuklearindustrie bestimmt ist, fallen als Nebenprodukt der Zr/Hf-Trennung ca. 260 t a$^{-1}$ Hf an, womit der Hafniumbedarf bei weitem gedeckt werden kann. Der Bedarf an Zirconiummaterialien stieg 2003 gegenüber dem Vorjahr um 3–5 %, auch für die nächsten Jahre wird mit einem Wachstum des Verbrauchs von ca. 4 % p. a. gerechnet.

Das Millenniumsprojekt der V. R. China, bei dem in China 47 zusätzliche Atomreaktoren errichtet werden, wird zusammen mit steigenden Energiekosten die Preise für zirconium- und hafniumhaltige Materialien in der nahen Zukunft steigen lassen. Dieser Anstieg kann mittelfristig durch neue Explorations-, Entwicklungs- und Erweiterungsprojekte für die Zirconiumförderung aufgefangen werden. Erweiterungen werden erwartet in Mozambique und Südafrika, während neue Explorationen und Entwicklungen in Australien, Kanada, Indien, Kenia, Süd Afrika, Ukraine und den USA begonnen worden sind.

Zirconium und Hafnium unterliegen der Ausfuhrkontrolle, da beide Metalle für die Nukleartechnik von entscheidender Bedeutung sind. Weitere Informationen sind erhältlich beim Bundesamt für Wirtschaft und Ausfuhrkontrolle www.ausfuhrkontrolle.info.

Ähnliche außereuropäische Regelungen, namentlich in den USA und der V.R. China, schränken den internationalen Handel erheblich ein, was zu Verzerrungen im Preisgefüge und Einschränkungen in der Verfügbarkeit führt.

# 8
**Literatur**

1. Kieffer, R., Jungg, G., Ettmayer, P.: Sondermetalle. Wien – New York: Springer 1971.
2. Lustmann, B. Kerze F. Jr (Herausgeber): The Metallurgy of Zirconium. New York: Mc Graw-Hill 1955.
3. Miller, G.L.: Zirconium. 2. Aufl. London: Butterworth 1957.
4. Hafnium. Firmenschrift der Firma Teledyne Wah Chang, Albany/Oreg., USA.
5. van Arkel, A.E.: Reine Metalle. Berlin: Springer 1939.
6. Rubel, H., in: Eigenschaften und Verarbeitung von Sondermetallen. Haus Tech.-Vortragsveröff. Nr. 376, S. 56. Essen: Vulkan 1977.
7. Rühle, M.: Metall 37 (1983), 171. Krajewski, W.: Metall 36 (1982), 74.

# 3
# Die Refraktärmetalle Niob, Tantal, Wolfram, Molybdän und Rhenium

*Gerhard Gille (1, 3, 4), Wilfried Gutknecht (4), Helmut Haas (2), Christoph Schnitter (2), Armin Olbrich (5)*

| | | |
|---|---|---|
| **1** | **Einleitung** 47 | |
| | | |
| **2** | **Niob und Tantal** 50 | |
| 2.1 | Vorkommen und Rohstoffe 50 | |
| 2.2 | Erzaufschluss 51 | |
| 2.2.1 | Anreicherung von Zinnschlacken 51 | |
| 2.2.2 | Chloridprozess 51 | |
| 2.3 | Trennung von Niob und Tantal 52 | |
| 2.4 | Herstellung von Niob- und Tantalmetall 54 | |
| 2.4.1 | Aluminothermische/magnesiothermische Reduktion 54 | |
| 2.4.2 | Carbothermische Reduktion 55 | |
| 2.4.3 | Elektrochemische Reduktion 56 | |
| 2.4.4 | Natriothermische Reduktion 56 | |
| 2.4.5 | Magnesium-Dampfreduktion 57 | |
| 2.4.6 | Herstellung von Ferroniob und Nickelniob 58 | |
| 2.5 | Anwendungen 59 | |
| 2.5.1 | Anwendungen von Niob 59 | |
| 2.5.2 | Anwendungen von Tantal 60 | |
| 2.6 | Wirtschaftliches 61 | |
| | | |
| **3** | **Wolfram** 62 | |
| 3.1 | Vorkommen und Rohstoffe 62 | |
| 3.2 | Herstellung 63 | |
| 3.2.1 | Aufschluss der Erze und Sekundärrohstoffe 63 | |
| 3.2.2 | Reinigung und Herstellung von Ammoniumparawolframat 65 | |
| 3.2.3 | Calcination von Ammoniumparawolframat und Reduktion von Wolframoxid- zu Wolframmetallpulvern 66 | |
| 3.3 | Herstellung von Wolframcarbidpulvern 68 | |
| 3.4 | Herstellung von Wolfram-Halbzeugen und -Teilen 69 | |
| 3.5 | Eigenschaften 70 | |

Winnacker/Küchler. *Chemische Technik: Prozesse und Produkte.*
Herausgegeben von Roland Dittmeyer, Wilhelm Keim, Gerhard Kreysa, Alfred Oberholz
*Band 6b: Metalle.*
Copyright © 2006 WILEY-VCH Verlag GmbH & Co. KGaA, Weinheim
ISBN: 3-527-31578-0

| | | |
|---|---|---|
| 3.5.1 | Physikalisch-mechanische und metallurgische Eigenschaften | 70 |
| 3.5.2 | Chemische Eigenschaften | 72 |
| 3.6 | Anwendungen und technische Bedeutung | 72 |
| 3.6.1 | WC als Härteträger in Hartmetallen | 73 |
| 3.6.2 | Wolfram als Legierungselement in Stählen | 74 |
| 3.6.3 | Wolfram, Wolfram-Basislegierungen und -Verbindungen in Spezialanwendungen | 74 |
| 3.7 | Wolfram-Recycling | 76 |
| | | |
| **4** | **Molybdän** | **77** |
| 4.1 | Vorkommen und Rohstoffe | 77 |
| 4.2 | Herstellung | 77 |
| 4.2.1 | Aufschluss der Erze | 77 |
| 4.2.2 | Röstung | 78 |
| 4.2.3 | Reinigung | 78 |
| 4.2.4 | Herstellung von Molybdänmetall | 79 |
| 4.3 | Verarbeitung von Molybdänmetall | 80 |
| 4.3.1 | Verarbeitung als Spritzpulver | 80 |
| 4.3.2 | Herstellung von Molybdän-Halbzeugen und -Teilen | 80 |
| 4.4 | Eigenschaften | 81 |
| 4.4.1 | Physikalisch-mechanische Eigenschaften | 81 |
| 4.4.2 | Chemische Eigenschaften | 81 |
| 4.5 | Anwendungen und technische Bedeutung | 82 |
| 4.5.1 | Molybdän als Legierungselement in Stählen | 82 |
| 4.5.2 | Molybdän in Legierungen | 82 |
| 4.5.3 | Molybdän, Molybdän-Basislegierungen und -Verbindungen in Spezialanwendungen | 82 |
| 4.6 | Wirtschaftliches und Wiederverwertung | 84 |
| | | |
| **5** | **Rhenium** | **85** |
| 5.1 | Vorkommen und Historisches | 85 |
| 5.2 | Gewinnung | 85 |
| 5.3 | Eigenschaften und Verwendung | 86 |
| | | |
| **6** | **Literatur** | **86** |

# 1 Einleitung

Die Refraktärmetalle verdanken ihren Namen den hohen Schmelzpunkten und der damit verbundenen »Widerspenstigkeit« gegenüber dem Schmelzen bzw. der Schmelzmetallurgie, die bis zum Ende des 19. Jahrhunderts die einzige Methode war, um Metalle aus Erzen zu gewinnen. Die ersten technischen Anwendungen des Wolframs und Molybdäns als Legierungselemente im Stahl sowie als Drähte und Formteile in Glühlampen Anfang des 20. Jahrhunderts sind deshalb eng mit der Entstehung einer völlig neuen Hydro- und Pulvermetallurgie verbunden. Diese Technologie wurde notwendig, da es für die hochschmelzenden Metalle vor gut 100 Jahren keine Schmelzverfahren bzw. -tiegel gab, in denen sie ohne starke Reaktionen mit dem Tiegelmaterial zu erschmelzen waren, bzw. die abgegossenen Metalle wegen der Verunreinigungen und groben Kornstruktur eine hohe Sprödigkeit aufwiesen und sich nicht weiter verarbeiten ließen. So kam es, dass zwischen der ersten Darstellung der hochschmelzenden Metalle und deren erstem technischen Einsatz 60–120 Jahre lagen [1, 2]. Beispielsweise wurden Molybdän 1781 durch van Hjelm und Wolfram 1783 durch die Gebrüder de Elhuyar erstmals dargestellt und erst 1903–1909 erfolgten die entscheidenden Entwicklungsarbeiten durch Just, Hanamann und Coolidge zur Herstellung duktiler Wolframdrähte bzw. Molybdänbleche. Die Trennung der beiden eng verwandten Metalle Tantal und Niob gelang 1844 erstmals Rose und 1905 konnte Bolton den ersten duktilen Ta-Draht herstellen [3, 4]. Der eigentliche Siegeszug des Tantals begann jedoch erst mit dessen Anwendung in Elektrolytkondensatoren in den 1960er und 1970er Jahren. Erst der Bedarf an Metallen mit hoher thermischer Beständigkeit und anderen, ganz speziellen physikalisch-chemischen Eigenschaften machte im Wechselspiel mit der Entwicklung kostengünstiger Technologien aus den unbedeutenden Verunreinigungen in Erzen die heute unverzichtbaren Refraktärmetalle. Beispielsweise kannten schon die sächsischen und böhmischen Bergleute des Mittelalters das Wolfram als unerwünschten Bestandteil von Zinnerzen, das beim Schmelzvorgang Teile des Zinns wie ein Wolf fraß, d. h. dessen Ausbeute verringerte und gaben ihm dementsprechend den Namen [5, 6]. Heute sind Metalle wie das wölfische Wolfram und das nur unter Tantalusqualen herstellbare Tantal aus vielen, mengenmäßig oftmals kleinen, aber funktionsseitig enorm wichtigen Anwendungen nicht mehr wegzudenken und haben nur wenige oder keine Alternativen. Viele der modernen Anwendungen in der Elektronik, Elektrotechnik, Werkzeugindustrie und Medizintechnik zeigen eine stetig wachsende Bedeutung der Refraktärmetalle, seien es nun die reinen und hochreinen Metalle oder deren vielfältige Legierungen. Tabelle 1 stellt einige wichtige Eigenschaften der hochschmelzenden Metalle zusammen und gibt damit einen kleinen Eindruck ihrer einzigartigen Einsatzmöglichkeiten [2, 7–12].

Der Anfang des 20. Jahrhunderts durch die Glühlampen-, Stahl- und Werkzeugindustrie entstandene Bedarf an Refraktärmetallen führte zur Entwicklung einer Hydro- und Pulvermetallurgie, die bis heute mit vielfältigen Modifikationen und Verbesserungen die Herstellung von Funktions- und Konstruktionsteilen aus Wolf-

## 3 Die Refraktärmetalle Niob, Tantal, Wolfram, Molybdän und Rhenium

**Tab. 1** Allgemeine, chemische und physikalische Eigenschaften der hochschmelzenden Metalle Niob, Molybdän, Tantal, Wolfram und Rhenium

| Ausgewählte Eigenschaften | | Niob | Molybdän | Tantal | Wolfram | Rhenium |
|---|---|---|---|---|---|---|
| Mittleres Atomgewicht | (g/mol$^{-1}$) | 92,91 | 95,94 | 180,95 | 183,84 | 186,21 |
| Kristallstruktur | | krz | krz | krz | krz | krz |
| Ionenradius | (nm) | 0,069 | 0,093 | 0,064 | 0,062 | 0,056 |
| Dichte | (g cm$^{-3}$) | 8,57 | 10,22 | 16,65 | 19,30 | 21,02 |
| Schmelztemperatur | (K) | 2468 | 2890 | 3269 | 3683 | 3453 |
| Siedetemperatur | (K) | 4930 | 4885 | 5695 | 5930 | 5900 |
| Spezifische Wärme | (J g$^{-1}$ · K$^{-1}$) | 0,268 | 0,251 | 0,138 | 0,134 | 0,137 |
| Wärmeleitfähigkeit | (W m$^{-1}$ · K$^{-1}$) | 53,7 | 138 | 57,5 | 175 | 47,9 |
| Spezifischer elektr. Widerstand | (10$^{-8}$ Ωcm) | 12,5 | 5,20 | 12,45 | 5,55 | 19,30 |
| Sprungtemperatur Supraleitung | (K) | 9,3 | 0,92 | 4,48 | 0,015 | 1,70 |
| Therm. Längenausdehnungskoeffizient | (10$^{-6}$ K$^{-1}$) | 7,07 | 5,43 | 6,6 | 4,59 | 6,63 |
| Elastizitätsmodul | (GPa) | 110 | 350 | 190 | 400 | 470 |
| Kompressionsmodul | (GPa) | 180 | 300 | 210 | 310 | 370 |
| Schermodul | (GPa) | 65 | 135 | 70 | 155 | 180 |

ram, Molybdän, Tantal, Niob und Rhenium bestimmt. In Abbildung 1 sind die wesentlichen technischen Schritte und die entsprechenden Zwischen- und Endprodukte in einem Fließdiagramm dargestellt, das in dieser Form für alle Refraktärmetalle gültig ist und das Typische zeigt.

Zunächst erfolgt ein basischer oder saurer Aufschluss der Erze und Sekundärrohstoffe. Danach werden die entstandenen Lösungen durch Fällung und Ionenaustauscherverfahren, insbesondere durch Flüssig/Flüssig-Extraktion von Verunreinigungen und Begleitelementen getrennt. Aus den so gereinigten Lösungen wird je nach Lösungsart und -zusammensetzung eine feste Phase auskristallisiert, z. B. das Ammoniumparawolframat (APW) beim Wolfram oder das Kaliumheptafluorotantalat beim Tantal. Auch bei der Kristallisation erfolgt eine weitere Abreicherung von Verunreinigungen. Flüssig/Flüssig-Extraktion und Kristallisation sind deshalb Kernbestandteile aller modernen Refraktärmetall-Reinigungsverfahren. Sie ermöglichen dank der erzielbaren Reinheiten und physikalischen Eigenschaften der Zwischenprodukte überhaupt erst die modernen High-Tech-Anwendungen dieser Metalle. Beispielhaft für alle Refraktärmetalle werden diese Reinigungsverfahren ausführlicher für das Wolfram in Abschnitt 3.2.2 dargestellt. Mit der Kristallisation geht die Hydrometallurgie in die Pulvermetallurgie über. Die Reduktion der Metallsalze oder -oxide (nach Calcination) zu Metallpulvern erfolgt mittels $H_2$, C, Na, Mg, Ca, etc. Die Metallpulver können danach direkt pulvermetallurgisch weiterverarbeitet oder zur Herstellung von Carbiden, Boriden, Nitriden etc. und Legierungspulvern einge-

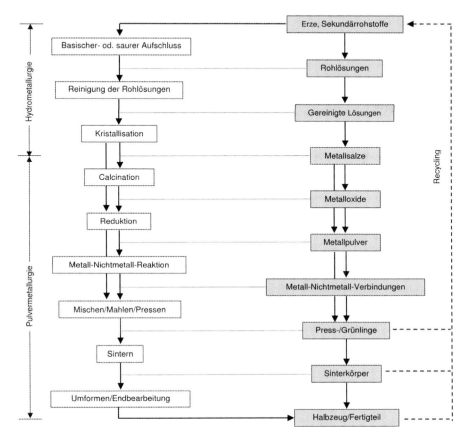

**Abb. 1** Fließbild zu den Verfahrensschritten der Hydro- und Pulvermetallurgie der Refraktärmetalle sowie der dabei anfallenden Zwischen- und Endprodukte

setzt werden. Danach werden die metallischen oder Verbindungspulver allein oder gemischt mit anderen Pulvern zu Formteilen verpresst und gesintert. Die Sinterteile sind je nach Metall, Zusammensetzung und Anwendungszweck bereits das Fertigprodukt oder werden durch Schmieden, Walzen, Strangpressen etc. in eine endgültige Form gebracht. Bei Letzterem sorgt die Umformung zugleich für eine geeignete Gefügestruktur (Korngröße und -form, Textur etc.) des möglichst porenfreien Konstruktions- oder Funktionsteiles. Eine Endbearbeitung zur Formgebung und Oberflächenqualifizierung kann z. B. durch elektroerosive Verfahren oder durch Schleifen, Polieren und Läppen erfolgen und noch durch eine Beschichtung oder Diffusionsbehandlung ergänzt werden. Eine Ausnahme bilden die Tantal-Elektrolytkondensatoren. Hier enthalten die gepressten und gesinterten Anoden zwischen 50 und 70 % Poren, um die inneren Oberflächen für die Kondensatoreigenschaften zu nutzen (siehe Abschnitt 2.5).

Mit der Entwicklung und verstärkten Einführung der Vakuumtechnik in den 1950er und 1960er Jahren entstanden neue Schmelztechnologien wie das Plasma-, Bogenentladungs- und Elektronenstrahlschmelzen, die auch für die Refraktärmetalle neue Perspektiven eröffneten. Diese neuen Vakuum- bzw. Schutzgasverfahren haben beim Molybdän, insbesondere aber beim Tantal und Niob große Bedeutung erlangt und sind für bestimmte Anwendungen eine Alternative zur Pulvermetallurgie. Nur beim Wolfram lassen sich auch mit diesen tiegelfreien Schmelzverfahren keine Schmelzbarren mit guter Verarbeitbarkeit (Schmieden, Walzen, Strangpressen etc.) herstellen.

## 2
## Niob und Tantal

### 2.1
### Vorkommen und Rohstoffe

Die Elemente Niob und Tantal finden sich mit einem Anteil von 20 ppm und 2,5 ppm in der Erdkruste. Sie stehen damit an Stelle 32 und 52 der Elementhäufigkeiten. Damit ist Niob häufiger als die deutlich bekannteren Elemente Stickstoff (19 ppm) und Blei (13 ppm) und selbst das seltenere Tantal ist noch um den Faktor 2 häufiger als Wolfram und um einen Faktor 20 häufiger als Silber. Im ausländischen Schrifttum wurde Niob früher auch als Columbium (Cb) bezeichnet, nach dem in Columbien vorkommenden Columbit $(Fe, Mn)(NbO_3)_2$. Der Name wurde von dem englischen Chemiker Ch. Hatchett vorgeschlagen, der 1801 ein stark mit Wolfram- und Tantaloxid verunreinigtes Nioboxid in Händen hatte. Tantal kommt meist vergesellschaftet mit Niob in Form oxidischer Gesteine vor. So findet man Tantal in Pegmatiten vorwiegend als Tantalit oder Columbit (Pyrochlor), abhängig davon, welches der beiden Metalle in dem Mineral überwiegt. Selbst der Abbau von Erzen mit Tantalgehalten von nur 200 ppm kann heutzutage durch Anwendung des kostengünstigen Tagebaus ökonomisch sinnvoll betrieben werden. Größte Lieferanten dieser Erze sind zur Zeit mit großem Abstand Australien (> 40 %) gefolgt von Brasilien, Kongo, Kanada und China [13]. Die tantal- und niobhaltigen Erze werden über konventionelle Methoden angereichert. Dies beinhaltet das Brechen und Mahlen des Gesteins mit anschließender Magnetscheidung und Flotation. Darüber hinaus enthalten die Reduktionsschlacken bestimmter Zinnhütten häufig verwertbare Mengen an Tantal und Niob, die bis zu 15 % der entsprechenden Pentoxide beinhalten können. Selbst Schlacken mit geringeren Tantal- und Niobgehalten können durch pyrometallurgische Verfahren angereichert werden. Die zur Zeit größten Lieferanten von Zinnschlacken sind Thailand, Malaysia, Singapur, Südafrika, Australien und Nigeria. Zinnschlacken decken heute ca. 25 % des Weltbedarfs an Primärrohstoffen [13].

Auf Grund gestiegener Rohstoffpreise wird zunehmend auch das Recycling von Rücklaufmaterialien, besonders im Falle des deutlich teureren Tantals, ökonomisch interessant. So deckt dieses Sekundärmaterial schon heute etwa 20 % des weltweiten Tantalbedarfs [13].

Das wichtigste Nioberz ist der Pyrochlor, ein tantal- und titanhaltiges Natrium/Calcium-Fluoroniobat $(NaCa)_2(Nb, Ti, Ta)_2O_6(F, O, OH)$. Die drei größten Minen, die zusammen mehr als 90 % des Weltbedarfes an Niob fördern (die restlichen 10 % fallen als Nebenprodukt bei der Ta-Herstellung an) [14], befinden sich in Brasilien und Kanada. Während in Brasilien das Erz aus sekundären Lagerstätten mit bis zu 2,5 % $Nb_2O_5$-Inhalt im Tagebau gewonnen werden kann, müssen die weniger reichen Vorkommen in Kanada (bis zu 0,7 % $Nb_2O_5$-Inhalt) unterirdisch abgebaut werden [15].

Aus den pyrochlorhaltigen Carbonatiten werden Konzentrate mit 50–60 % $Nb_2O_5$-Inhalt durch konventionelle Anreicherungsverfahren wie Brechen, Mahlen, Magnetscheidung zur Entfernung von Magnetit und Flotation gewonnen. Anschließend sind dann noch, je nach Zusammensetzung des Konzentrats, Laugungsprozesse nötig, um die Konzentration störender Elemente (z. B. Ca, Ba, Pb, S, P) herabzusetzen [16, 17].

## 2.2
## Erzaufschluss

### 2.2.1
### Anreicherung von Zinnschlacken

Gewöhnliche Zinnschlacken enthalten jeweils bis zu 4 % Tantal und Niob. Zur Aufkonzentrierung werden die Schlacken mit Eisen- und Calciumoxid und Kohlenstoff als Reduktionsmittel vermischt. Die in dieser Mischung befindlichen Tantal- und Nioboxidverbindungen werden in einem Dreiphasen-Lichtbogenofen durch den Kohlenstoff reduziert und bilden eine kohlenstoffreiche Eisenlegierung mit der typischen Zusammensetzung 10–20 % Ta, 10–20 % Nb, 40–60 % Fe, 5–10 % Ti und 3–10 % C. Nach Röstung dieser Legierung oder durch Zugabe von $Fe_3O_4$ [18] wird unter kontrolliert reduzierenden Bedingungen die Tantal- und Nioboxid enthaltende Schlacke von Zinn, Wolfram und Phosphor getrennt, die unter diesen Bedingungen Legierungen bilden. Die Schlacke enthält typischerweise 50–60 % Tantal- und Nioboxid.

### 2.2.2
### Chloridprozess

Auf Grund des vorteilhaften hydrometallurgischen Aufschlussprozesses findet der Chloridprozess keine Anwendung mehr für den Aufschluss von Erzen und Konzentraten. Der Chloridprozess wird heute nur noch für den Aufschluss von (tantalhaltigem) Niobschrott oder FeNb-Legierungen verwendet (s. Abb. 2) [19]. Hierbei werden der Niobschrott oder das FeNb unter Zusatz von NaCl in eine $NaCl/FeCl_3$-Schmelze gefördert. Das eigentliche Chlorierungsagens ist dabei $NaFeCl_4$. Die Chlorierung findet bei 500–600 °C statt, wobei zuerst flüchtige Verbindungen wie Titantetrachlorid und Siliciumtetrachlorid aus der Schmelze entweichen. Später ver-

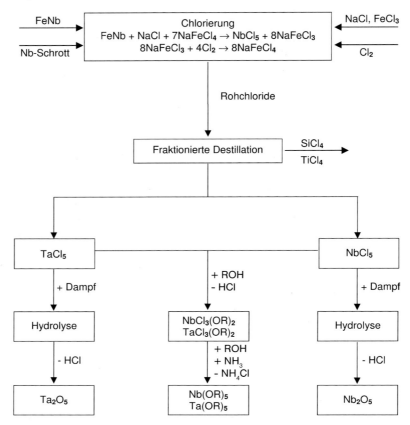

**Abb. 2** Herstellung von Tantal- und Niobverbindungen durch den Chlorierungsprozess

dampfen auch Tantalpentachlorid und Niobpentachlorid, die durch fraktionierte Destillation voneinander getrennt werden und in sehr hoher Reinheit erhalten werden können. Die Chloride können dann einfach mit Wasserdampf zu den hochreinen Oxiden oder weiter zu metallorganischen Verbindungen, wie z. B. Alkoxiden, umgesetzt werden [20].

## 2.3
## Trennung von Niob und Tantal

Der größte Teil der Pyrochlor-Konzentrate wird direkt zu Ferroniob, einer Legierung mit ≈ 67 % Niobgehalt, für die Stahlindustrie umgesetzt, während Niobverbindungen für andere Anwendungen üblicherweise aus Erzen wie Tantalit, Columbit oder Zinnschlacken als Nebenprodukt bei der Tantalherstellung gewonnen werden. Zur Trennung von Niob und Tantal stehen dabei prinzipiell zwei Verfahren zur Verfügung.

Das bis Mitte der 1950er Jahre verwendete Marignac-Verfahren nutzt die unterschiedlichen Löslichkeiten von $K_2NbOF_5$ und $K_2TaF_7$ für die Trennung der beiden

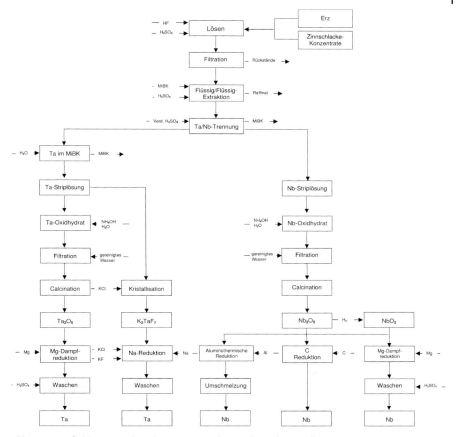

**Abb. 3** Erzaufschluss, Tantal/Niob-Trennung und Herstellung der Metalle

Verbindungen. Während $K_2TaF_7$ in kalter verdünnter Flusssäure nahezu unlöslich ist, zeigt $K_2NbOF_5$ darin eine sehr gute Löslichkeit [21, 22]. Zur Trennung werden die gemischten Oxidhydrate in warmer, verdünnter Flusssäure gelöst. Durch Zugabe von KOH, $K_2CO_3$ und KF fällt das schwerer lösliche $K_2TaF_7$ aus, wohingegen $K_2NbOF_5$ in Lösung bleibt. $K_2TaF_7$ lässt sich durch Umkristallisation weiter reinigen. Daraus kann man, wie beim Niob, durch Fällung mit Ammoniak und anschließender Calcination die entsprechenden Pentoxide gewinnen.

Das heute üblicherweise verwendete Verfahren beruht auf der Flüssig/Flüssig-Extraktion (s. Abb. 3) der komplexen Heptafluoride $H_2NbF_7$ und $H_2TaF_7$ aus flusssauren Lösungen mit organischen Lösemitteln wie Methylisobutylketon (MIBK) oder neuerdings auch mit 2-Octanol [15, 23] (s. auch Thermische Verfahrenstechnik, Bd. 1, Abschn. 4.4). Bei diesem Verfahren werden natürliche oder synthetische Columbit- oder Tantalit-Konzentrate zunächst bei erhöhter Temperatur mit hochprozentiger Flusssäure behandelt. Hierbei gehen neben anderen Elementen Niob und Tantal als komplexe Heptafluoride $H_2NbF_7$ und $H_2TaF_7$ in Lösung. Nach Abtrennen der unlöslichen Rückstände (Erdalkali- und Seltenerdfluoride) wird die flusssaure Lösung mit dem organischen Lösemittel im Gegenstromverfahren in hintereinander geschalteten Mixer-Settler- oder Säulen-Einheiten kontinuierlich extrahiert. Dabei gehen die komplexen Fluoride des Niobs und Tantals in die organische Phase, während die Verunreinigungen wie Fe, Mn, Ti etc. in der wässrigen Phase verbleiben. In der Praxis werden dabei Konzentrationen von 150–200 g L$^{-1}$ ($Nb_2O_5$ + $Ta_2O_5$) in der organischen Phase eingestellt. Nach dem Waschen der organischen Phase mit 6–15 N Schwefelsäure wird aus der organischen Phase mit Wasser oder verdünnter Schwefelsäure das komplexe Niobfluorid selektiv extrahiert, während das $H_2TaF_7$ in der organischen Phase zurückbleibt. Die wässrige Niob-Lösung wird dann mit kleinen Mengen an MIBK behandelt, um koextrahiertes $H_2TaF_7$ zu entfernen. Nach der Abtrennung des Niobs wird aus den vereinigten organischen Phasen das komplexe Tantalfluorid mit Dampf, Wasser oder verdünntem Ammoniak extrahiert. Aus den wässrigen Phasen werden anschließend durch Zusatz von Ammoniak die entsprechenden Oxidhydrate ($Nb_2O_5$, $Ta_2O_5$) · x $H_2O$ oder, im Falle des Tantals, durch Zusatz von Kaliumsalzen das komplexe Doppelfluorid $K_2TaF_7$ gefällt.

Die Fällung der Oxidhydrate kann dabei in einem Batchprozess oder kontinuierlich erfolgen. Nach der Filtration werden die Oxidhydrate getrocknet und anschließend bei Temperaturen bis 1100 °C in die Oxide überführt. Durch Einstellung geeigneter Prozessbedingungen kann dabei die Qualität der Oxide, insbesondere die Morphologie und Reinheit, in weiten Grenzen variiert werden.

## 2.4
### Herstellung von Niob- und Tantalmetall

In der Literatur sind viele Prozesse zur Herstellung von Niobmetall beschrieben, von denen die meisten, wie z. B. die Reduktion von Niobpentoxid mit Ammoniak [24] oder von Niobchlorid mit Wasserstoff [25–33], jedoch nicht im industriellen Maßstab genutzt werden, da sie entweder nicht wirtschaftlich sind oder die Produktqualität nicht den Anforderungen entspricht.

Niobmetall wird heute fast ausschließlich durch aluminothermische Reduktion von $Nb_2O_5$ gewonnen, während die ebenfalls noch in geringem Umfang verwendete carbothermische Reduktion zunehmend an Bedeutung verliert.

Es wurden einige Prozesse zur Darstellung elementaren Tantals aus seinen Verbindungen entwickelt. Dazu zählen die auch bei Niob bekannten carbothermische und aluminothermische Reduktion. Die einzigen Prozesse, die im kommerziellen Maßstab genutzt werden, sind jedoch die elektrochemische Reduktion von Tantaloxid in $K_2TaF_7$/KF/KCl-Schmelzen und insbesondere die Reduktion von $K_2TaF_7$ mit Natrium.

### 2.4.1
### Aluminothermische/magnesiothermische Reduktion

Das mit Abstand wichtigste Herstellungsverfahren für Niobmetall (> 90 %) ist die aluminothermische Reduktion von Niobpentoxid:

$$3\,\mathrm{Nb_2O_5} + 10\,\mathrm{Al} \longrightarrow 6\,\mathrm{Nb} + 5\,\mathrm{Al_2O_3}$$

Hierbei werden hochreines Niobpentoxid und Aluminiumpulver zusammen mit Fließmitteln/ Schlackebildnern (z. B. Branntkalk) und Boostern (z. B. $NaNO_3$, $CaF_2$), d. h. Verbindungen, die zur Erhöhung der Reaktionsenergie dienen, gemischt und in einen mit feuerfesten Steinen ausgekleideten vertikalen Reaktor eingebracht. Nach der Zündung des Gemisches durch z. B. Mg-Späne schreitet die Reaktion sehr schnell fort (Dauer ca. 15 min) und erreicht sehr hohe Temperaturen von bis zu 2400 °C. Im Allgemeinen wird ein deutlicher Überschuss an Aluminium eingesetzt (5–15 %), und eine Niob/Aluminium-Legierung erhalten [34–36], die sich in flüssiger Form am Boden des Reaktors sammelt und durch die sich darüber befindliche Schlacke vor Oxidation geschützt wird. Die so erhaltenen Niob/Aluminium-Barren werden anschließend in Elektronenstrahl- oder Vakuumlichtbogenöfen mehrfach umgeschmolzen, wodurch man hochreines Niobmetall erhält (99,95 %) [37]. Aus diesen Nb-Barren lässt sich durch Versprödung in Wasserstoffatmosphäre um 1000 °C, anschließendem Mahlen und Entgasen im Vakuum Niobpulver herstellen (s. Abb. 4).

Die Reduktion mit Erdalkalimetallen (z. B. Magnesium) oder deren Hydriden kann im Prinzip analog zur aluminothermischen Reduktion durchgeführt werden:

$$\mathrm{Nb_2O_5} + 5\,\mathrm{Mg} \longrightarrow 2\,\mathrm{Nb} + 5\,\mathrm{MgO}$$

wird jedoch nicht in industriellem Maßstab benutzt [38, 39].

## 2.4.2
**Carbothermische Reduktion**

Die carbothermische Reduktion von Nioboxid wird heute nur noch vereinzelt, z. B. in China, eingesetzt [23].

Bei der direkten Reduktion werden Nioboxid und Ruß gemischt, in Pellets gepresst und anschließend in einem zweistufigen Prozess in einem Vakuumofen zu Niobmetall und Kohlenmonoxid umgesetzt. Die Hauptreaktion findet dabei im ersten Schritt statt; im zweiten Schritt der Reaktion wird nur noch die korrekte C/O-Stöchiometrie durch Zugabe von weiterem Reduktionsmittel oder durch Behandlung der Pellets mit Sauerstoff eingestellt. Durch abschließendes Erhitzen im Vakuum auf etwa 2000 °C lässt sich so sehr reines (> 99,9 %) Niobmetall herstellen [40–42].

Bei der indirekten Reduktion wird durch Erhitzen von pelletisierten Mischungen aus Nioboxid und Ruß bzw. Graphit im Vakuum zunächst hochreines Niobcarbid hergestellt. Im zweiten Schritt wird dieses Niobcarbid mit Nioboxid gemischt und nach Pressen in Pellets bei Temperaturen bis > 1900 °C im Vakuumofen zu Niobmetall umgesetzt [43, 44].

Geht man von hochreinem Nioboxid aus, ist in beiden Fällen das erhaltene Niobmetall nur mit Kohlen- und Sauerstoff verunreinigt und kann durch Hochtemperaturprozesse wie Elektronenstrahlschmelzen weiter gereinigt werden.

## 2.4.3
**Elektrochemische Reduktion**

Dieses Verfahren wurde lange Zeit von der Fansteel Metallurgical Corporation in den USA zur Darstellung von Tantalmetall angewandt. Hierfür wurde eine Mischung von $K_2TaF_7$, KF und KCl in einem Stahlgefäß, das gleichzeitig als Kathode einer Elektrolytzelle diente, aufgeschmolzen. Als Anode wurde ein Graphitstab verwendet. In die Schmelze wurden periodisch einige Prozent Tantaloxid zugegeben, das während der Elektrolyse aufgebraucht wurde. Die erstarrte Reaktionsmischung wurde gebrochen und die Salze mit Mineralsäure und Wasser ausgewaschen. Das dendritisch gewachsene Tantal wurde gepresst und zu Stäben gesintert, die zur Weiterverarbeitung zu Halbzeugen verwendet wurden.

## 2.4.4
**Natriothermische Reduktion**

Zu Beginn des 20. Jahrhunderts wurde Tantal erstmals kommerziell durch Natriumreduktion des $K_2TaF_7$ bei der Siemens & Halske AG gewonnen. Hierzu wurden abwechselnd Schichten von $K_2TaF_7$ und Natriumstücken in ein Stahlgefäß gefüllt. Nach Verschluss des Reaktors wurde dieser am oberen Ende erhitzt, bis die Reaktion ansprang. Die Reaktionsfront wanderte sehr schnell bis zum Boden des Reaktors durch und war schwer zu kontrollieren. Der Überschuss an Natrium im erkalteten Reduktionsprodukt wurde mit Methanol umgesetzt und der Inhalt mit heißem Wasser gewaschen, wobei Tantal als unlöslicher Anteil zurückblieb.

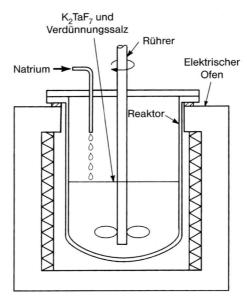

**Abb. 4** Schema eines Reaktors zur Natriumreduktion

Ein besser kontrollierbarer Prozess wird seit den 1960er Jahren eingesetzt [45–50]. Hierbei wird ein Rührreaktor verwandt, in dem $K_2TaF_7$ mit mindestens einem der Verdünnungssalze NaCl, KCl und KF vorgelegt wird (s. Abb. 4). Der Reaktor selbst besteht aus einer Nickelbasislegierung (gegebenenfalls mit Nickel plattiert), die der aggressiven Reaktionsschmelze am besten widerstehen kann. Der Reaktor wird mit einem Deckel mit Rührerdurchführung geschlossen und nach Inertisierung in einem Ofen über die Schmelztemperatur des Salzgemisches erhitzt. In das Reaktionsgemisch wird das flüssige Natrium so eindosiert, dass die Temperatur nicht über ein Maximum steigen kann. Zusätzlich kann die Reaktion über die Heizleistung bzw. durch ein zusätzliches Kühlsystem kontrolliert werden. Die Qualität des Pulvers wird dabei durch die Temperatur bzw. Temperaturkonstanz, die Art der Verdünnungssalze und deren Konzentration, die Na-Dosiergeschwindigkeit und die Rührgeschwindigkeit und -effizienz bestimmt.

## 2.4.5
**Magnesium-Dampfreduktion**

Die oben erwähnten metallothermischen Reduktionen von Tantal- und Nioboxid mit Al, Mg, Ca und anderen starken metallischen Reduktionsmitteln verlaufen stark exotherm. Gleich nach Zündung der Reaktion zwischen Oxid und Reduktionsmittel schreitet diese sehr schnell fort, wobei in wenigen Sekunden sehr hohe Temperaturen erreicht werden. Die Reaktion ist auf Grund der während der Reduktion stark steigenden Drücke und Temperaturen sehr schwer zu kontrollieren. An das Reaktormaterial stellen sich daher extreme Anforderungen, wie zum Beispiel eine sehr gute Wärmeabfuhr. Insbesondere die Reproduzierbarkeit, bezogen auf die Partikelgrößenverteilung oder chemische Reinheit, ist sehr schlecht.

Benutzt man anstatt festem bzw. flüssigem metallischen Reduktionsmittel dampfförmiges Magnesium zur Reduktion der Oxide, ist die Reaktion wesentlich einfacher unter Kontrolle zu halten. Magnesium wird gewählt, weil es bei relativ niedriger Temperatur schmilzt und schon deutlich unterhalb des Siedepunktes einen hohen Dampfdruck bei moderaten Temperaturen aufweist. Dies ist der Schlüsselschritt des kürzlich von H. C. Starck patentierten Prozesses [51, 52], der die Produktion hochreiner Niob- und Tantalpulver erlaubt (Reinheit bezogen auf metallische Verunreinigungen > 99,95%). Diese Pulver weisen zudem sehr hohe spezifische Oberflächen, kombiniert mit einer einzigartigen, schwammartigen Morphologie auf, welche sich hervorragend für die Produktion von Festelektrolytkondensatoren eignen.

Die Reduktion von Nioboxid kann entweder einstufig, d. h. als direkte Reduktion des Pentoxids mit Magnesiumdampf, oder zweistufig durchgeführt werden. Hierbei wird das Pentoxid bei etwa 1400 °C in Wasserstoffatmosphäre zum Niobdioxid reduziert, welches dann im zweiten Schritt mit Magnesiumdampf zum Metall reduziert wird. Da von Tantal keine thermodynamisch stabilen Suboxide existieren, kann in diesem Falle nur das Pentoxid für die Reduktion genutzt werden.

Die Magnesium-Dampfreduktion kann in verschiedensten Ofentypen durchgeführt werden, einschließlich Wirbelbettreaktoren, Drehrohröfen und Fallrohrreaktoren (s. Chemische Reaktionstechnik, Bd. 1, Abschnitt 6.6).

### 2.4.6
**Herstellung von Ferroniob und Nickelniob**

Die Standardqualität von *Ferroniob*, einer Niob/Eisen-Legierung mit ca. 65% Nb-Inhalt, die als Stahlzusatz verwendet wird, wird üblicherweise direkt aus Pyrochlor-Konzentraten durch aluminothermische Reduktion hergestellt (s. Abb. 5) [16].

In der Vergangenheit wurden meist Batchprozesse verwendet, in neuerer Zeit wird beim größten Hersteller in Brasilien aber auch ein kontinuierlicher Prozess genutzt. Die Ausbeute, bezogen auf Niob, liegt meist im Bereich von 87–97%.

Zur Herstellung von Standard-Ferroniob werden Pyrochlor-Konzentrat, Eisenoxid, Aluminiumpulver, Schlackebildner (z. B. gebrannter Kalk) und Booster (z. B. Natriumnitrat, Flussspat), die zur Erhöhung der freigesetzten Energiemenge dienen, gemischt und in einen mit feuerfesten Steinen ausgekleideten Reaktor eingebracht. Nach der Zündung durch ein Gemisch aus Bariumperoxid und Aluminium-

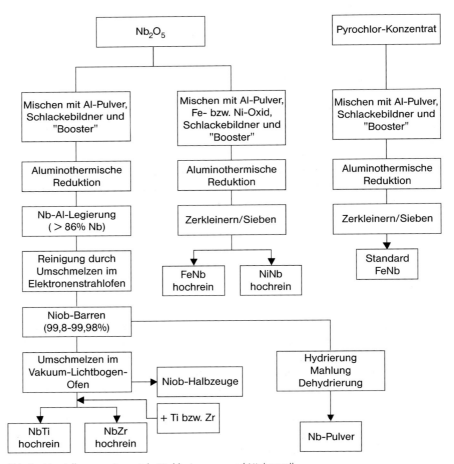

**Abb. 5** Herstellung von Ferroniob, Nioblegierungen und Niobmetall

pulver bzw. Mg-Spänen schreitet die Reaktion sehr schnell fort und erreicht nach ca. 15 min Temperaturen bis zu 2400 °C. Die Schlacke, die sich als Schicht auf der Oberfläche der Ferroniob-Schmelze bildet, enthält den größten Teil der Verunreinigungen und es verbleiben nur geringe Mengen an Fremdelementen im Ferroniob (z. B. Ta, Sn, Pb, Bi etc.).

$$6\ NaNO_3 + 10\ Al \longrightarrow 5\ Al_2O_3 + 3\ Na_2O + 3\ N_2 \quad \Delta H^{298} = -6820\ kJ \tag{1}$$

$$Fe_2O_3 + 2\ Al \longrightarrow Al_2O_3 + 2\ Fe \quad \Delta H^{298} = -850\ kJ \tag{2}$$

$$3\ Nb_2O_5 + 10\ Al \longrightarrow 5\ Al_2O_3 + 6\ Nb \quad \Delta H^{298} = -2680\ kJ \tag{3}$$

Nach dem Abkühlen (12–30 h) wird das Ferroniob von der Schlacke getrennt und ist nach Zerkleinerung fertig für den Versand.

Neuerdings kann die Reduktion auch analog in Lichtbogenöfen durchgeführt werden. Dabei erlaubt der zusätzliche Energieeintrag durch den Ofen, einen Teil des Aluminiumpulvers durch billigere Reduktionsmittel, wie z. B. Ferrosilicium, zu ersetzen [15] und es kann auf die Verwendung der Booster verzichtet werden [53, 54].

Hochreine Qualitäten von Ferroniob (vacuum grade FeNb) und Nickelniob) (vacuum grade NiNb) werden durch Reduktion von hochreinem Niobpentoxid (99%) in einem analogen Prozess hergestellt (s. Abb. 5). Dabei sind die Ansätze jedoch üblicherweise kleiner und es werden z. B. wassergekühlte Reaktoren mit Kupferauskleidung verwendet, um eine Kontamination des Produktes durch normale Feuerfest-Steine zu vermeiden [55].

Niob-Basislegierungen wie Niob-Titan oder Niob-Zirconium werden durch Zusammenschmelzen in Elektronenstrahlofen bzw. im Vakuum-Lichtbogenofen hergestellt [56].

## 2.5
## Anwendungen

### 2.5.1
### Anwendungen von Niob

Gegenwärtig werden nahezu 90% der gesamten Weltjahresproduktion an Niob in Form von Ferroniob in der Stahlindustrie bei der Herstellung von mikrolegierten Stählen und hitzebeständigen Edelstählen verwendet [57].

Niob bewirkt in diesen Stählen eine deutliche Erhöhung der Festigkeit und Zähigkeit durch Kornverfeinerung und Hemmung der Rekristallisation während der Warmverformung.

Die restlichen 10% werden als Nb-Verbindungen und Niobmetall verbraucht. Dabei dient Niobpentoxid als Ausgangsverbindung zur Herstellung von Niobmetall und für nahezu alle anderen Niobverbindungen. Tabelle 2 zeigt die wichtigsten Anwendungen für Niob und Niobverbindungen [15, 23].

**Tab. 2** Anwendungen von Niob

| Anwendungs-gebiet | Einsatzform | Anwendung | Technische Eigenschaften/ Vorteile |
|---|---|---|---|
| Stahl-metallurgie | FeNb | Additiv zu HSLA- (High Strength Low Alloy) Stählen und hitzebeständigen Edelstählen für z. B. Pipelines, Automobilbau etc. | Bewirkt eine Verdoppelung der Festigkeit und Zähigkeit aufgrund einer Kornverfeinerung (Unterdrückung Kornwachstum beim Warmverfestigen); Gewichtsreduktion |
| Superlegierungen | Nb, NiNb, CrNb | Additive in Superlegierungen für Hochtemperaturanwendungen in der Luft- und Raumfahrttechnik | Erhöhung der Festigkeit und Zähigkeit |
| Chemische Industrie | Nb-Halbzeuge | Konstruktionsmaterial für chemische Prozesstechnik | Hohe Korrosionsbeständigkeit |
| Maschinenbau | NbC, NbN | Zusatz zu Hartmetallen für Schneidwerkzeuge | Erhöhung der Zähigkeit und Thermoschockbeständigkeit, Kornstabilisation |
| Maschinenbau | Nb-Pulver, FeNb | Schweißelektroden | Kornverfeinerung im Schweißgebiet |
| Elektronik | Nb-/NbO-Pulver | Festelektrolytkondensatoren | Hohe Dielektrizitätskonstante |
| Elektronik | $Nb_2O_5$ | Dotierung von Bariumtitanat in keramischen Vielschichtkondensatoren | Verringerung der Temperaturabhängigkeit der Kapazität |
| Elektronik | $LiNbO_3$ | Oberflächenwellenfilter, Laserkommunikationssysteme, optische Speichersysteme | Laser SHG (Second Harmonic Generation), Filtern bestimmter Wellenlängen |
| Elektronik | $Nb_2O_5$ | Additiv zu weichen Ferriten | Beeinflussung des Kornwachstums und somit der magnetischen Eigenschaften |
| Elektronik | $Nb_2O_5$ | Dotierung für Piezokeramiken wie PZT (Blei/Zirconium-Titanat) | Erhöhung der Dielektrizitätskonstante |
| Optische Industrie | Nb-1%Zr, | Unterstützungsbauteil in Natriumdampflampen | Hohe Festigkeit bei hoher Temperatur, gute Verformbarkeit, stabil gegen Na-Dampf. |
| Optische Industrie | Hochreines $Nb_2O_5$ | Optische Linsen (Kameras, Fotokopierer) | Hoher Brechungsindex, niedrige Streuung |
| Luft- und Raumfahrttechnik | Nb-Basislegierungen | Konstruktionsmaterialien in Triebwerken, Satellitenantennen | Hohe Festigkeit bei $T > 1300$ °C, leicht zu beschichten |
| Supraleitung | Nb, NbTi, $Nb_3Sn$ | Supraleitende magnetische Spulen für z. B. medizinische Diagnosegeräte | Relativ hohe Sprungtemperaturen |
| Kerntechnik | Nb-2.5% Zr, Nb | Bauteile für bestimmte Reaktortypen (z. B. in US-U-Booten) | Guter Neutroneneinfangquerschnitt, beständig gegen flüssiges Natrium. |

## 2.5.2
### Anwendungen von Tantal

Das in der Regel sehr rein zu erhaltende Tantal weist eine gute Duktilität auf. Es kann zu Blechen, Barren und Rohren weiterverarbeitet werden, die auf Grund der außerordentlichen Korrosionsfestigkeit des Tantals in der chemischen Industrie zum Apparatebau benötigt werden, besonders beim Einsatz von Salzsäure und anderen aggressiven Medien. So wird das Metall nur durch Flusssäure, saure Fluorid-Lösungen, heiße konzentrierte Schwefelsäure und konzentrierte Alkalilaugen angegriffen. Große Reaktionsgefäße zur Kondensation und Konzentration von Schwefelsäure sowie ganz allgemein zur Produktion und Verarbeitung saurer Chemikalien, werden aus tantalplattiertem Stahl oder Kupfer hergestellt, wobei die Plattierung auf Grund der guten Korrosionsbeständigkeit, aber auch der hohen Kosten des Tantals sehr dünn sein kann. Weiterhin wird Tantal-Halbzeug zur Herstellung von Spinndüsen, Innenaufbauten von Senderöhren, Strahlenschutzschirmen, Heizleitern und Ofenkonstruktionsmaterial benötigt. Auf Grund seiner hohen spezifischen Dichte findet Tantal Einsatz in den Spitzen panzerbrechender Geschosse.

Im menschlichen Körper verhält sich metallisches Tantal völlig neutral und ist toxikologisch unbedenklich. Deshalb wird es für Dauerimplantate im Dentalbereich sowie für Knochennägel, Clips und Nahtmaterial eingesetzt.

Unentbehrlich bleibt Tantal im Bereich der Superlegierungen. Diese zeigen sehr gute Hochtemperaturfestigkeiten und werden daher besonders in der Luft- und Raumfahrt zur Herstellung von Turbinen und Flugzeugmotoren eingesetzt.

Etwa 10% des Tantals wird für die Herstellung von Tantalcarbiden benötigt. Diese werden vorwiegend bei der Stahlbearbeitung als Schneidwerkzeuge in Verbindung mit anderen in Cobalt eingebetteten harten Carbiden verwendet. Auf Grund seiner sehr hohen Härte wird Tantalcarbid auch zur Herstellung von Walzen und Drahtziehdüsen eingesetzt.

Der bei weitem größte Anteil der Tantalproduktion (70%) wird von der Elektronikindustrie und dabei insbesondere zur Herstellung von Festelektrolytkondensatoren benötigt. Das für diesen Zweck hergestellte Tantalmetallpulver wird zu Anoden mit einer hohen Porosität (~50–70%) gepresst, gesintert und elektrolytisch oxidiert. Die hohe innere Oberfläche dieser Sinterkörper wird dann mit Hilfe einer elektrolytischen Oxidation von einer stabilen, sehr dünnen, einstellbaren Tantaloxidschicht mit hoher Dielektrizitätskonstante überzogen, die entscheidend ist für die hohe Leistungsfähigkeit der Tantalkondensatoren.

Die innere Porosität und Oberfläche der Tantalpulver kann bei deren Herstellung genau eingestellt werden – je höher die innere Oberfläche, desto höher die spezifische Kapazität der daraus herstellbaren Kondensatoren. Damit kann dem Trend der Mikroelektronik zu ständig wachsender Miniaturisierung durch immer feinere Primärteilchen und immer höhere Oberflächen in den Pulveragglomeraten sehr gut gefolgt werden.

## 2.6
### Wirtschaftliches

Die Hauptproduktionsstätten für Niob und Tantal und ihre Verbindungen liegen traditionsgemäß in den USA, Westeuropa, Japan und den Staaten der früheren UdSSR.

Brasilien nimmt bei Niob aufgrund seiner riesigen Pyrochlor-Lagerstätten eine Sonderstellung ein und ist mit Abstand weltweit der größte Produzent von Ferroniob und anderen Niob-Produkten. Die Pyrochlor-Vorkommen der größten Mine in Brasilien (Araxa) werden alleine auf $450 \cdot 10^6$ t geschätzt, wodurch der Weltbedarf bei der aktuellen Fördermenge ($1,5 \cdot 10^6$ t a$^{-1}$ Erz) für die nächsten 300 Jahre gedeckt werden könnte [56].

Seit 1979 exportieren Brasilien und Kanada keine Pyrochlor-Konzentrate mehr, sondern vermarkten Niob ausschließlich in Form des höherwertigen Ferroniob und untergeordnet von anderen Niob-Vormaterialien.

Der weltweite Bedarf an Niob liegt gegenwärtig bei etwa 25 000 t, wovon allein 21 000 t (86 %) in Form von Standard-Ferroniob verbraucht werden. Die restlichen 14 % verteilen sich wie folgt: 79 % als Niobverbindungen ($Nb_2O_5$, NbC, hochreines FeNb), 6 % als Niob-Halbzeuge und Pulver und 15 % als Nioblegierungen (NbZr, NbTi, NbAl etc.) [14].

Der Bedarf an Tantal liegt gegenwärtig bei etwa 2100 t, wovon der Hauptteil von 70 % (60 % Pulver und 10 % Draht) von der Kondensatorindustrie verbraucht wird. Die restlichen 30 % verteilen sich auf Halbzeuge (6 %), Tantalverbindungen (8 %) wie z. B. Tantaloxid oder $K_2TaF_7$, Legierungszusätze (4 %), Carbide (10 %) und weitere Metallprodukte (2 %) [13].

Die Preise für Standard-Ferroniob lagen 2001 bei ≈15 $ pro Kilogramm Nb-Inhalt (vacuum grade FeNb ≈40 $ pro Kilogramm Nb-Inhalt), für Niobmetall bei ≈53 $ kg$^{-1}$ (Barren) bzw. 220 $ kg$^{-1}$ (Halbzeug) und für Niobpentoxid bei ≈20 $ kg$^{-1}$ [56, 58].

Die Preise für Tantal-Kondensatorpulver liegen heute, je nach Qualität, bei 350–1200 $/kg.


# 3
# Wolfram

## 3.1
## Vorkommen und Rohstoffe

Die mittlere Konzentration von Wolfram in der Erdkruste liegt bei 1,5 g t$^{-1}$ (ppm). Damit ist Wolfram ein seltenes Element. Es gibt zwei große Gruppen von Wolframerzen, die Scheelitgruppe mit dem Mineral Scheelit ($CaWO_4$) und die Wolframitgruppe mit dem Mineral Wolframit ((Fe, Mn)$WO_4$). Zwei Drittel aller Wolfram-Erzvorkommen sind Scheelite und ein Drittel gehören zu den Wolframiten [59]. Das später nach C. F. SCHEELE benannte Erz Scheelit wurde 1757 erstmals von A. F. CRONSTEDT als »tung sten« (schwedisch: schwerer Stein) beschrieben, woraus sich der englische Namen für dieses Metall, Tungsten, ableitet. C. F. SCHEELE, der dem Wolfram auch den heutigen Namen gab, isolierte 1781 die Wolframsäure.

Wolframite sind lückenlos mischbare Mischkristalle von $FeWO_4$ und $MnWO_4$. Die $MnWO_4$-reichen Mischkristalle ($\geq 80\%$ $MnWO_4$) heißen Hübnerite, während die $FeWO_4$-reichen Wolframite ($\geq 80\%$ $FeWO_4$) als Ferberite bezeichnet werden. Scheelite sind oftmals mit dem isomorphen $CaMoO_4$ verschwistert in Erzen zu finden [1, 5, 9]. Alle Wolframerze sind magmatisch-hydrothermalen Ursprungs und entstanden in der Endphase der Magmakristallisation, d. h. nach Auskristallisation der Hauptelemente wie Fe, Mg, Ca, Al und Si aus dem Magma. Die wichtigsten Lagerstätten liegen in den erdgeschichtlich jüngeren Gebirgsregionen wie z. B. im Himalaja, im Pazifischen Gebirgsrücken und in den Alpen. Die geschätzten weltweiten Wolframvorkommen liegen bei ca. $3{,}5 \cdot 10^6$ t, wobei die wichtigsten Lagerstätten mit $1{,}23 \cdot 10^6$ t in China, $6{,}7 \cdot 10^5$ t in Kanada, $4{,}9 \cdot 10^5$ t auf dem Gebiet der ehemaligen UDSSR und $2{,}9 \cdot 10^5$ t in den USA liegen. In Europa gibt es mit $4 \cdot 10^4$ t in Portugal und je $2 \cdot 10^4$ t in Österreich und Frankreich nennenswerte Wolframvorkommen [60]. Abbauwürdige Erze haben $WO_3$-Gehalte zwischen 0,1 und 2,5 %, wobei die untere Grenze je nach Erztyp, Gangart und Weltmarktpreis zwischen 0,1 und 0,3 % $WO_3$ schwankt. Neben den Erzen hat seit den 1980er bis 1990er Jahren die Bedeutung von W-haltigen Schrotten als Sekundärrohstoff beständig zugenommen. Heute werden ca. 35 % des weltweiten W-Bedarfs durch die Aufarbeitung von W-haltigen Schrotten abgedeckt [61, 62].

## 3.2
## Herstellung

### 3.2.1
### Aufschluss der Erze und Sekundärrohstoffe

Da die meisten Erze weniger als 1,5 % $WO_3$ enthalten, ist eine Anreicherung des $WO_3$-Gehaltes auf 60–70 % und in Ausnahmefällen bis 90 % notwendig. Dazu werden die klassischen Methoden der Schwerkrafttrennung, der Flotation und für Wolframite auch die Magnetscheidung eingesetzt [9, 59]. Bei den W-haltigen Schrotten unterscheidet man Weich- und Hartschrotte, die je nach Herkunft zwischen 50–95 %, in Ausnahmefällen sogar nahe 100 % Wolfram enthalten (siehe auch Abschnitt 3.7). Nach einer Oxidation bei 700–800 °C durchlaufen die Weichschrotte die gleichen hydrometallurgischen Prozesse wie die Erzkonzentrate.

Die gegenwärtig wichtigsten Prozesse der Wolframproduktion führen über das hochreine Ammoniumparawolframat als zentrales Zwischenprodukt (siehe Abb. 6). Bei den Aufschlussverfahren dominieren heute der Soda- oder Natronlauge-Druckaufschluss sowie ein Aufschluss mittels Salzschmelzen mit NaOH und $Na_2SO_4$ oder $Na_2CO_3$ und $NaNO_3$ [7, 63].

Während bei Wolframiten und Weichschrotten der Druckaufschluss bei Drücken von 0,5–1,2 MPa und Temperaturen von 150–200 °C mit 10–20 %iger NaOH im Autoklaven erfolgt [64], werden Scheelite ausschließlich mit 10–18 %iger Soda-Lösung bei Drücken von 1,2–2,5 MPa und Temperaturen von 190–250 °C sowie relativ hohen $Na_2CO_3$ : $WO_3$-Überschüssen von 2,5–4,5 : 1 aufgeschlossen [9]. Bei Wolframiten liegt der Überschuss NaOH : $WO_3$ nur bei 1,05–1,4 : 1.

Bei den Aufschlüssen mit NaOH und $Na_2CO_3$ entstehen gemäß den Reaktionsgleichungen

$$(Fe, Mn)WO_4 + 2\,NaOH \longrightarrow Na_2WO_4 + (Fe, Mn)(OH)_2$$

$$CaWO_4 + Na_2CO_3 \longrightarrow Na_2WO_4 + CaCO_3$$

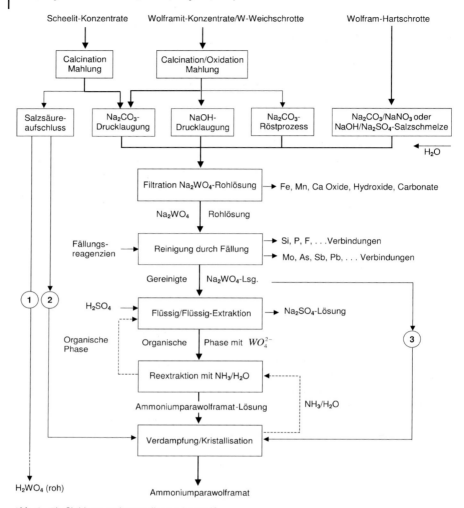

**Abb. 6** Fließbild zur Hydrometallurgie des Wolframs

das wasserlösliche Natriumwolframat sowie die schwer in $H_2O$ löslichen (Fe, Mn)-Hydroxide bzw. Ca-Carbonate, die von der $Na_2WO_4$-Lösung abfiltriert werden.

Der Aufschluss kann auch drucklos, dann aber mit 40–50 %iger wässriger Natronlauge und verstärktem Rühren bei 110–140 °C erfolgen [65]. Der in Abbildung 6 ebenfalls dargestellte salzsaure Aufschluss von Scheelit sowie der Soda-Röstprozess in Drehrohröfen bei 800–900 °C und Luftzufuhr werden nur noch selten in kleineren bzw. älteren Anlagen genutzt. In [66] wird über ein neues salzsaures Aufschlussverfahren für Scheelite unter Zusatz von $Na_2HPO_4$ oder $Na_3PO_4$ berichtet.

## 3.2.2
**Reinigung und Herstellung von Ammoniumparawolframat**

Alle modernen Aufschlussverfahren von Wolframerzen und -schrotten sind alkalisch. In den Natriumwolframat-Lösungen sind alkalisch lösbare Verunreinigungen wie beispielsweise Molybdän, Phosphor, Arsen, Antimon, Blei und Silicium zu finden, die entweder aus der Gangart der Erze oder aus den Schrotten stammen. Die erste Stufe der Reinigung der Natriumwolframat-Lösungen geschieht über Fällungsreaktionen und der anschließenden Abfiltration der gefällten Verunreinigungsverbindungen. Die Fällung erfolgt in zwei Stufen [67, 68]:

1. Fällung von Si, As, P, F, ... mit Magnesiumsulfat bei pH = 10–11 und Aluminiumsulfat bei pH = 7–8, meistens unter Zusatz von rückgeführter, ammoniakalischer Mutterlauge.
2. Fällung von Mo, Bi, Sb, Co, ... und Resten an As durch Zusatz von Natriumsulfid und weiterem Ansäuern der Lauge auf pH-Werte von 2–3. Bei diesem pH-Wert fällt das Molybdän als unlösliches $MoS_3$ aus und auch andere Metalle werden über unlösliche Sulfide abgereichert.

Die so gereinigte $Na_2WO_4$-Lösung wird durch eine Flüssig/Flüssig-Extraktion oder durch ein Fest/Flüssig-Ionenaustauschverfahren in eine Ammoniumwolframat-Lösung überführt [9, 69, 70] und aus dieser schließlich das Ammoniumparawolframat (APW) auskristalllisiert. Beide Schritte sind mit einer weiteren Reinigung der Wolframate verbunden und ermöglichen ein hochreines APW mit Na-Gehalten < 10 ppm. Flüssig/Flüssig-Extraktion und Kristallisation mit dem hochreinen APW als zentralem Zwischenprodukt sind daher das Herzstück jeder modernen Anlage zur Wolframherstellung.

Bei der Flüssig/Flüssig-Extraktion (s. auch Thermische Verfahrenstechnik, Bd. 1, Abschnitt 4.4) werden Isopolywolframatgemische der Summenformel $(H_xW_6O_{21})^{(x-6)}$ ($x = 1\ldots 4$), die sich in der leicht sauren Na-Wolframat-Lösung bilden, durch aliphatische, zumeist tertiäre oder sekundäre Amine aus der wässrigen in die organische Phase extrahiert. Die Amine sind in Kerosin und Isodecanol gelöst und werden vor der Extraktion mit $H_2SO_4$ protoniert. Mit den Bezeichnungen $R_mNH_{3-m}$ für die neutralen und $R_mNH_{4-m}^+$ für die protonierten Amine ($m = 1$, 2 oder 3) lassen sich die Protonierung, Extraktion und Reextraktion wie folgt beschreiben.

- Protonieren der Amine mit Schwefelsäure (nach der Reextraktion)

$$2\,R_mNH_{3-m} + H_2SO_4 \longrightarrow 2\,R_mNH_{4-m}^+ + SO_4^{2-}$$

- Extraktion der Isopolywolframate mit dem protonierten Amin

$$(6-x)R_mNH_{4-m}^+ + [H_xW_6O_{21}]^{(x-6)} \longrightarrow (R_mNH_{4-m})_{(6-x)}(H_xW_6O_{21})$$

- Reextraktion mit Ammoniakwasser erzeugt eine Ammoniumwolframat-Lösung.

$$(R_mNH_{4-m})_{(6-x)}(H_xW_6O_{21}) + 12\,NH_4OH$$
$$\longrightarrow 6(NH_4)_2WO_4 + (6-x)R_mNH_{3-m} + 9\,H_2O$$

Das gestrippte Amin wird danach wieder mit Schwefelsäure protoniert und erneut mit der leicht sauren Wolframat-Lösung zur Extraktion kontaktiert. Dieser Kreislauf kann je nach angestrebter Ausbeute und Reinheit mehrfach wiederholt werden. Bei pH = 2–3 liegt die Gleichgewichtskonstante $K$ für die Aufteilung der Wolframate auf die organische und wässrige Phase bei 30–50. Dementsprechend reicht bereits eine zweistufige Extraktion um 99,9 % des Wolframs aus der wässrigen in die organische Phase zu überführen.

Die Ammoniumwolframat-Lösung wird in dampfbeheizten Kristallern im kontinuierlichen oder Batchbetrieb eingedampft. Dabei verschiebt sich das $NH_3$- zu $WO_3$-Verhältnis immer mehr zu kleineren Werten, und der pH-Wert sinkt soweit, dass schließlich Ammoniumparawolframat der Zusammensetzung $(NH_4)_{10}(H_2W_{12}O_{42}) \cdot 4\,H_2O$ auskristallisiert [71]. Die zumeist leichter löslichen Verbindungen von Restverunreinigungen verbleiben gelöst in der Mutterlauge, d. h. auch bei der Kristallisation erfolgt eine nochmalige Reinigung des Wolframats. Beispielsweise werden die typischen Gehalte von As $\leq$ 50 mg L$^{-1}$, F $\leq$ 250 mg L$^{-1}$, P $\leq$ 50 mg L$^{-1}$ und V $\leq$ 100 mg L$^{-1}$ in der Ammoniumwolframat-Lösung auf Werte von As $\leq$ 20 ppm, F $\leq$ 10 ppm, P $\leq$ 20 ppm und V $\leq$ 20 ppm im APW abgereichert [7].

Die genauen Kristallisationsbedingungen bestimmen die Morphologie und die physikalischen Eigenschaften des APW und diese wiederum alle weiteren Prozessstufen, die zum W-Metallpulver und zu den W-Verbindungen führen.

Die $NH_3/H_2O$-Brüden der Verdampfungskristallisation werden kondensiert und recycelt, d. h. nach Einstellung des erwünschten $NH_3$-Gehaltes der Reextraktion erneut zugeführt. Gelegentlich erfolgt statt der Verdampfungs- auch eine energetisch günstigere Kühlkristallisation, bei der statt des APW das feinkörnigere Dodecahydrat entsteht.

Die in Abbildung 6 eingezeichneten Routen 2 und 3, die ohne Flüssig/Flüssig-Extraktion arbeiten, sind heute von untergeordneter Bedeutung, da sie prozesstechnisch-kostenseitig, und vor allem von der Qualität her Nachteile, z. B. bezüglich Reinheit des APW haben. Historisch interessant war vor allem die Route 3, bei der nach einem alkalischen Aufschluss das Fällen von künstlichem Scheelit $CaWO_4$ mit $CaCl_2$ aus der $Na_2WO_4$-Lösung erfolgt. Anschließend wird bei dieser Route künstlicher, d. h. reiner Scheelit mit HCl zu Wolframsäure umgefällt. Diese wird in Ammoniakwasser gelöst und aus der entstehenden Ammoniumwolframat-Lösung ein relativ sauberes APW auskristallisiert [1].

### 3.2.3
### Calcination von Ammoniumparawolframat und Reduktion von Wolframoxid- zu Wolframmetallpulvern

Die Calcination des APW erfolgt bei 400–800 °C unter Luft oder reduzierter Luftzufuhr in Drehrohröfen oder selten in Durchschuböfen mit Schiffchen. Unter Luft entsteht das gelbe $WO_3$, während unter reduzierter Luftzufuhr das Blauoxid mit der Summenformel $WO_{3-x}$ entsteht. Hinter dieser Summenformel verbirgt sich ein relativ komplex zusammengesetztes Mischoxid aus $WO_3$, $W_{20}O_{58}$ und $W_{18}O_{47}$, das sich infolge der leicht reduzierenden Atmosphäre bildet. Die reduzierende Atmosphäre bei verminderter Luftzufuhr wird durch die partielle Spaltung des freigesetzten $NH_3$ in reaktiven Wasserstoff und Stickstoff verursacht. Die genaue chemische Zusammensetzung, die Mikromorphologie und die physikalischen Eigenschaften der $WO_3$- und insbesondere der $WO_{3-x}$-Oxide bestimmen ganz wesentlich die Eigenschaften der nachfolgend hergestellten Wolframmetallpulver [9, 67].

Die Reduktion der Wolframoxidpulver erfolgt heute fast ausschließlich mit Wasserstoff bei Temperaturen zwischen 650 und 1100 °C in Durchschub-, Hubbalken- und Drehrohröfen. Dabei wird die gemäß der Reaktion $WO_3 + 3\,H_2 \longrightarrow W + 3\,H_2O$ entstehende Feuchte durch Kondensation (Trocknung) aus dem Prozess genommen, d. h. der Wasserstoff wird recycelt und mit definiert eingestellter Feuchte mit dem $WO_3$-Bett im Schiffchen oder Drehrohr zur Reaktion gebracht – meist im Gegenstrom zum Materialfluss [5, 72, 73].

Je nach Anwendungszweck sind Wolframpulver mit Teilchengrößen zwischen 0,2 und 50 µm erforderlich. Die Herstellung dieses breit gefächerten Spektrums an Teilchengrößen erfolgte bislang vorwiegend empirisch durch die Einstellung von Temperatur, Feuchte im $H_2$, Schütthöhe des $WO_3$ im Schiffchen oder Drehrohr, Material- und $H_2$-Durchsatz etc. sowie durch die Wahl des Ausgangsoxids. Das Vordringen zu noch feineren, gröberen oder in der Korngrößenverteilung weiter eingeengten W-Pulvern erfordert jedoch mehr und mehr die Kenntnis der Grundprozesse und deren zielgerichtete Nutzung. Bei relativ niedrigen Temperaturen (600–700 °C) und niedrigen Feuchten dominieren Festphasenreaktionen wie die Diffusion des Sauerstoffs aus dem Oxid bzw. die Eindiffusion des Wasserstoffs ins Metall und der Abtransport des $H_2O$. Als Ergebnis entstehen Metallpulver, die dem Oxid pseudomorph sind. Bei hohen Temperaturen und Feuchtigkeiten sind den Festphasenreaktionen immer stärker Gastransportprozesse überlagert, die über das gasförmige Oxidhydrat des Wolframs $WO_2(OH)$ erfolgen [74]. Das Oxidhydrat bildet sich über den Oxiden bzw. Suboxiden der Stöchiometrie (3-$x$) und steht mit diesen im Gleichgewicht

$$WO_{3-x} + xH_2O \longrightarrow WO_2(OH) + (x - \frac{1}{2})H_2$$

Der Gleichgewichtsdruck für das Oxidhydrat hängt neben der Temperatur auch vom $H_2O$-Partialdruck sowie von der Stöchiometrie $(3 - x)$ und dem Teilchendurchmesser des Oxids ab. Jeder lokale Unterschied im Reaktionsfortschritt vom Oxid zum Metall führt zu Gradienten in den Oxidhydrat-Partialdrücken. Diese Gradienten sind wiederum die Triebkraft von Gastransportprozessen. Zu der obigen Bildungsreaktion für das Oxidhydrat über dem Suboxid der Stöchiometrie $(3 - x)$ existiert deshalb eine Kondensationsreaktion an einem Ort mit niedrigerem $WO_2(OH)$-Gleichgewichtspartialdruck

$$WO_2(OH) + (y - \frac{1}{2})H_2 \longrightarrow WO_{3-y} + yH_2O \quad (y > x)$$

Mit dem zuströmenden $WO_2(OH)$ wächst ein niederes $WO_{3-y}$-Suboxid mit $(3 - y) < (3 - x)$ oder das W-Metall ($y = 3$). Diese Gasphasentransportprozesse führen damit zu Korn- bzw. Teilchenwachstum und Morphologieänderungen beim Übergang von W-Oxid zum -Metall. Aber auch die Teilchen- bzw. Korngrößenverteilungen der W-Pulver werden durch diese Gasphasentransportprozesse beeinflusst – starke Gradienten in den Reduktionsbedingungen, wie z. B. bei großen Festbetthöhen, führen zu breiten Verteilungen und umgekehrt. Neben den Gasphasenreaktionen spielen natürlich auch die Keimbildungs- und -wachstumsprozesse insbesondere bei dem Übergang

$$WO_{3-x}(x = 0,1) \longrightarrow W_{20}O_{58},$$

eine wichtige Rolle und dies selbst bei hohen Temperaturen.

Für die Herstellung von W-Pulvern mit unterschiedlichen Teilchengrößen und -verteilungen, die technisch enorm wichtig sind (s. Abschnitt 3.3), gelten deshalb folgende Regeln
1. Feine und feinste Pulver (< 1 µm): Niedrige Temperaturen, niedrige Schütthöhen im Schiffchen oder Drehrohr, hohe $H_2$-Gegenströmung und relativ lange Verweilzeiten. Das entspricht niedrigen $H_2O$-Partialdrücken, hohen Keimbildungsraten bei geringen Keimwachstumsgeschwindigkeiten und geringen Gasphasentransportprozessen.
2. Grobe und sehr grobe Pulver: Höhere Temperaturen, hohe Schütthöhen des Oxides und niedriger $H_2$-Durchsatz. Damit werden hohe $H_2O$-Partialdrücke mit niedrigen Keimbildungs- aber großen -wachstumsraten, einschließlich Gasphasentransportprozesse erreicht. Verglichen mit der Herstellung feiner Pulver ist der Durchsatz bei gröberen Pulvern deutlich höher.

Um besonders grobe W-Pulver herzustellen, werden die Oxide mit Alkalimetallen wie Na und Li dotiert, die das Kristallwachstum katalytisch stimulieren. Für Feinst- und Ultrafeinstkornpulver muss hingegen der Alkaligehalt so niedrig wie möglich sein (siehe Reinigung durch Flüssig/Flüssig Extraktion und Kristallisation).

## 3.3
### Herstellung von Wolframcarbidpulvern

Wolframcarbidpulver werden heute in der Regel aus Wolframpulvern und Ruß oder Graphit durch Festphasenreaktionen bei 1350–1600 °C unter leicht strömendem Wasserstoff hergestellt. Die dafür notwendigen Mischungen werden in geeigneten Mischaggregaten produziert, wobei der Reinheit und dem Mischverhalten der Kohlenstoffträger sowie dem abriebarmen Mischvorgang eine besondere Bedeutung zukommt. Insbesondere müssen die Ruße schwefel- und aschearm sein. Die nahe der Stöchiometrie des Wolframcarbids WC (6,13 % C) angesetzten W/C-Mischungen werden in Graphittiegel eingefüllt und in Durchschub- oder batchweise betriebenen Induktionsöfen zur Reaktion gebracht. Die Durchschuböfen sind in der Regel mit Molybdänheizungen ausgerüstet und zur Isolation mit geeigneten Oxidkeramiken ausgemauert [75].

Das breite Spektrum der Teilchengrößen von W-Pulvern wird für ein ebenso breites Spektrum an WC-Pulversorten benötigt. Die Teilchengrößen der W-Pulver bestimmen im wesentlichen diejenigen der WC-Pulver und diese wiederum die wichtigsten mechanisch-physikalischen Eigenschaften der WC-Co-Hartmetalle. Bei der diffusionskontrollierten Carburierung der Wolframpulver kommt es nur zu marginalem Aufwachsen der Teilchen. Der Wasserstoff reduziert die Oberflächenoxide der W-Pulver und erleichtert damit die Umsetzung des Wolframs mit dem Kohlenstoff. Vorgeprägt durch die W-Teilchen aus der Reduktion werden bei der Carburierung in der Regel polykristalline Teilchen bzw. Primärteilchenagglomerate gebildet. Besonders ausgeprägt ist dies bei sehr groben WC-Spezialpulvern, die bei 1800–2100 °C in direkt beheizten Graphitrohröfen hergestellt werden.

Eine enorme Bedeutung haben in den letzten 20 Jahren die WC-Feinst- und Ultrafeinstkornpulver mit Teilchengrößen von 0,2–1 µm erlangt, da sie in Hochleistungswerkzeugen der Mikrolelektronik und des Automobilbaus eingesetzt werden. Diese Pulver müssen nicht nur hochrein und sehr fein, sie müssen auch sehr homogen sein und eine sehr enge Teilchengrößenverteilung aufweisen. Da sie außerdem mit Kornwachstumshemmern wie $VC$, $Cr_2C_3$ und $Ta/NbC$ im Bereich $\leq 1\%$ gedopt sind, muss auch diesbezüglich eine äußerst gute Homogenität vorliegen [76, 77].

Eine besondere Bedeutung hat weiterhin eine abriebarme und genau definierte mahltechnische Aufarbeitung erlangt, die jedem weiteren Einsatz der Pulver vorausgehen muss.

## 3.4
### Herstellung von Wolfram-Halbzeugen und -Teilen

Mit der Herstellung von kompaktem Wolfram aus W-Pulvern und anschließendem Drahtzug für Glühlampendrähte begann vor ca. 100 Jahren die Pulvermetallurgie. Diese pulvermetallurgische Route ist bis heute die einzige, natürlich stark weiterentwickelte Möglichkeit geblieben, um Wolfram-Halbzeuge (Bleche, Stangen, Drähte etc.) und -Fertigteile herzustellen. Die Technologie lässt sich in vier Schritte aufteilen [9, 78]:

1. Pressen des W-Pulvers zu Formkörpern mittels isostatischer oder uniaxial-mechanischer Presstechnik.
2. Sintern der Formteile bei Temperaturen von 2400–2800 °C.
   Fast alle Halbzeuge und Fertigteile werden heute in Öfen mit Wolframheizungen und -auskleidungen unter Vakuum oder $H_2$-Schutzgas gesintert. Ausnahmen bilden nur die Stäbe/Zylinder aus K-, Al- und Si-dotiertem, non-sag Wolfram, die im direkten Stromdurchgang gesintert, anschließend geschmiedet und zu Drähten für Glühlampen gezogen werden.
3. Warmverformung durch Schmieden, Walzen, Heißextrusion und Drahtzug.
   Nach dem Sintern weisen die Teile eine Restporosität von 3–10 % und zumeist auch eine ungünstige Kristallstruktur/-textur auf. Um höhere Dichten, bessere Kristallstrukturen und die gewünschte Form zu erreichen, sind mehrstufige, spanlose Umformprozesse wie z. B. Walzen, Schmieden und Strangpressen bei Temperaturen zwischen 1400 und 1700 °C notwendig. Die obere Grenze bildet die Rekristallisationstemperatur, bei der eine starke Korn(Kristallit)vergröberung

einsetzt, die die mechanischen Eigenschaften und die Verformbarkeit stark negativ beeinflusst. Die untere Grenze bildet die Duktil/Spröd-Übergangstemperatur. Beide Grenzen sinken mit wachsendem Umformgrad, sodass die mehrstufigen und mit einigen Zwischen- und Spannungsfreiglühungen verbundenen Umformprozesse mit Temperaturen von 1500–1700 °C starten und in den Endstufen bis auf Temperaturen von 100–300 °C absinken können. Im Ergebnis dieser Warmumformungsprozesse entstehen ein dichtes Halbzeug oder Fertigteile mit einer zumeist ausgeprägten Anisotropie der Kristallstruktur, in der sich die Vorzugsrichtung(en) der Umformprozesse widerspiegeln.

4. Spanende und spanlose Endbearbeitung zur Herstellung der gewünschten Form, Maßhaltigkeit und Oberflächenqualität.
Wolframteile können spanend durch Bohren, Drehen, Fräsen, Schleifen und Polieren bearbeitet werden. Komplexe Formen mit Hinterschneidungen und konkaven Begrenzungen werden mit Drahterodiermaschinen (Funkenerosion) hergestellt.

Alternativen zur Pulvermetallurgie wie das Plasma- und Elektronenstrahl- oder das Bogenentladungsschmelzen unter Vakuum, die beim Mo, Ta und Nb eingesetzt werden, spielen für das Wolfram keine Rolle, da sie zu sehr groben, spröden und mechanisch nicht mehr verformbarem Material führen. In sehr begrenztem Maße werden lediglich W-Einkristalle mittels solcher Verfahren hergestellt.

Die starke Kornvergröberung (Rekristallisation) und die damit einhergehende Versprödung ist auch der Grund dafür, dass Wolfram nur bedingt schweißbar ist. Eine gewisse Entschärfung des Versprödungsproblems der Schweißnaht bringen das WIG (Wolfram-Inertgas)-Schweißen in Schutzgasboxen oder das Diffusionsschweißen. Stärker verbreitet als das Schweißen ist deshalb das Löten mit Hartloten wie Rh (1970 °C), Pd (1550 °C), CuNi (1300 °C) u.a.m. Je höher die Löttemperatur, desto größer aber auch hier die Gefahr der Rekristallisation und Versprödung.

## 3.5
## Eigenschaften

### 3.5.1
### Physikalisch-mechanische und metallurgische Eigenschaften

In seinen Eigenschaften zeichnet sich Wolfram sowohl durch einzelne Spitzenwerte als auch durch eine einzigartige Kombination von Kennwerten aus. So hat Wolfram nicht nur den höchsten Schmelzpunkt (3410 °C), die höchste Sublimationsenthalpie (850 kJ $mol^{-1}$), den niedrigsten Dampfdruck ($10^{-7}$ Pa bei 1700 °C) und den niedrigsten Ausdehnungskoeffizienten (4,59 · $10^{-6}$ $K^{-1}$) aller Metalle, auch die Dichte (19,3 g $cm^{-3}$), der Elastizitäts- und Kompressionsmodul (400 und 310 GPa) sowie die thermische- und elektrische Leitfähigkeit (175 W $m^{-1}$ $K^{-1}$ und 0,182 $\mu\Omega^{-1}$ $cm^{-1}$) sind sehr groß und werden nur von wenigen Metallen übertroffen [1, 5–9, 12, 79].

Eine der Ursachen für diese Eigenschaftsextreme liegt darin, dass Wolfram mit seiner Elektronenstruktur [Xe]$6s^1 4f^{14} 5d^5$ ein halb aufgefülltes, ausschließlich mit bindenden Orbitalen besetztes 5$d$-Niveau besitzt und die höchste berechnete Bindungsenergie aller Elemente hat. Diese liegt je nach Berechnungsverfahren bei $T = 0$ K zwischen 8,5 und 10 eV pro Atom. Die thermisch aktivierte Elektronenemission hängt ebenfalls eng mit dieser Elektronenstruktur zusammen. Durch Zusätze von $ThO_2$, $LaO_2$, $CeO_2$ etc. werden Elektronen in einen schwach bindenden Zustand zu W transferiert. Derartige Zusätze erhöhen damit das Emissionsvermögen dieser Elektronen um den Faktor 2–3 [5].

Bei den mechanischen Eigenschaften kann man zwei Gruppen unterscheiden. Bei der ersten Eigenschaftsgruppe wie Elastizitäts-, Kompressions- und Schermodul sowie Ausdehnungskoeffizient wirken sich die hohen atomaren Bindungskräfte und Energien direkt auf das makroskopische Verhalten aus. Bei der zweiten Eigenschaftsgruppe, die z. B. die Festigkeit, Fließgrenze, Härte, Bruchzähigkeit sowie die Kriech- und Ermüdungsfestigkeit umfassen, haben die atomar-kristallphysikalischen Eigenschaften nur noch über die intrinsischen Eigenschaften von Einzelkristallen des Polykristalls einen Einfluss auf das Makroverhalten. Einen viel wichtigeren Einfluss besitzen hingegen die Realstrukturen und das Gefüge, die sich infolge von Verunreinigungen, vor allem aber infolge des Sinterns und der thermischmechanischen Behandlungen des Wolfram(polykristalls) einstellen. Insbesondere die Eigenschaften und Geometrien der Korngrenzen, die ihrerseits mit den ausgeschiedenen Verunreinigungen und mit der Größe, Form und Orientierung (Textur) der Kristallite/Körner zusammenhängen, bestimmen diese zweite Eigenschaftsgruppe.

Bei Raumtemperatur lässt sich gesintertes, polykristallines Wolfram dank seiner krz (kubisch-raumzentriert)-Struktur, einer hohen Peierls-Spannung und einer großen Stapelfehlerenergie nicht verformen. Erst oberhalb einer spröd-duktil Übergangstemperatur, die je nach Verunreinigungsgehalt zwischen 100 und 500 °C liegt und nach erfolgter Deformation absinkt, lässt sich Wolfram warmverformen. In Abhängigkeit vom Typ (Walzen, Schmieden etc.), von der Intensität (Umformgrad und -rate) und der Temperatur der Umformung, entstehen gröbere oder feinkörnige und gerichtete Gefüge (Nadel- bzw. Fadenkristalle). Gleichzeitig werden bei den Umformprozessen die an den Korngrenzen ausgeschiedenen Verunreinigungen (O, C, N und Oxide, Nitride, Carbide etc.) homogener verteilt. Insbesondere faserförmige und teilrekristallisierte Gefüge mit wenigen, homogen verteilten Korngrenzenausscheidungen ermöglichen Festigkeiten zwischen 1100 MPa bei 400 °C und 150 MPa bei 1500 °C. Bei 1500 °C setzt vollständige Rekristallisation d. h. Gefügevergröberung ein, die auch bei hohen Temperaturen zum Korngrenzensprödbruch führt. Diese sehr hohen Warmfestigkeiten des Wolframs werden nur vom Rhenium übertroffen. Eine Legierung des Wolframs mit Rhenium ermöglicht eine Verschiebung der spröd-duktil Übergangstemperatur unterhalb des Nullpunktes und verbessert nochmals die Warmfestigkeit des reinen Wolframs. Auch bei der Härte, Fließgrenze, Zähigkeit etc. überlagern sich die kristallphysikalisch bestimmten, intrinsischen Einzelkorneigenschaften mit den Einflüssen der Real- und Gefügestruktur, d. h. z. B. der mittleren Kornabmessung $l$ des polykristallinen Wolframs. Bei hinreichend äquiaxial geformten Körnern und Isotropie gilt für die Härte $H$ (nach VICKERS) des Wolframs eine Hall-Petch-Beziehung [5]

$$H = H_0 + H_1 \cdot l^{-\frac{1}{2}} \quad H_0 = 3{,}5 \text{ GPa} \quad H_1 = 3{,}2 \text{ MPa} \cdot m^{\frac{1}{2}}$$

Ein sehr grobes, warmverformtes und angelassenes Wolfram(blech) hat bei 0 °C eine Härte von ca. 3,5 GPa. Hochverformtes Wolfram(blech) mit Korngrößen im Mikrometerbereich, kann hingegen in Übereinstimmung mit obiger Formel Härtewerte von 7,8 GPa, also mehr als den doppelten Wert eines groben Wolfram-Halbzeugs erreichen.

### 3.5.2
**Chemische Eigenschaften**

Wolfram ist bis 350 °C stabil in Luft und Wasser, ab 400 °C beginnt leichte und nach Aufreißen der Oxide ab 800 °C starke Oxidation. Gegenüber nicht oxidierenden Säuren wie HF ist Wolfram bei niedrigen Temperaturen völlig inert und wird bei höheren Temperaturen leicht angegriffen. Oxidierende Säuren wirken ebenso wie $H_2O_2$ stärker korrosiv. Wolfram ist auch stabil gegenüber vielen flüssigen Metallen wie Na, Mg, Hg, Ga und verschiedenen Oxidkeramiken wie $Al_2O_3$, MgO, $ZrO_2$, $ThO_2$ und geschmolzenem Glas und $SiO_2$. Von oxidierenden, alkalischen Medien wie z. B. $Na_2CO_3$, NaOH, $Na_2O_2$, $NaNO_2$ und $NaNO_3$ wird Wolfram hingegen stark angegriffen bzw. aufgelöst [1, 5–9].

Bei hohen Temperaturen reagiert Wolfram mit einer Vielzahl von Elementen wie z. B. B, C, Si, P, As, S, Se, Ta und den Halogenen, um Boride, Carbide, Silicide usw. zu bilden. Gegenüber Stickstoff und Ammoniak ist Wolfram bis 1400 °C sehr stabil und reagiert auch bei hohen Temperaturen nicht mit Wasserstoff. Mit CO reagiert Wolfram bei niedrigen Temperaturen zum Hexacarbonyl, bei $T > 800$ °C bildet es Carbide [1, 2].

Die Reaktion mit Halogenen wird in Halogenlampen genutzt, um über einen geschlossenen Stofftransport (Gastransport) die Lebensdauer der Wolframglühdrähte deutlich zu verlängern.

### 3.6
**Anwendungen und technische Bedeutung**

Dank der einzigartigen Eigenschaften und Eigenschaftskombinationen sind die Anwendungen des Wolframs breit gefächert. Es dominieren jedoch diejenigen Anwendungen, die das ausgezeichnete Hochtemperaturverhalten ausnutzen. Bezogen auf den Verbrauch in Tonnen ergibt sich folgende Aufteilung:

| | |
|---|---|
| WC als Härteträger in Hartmetallen | 50–60 % |
| W zur Legierung von Stählen und Superlegierungen | 20–25 % |
| W für undotiertes/dotiertes W-Kompaktmetall für W-Basislegierungen | 10–25 % |
| W-Chemikalien (Katalysatoren, CVD-Precursoren etc.) | 5–8 % |

Der in Abbildung 7 dargestellte Stammbaum zeigt zusammenfassend die verfahrenstechnischen Schritte, die zu den verschiedenen Wolframprodukten bzw. -anwendungen führen.

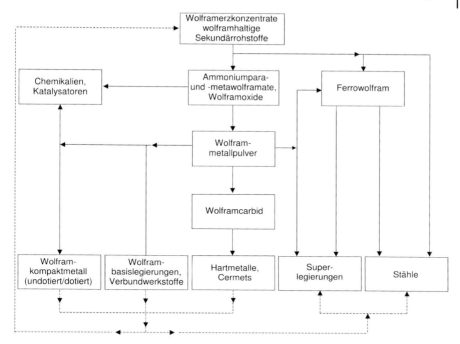

**Abb. 7** Stammbaum der Wolframprodukte (—— Herstellung von Zwischen- und Endprodukten, – – – Recycling)

Die Wolframproduktion stieg von ca. $2 \cdot 10^3$ t im Jahre 1910 auf einen Spitzenwert von $55 \cdot 10^3$ t im Jahre 1988. In den 1990er Jahren und in den ersten Jahren des 21. Jahrhunderts schwankte die Jahresproduktion zwischen $40 \cdot 10^3$ und $50 \cdot 10^3$ t.

### 3.6.1
### WC als Härteträger in Hartmetallen

Die wichtigste bzw. größte Anwendung des Wolframs sind Hartmetalle, die 70–95 % Wolframcarbid enthalten. Je nach Anwendung können die Hartmetalle neben dem hexagonalen WC auch kubische (W, Ti, Ta, Nb, ...)-Mischkristalle im Bereich von 1–15 % enthalten. Die Hartmetalle sind Teilchenverbundwerkstoffe aus WC und Mischcarbiden einerseits und den mit W, C, Ti, Ta, ... legierten, metallischen Bindemetallen andererseits. Die Herstellung erfolgt pulvermetallurgisch mit einer Flüssigphasensinterung, bei der das Bindemetall – zumeist Cobalt, seltener Ni, Fe-Legierungen – aufschmilzt, die Hartstoffteilchen benetzt und beim Abkühlen fest verbindet. Dadurch entstehen Verbundwerkstoffe mit einzigartigen Kombinationen von hoher Härte, Verschleißfestigkeit, Festigkeit, Zähigkeit und Thermoschockbeständigkeit, die dadurch hervorragend für Spanungs- und Umformwerkzeuge aber auch für Verschleißteile einsetzbar sind. Härte, Zähigkeit und andere Eigenschaften können in weiten Bereichen durch den Bindemetallgehalt, durch Zusätze an Mischcarbiden, vor allem aber durch die Korngrößen der WC-Teilchen variiert und dem Einsatz genau angepasst werden. Die wichtigsten Anwendungsgruppen für die Hartmetalle sind [5, 75]:

1. Spanungswerkzeuge für Stahl, Grauguss und Nichteisenmetalle (Dreh-, Fräs- und Bohrwerkzeuge) vor allem im Automobil-, Fahrzeug- und Flugzeugbau, im Maschinen- und Anlagenbau sowie in der Elektronik/Elektrotechnik.
2. Spanungswerkzeuge für Holz, Spanplatten und Kunststoffe.
3. Werkzeuge für Bergbau, geologische Bohrungen (Öl, Gas, Wasser etc.), Tief- und Straßenbau sowie Wohnungs- und Industriebau.
4. Umformwerkzeuge in der Metallurgie (Rollen, Walzen, Ziehsteine und -dorne, Tiefziehwerkzeuge etc.).
5. Verschleiß- und Konstruktionsteile mit breit gefächerten Anwendungsbereichen.

Eine besonders dynamische Entwicklung erfolgte in den letzten 10–15 Jahren bei den Feinst- und Ultrafeinstkornhartmetallen, die im Gefüge WC-Kornabmessungen von 0,2–0,5 µm aufweisen und sich durch sehr hohe Härten und Verschleißfestigkeiten, aber auch hohe Festigkeiten auszeichnen [77]. Derartige Hartmetalle können mit hoher Produktivität z. B. für Leiterplattenmikrobohrer (Durchmesser $\geq$ 150 µm) in der Elektronik oder für Endmills und Bohrer im Automobilbau eingesetzt werden. Andererseits ist die Herstellung dieser Hochleistungswerkzeuge nur dank einer hochentwickelten Pulvermetallurgie möglich, bei der insbesondere eine spezielle Strangpress- und Drucksintertechnologie mit 5–10 MPa Ar-Gasdruck beim Sintern eingesetzt werden, um faktisch porenfreie Hartmetalle zu erzeugen.

### 3.6.2
**Wolfram als Legierungselement in Stählen**

Wolfram wird mit Anteilen von 1–15 % hochwarmfesten Schnellarbeits- und Werkzeugstählen zulegiert, um deren Hochtemperatur- und Verschleißverhalten zu verbessern (s. auch Stahlveredler, Bd. 6a). Das Legierungselement Wolfram wird dabei entweder über Ferrowolfram (Schmelzmetallurgie) oder aber Wolframpulver (P/M-Stähle) zugesetzt und bewirkt Mischkristall- und Phasenbildungen sowie Carbidausscheidungen, die das Hochtemperaturverhalten verbessern und die Härte erhöhen. Da die Wirkung von Wolfram in vielen Stählen über Carbidausscheidungen auch mit Molybdän erreicht werden kann, erfolgte in Hochpreiszeiten des Wolframs eine starke Substitution des Wolframs, die mit später wieder fallenden Wolframpreisen selten rückgängig gemacht wurde.

### 3.6.3
**Wolfram, Wolfram-Basislegierungen und -Verbindungen in Spezialanwendungen** [5, 7, 9]

Außerhalb der Hartmetall- und Stahlindustrie sind die Anwendungen des Wolframs sehr breit gefächert und in vielen Fällen wird mengenmäßig nur relativ wenig Wolfram benötigt. Dennoch ist das Wolfram bei den allermeisten dieser Spezialanwendungen dank seiner Eigenschaften ohne Alternative.

- **Licht- (Beleuchtungs-)industrie**
  Dank dem Elektronen- und breitbandigem Lichtemissionsvermögen werden Wolfram und Wolframlegierungen in den unterschiedlichsten Lichtquellen als Glühdraht oder Elektroden eingesetzt:
  - Glüh- und Halogenlampen (Si-, Al-, K-dotiertes, non-sag Wolfram)
  - Hg-, Na-Entladungs- und Fluoreszenslampen (Wolfram)
  - Xe-Lampen (Wolfram, W/ThO$_2$, W/Re)
- **Elektronik und Elektrotechnik**
  Zur Vermeidung der Diffusion und von Phasenbildungen zwischen Si und Al, Cu sowie wegen des annähernd gleichen Ausdehnungskoeffizienten wie Si, werden alle direkten Si-Halbleiter/Leiter-Kontakte in Mikrochips und einzelnen Transistoren, Dioden, Thyristoren etc. mit Wolfram oder Molybdän und deren Siliciden hergestellt (Abscheidung über CVD- und PVD-Technologien) (vgl. Nanomaterialien und Nanotechnologie, Bd. 2, Abschnitt 1.3.1). Elektrische Schalter in der Leistungselektronik oder Hochspannungstechnik bestehen dank ihrer hohen elektrischen und thermischen Leitfähigkeit sowie eines hohen Abbrandwiderstandes aus W/Cu, W/Ag oder W-Ni/Fe(Cu)-Verbundwerkstoffen. Die bei jeder Elektronik anfallende Joulesche Wärme wird oftmals über W/Cu-Verbundwerkstoffe abgeleitet, da diese neben der sehr guten thermischen Leitfähigkeit und Beständigkeit auch im Ausdehnungsverhalten gut an die Halbleiter anpassbar sind.
- **Medizin- und Röntgentechnik**
  Mit W/Re-Schichten auf schnell rotierenden Mo-Drehanoden lassen sich die höchsten Ausbeuten an Röntgenstrahlen aller Materialien erzielen. Neben der Röntgenstrahlenausbeute ist auch die thermische Beständigkeit und das ausgezeichnete Thermoschockverhalten der W/Re-Legierung von entscheidender Bedeutung. Auch die elektronenemittierenden Kathoden der Röntgenröhre bestehen aus Wolfram bzw. dotiertem Wolfram.
  Andererseits wird das starke, durch die hohe Ordnungszahl bedingte Abschirmvermögen gegenüber Röntgen- und anderen, energiereichen Strahlen genutzt, um Abschirmteile, Kollimatoren etc. aus W-Ni/Fe-Schwermetallen herzustellen. Im Gegensatz zu reinem Wolfram sind diese duktilen Legierungen sehr gut spanabhebend formbar.
- **Wolfram als Elektrodenwerkstoff**
  Mit ThO$_2$, LaO$_2$, CeO$_2$, ZrO$_2$ und Y$_2$O$_3$ dotiertes, hochtemperaturbeständiges Wolfram ist als einzigartiger Elektronenemitter ein hervorragender Werkstoff für Schweißelektroden und Kathoden in elektrisch-elektronischen Geräten, z. B. in Elektronenstrahlöfen, Kathodenstrahl- und Radiosenderöhren, Plasma- und Vakuumbeschichtungsanlagen und Elektronenmikroskopen.
- **Hochtemperatur- und Energietechnik**
  Die Anwendungen reichen von Heizelementen und Strahlblechen in konventionellen Hochtemperaturöfen mit Vakuum- oder Schutzgasbetrieb über W/Re-Thermoelemente bis hin zu Funktionswerkstoffen in Entwicklungsanlagen der Kernfusion und der magnetohydrodynamischen Energiegewinnung, die ab 2010–2015 eine technisch-kommerzielle Relevanz erhalten könnten.
- **Luft- und Raumfahrttechnik**

Auch hier reichen die Anwendungen von einfachen, aber in jedem Flugzeug und Hubschrauber notwendigen Ausgleichsgewichten auf W-Ni/Fe-Basis bis hin zu thermisch-korrosiv hochbeanspruchten Teilen von Raketendüsen.

- **Chemische Industrie [79, 80]**
  Neben einem sehr beschränkten Einsatz als korrosions- und temperaturbeständigem Konstruktionswerkstoff hat Wolfram in sehr verschiedenen chemischen Verbindungen eine große Bedeutung als Katalysator. Die Spannweite reicht von Katalysatoren für Crack-, Hydrier-/Dehydrier- und Reformierreaktionen bis hin zu DENOX-Katalysatoren (vgl. Umwelttechnik, Bd. 2, Abschn. 2.1.7), die für Gasreinigungen in Kraftwerken eingesetzt werden.

- **Anwendungen in der Militär- und Sicherheitstechnik**
  Die Anwendungen umfassen sowohl panzerbrechende Munition als auch geschossabwehrende Armierungen, Raketenköpfe und -düsen, Shape charge liners usw.

## 3.7
## Wolfram-Recycling [61, 62]

Wolframschrott fällt in den verschiedenen Stufen der pulvermetallurgischen Wolframverarbeitung an und wird je nach erreichter Verarbeitungsstufe (Pulver, Mischung, Pressling, Sinterling, Fertigteil) direkt als Rücklaufmaterial in den Prozess zurückgeführt oder gesammelt und mit speziellen Verfahren recycelt. Die einfachste Form eines Wiedereinsatzes W-haltiger Schrotte ist deren Verwendung als Legierungszusatz für Stähle, Stellite und andere Schmelzlegierungen.

Bei den Recyclingverfahren selbst unterscheidet man zwischen einem vollständigen, chemischen Recycling und einem teilweisen, chemisch-physikalisch/mechanischem Recycling. Bei vollständigem chemischen Recycling werden die Schrotte entweder vollständig oxidiert, gegebenenfalls weiter mechanisch zerkleinert oder mittels oxidierenden Salzschmelzen aufgeschlossen und danach dem vollständigen hydrometallurgischen Prozess zugeführt (siehe Abschnitt 3.2.1). Dieses chemische Recycling, bei dem die gleichen W- oder WC-Pulver wie beim Einsatz von Erzen entstehen, hat heute bei WC-(W, Ti, Ta, ...) C-Co-Hartmetallen und W-(Fe, Ni)-Schwermetallen, die 70–95 % W enthalten, eine enorme Bedeutung. Insbesondere bei den Hartmetall-Schneid- und Umformwerkzeugen, die nach ihrem Einsatz nur an den Schneidkanten und Oberflächen verschlissen sind (Hartschrott), werden Recyclingraten von bis zu 80 % erreicht. Fast noch höher liegen die Recyclingraten bei den Schleifschlämmen (Weichschrotten), die bei der Herstellung dieser Werkzeuge und von Konstruktions-/Verschleißteilen entstehen.

Beim chemisch-physikalisch/mechanischen Recycling wie dem Zink- und Coldstream-Prozess werden die gesinterten Legierungen lediglich bis auf die Ebene ihrer pulverförmigen Bestandteile zerlegt, z. B. durch Herauslösen oder Verspröden des duktilen Binders. Als Endprodukte erhält man W-, WC- und Mischcarbidpulver oder WC-Binderteilchen (Coldstream-Prozess), deren Abmessungen denjenigen im Sinterkörper entsprechen und die chemisch nicht sehr sauber sind. Die Bedeutung derartiger Prozesse hat trotz ihrer niedrigen Kosten in den letzten 10 Jahren an Bedeutung verloren, da sie zu qualitativ minderwertigen Produkten (Verunreinigungen mit Zn, Fe und Ti, Al aus der Hartmetallbeschichtung) führen, die nur bei bestimmten Hartmetallen in relativ geringen Anteilen ($\leq 20\,\%$) zugesetzt werden können. Im gleichen oder noch stärkeren Maße wie die Bedeutung dieser Verfahren abnimmt, wächst jedoch die Bedeutung des vollständigen, chemischen Recyclings, sodass in den letzten 20 Jahren das Aufkommen von W-Schrotten als Sekundärrohstoff für die W-Produktion von ca. 15 auf heute ca. 35 % gestiegen ist.

# 4
# Molybdän [1, 81]

## 4.1
## Vorkommen und Rohstoffe

Die mittlere Konzentration von Molybdän in der Erdkruste liegt bei $1{,}5\,\mathrm{g\,t^{-1}}$ (ppm). Damit ist Molybdän ebenso wie Wolfram ein seltenes Element. Die wichtigsten Molybdänlagerstätten liegen in den erdgeschichtlich jüngeren Gebirgsregionen wie z. B. im Himalaja und dem Pazifischen Gebirgsrücken. Die geschätzten, weltweiten Molybdänvorkommen liegen bei ca. $19 \cdot 10^6$ t, wobei die wichtigsten Lagerstätten mit $8{,}3 \cdot 10^6$ t in China, $5{,}4 \cdot 10^6$ t in den USA und $2{,}5 \cdot 10^6$ t in Chile liegen. Molybdän findet sich in der Natur nur chemisch gebunden – meist an Schwefel oder Sauerstoff. Abbauwürdige Erze haben Mo-Gehalte zwischen 0,01 und 0,5 %. Die untere Grenze schwankt je nach Erztyp und Gangart.

Als Wulfenit ($PbMoO_4$) oder Powellit ($CaMoO_4$) ist Molybdän häufig mit Wolfram vergesellschaftet. Überwiegend kommt Molybdän aber in Form von Molybdänit ($MoS_2$) vor. In dieser Form wird es denn auch kommerziell gewonnen – einerseits als Hauptkomponente bei dem Abbau als Primärerz und andererseits als Nebenprodukt in porphyritischen Kupfererzen.

## 4.2
## Herstellung

### 4.2.1
### Aufschluss der Erze

Da die meisten Erze weniger als 0,5 % Mo enthalten, ist eine Anreicherung des Mo-Gehaltes notwendig. Dazu werden die klassischen Methoden der Zerkleinerung, der Schwerkrafttrennung und der Flotation eingesetzt. Nach intensiver Vermahlung bis in den Mikrometerbereich wird das $MoS_2$ in luftbegasten Behältern flotiert. Das graphitähnliche, weiche Mineral sammelt sich in der Schaumphase. Durch wiederholtes Mahlen und Flotieren lässt sich der Anreicherungsgrad anheben. Je nach Anzahl der Mahl- und Flotationsschritte wird ein Konzentrat mit 60–90 % $MoS_2$-Gehalt ausgebracht. Nach Bedarf kann sich eine Behandlung mit Säure anschließen, um Verunreinigungen wie beispielsweise Kupfer und Blei zu entfernen. Weitere Reinigungsschritte führen zu einem direkt als Produkt verwertbaren $MoS_2$.

## 4.2.2
### Röstung

Der bei weitem größte Teil des $MoS_2$-Konzentrates wird anschließend geröstet:

$$2\ MoS_2 + 7\ O_2 \longrightarrow 2\ MoO_3 + 4\ SO_2$$

$$MoS_2 + 6\ MoO_3 \longrightarrow 7\ MoO_2 + 2\ SO_2$$

$$2\ MoO_2 + O_2 \longrightarrow 2\ MoO_3$$

Die Röstung wird in Etagenöfen (Herreshoff-Öfen) bei 400 bis 700 °C durchgeführt und die Verweilzeiten betragen bis zu 10 h. Eine ausgeklügelte Luftführung hilft bei der Einhaltung der Temperaturen, um Verluste durch Sublimation und Schmelz- und Sintervorgänge zu vermeiden. Die Abgase werden aus Umweltgesichtspunkten zunehmend nasschemisch behandelt. Einerseits wird damit das $SO_2$ in Form von $H_2SO_4$ ausgeschleust und andererseits wird gleichzeitig Rhenium, das vor allem in den porphyritischen Kupfererzen in Mengen bis zu 600 ppm vorkommt, gewonnen.

Als alternative Verfahren wurden nasschemische Druckoxidationsverfahren diskutiert. Bei Drücken bis zu 50 bar und Temperaturen bis zu 220 °C wird $MoS_2$ zu Molybdänoxid umgesetzt. Diese Prozesse sind jedoch nicht über den Pilotmaßstab hinaus gekommen [82, 83].

Handelsübliches technisches Molybdänoxid weist typischerweise einen Gehalt von mindestens 55 % Mo auf. Dieses wird entweder direkt zur Herstellung von Stählen und Legierungen oder indirekt in Form von Ferromolybdän als Komponente zur Stahl- und Legierungsherstellung eingesetzt.

## 4.2.3
### Reinigung

Zur Reinigung des technischen Molybdänoxids werden die Sublimation oder nasschemische Verfahren eingesetzt. Die Sublimation erfolgt bei ca. 1150 °C. Die nasschemischen Verfahren beginnen mit dem Lösen in alkalischen oder ammoniakalischen Medien. Mittels fester Ionenaustauscher, durch Fällung, Flüssig/Flüssig-Extraktion oder mehrfacher Kristallisation wird das technische Oxid gereinigt. Aus der am Ende vorliegenden ammoniakalischen Lösung werden Ammoniummolybdate auskristallisiert, die als Basis für den Stammbaum der Chemikalien dienen. Nach der Calcination spricht man im Unterschied zum verunreinigten, technischen vom chemischen Molybdänoxid. Wegen der großen Ähnlichkeit zwischen der Hydrometallurgie des Molybdäns und des Wolframs, wird an dieser Stelle auf den Abschnitt 3.2.2 verwiesen, in dem die Verfahrensschritte am Beispiel des Wolframs dargestellt sind. Abbildung 8 zeigt einen Überblick der Zwischen- und Endprodukte des Molybdäns und seiner Verbindungen.

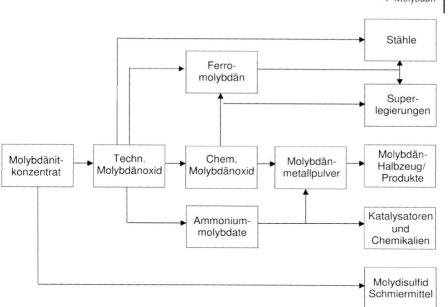

**Abb. 8** Molybdän – Vom Erz zu den Produkten

## 4.2.4
### Herstellung von Molybdänmetall

Sublimiertes oder chemisches MoO₃ oder auch Ammoniummolybdat wird mit Wasserstoff reduziert. Da die Reduktion zum vierwertigen Molybdän im MoO₂ stark exotherm ist, wird normalerweise zweistufig reduziert.

$\mathrm{MoO_3 + H_2 \longrightarrow MoO_2 + H_2O} \quad \Delta H_R = -49 \text{ kJ mol}^{-1}$

$\mathrm{MoO_2 + 2\,H_2 \longrightarrow Mo + 2\,H_2O} \quad \Delta H_R = 67 \text{ kJ mol}^{-1}$

Die Temperatur für die erste Stufe liegt bei etwa 400–500 °C. Die zweite Stufe wird im Bereich von 1000–1200 °C durchgeführt. Zur Einstellung eines niedrigen Sauerstoffgehaltes, der wesentlich den Spröd-/Duktilübergang beeinflusst, ist die genaue Abstimmung der Parameter wie Temperatur, Verweilzeit, Wasserdampfgehalt des Wasserstoffs und Schütthöhe bei den Reduktionsstufen erforderlich. Die Reduktionen werden überwiegend in elektrisch beheizten Durchschuböfen mit der Gasführung im Gegenstrom durchgeführt.

Auch bei der Reduktion der Oxide zum Metall gibt es zahlreiche, prinzipielle Ähnlichkeiten zwischen dem Molybdän und dem Wolfram. So haben Temperatur, Feuchte und Strömung des Wasserstoffs, Schütthöhen, Verweilzeiten etc. ähnliche Einflüsse wie beim Wolfram, und die Gasphasentransportprozesse über das Oxidhydrat $MoO_2(OH)$ spielen sogar eine noch größere Rolle als beim Wolfram. Trotzdem gibt es in wichtigen Details Unterschiede, wie z. B. in [84, 85] beschrieben.

## 4.3
### Verarbeitung von Molybdänmetall

Molybdän-Halbzeuge und -Fertigteile können sowohl aus Schmelzingots als auch aus gepressten und gesinterten Rohlingen hergestellt werden. Da Schmelzingots grobkörnig und sehr spröde sind, muss in jedem Fall eine intensive Umformung durch Strangpressen, Schmieden, Rundhämmern, Walzen etc. bei 1000–1600 °C erfolgen, um eine Kornfeinung und ausreichende Duktilität zu erreichen.

Bei der pulvermetallurgischen Route kann dem Sintern lediglich eine spanende Endbearbeitung oder aber wie bei den Schmelzingots eine thermo-mechanische Umformung folgen. Neben der Kornfeinung, Duktilitätsverbesserung und Formgebung dient diese Warmumformung auch der weiteren Verdichtung des Sinterkörpers.

Endformnah gesinterte Teile ohne weitere thermisch-mechanische Umformung können nur da eingesetzt werden, wo keine sehr hohen Ansprüche an die mechanischen Eigenschaften wie Festigkeit, Härte, Kriechfestigkeit etc. gestellt werden.

Mit der Etablierung der Vakuumtechnik hat sich seit den 1970er Jahren das Vakuumlichtbogenschmelzen als wichtige Technologie zum Erschmelzen der Ingots entwickelt.

### 4.3.1
### Verarbeitung als Spritzpulver

Zunehmende Verwendung finden Molybdän und seine Legierungen als Spritzpulver. Mittels Verdüsung (Atomizing) werden Molybdän und Mo-Legierungen aufgeschmolzen. Die Schmelze wird in feinste Tröpfchen geteilt und mittels Gasen oder Wasser sehr schnell abgekühlt. Nach der Abtrennung vom Verdüsungsmedium und der Klassierung erhält man fließfähige Pulver, welche in den gängigen Spritzverfahren wie Flamm-, Hochgeschwindigkeits- (HVOF) oder Plasmaspritzen eingesetzt werden.

### 4.3.2
### Herstellung von Molybdän-Halbzeugen und -Teilen

Die pulvermetallurgische Route lässt sich wie beim Wolfram in vier Schritte, jedoch mit einigen Besonderheiten gegenüber dem Wolfram unterteilen (siehe Abschnitt 3.4)
1. Pressen des Mo-Pulvers zu Formkörpern mittels isostatischer oder uniaxial-mechanischer Presstechnik.
2. Sintern der Formteile bei Temperaturen von 1500–2200 °C.
    Fast alle Halbzeuge und Fertigteile werden heute unter Vakuum oder $H_2$-Schutzgas gesintert. Lediglich die Formkörper, die als Rohlinge für den Stangen- und Drahtzug dienen, werden aus Kostengründen mit direktem Stromdurchgang (Widerstandsheizung) gesintert.

3. Warmverformung durch Schmieden, Walzen, Heißextrusion und Drahtzug.
Die Warmverformung ist für Sinterteile in den meisten Fällen notwendig, für Schmelzingots ist sie unabdingbar (siehe auch Abschnitt 4.3). Nach dem Sintern weisen die Teile eine Restporosität von 3–10 % und zumeist auch eine ungünstige Kristallstruktur/-textur auf. Um höhere Dichten, bessere Kristallstrukturen und die gewünschte Form zu erreichen, sind mehrstufige spanlose Umformprozesse wie z. B. Walzen, Schmieden und Strangpressen bei Temperaturen zwischen 700 und 1100 °C notwendig. Im Ergebnis dieser Warmumformungsprozesse entstehen dichte Halbzeuge oder Fertigteile mit einer zumeist klar ausgeprägten Anisotropie der Kristallstruktur, in der sich die Vorzugsrichtungen der Umformprozesse widerspiegeln.
4. Spanende und spanlose Endbearbeitung zur Herstellung der gewünschten Form, Maßhaltigkeit und Oberflächenqualität.

## 4.4 Eigenschaften

### 4.4.1 Physikalisch-mechanische Eigenschaften

Mit 2620 °C hat Molybdän einen sehr hohen Schmelzpunkt. Mit einem Elastizitätsmodul von 350 GPa, einer Dichte von 10,22 g cm$^{-3}$, der guten thermischen Leitfähigkeit (138 W m$^{-1}$K$^{-1}$), einem geringen spezifischen elektrischen Widerstand (5,20 · 10$^{-8}$ Ω cm) und einem geringen thermischen Ausdehnungskoeffizient (5,43 · 10$^{-6}$ K$^{-1}$) weist Molybdän ein Eigenschaftsprofil auf, welches einen vielfältigen Einsatz des Metalls erlaubt.

### 4.4.2 Chemische Eigenschaften

Reines Molybdän ist gegen Oxidation nicht resistent. In oxidierenden Gasen wird es schon bei mittleren Temperaturen angegriffen, die sich bildende Oxidschicht sublimiert. In wässrigen, oxidierenden Lösungen zeigt es ebenfalls nur eine geringe Beständigkeit. Gegenüber nicht oxidierenden Säuren wie HF und HCl ist Molybdän inert und wird auch bei höheren Temperaturen kaum angegriffen. Auch gegen Phosphor-, Schwefel-, Chrom- und Essigsäure ist Molybdän stabil. Von reduzierenden, kohlenstofffreien Gasen wird Mo-Metall nicht attackiert, kohlenstoffhaltige führen dagegen zu einer schnellen Carburierung mit einer entsprechenden Versprödung. Unter Wasserstoff ist Mo chemisch inert, es findet allerdings eine Rekristallisation statt. Diese ist im Vergleich zu Wolfram allerdings deutlich weniger ausgeprägt, sodass Molybdän in Hochtemperaturöfen, die unter Wasserstoff betrieben werden, bevorzugt als Heizleiter, Strahlungsblech etc. eingesetzt wird.

## 4.5
## Anwendungen und technische Bedeutung

Die weitaus größte Anwendung findet Molybdän in der Stahlveredlung:

| | |
|---|---:|
| Rostfreie Stähle und Superlegierungen | ca. 30 % |
| Niedrig legierte Stähle | ca. 30 % |
| Werkzeug- und HSS-Stahl | ca. 10 % |
| Molybdän in der Gussindustrie | ca. 10 % |
| Chemikalien und Mo-Metall | ca. 20 % |

Das Legierungselement Molybdän wird dabei in Stählen oder anderen Legierungen entweder über Ferromolybdän (Schmelzmetallurgie) oder aber Molybdänpulver (P/M-Stähle) zugesetzt und bewirkt sowohl die Bildung/Stabilisierung erwünschter Phasen als auch die Carbidbildung zur Härtesteigerung (s. auch Stahlveredler, Bd. 6a).

### 4.5.1
### Molybdän als Legierungselement in Stählen

Auf Grund der hohen Wärmeleitfähigkeit von Molybdän können zur Ausbildung der martensitischen Strukturen, die wesentlich für Härte und Zähigkeit sind, niedrigere Abkühlraten als bei Mo-freien Stählen genutzt werden. Gleichzeitig führen die Mo-Gehalte zu einer erhöhten Temperatur- und Korrosionsbeständigkeit vor allem gegen Chlorid und Schwefel. Den Kohlenstoff- und niedrig legierten Stählen werden bis zu 0,3 % Mo zugesetzt. Werkzeug-, HSS- und rostfreie Stähle enthalten bis zu 10 % Molybdän.

### 4.5.2
### Molybdän in Legierungen

Wie in rostfreien Stählen führt die Zugabe von bis zu 5 % Molybdän zu Nickel-, Cobalt- oder Titan-Basislegierungen zu einer deutlichen Festigkeitssteigerung und deutlich verbesserten Korrosionseigenschaften. So ist verständlich, dass die Ni- und Co-Superlegierungen im Flugzeugturbinenbau für die temperaturbelasteten Teile wie Turbinenschaufeln oder Verdichter eingesetzt werden. In stationären Turbinen werden Legierungen mit bis zu 10 % Mo verwendet. Die guten Korrosionseigenschaften, gepaart mit einer guten Umwelt- und Bioverträglichkeit des Molybdäns, erlauben den Einsatz dieser Legierungstypen in der Prothetik.

### 4.5.3
### Molybdän, Molybdän-Basislegierungen und -Verbindungen in Spezialanwendungen

Außerhalb der Stahlindustrie sind die Anwendungen des Molybdäns sehr breit gefächert und wie beim Wolfram wird in vielen Fällen mengenmäßig nur relativ wenig Molybdän benötigt. Dennoch gibt es für Molybdän bei den allermeisten dieser Spezialanwendungen dank seiner Eigenschaften keine Alternative.

- **Licht- (Beleuchtungs-)industrie**
  Thermisch nicht zu hoch beanspruchte Teile wie Abblendkappen für Autolampen, Stromzuführungen in Glühlampen sowie Molybdänstäbe, die zum Wickeln und zur Halterung der Wolframglühwendeln eingesetzt werden, sind aus reinem Molybdän.
- **Elektronik und Elektrotechnik**
  Aus den gleichen Gründen wie Wolfram wird auch das preisgünstige Molybdän in der Elektronik als direktes, elektrisch leitendes Kontaktmaterial zwischen Si-Halbleiter und Cu(Al) eingesetzt. Molybdän wird insbesondere für die TFTs (Thin Film Transistors) in LC-Displays (vgl. Informations- und Kommunikationstechnologie, Bd. 7, Abschn. 6.3.3.3) und als Material für die Mikroelektroden in PDPs (Plasma Display Panels) (vgl. Informations- und Kommunikationstechnologie, Bd. 7, Abschn. 6.3.3.5) eingesetzt.
  Ebenfalls in völliger Analogie zum Wolfram gibt es Mo/Cu-Verbundwerkstoffe und Tränklegierungen für das Wärmemanagement in der Elektronik, insbesondere in der Leistungselektronik.
- **Medizin- und Röntgentechnik**
  Eine der wichtigsten Molybdänlegierungen, das TZM (Titan/Zirconium/Molybdän), wird in Röntgenvakuumlegierungen verwendet. Die Zugabe von 0,5 % Ti, 0,07 % Zr und 0,01–0,04 % C verleiht diesem Werkstoff eine sehr hohe Warmfestigkeit, eine sehr geringe Kriechneigung und eine erhöhte Rekristallisationstemperatur. Die aus TZM gefertigten Röntgendrehanoden sind Bestandteil der meisten Röntgengeräte, insbesondere in Computertomographen.
- **Hochtemperatur- und Energietechnik**
  Die Anwendungen reichen von Heizelementen und Strahlblechen in konventionellen Hochtemperaturöfen mit Vakuum- oder Schutzgasbetrieb über Schiffchen für diese Öfen bis hin zu Flüssigmetall-Wärmetauschern in der Kerntechnik.
- **Luft- und Raumfahrttechnik**
  Neben dem Einsatz in Co- und Ni-Superlegierungen werden thermisch-korrosiv hochbeanspruchte Teile von Raketenantrieben aus Molybdän und speziell aus Mo/Re-Legierungen gefertigt. Letztere zeichnet sich durch eine hohe Duktilität bei Raumtemperatur aus.
- **Chemische Industrie und Oberflächenveredelung/-schutz**
  Neben einem sehr breiten Einsatz als korrosions- und temperaturbeständigem Konstruktionswerkstoff hat Molybdän in weiteren Anwendungen eine große Bedeutung.

In der Zinkherstellung findet eine Mo-Legierung mit 30 % W Verwendung. Dieser Werkstoff wird von flüssigem Zink nicht angegriffen, sodass Behälter, Pumpen und Spritzdüsen aus 70Mo/30W gefertigt werden. Als Mo/$ZrO_2$ Verbundwerkstoff mit 10–40 % $ZrO_2$ wird Mo für Strangpressdüsen in der Buntmetallherstellung eingesetzt. TZM findet auch in der Umformtechnik von Superlegierungen Anwendung.

Als reine Komponente wird Mo mittels Spritzverfahren zur Oberflächenvergütung verwendet, um korrosions-, haft- und verschleißfeste Schichten auf Fahrzeug- und Maschinenteile aufzubringen. Gespritzte Kolbenringe oder Ventilsitzringe sind

Beispiele aus der Automobiltechnik. In der Glasherstellung werden Mo-Elektroden und Rührer aus Molybdän eingesetzt, da Mo resistent gegen Glasschmelzen ist.

Intensiv gereinigtes $MoS_2$ wird als Schmiermittel unter erhöhter Belastung durch Druck oder Temperatur eingesetzt (siehe Schmierstoffe, Bd. 7, Abschnitt 5.8). Weiterhin weist $MoS_2$ gute Notlaufeigenschaften auf, die durch Verwendung von Nanoteilchen noch gesteigert werden [86].

Als Katalysator kommen die verschiedensten Molybdänverbindungen zum Einsatz. (Co, Mo)-Sulfide werden in der Petrochemie zur Entschwefelung genutzt, Nitride zur Entfernung von stickstoffhaltigen Verunreinigungen und Oxide oder Heteropolysäuren zur Epoxidierung. Intensive Forschung wird zu $MoC_2$ [87, 88] betrieben, um Pt in gewissen Anwendungen zu substituieren. Heteropolymolybdate, speziell Silicomolybdate werden als Katalysatoren für die chlorfreie Bleiche in der Papierindustrie beschrieben [89].

Ammoniumoctamolybdat findet Anwendung in den PVC-Ummantelungen von Kabeln zur Absenkung der Entflammbarkeit und Rauchentwicklung, sowie zur Neutralisation der entstehenden Salzsäure im Falle eines Brandes. Ammoniumdimolybdat und -heptamolybdat werden als Rohstoffe für Pigmente verwendet. Überwiegend kräftige Gelb- bis Rottöne werden erzielt. Das Dimolybdat kommt auch als Korrosionsschutzmittel in Betracht und substituiert hier wegen seiner besseren Umweltverträglichkeit zunehmend Chromat in offenen Kühlwassersystemen. Molybdate sind ebenfalls als Spurenelemente in Düngemitteln enthalten. Mo ist essentiell für die Stickstoff bindenden Knöllchenbakterien, die für die Fixierung von anorganischem Stickstoff an den Pflanzenwurzeln verantwortlich sind.

## 4.6
### Wirtschaftliches und Wiederverwertung

Bis kurz nach der Jahrtausendwende betrug die jährliche Molybdänproduktion durchschnittlich etwa 125 000 t $a^{-1}$, der Preis lag im langjährigen Mittel bei circa 7,5 \$ $kg^{-1}$. In den Metallmarkt gehen 85 % – davon 80 % in alle Arten von Legierungen und etwa 5 % in die reine Mo-Metall-Anwendung. Die verbleibenden 15 % sind zu gleichen Teilen den Anwendungen Katalysatoren, Schmiermittel und sonstige Chemieprodukte zuzuordnen. Mit der zunehmenden Öffnung Chinas und dem steigendem Bedarf an Stählen auch in Indien und weiteren Schwellen- und Entwicklungsländern ist im ersten Jahrzehnt dieses Jahrtausends Bewegung in die Preise gekommen, und die Preise sind seit Ende 2003 stark gestiegen. Das Ende dieser Entwicklung bleibt abzuwarten.

Hochreiner Mo-Schrott wird direkt zu Spritzpulvern umgearbeitet. Leicht verunreinigter Schrott und TZM werden mittels Sublimation zu $MoO_3$ umgesetzt und so dem Kreislauf als technisches Mo-Oxid wieder zugeführt. Unreiner Schrott wird durch Verschneiden in der Ferromolybdänstufe wiederverwertet. Katalysatoren aus der Petrochemie werden chemisch wieder aufbereitet.

# 5
# Rhenium

## 5.1
## Vorkommen und Historisches

Die mittlere Konzentration an Rhenium in der Erdkruste liegt bei 0,07 g t$^{-1}$ (ppm). Daher ist es erst relativ spät und als letztes der in der Natur in stabiler Form vorkommenden Elemente im Jahre 1925 gefunden wurden. W. Noddack, I. Tacke und O. Berg konnten das Röntgenspektrum [90] des Elementes 75 des Periodensystems in Konzentraten aus der Aufarbeitung von Columbit nachweisen. Den Entdeckern gelang es drei Jahre später auch, das erste Gramm Rhenium aus 660 kg norwegischem Molybdänit [91] zu isolieren. Die industrielle Gewinnung begann ab 1930 in Norddeutschland, wo die Kaliwerke in Aschersleben sowie H. C. Starck in Goslar Molybdänrückstände aus der Mansfelder Kupferproduktion als Rohstoffe für eine Jahresproduktion von fast 100 kg Rhenium [92, 93] nutzten. Seit diesen bescheidenen Anfängen hat sich die Weltjahresproduktion bedeutend erhöht. Während in der letzten Auflage dieses Werkes [94] noch eine Primärproduktion von 8 t im Jahre 1984 angegeben wird, ist heute von einer Primärproduktion von ca. 40 t a$^{-1}$ auszugehen. Führend sind dabei Firmen aus Chile, wo sich auch die weltweit größten Rheniumvorkommen befinden.

## 5.2
## Gewinnung

Die wichtigste Primärproduktion des Rheniums geht von Molybdänglanz aus, der mit Kupferkies vergesellschaftet ist. Hier treten mit mehreren Hundert ppm die höchsten Re-Konzentrationen [95] auf. Bei der Röstung der $MoS_2$-Konzentrate entsteht flüchtiges $Re_2O_7$, das aus den $SO_2$-haltigen Röstgasen nach mehreren Reinigungsstufen ausgewaschen wird. Aus den schwefelsauren Waschlösungen kann es auf verschiedene Weise angereichert werden: Geeignet sind Fällung als $Re_2S_7$, Ionenaustausch oder Flüssig/Flüssig-Extraktion. Bei der Weiterverarbeitung tritt praktisch immer noch stark verunreinigtes Ammoniumperrhenat als Zwischenstufe auf. Dieses kann durch Umkristallisation gut von Molybdat- und Sulfat-Ionen und auch einigen kationischen Verunreinigungen befreit werden. Höchste Reinheiten erzielt man, indem technisches $NH_4ReO_4$ zunächst unter Stickstoff zu $ReO_2$ zersetzt wird. Nach der Oxidation mit Luftsauerstoff bei erhöhter Temperatur sublimiert $Re_2O_7$ von den nichtflüchtigen Verunreinigungen ab und wird mit Wasser zu hochreiner Perrheniumsäure kondensiert, aus der anschließend mit Ammoniak erneut reinstes Ammoniumperrhenat ausgefällt wird. Dieses ist bereits, wie die Perrheniumsäure auch, ein Handelsprodukt, wird jedoch hauptsächlich durch Reduktion im Wasserstoffstrom zu Re-Metallpulver weiterverarbeitet. Je nach Anwendung wird das Metallpulver noch zu Pellets verpresst und gesintert.

Neben der Primärproduktion ist das Recycling von Rhenium besonders wichtig. Seit langem wird die Aufarbeitung rheniumhaltiger Katalysatoren betrieben, zunehmend an Bedeutung gewinnt heute die Wiedergewinnung des wertvollen Metalls aus Superlegierungsschrotten [96].

## 5.3
### Eigenschaften und Verwendung

Rhenium besitzt nach Wolfram mit 3180 °C den zweithöchsten Schmelzpunkt aller Elemente und ist in kompakter Form chemisch widerstandsfähig. Als Legierungszusatz zu anderen Refraktärmetallen verbessert es deren Verarbeitbarkeit. Die reichhaltige Chemie des Rheniums ist durch das Auftreten von 11 Oxidationsstufen gekennzeichnet und hat zur Entwicklung einiger organometallischer Katalysatoren [97] geführt.

Die größte Anwendung ist nach wie vor die in Platin/Rhenium-Katalysatoren auf $Al_2O_3$-Trägern für Reforming-Prozesse [98]. Das oben erwähnte Recycling der verbrauchten Katalysatoren geschieht praktisch ausschließlich innerhalb der großen Erdölraffinerien, die nur unvermeidliche Verarbeitungsverluste durch Zukauf von Ammoniumperrhenat oder Perrheniumsäure aus der Primärproduktion decken.

Über 50 % der Rhenium-Primärproduktion von ca. 40 t $a^{-1}$ geht heute in die Superlegierungen. Der Zusatz von nur 1 bis 3 % Re zu Nickelbasis-Superlegierungen verbessert bereits deutlich die Hochtemperatureigenschaften. Der Einsatz dieser Legierungen im modernen Flugzeugturbinenbau ist mittlerweile unverzichtbar, wobei der Trend zu höheren Re-Gehalten von ca. 6 % geht.

W/Re- und Mo/Re-Legierungen werden für bestimmte Thermoelemente benötigt. Röntgendrehanoden in der medizinischen Diagnostik haben als aktive Schicht Wolfram, das mit 5 oder 10 % Rhenium legiert ist [99].

## 6
### Literatur

1 *Winnacker-Küchler*, 4. Aufl., Bd. 4, Sondermetalle.
2 R. Kieffer, G. Jangg, P. Ettmayer: *Sondermetalle*, Springer Verlag, Wien-New York **1971**.
3 W. Schreiter: *Seltene Metalle*, Bd. 1–3, Deutscher Verlag für Grundstoffindustrie, Leipzig, **1961–1963**.
4 S. Engels, A. Nowak: *Auf der Spur der Elemente*, Deutscher Verlag für Grundstoffindustrie, Leipzig, **1971**.
5 E. Lassner, W. D. Schubert: *Tungsten-Properties, Chemistry, Technology of the Element, Alloys, and Chemical Components*, Kluwer Academic/Plenum Publisher, New York, **1999**.
6 B. Aronsson: *Some Notes about the History of Tungsten and Scheelite*, R & D Materials and Processing Library, Stockholm, **1978**.
7 *Ullmann's Encyclopedia of Industrial Chemistry*, Wiley-VCH Verlag, Band A27; 7. Auflage; Weinheim; 2002; S. 229ff.
8 *Lexikon der Physik*, Spektrum Akademischer Verlag, Heidelberg-Berlin, **1998**.
9 S. W. H. Yih, C. T. Wang: *Tungsten: Sources, Metallurgy, Properties and Applications*, Plenum Press, New York-London, **1979**.
10 Gmelin, Syst. No. 54, Tungsten, Suppl. Vol. A1 (1979).
11 Gmelin, Syst. No. 54, Tungsten, Suppl. Vol. A3 (1989).
12 Gmelin, Syst. No. 54, Tungsten, Suppl. Vol. A4 (1993).

13 *The Economics of Tantalum*, Roskill Information Services Ltd., 8th Ed., **2002**, ISBN 086 214862-6.
14 E. G. Polyakov, L. P. Polyakova: Current trends in the production of tantalum and niobium. *Metallurgist* **2003**, *47(1–2)*, 33–41.
15 *The Economics of Niobium*, Roskill Information Services Ltd., 8th Ed., **1998**, ISBN 086 214816-2.
16 C. Dufresne, G. Goyette: The production of Ferro-Niobium at the Niobec mine, in *Proceedings of the International Symposium Niobium 2001*, TMS, Bridgeville **2001**, pp. 29–35.
17 A. I. Filho, B. F. Riffel, C. A. de Faria Sousa, in *Proceedings of the International Symposium Niobium 2001*, TMS **2001**, pp. 53–65.
18 US Pat. 3,721,727 (1971), Kawecki Berylko Ind.
19 W. Rockenbauer, *Metall* **1984**, *38 (2)*, 156–159.
20 J. Eckert, K.-H. Reichert, C. Schnitter, H. Seyeda, in *Proceedings of the International Symposium Niobium 2001*, TMS, Bridgeville, **2001**, pp. 67–87.
21 J. C. De Marignac, *Ann. Chem. (Phys)*. **1866**, *9*, 249.
22 J. C. De Marignac, *Arch. Sci. Phys. Nat.* **1867**, *29*, 265.
23 Y. Weihong, C. Qinyuan, F. Junyan, C. Youyi, *T.I.C. Bulletin No. 95* **1998**, pp. 2–7.
24 US Pat. 3,775,096 (1973), Department of the Interior of the United States of America.
25 GB Pat. 863,310 (1957), Du Pont de Nemours and Comp.
26 US Pat. 3,012,876 (1961), Du Pont.
27 US Pat. 3,020,148 (1962), Du Pont.
28 DE Pat. 1,144,489 (1963), CIBA AG.
29 US Pat. 3,014,165 (1963), Union Carbide.
30 GB Pat. 1,054,163 (1967), Rio Algam Mines.
31 US Pat. 3,480,426 (1969), CIBA AG.
32 R. M. Kibby (Hrsg.): *The Design of Metal Producing Processes*, AIME, New York **1969**, 300–308.
33 US Pat. 3,630,718 (1971), H. C. Starck.
34 H. R. S. Moura, in *Proceedings of the International Symposium Niobium 2001*, TMS, Bridgeville, **2001**, pp. 89–97.
35 H. A. Wilhelm, F. A. Schmidt, T. G. Ellis: Electron Beam Melting and Refining State of the Art. *Ames Lab. U. S. Atomic Energy Commission Contribution No. 1847* 1998, *15*, 110–125.
36 H. A. Wilhelm, F. A. Schmidt, T. G. Ellis: Columbium metal by the alumino-thermic reduction of $Cb_2O_5$. *J. Met.* **1966**, *18*, 1303–1306.
37 T. Carneiro, H. Moura: Electron-beam melting and refining of niobium at CBMM. *Proc. of the Conf. on Electron Beam Melting and Refining State of the Art*, 15 (1998), pp. 110–125.
38 J. W. Marden, US Pat. 1,602,542 (1926).
39 P. P. Alexander, US Pat. 2,228,771 (1942).
40 US Pat. 3,048,484 (1962), Union Carbide.
41 US Pat. 3,114,629 (1963), Union Carbide.
42 US Pat. 3,647,420 (1969), H. C. Starck.
43 Use of Vacuum Techniques in Extractive Metallurgy and Refining of Metals, in O. Winkler, R. Bakish (Hrsg.): *Vacuum Metallurgy*, Elsevier, Amsterdam–London–New York, **1971**, 145–173.
44 N. P. Lyakishev, N. A: Tulin, Y. L. Pliner: *Niobium in steel and alloys*, Companhia Brasileira de Metallurgia e Mineracao-CBMM, Sao Paulo, **1984**, 87–101.
45 US Pat. 2,950,185 (1960), National Research Corp.
46 US Pat. 4,684,399 (1987), Cabot Corp.
47 US Pat. 4,231,790 (1980), H. C. Starck.
48 US Pat. 5,442,978 (1995), H. C. Starck Inc.
49 US.Pat. 5,645,533 (1987), Showa Cabot Supermetals KK.
50 US Pat. 4,149,876 (1979), Fansteel Inc.
51 US Pat. 6,171,363 (1998), H. C. Starck Inc.
52 WO Pat. 69 736 (1998), H.C. Starck Inc.
53 R. Fuccio Jr., C. A. Faria Sousa, in *Proceedings of International Symposium on Tantalum and Niobium*, Goslar, Germany, **1995**, pp. 75–82.
54 C. A. de Faria Sousa, in *Proceedings of the International Symposium Niobium 2001*, TMS, Bridgeville, **2001**, pp. 89–97.
55 S. Sattelberger, G. Löber, in *Proceedings of the International Symposium Niobium 2001*, TMS, Bridgeville, **2001**, 97–104.
56 G. Tither, in *Proceedings of the International Symposium Niobium 2001*, TMS, Bridgeville, **2001**, pp. 1–25.

57 F. Heisterkamp, T. Carneiro, in *Proceedings of the International Symposium Niobium 2001*, TMS, Bridgeville, 2001, pp. 1109–1159.

58 U. S. Departement of the Interior, U. S. Geological Survey: *Mineral Industry Surveys: Columbium (Niobium) and Tantalum*, chapter 22, October 2001.

59 W. Bernhardt: Aufbereitung von Scheeliterzen, Stand der Technik. *BHM* 2002, *147*, 187.

60 Roskill Information Services: *The Economics of Tungsten*, London, 1990.

61 B. F. Kieffer, E. F. Barrock: Extractive Metallurgy of Refractory Metals, in *Proc. TMS – AIME Annual Meeting*, 1981, 273.

62 B. F. Kieffer, E. Lassner, in *Proc. 4$^{th}$ Int. Tungsten Symposium*, Vancouver, 1987, 59.

63 M. Lohse, DE Pat. 195 21 333 (1995), H. C. Starck.

64 V. Zbranek, D. A. Burnham, US Pat. 4 09 400 (1978), Engelhard Minerals and Chemicals.

65 L. R. Quartrini, M. B. Tarlizzi, B. E. Martin, US Pat. 4,353,878 (1982), GTE.

66 S. Gürmen, G. Orhan, S. Tinner: Tungsten powder production from scheelite concentrate. *Metall* 2003, *57*, 789.

67 E. Lassner, *Österr. Chem. Ztg.* 1979, *80*, 111.

68 P. B. Queneau, L. W. Beckstead, D. K. Huggins, US Pat. 4,320,096 (1982), AMAX.

69 M. B. Macinnis, T. K. Kim, *Int. J. Refr. Hard Metals* 1986, *5*, 78.

70 J. Zhou, J. Xue, *Proc. 5$^{th}$ Int. Tungsten Symposium*, Budapest, 1990, S. 73.

71 J. W. van Put, T. W. Zegers, A. van Sandwijk, P. J. M. van der Straten, *Proc. 2$^{nd}$ Int. Conf. Separation Sci. Technology*, Hamilton/Canada, 1989, 387.

72 R. Haubner, W. D. Schubert, E. Lassner, J. Schreiner, B. Lux, *Int. J. Refr. Hard Materials* 1983, *2*, 108.

73 W. D. Schubert, *Int. J. Refr. Hard Materials* 1991, *9*, 178.

74 W. D. Schubert, *Int. J. Refr. Hard Materials* 1990, *4*, 178.

75 W. Schedler: *Hartmetall für den Praktiker*, VDI Verlag, Düsseldorf, 1988.

76 G. Gille, B. Szesny, *Proc. 17$^{th}$ Int. Tungsten Symposium*, Goslar, 1997, 150–170.

77 G. Gille, B. Szesny, K. Dreyer, H. van den Berg, J. Schmidt, T. Gestrich, G. Leitner, *Int. J. Refr. Hard Materials* 2002, *20*, 3.

78 E. Pink, R. Eck: Refractory Metals and their Alloys, in *Materials Science and Technology*, Vol. 8, VCH Verlag, Weinheim, 1991, S. 589–641.

79 *Gmelin*, System No. 54, Tungsten, Suppl. Vol. A6a (1991).

80 *Gmelin*, System No. 54, Tungsten, Suppl. Vol. A6b (1998).

81 *Ullmann's*, 5. Aufl., Bd. **A16**, S. , VCH, Weinheim, 1990, S. 655–698.

82 V. J. Ketcham, E. L. Coltrinari, W. W Hazen, WO Pat. 96/12675 (1996).

83 J. E. Litz, P. B. Queneau, R.-C. Wu: WO Pat. 02/090263 (2002).

84 T. Ressler, O. Timpe, T. Neisius, J. Find, G. Mestl, M. Dieterle, R. Schlögl, *J. Catal.* 2000, *191*, 75–85.

85 W. V. Schulmeyer, Dissertation TU Darmstadt, 1998.

86 L. Rapaport, N. Fleischer, R. Tenne, *Adv. Mat.* 2003, *15*, 651.

87 S. T. Oyama (Hrsg.): The chemistry of transition metal carbides and nitrides, Kluwer Academic Publishers, Glasgow, 1996.

88 E. Furimsky, *Appl. Catal., A* 2003, *240*, 1–28.

89 I. A. Weinstock, C. L. Hill, US Pat. 5,695,605 (1997).

90 W. Noddack, I. Tacke, O. Berg, *Naturwissenschaften* 1925, *13*, 567–574.

91 I. Noddack, W. Noddack, *Z. Anorg. Allg. Chem.* 1929, *183*, 353–375.

92 W. Feit, *Angew. Chem.* 1930, *43*, 459–462.

93 V. Tafel: *Lehrbuch der Metallhüttenkunde*, Bd. 3, Hirzel, Leipzig, 1954, 224–230.

94 *Winnacker-Küchler*, 4. Aufl., Bd. 4, 1986, Edelmetalle.

95 *Ullmann's*, 5. Aufl., Bd. **A23**, VCH, Weinheim, 1993, S. 199–209.

96 EP Pat. 1 312 686 (2003), H. C. Starck.

97 *Gmelin*, System-Nr. 70, Organorhenium Verbindungen, Teil 1, Teil 2 (1941).

98 K. Weissermel, H. J. Arpe: *Industrielle organische Chemie*, VCH, Weinheim, 1988, S. 334–337.

99 H. Cross Comp.: *Rhenium and Rhenium Alloys*, Weakhawken.

# 4
# Beryllium

*David Francis Lupton*

**1**  **Vorkommen und Rohstoffe**   90
1.1  Erzaufschluss   90

**2**  **Herstellung von Berylliummetall**   92
2.1  Herstellung von Berylliumfluorid   92
2.2  Reduktion von Berylliumfluorid   92

**3**  **Verarbeitung von Beryllium und Berylliumlegierungen**   93
3.1  Herstellung von Berylliumpulver   93
3.2  Herstellung des Berylliumhalbzeugs   94
3.3  Weitere Berylliumprodukte   95

**4**  **Eigenschaften und Verwendung**   95
4.1  Eigenschaften   95
4.2  Verwendung   96

**5**  **Toxikologie**   97

**6**  **Wirtschaftliches**   97

**7**  **Literatur**   98

Winnacker/Küchler. *Chemische Technik: Prozesse und Produkte.*
Herausgegeben von Roland Dittmeyer, Wilhelm Keim, Gerhard Kreysa, Alfred Oberholz
*Band 6b: Metalle.*
Copyright © 2006 WILEY-VCH Verlag GmbH & Co. KGaA, Weinheim
ISBN: 3-527-31578-0

# 1
## Vorkommen und Rohstoffe

Der Gehalt von Beryllium in der Erdkruste wird auf 4–6 ppm geschätzt [1,2]. Von den etwa 45 berylliumhaltigen Mineralien haben lediglich Beryll und Bertrandit wirtschaftliche Bedeutung. Der Beryll, $3BeO \cdot Al_2O_3 \cdot 6SiO_2$, der unter anderem in Russland, Kasachstan, Brasilien, China und Afrika vorkommt, enthält etwa 4% Be, während Bertrandit, $Be_4Si_2O_7(OH)_2$, das in minderwertigen Erzen aus dem Topaz-Spor Mountain-Gebiet, Juab County, Utah, USA gefunden und im Tagebau gefördert wird, weniger als 1% Be enthält. Weltweite Vorräte werden auf mindestens 80 000 t geschätzt, wovon sich ca. 65% in den USA befinden. Alleine Juab County verfügt über gesicherte Vorräte von $7 \cdot 10^6$ t Bertrandit mit einem durchschnittlichen Berylliumgehalt von 0,263%, entsprechend 18 300 t enthaltenem Beryllium. Besonders in den 1990er Jahren ist der Berylliumverbrauch drastisch zurückgegangen, womit auf absehbare Zeit keine Verknappung zu erwarten ist.

Der seit den 1980er Jahren eingetretene starke Rückgang der Berylliumerzeugung hat dazu geführt, dass Beryllium technischer Qualität nur noch vom US-amerikanischen Konzern Brush Wellman hergestellt wird. Teilweise wird Beryllium in der Form von Gussbarren und Beryllium/Kupfer-Vorlegierungen aus Kasachstan (UMP, Ulba Metallurgical Plant) importiert und weiterverarbeitet.

### 1.1
### Erzaufschluss

Das Bertranditerz sowie importiertes Beryllerz werden in einem Aufbereitungsbetrieb in Delta, Utah, als Berylliumsulfat aufgeschlossen und aufbereitet (Abb. 1) [3,4]. *Bertranditerz* wird gebrochen, klassiert und anschließend nass zu einem pumpbaren Schlicker mit Teilchengröße <840 µm gemahlen. Der Schlicker wird bei ca. 95 °C mit Schwefelsäure gelaugt, um das Beryllium in Lösung zu bringen. Durch Dekantieren im Gegenstromverfahren unter Verwendung von Verdickungsmitteln wird die Berylliumsulfat-Lösung von den unlöslichen Feststoffen getrennt.

Wegen der höheren Stabilität der Berylliumverbindung im *Beryllerz* lässt sich dieses Erz nicht durch eine direkte Laugung aufschließen. Zum Aufschluss wird der Kjellgren-Sawyer-Prozess angewendet, in dem das Erz im Lichtbogenofen bei 1625–1650 °C aufgeschmolzen wird [4,5]. Durch Eingießen in Wasser wird die Schmelze zu einem Glas abgeschreckt, das anschließend bei 900–950 °C im Drehrohrofen wärmebehandelt wird, um die Reaktivität des Berylliumanteils weiter zu erhöhen. Das Glas wird zu einem feinkörnigen (<74 µm) Schlicker gemahlen, der bei 250–300 °C mit konzentrierter Schwefelsäure behandelt wird. Die Lösung, die Berylliumsulfat und Aluminiumsulfat enthält, wird analog der Lauge des Bertranditaufschlusses durch Dekantieren von den Feststoffen getrennt.

Die berylliumhaltigen Sulfat-Lösungen von beiden Prozessen werden vereinigt, weitere Schwefelsäure zugesetzt und die restlichen Feststoffe durch Filtration durch ein Feinfilter entfernt.

# 1 Vorkommen und Rohstoffe

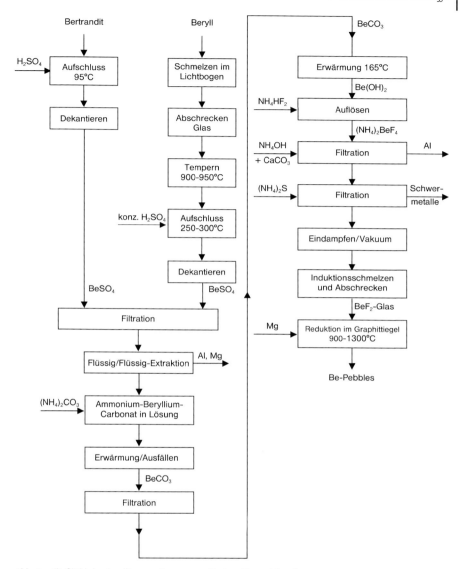

**Abb. 1** Fließbild der Berylliumgewinnung aus Bertrandit- und Beryllerzen

Neben dem Beryllium enthält die Sulfat-Lösung Verunreinigungen (z. B. Aluminium, Eisen, Magnesium), die vor der weiteren Aufbereitung abgetrennt werden müssen. Im Gegensatz zur früheren Praxis erfolgt diese Trennung durch eine mehrstufige Flüssig/Flüssig-Extraktion (s. Thermische Verfahrenstechnik, Bd. 1, Abschn. 4.4). Als organische Phase wird eine Lösung von Di(2-ethylhexyl)phosphat in Kerosin verwendet. Diese Phase nimmt den Berylliumanteil auf, während das

Magnesium und der Großteil des Aluminiums in der wässrigen Phase zurückbleiben. Durch Behandlung der organischen Phase mit einer geringen Menge wässriger Ammoniumcarbonatlösung in wässriger Lösung wird eine Ammonium/Beryllium-Carbonat-Lösung erzeugt, die eine zehnfach höhere Beryllium-Konzentration aufweist als die organische Phase. Die Carbonat-Lösung enthält außerdem Aluminium-, Eisen- und Uranverunreinigungen. Durch Erwärmung der Lösung auf 95 °C werden Ammoniak und Kohlendioxid teilweise freigesetzt, wodurch Beryllium als Berylliumcarbonat ausfällt. Über einen rotierenden zylindrischen Filter wird das Berylliumcarbonat von der Lösung getrennt, in entionisiertem Wasser aufgeschlämmt und in einem Autoklaven auf 165 °C erhitzt. Bei dieser Temperatur wird das restliche Kohlendioxid ausgetrieben, während Berylliumhydroxid zurückbleibt. Das Hydroxid wird durch Filtration aus der wässrigen Lösung gewonnen.

## 2
## Herstellung von Berylliummetall

### 2.1
### Herstellung von Berylliumfluorid

Die Weiterverarbeitung des Berylliumhydroxids zu Berylliummetall erfolgt in einem Betrieb in Elmore, Ohio, der ebenfalls zum Konzern Brush Wellman gehört. In einem ersten Schritt wird nach dem Schwenzfeier-Verfahren das Berylliumhydroxid in Ammoniumbifluorid-Lösung gelöst. Die dadurch entstehende Ammoniumfluoroberyllat-Lösung ist leicht sauer (pH 5,5) und wird durch Zugabe von Ammoniak-Lösung neutralisiert. Durch Zugabe von Calciumcarbonat und leichtes Erwärmen auf 60 °C werden die Aluminiumverunreinigungen ausgefällt und durch Filtration entfernt. Schwermetallverunreinigungen werden anschließend durch Zugabe von Ammoniumsulfid und nochmalige Filtration beseitigt. Ammoniumfluoroberyllat wird mittels Eindampfen unter Vakuum auskristallisiert und in einem mit Graphit ausgekleideten Induktionsofen erhitzt. In diesem Schritt zerfällt die Verbindung zu einer Berylliumfluorid-Schmelze, die über wassergekühlte Räder als glasartige Phase abgegossen wird.

### 2.2
### Reduktion von Berylliumfluorid

Das $BeF_2$ wird mit metallischem Magnesium vermischt und in einem Graphittiegel auf 900 °C erwärmt. Die Reduktionsreaktion gemäß Gleichung (1)

$$BeF_{2(l)} + Mg_{(l)} \longrightarrow Be_{(s)} + MgF_{2(l)} \qquad \Delta H_R = -75{,}6 \text{ kJ mol}^{-1} \qquad (1)$$

erfolgt unterhalb des Schmelzpunkts des Berylliummetalls. Eine Schlacke aus $MgF_2$ und überschüssigem $BeF_2$ schützt das Metall vor Oxidation. Durch die Reaktionswärme erhitzt sich das Produktgemisch weiter auf etwa 1300 °C, wobei das Beryllium aufschmilzt und zu kleinen Kugeln oder »Pebbles« agglomeriert. Die Schlacke mit dem Berylliummetall wird in eine Graphitform abgegossen. Nach der Erstarrung wird das Gemisch gebrochen und in einer Kugelmühle unter Wasser gemahlen. Das $BeF_2$ löst sich rasch und das nicht lösliche $MgCl_2$ wird weggespült. Als Produkt erhält man die Beryllium-Pebbles, die etwa 98% Berylliummetall enthalten. Restliche Verunreinigungen, vor allem eingeschlossene Schlackenpartikeln und nichtreagiertes Magnesium, werden durch Schmelzen unter Vakuum in einem Induktionsofen entfernt. Magnesium und $BeF_2$ dampfen ab, während nichtflüchtige Bestandteile, z. B. Berylliumcarbid, Berylliumoxid und Magnesiumfluorid, eine feste Kruste am Tiegelboden bilden. Das gereinigte Beryllium wird zu Barren von etwa 200 kg gegossen.

Das früher angewandte Verfahren zur Herstellung von Beryllium durch Schmelzflusselektrolyse von $BeCl_2$ wird seit etwa den 1970er Jahren nicht mehr benutzt.

## 3
## Verarbeitung von Beryllium und Berylliumlegierungen

Eine besondere Eigenart des reinen Berylliums ist seine extreme Sprödigkeit im grobkörnigen Gusszustand. Im Gegensatz dazu können durch pulvermetallurgische Verarbeitung Reinberylliumqualitäten mit ausgezeichneten mechanischen Eigenschaften erzeugt werden. Aus diesem Grund wird Reinberyllium heute ausschließlich pulvermetallurgisch hergestellt (s. auch Produkte der Pulvermetallurgie) [4, 5].

### 3.1
### Herstellung von Berylliumpulver

In der herkömmlichen Methode der Pulverherstellung werden die Berylliumgussbarren zunächst auf einer Drehmaschine grob zerspant. Bedingt durch die Sprödigkeit des Gussmaterials fallen bereits bei diesem Vorgang relativ feine bröselige Späne an. Die Späne werden durch das Verfahren des »impact grinding« weiter zerkleinert, bei dem das grobe Pulver einem Inertgasstrom bei hohem Druck zugeführt und gegen einen Prallblock aus Beryllium beschleunigt wird. Auf diese Weise kann eine Kontamination des Berylliums effektiv vermieden werden.

Im den 1990er Jahren wurde die Möglichkeit der Gasverdüsung des Berylliums direkt aus der Schmelze bis zur industriellen Reife entwickelt. Dieses Verfahren gewinnt neben der Zerspanung immer mehr an Bedeutung.

Durch die sorgfältige Kontrolle der Pulverherstellungsprozesse können der Anteil an Begleitelementen (vor allem Sauerstoff, Eisen und Aluminium) und natürlich die Pulvermorphologie präzise eingestellt werden. Diese stellen wichtige Einflussfaktoren beim Erzielen spezifischer mechanischer Eigenschaften der Berylliumhalbzeugprodukte dar.

## 3.2
### Herstellung des Berylliumhalbzeugs

Seit vielen Jahren wird das Berylliumpulver durch uniaxiales Heißpressen unter Vakuum zu massiven Blöcken verdichtet. Parallel dazu wird das isostatische Heißpressen (HIP, hot isostatic pressing) in zunehmendem Maße verwendet (s. auch Produkte der Pulvermetallurgie). Nach diesem Prozess hergestellte Halbzeuge haben den Vorteil, dass das Material isotrop und die mechanische Festigkeit höher ist. Eine weitere Möglichkeit, endformnahe Produkte aus Beryllium herzustellen, ist das isostatische Kaltpressen (CIP, cold isostatic pressing) des Pulvers mit anschließender Sinterung unter Vakuum. Falls erforderlich kann das gesinterte Produkt durch Warmumformung weiterverarbeitet werden.

Häufig werden Berylliumprodukte durch spanende Bearbeitung direkt aus dem gesinterten »Block«-Material produziert. Viele Produkte werden jedoch aus technischen Berylliumqualitäten hergestellt, die durch übliche Verfahren der Warmumformung, vorwiegend Walzen, zu Flachprodukten (Platten, Blechen, Folien), Stäben, Drähten etc. weiterverarbeitet werden. Diese Knetwerkstoffe weisen im Vergleich zu den heißgepressten Materialqualitäten verbesserte mechanische Festigkeit und Duktilität in Richtung der Verformung auf. Allerdings führt die Behandlung wegen der ausgeprägten kristallographischen Anisotropie des Berylliums zu einer Beeinträchtigung der mechanischen Eigenschaften, insbesondere der Duktilität, quer zur Umformrichtung. Zur Herstellung der Flachprodukte wurden komplexe Walzprogramme erarbeitet, um die Isotropie der Eigenschaften in der Blechebene zu gewährleisten. Die verringerte Duktilität über die Blechdicke führt jedoch dazu, dass eine weitere Umformung durch Biegen, Prägen etc. nur im warmen Zustand erfolgen kann.

Die erhältlichen Berylliumqualitäten und ihre Eigenschaften sind beispielsweise in [7] zusammengefasst. Ein typisches Gefügebild für Beryllium der Qualität S-65C zeigt Abbildung 2. Das durch »impact grinding« hergestellte Pulver für diese Qualität wird mittels Vakuumheißpressen verdichtet.

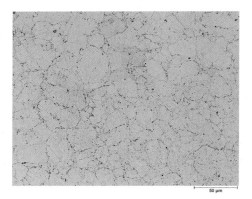

**Abb. 2**  Gefügebild von Beryllium der Qualität S-65C

## 3.3
## Weitere Berylliumprodukte

Neben den »Reinberyllium«-Werkstoffen wurden Berylliummetall-/Berylliumoxid-Verbundwerkstoffe, sogenannte »E-Materials«, entwickelt, die aus einem Gemisch der Metall- und Oxidpulver durch HIP hergestellt werden und Oxidanteile von 20, 40 bzw. 60% Volumenanteil enthalten.

In den 1990er Jahren haben Aluminium/Beryllium-Legierungen an Bedeutung gewonnen. Diese werden sowohl als pulvermetallurgisch hergestellte Knetwerkstoffe (AlBeMet) als auch Feingusslegierungen (AlBeCast) angeboten (die Bezeichnungen sind Handelsnamen von Brush Wellman). Zur Herstellung der Knetlegierungen wird zunächst ein vorlegiertes Al/Be-Pulver durch Inertgasverdüsung erzeugt, das anschließend durch HIP oder eine Kombination von CIP und Strangpressen verdichtet wird.

## 4
## Eigenschaften und Verwendung

## 4.1
## Eigenschaften

Bedingt durch seine Toxizität und die Neigung zur Sprödigkeit sowie die hohen Kosten der Gewinnung und Verarbeitung des Metalls wird Beryllium nur dort eingesetzt, wo die besondere Kombination seiner außergewöhnlichen Eigenschaften zum Tragen kommt [4,6,7]. Ebenso wie seine Nachbarn im Periodensystem, Aluminium und Magnesium, ist Beryllium ein stark elektronegatives Metall, das sich dank einer passivierenden Oxidschicht bei Umgebungstemperatur an Luft inert verhält. Beryllium unterscheidet sich von den restlichen Leichtmetallen vor allem durch seinen hohen Schmelzpunkt (1284 °C) und seine ungewöhnliche Steifigkeit (E-Modul 316 GPa).

Die treibende Kraft für die Entwicklung technisch brauchbarer Berylliumwerkstoffqualitäten waren über viele Jahre seine spezifischen kernphysikalischen Eigenschaften (s. auch Nuklearer Brennstoffkreislauf). Beryllium hat einen hohen Streuquerschnitt für hochenergetische Neutronen aber einen geringen Streuquerschnitt (0,008 barn) für thermische Neutronen. Dadurch werden hochenergetische Neutronen auf thermische Energien abgebremst. Darüber hinaus wandelt sich das häufigste Isotop $^9$Be durch eine (n,2n)-Neutronenreaktion in $^8$Be um. Dies bedeutet, dass Beryllium ein Neutronenvervielfacher ist, der mehr Neutronen freisetzt als absorbiert werden.

Weitere wichtige Eigenschaften des Berylliums sind die hohe Wärmekapazität (1925 J kg$^{-1}$ · K$^{-1}$) und Wärmeleitfähigkeit (216 W m$^{-1}$ · K$^{-1}$) sowie der für ein Leichtmetall ungewöhnlich geringe lineare thermische Ausdehnungskoeffizient (11,4 · 10$^{-6}$ K$^{-1}$). Durch die Kombination dieser Eigenschaften weist Beryllium unter den metallischen Elementen die höchste Fähigkeit zur Wärmeabfuhr pro Masseeinheit und eine außerordentliche Dimensionsstabilität unter thermischer Belastung auf.

Bedingt durch seine geringe Ordnungszahl ist nicht zuletzt die extrem geringe Absorption von Röntgenstrahlen ein wesentliches Merkmal des Berylliums.

## 4.2
## Verwendung

Die älteste und weiterhin eine der wichtigsten Anwendungen des Berylliums ist in Strahlungsfenstern für Röntgenröhren. In früher verwendeten Glasröhren hatte das Beryllium die Funktion, Elektronen zu absorbieren, während in den heutigen Metall/Keramik-Röhren das Beryllium ein ultrahochvakuumdichtes Fenster darstellt, das ebenfalls erheblichen thermischen Belastungen standhalten muss.

Dünne Berylliumfolien werden als Strahlungsfenster in Röntgendetektoren und Synchrotrons sowie als Lithographiemaskensubstrate für das »LIGA«-Verfahren der Tiefenlithographie mit Synchrotronstrahlung benutzt (s. Nanomaterialien und Nanotechnologie, Bd. 2, Abschn. 2.3.5). Diese Anwendungen basieren u.a. darauf, dass die strahlungsbedingte Erwärmung der Berylliumfolie sehr gering ist.

Die ungewöhnlichen kernphysikalischen Eigenschaften haben zu diversen Anwendungen in der zivilen und militärischen Kerntechnik geführt. Besonders in Forschungs- und U-Boot-Reaktoren, in denen die Regelung des Neutronenflusses eine wichtige Rolle spielt, wird Beryllium als Moderator und Reflektor eingesetzt. Wegen seiner Eigenschaften als Neutronenvervielfacher wird Beryllium in Kernwaffen eingesetzt und seine Verwendung in zivilen thermonuklearen Anlagen wird seit langem erwogen, um den Neutronenhaushalt zu optimieren.

Aufgrund seiner geringen Dichte und hohen mechanischen Festigkeit findet Beryllium Anwendung in vielen Strukturbauteilen für die Luft- und Raumfahrt. Beispiele sind die Fensterrahmen und Andocktüren im Space Shuttle sowie Trägerarme für Solarpaneele in Satelliten. In diesen Anwendungen bieten die AlBeMet-Werkstoffe eine interessante Alternative zum Reinberyllium, falls die geringere Steifigkeit akzeptiert werden kann. Ein wichtiger Vorteil dieser Materialien liegt darin, dass sie analog zu den Aluminiumwerkstoffen geschweißt und gelötet werden können.

Beryllium wird ebenfalls in optischen und mechanischen Präzisionsinstrumenten verwendet, bei denen es auf extreme Dimensionsstabilität unter stark variierenden thermischen oder mechanischen Belastungen ankommt. Beispiele sind Spiegelträgerstrukturen für meteorologische Satelliten und Spiegel im Feuerleitsystem von Kampfpanzern.

Wegen der hohen Härte sowie der besonderen thermischen Eigenschaften wurde Beryllium früher in Bremsanlagen für Militärflugzeuge verwendet; allerdings wurde es aufgrund der möglichen Umweltgefährdung inzwischen durch andere Materialien ersetzt.

In kritischen Elektronikanwendungen, beispielsweise bei extremen thermischen oder mechanischen Belastungen, wird Beryllium als Stützstruktur für Leiterplatten benutzt (s. Elektronische Halbleitermaterialien, Bd. 7, Abschn. 2.2.2 und 3), bei der es sowohl der Versteifung als auch der Wärmeabfuhr dient. Die geringe Dichte im Vergleich zu den alternativ eingesetzten Kupfer/Molybdän-Verbundwerkstoffen ist vor allem in der Luft- und Raumfahrt von Vorteil. Die Beryllium-Berylliumoxid-»E-Materials« sind hier besonders attraktiv, da der thermische Ausdehnungskoeffizient an das jeweilige Substratmaterial angepasst werden kann.

Die Verwendung von Beryllium als Legierungselement in Kupfer- und zum Teil auch Aluminium- und Nickellegierungen bleibt weiterhin von erheblicher Bedeutung (s. auch Aluminium, Bd. 6 a, und Kupfer und Nickel, Bd. 6 a). Anwendungen der Kupferlegierungen sind vor allem in mechanisch stark belasteten Lagern für Ölbohrmaschinen und Flugzeugfahrwerken, in federnden Verbindungselementen für die Elektrotechnik sowie in Kopplern für Lichtwellenleiter. Allerdings sind diese Anwendungen wegen zunehmender umweltrechtlicher Einschränkungen einem immer stärker werdenden Substitutionsdruck ausgesetzt.

# 5
# Toxikologie

Auf der Basis von Ergebnissen aus Tierversuchen wurde geschlossen, dass Beryllium durch Einatmen Krebs erzeugen kann. In der Form von feinen Stäuben oder Aerosolen ist Beryllium, wenn eingeatmet, als sehr giftig eingestuft; bei anfälligen Personen kann es die chronische Lungenerkrankung CBD (chronic beryllium disease) auslösen. Beryllium ist sowohl als giftig beim Verschlucken als auch als schädlich durch Reizung beim Kontakt mit den Augen, den Atemwegen und der Haut eingestuft.

Diese Gefahren treten bei der üblichen Handhabung des Berylliums in massiver Form nicht auf. Trotzdem wird das Tragen von Handschuhen empfohlen, um den direkten Hautkontakt zu vermeiden.

Jegliche Bearbeitung, die zur Freisetzung von Stäuben, Aerosolen oder anderen einatembaren Formen des Berylliums führen kann (z. B. Schleifen, Drehen, Fräsen, Funkenerosion, Ätzen), darf erst nach ausführlicher Inkenntnissetzung über die erforderlichen Sicherheitsmaßnahmen ausgeführt werden. Sicherheitsdatenblätter sind bei den Berylliumherstellern und -verarbeitern erhältlich.

Eine aktuelle Bewertung der Toxizität und Kanzerogenität von Beryllium ist in [8] erhältlich.

# 6
# Wirtschaftliches

Nach dem starken Rückgang des Berylliumverbrauchs in den 1990er Jahren haben sich die Erzeugung und der Verbrauch seit etwa 2001 auf einem relativ niedrigen Niveau stabilisiert. Obwohl verlässliche Verbrauchszahlen nicht vorliegen, zeigen die US-amerikanischen Außenhandelstatistiken Importmengen von 173 Tonnen und Exportmengen von 269 Tonnen für metallische berylliumhaltige Produkte im Jahr 2003 [2]. Die Versorgung mit dem Rohstoff in der Form von Bertrandit- und Beryllerzen ist auf lange Sicht gewährleistet. Die zunehmenden Umweltauflagen bei der Aufbereitung und Verarbeitung des Berylliums werden weiterhin zu erhöhten Kosten führen. Lediglich bei der Verwendung von Beryllium als Legierungszusatz ist trotz des Substitutionsdrucks mittelfristig mit einem Zuwachs zu rechnen.

# 7
## Literatur

1. L. D. Cunningham: *Beryllium Recycling in the United States in 2000*, Open-File Report 03–282, U. S. Geological Survey, 2003, http://pubs.usgs.gov/of/2003/of03-282/of03-282.pdf.
2. L. D. Cunningham: *U. S. Geological survey, Commodity Statistics and Information, Minerals Yearbook Beryllium*, 2003, http://minerals.usgs.gov/minerals/pubs/commodity/beryllium/berylmyb03.pdf.
3. United States Environmental Protection Agency Technical Background Document »Identification and Description of Mineral Processing Sectors and Waste Streams«, April 1998, Part 3, http://www.epa.gov/epaoswer/other/mineral/part3.pdf.
4. *Ullmann's*, 6. Aufl., **5**, S. 97–123, Wiley-VCH Verlag, Weinheim, **2002**.
5. K. A. Walsh: Extraction, in D. R. Floyd, J. N. Lowe (Hrsg.): *Beryllium Science and Technology*, Vol. 2, Plenum Press, New York–London, **1979**, 1–11.
6. D. Webster, G. J. London (Hrsg.): *Beryllium Science and Technology*, Vol. 1, Plenum Press, New York–London, **1979**.
7. *Landolt-Börnstein*, Vol. VIII/2A 1, Springer-Verlag, Berlin–Heidelberg–New York, **2003**, 11–1 – 11–11.
8. V. van Kampen, T. Mensing, P. Welge, K. Straif, T. Brüning: *Bewertung der Toxizität und Kanzerogenität von Beryllium für die MAK-Kommission, BGFA-Info 02/2004*, Berufsgenossenschaftliches Forschungsinstitut für Arbeitsmedizin, http://www.bgfa.ruhr-uni-bochum.de/publik/info0204/beryllium.php.

# 5
# Nebenmetalle

*Ulrich Kammer (1–7, 10), Robert Jahn (9), Grit Monse (9)*
*Beitrag basiert auf dem Artikel der 4. Auflage von U. Wiese, Bismut (8) wurde unverändert aus der 4. Auflage übernommen*

| | | |
|---|---|---|
| 1 | **Einleitung** *101* | |
| | | |
| 2 | **Cadmium** *103* | |
| 2.1 | Vorkommen und Rohstoffe *103* | |
| 2.2 | Physikalische und chemische Eigenschaften *103* | |
| 2.3 | Gewinnung *103* | |
| 2.4 | Verwendung *107* | |
| 2.5 | Toxikologie und Umweltschutz *107* | |
| | | |
| 3 | **Gallium** *108* | |
| 3.1 | Vorkommen und Rohstoffe *108* | |
| 3.2 | Physikalische und chemische Eigenschaften *108* | |
| 3.3 | Gewinnung *109* | |
| 3.4 | Verwendung und Toxikologie *109* | |
| | | |
| 4 | **Indium** *110* | |
| 4.1 | Vorkommen und Rohstoffe *110* | |
| 4.2 | Physikalische und chemische Eigenschaften *110* | |
| 4.3 | Gewinnung *110* | |
| 4.4 | Verwendung und Toxikologie *112* | |
| | | |
| 5 | **Thallium** *113* | |
| 5.1 | Vorkommen und Rohstoffe *113* | |
| 5.2 | Physikalische und chemische Eigenschaften *113* | |
| 5.3 | Gewinnung *114* | |
| 5.4 | Verwendung *114* | |
| 5.5 | Toxikologie und Umweltschutz *115* | |
| | | |
| 6 | **Germanium** *115* | |
| 6.1 | Vorkommen und Rohstoffe *115* | |

Winnacker/Küchler. *Chemische Technik: Prozesse und Produkte.*
Herausgegeben von Roland Dittmeyer, Wilhelm Keim, Gerhard Kreysa, Alfred Oberholz
*Band 6b: Metalle.*
Copyright © 2006 WILEY-VCH Verlag GmbH & Co. KGaA, Weinheim
ISBN: 3-527-31578-0

| | | |
|---|---|---|
| 6.2 | Physikalische und chemische Eigenschaften | 115 |
| 6.3 | Gewinnung | 116 |
| 6.4 | Verwendung und Toxikologie | 118 |
| **7** | **Arsen** | **118** |
| 7.1 | Vorkommen und Rohstoffe | 118 |
| 7.2 | Physikalische und chemische Eigenschaften | 119 |
| 7.3 | Gewinnung | 119 |
| 7.4 | Verwendung | 120 |
| 7.5 | Toxikologie und Umweltschutz | 120 |
| **8** | **Bismut** | **121** |
| 8.1 | Vorkommen und Rohstoffe | 121 |
| 8.2 | Physikalische und chemische Eigenschaften | 121 |
| 8.3 | Gewinnung | 121 |
| 8.4 | Verwendung und Toxikologie | 123 |
| **9** | **Selen** | **123** |
| 9.1 | Vorkommen und Rohstoffe | 123 |
| 9.2 | Physikalische und chemische Eigenschaften | 124 |
| 9.3 | Gewinnung | 124 |
| 9.4 | Verwendung | 125 |
| 9.5 | Toxikologie und Umweltschutz | 125 |
| **10** | **Tellur** | **126** |
| 10.1 | Vorkommen und Rohstoffe | 126 |
| 10.2 | Physikalische und chemische Eigenschaften | 126 |
| 10.3 | Gewinnung | 127 |
| 10.4 | Verwendung | 127 |
| 10.5 | Toxikologie und Umweltschutz | 127 |
| **11** | **Literatur** | **128** |

# 1 Einleitung

Die Elemente Cadmium, Gallium, Indium, Thallium, Germanium, Arsen, Bismut, Selen und Tellur wurden unter dem Begriff Nebenmetalle relativ willkürlich zu einer Gruppe zusammengefasst. Die Bezeichnung Nebenmetall erklärt sich sinnvoller Weise nur aus dem jeweiligen Zusammenhang von Vorkommen und Gewinnung. Einige stehen aufgrund ihrer Eigenschaften zwischen Metallen und Nichtmetallen und kommen in mehreren, sowohl metallischen, als auch nichtmetallischen Modifikationen vor [1–6].

Diese Elemente können nur als Nebenerzeugnisse bei der Gewinnung der Basismetalle Aluminium, Blei, Kupfer und Zink erhalten werden, da sie nicht in ausreichend ergiebigen eigenen Lagerstätten vorkommen, die Basis einer lohnenden Gewinnung sein könnten. Auch rechtfertigt der Bedarf keine von anderen Metallgewinnungen losgelöste aufwendige eigene Gewinnung. Die Abtrennung und Isolierung der Nebenmetalle erfordert die Kombination vieler physikalischer und chemischer Methoden. Dabei werden hydrometallurgische Verfahren häufiger benutzt als pyrometallurgische [7–12].

Die Nebenmetalle werden in sehr unterschiedlichen Mengen erzeugt. Bei Gallium, Indium, Thallium und Germanium liegt die Weltproduktion zwischen 100 und 500 t/a, bei Cadmium, Arsen, Bismut, Selen und Tellur sind es 1000 oder einige 1000 t/a. Nicht in jedem Fall ist das Element das wichtigste Produkt, es können z. B. auch die Oxide und Sulfide sein, z. B. von Arsen [13].

Produktionsmengen, Bedarf und Preise unterliegen sehr starken Schwankungen (vgl. Abb. 1).

Preisschwankungen mit Faktoren um 10 innerhalb kurzer Zeiträume kennzeichnen und prägen die Märkte der Nebenmetalle. Ursache dafür sind häufig kurzfristig auftretende, anwendungsbedingte Bedarfsänderungen. Den Verbrauch beschränkende Verordnungen zum Umweltschutz haben in letzter Zeit zu Produktionssenkungen geführt.

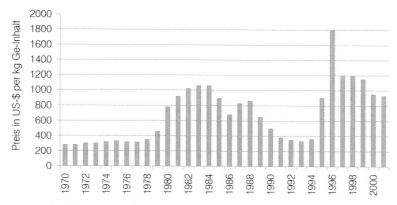

**Abb. 1** Preisschwankungen von Nebenmetallen am Beispiel von Germanium (Quelle: PPM Pure Metals GmbH)

Etliche Nebenmetalle sind relativ seltene Elemente. Am häufigsten ist Gallium, das mit 15 ppm am Aufbau der Erdrinde beteiligt ist; am seltensten sind Selen und Tellur mit 0,05 bzw. 0,001 ppm. Unter 1 ppm liegen die durchschnittlichen Gehalte von Cd, In, Tl und Bi.

Einige Nebenmetalle oder ihre Verbindungen sind akut und chronisch toxische, z. T. sogar stark toxische Stoffe, die schon bei niedriger, langfristiger Inkorporation eine Gefährdung für Pflanzen, Tiere und den Menschen darstellen. Aufgrund einiger lokal begrenzter Fälle übermäßiger Anreicherung in Wasser und Boden, die auf industrielle Emissionen zurückzuführen waren und u. a. auch zu Schäden an Menschen geführt haben, wurden in jüngerer Vergangenheit umfangreiche Untersuchungen vorgenommen. Als Folge wurden strenge gesetzliche Vorschriften erarbeitet und in Kraft gesetzt, die einen umfassenden Umweltschutz gewährleisten. Die Zusammenhänge sind jedoch wegen ihrer außergewöhnlich komplexen Natur noch lange nicht ausreichend untersucht [14, 15].

Selbst der Verzicht auf Gewinnung und Anwendung der Nebenmetalle würde allerdings eine Umweltbelastung durch diese Stoffe nicht verhindern, denn ihre Freisetzung aus anderen Rohstoffen, wie Kohle, Erdöl, Eisen- und NE-Metallerzen wird nie völlig vermieden werden können. Zwar enthalten diese Materialien in der Regel auch nur Spuren der Schadstoffe, sie werden jedoch in riesigen Produktionsmengen verarbeitet.

Arsen war in Form seiner Sulfide bereits in der Antike bekannt; diese wurden als kosmetische Farben verwendet. Später fanden arsenhaltige Substanzen als Arzneimittel Verwendung. Bekannter war deren Anwendung als Gift. Der Element- und Metallcharakter von Arsen und Bismut wurde bereits im 13. Jahrhundert von den Alchemisten erkannt. Mit Arsen und Arsenverbindungen hat sich auch Albertus Magnus befasst.

Die Nebenmetalle wurden überwiegend erst im 19. Jahrhundert gefunden und identifiziert (Tellur bereits 1782). Die Entdeckungen waren Früchte verfeinerter, insbesondere spektroskopischer Analysemethoden, mit denen Mineralien und Reaktionsprodukte auf Reinheit und stoffliche Zusammensetzung untersucht wurden.

Die wirtschaftliche Bedeutung einiger Nebenmetalle war lange Zeit gering, obwohl Besonderheiten ihrer physikalischen und chemischen Eigenschaften bekannt waren, die jedoch meistens erst dann genutzt werden können, wenn die Substanzen durch aufwendige Raffination hohe Reinheiten aufweisen. Besonders auffallend sind z. B. die Photoleitung von Selen, die Halbleitereigenschaften von Germanium (vgl. Elektronische Halbleitermaterialien, Bd. 7), die ausgeprägte Neigung zur Legierungsbildung und die niedrigen Schmelzpunkte bei hohen Siedepunkten einiger dieser Metalle [16–18].

# 2 Cadmium

## 2.1 Vorkommen und Rohstoffe

Cadmium ist ein seltenes und typisches Nebenmetall, d. h. es kommt nicht in eigenen abbauwürdigen Lagerstätten vor. Definierte Cadmiummineralien sind: honig- bis orangegelber Greenockit ($\beta$-CdS, hexagonal) Hawleyit ($\alpha$-CdS, kubisch), Otavit ($CdCO_3$, vergesellschaftet mit Zinkspat), Monteponit (CdO) und Cadmoselit (CdSe).

Rohstoffquellen sind nur die Cadmiumgehalte in Zink-, Kupfer- und Bleierzen. Zink- und Cadmiumsulfid sind begrenzt mischbar und verhalten sich geochemisch sehr ähnlich, weswegen Cadmium eines der bedeutenderen Begleitelemente in sulfidischen Zinkerzen ist. Als Regel gilt für das Atomverhältnis Cadmium : Zink in Zinkerzen 1 : 400 bis 1 : 100 [19–23].

## 2.2 Physikalische und chemische Eigenschaften

Das weiche, duktile, silberglänzende Metall lässt sich bei niedrigen Temperaturen (unter 100 °C) walzen und zu Draht pressen. Es schmilzt und siedet relativ niedrig. Cadmium ist recht legierungsfreudig, jedoch nicht mit Eisen und Aluminium. Gegen Korrosion schützt eine dünne Oxidschicht. Erst bei höheren Temperaturen (400–500 °C) bildet sich rotbraunes, flüchtiges Oxid. In den anorganischen Verbindungen, die z. B. durch Auflösen in Säuren entstehen, ist Cadmium immer zweiwertig; es bildet verschiedene Komplexverbindungen (z. B. cyanidische, halogenidische, ammoniakalische). Es ist nicht löslich in Alkalien. Die meisten anorganischen Verbindungen lösen sich gut in Wasser, Säuren und Ammoniaklösung.

## 2.3 Gewinnung

Erst ein Jahrhundert nach der Entdeckung des Cadmiums im Galmei wurde eine umfangreichere Produktion aufgenommen. Die Gewinnung erfolgt fast ausnahmslos aus Zwischenprodukten der Zinkgewinnung, der Vorlauf aus der Blei- und Kupfererzeugung wird dabei aufgenommen (vgl. Abb. 2). Da die Zusammensetzung der die Zinkerze begleitenden Spurenelemente sehr komplex und variabel ist, ändern sich auch bei relativ gleichmäßiger und konstanter Erzversorgung einer Zinkhütte die Zusammensetzungen ihrer Flugstäube und Schlacken, die bei der Gewinnung und Reinigung des Zinks anfallen und die Verunreinigungen aufnehmen, u. a. auch das Cadmium.

Diese Vielfalt der Rohstoffe ist die Ursache dafür, dass es zahlreiche, recht komplexe Cadmiumgewinnungs- und Raffinationsverfahren gibt. Dabei bleiben die Teilprozesse die gleichen (Verflüchtigung, Laugung und Laugenreinigung, Zementation, Elektrolyse, Destillation), doch variieren ihre Kombination und die Prozesspa-

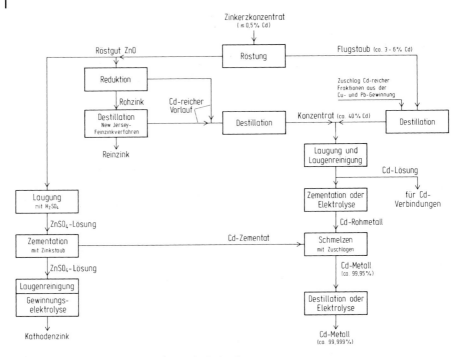

**Abb. 2** Cadmiumgewinnung im Rahmen der Zinkverhüttung

rameter in Abhängigkeit von den abzutrennenden Verunreinigungen. Fast jede Cadmiumhütte hat ihr eigenes Verfahren.

Bei der oxidativen Röstung der Basismetallsulfide zu Oxid und Schwefeldioxid bei ca. 700–1000 °C sammelt sich wegen der hohen Flüchtigkeit von Oxid bzw. Sulfid fast das gesamte Cadmium in den Flugstäuben. Die Cadmiumgehalte in diesen Koppelprodukten sind jedoch immer noch niedrig. In ihnen befinden sich auch andere Spurenelemente. Eine selektive Verflüchtigung ist bei der Röstung nicht möglich. Neben Oxiden liegen in den Flugstäuben auch Chloride, Sulfide und Sulfate vor. Die Abtrennung des Cadmiums von der Basismetallmatrix hängt stark von der Art der Röstung ab, sie ist bei Sinterröstung gut, bei Wirbelschichtröstung schlechter.

Die weitere Anreicherung aus den primären Flugstäuben erfolgt üblicherweise durch erneute Verflüchtigung, deren Selektivität durch partielle Reduktion erhöht wird. So ist Cadmiummetall unter reduzierenden Bedingungen schon bei wesentlich niedrigeren Temperaturen flüchtig als die meisten anderen Metalle (vor allem Zink).

In einer anderen Variante werden die Flugstäube unter Zusatz von Eisen, Soda, Sand und Kohle reduzierend geschmolzen. Dabei werden eine alkalische Schlacke, die nur wenig Cadmium enthält und Rohblei erschmolzen, während Cadmiumoxid verflüchtigt wird. Erneut geht jedoch ein erheblicher Bleianteil in den cadmiumreicheren Sekundärflugstaub. Diese Flugstäube werden hydrometallurgisch weiterverarbeitet.

Bei den pyrometallurgischen Verfahrensschritten kann bereits die Raffinationsleistung der anschließenden Laugungsarbeiten erhöht werden. Gelingt es, Begleitstoffe in schwerlösliche Verbindungen zu überführen, z. B. Tl in TlCl oder Pb in $PbCl_2$ bzw. $PbSO_4$, so erfolgt mit der Laugung eine weitgehende Abtrennung.

In der Vergangenheit wurden auch Verfahren zur Verarbeitung niedrig konzentrierter Cadmiumzwischenprodukte (Cadmiumgehalt 1–3 %) mittels flüssig/flüssig-Extraktion entwickelt.

Ausschließlich pyrometallurgisch wird Zink heute nur noch sehr selten erzeugt, dabei fällt das im Röstgut verbliebene Cadmium in Zinkstäuben an, die bis zu 3 % Cd enthalten und hydro- bzw. pyrometallurgisch zur Cadmiumabtrennung weiterverarbeitet werden. Inzwischen werden mehr als 90 % des Zinks durch Elektrolyse gewonnen (vgl. Zink, Blei und Zinn, Bd. 6a). Cadmium geht bei der Laugung des Röstguts mit Schwefelsäure fast vollständig in Lösung und verbleibt darin auch bei der Laugenreinigung mittels oberflächenreicher Eisenfällprodukte. Aus der Lösung wird es mit Zinkstaub zementiert. Das Zementat kann bei Cadmiumgehalten über 95 % nach Brikettierung direkt durch Destillation gereinigt werden. Bei geringen Cadmiumgehalten ist eine hydrometallurgische Verarbeitung der Zementate zur Aufkonzentrierung notwendig. Ihre Löslichkeit wird dadurch erhöht, dass die meist feinkörnig anfallenden Metallpulver feucht an der Luft gelagert werden, wobei sie durch Oxidation in leichter lösliche Oxide übergehen. Der Zusatz von Oxidationsmitteln beim Laugen von Flugstäuben und Zementaten wirkt einerseits beschleunigend und ist andererseits zur Abtrennung einiger Verunreinigungen erforderlich. Überwiegend wird im schwefelsauren Medium gearbeitet. Gelegentlich wird auch mit Salpetersäure gelaugt und anschließend zur weiteren Cadmiumkonzentrierung eine recht selektive Carbonatfällung vorgenommen. Die Laugung in Salzsäure kann zur Laugenreinigung an Festbettionenaustauschern erforderlich sein, wie auch zur Herstellung von Cadmiumverbindungen. An die Laugung schließt sich immer eine Laugenreinigung an, die entscheidend ist für die Qualität der Endprodukte. Es wurden dafür zahlreiche Varianten vorgeschlagen. In den Lösungen sind Cadmiumgehalte zwischen 50 und 100 g/l anzustreben. Blei lässt sich von Cadmium weitgehend als schwerlösliches Sulfat oder Chlorid abtrennen; Thallium wird über die Doppelverbindung $CdCl_2 \cdot TlCl$ entfernt. Arsen wird als Eisenarsenat gefällt, wenn die stark sauren Cadmiumrohlösungen durch Zusatz von Alkalien (meist Flugstäube) auf eine geringere Acidität eingestellt werden. Die geringste Löslichkeit besteht etwa bei einem pH-Wert von 1. Besonders zu beachten ist die möglichst vollständige Gewinnung anderer wertvoller Bestandteile der Cadmiumlauge (z. B. Indium, Edelmetalle). Die Eisenverbindungen haben ein starkes Adsorptionsvermögen und müssen bei niedrigen pH-Werten von der wertmetallhaltigen Lauge getrennt werden. Einige Verunreinigungen, wie z. B. Arsen, Antimon und Tellur, können durch Zementation mit Eisen in Gegenwart von Kupfersalzen aus der Rohcadmiumlösung abgeschieden werden. Dabei ist besondere Vorsicht geboten, um die Entstehung hochtoxischer Hydride, z. B. $AsH_3$ oder $SbH_3$, zu verhindern. Die Sulfidfällung bei bestimmter Acidität ist zur Abtrennung einiger Verunreinigungen wie z. B. Kupfer, Bismut und Antimon, geeignet. Zur Trennung kann auch die Eigenschaft genutzt werden, dass Cadmium unter bestimmten Bedingungen beständige und gut lösliche Ammoniakate bildet, während andere Schwermetalle unter diesen Bedingungen als schwerlösliche Hydroxide anfallen. Über verschiedene Kombinationen von festen Anionen- und Kationenaustauschern ist eine effektive Laugenreinigung möglich, doch erfordert der hohe Gehalt an Verunreinigungen große Austauscherkapazitäten. Weiter beeinträchtigt wird die Wirtschaftlichkeit durch die diskontinuierliche Betriebsweise. Besser sind diese Verfahren zur Höchstreinigung geeignet. Einige Systeme der flüssig/flüssig-Extraktion sind erprobt und beschrieben. Ihre Vorteile sind kontinuierlicher Betrieb, gute Selektivität und hohe Umweltfreundlichkeit. Zur Metallgewinnung aus den gereinigten Laugen, die mindestens 95 % Cd, meistens um 98 % Cd enthalten, werden die Zementation und die Elektrolyse genutzt. Die Zementation erfolgt fast immer mit reinem Zinkstaub, selten mit teurerem Aluminium. Die unedleren Verunreinigungen bleiben in Lösung. Das Zementat wird zur Entfernung der wässrigen sauren Mutterlauge brikettiert und dann mit Zuschlägen zur Unterdrückung der Oxidation und zur Extraktion von Verunreinigungen eingeschmolzen. Das erhaltene, ca. 99,5 %-ige Cadmiummetall ist bereits ein Verkaufsprodukt.

Die Gewinnung mittels Elektrolyse erfolgt als Gewinnungselektrolyse in Bädern aus Kunststoff oder Stein an Aluminiumkathoden. Als Anodenwerkstoff ist Blei am gebräuchlichsten. Erschwerend ist die meist dendritische Abscheidung, die hohen Wartungsaufwand bedingt und zu verstärktem Einbau von Verunreinigungen infolge ungleichmäßiger Stromdichten und Zellspannungen führt. Deshalb wird bei stationären Elektroden mit möglichst niedrigen Zellspannungen und Stromstärken elektrolysiert. Verbesserungen lassen sich durch eine gleitende oder rotierende Bewegung der Kathoden erzielen und durch den Zusatz von Inhibitoren. Gebräuchliche Stromdichten betragen zwischen 50 und 250 A/m$^2$ bei Badspannungen zwischen 2 und 3,5 V.

Der verbrauchte Elektrolyt wird erneut zur Laugung eingesetzt. Das abgeschiedene Cadmiummetall wird von den Elektroden abgestreift und unter Zusätzen zur Oxidationsminderung und Raffination eingeschmolzen. Es hat eine Reinheit von ca. 99,95 %.

Cadmium wird außerdem vorteilhaft durch Destillation gereinigt. Eingesetzt werden besonders reine Zementate oder Elektrolyseprodukte, die im Vakuum oder unter Inertgas rektifiziert werden.

Hochreine Cadmiumqualitäten werden für optische und elektronische Anwendungen gefordert (Einzelverunreinigungen $10^{-4}$–$10^{-7}$ %). Zur Erlangung dieser Reinheiten muss destilliertes Cadmium erneut elektrolysiert, destilliert und zonengeschmolzen werden. Die Raffinationsleistung der Elektrolyse wird dabei durch zusätzliche Reinigung des Elektrolyten mittels Ionenaustausch und flüssig/flüssig-Extraktion gesteigert.

Inzwischen ist auch bei Cadmium, vor allem aus Gründen des Umweltschutzes, der Anteil des aus Sekundärrohstoffen wiedergewonnenen Metalls recht hoch und noch im Ansteigen begriffen. Je nach Cadmiumgehalt, Art und Umfang der Verunreinigungen wird das Abfallprodukt mit oder ohne Vorbehandlung an geeigneter

Stelle in die Primärproduktion eingeschleust. Sn/Cd-haltige Abfälle der Gleichrichtererzeugung werden mit Salpetersäure behandelt. Das gebildete $SnO_2$ wird abfiltriert, und das Cadmium aus der salpetersauren Lösung als schwerlösliches Carbonat gefällt.

Die Weltproduktion von Cadmium sank zwischen 1999 und 2003 von 20 000 t/a auf 16 900 t/a [24, 25].

## 2.4
### Verwendung

Cadmium findet als Metall und in Form seiner Verbindungen immer weniger Anwendungen. Die genutzten Eigenschaften werden in vielen Fällen, teilweise auch unvollkommen, mit Substituten ersetzt. Auslöser dieser Entwicklung war die bekannte Toxizität.

Zu den betroffenen Anwendungen gehören galvanisch erzeugte Cadmiumschichten (sie geben einen dauerhaften Oberflächenschutz, der Duktilität und Lötbarkeit nicht beeinträchtigt, vgl. Kapitel Schutz von Metalloberflächen), aber auch die Anwendung als Pigmente und Kunststoffstabilisatoren.

Zahlreiche Legierungen finden wegen ihrer guten Verarbeitbarkeit und Dauerstandfestigkeit Verwendung als Lagermetalle, Moderatoren in der Kerntechnik, Schmelzsicherungen und Lote. Nickel/Cadmium-Zellen als verbliebene Hauptanwendung zeichnen sich durch lange Lebensdauer und Temperaturunempfindlichkeit aus. Weder beim Laden noch Entladen entstehen gasförmige Reaktionsprodukte, so dass die Zellen völlig gasdicht geschlossen betrieben werden können. Erwähnt seien die Halbleitereigenschaften der Cadmiumchalkogenide. Cadmiumverbindungen werden gegenwärtig auch in Dünnschichtsolarzellen (z. B. als Cadmiumtellurid/Cadmiumsulfid-System) verwendet.

## 2.5
### Toxikologie und Umweltschutz

Cadmium und seine Verbindungen sind toxisch. Als MAK-Wert wurden 15 $\mu g/m^3$ Staub festgelegt. Ein krebserzeugendes Potential ist nachgewiesen worden. Cadmium ist wie Quecksilber und Blei als bedeutende Schwermetallnoxe bei chronischer Kleinstmengenintoxikation identifiziert, wozu anthropogene Aktivitäten erheblich beigetragen haben. Gegenwärtig ist die Diskussion um die Umweltbelastung durch Cadmium versachlicht und relativiert durch umfassende Untersuchungen über Ausbreitung (Luft, Wasser, Boden), Bioakkumulation, Persistenz, Pflanzen- und Tierschädlichkeit, Vorkommen in Nahrungsmitteln und epidemiologische, humanmedizinische Auswirkungen.

Besonders gefährdet ist das menschliche Entgiftungsorgan, die Niere, in der sich das bei der natürlichen Ausscheidung nicht abgeführte Cadmium sammelt. Der Gehalt in der Nebennierenrinde ist Maßstab chronischer Cadmiumvergiftungen. Das Gefährdungsrisiko der Raucher ist besonders hoch wegen des Cadmiumgehaltes im Tabak.

Die Minderung der unkontrollierten Dissipation über Gebrauchsgüter, die Reduzierung der mengenmäßigen und anwendungsverursachten Einsätze und hochwirksame Abluft- und Abwasserreinigung sind geeignete Maßnahmen, um die potentielle Gefährdung durch Cadmium so gering wie möglich zu halten [23, 24, 26].

# 3
# Gallium

## 3.1
## Vorkommen und Rohstoffe

Auffallend ist, dass Gallium unter den hier behandelten Nebenmetallen das häufigste und zugleich am spätesten aufgefundene Element ist. Dies ist durch die hohe Dispersion zu erklären, derzufolge es auch nur wenige Galliummineralien gibt. Gallium ist ein typisches Nebenmetall und verhält sich geochemisch ähnlich dem Basismetall Aluminium lithophil und nur wenig chalkophil. Gallium ist zwar in einigen sulfidischen Mineralien und Erzen enthalten, doch sind die Gehalte zur Gewinnung unzureichend. Auch der Galliumgehalt von Kohlen stellt keine brauchbare Rohstoffbasis dar.

Die nahe Verwandtschaft mit Aluminium drückt sich auch in der Isomorphie von $Al_2O_3$ und $Ga_2O_3$ aus. Gallium ist deshalb in unterschiedlichen Gehalten (bis 0,1 %, meist mit ca. 50 g/t) Bestandteil der Aluminiummineralien Hydrargillit, Böhmit und Diaspor. Gegenwärtig wird nur aus Bauxiten im Rahmen der Aluminiumgewinnung Gallium gewonnen; diese Vorräte sind auch unter langfristigen Bedarfsschätzungen ausreichend. Eigene abbauwürdige Vorkommen sind unbekannt und ihre Auffindung ist nicht zu erwarten [27, 28].

## 3.2
## Physikalische und chemische Eigenschaften

Auch hier ist die große Ähnlichkeit mit Aluminium hervorzuheben, die in der Dreiwertigkeit, den ähnlichen Ionenradien ($Al^{3+}$ 0,057 nm, $Ga^{3+}$ 0,062 nm) und dem amphoteren Verhalten zum Ausdruck kommt. Hochreines Gallium ist gegen Wasser und die meisten Lösemittel beständig, doch katalysieren Spuren von Verunreinigungen die Auflösung. Bereits dünne Oxidschichten wirken korrosionshemmend. Gallium bildet mit vielen Elementen Legierungen, die häufig niedrig schmelzen. Gallium ist das Element mit dem größten Temperaturbereich des flüssigen Zustands. Das zur Unterkühlung neigende Metall erstarrt mit negativem Ausdehnungskoeffizienten. Einige elektrische und thermische Eigenschaften sind anisotrop. Das orthorhombisch flächenzentrierte Gallium unterscheidet sich hierin vom kubisch flächenzentrierten Aluminium. Ein weiterer Unterschied ist, dass sich Gallium aufgrund hoher Wasserstoffüberspannung aus wässrigen Lösungen kathodisch abscheiden lässt (Standardelektrodenpotential Ga –0,52 V, Al –0,66 V) [29].

## 3.3
## Gewinnung

Die Möglichkeiten der Galliumgewinnung aus Kohleflugaschen, aus Zinkerzen im Rahmen der Zinkgewinnung und aus Rohaluminium im Rahmen der Raffination wurden untersucht, sind jedoch im Vergleich zur Gewinnung aus Bauxit meist unwirtschaftlich. Lohnend ist nur die Gewinnung als Koppelprodukt beim Bauxitaufschluss. Die Aluminatlösungen enthalten meist 100–400 mg/l Gallium und können durch Carbonatfällung bei bestimmtem pH-Wert auf höhere Gehalte gebracht werden. Bei der älteren, amalgammetallurgischen Gewinnung wird das Gallium an Quecksilberkathoden abgeschieden oder durch Umsetzung mit separat hergestelltem Natriumamalgam in Quecksilber aufgenommen. Nach dem Lösen des Galliums aus dem Amalgam wird es als ca. 95 %-iges Rohgallium an Edelstahlkathoden abgeschieden. Die Stromausbeute ist wegen der durch anorganische und organische Verunreinigungen verursachten Herabsetzung der Wasserstoffüberspannung gering. Deshalb sind auch Versuche der direkten elektrolytischen Abscheidung aus den Aluminatmutterlaugen gescheitert. Zunehmende Anwendung findet die flüssig/flüssig-Extraktion, z. B. mit Hydroxychinolinderivaten gelöst in Kerosin. Die Effektivität der Rückextraktion hängt stark von der Art und Konzentration der benutzten Mineralsäure und der Temperatur ab. Zum Rohgallium gelangt man wie bei den alten Verfahren auf elektrolytischem Wege.

Erst im Verlauf der letzten 25 Jahre erforderte der Bedarf größere Kapazitäten und Verbesserungen der Gewinnungs- und Raffinationsverfahren. Wenn das Gallium nicht extrahiert wird, gelangt es in den Rotschlamm und in das Hüttenaluminium (bis ca. 0,1 %). Die Verwendung zur Herstellung von Halbleitern erfordert höchste Reinheit. Diese erreicht man sowohl durch Feinreinigung von Galliumverbindungen als auch des Metalls selbst. Die wichtigsten Raffinationsmethoden, die immer kombiniert angewendet werden, sind Elektrolyse (u. a. auch mit organischen Elektrolyten), Vakuumschmelzen, Destillation und Kristallisation [30, 31].

## 3.4
## Verwendung und Toxikologie

Bis in die späten 1950er Jahre hatte das Gallium nahezu keiner industrielle Bedeutung. Erst die elektrischen bzw. elektrooptischen Eigenschaften der III/V-Verbindungshalbleiter Galliumarsenid, Galliumphosphid und Galliumnitrid verursachten einen größeren und seither steigenden Bedarf (vgl. Elektronische Halbleitermaterialien, Bd. 7). Als Leuchtdioden und Lichtquellen (Injektionslaser als kohärente Lichtquellen) und als Substratmaterial für Hochfrequenzschaltkreise (Mobilfunktechnik) haben III/V-Verbindungshalbleiter vielseitigen Einsatz gefunden. Die installierte Kapazität für die Galliumgewinnung wurde 2003 mit 200 t/a geschätzt [25].

Bisher sind weder bei der Gewinnung noch der Anwendung gesundheitliche Schädigungen durch Gallium bekannt geworden.

# 4
# Indium

## 4.1
## Vorkommen und Rohstoffe

Indium hat keine ausgeprägte Neigung zu einer Basismetallmatrix. Bei der magmatischen Differenziation bleibt es im Restmagma und gelangt in oxidische Erze von Zinn, Wolfram, Niob und Tantal. Indium verhält sich aber auch chalkophil, wie sein Auftreten in sulfidischen Zinkerzen, gelegentlich auch in Blei- und Kupfererzen zeigt. In den sulfidischen Erzen bildet das Indium Mischkristalle, nicht aber in den oxidischen. Indium findet sich kaum mit Eisen und fast nicht mit Aluminium vergesellschaftet. Indiummineralien sind Indit ($FeIn_2S_4$) und Roquesit ($CuInS_2$), die aber keine abbaufähigen Vorkommen bilden. Indium ist also ein typisches Nebenmetall, dessen Gewinnung besonders an die des Zinns und Zinks gebunden ist (vgl. Zink, Blei und Zinn, Bd. 6a). Erzvorkommen mit hohen Indiumgehalten sind seltener, üblich sind Spurengehalte zwischen 0,005 und 0,1 %. Bei der Flotationsaufbereitung komplexer Sulfiderze begleitet das Indium das Zink [32, 33].

## 4.2
## Physikalische und chemische Eigenschaften

Indium zeigt Ähnlichkeit zu Gallium und Zinn. Es ist in Verbindungen überwiegend dreiwertig, selten einwertig. Indium ist ein typisches Metall und gegen Korrosion recht beständig. Es löst sich leicht in Säuren, wenig dagegen in alkalischen Medien. Indium(III)-Salze unterliegen stark der Hydrolyse. Indium weist hohe Legierfähigkeit auf und diffundiert bereits bei niedrigen Temperaturen in andere Metalle. Seine hohe Siedetemperatur und der niedrige Schmelzpunkt sind bemerkenswert, außerdem lässt es sich schon in der Kälte leicht verformen.

## 4.3
## Gewinnung

Es gibt zahlreiche Anreicherungs- und Raffinationsmöglichkeiten für Indium, deren Anwendung sich nach den meist ziemlich hohen Qualitätsforderungen richtet. Keines dieser Verfahren ist jedoch ausgeprägt selektiv, z. B. aufgrund der Schwerlöslichkeit, der Stabilität von Komplexverbindungen oder des elektrochemischen Verhaltens. Umgekehrt werden selektive Eigenschaften der als Verunreinigungen abzutrennenden Elemente bei der Indiumgewinnung gelegentlich genutzt. Bereits die Gewinnung der beiden wichtigsten indiumhaltigen Basismetalle Zink und Zinn ist wegen der verschiedenartigen Erze variantenreich (vgl. Abb. 3). Mengenbedingt ist die Indiumgewinnung im Rahmen der Zinkerzeugung bedeutender und steht daher im Vordergrund der nachfolgenden Betrachtung. Insbesondere der Übergang von der pyrometallurgischen zur elektrolytischen Zinkgewinnung hat sich vermindernd auf die Indiumproduktion ausgewirkt.

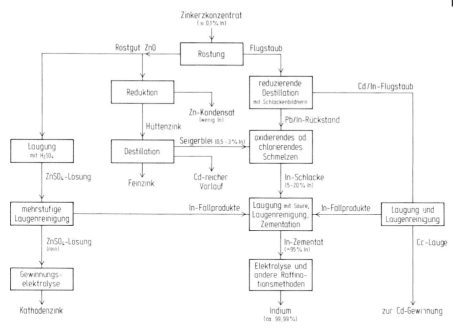

**Abb. 3** Indiumgewinnung im Rahmen der Zinkverhüttung

Bereits bei der Röstung der Sulfide beginnt die Verteilung des Indiums. Es wird teilweise als Indium(I)-oxid verflüchtigt, teilweise bildet sich im Röstgut verbleibendes Indium(III)-oxid. Bei der Verarbeitung der Flugstäube zur Gewinnung von Blei und Cadmium folgt das Indium vorzugsweise dem Cadmium. Das im Röstgut verbliebene Indium geht bei der Laugung in Lösung und gelangt bei der Laugenreinigung in die Fällprodukte. Bei der pyrometallurgischen Zinkgewinnung verflüchtigt sich ein geringerer Teil des Indiums, überwiegend geht es wie Blei in das Hüttenzink, das zur weiteren Reinigung destilliert wird. Blei und Indium bleiben dabei im Destillationsrückstand (Waschblei).

Die blei- und cadmiumhaltigen Flugstäube werden unter Zusatz von Schlackenbildnern reduziert. Dabei entstehen indiumhaltiges Rohblei und indiumoxidhaltiger Cadmiumflugstaub, der in der Regel hydrometallurgisch zu Cadmiummetall aufgearbeitet wird. Das Indium konzentriert sich dabei in den Fällprodukten. Das indiumhaltige Blei wird zur Raffination u.a. mit Alkalien und Blei(II)-chlorid (auch Wasserdampf und Chlor) behandelt, wobei das Indium als Oxid oder Chlorid in die Schlacke (ca. 5–20% In) geht. Beim Chlorieren muss besonders die schon bei niedrigen Temperaturen (400–500 °C) eintretende Bildung und Sublimation von Indium(I)-chlorid, InCl, beachtet werden. Das Schlackeverblasen von Flugstäuben, Schlacken oder Rückständen wird wiederholt, wenn noch kein ausreichender Indiumgehalt erreicht ist. Bei ausreichenden Gehalten wird schwefel- oder salzsauer gelaugt. Die weitere Anreicherung kann mittels Zementation (mit Aluminium,

Zink oder Indium), durch Fällung von PbSO$_4$ und TlCl, durch flüssig/flüssig-Extraktion (TBP, DEPHA) oder Ionenaustausch erfolgen. Zu beachten sind einige Verunreinigungen wegen möglicher Gefährdung, z. B. durch AsH$_3$, und die Begrenzung des Durchsatzes durch das diskontinuierliche Ionenaustauschverfahren. Das Produkt dieser immer mehrstufigen Operationen ist meist ein Zementat mit über 95 % Indium. Es wird durch Elektrolyse raffiniert, doch können dabei einige Verunreinigungen, die ein dem Indium sehr ähnliches elektrochemisches Verhalten zeigen, nur unbefriedigend abgetrennt werden. Für spezielle Anwendungen sind Restverunreinigungen von <10$^{-6}$ % für einzelne Elemente gefordert. Solche Reinheiten lassen sich nur durch Kombination von Elektrolyse, Ionenaustausch, Destillation (InCl) mit Disproportionierung und Vakuumausheizen erreichen [34–38].

## 4.4
## Verwendung und Toxikologie

Indium findet als Metall und in Verbindungen zahlreiche Anwendungen, deren Ausmaß jedoch wegen des hohen Preises in Abhängigkeit vom Erfolg der Bemühungen zur Substitution erheblich schwankt.

Für Metalldichtungen in der Vakuumtechnik ist der niedrige Dampfdruck (selbst in flüssigem Zustand), bei guter Benetzbarkeit, Plastizität und hoher Resistenz gegen Korrosion vorteilhaft. Diese Eigenschaften und die gute Legierfähigkeit werden auch in Sonderweichloten genutzt. Geringe Indiumzusätze erhöhen die Härte und Dauerstandfestigkeit von Legierungen. In der Kerntechnik wird Indium als Detektor und in einer Cadmium-Indium-Silber-Legierung als Moderator verwendet.

Indium(III)-oxid wird zusammen mit Zinn(IV)-oxid (ITO, Indium-Tin-Oxide) zur Dünnbeschichtung von Flachglas insbesondere für die Herstellung von LCD-Paneelen verwendet. Solche Schichten sind für sichtbares Licht transparent und elektrisch leitfähig, erlauben daher den Aufbau eines elektrischen Feldes im Display. Gleichzeitig reflektieren diese Schichten IR-Strahlen und ergeben so eine gute Wärmeisolierung. Hochreines Indium ist Bestandteil der in Elektronik und Optik benötigten III/V-Verbindungen (vgl. Elektronische Halbleitermaterialien, Bd. 7). Anwendungen in der Galvanotechnik (Altsilberüberzüge), in Leuchtstoffröhren, Keramikfarben und magnetischen Werkstoffen hängen stark vom Preis ab [39–41]. Die Weltproduktion lag in den Jahren von 1999 bis 2003 bei 250–350 t/a [25].

Unter der Voraussetzung gewinnungs- und anwendungsgerechter Konzentrationen und einer Sorgfalt, wie sie in chemischen Laboratorien üblich ist, sind keine Umweltschädigungen und Gesundheitsbeeinträchtigungen beim Menschen bekannt geworden oder zu erwarten.

# 5
# Thallium

## 5.1
## Vorkommen und Rohstoffe

Thallium tritt an vielen Stellen und in verschiedenen Matrizes gar nicht so selten in der Natur auf. Es ist auch zu Umweltbelastungen gekommen, die intensive Untersuchungen über den Biokreislauf dieses Elements zur Folge hatten. Eigene Mineralien sind selten und ihre Vorkommen klein, z. B. Crookesit $(Cu,Ag,Tl)_2Se$ oder Avicennit, $Tl_2O_3$. Thallium ist sowohl in den chalkophilen als auch lithophilen Mineralvorkommen der Basismetalle enthalten. Anders als die Homologen Indium und Gallium ist es dabei entweder in höheren Konzentrationen oder nur als Spur anwesend, häufig in Paragenese mit Arsen und Antimon. Eisen- und Zinksulfiderze führen gelegentlich größere, meist aber nur geringe Thalliumgehalte. Die Einbindung des Thalliums erfolgt nicht auf Gitterplätzen der Sulfidmatrix, da die Teilchenradien zu unterschiedlich sind. Eisenverbindungen scheinen in der Zinkblende eine Sammelfunktion für Thallium auszuüben. Trotz der Ähnlichkeit im chemischen Verhalten enthalten Bleisulfidvorkommen nur sporadisch Thalliumspuren. Ohne Bedeutung für die Gewinnung ist sein Gehalt in Silicatgesteinen und einigen Kohlearten. Einige Pflanzen sind bekannt, die Thallium durch Aufnahme aus dem Boden anreichern.

Bei der Verhüttung thalliumhaltiger Zinkblenden (maximal bis 0,1 % Tl, im Mittel 50–100 ppm Tl) fallen Zwischen- und Abfallprodukte an, aus denen Thallium gewonnen wird. Gewöhnlich werden sie solange im Kreislauf geführt, bis ausreichend hohe Thalliumgehalte vorliegen [42, 43].

## 5.2
## Physikalische und chemische Eigenschaften

Thallium überzieht sich im Gegensatz zu Indium an der Luft mit einer Oxidschicht und reagiert auch mit einigen anderen Elementen bereits bei Raumtemperatur. Es löst sich in verdünnten Säuren langsamer als in konzentrierten oder oxidierenden. Thallium(I)-hydroxid ist eine starke Base (Ähnlichkeit zu Kalium), Thallium(III)-hydroxid ist amphoter, einige Thallium(I)-salze, z. B. das Sulfid oder die Halogenide, sind schwerlöslich (Ähnlichkeit zu Silber), das Standardelektrodenpotential $(Tl/Tl^+)$ ist ähnlich dem von Cd, In und Pb. Flüchtigkeit und Giftigkeit erinnern an das Nachbarelement Quecksilber.

Im Gegensatz zum Disproportionierungsverhalten von Indium(I)-verbindungen lösen Thallium(III)-salzlösungen metallisches Thallium auf ($Tl^{3+} + 2\,Tl \longrightarrow 3\,Tl^+$). Thallium und einige seiner Verbindungen sind supraleitend [44].

## 5.3
## Gewinnung

Bisher war der Thalliuminhalt der Erze stets größer als der Bedarf an Thallium und thalliumhaltigen Produkten. Deshalb wurden nur die reichsten Hüttenzwischenprodukte aufgearbeitet, und sonst die kostengünstigste Abfallbeseitigung des Überschusses gewählt. Seit kurzem wird das Thallium verstärkt aus Rückständen der Abwasserneutralisation (Sulfid, Chromat) ausgebracht, weil es darin höher konzentriert werden kann, was die Kosten der Gewinnung, aber auch der eventuell erforderlichen Sonderdeponierung senkt.

Standardherstellverfahren für Thallium gibt es nicht, meist haben sich individuelle, hüttenspezifische Methoden entwickelt. Thallium verteilt sich normalerweise ohne gezielte Konzentrierung auf alle Zwischen-, Abfall- und Fertigprodukte der Hütte. Bei der Röstung des Zinksulfids geht es großenteils in den Bleiflugstaub, weil unter den Röstbedingungen flüchtige Verbindungen, wenn auch in unterschiedlichen Mengenverhältnissen zugegen sind oder gebildet werden: Thallium(I)-oxid, $Tl_2O$, Thallium(I)-sulfid, $Tl_2S$, und Thallium(I)-chlorid, $TlCl$. Die Flugstäube werden weiter auf Blei verarbeitet, deshalb ist die Thalliumerzeugung immer mit der Bleigewinnung verbunden (vgl. Zink, Blei und Zinn, Bd. 6a). Sie ist aber auch in die des Cadmiums integriert, weil auch dieses Metall ein Nebenerzeugnis der Bleiverhüttung ist.

Aus den schwefelsauren Lösungen wird das Thallium unter Berücksichtigung der anderen Wertmetalle (Cadmium, Indium) als schwerlösliches Doppelsalz $CdCl_2 \cdot TlCl$ gefällt. Das Fällprodukt wird mit heißer Schwefelsäure gelöst. Aus der Lösung scheidet sich in der Kälte schwerlösliches $Tl_2(SO_4)_3$ aus. Es hat technische Reinheit. Auch Metall (99–99,9%) kann daraus durch Zementation erzeugt werden. Bei nicht ausreichenden Reinheiten müssen die Fällreaktionen wiederholt werden. Höhere Reinheiten (>99,95%) werden durch eine Kombination verschiedener Raffinationsmethoden erhalten, z. B. Elektrolyse, Fällung, flüssig/flüssig-Extraktion und Festbettionenaustausch. Reinheiten über 99,9999%, bezogen auf metallische Verunreinigungen, sind erreichbar [45–47].

## 5.4
## Verwendung

Es gibt keine bedeutenden Anwendungen für Thallium, seine Legierungen oder Verbindungen, obwohl einige interessante Eigenschaften bekannt sind. Vor allem die Giftigkeit verhindert eine umfangreichere Verwendung. Zu nennen sind Thalliumzusätze in Legierungen, um definierte Schmelztemperaturerniedrigungen zu erreichen, Thalliumisotope als gleichmäßige Strahlungsquellen und der Einsatz in elektrischen Kontakten zur Unterbindung des Klebens. In Röntgenspezialfilmen werden Thalliumverbindungen verwendet. Thalliumhaltige Gläser haben hohe chemische Resistenz und hohe IR-Durchlässigkeit. Thalliumhaltige Schädlingsbekämpfungsmittel sind wegen des Verbots in vielen Ländern kaum mehr in Anwendung [48–51].

## 5.5
### Toxikologie und Umweltschutz

Thallium und seine Verbindungen sind toxisch. Bei akuten Vergiftungen wird die Zellgiftwirkung durch die hohe Wasserlöslichkeit und rasche Resorption gefördert. Dabei hat die Substitution des $K^+$-Ions durch das $Tl^+$-Ion Bedeutung. Chronische Vergiftungen sind wegen erheblicher Latenzzeiten nur schwer zu diagnostizieren. Sorgfältige Überwachung und Einhaltung der Arbeitsschutzbestimmungen schließen eine Gefährdung aus. Neben Atemschutz (leichtes Verflüchtigen von Thallium(I)-verbindungen) ist das Tragen von Handschuhen besonders wichtig, weil Schweiß Thallium resorbiert. Der MAK-Wert für lösliche Thalliumverbindungen beträgt 0,1 mg/m$^3$ [52].

## 6
## Germanium

### 6.1
### Vorkommen und Rohstoffe

Germaniummineralien kommen nicht in wirtschaftlich abbau- und verarbeitbaren Lagerstätten vor. Germanit $Cu_3(Ge,Fe)S_4$, und Argyrodit $4Ag_2S \cdot GeS_2$ enthalten bis ca. 8% Germanium.

Germanium findet sich angereichert in sulfidischen Erzen, in denen es Gitterplätze einiger anderer Schwermetalle mit ähnlichen Ionenradien einnehmen kann. Der Germaniumgehalt von silicatischen Erzen ist geringer und gleichmäßiger. Germaniumvorkommen werden oft von Gallium begleitet, während die Gegenwart von Indium gegenläufig ist. Germanium ist mit stark schwankenden Gehalten in Zinkblenden enthalten (bis 0,1% Ge); sie sind die dominierende Rohstoffquelle. Zwischen $Ge^{2+}$ (Ionenradius 0,093 nm) und $Zn^{2+}$ (Ionenradius 0,074 nm) besteht nur eine geringe Austauschbarkeit. Bekannte germaniumreiche Lagerstätten liegen in Afrika, sie führen komplexe Kupfer-Blei-Zink-Sulfid-Mineralien. Andere Basismetallvorkommen (z. B. Eisen, Molybdän, Titan) und Kohle sind wegen der zu geringen Gehalte oder ihrer nicht zur Germaniumgewinnung geeigneten Weiterverarbeitung keine potentiellen Rohstoffquellen [53–55].

### 6.2
### Physikalische und chemische Eigenschaften

Neben den wichtigeren Germanium(IV)-verbindungen sind auch stabile Germanium(II)-verbindungen bekannt, wie z. B. GeO und GeS, die bei niedrigen Temperaturen sublimieren und bei der Gewinnung eine Rolle spielen. Die wichtigste Verbindung für die Gewinnung und die Raffination ist Germanium(IV)-chlorid. Germanium ist nicht elektrolytisch abscheidbar, worin sich der Halbleitercharakter andeutet. Es ist spröde, ziemlich korrosionsbeständig und kristallisiert im Diamantgitter; starke Oxidationsmittel überführen es in Germaniumdioxid, das auch beim Erhitzen an Luft bis zum Glühen entsteht. Außer den Halbleitereigenschaften sind noch die Volumenkontraktion beim Schmelzen und die hohe konstante Transparenz im IR-Bereich von 2–12 µm hervorzuheben.

### 6.3
### Gewinnung

Germanium kann wirtschaftlich nur als Koppelprodukt gewonnen werden. Bei der Flotation gelangt es in die Zink- und Kupferkonzentrate. Die für die Abtrennung wichtigsten Verbindungen sind GeO, $GeO_2$ und $GeCl_4$, die durch ihre Eigenschaften die Gewinnung erleichtern (vgl. Abb. 4). Zur Verflüchtigung von Germanium bei Temperaturen um 700–900 °C werden definierte Redoxbedingungen eingestellt, unter denen sich aus Germanium(IV)-oxid und Germanium das Germanium(II)-oxid bildet. In der Gasphase wird das GeO zu dem erheblich weniger flüchtigen $GeO_2$ oxidiert, das in Flugaschen oder Schlacken gelangt.

Bei der Röstung sulfidischer Ausgangsstoffe geht der weitaus größte Teil des Germaniums über die Gasphase in den Flugstaub. Ist dieser erste Konzentrierungsschritt nicht ausreichend, so wird der Flugstaub repetiert. Die Verflüchtigung kann durch Chlorid- oder Sulfatzusätze gesteigert werden. Ähnlich werden noch zu niedrige Germaniumgehalte in Schlacken durch sog. Schlackeverblasen erhöht. Die im schwach sauren pH-Bereich entstehenden Fällungen bei der Laugenreinigung zur Zinkelektrolyse sind ebenfalls eine bedeutende Rohstoffquelle und nehmen das gesamte Germanium auf, das bei der Röstung nicht verflüchtigt wurde. Eine weitestgehende Entfernung des Germaniums ist unumgänglich, weil dieses ein stark störendes Elektrolysegift bei der Zinkgewinnungselektrolyse ist.

Das in Flugstäuben enthaltene Germanium wird zur Weiterverarbeitung in Schwefelsäure gelöst. Nach dem Abtrennen der Lösung vom Rückstand wird diese durch Zusatz von Flugstaub auf einen pH-Wert von 2 eingestellt. Aus dieser Lösung wird Germanium als Chelatkomplexverbindungen mit Tanninen gefällt. Diese Fällstoffe, die auch als Gerbstoffe in der Lederverarbeitung verwendet werden, müssen in großem Überschuss eingesetzt werden. Nach dem Filtrieren und Trocknen enthält das Fällprodukt zwischen 1 und 4 % und der daraus hergestellte Glührückstand bis 25 % Germanium.

Zur Konzentrierung wurden auch Verfahren der flüssig/flüssig-Extraktion von Germanium aus Laugen entwickelt, die durch Umsetzen von Flugstäuben, Schlacken und Rückständen mit Säuren erhalten werden. Extraktionsmittel sind u. a. Hydroxyoxim (LIX 63) und 8-Hydroxychinotinderivate (KELEX 100, LIX 26). Diese Verfahren sind mit erheblichen Nachteilen wegen der großen Lösemittel- und Abfallmengen behaftet.

Die Weiterverarbeitung der Germaniumkonzentrate erfolgt zu Germanium(IV)-chlorid, Germanium(IV)-oxid, und elementarem Germanium, die in dieser Reihenfolge hergestellt werden. Die oxidischen Konzentrate werden mit Salzsäure unter Erwärmen und evtl. Zusatz von Oxidationsmitteln aufgeschlossen. Die Löslichkeit des flüssigen Germaniumtetrachlorids in Salzsäure ist gering, in konzentrierter

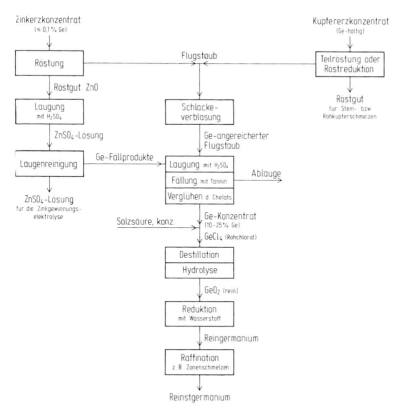

**Abb. 4** Germaniumgewinnung

Salzsäure (c > 6 mol/l) ist es nahezu unlöslich. Da die Siedetemperatur unter den Aufschlussbedingungen überschritten wird, destilliert GeCl$_4$ mit anderen ebenfalls leicht flüchtigen Chloriden über, z. B. von Arsen, Antimon, Selen und Tellur. Dieses sog. Rohchlorid wird durch extraktive und destillative Behandlungen zum Reinstchlorid raffiniert, häufig unter Zusatz von Kupferpulver zur Entfernung von Arsenspuren.

Das Reinstchlorid wird zu Germanium(IV)-oxid hydrolysiert; durch geeignete Wahl der Hydrolyseparameter erhält man die hexagonale oder tetragonale Modifikation. Die Reduktion führt über zwei Temperaturstufen vom Germanium(IV)-oxid über das Germanium(II)-oxid zu elementarem Germanium (zur Gewinnung und Reinigung vgl. Elektronische Halbleitermaterialien, Bd. 7).

Die Wiederaufarbeitung von Germaniumabfällen aus der Raffination und allen Anwendungen ist üblich [56].

Die Germaniumkapazität der westlichen Welt liegt bei ca. 100 t/a [57].

## 6.4
## Verwendung und Toxikologie

Hochreines Germaniumtetrachlorid wird zur Herstellung von Lichtleitfasern aus Glas verwendet (vgl. Glas, Bd. 8, Abschn. 5.6). Es werden bei einigen Verunreinigungen Gehalte unter $10^{-7}\%$ gefordert.

Hexagonales und amorphes Germaniumdioxid werden als Kondensationskatalysatoren bei der Polyesterherstellung aus Terephthalsäure eingesetzt, wobei es teilweise in die Faser eingebaut wird (Verbesserung von Torsions- und Dehnbeständigkeit, höhere Resistenz gegen UV-Strahlung).

Der klassische Anwendungsbereich als Halbleiter hat an Bedeutung verloren, wenn auch moderne SiGe-Schaltkreise für Hochfrequenzanwendungen entwickelt und verwendet werden. Dagegen wächst ständig der Einsatz in der IR-Optik (Nachtsicht- und Wärmebildtechnik, z. B. für militärische und medizinische Zwecke). Daneben stehen noch einige weniger bedeutende Anwendungen in Spezialgläsern, Leuchtstoffen, Pharmazie und Petrochemie.

Der Bedarf kann aus dem Germaniumrohstoffangebot gedeckt werden, zumal immer wieder entstehende Hochpreisphasen dazu geführt haben, dass auch kostenintensive Resourcen erschlossen worden sind [58, 59].

Es gibt keine Hinweise auf schädliche Wirkungen von Germanium auf den Menschen oder in der Umwelt.

# 7
# Arsen

## 7.1
## Vorkommen und Rohstoffe

Arsen ist kein sehr seltenes Element. Es ist überwiegend chalkophil und in sulfidischen Mineralien sehr verbreitet. Die wichtigsten Arsenmineralien sind Arsenkies (FeAsS), Realgar ($As_4S_4$), Auripigment ($As_2S_3$) und Löllingit ($FeAs_2$). Die arsenidischen und sulfidarsenidischen Mineralien sind meist hydrothermale Bildungen. Arsenide und Arsensulfide werden insbesondere auf den Lagerstätten von Eisen (Pyrit), Kupfer (Enargit), Cobalt (Cobaltglanz), Nickel (Gersdorffit) und Edelmetallen (Gold, Silber, z. B. Rotgültigerze, Fahlerze), als Beimengung oder sogar als Trägererz angetroffen. Koppelprodukte, die bei der Verhüttung dieser Erze anfallen, sind derzeit die wichtigste Rohstoffbasis für Arsen. Wegen zunehmender Verteuerung der Sondermülldeponierung werden seit einigen Jahren auch mehr und mehr Hüttenprodukte mit niedrigem Arsengehalt einer »Entarsenierung« unterzogen. Oxidische Arsenmineralien sind von geringer Bedeutung. Oberflächenwasser enthält nur Spuren, Kohle dagegen z. T. größere Arsenmengen (bis 0,5 %) [60, 61].

## 7.2
### Physikalische und chemische Eigenschaften

Arsen zeigt metallisches und weniger ausgeprägt nichtmetallisches Verhalten. Von den Modifikationen ist das graue metallische Arsen am stabilsten. Es ist reaktionsfähig und oxidiert an Luft bereits bei Raumtemperatur. Die Sublimierbarkeit von elementarem Arsen und der beiden $As_2O_3$-Modifikationen Arsenolith und Claudetit bei nicht sehr hohen Temperaturen (615 °C bzw. 220 °C bzw. ca. 450 °C) sind herausragend und werden zur Gewinnung genutzt. Metallisches Arsen ist spröde und führt auch zur Versprödung anderer Metalle, wenn es in geringen Mengen zulegiert wird.

## 7.3
### Gewinnung

Bei der Flotation der Matrixroherze geht das Arsen bevorzugt mit in die Metallkonzentrate. Abweichend von den anderen Nebenmetallen ist die Arsengewinnung eng mit der Schwefelsäureerzeugung bei der Verhüttung der Basismetalle Kupfer, Blei oder Eisen gekoppelt. Die Konzentrierung erfolgt hauptsächlich bei der Röstung. Mit überschüssigem Sauerstoff wird der Schwefel zu Schwefeldioxid, das Arsen zu Arsentrioxid umgesetzt.

$$4 \ FeAsS + 10 \ O_2 \longrightarrow 2 \ Fe_2O_3 + 2 \ As_2O_3 + 4 \ SO_2 \tag{1}$$

Bei der erforderlichen sorgfältigen Reinigung des $SO_2$-Röstgases vor der Oxidation zu $SO_3$ wird daraus das $As_2O_3$ mit anderen Verunreinigungen abgeschieden (vgl. Schwefel und anorganische Schwefelverbindungen, Bd. 3, Abschn. 3.3). Je nach Arsenvorlauf im Konzentrat und seinen weiteren Verunreinigungen erhält man Rohoxide mit unterschiedlichen $As_2O_3$-Gehalten, gelegentlich mit 80–90 % $As_2O_3$. Hohe Entschwefelungsraten der Konzentrate erfordern hohe Sauerstoffpartialdrücke, die bei der Arsenoxidation zu unerwünschtem $As_2O_5$ führen, das mit anderen Metalloxiden des Röstguts Arsenate bilden kann. Diese vermindern das Ausbringen von Arsen und Basismetallen. Bei zu niedrigen Sauerstoffpartialdrücken kann durch andere Nebenreaktionen infolge Dissoziation elementares Arsen auftreten, z. B. nach Gl. (2), das weiter zu Oxid oder Sulfid reagieren kann.

$$FeAsS \longrightarrow FeS + As \tag{2}$$

Optimales Schwefel- und Arsenausbringen erfordern eine sorgfältige Abstimmung der Temperaturführung, Gasdurchsätze und Gaszusammensetzung in den ein- oder auch zweistufigen Röstprozessen. Da die meisten NE-Metallhütten recht gleichmäßige, jedoch spezielle Konzentratvorläufe haben, sind zahlreiche hüttenspezifische Verfahrenskombinationen entwickelt worden. Geröstet wird üblicherweise bei Temperaturen von 500–800 °C in Wirbelschicht- und Sinteröfen, besonders effektiv in ersterem. Der Arsenendgehalt des Röstguts soll weniger als 0,5 % Arsen betragen, in Pyritröstgut für die Stahlerzeugung sogar weniger als 0,05 % As. Eine möglichst frühe und vollständige Arsenabtrennung kommt außer der Qualität der Metalle auch dem Arbeitsschutz zugute.

Das $As_2O_3$-Rohoxid wird hauptsächlich durch Sublimation zu der handelsüblichen Qualität von >97,5 % $As_2O_3$ raffiniert. Aber auch nasschemische Verfahren finden Anwendung, wobei man die stark temperaturabhängige Löslichkeit von $As_2O_3$ in Wasser nutzt.

Auch für die $As_2O_3$-Raffination ist kennzeichnend, dass große Flugstaub- bzw. Rückstandsmengen im Kreislauf geführt werden müssen, fast immer auch, um darin befindliche andere Wertmetalle anzureichern.

Arsenmetall in technischer Qualität wird durch Reduktion von $As_2O_3$ mit Holzkohle bei etwa 600–800 °C hergestellt. Eine Variante ist die Sublimation von $As_2O_3$ durch Koksschichten, die auf die gleiche Temperatur erhitzt werden.

Die Herstellung von hochreinem Arsen für Halbleiteranwendungen erfolgt über $AsCl_3$, das nach destillativer Feinstreinigung (Smp. 131,4 °C), mit Wasserstoff reduziert wird (vgl. Elektronische Halbleitermaterialien, Bd. 7).

Die weltweite $As_2O_3$-Produktion betrug im Jahr 2002 etwa 35.000 t/a [25].

## 7.4
**Verwendung**

Anorganische und organische Arsenverbindungen werden in Land-, Forst- und Viehwirtschaft wegen ihrer selektiven Wirkung als Schutzmittel und zum Vertilgen von Ungeziefer eingesetzt. Es gibt arsenhaltige Futtermittelzusätze und arsenhaltige Holzschutzmittel, deren Verwendung allerdings wegen der Giftigkeit von Arsenverbindungen eingeschränkt werden. Arsentrioxid dient zur Läuterung von Glasschmelzen. Kupfer- und Bleilegierungen erhalten durch Arsenzusätze höhere Festigkeit und Korrosionsbeständigkeit. Es existiert ein leicht steigender Bedarf an hochreinem Arsen zur Herstellung von III/V-Halbleitern und zum Dotieren von Silicium in der Halbleitertechnik [62, 63].

## 7.5
**Toxikologie und Umweltschutz**

Arsen und seine Verbindungen sind toxisch und daher als Arzneimittel nicht mehr gebräuchlich. Besonders akut toxisch wirkt Arsenwasserstoff, für den ein MAK-Wert von 0,1 mg/m$^3$ festgelegt wurde. Arsen und seine sonstigen Verbindungen stehen in Liste A1 der krebserzeugenden Arbeitsstoffe; für sie gilt ein TRK-Wert von 0,2 mg/m$^3$ Gesamtstaub. Die Vorschriften zum Arbeitsschutz haben dazu geführt, dass im industriellen Bereich auf Arseninkorporation zurückführbare Erkrankungen heute nahezu unbekannt sind.

Die Verfügbarkeit von Arsen über Boden, Wasser und Luft und die Inkorporation durch Methylierungsreaktionen haben zu einigen spektakulären Vergiftungsvorkommnissen geführt, die auf natürliche oder anthropogene Anreicherungen zurückzuführen waren [64].

# 8
# Bismut

## 8.1
## Vorkommen und Rohstoffe

Bismut ist in der Lithospäre ähnlich häufig bzw. selten wie die Nebenmetalle Antimon und Cadmium. Es ist auch wie diese ein chalkophiles Element und begleitet in Spuren sulfidische Erze von Eisen, Cobalt, Nickel, Kupfer, Zink, Blei und Zinn. Die für die Bismutgewinnung wichtigen Lagerstätten dieser Metalle liegen in China und Südamerika (Peru, Bolivien).

Das wichtigste, gelegentlich in größeren eigenen Lagerstätten auftretende Bismutmineral ist der Bismutglanz (Bismutin, $Bi_2S_3$), der mit Antimonit isomorph ist. Er ist hydrothermal entstanden; durch Oxidation geht er in Bismutocker, ein nichtstöchiometrisches Oxidcarbonat, über. Die Bismutgewinnung aus Bismutkonzentraten (ca. 50–60% Bi-Gehalt), die aus Bismutroherzen mit ca. 1% Bismut durch Flotation oder Handverlesen erhalten werden, ist von untergeordneter Bedeutung. Der Bedarf wird fast ausschließlich aus dem Zwangsanfall bei der Verhüttung der Basismetalle, und hier überwiegend des Bleis, gedeckt. Insbesondere Elektrolyseschlämme, Flugstaub und Schlacken sind Bismutrohstoffe. Die Wiedergewinnung des Bismuts findet nur in geringem Umfang statt [65–67].

## 8.2
## Physikalische und chemische Eigenschaften

Bismut zeigt auffallende physikalische Eigenschaften; es hat verglichen mit anderen Metallen die geringste thermische und elektrische Leitfähigkeit, andererseits ist es stark diamagnetisch und hat eine sehr große Hall-Konstante. Wie Germanium schmilzt es unter Volumenkontraktion. Sein chemisches Verhalten zeigt kaum Besonderheiten, die Dreiwertigkeit ist noch ausgeprägter als beim Antimon. Bismut ist beständig gegen Luft und Wasser und wird auch von nichtoxidierenden Säuren kaum angegriffen. Reines Bismut ist wie Antimon und Arsen spröde. Es bildet mit vielen Metallen, mit Ausnahme von Eisen, Legierungen. Bismut(III)-sulfid ist als Ausgangsmaterial und Bismutoxidchlorid, BiOCl, wegen seiner Schwerlöslichkeit für die Gewinnung wichtig.

## 8.3
## Gewinnung

Bismut wird aus primären Bismuterzen bzw. -konzentraten nach drei Verfahren gewonnen. Die Röstreduktion führt wie beim Antimon über die aufeinander folgenden Umsetzungen gemäß Gl. (3) und (4) direkt zum Metall, das weiter raffiniert werden muss.

$$2\,Bi_2S_3 + 9\,O_2 \longrightarrow 2\,Bi_2O_3 + 6\,SO_2 \tag{3}$$

$$2\ Bi_2O_3 + 3\ C \longrightarrow 4\ Bi + 3\ CO_2 \tag{4}$$

Rohes Bismutmetall entsteht aus Bismutsulfid auch durch Niederschlag mit Eisen.

$$Bi_2S_3 + 3\ Fe \longrightarrow 2\ Bi + 3\ FeS \tag{5}$$

Die Reaktion muss bei niedriger Temperatur geführt werden, weil sonst zu viel Bismutmetall in den entstehenden Stein eintritt. Überwiegend oxidische Konzentrate (Bismutocker) werden mit Salpetersäure und Salzsäure aufgeschlossen. Beim Abkühlen scheidet sich Bismutoxidchlorid aus, das weiter zum Metall reduziert wird und anschließend raffiniert werden muss.

Hauptsächlich wird Bismut als Koppelprodukt der Blei- und Kupferverhüttung gewonnen. Bei der Kupferverhüttung verteilt sich Bismut relativ gleichmäßig über den ganzen Prozess: Bei der Röstung von Kupferkonzentraten und der anschließenden Konverterarbeit verflüchtigt sich Bismut mit anderen Spurenbestandteilen (z. B. Arsen, Antimon, Blei, Selen, Tellur) und gelangt in die Flugstäube. Die Flugstäube werden, das gilt auch für die der Bleigewinnung, in den Hauptverhüttungsprozess zurückgeführt. Bei ausreichend hohen Bismutgehalten werden sie im Flamm- oder Kurztrommelofen reduzierend (Kohle, Koks) mit alkalischem Schlackebildnern (vor allem NaOH) eingeschmolzen. Das entstehende Bismutmetall muss weiter gereinigt werden. Bismut gelangt teilweise auch in die Kupferanoden. Bei der Elektrolyse konzentriert es sich in den Anodenschlämmen. Diese enthalten neben Bismut Arsen, Blei, Antimon, Selen, Tellur und Edelmetalle. Zur Bismutgewinnung wird der größte Teil dieser Stoffe durch selektive Oxidation abgetrennt. Nach Abtrennung der Schlacke wird mit stärkeren Oxidationsmitteln das Bismut oxidiert. Anschließend wird die abgetrennte Bismutschlacke zu Metall reduziert. Es ist auch üblich, die Kupferanodenschlämme zur Bismutgewinnung der Bleiraffination zuzuführen.

Die Bismutgewinnung bei der Bleiverhüttung wird stark von den zu erzeugenden Bleiqualitäten bestimmt. Wenn möglich, wird die Bismutabtrennung aus Kostengründen vermieden, z. B. durch Zusatz von Blei aus bismutarmen Rohstoffen. In Flugstäuben und anderen Zwischenprodukten enthaltenes Bismut wird mit diesen wieder zurückgeführt. Schließlich konzentriert es sich im Werkblei aus dem Schachtofen. Bei dessen thermischer Raffination werden zuerst Zink und Silber, dann Bismut abgetrennt. Letzteres erfolgt fast immer nach dem Betterton-Kroll-Verfahren. Durch Seigern mit Zusatz von Magnesium und Calcium werden hoch schmelzende Bismutlegierungen gebildet und aus der Bleimatrix ausgeschieden. Das noch viel Blei enthaltende Reaktionsgut (Garschaum) wird zur Bleiabtrennung eingeschmolzen. Im verbleibenden aufschwimmenden Gekrätz werden die zugesetzten Metalle chloriert. Der aus Blei und Bismut im Verhältnis 90:10 bestehende Metallrückstand wird weiter fraktionierend chloriert. Bei der anschließenden Raffination mit Natriumhydroxid entsteht Bismutmetall mit einer Reinheit von etwa 99,99 %.

Das bismuthaltige Werkblei kann auch elektrolytisch raffiniert werden. Wie bei der Kupferraffinationselektrolyse geht das Bismut in den Anodenschlamm. Es werden Bleikathoden und ein Tetrafluorborsäure enthaltender Elektrolyt verwendet. Die

Anodenschlämme, die mit anderen Nebenmetallen und Blei stark verunreinigt sind, werden mittels selektiver Oxidation und Reduktion auf Bismutmetall verarbeitet.

Mit Hilfe der geschilderten thermischen und elektrochemischen Verfahren kann Bismut in hoher Reinheit erhalten werden. Die Gewinnung in Elektronikqualität erfordert zusätzlich Destillation und Zonenschmelzen des Metalls [68–71].

## 8.4
### Verwendung und Toxikologie

Der größte Teil des Bismuts wird für die Herstellung von Legierungen gebraucht und zwar in niedrig schmelzenden Legierungen als Schmelzsicherungen (Woodsches und Roses Metall, Lipowitz-Legierung u.a.) oder als Legierung zur Formgebung in Gussteilen. Bismut erhöht bereits in geringen Zusätzen die Formstabilität von Eisen- und Aluminiumlegierungen und verbessert ihre Zerspanbarkeit und mechanische Bearbeitbarkeit.

Hochreine Bismutverbindungen mit Selen oder Tellur werden als Thermogeneratoren benutzt (Seebeck- bzw. Peltier-Effekt). Bismutverbindungen sind wichtige Katalysatoren bei organischen Synthesen [72, 73].

Es sind keine Fälle einer Gesundheitsschädigung durch Bismut und seine Verbindungen bekannt geworden, weder bei der industriellen Gewinnung noch bei der Anwendung. Seine organischen Verbindungen können jedoch zu Gesundheitsbeeinträchtigungen führen, insbesondere, wenn sie zusammen mit solchen Substanzen verwendet werden, die rasch inkorporiert werden. Die früher gebräuchliche Anwendung in der Chemotherapie und Kosmetik wurde deshalb weitgehend eingeschränkt.

## 9
## Selen

### 9.1
### Vorkommen und Rohstoffe

Selen ist ein seltenes Element und ein Begleiter sulfidischer Erze. Aufgrund unterschiedlicher Ionenradien (S 0,174 nm, $Se^{2-}$ 0,191 nm) kann nur maximal 0,5 % des Schwefels in Sulfiden durch Selen ersetzt werden. Die durchschnittliche Häufigkeit in der Erdkruste beträgt 0,05 mg/kg. Wichtigste Rohstoffquelle für Selen sind Kupfererze. Diese enthalten im Mittel 100 bis 200 g Selen/t. Es gibt eine Vielzahl anderer Selenmineralien. Diese sind aber selten und haben für die technische Herstellung keine Bedeutung [74–76].

## 9.2
### Physikalische und chemische Eigenschaften

Selen kommt in seinen Verbindungen in drei Oxidationsstufen vor (−2, +4, +6). Von den physikalischen Eigenschaften ist vor allem die Polymorphie hervorzuheben; Selen kommt in einer nichtmetallischen, roten Modifikation und einer grauen, metallischen Form vor. Kühlt man eine Selenschmelze, z. B. durch Eingießen in kaltes Wasser, rasch ab, erhält man amorphes, schwarzglänzendes Selen, welches sich durch Temperatureinwirkung in kristallines, metallisches Selen umwandelt.

Die elektrooptischen Eigenschaften des Selens, d. h. die Änderung der Leitfähigkeit bei Belichtung, erlauben eine Reihe von industriellen Anwendungen.

Eine weitere wichtige Eigenschaft ist die Flüchtigkeit des Selendioxids. Den niedrigen Sublimationsbereich von ca. 250 °C macht man sich bei der Selenherstellung zunutze. Selenide ($Se^{2-}$) entstehen aus Seleniten ($SeO_3^{2-}$) durch Reduktion mit unedlen Metallen oder anderen starken Reduktionsmitteln. Selenate erhält man durch Oxidation mit starken Oxidationsmitteln wie Chlor, Ozon, Wasserstoffperoxid oder durch anodische Oxidation. Selenate und Selensäure sind starke Oxidationsmittel. Graues, metallisches Selen löst sich in konzentrierter Salpetersäure, heißer konzentrierter Schwefelsäure und Alkalilaugen. Außerdem löst sich Selen (analog dem Schwefel) in heißer Natriumsulfitlösung zu Natriumselenosulfat (analog Natriumthiosulfat). Die nichtmetallischen Modifikationen lösen sich in Schwefelkohlenstoff [77, 78].

## 9.3
### Gewinnung

Selen ist v. a. in Kupfererzen in Form von Seleniden enthalten. Ein Großteil des enthaltenen Selens verbleibt bis zur elektrolytischen Raffination im Kupfer. Beim Auflösen der Rohkupferanode bildet sich der sogenannte Anodenschlamm, der Selen (bis zu 20 %), Tellur, aber auch große Mengen Edelmetalle enthält. Selen (und auch Tellur) wird durch Abrösten als Selendioxid ausgetrieben und im alkalischen Nasswäscher aus dem Gasstrom als Natriumselenitlösung ausgewaschen. Durch Reduktion mit Schwefeldioxidgas erhält man Selenmetallpulver, welches gewaschen und gepresst wird. Produkt ist ein sogenanntes Rohselen mit einer Reinheit von meistens ≥99,5 % und einer Feuchte von 5 bis 20 %. Rohselen ist das wichtigste Ausgangsmaterial für die selenverarbeitende Industrie.

Wegen der Knappheit des Rohstoffes und des steigenden Bedarfes wird auch das Recycling von selenhaltigen Schrotten und die Aufarbeitung von Filterstäuben immer wichtiger.

Die Weltjahresproduktion ist in den letzten Jahren zurückgegangen und hat sich in 2003/2004 auf ca. 2500 Jahrestonnen eingependelt [79, 80].

## 9.4
## Verwendung

Die beiden mengenmäßig größten Verbraucher sind die Glasindustrie und die Manganhersteller in China. Selen wird in der Glasindustrie eingesetzt zum Färben und Entfärben von Glasschmelzen. Selen in höheren Konzentrationen färbt Glasschmelzen rot, auf der anderen Seite kompensiert es, eingebracht im unteren ppm-Bereich, verunreinigungsbedingte Verfärbungen. Zusammen mit Cobalt- und Eisenverbindungen erhält man dunkelgefärbte Gläser. Zum Einsatz kommen sowohl Selen in metallischer Form als auch anorganische Selenverbindungen wie Natrium-, Zink- und Bariumselenit.

In der Manganindustrie Chinas wird Selendioxid (in technischer Qualität) eingesetzt, um die Stromausbeute bei der Elektrolyse zu erhöhen.

Selenmetall wird weiterhin eingesetzt als Legierungselement für Stahl-, Kupfer und Bleilegierungen, um die maschinelle Verarbeitbarkeit zu verbessern.

Reinstselen und Legierungen mit Arsen, Tellur und Halogenen finden aufgrund ihrer elektrooptischen Eigenschaften Anwendung in der Xerographie und der digitalen Röntgentechnik. Die Herstellung von Zinkselenid-Einkristallen über das Zwischenprodukt Selenwasserstoff, ist ein großer Verbraucher von Reinstselen. Zinkselenid bildet glasähnliche, orangefarbene Kristalle, die durchlässig sind für IR-Licht. Linsen aus diesem Material finden z. B. in der Laser- und Militärtechnik Anwendung.

Reinstselen wird außerdem noch verwendet in der Solarindustrie (z. B. als Kupfer-Indium-Diselenid) und bei der Herstellung von Selengleichrichtern.

Selen ist ein essentielles Spurenelement. In der Futtermittelindustrie ist es in Form von Natriumselenit ein wichtiger Bestandteil von Mineralfuttermischungen. Bei der Düngemittelherstellung wird Natriumselenat zugesetzt, um Selendefizite im Boden auszugleichen und Selen so in die Nahrungskette einzuschleusen. Selentabletten für den Humanbereich enthalten Selenhefe. Natriumselenithaltige Injektionslösungen finden v. a. Anwendung in der Intensivmedizin.

Weitere Anwendungsbereiche für Selen und seine Verbindungen sind Galvanotechnik, Kosmetik, Organische Synthese und Pigmentindustrie.

Die Weltjahresproduktion an Selen hat sich in den letzten Jahren stabilisiert, der Bedarf ist aber ständig steigend, vor allem der chinesische Verbrauch. Deshalb ist mit Versorgungsengpässen und Preiserhöhungen in den nächsten Jahren zu rechnen [81–83].

## 9.5
## Toxikologie und Umweltschutz

Selen ist ein essentielles, aber auch sehr toxisches Element. Die Grenze zwischen gesund und giftig ist sehr scharf. Die empfohlene tägliche Selenaufnahme liegt bei 50–200 µg für einen Erwachsenen, als Grenzwert für eine sichere Seleneinnahme gelten ca. 750 µg/Tag. Als toxisch betrachtet man Selenaufnahmen von wenigen mg/Tag über einen längeren Zeitraum. Größere Mengen Selenverbindungen, ab ca.

1 g, wirken akut toxisch. Bei Nichtbehandlung kann der Tod innerhalb von ca. 2 h eintreten.

Sowohl Selenmangel, als auch ein Überschuss rufen bei Mensch und Tier Erkrankungen hervor. Selen ist u.a. wichtig für die Prophylaxe von Krebs, Entgiftungsvorgänge im Körper und für die Schilddrüse.

Der MAK-Wert beträgt für Selen und Selenverbindungen 0,1 mg/m$^3$ (berechnet als Selen), der Grenzwert für Selen in der Abluft beträgt 0,5 mg/m$^3$ (TA Luft), der Trinkwassergrenzwert beträgt 10 µg Se/l [84, 85].

# 10
# Tellur

## 10.1
## Vorkommen und Rohstoffe

Tellur ist das seltenste der in diesem Kapitel behandelten Elemente. In manchen Eigenschaften und im Vorkommen ist es dem Selen ähnlich. Beide Elemente sind Halbleiter, kristallisieren hexagonal, sind isomorph und kommen, wenn auch sehr selten, gemeinsam elementar vor. Die gemeinsame Rohstoffbasis sind Kupferkiese, deren Tellurgehalt im Mittel 30–50 g/t beträgt, jedoch auch erheblich höher oder niedriger sein kann. Abweichend vom Verhältnis der mittleren Häufigkeit von Selen und Tellur (ca. 5:1) kommen Sulfide mit erheblich höheren Tellurgehalten häufiger vor. Wegen seines eher metallartigen Verhaltens ist Tellur erheblich stärker chalkophil. Das fällt besonders durch die Existenz der Telluride des Goldes auf, das keine natürlichen Sulfide oder Selenide bildet. Kennzeichnend für die Geochemie des Tellurs ist auch, dass es wegen der verschiedenen Ionenradien ($S^{2-}$ 0,190 nm, $Te^{2-}$ 0,222 nm) mit Sulfiden nicht zur Mischkristallbildung neigt; auch mit Selen findet nur in geringem Umfang Austausch statt. Sowohl in Sulfiden wie auch in Seleniden liegen meist selbständige Tellurmineralien vor. In Anbetracht der Seltenheit ist die große Zahl der Tellurmineralien auffällig [86, 87].

## 10.2
## Physikalische und chemische Eigenschaften

Analog zu den Selenverbindungen liegen auch in den Verbindungen des Tellurs die Wertigkeitsstufen −2, +4 bzw. +6 vor, die Tellurite sind bei der Gewinnung am wichtigsten. Das pH-abhängige Löslichkeitsverhalten der Selenite und Tellurite wird zur Trennung genutzt. Tellur bildet ziemlich leicht mit vielen anderen Elementen Verbindungen oder Legierungen. Es löst sich nur in oxidierenden Säuren und in Laugen. Tellur hat erwartungsgemäß stärker metallische Eigenschaften als Selen. Wahrscheinlich ist es dimorph, die Existenz der amorphen Modifikation ist nicht ganz sicher. Die hexagonal-rhomboedrische Modifikation hat Halbleitereigenschaften und schmilzt unter geringer Volumenkontraktion. Zu vermerken ist die Thermoelektrizität des Tellurs und einiger Telluride. Tellur lässt sich aus wässrigen Lösungen elektrolytisch abscheiden [88, 89].

## 10.3
## Gewinnung

Tellur verbleibt wegen der Schwerflüchtigkeit von Tellurdioxid im Röstgut der Kupfererzkonzentrate. Bei der Verhüttung folgt es dem nicht verflüchtigten Anteil des Selens und gelangt mit diesem in den Anodenschlamm. Der größere Teil des eingebrachten Tellurs verteilt sich jedoch und gelangt in Schlacken und andere Rückstände. Bei der Extraktion der behandelten oder unbehandelten Anodenschlämme mit Wasser oder Säuren bleibt das Tellur aufgrund der geringeren Löslichkeit von $TeO_2$ und $Na_2TeO_3$ vorwiegend im Rückstand. Normalerweise müssen diese Rückstände noch weitere Male durch Lösen und Fällen gereinigt werden, bis das Tellurdioxid ausreichend konzentriert und von Selen befreit ist. So gewonnenes $TeO_2$-Rohoxid wird entweder direkt mit Kohle zum Element reduziert oder in konzentrierten Säuren gelöst und aus diesen Lösungen mit $SO_2$ als graues Pulver gefällt. Bekannt ist auch die elektrolytische Abscheidung aus alkalischen Elektrolyten. So hergestelltes Tellur ist ca. 97,5–99,7 %-ig. In hochreiner Form wird es durch Sublimation, Temperreaktionen und Zonenschmelzen erhalten [79, 90, 91].

## 10.4
## Verwendung

Niedere Qualitäten finden hauptsächlich metallurgische Verwendungen in Stählen und Legierungen (von Cu, Pb oder Sn) zur gezielten Verbesserung der Kornstruktur sowie zur Desoxidation. Tellurgehalte um 0,1 % verbessern die Bearbeitbarkeit und die Temperaturbeständigkeit und beeinflussen auch Härte und Korrosionsfestigkeit. Tellurverbindungen finden in Kunststoffen und bei der Gummiherstellung Anwendung. In hochreiner Form ist Tellur Bestandteil einiger Telluride, die vielseitig genutzt werden (Peltierelemente, Thermogeneratoren, Solarzellen, Detektoren).

## 10.5
## Toxikologie und Umweltschutz

Tellur und seine Verbindungen sind toxisch; für sie gilt ein MAK-Wert von 0,1 mg/m$^3$ (berechnet als Tellur). Besonders gefährlich sind $H_2Te$ und $TeF_6$. Ein empfindlicher Indikator bereits für geringste Inkorporationen (evtl. schon bei direktem Kontakt Metall-Haut) sind unmittelbar auftretender unangenehmer (knoblauchartiger) Atemgeruch und Körperausdünstungen von langer Zeitdauer (Gegenmittel Eiweißgaben, Vitamin C, Dimercaprol). Die Handhabung erfordert besondere Schutzmaßnahmen. Über chronische Vergiftungswirkungen liegen keine Erkenntnisse vor.

## 11
## Literatur

1. *World minor metals survey*, 2. Aufl., Whitefriars Press, Tonbridge, UK.
2. Bentz, A., Martini, H. J., *Geowissenschaftliche Methoden*, 1. Tl., Enke, Stuttgart **1968**.
3. Schneiderhöhn, H., *Erzlagerstätten*, VEB Gustav Fischer, Jena **1955**.
4. Park, C. F., Macdiarmid, R. A., *Ore Deposits*, 3. Aufl., Freeman, San Francisco **1975**, S. 528.
5. Rösler, H. J., Lange, H., *Geochemische Tabellen*, Enke, Stuttgart **1976**.
6. Feiser, J., *Nebenmetalle*, Enke, Stuttgart **1966**.
7. Cottrell, A., *An Introduction to Metallurgy*, Crane, Russak & Co., New York **1975**.
8. Schmidt, A., *Angewandte Elektrochemie*, Verlag Chemie, Weinheim **1976**.
9. Tafel, V., *Lehrbuch der Metallhüttenkunde*, Hirzel, Leipzig **1951**.
10. Schreiter, W., *Seltene Metalle*, Bd. 1–3, VEB Deutscher Verlag für Grundstoffindustrie, Leipzig **1960–1962**.
11. Hampel, C. A., *Rare Metals Handbook*, Reinhold, New York **1961**.
12. Pawlek, F., *Metallhüttenkunde*, de Gruyter, Berlin **1983**.
13. *Metallstatistik 1967–1977*, Metallgesellschaft, Frankfurt/Main **1978**.
14. Technische Regeln für Gefahrstoffe TRGS 900, Grenzwerte in der Luft am Arbeitsplatz »Luftgrenzwerte«, BArbBl Heft 5/2005.
15. Wirth, W., Gloxhuber, C., *Toxikologie für Ärzte, Naturwissenschaftler und Apotheker*, 3. Aufl., Thieme, Stuttgart **1981**.
16. Kieffer, R., Jangg, G., Ettmayer, P., *Sondermetalle*, Springer, Wien **1971**.
17. Pourbaix, M., *Atlas of Electrochemical Equilibria in Aqueous Solutions*, Pergamon Press, Oxford, UK **1966**.
18. Kellogg, H. H., *J. Metals* **1950**, *188*, Nr. 6, Trans., S. 862.
19. *Gmelins Handbuch der Anorganischen Chemie*, B. Aufl., Verlag Chemie, Weinheim, ab **1924** und Srpinger, Berlin, ab **1974**.
20. s. [19], System-Nr. 33: Cadmium **1925** u. Erg. Bd. **1959**.
21. *Ullmann's Encyklopädie der Technischen Chemie*, 4. Aufl., Verlag Chemie, Weinheim, ab **1972**.
22. Schulte-Schrepping, K.-H., Kaufmann, L., *Cadmium und Cadmium-Verbindungen*, in [21], Bd. 9, **1975**, S. 51.
23. *Cadmium – eine Dokumentation*, BDI-Drucksache Nr.154. Verlag Industrieförderung, Köln **1982**.
24. *Cadmium Abstracts*, Cadmium Association, London.
25. *Mineral Commodity Summaries*, U. S. Geological Survey, www.usgs.gov.
26. Rauhut, A., *Metall* **1981**, *35*, 344.
27. s. [19], System-Nr.36: Gallium, **1936**.
28. Brouhier, O., *Gallium und Gallium-Verbindungen*, in [21], Bd. 12, **1976**, S. 67.
29. Sheka, I. A., et al., *The Chemistry of Gallium*, Elsevier, Amsterdam **1966**.
30. de la Breteque, P., *Gallium. Bulletin d'Information Nr.14*, Alusuisse France, Marseille **1978**.
31. *Metallurgie der seltenen Metalle und der Spurenmetalle*, VEB Deutscher Verlag für Grundstoffindustrie, Leipzig **1964**, S. 11.
32. s. [19], System-Nr. 37: Indium, **1936**.
33. Wiese, U., *Indium und Indium-Verbindungen*, in [21], Bd. 13, **1977**, S. 197.
34. Ludwick, M. T., *Indium*, 2. Aufl., The Indium Corporation of America Utica, N. Y. **1959**.
35. s. [10], Bd. 2.
36. Theurich, E., *Freiberg. Forschungsh.* **1963**, *B90*, 93.
37. Müller, L., *Freiberg. Forschungsh.* **1963**, *B90*, 105.
38. Haake, G., in [31], S. 32.
39. Willardson, R. K., Goering, H. L., *Compound Semiconductors, Bd. 1, Preparation of III/V-Compounds*, Reinhold, New York **1962**.
40. Hague, J. M., *Indium-Mineral Facts and Problems*, US Bureau of Mines, Washington, D. C., S. 507.
41. Smith, I. C., Carson, B. L., Hoffmeister, F., *Trace Metals in the Environment, Bd. 5, Indium*, Ann Arbor Science, Michigan **1978**.

42 s. [19], System-Nr. 38: Thallium, **1940**.
43 Micke, H., et al., *Thallium*, in [21], Bd. 23, **1983**, S. 103.
44 Lee, A. G., *The Chemistry of Thallium*, Elsevier, Amsterdam **1971**.
45 de Ment, J., Dake, H. C., *Rarer Metals*, Temple Press, London **1949**.
46 Lowitzki, N., *Z. Erzbergbau Metallhüttenwes.* **1950**, *3*, 201.
47 s. [31], S. 58.
48 Waggaman, W. H., Heffner, G. G., Gee, E. A., *Thallium. Information Circular 7553*, US Bureau of Mines, Washington, D.C. **1950**.
49 Kleinem, R., *Erzmetall* **1963**, *16*, 67.
50 Babitzke, H. R., *Thallium-Mineral Facts and Problems, Bulletin 667*, US Bureau of Mines, Washington, D.C. **1975**.
51 de Filippo, R. J., *Thallium. Commodity Data Summaries*, US Bureau of Mines, Washington, D.C. **1977**.
52 Smith, I. C., Carson, B. L., *Trace Metals in the Environment, Bd. 1: Thallium*, Ann Arbor Science, Michigan **1977**.
53 s. [19], System-Nr. 45: Germanium, **1931** u. Erg. Bd., **1958**.
54 Standaert, R., *Germanium und Germanium-Verbindungen*, in [21], Bd. 12, **1976**, S. 221.
55 Weber, J. N. (Hrsg.), *Geochemistry of Germanium*, Dowden, Hutchinson & Ross, Stroudsburg, PA **1973**.
56 Feeg, J., *Freiberg. Forschungsh.* **1966**, *112*, 35.
57 *Teckcominco: Indium, Germanium and Cadmium Market Overview*, Tagung Minor Metals, Lissabon **2005**.
58 Wolf, H. F., *Semiconductors*, Wiley, New York **1971**.
59 Babitzke, H. R., *Germanium-Mineral Facts and Problems*, US Bureau of Mines, Washington, D.C. **1975**, S. 431.
60 s. [19], System-Nr.17: Arsen, **1952**.
61 Wanden, S., Hilmer, H., *Arsen und Arsen-Verbindungen*, in [21], Bd. 8, **1974**, S. 46.
62 Doak, G. O., Freedman, L. D., *Organometallic Compounds of Arsenic, Antimony and Bismuth*, Wiley, New York **1970**.
63 *Arsenic-World Survey of Production, Consumption etc.*, 2. Aufl., Roskill Information Services, London **1973**.
64 Pershagen, G., Vahter, M., *Arsenic-A toxicological and epidemiological appraisal*, Naturvardsverket Rapport. snv pm 1128, Dep. of Environmental Hygiene of The Karolinska Institute and The National (Swedish) Environmental Protection Board, Stockholm.
65 s. [19], System-Nr.19: Wismut, **1927** u. Erg. Bd., **1964**.
66 Krüger, J., et al., *Wismut, Wismut-Legierungen und -Verbindungen*, in [21], Bd. 24, **1983**, S. 439.
67 Hader, J. W., Miller, M. H., Chapman, R. M., *Bismuth*, Geol. Survey Professional Paper 820, **1947**, S. 95.
68 *The Bulletin of the Bismuth Institute*, Bismuth Institute, Brüssel.
69 Bray, J. L., *Nonferrous Production Metallurgy*, Wiley, New York **1947**, S. 322.
70 Denholm, W. T., Dorin, R., Garner, H. J., *Electrolytic Removal of Bismuth From Lead by Molten Sodium Hydroxide*, Symposium Advances in Extractive Metallurgy, London **1977**.
71 Moffat, R. J., Iley, J. D., *A New Look at the Kroll-Betterton Process*, Symposium Extractive Metallurgy, Melbourne **1975**.
72 Basche, R. J., Carlin, J. J., *Bismuth-Mineral Facts and Problems*, US Bureau of Mines, Washington D.C. **1980**.
73 Freedman, L. D., Doak, G. O., *Chem. Rev.* **1982**, *82*, 15.
74 s. [19], System-Nr.10: Selen, Tl. A, **1953** u. Erg. Bd. A1–3, **1979–1981**, T1. B, **1949** u. Erg. Bd. B1, **1981**.
75 Wiese, U., *Selen und Selen-Verbindungen*, in [21], Bd. 21, **1982**, S. 227.
76 Zingaro, R. A., Cooper, W. C., *Selenium*, Van Nostrand-Reinhold, New York **1974**.
77 Chizhikov, D. M., Shchastlivyi, V. P., *Selenium and Selenides* (Übers. a.d. Russ. v. E. M. Elkin), Collet's, London **1968**.
78 Unger, P., Cherin, P., *The Physics of Selenium and Tellurium*, Pergamon Press, New York **1969**.
79 Bagnall, K. W., *The Chemistry of Selenium, Tellurium and Polonium*, Pergamon Texts in Inorganic Chemistry, Kap. 24, Pergamon Press, Oxford, UK **1973**.
80 *Monthly Selenium and Tellurium Abstracts and Periodic Bulletins*, Selenium and Tellurium Development Association, Darien, CT.
81 Coakley, G. J., *Selenium-Mineral Facts and Problems*, US Bureau of Mines, Washington, D.C., S. 955.

82 Loebenstein, J. R., *Selenium-Mineral Facts and Problems, Bulletin 671*, US Bureau of Mines, Washington, D.C. **1980**.
83 Klayman, D. L., Günther, W. H. H., *Organic Selenium Compounds, their Chemistry and Biology*, Wiley, New York **1973**.
84 *Selenium. Medical and Biological Effects of Environmental Pollutants*, National Academy of Sciences, Washington, D.C. **1973**.
85 Schrauzer, G. N., *Selen*, 3. Aufl., Johann Ambrosius Barth Verlag **1998**.
86 s. [19], System-Nr.11: Tellur, **1940**, u. Erg. Bd. A1–2, **1982–1983**, B1–3, **1976–1978**.
87 Maschewsky, D., *Tellur und Tellur-Verbindungen*, in [21], Bd. 22, **1982**, S. 447.
88 Kudryavtsev, A. A., *The Chemistry and Technology of Selenium and Tellurium*, Collet's, London **1974**.
89 Chizhikov, D. M., Shchastlivyi, V. P., *Tellurium and the Tellurides* (Übers. a.d. Russ. v. E. M. Eikin), Collet's, London **1970**.
90 s. [19], Bd. 3, **1962**, S. 60.
91 Cooper, W. C., *Tellurium*, Van Nostrand-Reinhold, New York **1971**.

# 6
# Quecksilber

*Reiner Andrae*

| | | |
|---|---|---|
| 1 | **Allgemeines** | *132* |
| 2 | **Vorkommen und Gewinnung** | *133* |
| 2.1 | Quecksilber als Hauptprodukt | *133* |
| 2.2 | Quecksilber als Nebenprodukt | *133* |
| 2.3 | Quecksilber aus dem Recycling | *133* |
| 3 | **Eigenschaften und Verwendung** | *135* |
| 4 | **Toxikologie und Ökologie** | *137* |
| 4.1 | Metallisches Quecksilber | *137* |
| 4.2 | Anorganische Quecksilberverbindungen | *138* |
| 4.3 | Organische Quecksilberverbindungen | *138* |
| 4.4 | Ökologische Betrachtungen | *139* |

Winnacker/Küchler. *Chemische Technik: Prozesse und Produkte.*
Herausgegeben von Roland Dittmeyer, Wilhelm Keim, Gerhard Kreysa, Alfred Oberholz
*Band 6b: Metalle.*
Copyright © 2006 WILEY-VCH Verlag GmbH & Co. KGaA, Weinheim
ISBN: 3-527-31578-0

# 1
**Allgemeines**

Quecksilber zählt zu den edlen Metallen und ist dem Menschen auf Grund seiner leichten Gewinnbarkeit bereits seit Jahrtausenden bekannt. Es ist das einzige bei 20 °C flüssige Metall, seine faszinierenden physikalischen und chemischen Eigenschaften führten besonders nach der Erfindung der Elektrizität zu vielfältigen Anwendungen.

In den 70er Jahren des vorigen Jahrhunderts wurden ca. 10 000 t Quecksilber pro Jahr produziert, verbraucht und zum großen Teil in die Umwelt verteilt. Dadurch begannen in spürbarer Weise die unangenehmen toxischen Eigenschaften dieses Metalls zu wirken.

Obwohl der menschliche Organismus evolutionär Quecksilber kennt und dafür einen Ausscheidungsmechanismus entwickelt hat, führte diese durch die Tätigkeit des Menschen zusätzlich hervorgerufene Belastung besonders in den ständig die Produktion steigernden Quecksilberbergwerken und -hütten, aber auch in der anwendenden Industrie und bei besonders gefährdeten Bevölkerungsgruppen zu akuten und chronischen Erkrankungen.

Angeführt von Schweden, später gefolgt von der Europäischen Union, kam es durch gesetzgeberische Maßnahmen zum Einschränken der Quecksilberverwendung und zur Minimierung der Kontamination der Umwelt. Die gleichzeitigen Bemühungen um das Schließen des Quecksilberkreislaufes auf den verbliebenen Anwendungsgebieten und das signifikante Verbessern des Recyclings haben in den letzten Jahren dazu geführt, dass die Quecksilberbelastung auf ein Maß reduziert worden ist, dem der natürliche Ausscheidungsmechanismus des Menschen gewachsen ist. Gründe für eine Quecksilberhysterie sind nicht mehr gegeben.

Der bis Anfang 2005 für ein toxisches Schwermetall extrem niedrige Preis hat in Verbindung mit den enormen Mengen an Quecksilber, die durch das Umstellen von Chlor-Alkali-Elektrolysen vom Amalgam- auf quecksilberfreie Verfahren freigesetzt worden sind, dazu geführt, dass fast alle Quecksilberbergwerke und auch die Anlagen, die Quecksilber als Nebenmetall produzierten, ihren Betrieb eingestellt haben (Schaubergwerk Idrija, Slowenien).

Seit Anfang 2005 sind die angesammelten Vorräte offensichtlich aufgebraucht und demzufolge der Quecksilberpreis von 3,00 € $kg^{-1}$ auf über 20,00 € $kg^{-1}$ gestiegen. Nach vorliegenden Informationen arbeitet weltweit noch ein Quecksilberbergwerk geringer Kapazität in Kirgistan. Auf dem Gebiet der EU ist die Wiederinbetriebnahme von Almadén in Spanien aus Gründen des Umwelt- und Arbeitsschutzes eher unwahrscheinlich.

Der gestiegene Quecksilberpreis wird insbesondere die Umorientierung auf quecksilberfreie Chlor-Alkali-Elektrolysen forcieren. Dadurch werden zwar sukzessive wieder größere Mengen Quecksilber freigesetzt, die jedoch als Reserve im Bereich der noch betriebenen Amalgam-Elektrolysen verbleiben.

Es wird eingeschätzt, dass zumindest in Deutschland die Quecksilbermengen aus natürlich vorhandenen Ressourcen (Erdgas, Kupfer- und Zinkmetallurgie) und dem Recycling ausreichen, um den inländischen Bedarf zu decken.

# 2
# Vorkommen und Gewinnung

## 2.1
## Quecksilber als Hauptprodukt

Lagerstätten für die ausschließliche Gewinnung von Quecksilber enthalten als Erz hauptsächlich ca. 1 % Zinnober (Quecksilber(II)-sulfid, HgS). Der Abbau wird durch die gleichzeitige Anwesenheit von metallischem Quecksilber in arbeitshygienischer Hinsicht außerordentlich erschwert (MAK-Wert = 0,1 mg m$^{-3}$ Hg, Dampfdruck bei 30 °C = 30 mg m$^{-3}$ entsprechend dem 300fachen MAK-Wert). Derartige bekannte Vorkommen befinden sich in Spanien, Algerien, China, in der Ukraine, in der Türkei und in den USA.

Die Gewinnung erfolgt durch einfache pyrometallurgische Röstverfahren mit Kondensation des abgetriebenen Quecksilbers bei möglichst niedriger Temperatur. In mehr oder minder starker Weise umhüllen sich die Quecksilbertropfen bei der Kondensation mit Staubpartikeln und bilden die so genannte Stupp, die zum Gewinnen des enthaltenen Quecksilbers (> 90 %) mechanisch und/oder destillativ behandelt werden muss. Als Endprodukt entsteht »virgin mercury« oder »Hüttenquecksilber« mit einer Reinheit von min. 99,99 % Hg (4N-Hg). Abfüllung und Versand erfolgen üblicherweise in Stahlflaschen mit 34,5 kg Inhalt.

## 2.2
## Quecksilber als Nebenprodukt

In den sulfidischen Erzen der Nichteisenmetalle ist fast immer Zinnober enthalten. Bei der pyrometallurgischen Verarbeitung dieser Erze fällt das Quecksilber mit den Flugstäuben aus, ein Teil gelangt dampfförmig in die Röstgase und wird aus diesen abgeschieden.

In den Jahren hohen Quecksilberverbrauches wurde dieses Quecksilber in Nebenanlagen der NE-Metallhütten gewonnen und vermarktet. Mit dem Abnehmen des Verbrauches und dem damit verbundenen Preisverfall erfolgte aus ökonomischen und ökologischen Gründen die Schließung dieser Nebenanlagen. Die quecksilberhaltigen Nebenprodukte werden heutzutage vorwiegend unterirdisch deponiert.

In Deutschland ist die Gewinnung von Quecksilber aus der Erdgasförderung von wirtschaftlicher Bedeutung. Das durch die Reinigung des Erdgases anfallende Quecksilber hat jedoch Inhaltsstoffe und Anhaftungen, die das Aufarbeiten in einer speziell dafür entwickelten Anlage erforderlich macht (siehe Abb. 1).

## 2.3
## Quecksilber aus dem Recycling

Mit dem Einschränken der Verwendung von Quecksilber und technisch/technologischen Veränderungen sind seit etwa 1980 große Mengen an Altquecksilber und quecksilberhaltigen Abfällen angefallen:

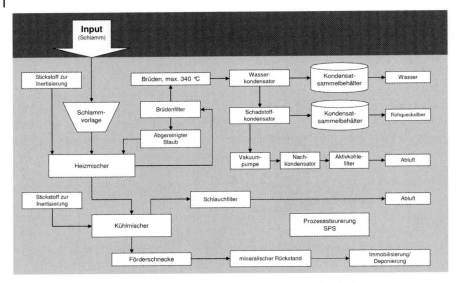

**Abb. 1:** Schema der Behandlung von Hg-haltigen Schlämmen aus der Erdgasförderung

- Dampferzeugung: Wassermengenmesser, Ringwaagen, Absperrvorrichtungen
- Gleichstromerzeugung: Quecksilberdampfgleichrichter in Glas- und Stahlbauweise
- Temperaturmessung: Normalthermometer, Fieberthermometer, Kontaktthermometer
- Druckmessung: Manometer, Barometer
- Elektrotechnik: Schalt- und Kipprelais, Batterien
- Schädlingsbekämpfung: Saatgutbeizen, Antifouling-Farben, Holz- und Textilschutzmittel
- Medizin: Salben, Präparate, Chemikalien, Batterien
- Laborbetrieb: Hg-Chemikalien, Altquecksilber, Hochvakuumpumpen, Normalelemente, Aräometer
- Militärtechnik: Hg-haltige Zündhütchen, Batterien

Der Anfall der vorstehend aufgeführten Abfälle ist im Sinken begriffen, in den neuen Bundesländern ist er bereits fast bei Null.

Als stabiler, teilweise steigender Anfall verbleiben Amalgam aus der Zahnmedizin, Hg-haltige Knopfzellen aus Uhren, Hörgeräten und Fotoapparaten, Entladungslampen aller Art, Produktionsabfälle aus der Lampen-, Thermometer-, Batterie- und Chemieindustrie sowie Materialien zur Reinigung/Behandlung von Prozess- und Abgasen (Aktivkohle, Katalysatoren).

Daneben sind bei wissenschaftlichen Einrichtungen, die Quecksilber höchster Reinheit verwenden, geschlossene Kreisläufe installiert worden.

Das Gewinnen des in den Abfällen enthaltenen Quecksilbers erfolgt vorzugsweise durch vakuothermische Verfahren mit hohem Sicherheitsstandard. Unter Anwendung mehrstufiger Reinigungsschritte wird aus dem gewonnenen Rohquecksilber Rein- und Reinstquecksilber produziert und in den Wirtschaftskreislauf zurückgeführt.

Die Anlagen unterliegen strenger behördlicher Aufsicht, im Idealfall sind die Zertifizierung als Entsorgungsfachbetrieb, die Zertifizierungen nach DIN EN ISO 9001:2000 und DIN EN ISO 14001 und als freiwillige Leistung zusätzlich die Validierung nach EMAS II vorhanden.

# 3
## Eigenschaften und Verwendung

Während Quecksilber lange Zeit nur für die Gold- und Silbergewinnung durch Amalgamieren, für die Herstellung von Spiegeln, als Absperrflüssigkeit, für alchimistische Experimente und zweifelhafte medizinische Anwendungen genutzt wurde, erfolgte mit der Erfindung der Elektrizität der massenhafte Einsatz für Schaltrelais, Gleichrichter, Entladungslampen, Batterien, Hochvakuumpumpen und selbst für hocheffektive Quecksilberdampfturbinen zur Stromerzeugung.

Die Eigenschaft, mit einer ganzen Reihe von Metallen (Gold, Silber, Kupfer, Zink, Zinn, Blei, Kalium, Natrium) feste und flüssige Legierungen (Amalgame) zu bilden, führte zu einem hohen Quecksilberbedarf für Chlor-Alkali-Elektrolysen und für die Zahnmedizin.

Bei den so genannten flüssigen Amalgamen handelt es sich nicht um Legierungen, sondern um in Quecksilber gelöste Metalle, wie Natrium, Kalium, Zink und Zinn, bzw. mit Quecksilber vermischte Metalle wie Gallium, Indium und Thallium.

In Quecksilber gelöstes Natrium bzw. Kalium benutzt man zur Chlor-Alkali-Elektrolyse, wobei große Aufmerksamkeit darauf zu richten ist, das Auskristallisieren von festem Alkaliamalgam zu vermeiden.

Beim Feuervergolden von Kupferblechen für Dacheindeckungen wurde das Kupfer oberflächlich mit goldhaltigem Quecksilber »amalgamiert« und das Quecksilber anschließend durch Hitzeeinwirkung in die Atmosphäre verdampft, so dass nur der innig mit dem Kupfer verbundene Goldbelag auf den Blechen zurückblieb. Beim Vergolden der Kuppel der Isaak-Kathedrale in St. Petersburg führte diese Arbeitsweise um etwa 1850 zu einer Massenvergiftung.

Das bekannteste feste Amalgam ist eine äußerst stabile Legierung aus ca. 50 % Quecksilber und unterschiedlichen Anteilen Silber, Zinn, Kupfer und Zink, wobei Silber immer den Hauptanteil ausmacht. Dieses Zahnamalgam wird seit über 150 Jahren mit bestem Erfolg in der Zahnmedizin verwendet. Die Ursprünge gehen auf das vorchristliche China zurück.

Natürlich vorkommende feste Amalgame sind das Kongsbergit (Silberamalgam) und das Altmarkit (Bleiamalgam), mit Einschränkung zu nennen ist auch das Tiemannit (Selenamalgam bzw. Quecksilberselenid).

Neben der Verwendung des Metalls Quecksilber fanden seine chemische Verbindungen breite Anwendung in der Medizin (Heilung der Syphilis, Desinfektionsmittel), für die Saatgutbeize, als Fungizid und als Algizid.

Die im Laufe der Jahre gewonnenen, zum Teil sehr leidvollen Erfahrungen bei der ungehemmten Verwendung von Quecksilber machten die Einschränkung auf das unbedingt erforderliche Maß und die Beseitigung der eingetretenen Gefährdungsmöglichkeiten notwendig. Bis 2010 wird in der Europäischen Union angestrebt, alle Chlor-Alkali-Elektrolysen auf Amalgambasis durch Diaphragma- oder Membrananlagen zu ersetzen. Erlaubt ist die Verwendung von Quecksilber praktisch nur noch für die Produktion von Entladungslampen, für Batterien und Knopfzellen als Schutzmedium des Zinkanteils, in der Zahnmedizin und für wissenschaftliche Untersuchungs- und Messmethoden.

Es ist jedoch nicht verwunderlich, dass dieses Metall auf Grund seiner vielen positiven Eigenschaften vor dem Erkennen der damit verbunden ökologischen Gefahren derart vielfältige Anwendungen gefunden hat. In der nachfolgenden Aufstellung wird deutlich, welche Eigenschaften zu welchen Verwendungen geführt haben.

Eigenschaften:
(1) Flüssig bei Raumtemperatur, hohe Oberflächenspannung, hoher Ausdehnungskoeffizient
(2) Hohe Dichte (13,56 g mL$^{-1}$)
(3) Gute elektrische Leitfähigkeit, edler Charakter
(4) Niedriger Siedepunkt (357 °C bei Normaldruck)
(5) Amalgambildung mit Au, Ag, Cu, Pb, K, Na, Zn, Sn
(6) Leichter Wechsel der Oxidationsstufen
(7) Toxizität

Daraus resultierende Verwendungen:
(1) Thermometer, Porosimetrie
(2) Aräometer
(3) Definition der Einheit des Ohmschen Widerstandes, Weston-Normalelement
(4) Hochvakuumpumpe
(5) Gold- und Silbergewinnung, Zahnmedizin, Spiegelherstellung
(6) Katalysator für chemische Prozesse, Zündhütchen
(7) Saatgutbeize, Antifouling, Fungizid, Tier- und Humanmedizin

(1+2) Barometer, Manometer, Sperrflüssigkeit
(1+3) Kippschalter, Relais, Kontaktthermometer, Schweißgeräte

(2+4) Quecksilberdampfturbine, Zeitschalter

(3+4) Entladungslampen, Quecksilberdampfgleichrichter
(3+5) Chlor-Alkali-Elektrolyse, Batterien

(4+5) Feuervergolden

Von den aufgeführten Verwendungen sind übrig geblieben bzw. weiter im Abnehmen begriffen:
- Porosimetrie und andere wissenschaftliche Messverfahren (geschlossener Kreislauf)
- Spezialthermometer, Aräometer (vernachlässigbar)
- Goldgewinnung (Brasilien, Afrika, Indonesien, nur über hohen Hg-Preis bekämpfbar)
- Zahnmedizin (weitgehend geschlossener Kreislauf, pathologisch unbedenklich)
- Entladungslampen (Hg-Einsatz sinkend, Verlustrate verbesserungsbedürftig)
- Spezialschalter (begrenzter Umfang, vernachlässigbar)
- Batterien (nur noch als Zusatz bei Zn/Luft- und Ag/Zn-Knopfzellen mit max. 1 % erlaubt)
- Chlor-Alkali-Elektrolyse (noch bis 2010 zugelassen, siehe auch Chlor, Alkalien und anorganische Chlorverbindungen, Bd. 3, Abschnitt 3.2))

# 4
# Toxikologie und Ökologie

Metallisches Quecksilber, anorganische und organische Quecksilberverbindungen haben in der im folgenden aufgeführten Reihenfolge steigende toxische Wirkungen.

## 4.1
## Metallisches Quecksilber

Die toxische Wirkung von metallischem Quecksilber wird durch die Aufnahme der Quecksilberdämpfe über die Lunge verursacht. Die individuelle Empfindlichkeit ist stark unterschiedlich, sodass für den derzeit zulässigen MAK-Wert von 0,1 mg Hg pro Kubikmeter Luft Diskussionsbedarf besteht. Obwohl eine anerkennungswürdige Quecksilberallergie sehr selten ist, führen bereits Konzentrationen unter 0,025 mg m$^{-3}$ Hg bei empfindlichen Personen zu Kopfschmerzen.

Der gesunde Mensch scheidet jedoch das in den genannten Konzentrationen aufgenommene Quecksilber problemlos mit dem Urin wieder aus. Bei Störungen der Nierenfunktion und bei der Aufnahme zu großer Mengen (zwei – dreifacher MAK-Wert) reichert sich das Quecksilber zuerst im Blut und dann vorzugsweise im Fettgewebe und im Gehirn an und führt zu chronischen Erkrankungen.

Wichtig beim ständigen Umgang mit metallischem Quecksilber sind deshalb das Unterschreiten des MAK-Wertes und regelmäßige Bestimmungen des Verhältnisses zwischen den Hg-Konzentrationen in Blut und Urin.

Die aus früheren Jahrhunderten bekannten Symptome einer Quecksilbervergiftung (Quecksilbersaum, Zahn- und Haarausfall, grobschlägiges Zittern der Hände, Debilität) treten heutzutage wohl nur noch in Entwicklungsländern bei der Goldgewinnung unter primitiven Bedingungen auf.

In Bezug auf das zu Unrecht in die Schlagzeilen geratene Zahnamalgam gehören die früher durchaus vorhandenen Gefährdungen des stomatologischen Personals

(Hg-Dämpfe) und der Patienten (Fehldosierungen) durch die Einführung industriell gefertigter Kapseln, in denen die zur Amalgambildung erforderlichen, auf das Milligramm genau eingewogenen Mengen Quecksilber und Legierungspulver getrennt voneinander enthalten sind, der Vergangenheit an. Amalgamfüllungen- (Plomben) sind nach wie vor das haltbarste und preiswerteste Material für den Erhalt geschädigter Zähne, die vieldiskutierten Gesundheitsschädigungen durch das im Amalgam enthaltene Quecksilber entbehren bis auf 0,01 % der geschilderten Fälle jeglicher wissenschaftlichen Grundlage.

Die Aufnahme von Quecksilber aus dem Verzehr von Fisch liegt weit höher als die aus Amalgamfüllungen. Der Rückgang des Quecksilbergehaltes von Fisch wird sich über einen Zeitraum von vielen Jahren erstrecken, da große Reserven an Hg-haltigem Faulschlamm vorhanden sind.

Gefährdungen durch metallisches Quecksilber im Privatbereich sind in sinkendem Maße durch zerbrochene Thermometer, noch seltener durch noch in einigen Altgeräten (Kaffeemaschinen, Kühltruhen, Automobiltechnik, Treppenhausbeleuchtungen) anzutreffende Quecksilberschalter gegeben.

## 4.2
### Anorganische Quecksilberverbindungen

Der Gebrauch von anorganischen Quecksilberverbindungen beschränkt sich fast ausschließlich auf den Laborbetrieb. Die Verwendung von Antifouling- und Schmelzfarben, Holz- und Textilschutzmitteln sowie Desinfektionsmitteln ist verboten.

Quecksilberbatterien (HgO/Zn) für Herzschrittmacher und Hörgeräte sind durch ungiftige Batterien ersetzt worden, sind jedoch noch einige Zeit im Rücklauf anzutreffen.

Die Möglichkeit von akuten Vergiftungen durch anorganische Quecksilberverbindungen beschränkt sich auf Hersteller und Verwender dieser Chemikalien. Die Aufnahme erfolgt über den Magen-/Darmtrakt. Die Vergiftungssymptome gleichen denen von anderen Metallvergiftungen.

Die Verbindungen des einwertigen Quecksilbers sind weniger giftig als die des zweiwertigen. Quecksilber(II)-sulfid (natürlich vorkommend als Zinnober) ist als ungiftig eingestuft, obwohl es durch Reduktion im essigsauren Milieu sehr leicht zu metallischem Quecksilber umgesetzt werden kann. Dieser Vorgang hat offensichtlich in den meisten natürlichen Lagerstätten stattgefunden, was die Beherrschung der arbeitshygienischen Belange außerordentlich erschwert.

## 4.3
### Organische Quecksilberverbindungen

In der Natur entstehen quecksilberorganische Verbindungen (Methylquecksilber) aus quecksilberhaltigen Faulschlämmen durch die Einwirkung von Mikroorganismen. Dieses Methylquecksilber wird über die Nahrungskette Plankton-Fisch auf den Menschen übertragen.

Da die organischen Quecksilberverbindungen weitaus giftiger sind als metallisches Quecksilber und anorganische Hg-Verbindungen, gelten entsprechend strengere Grenzwerte (MAK-Wert 0,01 mg m$^{-3}$ Hg, Höchstmenge pro Tag max. 0,1 mg, Höchstgehalt Fisch max. 0,5 mg kg$^{-1}$, sonstige Lebensmittel max. 0,05 mg kg$^{-1}$).

Die toxische Wirkung organischer Quecksilberverbindungen ähnelt sehr stark der von metallischem Quecksilber, da insbesondere die Blut-Hirn-Schranke praktisch ungehindert passiert wird. Die Wirkung tritt jedoch viel rascher und intensiver ein.

## 4.4
## Ökologische Betrachtungen

Die Einschränkung der Verwendung von Quecksilber hat weltweit zur Reduzierung der Quecksilberbelastung geführt.

Potentielle Quecksilberemittenten sind noch die Chlor-Alkali-Elektrolysen auf Amalgambasis, die Kohlefeuerungen, die Pyrometallurgie und die Zementindustrie. Der Vulkanismus liefert einen Beitrag, der jedoch nicht einschätzbar ist.

Müllverbrennungsanlagen sind mit hochwirksamen Abgasreinigungsanlagen ausgerüstet. Die Ausstattung der Zahnarztpraxen mit Amalgamabscheidern hat großen Einfluss auf die Verminderung der Hg-Konzentration im Klärschlamm gezeigt. Batterien werden im Rahmen der Batterieverordnung gezielt gesammelt und nach der Sortierung in Hg-haltig und Hg-frei recycelt bzw. entsorgt.

Es ist eindeutig festzustellen, dass die in den vergangenen Jahren ergriffenen Maßnahmen die Quecksilberbelastung von Mensch und Umwelt signifikant verringert haben. Die noch zu beobachtenden, teilweise hysterischen Bemühungen, die Verwendung von Quecksilber völlig zu unterbinden, sind deshalb als unbegründet anzusehen.

# 7
# Antimon

*Ulrich Kammer*
*Beitrag basiert auf dem Artikel der 4. Auflage von U. Wiese*

1     **Vorkommen und Rohstoffe**   *142*

2     **Physikalische und chemische Eigenschaften**   *142*

3     **Gewinnung**   *142*

4     **Verwendung**   *144*

5     **Toxikologie und Umweltschutz**   *145*

6     **Literatur**   *145*

## 1
## Vorkommen und Rohstoffe

Antimon (Sb) ist mit Gehalten von einigen ppm Bestandteil sehr vieler NE-Metallvorkommen (NE = Nebenmetalle), besonders von Cu, Ni, Co, Hg, Pb und Edelmetallen. Andererseits sind über 100 Antimonmineralien bekannt. Insbesondere das Sulfid $Sb_2S_3$ (Grauspießglanz, Antimonit, Stibnit) bildet kleine Lagerstätten (in China und Südafrika), meist auf Calcit-, Quarz- oder Dolomitgestein mit nur einigen tausend Tonnen Antimoninhalt. Andere Mineralien sind Antimonblüte, Valentinit, Senarmontit (alle $Sb_2O_3$) und Jamesonit, $Pb_4FeSb_6S_{14}$. Die Rohstoffe stammen sowohl aus der Verhüttung der Basismetalle wie auch aus eigenständigen Lagerstätten. Inzwischen ist auch die Recyclingrate hoch (bis zu 50%) [1, 2].

## 2
## Physikalische und chemische Eigenschaften

Antimon nimmt im Periodensystem eine Mittelstellung ein, die sich auch im Fehlen ausgeprägter Besonderheiten seiner Eigenschaften äußert. Dies gilt ebenfalls für seine Verbindungen, in denen es überwiegend dreiwertig ist. Die formal vierwertigen Verbindungen enthalten Antimon zu gleichen Teilen in den Wertigkeiten 3 und 5. Das entsprechende Oxid, $Sb_2O_4$, hat wegen seiner geringen Verflüchtigungsneigung bei der Gewinnung Bedeutung. Wichtig für die Antimongewinnung ist weiter die hohe Flüchtigkeit von $Sb_2O_3$, $Sb_2S_3$ und des Metalls selbst bei niedrigen Temperaturen. Dazu kommt der niedrige Schmelzpunkt des Trisulfids von 546 °C.

## 3
## Gewinnung

Die Antimonroherze werden selten flotiert. Da es sich um geringe Mengen handelt, werden durch Handverlesen und Schwerkraftaufbereitung mit Setzmaschinen hochwertige Konzentrate erzeugt. Bei der Flotation der Basismetallerze wird auch das Antimon angereichert. Die Antimonabtrennung ist bei der Goldgewinnung besonders wichtig, um dessen Ausbringen zu optimieren. Die vielfältigen Vorkommen des Antimons und die geringe Selektivität seiner Reaktionen bedingen die Vielgestaltigkeit seiner Metallurgie (vgl. Abb. 1). Metall, Oxid, $Sb_2O_3$, und Sulfid, $Sb_2S_3$, sind gleichrangige Primärerzeugnisse. Aus hochwertigen sulfidischen Antimonkonzentraten wird das Sulfid direkt durch Seigern in allerdings nicht hoher Qualität erhalten.

Überwiegend werden die pyrometallurgischen Verfahren der Röstreduktion und der Röstreaktion durchgeführt. Die Röstreduktion führt bei teilweiser Oxidation gemäß Gl. (1)

$$Sb_2S_3 + 2\, Sb_2O_3 \longrightarrow 6\, Sb + 3\, SO_2 \tag{1}$$

3 Gewinnung | 143

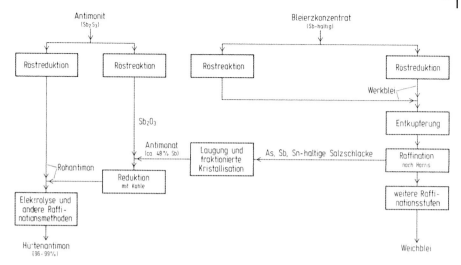

**Abb. 1** Antimongewinnung

direkt zum Metall geringer Qualität. Daneben gelangt ein Teil des Antimonvorlaufs in den Flugstaub. Bei der wichtigeren Röstreaktion wird zunächst quantitativ $Sb_2O_3$ gebildet,

$$2\,Sb_2S_3 + 9\,O_2 \longrightarrow 2\,Sb_2O_3 + 6\,SO_2 \tag{2}$$

das anschließend mit Kohle oder Koks zum Metall reduziert wird. Bei beiden Verfahren müssen die Temperatur und die Luftzufuhr sehr sorgfältig in engen Toleranzen geführt werden, um befriedigende Ausbeuten zu erzielen. Bei zu niedrigen Sauerstoffpartialdrücken entsteht im Röstgut verbleibendes $Sb_2O_4$, und unumgesetztes $Sb_2S_3$ verdampft. Zu hohe Temperaturen führen auch zu Verlusten infolge Verdampfung von $Sb_2S_3$. Andererseits wird in einigen Verfahrensvarianten zunächst gezielt $Sb_2O_4$ hergestellt, um vorweg leicht flüchtige Verunreinigungen wie $As_2O_3$ und PbO abzutrennen.

Bei der Gewinnung der NE-Schwermetalle reichert sich das Antimon im Verlauf sich wiederholender Trennoperationen in bestimmten Fraktionen an. Zur weiteren Anreicherung und Raffination werden pyrometallurgische, nasschemische und elektrochemische Verfahren benutzt, manchmal auch in Kombination. So führen Schmelzreaktionen mit Natriumhydroxid oder Natriumnitrat bzw. -chlorid zu reinem Antimon (bis 99,5% Sb). Dabei werden Arsen, Zinn, Blei und Eisen abgetrennt. Der Arsengehalt darf höchstens bei 0,3% liegen, besser sind Gehalte bei 0,03%. Bei allen pyrometallurgischen Verfahren muss das Schmelzgut mit geeigneten Schlackenschmelzen bedeckt werden, um Verluste durch Verflüchtigung von Sb und $Sb_2O_3$ zu vermeiden. Für die auf einzelne Hütten und ihren Erzvorlauf abgestimmten Verfahren wurde eine Vielfalt von Ofentypen entwickelt.

Besondere Bedeutung hat die Antimongewinnung in Bleihütten. Hartblei enthält größere Anteile an Antimon, das daher gleich als Legierungsbestandteil ausgebracht wird. Muss Antimon wegen zu hoher Gehalte herausgenommen werden, z. B. bei der Harris-Raffination (Schmelzreaktion mit NaOH, $NaNO_3$ bzw. NaCl), so geht es dabei in die Schlacken, die zur Nebenmetallgewinnung aufgearbeitet werden.

Aus den Schlacken lassen sich selektiv einzelne Bestandteile herauslösen. Bei ausreichend hohem Antimongehalt können die Schlacken direkt zu Rohantimon reduziert werden, das in der Raffinationselektrolyse als Anode eingesetzt wird. Zur Raffination bewährte Elektrolyte enthalten im sauren Medium Fluoride/Sulfate, Chloride bzw. im alkalischen Thioantimonate. Ein Teil der Verunreinigungen verbleibt im Anodenschlamm. Antimonmetall wird auch unter Zusatz von Mangan bzw. Mangan und Aluminium als Legierungsbildner durch Sublimation gereinigt. Nur ein kleiner Teil, der in der Optik oder Elektronik Verwendung findet, wird durch flüssig/flüssig-Extraktion, Ionenaustausch, Destillation von $SbCl_3$, Elektrolyse und Zonenschmelzen zu sehr hohen Reinheiten raffiniert [3–5].

## 4
## Verwendung

Bei kostengünstiger Verfügbarkeit findet Antimon vielseitige Anwendung, andererseits kann es auch wie die meisten Nebenmetalle rasch substituiert werden. Antimonsulfid ($Sb_2S_3$) ist Bestandteil von Streichholzzündmassen und weißen Leuchtkörpern für die Feuerwerkerei. Es dient weiter zum Färben von Glas, Gummi und Kunststoffen.

Antimonoxid, $Sb_2O_3$, wird in der Glas-, Keramik- und Pigmentindustrie verwendet sowie in der Chemiefaserherstellung als Katalysator, der zugleich die Zersetzbarkeit durch UV-Licht und die Entflammbarkeit vermindert. Farben mit $Sb_2O_3$-Zusatz eignen sich wegen ihrer IR-Reflexion zu Tarnzwecken.

Durch Bestrebungen zur Eindämmung der Verwendung von Schwermetallen aus Umwelt- und Gesundheitsgründen sehen sich diese Anwendungen allerdings unter einem Druck zur Substitution. Antimonmetall selbst findet allein keine Anwendung. Es ist aber ein bedeutender Legierungsbestandteil, z. B. in Hartblei für Batterien, der die Korrosionsbeständigkeit und Festigkeit erhöht. Letternmetall, eine ebenfalls antimonhaltige Legierung, hat mit dem Aufkommen neuer Satztechniken an Bedeutung verloren. Neue Anwendungen für hochreines Antimon sind III/V-Verbindungen in der Optik und Elektronik (z. B. InSb) sowie intermetallische Antimonverbindungen aufgrund ihrer thermoelektrischen Eigenschaften (Seebeck-, Peltier-Effekt) [6].

Die weltweiten Kapazitäten für Antimon betrugen 1983 etwa 30 000–40.000 t/a. Die Weltproduktion schwankte in den Jahren 1999 bis 2003 zwischen 81 600 und 157 000 t/a [7].

# 5
## Toxikologie und Umweltschutz

Antimon und die meisten seiner Verbindungen sind relativ wenig toxisch (im Vergleich z. B. zu Arsen). Anwendungen in Medizin und Kosmetik, die z. T. zu Leberschädigungen führten, mussten aufgegeben werden. Der MAK-Wert für Antimon und seine Verbindungen beträgt 0,5 mg/m$^3$; besonders stark toxisch ist Antimonwasserstoff, $SbH_3$. Antimontrioxid wird in Liste B der krebserzeugenden Arbeitsstoffe geführt, deren mutmaßlich kanzerogene Eigenschaften weiterer Untersuchungen bedürfen.

# 6
## Literatur

1. *Gmelins Handbuch der Anorganischen Chemie*, System-r.18: Antimon, Tl. A, **1950** und Teil B **1949**, Verlag Chemie, Weinheim.
2. Berghmans, H. J., Rösner, O., *Antimon und Antimon-Verbindungen*, in *Ullmann's Encyklopädie der technischen Chemie*, 4. Aufl., Bd. 8, Verlag Chemie, Weinheim **1974**, S. 1.
3. Wendt, W., *Antimon und seine Verhüttung*, Deuticke, Wien **1950**.
4. Newton, J., *Extractive Metallurgy*, Wiley, New York **1959**, S. 282 u. 499.
5. Wang, C. Y., *Antimony*, 3. Aufl., Charles Griffin, London **1952**.
6. Wyche, C., *Antimony – Mineral Facts and Problems*, US Bureau of Mines, Washington, D.C., S. 79.
7. *Mineral Commodity Summaries*, U.S. Geological Survey, www.usgs.gov.

# 8
# Seltene Erden

*Herfried Richter, Karl Schermanz*
*Aktualisierung des Beitrags aus der 4. Auflage*

| | | |
|---|---|---|
| **1** | **Einleitung** | *149* |
| 1.1 | Nomenklatur | *149* |
| 1.2 | Geschichtliches | *149* |
| 1.3 | Atomaufbau und Eigenschaften | *150* |
| 1.4 | Analytik | *152* |
| 1.5 | Toxikologische Eigenschaften und Radioaktivität | *153* |
| 1.5.1 | Toxikologie | *153* |
| 1.5.2 | Radioaktivität | *154* |
| | | |
| **2** | **Wirtschaftliches** | *154* |
| | | |
| **3** | **Rohstoffe** | *159* |
| 3.1 | Bastnäsit | *159* |
| 3.2 | Monazit | *161* |
| 3.3 | Loparit | *162* |
| 3.4 | Minerale der Yttererden | *162* |
| 3.4.1 | Tonminerale | *163* |
| 3.4.2 | Yttroparisit | *163* |
| 3.4.3 | Xenotim | *163* |
| 3.4.4 | Gadolinit | *163* |
| 3.4.5 | Uranerze | *164* |
| 3.5 | Rohphosphate | *164* |
| 3.6 | Silicate | *164* |
| 3.7 | Sekundärrohstoffe | *165* |
| | | |
| **4** | **Aufarbeitung der Rohstoffe** | *165* |
| 4.1 | Anreicherung der Erze | *165* |
| 4.2 | Verfahren zum Aufschluss von Erzen | *167* |
| 4.2.1 | Aufschluss von Bastnäsit | *167* |
| 4.2.2 | Aufschluss von Monazit | *170* |
| 4.2.3 | Aufschluss von Loparit | *172* |

4.2.4   Aufschluss von Yttererdenmineralen   172
4.2.5   Aufschluss von Rohphosphaten   173
4.2.6   Aufschluss von Sekundärrohstoffen   174

**5    Trennung**   175
5.1   Grundlagen   175
5.2   Fraktionierte Kristallisation und fraktionierte Fällung   176
5.3   Thermische Zersetzung   177
5.4   Oxidationsverfahren   177
5.5   Reduktionsverfahren   178
5.6   Ionenaustausch   178
5.7   Flüssig/Flüssig-Extraktion   181
5.7.1   Extraktion von Cer   181
5.7.2   Trennung von Seltenen Erden ($SE^{3+}$)   181
5.8   Spezielle Verfahren   187

**6    Herstellung von Verbindungen**   188
6.1   Oxide und Salze   188
6.2   Organische Verbindungen   189

**7    Herstellung von Metallen und Legierungen**   190
7.1   Elektrolyse   190
7.1.1   Cermischmetall   190
7.1.2   Reine Seltenerdmetalle   192
7.2   Metallothermische Reduktion   193
7.3   Herstellung von Legierungen   194
7.3.1   Legierungen für die Metallurgie   194
7.3.2   Magnetlegierungen   194

**8    Verwendung**   196
8.1   Metallurgie   197
8.2   Magnetwerkstoffe   197
8.3   Katalysatoren   197
8.4   Glas und Keramik   198
8.5   Elektronik und Leuchtstoffe   199
8.6   Energietechnik   200
8.7   Landwirtschaft   201
8.8   Sonstige Anwendungen   201

**9    Literatur**   202

# 1
# Einleitung

## 1.1
## Nomenklatur

Als Seltene Erden, korrekter Seltenerdelemente oder Seltenerdmetalle, werden die in der 3. Nebengruppe des Periodensystems stehenden Elemente Scandium, Yttrium, Lanthan, Cer, Praseodym, Neodym, Promethium, Samarium, Europium, Gadolinium, Terbium, Dysprosium, Holmium, Erbium, Thulium, Ytterbium und Lutetium bezeichnet. Die meisten Produzenten, Handelsunternehmen und Anwender in aller Welt verwenden diese Bezeichnung oder den entsprechenden englischen/französischen Begriff (Rare Earths, Rare Earth Elements, Terres Rares). Auch in der zusammenfassenden Standardliteratur ([1–18]) wird überwiegend dieser Terminus benutzt. Die Unterscheidung in »Scandiumgruppe« (Sc, Y, La) und »Lanthanoide« (Ce bis Lu) ist zur Erklärung des Atomaufbaus und des Aufbaus des Periodensystems sinnvoll, findet sich aber vorwiegend in Lehrbüchern. Öfters werden die Elemente La bis Lu als »Lanthanoide« (im Englischen Lanthanides« oder »Lanthanons«) bezeichnet ([19–23]). Der Begriff »Seltene Erden« wurde teilweise auch nur für die Elemente La bis Lu gebraucht, wobei dann Sc und Y getrennt abgehandelt wurden ([24–26]).

Die Reihe der Seltenen Erden ist unterteilt in Ceriterden oder »Leichte Seltene Erden« (Lanthan bis Europium) und Ytterden oder »Schwere Seltene Erden« (Gadolinium bis Lutetium + Yttrium). Scandium lässt sich in diese Gruppierungen nicht einordnen.

Der Gehalt an Seltenerdelementen in Rohstoffen und Gemischen wird in der Industrie meist als GOSE (GO = Gesamtoxid, SE = Seltenerdelemente), TREO (= Total Rare Earth Oxide) oder REO (= Rare Earth Oxide) angegeben. Der GOSE-Gehalt ist der Gehalt eines Produktes an Seltenen Erden in Prozent, berechnet als Oxide, wobei stets die Oxide in Rechnung gesetzt werden, die beim Verglühen der Oxalate, Hydroxide oder Carbonate an der Luft entstehen (z. B. $La_2O_3$, $CeO_2$, $Pr_6O_{11}$, $Nd_2O_3$, $Tb_4O_7$). Auch die Angabe des Gehaltes als $SE_2O_3$ ist üblich. In den nachfolgenden Ausführungen wird die Abkürzung SE verwendet, wenn allgemein beliebige Seltenerdelemente oder die Summe von Seltenerdelementen gemeint sind.

## 1.2
## Geschichtliches

1987 wurde vom RIC (Rare Earth Information Center) in Ames, Iowa, USA, das Jubiläum »1787–1987/200 Years of Rare Earths« begangen [14]. Am Anfang der Entwicklung stand die Entdeckung des Minerals Ytterbit (später Gadolinit) durch K. A. ARRHENIUS in einer Grube in der Nähe von Ytterby, Schweden. 1794 entdeckte J. GADOLIN bei der Analyse des Minerals eine neue Erde, die als Ytterde (Gemisch von Yttrium-, Terbium-, Dysprosium-, Holmium-, Erbium-, Thulium-, Ytterbium-, Lutetiumoxiden) bezeichnet wurde und der erste Vertreter der Seltenen

Erden war. 100 Jahre später fanden L. MARIGNAC und LECOQ DE BOISBAUDRAN in dem Mineral Samarskit ein neues Seltenerdelement, das zu Ehren von J. GADOLIN den Namen Gadolinium erhielt. 1804 entdeckten J. J. BERZELIUS und W. HISINGER das Cer. 1835 fand G. MOSANDER das Lanthan, 1843 isolierte er Yttrium, Terbium und Erbium. Im Jahr 1878 wurde das Ytterbium von L. MARIGNAC entdeckt.

P. T. CLEVE isolierte 1879 Thulium und Holmium. Europium wurde von E. DEMARCAY 1901 isoliert. 1885 trennte C. AUER VON WELSBACH Praseodym und Neodym. Als letztes der natürlich vorkommenden Seltenerdelemente wurde das Lutetium 1907 durch G. URBAIN, C. AUER VON WELSBACH und C. JAMES entdeckt. Die Entdeckungsgeschichte war reich an mühsamer und erfolgreicher Arbeit, aber auch an Irrtümern. Das Promethium (»Element 61«) konnte erst 1945 durch J. A. MARINSKY und L. E. GLENDENIN in den Spaltprodukten des Urans nachgewiesen werden [27]. O. ERÄMÄTSÄ berichtete 1965 über das Vorkommen von Promethium in sehr geringer Konzentration in natürlichen Apatitmineralen [28]. Dabei wurden aus 6000 t Apatit 20 t SE-Oxide gewonnen, bei deren Auftrennung 82 g eines Nd/Sm-Gemisches mit $0.9 \cdot 10^{-9}$ g Pm isoliert wurden. Der Pm-Gehalt in der Erdkruste soll bei $10^{-19}$% liegen und durch Reaktion von Nd mit Höhenstrahlung oder Strahlung in Uranerzlagerstätten zustande kommen.

## 1.3
### Atomaufbau und Eigenschaften

Die besondere Stellung des Lanthans und der darauf folgenden Seltenen Erden im Periodensystem ergibt sich aus ihrer Elektronenstruktur. Mit Calcium, Strontium und Barium sind die 4s-, 5s- und 6s-Niveaus besetzt. Bei Scandium und Yttrium und den daran anschließenden Elementen werden die 3d- und 4d-Niveaus aufgefüllt (d-Übergangselemente). Vom Lanthan an werden jedoch aufgrund der geringen Energiedifferenzen zwischen 5d- und 4f-Niveau die neu hinzutretenden Elektronen auf dem inneren abgeschirmten 4f-Niveau eingebaut, das bis zum Lutetium mit 14 Elektronen aufgefüllt wird (f-Übergangselemente). Konfigurationen mit leeren, halb- oder vollbesetzten 4f-Niveaus sind besonders stabil, wie sie beim Lanthan ($4f^0$), Gadolinium ($4f^7$), Lutetium ($4f^{14}$) und bei den Ionen $Ce^{4+}$ ($4f^0$), $Tb^{4+}$ ($4f^7$), $Eu^{2+}$ ($4f^7$) sowie $Yb^{2+}$ ($4f^{14}$) vorliegen. Auch das Auftreten der Oxidationsstufe 4+ bei Praseodym sowie 2+ bei Samarium ist durch das Anstreben dieser bevorzugten Elektronenkonfigurationen bedingt. Die unterschiedlichen Wertigkeiten der SE können gezielt zu ihrer Trennung ausgenutzt werden. Auf die besonderen Elektronenkonfigurationen sind einige periodische Eigenschaften zurückzuführen, z.B. Unterschiede in der Farbe der $SE^{3+}$-Ionen, in den magnetischen Eigenschaften sowie bei den Schmelz- und Siedepunkten. Aufgrund ihrer Abschirmung durch die äußeren Orbitale können die 4f-Elektronen nicht an chemischen Bindungen teilnehmen. Dies erklärt das weitgehend ähnliche chemische Verhalten der dreiwertigen SE. Die 4f-Elektronen werden vom Kern wegen der nicht vollständigen Abschirmung angezogen, sodass die Radien der $SE^{3+}$ mit steigender Ordnungszahl (Kernladung) stetig kleiner werden (Lanthanoidenkontraktion). So hat $Y^{3+}$ trotz seiner niedrigen Ordnungszahl 39 einen ähnlichen Ionenradius wie $Er^{3+}$, findet sich stets bei den schweren Seltenen Erden und ähnelt ihnen in den Eigenschaften. Der Ionenradius des $Sc^{3+}$ ist weitaus kleiner, weshalb Scandium in seinen Eigenschaften einige Besonderheiten aufweist. Die Lanthanoidenkontraktion bedingt einige unperiodische Eigenschaften, die radienabhängig sind, z. B. die Abnahme der Basizität und die Erhöhung der Komplexstabilität von Lanthan bis Lutetium. Eine Übersicht über ausgewählte Eigenschaften enthält Tabelle 1. Detailliertere Angaben über Eigenschaften der SE und deren Verbindungen finden sich in der Literatur [1–21, 24–26, 29, 30]. Hier sei nur erwähnt, dass von den Salzen der Mineralsäuren die Chloride und Nitrate gut und

**Tab. 1** Seltenerdelemente und einige ihrer Eigenschaften [1]

| Element | Symbol | Ordnungszahl | rel. Atommasse | Ionenradius $SE^{3+}$ (nm) | Farbe SE-Ionen in wässriger Lösung[1] | Oxide an der Luft geglüht |
|---|---|---|---|---|---|---|
| Scandium | Sc | 21 | 44,956 | 0,073 | farblos | $Sc_2O_3$ |
| Yttrium | Y | 39 | 88,905 | 0,089 | farblos | $Y_2O_3$ |
| Lanthan | La | 57 | 138,91 | 0,106 | farblos | $La_2O_3$ |
| Cer | Ce | 58 | 140,12 | 0,103 | $3^+$ farblos $4^+$ rotgelb | $CeO_2$ |
| Praseodym | Pr | 59 | 140,907 | 0,101 | grün | $Pr_6O_{11}$ |
| Neodym | Nd | 60 | 144,24 | 0,099 | violettrot | $Nd_2O_3$ |
| Promethium | Pm | 61 | [145] | 0,098 | blassrot | $Pm_2O_3$ |
| Samarium | Sm | 62 | 150,35 | 0,096 | $2^+$ orange $3^+$ schwach gelb | $Sm_2O_3$ |
| Europium | Eu | 63 | 151,96 | 0,095 | $2^+$ schwach gelb $3^+$ schwach rosa | $Eu_2O_3$ |
| Gadolinium | Gd | 64 | 157,25 | 0,094 | farblos | $Gd_2O_3$ |
| Terbium | Tb | 65 | 158,924 | 0,092 | schwach rosa | $Tb_4O_7$ |
| Dysprosium | Dy | 66 | 162,50 | 0,091 | schwach grüngelb | $Dy_2O_3$ |
| Holmium | Ho | 67 | 164,930 | 0,089 | braungelb | $Ho_2O_3$ |
| Erbium | Er | 68 | 167,26 | 0,088 | rosa | $Er_2O_3$ |
| Thulium | Tm | 69 | 168,934 | 0,087 | schwach grün | $Tm_2O_3$ |
| Ytterbium | Yb | 70 | 173,04 | 0,086 | $2^+$ schwach grün $3^+$ farblos | $Yb_2O_3$ |
| Lutetium | Lu | 71 | 174,97 | 0,085 | farblos | $Lu_2O_3$ |

[1] $3^+$, wenn nicht anders vermerkt

die Sulfate weniger gut wasserlöslich sind. Die Herstellung der Salze erfolgt durch Lösen der Oxide, Hydroxide oder Carbonate in den entsprechenden Mineralsäuren. Schwer wasserlöslich sind Oxalate, Phosphate, Carbonate, Hydroxide und Fluoride. Phosphate sind in Mineralsäuren löslich, Fluoride setzen sich mit konzentrierten Laugen oder konzentrierter Schwefelsäure um. Nitrate, Sulfate und Fluoride bilden leicht Doppelsalze. Mit Alkalien oder Ammoniak werden aus wässrigen Salzlösungen die unterschiedlich schwerlöslichen Hydroxide ausgefällt, zuerst als basische Salze, bei Überschuss des Fällungsmittels als reine Hydroxide mit nicht unbeträchtlichen Anteilen des Fällungsmittels. Durch Verglühen von Oxalaten, Carbonaten, Hydroxiden und Nitraten bei 700 bis 1000 °C an der Luft gelangt man zu den Oxiden.

Die SE sind weiche, silbergraue Metalle, die zwischen 816 °C (Yb) und 1693 °C (Lu) schmelzen. Sie reagieren bei Anwesenheit von Feuchtigkeit mit Sauerstoff, bei erhöhter Temperatur entzünden sie sich und reagieren mit vielen Nichtmetallen (S, C, $H_2$, Halogenen). Die Oxide schmelzen zwischen 2050 °C ($Eu_2O_3$) und 2600 °C ($CeO_2$).

**1.4**
**Analytik**

Die Ähnlichkeit der chemischen Eigenschaften der $SE^{3+}$ bewirkt, dass die klassischen chemischen Trennverfahren auf der Grundlage von Fällungsreaktionen die SE als Gruppe erfassen, sie von anderen Elementen abtrennen und eine Summenbestimmung (GOSE-Gehalt) ermöglichen. An erster Stelle ist hier nach geeignetem Aufschluss die Fällung der SE-Oxalate mit Oxalsäure aus mineralsauren Lösungen zu nennen. Der Oxalat-Niederschlag wird bei 800–1000 °C zu den Oxiden verglüht. Dabei wird auch der Gehalt an $ThO_2$ mit erfasst. Wesentlich weniger wirksam hinsichtlich der Abtrennung von Verunreinigungen sind Hydroxid- oder Carbonat-Fällungen, die sich jedoch manchmal in Anwesenheit von Erdalkalien als Vorreinigung vor der Oxalat-Fällung anbieten. Zur schnellen Erfassung der GOSE-Gehalte eignen sich auch komplexometrische Titrationsverfahren. Zur Bestimmung einzelner $SE^{3+}$ werden verschiedene physikalische und physikalisch-chemische Bestimmungsmethoden angewendet. Die einfache Überführung von $Ce^{3+}$ in $Ce^{4+}$ sowie von $Eu^{3+}$ in $Eu^{2+}$ erlauben die Bestimmung in Gegenwart der übrigen $SE^{3+}$ durch Redox-Titrationsmethoden. Wegen steigender Reinheitsanforderungen an die in magnetischen, optischen oder elektronischen Systemen eingesetzten SE-Metalle und SE-Verbindungen ist die quantitative Erfassung geringster Mengen erforderlich. In Tabelle 2 sind die wichtigsten Verfahren, die je nach geforderter Empfindlichkeit und verfügbarer Substanzmenge verwendet werden, aufgeführt. In den letzten Jahrzehnten wurden die Analysenverfahren, insbesondere die instrumentelle Analytik, laufend weiterentwickelt und verbessert [31–36]. Zunehmende Bedeutung haben bei der Qualitätskontrolle bei den Produzenten Methoden zur Bestimmung der physikalischen Eigenschaften von Oxiden, Salzen, Metallen und Legierungen erlangt (Korngröße, Kornverteilung, spezifische Oberfläche, Härte, Glühverlust, thermische Zersetzung, Radioaktivität).

**Tab. 2** Analysenverfahren zur Einzelbestimmung [1, 31–36]

| Analysenverfahren | Anwendung |
|---|---|
| 1. Spektralphotometrie | geeignet für farbige $SE^{3+}$ im VIS und $Ce^{3+}$, $Gd^{3+}$, $Tb^{3+}$ im UV |
| 2. Emissionsspektrometrie | Geeignet für die einfachen Spektren von Y, La, Eu, Gd, Yb, Lu |
| 3. Flammen-Emissionsspektrometrie | geeignet für hohe Gehalte, linienärmer als 2 |
| 4. Atomabsorption | unterschiedliche Empfindlichkeit, geringer als 3 |
| 5. Plasmaverfahren | hohe Empfindlichkeit |
| 6. Röntgen-Fluoreszenzspektrometrie | Bestimmung hoher und auch geringer Gehalte. Verwendung innerer Standards oder Eichkurven bzw. Proben |
| 7. Lumineszenzverfahren | Anregung der Fluoreszenz SE-aktivierter Festkörperphosphore durch Kathodenstrahlen |
| 8. Massenspektroskopie | bei geringsten Probemengen |
| 9. Aktivierungsanalyse | Anregung mit thermischen Neutronen bei längerlebigen Isotopen oder mit 14 MeV bei kurzlebigen Isotopen |

## 1.5
### Toxikologische Eigenschaften und Radioaktivität

### 1.5.1
### Toxikologie

Bedingt durch die Ausweitung von Produktion und Anwendung in den vergangenen Jahrzehnten ist ein immer größerer Personenkreis in Kontakt mit Seltene Erden enthaltenden Rohstoffen, Zwischenprodukten und Materialien gekommen. Verschärfte gesetzliche Bestimmungen über den Umgang mit Chemikalien erforderten detaillierte Nachweise über Produkteigenschaften und Gefährdungspotenziale. Die biologische Wirksamkeit von vielen SE-Verbindungen wurde deshalb umfangreich untersucht und dokumentiert [21, 26, 37–40]. Produzenten, Handelsunternehmen und Anwender in West-Europa und in den USA haben entsprechend den gesetzlichen Bestimmungen zahlreiche gut zugängliche Vorschriften für den Umgang mit Seltenen Erden erarbeitet, die Angaben über die Toxizität und den Gesundheitsschutz enthalten (Sicherheitsdatenblätter, MSDS (Material Safety Data Sheets), Betriebsanweisungen u. a.) und Anwendern zur Verfügung stehen. Arbeiten neueren Datums über die biologische Wirksamkeit von vielen SE-Verbindungen wurden insbesondere in der VR China durchgeführt. Auch der Einsatz von SE-Salzen als Düngemittel und Tierfutterzusatz erforderte genaueste Untersuchungen über den Weg der SE in der Nahrungskette [41–46].

Einfache SE-Verbindungen (Oxide, Chloride, Nitrate, Sulfate, Acetate u.a.) erwiesen sich im Tierversuch bei oraler Applikation als wenig toxisch (akute Toxizität, $LD_{50}$: 830 mg kg$^{-1}$ bis 10 g kg$^{-1}$). Bei intravenöser und intraperitonealer Applikation und bei Anwesenheit von Komplexbildnern sind die Werte für $LD_{50}$ niedriger. Verätzungen, Hautreizungen und Schleimhautreizungen sind möglich, insbesondere wenn es sich um Cer(IV)salze, SE-Nitrate oder wasserfreie SE-Chloride handelt. Auch frisch geglühte Oxide der leichteren SE haben eine gewisse Ätzwirkung. Vorsicht ist geboten, wenn die Gefahr des Einatmens von Stäuben und Aerosolen besteht. Im Allgemeinen lässt sich sagen, dass SE-Verbindungen hinsichtlich ihrer Toxizität vergleichbar sind mit vielen gebräuchlichen Chemikalien und dass bei sachgemäßem Umgang und Vermeidung des Einatmens von Stäuben kurzfristig keine wesentlichen gesundheitlichen Beeinträchtigungen zu erwarten sind. Einige SE-Verbindungen haben früher medizinische Bedeutung gehabt zur Behandlung von Verbrennungen und Verletzungen sowie von Reisekrankheiten [21]. Über die Anwendung von Lanthancarbonat als Medikament zur Abtrennung von Phosphaten aus dem Blut von Dialysepatienten wurde kürzlich berichtet und in diesem Zusammenhang die Unbedenklichkeit größerer oraler Gaben (2 g d$^{-1}$) auch am Menschen nachgewiesen [47, 48].

### 1.5.2
**Radioaktivität**

Einige der natürlich vorkommenden SE-Elemente haben radioaktive Isotope. Es handelt sich um Nd-144 ($\alpha$-Strahler), Sm-147, Sm-148 ($\alpha$-Strahler) und Lu-176 ($\beta$-Strahler). Beim Arbeiten mit handelsüblichen Nd-, Sm- und Lu-Verbindungen sind wegen der geringen Aktivitäten keine besonderen Strahlenschutzmaßnahmen erforderlich. Wegen der Gehalte vieler SE-Erze an Thorium und Uran ist aber bei der Verarbeitung die Abtrennung von Th, U und der Isotope der entsprechenden Zerfallsreihen sehr wichtig und muss bei allen Trennprozessen sorgfältig ausgeführt werden. Für ausgewählte Erze wurden 0,01–8,88 % $ThO_2$ und bis 0,41 % $U_3O_8$ angegeben [49].

## 2
**Wirtschaftliches**

Die Seltenen Erden kommen in der Erdkruste häufiger vor als allgemein gut bekannte Metalle wie Li, Cu, Zn, Pb, U, W, Nb, Ta, Hf, Th, Co, B, Mo, As, Sn, Cd, Hg, Pt, Au.

Die entdeckten und abbauwürdigen Vorkommen sind aber weniger zahlreich als bei anderen Erzen. Die Weltvorräte bestehen hauptsächlich aus Bastnäsit und Monazit. Die Bastnäsit-Lagerstätten in China und den USA machen den Hauptteil der wirtschaftlich gewinnbaren Weltvorräte aus. Monazit-Vorkommen in Australien, Brasilien, China, Indien, Malaysia, Südafrika, Sri Lanka, Thailand und den USA bilden die nächstgrößten Reserven. Die Ytererden enthaltenden Tone (»Ionenaustau-

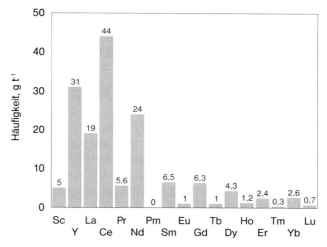

**Abb. 1** Vorkommen der Seltenen Erden in der Erdkruste, nach [19]

schertone« bzw. »Ion Adsorption Ore«) Loparit, Xenotim, Yttroparisit, Yttrosynchisit, Phosphorite, Apatite und Uranerze bilden den Rest der Vorräte.

Die Vorkommen an SE-Rohstoffen in den einzelnen Ländern nach Angaben des USGS (US Geological Survey) sind in Tabelle 3 aufgeführt [50].

Bei einem Weltverbrauch von etwa 100 000 t GOSE im Jahr werden die Vorräte für einige Jahrhunderte ausreichen. Für China werden Gesamtvorräte (einschließlich der zur Zeit noch nicht wirtschaftlich gewinnbaren Vorkommen) von $89 \cdot 10^6$ t GOSE angegeben, womit dieses Land den Hauptteil der Weltvorräte besitzt. Nach chinesischen Quellen [51] könnten die Vorräte auch noch größer sein. Allein die Vorräte in der Inneren Mongolei (Baiyunebo) sollen etwa $130–150 \cdot 10^6$ t GOSE umfassen. Hinzu kommen die Vorräte in den anderen etwa 130 Lagerstätten in 22 Provinzen, wovon die Vorkommen an Ionenaustauschertonen in Südchina (Jiangxi, Guangdong) mit $50 \cdot 10^6$ t und an Erzen der Weishan-Lagerstätte (Shandong) mit $12{,}75 \cdot 10^6$ t am bedeutendsten sind. Nach anderen Quellen [52] sollen allein die Vorräte der Lagerstätte Baiyunebo $350 \cdot 10^6$ t GOSE entsprechen.

Die Weltproduktion an Rohstoffen für die Gewinnung von Seltenen Erden wurde seit 1993 laufend gesteigert. Eine Übersicht gibt Tabelle 4.

Die Weltvorräte an Yttrium wurden auf etwa $2 \cdot 10^6$ t $Y_2O_3$ geschätzt [53].

Die wirtschaftliche Entwicklung der SE-Industrie beruhte bis Mitte der 1960er Jahre auf der Verwendung von Monazit, wobei jedoch die Wertstoffe Thorium (Auer-Glühstrümpfe, Fischer-Tropsch-Synthese) und SE (Zündmetalle, Lichtbogenkohlen, Poliermittel) jeweils unabhängig voneinander ihre Märkte finden mussten. Seit thoriumfreier Bastnäsit verfügbar wurde, zuerst aus Burundi, dann aus den USA (Mountain Pass, Kalifornien) und später in sehr großem Umfang aus der VR China, dominiert dieser gegenüber dem Monazit. Zeitweise wurde Thorium als Brennstoff für einen zukünftigen Brutreaktor betrachtet, weshalb einige

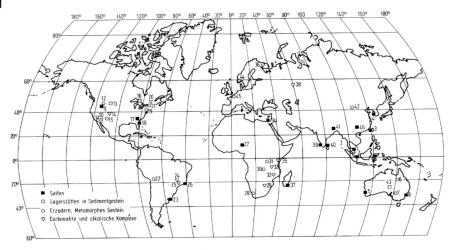

**Abb. 2** Wichtige Vorkommen von SE-Erzen [1]
1 Malaysia 2 Indonesien, 3 Taiwan, 4 Korea, 5 West-Australien, 6 Mary Kathleen Mine, Australien, 7 Radium Hill, Australien, 8 Ostküste, Australien, 9 Idaho-Montana, USA, 10 Montain Pass, Kalifornien, USA, 11 Music Valley, Kalifornien, USA, 12 Mineral Hill und Lemhi Pass, Idaho-Montana, USA, 13 Bald Mountain, Wyoming, USA, 14 Powderhorn und West Mountains, Colorado, USA, 15 Gallinas Mountains, New Mexico, USA, 16 Blind River, Ontario, Canada, 17 Piedmont-Seifen, Südost-USA, 18 Küstensande, Ostküste, USA, 19 Dover, New Jersey, USA, 20 Oka, Quebec, Canada, 21 Mineville, New York, USA, 22 Llallaqua, Bolivien, 23 Uruguay, 24 Araxa, Brasilien, 25 Pacos de Caldos, 26 Espirito Santo und Bahia, Brasilien, 27 Jos Plateau, Nigeria, 28 Steenkamps Kraal, Südafrika, 29 Glenover, Südafrika, 30 Shinkolobwe, Zaire, 31 Karonge, Burundi, 32 Panda Hill, Tansania, 33 Kangankunde Hill, Malawi, 34 Nildelta, Ägypten, 35 Mrima Hill, Kenia, 36 Kola Halbinsel, Russland, 37 Madagaskar, 38 Wishnevje Gebirge, Russland, 39 Kerala, Indien, 40 Manavalakurichi (Tamil Nadu) und Chatrapur (Orissa), Indien, 41 Ranchi (Bihar) und Purulia (Westbengalen), 42 Baotou, Innere Mongolei, China, 43 Olympic Dam, Australien, 44 Norwegen, 45 Bretagne, Frankreich, 46 Jiangxi, Guangdong, Fujian, China

Länder (Indien, Brasilien) Exportsperren für Monazit verhängt hatten. Inzwischen ist aber die Verwendung von Thorium als Kernbrennstoff nicht mehr aktuell. Bis 1960 war die industrielle Produktion von SE-Produkten von begrenzter Bedeutung. Für die damaligen Hauptanwendungen (Glas-Poliermittel, Lichtbogenkohlen, Crack-Katalysatoren, Zündsteine und Metallurgie) waren kaum besonders reine einzelne SE erforderlich. Meist genügten Gemische [54]. In den USA gab es einige Zeit Interesse am Einsatz von metallischem Yttrium als Werkstoff für Kernreaktoren. Dies war Anlass für die Errichtung großer Produktionsanlagen [54], [55]. Auch der Einsatz von Samarium, Europium, Gadolinium und Dysprosium für Kontrollstäbe in Kernreaktoren wurde untersucht [56]. Ab 1960 kamen starke Impulse für den Ausbau der Produktion von einzelnen Seltenerdelementen mit dem Einsatz von Rotleuchtstoffen auf Basis von Yttrium/Europium-Vanadat und Yttrium/Europium-Oxid für das Farbfernsehen [54]. Weitere Anwendungen kamen im Laufe der Zeit hinzu, welche die Entwicklung der Produktion beeinflussten (Einsatz für Elektronik, Lichttechnik, Glas- und Keramik-Industrie, Abgaskatalysatoren, Supraleiter,

**Tab. 3** Vorkommen an Seltenerd-Erzen (nach [50])

| Land | Vorräte (1000 t GOSE) | | Erze |
|---|---|---|---|
| | A | B | |
| USA | 13000 | 14000 | Bastnäsit, Monazit |
| Australien | 5200 | 5800 | Monazit, Uranerze |
| Brasilien | 110 | 200 | Monazit |
| Kanada | 940 | 1000 | Uranerze |
| China | 27000 | 89000 | Bastnäsit, Monazit, Tonminerale, Xinganit, Xenotim |
| Indien | 1100 | 1300 | Monazit |
| Malaysia | 30 | 35 | Xenotim |
| Südafrika | 390 | 400 | Monazit, Apatit |
| Sri Lanka | 12 | 13 | |
| GUS (ehemalige UdSSR) | 19000 | 21000 | Loparit, Yttroparisit, Apatit |
| Andere | 21000 | 21000 | |
| Welt | 88000 | 150000 | |

A gesicherte Vorräte (ökonomisch gewinnbar)
B gesamte bekannte Vorräte (»Reserve base«)

Metallhydridbatterien, u.a.). Die Weltproduktion lag 1960 nur bei 2270 t GOSE und stieg bis 2003 auf 95000 t GOSE [50, 57, 58]. Sehr rasch hat sich die Produktion von Yttriumoxid (Leuchtstoffe, Keramik, Supraleiter) und Neodym (NdFeB-Permanent-

**Tab. 4** Weltproduktion an Rohstoffen (t GOSE) (nach [58])

| Jahr | Welt | China | USA | GUS/Russland | Brasilien | Indien |
|---|---|---|---|---|---|---|
| 1993 | 58000 | 22100 | 17754 | 8000 | 770 | 2530 |
| 1994 | 62000 | 22000 | 20000 | 8000 | 800 | 2500 |
| 1995 | 79000 | 48000 | 22200 | 6000 | 400 | 2700 |
| 1996 | 79700 | 50000 | 20000 | 6000 | 400 | 2700 |
| 1997 | 79700 | 53300 | 20000 | 2000 | 1400 | 2700 |
| 1998 | 66500 | 50000 | 10000 | 2000 | 1400 | 2700 |
| 1999 | 82000 | 70000 | 5000 | 2000 | 1400 | 2700 |
| 2000 | 83500 | 73000 | 5000 | 2000 | 200 | 2700 |
| 2001 | 85500 | 75000 | 5000 | 2000 | 200 | 2700 |
| 2002 | 98300 | 88000 | 5000 | 2000 | 200 | 2700 |
| 2003 | 95000 | 90000 | – | 2000 | – | 2700 |

magnete) entwickelt. Für 1991 wurde der Verbrauch an Yttriumoxid mit 700–900 t angegeben. Eine jährliche Steigerung des Bedarfs von 5–10 % wurde für möglich gehalten [53]. Tatsächlich lag die Weltproduktion 2003 bereits bei 2400 t, wovon 2300 aus China kamen [50]. Sprunghaft ist in den letzten Jahren der Bedarf an Neodymoxid und metallischem Neodym gestiegen. 2003 wurde die Weltproduktion von NdFeB-Magneten mit 18 740 t (gesinterte Magnete) und 4476 t (polymergebundene Magnete) angegeben [59, 60]. Die Produktion von hochmagnetostriktiven TbDyFe-Legierungen ist von 1 t im Jahre 1993 auf 100 t 2002 gestiegen und soll 2006 bei über 300 t liegen. Der Marktwert wird dann auf 1,8 Mrd. US $ geschätzt [167].

Durch den schnellen Ausbau der Produktion von SE-Materialien, insbesondere in China, sind die Preise in den letzen Jahren teilweise erheblich gefallen. Kleinstmengen von Metallen und reinen Oxiden bzw. von Salzen in hoher Reinheit und in Laborchemikalienqualität sind zwar weiter teuer, Massenprodukte wie Mischmetall, Magnet-Legierungen, Ceriterdengemische, Ceroxid-Poliermittel, Lanthan- und Cersalze und auch Yttriumoxid sind aber inzwischen schon zu moderaten Preisen erhältlich. Einige aktuelle Preise sind in Tabelle 5 aufgeführt. Der Preis für Bastnäsit betrug 2003 4,08 US $ und der für Monazit 0,73 US $ pro Kilogramm GOSE [50, 61]. Im Jahre 2000 wurden SE-Produkte für durchschnittlich 10,50 US $ pro Kilogramm gehandelt. Dieser Preis fiel bis 2003 wegen der raschen Steigerung der Produktion in China und dem Überangebot auf dem Markt auf 5,50 US $ pro Kilogramm. Der Weltbedarf soll in nächster Zeit jährlich um 4–7 % steigen [62].

Wichtige Produzenten von SE-Materialien sind:
- Baotou Iron, Steel and Rare Earths Co. (Baogang); Baotou Hefa Rare Earths Development Co.; Rare Earths Baotou Hi-Technology Co.; Gansu Rare Earth Group Co.; Shanghai Yue Long New Materials Co.; Jiangxi Southern Rare Earth Hi-Tech Co Ltd.; Xinguang Group Guangzhou Zhujiang Metallurgical Plant; Rhodia Rare Earths Baotou; Rhodia Rare Earth New Materials Liyang (China)
- Molycorp Inc.; Davison Specialty Chemical Co. (USA)
- Rhodia Electronics & Catalysis (Frankreich, USA, Japan)
- Santoku Metal Industry Co. Ltd; Shin Etsu Chemical Co. Ltd.; Anan Kasei; Sumitomo Special Metals Co. Ltd.; Nippon Yttrium Co. Ltd., Showa Denko Co. Ltd. (Japan)
- Treibacher Industrie AG (Österreich)
- JSC Silmet/Sillamyae Association (Estland)
- SMZ Solikamsk Magnesium Plant (Russland)
- Kyrgyzsky Mining & Metallurgical Combine (Kirgistan)
- IRESCO Irtysh Rare Earths Company Ltd. (Kasachstan)
- Indian Rare Earth Ltd. (Indien)
- International Chemical Joint Venture Corp. Hamhung (KVDR/ Japan)

Die Aufzählung erhebt keinen Anspruch auf Vollständigkeit; insbesondere sind die Angaben für China unvollständig, da es dort etwa 170 Unternehmen (darunter eine Reihe von Joint Ventures mit Firmen aus Japan, Frankreich, Kanada) gibt, die SE-Produkte (Oxide, Metalle, Legierungen, SE-Magnete sowie Düngemittel und Tierfuttermittel mit SE) produzieren.

**Tab. 5** Preise für SE-Verbindungen und Metalle

| Produkt | Rhodia [61] US $ kg$^{-1}$ | | Trade Tech [63] US $ kg$^{-1}$ | China [64] US $ kg$^{-1}$ | | China [59] Yuan t$^{-1}$ |
|---|---|---|---|---|---|---|
| Scandiumoxid | 99,99 % | 6000,00 | 1000–4500 | 99,99 % | 1500,00 | |
| Yttriumoxid | 99,99 % | 88,00 | 22–25 | | | |
| Lanthanoxid | 99,99 % | 23,00 | 12–14 | | | 18 000–22 000 |
| Ceroxid | 99,50 % | 31,50 | 12–33 | 99,5 % | 4,00 | 18 000–22 000 |
| Praseodymoxid | 96,00 % | 36,80 | 7–18 | | | 40 000–42 000 |
| Neodymoxid | 95,00 % | 28,50 | 14–120 | 99 % | 4,90 | 37 000–41 000 |
| Samariumoxid | 99,90 % | 360,00 | 13–32 | | | 22 000–26 000 |
| Europiumoxid | 99,99 % | 990,00 | 255–325 | | | 2300[*)] |
| Gadoliniumoxid | 99,99 % | 130,00 | 22–25 | | | |
| Terbiumoxid | 99,99 % | 535,00 | 200–250 | | | |
| Dysprosiumoxid | 99,00 % | 130,00 | 50–120 | | | |
| Holmiumoxid | 99,90 % | 440,00 | 50–100 | | | |
| Erbiumoxid | 96,00 % | 155,00 | 46–320 | | | |
| Thuliumoxid | 99,90 % | 2300,00 | 1000 | | | |
| Ytterbiumoxid | 99,90 % | 340,00 | 82–91 | | | |
| Lutetiumoxid | 99,99 % | 3500,00 | | | | |
| Ceritchlorid | | | | | | 5400–5500 |
| Mischmetall | | | | | | 26 000–32 000 |
| Cermetall | | | | | | 45 000–50 000 |
| Neodymmetall | | | | | | 63 000 |
| Samariummetall | | | | | | 130[*)] |
| NdFeB-Magnete gesintert | | | | | | 44–88[**)] |
| NdFeB-Magnete gebunden | | | | | | 65–148[**)] |

[*)] Yuan kg$^{-1}$ (100 Yuan = 15 EUR)
[**)] US $ kg$^{-1}$

# 3
# Rohstoffe

Es sind über 150 Mineralien beschrieben, die SE enthalten [18, 25, 65]. Die Zusammensetzung einiger Gemische aus Erzen zeigen die Tabellen 6–9.

## 3.1
## Bastnäsit

Bastnäsit ist ein SE-Fluorocarbonat, das geringe Mengen an Thorium und Uran enthalten kann, wobei aber die Radioaktivität weit niedriger als die der meisten Monazite ist. Von 1965 bis 1984 wurde der Rohstoffbedarf der Industrie vornehmlich aus dem großen Bastnäsit-Vorkommen der Molycorp in Mountain Pass, Kalifornien, gedeckt. Zeitweise lag die Produktion von Bastnäsit-Konzentrat aus dieser Lagerstätte bei 22 000 t a$^{-1}$. In zunehmendem Umfang gewann ab 1980 Bastnäsit aus dem Vorkommen Baiyunebo in der autonomen Region Innere Mongolei in der VR China an Bedeutung. Die Lagerstätte liegt 135 km nördlich von Baotou und soll $1,5 \cdot 10^9$ t Eisenerz und $1 \cdot 10^6$ t Niob enthalten. Das Roherz, das im Tagebau gewonnen wird, enthält neben Eisenerz Bastnäsit und etwas Monazit. Die Gehalte können in Grenzen von 2–15 % GOSE schwanken. Bastnäsit und Monazit liegen im Verhältnis 6 : 4 bis 7 : 3 vor. Die SE-Minerale müssen vom Eisenerz vor dessen Verhüttung abgetrennt werden, da sie im Hochofen bei der Schlackenführung Schwierigkeiten bereiten würden. Da die Eisenerze in der Größenordnung von mehreren $10^6$ t a$^{-1}$ abgebaut werden, ergibt sich großer Zwangsanfall an SE-Rohstoffen [16, 66, 67]. Von Bedeutung ist auch die Weishan-Lagerstätte in der Provinz Shandong [52]. Bastnäsit-Vorkommen sind auch in Südaustralien (Olympic Dam) als Begleitmineral eines großen Kupfer-Uran-Vorkommens entdeckt worden. In Vietnam (Dong Pao, Nam Xe) wurden Bastnäsit-Lagerstätten gefunden, deren Vorräte auf $17 \cdot 10^6$ t GOSE (davon $9,38 \cdot 10^6$ t gesichert) geschätzt wurden [68, 69]. Tabelle 6 enthält Angaben über die Zusammensetzung von Bastnäsit aus verschiedenen Vorkommen.

**Tab. 6** Analysen von Bastnäsit (% bezogen auf GOSE)

| Vorkommen | China Baiyunebo (Innere Mongolei) [16] | China Weishan (Shandong) [52] | USA Mountain Pass (Kalifornien) [70] | Vietnam Dong Pao (Lai Chau) [68] |
|---|---|---|---|---|
| GOSE (%) | 68 | 4,85–70 | 68–72 | 3,0–10,7 |
| $Y_2O_3$ | 0,27 | 0,08–0,46 | 0,05 | 0,52–0,68 |
| $La_2O_3$ | 26,7 | 48,58–54,45 | 31,0 | 36,68–41,50 |
| $CeO_2$ | 51,7 | 24,42–41,47 | 50,0 | 44,40–47,76 |
| $Pr_6O_{11}$ | 5,2 | 3,17–5,67 | 5,0 | 3,29–4,20 |
| $Nd_2O_3$ | 14,2 | 7,17–16,13 | 12,9 | 6,82–10,40 |
| $Sm_2O_3$ | 1,2 | 0,26–2,30 | 0,62 | 0,24–0,67 |
| $Eu_2O_3$ | 0,2 | 0,04–0,88 | 0,11 | 0,17 |
| $Gd_2O_3$ | 0,6 | 0,07–0,41 | 0,2 | 0,4 |
| $Tb_4O_7$ | 0,03 | | | |
| $Dy_2O_3$ | 0,13 | 0,02–0,10 | | |
| $Ho_2O_3$ | 0,12 | | | |
| $Er_2O_3$ | 0,01 | | | |
| $\Sigma$ Tb…Lu | | | 0,02 | |
| $(ThO_2)$ | 0,1–0,48 | | < 0,1 | 0,016–0,018 |

## 3.2 Monazit

Monazit, ein Phosphat von SE und Thorium (SEPO$_4$, Th$_3$(PO$_4$)$_4$), kommt in Graniten, Gneisen und Carbonatiten in geringen Konzentrationen vor. In Pegmatiten ist Monazit in begrenzten Lagerstätten hoch angereichert. Bekannte Lagerstätten für primäres Monaziterz sind der Van Rhynsdorp-Distrikt in Südafrika, sowie die Carbonatite im östlichen und südlichen Afrika, z. B. der Kangankunde Hill in Malawi. Diese Lagerstätten haben bisher nur vorübergehende Bedeutung gehabt. Alle wichtigen Vorkommen an Monazit sind sekundäre, alluviale Lagerstätten. Infolge der Verwitterung des Muttergesteins und des Abtransportes der Verwitterungssande durch das Wasser trat eine Anreicherung des schweren Minerals (Dichte 5,0–5,5 g cm$^{-3}$) ein, die an den Küsten durch die Gezeiten noch unterstützt wurde. Die Zusammensetzung von Monazit aus verschiedenen Lagerstätten ergibt sich aus Tabelle 7.

Monazitsande aus Brasilien, Indien, Australien und den USA waren von Ende des 19. Jahrhunderts bis etwa 1965 das wichtigste Ausgangsmaterial für die Produktion von SE-Oxiden, Salzen und Legierungen. Inzwischen ist das Interesse an der

**Tab. 7** Analysen von Monazit (% bezogen auf GOSE)

| | Australien (West-Australien) [52] | China Nanshanhai (Guangdong) [52] | Indien [17] | Korea (KVDR) [71] |
|---|---|---|---|---|
| GOSE (%) | | | | 45,0 |
| Y$_2$O$_3$ | 2,41 | 2,40 | 0,45 | 1,5 |
| La$_2$O$_3$ | 23,90 | 23,00 | 22,0 | 24,0 |
| CeO$_2$ | 46,30 | 42,7 | 46,0 | 47,6 |
| Pr$_6$O$_{11}$ | 5,05 | 4,10 | 5,5 | 5,2 |
| Nd$_2$O$_3$ | 17,30 | 17,00 | 20,0 | 18,8 |
| Sm$_2$O$_3$ | 2,53 | 3,00 | 2,5 | 2,6 |
| Eu$_2$O$_3$ | 0,05 | 0,1 | 0,016 | 0,07 |
| Gd$_2$O$_3$ | 1,49 | 2,00 | 1,2 | |
| Tb$_4$O$_7$ | 0,04 | 0,70 | 0,06 | |
| Dy$_2$O$_3$ | 0,69 | 0,80 | 0,18 | |
| Ho$_2$O$_3$ | 0,05 | 0,12 | 0,02 | |
| Er$_2$O$_3$ | 0,21 | 0,3 | 0,01 | |
| Tm$_2$O$_3$ | 0,01 | | | |
| Yb$_2$O$_3$ | 0,12 | 2,40 | | |
| Lu$_2$O$_3$ | 0,04 | 0,14 | | |
| (ThO$_2$) | 6,40 | 4,00 | 9,5 | 3,7 |

Verwertung von Monazit zurückgegangen. In einigen Ländern (Indien, Brasilien, Nordkorea, China) wird aber noch Monazit verarbeitet. In Nordkorea wurde 1991 eine Anlage zur Aufarbeitung von Monazit mit einer Kapazität von 1500 t a$^{-1}$ in Betrieb genommen [72].

### 3.3
### Loparit

Loparit ist ein komplexes Titan/Niob-Mineral, das etwa der Zusammensetzung (Na, Ca, SE)$_2$ [Ti, Nb, Ta]$_2$O$_6$ entspricht und neben 5% Ta$_2$O$_5$, 7,5% Nb$_2$O$_5$ und 40% TiO$_2$ etwa 29–34% GOSE (vorwiegend Ceriterden) enthält. Loparit wird in Russland (Kola-Halbinsel) gewonnen und ist ein wichtiger Rohstoff für die Produktion von SE-Materialien in Russland und Estland [13, 73, 74].

Loparit enthält (bezogen auf GOSE) etwa 25,0% La$_2$O$_3$, 52,6% CeO$_2$, 5,1% Pr$_6$O$_{11}$, 14,8% Nd$_2$O$_3$, 1,4% Sm$_2$O$_3$, 0,21% Eu$_2$O$_3$ und 0,15% Y$_2$O$_3$ [71].

### 3.4
### Minerale der Yttererden

Die Mineralien, die hauptsächlich Yttrium und Yttererden enthalten, haben durch die Verwendung von Yttriumoxid für Leuchtstoffe für TV-Bildschirme, Monitore

**Tab. 8** Analysen von Yttererden-Konzentraten (% bezogen auf GOSE)

| Vorkommen | Tonminerale Longnan [66] | Tonminerale Xunwu [66] | Xenotim Malaysia [15] | Yttroparisit GUS [76] | Uranerz Canada [66] |
|---|---|---|---|---|---|
| Y$_2$O$_3$ | 64,1 | 10,07 | 60,8 | 19,0 | 51,4 |
| La$_2$O$_3$ | 2,2 | 29,84 | 0,5 | 13,5 | 0,80 |
| CeO$_2$ | 1,1 | 7,18 | 5,0 | 45,0 | 3,70 |
| Pr$_6$O$_{11}$ | 1,1 | 7,41 | 0,7 | 3,5 | 1,00 |
| Nd$_2$O$_3$ | 3,5 | 30,18 | 2,2 | 10,0 | 4,10 |
| Sm$_2$O$_3$ | 2,3 | 6,32 | 1,9 | 2,0 | 4,50 |
| Eu$_2$O$_3$ | 0,1 | 0,51 | 0,2 |  | 0,20 |
| Gd$_2$O$_3$ | 5,7 | 4,21 | 4,0 | 1,7 | 8,50 |
| Tb$_4$O$_7$ | 1,1 | 0,46 | 1,0 | 0,3 | 1,20 |
| Dy$_2$O$_3$ | 7,5 | 1,77 | 8,7 | 2,0 | 11,20 |
| Ho$_2$O$_3$ | 1,6 | 0,27 | 2,1 | 0,5 | 2,60 |
| Er$_2$O$_3$ | 4,3 | 0,88 | 5,4 | 1,8 | 5,50 |
| Tm$_2$O$_3$ | 0,6 | 0,27 | 0,9 | 0,15 | 0,90 |
| Yb$_2$O$_3$ | 3,3 | 0,62 | 6,2 | 0,95 | 4,00 |
| Lu$_2$O$_3$ | 0,5 | 0,13 | 0,4 | 0,2 | 0,40 |

und Leuchtstofflampen sowie für die elektronische Industrie und die Keramik erheblich an Bedeutung gewonnen. Derzeit wird die Hauptmenge an Yttrium aus Mineralen der Ytterden gewonnen, insbesondere aus den chinesischen Ionenaustauschertonen. Daneben kommen Yttroparisit, Yttrosynchisit, Xenotim, Gadolinit und Uranerze als Rohstoffe für die Gewinnung von Yttrium in Frage. Die Zusammensetzung verschiedener Yttererden-Konzentrate ist in Tabelle 8 aufgeführt.

### 3.4.1
### Tonminerale

In Südchina (Provinzen Guangdong, Jiangxi, Guangxi, Hunan und Fujian) gibt es ergiebige Lagerstätten von Tonmineralen, die 0,05–0,2 % GOSE enthalten. Für diese Vorkommen wurde die Bezeichnung »Ion Adsorption Ore« eingeführt. Die $SE^{3+}$ sind adsorptiv an den Tonpartikeln gebunden. Die einzelnen Vorkommen unterscheiden sich stark in der Zusammensetzung. Die Gehalte an $Y_2O_3$/GOSE liegen nach [75] zwischen 15,4 % (Xunwu/Guangdong), 27,5 % (Xinfeng/Jiangxi) und 62,5 % (Longnan/Jiangxi). Ähnliche Minerale wurden auch im Süden von Brasilien entdeckt (Pocos de Caldas) und mit Vorräten von 40 000 t GOSE angegeben [17].

### 3.4.2
### Yttroparisit

Yttroparisit ist ein Fluorocarbonat von Seltenen Erden mit der Zusammensetzung $SE_2Ca(CO_3)_3F_2$. Das Konzentrat enthält 45–50 % GOSE mit hohem Anteil an Yttrium. Yttrosynchisit hat eine ähnliche Zusammensetzung ($SECa(CO_3)_2F$) und enthält 45–50 % GOSE mit 30–35 % $Y_2O_3$/GOSE. Konzentrate von Yttroparisit und Yttrosynchisit sind wichtige Rohstoffe für die Produktion von Yttriumoxid und anderen einzelnen SE-Oxiden in der früheren UdSSR bzw. jetzt in Russland und Kirgistan.

### 3.4.3
### Xenotim

Xenotim ist ein SE-Phosphat analog dem Monazit, das in Zinngruben von Malaysia sowie in Indonesien und Thailand aus den Schwermineral-Fraktionen der Küstensande gewonnen und durch spezielle Erzaufbereitungsmethoden vom Monazit, mit dem es meist zusammen vorkommt, getrennt wird. Auch in China (Provinz Guangdong) und in Australien gibt es Vorkommen.

### 3.4.4
### Gadolinit

Gadolinit ist ein Silicat von Seltenen Erden und Beryllium ($Be_2FeY_2Si_2O_{10}$). Früher wurde Gadolinit in Norwegen gefördert. Größere Vorkommen wurden in Kanada (Quebec, NWT) gefunden.

### 3.4.5
### Uranerze

Die Erze Brannerit $((U, Ca, Fe, Th, Y)_3Ti_5O_{16})$ und Uraninit $((U,Th,Ce,Y,Pb)O_2)$ enthalten Seltene Erden. Solche Lagerstätten gibt es in Kanada (Elliot Lake, Ontario), Südafrika (Witwatersrand) und Australien (Radiumhill). Bei der Aufarbeitung der Erze können nach Abtrennung von Urankonzentraten auch SE-Konzentrate gewonnen werden.

### 3.5
### Rohphosphate

Je nach Herkunft enthalten Rohphosphate unterschiedliche geringe Mengen an Seltenen Erden. Die Gehalte liegen zwischen 0,06 % GOSE (Florida-Phosphat) und > 1,0 % GOSE (Kola-Apatit). Die Weltproduktion an Rohphosphaten von etwa $130 \cdot 10^6$ t a$^{-1}$ entspricht schätzungsweise mindestens 200 000 t GOSE, nach [22] sogar 500 000 t GOSE, die zu einem großen Teil mit den aus Rohphosphaten produzierten Düngemitteln den Ackerböden zugeführt werden oder mit Calciumsulfat-Rückständen auf Deponien gelangen. Die Zusammensetzung von Rohphosphaten aus verschiedenen Vorkommen ist in Tabelle 9 aufgeführt.

### 3.6
### Silicate

Es gibt auch umfangreiche silicatische SE-Lagerstätten, die zusätzlich größere Anteile an Thorium und/oder Uran enthalten. Die Erzkonzentrate sind wegen ihrer Radioaktivität nur mit erhöhtem Aufwand nutzbar. Vorkommen finden sich in den

**Tab. 9** Analysen von Rohphosphaten (%)

| | Kola Chibini Russland [77] | Khourigba Marokko [78] | Florida [78] | Phalaborwa Südafrika [78] | Gafsa Tunesien [22] | Kola Kovdor Russland [77] | Kola Lovosero Russland [77] |
|---|---|---|---|---|---|---|---|
| $P_2O_5$ | 39,5 | 33,4 | 31,6 | 39,5 | | 38,4 | 35,4 |
| CaO | 50,9 | 50,6 | 46,5 | 54,0 | | 52,9 | 39,3 |
| SrO | 2,79 | 0,10 | 0,10 | 0,53 | | 0,38 | 10,8 |
| $TiO_2$ | 0,71 | | | | | | 0,45 |
| $Fe_2O_3$ | 0,79 | 0,20 | 1,44 | 0,21 | | 0,96 | 0,34 |
| $SiO_2$ | 1,93 | 1,92 | 9,5 | 0,6 | | 2,44 | 1,97 |
| F | 3,31 | 3,97 | 3,65 | 2,60 | | 1,23 | 3,0 |
| GOSE | 0,98 | 0,015* | 0,06–0,29* | 0,46–0,58 | 0,14 | 0,21 | 8,06 |

* nach [22]

USA (Montana), in Brasilien (Minas Gerais), Südafrika (Transvaal) und Australien Queensland).

## 3.7
### Sekundärrohstoffe

Beim Einsatz von SE-Materialien fallen in verschiedenen Produktionsprozessen Rückstände und Abfälle an, die wertvolle Inhaltsstoffe enthalten und bisher überwiegend kostenaufwändig entsorgt werden. Es handelt sich um Leuchtstoffgemische aus der Produktion von Farbbildröhren, Leuchtstoffgemische, die bei der Aufarbeitung von Schrott-Bildröhren und ausgebrannten Fluoreszenzlampen anfallen, Schrott aus der Produktion von Permanentmagneten, verbrauchte Metallhydridbatterien, Altkatalysatoren und verbrauchte Ceroxid-Poliermittel. Bei der Produktion von Magneten fallen teilweise bis 50 % der eingesetzten Legierung als Schleifstaub, Späne oder stückiger Metallschrott an. Beim Polieren von optischen Linsen, Brillengläsern, TV-Bildschirmen oder Monitoren mit Ceroxid-Polierpulvern bilden sich Rückstände, die neben Ceroxid auch Glaspulver, Pech und Tenside enthalten. Verbrauchte Crack-Katalysatoren aus Raffinerien enthalten etwa 1 % GOSE.

## 4
### Aufarbeitung der Rohstoffe

## 4.1
### Anreicherung der Erze

Um den Chemikalieneinsatz beim Aufschließen der Erze möglichst gering zu halten, werden die meisten Erze zunächst durch physikalische Verfahren zu Konzentraten aufbereitet. Diese Verfahren sind oft recht kompliziert und auf das spezielle Vorkommen abgestimmt, arbeiten aber mit relativ niedrigen Kosten. Monaziterze werden, soweit sie nicht schon als Sande vorliegen, gebrochen und gemahlen. Die leichten silicatischen Bestandteile, in der Hauptsache Quarz ($D = 2,6$ g cm$^{-3}$), werden durch übliche Schweretrennungsanlagen, wie Setzmaschinen, Schütteltische, Humphreys-Spiralen, Reichert-Konen und Schlämmverfahren abgetrennt (siehe Rohstoffaufbereitung, Bd. 6a, Abschnitt 2.4). Die schweren Anteile ($D = 3,7$–$7,1$ g cm$^{-3}$) werden durch Anwendung starker magnetischer und elektrischer Felder oder Flotationsverfahren weiter aufgeteilt. Als Flotationsmittel dienen Amine, Seifen und Ölsäuren. Die wichtigsten Begleitminerale von Monazit sind Zirkon ($ZrSiO_4$), Rutil ($TiO_2$), Ilmenit ($FeO \cdot TiO_2$) und Cassiterit ($SnO_2$). Weitere Bestandteile sind Quarz ($SiO_2$) und Granat ($Al_2O_3 \cdot 3FeO \cdot 3SiO_2$).

Bastnäsiterze aus dem Vorkommen in Mountain Pass/Kalifornien werden nach dem Verfahren der Molycorp aufgearbeitet [70, 79, 80]. Das rohe Erz mit ca. 7–10 % GOSE wird gebrochen, gemahlen und anschließend heiß flotiert. Bastnäsit reichert sich im Schaum auf ca. 60 % GOSE an. Das Konzentrat enthält noch Erdalkicarbonate, die mit HCl herausgelöst werden können. Das dann anfallende Erzkonzentrat

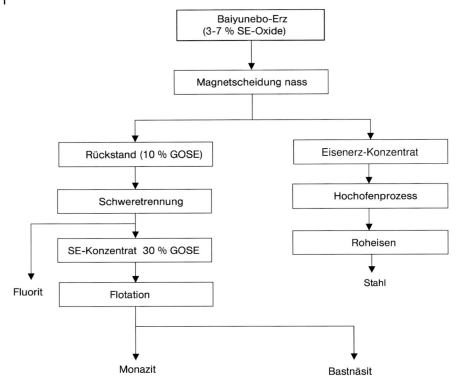

**Abb. 3** Aufbereitung von Baiyunebo-Erz in China, nach [82]

enthält ca. 68–72% GOSE und ist die handelsübliche Form. Aus diesem Produkt erhält man beim Glühen Konzentrate mit über 94% GOSE.

Die SE-Minerale aus dem Magnetit/Hämatit-Vorkommen von Baiyunebo in China werden durch Kombination verschiedener Verfahren auf Konzentrate von 60–65% GOSE angereichert [16]. Zunächst wird das Erz gemahlen. Durch Magnetscheidung werden die stark magnetischen Anteile an Magnetit und Hämatit abgetrennt und als Eisenerz-Konzentrat gewonnen. Der bei der Magnetscheidung anfallende Rückstand mit etwa 10% GOSE wird durch Schweretrennung zu Konzentrat mit 30% GOSE angereichert. Durch Flotation erfolgt die weitere Anreicherung zu einem Monazit enthaltenden Bastnäsit-Konzentrat mit 65% GOSE. In einer weiteren Flotationsstufe kann die Abtrennung der Monazit-Anteile erfolgen [81]. Ein Aufarbeitungs-Schema ist in Abbildung 3 dargestellt.

## 4.2
### Verfahren zum Aufschluss von Erzen

#### 4.2.1
#### Aufschluss von Bastnäsit

Bei Molycorp in Mountain Pass ist Bastnäsit-Konzentrat mit 60% GOSE, 5% SrO, 4% CaO, 1,5% BaO, 5,5% F, 1,5% $SiO_2$, 1% $PO_4^{3-}$, 0,5% $Fe_2O_3$, 1% $SO_4^{2-}$, und 20% $CO_3^{2-}$ entweder Verkaufsprodukt für andere Verarbeiter oder Zwischenprodukt für die Aufarbeitung in eigenen Werken. Durch selektives Herauslösen der Erdalkalien mit Salzsäure und Calcinieren können Konzentrate mit 90% GOSE als weitere Handelsprodukte gewonnen werden. Die Verarbeitung des Bastnäsit-Konzentrates mit 60% GOSE in Montain Pass besteht im Rösten bei 620 °C zur Entfernung von $CO_2$ und teilweise von HF sowie zur Oxidation des $Ce^{3+}$ zu $Ce^{4+}$. Bei der nachfolgenden Behandlung mit Salzsäure werden Lösungen von SE-Chloriden und als Rückstand Cer-Konzentrate erhalten. Die $SECl_3$-Lösung ist sowohl Zwischenprodukt für die Trennungsprozesse zur Gewinnung reiner einzelner SE-Oxide als auch Ausgangsmaterial für das in großen Mengen industriell gefragte Lanthan-Konzentrat. Aus dem Cer-Konzentrat werden reines Ceroxid und reine Cersalze hergestellt. Bastnäsit-Konzentrat kann auch direkt mit Salzsäure umgesetzt werden. Bei Behandlung mit Salz- oder Salpetersäure werden die SE nur teilweise gelöst. Ungelöst bleiben die Anteile an SE-Fluoriden. Letztere müssen in einem weiteren Verfahrensschritt mit 20%iger Natronlauge zu SE-Hydroxiden umgesetzt werden:

$$3 \text{ SEFCO}_3 + 6 \text{ HCl} \longrightarrow 2 \text{ SECl}_3 + \text{SEF}_3 + 3 \text{ CO}_2 + 3 \text{ H}_2\text{O} \tag{1}$$

$$\text{SEF}_3 + 3 \text{ NaOH} \longrightarrow \text{SE(OH)}_3 + 3 \text{ NaF} \tag{2}$$

Die Hydroxide werden mit der stark sauren Lösung aus dem ersten Löseschritt vereinigt und die Lösung dann auf einen pH von etwa 3,0 eingestellt. Dabei erfolgt die Abtrennung einiger Schwermetalle zusammen mit nicht aufgeschlossenen Erzbestandteilen. Die $SECl_3$-Lösung wird eingedampft [54, 70, 80, 83, 84]. In den letzten Jahren wurde in Montain Pass nur zeitweise und weit unter den möglichen Kapazitäten produziert.

Für die Aufarbeitung von Bastnäsit und Bastnäsit/Monazit-Konzentraten in China (Abb. 4) wird überwiegend der Aufschluss mit Schwefelsäure angewandt. Bastnäsit-Konzentrat und Schwefelsäure (93–96% $H_2SO_4$) werden vermischt (exotherme Reaktion) und das entstehende recht trockene Granulat im Drehrohrofen durch direkte Gas- oder Ölflamme auf 500–600 °C im Gegenstrom erhitzt. Die Abgase, die HF und auch $SiF_4$ enthalten, werden zur Abscheidung der Fluorverbindungen mit Wasser und Natronlauge gewaschen. Im Aufschlussprodukt liegen die SE als wasserlösliche SE-Sulfate vor, $Th(SO_4)_2$ und $Fe_2(SO_4)_3$ bleiben ungelöst.

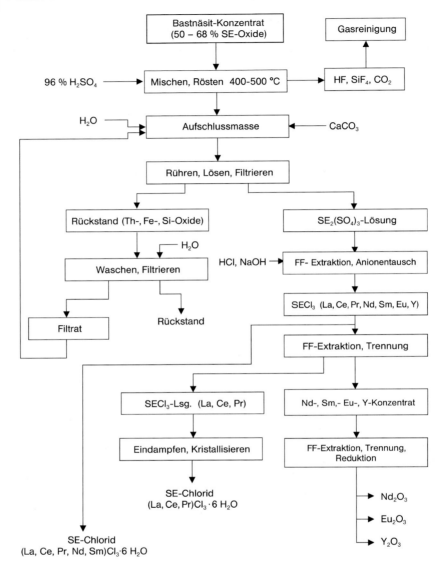

**Abb. 4** Aufbereitung von Bastnäsit-Konzentrat (Baotou) in China, nach [16]

Folgende Reaktionen laufen ab:

$$2\ SEFCO_3 + 3\ H_2SO_4 \longrightarrow SE_2(SO_4)_3 + 2\ HF + 2\ CO_2 + 2\ H_2O \tag{3}$$

$$2\ SEPO_4 + 3\ H_2SO_4 \longrightarrow SE_2(SO_4)_3 + 2\ H_3PO_4 \tag{4}$$

$$Th_3(PO_4)_4 + 6\ H_2SO_4 \longrightarrow 3\ Th(SO_4)_2 + 4\ H_3PO_4 \tag{5}$$

Aus dem abgekühlten Reaktionsprodukt werden mit Wasser die SE-Sulfate herausgelöst. Aus der filtrierten Lösung werden mit $Na_2SO_4$ Na-SE-Doppelsulfate ausgefällt. Nach Umsetzung der Doppelsulfate mit NaOH zu SE-Hydroxiden werden letztere abgetrennt, gewaschen und mit Salzsäure zu SE-Chloriden gelöst. Die Lösungen werden als Ausgangsmaterial für die Gewinnung des Handelsproduktes $SECl_3 \cdot 6H_2O$ (»Nass-Chlorid«) oder für die Herstellung von Verbindungen individueller SE-Elemente eingesetzt. Alternativ werden die SE-Sulfate mit Salzsäure und Natronlauge über ein Flüssig/Flüssig-Extraktionsverfahren zu SE-Chloriden umgesetzt. Als Extraktionsmittel dienen Lösungen von Carbonsäuren oder anderen sauren Extraktionsmitteln in Kerosin [16]. Die Umsetzung erfolgt vereinfacht nach den Gleichungen:

$$SE_2(SO_4)_3 + 6\ R-Na \longrightarrow 2\ SER_3 + 3\ Na_2SO_4 \tag{6}$$

$$2\ SER_3 + 6\ HCl \longrightarrow SECl_3 + 6\ R-H \tag{7}$$

$$6\ R-H + 6\ NaOH \longrightarrow 6\ R-Na + 6\ H_2O \tag{8}$$
$$(R-H = \text{Carbonsäure, Phosphonsäure u.a.})$$

In China sind Anlagen mit einer Jahreskapazität von 6000 bis 10 000 t SE-Chlorid in Betrieb. Die Gansu Rare Earths Group Co. (GSREG) in Bayin verfügt über Kapazitäten zum Aufschluss von 30 000 t $a^{-1}$ Bastnäsit-Konzentrat [85]. Anlagen mit vergleichbaren Kapazitäten gibt es auch in Baotou.

Zeitweise hatte der chlorierende Hochtemperatur-Aufschluss (»trockener Aufschluss«) von Bastnäsit in Deutschland industrielle Bedeutung zur Herstellung wasserfreier SE-Chloride für die Mischmetall-Produktion [86]. Aus Kostengründen wird jetzt die thermische Entwässerung von SE-Chloridhydraten bevorzugt. Der chlorierende Aufschluss von Bastnäsit ist aber deshalb interessant, weil es hier gewisse Parallelen zu den in Russland praktizierten Verfahren zum Aufschluss von Loparit gibt. Auch Monazit kann chloriert werden. Die Erze werden fein gemahlen und mit Kohlepulver vermischt (z. B. Bastnäsit/Kohle im Verhältnis 1 : 0,16). Erz und Kohle werden mit einem Bindemittel wie Sulfitablauge oder konzentrierter Lösung von SE-Chloriden gemischt und pelletiert. Nach Trocknen bei 150 °C werden die Pellets kontinuierlich oder chargenweise in einem speziellen Reaktionsofen bei 1000–1200 °C in exothermer Reaktion mit Chlor umgesetzt:

$$SE_2O_3 + 3\ Cl_2 + 3\ C \longrightarrow 2\ SECl_3 + 3\ CO \tag{9}$$

Das anfallende geschmolzene $SECl_3$ fließt kontinuierlich ab oder wird von Zeit zu Zeit aus dem Schmelzraum abgestochen. Alle Verunreinigungen außer den Alkali- und Erdalkalichloriden werden mit den Abgasen entfernt. Ein Schema des Verfahrens ist in Abbildung 5 dargestellt.

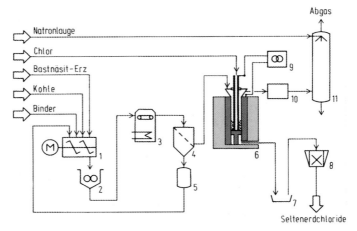

**Abb. 5** Aufschluss von Bastnäsit durch Chlorierung [1, 86]
1 Mischer, 2 Brikettiermaschine, 3 Bandtrockner, 4 Schwingsieb, 5 Rückstaubgefäß, 6 Chlorierofen, 7 Abstichpfanne, 8 Brecher, 9 Transformator, 10, 11 Abgasbehandlung

### 4.2.2
### Aufschluss von Monazit

Monazit kann industriell mit Schwefelsäure oder Natronlauge aufgeschlossen werden. Der Einsatz von Schwefelsäure empfiehlt sich bei geringwertigen, viel $SiO_2$ enthaltenden Rohstoffen. Hochwertige Sorten lassen sich besser und einfacher mit Natronlauge aufschließen. Der alkalische Aufschluss [83, 87–89] verläuft etwa nach folgenden Reaktionsgleichungen:

$$SEPO_4 + 3\ NaOH \longrightarrow SE(OH)_3 + Na_3PO_4 \tag{10}$$

$$Th_3(PO_4)_4 + 12\ NaOH \longrightarrow 3\ Th(OH)_4 + 4\ Na_3PO_4 \tag{11}$$

Trockener, feingemahlener Monazit wird mit einem Überschuss von 50%iger Natronlauge angerührt. In einem beheizten Reaktor wird das Gemisch über 4 h bei ca. 140 °C unter Druck gerührt. Es kann auch in offenen Reaktoren gearbeitet werden, wobei durch Wasserverdampfung die erforderliche Aufschlusstemperatur erreicht werden kann. Das Reaktionsprodukt wird mit heißem Wasser gelaugt und das lösliche Trinatriumphosphat mit überschüssiger Natronlauge von den unlöslichen SE- und Th-Hydroxiden abgetrennt und aufgearbeitet. Aus der alkalischen Natriumphosphat-Lösung wird durch Eindampfen und Kristallisieren verkaufsfähiges Trinatriumphosphat ($Na_3PO_4 \cdot 12\ H_2O$) hergestellt. Aus den Th/SE-Hydroxidgemischen werden durch Behandeln mit Salzsäure und Einstellen auf pH = 3 die SE herausgelöst, wobei die Hydroxide von $Th^{4+}$ und $Fe^{3+}$ im ungelösten Rückstand verbleiben. Aus den Chlorid-Lösungen werden radioaktive Zerfallsprodukte des Thoriums, insbesondere $^{228}Ra$ (Mesothorium I) durch Zusatz stöchiometrischer Mengen $Ba^{2+}$ und $SO_4^{2-}$ als Bariumsulfat-Gemisch ausgefällt. Dieses Fällungsprodukt und an-

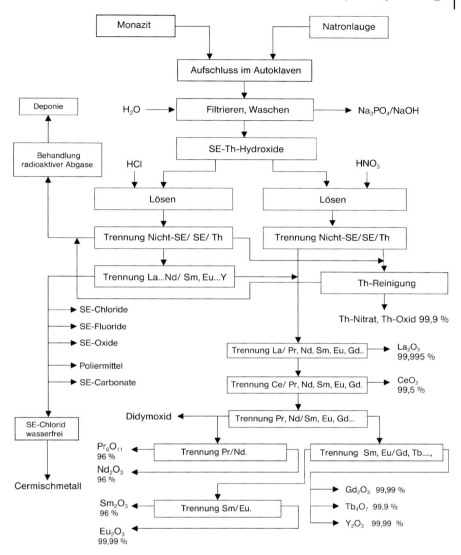

**Abb. 6** Aufarbeitung von Monazitsand bei Rhone Poulenc/Rhodia, nach [87]

dere Thorium enthaltende Rückstände werden als radioaktive Abfälle einem Endlager zugeführt. Die gereinigten SECl$_3$-Lösungen sind Ausgangsmaterial für die Herstellung von wasserfreiem Ceritchlorid für die Mischmetall-Produktion, Ceritchlorid-Lösung für Katalysatoren, SE-Oxiden als Glas-Poliermittel und Ceritfluorid. Die Lösungen sind auch Ausgangsmaterial für die Gewinnung von einzelnen reinen SE-Oxiden. Alternativ werden die Th/SE-Hydroxide in Salpetersäure gelöst und durch vielstufige Flüssig/Flüssig-Extraktion weiter getrennt. Thoriumnitrat kann leicht von den SE$^{3+}$ durch Flüssig/Flüssig-Extraktion in wenigen Stufen getrennt und in reiner Form gewonnen werden. Der alkalische Aufschluss von Monazitsand bei Rhodia in La Rochelle, Frankreich, wurde kontinuierlich in einer Autoklaven-Kaskade betrieben (s. Abb. 6) [87].

### 4.2.3
### Aufschluss von Loparit

Loparit wird industriell entweder durch Umsetzen mit 85 % Schwefelsäure + Ammoniumsulfat bei 150–250 °C oder durch Chlorieren unter Zusatz von Kohlenstoff bei 750–850 °C aufgeschlossen [13].

Beim chlorierenden Aufschluss werden die bei niedrigen Temperaturen verdampfenden Chloride NbCl$_5$ (Sdp = 248,3 °C), NbOCl$_3$ (Sdp = 400 °C), AlCl$_3$ (Sdp = 180 °C), TaCl$_5$ (Sdp = 234 °C), TiCl$_4$ (Sdp = 136 °C), FeCl$_3$ (Sdp = 319 °C) und SiCl$_4$ (Sdp = 58 °C) von den als Schmelze anfallenden Chloriden von SE, Ca und Na getrennt. Die SECl$_3$-Schmelze kann direkt für die Mischmetall-Herstellung durch Schmelzflusselektrolyse eingesetzt werden. Die Schmelze ist auch Ausgangsmaterial für die Gewinnung von Ceroxid-Poliermitteln und reinen SE-Salzen. Sie enthält etwa 37–45 % GOSE, 7,7–9,2 % CaO, 1–2 % SrO, 7,5–9,2 % Na$_2$O, 0,14–0,24 % K$_2$O, 0,9–1,0 % MgO, 0,3–0,5 % FeO, 0,15–0,25 % ThO$_2$ und 0,02 % U. Beim Aufschluss mit H$_2$SO$_4$ + (NH$_4$)$_2$SO$_4$ bleiben Ammonium-SE-Doppelsulfate ungelöst und die übrigen Komponenten werden als Lösung abgetrennt. Ein Schema der Aufarbeitung von Loparit zeigt Abbildung 7.

### 4.2.4
### Aufschluss von Yttererdenmineralen

Aus den Tonmineralen »Ion Adsorption Ore« in Südchina werden die adsorbierten SE$^{3+}$ durch Waschen mit verdünnten NaCl- oder NH$_4$Cl-Lösungen abgetrennt. Aus den Lösungen werden die SE$^{3+}$ mit Oxalsäure als Oxalate ausgefällt. Ein Schema der Aufarbeitung zeigt Abbildung 13 in Abschnitt 5.7.2.

Yttroparisit und Yttrosynchisit können ähnlich wie Bastnäsit mit Schwefelsäure bei 300–400 °C aufgeschlossen werden. Auch der Aufschluss durch Erhitzen mit Soda bei 450–570 °C wird beschrieben [13].

Xenotim ist wie Monazit mit Schwefelsäure oder Natronlauge aufschließbar. Für den Aufschluss sind aber höhere Temperaturen erforderlich. Feingemahlener Xenotim wird mit 93 % Schwefelsäure in 10–12 h bei 240–250 °C behandelt [15]. Bei 400 °C ist auch der Aufschluss durch Schmelzen mit NaOH möglich.

Beim Aufschluss von Uranerzen (Brannerit, Uraninit) mit Schwefelsäure werden nach Abtrennung des Urans aus den Filtraten die SE$^{3+}$ durch Flüssig/Flüssig-Extraktion mit Alkylphosphorsäuren gewonnen [15, 90].

Gadolinit kann mit Salzsäure oder Salpetersäure aufgeschlossen werden. Durch Fällung von Oxalaten werden die SE$^{3+}$ von Fe$^{3+}$ und Be$^{2+}$ getrennt.

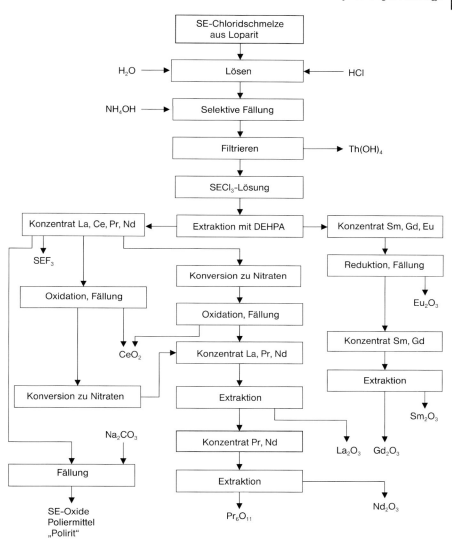

**Abb. 7** Trennung von SE aus Loparit-Konzentrat in Russland, nach [13]

4.2.5
**Aufschluss von Rohphosphaten**

Rohphosphate werden nach verschiedenen Verfahren zu Phosphorsäure (Nassphosphorsäure), Phosphat-Düngemitteln, Calciumphosphat für Tierernährung und elementarem Phosphor verarbeitet (siehe Phosphor und Phosphorverbindungen, Bd. 3, Abschnitt 2). Phosphorsäure wird durch Aufschluss von Rohphosphat mit Schwefelsäure und Abtrennen des dabei mit entstehenden Calciumsulfats (»Phosphorgips«) erhalten. Der größte Teil der im Rohphosphat enthaltenen SE (70–90%) gelangt in den Phosphorgips, in die Säure nur 10–30%. Es sind viele Verfahren zur Abtrennung der SE aus Nassphosphorsäure und auch aus dem Phosphorgips bekannt. In den Ländern mit bedeutenden Vorkommen an Phosphaterzen (Marokko, Tunesien, USA) gibt es große Anlagen zur Produktion von Nassphosphorsäure, die nach dem Aufkonzentrieren meist auch exportiert wird. Beim Konzentrieren durch Eindampfen scheiden sich Calciumsulfat-Fällungsprodukte aus, die erhöhte Gehalte an SE aufweisen (2,5–7% GOSE). Die Gewinnung von SE-Salzen aus derartigen Konzentraten, die in Südafrika anfallen, wurde untersucht [91, 92].

Aus Nassphosphorsäure können SE und auch Uran durch Flüssig/Flüssig-Extraktion gewonnen werden (siehe auch Phosphor und Phosphorverbindungen, Bd. 3, Abschnitt 2.1.3.4). Die Gewinnung aus Phosphorgips ist möglich durch Auslaugen mit verdünnter Schwefelsäure. Bei der Umsetzung von Phosphorgips mit Ammoniak + $CO_2$ zu Ammoniumsulfat und Calciumcarbonat gelangen die SE vollständig in das Calciumcarbonat. Nach Lösen in Salpetersäure können die SE aus der $Ca(NO_3)_2$-Lösung durch Flüssig/Flüssig-Extraktion gewonnen werden [22].

Bei der Herstellung von NPK-Düngemitteln über den salpetersauren Aufschluss von Rohphosphaten ergeben sich die günstigsten Voraussetzungen für die Gewinnung von SE mit hohen Ausbeuten. Dabei wird aus den Aufschlusslösungen zunächst der größte Teil des $Ca^{2+}$ durch Kühlen als $Ca(NO_3)_2 \cdot 4\,H_2O$ auskristallisiert und abgetrennt. Aus dem Filtrat können die $SE^{3+}$ mit TBP (Tri-$n$-butylphosphat) oder anderen Extraktionsmitteln extrahiert werden [93–96]. Alternativ können durch Einleiten von gasförmigem Ammoniak bei genauer pH-Kontrolle SE-Phosphate unterschiedlicher Reinheit (bis 30% GOSE) ausgefällt und durch Filtration oder Zentrifugieren abgetrennt werden [22, 97].

Bei der Gewinnung von Phosphor durch Umsetzen von Rohphosphaten mit Koks und Quarzkies im Elektroofen gelangen die SE vollständig in die als Nebenprodukt anfallende Calciumsilicat-Schlacke (Phosphorofenschlacke). Verfahren für die Gewinnung von SE-Salzen, Kieselsäure und Düngemitteln aus der Schlacke durch Aufschlüsse mit Salz- oder Salpetersäure wurden beschrieben, sind aber für die industrielle Praxis zu teuer. Deshalb werden die Schlacken mit den enthaltenen SE deponiert oder als Baumaterial verwendet.

Auch wenn nur ein kleiner Teil der in Rohphosphaten enthaltenen SE gewonnen werden könnte, entspräche dies in Anbetracht der weltweit geförderten Mengen von Rohphosphaten ($130 \cdot 10^6$ t $a^{-1}$) mindestens der Größenordnung der jetzigen Produktion von Bastnäsit, Monazit und anderen SE-Erzen. In Norwegen [93] und Russland [17, 74, 98] sollen inzwischen SE-Konzentrate aus Apatit- und Phosphorit-Konzentraten im industriellen Betrieb gewonnen werden.

### 4.2.6
**Aufschluss von Sekundärrohstoffen**

Der bei der Produktion von Permanentmagneten ($Nd_2Fe_{14}B$, $SmCO_5$, $Sm_2CO_{17}$ u.a.) anfallende Schrott und die Schleifstäube erfordern besondere Vorsichtsmaßnahmen wegen der Neigung zur Selbstentzündung bei Luftzutritt. Die Materialien lösen sich aber leicht in Mineralsäuren. Aus den Lösungen können die wertvollen Bestandteile ($Nd_2O_3$, $Sm_2O_3$, Co-Salze) nach bekannten Verfahren gewonnen werden [99, 100]. Die Aufarbeitung von Magnetschrott wird von Join-Line Industries Inc. in China industriell praktiziert [101]. Gemäß den gesetzlichen Bestimmungen (Elektronikschrottverordnung) werden in Westeuropa unbrauchbar gewordene TV-Bildröhren, Monitore und Leuchtstofflampen gesammelt und zur stofflichen Verwertung nach verschiedenen Verfahren aufgearbeitet [102]. Dabei fallen auch Leuchtstoffgemische an, welche die Wertstoffe Yttriumoxid und Europiumoxid enthalten [103–106]. Metalle, Glas und Kunststoffe aus Bildröhren und Lampen werden in großem Umfang bereits stofflich verwertet. Die Rückgewinnung von SE-Oxiden, insbesondere Eu- und Y-Oxid und Mischoxiden, ist Gegenstand weiterer Untersuchungen in der Gegenwart. Produzenten von SE-Produkten in Europa praktizieren das Recycling von verschiedenen SE-Materialien [107]. Altbatterien, darunter Metallhydrid (MH)-Batterien, werden gesammelt, aber noch nicht durchgängig sortenrein getrennt. Für die Rückgewinnung von Nickel und SE-Oxiden sind Verfahren beschrieben [108, 109]. Die beim Polieren von optischen Linsen, Brillengläsern, TV-Bildschirmen oder Monitoren mit Ceroxid-Polierpulvern anfallenden Rückstände, die neben Ceroxid auch Glaspulver, Pech und Tenside enthalten, können in der Weise verwertet werden, dass die Anteile an Ceroxid mit Säuren in Lösung gebracht werden. Aus den filtrierten Cer(III)salz-Lösungen wird dann Cer als Oxalat oder Carbonat ausgefällt [110, 111].

# 5
# Trennung

## 5.1
## Grundlagen

Wegen der großen Ähnlichkeit der Elemente Lanthan bis Lutetium und Yttrium im chemischen Verhalten ist deren Trennung schwierig. Durch Wertigkeitsänderung können Cer und Europium leicht, Samarium und Ytterbium weniger leicht von den übrigen $SE^{3+}$ abgetrennt werden. Bei Operationen zur Trennung der dreiwertigen SE voneinander führt jedoch ein Trennschritt nur zu geringfügigen Änderungen der Konzentrationsverhältnisse, weshalb zur Erreichung guter Trennergebnisse eine Vielzahl von derartigen Trennschritten durchgeführt werden muss.

Die Wirksamkeit eines Trennschrittes ist charakterisiert durch den Trennfaktor $\beta$, der als Verhältnis der Verteilungskoeffizienten $k_A$ und $k_B$ der beiden zu trennenden SE-Elemente A und B (Ordnungszahl A < B) definiert ist. Die Verteilungskoeffizienten $k_A$ und $k_B$ wiederum geben das Verhältnis der Konzentrationen der SE-Elemente A und B in zwei Phasen an, d.h. [A*] bzw. [B*] in der nichtwässrigen Phase (Fällungsprodukt, Kristalle, organische Phase, an Austauscherharz gebundene SE) und [A] bzw. [B] in der wässrigen Phase (Mutterlauge, Raffinat, wässrige Lösung).

$$\text{Trennfaktor } \beta = \frac{k_A}{k_B} = \frac{[A^*]:[A]}{[B^*]:[B]}$$

Je mehr $\beta$ von 1 abweicht, desto besser ist die Trennung.

Die klassischen Verfahren, die der Entdeckung der Seltenerdelemente zugrunde liegen, beruhen in erster Linie auf der Änderung der Wertigkeit, der unterschiedlichen Löslichkeit relativ schwer löslicher Verbindungen, z. B. der Hydroxide, Carbonate, Doppelsulfate und Doppelnitrate, sowie deren Temperaturabhängigkeit und der unterschiedlichen Stabilität einiger Verbindungen, z. B. der Nitrate, bei der thermischen Zersetzung. Diese Methoden haben auch die Technologie bis Ende der 1950er Jahre beherrscht [5, 6, 20, 25, 29]. Wegen der niedrigen Trennfaktoren zwischen zwei benachbarten SE muss eine solche Trennoperation bis zur Reindarstellung einzelner SE-Oxide in einer Reihe von Fraktionierungszyklen vielfach wiederholt werden. Diese Verfahren sind wegen des apparativen und vor allem zeitlichen Aufwandes sowie ihrer geringen Ausbeute unwirtschaftlich, dienen jedoch unter bestimmten Voraussetzungen sinnvoll zur Aufteilung in Cerit- und Ytthererden, deren weitere Trennung dann nach modernen Verfahren durch Ionenaustausch und Flüssig/Flüssig-Extraktion erfolgen kann. Auch nach diesen neueren Verfahren ist wegen geringfügiger Unterschiede in Stabilität und Löslichkeit der in verschiedenen Medien gebildeten Komplexe eine vielfache Wiederholung der Trennschritte erforderlich. Diese Trennverfahren arbeiten jedoch weitgehend automatisch und werden meist kontinuierlich betrieben. Bei den Ionenaustauschverfahren liegen die Trennfaktoren für im Periodensystem benachbarte $SE^{3+}$ zwischen 1,1 und 10, im Falle der Flüssig/Flüssig-Extraktion zwischen 1,1 und 5.

**5.2**
**Fraktionierte Kristallisation und fraktionierte Fällung**

Bei der fraktionierten Kristallisation werden Unterschiede in der Löslichkeit verschiedener Salze und Doppelsalze ausgenutzt. Zur Abscheidung der Kristalle ändert man die Konzentration der Lösung durch Eindampfen und Abkühlen oder man ändert die Zusammensetzung des Lösemittels. Die Kristalle werden von der Mutterlauge getrennt und unter Erwärmen in frischem Lösemittel gelöst. Aus der Lösung werden durch Abkühlen erneut Kristalle ausgefällt. Aus der Mutterlauge werden durch weiteres Eindampfen wieder Kristalle abgeschieden. In geeigneter Weise werden ähnlich zusammengesetzte Kristalle und Mutterlaugen vereinigt und die Kristallisation wiederholt. Bei der Trennung von Ceriterden genügten 5–100 Operationen zur Gewinnung reiner Substanzen. Zur Trennung und Reindarstellung einiger Ytthererden waren bis zu 40 000 Operationen erforderlich. Im industriellen Betrieb wurde früher die fraktionierte Kristallisation von Doppelnitraten zur Reindarstellung von Lanthanverbindungen praktiziert. Ausgehend von SE-Ammoniumdoppelnitraten $(SE(NO_3)_3 \cdot 2\,NH_4NO_3 \cdot 4\,H_2O)$ mit 70 % $La_2O_3$/GOSE kann durch 8–10 Kristallisationsstufen ein Doppelnitrat mit 99,96 % $La_2O_3$/GOSE hergestellt werden [20].

Die Hydroxide einzelner SE werden bei unterschiedlichen pH-Werten gefällt. Bei pH = 6,30 fallen Lu und Yb, bei pH = 6,83 Gd und Eu und bei pH = 7,82 La als Hydroxide aus. Durch fraktionierte Fällung von Hydroxiden mit Ammoniak, Natronlauge oder Magnesiumoxid lassen sich rasch aus cerfreien Ceriterdengemischen Lanthan-Konzentrate mit > 90 % $La_2O_3$/GOSE herstellen. Besonders wirksam war die fraktionierte Fällung von Hydroxiden mit luftverdünntem Ammoniakgas [83].

Durch Zusatz von wasserfreiem Natriumsulfat zu Lösungen von SE-Salzen lassen sich die Ceriterden als Na-SE-Doppelsulfate ausfällen, während die Yttererden in Lösung bleiben. So wird eine grobe Trennung erreicht [83].

## 5.3
**Thermische Zersetzung**

SE(III)-Nitrate zersetzen sich bei Erhitzen an Luft in der Reihenfolge absteigender Ordnungszahlen zu basischen Nitraten oder Oxiden. Die Zersetzung von Cer(III)-nitrat und anderen Cer(III)salzen (Carbonat, Oxalat, Hydroxid) erfolgt aber beim Erhitzen unter Luftzutritt schon bei wesentlich niedrigeren Temperaturen als die der Salze der übrigen SE unter Bildung von Cer(IV)-Verbindungen. Das stufenweise Erhitzen von Salzen kann zur Trennung ausgenutzt werden. Industrielle Bedeutung hat aber nur die Oxidation von Cer zu Cer(IV)-oxid durch Erhitzen von Bastnäsit oder SE(III)-Mischhydroxiden, die beim alkalischen Monazitsand-Aufschluss oder bei der Umsetzung von Na/SE-Doppelsulfaten mit Natronlauge anfallen. Darauf beruht die Trennung in Cer(IV)-Konzentrate und wenig Cer enthaltende SE(III)-Salze durch selektives Lösen mit verdünnten Säuren. Ceriterden-Hydroxide, die bei > 100 °C an der Luft getrocknet wurden, enthalten das Cer als $Ce(OH)_4$. Bei Behandeln derartiger Hydroxide mit verdünnter Salpetersäure unter sorgfältiger pH-Kontrolle werden 99,3 % der $SE(OH)_3$ und nur 0,26 % des $Ce(OH)_4$ gelöst [112]. Das ungelöst bleibende $Ce(OH)_4$ ist recht rein. Meist werden aber nur Cer-Konzentrate mit 90–95 % $CeO_2$/GOSE erhalten. Diese Konzentrate können nach Auflösen in Salpetersäure zu Cer(IV)-nitrat-Lösung durch Extraktion mit TBP oder Fällung von basischen Cer(IV)salzen weiter gereinigt werden.

## 5.4
**Oxidationsverfahren**

In sauren Lösungen von Nitraten oder Sulfaten kann $Ce^{3+}$ durch sehr starke Oxidationsmittel oder anodisch zu $Ce^{4+}$ oxidiert werden. Es werden Cer(IV)salz-Lösungen erhalten. Die Oxidation ist auch mit Wasserstoffperoxid oder Natriumhypochlorit bei pH= 3–4 möglich, wobei aber das Cer als Fällungsprodukt ($Ce(OH)_4$ oder basisches Cer(IV)salz) anfällt:

$$2\ CeCl_3 + NaOCl + 6\ NaOH + H_2O \longrightarrow 2\ Ce(OH)_4 + 7\ NaCl \tag{12}$$

$$2\ Ce(NO_3)_3 + H_2O_2 + 6\ NH_4OH \longrightarrow 2\ Ce(OH)_4 + 6\ NH_4NO_3 \tag{13}$$

Vielfach angewendet wurde früher für präparative Zwecke die Oxidation mit $KMnO_4$ unter Zusatz von Natriumcarbonat bei pH = 4. Die Oxidation von $Ce(OH)_3$ mit Luftsauerstoff in wässrig-alkalischer Suspension ist das kostengünstigste Verfahren, das auch industriell eingesetzt wird. Meist werden SE-Hydroxidgemische bei 90–100 °C durch Einleiten von Druckluft in 8 h oxidiert. Aus dem Gemisch werden dann die $SE^{3+}$ unter genauer pH-Kontrolle mit Säure gelöst, wobei Cer(IV)-hydroxid ungelöst bleibt.

## 5.5
**Reduktionsverfahren**

Wegen der großen Bedeutung von Europiumoxid für die Herstellung von Leuchtstoffen ist dessen Isolierung aus SE-Gemischen von besonderem Interesse. Die direkte Abtrennung aus SE-Gemischen natürlicher Zusammensetzung ist kompliziert wegen der geringen Gehalte in den Rohstoffen (0,05–0,3%, vereinzelt bis 1,0% $Eu_2O_3$/GOSE). Bei derartigen Konzentrationen ist die Abtrennung durch Reduktion zu $Eu^{2+}$ und Ausfällung als schwerlösliches Europium(II)-sulfat nur einigermaßen vollständig durch Zusatz von Bariumsalzen. Das ausfallende $BaSO_4$ wirkt als Spurenfänger für das $EuSO_4$. Die industrielle Produktion nutzt in einem ersten Schritt überwiegend Verfahren der Flüssig/Flüssig-Extraktion zur Gewinnung von Konzentraten von Sm, Eu, Gd ... Lu und Y. Die Konzentrate mit bis zu 5% $Eu_2O_3$ können dann in salzsaurer Lösung durch Reduktionsverfahren (Reduktion mit Zink oder Elektrolyse) über die Zwischenstufen $EuSO_4 \longrightarrow EuCO_3 \longrightarrow EuCl_2$ zu reinen Eu(III)-Salzen weiter verarbeitet werden [16, 113–115]. Das ausgefällte Europium(II)-sulfat mit 90–95% $Eu_2O_3$/GOSE wird zunächst mit $Na_2CO_3$ zu $EuCO_3$ umgesetzt. Dieses wird in Salzsäure zu einer $EuCl_2$-Lösung gelöst, aus der dann mit Ammoniakwasser Verunreinigungen an $SE^{3+}$ als Hydroxide ausgefällt werden. Die $SE(OH)_3$ werden abfiltriert. Bis zu dieser Stufe muss zur Vermeidung von Ausbeuteverlusten streng auf Ausschluss von Luft geachtet werden. Im Filtrat wird $Eu^{2+}$ zu $Eu^{3+}$ oxidiert (Wasserstoffperoxid, Luft). Aus dem Filtrat wird dann mit Oxalsäure Europium(III)-oxalat gefällt, das nach Abfiltrieren, Waschen und Trocknen zu Europiumoxid mit >99,99% $Eu_2O_3$/GOSE verglüht wird [114].

## 5.6
**Ionenaustausch**

Die Trennung durch Ionenaustauscherverfahren [6, 7, 20, 25, 29, 55, 116–119] beruht auf der unterschiedlich starken Sorption der $SE^{3+}$ an einem mit $H^+$ oder $NH_4^+$ beladenen Kationenaustauscherharz und anschließender unterschiedlicher Desorption der einzelnen $SE^{3+}$ mit Hilfe eines komplexbildenden Elutionsmittels. Als Ionenaustauscher fanden im industriellen Bereich stark saure Austauscher auf der Basis von Phenol-Formaldehyd-Harzen oder Polystyrol-Divinylbenzol-Copolymeren als Matrix mit im Gerüst verankerten $-SO_3H$, $-PO_3H_2$ (Handelsnamen Amberlite, Dowex, Lewatit, Permutit) Verwendung.

Die SE$^{3+}$ verdrängen die schwächer gebundenen H$^+$ bzw. NH$_4^+$ und bilden in einer Ionenaustauschersäule eine scharf ausgebildete Beladungsfront. Die Adsorbierbarkeit am Kationenaustauscher nimmt mit steigender Ordnungszahl ab. Die Trennwirkung des Ionenaustauschers auf die SE$^{3+}$ ist jedoch nur gering. Durch Zugabe eines Elutionsmittels, das die SE$^{3+}$ unter Komplexbildung desorbiert, erfolgt aufgrund der unterschiedlichen Stabilität der Komplexe eine Auftrennung in einzelne Fraktionen. Die Komplexstabilität nimmt mit steigendem Ionenradius ab. Durch Überlagerung führen beide Effekte dazu, dass die SE$^{3+}$ normalerweise in der Reihenfolge Lu, Yb ... Ce, La eluiert werden. Durch geeignete Wahl des Komplexbildners ist es möglich, das Yttrium in der Reihenfolge zu verschieben. Es kann zwischen Dy und Pr erscheinen. Zur Verbesserung der Trennwirkung gibt man das Eluat anschließend auf Entwicklerkolonnen, die bevorzugt mit Cu$^{2+}$ oder Zn$^{2+}$ (retardierende Ionen) beladen sind. Diese Ionen bilden zum Teil stabilere Komplexe mit dem Elutionsmittel, sodass die SE$^{3+}$ mit guter Trennschärfe von dem Austauscherharz adsorbiert werden. Außerdem verhindern diese Komplexe das Ausfallen der freien Säure bei der H$^+$-Beladung der Kolonne. Weiterhin erfolgt eine Spreizung der Grenzschichten durch Einschieben des Fremdions. Nach Verdrängung der retardierenden Ionen in den einzelnen Entwicklerkolonnen werden in Reihe die Ceriterden, Yttrium und die Yttererden lokalisiert. Durch Elution über weitere Entwicklerkolonnen wird die Auftrennung vervollständigt.

Die ersten erfolgreichen Trennungen von radioaktiven SE$^{3+}$ wurden durch Elution mit Citronensäure-Lösungen im Rahmen des Manhattan-Projektes in den USA erreicht [116]. Später wurden mit größerer Effektivität Aminopolycarbonsäuren, wie Ethylendiamintetraessigsäure (EDTA), Nitrilotriessigsäure (NTA), Diethylentriaminpentaessigsäure (DTPA), Diaminocyclohexantetraessigsäure (DCTA) und Hydroxyethylethylendiamintriessigsäure (HEDTA) verwendet.

Der Übergang zur Trennung größerer Mengen wurde durch Arbeiten von F. H. SPEDDING et al. ermöglicht. Am Iowa State College in Ames wurden Austauscherkolonnen verschiedener Größe ($D$ = 30–76 cm, $L$ = 3,60 m) zur Trennung von SE-Gemischen eingesetzt. Damit wurden die Grundlagen für die industrielle Anwendung des Ionenaustauschverfahrens geschaffen [29, 117]. 1956 wurde bei der Michigan Chemical Corp. in West-Chicago eine Industrieanlage mit 175 Ionenaustauscherkolonnen ($D$ = 76 cm, $L$ = 6 m, s. Abb. 8) errichtet, in der reines Yttriumoxid in großen Mengen hergestellt werden konnte [55]. Bei den ersten industriellen Verfahren wurden meist fünf hintereinander geschaltete Kationenaustauscherkolonnen mit SE$^{3+}$ entsprechend etwa 1000 kg GOSE beladen. Zehn weitere Kolonnen wurden mit einer 5% CuSO$_4$-Lösung in die Cu$^{2+}$-Form überführt (Abb. 9).

Durch die hintereinander geschalteten Kolonnen wurde eine verdünnte Lösung eines Komplexbildners (EDTA-Lösung, eingestellt mit Ammoniak auf pH = 8–8,4) gepumpt. Die Konzentration der Komplexbildner im Elutionsmittel lag gewöhnlich unter 0,1 mol L$^{-1}$, die lineare Fließgeschwindigkeit des Elutionsmittels unter 5 cm min$^{-1}$. Nach Verdrängung des Cu$^{2+}$ aus den letzten Kolonnen fielen die einzelnen SE$^{3+}$ in Form von Lösungen ihrer EDTA-Komplexe als Eluate an. Die Eluate wurden als Fraktionen gesammelt und daraus die SE$^{3+}$ mit Oxalsäure als Oxalate ausgefällt

**Abb. 8** Ionenaustauscheranlage zur Produktion von Yttriumoxid [54]

und abgetrennt. Ein Trennzyklus konnte bis zu sechs Monaten dauern. Mehrere Systeme wurden parallel betrieben. Die Eluate enthielten nur geringe Mengen an SE (1–5 g GOSE pro Liter). In unterschiedlichen Modifikationen wurde das be-

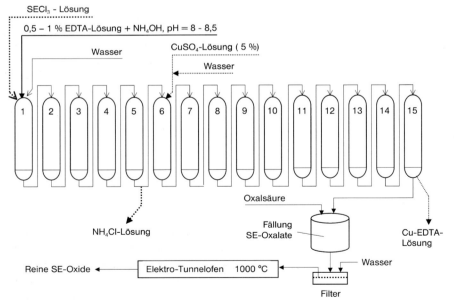

**Abb. 9** Schema einer Anlage zur Trennung von SE durch Ionenaustauscherverfahren, nach [8, 55]

schriebene Verfahrensprinzip von den meisten Produzenten einige Zeit praktiziert. Die Trennung der SE durch Ionenaustausch hat nach 1965 zunehmend an Bedeutung verloren, da die geringen Konzentrationen, bei denen diese Verfahren optimal arbeiteten, einen großen apparativen Aufwand an Austauscherkolonnen erfordern. Die Verfahren der Flüssig/Flüssig-Extraktion erlauben hohe Durchsätze bei relativ kleinen Apparaten sowie den Einsatz konzentrierter Lösungen, sodass sich bessere Raum-Zeit-Ausbeuten ergeben. In speziellen Fällen werden Ionenaustauscherverfahren auch jetzt noch angewendet, wenn kleinere Mengen einzelner SE in besonders hoher Reinheit (6 N–8 N) hergestellt werden sollen. Bei Verwendung von feinkörnigem Harz (5–20 µm), erhöhter Temperatur (80–90 °C) und Drucken von 5–15 MPa lässt sich der Zeitaufwand für Trennungen stark verringern [16].

## 5.7
## Flüssig/Flüssig-Extraktion

### 5.7.1
### Extraktion von Cer

Cer(IV)-nitrat kann aus salpetersauren Lösungen mit vielen organischen Lösemitteln extrahiert werden. 1949 wurde die Extraktion mit Diethylether [120], Nitromethan und TBP [121] beschrieben. Für praktische Zwecke ist der Einsatz von TBP zweckmäßig, insbesondere da es gut beständig gegen die stark oxidierende Wirkung des $Ce^{4+}$ ist. Die Trennfaktoren $Ce^{4+}/SE^{3+}$ sind erheblich größer als die von benachbarten $SE^{3+}$. Deshalb genügen für die Trennung von $Ce^{4+}/SE^{3+}$ bereits wenige Extraktionsstufen. $Ce(NO_3)_4$ wird aus salpetersauren Nitrat-Lösungen als Komplexverbindung $Ce(NO_3)_4 \cdot 2\,TBP$ bzw. $H_2Ce(NO_3)_6 \cdot 2\,TBP$ extrahiert. Die Komplexe sind in überschüssigem TBP und in Kohlenwasserstoffen leicht löslich ist. Mitextrahierte $SE^{3+}$ können aus der organischen Phase durch Waschen mit Salpetersäure entfernt werden. Nach Reduktion des $Ce^{4+}$ in der organischen Phase mit geeigneten Reduktionsmitteln ($H_2O_2$, $NaNO_2$) kann das $Ce(NO_3)_3$ mit Wasser ausgewaschen werden. Aus dieser Lösung können andere Cersalze (Carbonat, Oxalat, Hydroxid) ausgefällt werden.

### 5.7.2
### Trennung von Seltenen Erden ($SE^{3+}$)

Die Trennung benachbarter $SE^{3+}$ wurde schon 1937 von FISCHER et al. untersucht. Sie erfordert vielfach wiederholtes (multiplikatives) Verteilen der gelösten Salze zwischen zwei gegenläufig bewegten Phasen [122]. Ab 1953 wurde intensiv der Einsatz von TBP für Trennungen untersucht. Das erste Kilogramm Gadoliniumoxid in 95%iger Reinheit wurde durch Extraktion mit TBP (WEAVER et al.) gewonnen [9, 123]. Der breite Einsatz der Flüssig/Flüssig-Extraktion in der industriellen Produktion erfolgte ab 1959 [20]. Bei kontinuierlicher Flüssig/Flüssig-Extraktion entsprechend dem Schema in Abbildung 10a werden Extraktionsmittel (organische Phase) und SE-Lösung (wässrige Phase, Speiselösung) im Gegen-

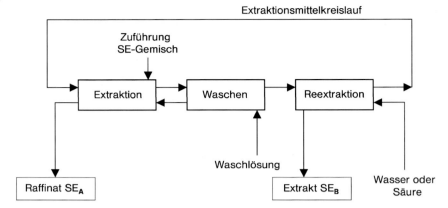

**Abb. 10a** Prinzipschema Flüssig/Flüssig-Extraktion (Gegenstrom)

strom durch eine Batterie (Kaskade) von hintereinander geschalteten Mixer-Settler (Mischer-Absetzer)-Extraktoren bewegt. Das mit den leichter extrahierbaren $SE^{3+}$ beladene Extraktionsmittel (Extrakt) wird in der nächsten Batterie mit einer Waschlösung gewaschen. In einer weiteren Batterie werden die $SE^{3+}$ ($SE_B$) reextrahiert. Das regenerierte Extraktionsmittel geht in den Extraktionsmittel-Kreislauf zurück. In der wässrigen Phase befinden sich die schlechter extrahierbaren $SE^{3+}$ (Raffinat $SE_A$). Bei dieser Verfahrensweise ist nur eine Trennung in zwei Gruppen möglich, wobei jedoch an den Enden des Systems durchaus eine Komponente in reiner Form erhalten werden kann. Bei einmaliger Zugabe eines SE-Gemisches mit mehreren Komponenten in einen Extraktionsmittel-Kreislauf (totaler Rückfluss) erfolgt mit fortschreitender Verteilung eine Trennung in die einzelnen $SE^{3+}$, die sich in bestimmten Extraktionsstufen sammeln. Wegen des diskontinuierlichen Betriebes ist diese Verfahrensweise für die industrielle Anwendung wenig sinnvoll. In China

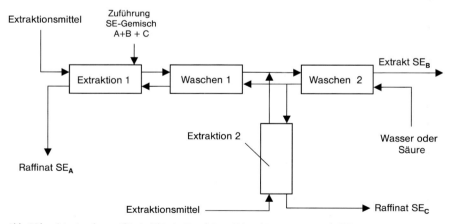

**Abb. 10b** Prinzipschema Flüssig/Flüssig-Extraktion »Tri outlet process«, nach [17]

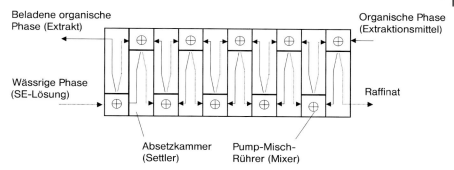

**Abb. 11** Prinzipschema eines Blocks von Flüssig/Flüssig-Extraktoren (Mixer-Settler)

wird aber seit einigen Jahren ein kontinuierliches Verfahren industriell praktiziert, bei dem SE-Gemische in drei Produkte getrennt werden. Dieses »Tri outlet process« genannte Verfahren ist in Abbildung 10b dargestellt. Abbildung 11 zeigt das Schema einer Extraktoren-Batterie.

Für die industrielle Trennung werden nahezu ausschließlich Mixer-Settler-Extraktoren eingesetzt, die in Gruppen von 10 bis 100 Stufen angeordnet sind. Die Anlage von Rhodia in La Rochelle verfügt über etwa 1000 derartiger Einheiten. Damit ist die Gewinnung fast aller Komponenten eines Gemisches möglich. In ähnlicher Größenordnung werden Anlagen in China betrieben. Für die Abtrennung einzelner SE aus Gemischen, z. B. für die Abtrennung von Yttrium von allen anderen SE, reichen aber bereits etwa 100 Extraktoren. Meist wird die platzsparende Kastenbauweise der Extraktoren verwendet. Die einzelnen Kammern sind durch Öffnungen oder Rohre untereinander verbunden. Ein Extraktor kann 50 bis 800 L Flüssigkeit enthalten. 2 bis 20% des Volumens eines Extraktors entfallen auf den Mischer [113]. Es sollen aber auch Extraktoren mit Volumen von 4000 L verwendet werden [85]. Für eine Anlage zur Trennung von 3000 t $a^{-1}$ GOSE aus Bastnäsit mit (2-Ethylhexyl)-phosphonsäuremono(2-ethylhexyl)ester werden Extraktoren mit Mixer-Volumina von 1400 L vorgegeben. Das Volumenverhältnis Mixer : Settler beträgt 1 : 2,5 [124]. Für die Abtrennung einer Komponente in reiner Form aus einem Gemisch sind bis zu 90 Stufen erforderlich (30 Stufen für LaCePrNd/Sm, 80 Stufen für LaCePr/Nd, 80 Stufen für LaCe/Pr, 45 Stufen für La/Ce). Die Vermischung der Phasen erfolgt mit speziellen Rührern, die gleichzeitig auch Flüssigkeit ansaugen und fördern. Nach der Vermischung erfolgt die Trennung der beiden Phasen in größeren Absetzkammern. Werkstoffe für den Bau der Extraktoren sind Edelstähle (beim Arbeiten mit Nitrat-Lösungen/Salpetersäure) oder Kunststoffe wie PVC, Polyvinylidendifluorid (PVDF) oder Polymethylmethacrylat (PMMA) (beim Arbeiten mit Chlorid-Lösungen/ Salzsäure). Die Werkstoffe müssen auch beständig sein gegen die eingesetzten Extraktions- und Verdünnungsmittel. Dämpfe von Lösemitteln und Säuredämpfe werden während des Betriebes ständig abgesaugt. SE-Lösung, Extraktionsmittel und Waschlösungen werden mit Dosierpumpen zugeführt. Die Drehzahl der Rührer wird entsprechend den Erfordernissen geregelt. Für Trennungen werden vornehmlich Nitrate und Chloride eingesetzt. Es kommen meist Extraktionsmittel zur Anwendung, die in der Hydrometallurgie auch für die Gewinnung von U, Zr, Hf, Nb, Ta, Cu u. a. gebräuchlich sind. Insbesondere sind dies TBP, Di-(2-ethylhexyl)phosphorsäure (DEHPA, P 204), (2-Ethylhexyl)phosphonsäuremono-(2-ethylhexyl)ester (PC-88A, HEH(EHP), P507), Versatic-Säuren ($R_2C(CH_3)COOH$), andere aliphatische Monocarbonsäuren, Naphthensäuren (Cyclopentancarbonsäure und Homologe), primäre, sekundäre und tertiäre Amine und deren Gemische sowie langkettige quaternäre Ammoniumsalze. In den meisten Fällen werden die Extraktionsmittel zur Reduzierung der Viskosität und zur Verbesserung der Phasentrennung mit schwer wasserlöslichen, hochsiedenden und niedrigviskosen organischen Lösemitteln wie Testbenzin, Kerosin, Cyclohexan oder Aromatengemischen verdünnt. Mit der Verdünnung ist aber eine Verringerung der Verteilungskoeffizienten verbunden. Alternativ kann eine Reduzierung der Viskosität bei einigen unverdünnt angewendeten Extraktionsmitteln auch durch Arbeiten bei erhöhten Temperaturen erreicht werden.

Für die Gewinnung von reinem Yttriumoxid wurde von Molycorp [125] ein Verfahren beschrieben, bei dem im ersten Schritt Ceriterden durch Tricaprylylmethylammoniumnitrat (Aliquat 336) bevorzugt extrahiert werden. Die in dem Raffinat neben Yttrium verbleibenden Yttererden werden in einem zweiten Schritt durch 2-Methyl-2-butylpentansäure abgetrennt, sodass reines Yttrium zurückbleibt und aus dem Raffinat gewonnen werden kann (Abb. 12). Andere Verfahren wurden von Th. Goldschmidt [126], GTE Sylvania [127] und AS Megon [128] entwickelt.

In China wurden in den letzten Jahrzehnten umfangreiche Arbeiten zur Erschließung der Rohstoffvorkommen und zum Aufbau der Produktion von SE-Produkten durchgeführt. In diesem Rahmen liefen auch viele Arbeiten zur Entwicklung von neuen Trennverfahren der Flüssig/Flüssig-Extraktion und zur Weiterentwicklung oder Vereinfachung bekannter Verfahren von Forschungsgruppen an Hochschulen, Universitäten, staatlichen und industriellen Forschungsinstituten. Maßgeblichen Anteil an der Entwicklung der Trennverfahren hatte das Beijing General Research Institute for Nonferrous Metals und das Baotou Research Institute for Rare Earths. Die dort entwickelten Verfahren waren Grundlage für die Produktion von reinen SE-Oxiden in verschiedenen Produktionsbetrieben. Die Anwendung der Extraktionsverfahren für die Aufarbeitung der wichtigsten SE-Erze in China wurde von YAN CHUNHUA et al. beschrieben [75]. Im Schema in Abbildung 13 ist die Trennung von viel Y enthaltenden SE-Gemischen dargestellt. Die Gemische stammen aus der Lagerstätte Longnan, Jiangxi. Zur Aufarbeitung wird der Rohstoff in HCl gelöst. Zunächst wird mit einem Naphthensäure-Extraktionsmittel (Lösung von Naphthensäure in Kerosin unter Zusatz von höheren Alkoholen) Yttrium abgetrennt und in 99,99% Reinheit gewonnen. Die Auftrennung des restlichen Gemisches erfolgt in Chlorid-Lösung mit P 507 gelöst in Kerosin.

Industriell werden in China die nachfolgend aufgeführten Verbindungen als Extraktionsmittel genutzt [16, 129]:

*Neutrale P-Verbindungen*
Tri-*n*-butylphosphat (TBP) = $(C_4H_9O)_3P(O)$
Trioctylphosphinoxid (P 201) = $(C_8H_{17})_3P(O)$

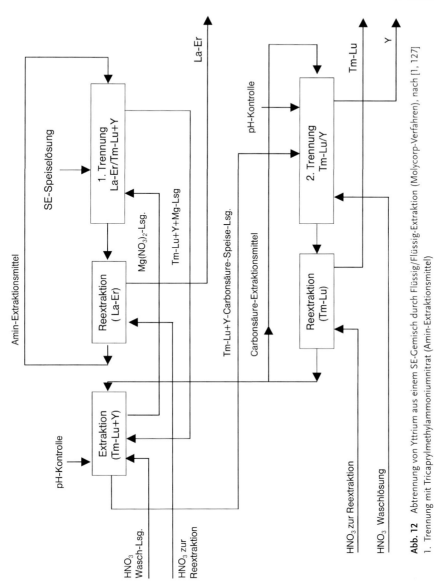

**Abb. 12** Abtrennung von Yttrium aus einem SE-Gemisch durch Flüssig/Flüssig-Extraktion (Molycorp-Verfahren), nach [1, 127]
1. Trennung mit Tricaprylmethylammoniumnitrat (Amin-Extraktionsmittel)
2. Trennung mit 2-Methyl-2-butylpentansäure (Carbonsäure-Extraktionsmittel)

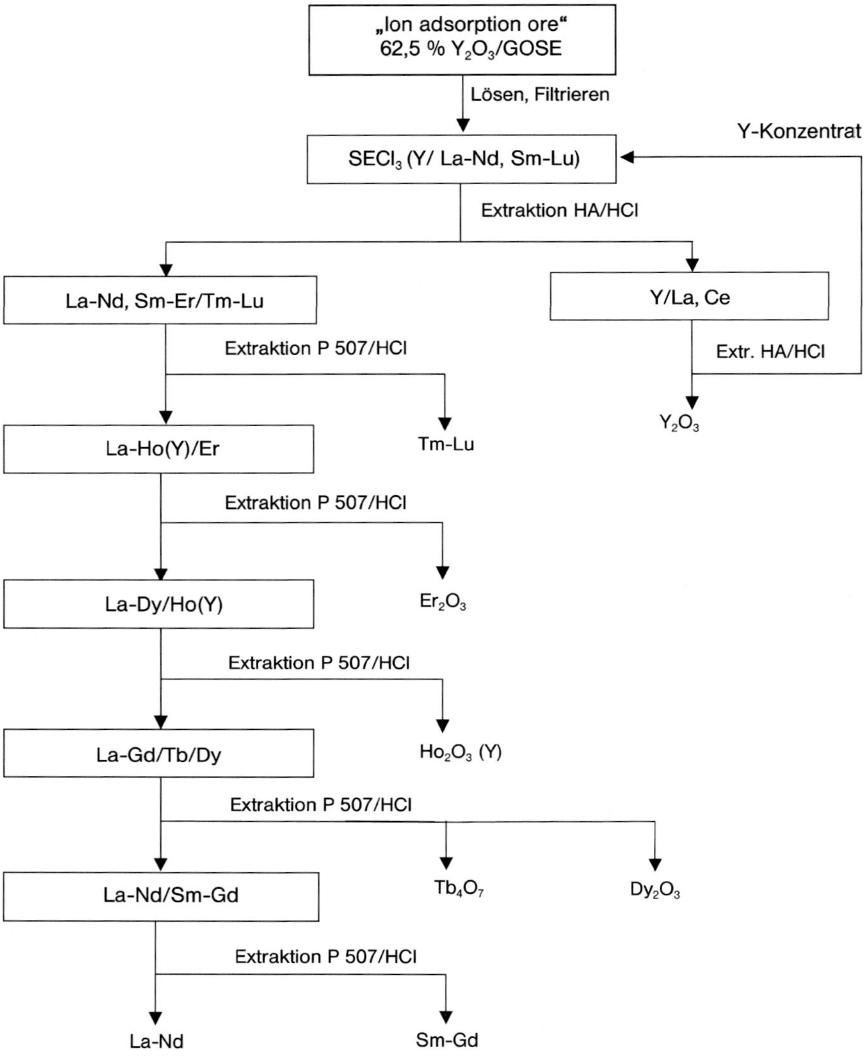

```
                    ┌─────────────────────────┐
                    │   „Ion adsorption ore"  │
                    │   62,5 % Y₂O₃/GOSE      │
                    └─────────────────────────┘
                              │ Lösen, Filtrieren
                              ▼                              Y-Konzentrat
                    ┌─────────────────────────┐          ◄──────────────
                    │ SECl₃ (Y/ La-Nd, Sm-Lu) │
                    └─────────────────────────┘
                              │ Extraktion HA/HCl
                ┌─────────────┴─────────────────┐
                ▼                               ▼
      ┌──────────────────────┐          ┌──────────────┐
      │ La-Nd, Sm-Er/Tm-Lu   │          │  Y/La, Ce    │
      └──────────────────────┘          └──────────────┘
                │ Extraktion P 507/HCl         │ Extr. HA/HCl
        ┌───────┴──────┐                       ▼
        ▼              ▼                    Y₂O₃
  ┌──────────────┐   Tm-Lu
  │ La-Ho(Y)/Er  │
  └──────────────┘
        │ Extraktion P 507/HCl
        ├──────────────┐
        ▼              ▼
  ┌──────────────┐   Er₂O₃
  │ La-Dy/Ho(Y)  │
  └──────────────┘
        │ Extraktion P 507/HCl
        ├──────────────┐
        ▼              ▼
  ┌──────────────┐   Ho₂O₃ (Y)
  │ La-Gd/Tb/Dy  │
  └──────────────┘
        │ Extraktion P 507/HCl
        ├──────────────┬──────────────┐
        ▼              ▼              ▼
  ┌──────────────┐   Tb₄O₇         Dy₂O₃
  │ La-Nd/Sm-Gd  │
  └──────────────┘
        │ Extraktion P 507/HCl
        ├──────────────┐
        ▼              ▼
      La-Nd          Sm-Gd
```

HA = Naphtensäure
P 507 = HEH(EHP) = (2-Ethylhexyl)phosphonsäure-mono-(2-ethylhexyl)ester

**Abb. 13**  Trennung von Yttererdengemisch aus Ion Adsorption Ore, nach [75]


Dimethylheptylmethylphosphonat (P 350) = $(C_8H_{17}O)_2(CH_3)P(O)$
Butyldibutylphosphinat (P 203) = $(C_4H_9O)(C_4H_9)_2P(O)$
Dibutylbutylphosphonat (P 205) = $(C_4H_9O)_2(C_4H_9)P(O)$

*Saure P-Verbindungen*
Di(2-ethylhexyl)phosphorsäure (P 204) = $(C_8H_{17}O)_2P(O)OH$
Di(2-ethylhexyl)phosphinsäure (P 229) = $(C_8H_{17})_2P(O)OH$
(2-Ethylhexyl)phosphonsäuremono(2-ethylhexyl)ester (P 507) = $(C_8H_{17}O)(C_8H_{17})P(O)OH$
Tetradecylphosphorsäure (P 538) $(RO)P(O)(OH)_2 = (C_{14}H_{29})P(O)(OH)_2$

*Sonstige*
Naphthensäure (Naphthenic Acid) = $R-C_5H_5-(CH_2)_n-COOH$
Isoalkylamine (N 1923) = $(C_nH_{2n+1})_2CH(NH_2)$
Trialkylamin (N 235) = $(C_nH_{2n+1})_3N$ (n = 7–11)
Chloromethyltrialkylamin (N 263) = $[(C_nH_{2n+1})_3N^+CH_3]Cl$ (n = 7–11)
(in Klammern: Handelsnamen in China)

Für die Produktion von reinem Yttriumoxid für Leuchtstoffe sind in China Extraktionsanlagen mit Jahreskapazitäten von 30–40 t in Betrieb. Die derzeitige Gesamtproduktion wird mit 2200 t Yttriumoxid pro Jahr angegeben.

In Russland (bzw. der ehemaligen UdSSR) wurden eigene Trennverfahren durch GIREDMET (Staatliches Institut für Seltene Metalle, Moskau), ICHTREMS (Institut für Chemie und Technologie Seltener Elemente und mineralischer Rohstoffe i. V. Tananajev, Kola-Filiale der Russ. Akademie der Wissenschaften), Apatiti und andere entwickelt [73, 76]. Die Verfahren werden in Produktionsbetrieben in Russland, Kirgistan, Kasachstan, Estland und der Ukraine angewandt. Verfügbar sind Verfahren zur Trennung aller SE durch Flüssig/Flüssig-Extraktion mit verschiedenen Extraktionssystemen [13, 76, 130]. Für die selektive Abtrennung von Yttrium von den übrigen SE wird besonders ein Extraktionsmittel verwendet, das aus einer Lösung von Petroleum-Sulfoxid (molare Masse = 129–244 g mol$^{-1}$) in Kerosin besteht [131].

## 5.8
## Spezielle Verfahren

Für die Trennung sind im Labor verschiedene Verfahren entwickelt worden, die unterschiedliche Eigenschaften wie Flüchtigkeit bei höheren Temperaturen, Ionenwanderungsgeschwindigkeit, Adsorptionseigenschaften sowie Schaumbildung mit Tensiden (Ionenflotation) nutzen. Ebenfalls wurden Extraktionen aus Schmelzen beschrieben. Diese Verfahren haben bislang keine Produktionsreife erlangt [1]. Die ursprünglich für analytische Zwecke entwickelte Extraktionschromatographie kann auch für die präparative Herstellung kleiner Mengen hochreiner SE-Oxide eingesetzt werden. Dabei wird ein Komplexbildner wie DEHPA (oder saure Phosphonsäureester) an einem Austauscherharz adsorbiert. Eine Austauscherkolonne wird teilweise mit dem zu trennenden Salzgemisch beladen. Durch Gradientelution mit 0,7–4 N HCl werden die SE$^{3+}$ in der Reihenfolge steigender Ordnungszahlen eluiert [132]. Die Flüchtigkeit von Komplexen mit Aluminiumchlorid bei hohen

Temperaturen könnte eine Alternative zu Trennungen in flüssiger Phase mit Aussicht auf Erfolg werden [133].

# 6
# Herstellung von Verbindungen

## 6.1
## Oxide und Salze

Oxide, Hydroxide, Oxalate, Carbonate, Nitrate und Halogenide von SE-Gemischen und einzelnen SE sind Zwischenprodukte oder Handelsprodukte, die in verschiedenen Qualitäten (Reinheit, Korngröße, Oberfläche) hergestellt werden. Zwischenprodukte für die Herstellung von Metallen und Legierungen sind Oxide, wasserfreie Chloride und wasserfreie Fluoride. Handelsprodukte für Anwendungen bei der Herstellung von Glas, Keramik, Elektronik, Katalysatoren und für spezielle für Anwendungen sind Oxide, Carbonate, Hydroxide, Chloride und Nitrate.

Für die Herstellung dieser Produkte werden allgemein bekannte Verfahren der präparativen Chemie angewandt (Fällung, Eindampfen, Kristallisieren u.a.). Dabei müssen gegebenenfalls weitere Operationen zur Abtrennung von Radionukliden, Schwermetallen und anderen Verunreinigungen eingeschoben werden.

Oxide werden durch Calcinieren von Oxalaten, Carbonaten oder Hydroxiden bei etwa 800–1000 °C erhalten, wobei die Eigenschaften von Oxiden, die z. B. als Glaspoliermittel oder Leuchtstoffe verwendet werden, durch Variation der Fällungsbedingungen der Vorprodukte und der Wärmebehandlung gesteuert werden. Mischoxide wie Yttrium/Europium-Oxid für Leuchtstoffe werden bei erheblich höheren Temperaturen (bis 1500 °C) geglüht.

Wasserfreie Chloride und Fluoride als Vorprodukte für Metalle und Legierungen müssen besondere Anforderungen bezüglich der Gehalte an Sauerstoff erfüllen. Gegenwärtig sind Oxide und Verbindungen aller Seltenerdelemente in unterschiedlichen Reinheiten (bis > 99,9999 %) handelsüblich.

Yttrium/Barium/Kupferoxid-Pulver (YBCO) für Hochtemperatur-Supraleiter (HTSL) werden durch Mischmahlung der Oxide oder durch Co-Fällung schwerlöslicher Verbindungen aus Lösungen der Salze, Calcinierung und Mahlung erhalten. Die Herstellung der HTSL erfolgt durch Pressen oder Extrudieren keramtechnisch zu einem Rohkörper, der bei 900–980 °C gesintert wird. Die weitere Behandlung erfolgt durch Schmelztexturierung (teilweises Schmelzen bei 1010 °C und langsames Abkühlen) [134, 135]. Die HTSL auf Basis YBCO haben neue Entwicklungen auf verschiedenen Gebieten ermöglicht. Im System $YBa_2Cu_3O_{7-x}$ wurden Sprungtemperaturen von 93 K erreicht. Dadurch reicht bei der Anwendung die Kühlung mit flüssigem Stickstoff aus.

## 6.2
**Organische Verbindungen**

Verschiedene SE-Salze von Monocarbonsäuren (2-Ethylhexansäure, Naphthensäure, Versatic-Säure) haben technische Bedeutung erlangt als Additive für Kraftstoffe, Sikkative und Katalysatoren. Ein Nd-Salz von Versatic-Säure wird eingesetzt als Katalysator bei der Herstellung von 1,4-Butadien-Kautschuk (siehe Elastomere, Bd. 5, Abschnitt 2.3). Cersalze von aliphatischen Monocarbonsäuren (2-Ethylhexansäure) werden als Treibstoffadditive verwendet. Die Herstellung der Salze kann durch Umsetzung von Alkalisalzen der Carbonsäuren mit SE-Salzen (Nitrate, Chloride) erfolgen [136]. Auch die Umsetzung der Carbonsäuren mit SE(III)-carbonaten oder SE(III)-hydroxiden in wässriger Suspension oder in einem organischen Lösemittel ist möglich [137].

In den letzten Jahren wurden Organolanthanoid-Verbindungen weiterentwickelt mit dem Ziel des Einsatzes als Katalysatoren für viele organische Synthesen und Polymerisationsreaktionen. Verschiedene Metallocene mit $SE^{3+}$ als Zentralatom und Cyclopentadien ($C_5H_5$) oder Alkylcyclopentadienen ($C_5Me_5$; $Me = CH_3$) als Liganden, wie $SE(C_5H_5)_3$, $SE(C_5H_5)_2CH_3$, $SE(C_5Me_5)_2CH_3$ und noch komplexere Spezies wurden hergestellt. Derartige Verbindungen können Bindungen aktivieren oder aufbrechen und haben bereits Anwendung als Katalysatoren für die Herstellung von Polyolefinen, Polymethacrylaten, Polyacrylnitril und anderen Polymeren mit speziellen Eigenschaften gefunden. Die Katalysatoren können aus wasserfreien SE-Chloriden durch Umsetzung in THF (Tetrahydrofuran) erhalten werden

$$SECl_3 + n\,Na(C_5H_5) \longrightarrow SECl_{3-n}(C_5H_5)_n + n\,NaCl \tag{15}$$

Ähnliche Metallocene gibt es auch von $Sm^{2+}$ und $Yb^{2+}$, z. B. $(C_5Me_5)_2Sm(THF)_2$. Verschiedene Katalysator-Systeme können aus SE-Chloriden und Aluminiumalkylen erhalten werden, wobei sich Analogien zu Ziegler-Natta-Katalysatoren ergeben [138–143]. Auch Addukte von SE(III)-Chloriden mit THF ($SECl_3(THF)_x$) und Samarium(II)-iodid mit THF ($SmI_2(THF)_x$) werden für organische Synthesen eingesetzt.

Salze der Trifluormethansäure, SE (III)-Trifluormethansulfonate ($SE(SO_3CF_3)_3$ = Triflate) gewinnen zunehmend an Bedeutung als Lewis-Säure-Katalysatoren in der organischen Synthese. Im Unterschied zu den Metallocenen sind sie unempfindlich gegen Feuchtigkeit [144]. Die Herstellung erfolgt durch Umsetzung von Oxiden mit der Säure bei > 100 °C [142].

Bedeutung erlangt haben auch Organogadolinium-Verbindungen als Diagnostika in bildgebenden Verfahren der Magnet-Resonanz (MRI). Synthesen für diese Verbindungsklasse sind in der Patentliteratur beschrieben [145].

# 7
## Herstellung von Metallen und Legierungen

### 7.1
### Elektrolyse

#### 7.1.1
#### Cermischmetall

Unter Cermischmetall versteht man eine Legierung der Metalle der Ceriterden, wie sie aus den Erzen (z. B. Bastnäsit) ohne Trennung gewonnen wird. Eine typische Zusammensetzung ist in Tabelle 10 aufgeführt. Es gibt aber auch Sorten mit erhöhtem Gehalt an Lanthan und solche, bei denen einige Komponenten wie Nd, Sm ... Lu und Y abgetrennt sind.

Mischmetall wird meist durch Schmelzflusselektrolyse aus den wasserfreien Chloriden gewonnen. Neben den wasserfreien Chloriden werden als Zuschläge für die Elektrolyse teilweise SE-Fluoride und -Oxide, ferner NaCl, $CaCl_2$, $BaCl_2$ und NaF zugesetzt. Der Gehalt an Oxidchloriden und Fluoriden im Elektrolyten, der zulässig ist, hängt stark von der Verfahrensweise ab. Fluoride machen die Schmelze dünnflüssig und bewirken damit, dass bei niedrigeren Temperaturen elektrolysiert werden kann. Das wasserfreie Chlorid wird durch Entwässern der entsprechenden Hydrate ($SECl_3 \cdot 6\,H_2O$) oder durch Chlorierung von bestimmten Erzen (Loparit) ge-

**Tab. 10** Analyse von handelsüblichen Mischmetall-Sorten (%)

|          | MM [1]  | RE Ce-55D [85] | RE La-55D [85] | RE Ce 45D [85] | MM(NiCoMnAl)<sub>5</sub> [85] |
|----------|---------|----------------|----------------|----------------|-------------------------------|
| SE       | > 99,5  | 99             | 99             | 99             | 33                            |
| La       | 20–30   | 20–24          | 53–57          | < 5            | (11,40)                       |
| Ce       | 50–60   | 53–57          | < 5            | 43–47          | (14,60)                       |
| Pr       | 4–6     | 3–7            | 8–12           | 9–12           | (2,19)                        |
| Nd       | 10–20   | 14–18          | 28–32          | 38–42          | (4,82)                        |
| Sm       | < 0,1   | < 0,2          | < 0,2          | < 0,2          |                               |
| Fe       | < 0,5   | 0,5            | 0,3            | 0,5            | 0,08                          |
| Mg       | < 0,5   | 0,1            | 0,1            | 0,1            | 0,01                          |
| Si       | < 0,1   | 0,03           | 0,03           | 0,03           | 0,03                          |
| Mo + W   |         | 0,05           | 0,05           | 0,05           |                               |
| Zn       |         | 0,07           | 0,07           | 0,07           | 0,09                          |
| C        | < 0,1   | 0,05           | 0,05           | 0,05           |                               |
| Sonstige | *)      |                |                |                | **)                           |

*) < 0,1 % P
**) 49,0 % Ni, 5,30 % Mn, 10,50 % Co, 1,86 % Al

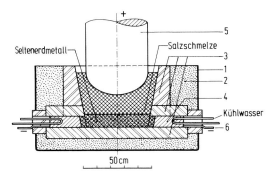

**Abb. 14** Keramische Zelle für die Herstellung von Cermischmetall durch Schmelzflusselektrolyse [1]
1 Stahlblech, 2 Sandpackung, 3 Feuerfester Stein, 4 Kathode, 5 Anode, 6 Stromzuführung

wonnen. Von den zahlreichen für die Schmelzflusselektrolyse vorgeschlagenen und im Labor erprobten Zellen haben sich nur zwei Arten in der Praxis durchgesetzt.

Die keramischen Zellen (Abb. 14) arbeiten kontinuierlich. Die Schmelzwanne ist aus Formsteinen gefügt, die aus Sillimanit oder ähnlichen feuerfesten Materialien mit hohem $Al_2O_3$-Gehalt bestehen. Auf zwei gegenüberliegenden Seiten der runden oder rechteckigen Wanne werden zwei mit Wasser gekühlte Gusseisenblöcke als Kathoden eingeführt, deren Oberkanten etwa in der Höhe des Wannenbodens liegen. Zwischen den Kathoden ist eine Rinne, im Querschnitt der Eisenblöcke, in den Wannenboden eingelassen, in der sich das abgeschiedene flüssige Metall zunächst sammelt und als eigentliche Kathode wirkt. Die Schmelzwanne ruht in einem Mantel aus Stahlblech. Der Zwischenraum zwischen Mantel und Wanne ist zur Wärmedämmung mit Sand gefüllt. Die Kohleanode taucht in die Salzschmelze und ist in der Höhe verstellbar. Die Stromzuführung erfolgt über Kupferschienen und bewegliche Kupferlamellenbänder. Die Wannen haben ein Fassungsvermögen zwischen 30 und 180 L.

Zum Unterschied von den keramischen Zellen arbeiten die Eisen- oder Graphitzellen diskontinuierlich und mit »gekühlter« Kathode [1]. Die Schmelzwanne dient gleichzeitig als Kathode und besteht aus einem Grauguss-, Graphit- oder Amorphkohletiegel. Die Zellen fassen 20–500 L und werden durch Kippen oder Bodenabstich entleert. Die Anode besteht aus Graphit oder Amorphkohle und ist in der Höhe verstellbar. Das Metall wird infolge der größeren Wärmeableitung des Graphits oder Eisens (»gekühlte« Kathode) und der geringeren Stromdichte an der Kathode in Form eines Schwammes oder fester Tropfen zusammen mit etwas Schlacke abgeschieden. Von Zeit zu Zeit muss die ganze Zelle so weit erhitzt werden, dass das Metall schmilzt, sich von der Schlacke und dem Salz trennt und am Boden der Zelle sammelt. Die Temperatur in der Zelle beträgt an der Metall/Salz-Grenzfläche während der Elektrolyse etwa 700 °C, an der Oberfläche der Salzschmelze in der Umgebung der Anode infolge der hohen Stromdichte 850–900 °C. Beim Aufheizen mit Elektrolysestrom steigt die Temperatur an der Anode bis auf über 1100 °C an. Alle 24 Stunden wird das Metall durch Aufheizen noch einmal geschmolzen, die Anode herausgehoben und der Zelleninhalt in eine Form entleert. In die leere, heiße Zelle wird frisches Salz zugegeben, das sofort schmilzt; die Elektrolyse kann dann erneut beginnen. Eine Zelle liefert je nach Größe in 24 h 20–900 kg Mischmetall. Die Elektrolysezellen arbeiten mit 9–12 V Badspannung und 1500–50 000 A, die Stromausbeuten liegen zwischen 35 und 70 %. Je Kilogramm Metall werden 9–15 kWh Energie benötigt und 2,0–2,4 kg wasserfreies Chlorid verbraucht. Das anodisch gebildete Chlor wird bei allen Typen der Zellen kontinuierlich abgesaugt und in einer Absorptionsanlage mit NaOH zu Hypochlorit-Lösung umgesetzt.

Die einzelnen SE zeigen recht unterschiedliches elektrolytisches Verhalten. Am besten wird Cer abgeschieden, ihm folgen Praseodym, Neodym, Lanthan und schließlich die Yttererden. Samarium und Europium werden nur bis zur Oxidationsstufe 2+ reduziert. $Eu^{2+}$ und $Sm^{2+}$ diffundieren teilweise wieder zur Anode und werden erneut oxidiert. Dies verschlechtert die Stromausbeute. Da sich die SE-Metalle in umgekehrtem Verhältnis zu ihrer elektrolytischen Abscheidbarkeit im Rückstandsalz anreichern, muss dieses von Zeit zu Zeit entfernt werden, um ein Absinken der Stromausbeute zu verhindern.

Der Preis für Cermischmetall in China wurde im Jahr 2003 mit 26 000–32 000 Yuan $t^{-1}$ (= ca. 3,90–4,80 EUR $kg^{-1}$) angegeben [59].

### 7.1.2
### Reine Seltenerdmetalle

Durch Schmelzflusselektrolyse können auch reine Metalle (Lanthan, Cer, Praseodym und Neodym) gewonnen werden. Die höher schmelzenden Metalle (Gadolinium bis Lutetium) sind aus einer Chloridschmelze elektrolytisch nicht mehr abzuscheiden, da der Elektrolyt bei deren Schmelzpunkt schon verdampft. Deshalb wird mit einem Verfahren ähnlich der Aluminiumgewinnung gearbeitet (Abb. 15). In ein Fluoridbad aus LiF, $BaF_2$ und $SEF_3$ wird laufend SE-Oxid eingetragen und an einer Molybdänkathode das SE-Metall abgeschieden. Die Anode besteht aus einem Graphitrohr, das gleichzeitig der Zuführung des Ausgangsmaterials dient. Die Zelle steht in einer vakuumdichten Kammer und kann unter Vakuum oder Schutzgas betrieben werden. Sie kann auch bei sehr hohen Temperaturen gefahren werden, sodass sämtliche SE-Metalle außer Sm, Eu, Yb hergestellt werden können. Ähnliche »Oxidzellen« können auch zur Gewinnung von Mischmetall eingesetzt werden.

Besondere Bedeutung hat in letzter Zeit die Herstellung von metallischem Neodym durch Schmelzflusselektrolyse erlangt, wegen des sprunghaft gestiegenen Bedarfs an Neodym für die Magnet-Produktion. In China werden seit 2000 jährlich etwa 4000 t des Metalls produziert. Davon wurde der größte Teil im Lande zu Magnet-Legierungen verarbeitet. Angewandt wird dort sowohl die Elektrolyse von $NdCl_3$ ($NdCl_3$/KCl-Elektrolyt) als auch von $Nd_2O_3$ ($Nd_2O_3$/$NdF_3$/LiF-Elektrolyt). Die Ausbeuten werden zu > 95 % angegeben. Beschrieben wurde auch die Herstellung von Nd/Fe-Legierungen durch Elektrolyse von Chlorid-Schmelzen unter Verwendung einer sich verzehrenden Eisenkathode. Dadurch kann bei niedrigeren Temperaturen als bei der Herstellung von reinem Neodym gearbeitet werden, da es im System Nd-Fe ein Eutektikum bei 684 °C (90,9 % Nd) gibt [16].

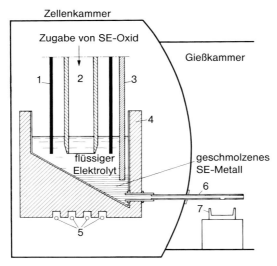

**Abb. 15** Herstellung von SE-Metallen durch Schmelzflusselektrolyse (Reno-Zelle) [1]
1 Kathode, 2 Anode, 3 Molybdänstange, 4 Graphittiegel, 5 Heizelement, 6 Abstichrohr aus Molybdän, 7 Gießform

## 7.2
## Metallothermische Reduktion

Bei der Herstellung reiner Metalle stehen neben der Schmelzflusselektrolyse, die bei kleinen Einsätzen zu geringe Ausbeuten liefert, metallothermische Verfahren im Vordergrund, die Ausbeuten bis zu 95 % bringen. Man reduziert die Fluoride oder Oxide mit überschüssigem, destilliertem Calcium. Das Gemisch wird in MgO- oder noch besser in Tantaltiegeln in einem Vakuumbehälter oder unter Schutzgas (Argon) bei 500–1300 °C je nach Element zur Reaktion gebracht. Durch Umschmelzen des rohen Metalls im Hochvakuum wird das Calcium bis auf einen Gehalt von unter 0,01 % verdampft [1].

Fluoride und Oxide von Samarium und Europium können mit Calcium nicht reduziert werden. Für die Herstellung dieser Metalle verwendet man Lanthan oder Mischmetall als Reduktionsmittel. In einem Tantaltiegel werden Sm-Oxid bzw. Eu-Oxid mit den genannten Metallen im Überschuss in einem Vakuumbehälter auf 1450 °C erhitzt. Das reduzierte Metall schlägt sich in gut ausgebildeten Kristallen an den Kühlern nieder und ist nahezu frei vom Reduktionsmetall, weil das Lanthan einen bedeutend niedrigeren Dampfdruck als Europium oder Samarium besitzt. Auch metallisches Neodym wird in größerem Umfange metallothermisch durch Reduktion mit Calcium hergestellt. Die Ausbeuten betragen > 90 %.

## 7.3
### Herstellung von Legierungen

#### 7.3.1
**Legierungen für die Metallurgie**

Einige Legierungen können direkt aus Erzen gewonnen werden. Bastnäsit wird bei der Gewinnung von Ferrosilicium im elektrischen Ofen direkt zum SE-Metall reduziert. SE-Silicide mit bis zu 40 % SE kann man durch Reduktion von SE-Oxiden oder Erzkonzentraten mit Calciumsiliciden erhalten. Eine Reihe von Legierungen wird direkt aus Erzen, insbesondere Bastnäsit, durch Schmelzen im Hochofen oder im elektrischen Lichtbogenofen hergestellt. Handelsüblich sind die Legierungstypen SE-Si-Fe (21–45 % SE), SE-Si-Mg-Fe (4–23 % SE), SE-Ca-Mg-Si (7–25 % SE), SE-Ti-Mg-Si (0,5–10 % SE) sowie SE-Cu-Mg-Si (2–8 % SE). Die durch Schmelzen von Bastnäsit-Konzentrat mit Quarz und Koks erzeugten SE-Silicat-Schlacken werden weiter mit Ferrosilicium zu SE-Si-Fe-Legierungen umgesetzt. Durch Eintragen von Magnesiumbarren in die Schmelze unter Schutzgas werden SE-Mg-Si-Fe-Legierungen produziert.

In China gibt es mehr als zehn Betriebe, die Legierungen herstellen. Die gesamte Produktion an derartigen Legierungen wird auf mehr als 35 000 t $a^{-1}$ geschätzt.

Pyrophore Legierungen für Zündsteine werden durch Schmelzen von Cermischmetall mit Eisenpulver und Zusätzen von Mg, Zn oder Al in Graphittiegeln bei 800–1000 °C hergestellt [30, 146].

#### 7.3.2
**Magnetlegierungen**

Im Vergleich zu den herkömmlichen Magneten bestehen die wesentlich leistungsfähigeren SE-Magnete hauptsächlich aus intermetallischen Verbindungen von Samarium, Neodym und Übergangsmetallen wie Cobalt und Eisen. Die anfangs (1967) mit großem Erfolg eingesetzten Permanentmagnete auf der Basis von $SmCo_5$ und $Sm_2Co_{17}$ haben ab 1983 durch die Entwicklung von Magneten auf $Nd_2Fe_{14}B$-Basis eine wesentliche Ergänzung erfahren. Für die NdFeB-Magnete ist die Rohstoffverfügbarkeit besser. In der Gegenwart machen NdFeB-Magnete den Hauptteil der gehandelten und angewendeten Magnetwerkstoffe aus. 2003 wurde die Weltproduktion von NdFeB-Magneten mit 18 740 t (gesinterte Magnete) und 4476 t (polymergebundene Magnete) angegeben. Auf China entfielen 9250 t (gesintert) und 720 t (polymergebunden) [59].

Die Legierungen werden durch Schmelzen von Neodym, Eisen und Ferrobor im Vakuum oder unter Schutzgas und nachfolgendes Brechen und Mahlen hergestellt. Auch das Legieren der Komponenten durch Festkörperreaktionen (sehr langes Vermahlen in Kugelmühlen) wurde beschrieben. Die Legierungspulver werden im Ölbad (isostatisch) oder in Werkzeugen (axial oder diametral) zu Formteilen verpresst und durch Schleifen weiter bearbeitet. Bei der Herstellung vom polymergebundenen Magneten werden die Legierungspulver mit Polymergranulat (Polyolefine, Poly-

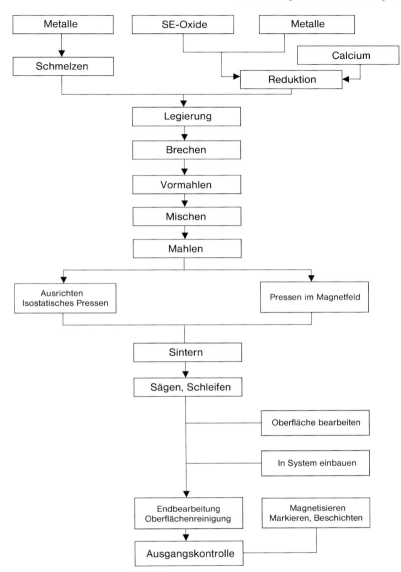

**Abb. 16** Herstellung von SE-Magneten (nach [147])

amide) vermischt und durch Spritzgießen oder Spritzpressen zu maßgerechten Formteilen verarbeitet. Die Magnetisierung von gesinterten und polymergebundenen SE-Magneten kann sowohl während der Formgebung als auch danach erfolgen [147, 148].

Für Sm-Co-Legierungen ist die Reduktion von Gemischen der Oxide mit Calcium bekannt [149]. Cobalt-Pulver und Cobaltoxid werden zusammen mit Samariumoxid und eventuell weiteren Metalloxiden mit zerkleinertem Calciummetall gut gemischt, zu Tabletten verpresst und im Vakuumofen, meist in einem Tiegel aus Cobaltblech, zur Reaktion gebracht. Auf ähnliche Weise können auch SE-Nickel-Legierungen in Pulverform für Wasserstoffspeicher bzw. NiMH-Batterien erhalten werden. Ein Schema für die Produktion von Magneten zeigt Abbildung 16 (nach [147]). Hochmagnetostriktive Werkstoffe (»Giant Magnetostrictive Materials«) wie die Legierungen $Tb_2Fe_2$, $TbCo_4Fe_{1,6}$ und $Tb_{0,3}Dy_{0,7}Fe_{1,98}$ (= Terfenol-D®) werden hergestellt durch mehrfaches Umschmelzen der Komponenten unter Schutzgas, Gießen oder Pressen von Stäben. Weiterbehandlung durch Zonenschmelzen oder Ziehen von Einkristallen [16]. Terfenol-D® wird in automatisierten Kristallziehanlagen produziert [166].

# 8
# Verwendung

Ausführliche Übersichten über Anwendung von SE-Elementen, Verbindungen und Legierungen geben R. M. MANDLE und H. H. MANDLE (bis 1966 [150, 151]), REINHARDT und GREINACHER (1980 [1]), GSCHNEIDNER (1981 [11]), KILBOURN (1992 [23, 138]) sowie YU und CHEN (1995 [16]). Außerdem stellen die Produzenten in Europa und in den USA ausführliche Firmenschriften und Dokumentationen über Eigenschaften und die aktuellen Anwendungen zur Verfügung, u. a. Molycorp [84, 152–156], Rhodia [107], Treibacher Industrie AG [157], Magnetfabrik Schramberg [147], Vacuumschmelze Hanau [148] und ETREMA [166]. Angaben über die für die wichtigsten Anwendungen in den USA, in Japan und China eingesetzten Mengen enthält Tabelle 11. Diese Länder verbrauchten 2001 55 200 t GOSE entsprechend 69 % der Weltproduktion. 10 000 t GOSE = 12,5 % entfielen auf Europa. Die wichtigsten Anwendungen in Europa sind SE-Magnete, Keramik, Wasserstoffspeicherlegierungen, Leuchtstoffe und Poliermittel [158].

Nachfolgend werden die wichtigsten Einsatzgebiete beschrieben.

Tab. 11 Anwendungsgebiete für SE-Materialien (%) [158]

|  | USA | Japan | China |
|---|---|---|---|
| Katalysatoren | 67 | 6 | 21 |
| Glas/Keramik | 11 | 49 | 11 |
| Metallurgie | 6 | – | 27 |
| Neue Materialien | 10 | 42 | 25 |
| darunter: | | | |
| – SE-Magnete | 8 | 20 | 18 |
| – Batterie-Legierungen | – | 14 | 3 |
| – Leuchtstoffe | 2 | 8 | 4 |
| Sonstige | 6 | 3 | 16 |

## 8.1
## Metallurgie

Der Einsatz der SE, insbesondere von Mischmetall, dient der Bindung von Sauerstoff, Schwefel, Stickstoff, Wasserstoff und einigen anderen Störelementen in geschmolzenen Metallen. Bei Stahl wird vor allem die Sulfidmorphologie beeinflusst, weil sich der Schwefel nicht als verformbare Mangansulfide, sondern als kugelförmige, nichtwalzbare SE-Sulfide bzw. SE-Oxidsulfide aus schmelzflüssigem Stahl ausscheidet. Beim Gusseisen mit Kugelgraphit binden die SE-Metalle neben Sauerstoff und Schwefel auch As, Sb, Sn, Bi und Pb, die die kugelförmige Ausscheidung des Kohlenstoffs beeinträchtigen. Bei Edelstählen wird die Bearbeitbarkeit verbessert. Bei Heizleiter- und Superlegierungen wird insbesondere durch Yttrium eine Verbesserung der Oxidationsbeständigkeit erreicht. Bei Magnesium- und Aluminiumlegierungen verbessern SE-Metalle die Zugfestigkeit und die Streckgrenze. Ähnliche Einflüsse zeigen sich bei Kupferlegierungen. Bei Titanlegierungen treten Kornfeinungseffekte auf. Die pyrophoren Eigenschaften der SE-Metalle werden in Legierungen mit Fe, Mg, Zn, Cu genutzt, die als Zündsteine für Feuerzeuge, aber auch für Munition, verwendet werden. Aus der Bindung von Sauerstoff, Wasserstoff und Stickstoff folgt die Verwendung als Getter.

## 8.2
## Magnetwerkstoffe

Hochwertige Permanentmagnete auf Basis $SmCo_5$ und $Sm_2Co_{17}$ und später $Nd_2Fe_{14}B$ besitzen außergewöhnliche magnetokristalline Anisotropie, starke Sättigungsmagnetisierung und hohe Curiepunkte. Sie finden Verwendung in Mikromotoren, Schrittmotoren und Magneten für Computer, Drucker, CD/DVD-Recorder, elektrische Uhren, Kfz-Ausstattung, Haushaltselektronik, Industrieroboter und vielen anderen Gebieten, da sie hohe spezifische Energiedichten zulassen und so zu drastischen Gewichtseinsparungen führen. Neue Pulver mit magnetischen Eigenschaften wurden entwickelt für CDs und DVDs.

Ab 1995 haben Tb-Fe-Legierungen, insbesondere Terfenol-D®, rasch zunehmende Bedeutung als hochmagnetostriktive Werkstoffe mit zahlreichen neuen Anwendungen gewonnen (Schallwandler/Sonar, Wandler für schwere Lasten, Ventilantriebe, Einspritzventile für Verbrennungsmotoren, Mikroantriebe u. a.) [166].

## 8.3
## Katalysatoren

Die katalytische Wirkung der SE-Verbindungen bei verschiedenen Reaktionen ergibt sich aus spezifischen Eigenschaften wie der Basizität, der Oberflächenstruktur, dem Magnetismus, der Sauerstoffbeweglichkeit im Gitter sowie der Möglichkeit von Wertigkeitsänderungen. Crack-Katalysatoren (FCC-Katalysatoren) auf der Basis synthetischer Zeolithe enthalten 1–5 % GOSE. Durch Ersatz von $Na^+$ in den Zeolithen durch $SE^{3+}$ wird die Stabilität der Zeolithstruktur und die Temperaturbeständigkeit der Katalysatoren verbessert [159]. Die SE werden als Chloride, Nitrate oder kolloidale Hydroxide eingesetzt. Die Katalysatoren führen beim Hydrocracken der schweren Heizöl-Fraktion zu einem höheren Anteil an Motorentreibstoffen.

Ceroxid wird in großem Umfange für Abgaskatalysatoren für benzinbetriebene Fahrzeuge eingesetzt [138, 160]. Diese Katalysatoren haben die Aufgabe, CO, unverbrannte Kohlenwasserstoffe und Stickoxide ($NO_x$) zu $CO_2$, $H_2O$ und $N_2$ umzusetzen. Die Katalysatoren bestehen aus Formkörpern aus Keramik oder Metall mit Honigwabenstruktur, wobei die innere Oberfläche der Katalysatormasse mit einem Gemisch aus Aluminiumoxid, Edelmetallen (Platin, Rhodium, Palladium) (s. auch Edelmetalle) und $CeO_2$ oder Ceroxid/Zirconiumoxid beschichtet ist. Ceroxid bewirkt im Katalysator die Stabilisierung der großen Oberfläche des $Al_2O_3$, beschleunigt die Reaktion $CO + H_2O \longrightarrow CO_2 + H_2$, wirkt als Sauerstoffspeicher und unterstützt die $NO_x$-Reduktionswirkung der Edelmetalle. Insbesondere verhindert Ceroxid das Sintern der Edelmetalle und damit das Absinken deren Aktivität. Ein Ceroxid/Zirconiumoxid-Produkt wird unter dem Markenzeichen ACTALYS für die Herstellung von Dreiwege-Katalysatoren eingesetzt [107]. Für das Anwendungsgebiet Abgaskatalysatoren wird in den Industrieländern ein großer Teil der jährlichen Cersalz-Produktion (> 6000 t) verbraucht. Im Zusammenhang mit dem zunehmenden Einsatz von Partikelfiltern in Diesel-Fahrzeugen wurden Additive auf Basis von organischen Cerverbindungen (Carboxylate, besonders Naphthenate) entwickelt, die eine effizientere Verbrennung im Motor und eine > 99 % Entfernung der Rußpartikeln ermöglichen [161, 162]. Ein derartiges Additiv ist unter dem Markenzeichen EOLYS® im Handel, wobei der Verbrauch für einem PKW mit einem Liter auf 100 000 km angegeben wird [107].

Einige SE, insbesondere Cer, verbessern die Wirksamkeit von Heterogen-Katalysatoren in der chemischen Industrie. Ein Alkali/Eisenoxid-Katalysator für die Produktion von Styrol aus Ethylbenzol wird verbessert durch Zusätze von Cercarbonat oder Ceroxid. Zusätze von Cer verbessern auch die Wirksamkeit von Katalysatoren bei verschiedenen anderen Prozessen (Ammoxidation von Propen zu Acrylnitril, Methanolsynthese aus CO und $H_2$, Methanisierung von CO und $CO_2$ im Synthesegas, Synthese von Ammoniak, Herstellung von Ethylen aus Erdgas u. a.).

Die Bedeutung und Anwendung von Organolanthanoiden als Katalysatoren für organische Synthesen, insbesondere Polymerisationsreaktionen, wurde bereits im Abschnitt 6.2 behandelt.

## 8.4
**Glas und Keramik** (s. auch Glas, Bd. 8, und Keramik, Bd. 8)

Die Verwendung von SE-Oxiden in der Glasindustrie ist vielfältig. Das farblose Lanthanoxid ist Bestandteil optischer Gläser und beeinflusst den Brechungsindex und die Transparenz. Solche optischen Gläser enthalten bis zu 40 % $La_2O_3$. Sie werden für Präzisionsoptiken (Mikroskope, Fernrohre, Kameraobjektive) eingesetzt. Zur Verhinderung der Rekristallisation derartiger Gläser werden Y- und Gd-Oxide zugesetzt.

Ceroxid dient als Oxidationsmittel bei der Entfärbung von Gläsern, wobei das stark färbende $Fe^{2+}$ zum fast farblosen $Fe^{3+}$ oxidiert wird. $Ce^{3+}$ und $Ce^{4+}$ besitzen starke Absorption im UV-Bereich. Ceroxid findet deshalb Verwendung als Bestandteil von farblosem Behälterglas für UV-lichtempfindliche Getränke und Lebensmittel und von Sonnenschutzgläsern. Der Einsatz in den Schirmteilen von Bildröhren dient zur Stabilisierung des Glases gegen die Verfärbung bei Einwirkung der energiereichen Elektronenstrahlen. Zusätze von Lanthanoxid zu Fluorid-Gläsern verbessern die Durchlässigkeit im IR. Gläser mit Gehalten an Praseodym, Neodym, Samarium absorbieren dagegen IR-Strahlen und sind durchlässig im sichtbaren Bereich des Spektrums. Vielfältig ist die Anwendung von Ceroxid mit unterschiedlicher Reinheit, Kornverteilung und Härte für das Polieren von Glasoberflächen (Spiegeln, Kameralinsen, Teleskop- und Mikroskoplinsen, Präzisionsoptik, Schirmteilen von Bildröhren, LCD-Monitoren, Brillengläsern, u.a.) und Elektronik-Komponenten. Cer(IV)salze werden als Ätzmittel bei der Herstellung von LCD-Monitoren benötigt. Neodymoxid dient oft zusammen mit Praseodymoxid zum Färben von Gläsern für Sonnenbrillen sowie von kunstgewerblichen Gläsern. Wegen der sehr schmalen Absorptionsbanden des Neodyms weisen diese Gläser bei Tageslicht und Kunstlicht unterschiedliche Farbtöne auf.

Nd- und Er-Oxide sind auch aktive Bestandteile von Glas-Lasern. Er-Oxid wird für Glasfaserkabel benötigt. In der keramischen Industrie werden die Oxide als hochtemperaturbeständiges Material eingesetzt. Cersulfid (CeS) wird verwendet zur Herstellung von feuerfesten Tiegeln für sehr hohe Temperaturen bei Ausschluss von Sauerstoff. Praseodymoxid wird in geringen Mengen im Zirconiumsilicat-Kristallgitter bei der Bildung aus Zirconiumoxid und Kieselsäure so eingebaut, dass ein feuerfester, bis 1400 °C beständiger, zitronengelber Farbkörper entsteht, der weite Verwendung in keramischen Erzeugnissen findet. Yttriumoxid dient zur Stabilisierung von Zirconiumoxid bei der Herstellung von hochwertigen Feuerfest-Materialien. Mit Yttriumoxid stabilisierte Zirconiumoxide können vorteilhaft als Werkstoffe für Metallschmelztiegel benutzt werden, da sie vom Metall nicht benetzt werden. Ein mit 7 % Yttriumoxid stabilisiertes Zirconiumoxid wird für künstliche Edelsteine verarbeitet. Yttriumoxid wird auch verwendet als Sinterhilfsmittel bei der Herstellung von Konstruktionskeramik auf Basis Siliciumnitrid.

## 8.5
**Elektronik und Leuchtstoffe**

Die Verwendung von SE-Oxiden für Leuchtstoffe beruht auf der Aussendung sichtbarer Strahlung definierter Wellenlänge bei Anregung mit elektromagnetischer oder Korpuskularstrahlung, wobei die $SE^{3+}$ entweder direkt angeregt werden oder die Anregung durch einen Energietransfer über die Ionen des Wirtsgitters auf den Aktivator erfolgt [163]. Hierfür sind in erster Linie die Elektronenübergänge innerhalb der weitgehend abgeschirmten 4f-Schale verantwortlich. Für Rot-Leuchtstoffe in Farbbildröhren (CRT) sind Wirtsgitter von $Y_2O_3$, $Y_2O_2S$ und $YVO_4$ mit $Eu^{3+}$ als Aktivator entwickelt worden. Leuchtstoffe mit Y, Eu, Tb, Ce werden auch für Flachbildschirme und Plasmabildschirme benötigt.

Für Niederdruck-Quecksilberdampf-Entladungslampen (Leuchtstoffröhren) werden Gemische von Halophosphaten ($Ca_5(PO_4)_3Cl$) mit Rotleuchtstoff $Y_2O_3 : Eu^{3+}$, Grünleuchtstoff $(Ce,Tb)MgAl_{11}O_{19}$ und Blauleuchtstoff $BaMg_2Al_{16}O_{27} : Eu^{3+}$ verwendet. Hochdruck-Quecksilberdampf-Entladungslampen enthalten $YVO_4 : Tm^{3+}$ oder $Y_3Al_5O_{12} : Ce^{3+}$. Für Röntgenverstärkerfolien ist $LaOBr : Tb^{3+}$ im Einsatz, womit die Expositionszeit und die Empfindlichkeit bei der Röntgendiagnose verbessert wird. $Yb^{3+}$-$Er^{3+}$ aktivierte $La_2O_2S$- bzw. $LaF_3$-Leuchtstoffe sind anregbar durch Infrarot-Strahlung unter Aussendung sichtbaren Lichtes, wobei $Yb^{3+}$ als Sensibilisator und $Eu^{3+}$ als Aktivator wirken. Mit $Ce^{3+}$ aktivierte Aluminate und Phosphate weisen eine besonders für Lichtpunkt-Abtastgeräte geeignete äußerst kurze Abklingzeit der Lumineszenz auf.

SE-Verbindungen haben eine Reihe anderer Anwendungen in der elektronischen Industrie gefunden. Hervorzuheben sind u. a. Zusätze von Oxiden zu keramischen Dielektrika, wie Bariumtitanat, Bleizirconat-Bleititanat. Durch diese Zusätze wird die Alterungsbeständigkeit erhöht, die Temperaturabhängigkeit der Dielektrizitätskonstante vermindert bzw. ein negativer Temperaturkoeffizient erreicht. Außerdem werden enge Toleranzen und eine Miniaturisierung möglich. Poly- oder auch monokristalline Orthoferrite (Yttrium/Eisen-Granate = YIG) oder Aluminate (Yttrium/Aluminium-Granate = YAG) dienen zur exakten Frequenzsteuerung in Schwingkreisen. Gadolinium/Gallium-Granate ($Gd_3Ga_5O_{12}$) dienen in Form von magnetischen Blasenspeichern zum Speichern von Informationen auf kleinstem Raum. Boride, vor allem $LaB_6$, haben sich als Emissionselektroden bewährt. Sie weisen eine besonders niedrige Austrittsarbeit für Elektronen auf. Einkristalle von Cerfluorid werden eingesetzt als Szintillatoren für den Nachweis von energiereicher Strahlung [164].

## 8.6
**Energietechnik**

Wegen der hohen Einfangsquerschnitte für thermische Neutronen eignen sich Eu, Sm, Dy und Gd für Regelstäbe in Kernreaktoren und zum Schutz vor Neutronenstrahlung. Aus Kostengründen und wegen der Verfügbarkeit beschränkt sich die Anwendung vorwiegend auf Gadolinium. Der Einsatz erfolgt in oxidischer Form, auch zusammen mit anderen keramischen Oxiden, u. a. dispergiert in Edelstahl. Dieses Absorptionsvermögen für thermische Neutronen hat auch zu einer Verwendung als Strahlenschutzkeramik geführt.

$LaNi_5$ hat die Fähigkeit zur Aufnahme von Wasserstoff und kann daher als Hydridspeicher genutzt werden. Dieses System hat einen relativ niedrigen Gleichgewichtsdruck, bei dem es Wasserstoff aufnimmt und reversibel bei Erwärmen oder geringer Erniedrigung des Druckes wieder abgibt. Das Lanthan in der Legierung kann teilweise durch Cer, Neodym oder Praseodym ersetzt werden, das Nickel teilweise durch Mangan ($La(Ni_{4,6} Mn_{0,4})$) und andere Nebengruppenmetalle.

Wiederaufladbare NiMH-Batterien, bei denen die Kathode aus einer Wasserstoffspeicherlegierung auf Basis $LaNi_5$ oder $LaSE_5$ besteht, haben eine etwa 1,5fach höhere Kapazität und längere Lebensdauer als Nickel-Cadmium-Batterien und finden immer breitere Anwendung in Mobiltelefonen, Notebooks und tragbaren Elektrogeräten und -werkzeugen. Das Cd in konventionellen aufladbaren Batterien wird durch die SE-Legierung ersetzt.

Mit Yttrium- oder Ceroxid stabilisierte Zirconiumoxide werden bei Temperaturen von 400–1000 °C elektrisch leitfähig. Derartige Feststoffelektrolyte finden Verwendung in oxidkeramischen Brennstoffzellen (Solid Oxide Fuel Cells, SOFC) und in der Lambda-Sonde, einem System zur Optimierung des Kraftstoff/Luft-Verhältnisses bei Verbrennungsmotoren. Oxide von La, Y und Ce mit Ni, Co, Zn oder Cr werden als Elektroden in SOFC eingesetzt.

## 8.7
### Landwirtschaft

In China wurde 1972 mit Untersuchungen über die Anwendung von SE-Salzen und Komplexverbindungen in der Landwirtschaft begonnen. Es wurden dort beachtliche Ertragssteigerungen bei verschiedenen Kulturen erzielt. Durch Zusatz von SE-Salzen (Salze der Ascorbinsäure, SE-Citrate, SE-Chloride) als Zusätze zu Tierfutter wurden rascheres Wachstum und verringerte Verluste bei der Aufzucht von Geflügel, Schweinen, Fischen und anderen Tierarten erreicht [41, 42, 45, 46].

In China wurden 2003 Düngemittel mit Gehalten an SE-Salzen auf 33 350 km² landwirtschaftlichen Nutzfläche eingesetzt. Bis zum Jahr 2005 sollte die behandelte Fläche auf das Vierfache erweitert werden, wofür 5200 t GOSE in Form von verschiedenen SE-Salzen benötigt werden [60]. Angewandt werden Lösungen für die Blattdüngung. In zunehmenden Umfange werden SE-Salze (insbesondere Nitrate) in konventionelle N- oder NPK-Düngemittel, insbesondere Düngemittel auf Basis Ammoniumbicarbonat, eingearbeitet. Für die Erzielung von Effekten sollen schon sehr kleine Mengen von SE-Salzen ausreichen (entsprechend 0,5–0,7 kg GOSE pro Hektar). Die chinesischen Ergebnisse bei der Düngung konnten unter den Bedingungen in Europa bisher nicht voll reproduziert werden [42]. Dagegen wurde die Wirkung in der Tierernährung grundsätzlich bestätigt [43, 44].

## 8.8
### Sonstige Anwendungen

Eine Palette von roten bis gelben Farbpigmenten auf Basis von SE-Sulfiden, insbesondere $Ce_2S_3$, für das Einfärben von Polymerwerkstoffen und Lacken wurde von Rhodia 1997 entwickelt und wird unter dem Markenzeichen NEOLOR gehandelt. Damit können Pigmente mit Gehalten an Cd ersetzt werden [107]. Als Additive für Polymerwerkstoffe zur Verbesserung von UV-Stabilität, Wärmebeständigkeit und Flammschutz werden Oxide, Hydroxide, Stearate, Octanoate von Ce, Gd, Y, u. a. als Nanopulver empfohlen [107]. Lösungen von SE-Salzen (Chloride, Nitrate, Sulfate, Lactate) sollen sich als Holzschutzmittel durch Druckimprägnierung eignen [164]. SE-Fluoride werden für Hochtemperaturschmiermittel [165], in Lichtbogenkohlen für Scheinwerfer zur Verbesserung der Lichtausbeute und in der Dentalkeramik eingesetzt.

# 9 Literatur

1. *Winnacker-Küchler*, 4. Aufl., Bd. 2, S. 678–707.
2. K. A. Gschneidner, Jr., L. Roy Eyring (Hrsg.): *Handbook on the Physics and Chemistry of the Rare Earths*, Vol. 1–Vol. 33, Elsevier North-Holland, Amsterdam-New York-Oxford, **1978–2003**.
3. J. McGill, *Rare Earths Metals*, in F. Habashi (Hrsg.), *Handbook of Extractive Metallurgy*, Vol. III, 1695–1760, Wiley-VCH, Weinheim–New York, **1997**.
4. *Ullmann's* 6$^{th}$ Ed.: Rare Earth Elements, Wiley-VCH, Weinheim–New York, Electronic Release **2002**.
5. *Gmelin*, Sc, Y, La-Lu Seltenerdelemente, Teil B1, Geschichte, Stellung im Periodensystem, Trennung aus Rohmaterial (1976).
6. *Gmelin*, Sc, Y, La-Lu Seltenerdelemente, Teil B2, Trennung der Seltenen Erden voneinander, Herstellung reiner Metalle, Verwendung, Toxikologie (1976).
7. F. H. Spedding, A. H. Daane (Hrsg.): *The Rare Earths*, Wiley, New York–London, **1961**.
8. H. Richter: *Seltene Erden*, in: F. Matthes, G. Wehner (Hrsg.): *Anorganisch-technische Verfahren*, 973–1006, VEB Deutscher Verlag für Grundstoffindustrie, Leipzig, **1964**.
9. N. E. Topp: *Chemistry of the Rare-Earth Elements*, Elsevier Publishing Company, Amsterdam–London–New York, **1965**.
10. L. R. Eyring (Hrsg.): *Progress in the Science and Technology of the Rare Earths*, Pergamon Press, Oxford–London–New York–Paris, **1964–1968**.
11. K. A. Gschneidner, Jr. (Hrsg.): *Industrial Application of Rare Earth Elements*, ACS Symposium Series 164, American Chemical Society, Washington D. C., **1981**.
12. *The Rhone-Poulenc Rare Earth Reminder*, Rhone-Poulenc Specialites Chimiques R. P./S. C./P. M.84/39/03, Courbevoie, **1984**.
13. A. I. Michailičenko, E. B. Michlin, Ju. B. Patrikejev: *Seltenerdmetalle* (russ.), Isd. Metallurgija, Moskva, **1987**.
14. K. A. Gschneidner Jr., J. Capellen: *1787–1987 Two Hundred Years of Rare Earths*, Paper IS-RIC 10, Rare Earths Information Center, Iowa State University, Ames, Iowa, **1987**.
15. T. K. Gupta, N. Krishnamurthy: Extractive Metallurgy of Rare Earths. Int. Mater. Rev. **1992**, 37 (5), 197–246.
16. Yu Zongsen, Chen Mingbo (Hrsg.): *Rare Earth Elements and Their Application*, Metallurgical Industry Press, Beijing, **1995**.
17. T. K. S. Murthy, T. K. Mukherjee: *Rare Earth Occurences, Production and Application*, Report S 063, Technology Information, Forecasting and Assessment Council (TIFAC), New Delhi, **2002**.
18. G. J. Orris, R. I. Grauch: *Rare Earth Element Mines, Deposits, and Occurrences*, USGS Open File Report 02–189, 1–187, **2002**.
19. R. C. Vickery, *Chemistry of the Lanthanons*, Academic Press Inc. Publishers, New York, Butterworth Scientific Publications, London, **1953**.
20. R. J. Callow: *The Industrial Chemistry of the Lanthanons, Yttrium, Thorium and Uranium*, Pergamon Press, Oxford–London–Edinburgh–New York–Toronto–Sydney, Paris–Braunschweig, **1967**.
21. C. H. Evans: *Biochemistry of the Lanthanides*, Plenum Press, New York–London, **1990**, S. 339–389.
22. F. Habashi: *The Recovery of Lanthanides from Phosphate Rock*. J. Chem. Technol. Biotechnol. **1985**, 35A, 5–14.
23. B. T. Kilbourn: *A. Lanthanide Lanthology Part I, A–L, Part II, M–Z*, Molycorp Inc., White Plains, **1993/1994**.
24. R. C. Vickery, *Chemistry of Yttrium and Scandium*, Pergamon Press, Oxford–London–New York–Paris, **1960**.
25. F. Trombe, J. Loriers, F. Gaume-Mahn, Ch. Henry La Blanchetais, *Scandium, Yttrium, Elémentes des Terres Rares*, in P. Pascal (Hrsg.): *Nouveau Traité de Chimie Minerale*, Bd. VIII, Teil 1 + 2, Masson, Paris, **1959**.
26. C. T. Horovitz: *Biochemistry of Scandium and Yttrium, Part 2: Biochemistry and Ap-*

*plications*, Kluwer Academic, New York–Boston, **2000**.

27 J. A. Marinsky, L. E. Glendenin, C. D. Coryell: *The Chemical Identification of Radioisotopes of Neodymium and of Element 61*. J. Am. Chem. Soc. **1947**, 69, 2781–85.

28 O. Erämetsä: *Separation of Promethium from a Natural Lanthanide Mixture*. Acta Polytech. Scand. **1965**, 37, 1–25.

29 E. V. Kleber, B. Love: *Technology of Scandium, Yttrium and the Rare Earth Metals*, Pergamon Press, Oxford–London–New York- Paris, **1963**.

30 *Ullmann's*, 6th Ed.: Cerium Mischmetal, Cerium Alloys, and Cerium Compounds Wiley-VCH, Weinheim-New York, Electronic Release **2002**.

31 W. Fresenius, G. Jander (Hrsg.): *Handbuch der Analytischen Chemie. Elemente der dritten Hauptgruppe, Teil II und der dritten Nebengruppe*. Bd. III $\alpha\beta$/IIIb, 163–414, Springer, Berlin-Göttingen-Heidelberg, **1956**.

32 M. M. Woyski, R. E. Harris: *The Rare Earths*, in I. M. Kolthoff, P. J. Elving (Hrsg.): *Treatise on Analytical Chemistry*, II, Vol. 8, Interscience Publishers, New York-London, **1963**, S. 1–146.

33 J. W. O'Laughlin: *Chemical Spectrophotometric and Polarographic Methods*, in [2], Vol. 4-II, 341–358, **1979**.

34 S. R. Taylor: *Trace Element Analysis of Rare Earth Elements by Spark Source Mass Spectrometry*, in [2], Vol. 4-II, 359–404, **1979**.

35 E. L. De Kalb, A. V. Fassel: *Optical Atomic Emission and Absorption Methods*, in [2], Vol. 4-II, 405–440, **1979**.

36 F. W. V. Boynton: *Neutron Activation Analysis*, in: [2], Vol. 4-II, 456–470, **1979**.

37 P. H. Brown, A. H. Rathjen, R. D. Graham, D. E. Tribe: *Rare Earth Elements in Biological Systems*. in [2], Vol.13, 423–453, **1990**.

38 H. Wald, V. A. Mode: *Review on the Literature on the Toxicity of Rare-Earth Metals as it Pertains to the Engineering Demonstration System Surrogate Testing*. Rev.1, Lawrence Livermore National Laboratory, Report UCID-21823-REV.1, **1990** (NTIS DE90008049).

39 T. J. Haley: *Toxicity*, in [2], Vol. 4, 40, 553–585, **1980**.

40 P. Arvela: *Toxicity of Rare Earths*, Progress in Pharmacology 2, 71–114, Stuttgart, 1979.

41 Wang Shumao, Zheng Wee: *The Developing Technology of Rare Earth Application on Agriculture and Biological Field in China*, in Yu Zongsen, Yan Chunhua et al. (Hrsg.): Proceedings of the 4$^{th}$ International Conference on Rare Earth Development and Application, June 16–18, 2001, Metallurgy Industry Press, Beijing, **2001**], S. 237–240.

42 Z. Hu, H. Richter. G. Sparovek, E. Schnug: *Physiological and Biochemical Effects of Rare Earth Elements on Plants and their Agriculture Significance: A Review*. J. Plant Nutr. **2004**, 12 (1), 183–220.

43 S. Schuller, C. Borger, M. L. He, R. Henkelmann, A. Jadamus, O. Simon, W. Rambeck: *Untersuchungen zur Wirkung Seltener Erden als mögliche Alternative zu Leistungsförderern bei Schweinen und Geflügel*. Berl. Münch. Tierärztl. Wochenschrift **115**, 16–23, Blackwell Wissenschaftsverlag, Berlin, **2002**.

44 E. Zehentmayer AG: $^{®}$*Lancer 500*, Firmenschrift 2004, www.lanthanoide.info.

45 Xiong Bingkun, Zheng Wei: *Application of Rare Earth in Agriculture – the Main Pillar of Development of Rare Earth Industry in China*, in Yu Zongsen (Hrsg.): Forum on Rare Earth Technology and Trade, Oct. 5–7, 1998, The Chinese Society of Rare Earths, Beijing, **1998**, S. 68–70.

46 Xiong Bingkun: *Application of Rare Earths in Chinese Agriculture and their Perspective of Development*, Proceedings of Rare Earths in Agriculture Seminar, Canberra, 20.09.1995, 5–10, Australian Academy of Technological Sciences, **1995**.

47 B. A. Murrer, N. A. Powell: *Pharmaceutical Composition Containing Selected Lanthanum Carbonate Hydrates*, US Pat. 5 968 976 (1996).

48 F. Locatelli, M. Dàmico, G. Pontoriero: *Lanthanum Carbonate Shire*. IDrugs **2003**, 6, 7, 688–695.

49 Liu Hongzhong: *Radioactivity and Toxicity of Rare Earths*, in [16], 278–286, **1995**.

50 J. B. Hedrick: *Rare Earths, Yttrium*, U. S. Geological Survey, Mineral Commodity Summaries, 132–133, 188–189, January **2004**.

51 Hou Zonglin: *Superiority and Development Strategy of the Chinese REE Resource*, in Yu Zongsen, Yan Chunhua et al. (Hrsg.): Proceedings of the 4$^{th}$ International Conference on Rare Earth Development and Application, June 16–18, 2001, Metallurgy Industry Press, Beijing, **2001**, 6–9,.

52 L. A. Clark, S. Zheng: *China's Rare Earth Potential, Industry and Policy*, in B. Siribumrungsukha, S. Arrykul, P. Sanguansai, T. Pungrassami, L. Sikong, K. Kooptarnond (Hrsg.): *Rare Earth Minerals and Minerals for Electronic Uses*, Trans Tech Publications, Switzerland, Germany, UK, USA, **1991**, S. 577–601.

53 R. K. A. Taylor: *The Availibility of Resources to Meet Future Demand for Yttrium*, Paper presented at Joint TMS-AusIMM Rare Earths Symposium, San Diego, 2–4 March, *1992*.

54 Anon.: *Rare Earths, The Lean and Hungry Industry*. C & EN special report, Chem. Eng. News **1965**, *43* (*19*), 78–92.

55 R. A. Labine: *A Forest of Ion Exchange Columns for Mass Production of Pure Rare Earths*. Chem. Eng. **1959**, July 27, 104–107.

56 W. K. Anderson, J. S. Theilacker: *Neutron Absorber Materials for Reactor Control*, Naval Reactors, Division of Reactor Development, USAEC **1962**.

57 B. Haxel, J. B. Hedrick, G. J. Orris: *Rare Earth Elements-Critical Resources for High Technology*, U. S. Geological Survey, Fact Sheet 087-2, **2002**.

58 C. A. Di Francesco, J. B. Hedrick: *Rare Earth Statistics*, U. S. Geological Survey, USGS Open-File Report 01-006, **2002**.

59 Anon.: *Current Status and Trends on NdFeB Magnetic Materials*, China Rare Earth Information, 9, 3, 1–3, CREIC, Baotou, **2003**.

60 Anon.: *Chinese Consumption Continues to Increase in 3 Years*, China Rare Earth Information, 9, 1, 2–3, CREIC, Baotou, **2003**.

61 J. B. Hedrick: *Rare Earths*, U. S. Geological Survey Minerals Yearbook, **2002**.

62 Roskill Information Service Ltd.: *The Economics of Rare Earths*, 12$^{th}$ edition, London 2004, www.roskill.com.reports.

63 Trade Tech: *Market Prices for Rare Earths and Specialty Metals*. Elements-Rare Earths, Specialty Metals and Applied Technology **1999**, *8* (*12*).

64 Hefa Rare Earths Canada Co. Ltd.: *RE Prices 2004*, Baotou, 2004 www.baotou-rare-earth.com.

65 W. D. Jackson, G. Christiansen: *International Strategic Minerals Inventory Summary Report – Rare Earth Oxides*, U. S. Geological Survey Circular 930-N, **1993**.

66 D. J. Kingsnorth, K. Harris-Rees: *Chinese Rare Earths. The Dragon has entered*. Industrial Minerals **1993**, July, 45–49.

67 Li Deqian: *Progress in Separation Processes of Rare Earths*, in Yu Zongsen, Yan Chunhua et al. (Hrsg.): Proceedings of the 4$^{th}$ International Conference on Rare Earth Development and Application, June 16–18, 2001, Metallurgy Industry Press, Beijing, **2001**, 11–20.

68 G. Merker, L. Lesch, H. Richter: *Geologische Aufbereitungsmöglichkeiten des Seltene Erden-Erzes von Dong Pao, Vietnam*. Erzmetall **1991**, *44* (*9*), 452–457.

69 Dinh Van Dzien: *Rare Earth Deposits, Geology and Mineral Resources of Vietnam*, Vol. 1, 144–147, General Department of Mines and Geology, SR Vietnam, **1990**.

70 P. R. Kruesi, G. Duker: *Production of Rare Earth Chloride from Bastnasite*. J. Metals **1965**, *17* (*8*), 847–849.

71 H. Richter: *Analysen von Seltenerd-Rohstoffen*, Unveröffentlichter Bericht, Wittenberg-Piesteritz 1966.

72 Pui-Kwan Tse: *The Mineral Industry of North Korea*, US Geological Survey Minerals Yearbook, 14.1–14.3 **2003**.

73 V. D. Kosynkin, S. D. Moisejev, C. H. Peterson, B. V. Nikipelov: *Rare Earths Industry of today in the Commonwealth of Independent States*. J. Alloys Compd. **1992**, *192*, 118–120.

74 V. N. Lebedev, E. P. Lokshin, V. A. Masloboev, R. B. Dozorova, E. B. Mikhlin: *Raw Material Sources of Rare Earth Metals in Russia and Problems of*

75 Yan Chunhua, Liao Chunsheng, Wang Jianfang, Jia Jingtao, Zhang Yawen, Li Biaoguo, Xu Guangxian: *The Separation Process of Main Minerals in China*, in Xu Guangxian et al. (Hrsg.) *Proceedings of the 3$^{rd}$ International Conference on Rare Earth Development and Application, Baotou August 21–25, 1995*, Metallurgical Industry Press, Beijing, **1995**, S. 16–23.

76 V. Korpusov: *Extraktionsmethoden zur Trennung der Seltenerdelemente* (russ.) 5. Diskussionstagung der AG Chemische Technologie, Magdeburg, 28.04.**1981**.

77 V. A. Maslobojev, I. P. Smirnova, V. I. Belokosokov, L. A. Popova, V. N. Lebed, E. N. Malnazkaja, R. P. Serkova, S. D. Sannikova, *Komplexe Verarbeitung von Apatit der Kola-Halbinsel*, in D. L. Motov (Hrsg.): *Physikochemische und Technologische Forschungen zur Verarbeitung von mineralischen Rohstoffen*, AN SSSR, ICHTREMS, Apatiti **1989**, 59–63 (in russisch).

78 Anon.: *Winning phosphate from low grade rock and mining wastes*. Phosphorus & Potassium **1990**, *169*, Sept.–October, 28–36.

79 C. J. Baroch, M. Smutz, E. Olson: *Processing California Bastnasite Ore*. Mining Eng. **1959**, *11*, 315–319.

80 Anon.: *MOLYCORP: Europium Need Speedily Satisfied*. Chem. Eng. 1967, Nov. 20, 122–123.

81 Xiong Jiaqui, Yan Jungxi: *Rare Earth Mineral Processing*, in [16], 43–60, **1995**.

82 K. A. Gschneidner: *Rare Earths in the Electronics Industry*, in D. J. Ando, M. G. Pellatti (Hrsg.): *Fine Chemical for Electronics Industry II: Chemical Applications for the 1990's*, Royal Society of Chemistry, Science Park, Cambridge, **1991**, 63–94.

83 K. J. Bril: *Mass Extraction and Separation*, in [10], I, 30–61, **1964**.

84 Molycorp Inc., www.molycorp.com.

85 Gansu Rare Earth Group Co., Ltd.: *Brand Panda RE Products Series*, Firmenschrift, Bayin, China, **2002**.

86 W. Brugger, E. Greinacher: *Ein Aufschlussverfahren für Erze der Seltenen Erden durch Chlorierung*. Goldschmidt informiert 1/69 (6), 8–12, Essen, **1969**.

87 J. Kaczmarek: *Discovery and Commercial Separation*, in [11], 135–166, **1981**.

88 Société de Produits Chimiques des Terres Rares, *Traitement de la Monazite*, FR Pat. 995 112 (1949).

89 A. E. Bearse, G. D. Calkins, J. W. Clegg: Thorium and Rare Earths from Monazite. Chem Eng. Prog. **1954**, *50*, 235.

90 C. R. Phillips, Y. C. Poon: Status and Future Possibilities for the Recovery of Uranium, Thorium and Rare Earths from Canadian Ores. Minerals Sci. Eng. **1980**, *12* (2), 53–72.

91 J. S. Preston et al.: The Recovery of Rare Earths from a Phosphoric Acid By-Product, Part 1–4. Hydrometallurgy **1996**, *41*, 1–19, 21–44; *42*, 131–149, 151–167.

92 K. R. N. Hansen, R. E. G. Robinson: *Recovery of Rare Earths Metals in Manufacture of Phosphoric Acid*, ZA Pat. 8 904 878 (1990).

93 A. W. Al-Shawi, S. E. Engdal, O. B. Jenssen, T. R. Jorgensen, M. Rosaeg: *The Integrated Recovery of Rare Earths from Apatite in the ODDA Process of Fertilizer Production by Solvent Extraction, A Plant Experience*, ISEC 2002 International Solvent Extraction Conference, Cape Town, South Africa, March 18–21, **2002**.
*Proceedings of the International Solvent Extraction Conference*, ISEC 2002, Cape Town, South Afrika 17–21.03.02; Ed.: K.C. Sole, M. Cole. J.S. Preston and D.J. Robinson, Chris van Rensburg Publications (Pty) Ltd, Melville South Africa; Vol. 2, p. 1064–1069.

94 F. Habashi, F. T. Awadalla, M. Zailaf: *The Recovery of Uranium and the Lanthanides from Phosphate Rock*. J. Chem. Technol. Biotechnol. **1986**, *36*, 259–266.

95 F. T. Bunus, J. Miu, D. Filip, E. Pincovschi: *Uranium and Rare Earth Recovery from Phosphonitric Solutions*. Science and Technology of Environmental Protection **1995**, *2*, 24–33.

96 A. I. Pantelica, M. N. Salagean, I. I. Georgescu, E. T. Pincovschi: *INNA of some Phosphates used in Fertilizer Industry*. J. Radioanal. Nucl. Chem. 1997, *216* (2), 261–264.

97 A. L. Goldinov, B. A. Kopilev, O. B. Abramov, B. A. Dmitrevski: *Komplexe Salpetersäure-Aufarbeitung von Phosphat-Rohstoffen* (russ.), Isd. Chimija, Leningrad, **1982**.

98 A. I. Michailičenko, V. G. Kazak: *Complex Processing of Apatite Concentrate*. Ekologija i Promyshlenost Rossija **2001**, *3*, 12–14 (russ.).

99 F. A. Schmidt, D. T. Peterson, T. J. Wheelock, J. Richard: *Rare Earth-Transition-Metal Alloy Scrap Treatment Method*, EP Pat. 0 467 180 (1991).

100 P. Greenberg: *Neodymium Recovery Process*, US Pat. 5 362 459 (1994).

101 Join-Line Industries Inc., Changsha, Hunan, China, *Recycling*, Firmenschrift **1998**.

102 K. O. Tiltmann, A. Schüren: *Recyclingpraxis Elektronik*, TÜV Rheinland **1994**.

103 V. Scherer, J. Eger: *Aufarbeitung von Entladungslampen*. Technisch-Wissenschaftliche Abhandlungen der Osram-Gesellschaft **1986**, *12*, 455–461, Springer Verlag, Berlin–Heidelberg–New York–Tokyo.

104 E. Gock, J. Kähler, B. Schimrosczyk, U. Waldek: *Verfahren zum Recycling von Dreibanden-Leuchtstoffen*, DE Pat. 19 918 793.2 (1999).

105 K. H. Radeke, V. Riedel, P. Kussin, H. Richter, B. Reimer: *Verfahren zur Wiederaufbereitung quecksilber- und phosphathaltiger Seltenerdleuchtstoffgemische*, DE Pat. 19 617 942 (1997).

106 H. Richter: *Recovery of Rare Earths from Trichromatic Fluorescent Lamps*, in Yu Zongsen (Hrsg.): *Forum on Rare Earth Technology and Trade*, Oct. 5–7, **1998**, The Chinese Society of Rare Earths, Beijing, **1998**, S. 45–47.

107 Rhodia Electronics and Catalysis, www.rhodia-ec.com.

108 K. Kleinsorge, U. Koehler, A. Bouvier, A. Foelzer: *Rückgewinnung von Metallen aus verbrauchten Nickel-Metallhydrid-Batterien*, DE Pat. 4 445 495 (1995).

109 P. Zhang, T. Yokoyama, O. Itabashi, Y. Wakui, T. Suzuki, K. Inoue (Japan Science and Technology Co.): *Recovery of Metal Values from Spent Nickel Metal Hydride Rechargeable Batteries*. J. Power Sources **1999**, 77 (*2*), 116–122.

110 L. A. Terziev, L. N. Minkova, D. S. Todorowsky: *Regeneration of Waste Rare Earth Oxides Based Polishing Materials*. Bulg. Chem. Comm. **1997**, *29*, 274–284.

111 B. Dušek, M. Matušek: *Reclamation of Cerium in the Dioxide Form from Spent Polishing Powders*. Sbornik Vysoke školy chemicko-technologickè v Praze **1988**, *B 33*, 83–86.

112 R. W. Johnson, E. H. Olson: *Separation of Cerium from Other Rare Earths by Ignition of the Nitrates*, US AEC Report ISC-1069, **1958**.

113 C. G. Brown, L. G. Sherrington: *Solvent Extraction Used in Industrial Separation of Rare Earths*. Chem. Tech. Biotechnol. **1979**, *29*, 193–209.

114 H. Richter, A. Krause, H. Siems, I. Indrischek: *Verfahren zur Herstellung von reinem Europiumoxid*, DD Pat. 298 762 (1990).

115 Molybdenum Corporation of America, *Verfahren zur Extraktion von Europium aus Lösungen von Seltenerdmetallen*, DE Pat. 1 533 109 (1966).

116 W. L. Johnson, L. L. Quill, F. Daniels: *Rare Earth Separation developed on Manhattan Project*. Chem. Eng. News **1947**, *25*, 2494.

117 F. H. Spedding: *Fortschritte in der Chemie der Seltenen Erden*. Prakt. Chemie (Wien) **1958**, 9 (*11*), 393–402.

118 J. E. Powell: *Separation Chemistry*, in [2], Vol. 3–1, 81–109, **1978**.

119 R. Bautista: *Separation Chemistry*, in [2], Vol. 21, 1–27, **1995**.

120 R. Bock, E. Bock: *Verfahren zur Gewinnung von Cer(IV)nitrat*, DE Pat. 825 395 (1949).

121 J. C. Warf: *Extraction Process for Cerium*, US Pat. 2 564 241 (1949); US Pat. 2 523 892 (1949).

122 W. Fischer, W. Dietz, O. Jübermann: *Ein neues Verfahren zur Trennung der Seltenen Erden*, DE Pat. 752 865 (1937); *Über die Trennung von Seltenen Erden durch Verteilen zwischen zwei Lösungsmitteln*. Angew. Chem. **1954**, *66* (*12*), 317–325.

123 D. F. Peppard: *Fractionation of Rare Earths by Liquid-Liquid-Extraction using Phosphorus based Extractants*, in [10], 89–109, **1964**.

124 Yan Chunhua, Liao Chunsheng, Jia Jingtao, Wang Mingwen, Li Biaoguo:

*Comparison of Economical and Technical Indices on Rare Earth Separation Processs of Bastnasite by Solvent Extraction*, Journal of Rare Earths (Beijing) **1999**, *17 (1)*, 58–63.

125 C. H. Trimble, D. R. Strott: *Yttrium Purification Process*, US Pat. 3 640 678, (1970), Molybdenum Corp.

126 W. Fischer, F. Schmit:t *Verfahren zur Trennung des Yttriums von den Elementen Lanthan bis Lutetium durch Verteilen ihrer Thiocyanate*, DE Pat. 1 592 120 (1967), Th. Goldschmidt AG.

127 J. R. Gump, T. K. Kim, R. E. Long: *Yttrium Purification*, US Pat. 3 702 233 (1971), GTE Sylvania.

128 B. Gaudernack, B. Hannestad, I. Hundere: *Process for Separating of Yttrium Values from the Lanthanides*, US Pat. 3 751 553 (1973); US Pat. 3 821 352 (1974).

129 Shanghai Rare Earth Chemical Ltd.: *Series Products of Solvent Extraction*, Firmenschrift, Shanghai, **2004**.

130 Infomine Research Group Ltd: *Rare-Earth Elements in the CIS*, www.infomine.ru, **2003**.

131 A. Abramov, A. I. Drygin, A. I. Michailičenko: *Verfahren zum Isolieren von Yttrium aus Seltenerdmetallen*, DE Pat. 2 708 687 (1977).

132 Xiong Weici, Wang Xiaoqeng, Li Deqian: *Preparation of Rare Earth Alloys and High Purity Compounds*, in [16] 99–137, **1995**.

133 Jianzhuang Jiang, Tetsuya Ozaki, Ken-ichi Machida, Gin-ya Adachi: *Separation and Recovery of Rare Earths via a Dry Chemical Vapor Transport Based on Halide Gaseous Complexes.* J. Alloys Compd. **1997**, *260 (1–2)*, 222–235.

134 G. Riedel, S. Gaus: *Keramische Supraleiter an der Jahrtausendwende*, Teil I: *Übersicht, Herstellung, Eigenschaften.* Keramische Zeitschrift **2000**, *52*, 37–46.

135 S. Gaus, G. Riedel: *Keramische Supraleiter an der Jahrtausendwende*, Teil II: *Anwendung und Marktsituation.* Keramische Zeitschrift **2000**, *52*, 124–130.

136 K. Yunlun: *Synthese von pulverförmigen Seltenerd-Carboxylaten durch ein Fällungsverfahren*, DE Pat. 69 707 855 (2002), Rhodia Rare Earths Inc.

137 *Gmelin*, Sc, Y, La-Lu Rare Earth Elements, Part D5, Carboxylates, **1984**.

138 B. T. Kilbourn: *Cerium–A Guide to its Role in Chemical Technology*, Molycorp Inc., White Plains» New York, **1984**.

139 *Gmelin*, Sc, Y, La-Lu Rare Earth Elements, Part D6, Ion Exchange and Solvent Extraction Reactions. Organometallic Compounds, **1983**.

140 H. Schumann, W. Genthe: *Organometallic Compounds of the Rare Earths*, in [2], Vol.7, 446–573, **1984**.

141 Shen Qi: *Advances in Organolanthanide Chemistry in China.* Journal of Rare Earths *(China)* **1994**, *12 (1)*,52–62.

142 R. Anwander: *Principles of Organolanthanide Chemistry*, in S. Kobayashi (Hrsg.), *Topics in Organometallic Chemistry, Vol. 2, Lanthanides. Chemistry and Use in Organic Synthesis*, Springer-Verlag, Heidelberg, **1999**, S. 1–61.

143 H. Schumann: *Organolanthanide Chemistry. 40 Years of Fascinating Research*, Paper presented at the 5th International Conference on f-Elements- ICFE5, Geneve 24.–29.08. **2003**.

144 S. Kobayashi: *Lanthanide Triflate-Catalyzed Carbon-Carbon Bond-Forming Reactions in Organic Synthesis*, in S. Kobayashi (Hrsg.): *Topics in Organometallic Chemistry, Vol. 2, Lanthanides. Chemistry and Use in Organic Synthesis*, Springer-Verlag, Heidelberg, **1999**, S. 63–118.

145 D. Meyer, O. Rousseaux, M. Schaeffer, C. Simonot: *Polyaminierte Liganden, Metallkomplexe, Verfahren zur Herstellung und diagnostische und therapeutische Verwendung*, DE Pat. 69 426 811 (2001), Guerbet S.A.

146 L. Trueb: *Mischmetall-Rohstoff für Zündsteine und Wasserstoffspeicherlegierungen.* Neue Züricher Zeitung 03.04.1986, 79.

147 Magnetfabrik Schramberg GmbH & Co. KG: *Seltenerd-Magnete*, Firmenschrift, www.magnetfabrik-schramberg.de.

148 Vacuumschmelze GmbH & Co. KG: *Seltenerd-Dauermagnete VACODYM-VACOMAX*, Firmenschrift PD-002, Hanau 2002, www.vacuumschmelze.com.

149 H. G. Domazer: *Verfahren zur Herstellung von Legierungspulvern aus Seltenen Erden und Kobalt*, DD Pat. 109 237 (1973).

150 R. W. Mandle, H. H. Mandle: *Uses and Applications*, in [10] Vol. 1, 416–500, **1964**.

151 R. W. Mandle, H. H. Mandle: *Uses and Applications*, in [10] Vol. 2, 190–365, **1966**.

152 Molycorp, Inc.: *A Bibliography. Six Years of Research in Catalysis with the Rare Earth Elements 1964–1970*. Application Report 7101b, White Plains, New York, **1980**.

153 Molycorp, Inc.: *A Bibliography of Research in Catalysis with the Rare Earth Elements 1971–1976*. Application Report 7907, White Plains, New York, **1980**.

154 Molycorp, Inc.: *Abstracts of Major Work concerning Rare Earths in Glass for the Control of Radiation*. Application Report 8108, White Plains, New York, **1981**.

155 Molycorp, Inc.: *Abstracts of Major Work concerning Rare Earths in Optical & Special Property Glasses*, Application Report 8109, White Plains, New York, **1981**.

156 Molycorp, Inc.: *Abstracts of Major Work concerning Lanthanides (Rare Earths) in Refractories, Engineering Ceramics & Polishing Compounds*, Application Report 8210, White Plains, New York, **1982**.

157 Treibacher Industrie AG, www.treibacher.com.

158 Anon.: *Rare Earth Market and Economy*, China Rare Earth Information 7, 5, 1–2, Baotou, **2001**.

159 A. Corma, J. M. Lopez Nieto: *The Use of Rare-Earth-Containing Zeolite Catalysts*, in [2], Vol. 29, 259, **2000**.

160 J. Kaspar, M. Graziani, P. Fornasiero: *Ceria Containing Three-Way Catalysts*, in [2], Vol. 29, 159–259, **2000**.

161 A. M. Mourao, C. H. Faist: *Diesel Fuel Containing Rare Earth Metal and Oxygenated Compounds*, US Pat. 4 522 631 (1985).

162 C. Bello, R. J. Hartle, G. M. Singerman: *Suppressing the Octane Requirement Increase of an Automobile Engine*, US Pat. 4 264 335 (1981).

163 *Ullmann's*, 6th Ed: Luminescent Materials, Wiley-VCH, Weinheim–New York, Electronic Release **2002**.

164 M. J. Weber, P. Lecoq, R. C. Ruchti, C. Woody, W. M. Yen, R. Y. Zhu (Hrsg.): *Scintillator and Phosphor Materials*, Materials Research Society, Pittsburgh, **1994**, S. 105–122.

165 H. E. Aldorf: *Rare Earth Halide Grease Compositions*, US Pat. 4 507 214 (1985), Union Oil of California.

166 ETREMA Products Inc., Ames, IA, *Core Technology*, www.etrema.com (ETREMA = (Edge Technologies Rare earth Magnetostrictive Alloys).

167 Anon., *Market Forecast/Prospect of TbDyFe Magnetostrictive Materials*, China Rare Earths Information, 11, 6,3–4, CREIC Baotou 2005.

# 9
# Edelmetalle

*Andreas Brumby (2, 3, 4), Christian Hagelüken (1, 5, 7), Egbert Lox (6), Ingo Kleinwächter (3, 4, 5)*

| | | |
|---|---|---|
| **1** | **Einleitung – Bedeutung der Edelmetalle** | *211* |
| 1.1 | Historisches *211* | |
| 1.2 | Edelmetalle im täglichen Leben *212* | |
| 1.3 | Entwicklung der Edelmetall-Märkte *213* | |
| 1.4 | Bedeutung von Bergbau und Recycling *214* | |
| | | |
| **2** | **Physikalische und chemische Eigenschaften** | *215* |
| | | |
| **3** | **Gold** *216* | |
| 3.1 | Verbrauch und Einsatzgebiete von Gold *216* | |
| 3.2 | Preisentwicklung *217* | |
| 3.3 | Gewinnung *218* | |
| 3.3.1 | Primärgewinnung *218* | |
| 3.3.1.1 | Aus Seifengoldlagerstätten und goldhaltigen Erzen *218* | |
| 3.3.1.2 | Aus Erzen anderer Metallen *220* | |
| 3.3.2 | Sekundärgewinnung *220* | |
| 3.3.3 | Feinscheidung und Raffination *221* | |
| 3.4 | Goldsalze und -verbindungen *222* | |
| 3.5 | Gold in der Schmuckindustrie *222* | |
| 3.6 | Gold in der Dentaltechnik *222* | |
| 3.7 | Gold in der Elektronik *224* | |
| 3.8 | Gold in der Galvanotechnik *224* | |
| | | |
| **4** | **Silber** *225* | |
| 4.1 | Verbrauch und Einsatzgebiete von Silber *225* | |
| 4.2 | Preisentwicklung *226* | |
| 4.3 | Gewinnung von Silber aus Erzen und aus dem Recycling *227* | |
| 4.3.1 | Primärgewinnung *227* | |
| 4.3.2 | Sekundärgewinnung (Recycling) *229* | |
| 4.3.3 | Feinscheidung und Raffination *230* | |
| 4.4 | Silbersalze und -verbindungen *231* | |

Winnacker/Küchler. *Chemische Technik: Prozesse und Produkte.*
Herausgegeben von Roland Dittmeyer, Wilhelm Keim, Gerhard Kreysa, Alfred Oberholz
*Band 6b: Metalle.*
Copyright © 2006 WILEY-VCH Verlag GmbH & Co. KGaA, Weinheim
ISBN: 3-527-31578-0

| | | |
|---|---|---|
| 4.5 | Silber in der Katalyse | 231 |
| 4.6 | Silber in der Schmuckindustrie | 232 |
| 4.7 | Silber in der Fotografie | 232 |
| 4.8 | Silber in der Elektrotechnik und Elektronik | 233 |
| 4.9 | Silber in der Löttechnik | 234 |
| 4.10 | Silber in der Dünnschichttechnik | 235 |
| 4.11 | Einsatz der oligodynamischen Eigenschaften von Silber | 235 |
| **5** | **Platingruppenmetalle (Pt, Pd, Rh, Ir, Ru, Os)** | **236** |
| 5.1 | Verbrauch und Einsatzgebiete der Platingruppenmetalle | 236 |
| 5.2 | Preisentwicklung | 238 |
| 5.3 | Gewinnung von Platingruppenmetallen aus Erzen und aus dem Recycling | 240 |
| 5.3.1 | Primärgewinnung | 240 |
| 5.3.2 | Sekundärgewinnung (Recycling) | 242 |
| 5.3.3 | Scheidung von PGM-Konzentraten | 249 |
| 5.3.3.1 | Löseverfahren | 249 |
| 5.3.3.2 | Grobtrennung | 250 |
| 5.3.3.3 | Raffination | 251 |
| 5.4 | PGM-Salze und Verbindungen | 252 |
| 5.4.1 | Platinverbindungen | 252 |
| 5.4.2 | Palladiumverbindungen | 253 |
| 5.4.3 | Rhodiumverbindungen | 254 |
| 5.4.4 | Iridiumverbindungen | 254 |
| 5.4.5 | Ruthenium- und Osmiumverbindungen | 255 |
| 5.5 | Platingruppenmetalle in der Katalyse | 256 |
| 5.6 | Platingruppenmetalle in der Schmuckindustrie | 258 |
| 5.7 | Platingruppenmetalle in der Dentaltechnik | 259 |
| 5.8 | Platingruppenmetalle in der Elektronik und Elektrotechnik | 259 |
| 5.9 | Platingruppenmetalle in der Glasindustrie | 260 |
| 5.10 | Sonstige Anwendungen von Platingruppenmetallen | 260 |
| **6** | **Edelmetalle zur Reinigung von Automobilabgasen** | **261** |
| 6.1 | Einleitung | 261 |
| 6.2 | Gesetzgebung | 262 |
| 6.3 | Komponenten der Abgasnachbehandlungskatalysatoren | 264 |
| 6.4 | Katalytische Abgasnachbehandlung für Benzinmotoren | 266 |
| 6.5 | Katalytische Abgasnachbehandlung für Dieselmotoren | 268 |
| **7** | **Recycling von Auto-Abgaskatalysatoren** | **271** |
| **8** | **Edelmetallanalytik** | **273** |
| **9** | **Literatur** | **274** |

# 1
## Einleitung – Bedeutung der Edelmetalle

Als Edelmetalle bezeichnet man die Elemente Gold und Silber sowie die Platingruppenmetalle (PGM), zu denen die Elemente Platin, Palladium, Rhodium, Iridium, Osmium und Ruthenium gehören. Die Edelmetalle nehmen wegen ihres hohen Wertes, ihrer Schönheit und wegen ihrer besonderen chemischen und physikalischen Eigenschaften eine Sonderrolle unter den Metallen ein. Alle Edelmetalle besitzen eine geringe Elektronenaffinität, ein stark positives Normalpotential gegenüber der Wasserstoffelektrode, eine hohe Korrosionsbeständigkeit und eine große Dichte. Die Platinmetalle weisen generell hohe Schmelzpunkte auf, weswegen einige dieser Metalle auch als Hochtemperatur-Werkstoffe Verwendung finden. Vor allem die Platinmetalle verfügen auch über ausgeprägte katalytische Eigenschaften. Die Platinmetalle stehen in der 8. Gruppe des Periodensystems, Silber und Gold in den Nachbargruppen. Alle Edelmetalle zählen zu den Übergangsmetallen, die dadurch gekennzeichnet sind, dass Elektronen der *d*-Orbitale an chemischen Bindungen beteiligt sind.

Die nachfolgenden Kapitel geben einen Überblick zu Vorkommen, Gewinnung und Verwendung der Edelmetalle, für eine vertiefende Darstellung wird auf die allgemeine Literatur [1–4] sowie auf die spezielle, im Text zu einzelnen Teilbereichen angegebene Literatur verwiesen.

## 1.1
## Historisches

Gold und Silber haben bereits in prähistorischer Zeit Beachtung gefunden. In gediegener Form gefundenes Gold konnte auf Grund seiner guten Duktilität manuell verarbeitet werden. Seit jener Zeit gilt Gold mit seinem Glanz, seiner Farbe, Beständigkeit und Seltenheit als das Symbol für Reichtum und Glück. Zwischen 6000 und 3800 v. Chr. entstanden erste Zentren der Goldgewinnung und -verarbeitung in Ägypten, Mesopotamien und auf dem Balkan, eng verbunden mit der Entwicklung der Kupfer- und Silbermetallurgie. Aufgrund der Faszination, die die Edelmetalle auf den Menschen ausübten, erlangten sie kultische Bedeutung; hinzu kam die Verwendung als Handelsobjekt und Währungsmetall. Die dekorative Verwendung von Platin ist aus dem 7. Jhrd. v. Chr. (Ägypten) und aus dem vorkolumbianischen Inkareich bekannt. 1828 wurde Platin erstmals als Münzmetall in Russland eingesetzt. Noch heute haben die Edelmetalle ihre Bedeutung als Wertanlage und Sicherheitsreserve – trotz ihrer Demonetisierung – behalten. Wenn auch weniger ausgeprägt als zu früheren Zeiten, kann in der Regel bei globalen wirtschaftlichen oder politischen Krisen noch immer ein Ansteigen des Goldpreises verzeichnet werden. Mit der industriellen Entwicklung stieg auch der technische Bedarf an Edelmetallen stark an, wobei besonders die Platinmetalle an Bedeutung gewonnen haben. Eine ausführliche Beschreibung der historischen Entwicklung findet sich in [1, 1.1, 1.2].

Mit einer heutigen globalen Bergwerksproduktion von insgesamt rund 21 000 t a$^{-1}$ ließe sich die jährliche Feinmetallerzeugung an Edelmetall leicht in einer kleinen

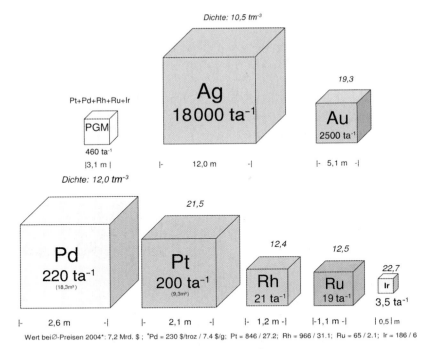

**Abb. 1.1** Weltweite Minenproduktion der Edelmetalle (Werte für 2004) [5.2]

Lagerhalle unterbringen. Die jährliche Primärproduktion an Platinmetallen (rd. 450 t bzw. 30 m³) würde sogar in einem 15 m² Wohnraum Platz finden (Abb. 1.1).

## 1.2
### Edelmetalle im täglichen Leben

Aufgrund ihrer besonderen chemischen und physikalischen Eigenschaften findet man Edelmetalle überall im täglichen Leben (s. Tabelle 1.1), da ihr Preis hoch ist, jedoch meist nur in geringen, kaum sichtbaren Mengen.

Sichtbar sind Edelmetalle bei Barren, Münzen, Medaillen und natürlich beim Schmuck. Bei Barren steht der Werterhaltungsaspekt im Vordergrund, bei den anderen Beispielen kommt die Schönheit hinzu. In den Bereichen, wo die Edelmetalle nicht sichtbar sind, werden sie wegen ihrer Eigenschaften eingesetzt. Alle Edelmetalle wirken katalytisch. So gelingt die Umwandlung der Schadstoffe aus einem Verbrennungsmotor bei den dort herrschenden Temperaturen nur in Gegenwart von Platingruppenmetallen, in sehr vielen chemischen Prozessen werden heutzutage Edelmetalle als Katalysatoren eingesetzt. In der Dentaltechnik werden Edelmetalle wegen ihrer Korrosionsbeständigkeit und ihrer Farbe verwendet, in der Elektronik und Elektrotechnik wegen der hohen elektrischen Leitfähigkeit. Ein Handy benötigt für fast alle Bauteile Edelmetalle: Die bis zu 250 Vielschichtkondensatoren

**Tab. 1.1** Anwendungsfelder der Edelmetalle

|  | Au | Ag | Pt | Pd | Rh | Ir | Os | Ru |
|---|---|---|---|---|---|---|---|---|
| Katalyse | ○ | × | ×× | ×× | × | ○ | ○ | ○ |
| Schmuck | ×× | ×× | ×× | × | ○ | ○ |  | ○ |
| Dentaltechnik | ×× | ○ | ○ | × |  | ○ |  |  |
| Elektronik/Elektrotechnik | ×× | ×× | × | ×× | ○ | ○ |  | ○ |
| Dünnschichttechnik | ×× | ×× | × | × | × |  |  | ○ |
| Fotografie |  | ×× |  |  |  |  |  |  |
| Löttechnik | × | ×× |  |  |  |  |  |  |
| Messtechnik |  |  | ×× |  | × |  |  |  |
| Glasindustrie |  |  | ×× |  | × |  |  |  |
| Medizintechnik |  |  | ×× |  |  | × | ○ | ○ |

(×× = sehr starke Bedeutung; × = starke Bedeutung; ○ = spezielle Verwendung/für jeweiliges Anwendungsfeld)

haben Elektroden aus Silber und/oder Palladium und werden genauso wie die Chips mit silberhaltigen Loten verlötet. Die Goldkontakte sorgen für zuverlässige Verbindungen, und Platin/Rhodium benötigt man zur Herstellung des besonders reinen Glases für die LCD-Anzeigen. Ein modernes Automobil hat neben den vielen elektronischen Bauteilen mit ihren Edelmetallen bis zu 400 Schaltkontakte, die ohne Silber nicht so zuverlässig arbeiten würden.

Fensterscheiben sind aus optischen und wärmedämmenden Gründen mit hauchdünnen Silberschichten beschichtet, und auch die klassische Fotografie würde ohne Silber nicht funktionieren. Zum Messen von Temperaturen, Durchflussmengen oder des Sauerstoffgehaltes im Abgas werden Platinmetalle benötigt.

Da die größten Mengen an Platinmetallen für Autoabgaskatalysatoren benötigt werden, wurde diesem Gebiet ein spezielles Kapitel gewidmet.

## 1.3
## Entwicklung der Edelmetall-Märkte

Kumuliert wurden weltweit bisher schätzungsweise $1{,}5 \cdot 10^6$ t Silber, 140 000 t Gold und 9000 t Platinmetalle gefördert. Erhebliche Anteile dieser Minenförderung erfolgten erst seit Beginn der 1980er Jahre: Rund $0{,}3 \cdot 10^6$ t Ag (20 %), 40 000 t Au (30 %) und 7500 t PGM (>80 %) wurden in diesem Zeitraum gewonnen (Zahlen bis 2004). Diese Entwicklung geht einher mit einer zunehmenden Bedeutungsverschiebung von den klassischen Schmuck- und Münzanwendungen hin zum industriellen Bedarf. Bei den Platinmetallen wird dies besonders deutlich – im 18. Jahrhundert wurden rund 30 t PGM gefördert, bis zum Beginn des 1. Weltkrieges weitere 200 t. In der Folgezeit bedingten vor allem technologische Neuentwicklungen zum Teil erhebliche Nachfragesprünge, wie die Entwicklung des Pt/Rh-Katalysators für die NH$_3$-Oxidation (um 1920), der Einsatz von Pt-Reforming-Katalysatoren bei der Erdölraffination (1950) und vor allem die Einführung des Auto-Abgaskatalysators (1975). Ein weiterer Nachfrageschub wird mit der breiteren Verwendung von Brennstoffzellen kommen.

Dies geht einher mit zum Teil drastischen Preisausschlägen der Edelmetalle (vgl. Abschnitt 5.2), die in dieser Größenordnung bei anderen Metallen nicht vorkommen. Das generell hohe Preisniveau bedingt auch starke Substitutionsanreize der Metalle in technischen Anwendungen und zwar sowohl der Edelmetalle gegeneinander (z. B. Pd gegen Pt in Autokatalysatoren) als auch von Buntmetallen gegen Edelmetalle (z. B. Nickel gegen Pd in Vielschichtkondensatoren).

## 1.4
### Bedeutung von Bergbau und Recycling

Der mittlere Gehalt an Edelmetallen in der Erdkruste ist im Vergleich zu dem anderer Elemente sehr gering. Er beträgt bei Silber 0,1 g t$^{-1}$ (ppm), bei Gold ca. 0,005 ppm und bei den Platingruppenmetallen zusammen ca. 0,01 ppm. Der Gehalt der heute abgebauten Lagerstätten liegt bei Au und PGM im allgemeinen deutlich unter 10 g t$^{-1}$, die Metalle werden meist im Tiefbau unter schwierigen Bedingungen abgebaut. Oft ist die Primärgewinnung mit erheblichen Umweltauswirkungen verbunden. Die Erschließung neuer Vorkommen ist langwierig und erfordert hohe Investitionen, die meisten Bergwerke werden von großen, weltweit operierenden Minengesellschaften betrieben.

Auch regional gibt es eine erhebliche Konzentration, vor allem bei den PGM. Rund 90% der aktuellen Minenproduktion der Platinmetalle stammt aus Südafrika und Russland, die auch beim Gold zu den wichtigen Förderländern zählen. Rund 50% der Silberproduktion kommt aus Lateinamerika. Zu Preisen von 2004 beträgt der Wert der Minenproduktion von Edelmetallen insgesamt rund 44 Mrd. US-$ (Au 28 Mrd., PGM 7,2 Mrd., Ag 3,8 Mrd.).

Es kann davon ausgegangen werden, dass ein großer Teil der bisher geförderten Edelmetalle noch vorhanden ist. Das gilt vor allem beim Gold, wo allein die offiziellen Goldreserven (Zentralbankbestände) Juli 2005 noch 27 626 t (zzgl. 3406 t bei IWF + BIZ) betrugen [1.5]. Hinzu kommen private Hortungen sowie große Schmuck und Münzbestände von Gold, Silber und Platin.

Der hohe Wert der Edelmetalle bietet auch bei technischen Anwendungen besondere Anreize für das Recycling, das heute signifikante Anteile an der Versorgung hat. Wichtige Einflussfaktoren auf die erzielbaren Recyclingquoten sind – neben dem aktuellen Preisniveau – Edelmetallgehalte und Zusammensetzung des Altmaterials, die Lebensdauer und vor allem die Lebenszykluskette des edelmetallhaltigen Produkts. *Bei direkten Kreisläufen* zwischen Produkthersteller, industriellem Anwender und Edelmetallscheidung (Refining) werden in der Regel sehr hohe Recyclingquoten erzielt (z. B. Katalysatoren in der chemischen Industrie), während bei *indirekten Kreisläufen* (hier sind noch viele Endverbraucher involviert; z. B. beim Autokatalysator oder Elektronikanwendungen) noch erhebliches Optimierungspotenzial besteht. Wie die Primärgewinnung ist auch die Sekundär-

## 2 Physikalische und chemische Eigenschaften

gewinnung von Edelmetallen technisch anspruchsvoll und wird von einer begrenzten Anzahl von Unternehmen betrieben. Gegenüber der Primärgewinnung weist das Recycling erhebliche ökologische Vorteile auf [1.3, 1.4].

## 2
## Physikalische und chemische Eigenschaften

Die Edelmetalle befinden sich genau in der Mitte des Periodensystems und zeichnen sich durch eine Reihe von außergewöhnlichen chemischen und physikalischen Eigenschaften aus (s. Abb. 2.1).

Silber hat die höchste elektrische und Wärmeleitfähigkeit aller Metalle und zeichnet sich durch gute Schmiedbarkeit und Dehnbarkeit, einen hohen Reflektionsgrad und seine katalytischen Eigenschaften aus.

Gold zeichnet sich durch die hohe Korrosionsbeständigkeit und Dichte aus und findet deshalb breite technische Anwendungsfelder. Die Platingruppen-Metalle habe alle katalytische Eigenschaften und sind deshalb in fast allen chemischen Prozessen beteiligt.

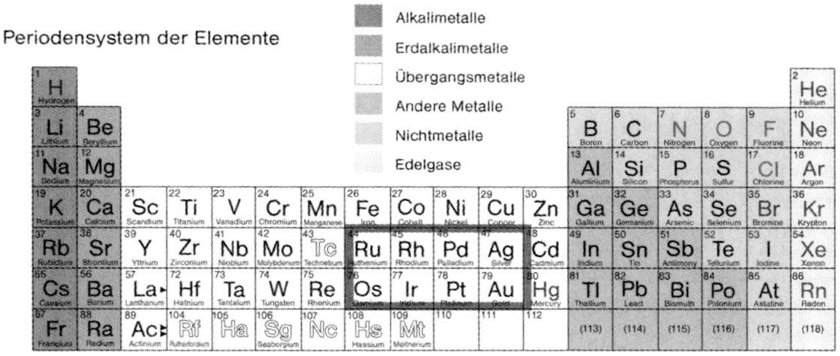

Eigenschaften der Edelmetalle

| | Au | Ag | Pt | Pd | Rh | Ir | Os | Ru |
|---|---|---|---|---|---|---|---|---|
| Ordnungszahl | 79 | 47 | 78 | 46 | 45 | 77 | 76 | 44 |
| Atomare Masse | 196,966 | 107,868 | 195,08 | 106,45 | 102,905 | 192,22 | 190,2 | 101,07 |
| Dichte bei 20 °C (g cm$^{-3}$) | 19,32 | 10,49 | 21,45 | 12,02 | 12,41 | 22,65 | 22,61 | 12,45 |
| Härte, HV (kg mm) | 25 | 26 | 48 | 50 | 130 | 200 | 300-680 | 250-500 |
| Zugfestigkeit, geglüht, verformt (MPa) | 125 | 150 | 135 | 190 | 420 | 500 | | 500 |
| Wärmeleitfähigkeit (20 °C). (Wm$^{-1}$K$^{-1}$) | 310 | 418 | 73 | 75 | 150 | 147 | 87 | 117 |
| Spez. elektr. Widerstand ($\Omega$ g$^{-1}$) | 2,03 | 1,465 | 9,825 | 9,725 | 4,34 | 4,7 | 8,2 | 4,34 |
| Wertigkeit | 0, +1, +3 | 0, +1 | 0, +2, +4 | 0, +2, +4 | 0, +1, +3 | 0, +1, +3 | 0, +2, +4, +6, +8 | 0, +2, +4, +6, +8 |
| Reduktionspotential (V) | 1,498 | 0,8 | 1,118 | 0,951 | 0,758 | 1,156 | 0,85 | 0,455 |

**Abb. 2.1** Eigenschaften der Edelmetalle

## 3
## Gold

### 3.1
### Verbrauch und Einsatzgebiete von Gold

Seit den 1980er Jahren hat sich die Bedeutung des Goldes stark gewandelt. Gold ist nicht mehr offizielle Deckungsreserve von Währungen, dennoch sind mehrere Jahresproduktion in den Tresoren der Notenbanken weiterhin als Sicherheitsreserve gelagert. Der Goldpreis stagnierte mehrere Jahre, er wurde immer wieder durch Goldverkäufe der Notenbanken gedrückt. Seit dem Platzen der Aktienhausse 2000 hat Gold wieder deutlich an Wert gewonnen. Fast 80 % des Goldverbrauches geht in das Segment Schmuck, wo Schönheit und Wertbeständigkeit seinen Wert ausmachen. 6 %, das sind immerhin 200 t, werden in der Elektronik benötigt, wo sie für korrosionsbeständige, dauerhafte Kontakte verwendet werden (s. Abb. 3.1).

Gold wird in allen Kontinenten, mit Ausnahme von Europa, gefunden. Afrika hat seine dominierende Stellung als Golderzeugerkontinent eingebüßt. Eine Übersicht über die Goldproduktion von 1987 bis 2001 gibt Abbildung 3.2.

| Gold | t a$^{-1}$ | % |
|---|---|---|
| Schmuck | 2.689 | 78,47 |
| Elektronik | 210 | 6,13 |
| Dental | 69 | 2,01 |
| Andere und Dekorativ | 82 | 2,39 |
| Medallien und Münzen | 56 | 1,63 |
| Offizielle Münzen | 69 | 2,01 |
| Investment | 252 | 7,35 |
| Gesamtnachfrage | 3427 | 100,00 |

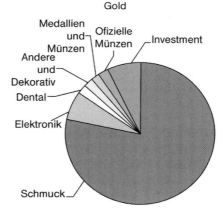

**Abb. 3.1**   Goldverbrauch nach Industrien

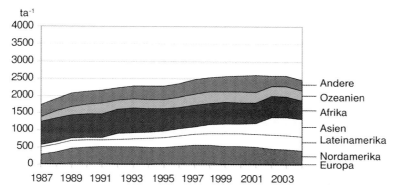

**Abb. 3.2** Gold Weltproduktion

## 3.2
## Preisentwicklung

Von 1970 bis 1980 verteuerte sich Gold von 50 US$ pro troz (troy ounce, 1 troz = 31,1035 g) auf einen Tagesspitzenwert von über 800 US$ pro troz. In den letzten fünf Jahren lag der Preis in einer Spanne von 250 bis 330 US$ pro troz in einem relativ schmalen Schwankungsbereich, der in anderen Währungen, wie z. B. der DM bzw. dem Euro noch schmaler war (Abb. 3.3). Nach dem tiefen Einbruch

**Abb. 3.3** Gold-Monatsdurchschnittspreise Jan. 1988–Sept. 2005 (London Fixing)

der Aktienkurse zu Beginn der 2000er Jahre konnte Gold wieder deutlich an Wert zulegen und wäre eine gute Kapitalanlage gewesen, zumal mit Gold erzielte Gewinne seit Mitte der 1990er Jahre mehrwertsteuerfrei sind.

## 3.3
## Gewinnung

### 3.3.1
### Primärgewinnung

#### 3.3.1.1 Aus Seifengoldlagerstätten und goldhaltigen Erzen

Das früher vielfach verwendete Amalgamierverfahren wird heute aus Umweltgründen nicht mehr industriell eingesetzt. Bei diesem Verfahren wird goldhaltiges Gestein mit Quecksilber in Kontakt gebracht, wobei sich Goldamalgam bildet, welches vom tauben Gestein getrennt werden kann. Aus dem separierten Amalgam wird das Quecksilber durch Destillation abgetrennt, zurück bleibt sehr hoch angereichertes Gold.

In der Regel wird bei der heutigen industriellen Goldgewinnung das goldhaltige Material zunächst zerkleinert (gemahlen) und anschließend flotiert. Dabei wird das leichtere goldfreie Gesteinsmehl mit Wasser abgeschwemmt und das schwerere goldhaltige Material bleibt zurück. Das so erzeugte Konzentrat wird der Cyanidlaugung (Cyanidlaugerei) zugeführt. Die Cyanidlaugung erfolgt in großen Rührtanks, in denen der zuvor auf einen Feststoffgehalt von 50 % eingedickte Flotationsschlamm nach Zusatz von 1 kg $Ca(OH)_2$ als Flockungsmittel mit 150 g NaCN je Tonne Feststoff umgesetzt wird. In Gegenwart des Cyanids wird das Gold durch Luftsauerstoff oxidiert und bildet den löslichen Natriumgoldcyano-Komplex (Natriumdicyanoaurat):

$$4\,Au + 8\,NaCN + 2\,H_2O + O_2 \longrightarrow 4\,Na[Au(CN)_2] + 4\,NaOH$$

Der Natriumcyanid-Verbrauch, ein erheblicher Kostenfaktor, liegt infolge von Nebenreaktionen dabei wesentlich über dem theoretischen Bedarf. Der goldfreie Feststoff wird nach der Cyanidlaugung über große tuchbezogene Vakuumdrehfilter von der goldhaltigen Lösung abgetrennt. Nach der Entfernung von gelöstem Sauerstoff im Vakuum wird das Gold durch Zementation mit Zinkspänen aus der Cyanid-Lösung abgeschieden.

$$2\,Na[Au(CN)_2] + Zn \longrightarrow Na_2[Zn(CN)_4] + 2\,Au$$

Das entstandene Rohgold wird über Filterpressen isoliert. Überschüssiges Zink wird mit Schwefelsäure herausgelöst und das zurückbleibende Rohgold unter Zugabe von Flussmitteln eingeschmolzen. Alternativ kann das Zinkzementat auch bei hohen Temperaturen eingeschmolzen werden, wobei das Zink abdestilliert wird. Die vom Gold befreite Cyanid-Lösung wird zum Teil im Kreis geführt. Die cyanidischen Abfalllösungen entgiften sich in einer Deponie durch Luftoxidation von selbst; sie können aber auch durch Zugabe von Wasserstoffperoxid entgiftet werden. Problematisch ist es, das darin enthaltene gelöste Zink und Blei unschädlich zu machen.

Bei pyrithaltigem Ausgangsmaterial muss das im ersten Schritt erzeugte Flotationskonzentrat unter Umständen geröstet werden, um in der anschließenden Cyanidlaugung aufbereitet werden zu können.

Insbesondere bei den südafrikanischen Goldvorkommen von Witwatersrand wird die Cyanidlaugung großtechnisch eingesetzt, da wegen der gleichmäßig feinen Goldanteile die Schweretrennungsmethoden allein nur unbefriedigende Ausbeuten liefern. Gezielte Zerkleinerungsverfahren, beginnend mit einer mehrstufigen Trockenbrechung und nachfolgender Nassmahlung mit anschließender Klassierung im Hydrozyklon in Grob- und Feinanteil, schaffen optimale Voraussetzungen für die Cyanidlaugung [36]. Zweckmäßigerweise laugt man zur Verkürzung der Reaktionszeit ausschließlich den Feinanteil. Die grobkörnigen Goldanteile, die lange Laugungszeiten erfordern würden, lassen sich schneller durch Schwerkraftscheidung anreichern. Die Kombination von mechanischen Verfahren (Zerkleinerung, Schweretrennung) und chemischen Verfahren (Cyanidlaugung) ermöglicht so optimale Ausbeuten.

Eine deutliche Optimierung des oben beschriebenen Verfahrens ist das *Carbon-in-pulp-Verfahren* (CIP-Verfahren), das im Prinzip schon seit langem bekannt ist [36]. Es wurde vom National Institute for Metallurgy (NIM, heute Council for Mineral Technology, abgekürzt Mintek, Randburg, Südafrika) zur Betriebsreife entwickelt. In diesem Verfahren wird bei der eigentlichen Cyanidlaugung grobkörnige Aktivkohle zugesetzt, die recht selektiv das gebildete Natriumdicyanoaurat adsorbiert [42]. In einem mehrstufigen Kreislaufverfahren kann so das Gold quantitativ an der Aktivkohle adsorbiert werden. Die goldbeladene grobe Aktivkohle wird vom feinen Gesteinsmehl durch Siebung abgetrennt, eine aufwändige und mit Goldverlusten behaftete Filtration der Laugungslösung entfällt (vgl. Abb. 3.4). Für 1 m³ Schlamm, der einige Gramm Gold enthält, werden ca. 10 kg Aktivkohle

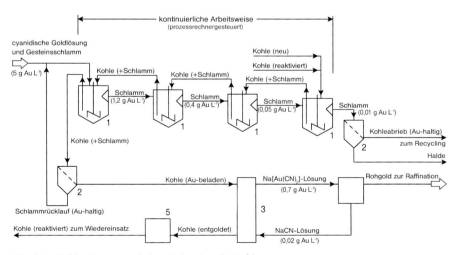

**Abb. 3.4** Goldgewinnung nach dem Carbon-in-pulp-Verfahren
1 Mischbehälter, 2 Sieb, 3 Eluierung (mit NaCN-Lösung bei 110 °C), 4 Reduktionselektrolyse, 5 Aktivierung (bei 750 °C)

eingesetzt. Das adsorbierte Gold wird von der Aktivkohle durch Behandlung mit einer konzentrierten Natriumcyanid-Lösung zurückgewonnen, die Aktivkohle wird im Kreislauf geführt. Die Aktivkohle muss sehr abriebfest sein und gelegentlich durch Behandlung mit Wasserdampf bei ca. 750 °C reaktiviert werden. Am besten hat sich Aktivkohle aus Kokosnussschalen bewährt. Da vor allem bei der Regenerierung der Aktivkohle Abrieb und Unterkorn entstehen, ist der laufende Neubedarf an Kohle beträchtlich. Er liegt etwa bei der zehnfachen Menge des geförderten Goldes.

Die günstigen Betriebskosten des Verfahrens haben dazu geführt, dass die von früheren, ineffizienten Laugungen stammenden Abraumberge rentabel auf Gold aufgearbeitet werden konnten. Durch die Verwitterung des Pyrits liegt darin das ursprünglich eingeschlossene Gold jetzt weitgehend frei vor. Der Verfall des Goldpreises seit den 1980er Jahren hat dieser Entwicklung jedoch Grenzen gesetzt.

Eine Weiterentwicklung des CIP-Verfahrens ist das *Resin-in-pulp*-(RIP-)Verfahren. Dabei wird anstelle der Aktivkohle ein selektiver Ionenaustauscher zur Adsorption des Natriumdicyanoaurats eingesetzt [43]. Die Adsorption an dem speziellen Ionentauscher-Harz ist schneller und quantitativer als bei der Aktivkohle, dafür ist das Harz deutlich teurer.

### 3.3.1.2 Aus Erzen anderer Metallen

Gold entsteht auch als Nebenprodukt bei der Gewinnung anderer Metalle, insbesondere von Kupfer, Silber, Platinmetallen und Blei. Dabei gelangt es in die silberreichen Anodenschlämme der Kupfer-Raffinationselektrolyse und in das Blicksilber aus der Bleientsilberung nach dem Parkes-Verfahren (vgl. Abschnitt 4.3.1). Bei der anschließenden Silbergewinnung reichert sich das Gold in den Anodenschlämmen der Silber-Raffinationselektrolyse nach Möbius oder Balmbach-Thum an. Aus Platinmetallkonzentraten fällt Gold vor dem Trennungsgang der Platinmetalle an und wird durch Reduktion gefällt oder durch Solvent-Extraktion [44] isoliert. Auch hier entsteht ein mehr oder weniger hochprozentiges Rohgold, das einer weiteren Raffination zugeführt wird.

### 3.3.2
### Sekundärgewinnung

Aus vielen industriellen Recycling-Materialien insbesondere aus der Elektronikindustrie wird heute das Gold zurückgewonnen. Auch aus der Schmuck- und Galvanikindustrie kommen goldhaltige Materialien zum Recycling.

Arme goldhaltige Recyclingmaterialien wie Elektronikschrott werden in der Regel bei der Kupfergewinnung gemeinsam mit den Kupferkonzentraten eingeschmolzen. Das Gold findet sich dann bei der Kupferraffination als Anodenschlamm der Kupferelektrolyse zusammen mit dem Silber und den Platingruppenmetallen wieder. Hoch goldhaltige Rückläufe aus der Schmuck- und Galvanikindustrie werden in der Regel zunächst gemeinsam mit silberhaltigen Materialien und den Anodenschlämmen der Kupferraffination eingeschmolzen. Beim anschließenden sog. Treiben werden durch Sauerstoffaufblasen auf die Schmelze alle unedlen Metalle oxidiert und in eine Schlackephase überführt. Nach Abtrennen dieser Schlackephase bleiben die Edelmetalle als sog. Güldisch zurück. Bei der anschließenden Silberraffination durch Elektrolyse verbleibt das Gold angereichert im Anodenschlamm. Dieser Anodenschlamm wird direkt der Goldraffination zugeführt.

### 3.3.3
### Feinscheidung und Raffination

Das aus der Primärproduktion stammende Rohgold, das üblicherweise ca. 80 % Gold, daneben hauptsächlich Silber und geringere Anteile von Zink, Kupfer, Blei und Eisen enthält, muss in ein Handelsprodukt übergeführt werden. In der Regel wird die an den Metallbörsen gehandelte Qualität »good delivery« mit einem Au-Gehalt von mindestens 99,5 % gefordert.

**Miller-Verfahren**
Diese Qualität wird seit langem nach dem Chlorierungsverfahren von MILLER hergestellt. Dabei wird Chlor bei 1100 °C in das geschmolzene Rohgold, das sich in einem offenen mit $Al_2O_3$ beschichteten Graphittiegel befindet, durch ein Quarzrohr eingeleitet. Nacheinander reagieren die Elemente Eisen, Zink und Blei zu flüchtigen Chloriden, die destillativ abgetrennt werden. Silber- und Kupferchlorid sammeln sich als Schlackenmasse, vermischt mit dem als Flussmittel zugesetzten Borax, über der Goldschmelze an und können so abgetrennt werden. Um die nötige Reinheit zu erreichen und zugleich Goldverluste möglichst gering zu halten, muss der Endpunkt der Reaktion durch Kontrolle des Chlorverbrauchs und Beobachtung des ersten Auftretens von leuchtend rotem Goldchloriddampf überwacht werden. Die chloridischen Reaktionsprodukte, deren Hauptanteil Silberchlorid ist, werden nasschemisch aufgearbeitet. Hauptvorteil des Miller-Verfahrens sind niedrige Betriebskosten, sehr geringe Verweilzeiten und geringer Goldrücklauf über das Nebenprodukt. Ein Großteil der Weltgoldproduktion wird in der Rand-Refinery in Germiston, Republik Südafrika, in dieser Weise raffiniert.

**Wohlwill-Elektrolyse**
Höhere Reinheit, wie sie für die industrielle Verwendung in der Regel gefordert wird, erzielt man durch die Raffinationselektrolyse nach WOHLWILL. Die Elektrolyse erfolgt in einem schwach salzsauren $HAuCl_4$-Elektrolyten mit einem Goldgehalt von 150 g $L^{-1}$ bei ca. 80 °C. Goldhaltige Materialien, wie z. B. der Anodenschlamm der Silberelektrolyse werden zu Goldanoden eingeschmolzen, deren Goldgehalt 98 % nicht wesentlich unterschreiten soll, als Kathoden dienen dünn ausgewalzte Feingoldbleche. In neuerer Zeit verwendet man vielfach Kathoden aus Titan, von denen sich das kristallin abgeschiedene Kathodengold als Filz abziehen lässt. Es werden Reinheiten von 99,99 % erreicht. Im Elektrolyten, der von Zeit zu Zeit aufgearbeitet werden muss, reichern sich hauptsächlich Kupfer und Palladium an. Im Anodenschlamm bleiben die übrigen Platinmetalle und Silberchlorid. Das Verfahren hat den Nachteil hoher Goldbindung im Elektrolyten.

Auch die Flexibilität hinsichtlich Durchsatz und Grad der Verunreinigungen im Ausgangsmaterial ist relativ gering. Dennoch haben sich andere Verfahren zur Goldraffination, wie z. B. Solventextraktion oder Fällverfahren gegen die Wohlwill-Elektrolyse nicht durchsetzen können.

Das Good delivery-Gold, das aus der Goldraffination nach MILLER kommt, wird meist zu Barren von ca. 400 troz = ca. 12,5 kg vergossen und mit dem Feingehalt punziert. Bei Feingold 999 und 9999 hingegen sind 1 kg-Barren, aber auch kleinere Barren sowie Granalien und Bänder üblich.

Je nach Konzentration und Verunreinigungen werden auch die Goldkonzentrate der Sekundärgewinnung über den Miller-Prozess oder die Goldelektrolyse raffiniert.

## 3.4
### Goldsalze und -verbindungen

Goldsalze finden Verwendung bei der Herstellung von galvanischen Bädern und Goldpasten bzw. Glanzgold, die zur Herstellung von dekorativen oder funktionalen Schichten eingesetzt werden. Die zwei wichtigsten Goldverbindungen sind die Tetrachlorogoldsäure ($HAuCl_4$) und das Kaliumgoldcyanid (Kaliumtetracyanoaurat) $K[Au(CN)]_4$. Die Tetrachlorogoldsäure wird durch Auflösen von Feingold in Salzsäure/Chlor gewonnen, das Kaliumgoldcyanid durch kathodisches Auflösen von Gold in einer Kaliumcyanid-Lösung. Aus den so erzeugten Lösungen können die festen Salze durch Kristallisation gewonnen werden.

## 3.5
### Gold in der Schmuckindustrie

Ein beträchtlicher Teil der Goldproduktion geht in den Juwelierbereich. Bevorzugtes Juweliergold enthält 750‰ Gold (= 18karätig). Bei den Qualitäten 585‰ (14 Karat) und 333‰ (8 Karat) muss eine zum Teil beträchtliche Qualitätsminderung hinsichtlich Farbe und Anlaufbeständigkeit in Kauf genommen werden. Man unterscheidet zwischen Farbgold- und Weißgoldlegierungen. Im System Gold/Silber/Kupfer sind die erzielbaren Farbtöne sehr variabel. Weißgoldlegierungen kommen im Aussehen dem Platin sehr nahe, auch ist die Härte höher als bei Farbgold. Die Entfärbung im Weißgold wird durch Nickel- oder Palladiumzugabe bewirkt. Goldmünzen und Medaillen haben in der Regel einen Goldgehalt von 900‰ und mehr; zweite Komponente ist fast ausschließlich Kupfer.

## 3.6
### Gold in der Dentaltechnik

In der Dentaltechnik wird Gold seit langem verwendet. Schon die Etrusker (etwa 1000–400 v. Chr.) besaßen große Fähigkeiten in der Goldschmiedekunst und erreichten mit der Goldbandprothese bereits einen hohen Stand in der Prothetik.

Gold kann als Pulver (Stopfgold) für das Füllen von kleinen Kavitäten eingesetzt werden oder als Gusslegierung für Kronen und Brücken. In neuerer Zeit werden

Kronen aus reinen Gold auch mittels der Galvanotechnik hergestellt, man bezeichnet dieses Verfahren als Galvanoforming.

Die Goldlegierungen in der Dentaltechnik werden in drei Klassen eingeteilt [1]:
- Gold-Basislegierungen
- Goldreduzierte Legierungen und
- Palladium-Basislegierungen

Dabei werden vier Forderungen an die Legierungen gestellt:
- Korrosions- und Anlaufbeständigkeit in der Mundhöhle
- Biokompatibilität
- Geeignete mechanische Eigenschaften und
- Ästhetik

Bei Aufbrennlegierungen (Legierungen die keramisch verblendet werden können), ist die Festigkeit und Verzugsstabilität bei der Aufbrenntemperatur und die Kompatibilität mit der Verblendkeramik von zusätzlicher Bedeutung.

Aus dieser Vielzahl von Forderungen und dem Einfluss von gesetzlichen Rahmenbedingungen und aufgrund der schwankenden Edelmetallpreise wird verständlich, dass die Anzahl der Legierungen extrem groß ist.

Ternäre Gold-Basislegierungen mit den Elementen Au/Ag/Cu können so legiert werden, dass sie im Bereich der Mischungslücke liegen und so durch eine Wärmebehandlung mittels Ausscheidungshärten in den mechanischen Eigenschaften den verschieden Indikationen angepasst werden können. Durch Zulegieren von Platin und Iridium kann eine kornfeinende Wirkung erzielt werden, wodurch Korrosions- und Anlaufbeständigkeit sowie Duktilität und Festigkeit weiter erhöht werden können.

Da die Aufbrenntemperaturen der Keramik bis zu 980 °C betragen können, und der Abstand zur Solidustemperatur mehr als 100 °C betragen muss, ist der Schmelzpunkt der Goldlegierung (der Schmelzpunkt von Gold liegt bei 1063 °C) bei Aufbrennlegierungen durch Zugabe von Palladium oder Platin zu erhöhen. Aufgrund der entfärbenden Wirkung von Palladium sind hochfeste Aufbrennlegierungen auf Goldbasis nahezu weiß.

Durch neue niedrigschmelzende Keramiken können auch ästhetisch ansprechendere goldfarbene Legierungen, wie z. B. das Degunorm, eingesetzt werden.

Bei goldreduzierten Legierungen wird der Au-Gehalt auf 50–60 % abgesenkt. Durch Zusätze von Palladium und Silber sind diese Legierungen ebenfalls fast weiß.

Aufgrund des hohen Goldpreises in den 1980er Jahren wurden Legierungen auf Basis des damals recht preisgünstigen Palladiums entwickelt. Um den Schmelzpunkt auf ca. 1300 °C abzusenken, mussten Unedelmetalle wie Gallium, Zinn, Kupfer oder Cobalt zulegiert werden. In vielen Ländern wie den USA, Deutschland und Japan wurden Palladium-basierende Legierungen zur Regelversorgung, auch wenn aufgrund von umstrittenen Ergebnissen aus Tierversuchen Palladium in den 1990er Jahren in Verruf kam. Die Biokompatibilität, die wissenschaftlich schwer zu bestimmen ist, rückte in den Vordergrund und machte umfangreiche Forschungsarbeiten und Weiterentwicklungen nötig.

Der Einsatz von Gold in der Dentaltechnik könnte rückläufig sein durch verstärkten Einsatz von Edelstahllegierungen, begünsigt durch weiterhin rückläufige Erstattungssätze der Krankenkassen und auch durch neueste Entwicklungen, die es erlauben die Herstellung von Kronen und Brücken vollständig aus Keramik zu fertigen.

### 3.7
### Gold in der Elektronik

Die Elektro- und Elektronikbranche ist derzeit noch der größte industrielle Goldverbraucher. Gold wird hier hauptsächlich für Kontakte von Leiterplatten und elektronischen Bauteilen benötigt, da es hier wegen der außerordentlich geringen Stromstärken auf geringste Übergangswiderstände ankommt und Gold aufgrund seines edlen Charakters keinerlei Neigung zur Bildung hochohmiger Passivschichten zeigt. Der hohe Preis zwingt jedoch noch weit mehr als bei Silber zu Einsparungen. Daher werden immer dünnere Schichten aufgebracht und vergoldete Flächen bis quasi auf einzelne Punkte verkleinert. Zu Zeiten, als es preiswerter als Gold war, fand auch Palladium mehr und mehr Eingang in elektronische Bauteile.

### 3.8
### Gold in der Galvanotechnik

Bei der galvanischen Vergoldung werden bevorzugt schwach saure Elektrolyte auf Basis $K[Au(CN)_2]$ verwendet, denen KCN und Puffersubstanzen zur Stabilisierung des pH-Wertes auf ca. 4 zugegeben werden. Es werden auch viele Elektrolytgemische zum Abscheiden von Goldlegierungen eingesetzt. In den Legierungen mit etwa 1% Fremdmetallen (Co oder Ni) verbessern diese die Härte und Abriebfestigkeit. Goldschichten, die 10–50% Fremdmetalle enthalten, werden dagegen vorwiegend aus Kostengründen, allerdings mit Zugeständnissen an die Schichtqualität, hergestellt. Die wichtigsten Legierungssysteme sind hier Gold/Silber und Gold/Kupfer/Cadmium. Glanzzusätze und Elektrolysebedingungen ermöglichen eine gezielte Beeinflussung von Reflexionseigenschaften und Farbe. Stark saure Bäder auf der Basis von dreiwertigem Gold ermöglichen die Direktvergoldung von Edelstahl ohne Zwischenschicht. Die Bäder auf der Basis von Natriumdisulfitoaurat(I) $Na_3[Au(SO_3)_2]$ ergeben besonders verschleißfeste Schichten und haben den Vorteil, dass sie ungiftig sind. Die Legierungselemente werden hier in Form von EDTA-Komplexen eingebracht. Die Dicke galvanischer Goldschichten liegt meist bei wenigen Mikrometern.

Außer der galvanischen Abscheidung mit Hilfe einer äußeren Stromquelle gibt es stromlose Prozesse, die keine äußere Stromquelle benötigen. Dabei werden zwei verschiedene Mechanismen unterschieden: der Ladungsaustausch und die chemische Reduktion mit einem anorganischen oder organischen Reduktionsmittel.

Beim *Ladungsaustauschverfahren* (Sudmetallisierung, Zementationsverfahren, Ionenaustauschverfahren, Immersion Plating) werden die zur Edelmetallabscheidung erforderlichen Elektronen vom unedleren Basismetall, auf dem sich das Edelmetall abscheiden soll, zur Verfügung gestellt. Dabei löst sich das unedlere Metall auf.

Bei der *chemischen Reduktion* werden die Elektronen von dem Reduktionsmittel geliefert, das aufoxidiert wird (chemische Metallisierung, stromlose Metallisierung, Reduktivverfahren, autokatalytische Verfahren, Electroless Plating, Autocatalytic Plating) [1, S. 293].

# 4 Silber

## 4.1 Verbrauch und Einsatzgebiete von Silber

Silber hat drei fast gleich große Anwendungsgebiete: Industrielle Anwendungen, Schmuck und Silberwaren und – in den letzten Jahren leicht rückläufig – die Fotografie (s. Abb. 4.1).

Der Grossteil des Silbers kommt aus Lateinamerika, aber auch alle anderen Kontinente einschließlich Europa tragen zur Weltproduktion bei (s. Abb. 4.2).

| Silber | $ta^{-1}$ | % |
|---|---|---|
| Industrielle Anwendungen | 10 528,4 | 38,45 |
| Foto | 6537,9 | 23,88 |
| Schmuck und Silberwaren | 8945,2 | 32,67 |
| Münzen und Medaillen | 846,0 | 3,09 |
| Investment | 522,5 | 1,91 |
| Gesamtnachfrage | 27 380,0 | 100,00 |

**Abb. 4.1**  Einsatz und Verbrauch von Silber

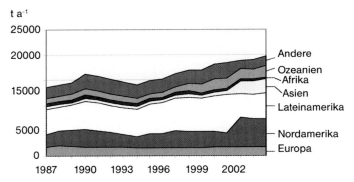

**Abb. 4.2** Entwicklung der Silberproduktion von 1987 bis 2001

## 4.2
## Preisentwicklung

Nachdem der Silberpreis im Jahre 1980 aufgrund der Spekulationskäufe der Brüder HUNDT kurzfristig auf über 20 US$ pro troz hoch schnellte, schwankte er in den letzten drei Jahren zwischen 400 und 700 US Cent pro troz (s. Abb. 4.3).

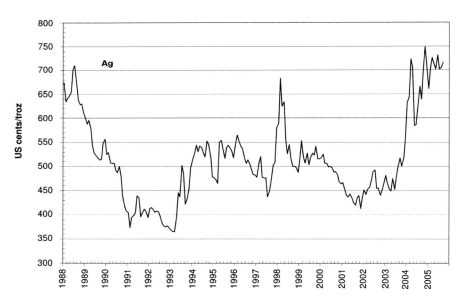

**Abb. 4.3** Silber-Monatsdurchschnittspreise Jan. 1988–Sept. 2005 (London Fixing)

## 4.3
## Gewinnung von Silber aus Erzen und aus dem Recycling

### 4.3.1
**Primärgewinnung**

Die außerordentliche Vielfalt silberhaltiger Mineralien hat zu einer großen Zahl von Verfahren zur Silbergewinnung geführt [6, 8, 15, 16, 30, 35, 37, 38, 40, 45, 46]. Welches Verfahren im Einzelfall gewählt wird, hängt außer vom Rohstoff häufig auch von geographischen, verkehrstechnischen und energiewirtschaftlichen Bedingungen ab.

Aus den eigentlichen *Silbererzen* wird Silber heute im wesentlichen durch Cyanidlaugung gewonnen. Dieses Verfahren ist der lange Zeit vorherrschend gewesenen Amalgamierung überlegen. Verfahrenstechnisch entspricht es weitgehend der Cyanidlaugung zur Goldgewinnung.

Liegen in den Erzen cyanidunlösliche Silberverbindungen vor, z. B. Selenide oder Telluride, so muss außer der erforderlichen Feinmahlung eine chlorierende Röstung durchgeführt werden. Das dabei gebildete Silberchlorid löst sich bei mehrtägiger Behandlung mit ca. 1 %iger Natriumcyanid-Lösung gemäß:

$$AgCl + 2\ NaCN \longrightarrow Na[Ag(CN)_2] + NaCl$$

Die Auflösung von elementarem Silber und Silbersulfid erfolgt unter Einleiten von Luft

$$4\ Ag + 8\ NaCN + O_2 + 2\ H_2O \longrightarrow 4\ Na[Ag(CN)_2] + 4\ NaOH$$
$$2\ Ag_2S + 8\ NaCN + 2\ O_2 + H_2O \longrightarrow 4\ Na[Ag(CN)_2] + Na_2S_2O_3 + 2\ NaOH$$
$$2\ Ag_2S + 10\ NaCN + O_2 + 2\ H_2O \longrightarrow 4\ Na[Ag(CN)_2] + 2\ NaSCN + 4\ NaOH$$

Silbersulfid erfordert hierbei eine deutlich längere Reaktionszeit. Verglichen mit der Goldcyanidlaugung verläuft der Prozess beim Silber etwas langsamer und mit geringerer, maximal etwa 98 %iger Ausbeute.

Nach Abtrennung des Feststoffs, dessen Restgehalt an Silber in günstigen Fällen bei nur noch 0,5 ppm liegen kann, wird das Silber aus der Lösung meist mit Zinkstaub zementiert. Es ist jedoch auch die Adsorption an Aktivkohle oder der Einsatz von Ionenaustauschern möglich.

Neben den eigentlichen Silbererzen sind hauptsächlich silberhaltige Blei-, Zink- und Kupfererze in großem Umfang Ausgangsstoffe der Silbergewinnung. Bei der Bleigewinnung begleitet das Silber das Blei in allen Verfahrensschritten der Anreicherung und Abtrennung unedler Verunreinigungen. Die Silber/Blei-Trennung erfolgte früher durch den sog. Treibprozess. Dabei wurde das gesamte Blei durch Oxidation mit Sauerstoff oder Luft in der Schmelze in Bleioxid (Bleiglätte, PbO, Schmp. 886 °C) überführt. Die Edelmetalle reagieren dabei nicht und bleiben metallisch. Die Bleiglätte und das Silber lösen sich nicht ineinander und können durch eine Phasentrennung separiert werden.

Heute wird zunächst das Silber im *Parkes-Verfahren* in ein treibfähiges Reichblei überführt, das von der Hauptmasse des Bleis abgetrennt wird. Dadurch muss nicht mehr das gesamte Blei in Glätte überführt werden. Beim Parkes-Verfahren rührt man in drei Schritten ca. 1,5 % Zink in die auf etwa 450 °C erhitzte Blei-Schmelze ein und kühlt jeweils auf knapp unter 400 °C ab. Da bei dieser Temperatur Blei und Zink einander praktisch nicht lösen, andererseits das Silber sich gut in geschmolzenem Zink (Schmp. 419 °C) löst, scheiden sich dabei Zink/Silber-Mischkristalle (»Zinkschaum«) ab. Die erste Fraktion enthält hauptsächlich das Kupfer und das Gold, die beiden übrigen das Silber. Nach dem Abtrennen der drei Zinkphasen liegt der Restgehalt an Silber im Blei bei 5 ppm. Aus den abgetrennten Silber/Zink-Phasen kann das Silber weiter angereichert werden, am Ende erhält man den sog. Reichschaum, der anschließend dem Treibprozess zugeführt wird.

Weniger wichtig ist heute das ebenfalls zu einem treibwürdigen Reichblei führende *Pattinson-Verfahren*, das die Bildung eines Blei/Silber-Eutektikums (Schmp. 304 °C mit 2,5 % Silber) ausnutzt. Da im Gegensatz zum Parkes-Verfahren die Hauptmenge des vorhandenen Bismuts mit dem Silber aus dem Blei entfernt wird, ist das Pattinson-Verfahren vorteilhaft bei der Raffination von Blei, das größere Mengen Silber und Bismut enthält.

Die Abtrennung des Silbers aus dem nach dem Parkes-Verfahren gewonnenen Reichblei geschieht durch den bereits oben beschrieben Treibprozess. Während sich Kupfer, Zink und Antimon überwiegend am Anfang des Treibvorgangs in der Glätte finden, geht Bismut in die letzte Glättefraktion. Nach der Separation der verschiedenen Glättefraktionen bleibt ein Rohsilber zurück, das zu etwa 95 % aus Silber besteht und noch 1 % Kupfer und 0,1 % Blei enthält. Dieses Rohsilber wird zu Anoden vergossen und durch eine Silber-Raffinationselektrolyse weiter gereinigt.

Bei der Kupfer-, Nickel- und Cobaltgewinnung gelangt in den Erzen vorhandenes Silber zusammen mit dem Gold in das Rohkupfer, das heute im allgemeinen einer Raffinationselektrolyse unterworfen wird. Dabei verbleiben die Edelmetalle mit dem Blei, Nickel, Schwefel, Selen, Tellur, Arsen, Antimon und Bismut im Anodenschlamm. Die Gewinnung des Silbers und der übrigen Edelmetalle aus diesen Schlämmen ist wegen der Vielzahl der Verunreinigungen aufwändig, zumal die Schlämme hinsichtlich ihrer Zusammensetzung sehr stark variieren und Aufbereitungsverfahren deswegen genau an ein spezielles Material angepasst werden müssen.

Generell besteht die Kupferanodenschlamm-Aufarbeitung aus den folgenden Schritten: zunächst wird das noch enthaltene Kupfer mit Schwefelsäure ($c$ = 4–5 mol L$^{-1}$) und Luft herausgelöst, sodass sich der Kupfergehalt von 20–60 % auf etwa 2–5 % erniedrigt. Selen, Tellur, Antimon und Arsen müssen in speziellen Verfahren abgetrennt werden. Gebräuchlich sind hierfür oxidierende, teilweise mit Zumischung von Natriumcarbonat, Natriumhydroxid oder Natriumnitrat arbeitende Röst- und Sinterverfahren mit anschließenden Laugungsprozessen.

Neben den Röst- und Schmelzverfahren sind zur Voranreicherung der Kupferanodenschlämme auch hydrometallurgische Verfahren gebräuchlich, die durch Löseprozesse mit oxidierenden Säuren (Schwefelsäure, Königwasser) oder mit Natronlauge eine Trennung des Silbers von den anderen Bestandteilen erzielen. Je nach Arbeitsweise verbleibt das Silber entweder als Silberkonzentrat im Löserückstand, der mit Hilfe eines Schmelzverfahrens weiter behandelt werden muss, oder es geht zusammen mit anderen Metallen in Lösung und wird dann durch Fällung, z. B. als Chlorid abgetrennt.

Die Weiterverarbeitung der so vorbehandelten und angereicherten Kupferanodenschlämme bzw. Silberkonzentrate erfolgt im Dore-Ofen in einem speziellen Treibprozess. Hierbei fallen nacheinander außer dem am Ende gewonnenen Rohsilber (ca. 95 % Ag) eine silicatische Schlacke (sie enthält die unedlen Metalle außer Kupfer sowie Arsen und Antimon), eine Selenit/Tellurit-Schlacke und eine Natriumnitratschlacke an (sie enthält Kupfer und die Restmenge an Blei, Selen und Tellur). Daneben entstehen Flugstäube und Wäscherschlämme, die den Abgasreinigungsanlagen entstammen. Sie werden auf Selen und Tellur weiterverarbeitet bzw. in die Rohkupfergewinnung oder in den Treibprozess zurückgeführt.

Bei der Rohgoldgewinnung aus Golderzen folgt das in der Regel mit dem Gold vergesellschaftete Silber in allen Stufen dem Gold. Das etwa 10–20 % Silber enthaltende Rohgold wird meist nach dem Miller-Verfahren raffiniert. Dabei wird in die Metallschmelze Chlor eingeleitet, wodurch Silber und die Unedelmetalle als Chloride verflüchtigt werden. Durch Behandeln des kondensierten und aufgefangenen Chloridgemischs mit einer salzsauren Natriumchlorat-Lösung lassen sich die Chloride der Unedelmetalle vom unlöslichen Silberchlorid abtrennen, das in Suspension mit Zinkstaub zu Rohsilber reduziert werden kann.

### 4.3.2
**Sekundärgewinnung (Recycling)**

Silber wird aus vielen Sekundärrohstoffen zurückgewonnen. Wichtige Recyclingmaterialien sind Elektronikschrott, Abfälle aus der Elektrotechnik sowie Rückläufe aus der Foto- und der Schmuckindustrie. Das gebräuchlichste Verfahren zur Aufarbeitung *armer Silbermaterialien* ist die gemeinsame Verarbeitung mit Kupfermaterialien im Kupfergewinnungsprozess. Die Materialien werden gemeinsam mit den Kupferkonzentraten eingeschmolzen. Im anschließenden Kupferraffinationsprozess verbleibt das Silber (gemeinsam mit den anderen Edelmetallen) im Anodenschlamm der Kupfer-Raffinationselektrolyse [4.6].

Früher betrieben die Edelmetall-Recyclingunternehmen spezielle Edelmetall-Schachtöfen, in denen das Silber zusammen mit den anderen Edelmetallen in einer reduzierenden Bleischmelze gesammelt und von der die Inertstoffe enthaltenden Schlacke getrennt wurde. Das dabei anfallende edelmetallhaltige Werkblei (mit bis zu 20 % Edelmetallen) wurde dann dem Treibprozess zugeführt. Das im Treibprozess abgetrennte Bleioxid (Bleiglätte) wurde in den Schachtofen zurückgeführt und dort wieder zu Blei reduziert, das dabei anfallende Rohsilber der Raffination zugeführt.

*Reiche Silbermaterialien* werden direkt in einem Treibprozess weiter angereichert und ebenfalls zu einem Rohsilber mit > 95 % Ag aufkonzentriert.

### 4.3.3
### Feinscheidung und Raffination

Das in allen Anreicherungsverfahren entstehende Rohsilber mit > 95 % Ag enthält noch als hauptsächliche Begleitstoffe die anderen Edelmetalle, deren Wert höher als der des Silbers sein kann. Damit kommt der Silberraffination zusätzlich zur Erzeugung des Reinsilbers (Silbergehalt > 99,9 %) die Aufgabe der wirtschaftlichen Abtrennung der übrigen Edelmetalle zu.

**Möbius-Elektrolyse**
Das in Europa gebräuchlichste Verfahren zur Silberraffination ist die Elektrolyse nach MÖBIUS. Zu Platten gegossenes Rohsilber wird dabei anodisch in einem salpetersauren $AgNO_3/NaNO_3$-Elektrolyten gelöst und kathodisch wieder abgeschieden. Stromstärke, Spannung und Konzentration werden so gewählt, dass die unedlen Verunreinigungen entweder in Lösung bleiben (Kupfer, Nickel) oder oxidiert werden und als Schlamm in den die Silberanoden umgebenden Anodensäcken aufgefangen werden (Blei als $PbO_2$). Die Elektrolyt-Konzentration beträgt ca. 50 g $L^{-1}$ Ag und ca. 10 g $L^{-1}$ $HNO_3$, die anodische Stromdichte 5 A $dm^{-2}$ und die Zellspannung 2 V. In den Anodensäcken sammeln sich auch das Gold, die Platinmetalle (nur Palladium löst sich teilweise im Elektrolyten) sowie etwas herabfallendes Silber und kleine Mengen Kupferoxid. Das Silber scheidet sich auf den Edelstahlkathoden in Form von kristallinen Dendriten ab, die zur Vermeidung von Kurzschlüssen mit der Anode von ständig bewegten Abstreifern entfernt und aus den Elektrolysebäder entnommen werden müssen. Heutige Zellenkonstruktionen arbeiten vollkontinuierlich, eine Unterbrechung der Elektrolyse ist nur noch erforderlich, wenn sich im Elektrolyten Verunreinigungen so stark angereichert haben, dass das Feinsilber nicht mehr die gewünschte Reinheit erreicht. Der Elektrolyt wird dann üblicherweise über Zementationsverfahren oder über Solventextraktion aufgearbeitet.

**Elektrolyse nach BALBACH-THUM**
In den USA wird zur Silberraffination überwiegend die Elektrolyse nach BALBACH-THUM eingesetzt [39], die der Möbius-Elektrolyse sehr ähnlich ist. Die Balbach-Thum-Elektrolyse unterscheidet sich vor allem durch die horizontale Anordnung der Elektroden. Als Kathode dient eine den ganzen Zellenboden bedeckende Edelstahlplatte. Die Rohsilberanoden liegen in einem gewebeummantelten Korb und sind im Gegensatz zur Möbius-Elektrolyse ganz vom Elektrolyten bedeckt, sodass sie sich vollständig auflösen. Wegen des einfachen Austrags des Anodenschlamms eignet sich die Balbach-Thum-Elektrolyse besonders für goldreiches Rohsilber. Raum- und Energiebedarf sind höher als bei der Möbius-Elektrolyse.

Außer mit Hilfe der Elektrolyse kann Feinsilber auch auf chemischem Wege über die *Affination* (Schwefelsäurescheidung) und über die *Quartierung* (Salpetersäurescheidung) hergestellt werden. Bei der Affination, die heute keine Bedeutung mehr hat, wurde das Rohsilber mit konzentrierter Schwefelsäure behandelt, sodass Silber und die unedlen Metalle in Lösung gingen, während das Gold zurückblieb. Die Salpetersäurescheidung, die bei hohem Goldgehalt vereinzelt noch durchgeführt wird, nutzt die Tatsache, dass sich beim Kochen von Gold/Silber-Legierungen mit Salpetersäure das Silber um so besser separat herauslösen lässt, je näher das Au/Ag-Verhältnis bei 1 : 3 liegt. Aus der Lösung, die auch die Unedelmetalle und den überwiegenden Teil der Platinmetalle enthält, wird das Silber durch Zementation, Elektrolyse oder Fällung als Silberchlorid abgetrennt.

## 4.4
### Silbersalze und -verbindungen

Die bedeutendsten Silbersalze und -verbindungen sind Silbernitrat und Silberoxid sowie – schon weniger wichtig – Silbercarbonat und Silberphosphat.

Silbernitrat wird hauptsächlich in der Fotoindustrie zur Herstellung von Silberhalogenid-Filmen und Fotopapier eingesetzt. Für diese Anwendung muss ein spezielles, hochreines Silbernitrat (photograde) produziert werden. Dazu wird zunächst Feinsilber in Salpetersäure gelöst. Die Abtrennung von Verunreinigungen erfolgt in einer sog. Schwarzschmelze. Die Silbernitrat-Lösung wird dabei bis zu einer Silbernitratschmelze eingedampft. Bei den dabei erreichten Temperaturen zersetzen sich die Nitrate der Verunreinigungen zu Oxiden bzw. Metallen, nur das Silbernitrat ist stabil. Nach dem Abkühlen der Schmelze und Auflösen in Wasser können die in Wasser unlöslichen Oxide und Metalle der Verunreinigungen durch Filtration abgetrennt werden, zurück bleibt eine hochreine Silbernitrat-Lösung. Kolloidale Verunreinigungen werden durch spezielle Adsorptionsverfahren (z.B. an frisch gefälltem Manganoxid) abgetrennt, eine letzte Reinigung erfolgt dann durch schonende Kristallisation des Silbernitrates, welches eine Reinheit bis zu 99,999 % erreichen kann.

Silbernitrat wird auch eingesetzt bei der Spiegelherstellung und bei der Herstellung silberhaltiger Elektronikpasten. Außerdem dient es als Ausgangsverbindung für die Herstellung anderer Silbersalze.

Silberoxid, welches in Batterien (Knopfzellen) eingesetzt wird, wird durch Fällung aus einer Silbernitrat-Lösung mit Natronlauge hergestellt, Silbercarbonat durch Fällung mit einer Natriumcarbonat-Lösung.

## 4.5
### Silber in der Katalyse

Metallisches Silber wird vielfach als Oxidationskatalysator eingesetzt. Zwei großtechnische Verfahren haben weltweite Bedeutung: bei der Herstellung von Ethylenoxid aus Ethylen und Sauerstoff wird ein mit Silber beschichtetes $\alpha$-Aluminiumoxid als Katalysator eingesetzt (siehe Aliphatische Zwischenprodukte, Bd. 5, Abschnitt 5.1.1.2).

Bei der Formaldehydsynthese wird Methanol selektiv an einem Silberkontakt zu Formaldehyd oxidiert. Dazu werden die Reaktanden bei erhöhter Temperatur über Silbernetze oder Silberkristalle geleitet (siehe Aliphatische Zwischenprodukte, Bd. 5, Abschnitt 6.1.1).

## 4.6
**Silber in der Schmuckindustrie**

Auf Gebrauchs- und Schmucksilber entfällt auch heute ein beträchtlicher Anteil des Silberbedarfs. Hergestellt werden vor allem Tafelsilber und kunsthandwerkliche Gegenstände. Wo sich Tischgeräte aus Edelstahl durchgesetzt haben, ist dies eher auf Kosten versilberter als auf Kosten massivsilberner Teile gegangen. Am wichtigsten sind die Silber/Kupfer-Legierungen, z. B. das Sterlingsilber mit einem Silbergehalt von 925 ‰. Das härtere 800er Silber wird bei mechanisch beanspruchten Gegenständen, z. B. Essbestecken, bevorzugt. Hauptsächlicher Werkstoff für Silberschmuck ist 835er Silber. Dem Anlaufen des Silbers wird am besten durch Polieren entgegengewirkt. Reduzierende Tauchbäder entfernen zwar das die Dunkelfärbung verursachende Silbersulfid von der Oberfläche, geben dem Metall aber nicht den ursprünglichen Glanz zurück. Die Rhodinierung schützt Silberoberflächen zwar optimal, ist aber teuer und verändert auch das Aussehen merklich. Der monetäre Einsatz von Silber war seit jeher hinsichtlich der Feinheit der Legierungen sowie der ausgeprägten bzw. umlaufenden Mengen starken Schwankungen unterworfen. 1974 wurden alle Silbermünzen in der Bundesrepublik Deutschland wie in praktisch allen anderen Ländern aus dem Verkehr gezogen, dies war der Zeitpunkt als ihr Silberwert den Nominalwert erreichte und überstieg.

## 4.7
**Silber in der Fotografie**

Obwohl in der Fotoindustrie seit langem bereits versucht wurde, das Silber zu ersetzen, entfällt auf diesen Industriezweig nach wie vor ein knappes Drittel des Weltsilberverbrauches. Erst in den letzten Jahren hat der Siegeszug der digitalen Fotografie begonnen, der, nachdem es nun auch leistungsfähige Computer mit der Möglichkeit der Bildbearbeitung und Speicherung in vielen Haushalten gibt, zu einer deutlichen Veränderung des Marktes führen kann.

Der fotografische Prozess basiert auf der Lichtempfindlichkeit der Silberhalogenide, die sich bei Lichteinwirkung in feinverteiltes schwarzes Silber und Halogene zersetzen. Am häufigsten verwendet wird Silberbromid, gefolgt vom Chlorid und Iodid. In den lichtempfindlichen Schichten ist das Silberhalogenid in Körnchen von etwa 0,2 µm Durchmesser in Gelatine eingebettet. Die Schichten werden hergestellt, indem gelatinehaltige warme Lösungen von Silbernitrat und Ammoniumhalogeniden vermischt und auf den Filmträger aufgegossen werden. Die Herstellung derartiger, nicht ganz richtig als »Emulsionen« bezeichneter Schichten, bietet viele Möglichkeiten, z. B. durch die Korngrößenverteilung, das fotografische Verhalten der Schicht zu beeinflussen und den unterschiedlichsten Verwendungszwecken anzupassen.

Die Belichtung führt zu einem latenten Bild, das durch die Bildung von kolloidalem Silber an den belichteten Stellen entsteht, wobei die Zahl der »Silberkeime« von der Intensität der Belichtung abhängt. Um das latente Bild sichtbar zu machen wird beim Entwicklungsvorgang das Silberhalogenid selektiv an den Stellen zum

Metall reduziert, an denen bereits Silberkeime vorhanden sind. Die Reaktionsgeschwindigkeit an silberkeimreichen Stellen ist dabei höher als an silberkeimarmen, sodass stark belichtete Stellen eine starke Schwärzung erfahren und das gewonnene Bild lichtverkehrt ist (»Negativ«). Um das vom Filmträger her durchsichtige Negativ gegen Tageslicht unempfindlich zu machen, werden beim Fixieren die überschüssigen Silberhalogenide durch Behandlung mit Natriumthiosulfat-Lösung herausgelöst. Nach dem Fixieren wird das Negativ mit Wasser nachgewaschen und getrocknet, auf lichtempfindliches Papier aufgelegt und erneut belichtet, sodass beim anschließenden Entwickeln und Fixieren des Papiers ein Bild in der richtigen Schwarzweißwiedergabe erhalten wird.

Der Vorgang bei der Farbfotografie ist dem der Schwarzweißfotografie ähnlich. Der Silbergehalt eines Farbfilms ist jedoch wesentlich geringer als der eines Schwarzweißfilms, obwohl Farbfilme drei lichtempfindliche Schichten besitzen, um latente Bilder für die drei Grundfarben aufzeichnen zu können. Beim Entwickeln reagieren die in den drei Schichten zusätzlich zu den Silberhalogeniden enthaltenen Chemikalien zu Farbstoffen, sodass drei Farbbilder entstehen. Durch oxidative Entfernung des elementaren Silbers und Herauslösen der überschüssigen Silberhalogenide mit Hilfe eines Bleichfixierbades erhält man ein silberfreies Farbnegativ, das analog zum Schwarzweißnegativ kopiert wird.

Da Silber nicht nur in Filmen, sondern auch für das Fotopapier benötigt wird, wird der Verbrauch auch durch die Digitalfotografie nicht gänzlich verschwinden. Der Ausdruck eines Bildes auf Fotopapier ist immer noch deutlich besser und preiswerter als der Ausdruck mit Tintenstrahl- oder Thermosublimations-Druckern.

## 4.8
## Silber in der Elektrotechnik und Elektronik

Für eine Reihe von Bauteilen für elektronische Anwendungen können nur Edelmetalle eingesetzt werden. Hervorragende Leitfähigkeit für Elektrizität und Wärme, geringer elektrischer Kontaktwiderstand und hohe Korrosionsbeständigkeit machen das Silber und seine Legierungen nach Kupfer zu den wichtigsten Werkstoffen der Elektrotechnik. Gebräuchlich sind neben Feinsilber vor allem Legierungen mit Kupfer oder Cadmium und Verbundwerkstoffe, die neben Silber Nickel, Wolfram oder Molybdän, aber auch nichtmetallische Phasen wie Cadmiumoxid, Graphit oder Zinndioxid enthalten. Für Kontakte im Stark- wie auch im Schwachstrombereich finden derartige Materialien massiv oder aufplattiert und aufgelötet breite Anwendung. Besonders geschätzt sind der im Vergleich zu Feinsilber geringere Metallabbrand und die geringere Verschweißungsgefahr der Legierungen und Verbundwerkstoffe beim Schalten von Starkstromschützen. Die Herstellung der plattierten Werkstoffe kann mechanisch (Walzplattieren) oder mechanisch-thermisch (Lötplattieren, Warmpressschweißen) erfolgen. Die Verbundwerkstoffe erhält man durch Sintern der gemischten, pulverförmigen Komponenten, Eintränkeverfahren (Ag/W, Ag/Mo) oder auch innere Oxidation einer entsprechenden Legierung.

In der Mikroelektronik dienen feine Silberdrähte in superflinken Schmelzsicherungen dem Schutz von Halbleiterbauteilen. In Pasten und Klebern wird pulverförmiges Silber, auch in Kombination mit Palladium und Platin, zur Herstellung von Leiterbahnen und Kontaktflächen verwendet. Hierfür eignet sich, da oft eine Schichtdicke von wenigen Mikrometern genügt, auch die galvanische Abscheidung von Silber, die fast immer aus Bädern mit Kaliumdicyanoargentat(I) erfolgt.

Ein großes, relativ neues Einsatzgebiet von Silberpulvern stellen Vielschichtkondensatoren dar, die in praktisch jeder elektronischen Schaltung zu finden sind. Über 400 Mrd. Stück wurden 2002 produziert, in einem Handy können bis zu 250 Kondensatoren verbaut sein. Aus Silber, zum Teil in Verbindung mit Palladium ist die Innerelektrode, die zwischen den keramischen, dielektrischen Schichten sehr dünn, im Mikrometer-Bereich, per Siebdruck aufgebracht wird. Aufgrund des großen Preisdruckes in der Elektronikindustrie wird Silber in dieser Anwendung mehr und mehr durch Nickel ersetzt.

Grosse Mengen Silberpulver werden für die Kontaktpunkte von Folientastaturen eingesetzt, und auch Chips werden mit Silberpasten in ihre Gehäuse eingelötet, wobei die gute Wärmeleitfähigkeit des Silbers besonders wichtig ist.

Silber(I)-oxid und Silber(II)-oxid wird für kleine, nicht wiederaufladbare Knopfzellen eingesetzt. Silberbatterien zeichnen sich durch ihr geringes spezifisches Gewicht aus und werden z. B. in Uhren oder als Stützbatterien in Kameras und vielen anderen Geräten eingesetzt um auch bei Batteriewechsel oder ausgeschaltetem Gerät eine langlebige Energieversorgung zur Speicherung von Daten zu haben.

Eine nicht geringe Menge Silber wird auch für den Einsatz in der heizbaren Heckscheibe von Autos benötigt. Zieht man außerdem in Betracht, dass moderne Autos heute bis zu 400 Silberkontakte haben, wird klar, dass der Automobilkonsum Einfluss auf die verbrauchten Silbermengen hat.

**4.9**
**Silber in der Löttechnik**

Silberhaltige Hartlote haben gegenüber Hartloten auf Messingbasis den Vorteil einfacherer Verarbeitbarkeit infolge niedrigerer Arbeitstemperatur und besserer Oxidationsbeständigkeit. Es wird ohne Schutzgas, lediglich unter Verwendung von Flussmitteln, gearbeitet. Die Festigkeitswerte der Lote sind sehr gut. Nahezu alle Hartlötungen im Bereich der Heizungs- und Installationstechnik, des Apparatebaus, der Werkzeugindustrie sowie der Wärmetauscher- und Kühlerindustrie werden mit silberhaltigen Loten durchgeführt. Diese Lote sind auf europäischer Ebene in der Norm EN 1044 genormt. In der Vergangenheit war das Lot mit der Bezeichnung AG 304 (EN 1044) und der Zusammensetzung Ag40/Cu19/Zn21/Cd20 weit verbreitet. In den letzten Jahren hat sich in Europa jedoch der Einsatz cadmiumfreier Lote durchgesetzt. Für das Löten von Kupfer können Silber/Kupfer/Phosphor-Lote ohne Flussmittel eingesetzt werden. Das silberarme Lot CP105 (EN 1044) mit der Zusammensetzung Ag2/Cu91,7/P6,3 wird hierfür bevorzugt eingesetzt.

## 4.10
### Silber in der Dünnschichttechnik

Dünne Silberschichten können durch Galvanisieren und durch Sputtern (siehe Schutz von Metalloberflächen, Abschnitt 6.5.3.2) (zum Teil auch als Trockengalvanisieren, oder als PVD (Physical Vapor Deposition) bezeichnet) hergestellt werden. Beim *Galvanisieren* wird das Silber in Form von Kaliumdicyanoargentat und Silberanoden eingesetzt. Galvanische Schichten werden für dekorative und funktionelle Zwecke eingesetzt. Die Schichtdicken können unter einem Mikrometer liegen, aber auch bis zu 7 μm betragen.

Beim *Sputtern* wird ein Silbertarget in einer Vakuumkammer mit Elektronen beschossen und die Atome mit Hilfe eines Magnetfeldes auf das zu beschichtende Substrat hin beschleunigt. Mit Hilfe des Sputterns können äußerst dünne Schichten (einige 10 bis einige 100 nm) hergestellt werden, die man z. B. bei der Architekturverglasung oder bei der Herstellung von CDs, CD-Rs und DVDs, insbesondere bei wiederbeschreibbaren, benötigt. Hierbei wird das überragende optische Reflektionsvermögen von Silber ausgenutzt. Aus diesem Grund sind auch gute Spiegel und selbst Christbaumkugeln mit Silber verspiegelt.

Die galvanische Versilberung erfolgt praktisch ausschließlich aus einem $K[Ag(CN)_2]$-Elektrolyten, dem KCN und $K_2CO_3$ zugesetzt sind (siehe Schutz von Metalloberflächen, Abschnitt 6.3.2.10). Das kathodisch abgeschiedene Silber wird durch lösliche Anoden aus Feinsilber laufend nachgeliefert. Bei Neusilber (eine Nickel-Kupfer-Zink-Legierung), Kupfer und Nickel ist eine direkte Versilberung möglich, bei Eisen ist eine Kupfer- oder Nickelzwischenschicht erforderlich. Auch Kunststoff- und Keramikteile können galvanisch versilbert werden, wenn sie zuvor auf chemischem Wege dünn verkupfert oder vernickelt wurden. Glanz und Härte der galvanischen Silberschichten können durch organische oder anorganische Zusätze verbessert werden. In allen Fällen scheiden sich Feinsilberschichten ab. Die Abscheidung von Silberlegierungen ist nicht in der wünschenswerten Qualität möglich. Hingegen führt der Einbau von suspendiertem oxidischen Material zu dispersionsgehärteten Schichten. Übliche Schichtdicken betragen bei Bestecken 36 μm, bei Schmuckteilen 5–18 μm und bei Elektronikmaterial wenige Mikrometer.

## 4.11
### Einsatz der oligodynamischen Eigenschaften von Silber

Freie Silber-Ionen ($Ag^+$) haben schon in relativ niedrigen Konzentrationen eine toxische Wirkung auf Mikroorganismen. Sie sind starke Fungizide, Bakerizide und Algizide und wirken als Enzym-Blocker.

In Gegenwart von Luftsauerstoff wirkt auch metallisches Silber bakterizid, da es Silberoxid bildet, dessen Löslichkeit für diese Wirkung noch ausreicht. Die Abtötung von Bakterien, Schimmel, Sporen und Pilzen durch Kontakt mit Silbergegenständen bezeichnet man als oligodynamischen Effekt [4.3].

Zugabe von Silber-Ionen ist die beste und umweltfreundlichste Lösung, um Trinkwasser über längere Zeit zu konservieren. Die Silber-Ionen bleiben für sechs Monate aktiv und halten das Wasser frei von Keimen, Algen und Gerüchen. Micropur™, chlorfreie Wasserentkeimungstabletten auf Silberbasis, sind besonders geeignet für die Wasserkonservierung in Tanks (Boote, Wohnmobile, Ferienhäuser, Klimaanlagen, etc.). Das Silber wird dem Wasser als Silberkomplex zugesetzt.

Diese Eigenschaften des Silbers waren schon im Mittelalter bekannt und der Grund warum Trinkgefäße oder Taufbecher aus Silber gefertigt wurden. In jüngster Zeit wird diesem Effekt wieder mehr Beachtung geschenkt. So gibt es wundreinigende Silber/Aktivkohle-Auflagen, deren reinigender und keimtötender Effekt auf einem Zweistufenprozess beruht. Im ersten Schritt werden Mikroorganismen irreversibel auf der Oberfläche des Aktivkohlevlieses gebunden und im zweiten Schritt durch das an die Aktivkohle gebundene elementare Silber abgetötet (quelle: http://www.medizinfo.de/wundmanagement/actisorb).

Der antibakterielle Effekt wird auch durch Einweben von silberhaltigen Fasern in Socken und Unterwäsche genutzt, was insbesondere in Japan sehr beliebt ist.

# 5
# Platingruppenmetalle (Pt, Pd, Rh, Ir, Ru, Os)

## 5.1
### Verbrauch und Einsatzgebiete der Platingruppenmetalle

Die Platinmetalle (PGM) haben sich seit den letzten Dekaden des 20. Jahrhunderts zu wichtigen Industriemetallen entwickelt. Im Jahr 2004 betrug die Netto-Nachfrage (die von den Anwendern benötigte *Neu*menge) für PGM weltweit rund 435 t inkl. Ru und Ir [5.1]. Die Nachfrage für Platin, Palladium und Rhodium in den verschiedenen Anwendungssegmenten geht aus Abbildung 5.1 hervor. Wichtigstes

| Platin | $t\,a^{-1}$ | % | Palladium | $t\,a^{-1}$ | % | Rhodium | $t\,a^{-1}$ | % |
|---|---|---|---|---|---|---|---|---|
| Autoabgaskatalysator | 85,1 | 42,3 | Autokatalysator | 97,2 | 50,9 | Autokatalysator | 18,2 | 86,3 |
| Schmuck | 68,4 | 34,0 | Elektronik | 28,5 | 14,9 | Chemie | 1,2 | 5,7 |
| Chemie und Ölraffination | 15,6 | 7,8 | Dental | 26,1 | 13,7 | Sonstiges | 1,7 | 8,1 |
| Investment | 0,2 | 0,1 | Sonstiges | 39,2 | 20,5 | **Gesamtnachfr.*** | **21,1** | |
| Sonstiges | 31,9 | 15,9 | **Gesamtnachfr.*** | **191,0** | | | | |
| **Gesamtnachfrage*** | **201,2** | | | | | | | |

Summe PGM für Autokat. (netto) = 200,5   49%

\* Netto-Nachfrage = Brutto-Nachfrage - Recycling

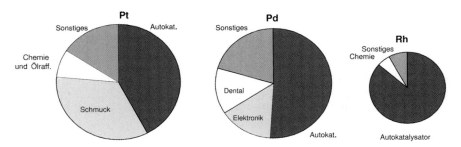

**Abb. 5.1** Netto-Nachfrage für Platin, Palladium und Rhodium nach Anwendungsgebieten (Global, 2004; Zahlen nach JM) [5.2]

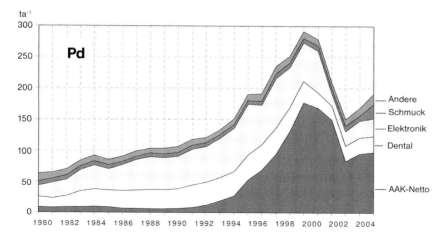

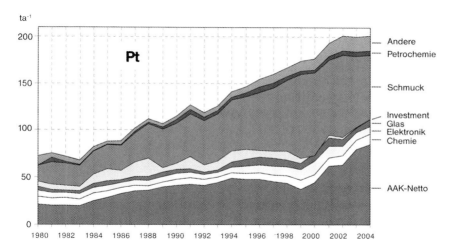

**Abb. 5.2** Entwicklung der Weltnachfrage (Nettoneubedarf) für Platin (Pt) und Palladium (Pd) nach Anwendungsbereichen (Werte nach JM) [5.2]

Anwendungsfeld der PGM ist der Auto-Abgaskatalysator (s. Abschnitt 6). Vor allem bei Platin und Palladium hat sich die relative Wichtung der Anwendungsfelder in den letzten Jahren zum Teil deutlich verändert (Abb. 5.2), was neben technischen Entwicklungen mit den zuvor erwähnten Preisschwankungen und Substitutionen im Zusammenhang steht.

Wegen ihrer guten katalytischen Eigenschaften werden die Platinmetalle auch in vielen chemischen Prozessen eingesetzt. Aus der in Abbildung 5.1 dargestellten *Netto-Nachfrage* wird dies nicht deutlich, weil hier die im Kreislauf geführten Mengen (Recycling) nicht berücksichtigt werden. Da bei den meisten Chemiekatalysatoren die Recyclingquote bei über 90 % liegt, ist die *Brutto-Nachfrage* für PGM – d. h. die insgesamt von den Anwendern nachgefragte Menge – deutlich höher. Statistische Angaben hierzu sind nicht veröffentlicht, in etwa dürfte die Bruttonachfrage beim Doppelten des Nettowertes liegen. Eine detaillierte Analyse von Brutto-, Netto- und Recyclingmengen der PGM für Deutschland liefert [1.4]. Weitere wichtige Anwendungsfelder für PGM sind Elektronik, Glasindustrie und Schmuck [5.2].

Ruthenium mit einem globalen Netto-Bedarf von ca. 13 t a$^{-1}$ und Iridium mit 3 t a$^{-1}$ spielen mengenmäßig nur eine untergeordnete Rolle. *Iridium* wird für Tiegel zum Züchten von sehr reinen Kristallen, die z. B. in Mobiltelefonen oder in der Lasertechnologie Einsatz finden, benötigt. Aber auch in der Chlor-Alkali-Elektrolyse, für Zündkerzen und bei einigen speziellen Katalysatoren findet das seltene Metall Verwendung [5.3].

*Ruthenium* wird eine steigende Bedeutung in den nächsten Jahren prognostiziert. Ruthenium wird traditionell verwendet in der Elektronikindustrie (Resistoren), in der Chlor-Alkali-Elektrolyse und für spezielle Katalysatoren, neuere Anwendungsfelder finden sich auf dem Gebiet der Brennstoffzellen, Computerfestplatten und Turbinenschaufeln [5.4, 5.5].

*Osmium* spielt nur eine sehr geringe Rolle. Als Osmium(VIII)-oxid wird es als Katalysator und in der Medizin zum Einfärben bei Gewebeuntersuchungen eingesetzt.

## 5.2
### Preisentwicklung

Wie Abbildung 5.3 verdeutlicht, unterliegen die PGM extremen Preisschwankungen. Der Platinpreis bewegte sich im Zeitraum 1980 bis Okt. 2005 zwischen 8000 $ und 30 000 $ kg$^{-1}$, am 9.11.2005 wurde mit 30 704 $ kg$^{-1}$ ein 25-Jahres-Hoch erreicht (die Börsennotierungen lauten bei Edelmetallen auf US$ pro troz). Der Palladiumpreis kletterte von 4000 $ (1997) auf 35 000 $ kg$^{-1}$ im Januar 2001, um bis Ende 2002 wieder auf ein Niveau von 8000 $ kg$^{-1}$ abzufallen. Der Preisverfall bei Pd setzte sich auch 2003 fort, im April 2003 wurde ein Tiefstand von 4800 $ kg$^{-1}$ erreicht, bis Okt. 2005 zog die Notierung wieder auf über 7000 $ kg$^{-1}$ an. Bei Rhodium unterscheiden sich der Höchstwert von 180 000 $ kg$^{-1}$ (1990/91) und der Tiefstwert von 8000 $ kg$^{-1}$ (1996/97) um mehr als den Faktor 20. Diese Schwankungen hängen unter anderem mit Änderungen auf der Nachfrageseite zusammen (z. B. verstärkter Einsatz von Pd für Auto-Abgaskatalysatoren ab Mitte der 1990er Jahre), lösen aber ihrerseits wieder Substitutionsprozesse aus (z. B. Rückgang des Pd-Bedarfs im Elektronik- und Dentalbereich). Ein weiterer Faktor ist die starke Abhängigkeit der Versorgung von Russland und Südafrika, wodurch sich politische, wirtschaftliche oder technische Entwicklungen in diesen Ländern oft unmittelbar auf die Preise auswirken.

Interessant ist auch die Entwicklung des Iridiumpreises zwischen 1996 und 2004 (Abb. 5.4). Der Einsatz von Iridium für einen speziellen Autokatalysator sowie die zeitgleiche Kommerzialisierung eines Ir-haltigen Homogenkatalysators (vgl. Abschnitt 5.5) hatte den Preis zunächst kurzfristig um den Faktor 6 ansteigen lassen, nach auch technisch bedingtem Wegfall der Anwendung beim Autokatalysator und einer gestiegenen Minenproduktion aus Südafrika fiel der Ir-Preis dann bis Anfang 2003 wieder auf das alte Niveau zurück. Führt man sich die äußerst geringe Weltproduktion an

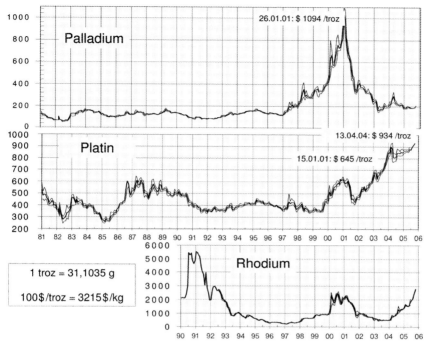

**Abb. 5.3** Entwicklung der Platin-, Palladium- und Rhodiumpreise Jan. 1981–Okt. 2005 (Monatsdurchschnitt, -tief und -hoch in US-$/troz)

Ir von nur 3 t a$^{-1}$ vor Augen, erscheint diese Entwicklung logisch. Bei der Forschung und der Entwicklung von neuen Edelmetallanwendungen müssen diese Zusammenhänge angemessen berücksichtigt werden.

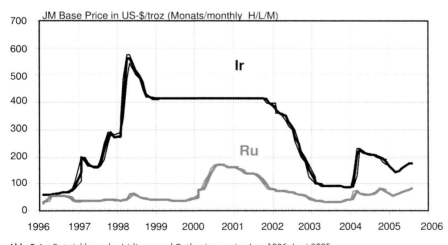

**Abb. 5.4** Entwicklung der Iridium- und Rutheniumpreise Jan. 1996–Juni 2005

## 5.3
## Gewinnung von Platingruppenmetallen aus Erzen und aus dem Recycling

### 5.3.1
### Primärgewinnung

Die Metalle der Platingruppe treten in natürlichen Lagerstätten grundsätzlich gemeinsam auf, wobei die Pt- und Pd-Gehalte im Erz deutlich über denen von Rh, Ir, Ru und Os liegen. Letztere sind damit typische Koppelprodukte, die beim Abbau von Platin und Palladium mitgewonnen werden. Vergesellschaftet mit den PGM sind auch Gold (Au) und Silber (Ag) sowie Nickel (Ni) und Kupfer (Cu). Rund 90 % des weltweiten PGM-Angebots stammen aus nur zwei Förderländern, Südafrika und Russland, der restliche Teil kommt überwiegend aus Nordamerika. Während in Südafrika, Zimbabwe und den USA (Stillwater) im Vordergrund der Gewinnung die Platinmetalle stehen, fallen diese in Kanada (Sudbury) und Russland (Norilsk/Talnakh) als Koppelprodukt der Nickelgewinnung an. Die Erzgehalte an PGM insgesamt liegen i. d. R. bei nur 5–10 g t$^{-1}$. Je nach Lagerstätte ist das Verhältnis der einzelnen PGM untereinander sehr unterschiedlich, die Lagerstätten in Russland und den USA weisen höhere Pd-Gehalte, die in Südafrika höhere Pt-Gehalte auf, was sich auch in der Bergwerksproduktion dieser Länder widerspiegelt.

Bei den in Russland und Kanada abgebauten Erzen handelt es sich um sulfidische Nickel/Kupfer-Erze. Das große südafrikanische Vorkommen des Bushveld-Complexes des nach seinem Entdecker (1925) genannten »Merensky-Reefs« besteht aus einem sich über 100 km erstreckenden Magmenguss (mit Pt : Pd ca. 2,5 : 1), wird heute überwiegend im Tiefbau aus rund 1000 m gewonnen und dominierte lange die südafrikanische Förderung. Inzwischen stammt ein zunehmender Teil der südafrikanischen PGM-Produktion auch aus dem darunter liegenden chromitführenden »UG 2 Reef«, das Pd in annähernd gleicher Konzentration wie Pt enthält und höhere Rh-, Ir- und Ru-Gehalte als das Merensky-Reef aufweist [5.17]. Von nachgeordneter Bedeutung ist heute die Platin-Produktion aus alluvialen Seifenlagerstätten im Osten Russlands (Kondyor, Amur-Region und Koryak in Kamchatka), die in früheren Jahren signifikante Mengen der russischen Pt-Produktion ausgemacht haben. Die im 19. und frühen 20. Jahrhundert abgebauten reichen sekundären Platinseifen im Ural und in Kolumbien/Ecuador spielen heute keine Rolle mehr.

Die bekannten Vorräte an Platingruppenmetallen werden über 100 Jahre ausreichen und sind – auch beim Pd – sehr stark auf Südafrika konzentriert, wobei die Abbaubedingungen tendenziell schwieriger und die Erzgehalte geringer werden [5.18]. Dadurch sind die mit der Gewinnung, Aufbereitung und Verhüttung der PGM-Erze verbundenen Umweltbelastungen erheblich. Exploration und Primärproduktion sind sehr zeit- und kapitalintensiv, die weltweite Förderung ist auf wenige große Minengesellschaften konzentriert (Anglo Platinum; Norilsk Nickel, Impala, Lonmin, Inco). Diese Gesellschaften verfügen über eigene Verhüttungs- und Raffinationsbetriebe, in denen die PGM bis zum Feinmetall dargestellt werden. Kleinere Minengesellschaften führen in der Regel nur die Aufbereitung (und zum

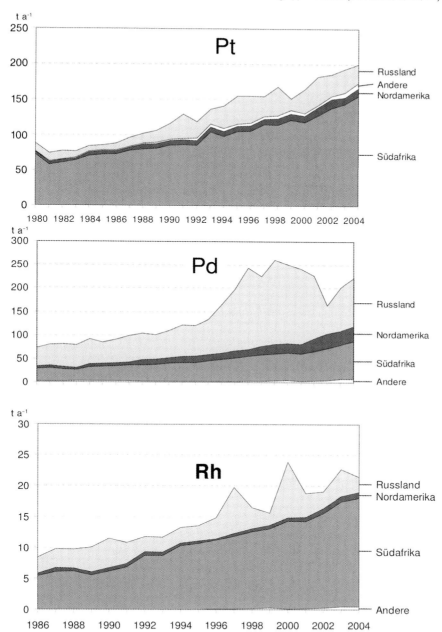

**Abb. 5.5** Primärgewinnung Platin, Palladium, Rhodium nach Förderländern (Werte nach JM) [5.2]

Teil Verhüttung) der Erze durch, die PGM-Konzentrate werden dann an spezialisierte Firmen zur Lohn-Raffination abgegeben.

Die Aufbereitung der feingemahlenen Erze erfolgt überwiegend durch Flotation, die Edelmetalle werden zusammen mit Kupfer, Nickel und weiteren Buntmetallen in mehrstufigen pyrometallurgischen Prozessen angereichert und schließlich von den Buntmetallen getrennt. Hierbei wird in Elektro-Lichtbogenöfen zunächst eine silicatische, eisenhaltige Schlacke von der buntmetall- und edelmetallhaltigen »grünen« sulfidischen Matte (Kupferstein = CuS, FeS, $FeO/Fe_3O_4$) abgetrennt. Anschließend wird in Pierce-Smith oder TBRC-Konvertern (TBRC = Top Blown Rotary Converter) die Matte entschwefelt und Eisen als Fayalit-Schlacke abgetrennt, es entsteht eine Fe-arme »weiße« Matte. Diese wird kontinuierlich abgezogen und in Blöcke gegossen, die über zwei bis fünf Tage kontrolliert abkühlen (»slow cooling«), wodurch es zu einer Phasenbildung kommt. Die PGM sind mit bis zu 98% Ausbeute in einer feinkristallinen, metallischen Ni/Co/Fe-Phase angereichert, die nach Mahlen durch Magnetscheidung von der PGM-armen sulfidischen Cu/Ni-Phase abgetrennt wird. Aus der PGM-haltigen magnetischen Phase werden die Buntmetalle durch eine Drucklaugung mit $H_2SO_4/O_2$ weitgehend herausgelöst. Das verbleibende PGM-Konzentrat (40–90%) ist Vormaterial für die Feinscheidung (Abschnitt 5.3.3). Je nach Zusammensetzung kann die »weiße« Matte auch ohne weitere Anreicherung direkt gelaugt werden. Bei der Verarbeitung von sulfischen Ni/Cu-Erzen (Typ Sudbury, Kanada) folgen die Edelmetalle im Verhüttungsprozess den Buntmetallen und werden im Laugungsrückstand der Nickelraffination bzw. im Anodenschlamm der Cu-Elektrolyse angereichert [1, 2, 4, 5.2, 5.7].

Abbildung 5.5 zeigt die Entwicklung der weltweiten Primärproduktion nach Förderländern. Im Falle von Russland handelt es sich um die jährlichen Exportmengen, die zwischen 1995 und 2001 vor allem beim Pd und temporär beim Rh erheblich über der russischen Bergwerksförderung gelegen haben. Ohne zum Teil in gleicher Höhe erfolgte zusätzliche Verkäufe Russlands aus staatlichen Lagerbeständen hätte die in diesem Zeitraum erheblich gestiegene Nachfrage (vgl. Abschnitt 5.1) nicht gedeckt werden können [5.1, 5.2, 5.19].

### 5.3.2
**Sekundärgewinnung (Recycling)**

Wegen des hohen Wertes der PGM kommt dem Recycling eine sehr große Bedeutung zu. Zuverlässige statistische Angaben zur Sekundärproduktion sind auf globaler Ebene nicht verfügbar (mit Ausnahme des Recyclings von Autokatalysatoren), es kann aber davon ausgegangen werden, dass insgesamt die Sekundärproduktion an PGM fast in gleicher Höhe wie die Primärproduktion liegt, wobei zwischen den einzelnen PGM zum Teil erhebliche Unterschiede auftreten (vgl. 1.4). Prinzipiell zu unterscheiden sind zwei Arten von Kreisläufen, die in engem Zusammenhang mit dem jeweiligen Einsatzgebiet der PGM stehen.

Sehr hohe Recyclingquoten bestehen überall dort, wo die PGM von industriellen Endverbrauchern eingesetzt und am Ende ihrer Lebensdauer direkt von diesen zur PGM-Scheidung gegeben werden. Beispiele hierfür sind Katalysatoren bei der Ölraffination, Katalysatoren in der chemischen und petrochemischen Industrie sowie in der Glasindustrie eingesetzte PGM-Werkstoffe (vgl. Abschnitte 5.5 und 5.9). In diesen *direkten Kreisläufen* wird das Altmaterial vom Anwender ohne Einschaltung von Zwischenhändlern nahezu vollständig wieder in den Recyclingkreislauf eingesteuert und PGM-Verluste treten praktisch nur als Prozessverluste bei der Anwendung und als technische Verluste bei der PGM-Scheidung auf. Für Pt und Pd liegen hier die Kreislaufwirkungsgrade (Recyclingquote) in den meisten Fällen bei 90% und mehr.

Sehr viel schwieriger gestaltet sich das Recycling bei *indirekten Kreisläufen*. Hier ist der industrielle Nachfrager der PGM-(Zwischen-)produkte nicht der Endverbraucher. Beispiele hierfür sind vor allem Auto-Abgaskatalysatoren und PGM-Anwendungen in der Elektronik- und Dentalindustrie (vgl. Abschnitte 7, 5.7, 5.8). Die Edelmetalle gehen hier – zum Teil in erheblicher Verdünnung – mit Konsumgütern wie Autos, PCs, Mobiltelefonen, Zahnlegierungen, etc. an den Endverbraucher über und können am Ende der Lebensdauer nur über häufig sehr komplexe Erfassungs- und Logistiksysteme in die meist mehrstufige Recyclingkette zurückgeführt werden. Problematisch sind hier die Erfassung und die ersten, häufig nicht transparenten Stufen der Verwertungsketten mit oft mehrmaligen Eigentumsübergängen. Wenn die Materialien in die eigentliche PGM-Scheidung gelangen, dann liegen auch hier die Edelmetallausbeuten i.d.R. bei 95% und darüber. Zusätzlich wirkt sich die sehr hohe Lebensdauer (> 10 a) in vielen dieser Anwendungen aus. Bezogen auf die ursprünglich eingesetzte PGM-Menge beträgt daher die »*dynamische Recyclingquote*« derzeit nur 30–50%. Bei wachsenden Märkten, wie z. B. den Autokatalysatoren ist die »*statische Recyclingquote*«, d. h. der aus dem Recycling gedeckte Anteil der aktuellen PGM-Nachfrage, noch deutlich geringer, für Auto-Abgaskatalysatoren lag sie 2004 bei 20% für Pt, 19% für Rh und 12% für Pd. Da bezogen auf die PGM-Einsatzmengen die indirekten Kreisläufe eine signifikante Bedeutung haben, zielen Optimierungsansätze vor allem auf eine Verbesserung der Erfassung der Altmaterialien und eine Professionalisierung der Verwertungskette ab (vgl. [5.6, 1.4]).

Bei der Wahl geeigneter Recyclingprozesse von Sekundärmaterialien sind Edelmetall-Konzentration und -Zusammensetzung, Matrixeigenschaften und Verunreinigungen durch Unedelmetalle und organische Komponenten ausschlaggebend. Anders als bei der Scheidung von Primärmaterial, das für eine bestimmte Lagerstätte eine relativ gleichmäßige Zusammensetzung aufweist, müssen sich Sekundärscheidereien auf eine große Bandbreite unterschiedlichster Materialeigenschaften einrichten. Dies führt zu sehr komplexen Verarbeitungsprozessen, die weltweit nur von wenigen Sekundärscheidereien durchgeführt werden. Es besteht das generelle Spannungsfeld zwischen auf bestimmte Recyclingmaterialien spezialisierten Prozessen (mit entsprechend hohen Wirkungsgraden) und universeller angelegten Verfahren (die zum Teil Kostenvorteile, dafür aber in der Regel schlechtere Edelmetallausbeuten erzielen). Die meisten Sekundärscheidereien für PGM haben sich inzwischen auf bestimmte Materialsegmente fokussiert und verfügen über mehrere Prozessrouten ohne aber die komplette Bandbreite abzudecken. Da Transportkosten im allgemeinen nur noch eine untergeordnete Rolle spielen, werden PGM-Recyclingmaterialien heute weltweit versendet.

Ein wesentlicher Faktor ist der Edelmetallgehalt, der von reinen PGM-Legierungen (z. B. Pt/Rh-Katalysatornetzen aus der Salpetersäureproduktion oder Pt-Rührern der Glasindustrie) bis hin zu Recyclingmaterial mit weniger als 0,1 % PGM reicht (z. B. Prozesskatalysatoren aus der chemischen Industrie). Die untere Grenze wird letztlich durch die Entwicklung des jeweiligen PGM-Preises bestimmt und hat z. B. bei Pd-Katalysatoren in den letzten Jahren erheblich geschwankt. Nach einer in vielen Fällen erforderlichen Konditionierung des Recyclingmaterials sind vier Hauptverarbeitungsstufen zu unterscheiden:

- Präparation/Probenahme
- Voranreicherung
- Aufschluss und PGM-Abtrennung
- Raffination.

Beispiele für eine erforderliche *Konditionierung/Vorbehandlung* sind das Entmanteln von Autokatalysatoren, die mechanische Zerkleinerung und Aufbereitung von Elektronikschrott oder auch das Abbrennen von mit Kohlenstoff verunreinigten Raffineriekatalysatoren. Dieser erste Schritt wird häufig nicht durch die Scheidebetriebe selber, sondern durch vorgelagerte Unternehmen vorgenommen.

Es folgen die eigentlichen Scheideprozesse. Zunächst wird das Recyclinggut präpariert und homogenisiert, um daraus eine repräsentative Probe als Basis für die Eingangsanalytik und Abrechnung mit dem Lieferanten ziehen zu können. Bei sogenannten Gekrätzen (Edelmetalle mit nichtmetallischen Beimengungen) geschieht dies meist durch Trocknen, Mahlen, Sieben und/oder Mischen des Materials. Bei Scheidgut (Legierungen mit anderen Metallen) wird das Material zu homogenen Barren geschmolzen, aus denen durch Sägen oder Bohren Späne gewonnen und analysiert werden. Legierungen mit hohem PGM-Gehalt werden häufig auch in Königswasser gelöst und die Probe wird aus der gerührten Lösung gezogen. Die Genauigkeit von Probenahme und Analyse ist ein entscheidender Faktor für das wirtschaftliche Ergebnis, das ein Kunde (Lieferant des Scheidematerials) bei der Edelmetallscheidung erzielen kann. Dieser Einfluss wird oft unterschätzt, während der Preis der Scheideleistung und die vertragliche Edelmetallvergütung teilweise überbewertet wird. Der analytisch festgestellte Edelmetallinhalt eines Scheidematerials ist die Basis für die Abrechnung mit dem Kunden, jeder Fehler hier hat erhebliche monetäre Auswirkungen. Für eine exakte Probenahme und Analyse der häufig komplexen Scheidematerialien sind geeignete technische Einrichtungen, langjährige Erfahrung sowie ein hoher ethischer Standard bei allen Prozessbeteiligten erforderlich, was in der Praxis leider nicht immer gegeben ist [5.8].

Liegt der PGM-Gehalt über ca. 30 % kann im allgemeinen auf eine Voranreicherung verzichtet und das Material direkt in Aufschluss und PGM-Abtrennung eingesteuert werden. In den meisten Fällen ist das Material jedoch ärmer, sodass eine *Voranreicherung* erforderlich wird. Diese kann durch Verbrennung, durch Schmelzanreicherung oder durch hydrometallurgischem Aufschluss der Matrix oder das selektive Laugen der Edelmetalle erfolgen. Nach der Voranreicherung liegen in der Regel Konzentrate mit > 30 % PGM vor. Diese werden wie die Primärkonzentrate (vgl. Abschnitt 5.3.3) in Lösung gebracht und daraus die Edelmetalle voneinander separiert und raffiniert. Zur Erzielung hoher Edelmetallausbeuten ist es erforderlich, die in diesen Prozessen entstehenden Seitenströme sorgfältig nach-

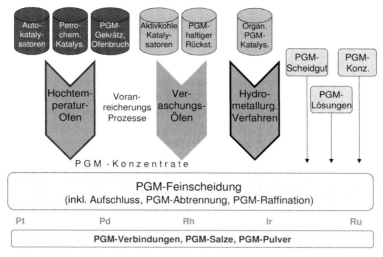

**Abb. 5.6** Prinzipielles Verfahrensablauf einer spezialisierten Sekundärscheidung [1.4]

zubehandeln und enthaltene Edelmetallspuren zurückzugewinnen. Abbildung 5.6 zeigt ein prinzipielles Verfahrensfließbild einer spezialisierten PGM-Scheiderei, Abbildung 5.7 den prinzipiellen Ablauf bei der Konzentratverarbeitung [5.9].

Nachfolgend finden sich einige Beispiele für wichtige Recyclingmaterialien:

*PGM-Katalysatoren auf Aktivkohleträgern* werden in Spezialöfen schonend verbrannt, die dabei entstehende Asche enthält die PGM in hoher Anreicherung. Ursprünglich wurde hier der Veraschungsprozess gleichzeitig zur Homogenisierung

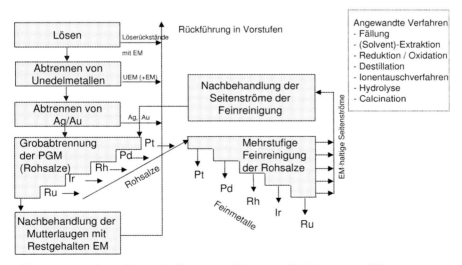

**Abb. 5.7** Prinzipieller Verfahrensablauf bei der Verarbeitung von PGM-Konzentraten [5.9]

genutzt und die Probe aus der Asche gezogen. Bei moderneren Verfahren wird die Probe vor der Veraschung aus dem suspendierten Katalysator genommen und die Suspension anschließend in einem kontinuierlich arbeitenden, neu entwickeltem Ofentyp verbrannt.

*PGM in keramischer Matrix* und andere *PGM-Gekrätze* wie z. B. Autokatalysatoren, Trägerkatalysatoren auf Basis $Al_2O_3$, Zeolith oder $SiO_2$, PGM-haltiger Tiegelausbruch oder Ofenbrüche mit PGM-Einschlüssen aus Glasschmelzen, gebrannte Vielschichtkondensatoren oder Resistoren werden häufig pyrometallurgisch bei Temperaturen um 1600 °C in Elektroöfen unter Zugabe von CaO reduzierend geschmolzen. Die Keramik wird verschlackt, die Edelmetalle werden je nach Verfahren in Cu, Fe oder Ni gesammelt und das edelmetallhaltige Sammlermetall wird anschließend nasschemisch weiterverarbeitet. Bei richtiger Auslegung und Steuerung des Ofens lassen sich hierbei auch gute Ausbeuten für Rh, Ir und Ru erzielen [5.11]. Bei hohen $SiO_2$-Anteilen der Matrix oder entsprechendes Verschneiden mit niedriger schmelzenden Materialien kann solches Material auch in gasbeheizten Drehtrommelöfen oder Konvertern eingesetzt werden, wo die Edelmetalle meist in Cu gesammelt werden. Solche Öfen werden vor allem für Ag/Au/Pt/Pd-Gekrätze aus der Juwelierindustrie eingesetzt. Die PGM laufen dann mit dem Silber und Gold und verbleiben bei der Goldelektrolyse im Elektrolyten (Pt, Pd) bzw. im Anodenschlamm (Rh, Ir, Ru, Os). Nachteilig ist bei diesen Prozessen, dass Ru und Os zu großen Anteilen durch Verflüchtigung und Ir und Rh in Schlacke, Kupferstein und die Ofenausmauerung verloren gehen. Schließlich schleusen einige Kupfer- und Nickelhütten solche Gekrätze auch in die bestehenden Prozesse für die Verarbeitung von Cu/Ni-Primär- und Sekundärkonzentraten ein, wobei die Edelmetalle bei der Kupfer- oder Nickelraffination als Rückstand anfallen. Hier besteht grundsätzlich die gleiche Problematik für Rh, Ir, Ru und Os, auch verteilen sich die Edelmetalle in gewissem Umfang in die verschiedenen Metallwege (Cu, Ni, Pb etc.), was sich nachteilig auf Durchlaufzeiten und Edelmetallausbeuten auswirkt.

Moderne, integrierte (Edel-)Metallhütten (»Smelter & Refiner«), wie der Ende der 1990er Jahre neu installierte Prozess von Umicore Precious Metals in Hoboken, Belgien, verbinden heute die Vorteile von Hüttenprozessen mit denen von spezialisierten Edelmetallscheidereien (Abb. 5.8). Die Prozessführung wurde hier hinsichtlich der Edelmetalle optimiert, so dass Durchlaufzeiten und Edelmetallausbeuten (auch bei Rh) erreicht werden, die Spezialprozessen vergleichbar sind. Durch die kombinierte Verarbeitung einer großen Bandbreite komplexer, edelmetallhaltiger Materialien lassen sich zusätzlich hohe Durchsätze und damit günstige Produktionskosten bei gleichzeitig hoher Flexibilität und Unempfindlichkeit gegenüber Verunreinigungen erzielen[1]. Dazu wurde als Eingangsaggregat 1997 ein »Isa-Smelt«-Prozess installiert, bei dem über eine eingetauchte Lanze Luft, Sauerstoff, und Brennstoff in

---

[1] Die Anlage verarbeitet jährlich rund 250 000 t Einsatzmaterial und gewinnt daraus 17 verschiedene Metalle zurück. Neben Consumer-Altprodukten wie Autokatalysatoren oder Elektronikschrott werden industrielle Recyclingmaterialien (z. B. Chemie- und Ölraffinationskatalysatoren, edelmetallhaltige Rückstände aus der Schmuck-, Dental-, Glas- und Fotoindustrie) sowie Beiprodukte und Rückstände anderer NE-Metallhütten und Edelmetallscheidereien verarbeitet (z. B. Anodenschlämme, Schlacken/Dross, Flugstäube, Schlämme, Metallkonzentrate).

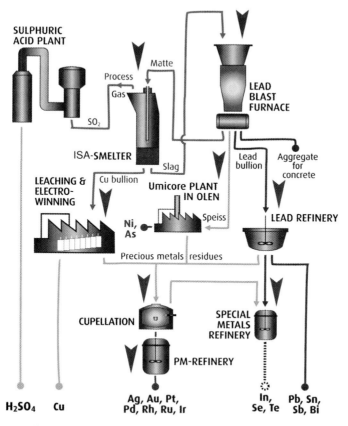

**Abb. 5.8** Prinzipieller Verfahrensablauf in einer integrierten Edelmetallhülle (Smelter & Refiner), Beispiel Unicore Precious Metals Refining, Hoboken/Antwerpen [4.6]

das geschmolzene Bad injiziert wird. Das im Einsatzmix enthaltene Kupfer bindet als Sammlermetall die Edelmetalle (s.o.), es wird beim Abstich direkt granuliert und einem »Electro-Winning« Prozess zugeführt, der einen schnellen Zugriff auf die Edelmetalle ermöglicht.[2] Die Primärschlacke durchläuft im Schachtofen einen zweiten Hochofenprozess, bei dem Blei und andere NE-Metalle abgetrennt und verbleibende Edelmetallanteile zurückgewonnen werden. Anfallende Seitenströme können ebenfalls intern wieder eingesteuert und verarbeitet werden. Neben den Edelmetallen Gold, Silber, Platin, Palladium, Rhodium, Ruthen und Iridium werden auch die NE-Metalle Kupfer, Nickel, Blei, Zinn, Arsen, Selen, Tellur, Bismut,

---

[2] Anders als bei der klassischen Kupferelektrolyse wird hier nicht vom Anodenkupfer ausgegangen. Das Kupfergranulat wird statt dessen zunächst in Schwefelsäure gelöst, aus der Kupfersulfatlösung wird dann Kupfer kathodisch abgeschieden, während die Edelmetalle und Verunreinigungen als Löserückstand verbleiben, der dann in Edelmetall-Konverter und Edelmetallscheiderei weiterverarbeitet wird.

Antimon und Indium zurückgewonnen, was unter ökologischer Sicht große Vorteile aufweist. Abgasseitig ist der Prozess mit leistungsfähiger Nachverbrennung, Wäscher- und Filtersystemen ausgerüstet, so dass auch bei im Vergleich zu Autokatalysatoren weit problematischeren Materialien (z. B. Elektronikschrott) die strengen Emissionsgrenzwerte sicher eingehalten werden können [4.6, 5.10].

Die früher angewandten speziellen Edelmetall-Schachtofenprozesse wurden durch die Basismetallhütten verdrängt und kommen heute nicht mehr zum Einsatz. Beim Schachtofenprozess wurden Gekrätze mit Schlackebildnern und Bleiglätte reduzierend geschmolzen, die Edelmetalle im Blei gesammelt, welches in einem Konverter getrieben und als PbO in den Schachtofen zurückgeleitet wurde. Die Edelmetalle legierten sich im Konverter in Ag, das über Ag- und Au-Elektrolyse weiterverarbeitet wurde [2, 5.9, 5.11, 5.12].

Bei Pt, Pt/Ir und Pt/Re-haltigen *Raffineriekatalysatoren* z. B. aus dem Reforming- oder Isomerisierungsprozess besteht der Träger meist aus $\gamma$-Aluminiumoxid, das in speziellen Reaktoren durch NaOH oder $H_2SO_4$ gelöst werden kann. Zurück bleiben neben inerten Verunreinigungen Pt und Ir in Form schlammiger Konzentrate. Sofern Re enthalten war, geht dies zusammen mit dem Aluminiumoxid in Lösung und wird aus dieser mittels Anionentauschern zurückgewonnen. Stark durch Kohlenstoff verunreinigte Katalysatoren werden häufig auch pyrometallurgisch verarbeitet, so dass ein vorgeschalteter Abbrennschritt vermieden werden kann [5.12, 5.13].

*Organische Katalysatorrückstände*, z. B. verbrauchter Rh-Homogenkatalysator aus der Oxosynthese wurden früher verbrannt. Dabei traten aber häufig höhere Rh-Verluste auf, sodass moderne Verfahren die PGM mittels bestimmter Metalle aus der organischen Suspension fällen und dadurch ein PGM-Konzentrat erzeugen [5.14]. Eine andere Neuentwicklung ist die Behandlung von solchen Rückständen mit überkritischem Wasser [5.15].

*Verdünnte wässrige Lösungen von Platinmetallen*, z. B. verbrauchte galvanische Bäder werden durch Einengen konzentriert und dann in den Trennungsgang eingeschleust, oder, falls störende Stoffe vorhanden sind, mittels Ionenaustausch, Zementation oder Reduktion in alkalischer Lösung verarbeitet.

*Platinmetalle und -legierungen*, die ins Recycling gelangen, werden vielfach direkt in einem Löseprozess verarbeitet, wobei größere Bauteile zur Erhöhung der Lösegeschwindigkeit vorher zerkleinert werden. Hierzu gehören Katalysatornetze, Schmelzwannen, Rührer und Spinndüsen der Glasindustrie, Thermoelemente, Laborgeräte, etc. Bei Anteilen von mehr als 20% Ir oder 30% Rh ist die Lösegeschwindigkeit sehr gering. Sollen teure Aufschlüsse in Salzschmelzen vermieden werden, kann hochrefraktäres PGM-Scheidgut mit Unedelmetallen wie Kupfer, Aluminium, Eisen oder Zink eingeschmolzen und aus der Legierung anschließend die Unedelmetalle mit Säuren herausgelöst werden. Als Rückstand verbleibt ein fein disperses Edelmetall (»Mohr«), das in der Regel gut lösbar ist. Bei der Aufarbeitung von gängigen Pt/Rh-Legierungen kann teilweise auf eine abschließend Trennung der beiden Metalle verzichtet werden. Für nur oberflächlich verunreinigtes Altmaterial kann sogar ein Abbeizen mit Säuren genügen, sodass die aufwändige hydrometallurgische Scheidung vermieden werden kann [2, 4].

Da sich die Anwendungen der Edelmetalle ständig weiter entwickeln, treten auch bei den Altmaterialien immer wieder neue Zusammensetzungen auf, die eine Modifikation oder auch Neuentwicklung von Scheideprozessen erfordern. Beispiele hierfür sind neue Trägerkatalysatoren mit »exotischen« Metallkombinationen (z. B. Ag/Ru/Re), Pt-beschichtete Dieselpartikelfilter auf mit Ruß verunreinigtem Siliciumcarbid-Träger, oder auch eine verstärkte Anwendung von PGM in der Homogenkatalyse, aus der neue Arten von PGM-haltigen organischen Rückständen resultieren. Zunehmend an Bedeutung erlangt auch die gemeinsame Rückgewinnung von Edelmetallen und NE-Metallen. Der GTL (Gas to Liquid) Katalysator (vgl. Abschnitt 5.5) enthält 15–25 % Cobalt (Co) als katalytisch aktive Komponente auf einem $Al_2O_3$-Träger, als Promotoren werden je nach Ausführung Pt, Pd, Ru oder Re in Konzentrationen von 0,05–0,5 % eingesetzt. Die Rückgewinnung sowohl des Co als auch der Edelmetalle ist wirtschaftlich interessant, erfordert aber neuartige Verarbeitungsprozesse. Erschwerend für Probenahme und Scheidung kommt hinzu, dass der Altkatalysator aus dem Prozess mit einem hohen Wachsanteil verunreinigt ist [5.25]. Auch Elektronikschrott (Leiterplatten) enthält neben Kupfer und Edelmetallen weitere Metalle wie Zinn, Blei, Indium, Bismut, Antimon etc., deren Rückgewinnung aus wirtschaftlichen oder auch aus ökologischen Gründen sinnvoll ist.[3] Eine weitere Randbedingung moderner Scheideprozesse ist, dass entstehende Abluft-, Abwässer- und sonstige Stoffströme durch geeignete Filter-, Wäscher- und Aufbereitungssysteme gereinigt und von Schadstoffen befreit werden. So erfordert die zukünftige Aufarbeitung von Brennstoffzellen, die neben Pt und Ru im Katalysator vor allem in der Membran Fluorpolymere enthalten, neuartige Verfahren um Fluoremissionen zu vermeiden [5.26]. Die Kosten für die Sicherstellung umweltgerechter Prozesse haben heute einen signifikanten Anteil an den Scheidekosten erreicht.

### 5.3.3
### Scheidung von PGM-Konzentraten

Die Reindarstellung der Metalle der Platingruppe ist kompliziert und teuer. Die heute verwendeten Aufschluss- und Trennverfahren sind für die Scheidung von PGM-Konzentraten aus der Primärerzeugung und für die Scheidung für Konzentrate aus Recyclingmaterial im Prinzip identisch. Deswegen werden sie hier in einem gemeinsamen Kapitel beschrieben.

#### 5.3.3.1 **Löseverfahren**
Zu Beginn der Konzentrataufbereitung müssen die PGM in Lösung gebracht werden. Dies geschieht durch *oxidierendes Lösen* in Salzsäure bei erhöhter Temperatur. Als Oxidationsmittel können Chlor, Wasserstoffperoxid, Salpetersäure oder Chlorat eingesetzt werden. Das Produkt des Löseschrittes ist eine salzsaure Lösung, die die PGM in Form von Chloro-Anionen enthält ($[PtCl_6]^{2-}$, $[PdCl_4]^{2-}$, $[RhCl_6]^{3-}$, $[IrCl_6]^{2-}$, $[RuCl_6]^{2-}$, $[OsCl_6]^{2-}$).

---

[3] Der Preis für Indium (In), dass vor allem für LCD-Bildschirme eingesetzt wird, z. B. lag im Oktober 2005 bei rund 900 US-$/kg und damit deutlich über dem Preis von Silber.

Allerdings ist das Löseverhalten der einzelnen PGM sehr unterschiedlich. Während sich Platin, Palladium und Rhodium verhältnismäßig gut lösen, bleiben Iridium, Ruthenium und Osmium überwiegend im Löserückstand. Dieser Löserückstand muss separat mit besonderen Aufschlussmethoden gelöst werden. Gebräuchliche Verfahren sind:
- Sintern mit Natriumchlorid bei 400–600 °C unter Chlor und anschließendes Lösen in Wasser.
- Schmelzen mit Natriumperoxid und anschließendes Lösen in Wasser
- Schmelzen mit Aluminium, Eisen oder Zink und anschließendes Herauslaugen der Unedelmetalle mit nichtoxidierenden Säuren. Die zurückbleibenden sehr feinen PGM-Legierungspulver lassen sich dann in Salzsäure/Chlor auflösen.

### 5.3.3.2 Grobtrennung

Nachdem die PGM in Lösung gebracht worden sind, müssen sie getrennt und gereinigt werden. Dies geschieht durch verschiedene *Fällungs-* und/oder *Extraktionsverfahren*. In der Regel wird zunächst mitgelöstes Silber durch Verdünnen als schwerlösliches Silberchlorid abgetrennt:

$$[AgCl_2]^- \longrightarrow [AgCl] + Cl^-$$

Danach erfolgt die Abtrennung von eventuell gelöstem Gold durch selektive Reduktion, z. B. mit Schwefeldioxid, Natriumsulfit oder Oxalsäure, zu elementarem Gold.

$$2\,[AuCl_4]^- + 3\,SO_2 + 18\,H_2O \longrightarrow 2\,Au + 8\,Cl^- + 3\,SO_4^{2-} + 12\,H_3O^+$$

Alternativ kann das Gold auch durch Solventextraktion zum Beispiel mit Methylisobutylketon selektiv und quantitativ aus der Edelmetalllösung entfernt werden.

Enthält die Lösung nach Abtrennung von Silber und Gold noch große Mengen an Kationen von Unedelmetallen, können diese durch Kationenaustausch abgetrennt werden.

Aus der dann vorliegenden »reinen« PGM-Lösung werden bei höheren Gehalten an *Ruthenium* und *Osmium* zunächst diese Metalle separiert. Dazu nutzt man die Flüchtigkeit der Tetroxide dieser Elemente. Die salzsauren Lösungen der PGM werden mit starken Oxidationsmitteln wie Chlorat oder Chlor bei erhöhter Temperatur und unter Einleiten eines Schleppgases oxidiert. Dabei destillieren die sich bildenden Tetroxide ab und werden in Salzsäure aufgefangen, wobei sie wieder zu den Chloriden reagieren.

$$[RuCl_6]^{2-} + 2\,Cl_2 + 12\,H_2O \longrightarrow RuO_4 + 10\,Cl^- + 8\,H_3O^+$$

$$RuO_4 + 10\,HCl + 2\,H_2O \longrightarrow [RuCl_6]^{2-} + 4\,H_2O + 2\,Cl_2 + 2\,H_3O^+$$

Im den nächsten Schritten werden dann nacheinander *Platin, Palladium* und *Rhodium* abgetrennt. Dazu oxidiert man zunächst die PGM-Lösung, sodass Platin, Palladium und Iridium, die bei der Goldreduktion reduziert wurden, wieder in der vierwertigen Oxidationsstufe vorliegen (Rh lässt sich nicht oxidieren und liegt weiterhin dreiwertig vor). Nach der selektiven Reduktion des Palladiums zu Pd(II) und des Iridiums zu Ir(III) kann dann der Platin (IV)-Hexachlorokomplex durch Fällung oder Solventextraktion abgetrennt werden. Bei den Fällverfahren nutzt man die Schwerlöslichkeit der Kalium- oder Ammoniumsalze, bei der Solventextraktion die Bildung von in organischen Lösemitteln löslichen Ionenpaaren z. B. mit protonierten Trialkylphosphaten, speziell substituierte Oximen oder langkettigen Trialkylaminen.

Nach der Platinabtrennung kann die Lösung erneut aufoxidiert und Palladium (IV) und Iridium (IV) gemeinsam als Ammonium- oder Kaliumsalz gefällt werden. Alternativ dazu kann das Palladium(II) auch selektiv mit Di-n-alkylsulfiden extrahiert werden. Dabei bleibt das Iridium mit dem Rhodium zurück.

Im letzten Schritt der Grobtrennung kann dann das Rhodium (mit dem Iridium) durch Kristallisation von Ammoniumsalzen abgetrennt werden.

### 5.3.3.3 Raffination

Bei der Grobtrennung erhält man mehr oder weniger reine Salze (aus den Fällverfahren) oder Lösungen (aus den Extraktionsverfahren), die noch weiter gereinigt werden müssen.

Das abgetrennte *Silber* (als Silberchlorid) und das abgetrennte *Gold* (als elementares Gold) werden reduzierend eingeschmolzen und den jeweiligen Raffinationselektrolysen zugeführt (siehe Abschnitte 3.3.3 und 4.3.3).

Das als Salz abgetrennte *Platin* wird thermisch zu einem verunreinigten Platinmetall zersetzt oder chemisch reduziert (z. B. mit Hydrazin). Anschließend wird dieses Rohplatin wieder gelöst und erneut gefällt. Durch mehrfaches Wiederholen der Prozedur (Lösen/Fällen/Zersetzen bzw. Reduzieren) erhält man am Ende ein sauberes Platin mit einer Reinheit bis zu 99,99 %.

Das bei der Solventextraktion als salzsaurer Reextrakt anfallende Platin ist meist deutlich reiner und kann oft durch einfaches Fällen als Ammoniumsalz mit anschließender thermischer Zersetzung mit ausreichender Reinheit als Metall dargestellt werden.

$$[PtCl_6]^{2-} + 2\,NH_4^+ \longrightarrow [NH_4]_2[PtCl_6] \longrightarrow Pt + 2\,NH_4Cl + 2\,Cl_2$$

Das bei der *Palladiumfällung* anfallende Palladiumsalz wird zur Feinreinigung reduzierend in Ammoniak gelöst. Dabei reagieren die metallischen Verunreinigungen größtenteils zu unlöslichen Hydroxiden und können durch Filtration von der Palladium-Lösung abgetrennt werden. Insbesondere das bei der Palladium-Rohfällung mit ausfallende Iridium wird so als Iridiumoxid abgetrennt. Aus der erhaltenen ammoniakalischen Palladium-Lösung wird das Palladium durch Zugabe von Salzsäure als Diammindichloro-Salz ausgefällt. Zur weitern Reinigung wird diese Prozedur (Lösen in Ammoniak, Fällen mit Salzsäure) sooft wiederholt, bis das Palladium sauber genug ist. Der letzte Schritt ist dann die thermische Zersetzung des Palladium-Salzes zu Palladium-Schwamm.

Bei der Solventextraktion des Palladiums fällt dieses in einer ammoniakalischen Reextraktlösung an und kann aus dieser durch Zugabe von Salzsäure ausgefällt werden. Die restliche Feinreinigung durch Umfällung ist identisch wie die Feinreinigung des Rohsalzes.

$$[NH_4]_2[PdCl_6] + 4\ NH_3 \longrightarrow [Pd(NH_3)_4]Cl_2 + Cl_2 + 2\ NH_4Cl$$

$$[Pd(NH_3)_4]Cl_2 + 2\ HCl \longrightarrow Pd(NH_3)_2Cl_2 + 2\ NH_4Cl$$

Das am Ende der Grobtrennung auskristallisierte *Rhodiumsalz* ($[NH_4]_3[RhCl_6]$) enthält noch einige Prozent Platin und Palladium, Spuren von Ruthenium sowie das gesamte *Iridium*, wenn Palladium über Extraktion abgetrennt wurde. Die Rhodium-Feinreinigung wie auch die Iridium-Feinreinigung ist komplex und muss in den Einzelprozessen flexibel den jeweiligen Verunreinigungen angepasst werden. Zum Einsatz kommen Fällungs- und Extraktionsprozesse, Zementationsverfahren und Ionenaustausch-Verfahren. Das Endprodukt ist in jedem Fall ein sauberes Ammonium-Hexachlorosalz, das thermisch zum Metall zersetzt wird.

## 5.4
## PGM-Salze und Verbindungen

### 5.4.1
### Platinverbindungen

Platinverbindungen werden grundsätzlich ausgehend von der Hexachloroplatinsäure ($H_2[PtCl_6]$) hergestellt. Die Hexachloroplatinsäure ist durch folgende Reaktion zugänglich:

$$Pt + 2\ HCl + 2\ Cl_2 \longrightarrow H_2[PtCl_6]$$

Durch eine Kombination von Reduktions-, Hydrolyse- oder Umkomplexierungsreaktionen sind alle weiteren Platinverbindungen zugänglich. Das in Abbildung 5.9

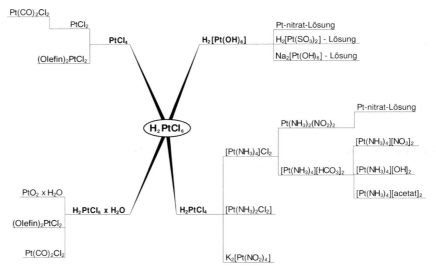

**Abb. 5.9** Synthese der wichtigsten anorganischen Platinsalze

gezeigte Schema gibt einen Überblick über die prinzipielle Synthese der wichtigsten anorganischen Salze des Platins.

Organische Komplexverbindungen des Platins werden meist ausgehend von der festen Hexachloroplatinsäure durch Reduktion in organischen Lösemitteln in Gegenwart von Komplexbildnern wie z. B. Phosphanen, CO, Acetylacetonat oder Olefinen hergestellt.

## 5.4.2
## Palladiumverbindungen

Als Ausgangsverbindung zur Herstellung von Palladiumverbindungen dient in der Regel Palladium(II)-chlorid oder Palladium(II)-nitrat (entweder in Form einer konzentrierten Lösung oder in Form des wasserhaltigen Salzes). Palladium(II)-chlorid ist zugänglich durch Auflösen von Palladium in Salzsäure/Chlor, Palladium(II)-nitrat durch Auflösen von Palladium in Salpetersäure:

$$Pd + 2\,HCl + Cl_2 + x\,H_2O \longrightarrow H_2PdCl_4 + x\,H_2O \longrightarrow PdCl_2 \cdot x\,H_2O + 2\,HCl$$

$$3\,Pd + 8\,HNO_3 \longrightarrow 3\,Pd(NO_3)_2 + 2\,NO + 4\,H_2O$$

Auch beim Palladium sind alle anderen anorganischen Salze durch eine Kombination von Reduktions-, Hydrolyse- oder Umkomplexierungsreaktionen aus diesen beiden Lösungen bzw. Salzen zugänglich (s. Abb. 5.10). Die organischen Komplexverbindungen lassen sich wie beim Platin meist ausgehend vom Palladium(II)-chloridhydrat durch Umsetzung in organischen Lösemittel synthetisieren, z. B.

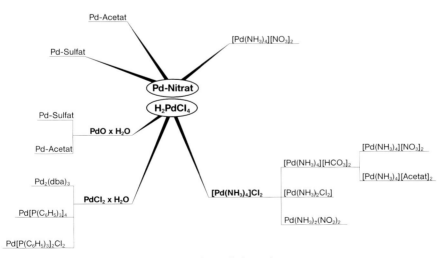

**Abb. 5.10** Synthese der wichtigsten anorganischen Palladiumsalze

$$PdCl_2 \cdot H_2O + 2\ P(C_6H_5)_3 \longrightarrow Pd[P(C_6H_5)_3]_2Cl_2$$

$$PdCl_2 \cdot H_2O + 4\ P(C_6H_5)_3 + CH_3CH_2OH$$
$$\longrightarrow Pd[P(C_6H_5)_3]_4 + CH_3CHO + 2\ HCl + H_2O$$

### 5.4.3
### Rhodiumverbindungen

Alle Rhodiumverbindungen sind ausgehend vom Rhodium(III)-chlorid (als Salz oder Lösung) zugänglich. Rhodium(III)-chloridhydrat wird analog der Herstellung von Pt- und Pd-Chloridhydrat durch Auflösen von Rhodiumpulver in Salzsäure/Chlor hergestellt.

$$Rh + 3\ HCl + 1{,}5\ Cl_2 \longrightarrow H_3RhCl_6$$

Da Rhodium oberflächlich leicht oxidiert und Rhodiumoxid in Salzsäure/Chlor unlöslich ist, muss das Rhodiumpulver in der Regel vor dem Lösen im Wasserstoffstrom reduziert werden.

Wie schon beim Platin und Palladium beschrieben, werden auch beim Rhodium alle weiteren Verbindung ausgehend von Rh(III)-chlorid hergestellt (Abb. 5.11).

### 5.4.4
### Iridiumverbindungen

Im Gegensatz zu Platin, Palladium und Rhodium löst sich Iridium nicht in oxidierenden Säuren. Ein Aufschluss von Iridiumpulver gelingt nur bei drastischen Bedingungen wie z. B. in einer oxidierenden Natriumchlorid-Schmelze bzw. durch Sinterung von Ir-Pulver mit Natriumchlorid bei Temperaturen > 400 °C im Chlorstrom mit anschließendem Lösen in Wasser:

$$Ir + 2\ NaCl + 2\ Cl_2 \longrightarrow Na_2IrCl_6 \quad (>400\,°C)$$

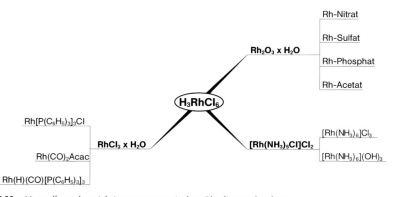

**Abb. 5.11** Herstellung der wichtigsten anorganischen Rhodiumverbindungen

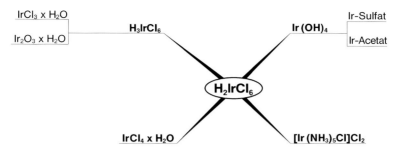

**Abb. 5.12** Darstellung der wichtigsten anorganischen Iridiumverbindungen

Eine andere Möglichkeit ist das Legieren mit Aluminium, Eisen oder Zink mit anschließendem Herauslaugen von überschüssigem Unedelmetall. Man erhält dadurch definierte Ir/Unedelmetall-Phasen, die sich in Salzsäure/Chlor lösen. Die Unedelmetall-Kationen können aus den so hergestellten Ir(IV)-chlorid-Lösungen durch Kationenaustausch abgetrennt werden.

$$x\,\text{Ir}/y\,\text{Al} + 2x\,\text{HCl} + (2x + 1{,}5y)\text{Cl}_2 \longrightarrow x\,\text{H}_2\text{IrCl}_6 + y\,\text{Al}^{3+} + 3y\,\text{Cl}^-$$

Ausgehend von der so erhaltenen $H_2IrCl_6$-Lösung sind alle anderen Iridiumverbindungen zugänglich (s. Abb. 5.12).

### 5.4.5
### Ruthenium- und Osmiumverbindungen

Ruthenium und Osmium lösen sich wie Iridium nicht in oxidierenden Säuren und werden analog dem Iridium durch oxidierende Natriumchlorid-Schmelze oder durch Legieren mit Unedelmetallen aufgeschlossen:

$$\text{Ru} + 2\,\text{NaCl} + 2\,\text{HCl} \longrightarrow \text{Na}_2\text{RuCl}_6$$

Da Ru und Os aber auch stabile Ruthenate bzw. Osmate bilden, können sie auch oxidierend alkalisch aufgeschlossen werden:

$$\text{Ru} + 3\,\text{K}_2\text{S}_2\text{O}_8 + 8\,\text{OH}^- \longrightarrow [\text{RuO}_4]^{2-} + 3\,\text{K}_2\text{SO}_4 + 3\,[\text{SO}_4]^{2-} + 4\,\text{H}_2\text{O}$$

Aus der so hergestellten Ruthenat(VI)-Lösung kann das Ruthenium durch Aufoxidieren und Abdestillieren des entstehenden Rutheniumtetroxids abgetrennt werden:

$$3\,[\text{RuO}_4]^{2-} + \text{NaClO}_3 + 3\,\text{H}_2\text{O} \longrightarrow 3\,\text{RuO}_4 + \text{NaCl} + 6\,\text{OH}^-$$

Das abdestillierende Rutheniumtetroxid wird in Salzsäure aufgefangen und zersetzt sich dabei zu Ruthenium(IV)-chlorid:

$$\text{RuO}_4 + 10\,\text{HCl} \longrightarrow \text{H}_2\text{RuCl}_6 + 2\,\text{Cl}_2 + 4\,\text{H}_2\text{O}$$

Aus den Chlorid-Lösungen der beiden Metalle sind dann analog wie bei den anderen PGM alle Verbindungen zugänglich (s. Abb. 5.13).

# 9 Edelmetalle

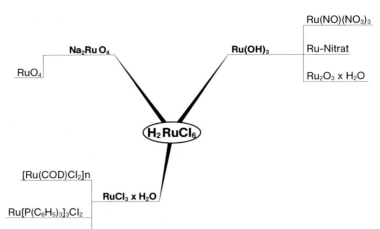

**Abb. 5.13** Darstellung der wichtigsten anorganischen Rutheniumverbindungen

## 5.5
**Platingruppenmetalle in der Katalyse**

Die Katalyse ist mit Abstand das wichtigste Anwendungsfeld für Platinmetalle. PGM-Katalysatoren sind für zahlreiche technische Synthesen unentbehrlich, einen Überblick gibt Tabelle 5.1. Dabei kommen sowohl Katalysatoren auf z. B. keramischen Trägern oder Aktivkohle, Vollkatalysatoren wie Pt/Rh-Netze als auch Homogenkatalysatoren zum Einsatz. Mengenmäßig größtes Einsatzgebiet ist die Mineralölindustrie, wo bei der katalytischen Reformierung und der Isomerisierung Pt und Pt/Rh, aber auch Pt/Sn und Pt/Ge auf $\gamma$-$Al_2O_3$ gebräuchlich sind (Pt/Ir hat heute kaum mehr Bedeutung). Bei weiteren Prozessen der Erdölraffination findet hauptsächlich Palladium auf Zeolithen, aber auch in Kombinationen mit anderer Edelmetallen Verwendung. Ein junges Einsatzgebiet für neu entwickelte Pt/Co und Ru/Co-Katalysatoren auf $Al_2O_3$-Trägern ist die Umsetzung von Erdölgas zu synthetischen Kraftstoffen (GTL=Gas To Liquid). Bei der Ammoniakgewinnung aus Erdgas wird ab 1995 in einigen Anlagen das neue, durch Ruthenium auf Kohle katalysierte KAAP-Verfahren (»Kellogg Advanced Ammonia Process«) eingesetzt (s. Anorganische Stickstoffverbindungen, Bd. 3, Abschnitte 2.3.3–2.3.4). Zur Erstausstattung neuer Anlagen hat sich durch KAAP und den etwa zeitgleich kommerzialisierten Cativa-Prozess (s. u.) der Ru-Verbrauch für Prozesskatalysatoren auf 3,8 t im Jahr 1996 verdoppelt [5.1].

Auf Aktivkohle als Träger spielt neben Platin, Rhodium und Ruthenium vor allem Palladium, meist in Konzentrationen um 5%, eine bedeutende Rolle als Katalysator in der pharmazeutischen Industrie und in der Feinchemie, wichtige Reaktionen sind u. a. selektive Hydrierungen und Oxidationen. In Form von gestrickten oder gewebten Netzkatalysatoren werden Platin/Rhodium-Legierungen (Pt95/Rh5 oder

Tab. 5.1  PGM-Katalysatoren für wichtige chemische Prozesse

| Anwendung | Katalysatortyp/Träger | PGMs | PGM-Beladung | Katalysator-standzeit |
|---|---|---|---|---|
| **Erdölraffination** | | | | |
| • Reforming | $Al_2O_3$ Zeolithe | Pt; Pt/Re; Pt/Ir | | |
| • Isomerisierung | $Al_2O_3$ Zeolithe | Pt; Pt/Pd | 0,02–1 % | 1–12 |
| • Hydrocracking | $SiO_2$ Zeolithe | Pd; Pt | | |
| **Massenprodukte und Spezialitäten** | | | | |
| • Salpetersäure | Netze | Pt/Rh; Pd | 100 % | 0,5 |
| • $H_2O_2$ | Pulver (Schwarz) | Pd | 100 % | 1 |
| • HCN | $Al_2O_3$ oder Netze | Pt; Pt/Rh | 0,1 %; 100 % | 0,2–1 |
| • PTA | Kohlenstoffpartikel | Pd | 0,5 % | 0,5–1 |
| • VA | $Al_2O_3$; $SiO_2$ | Pd/Au | 1–2 % | 4 |
| **Homogene** | | | | |
| • Oxo Alkohole | homogen | Rh | 100–500 ppm* | 1–5 |
| • Essigsäure | | Rh; Ir/Ru | | |
| **Feinchemikalien** | | | | |
| • Hydrierung | Aktivkohle (Pulver) | Pd; Pt; Pd/Pt; Ru; Rh; Ir | 0,5–10 % | 0,1–0,5 |
| • Oxidation | | | | |
| • Debenzylierung | | | | |
| • etc. | | | | |

Pt90/Rh10) für die großtechnische Ammoniakverbrennung zur Salpetersäureproduktion eingesetzt, Edelmetallverluste können dabei durch nachgeschaltete Palladium-Getter-Netze vermindert werden, die das verdampfte Pt weitgehend absorbieren. Bei der Blausäuresynthese werden alternativ Pt90/Rh10-Netzkatalysatoren (Andrussow-Verfahren) oder innen mit Pt beschichtete gesinterte $Al_2O_3$-Rohre (BMA/Degussa-Verfahren) eingesetzt (siehe Anorganische Stickstoffverbindungen, Bd. 3, Abschnitt 9.2.2). Bei der Herstellung von Vinylacetat-Monomer (VA) wird Pd/Au oder Pd/Cd auf $SiO_2$- oder $Al_2O_3$-Trägern eingesetzt (siehe Aliphatische Zwischenprodukte, Bd. 5, Abschnitt 8.2.7.1), bei der Herstellung von PTA (Purified Terephthalic Acid) ein Katalysator mit 0,5 % Pd auf Kokosnussschalenkoks-Granulat. Auch feinverteilte Platinmetalle ohne Träger (»Mohre«) sind katalytisch hochaktiv und finden in der chemischen und pharmazeutischen Industrie vielfach Verwendung, so z. B. bei der Wasserstoffperoxidsynthese nach dem Anthrachinon-Verfahren und bei der Hydrierung von Olefinen und Carbonylverbindungen.

Lösliche Verbindungen der Platinmetalle erlangen zunehmend Bedeutung als *Homogenkatalysatoren* sowohl für Prozesse der organischen als auch der anorganischen Chemie. Der Einsatz eines rhodiumhaltigen Komplexes bei der Hydroformylierung zur Herstellung von Aldehyden und Oxoalkoholen ist einer der ältesten und bedeutendsten Anwendungen in der Homogenkatalyse (siehe Verfahren auf Basis Synthesegas, Bd. 4). Auch für die Carbonylierung von Methanol zu Essigsäure wird ein Rhodium-Homogenkatalysator verwendet (siehe Aliphatische Zwischenprodukte, Bd. 5, Abschnitt 8.2.3.2), alternativ kommt hier seit einigen Jahren auch ein Iridium/Ruthenium-Komplex im sogenannten BP-Cativa-Prozess zum Einsatz (siehe Aliphatische Zwischenprodukte, Bd. 5, Abschnitt 8.2.3.3). Weitere wichtige Anwendungen sind vor allem Hydrierungsreaktionen in der Feinchemie für die vor allem Rh (z. B. Wilkinson-Katalysator), aber auch Ru- und Ir-Homogenkatalysatoren verwendet werden. Beim Wacker-Prozess zur Oxidation von Ethylen zu Acetaldehyd dient als katalytisches System eine wässrige Lösung aus Palladium(II)-chlorid und Kupferchlorid (siehe Aliphatische Zwischenprodukte, Bd. 5, Abschnitt 6.1.2.1).

Platinhaltige Homogenkatalysatoren werden im wesentlichen in zwei Bereichen der organischen Chemie eingesetzt – der Modifizierung von Silanen und Siliconen zu Organosilanen (Hydrosilylierung) sowie bei der Additionsvernetzung durch Hydrosilylierung zu Siliconkautschuken, die unter anderem als Dicht- und Verbindungsmittel eingesetzt werden (siehe Elastomere, Bd. 5, Abschnitt 3.13). Der Pt-Katalysator selbst verbleibt nach der Vernetzung im Silicongummi, ein Recycling ist wegen der extremen Verdünnung nicht möglich. Wie in Abschnitt 5.3.2 ausgeführt, werden in der Regel bei den anderen Einsatzgebieten in der chemischen und petrochemischen Industrie die Edelmetalle aus den Katalysatoren mit hohen Ausbeuten zurückgewonnen, sodass insgesamt in diesen Industrien ein großes PGM-Inventar permanent umgeschlagen wird [5.27, 1.4].

Neben den hier beschriebenen Prozesskatalysatoren werden Edelmetall-Katalysatoren zur Reinigung von Autoabgasen (s. Abschnitt 6) und von industriellen Abgasen eingesetzt. Diese »Umweltkatalysatoren« werden zum einen in Blockheizkraftwerken (i. d. R. mit Pt oder Pt/Rh beschichtete Edelstahlträger) zum anderen bei der katalytischen Nachverbrennung großer mit Kohlenwasserstoffen belasteter Abgasströme eingesetzt. Wichtige Einsatzgebiete hierfür sind Kaffeeröstereien, Lackieranlagen, Druckereien, etc. Verwendet wird vor allem Pt aber auch Pt/Pd auf $Al_2O_3$-Pellets oder Wabenkörpern.

Einen detaillierten Überblick zu PGM-Anwendungen in der Katalyse gibt [1], eine tabellarische Übersicht zu in den 1990er und 1980er Jahren kommerziell neu eingeführten Katalysatoren (auch Nicht-Edelmetall) findet sich in [5.20, 5.21].

## 5.6
**Platingruppenmetalle in der Schmuckindustrie**

Die Schmuckindustrie ist heute das größte Nachfragesegment für Platin, wobei traditionell Japan und in den letzten Jahren China mit einer kontinuierlichen Steigerung auf 45 t in 2002 die wichtigsten Märkte sind [5.1]. In Asien wird Platin vor allem für Hochzeitsschmuck verwendet. Die Verschiebung der Preisrelation zwischen Platin und Palladium hat vor allem in China zu einem Rückgang der Platinnachfrage auf etwas über 30 t in 2004 geführt, gleichzeitig wurde dort aber zum ersten Mal in großem Umfang (22 t) Palladium als Schmuckmetall eingesetzt [5.1, 5.19]. Die hohe Härte, Dichte und Spannung von Platin-Schmucklegierungen ermöglichen elegante Fassungen von Edelsteinen, die auch im hochpreisigen Schmucksegment in Nordamerika und Europa zu steigender Nachfrage geführt hat. Zur Erhöhung von Glanz und Härte kann Platin mit Iridium legiert werden, Palladium als Legierungselement verbessert die Duktilität (z. B. bei Ketten), Ruthenium ermöglicht eine bessere maschinelle Verarbeitung bei größeren Stückzahlen. Bevorzugte Unedelmetall-Legierungselemente sind Kupfer und Cobalt. Eine internationale Vereinbarung legt den Feingehalt von Platinschmucklegierungen auf mindestens 850‰ fest. Die Kosten für die Formgebung sind bei Platinschmuck wegen der schwierigeren Verarbeitung deutlich höher als bei entsprechendem Goldschmuck. Palladium wird als farbgebendes Legierungselement für Weißgold mit Anteilen von 10–16 % eingesetzt (vgl. Abschnitt 3.5), der größte Markt dafür ist Japan [1, 5.1].

## 5.7
**Platingruppenmetalle in der Dentaltechnik**

Wie bereits im Abschnitt 3.6 erläutert, werden bei Goldlegierungen in der Dentaltechnik Platingruppenmetalle als Legierungselemente eingesetzt. Palladium wurde als Substitutionsmetall für Gold verwendet, die größten Märkte dafür sind in Japan und Nordamerika. Bedingt auch durch den starken Preisanstieg bei Pd ist dessen weltweiter Einsatz im Dentalbereich zwischen 1997 und 2002 um 50 % auf rund 23 t a$^{-1}$ zurückgegangen und bis 2004 auch nach dem Verfall des Pd-Preises nur wieder leicht auf 25 t angestiegen. In einer sehr emotionalen und nicht immer wissenschaftlich fundierten Diskussion wurde Palladium in Deutschland vor einigen Jahren diskreditiert (»Pd-Allergie«). In Nordamerika wird in geringem Umfang auch Iridium für Dentallegierungen eingesetzt.

## 5.8
**Platingruppenmetalle in der Elektronik und Elektrotechnik**

Zusammen mit der rapiden technologischen Entwicklung der Elektronikindustrie hat vor allem *Palladium* eine wichtige Rolle bei der Miniaturisierung von Bauteilen gespielt. Bei Vielschichtkondensatoren (MLCC = Multi Layer Ceramic Capacitors), die in großen Stückzahlen als Entkopplungselemente für ICs in Mobiltelefonen, Computern sowie der Unterhaltungs- und Automobilelektronik verwendet werden, haben leistungsfähigere Pd/Ag-Kondensatoren zunächst eine weit größere Bedeutung als nickel- oder kupferbasierte Systeme gehabt (vgl. Abschnitt 4.8), im Jahr 2000 wurden allein hierfür rund 57 t Pd eingesetzt. Bei diesen Bauteilen wird im Siebdruck eine Silber/Palladium-Paste als Innenelektrode zwischen den keramischen, dielektrischen Schichten aufgebracht. Bedingt durch den starken Preisanstieg des Pd zwischen 1997 und 2001 wurden aber zunehmend Ni-Systeme eingesetzt, wodurch der Pd-Verbrauch des Segments sich bereits 2002 auf unter 20 t reduzierte, 2004 aber wieder auf rund 30 t anstieg [5.1].

Für *Platin* sind im Bereich der Elektronik Festplattenlaufwerke (und Leseköpfe) von Computern und Laptops das wichtigste Einsatzgebiet. In speziellen, aufgesputterten Co/Cr/Pt-Legierungen verbessert Platin die magnetische Koerzivität und ermöglicht dadurch eine erhöhte Speicherdichte, 2001 wurde bereits bei 90 % aller Festplatten Pt eingesetzt. Bei neusten Systemen wird zusätzlich zur Verbesserung der thermischen Stabilität der Daten bei hohen Speicherdichten eine sehr dünne Rutheniumschicht zur Trennung von zwei magnetischen Schichten eingesetzt. Für zukünftige vertikale Speichermedien könnte möglicherweise auch Pd zum Einsatz kommen [5.22].

In der Sensorik werden vor allem Platin und Pt/Rh-Legierungen für Thermoelemente, in Messwiderständen, in Lambda-Sonden (zur Regelung des Luft-/Treibstoffverhältnisses bei Autokatalysatoren) und für verschiedene andere Gassensoren verwendet.

Die wichtigste Anwendungen für *Ruthenium* in der Elektronik sind elektrische Widerstände mit sehr geringen Temperaturkoeffizienten (teilweise auch als Ru/Pd/Pt), hierauf entfallen knapp 50 % des gesamten Rutheniumbedarfs. Weitere PGM-Anwendungen sind Kontaktmetallisierungen (Pt, Pd) für Steckverbindungen, Halbleiter und andere Bauelemente. *Rhodium* dient zur Ausbildung abriebfester, harter, elektrisch leitender Oberflächenschichten für Schleif- und Druckkontakte. *Iridium-Tiegel* werden zur Züchtung von speziellen Kristallen verwendet, die z. B. in SAW-Filtern von Mobiltelefonen oder in der Lasertechnologie zum Einsatz kommen. Platin und Iridium haben sich als langlebige Elektroden für Zündkerzen bei leistungsfähigen Automobil- und Flugzeugmotoren bewährt.

In der Elektrochemie werden Iridium und Ruthenium in einer Reihe von Prozessen zur Elektrodenbeschichtung eingesetzt, größtes Anwendungsfeld ist die Chlor-Alkali-Elektrolyse (s. auch Chlor, Alkalien und anorganische Chlorverbindungen, Bd. 3) [1].

## 5.9
### Platingruppenmetalle in der Glasindustrie

Wegen ihrer guten Beständigkeit gegen Oxidation, Korrosion und Abrasion bei hohen Temperaturen werden Platinlegierungen bei Glasschmelzen als Konstruktionswerkstoff für Schmelztiegel und Anlagenkomponenten wie Rührer, Glasauslauftrichter, Spinndüsen etc. eingesetzt. Bei optischen Gläsern mit hohen Reinheitsanforderungen kommen vorzugsweise unlegierte Platinwerkstoffe zum Einsatz, bei technischen Gläsern und für die Herstellung von Glasfasern und Glaswolle als Standardlegierungen Pt80/Rh20 oder Pt90/Rh10. Insbesondere die Entwicklung von dispersionsverfestigten FKS- (feinkornstabilisierten) Platinwerkstoffen Anfang der 1980er Jahre hat neben einer Verlängerung der Komponentenlebensdauer auch zu einer weiteren Verbesserung der optischen Qualität der Gläser beigetragen. Bei den FKS-Werkstoffen wird z. B. Zirconiumoxid pulvermetallurgisch in die Legierungsmatrix eingebaut [5.23].

Weltweit werden rund 260 t PGM in der Glasindustrie eingesetzt, von den 25–30 % jährlich ausgetauscht werden. Da die Recyclingraten für diese Platinwerkstoffe sehr hoch und leistungsfähige Kreisläufe gut etabliert sind, ist der Netto-Neubedarf an PGM mit 7–9 t $a^{-1}$ relativ gering.

## 5.10
### Sonstige Anwendungen von Platingruppenmetallen

Die schon hohe Korrosionsbeständigkeit von Titan kann durch Zulegierung von 0,1 % Ruthenium noch einmal deutlich gesteigert werden. Deswegen finden solche

Legierungen Einsatz bei kritischen Bauteilen, die extremen Temperaturen oder aggressiven Medien ausgesetzt sind, z. B. bei Flugzeugturbinen oder marinen Anwendungen. Platin wird zur Beschichtung von Turbinenschaufeln im Flugzeugbau eingesetzt. Höchste Anforderungen hinsichtlich chemischer Korrosion und mechanischer Erosion werden an Legierungen für Federspitzen von Füllfederhaltern gestellt, für die deswegen Iridium, Osmium und Ruthenium verwendet werden [1, 5.5].

Wegen ihrer guten Biokompatibilität, mechanischen Festigkeit und Korrosions- und elektrochemischen Eigenschaften werden PGM auch in der Medizintechnik verwendet, z. B. Platin und Iridium für Gefäßprothesen (Stents) oder Platin für Elektroden von Herzschrittmachern [5.24]. Cis-Platin (cis-Diammindichloroplatin) und Carboplatin (cis-Diammin[1,1-cyclobutandicarboxylato-(2)-O,O']platin(II)) werden als Chemotherapeutika in der Tumorbehandlung eingesetzt.

# 6
# Edelmetalle zur Reinigung von Automobilabgasen

## 6.1
## Einleitung

Die persönliche Mobilität, eine der bedeutendsten Errungenschaften des 20. Jahrhundert, wurde vor allem ermöglicht durch die rasante Verbreitung der Fahrzeuge mit Verbrennungsmotoren. Heutzutage sind weltweit ca. eine halbe Milliarde Kraftfahrzeuge in Betrieb und jedes Jahr werden weltweit ca. 50 Millionen neue Fahrzeuge gebaut.

Die Verbrennungsmotoren werden überwiegend mit fossilen Kraftstoffen betrieben, vor allem mit den Rohöldestillatfraktionen Benzin und Diesel. Unter idealen Bedingungen werden diese Kohlenwasserstoffgemische im Motor mit Sauerstoff aus der Ansaugluft in Kohlendioxid und Wasser umgewandelt unter Freisetzung von Wärme:

$$C_nH_{2n+2} + \frac{3n+1}{2}O_2 \longrightarrow n \cdot CO_2 + (n+1)H_2O + \textit{Wärme} \quad (\Delta H < 0) \quad (1)$$

Unter realen Bedingungen ist die Verbrennung unvollständig, bedingt durch die instationäre Betriebsweise des Motors und durch die motorkonstruktionsbedingte Inhomogenität der Gaszusammensetzung und der Gastemperatur im Brennraum. Dadurch werden zusätzlich zu $CO_2$ und $H_2O$ auch CO und teiloxidierte Kohlenwasserstoffe sowie kurzkettige Alkene als Ergebnis von thermischen Crackprozessen gebildet. Ebenso gelangt ein kleiner Teil des Kraftstoffes unverbrannt ins Abgas. Die Summe der Kohlenwasserstoffe, die so ins Abgas gelangen, wird mit »HC« (von angelsächsisch »Hydrocarbons«) bezeichnet. Bei beabsichtigter inhomogener Kraftstoff/Luft-Gemischbildung – wie etwa in heutigen Dieselmotoren und direkteinspritzenden Ottomotoren – können darüber hinaus kleine kohlenstoffhaltige Partikeln als Ergebnis von mehrstufigen Dehydrierungs- und Kondensationsreaktionen gebildet werden. Auf diese Kohlenstoffkerne lagern sich unverbrannte und teilverbrannte Kohlenwasserstoffe aus Kraftstoff und Schmieröl ab, außerdem ggf. im Abgastrakt gebildete Schwefelsäure, Metallteilchen aus z. B. Motorabrieb und Korrosionsprozessen im Abgastrakt sowie der Ascherest der Schmieröladditive. Diese Partikeln werden üblicherweise als »PM« (angelsächsisch Particulate Matter) bezeichnet und haben Durchmesser im Bereich von ca. 0,01 bis ca. 10 µm. Falls im Kraftstoff auch noch schwefel- und stickstoffhaltige Komponenten anwesend sind, reagieren diese mit Luftsauerstoff zu Schwefeloxiden – üblicherweise als »$SO_x$« bezeichnet und vor allem aus $SO_2$ bestehend – und Stickoxiden – üblicherweise als $NO_x$ dargestellt und vor allem aus NO bestehend. Ein kleiner Anteil der Schwefeloxide im Abgas entsteht durch die Verbrennung von bestimmten Schmieröladditiven, vor allem Zinkdithiophosphat.

Der weitaus größte Teil der Stickstoffoxide im Abgas entsteht im Motorraum durch Reaktion der beiden Luftbestandteile Sauerstoff und Stickstoff:

$$N_2 + O_2 \longrightarrow 2NO \tag{2}$$

Diese nach ZELDOVIC benannte Reaktion tritt oberhalb von 1573 K auf und verläuft über die folgenden Teilschritte:

$$\bullet N + O_2 \longrightarrow NO + O\bullet \tag{3}$$

$$\bullet O + N_2 \longrightarrow NO + N\bullet \tag{4}$$

Die Bildung der oben genannten Abgaskomponenten wird im Wesentlichen bestimmt durch die lokale Gaszusammensetzung – insbesondere das molare Verhältnis von Sauerstoff- zu Kraftstoffmolekülen – und durch die lokale Verbrennungstemperatur im Brennraum des Motors. Beide Parameter werden von der Konstruktion des Motors, der Art der Gemischbildung zwischen Luft und Kraftstoff, die Motorbetriebsbedingungen wie Last und Drehzahl und von der Zusammensetzung der Kraftstoffe bedingt.

Die Abgaskomponenten CO, HC, $SO_x$, $NO_x$ und PM sind Schadstoffe, die sich in unterschiedlicher Weise negativ auf die menschliche Gesundheit und die Umwelt auswirken. Kohlenmonoxid ist giftig, die Stickoxide gehören zu den Verursachern des sogenannten »sauren Regens« und werden damit für das »Waldsterben« verantwortlich gemacht. Darüber hinaus stehen die Stickoxide im Verdacht, in einer komplexen Folge von Reaktionen mit den Kohlenwasserstoffen unter Einwirkung von Sonnenstrahlung zur Bildung von Ozon zu führen. Die auf diese Weise erhöhte Ozon-Konzentration in der Atmosphäre führt zu Gesundheitsschäden bei Menschen und wird darüber hinaus für das Auftreten von »Smog« verantwortlich gemacht. Die Partikeln schließlich können aufgrund ihres geringen Durchmessers in die Lunge gelangen und stehen dadurch ebenso wie aufgrund ihrer Zusammensetzung im Verdacht, eine gesundheitsschädigende Wirkung zu haben.

## 6.2
## Gesetzgebung

Der Straßenverkehr ist zwar nicht die einzige, aber doch eine sehr bedeutende Quelle der Schadstoffe CO, HC, $NO_x$ und PM. Diese Tatsache führte seit Mitte des vergangenen Jahrhunderts zu gesetzgeberischen Initiativen, allem voran in den Industriestaaten, mit dem Ziel, die verkehrsbedingten Emissionen dieser Schadstoffe stufenweise zu verringern und somit die Luftqualität trotz prognostizierter Erhöhung des Verkehrsaufkommens zu verbessern. Der Gesetzgeber führte maximal zugelassene Emissionsmengen für diese vier Schadstoffe ein, ausgedrückt entweder in Gramm pro gefahrene Wegstrecke bei Personenkraftwagen und Motorrädern, oder in Gramm pro geleistete Energiemenge im Falle von Lastkraftwagen und Bussen. Diese Grenzwerte werden in einem gesetzlich vorgeschriebenen Testzyklus bestimmt, der bei Pkws und Motorrädern mit Fahrzeugen auf einem Rollenprüfstand und bei Lkws oder Bussen mittels Motoren auf einem dynamischen Motorenprüfstand durchgeführt wird. Zur Zeit gelten für Japan, die Vereinigten Staaten sowie die Europäische Union unterschiedliche Grenzwerte und unterschiedliche Testzyklen. Andere Länder folgen in der Regel einer dieser Vorschriften. Neue, weltweit gültige Vorschriften werden z. Zt. für die Abgase von Lkw und von Motorrädern entwickelt. Die so definierten Grenzwerte müssen in der Regel über eine bestimmte Fahrzeuglebensdauer eingehalten werden. Diese Mindestlaufzeit liegt in der Größenordnung von 100 000 km bei Pkw und 500 000 km bei Lkw. Die Einhaltung der Vorschriften wird durch regelmäßige Abgasuntersuchungen der zugelassenen Fahrzeuge überprüft und zunehmend auch durch im Fahrzeug eingebaute Sensoren, die ständig die Funktionstüchtigkeit der abgasrelevanten Bauteile überprüfen. Letzteres wird »OBD« genannt (»On Board Diagnosis«).

Die Gesetzgebung wird über die Jahre verschärft durch die stufenweise Absenkung der Grenzwerte, die Einführung von erschwerten Testzyklen sowie durch das Verlängern der erforderlichen Haltbarkeitsdauer. Parallel zu dieser Entwicklung der Abgasgesetzgebung werden auch die Anforderungen an die Qualität der Kraftstoffe stufenweise erhöht. Aktuell werden vor allem die maximal zugelassenen Mengen an Schwefelkomponenten in den Kraftstoffen drastisch abgesenkt.

Tabelle 6.1 fasst beispielhaft die Entwicklung der Abgasgesetzgebung für Pkws in der Europäischen Union zusammen. Die Auswirkung davon auf die verkehrsbedingten Schadstoffemissionen in Deutschland zwischen 1980 und 2010 ist in Abbildung 6.1 dargestellt.

**Tab. 6.1** Entwicklung der Abgasgesetzgebung für Pkw in der Europäische Union (Werte in g km$^{-1}$ gemessen im NEDC-Testzyklus)

|  |  | Euro I (1993) | Euro II (1997) | Euro III (2000) | Euro IV (2005) |
|---|---|---|---|---|---|
| CO | Benzin | 2,72 | 2,2 | 2,3 | 1,0 |
|  | Diesel | 2,72 | 1,0 | 0,64 | 0,50 |
| HC + NO$_x$ | Benzin | 0,97 | 0,5 | – | – |
|  | Diesel | 0,97 | 0,7 | 0,56 | 0,30 |
| NO$_x$ | Benzin | – | – | 0,15 | 0,08 |
|  | Diesel | – | – | 0,50 | 0,25 |
| HC | Benzin | – | – | 0,20 | 0,10 |
| Partikel | Diesel | 0,14 | 0,08 | 0,05 | 0,025 |

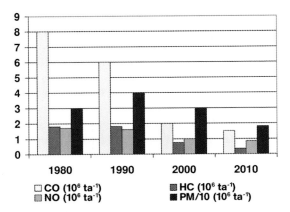

**Abb. 6.1** Gemessene (bis 1990) und extrapolierte (ab 2000) Entwicklung der verkehrsbedingten Schadstoffemissionen in Deutschland (Quelle: IFEU-Institut)

## 6.3
### Komponenten der Abgasnachbehandlungskatalysatoren

Die oben beschriebene Gesetzgebung gibt die Ziele vor, nicht aber die Technologien, die zu ihrem Erreichen notwendig sind. Zur Lösung der Aufgaben geht die Fahrzeugindustrie mehrgleisig vor: Ein Teil der geforderten Verringerung der Abgasemissionen wird über das Design der Motoren erreicht, der Rest wird über eine Abgasnachbehandlung realisiert. Bei den typischen Motorbetriebsbedingungen liegt das thermodynamische Gleichgewicht der Reaktionen, die zur Umwandlung der Schadstoffe in die unbedenklichen Komponenten $CO_2$, $H_2O$ und $N_2$ führen, auf der Produktseite, sodass die Abgasnachbehandlung im Wesentlichen ein kinetisches Problem ist. Der Einsatz von heterogenen Katalysatoren, die diese Reaktionen beschleunigen, hat sich als die bevorzugte Technologie erwiesen.

Ein bedeutender Auslegungsparameter bei heterogenen Katalysatoren ist die zur Verfügung stehende Austauschoberfläche zwischen den Reaktanden in der Gasphase und der katalytisch aktiven Komponente in der festen Phase. Im Fall der katalytischen Reinigung der Autoabgase musste ein Kompromiss gefunden werden zwischen minimalem zusätzlichen Druckverlust, minimaler Bauteilgröße, minimalen Kosten, Massenfertigungstauglichkeit, hoher mechanischer Stabilität und hohen Stofftransportgeschwindigkeiten über die Phasengrenzfläche. Als bester Kompromiss stellten sich die sogenannten Wabenkörper heraus, dies sind zylindrische, monolithische Bauteile durchzogen von einer Vielzahl an feinen parallel Kanälen (siehe Katalyse, Bd. 1, Abschnitt 3.5.6). Die z. Zt. am häufigsten verwendeten Wabenkörper bestehen aus synthetischem Cordierit ($Mg_2Al_4Si_5O_{18}$) oder aus Edelstahl. Diese Trägermaterialien sind inaktiv; die katalytisch aktiven Komponenten werden als Schichten auf die Innenwände der Kanäle dieser Wabenkörper aufgebracht. Bei einigen wenigen Anwendungen, wie z. B. den Katalysatoren für die selektive katalytische Reduktion der Stickoxide (SCR) kann der gesamte Wabenkörper aus katalytisch aktivem Material bestehen. Die Wabenkörper unterscheiden sich in Form der Eintrittsoberfläche (typischerweise rund, oval, racetrack), Abmessung der Eintrittsoberfläche (üblicherweise etwa 10 cm äquivalenter Durchmesser für Pkw und etwa 25 cm für Lkw), Länge (etwa 15 cm), Anzahl Kanäle pro Einheit Eintrittsoberfläche (zwischen etwa 60 und 190 Kanäle pro Quadratzentimeter Eintrittsoberfläche), Form der Kanäle (typischerweise Quadrat, Dreieck oder Sinusform), äquivalentem Durchmesser der Kanäle (i. A. zwischen 0,5 und 1,0 mm), sowie Porosität (üblicherweise zwischen 20 und 30 %) und Stärke der Kanalwände (i. A. 50 bis 150 µm). Das Volumen des Wabenkörpers entspricht in etwa dem Hubraum des Motors und ergibt eine Austauschoberfläche bis zu 5 m$^2$ pro Liter Wabenkörpervolumen. Ein Wabenkörper mit 1 L Volumen wiegt in etwa 500 g.

Ein keramischer Wabenkörper wird mit einer sogenannten Quellmatte umwickelt und so in ein metallisches Gehäuse eingepackt. Dieses Gehäuse, auch Konverter genannt, wird mit Einlass- und Auslasskonen versehen, mit denen es im Abgastrakt des Fahrzeuges zwischen Abgaskrümmer und Schalldämpfer eingebaut wird. Bei metallischen Katalysatorträgern müssen nur noch Einlass- und Auslasskonen angeschweißt werden. Je nach Einbauort unterscheidet man zwischen »close coupled« Konverter, der am Auslass des Abgaskrümmers angebracht wird und sich somit im Motorraum befindet, und Unterflur-Konverter, der etwa 1 m entfernt vom Krümmerauslass im Abgasrohr eingebaut wird und sich somit im Unterbodenbereich des Fahrzeuges befindet.

Die auf diese Wabenkörper aufgebrachte, katalytisch aktive Beschichtung wird »Washcoat« genannt. Diese Beschichtung besteht aus einer komplexen Mischung aus mehreren feinkörnigen, hochporösen anorganischen Oxiden und Mischoxiden, auf welchen die Edelmetallkomponenten fixiert sind. Typischerweise werden etwa zwischen 60 und 350 g Beschichtung pro Liter Wabenkörpervolumen aufgebracht. Dieses entspricht einer Dicke der Washcoat-Schicht zwischen etwa 3 und 200 µm. Ein Washcoat-Korn hat einen Durchmesser zwischen etwa 1 und 10 µm. Durch die hohe Porosität haben die Washcoat-Körner eine große innere Oberfläche, typischerweise bis zu 400 m$^2$ pro Gramm Washcoat. Diese große innere Oberfläche ermöglicht eine homogene, nahezu atomar disperse, thermische stabile Verteilung der Edelmetallkomponenten und schützt diese auch gegen die Katalysatorgifte, die im Abgas enthalten sind. Die chemische Zusammensetzung des Washcoats ist sehr komplex und hängt im Wesentlichen von der Anwendung des Katalysators ab. Typische Bestandteile eines Washcoats sind dotierte Aluminiumoxide in den $\gamma$-, $\theta$- oder $\delta$-Kristallmodifikation, Silicium/Aluminium-Mischoxide, Zeolithe der ZSMx-, Faujasit- oder $\beta$-Familie, Titanoxid, Erdalkalioxide, Zirconiumoxid sowie Seltenerdoxide und -mischoxide wie z. B. Cer/Zirconium-Oxide. Die Washcoats werden üblicherweise als wässrige Dispersion angesetzt; über Mahlprozesse werden die erwünschten Korngrößenverteilungen eingestellt und mittels aschefreier Zuschlagstoffe werden die geforderten rheologischen Eigenschaften erreicht. Die so hergestellte Washcoat-Dispersion wird über unterschiedliche Verfahren wie Tauchen, Sprühen, Durchpumpen, Aufsaugen usw. auf den Träger gebracht, wobei die Prozesse so geführt werden, dass engste Beladungstoleranzen eingehalten werden. Anschießend wird das Dispersionsmittel Wasser durch Trocknung entfernt; über eine abschließende thermische Behandlung unter oxidierender oder reduzierender Atmosphäre werden die Komponenten fixiert und in den erwünschten Oxidationszustand überführt.

Die z. Zt. verwendeten Abgaskatalysatoren enthalten hauptsächlich Platin, Palladium und Rhodium in den verschiedensten Kombinationen als Edelmetallkomponenten. Für einige Sonderanwendungen wurden aber auch Silber und Iridium eingesetzt. Typische Edelmetallmengen sind 1 bis 5 g Pt, 2 bis 10 g Pd und 0,3 bis 1 g Rh, jeweils pro Liter Katalysatorvolumen. Diese Edelmetalle werden durch Fällungsreaktionen und anschließende thermische Behandlungen gezielt so auf die Kristallflächen der Washcoatoxide aufgebracht, dass sich spezifische elektronische Wechselwirkungen und geometrische Nanostrukturen ausbilden, die für die jeweilig zu katalysierende Reaktionen die erwünschte Aktivität ergeben.

### 6.4
**Katalytische Abgasnachbehandlung für Benzinmotoren**

Die meisten Benzinmotoren, die weltweit eingesetzt werden, gehören zu der Kategorie der fremdgezündeten, stöchiometrisch betriebenen Motoren. Ein Funken aus der Zündkerze startet hierbei die Verbrennung des Luft/Kraftstoff-Gemisches, wobei das Verhältnis von Luft zu Kraftstoff am Motoreinlass so geregelt wird, dass genau die Menge Sauerstoff im Motorraum vorhanden ist, die gerade für eine vollständige Verbrennung der vorhandenen Kraftstoffmoleküle ausreicht. Dazu wird permanent der Sauerstoffgehalt im Abgas mittels eines sogenannten Lambdasensors (Lambdasonde) gemessen; dieses Signal wird von der Motorsteuerung> verwendet, um die entsprechende einzuspritzende Benzinmenge zu ermitteln (siehe auch Katalyse, Bd. 1, Abschnitt 3.5.6). Durch diese Rückkopplungsregelung schwankt das tatsächliche Luft/Kraftstoff-Verhältnis mit einer Frequenz von 1 bis 10 Hz und einer Amplitude von weniger als 10 % um den Zielwert. Diese Art der Verbrennungsführung ermöglicht einen optimalen simultanen Verlauf der drei Reaktionen zwischen den Abgasbestandteilen auf dem Katalysator: der Oxidation des CO, der Oxidation der Kohlenwasserstoffe und der Reduktion der Stickoxide. Die Oxidation des Kohlenmonoxids und der Kohlenwasserstoffe erfolgt hauptsächlich nach folgenden, auch Hauptreaktionen genannten Umsetzungen

$$2\,CO + O_2 \longrightarrow 2\,CO_2 \tag{5}$$

$$C_mH_n + (m + 0{,}25\,n)\,O_2 \longrightarrow m\,CO_2 + 0{,}5\,n\,H_2O \tag{6}$$

Die Umwandlung beider Komponenten(-gruppen) wird unterstützt durch die als Nebenreaktionen auftretenden Wassergas-Shiftreaktion (7) und Steamreformings-Reaktion (8)

$$CO + H_2O \longrightarrow CO_2 + H_2 \tag{7}$$

$$C_mH_n + (2\,m)H_2O \longrightarrow m\,CO_2 + (0{,}5\,n + 2\,m)\,H_2 \tag{8}$$

Die Reduktion der Stickoxide erfolgt über mehrere parallel laufende Reaktionen:

$$CO + NO \longrightarrow 0{,}5\ N_2 + CO_2 \tag{9}$$

$$C_mH_n + (2\,m + 0{,}5\,n)\,NO \longrightarrow m\,CO_2 + 0{,}5\,n\,H_2O + (m + 0{,}25\,n)\,N_2 \tag{10}$$

$$H_2 + NO \longrightarrow 0{,}5\ N_2 + H_2O \tag{11}$$

Bei einer durch die Motorsteuerung sichergestellten stöchiometrischen Abgaszusammensetzung verlaufen alle diese Reaktionen parallel auf den sogenannten Dreiwege-Katalysatoren. Diese Katalysatoren enthalten in der Regel neben Rhodium auch Platin und/oder Palladium als Edelmetallkomponenten. Die Reduktionsreaktionen (9–11) werden vor allem durch Rhodium beschleunigt, die Oxidationsreaktionen (5–6) durch Platin und Palladium. Neben stabilisierten Aluminiumoxiden enthält der Dreiwege-Katalysator dotierte Ceroxide als wichtigen Bestandteil. Letztere erfüllen die Rolle des Sauerstoffspeichers, da Cer unter den typischen Betriebsbedingungen des Dreiwege-Katalysators schnell zwischen den beiden stabilen Valenzen $Ce^{3+}$ und $Ce^{4+}$ wechseln kann. Dadurch können kurzfristige Sauerstoffüberschüsse in der Gasphase über die Reaktion (12) abgefangen werden,

$$Ce_2O_3 + 0{,}5\ O_2 \longrightarrow 2\ CeO_2 \tag{12}$$

sodass die Reduktionsreaktionen (9–11) trotz der zu hohen Sauerstoffkonzentration in beträchtlichem Maße ablaufen können. Ebenso können kurzfristige Sauerstoffdefizite ausgeglichen werden, wodurch das $CeO_2$ als Sauerstoffquelle fungiert, nach der Reaktion

$$2\ CeO_2 + CO \longrightarrow Ce_2O_3 + CO_2 \tag{13}$$

Trotz Sauerstoffmangel in der Gasphase kann dadurch die oxidative Umwandlung von CO und der Kohlenwasserstoffe weiter ablaufen (siehe Seltene Erden, Abschnitt 8.3). Die Fähigkeit zur Sauerstoffspeicherung des Dreiwege-Katalysators wird während des Fahrzeugbetriebs stetig mit Hilfe der sogenannten »Zwei-Lambdasensor«-Methode überwacht. Bei dieser On-Board-Diagnose wird die verbleibende Fähigkeit zum Speichern von Sauerstoff und damit auch die Funktionsfähigkeit des Katalysators aus dem Verhältnis des Signals des Lambdasensors im Abgasstrom hinter dem Katalysator zu dem des Lambdasensors vor dem Katalysator berechnet. Je mehr sich dieses Verhältnis dem Wert Eins annähert, desto geringer ist die verbleibende Aktivität des Katalysators.

Die modernen Dreiwege-Katalysatoren erreichen ihre volle Funktionsfähigkeit ab einer Abgastemperatur von ca. 523 K und überstehen bei Dauerbelastung Abgastemperaturen im Bereich von etwa 1223 K. Bei der Auslegung der Katalysatoren wird eine Raumzahl, d.h. das Verhältnis von Abgasvolumenstrom zu Katalysatorvolumen, im Bereich von 60 000 $NL_{Abgas}\ L^{-1}_{Katalysator}\ h^{-1}$ angestrebt. ((Einheit Normliter pro Liter und Stunde))

Je nach Fahrzeuggewicht und Hubraumklasse werden pro Zylinderbank bis zu drei nacheinander geschaltete Katalysatoren, die durchaus unterschiedliche Eigenschaften haben können, verwendet. Einige dieser Katalysatoren werden sehr nah am Auslass des Abgaskrümmers, also noch im Motorraum, eingebaut, während die anderen etwa einen Meter entfernt vom Auslass des Abgaskrümmers im Unterbodenbereich des Fahrzeugs untergebracht sind.

Die modernen Dreiwege-Katalysatoren sind so konzipiert, dass sie bei sachgemäßem Betrieb, insbesondere bei ordnungsmäßig gewarteten Fahrzeugen, ihre Funktion über die gesamte Fahrzeuglebensdauer beibehalten. Bei unsachgemäßer Auslegung und/oder Betrieb kann aber durch eine Vielzahl von mechanischen, thermischen und chemischen Faktoren ein vorzeitiger Aktivitätsverlust eintreten. Häufige Ausfallursachen sind mechanische Zerstörung des Katalysatorträgers, z. B. durch Ausfräsung durch Teilchen, die von der Korrosion des Abgaskrümmers stammen oder aber auch durch Brechen des Trägers bei mechanischer Stoßeinwirkung. Unter den thermischen Faktoren ist vor allem die Überhitzung des Katalysators durch Fehlzündungen zu erwähnen. Bei einer derartigen Überhitzung treten Abgastemperaturen oberhalb ca. 1323 K auf, was zu einer beschleunigten Agglomeration der Edelmetallnanopartikeln und somit zum Verlust der katalytisch wirkenden Edelmetalloberfläche führt. Häufige Fehlzündungen können zu Temperaturen von ca. 1673 K führen, wobei der Träger durch Schmelzen zerstört wird. Unter den chemischen Faktoren ist vor allem die Vergiftung der katalytisch aktiven Komponenten durch Reaktion mit bestimmten Bestandteilen des Kraftstoffs (hauptsächlich Schwefel) und des Schmieröls (vor allem Phosphor und Zink) zu erwähnen.

Zunehmend mehr Benzinmotoren werden neuerdings als direkt-einspritzende Magermotoren konzipiert. Da das Abgas dieser Motoren einen Überschuss an Sauerstoff enthält, ist eine Umwandlung der Stickoxide unter Verwendung herkömmlicher Dreiwege-Katalysatoren nicht möglich. Deshalb wurde für die Magermotoren eine neue Abgasnachbehandlungstechnologie entwickelt, der sogenannte $NO_x$-Adsorber. Dieser $NO_x$-Adsorber enthält Edelmetalle wie Pt, Pd und Rh zusammen mit hohen Anteilen an Alkali- und/oder Erdalkalicarbonaten. Während der Motorbetriebsphasen mit Sauerstoffüberschuss wird vom Motor emittiertes NO auf den Edelmetallkomponenten zu $NO_2$ aufoxidiert, das anschließend mit den Alkali- und Erdalkalicarbonaten unter Bildung der entsprechenden Nitrate reagiert. Innerhalb weniger Minuten wird so die gesamte Alkali- und Erdalkalimenge umgesetzt. Anschießend wird der Motor drehmomentneutral für einige wenige Sekunden so betrieben, dass sauerstoffarmes, netto-reduzierendes Abgas entsteht. Durch diese Abgaszusammensetzung werden die Alkali/Erdalkali-Nitrate wieder zersetzt und anschießend das so gebildete $NO/NO_2$ auf den Edelmetallkomponenten zu $N_2$ reduziert. So wird der $NO_x$-Adsorber in seinen Urzustand zurückgeführt.

## 6.5
**Katalytische Abgasnachbehandlung für Dieselmotoren**

Die katalytische Nachbehandlung des Abgases von Dieselmotoren umfasst neben der Entfernung der gasförmigen Schadstoffe CO, HC und $NO_x$ auch die Entfernung der partikelförmigen Abgasbestandteile. Die heutige Abgasgesetzgebung sowie die heutige Motorentechnologie für Pkw mit Dieselmotor machen eine Entfernung von CO aus dem Abgas für alle Fahrzeug- und Motorklassen notwendig. Eine zusätzliche Entfernung der Stickoxide dagegen ist nach der zur Zeit gültigen Gesetzeslage noch nicht notwendig. Eine Entfernung der partikelförmigen Abgasbestandteile ist zwar z. Zt. auch nicht notwendig, um die gültigen Grenzwerte einzuhalten, wird aber aus dem Gesichtspunkt eines verantwortungsvollen Umgangs mit der Umwelt von zunehmend mehr Fahrzeugherstellern trotzdem auf freiwilliger Basis praktiziert. Bei Lkws ist eine Nachbehandlung des Abgases demnächst vor allem wegen der Entfernung der Stickoxide und der partikelförmigen Abgasbestandteile notwendig.

Für die Entfernung des Kohlenmonoxids werden dieselspezifische Oxidationskatalysatoren eingesetzt. Beim Einsatz im Pkw wird vor allem Platin als Edelmetallkomponente verwendet, da nur so eine hohe Umsetzung bei niedrigen Abgastemperaturen erreicht werden kann. Anwendungsspezifisch werden bis zu dreimal höhere Platinmengen als bei Benzinfahrzeugen verwendet. Ein moderner Pkw-Dieselkatalysator erreicht seine volle Funktionsfähigkeit schon bei einer Temperatur von etwa 423 K. Beim Einsatz im Lkw dagegen werden Palladium oder Platin und Palladium verwendet, weil die Abgastemperatur typischerweise 100 K höher ist als beim Pkw und auch weil eine geringere Konversion des CO ausreicht, um die gesetzlichen Anforderungen zu erreichen. Die Washcoat-Bestandteile unterscheiden sich auch erheblich von denen eines Dreiwege-Katalysators. Moderne Diesel-Oxidationskatalysatoren verwenden überwiegend kristalline Silicium/Aluminium-Mischoxide und siliciumreiche Zeolithe, im Wesentlichen um eine geringe Wechselwirkung mit den Schwefeloxiden im Abgas zu erreichen. Genau wie der Dreiwege-Katalysator ist der Dieselkatalysator so konzipiert, dass er während der gesamten Lebensdauer eines Fahrzeugs funktioniert. Ausfallursachen des Dieselkatalysators ergeben sich eher in den Betriebszuständen mit zu niedrigen Abgastemperaturen. Im Wesentlichen können übermäßige Ablagerungen von langkettigen Kohlenwasserstoffen, von Kohlenstoffpartikeln und Schwefelkomponenten zu einer mechanischen Blockade und einer Vergiftung der aktiven Zentren führen und somit einen Aktivitätsverlust verursachen.

Zur Entfernung der Stickoxide wurden verschiedene Strategien, die sich in ihrer Leistungsfähigkeit aber auch in der Komplexität unterscheiden, entwickelt. Das einfachste System, das als »HC-DeNOx« bezeichnet wird, benutzt einen spezifischen Katalysator, der eine hohe Speicherfähigkeit für Kohlenwasserstoffe aufweist. Durch eine zusätzliche Einspritzung von Kraftstoff im Brennraum am Ende des Verbrennungstaktes wird eine gezielte Erhöhung des Gehalts an Kohlenwasserstoffen im Abgas erreicht, wodurch am Katalysator lokal und in einem beschränkten Temperaturbereich von etwa 493 K reduzierende Bedingungen eingestellt werden können. Unter diesen Bedingungen können die Reaktionen (9–10) die zur Entfernung der $NO_x$ führen, in gewissem Ausmaß ablaufen. Normalerweise wird mit einem solchen System eine Umsetzung der Stickoxide um etwa 20% im Testzyklus erreicht, bei einem Kraftstoffmehrverbrauch von etwa 3%. Durch eine Regelung der Abgastemperatur auf den optimalen Wert kann die Konversion auf etwa 40% erhöht werden. Falls eine höhere $NO_x$-Umsetzung, im Bereich 60%, notwendig ist, kann in Analogie zur Vorgehensweise bei den mageren direkteinspritzenden Otto-Motoren ein $NO_x$-Adsorbersystem eingesetzt werden. Die im Minutentakt notwendige periodische Regeneration des NO$_x$-Adsorbers unter reduzierenden Bedingungen stellt, genau wie die in größeren Zeitabständen notwendige Aufheizung bis zur Überschreitung der Entschwefelungstemperatur, bedingt durch die magere Betriebsweise des Dieselmotors, eine besondere Herausforderung an die Motortechnologie dar. Auch wird hierdurch der Kraftstoffverbrauch erhöht. Ein besserer Kompromiss und eine höhere NO$_x$-Umwandlung werden durch den Einsatz der aus dem Kraftwerkbereich bekannten Technologie »Selective Catalytic Reduction« (SCR) erreicht (siehe Umwelttechnik, Bd. 2, Abschnitt 2.1.7). Hierbei werden besondere Katalysatoren eingesetzt, die die Reduktionsreaktion zwischen NO$_x$ und NH$_3$ auch in oxidierender Atmosphäre beschleunigen:

$$NO + NH_3 + 0{,}25\ O_2 \longrightarrow N_2 + 1{,}5\ H_2O \tag{14}$$

Derartige Katalysatoren enthalten keine Edelmetalle, sondern entweder TiO$_2$/V$_2$O$_5$-Mikrostrukturen oder übergangsmetallausgetauschte Zeolithe. Das für die Reaktion notwendige NH$_3$ wird im Fahrzeug aus flüssigen oder festen Reagenzien erzeugt, die beim Erhitzen durch Reaktion mit Wasserdampf NH$_3$ freisetzen. Auch diesen Prozess kann man durch besondere sogenannte Hydrolysekatalysatoren, die dem SCR-Katalysator vorgeschaltet werden, beschleunigen. Mit solchen Systemen kann eine NO$_x$-Konversion von mehr als 80 % im Zyklus erreicht werden ohne Erhöhung des Kraftstoffverbrauchs.

Die Entfernung der partikelförmigen Abgaskomponenten erfordert zyklisch arbeitende Systeme: nach einer Phase des Ansammelns der Partikeln folgt eine Phase der Regeneration. Zum Sammeln der Partikeln werden monolithische Filterkörper aus Keramik oder Metall verwendet. Fast alle heute benutzten Filter sind Oberflächenfilter. Eine für die Abgasreinigung bevorzugte Ausführungsform ist ein monolithischer Körper aus Cordierit oder Siliciumcarbid, in dem jeder zweite Kanal auf der Eingangsseite geschlossen und dementsprechend auf der Ausgangsseite offen ist. Diese Anordnung zwingt so das Gas durch die Kanalwand, wodurch die Partikeln abgetrennt werden. Sobald die Filter mit etwa 10 g Partikeln pro Liter Filtervolumen belegt sind, müssen sie durch einen Abbrennvorgang regeneriert werden. Hierzu wird die Abgastemperatur vor dem Filter oder aber auch die Temperatur des Filters selbst auf einen Wert oberhalb ca. 773 K angehoben. Ab dieser Temperatur fängt der angesammelte dieseltypische Ruß an zu verbrennen. Die Erhöhung der Abgastemperatur vor dem Filter erfolgt in der Regel über eine Kombination von motorischen Maßnahmen und der katalytischen Verbrennung von dem Abgas zusätzlich zugeführten Kohlenwasserstoffen auf einem dem Filter vorgeschalteten Katalysator. Durch die Integration dieser katalytischen Funktion auf den Filter selbst wird in der Regel eine bessere energetische Effizienz erreicht. Die Geschwindigkeit der Filterregeneration wird auch durch die Zugabe eines homogenen Katalysators zum Kraftstoff erhöht. Der anorganische Rest dieses Kraftstoffadditivs bildet den Kondensationskern für die Dieselpartikeln während der Verbrennung des Kraftstoffes im Motor und beschleunigt durch den hervorragenden Kontakt mit den mikroskopischen Dieselrußpartikeln deren spätere Verbrennung.

# 7 Recycling von Auto-Abgaskatalysatoren

Weltweit sind Ende 2004 rund 3000 t Edelmetalle in Autokatalysatoren verbaut worden, davon Zweidrittel erst in den letzten acht Jahren (vgl. Abb. 7.1). Bei einer durchschnittlichen Lebensdauer eines Autos in Europa z. B. von über 12 Jahren ist der größte Anteil dieser Katalysatoren noch immer auf der Straße und stellt in der Zukunft ein wichtiges Rohstoffpotenzial für Edelmetalle dar. Die Fahrzeugflotte wird in diesem Zusammenhang deshalb oft als »Mine auf Rädern« bezeichnet. Diese Mine auszubeuten ist nicht nur aus wirtschaftlichen Gründen sinnvoll:
- Kat-Recycling sichert einen nachhaltigen Angebotsfluss an Edelmetallen
- Stabilisiert die PGM-Preise
- Verringert die bestehende starke Abhängigkeit von den Primärproduzenten in Südafrika und Russland
- Ist unter ökologischen Gesichtspunkten der Primärförderung deutlich überlegen.

Trotzdem ist die Versorgung mit Edelmetallen aus dem Recycling noch gering und betrug 2004 bezogen auf die Bruttonachfrage 20 % beim Platin, 12 % beim Palladium und 19 % beim Rhodium. Ein Grund ist, dass die Edelmetalle aus Abgaskatalysatoren zurückgewonnen werden, die vor mehr als 10 Jahren produziert wurden, als die Einsatzmengen für diese Anwendung noch deutlich geringer waren. Aber selbst wenn die Recyclingmengen von heute zu den damaligen Nachfragemengen in Relation gesetzt werden, wird nur eine »dynamische« Recyclingquote von unter 50 % erreicht. Ursache sind Altautoexporte z. B. aus Europa nach Osteuropa und Afrika, mit denen die Katalysatoren und die darin enthaltenen PGM wahrscheinlich endgültig dem Recyclingkreislauf entzogen werden. Abbildung 7.2 zeigt für

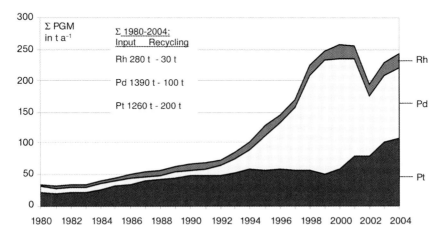

**Abb. 7.1** Globale Bruttonachfrage an PGM für Autoabgaskatalysatoren (Werte nach JM) [5.9]

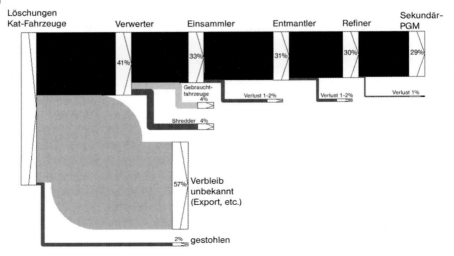

**Abb. 7.2** PGM-Fluss und Verlustverteilung für Altkatalysatoren in Deutschland [1.4]

Deutschland 2001/02 ein entsprechendes Stoffstromdiagramm, Abbildung 7.3 die Verwertungskette. Über mehrere Stufen von Akteuren gelangen die Katalysatoren von den Anfallstellen zu sogenannten Entmantlungsfirmen, die mit mechanischen Verfahren den edelmetallhaltigen Monolithen aus dem Stahlgehäuse heraustrennen und zur Scheidung liefern. Das Katalysatorrecycling weist derzeit die in Abschnitt 5.3.2 beschriebenen Nachteile des indirekten Kreislaufes aus, wodurch sich insgesamt ein unbefriedigender Kreislaufwirkungsgrad ergibt. Optimierungsanstrengungen müssen vor allem auf eine bessere Kontrolle der Altautoexporte sowie auf eine stärkere Professionalisierung der Recyclingkette zwischen Anfallstellen und Entmantelungsfirmen ausgerichtet sein.

Für die Katalysatoren, die in die Edelmetallscheidung gelangen, existieren etablierte Scheideverfahren mit hohen Rückgewinnungsquoten. Abbildung 7.4 zeigt

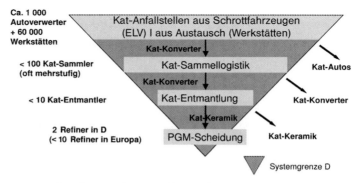

**Abb. 7.3** Verwertungskette beim Katalysatorrecycling (Zahlenangaben für Deutschland) [5.9]

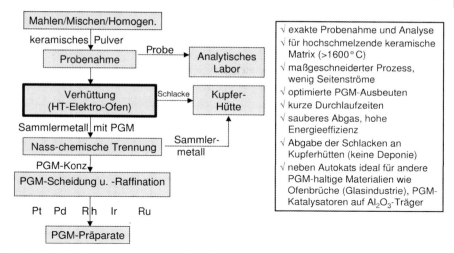

**Abb. 7.4**  Scheidung von PGM aus Auto-Abgaskatalysatoren

das Verfahren einer spezialisierten Edelmetallscheidung, Abbildung 5.8 den Prozess für eine integrierte Edelmetallhütte. Nach der pyrometallurgischen Aufkonzentrierung in einem Hochofenprozess wird das PGM-Konzentrat in die bestehenden hydrometallurgische Raffinationsschritte eingeschleust. Der allgemeine Ablauf ist in Abschnitt 5.3.2 dargestellt, eine ausführliche Beschreibung findet sich in [5.9].

# 8
# Edelmetallanalytik

Reinheitsanalysen handelsüblicher Feinmetalle und Präparate entsprechender Reinheiten werden heute fast ausschließlich mit Hilfe physikalischer Methoden durchgeführt [1, 2]. Die wichtigsten Methoden sind Atomemissionsspektrometrie mit induktiv gekoppeltem Plasma (ICP-OES), Emissionsspektralanalyse mit Bogen-, Funken- oder Glimmanregung, und die Atomabsorptionsspektroskopie (AAS) sowie die energie- oder wellenlängendisperse Röntgen-Fluoreszenzanalyse (RFA) und die Massenspektrometrie mit induktiv gekoppeltem Plasma (ICP-MS).

Bei quantitativen Analysen, die Grundlage der Abrechnung der Edelmetallgehalte sind, spielt für Silber und Gold nach wie vor die sog. dokimastische Analyse (»Feuerprobe«) die Hauptrolle. Die Edelmetalle werden dabei von einer Bleischmelze aufgenommen und die unedlen Teile verschlackt (»Ansieden«). Blei wird anschließend zu Bleiglätte oxidiert (»Kupellieren«), wobei ein Edelmetallkorn zurückbleibt, das ausgewogen wird. Enthält dieses Korn außer Silber noch andere Edelmetalle, schließt sich eine spektroskopische Analyse des gelösten Silberkornes an. Vor allem bei Serienanalysen von Silberlegierungen ist die Fällungstitration mit potentiometrischer Indikation gebräuchlich. Die Platinmetalle werden heute neben der klassischen Gravimetrie zunehmend mit ICP-OES oder Röntgen-Fluoreszenzanalyse bestimmt.

# 9
# Literatur

## Allgemeine Literatur

1 *Edelmetall Taschenbuch*, 3. Aufl. Giesel Verlag, Hanau, **2001**.
2 *Ullmann's*, 6th ed.: Gold, Gold Alloys and Gold Compunds; Silver, Silver Alloys and Silver Compounds; Platinum Group Metals and Compounds, Wiley-VCH, Weinheim-New York, Electronic Release **2003**.
3 *Kirk-Othmer*, 4. Aufl. John Wiley and Sons, New York, ab **1991**.
4 *Gmelin*, System-Nr. 62 (Gold), 61 (Silber), 68 (Platin), 65 (Palladium).

## Abschnitt 1

1.1 Fonds der Chemischen Industrie: *Edelmetalle*, Folienserie Nr. 12, Frankfurt, **1989**.
1.2 D. Mc Donald, L. B. Hunt: *A History of Platinum and Its Allied Metals*, 2. Aufl. Johnson-Matthey, London, **1982**.
1.3 C. Hochfeld: *Bilanzierung der Umweltauswirkungen bei der Gewinnung von Platingruppen-Metallen für PKW-Abgaskatalysatoren*, Öko-Institut e.V., Darmstadt, **1997**.
1.4 C. Hagelüken, M. Buchert, H. Stahl: Stoffströme der Platingruppenmetalle, GDMB Medienverlag, Clausthal-Zellerfeld, **2005**.
1.5 GFMS London, Information Peter Ryan, Nov. **2005**.

## Abschnitt 3

3.1 Gold Fields Minerals Services Ltd. (Hrsg.): *Gold Survey 2002*, **2005**, (http://www.gfms.co.uk).
3.2 Quiring H. *Gold* (Reihe: die metallischen Rohstoffe), Verlag Enke, Stuttgart, **1953**.
3.3 Chamber of Mines of South Africa, Int. Gold Corp (Hrsg.): *Gold Bulletin* (http://www.gold.org).

## Abschnitt 4

4.1 The Silver Institut (Hrsg.): World Silver Survey, GFMS, London, **2002, 2005**.
4.2 P. Grombach, K. Habener, E. U. Trueb: *Handbuch der Wasserversorgungstechnik*, Oldenburg Verlag, München, **1985**.
4.3 H. T. Ratte: *Silberverbindungen*, ecomed Verlagsgesellschaft AG & Co KG, Landsberg, **1998**.
4.4 H. Bernhardt (Hrsg.): *Trinkwasseraufbereitung*, Wahnbachtalsperrenverband, Siegburg, **1996**.
4.5 Fonds der Chemischen Industrie: *Edelmetalle – Gewinnung, Verarbeitung, Anwendung*, Folienserie Nr.12, Frankfurt 1989.
4.6 C. Hagelüken: Recycling of electronic scrap at Umicore's integrated metals smelter and refinery, in: Proceedings of European Metallurgical Conference (EMC), Vol. 1, GDMB Medienverlag, Clausthal-Zellerfeld, **2005**, S. 307–323.

## Abschnitt 5

5.1 Johnson Matthey (Hrsg.): *Platinum 2005*, London, **2005**.
5.2 C. Hagelüken: Die Märkte der Katalysatormetalle Platin, Palladium und Rhodium, in *Autoabgaskatalysatoren* (Kontakt & Studium Bd. 612), 2. Aufl., Expert Verlag, Renningen, **2005**, S. 114–135.
5.3 H. Renner, U. Tröbs: Rohstoffprofil Iridium. *Metall* **1986**, *7*, 726–729.
5.4 H. Renner, U. Tröbs: Rohstoffprofil Ruthenium. *Metall* **1988**, *7*, 714–716.
5.5 M. Grehl, H. Meyer: Ruthenium Applications and Refining, in *Proceedings of*

26$^{th}$ International Precious Metals Conference (IPMI), **2002**.

5.6 Umicore, Öko-Institut, GFMS: Materials flow of platinum group metals, GFMS, London **2005**.

5.7 W. Gocht: *Handbuch der Metallmärkte*, Springer-Verlag, Berlin-Heidelberg-New York-Tokio, **1985**.

5.8 C. Hagelüken: Platinum for nothing and gold for free, in Proceedings of 28$^{th}$ International Precious Metals Conference (IPMI), **2004** (CD-ROM).

5.9 C. Hagelüken: Der Kreislauf der Platinmetalle, in *Autoabgaskatalysatoren* (Kontakt & Studium Bd. 612), 2. Aufl., Expert Verlag, Renningen, **2005**, S. 265–303.

5.10 P. Van Maele: Precious Metals Recovery from Complex Spent Catalysts at Umicore Precious Metals, Smelter, *Proceedings of European Workshop Spent Catalysts*, DECHEMA, April **2002**.

5.11 V. Jung: *Automotive exhaust catalysts: PGM usage and recovery, EMC 1991, Nonferrous Metallurgy*, Elsevier, London, **1991**, S. 231–239.

5.12 C. Hagelüken, M. Verhelst: Recycling of precious metal catalyts, PTQ Catalysis, Vol. 9 No 2, **2004**, S. 21–23.

5.13 M. Grehl, H. Meyer, C. Nowottny, J. Kralik: Technological aspects in PGM Refining, in: Proceedings of European Metallurgical Conference (EMC), Vol. 1, GDMB Medienverlag, Clausthal-Zellerfeld, **2005**, S. 269–279 (CD-ROM).

5.14 R. Karch: Ecolyst Technologies, in dmc² (Hrsg.): *Forschung und Entwicklung*, Hanau, **2001**.

5.15 S. Collard, et al.: *Precious Metal Recovery from Organic-Precious Metal Compositions with Supercritical Water Treatment*, Patentanmeldung WO 01/83834 A1 (2001).

5.16 Johnson Matthey (Hrsg.): *Platinum Metals Review – Quarterly journal of scientific research on platinum group metals*, http://www.platinum.matthey.com/publications/pmr.php.

5.17 R. G. Cawthorn: The platinum and palladium resources of the Bushveld-Complex, South African Journal of Science 95, Nov/Dec. **1999**, S. 481–498.

5.18 TIAX LLC: Platinum availability and economics for PEMFC commercialization, Dec. **2003**, DE-FC04–01AL67601.

5.19 GFMS: Platinum & Palladium Survey 2005, London, May **2005**.

5.20 J. Armor: New catalytic technology commercialized in the USA during the 1990s. *Appl. Catal. A: General* **2001**, *222*, 407–246.

5.21 J. Armor: New catalytic technology commercialized in the USA during the 1980s. *Appl. Catal.* **1991**, *78*, 141–173.

5.22 J. Statt, M. Bartholomeusz: An Overview on the Application and Development of Precious-Metal Containing Magnetic Alloys to Support the Demands of the Thin-Film Data Storage Industry, in *Proceedings of 25$^{th}$ International Precious Metals Conference (IPMI)*, 2001.

5.23 E. Drost, H. Gölitzer et al.: Platinum Engineering Materials for High-temperature Applications. *Metall* **1996**, *7/8*, 492–498.

5.24 M. Frericks, J. Wachter: PGM's in Medical Implants, in *Proceedings of 25$^{th}$ International Precious Metals Conference (IPMI)*, **2001**.

5.25 A. Brumby, M. Verhelst, D. Cheret: Recycling GTL catalysts – a new challenge, Catalysis today, Vol. 106 Elsevier, **2005**, S. 166–169

5.26 R. Zuber, C. Hagelüken, K. Seitz, R. Privette, K. Fehl: Recycling of Precious Metals from Fuel Cell Components, 2004 Fuel Cell Seminar Abstracts, Nov. **2004** (CD-ROM).

5.27 C. Hagelüken: A precious effort – lifecycle efficiencies of precious metal catalysts in the oil refining and chemical industry, Hydrocarbon Engineering, Vol. 8, July **2003**, S. 48–53.

**Abschnitt 6**

6.1 E. S. Lox, B. Engler: Environmental Catalysis, in G. Ertl et al. (Hrsg.): *Handbook of Heterogeneous Catalysis*, Wiley-VCH, Weinheim, **1997**.

6.2 K. C. Taylor, in A. Crucq, A. Frennet (Hrsg.): *Catalysis and Automotive Pollution Control*, Elsevier, Amsterdam, **1987**.

6.3 R. M. Heck, R. J. Farrauto: *Catalytic Air Pollution Control*, VNR, New York, **1995**.

6.4 N. A. Henein, D. J. Patterson: *Emissions*

*from Combustion Engines and their Control*, Ann Arbor Science Publ. Inc., Ann Arbor, Michigan, **1972**.

**6.5** J. Gieshoff, A. Schäfer-Sindlinger, P. C. Spurk, J. A. A. van den Tillaart, G. Garr: *Improved SCR Systems for Heavy Duty Applications*, SAE 2000–01–0189, Detroit, **2000**.

**6.6** W. Strehlau, J. Leyrer, E. S. Lox, T. Kreuzer, M. Hori, M. Hoffmann: *New Developments in Lean NOx Catalysis for Gasoline Fueled Passenger Cars in Europe*, SAE 962047, Detroit, **1996**.

**6.7** C. Hagelüken et al.: Autoabgaskatalysatoren (Kontakt & Studium Bd. 612), 2. Aufl., Expert Verlag, Renningen, **2005**.

# 10
# Produkte der Pulvermetallurgie

*Rainer Oberacker, Fritz Thümmler*

| | | |
|---|---|---|
| 1 | **Einleitung**    *279* | |
| 2 | **Historisches und Wirtschaftliches**    *280* | |
| 3 | **Ausgangspulver**    *282* | |
| 3.1 | Chemische Verfahren    *283* | |
| 3.1.1 | Metallpulver    *283* | |
| 3.1.2 | Carbidpulver    *284* | |
| 3.1.3 | Ultrafeine und nanoskalige Pulver    *285* | |
| 3.2 | Elektrochemische Verfahren    *286* | |
| 3.2.1 | Elektrolyse wässriger Lösungen    *286* | |
| 3.2.2 | Schmelzflusselektrolyse    *286* | |
| 3.3 | Zerstäubung von Schmelzen (Verdüsung)    *287* | |
| 3.4 | Zerkleinerung im festen Zustand    *289* | |
| 3.5 | Sonstige Verfahren    *290* | |
| 3.6 | Pulvereigenschaften    *290* | |
| 4 | **Herstellung von Sinterteilen**    *291* | |
| 4.1 | Pulveraufbereitung    *291* | |
| 4.2 | Kaltformgebung    *293* | |
| 4.3 | Formgebung bei erhöhter Temperatur    *299* | |
| 4.4 | Sintern    *303* | |
| 4.4.1 | Grundlagen und Vorgänge in Einkomponentensystemen    *303* | |
| 4.4.2 | Sintern von Mehrkomponentensystemen    *305* | |
| 4.4.3 | Sinteranlagen und -atmosphären    *306* | |
| 4.5 | Optionale Herstellschritte und Nachbehandlungsoperationen    *308* | |
| 4.6 | Pulvermetallurgische Methoden für Rapid Prototyping    *310* | |
| 4.7 | Prozesssimulation und -modellierung    *311* | |
| 5 | **Sinterwerkstoffe und ihre Verwendung**    *312* | |
| 5.1 | Eisenwerkstoffe    *312* | |
| 5.1.1 | Niedriglegierte Stähle    *314* | |

Winnacker/Küchler. *Chemische Technik: Prozesse und Produkte.*
Herausgegeben von Roland Dittmeyer, Wilhelm Keim, Gerhard Kreysa, Alfred Oberholz
*Band 6b: Metalle.*
Copyright © 2006 WILEY-VCH Verlag GmbH & Co. KGaA, Weinheim
ISBN: 3-527-31578-0

| 5.1.2 | Hochlegierte Stähle   315 |
| 5.2 | Kupfer und Kupferlegierungen   316 |
| 5.3 | Nickel- und Cobaltlegierungen (Superlegierungen)   317 |
| 5.4 | Leichtmetalle   318 |
| 5.4.1 | Aluminium und Aluminiumlegierungen   318 |
| 5.4.2 | Titan und Titanlegierungen   318 |
| 5.5 | Hochschmelzende Metalle und Legierungen   319 |
| 5.5.1 | Molybdän und Wolfram   319 |
| 5.5.2 | Niob und Tantal   321 |
| 5.6 | Hartmetalle   321 |
| 5.7 | Magnetwerkstoffe   324 |
| 5.7.1 | Weichmagnetische Werkstoffe   324 |
| 5.7.2 | Dauermagnetwerkstoffe   326 |
| 5.8 | Werkstoffe mit gezielt eingestellter Porosität   327 |
| 5.8.1 | Sintermetallgleitlager   327 |
| 5.8.2 | Sintermetallfilter   328 |
| 5.8.3 | Aluminiumschaumwerkstoffe   329 |
| 5.9 | Verbundwerkstoffe   329 |
| 5.9.1 | Teilchenverbundwerkstoffe   330 |
| 5.9.2 | Dispersionsverfestigte Werkstoffe   331 |
| 5.9.3 | Faserverstärkte Werkstoffe   332 |
| 5.9.4 | Reibwerkstoffe   332 |
| 5.9.5 | Tränklegierungen   333 |

**6**    **Literatur**   334

# 1 Einleitung

Die Verfahren der Pulvermetallurgie (PM) dienen zur Herstellung dichter oder poröser Formteile oder Halbzeuge aus pulverförmigen Metallen, Legierungen und Metallgemischen. Dabei tritt kein weitgehendes Schmelzen ein. Die Pulvermetallurgie ist ein Teilgebiet der Fertigungstechnik und zugleich der Werkstofftechnik bzw. Werkstoffkunde und gehört zu den Verfahren des Urformens [1]. Für die Entwicklung dieses Gebietes sind Fertigungs- und Werkstoffgesichtspunkte sowie konstruktive Fragen untrennbar miteinander verbunden. Mengenmäßig haben mit Hilfe der Pulvermetallurgie erzeugte Produkte im Vergleich zu den konventionell durch Schmelzen, Gießen oder Umformen erzeugten Formteilen nur eine geringe Bedeutung, so hat z.B. der Anteil der Eisenpulvermetallurgie nie mehr als 0,1% der Gesamtstahlerzeugung ausgemacht. Die wirkliche Bedeutung der Pulvermetallurgie liegt vielmehr darin, dass manche Erzeugnisse, die wichtige Funktionen erfüllen und hochwertige Eigenschaften besitzen müssen, nur auf pulvermetallurgischem Wege oder auf diesem Wege besonders wirtschaftlich erhältlich sind. In Teilbereichen hat die Pulvermetallurgie Berührung mit der Keramik, z.B. bei der Prüfung und Verarbeitung von Pulvern, beim Sintern und bei bestimmten Sonderwerkstoffen (Verbundwerkstoffe, z.B. Cermets, Hartmetalle, Oxidkeramik, Nichtoxidkeramik u.a.).

Die Gründe für die Anwendung pulvermetallurgischer Verfahren können vielfältig sein, wie Tabelle 1 zeigt. Dabei gilt das Kriterium »hoher Schmelzpunkt« heute nicht mehr uneingeschränkt, da Hochleistungs-Schmelzverfahren (Elektronenstrahl-, Plasmaschmelzen u.a.) ggf. vorteilhafter als Pulvermetallurgie sind. Zusammenfassende Darstellungen über Pulvermetallurgie finden sich in [2–9], die Erläuterungen der wichtigsten Fachausdrücke, zahlreiche Prüfvorschriften sowie die Normung von Sinterwerkstoffen im DIN-Taschenbuch 247 [10]. Eine zusammenfassende Darstellung der Entwicklungen bis 1995 gibt [11].

**Tab. 1** Kriterien für die Anwendung pulvermetallurgischer Verfahren

Technologische Kriterien
- Hoher Schmelzpunkt (W, Mo, Carbide u.a.)
- Erzeugung definierter Porosität (Lager, Filter, Diaphragmen)
- Erzeugung definierter Gefüge (Verbundwerkstoffe, z.B. Hartmetalle, Kontaktwerkstoffe, Cermets, dispersionsgehärtete Werkstoffe, besonders feinkörnige Gefüge)
- Erzielung hoher Reinheit und homogene, seigerungsfreie Legierungsherstellung (weichmagnetische Werkstoffe)

Wirtschaftliche Kriterien
- Große Stückzahlen (Massenteile aus Eisen, Stahl und NE- Werkstoffen, besonders bei kleineren Stückgewichten),
- Minimierung oder Wegfall der Nacharbeit,
- Kombination der Pulvermetallurgie mit vollautomatischer Spanung (Massenteile)
- Energie- und Materialersparnis (Ausbringen > 95%)
- Enge Toleranzen (Möglichkeit des Kalibrierens)

Pulvermetallurgisch hergestellte Werkstoffe und Bauteile befinden sich von Anfang an im Wettbewerb mit Produkten aus anderen Fertigungstechnologien, wie speziellen Gieß- und Schmiedtechniken, Fließpressen, spanlose oder spangebende Blechverarbeitung und andere Verfahren. Ein solcher Wettbewerb ist naturgemäß dadurch gekennzeichnet, dass sowohl die Pulvermetallurgie als auch die anderen Technologien eine ständige Weiterentwicklung erfahren. Dabei kann die Pulvermetallurgie immer dann bestehen, wenn neben den Eigenschaften der Teile auch deren Qualitätskriterien, insbesondere die Zuverlässigkeit überzeugen und sich ein Kostenvorteil ergibt. In einigen Fällen konkurrieren pulvermetallurgisch hergestellte Bauteile auch mit anderen Werkstoffgruppen, wie Polymeren und modernen Keramiken, so z.B. bei Gleit- und Dichtringen, Magneten und einigen verzahnten Teilen. Hier entscheidet die Entwicklung der genannten Kriterien über den Werkstoff, so dass die Pulvermetallurgie einerseits Teile hinzugewinnt, andererseits aber auch Teile an konkurrierende Technologien verliert.

Mit Hilfe der Pulvermetallurgie wurden in Europa im Jahre 2001 Bauteile im Werte von fast 6 Mrd. Euro [12] produziert, davon entfielen 35% auf Hartmetalle, 23% auf Strukturteile und Lager (überwiegend Sinterstahl) und 16% auf Magnete.

## 2
## Historisches und Wirtschaftliches

Als erstes Metall wurde Platin in Russland in den Jahren von 1800–1860, als man es noch nicht schmelzen und gießen konnte, mit pulvermetallurgischen Techniken zu Münzen verarbeitet. Um 1900 begann die Herstellung von Wolfram- und Molybdändrähten für Glühlampen. Diese für die Beleuchtungstechnik außerordentlich wichtige Entwicklung wäre kaum möglich gewesen ohne die Erfindung der gesinterten Hartmetalle ab 1914, die als Ziehsteine für die Drahtherstellung unentbehrlich sind. Um 1930 begann die Entwicklung der selbstschmierenden Bronzelager, und seit 1935 werden Sintermagnete und besonders Sintereisen- und Sinterstahlformteile hergestellt. Letztere sind im Zweiten Weltkrieg durch die Waffentechnik und danach durch die Kraftfahrzeugtechnik und andere Bereiche des Maschinen- und Apparatebaus mengenmäßig zum bedeutendsten Produkt der Pulvermetallurgie geworden. Die älteren Arbeiten sind in [2–5] besonders berücksichtigt. In der Zeit nach 1945 wurden zunächst alle hochschmelzenden Metalle durch pulvermetallurgische Formgebung verarbeitet, doch hat die Entwicklung von Vakuumschmelzverfahren die Pulvermetallurgie, außer bei Wolfram, zum Teil wieder verdrängt (siehe Refraktärmetalle, Abschnitte 3.4 und 4.3).

Erste Arbeiten über Cermets (Keramik-Metall-Verbundwerkstoffe) stammen aus den 1940er Jahren. Die Entwicklung dispersionsverfestigter Legierungen begann mit dem $Al_2O_3$-haltigen Sinteraluminium (SAP = Sintered Aluminium Powder) um 1950 und wurde später auf höherschmelzende Metalle, besonders Nickel und Nickel-Basislegierungen ausgedehnt (ODS-(Oxide Dispersion Strengthened) Legierungen).

Auch die Entwicklung von Hochtemperatur-Bauteilen aus intermetallischen Phasen (besonders auf Basis Ti/Al) ist neueren Datums, ebenso Werkstoffe mit Gradientengefüge und die Verwendung von Ultrafeinpulvern oder sogar Nanopulvern (< 50 nm Teilchengröße), die zu Produkten mit stark verbesserten Eigenschaften führen können, z. B. bei Hartmetallen. Pulvermetallurgisch hergestellte Werkstoffe finden auch Verwendung in der Kerntechnik, z. B. $U_3O_8$-Al und $UAl_3$-Al als Dispersionsbrennelement für Forschungsreaktoren.

Die Erforschung der wissenschaftlichen Grundlagen der Pulvermetallurgie begann im Jahre 1922 mit der Untersuchung von Sintervorgängen durch F. SAUERWALD. Inzwischen ist die Zahl der Grundlagenarbeiten über Sintern, Pressen und andere Teilschritte unüberschaubar, wobei bzgl. des Kenntnisstandes in den letzten 10–15 Jahren deutliche Fortschritte erzielt werden konnten. Eine ausführliche Zusammenfassung der Kenntnisse zum Sintern befindet sich in [13]. Sehr bemerkenswert und von praktischem Interesse sind Arbeiten über Modellierung von Press- und Sintervorgängen.

Kennzeichnend für die Entwicklung der Pulvermetallurgie ist die Menge der erzeugten Metallpulver und der davon zu Formteilen verarbeitete Anteil. Da die Eisenpulvermetallurgie mit insgesamt ca. 90 % stark dominiert, besteht eine enge wirtschaftliche Bindung an den Hauptabnehmer dieser Produkte, die Kraftfahrzeugindustrie. In Abbildung 1 ist der Zusammenhang zwischen Kraftfahrzeug- und Sinterteilproduktion in verschiedenen Ländern dargestellt. Der Zusammenhang geht am deutlichsten aus den Zahlen für die EU und die USA hervor, prinzipiell besteht er aber auch für Japan und Deutschland. Die außerordentlich hohe Produktion von Sinterteilen in den USA rührt daher, dass dort z. B. in einem PKW im Durchschnitt 15 bis 17 kg Sinterteile verbaut werden, gegenüber 7–8 kg in Europa. Darüber hinaus hat die Masse der eingebauten Sinterteile in den meisten Ländern für viele Fahrzeugtypen von Jahr zu Jahr zugenommen. Die Fahrzeugindustrie ver-

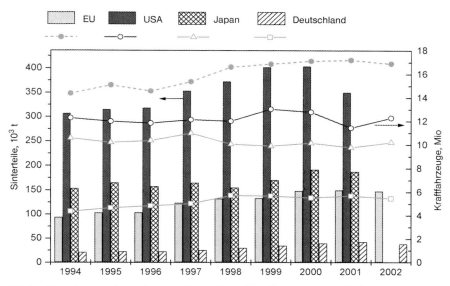

**Abb. 1:** Entwicklung der Herstellung von Sinterteilen und Kraftfahrzeugen von 1994 bis 2002

braucht, in verschiedenen Ländern unterschiedlich, ca. 70–80% der Produktion von Sinterteilen, der Rest entfällt auf die Haushalts- und Elektrogeräteindustrie, den Maschinenbau und verschiedene kleinere Bereiche.

In jüngerer Zeit bemühen sich die Hersteller von Sinterteilen weitere Anwendungsgebiete zu erschließen, so z. B. Teile für Sportartikel (Golfschlägerköpfe), Geräte der Mikroelektronik (drahtlose Telefone), Luft- und Raumfahrt (hochfeste, amorphe pulvermetallurgische Al-Legierungen), medizinische Instrumente, Uhren u. a. [14]. Für kleine komplizierte Massenteile ist besonders der Metallpulverspritzguss (MIM, Metal Injection Moulding) (s. Abschnitt 4.2) geeignet. Hier werden bedeutende Märkte für die Zukunft erwartet.

Ein Vergleich der Wirtschaftlichkeit zeigt, dass die Pulvermetallurgie der Schmelzmetallurgie in vielen Fällen überlegen ist. Die pulvermetallurgische Fertigung besitzt auch ein großes Potenzial im Hinblick auf Rohstoff- und Energieeinsparungen. Das hohe Ausbringen der eingesetzten Pulver im Fertigprodukt (95% und mehr) ist ihr besonderer Vorzug und führt zu einer Materialeinsparung gegenüber konventioneller Fertigung von bis zu 60%. Hinzu kommen Energieeinsparungen von 40–50%. Neuerdings wird von Kosteneinsparungen von 30 bis sogar 90% gegenüber konventionellen Fertigungsverfahren, wie Gießen, Schmieden, Prägen und spanender Bearbeitung gesprochen [15], was sich auf Eisen- und Nichteisenmetall-Formteile bezieht.

Von der gesamten Eisenpulverproduktion werden Zweidrittel bis Dreiviertel zur Herstellung von Sinterteilen verwendet. Der Rest wird in der Schweißtechnik (Unterpulverschweißen oder als Bestandteil der Umhüllung von Schweißelektroden), zum Brennschneiden und für andere Zwecke eingesetzt. Auch Nichteisenmetallpulver werden in großem Umfang außerhalb der Pulvermetallurgie verwendet, so in vielen Bereichen der chemischen Industrie, der Lack- und Farbenindustrie, Pyrotechnik, Druckindustrie, sowie der Beschichtungstechnik durch Flamm- und Plasmaspritzen.

## 3
## Ausgangspulver

Metallpulver werden auf chemischem Wege oder durch Zerkleinerung von festen oder Zerstäubung von flüssigen Metallen (s. Abschnitt 3.3) hergestellt [6, 7]. Pulver aus Carbiden, Nitriden und anderen Verbindungen werden nur chemisch erzeugt. Dabei hängen die Zusammensetzung der Pulver einschließlich der Verunreinigungen, die Teilchengrößenverteilung, Teilchenform, Fließfähigkeit, Verpreßbarkeit und andere Eigenschaften entscheidend vom Herstellverfahren und den Rohstoffen ab.

Die verschiedenen Erzeugnisse und Verarbeitungstechnologien der Pulvermetallurgie verlangen oft recht unterschiedliche Eigenschaftsprofile der Ausgangspulver, die durch den Herstellungsprozess zu gewährleisten sind. Die Partikelgrößen, die in aller Regel als Größenverteilungen anfallen, bewegen sich vom Bereich < 1 $\mu$m (Carbidpulver für Hartmetalle) bis zu ungefähr 100 $\mu$m und darüber (Halbzeuge und Formteile aus Eisen und NE-Metallen, Filter). Für die Gleichmäßigkeit und Wirtschaftlichkeit einer pulvermetallurgischen Fertigung ist die Reproduzierbarkeit der Eigenschaften von ausschlaggebender Bedeutung. Für besondere Anwendungen werden auch beschichtete Pulver bzw. Verbundpulver hergestellt.

## 3.1
### Chemische Verfahren

#### 3.1.1
**Metallpulver**

Zu den wichtigsten Verfahren zur Erzeugung von Metallpulvern gehört die Reduktion fester Verbindungen mit Gasen, Metallen, Kohlenstoff oder Carbiden. Durch Reduktion mit Gasen, bevorzugt Wasserstoff, wird z. B. W-Pulver bei ca. 1000 °C aus $WO_3$ technisch hergestellt (siehe 12 Refraktärmetalle, Abschnitt 3.2.3). Auch andere Metallpulver sind so erhältlich (Fe, Co, Ni, Cu). Oxide, die mit Wasserstoff nicht reduzierbar sind, wie $TiO_2$ und $ZrO_2$, erfordern stärkere Reduktionsmittel, z. B. Alkali- oder Erdalkalimetalle.

Technisch besonders wichtig ist die Reduktion hochwertiger Eisenerze, z. B. von Magnetit, mit reinem Koks unter Zusatz von Kalk zum Binden des Schwefels (Höganäs-Verfahren) [16]. Hierbei gewinnt man sog. Schwammeisenpulver, das den größten Teil des technisch produzierten Eisenpulvers ausmacht (siehe Eisen und Stahl, Bd. 6a). Die Herstellung erfolgt in sehr großen, weitgehend automatisierten Anlagen (vgl. Abb. 2). Das aus dem Reduktionskuchen durch Zerkleinerung und Sichtung gewonnene Pulver hat aufgrund seiner unregelmäßigen Teilchenform und Porosität eine gute Pressbarkeit, die im Hinblick auf die Herstellung hochdichter Formteile verschiedene Optimierungsschritte erfuhr.

Die Reduktion von gelösten Metallamminsulfaten mit Wasserstoff unter Druck bei Temperaturen um 250 °C wird vor allem zur Herstellung von Cu-, Ni- und Co-Pulver verwendet (Sherrit-Gordon-Verfahren) [17]. Durch Einstellung bestimmter pH-Werte, $H_2$-Drücke und Temperaturen können die genannten Metalle durch selektive Reduktion getrennt abgeschieden werden, sodass man sie als reine Pulver erhält. Durch die Abscheidungsbedingungen kann auch die Teilchenform und damit die Pressbarkeit beeinflusst werden.

Durch die Reduktion von gasförmigen Metallverbindungen mit festen Metallen können zahlreiche Metalle in Form von Whiskern hergestellt werden.

Manche Metallverbindungen, z. B. Iodide und Carbonyle, zerfallen durch thermische Zersetzung unter geeigneten Bedingungen in gasförmige Komponenten und reine, sehr feinkörnige, sinteraktive Metallpulver. Die wichtigsten auf diesem Wege gewonnenen Produkte sind das Carbonyleisen und Carbonylnickel [18, 19]. Hierzu wird das Metall in Form von Blech, Schwamm oder Granulat bei hohen Drücken und 200–250 °C mit Kohlenoxid zum Metallcarbonyl umgesetzt. Die flüchtigen Metallcarbonyle ($Fe(CO)_5$, Siedepunkt 103 °C; $Ni(CO)_4$, Siedepunkt 43 °C) werden von nicht-carbonylbildenden Verunreinigungen abdestilliert. Die Zersetzung der Metallcarbonyle erfolgt bei ähnlichen Temperaturen wie ihre Synthese, aber niedrigeren Drücken, wobei sich Teilchen im Größenbereich von 1–10 $\mu$m bilden. Dabei fällt Carbonyleisen meist in Form von sphärischen Teilchen an, während Carbonylnickel

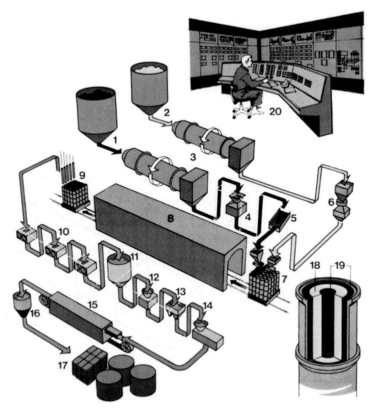

**Abb. 2:** Höganäs-Verfahren zur Herstellung von Schwammeisenpulver (Höganäs)
1 Reduktionsmischung (Koks + Kalk), 2 Eisenerz (Magnetit), 3 Drehrohrtrockner, 4 Brecher, 5 Sieb, 6 Magnetabscheider, 7 Beladung in keramischen Reduktionskapseln, 8 Tunnelofen ca. 1.200 °C, 9 Entladen, 10 Grobmühlen (~3mm), 11 Zwischenlager, 12 Mühlen, 13 Magnetabscheider, 14 Nachreduktion 800–900 °C, 15 Egalisieren, 16 Verpacken, 17 Verpacken, 18 Eisenerz, 19 Reduktionsmischung, 20 Kontrollraum

als dendritisches Pulver entsteht. Durch Variation der Abscheidebedingungen können auch andere Teilchenformen erhalten werden. Im Carbonyleisen liegen die Gehalte an den üblichen Eisenbegleitern Si, P, S, Mn, Cu im ppm-Bereich sowie die an C, O und N (letzterer nur bei Zersetzung in stickstoffhaltiger Atmosphäre) im Zehntelprozentbereich. Beide Pulver werden wegen ihres hohen Reinheitsgrades z. B. für weichmagnetische Legierungen verwendet.

### 3.1.2
**Carbidpulver**

Pulverförmige Carbide, z. B. WC, TiC, TaC und NbC, zählen zu den wichtigsten Hartstoffen [20, 21] (vgl. Abschnitt 5.6). Sie werden durch sog. Carburierung hergestellt. Wolframcarbid erhält man aus den Elementen im Kohlerohrofen bei 1700–1900 °C in $H_2$-Atmosphäre unter Einsatz von feinem Wolframpulver und Ruß (siehe auch Refraktärmetalle, Abschnitt 3.3). Titancarbid wird aus Titandioxid und Kohlenstoff bei 1900–2000 °C im Kohlerohrofen unter $H_2$-Atmosphäre gewonnen.

$$TiO_2 + 3C \longrightarrow TiC + 2CO$$

Das TiC enthält Reste an Sauerstoff und ist bzgl. des C-Gehaltes etwas unterstöchiometrisch. Die technisch so hergestellten Carbide sind stückig und werden aufgemahlen.

Die Herstellverfahren sind zwar einfach, erfordern jedoch zur Erzielung von Produkten mit definierten Eigenschaften (Teilchengrößenverteilung, möglichst stöchiometrisches Kohlenstoff/Metall-Verhältnis, geringer Gehalt an Sauerstoff und freiem Kohlenstoff) die genaue Einhaltung bestimmter Reaktionsbedingungen. Mischcarbide (Carbidgemische mit größerem oder kleinerem Anteil an Mischkristallen) können durch gemeinsame Carburierung der Metalloxide hergestellt werden, sofern man nicht vorzieht, die Einzelcarbide zu mischen und anschließend zu homogenisieren.

Pulver von Nitriden, Boriden und Siliciden haben für die Pulvermetallurgie nur eine geringe Bedeutung.

### 3.1.3
### Ultrafeine und nanoskalige Pulver

Für einige Produkte der Pulvermetallurgie hat sich, besonders in den letzten 10 Jahren, die Verwendung von Ultrafeinstpulvern (< 1 $\mu$m) und Pulvern mit Partikelgrößen im Nanometerbereich (< 0,1 $\mu$m) eingeführt. Hierdurch werden besonders feine und gleichmäßige Gefüge und damit verbesserte Eigenschaften erzielt. Die ersten technologisch-wirtschaftlichen Erfolge damit wurden auf dem Hartmetallgebiet erzielt (s. Abschnitt 5.6). Inzwischen haben die außergewöhnlichen mechanischen, chemischen, magnetischen, elektrischen und optischen Eigenschaften von nanostrukturierten Materialien zu verschiedenen realen und potenziellen Anwendungen geführt [22–24]. Das Gebiet ist seit mehreren Jahren in stetigem Wachstum begriffen.

Ultrafeine und Nanopulver werden auf chemischem Weg, z. B. durch $H_2$-Reduktion von gasförmigen Metallchloriden, durch Flammenpyrolyse oder chemische Fällung hergestellt. Aber auch mechanische Verfahren, wie Hochenergiemahlen oder Plasmazerstäubung finden Anwendung. Als Beispiele seien Ag, Cu, Co, WC, Fe, $ZrO_2$, $TiO_2$ und $MgH_2$ genannt. Mit zunehmender Feinheit verändern sich die Eigenschaften der Pulver, einschließlich des Press- und Sinterverhaltens gravierend. Die Verarbeitung wird meist schwieriger, jedoch sind die Sintertemperaturen stark herabgesetzt.

Aktuelle oder zukünftige Anwendungen liegen auf den Gebieten Elektroden für Brennstoffzellen, elektronische und optoelektronische Komponenten, z. B. Vielschichtkondensatoren, Beschichtungstechnik, Leiterpasten, Wasserstoffspeicher hoher Beladungsgeschwindigkeit u.v.a.m. Ultrafein- oder sogar nanoskalige Pulver sind insbesondere zur Herstellung von Produkten der Mikrotechnik und von Werkzeugen für deren Bearbeitung, deren Querschnitte sich im 0,1–0,3 mm-Bereich bewegen, erforderlich. Für 2005 wird ein Markt von 900 Mio. US-$ für solche Pulver weltweit erwartet.

Eine detaillierte Darstellung der Nanotechnologie und von Nanomaterialien sowie deren Möglichkeiten findet sich in Band 2 des Winnacker/Küchler.

## 3.2
**Elektrochemische Verfahren**

### 3.2.1
**Elektrolyse wässriger Lösungen**

Viele Metalle können aus sauren oder alkalischen wässrigen Lösungen elektrolytisch direkt als Pulver oder in spröder, leicht zerkleinerbarer Form abgeschieden werden. Maßgebend sind die Abscheidebedingungen, die zu einer hohen Keimbildungszahl und ggf. zur gleichzeitigen Abscheidung von Wasserstoff führen. Technisch bedeutsam ist u. a. die Herstellung von Cu-, Ni- und Co-Pulver auf elektrolytischem Wege [25]. Dabei werden meist lösliche Anoden des gleichen Metalls verwendet, aber auch unlösliche Anoden sind einsetzbar. Zur Erzielung einer guten Verpressbarkeit müssen die Pulver nach dem Abscheiden und Waschen unter Schutzgas geglüht werden. Elektrolytpulver sind in der Regel sehr rein.

*Kupferpulver* wird direkt aus schwefelsauren $CuSO_4$-Bädern unter Verwendung von Elektrolytkupferanoden erzeugt [26]. Teilchengröße, -größenverteilung, -gestalt und Dichte sind durch Einhaltung wichtiger Parameter wie Kathodenstromdichte, Badtemperatur, Konzentration, pH-Wert, Zusätze, Badbewegung u. a. in bestimmten Bereichen einstellbar. Die Pulver fallen überwiegend dendritisch an, ihre Teilchengröße und andere Eigenschaften können durch die Abscheidebedingungen eingestellt werden. Elektrolytkupferpulver konkurrieren mit wasser- oder luftverdüsten oder aus Kupferoxid reduzierten Pulvern [27], die besonders in den USA hergestellt werden. Die elektrolytische Herstellung von hochreinem *Eisenpulver* war früher sehr wichtig, ist jedoch durch die Direktreduktion reiner Erze sowie das Wasserverdüsungsverfahren verdrängt worden. *Cobaltpulver* mit den zur Herstellung von gesinterten Dauermagneten gewünschten Eigenschaften wird durch Elektrolyse von $CoCl_2$-Lösungen gewonnen. *Nickelpulver* wird überwiegend aus sulfathaltigen Elektrolyten abgeschieden.

### 3.2.2
**Schmelzflusselektrolyse**

Verschiedene hochreaktive Metalle können nur aus wasserfreien Elektrolyten abgeschieden werden. Bei der Elektrolyse von Salzschmelzen entstehen meist blättchenförmige Metallpulver, die von Resten der Schmelze befreit und getrocknet werden. Das wichtigste auf diese Weise hergestellte Pulver ist das Tantal, das aus Schmelzbädern bestehend aus $K_2TaF_7$, $Ta_2O_3$, KCl und KF hergestellt wird (siehe Refraktärmetalle, Abschnitt 2.4.4).

## 3.3
### Zerstäubung von Schmelzen (Verdüsung)

Bei der Verdüsung werden geschmolzene Metalle oder Legierungen mechanisch zu Tröpfchen zerteilt, die dann bei der Abkühlung zu den einzelnen Pulverteilchen erstarren. Der Herstellungsprozess gliedert sich in die Prozessstufen Schmelzen, Zerstäuben, Erstarren und Kühlen. Meistens sind noch weitere Verfahrensschritte nachgeschaltet wie die Reduktion von Oberflächenoxiden, die Entgasung, die Klassierung usw. Dadurch ergeben sich vielfältige Möglichkeiten für die Prozess- und Produktgestaltung. Ein Vorteil der Verdüsungsverfahren liegt in der vergleichsweise hohen Geschwindigkeit, mit der die Schmelztröpfchen abgekühlt werden. Dadurch lassen sich aus homogenen Schmelzen Metallpulverteilchen herstellen, in denen die Legierungselemente sehr gleichmäßig verteilt sind. Je nach Mischbarkeit entstehen Gleichgewichtsmischkristalle, übersättigte Mischkristalle oder die Legierungselemente bilden feine Ausscheidungen.

Das Aufschmelzen erfolgt in der Regel in Tiegeln, bei sehr reaktiven Metallen kommen auch tiegelfreie Schmelztechniken zur Anwendung. Zur Schmelzzerstäubung werden meist Zweistoffdüsen eingesetzt, in welchen der Schmelzstrahl durch einen Wasser- oder Gasstrom in Tröpfchen zerteilt wird. Die Wahl des Zerstäubungsmediums richtet sich nach der Reaktivität der zu verarbeitenden Metallschmelze und der gewünschten Teilchenform. Die Wasserverdüsung ist beschränkt auf leicht reduzierbare Metalle und erfordert in der Regel eine nachgeschaltete Reduktionsbehandlung zur Entfernung der Oberflächenoxide. Es können unregelmäßige Pulverteilchen erzeugt werden. Bei der Gasverdüsung entstehen überwiegend sphärische Pulverteilchen, was zwar Vorteile im Fließverhalten, aber Nachteile in der Grünfestigkeit mit sich bringt. Als Verdüsungsgas werden Luft und insbesondere Inertgase eingesetzt.

Neben der fluidgestützten Zerstäubung findet auch die Rotationszerstäubung Anwendung. In der Praxis eingeführt ist der Rotating Electrode Process (REP). Hier wird eine schnell rotierende Elektrode aus dem zu zerstäubenden Metall an der Stirnfläche über Lichtbogen oder Plasmaheizung aufgeschmolzen. Der entstehende Schmelzfilm wird durch die Zentrifugalkraft zu Tröpfchen zerstäubt. Davon abgeleitet ist das Rotating Disc Verfahren, bei dem ein Schmelzstrahl auf eine gekühlte Zerstäuberscheibe fließt und dort einen Schmelzfilm bildet, der ebenfalls durch die Zentrifugalkraft zerstäubt wird. Die Rotationszerstäubung führt, ähnlich wie die Gasverdüsung zu sehr regelmäßigen sphärischen Pulverteilchen und wurde ursprünglich für die Herstellung von Pulvern aus Ni- und Co- Superlegierungen (s. Abschnitt 5.3) sowie Ti- Legierungen entwickelt.

Verdüsungsverfahren sind heute für die Gewinnung vieler Metallpulver eingeführt, so für Fe, Co, Ni, Cu, Zn, Ag, Al, Ti, Sn und Pb. Die erhaltenen Partikelgrößen liegen meist im Bereich zwischen 30 und 500 $\mu$m, aber auch feinere Partikel (bis 10 $\mu$m) sind erhältlich. Ein umfangreicher Überblick über die Verfahrensvarian-

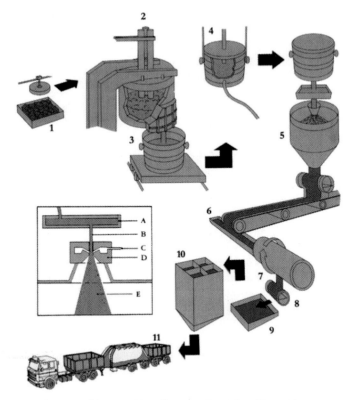

**Abb. 3:** Wasserverdüsungsverfahren zur Herstellung von Eisenpulver (Höganäs).
1 Eisenschrott, 2 Elektroofen, 3 Stahlschmelze, 4 Reinigung, 5 Verdüsung, 6 Entwässerung, 7 Trocknung, 8 Magnettrennung, 9 Homogenisierung, 10 Versandbunker, 11 Transport zur Weiterverarbeitung (Reduktion); A Gießwanne, B Schmelzstrahl, C Hochdruck-Wasserzuführung, D Ringdüse, E verdüstes Eisenpulver

ten und die Grundlagen der Verdüsung finden sich in [28], für die fluidgestützte Zerstäubung auch in [29].

Die Wasserverdüsung mittels Ringdüsen findet umfangreiche Anwendung zur Herstellung von Eisenbasispulvern und deckt dort die Hälfte der Gesamtproduktion ab. Neben unlegierten Pulvern werden so vor allem die sog. fertiglegierten Pulver (s. Abschnitt 4.1) für niedriglegierte Sinterstahlteile hergestellt. Teilweise werden auch hochlegierte Stahlpulver (korrosionsbeständige Stähle, Werkzeugstähle) wasserverdüst. Weitere Anwendungen findet die Wasserverdüsung im Bereich von Cu-, Ni- und Edelmetalllegierungen. Eine Anlage zur Herstellung von wasserverdüstem Eisenpulver zeigt Abbildung 3.

Die Luftverdüsung findet z. B. bei der Herstellung von Aluminiumpulver breitere Anwendung, wo durch die Bildung einer dünnen stabilen Oxidschicht nur eine relativ geringe Sauerstoffaufnahme eintritt. Die Verdüsung mit Inertgas wird für die Herstellung von Pulvern aus anderen sauerstoffaffinen Legierungen, wie hochlegierten Stählen, Ni- und Co-Superlegierungen, Ti-Legierungen [30] eingesetzt. Dabei kann die für die Weiterverarbeitung erforderliche Reinheit mit niedrigen Sauerstoffgehalten gewährleistet werden.

## 3.4
## Zerkleinerung im festen Zustand

Im Hinblick auf die produzierte Menge ist die Pulverherstellung durch mechanische Zerkleinerung im festen Zustand im Vergleich zu den Verdüsungsverfahren von geringer Bedeutung. Metalle und Legierungen größerer Plastizität können in Kugel- oder Schwingmühlen nicht gemahlen werden. Spröde Elektrolytniederschläge und Schwammeisen-Reduktionskuchen werden jedoch so zerkleinert.

Mühlen werden vor allem eingesetzt zur Zerkleinerung und Homogenisierung von Pulvermischungen, die spröde Komponenten enthalten. Dies betrifft vor allem die Herstellung von Hartmetall- [31] und Hartmagnet- Pulverversätzen. Ein weiteres Anwendungsgebiet sind die dispersionsverfestigten PM-Werkstoffe, für die Ausgangspulver durch mechanisches Legieren (s. u.) hergestellt werden. Je nach Anwendung und Pulverfeinheit erfolgt die Mahlung als Trocken- oder Nassmahlung unter Verwendung organischer Mahlflüssigkeiten, z. B. Alkohol.

Eingesetzt werden dafür Kugelmühlen, bei denen der Energieeintrag entweder durch Bewegung des Mahlbehälters erfolgt (Kugelmühlen, Planetenkugelmühlen, Schwingmühlen) oder durch einen Rührantrieb (Rührwerkskugelmühlen bzw. Attritoren) (s. Mechanische Verfahrenstechnik, Bd. 1, Abschn. 5.2.2). Der Rührantrieb ermöglicht einen hohen Energieeintrag und die Verwendung sehr kleiner Mahlkugeln ($\leq$ 1 mm gegenüber 5–30 mm bei Kugel- und Schwingmühlen), was zu einer sehr hohen Zerkleinerungsleistung führt. Rührwerkskugelmühlen setzen sich deshalb für die genannten Anwendungen immer stärker durch. Das Mahlgut wird dabei entweder chargenweise aufgegeben oder kontinuierlich bzw. im Passagenbetrieb durch die Mühle gepumpt.

Beim mechanischen Legieren werden Pulver unterschiedlicher Natur in Hochenergiekugelmühlen intensiv vermischt. Auf diese Weise wird z. B. bei Dispersionswerkstoffen eine nichtmetallische Zweitphase in eine duktile Metallphase einlegiert. Die Metallpartikeln unterlaufen dabei einen Prozess von Verformung, Verfestigung, Bruch und Wiederverschweißung, bei dem die Nichtmetallphase zunehmend feiner und homogener in die Grenzflächen der wiederverschweißenden Metallteilchen eingelagert wird. So lässt sich eine auch bei hohen Temperaturen absolut unlösliche Zweitphase als feinste Dispersion in Metalle einbringen, was insbesondere für Hochtemperaturwerkstoffe wie die in den Abschnitten 5.3 und 5.9.2 erwähnten ODS-Legierungen interessant ist. Bei löslichen oder reaktiven Ausgangspulvern kommt es nach längerer Mahldauer zur Bildung von Mischkristallen oder intermetallischen Phasen, was ebenfalls praktisch genutzt wird. Der mechanische Energieeintrag führt zu hohen Defektkonzentrationen, sodass auch nanokristalline oder amorphe Metallpulver erhalten werden können.

Beim *Cold-Stream-Verfahren* findet das Prinzip der Strahlmühle praktische Anwendung. Dabei wird grobteiliges Material (2–5 mm) mittels Druckluft mit hoher

Geschwindigkeit auf eine Prallplatte geschleudert und dadurch zerkleinert [32]. Die erforderlichen niedrigen Temperaturen werden durch Entspannung des Gas/Metallteilchen-Gemischs von 7 MPa in die mit Unterdruck betriebene Zerkleinerungskammer vor der Prallplatte erreicht. Das Verfahren wird z. B. zur Nachzerkleinerung hochlegierter Stahlpulver und zur Aufarbeitung von Hartmetallschrott verwendet und liefert Teilchengrößen im Bereich einiger Mikrometer.

### 3.5
**Sonstige Verfahren**

Schnellerstarrte Verdüsungspulver aus stark übersättigten Schmelzen haben bei der Herstellung z. B. von Al-Legierungen Interesse gefunden [33]. Bei Abschreckgeschwindigkeiten von 100 K s$^{-1}$ werden gegenüber normalen Pulvern geringere Teilchendurchmesser, bessere chemische Homogenität, hoher Übersättigungsgrad bei Mischkristallen, ggf. Ungleichgewichtskristallstrukturen sowie eine hohe Konzentration eingefrorener Fehlstellen erzielt (RSP, Rapid Solidification Processing). Aus solchen Pulvern hergestellte Fertigteile und Halbzeuge können bessere mechanische und chemische Eigenschaften haben, wenn die Ungleichgewichtszustände im Fertigprodukt (teilweise) erhalten bleiben.

### 3.6
**Pulvereigenschaften**

Das Verhalten eines Pulvers bei seiner Verarbeitung wird durch die Bedingungen der Formgebung und des Sinterns sowie durch seine Eigenschaften bestimmt. Die Konstanz der Pulvereigenschaften und deren Prüfung sind deshalb für die Herstellung von Sinterteilen von ausschlaggebender Bedeutung. Außer der chemischen Zusammensetzung werden Dispersitätskenngrößen und technologische Kenngrößen ermittelt.

Die Dispersität der Pulver wird vor allem durch die Teilchengrößenverteilung beschrieben (siehe auch Mechanische Verfahrenstechnik, Bd. 1, Abschnitt 2.2.2). Zur Messung der Partikelgrößenverteilung wird im Bereich der Formteilpulver nach wie vor die Siebanalyse angewandt [34]. Es exisitieren aber auch moderne Verfahren auf der Basis von CCD-Kameras und Hochgeschwindigkeitsbildauswertung, die eine Online-Kontrolle für die Qualitätssicherung ermöglichen [35]. Für Pulver im Untersiebbereich ist die Röntgen-Schwerkraftsedimentation als Messverfahren genormt [36]. Inzwischen hat aber die Laserbeugungsmessung in die betriebliche Praxis sehr stark Einzug gehalten. Dieses Verfahren deckt sowohl den Sieb-, als auch den Untersiebbereich (< 45 $\mu$m) bis herunter zu etwa 1 $\mu$m ab. Heute gehören Kombinationsgeräte mit Laserbeugung und Lichtstreuung zum Stand der Technik, die auch den Bereich bis herab zu 0,1 $\mu$m erfassen. Für noch kleinere Teilchengrößen (Nanopulver) wird die Photokorrelationsspektroskopie eingesetzt.

Die spezifische Oberfläche, angegeben in Quadratmeter pro Gramm oder Quadratmeter pro Kubikzentimeter ist ein wichtiges Merkmal bei sehr feinen Pulvern und Pulvern mit rauen Oberflächen bzw. offenen Porenkanälen. Die geometrische

Oberfläche glatter Pulver kann bei Kenntnis der Teilchenform aus der Teilchengrößenverteilung berechnet werden. Monomodale kugelige Pulver mit 1, 10 bzw. 100 $\mu$m Teilchendurchmesser weisen geometrische Oberflächen von 6, 0,6 bzw. 0,06 m$^2$ cm$^{-3}$ auf. Die realen Oberflächen lassen sich experimentell mittels Gasadsorptionsverfahren bestimmen. Je nach Oberflächenausbildung liegen sie um einige 10 % bis hin zu einigen Zehnerpotenzen über den geometrischen Werten.

In geringem Umfang werden auch Gaspermeationsverfahren eingesetzt. Insbesondere im Hartmetallbereich verwendet man heute noch die sog. Fisher Sub Sieve Teilchengröße (FSSS). Sie wird aus der Oberfläche bestimmt, die aus dem gemessenen Durchströmungswiderstand einer Partikelpackung abgeleitet wird.

Die technologischen Kenngrößen charakterisieren das Verarbeitungsverhalten. Für die presstechnische Verarbeitung müssen die Pulver frei fließen. Zur Kennzeichnung des Fließverhaltens wird die Auslaufzeit einer festen Pulvermasse (50 g) aus einem genormten Fließtrichter herangezogen [37]. Zur Kennzeichnung der inneren Reibung des Pulvers dient der Schüttwinkel $\alpha$ des definiert aus dem Fließtrichter aufgeschütteten Pulverkegels, welcher mit zunehmenden Reibungskräften steiler wird. Die Fülldichte wird durch Befüllen eines genormten Probengefäßes über den Fließtrichter ermittelt [38]. Sie stellt zusammen mit der Verdichtbarkeit eine wichtige Kenngröße für die Auslegung der Presswerkzeuge dar (vgl. Abb. 8). Die Verdichtbarkeit kennzeichnet die Abhängigkeit der Dichte eines Norm-Presskörpers (Pressdichte) vom Pressdruck [39]. Aus dem Verhältnis von Presskörperdichte und Fülldichte errechnet sich der Füllfaktor, der die Höhe des Füllraums im Vergleich zur Presskörperhöhe kennzeichnet.

# 4
# Herstellung von Sinterteilen

Die Herstellung von Sinterteilen aus Metallpulvern erfolgt nach dem in Abbildung 4 dargestellten Verfahrensablauf. Dieser umfasst die Schritte Pulveraufbereitung, Formgebung, Sintern und eine optionale Nachbehandlung. Die *direkte Formgebung* zu endkonturnahen Formteilen ist dabei die Regel. Für Kleinserien bei der Hartmetallfertigung wird daneben noch die *indirekte Formgebung* praktiziert, wo aus gepressten Blöcken durch spangebende Bearbeitung Formteile herausgearbeitet werden. Auch bei Sinterstahlpressteilen, die aus der Sinterhitze abgeschreckt werden und danach schwer bearbeitbar sind, wird in einigen Fällen eine spangebende Nacharbeit im Grünzustand vorgenommen. Bei den Warmformgebungsverfahren sind die Formgebung und das Sintern in einem Verfahrensschritt kombiniert.

## 4.1
## Pulveraufbereitung

Bei der Pulveraufbereitung werden die Rohpulver in den gewünschten Legierungszusammensetzungen gemischt und für das vorgesehene Formgebungsverfahren aufbereitet. Dabei kommen die in Abbildung 5 schematisch dargestellten Legie-

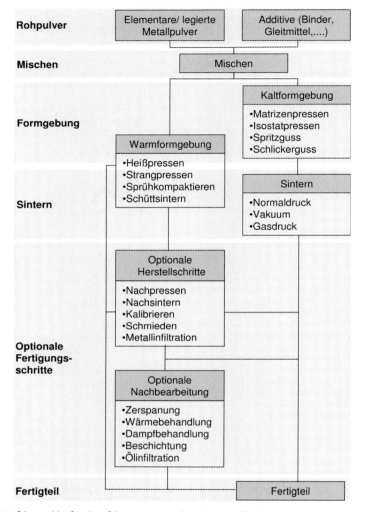

**Abb. 4:** Verfahrensablauf und Verfahrensvarianten der Pulvermetallurgie

rungsprinzipien zur Anwendung. Mischungen aus elementaren Metallpulvern sind in der Regel hervorragend verdichtbar, bergen aber die Gefahr der Entmischung bei Pulvertransportvorgängen. Bei den groben Formteilpulvern erfolgt darüber hinaus nur eine unvollständige Homogenisierung der Legierungselemente beim Sintern. Fertiglegierte Pulver sind schlechter verdichtbar, führen aber zu homogenen Mikrostrukturen. Bei anlegierten Pulvern werden die Legierungsträgerteilchen durch Diffusion oder über chemische Verfahren an die Oberfläche der Matrixteilchen gebunden. Die Entmischungsgefahr wird so beseitigt. Das Verdichtungsverhalten wird dabei kaum beeinträchtigt, allerdings wird aber auch das Homogenitätsproblem nicht

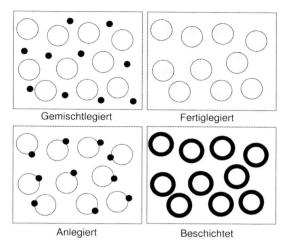

**Abb. 5:** Legierungsprinzipien der Pulvermetallurgie

nennenswert verringert. Stahl- und NE-Metall-Formteilpulver werden in Konus- oder Pflugscharmischern vermischt, wobei gleichzeitig die Zugabe der Presshilfsmittel (Gleitmittel) in Form von Wachsen, Stearaten usw. erfolgt.

Die Aufbereitung feiner Pulver, wie sie z. B. für Hartmetalle Verwendung finden, erfolgt als Nassaufbereitung in Kugelmühlen. Hier werden zusätzlich zu den Gleitmitteln noch organische Binder verwendet, damit die Presskörper eine ausreichende Grünfestigkeit erreichen. Beim Sprühtrocknen der Mahlsuspensionen entstehen kugelige Granalien aus sehr vielen Einzelpartikeln im Durchmesserbereich von ca. 20 bis 200 $\mu$m. Dadurch wird die Fließfähigkeit und staubarme Verarbeitung auch von sehr feinen Pulvern ermöglicht.

Versätze für den Metallpulverspritzguss (vgl. Abb. 10) bestehen aus feinen Metallpulvern und größeren Mengen (40–50 % Volumenanteil) an Wachsen bzw. Thermoplasten (Binder). Die Mischung dieser Versätze erfolgt in Knetern, wo die Metallpartikeln homogen in die Binder eingearbeitet werden.

## 4.2
## Kaltformgebung

Bei der Kaltformgebung werden die Pulver zu einem Formkörper mit vorgegebener Geometrie und Gründichte sowie einer für die weitere Handhabung ausreichenden Festigkeit verarbeitet. Das wichtigste und am meisten eingesetzte Verfahren ist die Formgebung durch *einachsiges Pressen* (*Matrizenpressen*) [40, 41]. Dabei werden die Pulver in Matrizen, die entsprechend dem herzustellenden Teil profiliert sind, verpresst. Die verwendeten Pressformen bestehen aus Matrize, Ober- und Unterstempeln, sowie ggf. Dornen. Ein Presszyklus gliedert sich in Füllen der Matrize, Pulvertransfer, Verpressen der Pulver und Freilegen des Presskörpers.

In der Füllstellung bildet das Presswerkzeug einen definierten Füllraum mit dem für das Formteil erforderlichen Schüttvolumen des Pulvers. Bei der Verdichtung wird das Pulver in der Nähe des pressenden Stempels wegen der Matrizenwandreibung stärker verdichtet als am Gegenstempel (vgl. Abb. 6), was zur Rissbildung oder zum Verzug durch unregelmäßigen Sinterschwund führen kann. In der Praxis arbeitet man deshalb mit beidseitiger Druckanwendung (vgl. Abb. 6b), wodurch man eine günstigere Dichteverteilung mit der etwas geringer verdichteten Zone (neutrale Zone) in der Mitte des Presskörpers erzielt. Trotzdem bleibt ein Dichteunterschied, der mit abnehmendem Verhältnis von Stirn- zu Mantelfläche der Teile zunimmt.

In der Praxis treten sehr oft Teile mit mehreren Querschnittshöhen auf. Da beim Pressen eine Bewegung der Pulverteilchen senkrecht zur Pressrichtung nur begrenzt möglich ist, muss das Werkzeug über jedem Querschnitt den um den Füllfaktor (s. Abschnitt 3.6) überhöhten Füllraum bilden. Dies macht eine Unterteilung der Stempel in Segmente notwendig, die für das Füllen, den Pulvertransfer und den Verdichtungsvorgang einzeln angesteuert werden müssen (Abb. 7). Hier ermöglichen moderne CNC (Computerized Numerical Control)-Pressensteuerungen in Verbindung mit speziellen Adaptoren für die Werkzeuge die Herstellung sehr komplexer Teile mit extremen Querschnittssprüngen. Neben rein hydraulischen kommen dabei auch mechanisch-hydraulische Hybridpressen zum Einsatz.

Auch Teile mit Hinterschneidungen können teilweise noch presstechnisch gefertigt werden unter Verwendung von zwei Matrizen, welche zum Freilegen des Presskörpers auseinander gefahren werden. Neben dem schon seit 1962 bekannten Olivetti-Prinzip gibt es hier noch das Stackpole-Prinzip, bei dem die Möglichkeiten der modernen CNC-Pressen besser genutzt werden. Mit diesem Verfahren können Teile mit überlappenden Verzahnungen und sogar mit Pfeilverzahnungen hergestellt werden [42].

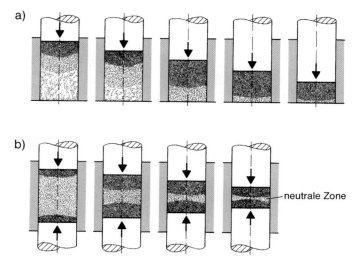

**Abb. 6:** Verfahren zum einachsigen Pressen von Metallpulvern
a) bei einseitiger Druckwirkung, b) bei zweiseitiger Druckwirkung

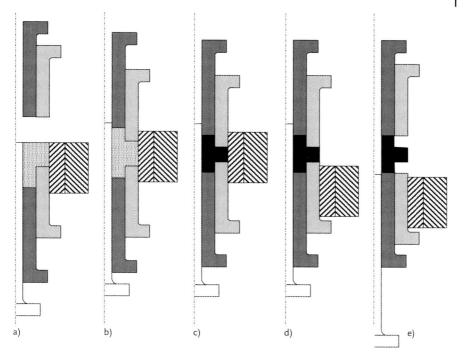

**Abb. 7:** Pressen mehrquerschnittiger Teile
a) Füllstellung, b) Pulvertransfer, c) Pressen, d), e) Ausstoßen (Außenrand freilegen, Entformen)

Der notwendige Pressdruck hängt vom Verdichtungsverhalten des Pulvers und der angestrebten Pressdichte ab. Abbildung 8 zeigt das Verdichtungsverhalten eines typischen Sinterstahls, einer Al-Formteillegierung und eines Hartmetallversatzes. Die relative Fülldichte (Pressdruck 0 MPa) ist für das feine granulierte Hartmetallpulver deutlich niedriger als für die groben (massiven) Formteilpartikeln. Für die Formteile werden Drücke im Bereich von 400–1000 MPa angewandt. Diese Drücke erfordern bereits bei kleinen Flächen der Teile hohe Presskräfte, weshalb das einachsige Pressen auf Teile mit vergleichsweise kleinen Abmessungen (einige Hundert Quadratzentimeter) beschränkt bleibt. Die größten derzeit eingesetzten Metallpulverpressen erreichen eine Presskraft von 15 MN. Bei den Sinterstählen wurde in den letzten Jahren auch die Warmpresstechnik eingeführt [43], bei der die Pulver bei 120–130 °C verpresst werden. Die Streckgrenze der Pulverteilchen sinkt dabei um über 30 % ab und die bessere plastische Verformbarkeit resultiert hier in Dichtesteigerungen von 0,10–0,15 g cm$^{-3}$. Das Warmpressen stellt damit eine Alternative zur Zweifachsintertechnik dar.

Beim Hartmetall werden niedrigere Pressdrücke verwendet (50–200 MPa). Höhere Drücke bewirken wegen der geringen Plastizität der Carbidpulver kaum eine weitere Verdichtung und führen wegen der geringen Grünfestigkeit zu Pressfehlern sowie zu erhöhtem Werkzeugverschleiß.

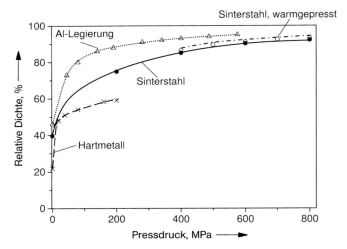

**Abb. 8:** Verdichtungsverhalten von Sinterstahl- und Sinteraluminium-Formteilpulvern sowie Hartmetallgranulat im Vergleich.

Beim *isostatischen Pressen* wird das Pulver über eine Hydraulikflüssigkeit einem hydrostatischen Druck ausgesetzt [44] (vgl. Abb. 9). Die Pressform, in die das Pulver eingefüllt wird, besteht aus einer elastischen Hülle und ggf. einem starren

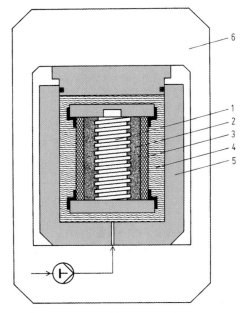

**Abb. 9:** Prinzip des isostatischen Pressens 1 Stahlkern, 2 Pulver bzw. Pressling, 3 elastischer Mantel, 4 Druckflüssigkeit, 5 Druckbehälter, 6 Rahmen

Kern oder Mantel. Sie wird in einem Hochdruckrezipienten über Öl oder eine Öl/$H_2O$-Emulsion mit Druck beaufschlagt, wodurch das Pulver gleichmäßig verdichtet wird. Die Formhaltigkeit der vom elastischen Werkzeugteil geformten Werkstückgeometrie ist gering, während die vom starren Teil erzeugten Abmessungen sehr genau eingehalten werden können. Es sind Pressdrücke bis 1500 MPa erreichbar, meist liegen sie im Bereich von 30–700 MPa. Der Druck für die Verdichtung eines Pulvers auf eine vorgegebene Pressdichte liegt etwas niedriger als beim einachsigen Pressen. Weitere Vorteile sind die gleichmäßigere Dichteverteilung in den Presskörpern und die größere Freiheit der Formgebung. So sind Teile mit Hinterschneidungen und Teile mit einem großem Verhältnis von Stirn- und Mantelfläche durch Pressen herstellbar. Als Verfahrensvarianten gibt es das Wet-bag- und das Dry-bag-Verfahren. Bei dem besonders für Kleinserien geeigneten *wet bag* Verfahren werden die Werkzeuge gefüllt und danach in den Rezipienten eingebracht. Beim *dry bag* Verfahren ist ein Werkzeug fest in den Rezipienten eingebaut, das Pulver kann in einem automatisierten Presszyklus eingefüllt, verdichtet und entformt werden. Dieses Verfahren eignet sich für größere Serien und kommt z. B. bei der Formgebung von keramischen Zündkerzenisolatoren zur Anwendung.

Zu einem bedeutenden Formgebungsverfahren hat sich in den letzten Jahren der *Metallpulverspritzguss* (Metal Injection Moulding, MIM) [45, 46] entwickelt, der aus der Thermoplastformgebung abgeleitet wurde. Der Prozess beginnt mit dem Mischen von Pulver und thermoplastischen Bindern (Abb. 10). Die Pulver sind meist kugelig und fein, ihre mittlere Teilchengröße liegt in der Regel unter 20 $\mu$m. Die Binder bestehen aus thermoplastischen Mischungen von Wachsen, Polymeren,

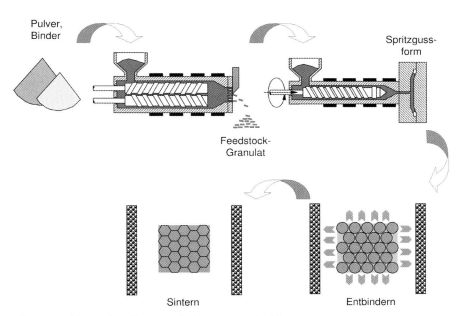

**Abb. 10:** Verfahrensschritte beim Metallpulverspritzguss (MIM)

Gleitmitteln und oberflächenaktiven Substanzen und werden in Volumenanteilen von > 40% benötigt. Die Pulver/Binder-Mischungen (Feedstock) werden granuliert und in Spritzgussmaschinen, wie sie auch in der Kunststoffverarbeitung verwendet werden, verarbeitet. Dabei wird der Feedstock aufgeschmolzen und mittels einer Schnecken-Kolbeneinheit mit hohem Druck (20–100 MPa) in die Spritzgussform eingeschossen, wo die Masse erstarrt. Zur Entnahme wird das Werkzeug auseinandergefahren. Auf diese Weise können hochkomplexe Formkörper erzeugt werden. Im Gegensatz zum Pressen kommt es aber nicht zu einer Verdichtung des Pulvers. Im Anschluss an die Formgebung erfolgt die Entfernung der Binder und die Sinterung. Erst bei der Sinterung erfolgt die Verdichtung des Formkörpers, wobei relative Dichten über 96% TD (theoretische Dichte) erzielt werden. Damit verbunden ist eine relativ hohe lineare Schwindung (15–20%), die bei den Formteilabmessungen berücksichtigt werden muss.

Eingesetzt wird der Metallpulverspritzguss vor allem für kleine Teile im Gewichtsbereich von 0,5–10 g bei niedrig- und hochlegierten Stählen sowie Nickel- und Cobaltlegierungen. Die durch die feinen Pulver bedingte hohe Sinterdichte und homogene Mikrostruktur resultiert in deutlich verbesserten mechanischen Eigenschaften im Vergleich zu gepressten Formteilen vergleichbarer Zusammensetzung.

Methoden zur Verdichtung der Pulver zu Halbzeugen sind das Pulverwalzen und das Strangpressen. Beim *Pulverwalzen* wird das Pulver einem Walzenpaar zugeführt und im Walzenspalt zu einem Band verdichtet. Auf diese Weise ist es möglich, Bänder oder Platten mit nur auf pulvermetallurgischem Wege erreichbaren Eigenschaften herzustellen, wie z. B. poröse Filterplatten aus nichtrostendem Stahl oder Bänder höchster Reinheit für elektronische oder magnetische Anwendungen. Mittels geeigneter Pulverzuführung können auch mehrschichtige Bänder, z. B. Bimetalle, hergestellt werden. Das Pulverwalzen bietet auch Kostenersparnisse, da die Zahl der Walzstiche zum Fertigen dünner Bänder geringer ist als bei konventioneller Herstellung. Zusätzliche Kostenvorteile ergeben sich, wenn das zu verarbeitende Metall bei der Herstellung bereits als Pulver anfällt, z. B. Ni und Co aus dem Sherrit-Gordon-Verfahren (vgl. Abschnitt 3.2.1). Bänder aus Ni und Co werden seit längerer Zeit so hergestellt [47]. Eine weitere Anwendung sind poröse Ni-Bänder für Batterieelektroden. Das *Strangpressen* bei Raumtemperatur setzt die Zumischung von plastifizierenden Bindemitteln voraus, die vor der Sinterung sorgfältig wieder ausgetrieben werden müssen. Dieses Verfahren wird z. B. für die Produktion von Hartmetallteilen mit großem Länge/Durchmesser-Verhältnis (z. B. Bohrern) angewandt [48].

Die *Suspensionsformgebungsverfahren* [49] sind großteils aus der Keramik übernommen und eignen sich vor allem für feine Pulver. Diese werden in wässrigen oder nichtwässrigen Medien suspendiert unter Zuhilfenahme geeigneter Dispergierungshilfsmittel, meist oberflächenaktiver Substanzen, die an den Teilchenoberflächen adsorbiert werden und Abstoßungskräfte zwischen den Partikeln hervorrufen. Dies ist erforderlich, um die Suspensionen stabil zu halten und bei ausreichend niedriger Viskosität möglicht hohe Feststoffgehalte in den Suspensionen zu gewährleisten. Die Formgebung erfolgt dann durch Abguss in saugfähige Gipsformen oder Druckfiltration in Kunststoffformen. Dabei wird ein Teil der

Flüssigkeit entzogen, wodurch die Teile entform- und handhabbar werden. Bei Metallpulvern haben diese Formgebungsverfahren bisher allerdings nur wenig praktische Anwendung gefunden. Metallpulver-Suspensionen werden auch beim *Nasspulverspritzen* [50] eingesetzt. Dabei wird die Suspension ähnlich wie beim Lackieren mit einer modifizierten Farbsprühpistole auf ein Substrat aufgetragen. Praktische Anwendung findet dieses Verfahren bei der Herstellung von Schicht- und Gradientenfiltern, wo eine aktive Filterschicht aus sehr feinen Partikeln auf eine grobporöse Trägerstruktur aufgesprüht wird.

## 4.3
**Formgebung bei erhöhter Temperatur**

Die Formgebungsverfahren bei erhöhter Temperatur stellen eine Verbindung der Schritte Formgebung und Sinterung dar (vgl. Abb. 4). Sie laufen mit (Heißpressen, Schmieden, Strangpressen) oder ohne Druckanwendung ab. Die Druckanwendung bei erhöhter Temperatur erleichtert die plastische Verformung der Pulverteilchen durch die Erniedrigung der Fließgrenze und Verfestigung. Daneben werden weitere Materialtransportmechanismen wie das Korngrenzengleiten und das diffusionsgesteuerte Kriechen aktiv. Die dabei zum Erreichen der theoretischen Dichte notwendigen Temperaturen sind deutlich niedriger als beim drucklosen Sintern. Deshalb können sehr feinkörnige Gefüge erhalten werden.

Bei den Pressverfahren erfolgt die Druckaufbringung, ähnlich wie bei der Kaltformgebung, einachsig oder isostatisch. Das *einachsige Heißpressen* in Matrizen ist seit langem bekannt, erste Patente wurden bereits 1870 erteilt [51, 52]. Die verwendeten Presswerkzeuge entsprechen vom Funktionsprinzip den Werkzeugen zum Kaltpressen. Aus Gründen der Beheizung, Betätigung der Stempel und der Werkzeugmaterialbeanspruchung sind die Möglichkeiten zur Formgebung allerdings wesentlich stärker eingeschränkt, sodass in der Regel nur einfache Geometrien direkt pressbar sind.

Die Möglichkeiten zur Beheizung des Pressgutes bzw. der gesamten Werkzeuganordnung sind vielfältig (vgl. Abb. 11). Das Werkzeugmaterial muss bei den Arbeitsbedingungen eine hohe Festigkeit aufweisen und darf nicht mit dem Pressgut reagieren. Dies ist manchmal nur mit ausgekleideten Matrizen (z. B. mit hexagonalem Bornitrid) zu erreichen. Je nach Temperatur werden Graphit oder warmfeste Stähle, in Einzelfällen auch hochschmelzende Metalle, Legierungen (W, Mo) oder Keramik ($Al_2O_3$, $ZrO_2$) als Matrizen eingesetzt. Gepresst wird an Luft, unter Schutzgas oder im Vakuum. Bei der Verwendung von Graphit ist wegen der CO-Bildung auch die Verarbeitung sauerstoffempfindlicher Materialien an Luft möglich. Mit Graphit werden Temperaturen bis deutlich oberhalb von 3000 °C erreicht. Die Drücke liegen wesentlich niedriger als beim Kaltpressen (z. B. 17 MPa bei 1400 °C für Hartmetalle in Graphitmatrizen). Technische Anwendung findet das Heißpressen in Matrizen heute hauptsächlich für Verbundwerkstoffe, z. B. metallgebundene Diamantwerkzeuge.

Beim *Heißisostatpressen* (HIP, Abb. 12) [53, 54] werden Drücke bis zu 200 MPa über eine Gasatmosphäre auf die Teile aufgebracht. Die Prozesstemperaturen rei-

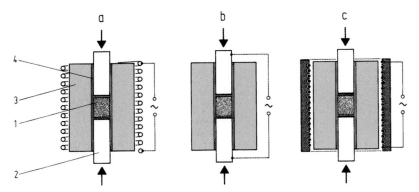

**Abb. 11:** Werkzeuganordnung und Möglichkeiten zur Beheizung beim Heißpressen
a) induktive Erwärmung, b) direkter Stromdurchgang, c) Strahlungskonvektionsbeheizung 1 Pressgut, 2 Stempel, 3 Mantel, 4 Auskleidung

chen dabei bis 2200 °C. Der Gasdruck kann allerdings nur verdichtungsfördernd wirken, wenn das Gas nicht in die offenen Poren des Sintergutes eindringen kann. Formkörper aus Pulvern müssen deshalb entweder in eine druckdichte Kapsel eingeschweißt (*Kapsel-HIP*) oder bis zum Erreichen abgeschlossener Porosität, also bis ca. 90–95 % TD drucklos vorgesintert werden. Vorsinterung und HIP-Verdichtung finden entweder in aufeinander folgenden getrennten Prozessen statt (*Post-*

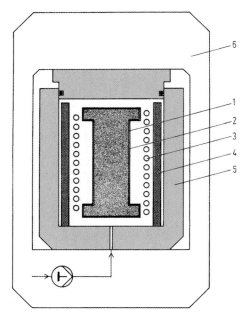

**Abb. 12:** Prinzip des heissisostatischen Pressens (HIP)
1 Pulver bzw. Pressling, 2 Kapselung, 3 Heizung, 4 Isolierung, 5 Druckbehälter, 6 Rahmen

*HIP*), oder werden in einer Anlage als kontinuierlicher Prozess durchgeführt (*Sinter-HIP*).

Zur Kapselung eignen sich Blechhüllen in der Form des angestrebten Teils, in welche die Metallpulver eingefüllt werden. Nach der Entgasung der Hülle wird diese verschweißt. Eine Alternative stellen Glaskapseltechniken dar, die zur Herstellung von keramischen Turbinenteilen entwickelt wurden. Die Teile können auf diese Weise meist endkonturnah bis nahezu einbaufertig hergestellt werden. Neben Formteilen werden über Kapsel-HIP vor allem auch Halbzeuge aus Speziallegierungen (Schnellarbeitsstähle, korrosionsbeständige Stähle, Titan) und Verbundwerkstoffe erzeugt. Das größte, bis 2001 durch HIP gefertigte Bauteil wog 14 t und wurde für den Off-Shore-Bereich hergestellt [55].

Die Post-HIP und insbesondere die Sinter-HIP-Technik finden in großem Umfang Anwendung bei der Herstellung von Hartmetallformteilen. Da Hartmetalle bei Anwesenheit flüssiger Phasen gesintert werden (s. Abschnitt 4.4.2), reichen bereits Drücke unter 10 MPa aus, um festigkeitsmindernde Restporen weitestgehend zu beseitigen. Auch außerhalb der Pulvermetallurgie findet die HIP-Technologie Anwendung, z. B. beim Ausheilen von Defekten in Gussteilen oder zur Beseitigung von Kriechporen in Turbinenschaufeln nach Langzeitbetrieb.

Das *Pulverschmieden* dient vor allem zur Herstellung hoch beanspruchter Formteile wie von PKW-Pleueln, Kettenrädern und Getrieberädern aus Sinterstahl [56, 57]. Pleuel für Benzinmotoren werden in Nordamerika fast ausschließlich nach diesem Verfahren hergestellt und auch in Europa gibt es hier inzwischen einen sehr hohen Marktanteil [58]. Im ersten Schritt wird durch Kaltpressen eine Vorform hergestellt. Diese wird vorgesintert, wobei gleichzeitig das Presshilfsmittel entfernt wird. Die Vorform wird direkt aus der Sinterhitze oder nach erneutem Erhitzen durch Schmieden verdichtet. Erwärmen und Abkühlen erfolgen unter Schutzgas, das Schmieden selbst an Luft. Zur Vermeidung von Oxidation und zur Schmierung werden die Teile vorher mit einer Graphit-Suspension besprüht. Es werden dichte oder nahezu dichte Formteile mit engen Fertigungstoleranzen erhalten.

Der Schmiedeschritt wird als Formpressen ohne Grat ausgeführt. Ein Werkzeug ist schematisch in Abbildung 13 rechts dargestellt [59]. Es ist im Aufbau einem Pul-

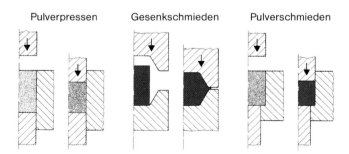

**Abb. 13:** Vergleich verschiedener Werkzeugprinzipien [59] (linkes Teilbild jeweils vor der Verdichtung bzw. Umformung)

verpresswerkzeug (Abb. 13 links) ähnlicher als einem Schmiedegesenk (Abb. 13 Mitte). Das gratfreie Schmieden erfordert enge Toleranzen der gesinterten Vorform, resultiert aber auch in der höheren Genauigkeit beim Pulverschmieden im Vergleich zum Gesenkschmieden.

Als Werkzeugmaterial werden Warmarbeitsstähle verwendet. Überwiegend wird nur mit geringem seitlichen Materialfluss gearbeitet, die Verdichtung erfolgt hauptsächlich in Pressrichtung. Wegen der Gratfreiheit sind Maße und Dichteverteilung der Vorformen in engen Grenzen konstant zu halten.

Außerhalb der Eisenpulvermetallurgie wird das Pulverschmieden bei Al- und Ti-Werkstoffen sowie Superlegierungen eingesetzt. Dabei werden meist gekapselte Blöcke oder durch HIP hergestellte dichte Vorformen durch Schmieden weiterverarbeitet.

Durch *Strangpressen* können Halbzeugprofile aus Metallpulvern hergestellt werden [60], wobei die Pulver meist ähnlich wie beim HIP-Verfahren gekapselt und dann mit der Hülle stranggepresst werden. Die dabei auftretenden hohen Umformgrade führen zum Aufbrechen von evtl. auf den Pulverteilchen vorhandenen sinterhemmenden Oxidschichten, was z.B. bei der Al-Verarbeitung ausgenutzt wird. Das Verfahren wird z.B. zur Herstellung nahtloser Rohre aus rostfreien Stählen eingesetzt (Asea-Nyby-Verfahren) [61]. Dabei werden im Inertgas verdüste Pulver in Stahlkapseln eingefüllt, isostatisch vorverdichtet und bei Temperaturen um 1200 °C stranggepresst. Durch Umgehen des Abgießens kann eine gleichmäßigere Verteilung der Legierungselemente erreicht werden als bei vergleichbaren schmelzmetallurgisch hergestellten Rohren. Ähnlich ist die Situation bei der Verarbeitung von Pulvern aus Superlegierungen für die Herstellung von Turbinenscheiben. Strangpressen ist auch ein Verarbeitungsschritt bei der Herstellung von Al-Schaum-Profilen, die als Schockabsorberbauteile für Fahrzeuge Interesse finden (s. Abschnitt 5.8.3).

Das *Schüttsintern* ist ein druckloses Formgebungsverfahren zur Herstellung von Sintermetallfiltern, hauptsächlich von Bronzefiltern. Hierbei werden die Pulverteilchen in Stahl- oder Graphitformen eingefüllt und in der Form gesintert.

Auch das *Sprühkompaktieren* [62] ist zu den drucklosen Warmformgebungsverfahren zu rechnen. Dabei wird eine hochlegierte Metallschmelze in eine Sprühkammer geführt und durch Inertgas zerstäubt. Die Teilchen werden durch den Gasstrom gebündelt und im teilerstarrten Zustand auf ein Substrat geleitet. Durch eine zweite Düse können Feststoffpartikeln in das Gefüge eingelagert werden. Auf diese Weise lassen sich zylindrische Blöcke, Rohre und Flachprodukte herstellen. Sie weisen eine Dichte von > 96 % TD auf und werden in der Regel noch warm umgeformt. Dadurch erhält man homogene und segregationsfreie Gefüge und hat eine höhere Freiheit in der Legierungszusammensetzung als bei rein schmelzmetallurgischer Herstellung. Ein Anwendungsbeispiel sind Vorprodukte für Al/Si-Zylinderlaufbuchsen mit einer Jahresproduktion von $4 \cdot 10^6$ Stück. Auch für Kupferlegierungen, Werkzeugstähle, Schnellarbeitsstähle und Nickellegierungen existieren Pilot- bzw. Produktionsanlagen, um diese Herstellungstechnik im Produktionsmaßstab nutzbar zu machen.

## 4.4 Sintern

### 4.4.1 Grundlagen und Vorgänge in Einkomponentensystemen

Bei fast allen pulvermetallurgischen Verfahren schließt sich an die Formgebung das Sintern mit oder ohne Druckanwendung an, wodurch die geforderten Eigenschaften erzielt werden. Während der Zusammenhalt des rohen Presslings überwiegend auf Adhäsionskräften der einzelnen Partikeln beruht, bilden sich beim Sintern über einen thermisch aktivierten Stofftransport zunehmend stoffliche Bindungen zwischen den Teilchen aus. Dadurch entsteht unter Verringerung der freien Enthalpie ein vollständig neues Gefüge, in dem im fortgeschrittenen Sinterzustand die ursprünglichen Teilchen nicht mehr identifizierbar sind. Dabei nähern sich die Eigenschaften des Presslings denen eines porenfreien Körpers an. Die Sintergeschwindigkeit steigt mit der Temperatur und mit zunehmender Feinheit des eingesetzten Pulvers. Letzteres beruht auf der größeren Oberflächenenergie der feineren Partikeln und der vermehrten Zahl der Kontaktstellen, an denen das Sintern einsetzen kann sowie der höheren Fehlstellendichte im sinternden Körper. Aus den gleichen Gründen liegt die Temperatur des Sinterbeginns bei feinen Pulvern niedriger, die Schwindung ist in der Regel größer. Eine umfassende Darstellung der Sintervorgänge findet sich in [13], die Besprechung älterer Grundlagen in [63].

Die presstechnische Formgebung wird mit zunehmender Feinheit der Pulver oft schwieriger. Dies gilt besonders für ultrafeine Pulver (< 1 $\mu$m) und Pulver im Nanometerbereich. Mit hohem Pressdruck verdichtete Pulver schwinden weniger als mit niedrigem Druck verdichtete oder lose Pulver. Bei hochverdichteten Pulvern können sogar Schwellvorgänge auftreten, besonders bei Feinpulvern (vgl. Abb. 14).

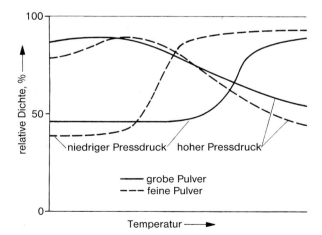

**Abb. 14:** Sintern von unterschiedlich stark verdichteten Pulvern bei jeweils gleicher Sinterdauer (schematisch).

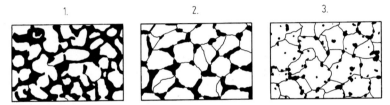

**Abb. 15:** Die drei Stadien des Sinterns (schematisch, s. Text)

Phänomenologisch können drei Stadien des Sinterns unterschieden werden (vgl. Abb. 15).
1. Überführung der adhäsiven Teilchenkontakte in sog. Sinterbrücken. Hierbei sind die ursprünglichen Teilchen noch sichtbar und es tritt nur geringe Schwindung ein. An den ursprünglichen Kontaktstellen bilden sich in der Regel Korngrenzen.
2. Ausbildung eines zusammenhängenden Porenskeletts. Die ursprünglichen Teilchen verlieren ihre Identität, es erfolgt der größte Teil der Schwindung, Kornwachstum und die Bildung neuer Korngrenzen. Der größte Teil der Poren bleibt von außen zugänglich, einige schließen sich einseitig.
3. Porenrundung und -eliminierung mit weiterer Schwindung. Der restliche Porenraum wird in zunehmendem Maße von außen unzugänglich (geschlossene Poren). Im Grenzfall erfolgt vollständige Verdichtung.

Diese drei Stadien sind jedoch nur bei gröberen Pulvern (etwa im Siebbereich > 45 $\mu$m) gut unterscheidbar. Je feiner ein Pulver ist, umso rascher wird das erste und teilweise auch das zweite Stadium durchschritten und ein großer Teil des Sinterns läuft schon in der Aufheizphase ab [64].

Das Sintern von Metallfiltern aus ungepressten sphärischen Bronzepulvern verbleibt überwiegend im ersten Stadium. Die meisten Sintervorgänge der Praxis enden jedoch innerhalb des dritten Stadiums. Bei der Herstellung vieler Formteile ist aus Gründen der Maßstabilität nur geringe Schwindung zulässig, was man durch Verwendung hochkompressibler Pulver und ggf. schwindungskompensierender Zusätze erreicht. Beim Sintern mit (benetzender) flüssiger Phase erfolgt meist eine sehr weitgehende Verdichtung (Restporosität $\approx$ 1 %).

Der umfangreiche Stofftransport beim Sintern beruht auf unterschiedlichen Mechanismen, wie der Diffusion im Gitter, an Korngrenzen und an Oberflächen, dem plastischen oder viskosen Fließen, der Rotation ganzer Partikeln und der Verdampfung und Wiederkondensation von Materie.

Die thermodynamischen Voraussetzungen [65, 66] für einen isothermen, gerichteten (in Richtung der Sinterbrücken bzw. Poren) Stofftransport durch Diffusionsvorgänge über Leerstellen sowie durch Verdampfung und Kondensation sind aus der Thomsonschen Gleichung zu entnehmen. Sie beschreibt die Abhängigkeit der Leerstellenkonzentration unterhalb einer Oberfläche und des Dampfdruckes über einer Oberfläche von deren Krümmungsradius. Die Laplacesche Gleichung erklärt das mögliche Auftreten von Fließvorgängen an Stellen kleiner Krümmungsradien. Insgesamt darf man als gesichert ansehen, dass in den meisten Fällen Diffusionsvorgänge dominieren und Partikelbewegungen zur Minimierung der Korngrenzenenergie ablaufen. Dabei ergeben niedrigere Temperaturen und große spezifische Oberflächen hohe Anteile an Oberflächendiffusion. Bei üblichen Sintertemperaturen und in den mittleren oder späteren Sinterstadien überwiegen die Gitter- und Korngrenzendiffusion, dabei kann die Gitterdiffusion wegen der hohen Defektkonzentration im sinternden Körper gegenüber den Gleichgewichtswerten stark beschleunigt sein. Von diesen Vorgängen tragen Oberflächendiffusion sowie Verdampfung und Kondensation nicht zur Schwindung (Verdichtung) sondern nur zur Veränderung (Rundung) der Porengeometrie bei. Beim Drucksintern (Heißpressen) wirken in starkem Umfang Fließvorgänge mit, da die bei Sintertemperatur niedrigen Fließgrenzen besonders in der Nähe der Partikelberührungsstellen überschritten werden.

Am Sintervorgang sind meist mehrere Sekundärprozesse beteiligt [63, 67], die ihrerseits den Stofftransport beeinflussen können. Diese kommen z.B. von homogen oder heterogen vorliegenden Verunreinigungen und Oxidschichten und können die Sinterung stark hemmen oder auch fördern. Hinzu kommen vielfältige Wechselwirkungen zwischen Sinteratmosphäre und Sintergut. Am wichtigsten sind die oft erwünschten reduzierenden ($H_2$) sowie die meist unerwünschten oxidierenden Einflüsse ($H_2O$- und $O_2$-Verunreinigungen). Auch Aufkohlungen und Entkohlungen sind meist unerwünscht und werden bei kohlenstoffhaltigen Sinterstählen in ungeeigneten Sinteratmosphären (feuchtes oder $CO_2$-haltiges Schutzgas) beobachtet.

Die Änderung der verschiedenen Eigenschaften des Sinterkörpers in Abhängigkeit von Zeit und Temperatur verläuft bei gleichen Ausgangspulvern und Prozessparametern unterschiedlich. Am raschesten verbessern sich die Leitfähigkeitseigenschaften, da diese überwiegend von den Sinterbrücken und deren Geometrie im ersten Sinterstadium abhängen. Die Bruchfestigkeit steigt etwas später bzw. bei höheren Temperaturen an. Etwas verschoben folgt die Zunahme der Bruchdehnung, die sich meist noch in Bereichen verbessert, in denen die Festigkeit kaum noch ansteigt. Noch später, d.h. erst bei hoher Dichte und guter Porenrundung, steigt die Schlagfestigkeit an.

### 4.4.2
**Sintern von Mehrkomponentensystemen**

Sintervorgänge in Mehrkomponentensystemen können ohne oder mit Auftreten einer flüssigen Phase erfolgen. Sie können rascher oder langsamer ablaufen als in Einkomponentensystemen, was von den vorliegenden Oberflächen- und Grenzflächenspannungen und den gegenseitigen Wechselwirkungen der Komponenten abhängt. Im Falle gegenseitiger starker Diffusion mit sehr verschiedenen partiellen Diffusionskoeffizienten können auch neue Poren und somit Schwellvorgänge auftreten (*Kirkendall-Effekt*). Eine flüssige Phase tritt auf, wenn beim Sintern der

Schmelzpunkt einer Komponente oder einer durch Diffusion entstandenen Mischphase überschritten wird oder ein unterhalb der Sintertemperatur schmelzendes Eutektikum vorkommt, z. B. bei Hartmetallen und Sinterbronze. Flüssige Phasen wirken stark sinterfördernd, sofern sie die feste Komponente gut, im Idealfall vollständig, d. h. mit einem Randwinkel von 0° benetzen. Letzteres ist im System WC/Co der Fall. Allerdings ist die Benetzung ein sehr störempfindlicher Prozess. Er kann durch geringe Oxidanteile (Oxidfilme) stark beeinträchtigt werden. Flüssige Phasen können auch temporär auftreten und im Laufe des Sinterns durch Reaktion mit der festen Komponente wieder verschwinden, z. B. bei bestimmten legierten Stählen. Über den Mechanismus des Flüssigphasensinterns s. [13, 68].

Die bereits erwähnte Schwindungskompensation bei Sinterstahl durch Kupferzusatz beruht auf dem Auftreten einer temporären flüssigen Cu-Phase mit anschließender Eindiffusion in die feste Eisenmatrix. Hierdurch wird deren Volumen vergrößert, während an der Stelle der ursprünglichen Kupferpartikeln neue Poren entstehen. Dieser Schwellvorgang kompensiert die Sinterschwindung und ermöglicht unter gut definierten Bedingungen ein maßgenaues Sintern.

Spezielle Arten des Mehrkomponentensinterns sind z. B. die Metallinfiltration (Tränklegierungen, z. B. W/Cu) und das Reaktionssintern (intermetallische Phasen).

4.4.3
**Sinteranlagen und -atmosphären**

Die gebräuchlichsten Sinteröfen sind der Förderbandofen, der Hubbalkenofen und der Vakuumofen (vgl. Abb. 16). Auch Durchstoßöfen sind in Betrieb.

*Förderbandöfen* arbeiten bei Temperaturen von 1120–1140 °C. Das Sintergut liegt meist direkt auf dem Förderband aus nichtrostendem Stahl und wird mit konstanter Geschwindigkeit durch die Sinterzone transportiert. Die Heizleiter bestehen aus Ni/Cr-Legierungen. Diese Öfen arbeiten ohne Schleusen, das Schutzgas brennt beim Austritt direkt ab, der dabei entstehende Flammenvorhang schützt das Sintergut vor dem Zutritt von Außenluft. Oft besitzen die Öfen eine Schnellabkühlzone, in der durch gekühltes, im Kreislauf bewegten Sintergas das Sintergut gehärtet werden kann.

*Hubbalkenöfen* eignen sich für Temperaturen bis 1350 °C oder höher. Das in Blechkästen aus Weicheisen verpackte Sintergut wird durch diskontinuierliche Bewegung eines Hubbalkens, der sich nur teilweise in der heißen Zone befindet, durch den Ofen transportiert. Die Heizleiter bestehen aus Molybdän und dürfen nur in reduzierender Atmosphäre betrieben werden. Diese Öfen haben eine Eintritts- und Austrittsschleuse.

*Vakuumöfen* können je nach Heizleiter (Mo, W, Ta) Temperaturen bis 1600 °C und höher erreichen. Sie werden für hochwertiges Sintergut eingesetzt, wie hochlegierte Stähle, Magnete und Materialien mit stark oxidationsempfindlichen Komponenten wie Chrom und Aluminium, sowie für Hartmetall. Das Hochvakuumsintern wird aufgrund der technischen Entwicklungen der letzten Jahrzehnte trotz

## Förderbandofen

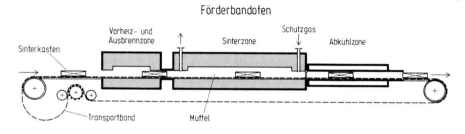

## Hubbalkenofen

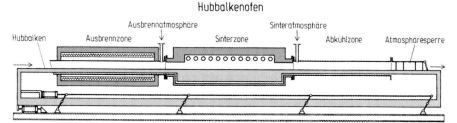

**Abb. 16:** Längsschnitte durch Sinteröfen (schematisch)

höherer Kosten verstärkt eingesetzt, z. T. anstelle des Sinterns in reinem Wasserstoff, um qualitativ höherwertige Produkte herzustellen.

Zu erwähnen sind auch die zunehmend kommerziell eingesetzten *Sinter-HIP-Anlagen*, die sich in größerem Umfang für hochdichte Hartmetalle durchgesetzt haben. Auch spezielle Öfen zum Sintern von MIM-Teilen, bei denen ein hoher Prozentsatz von Bindemitteln ausgebrannt werden muss, werden angeboten. Das *Mikrowellensintern*, besonders von Hartmetall und Stählen ist in jüngster Zeit aufgrund verschiedener, potenzieller Vorteile intensiv untersucht worden [69], hat sich aber noch nicht in die Praxis eingeführt. Das Verfahren des *Lasersinterns* ist vor allem für die schnelle Herstellung von Prototypen (Rapid Prototyping) wichtig geworden (s. Abschnitt 4.6).

Zum Schutz des Sintergutes werden Gase (Wasserstoff, Stickstoff und deren Gemische oder teilverbrannte Gase) sowie Vakuum eingesetzt. Wasserstoff wird bei W, Mo und nichtrostenden Stählen verwendet. Er wirkt reduzierend auf Oxidanteile nicht zu unedler Metalle wie Fe, Ni, Cu, Mo, W und entkohlend auf C-haltigen Stahl. Bei höherem Wasserdampfgehalt werden unedle Metalle oder Legierungselemente wie Cr oder Al oxidiert. Stickstoff ist wegen der meist guten Verfügbarkeit in flüssiger Form ein sehr kostengünstiges Schutzgas und wird mit 3–10% Volumenanteil Wasserstoff für Sinterstähle verwendet. Das Gemisch ist unbrennbar und somit sicherheitstechnisch vorteilhaft und hat eine hinreichend reduzierende Wirkung. Al-Legierungen werden in reinem Stickstoff gesintert. Sog. Spaltgas (katalytisch gespaltenes Ammoniak) wurde früher besonders für Sinterstahl verwendet, ist aber durch $N_2$-$H_2$-Gemische weitgehend verdrängt worden.

Vakuum bietet den besten Schutz beim Sintern, sofern keine unerwünschten Ver-

**Tab. 2** Sintertemperaturen einiger pulvermetallurgischer Produkte

| Werkstoff | Temperatur (°C) |
|---|---|
| Al-Legierungen | 590–620 |
| Bronze | 740–780 |
| Eisen, C-Stähle und niedriglegierte Stähle mit Cu, Ni | 1120–1140 |
| Niedriglegierte Stähle mit Cu/Ni/Mo (Distaloy) | 1120–1200 |
| Höherlegierte Stähle mit Cr, Cr/Ni | 1200–1280 |
| Dauermagnete (AlNiCo) | 1200–1350 |
| Dauermagnete (Co-SE und Fe-B-Nd) | 1050–1200 |
| Hartmetalle | 1350–1450 |
| Molybdän und Mo-Legierungen | 1600–1700 |
| Wolfram* | 2000–2300 |
| Schwermetall (W-Legierungen) | ~1400 |

*) im direkten Stromdurchgang 2800–3000 °C

dampfungsvorgänge auftreten und die Leckrate des Ofens hinreichend gering ist. Im Vakuum gesintert werden nichtrostende Stähle, Schnellarbeitsstähle, manche Magnetwerkstoffe und Hartmetalle. In Tabelle 2 sind die Sintertemperaturen verschiedener pulvermetallurgischer Werkstoffe zusammengestellt.

## 4.5
### Optionale Herstellschritte und Nachbehandlungsoperationen

Obgleich die Pulvermetallurgie von ihrer Grundidee her, außer bei Halbzeugen, ein Verfahren zur unmittelbaren Herstellung von Fertigteilen (oder Beinahe-Fertigteilen) ist, haben sich im Laufe der Entwicklung zahlreiche Nachbearbeitungsmöglichkeiten etabliert [70] von denen die wichtigsten in dem Verfahrensschema in Abbildung 4 aufgeführt sind.

Niedriglegierte gesinterte Teile weisen eine gute Verformbarkeit auf. Ihre Dichte kann deshalb durch einen zweiten Pressvorgang (*Nachpressen*) gesteigert werden. Die dabei auftretende Kaltverformung und Mikrorisse werden durch *Nachsintern* beseitigt. Man erhält mit dieser sogenannten *Zweifachsintertechnik* Teile mit verbesserten mechanischen Eigenschaften.

Das *Kalibrieren* wird bei einem großen Teil aller Sinterformteile auf Eisenbasis angewandt, wobei die Teile nach dem Sintern kalt nachgepresst werden. Dies verbessert die Maßhaltigkeit, vermindert die Oberflächenrauhigkeit und auch etwas die Porosität an den Oberflächen. Durch die Kaltverfestigung tritt bei ausreichenden Kalibrierdrücken außerdem eine oberflächliche Verbesserung der mechanischen Eigenschaften ein. Kalibrieren ist jedoch nur in niedrigen Härtebereichen anwendbar. Eine besondere Form des Kaltnachpressens wurde bei Zahnrädern für die Zahnflanken entwickelt, wobei volle Dichte erreicht wird [83]. Spangebende Verfahren dienen dazu, presstechnisch nicht herstellbare Einzelheiten der Formteilgeometrie wie Gewinde, Querbohrungen usw. nachzuformen, sowie Maßhaltigkeit und Oberflächengüte zu verbessern. Die Porosität der Sinterwerkstoffe erfordert besondere Berücksichtigung bei der Wahl der Schneidengeometrie (man arbeitet immer im unterbrochenen Schnitt) und dem Einsatz von Schmiermitteln (Festsetzen des Schmiermittels in den Poren). Eine vollautomatische Nachbearbeitung ist bei vielen hochwertigen Sinterteilen ein integraler Bestandteil ihrer Herstellung.

Bei der *Metallinfiltration* werden hochporöse Sinterkörper mit einem niedriger schmelzenden Metall infiltriert. Anwendungsbeispiele sind Cu- infiltrierte Eisen- bzw.- Stahlteile und W/Cu-Tränklegierungen.

Insbesondere die Methoden der *spangebenden Nachbearbeitung* [71] und geeignete *Fügeverfahren* haben die Einführung kompliziert geformter Teile, die presstechnisch nicht beherrscht werden, trotz zusätzlicher Kosten in wirtschaftlicher Weise ermöglicht. Auch für nicht kalibrierbare, höherfeste Teile kann mechanische Nacharbeit wichtig sein. Viele Spangebungs- und Fügeverfahren können problemlos von erschmolzenen auf gesinterte Werkstoffe übertragen werden, wenn die speziellen Eigenschaften von Sinterwerkstoffen, insbesondere deren Porosität berücksichtigt werden. Beim Fügen [72] sind dies z. B. Pressverbindungen, die konventionelle Löt- und Schweißtechnik und das Kleben. Daneben gibt es aber auch PM-spezifische Verfahren. Hierzu zählen die *Verbundpresstechnik*, bei der Verbundteile aus unterschiedlichen Pulvern beim Pressen gefügt und beim Sintern diffusionsverbunden werden. Beim *Sinterfügen* werden Presskörper unterschiedlicher Geometrie bei der Sinterung diffusionsverbunden, teilweise unter Verwendung von flüssigphasenbildenden Cu-Zwischenlagen. Das *Sinterlöten* kommt bei Teilen mit offener Porosität zum Tragen, wo konventionelle Lote versagen. Hierbei werden Lote verwandt, die sofort nach dem Aufschmelzen durch Legierungsbildung erstarren. Bei den Schweißverfahren ist das *Kondensatorentladungsschweißen* das in der Pulvermetallurgie am weitesten verbreitete Verfahren. Wie bei konventionellen Stählen darf auch hier ein Kohlenstoffgehalt des Werkstücks von 0,2 bis 0,3 % nicht überschritten werden.

*Wärmebehandlungen* mit dem Ziel der *Umwandlungs- oder Ausscheidungshärtung* können wie bei kompakten Werkstoffen gleicher Zusammensetzung durchgeführt werden. Gleiches gilt für die Oberflächenhärtung durch Induktionserwärmung. Die Schnellabkühlzonen der Bandöfen ermöglichen bestimmte Wärmebehandlungen als integrierten Vorgang. Solche Ofenanlagen werden in der Sinterstahlproduktion weithin verwendet. Besondere Maßnahmen sind beim *Einsatzhärten* notwendig. Die Teile werden in einer speziellen Gasatmosphäre bei 850–950 °C aufgekohlt oder carbonitriert und in Öl abgeschreckt. Nur bei überwiegend geschlossenen Poren, was bei weniger als ca. 8 % Porenraum gegeben ist, bleibt die Einsatzhärtungstiefe ähnlich wie bei kompakten Werkstoffen scharf begrenzt. Bei höherer Porosität kommt es zu größerer Einhärtetiefe, ggf. Versprödung und Maßänderung. *Nitrieren* kann bei tieferen Temperaturen (480–580 °C) in Form von Gas-, Plasma- oder Salzbadnitrieren durchgeführt werden. Bei letzterem ist die Entfernung der in den Poren verbleibenden Salze durch eine Nachreinigung notwendig, um spätere Ausblühungen zu vermeiden.

Zur *Oberflächenbeschichtung* von Sinterteilen mit dem Ziel des Korrosionsschutzes und/oder der Verbesserung des Verschleißverhaltens sind die meisten *galvanischen Abscheidungsverfahren* geeignet, z. B. die Beschichtung mit Cu, Ni, Cr, Sn, Zn oder Cd. Die stromlose Abscheidung aus wässrigen Lösungen hat vor allem beim Vernickeln wirtschaftliche Bedeutung erlangt. Bei all diesen Verfahren ist eine relativ hohe Dichte der Teile und anschließende gute Spülung erforderlich, da das Eindringen der Badflüssigkeit in die Poren zu innerer Korrosion führen kann. Die Beschichtung mittels *CVD*-(chemical vapour deposition) *Verfahren* (s. auch Nanomaterialien und Nanotechnologie, Bd. 2, S. 798, 841 u. 884) wird vor allem bei Hartmetallen und Schnellarbeitsstählen zum Aufbringen verschleißbeständiger Nitrid- oder Carbonitridschichten eingesetzt. Ein wichtiges Verfahren ist die Behandlung von Eisenbasis-Sinterteilen mit überhitztem Wasserdampf bei Temperaturen zwischen 450 und 570 °C. Dabei bildet sich eine fest haftende $Fe_3O_4$-Schicht, die Korrosionsschutz und höhere Verschleißbeständigkeit ergibt (*Dampfblauen*).

In Sinterwerkstoffen mit offenen Poren können Schmierstoffe durch *Tränkverfahren* abgelagert werden (selbstschmierende, wartungsfreie Sintergleitlager, vgl. Abschnitt 5.9.3). Dies ist eines der ältesten Nachbehandlungsverfahren in der Pulvermetallurgie.

**4.6**
**Pulvermetallurgische Methoden für Rapid Prototyping**

Pulvermetallurgische Sonderverfahren bieten ein großes Potenzial für das Rapid Prototyping [73]. Die wichtigsten Methoden sind das selektive und das direkte Lasersintern. Beim *selektiven Lasersintern* werden Schichten aus polymerbeschichteten Eisenpulverteilchen durch einen Laserstrahl so erwärmt, dass die Teilchen im Bereich der herzustellenden Geometrie durch das aufschmelzende Polymer verbunden werden. Danach wird die nächste Pulverschicht aufgebracht. Nach Herstellen der Gesamtgeometrie wird das überschüssige Pulver entfernt und das Teil gesintert und Cu-infiltriert. In etwas abgewandelter Form werden die Pulverschichten (ohne Polymerbeschichtung) durch eine Binderlösung fixiert, die mit Hilfe eines Tintenstrahldruckers aufgebracht wird.

Beim *direkten Lasersintern* (DMLS, Direct Metal Laser Sintering) [74] werden Pulverteilchen im Fokus eines Hochenergielasers computergesteuert an die Abscheidestelle gebracht, wo sie versintern. Auf diese Weise wird schichtweise ein Bauteil aufgebaut. Dies Verfahren wurde zuerst bei schwundkompensierten Bronzepulvern eingesetzt. Inzwischen sind auch Eisenteile auf diese Weise herstellbar, wobei die aufgebrachten Schichtdicken von 50 auf 20 $\mu$m verringert werden konnten, was die Genauigkeit der Strukturwiedergabe erheblich verbesserte. Neben Prototypen werden so Werkzeugteile für den Kunststoffspritzguss und den Leichtmetalldruckguss hergestellt. Auch zur schnellen Fertigung von Kleinserien (Rapid Manufacturing) werden dem Verfahren gute Chancen prognostiziert.

## 4.7
**Prozesssimulation und -modellierung**

Die Modellierung und numerische Simulation pulvermetallurgischer Verfahrensschritte [75, 76] hat seit den 1980er Jahren große Fortschritte gemacht. Sie profitierte in ihrer Entwicklung vom Fortschritt und der breiten Verfügbarkeit der numerischen Verfahren allgemein, sowie von der Modellentwicklung in anderen Gebieten, wie z. B. dem Metallguss und dem Kunststoffspritzguss.

Die für die Praxis wichtigsten und in der Anwendung am weitesten fortgeschrittenen Simulationsverfahren betreffen das *Kaltpressen*. Hier gilt es, für komplexe Formteile die Werkzeuge so zu gestalten und die Stempelbewegungen so zu führen, dass sich nicht nur am Ende des Pressvorgangs eine möglichst homogene Dichteverteilung im Presskörper einstellt, sondern dass auch während der Verdichtungsphase an keiner Stelle Spannungszustände auftreten, die zu einer lokalen Rissbildung führen. Diese Gefahr ist immer bei einem hohen Verhältnis der deviatorischen zu den hydrostatischen Komponenten des Spannungszustandes gegeben. Die numerische Simulation mit Finiten-Element-Methoden kann hier zu hohen Einsparungen und zur Risikominimierung beim Werkzeugbau führen. Ein begrenzender Faktor ist noch die Verfügbarkeit der Materialparameter für die konstitutiven Gleichungen, d. h., die Spannungs/Verformungs-Beziehungen, die nur für wenige Pulversysteme in ausreichendem Umfang experimentell bestimmt wurden. Das Problem liegt darin, dass diese Beziehungen extrem von der Dichte abhängen und vom frei fließenden Pulver bis zum massiven hochgradig kaltverformten Festkörper alle Zwischenzustände einschließen. Zur Ermittlung der konstitutiven Gleichungen ist deshalb ein hoher experimenteller Aufwand erforderlich.

Auch beim *Metallpulverspritzguss* kann die numerische Simulation des Füll- und Erstarrungsvorgangs die Werkzeugauslegung bei komplexen Teilen wesentlich unterstützen. Hierzu wurden Simulationsverfahren aus der Thermoplastverarbeitung und dem Metallguss an die MIM-Situation angepasst.

Für die Verdichtung beim *Sintern* und *Heißpressen* stehen ebenfalls eine Reihe von numerischen Simulationsverfahren zur Verfügung. Die benötigten konstitutiven Gleichungen werden hier teilweise aus bekannten Modellvorstellungen zu den wirkenden Sintermechanismen abgeleitet. Man erhält deshalb nicht nur Informationen zur Verdichtung, sondern auch zum anteiligen Beitrag der einzelnen Sintermechanismen. Auch das beim Sintern auftretende Kornwachstum wird teilweise berücksichtigt, sodass selbst die zeitliche Gefügeentwicklung in Abhängigkeit vom Temperatur- und Druckverlauf berechnet werden kann. Diese Modelle enthalten allerdings eine große Anzahl von Materialparametern und in Frage kommenden Sintermechanismen, die für das jeweilige System zunächst angepasst und verifiziert werden müssen. Es ist aber vorauszusehen, dass die Prozessmodellierung zukünftig eine wesentlich systematischere Vorgehensweise bei der empirischen Prozessentwicklung ermöglichen wird.

## 5
### Sinterwerkstoffe und ihre Verwendung

### 5.1
### Eisenwerkstoffe

Sinterwerkstoffe auf Eisenbasis werden für Formteile, Filter, Gleitlager und als Halbzeug verwendet. Die wichtigsten Produkte sind Formteile. Bei diesen sprechen meist wirtschaftliche oder fertigungstechnische Gründe für die pulvermetallurgische Herstellung. Hauptabnehmer für Formteile sind die Automobilindustrie und weiter die Haushalts- und Elektrogeräteindustrie sowie der Maschinenbau. Die Fertigung von Sinterstahlteilen ist in den letzten Jahrzehnten in zunehmendem Maße unter Einsatz von Robotern automatisiert worden, und zwar von der Pulverzuführung in das Presswerkzeug bis zum Ausbringen aus dem Sinterofen, wobei auch eine 100%-Kontrolle verschiedener Eigenschaften der Teile stattfindet. Die Masse der Teile liegt im 10 g- bis mehrere 100 g-Bereich, bestimmte Teile für den Fahrzeugantrieb erreichen Massen zwischen 2 und 3 kg. Für schwerste Geländefahrzeuge (Caterpillar) wird sogar von einem 5,5 kg-Teil berichtet, das in kleiner Serie wirtschaftlich hergestellt worden ist [77]. Sehr kleine Teile, etwa im Grammbereich, sind seit den 1980er Jahren durch die MIM-Technologie (s. Abschnitt 4.2) erschlossen worden. Die Gebrauchseigenschaften der Sinterwerkstoffe hängen von der Zusammensetzung, dem Herstellverfahren, der Nachbehandlung und sehr stark von der Porosität ab (vgl. Abb. 17). Letzteres gilt besonders für die Zähigkeit und die dynamischen Festigkeitswerte. Zusammenfassende Abhandlungen des Sinterstahlgebietes finden sich in [78, 79].

Abbildung 18 zeigt die Einteilung der Werkstoffe in Klassen unterschiedlicher Raumerfüllung [80]. Nach dieser Klassifizierung steigt die Raumerfüllung von 73%

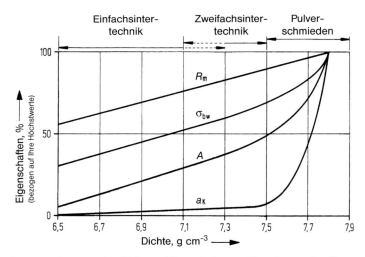

**Abb. 17:** Zusammenhang zwischen Dichte und Eigenschaften von Eisen-Sinterwerkstoffen
$R_m$ = Zugfestigkeit, $\sigma_{bw}$ = Biegewechselfestigkeit, A = Bruchdehnung, $a_K$ = Kerbschlagzähigkeit

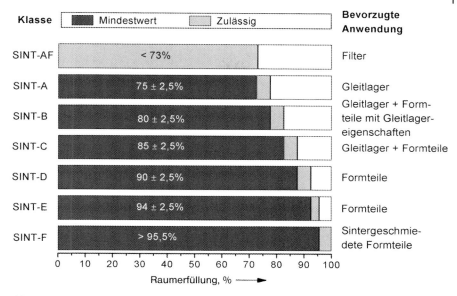

**Abb. 18:** Einteilung von Sinterwerkstoffen nach Raumerfüllung und Einsatzgebieten (Werkstoffleistungsblätter, DIN 30910, Teil 1) [10]

für die Klasse SINT-AF auf > 95,5 % für SINT-F an. Diese enthält überwiegend sintergeschmiedete Teile. Seit Einführung der Warmpresstechnik (130–150 °C) sind hohe Dichtebereiche (bis ca. 7,5 g m$^{-3}$, entspricht 4 % Poren) aber auch durch Pressen und Sintern erreichbar, insbesondere bei Verwendung hochkompressibler Pulver, effektiverer Presshilfsmittel, höherer Pressdrucke und ggf. erhöhter Sintertemperaturen (Hubbalkenofen) [81]. Hierdurch werden höhere Festigkeitsbereiche bei gleicher Legierungszusammensetzung erreicht, wodurch neue Anwendungsfälle erschlossen werden, und ein Wettbewerb mit konventionellen Schmiedeteilen möglich wird. Auch eine mechanische Bearbeitung der Grünlinge als in die Formgebung integrierter Bestandteil wird hierdurch ermöglicht [82]. Bei gesinterten Zahnrädern wird neuerdings eine fast volle Verdichtung der Zahnflanken durch spezielle Nachpress-Werkzeuge erreicht [83].

Man unterscheidet zwischen Sintereisen, das aus reinem Eisenpulver hergestellt wird und weder Kohlenstoff noch andere Legierungselemente enthält, und Sinterstahl, der mindestens Kohlenstoff und oft auch Legierungselemente, z. B. Cu enthält. Diese werden entweder als Pulver des betreffenden Elements oder in vorlegierter Form dem Eisenpulver vor dem Verpressen zugemischt (Gemischtlegieren) oder durch Verwendung anlegierter oder fertiglegierter Pulver eingebracht (s. Abb. 5). Anlegierte Pulver, bei denen die Legierungspulverteilchen durch eine Wärmebehandlung an die Eisenteilchen fixiert sind (Distaloy = Diffusion-Stabilized Alloy) [84], erlauben eine Handhabung ohne Entmischungsgefahr der Legierungsanteile.

## 5.1.1
### Niedriglegierte Stähle

Für niedriglegierte Stähle werden Mischungen oder bevorzugt anlegierte Pulver verwendet (s. Stahlveredler, Bd. 6 a). Fertiglegierte Pulver finden dort Anwendung, wo die optimale Verdichtbarkeit zugunsten einer homogeneren Verteilung der Legierungselemente zurückgestellt wird, z. B. bei Sinterschmiedewerkstoffen, rostfreien Stählen und Schnellarbeitsstählen. Nicht alle der in der Schmelzmetallurgie eingesetzten Legierungselemente werden auch in der Eisenpulvermetallurgie verwendet. Dies hat seinen Grund in der durch die große Oberfläche bedingten Reaktivität der Pulver, wodurch bei sauerstoffaffinen Legierungselementen eine Oxidation durch den Restsauerstoff der Sinteratmosphäre begünstigt wird. Elemente mit hoher Sauerstoffaffinität, wie Al, Si, Cr, Mn u. a., machen sehr reine Sinteratmosphären erforderlich. Von ihnen werden Cr-haltige Legierungen in gewissem Umfang verarbeitet. Andererseits werden Elemente verwendet, die bei konventionellen Stählen z. B. hinsichtlich der Warmformgebung als schädlich bekannt sind, wie z. B. Phosphor. Einige für niedriglegierte Sinterstähle wichtige Legierungssysteme zeigt Tabelle 3.

*Fe/Cu*: Kupfer ist das am häufigsten benutzte Legierungselement. Es führt bei den üblichen Sintertemperaturen zum Auftreten einer flüssigen Phase und bewirkt einen Schwellungseffekt, der oft gezielt zur Schwundkompensation genutzt wird. Cu wirkt als Mischkristallhärter. Bei höheren Cu-Gehalten ist das Gefüge mehrphasig.

*Fe/Ni*: Nickel wirkt weniger stark verfestigend als Kupfer, verbessert aber die Zähigkeit. Ni bewirkt erhöhte Schwindung.

**Tab. 3** Zugfestigkeit $R_m$ und Bruchdehnung A einiger niedriglegierter Sinterstähle

| Zusammensetzung [%] | Wärmebehandlung | Sinterdichte [g/cm$^3$] | Zugfestigkeit [MPa] | Bruchdehnung [%] |
|---|---|---|---|---|
| Fe | gesintert | 7,0 | 180 | 15 |
|  |  | >7,7 | 210 | 20 |
| Fe-1,5 Cu | gesintert | 7,0 | 270 | 10 |
| Fe-1,75 Ni-1,5 Cu-0,5 Mo-0,5 C | gesintert | 7,4 | 650 | 3 |
| Fe-1,75 Ni-1,5 Cu-0,5 Mo-0,5 C[1] | gesintert und wärmebehandelt | 7,4 | 1100 | 1 |
| Fe-0,45 P | gesintert | 7,0 | 370 | 12 |
| Fe-1,5 Mo-0,8 C | gesintert, vergütet | 7,1 | 1050 | 0,6 |
| Fe-1,5 Mo-0,8 C | doppelt gepresst und gesintert, vergütet | 7,5 | 1400 | <0,5 |
| Fe-3,5 Mo | gesintert | 7,55 | 310 | >25 |
| Fe-2 Ni-1,0 Mo-0,6 C | doppelt gepresst und gesintert, vergütet | 7,4 | 1800 | – |

[1] anlegiertes Pulver (Distaloy)

*Fe/Cu/Ni*: Es addieren sich die festigkeitssteigernden Wirkungen von Cu und Ni. Die durch Ni erhöhte Schwindung kann durch Cu ausgeglichen werden. Eine Ausscheidungshärtung ist möglich.

*Fe/P*: Phosphor, der sehr stark mischkristallverfestigend wirkt, wird in der Regel als $Fe_3P$-Vorlegierung den Eisenpulvern zugemischt und bildet ein niedrigschmelzendes Eutektikum. Die Stabilisierung der $\alpha$-Phase beim Sintern ergibt hohe Diffusionsgeschwindigkeiten, was zu einer guten Porenabrundung und (als Nachteil) zu hoher Schwindung führt. Fe/P-Legierungen weisen hohe Zähigkeitswerte bei guter Festigkeit auf.

*Fe/Mo* und *Fe/Mo/C*: In praktisch C-freien Stählen wird die $\alpha$-Phase stabilisiert und Mo wirkt mäßig festigkeitssteigernd bei sehr hoher Zähigkeit. C-Gehalte > 0,03–0,05 % ermöglichen Härtbarkeit mit hoher Festigkeitssteigerung, aber starkem Zähigkeitsverlust.

*Fe/Cu/Ni/Mo/C*: Dieses Legierungssystem hat seit der Markteinführung der anlegierten Pulver große Bedeutung erlangt. Mo wirkt dabei der durch örtliche Ni-Anreicherungen bewirkten Restaustenitbildung entgegen, die in Fe/Cu/Ni/C-Legierungen zur sog. Weichfleckigkeit führt.

*Fe/Mn/Cr/Mo/C*: In diesem System sind die sauerstoffaffinen Elemente Mn und Cr, enthalten, wobei Cr auch durch V ersetzt sein kann. Sie können unter technischen Bedingungen über pulverförmige Komplexcarbid-Vorlegierungen eingebracht werden. Dieses Legierungssystem führt zu hochfesten Sinterstählen und hat ebenfalls Anwendung gefunden [85].

## 5.1.2
### Hochlegierte Stähle

Korrosionsbeständige Stähle [86] werden für Formteile und Filter eingesetzt, an deren Korrosionsbeständigkeit, Warmfestigkeit, magnetische Eigenschaften oder thermische Ausdehnung besondere Anforderungen gestellt werden. Die Hauptlegierungselemente sind Cr und Ni, in geringeren Gehalten sind z. T. auch Mo und Si vorhanden. Die Zusammensetzungen entsprechen denen erschmolzener korrosionsbeständiger Stähle, wobei austenitische, martensitische und ferritische Typen verarbeitet werden. Am gebräuchlichsten ist der austenitische Stahl 316L (AISI), W.-Nr. 1.4404, mit 18 % Cr, 12 % Ni und 2 % Mo. Die fertig legierten Pulver werden durch Wasser- oder Gasverdüsung hergestellt. Bei Formteilen erfolgt die Verarbeitung durch Pressen, Vorsintern und Fertigsintern, wegen der hohen Sauerstoffaffinität des Chroms, im Vakuum oder in sehr reinem Wasserstoff.

Die Verdichtbarkeit ist wie bei allen fertig legierten Pulvern gering, sodass hohe Pressdrücke und Sintertemperaturen um 1280 °C notwendig sind. Ebenso wie die mechanischen Eigenschaften wird auch die Korrosionsbeständigkeit von der Porosität ungünstig beeinflusst. Deshalb werden Formteile aus rostfreiem Stahl überwiegend hochdicht hergestellt oder zusätzlich mit Kunstharz oder Wachsen imprägniert. Da im Automobilbau korrosiv beanspruchte Teile, z. B. Auspuffteile, in zunehmendem Umfang aus nichtrostendem Stahl hergestellt werden, rechnet die Pulvermetallurgie hier mit einem zusätzlichen Marktsegment.

Zu den hochlegierten Eisenwerkstoffen zählen auch die *Schnellarbeitsstähle*, die überwiegend für hochbeanspruchte Werkzeuge verwendet werden. Sie enthalten 10–20% Cr, W, Mo und V, abhängig vom Kohlenstoffgehalt größtenteils als Carbide, sowie einen ähnlichen Anteil an Cobalt. Die schmelzmetallurgische Herstellung dieser Stähle führt nach Weiterverarbeitung zu Carbidseigerungen und Carbidzeilen [87], die für die Gleichmäßigkeit der Eigenschaften nachteilig sind. Deshalb hat sich für die Herstellung von Produkten aus Schnellarbeitsstählen in großem Umfang die Pulvermetallurgie durchgesetzt [88]. Sowohl Halbzeuge als auch Fertigteile werden aus sehr reinen, gasverdüsten Pulvern durch einachsiges oder isostatisches Kaltpressen mit anschließendem Sintern im Vakuum hergestellt. Dabei ist eine genaue Temperaturführung erforderlich, damit der optimale Anteil an flüssiger Phase gewährleistet wird. Große Halbzeugblöcke werden auch durch Kapsel-HIP-Verdichtung gasverdüster Pulver hergestellt und anschließend mit konventionellen Walz- und Schmiedeverfahren zu Stabstahl weiterverarbeitet.

Die gleichmäßige und isotrope Carbidverteilung führt zu höheren Festigkeitswerten und oft zu höherer Lebensdauer der Werkzeuge, zu einer besseren Schleifbarkeit und geringerem Härteverzug. Bei Formteilen ergibt sich eine wesentlich bessere Materialausnutzung. Neben den in der Schmelzmetallurgie üblichen Zusammensetzungen können pulvermetallurgisch außerdem Stähle mit erhöhten Carbidanteilen verarbeitet werden.

## 5.2
### Kupfer und Kupferlegierungen

Reines *Sinterkupfer* wird vorwiegend in der Elektroindustrie für Formteile mit hoher elektrischer Leitfähigkeit eingesetzt. Wegen Schwelleffekten beim Sintern liegt die durch Einfachsintertechnik erreichbare Raumerfüllung trotz guter Pressbarkeit der Ausgangspulver nur bei 90% TD, was die elektrische Leitfähigkeit beeinträchtigt. Teile höherer Leitfähigkeit werden mittels Zweifachsintertechnik gefertigt, wobei allerdings auch hier nicht die Werte von schmelzmetallurgisch hergestelltem Reinstkupfer erreicht werden. Dispersionsverfestigtes Kupfer (s. Abschnitt 5.9.2) wird z. B. für Schweißelektroden und Zuführungsdrähte in Glühlampen verwendet.

Gesinterte *Bronzewerkstoffe* werden für Filter, Gleitlager (s. Abschnitt 5.8.1), Diamantwerkzeuge (s. Abschnitt 5.9.1) und Formteile verwendet. Die Gleitlager sind dabei das Hauptanwendungsgebiet. Ein neueres Einsatzgebiet sind Umhüllungen für supraleitende Filamente. Die wichtigsten Bronzen sind die Zinnbronzen mit Sn-Gehalten von 5–20%, der Standardwerkstoff enthält 10% Sn. Zur Herstellung werden Cu/Sn-Pulvermischungen oder fertiglegierte Pulver eingesetzt. Bei den Pulvermischungen tritt durch die Legierungsbildung eine Schwellung der Presskörper auf. Bei gleichem Pressdruck führen fertiglegierte Pulver deshalb zu einer höheren Festigkeit der Sinterkörper. Bleihaltige Bronzen können pulvermetallurgisch mit höheren Bleigehalten hergestellt werden als schmelzmetallurgisch. Sie finden Anwendung als Gleitbeläge in stahlgestützten Lagerelementen. Eine neuere Entwicklung sind gesinterte Al-Bronzen mit 4–11 % Al, die ausgezeichnet korrosionsbeständig sind.

*Sintermessing* mit Zn-Gehalten von 10–40 % wird hauptsächlich zu Formteilen verarbeitet. In der Regel geht man von fertiglegierten luftverdüsten Pulvern aus. Wegen des hohen Zn-Dampfdruckes muss in der Sinteratmosphäre ein gewisser Zn-Partialdruck aufrecht erhalten werden. Wegen der guten Duktilität kann Sintermessing durch Nachpressen oder Zweifachsintern zu hohen Dichten gebracht werden.

*Gesintertes Neusilber* mit ca. 18 % Zn, 18 % Ni, Rest Cu wird für Formteile mit dekorativer Wirkung verwendet.

Weitere Anwendungsgebiete für gesinterte Kupferlegierungen sind Schleifkontakte (Cu/C) und Reibbeläge (s. Abschnitt 5.9.4), z. B. Bremsscheiben (Cu/Pb/Sn/C). Eine Zusammenstellung findet sich in [89].

## 5.3
## Nickel- und Cobaltlegierungen (Superlegierungen)

Unter den Legierungen auf Nickel- oder (in geringerem Umfang) Cobaltbasis finden sich zahlreiche hochwarmfeste Werkstoffe, besonders für Anwendungen in Triebwerksgasturbinen [90, 91], die meist unter dem Begriff Superlegierungen zusammengefasst werden. In ihnen sind mehrere Härtungsprinzipien vereinigt, so in den Nickel-Basislegierungen (mit z. B. Cr, Co, Mo, Nb, Al, Ti) die Mischkristallverfestigung und sog. $\gamma'$-Ausscheidungen ($Ni_3Al$ und Mischphasen), in den Cobaltlegierungen die Mischkristallverfestigung und Carbidausscheidungen. Die Schmelz- und Gießtechniken (Vakuumgießen und gerichtete Erstarrung) dominieren bei der Herstellung von Gasturbinenschaufeln, -scheiben und anderen hochwarmfesten Teilen. Zur Scheibenherstellung werden in nennenswertem Umfang aber auch gas- oder vakuumverdüste Pulver eingesetzt, die dann durch Strangpressen und isothermes Schmieden weiterverarbeitet werden. Der Vorteil dieses Verfahrens liegt in der Vermeidung von Seigerungen. Daneben hat die Pulvermetallurgie, besonders bei den Nickel-Basislegierungen, neue Möglichkeiten eröffnet. So ist es nur pulvermetallurgisch möglich, bei hohem Anteil an $\gamma'$-Phase als weiteres Verfestigungsprinzip noch feinstverteilte hochschmelzende Oxide in die Legierung einzuführen (ODS, Oxide Dispersion Strengthened Legierungen, Dispergent z. B. $Y_2O_3$). Dies gewährleistet eine hohe Warmfestigkeit und besondere Kriechbeständigkeit über einen großen Temperaturbereich, wobei die $\gamma'$-Ausscheidungen bei niederen und mittleren (< 600–700 °C), die Oxidteilchen bis zu höheren Temperaturen (> 1000 °C) wirksam sind.

Eine entscheidende Voraussetzung war die Entwicklung reiner sauerstoffarmer Pulver. Die Verarbeitung zu hochdichten, segregationsfreien Formkörpern für

Turbinenscheiben erfolgt durch isostatisches Heißpressen, ggf. mit weiterer Umformung und Rekristallisation. Zur Erzielung der optimalen Zeitstand- und Kriechfestigkeit ist ein relativ grobes Matrixkorn bzw. Stängelkorn in Richtung der Zugbeanspruchung des Bauteils erforderlich. Die zusätzlich mit Oxid dispersionsverfestigten Legierungen (vgl. Abschnitt 5.9.2) zeigen die beste Zeitstand- bzw. Kriechfestigkeit aller bisher bekannten Nickelbasis-Superlegierungen.

## 5.4
## Leichtmetalle

### 5.4.1
### Aluminium und Aluminiumlegierungen

Formteile aus *Sinteraluminium* [92] werden hauptsächlich aus luftverdüsten Pulvern hergestellt. Ein Problem bei der Herstellung ist die stark sinterhemmende, in der Sinteratmosphäre nicht reduzierbare $Al_2O_3$-Schicht auf den Teilchenoberflächen. Es werden deshalb legierte Pulver bzw. Mischungen verwendet, die beim Sintern 10–20% Flüssigphase bilden, welche die Oxidhaut löst. Die Legierungen ähneln in ihrer Zusammensetzung denen der Schmelzmetallurgie, nämlich Al/Cu/Mg, Al/Cu/Si/Mg, Al/Zn/Cu/Mg, und sind in fertiggesintertem Zustand z.T. aushärtbar. Die Mischungen sind sehr gut verpressbar (s. Abb. 8) und erreichen bereits bei 200–400 MPa Dichten von 90–95% TD. Sie werden unter sehr reinem Stickstoff (Taupunkt < –40 °C) gesintert. Die auftretenden Maßänderungen sind stark von der Gründichte und der Sintertemperatur abhängig und oft schwer kontrollierbar, sodass ein Kalibrieren der Teile meist unvermeidbar ist. Hauptanwendungsgebiet der Aluminiumlegierungen ist der Büromaschinenbereich. Ein wichtiges Anwendungsbeispiel aus dem Automobilsektor sind Nockenwellenlagerdeckel, die sich in den letzten Jahren vor allem auf dem nordamerikanischen Markt etabliert haben. Durch Verwendung der porösen Sinteraluminiumteile und daraus resultierenden Schmiereigenschaften konnten hier die üblichen Nadellager eingespart werden [93].

In nennenswertem Umfang kommerziell genutzt werden auch *sprühkompaktierte Al-Halbzeugprodukte* (s. Abschnitt 4.3). Andere Entwicklungen, wie pulvermetallurgisch hergestellte *Aluminiumschäume* (s. Abschnitt 5.8.3) und *Al-Matrix-Verbundwerkstoffe* (s. Abschnitt 5.9) haben bisher nur wenig praktische Anwendung gefunden oder befinden sich noch in der Produkterprobungsphase.

### 5.4.2
### Titan und Titanlegierungen

Komplizierte Titanteile, deren Formgebung umfangreiche Zerspannungsarbeiten erfordert, wie z. B. für Anwendungen in der Luftfahrt, werden nach pulvermetallurgischen Verfahren hergestellt. Hierbei dominiert das isostatische Heißpressen von vakuumzerstäubten, entgasten Pulvern mit hohem Anteil an sphärischen Partikeln [94]. Es können Teile mit 100% Dichte, nahe der Endgeometrie (near net shape), unmittelbar erhalten werden. Vielfach wird TiAl6V4 als fertiglegiertes Pulver verarbeitet. Die erzielten Festigkeitswerte liegen ähnlich wie bei geschmiedeten Legierungen (Zugfestigkeit $R_m$ um 1000 N mm$^{-2}$, Streckgrenze $R_{p0,2}$ um 900 N mm$^{-2}$). In Japan wurden vor kurzem erstmalig Fahrzeugventile serienmäßig aus gesinterten Titan-Vorformen durch Sinterschmieden und Warmfließpressen hergestellt [95]. Als Ausgangsmaterial wurde Titanhydridpulver verwendet, für das thermisch hochbelastete Auslassventil mit Titanboridzusätzen, was zu einer höheren Warmfestigkeit führt als konventionelle Titanlegierungen zeigen. Auch aus Titanaluminiden, z. B. $\gamma$-TiAl, wurden Fahrzeugventile hergestellt, die aber wohl die Serienreife noch nicht erreicht haben. Mit Ventilen, die deutlich leichter sind als Stahl (Ti $\rho \approx 4{,}5$ g cm$^{-3}$; TiAl $\rho \approx 4{,}0$ g cm$^{-3}$) werden im Fahrzeugbetrieb verschiedene Vorteile erreicht. Der insgesamt zunehmende Einsatz von Titan im Automobilbau bezieht sich aber keineswegs nur auf pulvermetallurgische Produkte [96]. Die vor allem im Flugzeugbau erforderliche hohe Dauerschwingfestigkeit ist nur mit fremdmetall- und oxidfreien Ausgangspulvern zu gewährleisten.

Andere Anwendungsgebiete für Titanlegierungen sind korrosionsfeste Teile und medizinische Implantate [97]. Titan hat eine ausgezeichnete Verträglichkeit mit menschlichem Gewebe und ist für Hüft- und Kniegelenke, auch Herzklappen und Zahnimplantate weitgehend akzeptiert. Da poröse Oberflächen sich beim Einwachsen im Knochen günstig verhalten, sind pulvermetallurgisch hergestellte Teile oder aufgesinterte Schichten angezeigt. Für kleinere, komplizierte Teile wird die MIM-Technologie verwendet.

## 5.5
### Hochschmelzende Metalle und Legierungen

Als hochschmelzend gelten üblicherweise Metalle mit einem Schmelzpunkt über 2000 °C. Lässt man dabei die Edelmetalle außer Betracht, so sind dies Hf, Nb, Ta, Mo und W, die alle teilweise oder ausschließlich pulvermetallurgisch verarbeitet werden (siehe auch 12 Refraktärmetalle). Von ihnen besitzen W und Mo bei weitem die größte Bedeutung, gefolgt von Ta und Nb. Auch Cr kann trotz seines niedrigeren Schmelzpunktes von 1857 °C zu den hochschmelzenden Metallen gerechnet werden; es wird ebenfalls in geringerem Umfang auf pulvermetallurgischem Wege verarbeitet. Über hochschmelzende Metalle wird häufig auf den Plansee-Seminaren berichtet [98].

### 5.5.1
### Molybdän und Wolfram

Wolfram wird wegen seines hohen Schmelzpunktes von 3420 °C praktisch ausschließlich pulvermetallurgisch verarbeitet (siehe Refraktärmetalle, Abschnitt 3.4), während bei Molybdän die Formgebung in großem Umfang auch durch Schmelzen und Gießen erfolgt (siehe Refraktärmetalle, Abschnitt 4.3). Zur Herstellung von Stäben und Drähten wird das Metallpulver in Matrizen zu prismatischen Stäben verpresst, bei großem Länge/Querschnitt-Verhältnis wird das isostatische Pressen angewendet. Die vorgesinterten Presslinge werden in Öfen mit senkrecht stehenden Wolframheizleitern 5–15 h bei den in Tabelle 2 angegebenen Temperaturen in reinem Wasserstoff gesintert. Früher wurde ausschließlich das Sintern im direkten Stromdurchgang angewendet, das jedoch auf Stäbe bis zu ca. 10 kg beschränkt ist und Ungleichmäßigkeiten des Sintergutes, vor allem an den Stabenden mit sich bringt, weshalb es nur noch wenig und nur noch für Wolfram angewendet wird.

Die Weiterverarbeitung der noch einige Prozent Volumenanteil Restporosität enthaltenden Sinterstäbe erfolgt in vielen Stufen in Rundhämmermaschinen und anschließend auf Drahtziehbänken zunächst mit Hartmetall-, bei Feinstdrähten mit Diamantziehsteinen. Dabei erfordert die Verarbeitung von Wolfram wesentlich höhere Temperaturen als die von Molybdän. Bei großen Querschnitten ($\geq$ 20 mm Ø) sind für Wolfram 1500–1700 °C erforderlich, bei geringer werdendem Querschnitt erniedrigen sich die Verarbeitungstemperaturen und erreichen bei Feinstdrähten 500 °C bis Raumtemperatur. Für die Drahtherstellung [99] wird Wolfram, bereits als $WO_3$-Vorprodukt, mit Kalium-, Silicium- oder Aluminiumverbindungen dotiert, die trotz ihrer Verflüchtigung beim Sintern zu einem günstigeren, besonderen Gefüge führen. Hierbei liegen die Korngrenzen mehr parallel als senkrecht zur Drahtachse, das Kornwachstum wird stark behindert und die Korngrenzen sind mit extrem feinen Blasen und Partikeln der verbliebenen Dotierungsoxide belegt. Dies benötigt eine erhöhte Rekristallisationstemperatur, wirkt dem Korngrenzengleiten unter der Eigenlast der Drahtwendeln entgegen (non-sag-wire [99]) und ermöglicht eine hohe Lebensdauer der Glühdrähte. Dotierungen mit 1–2 % $ThO_2$ erfolgen vor allem für Anwendungen von Wolfram in Elektronenröhren und Schweißelektroden.

Die Herstellung von Wolframdraht war der erste Prozess, bei dem die Pulvermetallurgie in technologischem Umfang eingesetzt worden ist. Das Verfahren wurde 1922 patentiert. Zusammen mit der Herstellung von Hartmetall- und Diamantziehsteinen ermöglichte die Wolframdrahtherstellung den damaligen starken Aufschwung der Glühlampenindustrie.

Wolfram und Molybdän sowie bestimmte Legierungen sind nach wie vor besonders wichtige Werkstoffe für die Beleuchtungs- und Röntgentechnik, elektronische Bauteile und die Hochtemperaturtechnik, einschließlich Bauteile für Raketenmotoren und Düsen, bei denen ebenfalls extreme thermische Belastungen auftreten. Als Legierungselement ist besonders Rhenium interessant, da es die Duktilität von Wolfram und Molybdän verbessert. Auch dispersionsverfestigte Molybdänlegierungen (mit TiC, ZrC oder $La_2O_3$) sind wichtig geworden. Für Anwendungen in der Raumfahrt, im Ofenbau u. a. werden großformatige Wolfram- und Molybdänbleche benötigt, für die eine hochentwickelte Warmformgebung existiert.

Eine mit flüssiger Phase gesinterte Wolframlegierung ist das sog. Schwermetall mit $\geq$ 90 % Wolfram und einer Cu-, Ni/Cu- oder Ni/Fe/Cu-Bindephase, das bereits bei 1200–1400 °C dicht gesintert wird. Schwermetall ist spangebend bearbeitbar und wird wegen seiner hohen Dichte von 17,5–18,0 g cm$^{-3}$ für Schwungmassen und Ausgleichsgewichte, für den Schutz gegen $\gamma$-Strahlen sowie für Geschosse mit hoher Durchschlagskraft verwendet.

## 5.5.2
## Niob und Tantal

In diesem Abschnitt sei nur das sog. Direktsintern, besonders für Tantal, beschrieben. Die Metallpulver werden isostatisch oder in Matrizen zu Rechteck- oder Flachstäben verpresst, vorgesintert und anschließend in direktem Stromdurchgang unter Vakuum zu hoher Dichte gesintert. Die Spannungen betragen nur wenige Volt, die Stromstärken steigen mit zunehmendem Sintergrad bis zu mehreren Zehntausend Ampere. Da das Sintern mit einem Reinigungsprozess durch Ausdampfen verbunden ist, wird nach einem Zeit/Temperatur-Programm aufgeheizt, bei dem erst nach hinreichender Abdampfung der Verunreinigungen dichtgesintert wird. Bei Tantal erfolgt die Entfernung des Wasserstoffs bei 800–1000 °C, der Reste von Fluor bei 800–1200 °C, Kohlenstoff entweicht als CO ab 1400 °C. Zuletzt werden Stickstoff elementar und Sauerstoffreste als Suboxide zwischen 1900 und 2200 °C abgespalten. Die Dichtsinterung von Ta wird zwischen 2500 und 2700 °C erreicht, die von Nb bereits bei ca. 1600 °C. In beiden Fällen verbleiben einige Prozent Restporosität. Neben dem Sintern werden die Metalle in bedeutendem Umfang auch durch Elektronenstrahl- oder Vakuumlichtbogenschmelzen verarbeitet. Von beiden Metallen werden überwiegend Bleche und Drähte hergestellt. Die Weiterverarbeitung durch Walzen, Ziehen und andere Formgebungsverfahren macht bei ausreichender Reinheit keine Schwierigkeit und erfolgt überwiegend bei Raumtemperatur. Tantal hat eine weit größere Bedeutung als Niob, es wird in großem Umfange für Festelektrolytkondensatoren angewandt [100]; sein durch anodische Oxidation aufgebrachtes Oxid $Ta_2O_5$ bildet dabei ein ausgezeichnetes Dielektrikum (siehe 12 Refraktärmetalle, Abschnitt 2.5.2).

Erwähnenswert ist die pulvermetallurgische Herstellung von $Nb_3Sn$-Drähten in einer Cu-Matrix für supraleitende Multifilamentkabel [101, 102]. Da diese Verbindung spröde ist, darf die Reaktion des Nb mit Sn zu $Nb_3Sn$ erst nach der Drahtherstellung erfolgen. Man geht von Cu/Nb-Pulvermischungen aus, verarbeitet diese durch Pressen, Strangpressen und Ziehen zu feinen Cu/Nb-Verbunddrähten, deren Nb-Anteil nach Beschichtung mit Sn durch Wärmebehandlung in $Nb_3Sn$ umgewandelt wird.

## 5.6
## Hartmetalle

Hartmetalle sind Werkstoffe aus Hartstoffen und Bindemetallen [6, 31]. Sie sind für die spanende und spanlose Formgebung sowie allgemein als verschleißbeständige Werkstoffe von eminenter Bedeutung und repräsentieren wertmäßig die wichtigste Gruppe der pulvermetallurgischen Produkte [103]. Als Hartstoffe finden fast ausschließlich die Carbide von Metallen der Gruppen 4 bis 6 des Periodensystems, vorzugsweise WC und TiC Verwendung [104], wobei etwa die Hälfte aller Hartmetalle praktisch nur WC als Hartstoff enthält. Als Bindemetall wird vorwiegend Cobalt mit Gehalten von 3–30 % verwendet, für spezielle Qualitäten auch andere Bindephasen.

Das Bindemetall ermöglicht durch Bildung einer Schmelze eine sehr weitgehende Verdichtung beim Sintern und zum anderen den Aufbau eines mehrphasigen Gefüges mit günstiger Biegefestigkeit und Bruchzähigkeit. Die Wirkung des Bindemetalls ist optimal, wenn vollständige Benetzung der Hartstoffphase und temperaturabhängige Löslichkeit des Hartstoffs im Binder mit teilweiser Umlösung und Neuanordnung des Hartstoffs gegeben sind, wie z. B. im System WC/Co. Hierdurch wird eine Gefügestruktur erzielt, die der Rissausbreitung einen großen, vom Bindemetallanteil und vom Gefüge abhängigen Widerstand entgegensetzt.

Die Herstellung der Hartmetalle erfolgt bevorzugt durch Kaltpressen und Sintern. Bohrer und andere lange Teile werden auch durch Strangpressen hergestellt. Mischung und Mahlung der Hartmetallansätze erfolgen in Rührwerkskugelmühlen. Zur Trocknung des Mahlguts mit gleichzeitiger Granulierung werden mit Inertgas betriebene Sprühtrockner verwendet, aus denen die Mahlflüssigkeit (z. B. Alkohol, Aceton) wiedergewonnen wird. Kleine und geometrisch einfache Teile, z. B. Schneidplättchen werden durch direkte Formgebung (Kaltpressen), komplizierte Teile durch indirekte Formgebung, d. h. mit anschließend spanender Bearbeitung der Grünkörper hergestellt. Das Sintern (mit vorherigem Ausdampfen des Presshilfsmittels) findet meist in Vakuumöfen statt. Wenn besonders hohe Standzeiten gefordert sind, z. B. bei Arbeitswalzen für Präzisionswalzwerke oder spanende Werkzeuge und Werkzeugteile für den Bergbau, muss die Porosität der Hartmetallteile (normalerweise 0,05–0,2 % Volumenanteil) durch Anwendung von Post-HIP- oder Sinter-HIP-Verfahren auf 0,01–0,02 % Volumenanteil vermindert werden [105]. Auch für normale Schneidplättchen wird dies inzwischen in der Massenfertigung angewendet. Über Fortschritte auf dem Hartmetallgebiet wird auf den Plansee-Seminaren regelmäßig berichtet [98].

In Tabelle 4 sind die gängigsten Hartmetallgruppen und einige ihrer Eigenschaften zusammengestellt. Die Gruppe K umfasst überwiegend reine WC-Hartmetalle oder mit nur geringen Zusätzen anderer Carbide. Sie sind wegen des an Dreh- und Fräswerkzeugen auftretenden Kolk- und Freiflächenverschleißes nicht für langspanende Werkstoffe (z. B. Stähle) geeignet. Die Gruppe P enthält wesentlich höhere Anteile an Zusatzcarbiden. Von diesen erhöht TiC die Härte und Oxidationsbeständigkeit, verringert den Kolk- und Freiflächenverschleiß und die Verschweißneigung zum ablaufenden Span. Allerdings erniedrigt TiC die Biegefestigkeit und die Risszähigkeit. Die Gruppe M stellt einen Kompromiss zwischen K und P dar, wobei aber Leistungsabstriche in Kauf genommen werden müssen. Die Gruppe G wird für die zahlreichen Anwendungen außerhalb der Zerspanungstechnik verwendet, d. h. für Verschleißteile.

Hartmetalle werden außerordentlich vielseitig im Werkzeug-, Maschinen- und Gerätebau eingesetzt. Sie finden Verwendung in der spanenden Formgebung metallischer und nichtmetallischer Werkstoffe (Meißel, Fräser für Grob- und Feinbearbeitung, auch für unterbrochenen Schnitt, Bohrer, Sägen), beim Draht- und Stangenzug (Ziehsteine), als Press-, Stanz-, Schnitt- und Tiefziehwerkzeuge sowie als Kaltschlagmatrizen, Walzen und zahlreiche andere auf Verschleiß beanspruchte Teile. Große Anwendungsgebiete liegen auch im Kohle- und Salzbergbau, Tunnelbau, der Erdölgewinnung und Gesteinsbearbeitung (Schlagbohrer, Hohlbohrkronen, Schrämwerkzeuge). Ein wichtiger Markt besteht für die Holz-, Spanplatten- und Kunststoffbearbeitung beim Bau von Möbeln, Fenstern und Türen. Hier werden

**Tab. 4** Die wichtigsten Hartmetallgruppen* (nach ISO 513)

| Kurz-zeichen | Anwendungsbereich | Zusammen-setzungsbereich | Härte HV | Biegebruch-festigkeit (MPa) |
|---|---|---|---|---|
| K | Kurzspanende Werkstoffe (Gußeisen, organische Stoffe) | WC-Co (Co 4–12%) evtl. TiC, (Ta, Nb)C <4% | 1300–1800 | 1200–2200 |
| P | Langspanende Werkstoffe (Stahl, NE-Metalle) | WC-TiC-Co, WC-TiC(TaNb)C-Co (Co 5–14%) TiC-(Ta, Nb) C bis> 50% | 1300–1700 | 800–1900 |
| M | Mehrzweckanwendungen (Mehrzweckhartmetalle) | WC-TiC-Co WC-TiC(Ta, Nb) C-Co (Co 6–15%) TiC-(Ta, Nb) C 6–15% | 1300–1700 | 1350–2100 |
| G | Spanlose Formgebung, Bergbau, Gesteine Verschleiß-teile (Ziehsteine, Matrizen, Walzen, Bohrer u. a.) | WC-Co, (Co 6–30%) TiC (Ta, Nb) C <2% | 800–1600 | 2000–3000 |

*) Die Zusammensetzungsbereiche von K und G sowie P und M überschneiden sich beträchtlich.

aus Gründen der Oberflächenqualität besonders hohe Schneidgeschwindigkeiten von 3000–6000 m min$^{-1}$ angewendet.

Große Bedeutung hat die Beschichtung von Hartmetallteilen mit besonders verschleißresistenten Stoffen (TiC, TiN, $Al_2O_3$) erlangt [106, 107, 108], wofür sich besonders CVD-Verfahren eignen. Die Kombination eines relativ zähen Grundwerkstoffs mit einer sehr harten, verschleißfesten und oxidationsbeständigen Schicht hat sich als besonders günstig erwiesen. Beschichtete Wendeplatten (Schichtdicke 5–10 $\mu$m, Schneiden nicht nachschleifbar) für die Spanungstechnik werden von den meisten Hartmetallherstellern für Klemmwerkzeuge angeboten; Schneidleistung und/oder Schnittgeschwindigkeit sind in vielen Anwendungsfällen stark erhöht, weshalb ein großer Teil der in Klemmwerkzeugen verwendeten Schneidplättchen in beschichteter Form verwendet wird. Sie sind besonders geeignet für »trockenen«, d. h. schmierstofffreien Schnitt, der aus ökologischen Gründen vorteilhaft ist. Die CVD-Verfahren ermöglichen auch Mehrfachbeschichtungen oder einen allmählichen Übergang von TiC am Substrat zu TiN oder $Al_2O_3$ an der Oberfläche, was besonders gute Haftfestigkeit und Verschleißbeständigkeit mit sich bringt. Auch PVD-Verfahren (physical vapour deposition, wie Ionenplattieren und Sputtern) werden für Beschichtungen zunehmend verwendet [109], wobei auch Mehrfachschichten und nanoskalige Schichten Anwendung finden. Diamantbeschichtete Hartmetalle sind für spezielle Anwendungen im Einsatz.

Bemühungen um den Ersatz des Cobalts führten zu WC/FeNiCo-Hartmetallen [110, 111], die z. T. günstigere Eigenschaften haben, z. B. höhere Kalthärte und geringeren abrasiven Verschleiß als WC/Co. Je nach Zusammensetzung und Kohlenstoffgehalt kann eine martensitische, ferritische oder austenitische Bindephase mit unterschiedlichen Eigenschaften eingestellt werden. Solche Zusammensetzungen werden in steigendem Umfang für die Holzbearbeitung eingesetzt.

Größere Bedeutung haben auch Hartmetalle auf TiC-Basis (sog. Cermets), die sich aufgrund ihrer Härteeigenschaften, der geringen Dichte und auch aus Rohstoffgründen etabliert haben [108, 112, 113]. Sie enthalten bis zu 20 % Ni- oder Ni/Mo-Bindephase und zeichnen sich neben ihrer besonders hohen Kalthärte durch Verschleißfestigkeit und Oxidationsbeständigkeit aus, besitzen jedoch eine niedrigere Biegebruchfestigkeit und Bruchzähigkeit als WC-Hartmetalle. Cermets sind u. a. für Schlichtbearbeitungen bei hohen Toleranzforderungen geeignet.

Ebenfalls eingeführt haben sich besonders feinkörnige Hartmetall-Qualitäten (WC-Korngröße 0,3–0,8 $\mu$m gegenüber 1–2 $\mu$m beim konventionellen Hartmetall). Sie werden unter Verwendung ultrafeiner WC-Pulver (< 1 $\mu$m) und kornwachstumshemmender Zusätze (VC, $Cr_3C_2$), neuerdings sogar aus nanoskaligem (50–100 nm) Pulver hergestellt. Sie zeigen bei verschiedenen Anwendungen stark verbesserte Spanungsleistungen [114] und erzielen trotz höherer Preise zunehmend Marktanteile. Z. B. erfordern extrem feine Bohrungen in Bauteilen der Mikrotechnik ultrafeinkörnige Werkzeuge (Microdrills bis herab zu 0,1 mm Durchmesser).

Eine Übersicht über neue Tendenzen in der Hartmetallindustrie, einschl. der Erzeugung modifizierter Randzonen (functionally graded hard metals), Hartmetalle mit Diamanteinlagerungen, dem Mikrowellensintern u. a. findet sich in [108, 115, 116].

## 5.7
### Magnetwerkstoffe

Man unterscheidet Werkstoffe für Weichmagnete mit niedriger Koerzitivfeldstärke und Remanenz, hoher Permeabilität und Sättigung und solche für Dauermagnete mit hoher Koerzitivfeldstärke und Remanenz, d. h. hohem Widerstand gegen Entmagnetisierung. In beiden Teilbereichen hat neben der schmelzmetallurgischen Herstellung die Pulvermetallurgie eine große Bedeutung, die durch die Entwicklung neuer Dauermagnetsorten in den letzten Jahrzehnten noch gestiegen ist. Zum Gebiet der Sintermagnete zählen auch die Ferrite (siehe Keramik, Bd. 8, Abschnitt 4.1.7.7).

### 5.7.1
### Weichmagnetische Werkstoffe

Die wichtigsten weichmagnetischen Werkstoffe sind Eisen und Eisenlegierungen, vor allem Reinsteisen, Fe/Si, Fe/P, Fe/Ni und Fe/Co [117, 118]. Ihre pulvermetallurgische Verarbeitung kann in wenigen Herstellungsschritten, jedoch unter strenger Beachtung der Reinheitsanforderungen erfolgen und Formteile der gewünschten Zusammensetzung als homogene Legierungen frei von Seigerungseffekten liefern. Es werden Mischungen aus Pulver der Elemente verwendet, bei Si- und P-haltigen Qualitäten auch Vorlegierungen. Die Restporosität ist ungünstig für die magnetischen Eigenschaften, weshalb hochkompressible Pulver und hohe Pressdrücke (bis ca. 1000 MPa) angewendet werden. Nach dem Sintern und Kalibrieren kann eine Raumerfüllung um 99 % erreicht werden. Die wichtigsten Eigenschaften einiger weichmagnetischer Legierungen sind in Tabelle 5 zusammengestellt. Hiernach finden sich die magnetisch weichsten Materialien im System Fe/Ni; Fe/Co zeigt die höchsten Sättigungswerte. Fe/Si hat bei etwas niedrigerer Sättigung gegenüber Reineisen einen viel höheren elektrischen Widerstand, was zu niedrigen Wirbelstromverlusten führt. Weichmagnete hoher Qualität sind einphasig, frei von inneren Spannungen und arm an Gitterfehlern und Verunreinigungen. Die in Tabelle 5 angegebenen Eigenschaften sind somit an sorgfältig spezifizierte Herstellungsbedingungen und Reinheitsgrade gekoppelt. Sehr schädlich wirken C- und N- Verunreinigungen, die bei Spitzenqualitäten durch die Wahl der Ausgangspulver und der Sinterbedingungen (Reinstwasserstoff) extrem niedrig gehalten werden (je 0,001–0,005 %).

Eine zunehmend wichtige Gruppe weichmagnetischer Werkstoffe besteht aus Reineisen- oder Eisenlegierungspulver, das mit einem Polymerbinder kalt oder warm (100–130 °C) zu hoher Dichte verpresst wird [119]. Auch polymerbeschichtete Pulver, die heute kommerziell verfügbar sind, werden verwendet [120]. Hierdurch wird eine vollständige Isolation der Teilchen gegeneinander erreicht, was zu isotropen elektrischen und weichmagnetischen Eigenschaften führt und für die Erzielung niedriger Ummagnetisierungverluste von ausschlaggebender Bedeutung ist. Solche Verbundwerkstoffe sind relativ einfach herstellbar und erzielen eine Biegebruchfestigkeit bis ca. 100 MPa. Sie werden nach einer Wärmebehandlung zur Reduzierung innerer Spannungen im ungesinterten Zustand verwendet und haben gegenüber Blechpaketen und auch Ferriten den Vorteil einer höheren Sättigungsmagnetisierung bei geringen Ummagnetisierungsverlusten. Wegen ihrer Formvielfalt sind zahlreiche Konstruktionen möglich. Gesinterte weichmagnetische Werkstoffe einschließlich der Pulververbundwerkstoffe werden im Elektromaschinenbau, Büro-

**Tab. 5** Eigenschaften einiger weichmagnetischer Legierungen und Pulververbundwerkstoffe bei Raumtemperatur [118, 119, 121]

| Zusammensetzung | statische Permeabilität $\mu$ (40 mT) | Maximalpermeabilität $\mu_{max}$ | Koerzitivfeldstärke (A/cm) | Sättigungsflussdichte (T) | Curie-Temperatur (°C) |
|---|---|---|---|---|---|
| Reinsteisen | 2000 | 40 000[x1] | 0,06 | 2,15 | 770 |
| Fe 3 Si | 1500 | 10 000 | 0,20 | 2,0 | 750 |
| Fe 0,45 P | – | 10 900 | 0,44 | 2,0 | – |
| Fe 50 Ni | 5000 | 35 000 | 0,08 | 1,55 | 440 |
| Fe 80 Ni | 25 000 | 60 000 | 0,035 | 0,80 | 400 |
| Fe 48 Co | 1 500 | 10 000 | 0,65 | 2,35 | 940 |
| Fe od. Fe- Leg[x2] | 10–170 | 20–300 | 1,5–4,5 | 1,0–2,0 | 180[x3] |

[x1] sehr stark reinheitsabhängig
[x2] in Polymermatrix
[x3] max. Betriebstemperatur, Ummagnetisierungs-Verluste bei 1 T, 50 Hz: 55–85 mW/cm$^3$

maschinen (Computern), als Drosseln und Übertrager in der Leistungselektronik im Niederfrequenz- (50–60 Hz) und Hochfrequenzbereich (bis 1 MHz) umfangreich verwendet. Ein wichtiges Anwendungsgebiet ist auch die Kraftfahrzeug-Elektrik [121].

### 5.7.2
**Dauermagnetwerkstoffe**

Ein hoher Widerstand gegen Ummagnetisierung kann erreicht werden über mehrphasige Gefüge mit Feinstausscheidungen und hoher Gitterverspannung, mit nichtkubischen Stoffen bei sehr hoher magnetischer Anisotropie und mit Hilfe sog. Einbereichsteilchen, in denen Blochwände nicht vorhanden sind. Alle drei Konzepte sind technisch mittels pulvermetallurgischer Verfahren realisiert worden [122–124]. In [122] wird das gesamte Gebiet umfassend dargestellt.

Die Qualität der AlNiCo-Magnete steigt mit dem Co-Gehalt. Diese Magnete werden mit Stückgewichten von überwiegend < 100 g pulvermetallurgisch hergestellt. Sorten mit niederem Energieprodukt $(B \cdot H)_{max}$ sind zunehmend durch die billigeren Ba- und Sr-Hartferrite verdrängt worden.

Durch Abkühlen im Magnetfeld werden anisotrope Eigenschaften mit den höchsten $(B \cdot H)_{max}$-Werten erhalten. Der besondere Vorteil der pulvermetallurgischen Herstellung liegt in den Formgebungsmöglichkeiten, im Vermeiden der Nacharbeit (außer durch Schleifen), und in den durch feines Gefüge erzielten guten mechanischen Eigenschaften.

Eine stürmische Entwicklung hat seit den 1980er Jahren die Gruppe der Cobalt/Seltenerd-Magnete, z. B. mit den Zusammensetzungen $SECo_5$, $SE(Co\,Cu)_5$ und $SE_2Co_{17}$ erfahren (siehe Seltene Erden, Abschnitt 7.3.2). Diese hexagonalen Phasen, besonders das $SmCo_5$, besitzen eine extrem hohe magnetische Anisotropie und dadurch sehr hohe $(B \cdot H)_{max}$-Werte. Das möglichst auf Einbereichsteilchengröße gemahlene Legierungspulver (1–5 $\mu$m) wird im Magnetfeld gepresst und in reinstem Schutzgas gesintert, wobei eine hohe Dichte erzielt, aber das Kornwachstum möglichst gering gehalten werden muss. Es werden $(B \cdot H)_{max}$-Werte bis ca. 200 kJ m$^{-3}$ erreicht. Bei komplexen $SE_2M_{17}$-Phasen ($Sm_2(Co,Cu,Fe,X)_{17}$), (X = Zr, Hf, Ti) ist die Koerzitivfeldstärke noch höher, da wärmebehandlungsfähige Systeme mit Feinstausscheidungen zu erhalten sind. Dadurch kann eine Fixierung von Blochwänden erfolgen.

Eine erst 1984 in Japan entdeckte Gruppe von Dauermagneten sind Fe/Nd/B-Legierungen. Sie besitzen in Form der ternären Phase $Fe_{14}Nd_2B$ (oder $Fe_{14}[NdDy]_2B$) deutlich höhere $(B \cdot H)_{max}$-Werte als die Sm/Co-Magnete. Zur Herstellung wird die Legierung im Vakuuminduktionsofen erschmolzen, zerkleinert, im Magnetfeld verpresst und als Blöcke oder endkonturnahe Formteile gesintert. [125]. Solche Magnete sind bei relativ niedrigem Nd-Preis preisgünstiger als Sm/Co-Magnete, was dazu führte, dass Fe/Nd/B-Magnete ein bedeutendes Marktsegment gewonnen haben, von dem China im Jahre 2000 ca. 40 % produziert hat [126]. Die maximale Anwendungstemperatur von Fe/Nd/B-Magneten liegt bei 150 °C, bei Dy-haltigen Qualitäten bis ca. 200 °C.

**Tab. 6** Eigenschaftsbereiche einiger gesinterter Dauermagnetlegierungen bei Raumtemperatur

| Werkstoff Zusammensetzung | reman. magn. Flussdichte $J_r$ (T) | magn. Koerzitivfeldstärke $H_{cB}$ (kA/m) | Energieprodukt $(B \cdot H)_{max}$ (kJ/m³) |
|---|---|---|---|
| AlNiCo (anisotrop) | 0,9–1,2 | 50–130 | 35–60 |
| SmCo$_5$-Typ | 0,74–1,03 | 520–720 | 90–200 |
| Sm$_2$ (Co,Cu,Fe,X)$_{17}$-Typ | 0,85–1,15 | 400–740 | 130–215 |
| Fe-Nd-B (anisitrop) | 1,05–1,30 | 720–1020 | 250–400 |

Die besondere Bedeutung der SE/Co- und der Fe/Nd/B-Magnete liegt in der geringen Größe der Formteile. Bei bestimmter geforderter Leistung benötigen SE/Co nur 15–20 %, Fe/Nd/B-Magnete nur ca. 10 % des Volumens von Hartferriten. Dies hat zu zahlreichen Anwendungen bei kleinvolumigen Geräten und Elektromotoren geführt. Eigenschaften gesinterter Dauermagnete finden sich in Tabelle 6.

Neben den gesinterten Dauermagneten gibt es auch polymergebundene Dauermagnete mit voneinander isolierten Teilchen (möglichst Einbereichsteilchen), wofür 0,5–1 % organisches Material erforderlich ist. Sie haben niedrigere Leistungsdaten als Sinterprodukte, haben aber in größerem Umfang Anwendung gefunden.

## 5.8
### Werkstoffe mit gezielt eingestellter Porosität

Die Pulvermetallurgie ist geeignet, Formteile und Halbzeuge mit definiert eingestelltem Porenraum herzustellen. Dies wurde schon früh genutzt in den Bereichen Gleitlager und Sintermetallfilter. In den letzten Jahren finden darüber hinaus Aluminiumschäume als Aussteifungs- und Energieabsorberwerkstoffe Interesse, bei deren Herstellung pulvermetallurgische Verfahrensschritte ebenfalls eine Rolle spielen. Weitere Anwendungen hochporöser PM-Materialien sind z. B. Ni-Elektrodenträger mit 70–90 % Porosität für Ni/Cd-Akkumulatoren [127] und poröse Partikelschichten auf Implantaten aus Ti-Legierungen.

### 5.8.1
### Sintermetallgleitlager

Poröse Sintermetallgleitlager weisen einen Porenraum von 15–25 % auf (Sinterwerkstoffklassen SINT-A bis SINT-C, vgl. Abb. 18). Der Porenraum kann über die verwendeten Pulver und die Dichte der Teile gestaltet werden. Er bildet ein zusammenhängendes Porensystem, das mit speziellen Ölen getränkt wird. Die Herstellung der Gleitlager erfolgt durch Pressen, Sintern, Kalibrieren und Tränken mit dem Schmierstoff. Auf diese Weise erhält man Gleitlager, die meist über die Gerätelebensdauer (einige Tausend Betriebsstunden) wartungsfrei betrieben werden können. In solchen Lagern existiert bereits bei Stillstand der Welle aufgrund der Kapillarkräfte ein dünner Ölfilm zwischen Lager und Welle (Abb. 19). Dadurch verbes-

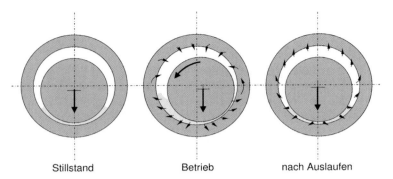

**Abb. 19:** Funktionsweise von porösen Sinterlagern

sert sich das Anlaufverhalten im Vergleich zu Massivlagern, wo sich erst in Folge der Relativbewegung ein Schmierfilm ausbildet. Bei Rotation entsteht unterhalb der Welle ein Druckkeil und ein geschlossener stabiler Ölfilm. Ein Teil des Öls wird durch das Porensystem in Bereiche niedrigeren Drucks verlagert, von wo es wieder in den Schmierraum eintritt. Nach dem Stillstand der Welle wird ein Großteil des Schmierstoffs in die Poren zurückgesaugt und dort für weitere Betriebsphasen sicher gespeichert. Bei kleinen Gleitgeschwindigkeiten werden kleinere Porendurchmesser gewählt und damit höhere Kapillarkräfte, höheren Geschwindigkeiten trägt man mit größeren Porendurchmessern und damit vermindertem Durchströmungswiderstand Rechnung.

Sinterlager haben hervorragende Notlaufeigenschaften. Sie eignen sich vor allem für niedrige Gleitgeschwindigkeiten (2–3 m $s^{-1}$), Pendelbewegungen und Anwendungsfälle, wo eine Schmierung nicht zulässig oder zu aufwändig ist. Anwendungen ergeben sich in großem Umfang auf fast allen Gebieten des Maschinen- und Apparatebaus. Sinterlager sind Standardbauelemente mit genormten Abmessungen und Toleranzen [128]. Die Gleitlager bilden das Hauptanwendungsgebiet für Sinterbronze (meist Cu-10Zn), daneben kommt in größerem Umfang noch Sintereisen mit Cu-Zusätzen zur Anwendung.

### 5.8.2
**Sintermetallfilter**

Bei den Sintermetallfiltern [129] liegt die Porosität über 27% (Klasse SINT-AF) und erreicht maximal 60%, bei Filtern aus gesinterten Fasern sogar 90%. Wichtig ist jedoch nicht die Gesamtporosität, sondern die von Oberfläche zu Oberfläche durchgehende Porosität. Geschlossene Poren lassen sich am besten durch Verwendung kugeliger Teilchen gleicher Größe vermeiden. Als Filterwerkstoffe werden hauptsächlich Bronze und rostfreier Stahl, aber auch Nickel, Nickellegierungen, Titan, Wolfram und Tantal eingesetzt. Gesinterte Metallfilter werden z. B. zur Filtration, Begasung, als Flammensperren und Schalldämpfer verwendet.

Bronzefilter werden überwiegend durch Schüttsinterung in Graphitformen hergestellt, Filter aus korrosionsbeständigem Stahl durch einachsiges oder isostatisches Pressen und anschließendes Sintern. Bei den Faserfiltern werden Fasern mit Stärken von 4–100 μm und einer Länge von ca. 25 mm zu einem Vlies geschichtet, das dann gesintert, gewalzt und weiter zu Filterelementen verarbeitet wird. Wichtige Kenngrößen der Filter sind die maximale Porengröße, der Druckabfall bei gegebenen Mengenstrom, oft auch die mechanischen Eigenschaften, da viele Metallfilter als selbsttragende Elemente eingesetzt werden. Die Porengröße kann in einem weiten Bereich von 0,5–200 μm variieren. Sintermetallfilter werden auch als Schichtverbunde mit einer feinporigen Funktionsschicht und einer grobporösen, hochpermeablen Trägerschicht hergestellt. Zum Aufbringen der Funktionsschicht eignet sich z. B. das in Abschnitt 4.2 beschriebene Nasspulverspritzen.

### 5.8.3
### Aluminiumschaumwerkstoffe

Pulvermetallurgisch hergestellter Aluminiumschaum [130, 131] befindet sich derzeit noch im Entwicklungsstadium, wird aber als chancenreiches Produkt für den Fahrzeugbau angesehen. Der Schaum wird durch Verdichten von Metall- und Treibmittelpulvern (Metallhydride) hergestellt. Die so gefertigten Prekursoren werden nahe der Schmelztemperatur der verwendeten Al-Legierung aufgeheizt, wo sich das Metallhydrid zersetzt. Der entstehende Wasserstoff führt zur Bildung von Poren und zur Volumenexpansion etwa um den Faktor 5. Die so erhaltenen Schaumbauteile weisen eine mittlere Porosität von ca. 70–80 % auf. Ausnutzen lassen sich die Schäume in vier Produktvarianten:

- Dreidimensional geformte Metallschäume, bei denen das Vormaterial in einer geschlossenen Schäumform expandiert wird.
- Dreidimensional geformte Sandwich-Bauteile. Hier wird durch Walzplattieren ein Verbund aus zwei Al-Blechen und einem aufschäumbaren Kern hergestellt. Dieser Verbund kann durch Kaltumformung nahezu beliebig geformt und danach aufgeschäumt werden.
- Ausgeschäumte Hohlstrukturen. Hier werden Profile, z. B. Rohre, mit dem Prekursor koextrudiert und danach aufgeschäumt.
- Aluminiumschaum als Permanentkern in Al-Gussbauteilen.

Der Schaum verleiht den Bauteilen bei geringem Gewicht eine hohe spezifische Steifigkeit, ein hohes Energieabsorptionsvermögen, eine verbesserte akustische Dämpfung und eine niedrige Wärmeleitfähigkeit. Anwendungsmöglichkeiten werden deshalb vor allem im Bereich von Karosseriestrukturen gesehen.

### 5.9
### Verbundwerkstoffe

Verbundwerkstoffe sind mehrphasige, makroskopisch quasihomogene Werkstoffe, deren Phasen in der Regel verschiedenen Werkstoffgruppen (Metalle, Keramik, Polymere) angehören. Bei der Herstellung von Metallmatrix-Verbundwerkstoffen

(MMC, Metal Matrix Composites) bietet die Pulvertechnologie sehr günstige Voraussetzungen, was zu einer großen Vielfalt von untersuchten Systemen geführt hat.

## 5.9.1
### Teilchenverbundwerkstoffe

Die Herstellung von Teilchen-MMCs mit einer keramischen und einer metallischen Phase erfolgt durch Mischen oder mechanisches Legieren der Komponenten, bei Oxidphasen auch durch selektive innere Oxidation. Teilchenverbundwerkstoffe unterscheiden sich von den dispersionsverfestigten Werkstoffen durch die größeren Mengenanteile und gröbere Ausbildung der Zweitphasen, wobei oft keine klare Grenze zu definieren ist. Die Pulver werden nach den üblichen pulvermetallurgischen Verfahren, insbesondere durch Heißpressen oder Warmumformverfahren konsolidiert. Eine Alternative ist die Sprühkompaktierung unter Zugabe der Keramikphase.

Für MMCs mit Oxidphasen wird oft auch der Begriff Cermet verwendet. Cermets haben entweder ein Einlagerungsgefüge (bevorzugt auf der metall- oder keramikreichen Seite) oder ein Durchdringungsgefüge (bei ähnlichen Volumenanteilen der Phasen). Durch CVD-Beschichten sphärischer keramischer Teilchen und anschließendes isostatisches Heißpressen können Cermets mit niedrigem Metallgehalt und dennoch metallischer Matrix hergestellt werden [132]. Eine wichtige Rolle spielen Cermets, besonders auf Basis Ag/CdO mit z. B. 12 % Cd als Werkstoffe für elektrische Kontakte. Sie werden für mittlere und hohe Schaltleistungen als Unterbrecherkontakte verwendet. Die Herstellung kann von Ag/CdO-Mischungen ausgehen oder durch innere Oxidation erfolgen (500–800 °C an Luft oder Sauerstoff), im letzteren Fall werden erschmolzene und zu Blechen verarbeitete Ag/Cd-Legierungen und auch verdüste Ag/Cd-Pulver eingesetzt. Auch die zur Ablösung der Cd-haltigen Produkte entwickelten Ag/$SnO_2$-Kontakte werden auf diese Weise hergestellt.

Teilchen-MMCs auf Aluminiumbasis wurden vielfältig untersucht, wobei insbesondere SiC als keramische Komponente Verwendung findet. Siliciumcarbid ist gut verträglich mit der Matrix, hat einen sehr hohen Elastizitätsmodul, einen niedrigen Ausdehnungskoeffizienten und nahezu das gleiche spezifische Gewicht wie Al. Durch SiC-Zusätze von 20–30 % können die Steifigkeit und Festigkeit deutlich erhöht und die thermische Ausdehnung erniedrigt werden, ohne dass das Gewicht der Bauteile merklich zunimmt.

Zu den MMCs kann man auch Diamantwerkzeuge zum Trennen und Schleifen harter, kurzspanender Materialien [133] rechnen. Diese Diamantwerkzeuge bestehen aus Verbundwerkstoffen auf Basis von Natur- oder Synthesediamantpulver mit 10–500 $\mu$m Korngröße. Das Diamantpulver wird in Volumenanteilen von 2–35 % mit Metallpulvern vermischt und durch Kaltpressen und Sintern oder Heißpressen verarbeitet. Als Matrixmaterial findet meist Bronze mit 15–20 % Sn Anwendung. Diese Werkstoffe werden in großem Umfang im Bauwesen und bei der Hartbearbeitung von Keramik und Glas eingesetzt.

## 5.9.2
**Dispersionsverfestigte Werkstoffe**

Das Prinzip der Dispersionsverfestigung (Dispersionshärtung), das 1950 am Aluminium entdeckt wurde, beruht auf der Behinderung von Versetzungsbewegungen in einer Matrix durch möglichst feinteilige und gleichmäßige Einlagerung einer zweiten Phase in geringen Mengenanteilen (meist < 1 %). Diese muss eine gute Verträglichkeit mit der Matrix unter Betriebsbedingungen aufweisen, da sonst eine zeitabhängige Gefügeinstabilität mit Festigkeitsverlust auftritt. Dispersionsverfestigte Werkstoffe sind dem reinen Matrixmetall in Streckgrenze, Zugfestigkeit und Härte, besonders bei hohen Temperaturen überlegen. Prinzipiell können viele Metalle dispersionsverfestigt werden, wobei als Dispersoide meist hochschmelzende Oxide in Betracht kommen (ODS-Legierungen). Eine feine und gleichmäßige Einbringung dieser Oxide ist schmelzmetallurgisch äußerst schwierig. Pulvermetallurgisch gelingt dies durch mechanisches Legieren (s. Abschnitt 3.4) oder selektive innere Oxidation von Legierungen, die das oxidbildende Metall als Legierungsbestandteil enthalten. Wegen der begrenzten Diffusionswege müssen diese Legierungen dabei als Pulver vorliegen.

Bei Aluminiumlegierungen gibt es eine Vielzahl dispersionsverfestigter Entwicklungsmaterialien [33]. Die Herstellung erfolgt über mechanisches Legieren oder schnellerstarrte Verdüsungspulver aus stark übersättigten Schmelzen (Rapid Solidification Processing) mit Legierungselementen wie Fe, Ni, Cr, Ti und Co. Es entstehen sehr feinkörnige Gefüge mit sehr kleinen Dispersoiden auf der Basis intermetallischer Phasen, z. B. $Al_3Ti$, $Co_2Al_9$ oder $(Co,Fe)_2Al_9$, die bis zu hohen Temperaturen in der Matrix stabil sind und damit der Legierung eine hohe Warmfestigkeit verleihen.

Durch selektive innere Oxidation werden z. B. dispersionsverfestigte Kupferlegierungen [89] hergestellt. Ein verdüstes Al-haltiges Cu-Pulver wird selektiv oxidiert, sodass in den Teilchen feine $Al_2O_3$-Dispersoide entstehen. Die Weiterverarbeitung zu Blöcken, Stäben oder Blechen erfolgt durch Kapsel-HIP, Walzen oder Strangpressen. Anwendung finden diese Legierungen z. B. für Schweißelektroden, Teile für Röntgenröhren und elektromagnetische Schaltrelais sowie Zuführungsdrähte in Glühlampen.

Durch Dispersionsverfestigung mittels $Y_2O_3$ oder $ZrO_2$ werden die Hochtemperatureigenschaften von Platin deutlich verbessert, ohne dass die Raumtemperaturplastizität stark beeinträchtigt würde. Anwendung finden diese Werkstoffe als Heizelemente und Schmelztiegel.

Eine wichtige Werkstoffgruppe stellen dispersionsverfestigte Superlegierungen auf Ni-Basis dar (s. Abschnitt 5.3, [90, 91]). Hier ist es durch mechanisches Legieren möglich, bei hohem Anteil an $\gamma'$-Phase als weiteres Verfestigungsprinzip noch feinstverteilte hochschmelzende Oxide ($Y_2O_3$) in die Legierung einzuführen. Die Oxidteilchen sind hier bis zu höheren Temperaturen (> 1000 °C) wirksam als die $\gamma'$-Ausscheidungen. Neben Ni-Basislegierungen werden auch ODS/Fe-Basislegierungen kommerziell gefertigt, die durch Cr mischkristallverfestigt und durch $Y_2O_3$ dispersionsverfestigt sind. Die Herstellung erfolgt wie bei den ODS/Ni-Legierungen über mechanisches Legieren, Strangpressen, Warmumformung und anschließende Wärmebehandlung. Weiterentwicklungen der Gieß- und Schmiedetechnik ermöglichen allerdings inzwischen die Herstellung ähnlicher Materialien, z. B. für Turbinenscheiben (Einsatztemperatur 730 °C), auf dem »konventionellen« Weg über Gießen und Schmieden [134]. Der Vorteil der PM-Legierungen liegt im Bereich höherer Temperaturen, vor allem oberhalb von 1000 °C [135]. Anwendungen finden sich deshalb vor allem im Brennkammerbereich von Gasturbinen, bei Wärmetauschern, Brennkesseln und Rosten sowie Einbauten in Hochtemperaturöfen.

### 5.9.3
**Faserverstärkte Werkstoffe**

Eine wirkungsvolle Verstärkung von Metallen, Legierungen, Keramiken, Polymerwerkstoffen und Kohlenstoff kann durch gerichtete oder ungerichtete Einlagerung von Fasern erzielt werden, sofern diese eine hohe Eigenfestigkeit aufweisen. Dies ist besonders bei dünnen Querschnitten ($\leq 10\ \mu$m) wegen der Verringerung festigkeitsmindernder Defekte der Fall. Fasern auf Basis von Kohlenstoff, Glas, Bor und Siliciumcarbid kommen hierzu in Betracht. Pulvermetallurgische Verfahren sind grundsätzlich geeignet, um Metallmatrix-Faserverbundwerkstoffe herzustellen, insbesondere im Bereich der Kurzfaserverstärkung. Ein Beispiel sind SiC-whiskerverstärkte Leichtmetalle, insbesondere auf Al-Basis. Da die Fasern die Verdichtung bei der Sinterung stark behindern, kommen für die Verdichtung in der Regel Heißpress- oder Warmumformverfahren in Frage. Auch bei der Herstellung von langfaserverstärkten Metallen kommen pulvermetallurgische Verfahren grundsätzlich in Betracht. Die Fasern können über Suspensionstechniken mit Partikeln beschichtet und dann zu entsprechenden Fasergelegen laminiert werden. Auch eine Infiltration von Fasergelegen mit Partikelsuspensionen ist möglich. Die Verdichtung erfolgt dann über Heißpressen oder HIP. Ein als aussichtsreich eingeschätztes Beispiel sind SiC-faserverstärkte Ti-Bauteile für Flugtriebwerke [134], die sich in der praktischen Erprobung befinden. Hier werden allerdings keine Pulversuspensionen zur Beschichtung der Fasern mit dem Matrixmetall verwendet sondern CVD- oder PVD-Verfahren.

### 5.9.4
**Reibwerkstoffe**

Diese Gruppe bildet seit langem ein wichtiges Teilgebiet der Verbundwerkstoffe [136, 137]. Reibwerkstoffe werden in Bremsen und Kupplungen von Fahrzeugen der verschiedensten Art verwendet, wobei Bewegungsenergie in überwiegend thermische Energie umgewandelt wird. Hierfür wurden früher zum großen Teil Verbundwerkstoffe aus Asbest mit organischem Binder (z. B. Phenolharz) und mineralischen Zusätzen verwendet. Sie finden jedoch heute kaum noch Anwendung, da einerseits der Asbestabrieb gesundheitsschädlich ist, andererseits die Anforderungen an die Werkstoffe bei schweren und Hochgeschwindigkeitsfahrzeugen nicht erfüllt werden.

Eine besonders wichtige Gruppe sind die gesinterten Friktionswerkstoffe, die auch hohen Anforderungen genügen. Diese beziehen sich auf hohe thermische Belastbarkeit, gute Wärmeleitfähigkeit, niedrigen Verschleiß, hohe Scherfestigkeit sowie bei den verschiedenen Beanspruchungs- und Umgebungsbedingungen hinreichend konstante Reibungskoeffizienten. Dies wird durch entsprechende Zusammensetzung des mehrkomponentigen Verbundwerkstoffes gewährleistet.

Gesinterte Reibwerkstoffe werden auf Eisen-, Kupfer- oder Bronzebasis (ca. 70–85 %) hergestellt und enthalten Graphit und mineralische Bestandteile, z. B. $Al_2O_3$, $SiO_2$, Mullit u. a. Silicate sowie evtl. geringe Anteile von Festschmierstoffen, wie $MoSi_2$, FeS u.a.. Die Beläge befinden sich auf Stahlstützkörpern, der Gegenwerkstoff ist meist Grauguss. Die ertragbare Dauertemperatur liegt bei 500–600 °C, eine höhere thermische Belastbarkeit (600–1000 °C) wird durch höheren mineralischen und Graphitanteil sowie eine überwiegend auf Kupfer- und Nickelbasis aufgebaute Matrix erzielt. Die Herstellung erfolgt durch konventionelle pulvermetallurgische Verfahren, wobei an die metallischen Komponenten hohe Anforderungen bzgl. der Sinterfähigkeit gestellt werden. Temperaturbelastungen bis ca. 1200 °C (Flugzeug-, Rennfahrzeug- und Hochgeschwindigkeitszug-Bremsen) werden von kohlenstofffaserverstärktem Kohlenstoff (CFC, s. Kohlenstoffprodukte, Bd. 3, Abschnitt 2.5.1) ertragen.

## 5.9.5
**Tränklegierungen**

Tränklegierungen entstehen durch »Infiltration« eines geschmolzenen Metalls in ein gesintertes, hinreichend poröses Skelett des meist hochschmelzenden Grundmetalls. Dabei muss das Porennetzwerk vollständig von außen zugänglich sein und eine gute Benetzbarkeit vorliegen. Beispiele sind die Paarungen W/Cu, W/Ag, Mo/Cu und Mo/Ag. Tränklegierungen finden z. B. als Kontaktwerkstoffe (Kontaktfinger) für hohe und sehr hohe Schaltleistungen Verwendung. Dabei stellt das hochschmelzende Metall das abbrandfeste Gerüst und das Tränkmetall die Phase hoher elektrischer Leitfähigkeit dar, wodurch hervorragende Gebrauchseigenschaften erzielt werden. Fe/Cu-Tränklegierungen sind von Interesse als Formteile höherer Festigkeit, Fe/Pb- und Fe/Polymer-Tränklegierungen als Gleitwerkstoffe.

Diese Werkstoffe werden durch Auflagetränkung oder durch Tauchtränkung, jeweils mit abgewogenen, zur vollständigen Ausfüllung des Porenraums ausreichenden Mengen des Tränkmetalls oberhalb dessen Schmelzpunkt im Vakuum oder Schutzgas hergestellt.

## Danksagung
Wir danken folgenden Personen bzw. Firmen für die Bereitstellung von Daten, Unterlagen oder Informationen:
Dipl.-Ing. H. Kolaska und Dr. H.-D. Oelkers (Fachverband Pulvermetallurgie, Hagen)
Dipl.-Ing. J. Tengzelius (Höganäs AB, Höganäs, Schweden)
Dipl.-Ing. D. Warga (Mahler GmbH, Esslingen)
Dipl.-Ing. J. Seyrkammer (MIBA, Vorchdorf, Österreich)

## 6 Literatur

1. K. Lange, W. Schaub, M. Stilz, *Z. Ind. Fertig.* **1981**, *71*, S. 197.
2. R. Kieffer, W. Hotop: *Pulvermetallurgie und Sinterwerkstoffe*, 2. Aufl., Springer, Berlin-Göttingen-Heidelberg, **1948**.
3. W. D. Jones: *Fundamental Principles of Powder Metallurgy*, Eduard Arnolds London, **1960**.
4. F. Eisenkolb, F. Thümmler (Hrsg.): *Fortschritte der Pulvermetallurgie*, Bd. 1 und 2, Akademieverlag, Berlin, **1963**.
5. F. Skaupy: *Metallkeramik*, 4. Aufl., Verlag Chemie, Weinheim, **1980**.
6. F. Thümmler, R. Oberacker: *An Introduction to Powder Metallurgy*, The Institute of Materials, London, **1993**.
7. W. Schatt, K.-P. Wieters: *Pulvermetallurgie, Technologien und Werkstoffe*, VDI-Verlag, Düsseldorf, **1994**.
8. R. M. German: *Powder Metallurgy Science*, Metal Powder Industry Federation, Princeton, N.J., **1994**.
9. *Powder Metal Technologies and Applications*. ASM Handbook Vol. 7, ASM International, Materials Park, OH, **1998**.
10. DIN-Taschenbuch 247, *Pulvermetallurgie (Metallpulver, Sintermetalle, Hartmetalle)*, Beuth-Verlag, Berlin-Wien-Zürich, **2001**.
11. F. Thümmler, R. Oberacker: Ausgewählte neuere Entwicklungen in der Pulvermetallurgie, in H. Kolaska (Hrsg.): *Pulvermetallurgie in Wissenschaft und Praxis*, Bd. 11, DGM Informationsgesellschaft, Oberursel, **1995**, S. 3.
12. J. M. Capus, J. J. Dunkley, *Powder Metall.* **2003**, *46*, S. 105.
13. W. Schatt: *Sintervorgänge, Grundlagen*, VDI-Verlag, Düsseldorf, **1992**.
14. J. M. Capus, *Powder Metall.* **2002**, *45*, S. 205.
15. *Met. Powder Rep.* **2001**, *56* (Juli/Aug.), S. 10.
16. in [7], S. 22.
17. in [6], S. 34.
18. D. I. Bloemacher, *Met. Powder Rep.* **1990**, *45* (Febr.), S. 117.
19. INCO Ltd, *Met. Powder Rep.* **1984**, *39* (Mai), 262.
20. in [6], S. 49, 280.
21. Druckschriften der Fa. H. C. Starck, Goslar.
22. *Powder Metall.* **2003**, *46*, 99.
23. J. M. Capus, *Powder Metall.* **2003**, *46*, S. 8.
24. J. M. Capus, *Met. Powder Rep.* **2001**, *56* (Jan.), S. 12.
25. R. Walker, A. R. B. Sandford, *Chem. Ind. (London)* **1979**, S. 624.
26. E. Peissker, *Z. Werkstofftech.* **1975**, *6*, S. 58.
27. P. W. Taubenblat, *Int. J. Powder Met.* **2003**, *39*, S. 25.
28. A. Lawley: *Atomization -The Production of Metal Powders*, Metal Powder Industries Federation (MPIF), Princeton, N.J., **1992**.
29. G. Wolf: Grundlagen und Möglichkeiten der Pulverherstellung durch die fluidgestützte Zerstäubung von Schmelzen, in *Pulvermetallurgie in Wissenschaft und Praxis*, Bd. 14, VDI-Gesellschaft Werkstofftechnik, Düsseldorf, **1998**, S. 1.
30. R. Gerling, M. Oehring: Herstellung neuartiger intermetallischer Legierungen und deren Weiterverarbeitung zu Bauteilen, in *Pulvermetallurgie in Wissenschaft und Praxis*, Bd. 14, VDI-Gesellschaft Werkstofftechnik, Düsseldorf, **1998**, S. 137.
31. W. Schedler: *Hartmetall für den Praktiker*, VDI-Verlag, Düsseldorf, **1988**.
32. J. Walreadt, *Powder Metall. Int.* **1970**, *2*, S. 77.
33. R. B. Bhagat: Advanced Aluminium Powder Metallurgy Alloys and Composites, in [9], S. 841–858.
34. DIN ISO 4497: Metallpulver; Bestimmung der Teilchengrößen durch Trockensiebung, **1991**.
35. F. Metz: Schnelle On-Line-Korngrößenmessung zur Produktionskontrolle, in *Pulvermetallurgie in Wissenschaft und Praxis*, Bd. 14, VDI-Gesellschaft Werkstofftechnik, Düsseldorf, **1998**, S. 348–349.
36. DIN ISO 10076: Metallpulver-Ermittlung der Teilchengrößen durch Schwerkraftsedimentation in einer Flüssigkeit und Messung der Abschwächung, **2001**.

37 DIN ISO 4490: *Metallpulver-Ermittlung des Fließverhaltens mit Hilfe eines kalibrierten Trichters (Hall flowmeter)*, **1987**.

38 DIN ISO 3923–1,2: *Metallpulver-Ermittlung der Fülldichte, Teil 1–2*, **1980**, **1987**.

39 DIN ISO 3927: *Metallpulver, mit Ausnahme von Hartmetallpulvern; Bestimmung der Verdichtbarkeit bei einachsigem Pressen*, **1991**.

40 G. Böhm, H. Breunig, E. Ernst: Moderne Pressen- und Adaptortechnik, in *Pulvermetallurgie in Wissenschaft und Praxis*, Bd. 15, VDI-Gesellschaft Werkstofftechnik, Düsseldorf, **1999**, S. 59–76.

41 E. Ernst, P. Beiss: Fortschritte und Innovationen in der Presstechnik, in *Pulvermetallurgie in Wissenschaft und Praxis*, Bd. 18, Fachverband Pulvermetallurgie, Hagen, **2002**, S. 91–102.

42 G. Hinzmann: Doppelmatrizentechnik zum Pressen von Hinterschneidungen, in *Pulvermetallurgie in Wissenschaft und Praxis*, Bd. 15, VDI-Gesellschaft Werkstofftechnik, Düsseldorf, **1999**, S. 77–82.

43 F. G. Hanejko: Warm Compaction, in [9], S. 376–381.

44 M. Koizumi, M. Nishihara: *Isostatic Pressing. Technology and Applications.* Kluwer Academic Publishers, Dordrecht, **1991**.

45 I. Langer, E. Förster, M. Enders: Fortschritte beim pulvermetallurgischen Spritzgießen – Reproduzierbarkeit geometrischer und mechanischer Eigenschaften, in *Pulvermetallurgie in Wissenschaft und Praxis*, Bd. 15, VDI-Gesellschaft Werkstofftechnik, Düsseldorf, **1999**, S. 171–183.

46 R. M. German: *Powder Injection Moulding*, Metal Powder Industries Federation, Princeton, NJ, **1990**.

47 R. K. Dube, *Powder Metall. Int.* **1981**, 13, S. 188; **1982**, 14, S. 45, 108, 163; **1983**, 15, S. 36 (Review 16).

48 H. Kolaska: *Pulvermetallurgie der Hartmetalle*, Fachverband Pulvermetallurgie, Hagen, **1992**.

49 R. Fries, B. Rand: Slip-Casting and Filter-Pressing, in R. J. Brook (Hrsg.): *Materials Science and Technology*, Bd. 17A, Wiley-VCH, Weinheim, **1996**, S. 155–185.

50 M. Bram, H. P. Buchkremer, D. Stöver: Pulvermetallurgie von porösen Formkörpern-Herstellung, Eigenschaften und Anwendung, in *Pulvermetallurgie in Wissenschaft und Praxis*, Bd. 16, VDI-Gesellschaft Werkstofftechnik, Düsseldorf, **2000**, S. 47–67.

51 L. Ramqvist, *Powder Metall.* **1966**, 9, (17), 1.

52 P. R. Sahm, *Powder Metall. Int.* **1971**, 3, S. 45.

53 J. J. Conway, F. J. Rizzo: Hot Isostatic Pressing of Metal Powders, in [9], S. 605–620.

54 H. Kolaska (Hrsg.): *Sinter/HIP-Technologie. Pulvermetallurgie in Wissenschaft und Praxis*, Bd. 3, Verlag Schmid, Freiburg, **1987**.

55 P. K. Johnson, *Int. J. Powder Met.* **2003**, 39 (3), S. 21.

56 H. A. Kuhn, B. I. Ferguson: *Powder Forging*, Metal Powder Industries Federation, Princeton, NJ, **1990**.

57 M. Weber, *Powder Met. Int.* **1993**, 25, S. 125–128.

58 D. Whittaker: The competition for automotive connecting rod markets. *Metal Powder Rep.* **2001** (Mai), S. 32–37.

59 W. J. Huppmann, *VDI-Bericht 428*, **1981**, S. 27.

60 B. L. Ferguson: Extrusion of Metal Powders, in [9] S. 621–631.

61 E. Tuschy, *Metall* 1982, 36, S. 269.

62 K. Hummert: Produktinnovation und -optimierung durch Sprühkompaktieren neuer Werkstoffe, in *Pulvermetallurgie in Wissenschaft und Praxis*, Bd. 16, VDI-Gesellschaft Werkstofftechnik, Düsseldorf, **2000**, S. 15–28.

63 F. Thümmler, W. Thomma, *Metall. Rev.* **1967**, 115 (12), 69; und KfK-Bericht 615 **1967**.

64 in [13], S. 83.

65 G. C. Kuczynski, *Trans. Amer. Inst. Mining Met. Eng.* **1949**, 185, S. 169.

66 G. C. Kuczynski, *J. Appl. Phys.* **1950**, 21, S. 632.

67 F. Thümmler: Fehler und Optimierungsmöglichkeiten beim Sintern, in H. Kolaska (Hrsg.): *Pulvermetallurgie in Wissenschaft und Praxis*, Bd. 5, Verlag Schmid, Freiburg, **1989**, S. 261.

68 R. M. German: *Liquid Phase Sintering*, Plenum Press, New York, **1985**.

69 M. Willert-Porada, H. S. Park, F. Petzold, B. Scholz, in H. Kolaska (Hrsg.): *Pulver-

metallurgie in Wissenschaft und Praxis, Bd. 18, ISL-Verlag, Hagen, **2002**, S. 103.
70 DIN 30912, 1–5, *Sintermetalle, Sint-Richtlinien (SR)*, **1990**.
71 R. J. Causton, T. Climono: Machinability of P/M Steels, in [9], S. 671–680.
72 E. Schneider, V. Arnhold, K. Dollmeier: Effizienzsteigerung in der Pulvermetallurgie durch Fügetechnik und Werkstoffverbunde, in *Pulvermetallurgie in Wissenschaft und Praxis*, Bd. 17, Fachverband Pulvermetallurgie, Hagen, **2001**, S. 137–147.
73 N. N.: Powder Metallurgy Methods for Rapid Prototyping, in [9], S. 426–436.
74 J. Hänninen, *Met. Powder Rep.* 2001, (Sept), S. 24–29.
75 R. Dax, R. J. Henry, T. Mc Cabe, P. Barrous-Antolin: Process Modeling and Design, in [9], S. 22–30.
76 T. Kraft, O. Coube, H. Riedel: Numerical Simulation of Pressing and Sintering in the Ceramic and Hard Metal Industry, in *Computer and System Science 176*, IOS Press, Amsterdam, **2001**, S. 181–190.
77 K. Boswell, Bericht auf der EURO-PM 2000. *EPMA-News* **2000**, *57*, S. 1.
78 A. Šalak: *Ferrous Powder Metallurgy*, Internat. Sci. Publ., Cambridge, **1995**.
79 R. M. German: *Powder Metallurgy of Iron and Steel*, Wiley, New York, **1998**.
80 DIN 30910, 1. *Sintermetalle, Werkstoffleistungsblätter (WLB); Hinweise zu den WLB*, **1990**.
81 H. P. Koch, in H. Kolaska (Hrsg.): Pulvermetallurgie in Wissenschaft und Praxis, Bd. 18, ISL-Verlag, Hagen, **2002**, S. 3.
82 J. M. Capus, *Met. Powder Rep.* **2001**, *56* (April), S. 20.
83 Produkte der MIBA-Sinterholding, Vorchdorf, Österreich.
84 *Höganäs Iron Powders*, Druckschrift der Fa. Höganas AB, Schweden, **2003**.
85 P. K. Johnson, *Int. J. Powder Met.* **2003**, *39*, S. 21–24.
86 H. D. Ambs, A. Stosuy, in D. Peckner (Hrsg.): *Handbook of Stainless Steels*, McGraw-Hill, New York, **1977**, S. 29.
87 F. A. Kirk, *Powder Metall.* **1981**, *24*, S. 70.
88 P. Hellmann, in R. Ruthardt (Hrsg.): Pulvermetallurgie in Wissenschaft und Praxis, Bd. 13, Werkstoff-Informationsgesellschaft, Frankfurt, **1997**, S. 47.
89 A. Nadkarni: Copper Powder Metallurgy Alloys and Composites, in [9], S. 859–873.
90 J. H. Moll, B. J. McTierman: Powder Metallurgy Superalloys, in [9], S. 887–902.
91 D. G. Morris et al. (Hrsg.): *Intermetallics and Superalloys*, Euromat 99, Vol. 10, Wiley-VCH, Weinheim, **2000**.
92 H.-C. Neubing, H. Danninger: Neuere Entwicklungen bei Al-Basis-Sintermischungen für Präzisionsteile, in *Pulvermetallurgie in Wissenschaft und Praxis*, Bd. 14, VDI-Gesellschaft Werkstofftechnik, Düsseldorf, **1998**, S. 267–287.
93 K. Dollmeier, P. Bishop: Hochfeste PM Bauteile auf Stahl- und Aluminiumbasis – Der Schlüssel zu neuen Anwendungen? in *Pulvermetallurgie in Wissenschaft und Praxis*, Bd. 16, VDI-Gesellschaft Werkstofftechnik, Düsseldorf, **2000**, S. 1–14.
94 G. Wirth, *Metall* **1980**, 34, 1105.
95 *Met. Powder Rep.* **2001**, 56 (Febr.), 10.
96 O. Schauerte, *Adv. Eng. Mat.* **2003**, 5, S. 441.
97 C. Leyens, M. Peters (Hrsg.): *Titanium and Titanium Alloys*, Wiley-VCH, Weinheim, **2003**.
98 *Internationale Plansee-Seminare*, veranstaltet vom Metallwerk Plansee GmbH, A-6600 Reutte, Tagungsberichte.
99 L. Bartha (Hrsg.): *The Chemistry of nonsag tungsten*, Pergamon, Oxford, **1955**.
100 K. Sedlatschek, in F. Benesovsky (Hrsg.): *Pulvermetallurgie und Sinterwerkstoffe*, 2. Aufl., Metallwerk Plansee, Reutte, **1980**, S. 104.
101 S. Gauss, R. Flükiger, *IEEE Trans. Magn. MAG* 23, **1987**, S. 657.
102 A. den Ouden, W. A. J. Wessel, H. H. J. ten Kate, *IEEE Trans. Appl. Supercond.* **1999**, 9, S. 1451.
103 J. Wroe, *Met. Powder Rep.* **2002**, 57 (Okt.), S. 10.
104 J. Grewe, H. Kolaska: Hartstoffe, in *Handbuch der Keramik*, Schmid, Freiburg, **1982**.
105 J. Grewe, H. Kolaska, *Metall* **1978**, *32*, S. 989.
106 H. M. Ortner (Hrsg.): *10. Plansee-Seminar, Reutte* **1981**, Tagungsbericht, Bd.1.

107 U. König, K. Dreyer, N. Reiter, H. Kolaska, J. Grewe, in [106], S. 411.
108 K. Dreyer, W. Daub, H. Holzhauer, S. Ortho, D. Kassel, K. Rödiger, in R. Ruthardt (Hrsg.): *Pulvermetallurgie in Wissenschaft und Praxis*, Bd. 13, Werkstoff-Informationsgesellschaft, Frankfurt, **1997**, S. 3.
109 H. Holleck, H. Leiste, M. Stüber, S. Ulrich, *Z. Metallkde.* **2003**, *94*, S. 621.
110 F. Thümmler, H. Holleck, L. Prakash, in [106], S. 459.
111 L. Prakasch, *12. Internat. Plansee-Seminar, Reutte* **1993**, Tagungsbericht Bd. 2, S. 80.
112 H. Kolaska, P. Ettmayer, *Metall* **1993**, *47*, S. 908.
113 H. Kolaska, in *Spanende Fertigung*, 1. Ausgabe, Vulkan-Verlag. Essen, **1994**, S. 235.
114 V. Richter, M. v. Ruthendorf, J. Drobniewski, in [88], S. 29.
115 K. Brooks, *Met. Powder Rep.* **2002**, *57* (Jan.), S. 30; und (Febr.), S. 30.
116 G. Gille, B. Szesny, B. Mende, K. Dreyer, H. van den Berg, in H. Kolaska (Hrsg.): *Pulvermetallurgie in Wissenschaft und Praxis*, Bd. 16, VDI-Gesellschaft Werkstofftechnik, Düsseldorf, **2000**, S. 85.
117 B. Kordecki, B. Weglinski, I. Kaczmar, *Powder Metall.* **1982**, *25*, S. 201.
118 D. Dorff, K. W. Schlenk, *Met. Powder Rep.* **1981**, *36*, S. 108.
119 *Druckschrift Pulververbundwerkstoffe*, Prometheus Sintermetalle, Graben, **2002**.
120 J. Tengzelius, in H. Kolaska (Hrsg.): *Pulvermetallurgie in Wissenschaft und Praxis*, Bd. 16, VDI-Gesellschaft Werkstofftechnik, Düsseldorf, **2000**, S. 211.
121 *Met. Powder Rep.* **2002**, *57* (Jan.), 20.
122 K. Schüler, K. Brinkmann: *Dauermagnete, Werkstoffe und Anwendungen*, Springer, Berlin, **1970**.
123 W. Lemaire, *Powder Metall.* **1982**, *25*, S. 165.
124 D. Hadfield, *Powder Metall.* **1979**, *22*, S. 132.
125 W. Rodewald, M. Katter, G. W. Reppel, in H. Kolaska (Hrsg.): *Pulvermetallurgie in Wissenschaft und Praxis*, Bd. 18, ISL-Verlag, Hagen, **2002**, S. 225.
126 *Met. Powder Rep.* **2001**, *56* (Febr.), 4.
127 A. Winsel, *Plansseeberichte Pulvermetall.* **1979**, *27*, S. 85.
128 DIN 1495, 1–3. *Gleitlager aus Sintermetall mit besonderen Anforderungen für Elektro-Klein- und Kleinstmotoren.* **1983, 1996**.
129 P. Neumann, V. Arnhold: Innovative poröse Bauteile und Möglichkeiten ihrer Charakterisierung, in H. Kolaska (Hrsg.): *Pulvermetallurgie in Wissenschaft und Praxis*, Bd. 9, VDI-Verlag, Düsseldorf, **1993**, S. 349–377.
130 G. Rausch, M. Weber: Anwendungen von Aluminiumschaum in der Transportindustrie, in H. Kolaska (Hrsg.): *Pulvermetallurgie in Wissenschaft und Praxis*, Bd. 17, Fachverband Pulvermetallurgie, Hagen, **2001**, S. 21–37.
131 W. Seeliger: Fertigungs- und Anwendungsstrategien für Aluminiumschaum-Sandwich Bauteile, in H. Kolaska (Hrsg.): *Pulvermetallurgie in Wissenschaft und Praxis*, Bd. 16, VDI-Gesellschaft Werkstofftechnik, Düsseldorf, **2000**, S. 69–83.
132 P. Weimar, F. Thümmler, H. Bumm, *J. Nucl. Mater.* **1969**, *31*, S. 215.
133 W. Tillmann: Diamant-Werkzeuge im Bauwesen -Entwicklungen und Trends, in H. Kolaska (Hrsg.): *Pulvermetallurgie in Wissenschaft und Praxis*, Bd. 16, VDI-Gesellschaft Werkstofftechnik, Düsseldorf, **2000**, S. 181–194.
134 K. Steffens, H. Wilhelm: *Werkstoffe, Oberflächentechnik und Fertigungsverfahren für die nächste Generation von Flugtriebwerken*, MTU Aero Engines, www.mtu.de, **2003**.
135 D. Sporer, O. Lang: Dispersionsverfestigte Hochtemperaturwerkstoffe für die Energietechnik, in H. W. Grünling (Hrsg.): *Werkstoffe für die Energietechnik*. DGM Informationsgesellschaft, Frankfurt, **1997**, S. 157–162.
136 K. H. Oehl, H. G. Paul: *Bremsbeläge für Straßenfahrzeuge*, Verlag Moderne Industrie, Landsberg/Lech, **1990**.
137 in [7], S. 292.

# 11
# Schutz von Metalloberflächen

*Werner Rausch*
*Überarbeitet durch Martin Stratmann, Joachim Heitbaum, Bernd Schuhmacher,*
*A. Schütte, Wolfgang Bremser*

| | | |
|---|---|---|
| 1 | **Ursachen und Erscheinungsformen der Korrosion** *342* | |
| 2 | **Ursachen und Erscheinungsformen des Verschleißes** *345* | |
| 3 | **Allgemeiner Überblick über Schutzmaßnahmen** *349* | |
| 4 | **Beanspruchungsgerechte Gestaltung** *351* | |
| 5 | **Schutzmaßnahmen aus dem angreifenden Medium** *353* | |
| 5.1 | Elektrische Verfahren *353* | |
| 5.1.1 | Kathodischer Korrosionsschutz *354* | |
| 5.1.2 | Anodischer Korrosionsschutz *356* | |
| 5.2 | Inhibitoren *357* | |
| 6 | **Erzeugung von Schutzschichten** *361* | |
| 6.1 | Vorbehandlung für den Auftrag von Schutzschichten *361* | |
| 6.1.1 | Entfernung organisch-chemischer Verunreinigungen *361* | |
| 6.1.2 | Entfernung oxidischer Verunreinigungen *365* | |
| 6.1.3 | Veränderung der Struktur der Oberfläche *368* | |
| 6.2 | Stromlose Behandlung mit wässrigen Lösungen *369* | |
| 6.2.1 | Phosphatierung *369* | |
| 6.2.1.1 | Alkaliphosphatierung *370* | |
| 6.2.1.2 | Zinkphosphatierung *370* | |
| 6.2.1.3 | Manganphosphatierung *373* | |
| 6.2.2 | Chromatierung *373* | |
| 6.2.3 | Oxidation *374* | |
| 6.2.4 | Metallisierung *375* | |
| 6.2.5 | Sonstige Verfahren *376* | |
| 6.3 | Elektrochemische Behandlung mit wässrigen Lösungen *377* | |
| 6.3.1 | Anodische Oxidation *377* | |

Winnacker/Küchler. *Chemische Technik: Prozesse und Produkte.*
Herausgegeben von Roland Dittmeyer, Wilhelm Keim, Gerhard Kreysa, Alfred Oberholz
*Band 6b: Metalle.*
Copyright © 2006 WILEY-VCH Verlag GmbH & Co. KGaA, Weinheim
ISBN: 3-527-31578-0

6.3.2     Elektrolytische Beschichtung   379
6.3.2.1   Physikalisch-chemische Grundlagen   380
6.3.2.2   Verfahrensablauf   385
6.3.2.3   Apparative Einrichtungen   385
6.3.2.4   Vernickelung   387
6.3.2.5   Verchromung   389
6.3.2.6   Verkupferung   390
6.3.2.7   Cadmierung   392
6.3.2.8   Verzinkung   393
6.3.2.9   Verzinnung   394
6.3.2.10  Versilberung und Vergoldung   395
6.4       Behandlung mit geschmolzenen Stoffen   395
6.4.1     Salzschmelzbehandlung   395
6.4.1.1   Aufkohlen   395
6.4.1.2   Nitrocarburieren   396
6.4.1.3   Nitrieren   396
6.4.2     Metallschmelzbehandlung   397
6.4.2.1   Feuerverzinkung, Feuerlegierverzinkung und Feueraluminierung   397
6.4.2.2   Feuerverzinnung   405
6.4.3     Thermisches Spritzen   406
6.5       Gasphasenbehandlung   410
6.5.1     Chemisch-thermische Verfahren   410
6.5.1.1   Aufkohlen   411
6.5.1.2   Nitrieren   412
6.5.1.3   CVD-Verfahren   412
6.5.2     PA-CVD-Verfahren und Plasmapolymerisation   415
6.5.3     Physikalische Dampfabscheidung (PVD-Verfahren)   417
6.5.3.1   Aufdampfen   418
6.5.3.2   Kathodenzerstäubung   422
6.5.3.3   Ionenplattieren   426
6.5.3.4   Vakuumbogenbeschichtung   426
6.6       Pulverpackverfahren   428
6.7       Mechanische Plattierung und Schweißplattierung   430
6.7.1     Mechanische Plattierung   430
6.7.2     Schweißplattierung   432
6.8       Emaillierung   432
6.9       Beschichtung mit organischen Stoffen   436
6.9.1     Korrosionsschutzöle und -wachse   436
6.9.2     Beschichtung mit Elastomeren und Kunststoffen   437
6.9.3     Lackierung   441
6.9.3.1   Lackbestandteile und -Schichtbildung   441
6.9.3.2   Anwendung   443

| | | |
|---|---|---|
| **7** | **Prüftechnik bei Korrosionsschutzbeschichtungen** *448* | |
| 7.1 | Haftung, Porosität und Morphologie der Oberfläche *449* | |
| 7.2 | Schichtdicke *450* | |
| 7.3 | Härte und Verschleißfestigkeit *450* | |
| 7.4 | Haftung *451* | |
| 7.5 | Korrosionsbeständigkeit *451* | |
| | | |
| **8** | **Literatur** *452* | |

Metallische Werkstoffe unterliegen je nach ihrer Verwendung unterschiedlichen Beanspruchungen, die entweder das Gesamtvolumen (z. B. Zug, Druck, Leitfähigkeit) oder primär nur die Oberfläche betreffen. Typische Einwirkungen, die zunächst an der Oberfläche angreifen, sind Korrosion [1–5] und Verschleiß [6–8]. Falls die Oberfläche bereits der Sitz der vom Werkstück geforderten funktionellen und/oder dekorativen Eigenschaften ist, muss diese möglichst lange in ihrem optimalen Zustand erhalten bleiben. Aber auch für Funktionen, die vom Volumen des Werkstoffes erfüllt werden, ist der Schutz der Oberfläche als Barriere gegen eine tiefergreifende Zerstörung von Bedeutung.

# 1
**Ursachen und Erscheinungsformen der Korrosion** (s. auch Werkstoffe in der Chemischen Technik)

Nach DIN EN ISO 8044, Ausgabe: 1999-11 (Korrosion von Metallen und Legierungen – Grundbegriffe und Definitionen) und DIN 50900-2, Ausgabe 2002-06 (Korrosion der Metalle, Elektrochemische Begriffe) versteht man unter Korrosion die Reaktion eines metallischen Werkstoffs mit seiner Umgebung, die eine messbare Veränderung des Werkstoffs bewirkt und zu einer Beeinträchtigung der Funktion eines metallischen Bauteils oder eines ganzen Systems führen kann. In den meisten Fällen ist diese Reaktion elektrochemischer Natur, in einigen Fällen kann sie auch chemischer oder physikalischer Art sein. Die Korrosionsreaktion der Metalle stellt in Umkehr zu deren Gewinnung durch Reduktion eine Oxidation dar, bei der vergleichbare Energiebeträge, wie sie bei ihrer Herstellung aufgewendet wurden, wieder freigesetzt werden. Trotz dieser thermodynamischen Instabilität sind viele Metalle und Legierungen unter Gebrauchsbedingungen relativ beständig; was auf kinetische Hemmungen der Korrosionsreaktion zurückzuführen ist. Manche Werkstoffeigenschaften und Umgebungsbedingungen lassen jedoch die Korrosionsreaktion so schnell ablaufen, dass ein Korrosionsschutz erforderlich ist [1, 2, 4, 9, 10].

Unter den Korrosionsmechanismen spielt die *elektrochemische Korrosion* eine wichtige Rolle. Sie setzt den Kontakt der Metalloberfläche mit einem meist wässrigen Elektrolyten und das Vorhandensein von Bezirken auf der Metalloberfläche voraus, an denen das Metall anodisch aufgelöst wird. Aufgrund ihres elektrochemischen Charakters kann diese Korrosionsart u. a. durch elektrochemische Verfahren wirksam bekämpft werden.

Nicht elektrochemischer Natur ist z. B. die *Hochtemperaturkorrosion*, worunter man eine chemische Umsetzung der Metalle mit oxidierend wirkenden Gasen, wie z. B. Sauerstoff, Chlor, Wasserdampf, Kohlendioxid oder Schwefelwasserstoff versteht. Dabei bilden sich meist Deckschichten, die den weiteren Angriff hemmen, je nach dem Widerstand, den die dichte oder poröse Beschaffenheit der Schichten der Diffusion der Reaktionspartner entgegensetzt. Die Diffusion wird durch Fehlordnungen in der Schicht maßgeblich beeinflusst.

Korrosion tritt in vielfältigen Erscheinungsformen auf, die häufig eine Zuordnung zu speziellen Reaktionsmechanismen und Rückschlüsse auf mögliche

Schutzmaßnahmen erlauben [10]. *Großflächige Korrosionselemente* infolge *differentieller Belüftung* trifft man z. B. bei erdverlegten Rohrleitungen, die durch Böden verschiedener Luftdurchlässigkeit führen, bei mit Wasser gefüllten, offenen Tanks und bei Stahlpfählen an, die in den Meeresboden getrieben sind und deren obere Enden aus dem Wasser herausragen. Die Metallauflösung findet immer in dem Bereich geringerer Sauerstoffkonzentration statt. *Korrosion unter Ablagerungen* liegt vor, wenn das von einer Elektrolytlösung benetzte Metall mit einem Fremdkörper Kontakt hat. Der Mechanismus entspricht häufig demjenigen bei differentieller Belüftung. Die *ebenmäßige Korrosion* ist die ungefährlichste. Sie tritt bei gleichmäßiger Verteilung kleiner Lokalkathoden und Lokalanoden über die Metalloberfläche auf und wird in der Praxis beim atmosphärischen Angriff und beim Angriff konzentrierter Säuren in chemischen Glanzbädern beobachtet. Die ungleichmäßigere Metallauflösung in Form der *Muldenkorrosion* ist auf werkstoff- oder mediumsseitig bedingte, örtlich geringfügig unterschiedliche Korrosionsbedingungen zurückzuführen. *Kontaktkorrosion* läuft zwischen Metallen unterschiedlicher Elektrodenpotentiale ab, die miteinander in metallischem Kontakt stehen und von einem gemeinsamen Elektrolyten umgeben sind. Das unedlere Metall (Anode) korrodiert verstärkt und gewährt dem edleren kathodischen Schutz. Die Geschwindigkeit der Korrosion steigt mit zunehmender Potentialdifferenz und abnehmendem elektrischen Widerstand des Elektrolyten. Besonders schnell geht die Metallauflösung vor sich, wenn eine kleinflächige Anode mit einer großflächigen Kathode in Verbindung steht. Die Polarität einer gegebenen Metallkombination kann sich in Abhängigkeit vom Elektrolyten oder der Temperatur umkehren. Zinnschichten auf Stahl sind in heißem Wasser immer edler als das Basismetall, in Gegenwart von Fruchtsäuren wechselt jedoch die Polarität. Zink verhält sich in Wasser bei Raumtemperatur gegenüber Stahl als Anode, während sich die Verhältnisse in heißem Wasser umkehren können [11].

*Lochkorrosion* (Lochfraß) ist eine Korrosionsform, bei der grübchen- oder nadelstichartige Vertiefungen entstehen. Die Löcher sind meist scharf begrenzt, da die unmittelbare Umgebung nicht oder nur unwesentlich angegriffen ist. Perforationen sind selbst bei höheren Materialdicken nicht selten. An passiven Werkstoffen wird Lochkorrosion durch spezifisch wirkende Ionen hervorgerufen. Beispiele sind Chlorid bei nichtrostenden Chrom- und Chrom/Nickel-Stählen und Fluorid bei Titan. Die Entstehung eines Loches, in dem der Werkstoff mit hoher Geschwindigkeit aufgelöst wird, beruht auf der Ausbildung eines aktiv/passiv-Korrosionselementes. Bei unlegierten oder niedriglegierten Stählen sind Belüftungselemente die häufigste Ursache für Lochkorrosion, wobei der Materialabtrag an den nicht oder schlecht belüfteten, örtlich begrenzten Lokalanoden stattfindet. *Spaltkorrosion* ist die verstärkte Korrosion von Metallen in Spalten, die durch Berührungsstellen von Metall/Metall- oder Metall/Nichtmetall-Paarungen gebildet werden. Der erhöhte Angriff kann durch Mangel an Oxidationsmittel im Spalt hervorgerufen werden. Nichtrostende Stähle verlieren in Spalten bevorzugt ihre Passivität. *Korrosion an Dreiphasengrenzen* (Wasserlinienkorrosion) tritt als grabenförmiger Abtrag an der Phasengrenze Metall/Elektrolytlösung/Luft auf und läuft unter Sauerstoffverbrauch ab. Durch *selektive Korrosion* werden bestimmte Gefügebestandteile, korngrenzennahe Bereiche oder einzelne Legierungselemente bevorzugt korrodiert. Typische Fälle sind die *interkristalline Korrosion* von nichtrostenden Stählen sowie von Aluminiumlegierungen, die *Spongiose* von grau erstarrtem Gusseisen (selektive Auflösung des Eisens unter Zurücklassung eines Graphit/ Carbid-Gerüstes) und die Entzinkung von Messing [12].

Die *Tropfenkorrosion* von Stahl unter einem annähernd neutralen wässrigen Elektrolyttropfen in Gegenwart von Luft ist durch die Metallauflösung im Zentrum des Tropfens, eine Sauerstoffreduktion an der Tropfenbegrenzung als elektronenverbrauchenden Vorgang und eine Ausfällung von Eisenoxidaquat in dem Bereich des Tropfens gekennzeichnet, wo die von der Lokalkathode wegdiffundierenden $OH^-$-Ionen auf $Fe^{2+}$-Ionen treffen.

Bei einer Taupunktunterschreitung können Wasser oder Säuren auf Metalloberflächen kondensieren und zu örtlichen oder flächigen Schäden führen. Diese insbesondere in Verbrennungsanlagen auftretende Korrosionsart wird als *Taupunktkorrosion* bezeichnet.

Wasserstoff kann bei Temperaturen unter etwa 200 °C aus der Gasphase oder aus kathodischer Reaktion (z. B. Beizangriff in Säuren) in atomarer Form in das Gefüge von legierten und unlegierten Stählen eindringen und zu einer Abnahme der Zähigkeit führen *(Wasserstoffversprödung)*. Die *Spannungsrisskorrosion* ist besonders gefürchtet, weil sie verhältnismäßig schnell zur Werkstoffzerstörung führen kann. Sie wird durch gleichzeitige Einwirkung von korrosivem Medium und Zugspannung hervorgerufen und führt sowohl zu interkristallinen als auch zu transkristallinen Rissen [10]. Bei der gleichzeitigen Einwirkung von mechanischer Wechselbeanspruchung und Korrosionsangriff auf Metall kann eine meist transkristalline Rissbildung eintreten, die als *Schwingungsrisskorrosion* oder auch Korrosionsermüdung bezeichnet wird. Quantitative Aussagen sind dem Verlauf von Wöhler-Kurven zu entnehmen, in denen die jeweilige maximale Zugbeanspruchung gegen den Logarithmus der Zahl der Lastwechsel, die bis zum Bruch des Werkstückes führen, aufgetragen ist [13]. Unter *Erosionskorrosion* versteht man die Einwirkung von strömender korrosiver Flüssigkeit auf Metalloberflächen. Es entstehen dabei furchenartige, glatte Vertiefungen in Strömungsrichtung, die auch hufeisenförmig sein oder sich verbreitern und eine dreieckige Gestalt annehmen können [14]. Turbulente Flüssigkeitsströmungen an Festkörperoberflächen erzeugen örtliche Unterdruckgebiete und Gasblasen in der Flüssigkeit, die bei Veränderung der Strömungsverhältnisse zusammenfallen und dabei heftige Schläge gegen die Oberfläche ausüben. Unter diesen Bedingungen, die zur *Kavitationskorrosion* führen, können auch sonst harmlose Elektrolyte wegen des Ausbleibens jeglicher Schutzschichtbildung stark korrodierend wirken [15]. Der beschleunigte Angriff an der Berührungsstelle eines Metalls mit einem anderen Metall oder mit nichtmetallischen Werkstoffen (Glas, Keramik), die bei hoher mechanischer Belastung kleine Bewegungen, z. B. Vibrationen gegeneinander ausführen, wird als *Reibkorrosion* bezeichnet. Ein typisches Beispiel ist die punkt- oder linienartige Korrosion in Kugel- oder Rollenlagern unter großen Lasten bei nur geringfügiger Bewegung.

Flüssigkeitstropfen in der Gasphase, die mit hoher Geschwindigkeit auf Metalloberflächen auftreffen, schlagen dort kleinste Werkstoffpartikeln heraus, verformen

Einzelbereiche plastisch und bewirken Rissbildung. Diese *Tropfenschlagkorrosion* wird an quer angeströmten Rohrbündeln von Kondensatoren und an Ventilatorflügeln beobachtet [16].

Auch unter organischen Überzügen treten Korrosionserscheinungen auf. Lackfilme auf Stahl können, an Beschädigungsstellen beginnend, von der Metalloberfläche infolge *Unterrostumg* abgehoben werden [17]. Wenn die Unterrostungsfront nicht gleichmäßig, sondern fadenförmig fortschreitet, liegt *Filiformkorrosion* vor. Besonders bei Feuchtklimabeanspruchung kann es zu einer *Blasenbildung* unter dem Anstrichfilm kommen.

## 2
## Ursachen und Erscheinungsformen des Verschleißes

In [18] wird für den Verschleiß folgende Definition gegeben: »Verschleiß ist der fortschreitende Materialverlust aus der Oberfläche eines festen Körpers, hervorgerufen durch mechanische Ursachen, d. h. durch Kontakt und Relativbewegung mit festen, flüssigen oder gasförmigen Gegenkörpern«. Zur Erläuterung wird angefügt, dass eine derartige Einwirkung auf einen festen Körper als tribologische Beanspruchung bezeichnet wird. Verschleiß äußert sich im Auftreten von losgelösten kleinen Teilchen (Verschleißpartikeln) sowie in Stoff- und Formänderungen der tribologisch beanspruchten Oberflächenschicht. In der Technik ist Verschleiß normalerweise unerwünscht und wertmindernd. In Ausnahmefällen, wie z. B. beim Einlaufen können Verschleißvorgänge jedoch technisch auch erwünscht sein [19]. Das tribologische Verhalten eines Werkstoffes ist keine allein durch ihn bestimmte Eigenschaft, sondern ergibt sich aus der Wechselwirkung aller beteiligten Stoffe. Das tribologische System wird
– durch die beteiligten Stoffe, nämlich Grundkörper, Gegenkörper und gegebenenfalls hinzukommende Zwischenkörper, Zwischenstoffe und das Umgebungsmedium und
– durch das Beanspruchungskollektiv aus Belastung, Geschwindigkeit, Temperatur und Zeit charakterisiert.

Nimmt man den Bewegungsablauf zwischen den im Kontakt befindlichen Stoffen bzw. Körpern eines tribologischen Systems als Kriterium, so kann zwischen verschiedenen Beanspruchungsarten unterschieden werden. Beim *Gleiten* bewegen sich die Oberflächen der Partner parallel gegeneinander. Das *Abrollen* eines rotationssymmetrischen Körpers auf einem anderen kann ohne (Rollen) bzw. mit Gleitanteil, d. h. Schlupf (Wälzen) erfolgen. Die *Stoßbeanspruchung* ist durch eine schnelle, meist steile und harte Krafteinwirkung der Partner aufeinander mit – wenn überhaupt – nur geringem Gleitanteil gekennzeichnet. Unter *Schwingen* versteht man eine Spezialform des Gleitens oder Stoßens unter schneller periodischer Änderung der Beanspruchungsrichtung. Beim *Strahlen* werden feste Partikeln in einem strömenden Medium an den Grundkörper herangeführt, wobei sie auf diesem senkrecht (Prallen) oder schräg auftreffen oder tangential über ihn gleiten.

Aus den Erscheinungsformen des Verschleißes kann auf bestimmte Verschleißmechanismen geschlossen werden, die nachstehend näher erläutert werden [19].

**Adhäsion**
Bei der Berührung von Grund- und Gegenkörper unter Druck kommt es in Mikrokontaktbereichen zu erheblichen mechanischen Spannungen, die durch tangentiale Relativbewegungen der Partner noch verstärkt werden. Dadurch können auf den Oberflächen haftende Adsorptions- und Reaktionsschichten punktuell oder größerflächig zerstört werden, sodass zwischen den nun »nackten« Oberflächen »atomare« Bindungen mit mehr oder weniger großer Festigkeit entstehen. Zum Verschleiß kommt es, wenn diese Bindungen nicht in den ursprünglichen Mikrokontaktflächen, sondern in darunter liegenden Zonen von Grund- oder Gegenkörper gelöst werden, wobei Werkstoff von dem einen Partner auf den anderen übertragen wird. Die Folge ist ein Herausreißen von Material aus der einen Fläche und ein gleichzeitiger Aufbau dieses Materials auf der anderen Fläche. Praktische Beispiele sind Gleitlager, Getriebe oder Paarungen aus Kolben und Zylinder, bei denen Überlastung oder Schmierstoffmangel zum »Fressen« der Flächen führen können.

**Tribochemische Reaktion (Tribooxidation) [20]**
Durch tribologische Beanspruchung können chemische Reaktionen zwischen der Oberfläche des Grundkörpers und Bestandteilen des Zwischenstoffes oder des Umgebungsmediums stattfinden. Die Erhöhung der chemischen Reaktivität durch tribologische Beanspruchungen kann verschiedene Ursachen haben: Entfernung reaktionshemmender Deckschichten, Beschleunigung des Transportes von Reaktionsteilnehmern, Vergrößerung der reaktionsfähigen Oberfläche, Temperaturerhöhung durch Reibungswärme, Entstehung von Oberflächenatomen mit freien Valenzen und/oder von Molekülbruchstücken. Tribochemische Reaktionen können den Verschleiß erhöhen oder erniedrigen. Letzteres tritt ein, wenn hierbei nichtmetallische Schichten entstehen, die den metallischen Kontakt zwischen Grund- und Gegenkörper unterbinden und dadurch den Verschleiß durch Adhäsion vermindern. Nach diesem Prinzip arbeiten z. B. EP (extreme pressure)-Additive in Getriebeölen (siehe Schmierstoffe, Bd. 7, Abschnitt 4.8). Tribochemische Reaktionen treten auch bei korrosionsbeständigen Stählen auf, wenn Passivitätsschichten durch die tribologische Beanspruchung zerstört werden. Verschleiß infolge Tribooxidation ist häufig schon mit bloßem Auge an Änderungen der Farbe oder der Materialbeschaffenheit erkennbar.

**Abrasion**
Abrasion tritt auf, wenn Rauheitshügel des Gegenkörpers oder Partikeln, die als Zwischenstoff vorhanden sind, in die Oberflächenbereiche des Grundkörpers eindringen und gleichzeitig eine Tangentialbewegung ausführen, sodass Riefen und Mikrospäne gebildet werden. Die Abrasion ist an diesen Riefen zu erkennen, in denen sich vielfach Metallabrieb befindet. Bei spröden Werkstoffen kommen Ausbröckelungen hinzu.

### Oberflächenzerrüttung

Dieser Verschleiß resultiert aus in Richtung und/oder Intensität wechselnden mechanischen Spannungen in der Oberfläche. Allmählich entstehen und wachsen Risse, die schließlich zur Abtrennung von Partikeln aus den beanspruchten Oberflächenbereichen führen. Der Endzustand ist eine mit Grübchen und Löchern durchsetzte Oberfläche.

### Tribosublimation

Bei tribologischen Beanspruchungen entsteht Wärme, die die Oberflächentemperatur so stark erhöhen kann, dass Atome oder Moleküle aus der Oberfläche in die angrenzende Phase übertreten. Dies tritt z. B. ein, wenn Flugkörper mit hoher Geschwindigkeit in die Erdatmosphäre eintauchen. In Bremssystemen führt Tribosublimation zu einer Abführung von Reibungswärme und kann aus diesem Grunde sogar erwünscht sein.

### Diffusion

Durch Reibungswärme bewirkte Temperaturerhöhungen des Grundkörpers erleichtern auch die Diffusion von Komponenten aus dem Oberflächengefüge des Grundkörpers zum Gegenkörper. Dies hat in den meisten Fällen einen messbaren Verschleiß zur Folge. Wenn dabei ein wichtiger Bestandteil des Grundkörpers, z. B. Kohlenstoff aus dem Carbidanteil von Hartmetallwerkzeugen, verloren geht, steigt der Verschleiß infolge tief greifender Änderungen der Materialeigenschaften erheblich an.

Unter Berücksichtigung der Verschleißpaarung und der Beanspruchungsart sowie der sich daraus ergebenden Verschleißart lassen sich nach den praktischen Erfahrungen gewisse Voraussagen über die wahrscheinlich auftretenden Verschleißmechanismen machen. Eine solche Gegenüberstellung ist in Tabelle 1 enthalten. Beim Bohren treten beispielsweise die vier genannten Verschleißmechanismen etwa gleichgewichtig auf, während bei anderen Verschleißarten ein einziger Verschleißmechanismus dominieren kann. Bemerkenswert ist das Verhalten des Strahlverschleißes, bei dem mit dem Übergang vom Gleiten (tangentiale Einwirkung) über Schrägstrahl zum Prallstrahl (senkrechte Einwirkung) der Anteil an Abrasion abnimmt und der Anteil an Oberflächenzerrüttung zunimmt.

Tab. 1 Verschleißarten mit Verschleißmechanismen

| Verschleißpaarung | Beanspruchung | Verschleißart | Verschleißmechanismen ||||
|---|---|---|---|---|---|---|
| | | | Adhäsion | Tribokorrosion | Abrasion | Oberflächenzerrüttung |
| Festkörper/Festkörper (ohne und mit Schmierung) | Gleiten | Gleitverschleiß | 25 | 25 | 25 | 25 |
| | Rollen | Rollverschleiß | 15 | 15 | 15 | 55 |
| | Wälzen | Wälzverschleiß | | | | |
| | Bohren | Bohrverschleiß | 25 | 25 | 25 | 25 |
| | Prallen, Stoßen | Stoßverschleiß | 20 | 20 | 20 | 20 |
| | Oszillieren | Schwingungsverschleiß | 25 | 25 | 25 | 25 |
| | Furchen | Furchungsverschleiß | 10 | 10 | 80 | 0 |
| | Kerben | Kerbverschleiß | 0 | 0 | 90 | 10 |
| Festkörper/Festkörper und Partikel | Gleiten | Korngleitverschleiß | 10 | 10 | 80 | 0 |
| | Wälzen | Kornwälzverschleiß | 10 | 10 | 0 | 80 |
| | Mahlen | Mahlverschleiß | 0 | 10 | 65 | 25 |
| Festkörper/Flüssigkeit mit Partikel | Strömen | Spülverschleiß (Erosionsverschleiß) | 0 | 10 | 80 | 10 |
| Festkörper/Gas mit Partikel | Strahlen | Strahlverschleiß | | | | |
| | | a) Gleitstrahlverschleiß | 0 | 10 | 80 | 10 |
| | | b) Schrägstrahlverschleiß | 0 | 10 | 50 | 40 |
| | | c) Prallstrahlverschleiß | 0 | 10 | 10 | 80 |
| Festkörper/Flüssigkeit | Prallen | Tropfenschlag-Verschleiß | 0 | 10 | 0 | 90 |
| | Strömen | a) Flüssigkeitserosionsverschleiß | 0 | 10 | 0 | 90 |
| | | b) Kavitationsverschleiß | 0 | 10 | 0 | 90 |
| Festkörper/Gas | Strömen | Ablativverschleiß | | Tribosublimation |||

Anteilmäßiges Auftreten: 0%–100%

# 3
## Allgemeiner Überblick über Schutzmaßnahmen

Die zum Schutz gegen Korrosion und Verschleiß einsetzbaren Materialien und Verfahren sind in Tabelle 2 zusammengefasst.

Der beanspruchungsgerechten Gestaltung der Bauteile kommt eine besondere Bedeutung zu, der Schutz gegen Korrosion und Verschleiß beginnt am Reißbrett [21]. Die sachgerechte Auswahl des Baumaterials muss auf einer sorgfältigen Analyse der späteren Beanspruchungsbedingungen aufbauen. Hierbei sind die Standardwerke über Materialbeständigkeit eine wertvolle Hilfe [9, 22]. Da bereits kleine Änderungen der Parameter eines Beanspruchungskollektives seine Aggressivität stark beeinflussen können, müssen deren mögliche Konsequenzen bei der Materialauswahl beachtet werden. Zu den weiteren Schutzmaßnahmen zählen Beeinflussungen vom angreifenden Medium aus sowie der Auftrag von Schutzschichten unterschiedlichster Art. Als übergeordnetes Einteilungsprinzip dient in den meisten Fällen das Auftragsverfahren, dem die aufzutragenden Materialien untergeordnet werden. Von dieser Folge wird lediglich bei den organischen Schutzschichten abgewichen. Bei der Besprechung der einzelnen Schutzmaßnahmen wird kurz darauf eingegangen, gegen welche Beanspruchungen diese besonders geeignet sind. Da der Schutz gegen Verschleiß im Vergleich zum Korrosionsschutz insofern komplizierter ist, als der Gegenkörper als zusätzliches Element berücksichtigt werden muss, werden nachstehend einige einleitende Hinweise zur Beeinflussung der verschiedenen Verschleißmechanismen gegeben.

Verminderung der Schäden durch Adhäsion:
– Vermeidung mechanischer und thermischer Überbeanspruchung,
– Trennung der Kontaktpartner durch einen Schmierfilm,
– Verwendung von Schmierstoffen mit EP-Additiven,
– Vermeidung metallischer Paarungen, statt dessen Einsatz von z. B. Keramik/Metall, Kunststoff/Metall, phosphatiertem Metall/Metall,
– Bevorzugung von Werkstoffpaarungen mit kubisch-raumzentrierter oder hexagonaler Struktur und
– Vermeidung von Werkstoffen mit kubisch-flächenzentrierter Struktur, insbesondere von austenitischen Stählen.

Kontrolle tribochemischer Reaktionen:
Zunächst muss geprüft werden, ob die vorliegende tribochemische Reaktion tatsächlich stört, da sie andererseits ein wirksames Mittel gegen Adhäsion ist. Zur Einschränkung der Reaktion bieten sich folgende Maßnahmen an:
– Ersatz von metallischen Werkstoffen durch Keramik oder organische Polymere,
– Beschichtung mit chemisch beständigeren Überzügen,
– Verminderung der Aggressivität der Umgebung und
– Verwendung additivfreier hydrodynamisch wirkender Schmierstoffe.

**Tab. 2** Schutzmöglichkeiten für Metalloberflächen

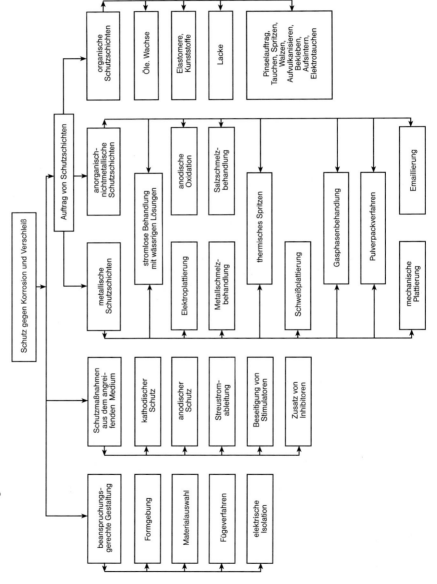

Verminderung der Abrasion:
  Erhöhung der Härte des Grundkörpers über die des Gegenkörpers,
- Verwendung von gummielastischen Werkstoffen bei Spül- und Strahlverschleiß mit hohem Prallanteil und
- Verwendung von besonders zähem metallischem Werkstoff für den Grundkörper.

Einschränkung der Oberflächenzerrüttung:
- Verwendung von Schmierstoffen,
- Verwendung von Werkstoffen mit hoher Härte und Zähigkeit und
- Erzeugung von Druckeigenspannungen in der Grundkörperoberfläche (z. B. durch Oberflächenaufkohlen, Nitrieren oder Kugelstrahlen).

# 4
# Beanspruchungsgerechte Gestaltung

Viele Korrosionsschäden an metallischen Werkstoffen lassen sich durch konstruktive und fertigungstechnische Maßnahmen verhüten oder zumindest verringern. Die Maßnahmen können sich sowohl auf die Gesamtkonzeption eines Bauteils, einer Maschine oder einer Anlage als auch auf die konstruktive Ausführung im Detail beziehen. Im Folgenden wird auf einige wichtige Konstruktionsmaßnahmen näher eingegangen [23].

Schweißnähte sollen nicht im Bereich von Querschnittsänderungen angebracht werden, um erhöhte örtliche mechanische Spannungen durch Addition der Spannungen aus Schweißnaht und Dickenänderung auszuschließen. Die Entstehung von Spalten an Schweißnähten muss vermieden werden, da diese den Ausgangspunkt für einen späteren Korrosionsangriff bilden können. Folgende Möglichkeiten bieten sich an: Schweißung unter Schutzgas, Schweißung mit Zwischenring, der mit dem Wurzelschweißgut verschmilzt, und Schweißung mit Einlegering, wenn dieser nach erfolgter Schweißung entfernt wird.

In Blechverbindungen durch Nieten werden vorzugsweise gleiche Werkstoffe miteinander verbunden. Für artverschiedene Bleche empfiehlt es sich, sie im Spalt durch elektrisch isolierende Einlagen zu trennen und für den Niet einen Werkstoff zu wählen, der mindestens so edel wie der edlere der beiden Blechwerkstoffe ist. Verbleibende Spalte werden mit Dichtungsmassen gegen das Eindringen von korrosivem Medium geschützt. Artverschiedene metallische Werkstoffe in Schraubverbindung erhalten kriechfeste elektrische Isolierungen, z. B. aus Isolierscheiben, -hülsen, -binden und -pasten, die jeglichen metallisch leitenden Kontakt im Verbindungsbereich ausschließen. Flachdichtungen von Rohrflanschverschraubungen müssen bündig mit der Rohrinnenfläche abschließen um Erosionserscheinungen (bei überstehender Dichtung) bzw. Spaltkorrosion (bei nicht voll füllender Dichtung) auszuschließen.

Nach oben offene Profile sind verstärkt Schmutz und Feuchtigkeit und damit auch erhöhter Korrosion ausgesetzt. Falls die Verwendung solcher Profile unvermeidbar ist, werden an den Tiefpunkten Dränagelöcher angebracht. In geschlossenen, aber nicht völlig dichten Hohlprofilen, z. B. Kastenträgern, besteht die Gefahr, dass sich Feuchtigkeit und Schmutz im Innern ansammeln und ein aggressives Milieu bilden, das zu starkem Rosten und Perforationen führt. Enge Rohrbögen unterliegen bei hohen Strömungsgeschwindigkeiten verstärkt der Erosionskorrosion. Abhilfe kann durch Vergrößerung des Bogenradius und durch Innenbeschichtung geschaffen werden. Durchmesseränderungen in Rohrsträngen sollten strömungsgünstig ausgeführt werden, wobei die Länge des Reduzierstückes den vorliegenden Strömungsverhältnissen anzupassen ist.

Bei der Auskleidung von Behältern mit korrosionsbeständigem metallischem Werkstoff muss dafür gesorgt werden, dass an den Schweißverbindungsstellen keine Schwächung des Korrosionsschutzes durch Auflegieren zwischen Plattierungs- und Grundwerkstoff erfolgt. Um Perforationen des Innenmantels frühzeitig erkennen zu können, wird der Außendruckmantel mit Sicherheitsbohrungen versehen, die bis an die Außenseite der Auskleidung reichen, und durch die austretendes Produkt entweichen kann. Auslauföffnungen an Behälterböden oder zu Dränagezwecken werden an die tiefste Stelle gelegt um eine völlige Entleerung zu ermöglichen. Daher sollen die angrenzenden Flächen zum Auslauf hin geneigt sein und durchgesteckte Ablassstutzen unbedingt vermieden werden. Stutzenrohre, durch die flüssige oder feste Reaktionspartner von oben in den Reaktorbehälter gegeben werden, sollen so bemessen sein, dass ihr Auslass möglichst weit von der senkrechten Behälterwand entfernt ist und dicht oberhalb des Behälterinhalts endet bzw. in diesen eintaucht. Rohrschlangen für Heiz- und Kühlzwecke werden zur Vermeidung von mechanischen Spannungen möglichst nicht als Halbrohr auf Reaktoraußenflächen aufgeschweißt, sondern vorzugsweise als Vollrohr frei im Behälterinneren angebracht, wobei auf eine spaltfreie Anschweißung der Stützkonstruktion an der Innenwand besonders zu achten ist.

Lagertanks mit flachem Boden werden auf Profilstahlträger gestellt und mit einer umlaufenden, auf die Behälterwand aufgeschweißten Schürze versehen um die Außenfläche des Bodens trocken zu halten. Im Innern von Flüssigkeitsbehältern werden Zu- und Ablaufrohre örtlich so voneinander getrennt, dass keine Gasblasen und Festkörper in den Auslauf gesaugt werden können. In Behältern notwendige Heizelemente sollten so angebracht werden, dass die Behälterwandung örtlich nicht überhitzt wird.

Rohre in Rohrbündelwärmeaustauschern sollten über mindestens 90 % der Rohrbodendicke in den Rohrboden eingewalzt sein, da anderenfalls eine erhöhte Spaltkorrosionsgefahr besteht. Auch bei der Verbindung durch Schweißen müssen Spalte vermieden werden. In stehenden Austauschern dürfen die Rohrenden nicht über den oberen Rohrboden hinausragen, um ein einwandfreies Ablaufen von Flüssigkeit zu gewährleisten. Im Bereich des Eintrittstutzens werden die ersten Rohrreihen von Rohrbündelwärmeaustauschern durch einströmende Gase oder Flüssigkeiten besonders stark beansprucht. Durch Anbringung von Prallblechen kann dieser schädliche Einfluss beseitigt werden. In stehenden Rohrbündelwärmeaustauschern sollte durch einen hochgelegten Abfluss, gegebenenfalls unter Zuhilfenahme einer zusätzlichen Entlüftung ermöglicht werden, dass der gesamte Innenraum immer mit Flüssigkeit gefüllt ist und Dreiphasengrenzen Werkstoff/Flüssigkeit/Dampfraum nicht entstehen.

Kamine und sonstige Apparate, durch die heiße, gegebenenfalls auch säurehaltige Gase strömen, müssen außen wärmeisoliert oder entsprechend temperiert werden, um die Bildung von aggressivem Kondensat auf der Innenfläche auszuschließen. Im Chemieanlagenbau werden Teile aus korrosionsbeständigen Werkstoffen auf der dem Produkt abgekehrten Seite häufig mit unlegierten Stählen verschweißt. Um eine Beeinträchtigung der Korrosionsfestigkeit des legierten Werkstoffes durch die Schweißung zu vermeiden, müssen Mindestwandstärken oder andere konstruktive Maßnahmen eingehalten werden.

Apparate und Konstruktionselemente, die später mit einer Beschichtung aus einem organischen Material versehen werden, sollten weder scharfe Ecken und Kanten noch enge Spalte aufweisen. Für Teile, die durch Tauchbehandlung, z. B. Tauchlackierung, innen beschichtet werden, muss die Formgebung eine vollständige und ungehinderte Durchflutung ermöglichen. Luft- und Gaspolster können auch beim Reinigen und den übrigen Stufen der chemischen Oberflächenbehandlung zu Störungen führen.

# 5
# Schutzmaßnahmen aus dem angreifenden Medium

Zu den Schutzmaßnahmen, die vom angreifenden Medium aus wirken, zählen die elektrischen Verfahren des kathodischen und anodischen Schutzes sowie die Streustromableitung. Der Zusatz von Inhibitoren zum angreifenden Medium stellt eine wirksame chemische Korrosionsschutzmaßnahme dar.

## 5.1
## Elektrische Verfahren

Die Metallkorrosion in Elektrolyten ist ein elektrochemischer Vorgang. Sie lässt sich durch verschiedene elektrische Verfahren bekämpfen [5, 24]. Die wichtigsten sind die Isolation, die Stromdränage sowie der kathodische und der anodische Korrosionsschutz.

Die Korrosion vieler Metalle wird verstärkt, wenn sie sich zusammen mit einem edleren Metall in einem gemeinsamen Elektrolyten, z. B. Brauch- oder Meerwasser, befinden und zwischen ihnen ein metallisch leitender Kontakt besteht. Aber auch das gleiche Metall, z. B. der Stahl einer erdverlegten Rohrleitung, kann an verschiedenen Stellen je nach Zusammensetzung und Belüftung des Bodens unterschiedliche Metall/Elektrolyt-Potentiale annehmen. Die verstärkte Korrosion in derartigen Systemen, in denen Anode und Kathode makroskopisch getrennt und lokalisierbar sind, lässt sich durch Einbau von Isolierstücken, die den metallischen Kontakt unterbrechen, unterbinden.

Der Schutz gegen vagabundierende Ströme ist insbesondere bei erdverlegten Rohrleitungen und Kabeln von Bedeutung. Unter vagabundierendem Strom wird ein Gleichstrom verstanden, der aus Leitern mit Erdkontakt, z. B. Schienen gleichstrombetriebener Bahnen, austritt und durch den Boden in die Rohrleitung bzw. in das Kabel übertritt. An den Austrittstellen aus diesen Leitungen entsteht erhebliche Korrosion. Schutzmaßnahmen gegen diese Korrosionsart sind die Verbesserung der elektrischen Leitfähigkeit im Leiter, die Erhöhung des Übergangswiderstandes vom Leiter in den Boden, die Erniedrigung des Spannungsabfalls im Leiter durch Anbringen zusätzlicher Stromeinspeisungen sowie der Einbau von Isolierflanschen in die Rohrleitung. Beim Verfahren der Streustromableitung oder Stromdränage wird die Rohrleitung an der korrodierenden Austrittstelle des Stromes metallisch leitend mit dem Leiter verbunden. Die zusätzliche Einführung eines Gleichrichters in diese Verbindung erlaubt den Stromfluss in nur einer Richtung und wird als gerichtete oder polarisierte Dränage bezeichnet.

### 5.1.1
**Kathodischer Korrosionsschutz** [24]

Beim kathodischen Korrosionsschutz wird ein elektrischer Gleichstrom von einer Hilfselektrode, der Anode, durch den Elektrolyten auf die zu schützende Metalloberfläche geschickt und diese damit zur Kathode eines äußeren Stromkreises gemacht. Der von außen aufgeprägte Schutzstrom ist dem aus den Lokalanoden der Metalloberfläche austretenden Korrosionsstrom entgegengerichtet und kann diesen bei ausreichender Höhe voll kompensieren, womit ein vollständiger kathodischer Schutz der Metalloberfläche erreicht ist. Mit der kathodischen Polarisation ist eine Verschiebung des Metall/Elektrolyt-Potentials der zu schützenden Metalloberfläche nach negativeren Werten hin verbunden. Die Praxis hat gezeigt, dass nach Erreichen eines bestimmten Potentials, des Schutzpotentials, ein vollständiger kathodischer Schutz vorliegt. Für die Potentialmessungen wird die gesättigte $Cu/CuSO_4$-Elektrode verwendet, die gegen die Standardwasserstoffelektrode bei 25 °C ein Potential von +316 mV aufweist. In Tabelle 3 sind einige wichtige Schutzpotentiale zu-

**Tab. 3** Schutzpotentiale einiger Gebrauchsmetalle in Erdböden und Wässern

| Werkstoff bzw. System | Schutzpotential gegen Cu/ges. $CuSO_4$-Lösung (mV) | Minimal zulässiges Potential gegen Cu/ges. $CuSO_4$-Lösung (mV) |
|---|---|---|
| Unlegierte und niedriglegierte Eisenwerkstoffe | −850 | entfällt |
| Eisen in anaerobem Erdboden | −950 | entfällt |
| Eisen in heißem Wasser | −950 | −1000[*] |
| Nichtrostende Stähle mit mind. 16 % Cr | −100 | entfällt |
| Kupfer, Kupfer-Nickel-Legierungen | −200 | entfällt |
| Blei | −650 | −1700[**] |
| Zink | −620 | |
| Aluminium | −1300 | −1300[**] |

[*] wegen möglicher NaOH-induzierter Spannungsrisskorrosion.
[**] unterhalb dieses Wertes mögliche kathodische Korrosion durch Alkalianreicherung.

sammengestellt. Die angegebenen Werte beziehen sich auf das reine Metall/Elektrolyt-Potential ohne Spannungsabfall im angrenzenden Elektrolyten. Wo der Spannungsabfall die Messung verfälschen kann, muss die Potentialmessung stromlos, d. h. unmittelbar nach Ausschalten des Schutzstromes durchgeführt werden. Diese Methode ist anwendbar, weil der Spannungsabfall innerhalb von einigen Mikrosekunden nach dem Abschalten verschwindet, während die kathodische Polarisation verhältnismäßig langsam abklingt.

Um das Schutzpotential zu erreichen, ist eine bestimmte Schutzstromdichte auf der zu schützenden Metalloberfläche erforderlich. Die Schutzstromdichte hängt von mehreren Faktoren, z. B. vom Zustand der Metalloberfläche (blank, Anstrichfilme, Schutzschichten), von chemischen Eigenschaften des Elektrolyten (pH-Wert, Gehalt an Härtebildnern) und von seiner Strömungsgeschwindigkeit ab (vgl. Tabelle 4). Mit zunehmender Anwendungsdauer geht die Schutzstromdichte im Allgemeinen etwas zurück, weil es durch die Alkalisierung der Kathodenfläche zum Aufbau von Schutzschichten aus ausgefällten Härtebildnern kommt.

Der kathodische Schutz kann mit Hilfe galvanischer Anoden unter Ausnutzung der natürlichen elektrochemischen Potentialdifferenz verschiedener Metalle oder nach dem Fremdstromverfahren unter Benutzung einer Fremdstromspannungsquelle erfolgen. Im ersten Fall wird die zu schützende Metalloberfläche metallisch leitend mit sog. Opferanoden aus einem unedleren Metall verbunden. Zum Schutz von Eisenwerkstoffen werden Mg-, Zn- und Al-Anoden verwendet, während zum Schutz von Kupferwerkstoffen auch Anoden aus Eisen benutzt werden können. Mit der Stromlieferung verbraucht sich das Anodenmetall und muss von Zeit zu Zeit erneuert werden. Beim Fremdstromverfahren wird die erforderliche elektrische Energie aus Transformator-Gleichrichter-Einheiten entnommen und über meist unangreifbare Anoden, wie Siliciumgusseisen (14 % Si), Graphit, Magnetit, Blei/Silber (2 % Ag) und platiniertes Titan in den Elektrolyten gebracht. Während die Stromstärke beim Fremdstromverfahren durch Variation der Spannung den Erfordernissen weitgehend angepasst werden kann, ist sie bei galvanischen Anoden durch Zahl

**Tab. 4** Kathodische Schutzstromdichten auf Stahl

| Medium | Beschichtung | Schutzstromdichte (mA m$^{-2}$) |
| --- | --- | --- |
| Erdboden | Kunststoffumhüllung | 0,001–0,01 |
|  | Bitumen/Glasvlies | 0,01–0,07 |
|  | Bitumen/Wollfilz | 0,2–7 |
|  | getränkte Jute | 2–50 |
|  | ohne Beschichtung | 10–100 |
| Süßwasser | gute Beschichtung | 0,02–0,7 |
|  | alte Beschichtung | 0,3–8 |
|  | ohne Beschichtung | 30–300 |
| Meerwasser | gute Beschichtung | 0,2–15 |
|  | gute Beschichtung | 15–900 |
|  | ohne Beschichtung | 90–900 |

und Form der Anoden sowie durch den elektrischen Widerstand des Elektrolyten und der zu schützenden Konstruktion gegen den Elektrolyten gegeben. Eine Erhöhung der Stromstärke ist nur durch Erhöhung der Anodenzahl und/oder -größe möglich. Die Spannung ist konstant und beträgt etwa 0,65 V bei Magnesiumanoden bzw. etwa 0,22 V bei Zinkanoden, jeweils gemessen gegen geschützten Stahl.

Typische Anwendungsgebiete sind der kathodische Schutz gegen Erdboden-, Brauchwasser- und Meerwasserkorrosion. Im Erdboden werden beispielsweise Lagertanks, Rohrleitungen und Stahlfundamente geschützt. Bei Böden mit hohem Widerstand bzw. bei blanken Rohrleitungen findet ausschließlich das Fremdstromverfahren in Verbindung mit Eisen-, Graphit-, Eisen/Silicium- oder Magnetitanoden Verwendung. In Böden mit einem elektrischen Widerstand von 500–5000 $\Omega$cm können Magnesiumanoden, bei Widerständen unter 500 $\Omega$cm auch Zinkanoden installiert werden. Schutzanlagen mit galvanischen Anoden werden üblicherweise für eine Lebensdauer von 15–20 Jahren ausgelegt.

Tiefbrunnen, Warmwasserbereiter, Nassgasometer, Wärmeaustauscher und andere Apparate werden gegen den Angriff von Brauchwasser geschützt. Wegen des meist recht hohen Elektrolytwiderstandes und Strombedarfes kommen bevorzugt das Fremdstromverfahren mit Anoden aus platiniertem Titan, Magnetit, Siliciumgusseisen und Aluminium, daneben aber auch Mg-Opferanoden in Betracht. Im Meerwasser findet der kathodische Schutz ausgedehnte Anwendung. Schiffsaußenwände werden durch Installation von Zinkanoden oder Bleilegierungsanoden geschützt, letztere in Verbindung mit dem Fremdstromverfahren. Der Schutz von Ballasttanks auf Schiffen, die wechselweise leer oder mit Fracht (Rohöl, Benzin, Trockenfracht) und mit Meerwasser fahren, erfolgt fast ausschließlich mit Zinkanoden. Landungsstege, Molen und Spundwände werden vornehmlich mit dem Fremdstromverfahren unter Verwendung von Graphit-, Magnetit-, Blei/Silber- und platinierten Titananoden geschützt.

### 5.1.2
**Anodischer Korrosionsschutz**

Grundlage des anodischen Schutzverfahrens ist die Erzwingung eines passiven Zustandes bei passivierbaren Werkstoffen durch einen anodischen Strom in Fällen, in denen der Werkstoff allein den passiven Zustand nicht erreichen oder aufrechterhalten kann. Bevorzugt wird das Fremdstromverfahren in Verbindung mit Kathoden aus Platin, Tantal, austenitischen Cr/Ni-Stählen, Blei oder anderen Werkstoffen. Eine sachgerechte Planung der Anlagen setzt voraus, dass Vorversuche über den Schutzpotentialbereich, die Passivierungsstromdichte und den Schutzstrombedarf im Passivbereich unter den speziellen Verfahrensbedingungen, wie Temperatur, Strömung und Elektrolytzusammensetzung, durchgeführt werden. Der Schutzstrom wird meist potentiostatisch geregelt. Der anodische Schutz erfolgt bereits bei einer Reihe von Verfahren der chemischen Industrie sowie bei der Lagerung und dem Transport aggressiver Substanzen (Schwefelsäure, Salpetersäure und starke Alkalien). Bei den zu schützenden Werkstoffen handelt es sich vorwiegend um nichtrostende Cr-, Cr/Ni- und Cr/Ni/Mo-Stähle. Spezielle Maßnahmen sind erforderlich, um auch den Dampfraum und die Spritzzone zu schützen, da diese Bereiche außerhalb der Reichweite der elektrischen Schutzverfahren liegen.

## 5.2
## Inhibitoren

Korrosionsinhibitoren sind Stoffe, die schon in geringen Mengen die Aggressivität korrodierender Medien erheblich herabsetzen [25–27]. Je nach Art des Inhibitors und der des korrodierenden Mediums greifen sie entweder direkt in den Korrosionsvorgang auf der Metalloberfläche ein oder sie wirken indirekt, indem sie korrosionsfördernde Bestandteile im angreifenden Medium unschädlich machen. Inhibitoren der letzten Gruppe werden auch Destimulatoren genannt. Einige Inhibitoren können nach beiden Mechanismen wirken. Die Wirksamkeit eines Inhibitors wird durch seinen Hemmwert $Hw$ in Prozent angegeben:

$$Hw(\%) = \frac{(I_{corr})_0 - (I_{corr})_I}{(I_{corr})_0} * 100\%$$

$(I_{corr})_0$ ist der Metallabtrag ohne Inhibitor, $(I_{corr})_I$ der Metallabtrag mit Inhibitor. Der direkte Eingriff in den Korrosionsvorgang kann sich auf die kathodische oder auf die anodische Teilreaktion hemmend auswirken. Es sind auch Verbindungen bekannt, die beide Teilreaktionen beeinflussen. Als besondere Gruppe werden häufig die Adsorptionsinhibitoren angeführt [3].

Die *anodischen Inhibitoren* verändern den Verlauf des anodischen Astes der Stromdichte/Potential-Kurve und hemmen den an den Lokalanoden ablaufenden Prozess der Metallauflösung dadurch, dass sie mit den in Lösung gehenden Kationen dickere Schutzschichten bilden (Hydroxide, Phosphate, Carbonate) oder durch Bildung sehr dünner Oxidschichten passivierend wirken. Bei unzureichender Dosierung anodischer Inhibitoren kann Lochkorrosion auftreten, weil sich der verbleibende Korrosionsstrom auf eine verringerte Anodenfläche konzentriert und die erhöhte Korrosionsstromdichte zu einem schnelleren, örtlich begrenzten Materialabtrag führt. Man nennt diese Zusätze deshalb auch gefährliche Inhibitoren.

Die zur Gruppe der *kathodischen Inhibitoren* zählenden Verbindungen bewirken eine Veränderung der kathodischen Polarisation und können auf den Lokalkathodenflächen Schutzschichten abscheiden. Als Beispiele sind die Carbonat- und Hydroxidüberzüge zu nennen, die sich in Calcium-, Magnesium- oder Zink-Ionen enthaltendem Wasser als Folge der alkalischen Wandreaktion ausbilden. Ferner können kathodische Inhibitoren die Metallauflösung in Säuren durch Erhöhung der Wasserstoffüberspannung vermindern.

Der wichtigste anorganische *Adsorptionsinhibitor* ist Alkalisilicat, das bei starker Verdünnung in Wasser polymere, kolloidale Kieselsäure ergibt, die als korrosionshemmende Schicht auf der Metalloberfläche adsorbiert wird. Im Gegensatz zu den anodischen Inhibitoren führen weder die kathodischen noch die Adsorptionsinhibitoren bei Unterdosierung zu einer gefährlichen Lochkorrosion. Als wichtige Regel für die Praxis folgt, dass die Inhibitoren, insbesondere die anodischen, immer in genügender Menge vorhanden sein müssen. Ebenso darf eine ausreichende Diffusion des Inhibitors zu der zu schützenden Metalloberfläche nicht durch ungünstige Strömungsverhältnisse, Metallspalte und dgl. behindert werden. Es ist allerdings zu beachten, dass sich die Wirkung vieler Inhibitoren bei zu hoher Strömungsgeschwindigkeit (über 7 m s$^{-1}$) vermindert. Außer der vorstehenden Klassifikation sind noch andere Ordnungssysteme aufgestellt worden [3]. So unterscheidet man physikalische Inhibitoren, die ohne chemische Veränderung lediglich physikalisch an aktiven Stellen der Metalloberfläche adsorbiert werden (Physisorption), von chemischen Inhibitoren, die an bzw. mit der Metalloberfläche chemische Reaktionen eingehen (Chemisorption). Letztere lassen sich noch weiter in Passivatoren (z. B. Nitrit, Chromat), Deckschichtbildner (z. B. Phosphat, Arsenat), elektrochemische Inhibitoren (z. B. Hg, As, Sb) und Destimulatoren (z. B. Hydrazin zur Sauerstoffentfernung) unterteilen. Die Anwendung von Inhibitoren ist breit gefächert und kann sowohl in wässrigen als auch in nichtwässrigen Systemen sowie in der Gasphase erfolgen. Durch Inhibitoren schützbare Metalle sind u. a. Gusseisen, Stahl, Kupfer, Messing, Aluminium und Lotwerkstoffe, wobei die Wirksamkeit des einzelnen Inhibitors von Metall zu Metall unterschiedlich sein kann. Aus diesem Grunde und wegen günstiger synergetischer Effekte werden in der Praxis häufig Inhibitorengemische zur Lösung spezieller Korrosionsprobleme verwendet. Wichtige praktische Anwendungsgebiete sind die Kühl- und Heizwassertechnik, die Motorenkühlung, die Metallverarbeitung (Beizsäuren, wässrige Kühlschmierstoffe), die chemische und petrochemische Industrie, die Gewinnung von Erdöl und Erdgas, die Herstellung von Korrosionsschutzfarben und von Korrosionsschutzpapieren.

**Dampfkesselbetrieb**
Die Korrosion im Dampfkesselbetrieb hängt im Wesentlichen vom Gehalt des Kesselwassers an Kohlendioxid, Carbonat und Sauerstoff ab [28]. Der $O_2$-Gehalt im Speisewasser wird deshalb zunächst mittels mechanischer Entgasungseinrichtungen auf 0,05–0,1 mg L$^{-1}$ und dann durch Zusatz von Hydrazin oder Natriumsulfit als Destimulatoren auf unter 0,02 mg L$^{-1}$ gesenkt. Diese Reduktionsreaktionen verlaufen nur in Gegenwart von Katalysatoren, wie Cobalt-, Kupfer- und Manganverbindungen genügend schnell.

Da Natriumcarbonat in Dampferzeugungsanlagen mit Drücken über 14 bar Kohlendioxid abspaltet, muss der Gehalt an gebundenem $CO_2$ im Speisewasser auf unter 3–10 mg L$^{-1}$ herabgesetzt werden. Hierzu kann das Speisewasser auf einen pH-Wert von 4,5 angesäuert und dann mechanisch entgast oder mit Ionenaustauschern behandelt werden. Spuren von $CO_2$ werden durch Zusatz flüchtiger Amine, z. B. Cyclohexylamin, Morpholin oder Benzylamin desaktiviert. Die Dosierung erfolgt so, dass der pH-Wert des Kondensates über 7 liegt. Die Verwendung von Ammoniak für diesen Zweck ist wegen seiner Aggressivität gegenüber Kupferwerkstoffen eingeschränkt. Der Zusatz flüchtiger filmbildender Amine, z. B. 0,5–1 mg L$^{-1}$ Octadecylamin in Form einer Emulsion zum Speisewasser, führt zu korrosionsschützenden, hydrophoben Schichten auf den Metalloberflächen des Dampfbereiches. Zur Inhibierung der Korrosion im Flüssigbereich wird der pH-Wert des Kesselwassers auf mindestens 9,5 gehalten.

## Offene Kühlkreisläufe

Das im Kreislauf geführte Wasser gibt die aufgenommene Wärme durch direkten Kontakt mit Luft im Kühlturm wieder ab. Das Baumaterial der Anlagen besteht meist aus Stahl, Gusseisen und Kupferwerkstoffen. Die Aggressivität des Umlaufwassers hängt von der Temperatur, dem pH-Wert, dem Salzgehalt und von Art und Menge der Gase ab, die beim Luftkontakt aufgenommen wurden. Normalerweise handelt es sich um $O_2$ und $CO_2$, in der Nähe von Industriebetrieben können jedoch noch $SO_2$, $H_2S$, $HCl$ u.a. hinzukommen [29]. Dem Einsatz von Natriumchromat, das in Konzentrationen von mindestens 100 mg $L^{-1}$ bei pH-Werten zwischen 6 und 9 ein sehr wirksamer Korrosionsinhibitor ist, stehen seine toxischen Eigenschaften entgegen. Als geeigneter Ersatz haben sich Alkalipolyphosphate erwiesen, die oftmals zur Verbesserung der Wirksamkeit noch mit Zinksalzen, Cyanoferraten(II), Alkalisilicaten oder mehrwertigen Alkoholen kombiniert werden. Um eine zu rasche Hydrolyse des Polyphosphats zu unterbinden und die optimale Schutzfähigkeit zu erreichen, muss der pH-Wert zwischen 6 und 6,5 gehalten werden. Die Anwendungskonzentration beträgt 30–100 mg $L^{-1}$. In jüngster Zeit haben Salze organischer Phosphonsäuren (Aminotris(methylen)phosphonsäure), Hydroxyethan-1,1-diphosphonsäure) und Phosphorsäureester mehrwertiger Alkohole als Austauschprodukte für die hydrolyseanfälligen Polyphosphate technische Bedeutung erlangt. Durch Zusatz von Dispergiermitteln werden ausgefallene Härtebildner und sonstige Feststoffe in Suspension gehalten und Verstopfungen verhindert. Der Einsatz von Bioziden, im einfachsten Fall durch Aufrechterhaltung einer Chlorkonzentration von 0,1–0,2 mg $L^{-1}$, dient dazu, die Anlagen von schleimbildenden Bakterien sowie wuchernden Algen und Pilzen freizuhalten.

## Geschlossene Wasserkreisläufe

Da hier das Wasser annähernd verlustfrei im Kreislauf geführt wird und der Zutritt von $CO_2$ und $O_2$ begrenzt ist, kann ein optimaler Korrosionsschutz erfolgen. Als Inhibitoren werden klar wasserlösliche Produkte und Ölemulsionen verwendet. Zum Schutz einzelner Metalle werden u.a. folgende Verbindungen eingesetzt:

Eisen: Natriumnitrit, Natriumbenzoat, Borax, Triethanolammoniumphosphat, Natriumsilicat, Natriummolybdat

Kupfer: Natriummercaptobenzothiazol, Benzotriazol, Tolyltriazol, Aminoalkylbenzimidazol

Aluminium: Natriumsilicat, Natriumnitrit, Natriumbenzoat

Daneben wurden zahlreiche organisch-chemische Stoffe hauptsächlich zur Korrosionsinhibierung von Eisen und Stahl vorgeschlagen. Im Einzelfall können sie auch bei anderen Metallen wirksam sein. Beispiele sind Alkali-, Ammonium- und Alkanolammoniumsalze von Oleylsarkosin, Alkyl-, Aryl- und Alkylaryl-Sulfonamidocarbonsäuren, Alkylarylsulfonsäuren (Petroleumsulfonat), saure Phosphorsäureester, Carbonsäuren und Naphthensäuren, Kondensationsprodukte aus Borsäure und Alkanolaminen, Fettsäurealkanolamide, Alkylimidazolinsalze, Oleylammoniumsalze, Dialkylammoniumsalze von neu-Fettsäuren, Alkylmaleinsäurehalbamide, u.a. Wesentliche Voraussetzung für eine wirksame Inhibierung ist die Aufrechterhaltung eines neutralen bis leicht alkalischen pH-Wertes von etwa 7,5–9,5. Dies wird durch Zusatz von puffernden Verbindungen z. B. Borax und Dinatriumphosphat erreicht. Die Auswahl der einzusetzenden Inhibitoren bzw. Inhibitorgemische richtet sich nach den zu schützenden Metallen und den Beanspruchungsbedingungen. So hat z. B. eine Mischung aus Natriumcarbonat und Natriumnitrit einen hohen Hemmwert für Stahl. Für die komplizierteren Bedingungen der Motorenkühlung in Gegenwart unterschiedlicher Metalle und gegebenenfalls mit Glykolfrostschutz wurden Produkte auf Basis von Benzoat/Nitrit, Triethanolammoniumphosphat/Natriummercaptobenzothiazol, Borax/Dinatriumphosphat/Mercaptobenzothiazol und Natriumnitrat/Borax/Natriumsilicat/Trinatriumphosphat/Mercaptobenzothiazol entwickelt. Gegen Kavitationskorrosion, die kühlwasserseitig bei schnelllaufenden Dieselmotoren an Zylinderlaufbüchsen auftreten kann, hat sich der Zusatz von 0,5–2 % Volumenanteil eines emulgierbaren Korrosionsschutzöles bewährt. Für Warmwasserheizungen und Solaranlagen werden klar lösliche Inhibitoren eingesetzt, in Hydrauliksystemen überwiegen heute noch Mineralölemulsionen.

### Trinkwasseranlagen

Bei sauren, aggressiven Wässern besteht die Möglichkeit, durch Entfernung überschüssiger Kohlensäure mittels Verdüsung oder chemischer Bindung das Kalk/Kohlensäure-Gleichgewicht einzustellen. Als weitere Korrosionsschutzmaßnahme, die bis etwa 60 °C wirksam bleibt, ist der Zusatz von Natriumortho- bzw. -polyphosphat, gegebenenfalls unter Mitverwendung von Natriumsilicat zu nennen. Die zulässigen Mengen sind jedoch auf 5 mg $L^{-1}$ $P_2O_5$ und 40 mg $L^{-1}$ $SiO_2$ begrenzt.

### Beizsäuren

Wässrige Säuren, insbesondere Salzsäure, Schwefelsäure und Phosphorsäure, werden industriell zur Rost- und Zunderentfernung von Stahl verwendet. Diese Beizlösungen sollen das Metall möglichst wenig angreifen, die Oxide aber schnell auflösen. Zu diesem Zweck werden den Säuren Beizinhibitoren in Mengen von 0,1–1 g $L^{-1}$ zugesetzt. Zu den praktisch bewährten Inhibitoren zählen Dibenzylsulfoxid Butindiol und Propargylalkohol, Thioharnstoffderivate, z. B. Diethyl- und Dibutylthioharnstoff, Pyridin- und Chinolinbasen, Hexamethylentetramin und Kondensationsprodukte aus Aldehyden mit Ammoniak und organischen Aminen. Inhibitorhaltige Salzsäure dient zur Entfernung von Verkrustungen in Wärmeaustauschern, Verdampfern und Warmwasserbereitern sowie von kalkhaltigen Ablagerungen in den Bohr- und Fördereinrichtungen der Erdölindustrie. Furfural ist ein ausgezeichneter Inhibitor in Salzsäure für Kupfer sowie für Aluminium und Messing.

### Erdöl und chemische Produkte

Der Korrosionsangriff wird meist durch einen Gehalt an Säuren und/oder Wasser verursacht. Als Inhibitoren kommen daher Beizinhibitoren, Neutralisationsmittel und Inhibitoren, die die Wasserkorrosion kontrollieren, in Betracht. Aus Gründen besserer Löslichkeit werden organische Inhibitoren, z. B. Alkylimidazoline, Amine, quarternäre Ammoniumsalze und Alkylsulfonate bevorzugt. Zur Inhibierung der korrosionsfördernden HCl-Abspaltung aus chlorierten Kohlenwasserstoffen, die für die Metallreinigung benutzt werden, hat sich u. a. der Zusatz von flüchtigen Aminen, Dioxan und Methylbutinol bewährt.

**Atmosphärische Korrosion**
Für den Schutz von Metallen gegen atmosphärische Korrosion in geschlossenen Verpackungen finden Dampfphaseninhibitoren Verwendung [30]. Sie wirken aufgrund ihres merklichen Dampfdrucks über die Gasphase. Für Stahl hat sich Dicyclohexylammoniumnitrit allgemein eingeführt, das gegenüber anderen Produkten wie Diisopropylammoniumnitrit die Korrosion von Zn, Pb und Cd nicht beschleunigt. Kupfer bleibt selbst in Gegenwart von $H_2S$ blank, wenn es in Papier mit Benzotriazol-Imprägnierung verpackt wird.

# 6
# Erzeugung von Schutzschichten

Zur Behinderung von Korrosion und Verschleiß werden auf das Substrat, je nach Anwendungsfall, metallische, anorganisch-nichtmetallische oder organisch-polymere Schutzschichten aufgetragen. Die Schichten können scharf abgegrenzt auf dem Grundmetall aufliegen, durch eine Diffusionszone mit diesem verbunden sein oder aus einer oberflächennahen Randzone, in der das Beschichtungsmaterial im Grundmetall angereichert ist, bestehen [31–40]. Entwicklung, Herstellung, Vertrieb und Anwendung der Verfahren und Produkte für die Erzeugung von Schutzschichten ist der Aufgabenbereich hochspezialisierter Industrieunternehmen.

## 6.1
## Vorbehandlung für den Auftrag von Schutzschichten

Metalloberflächen, auf denen Schutzschichten aufgebracht werden sollen, müssen frei sein von Ölen, Fetten, Rost, Zunder, Oxiden und sonstigen Verunreinigungen. In bestimmten Fällen werden zusätzlich noch besondere Anforderungen an die Rauigkeit bzw. den Glanz der Oberfläche gestellt.

### 6.1.1
### Entfernung organisch-chemischer Verunreinigungen

Organisch-chemische Verunreinigungen wie Öle, Fette oder Schmierstoffe werden in der Regel in wässrigen Reinigungslösungen, seltener mittels organischer Lösemittel, entfernt. Behandlungen in Salzschmelzen und in der Gasphase bei erhöhten Temperaturen sind auf Spezialaufgaben beschränkt [41–45].

**Alkalische Reiniger**
Alkalische Reiniger sind wässrige Lösungen, die alkalisch reagierende anorganische Gerüstsubstanzen und Tenside enthalten und einen pH-Wert von 8–14 aufweisen. Die Anwendung erfolgt in der Weise, dass die zu reinigenden Werkstücke entweder

in die Badlösung getaucht (Tauchverfahren) oder mit ihr bespritzt werden (Spritzverfahren). Die von den Werkstücken ablaufende Behandlungslösung fließt zur Wiederverwendung in einen Badbehälter zurück.

Den stärksten Reinigungseffekt bewirken Natriumsilicate und kondensierte Alkaliphosphate, insbesondere Tetranatriumdiphosphat und Pentanatriumtriphosphat. Weitere Bestandteile alkalischer Reiniger sind Trinatriumphosphat, Natriumhydroxid, Borax und Natriumcarbonat. In Spezialfällen, z. B. zur Entfernung von Erdalkaliseifen, hat sich die Mitverwendung von Komplexbildnern (nur Gluconate – EDTA und NTA werden dank einer Selbstverpflichtung der Industrie nicht eingesetzt) bewährt. Die hauptsächlich verwendeten Tenside gehören der Gruppe der anionaktiven und der nichtionogenen Verbindungen an. Während im Tauchverfahren die Zahl der einsetzbaren Tensidtypen (s. Tenside, Wasch- und Reinigungsmittel, Bd. 8, Abschn. 1.2) recht umfangreich ist, kommen für das Spritzverfahren nur spezielle, wenig schäumende nichtiogene Produkte in Betracht. Alle heute zur Metallreinigung eingesetzten Tenside müssen biologisch abbaubar sein [46].

Bei unverseifbaren Ölen erfolgt die Reinigung durch Emulgierung. Die Tenside werden meist so ausgewählt, dass sich nur instabile Emulsionen bilden und sich das aufgenommene Öl auf der Badoberfläche wieder abscheidet. Bei verseifbaren Ölen und Fetten spielt neben der Emulgierung auch die verseifende Wirkung des Alkalis eine Rolle. Im Vergleich zu Lösemittelreinigern vermögen alkalische Reiniger weitaus besser Staub und Schmutz von der Oberfläche zu entfernen.

Für die Tauchreinigung von Stahl werden hauptsächlich mittel bis stark alkalische Reiniger in Konzentrationen von 3–8% bei Temperaturen zwischen 50 und 80 °C und Tauchzeiten von 3–20 min verwendet. Die Tauchreinigung von Zink und Aluminium ist ohne Angriff auf das Grundmetall nur in schwach bis mittel alkalischen Lösungen möglich, die meist noch Alkalisilicate als Inhibitoren enthalten. Im Spritzverfahren lassen sich dagegen gute Entfettungsergebnisse bereits im Temperaturbereich von 45–70 °C bei Konzentrationen von 0,5–2% und Behandlungszeiten von 20 s–3 min erzielen. Alkalische Reiniger finden insbesondere in der industriellen Serienfertigung von Metallteilen als Vorstufe für weitere Oberflächenveredlungen, z. B. Phosphatieren, Elektroplattieren und Emaillieren, Anwendung.

Heiße alkalische wässrige Lösungen werden auch zur Entfernung alter Lackschichten verwendet. Die Bäder enthalten meist Alkalihydroxid in hoher Konzentration und zur besseren Benetzung und Quellung der Lackschichten Tenside und Glykole. Ölkohle und ähnliche Kohlenstoff enthaltende Beläge lassen sich von Stahlflächen durch Tauchen in eine konzentrierte wässrige Alkalihydroxid/Permanganat-Lösung bei hoher Temperatur ablösen.

Der Reinigungsvorgang wird durch eine gleichzeitige mechanische Bearbeitung der Metalloberflächen, z. B. mit rotierenden Bürsten, beschleunigt. Hiervon macht man bei der Reinigung von Metallband in Durchlaufanlagen Gebrauch. Auch durch die Anwendung von Ultraschall ist eine Intensivierung zu erreichen. Bei der elektrolytischen Entfettung werden die Werkstücke im Reinigerbad kathodisch, anodisch oder mit wechselnder Polarität mit einer Stromdichte von 2–10 A dm$^{-2}$ belastet. Die damit verbundene Gasentwicklung trägt zu einer Unterstützung der Reinigung bei. Während das übliche Spritzverfahren mit Drücken zwischen 1,5 und 5 bar arbeitet, werden beim intensiveren Hochdruckspritzen Drücke von 20–50 bar angewendet. Die Hochdruckreinigung erfolgt vielfach mit transportablen Anlagen in manuellem Betrieb und ist somit auch in kleinen Werkstätten und auf Baustellen gut einsetzbar.

Im Reinigerbad reichern sich im Laufe des Materialdurchsatzes Fett und Öl an, die in der Regel die Reinigungsleistung vermindern. Wenn trotz Zugabe von frischen Reinigerchemikalien keine befriedigenden Ergebnisse mehr erzielbar sind, muss das Bad durch ein neues ersetzt werden. Eine Verlängerung der Badstandzeit ist möglich, wenn das aufgenommene Öl durch Aufschwimmen und Dekantieren, durch Zentrifugieren und durch Ultrafiltration aus dem System entfernt wird. Mit derartigen Maßnahmen sind heute praktisch unbegrenzte Badstandzeiten möglich [40].

### Neutralreiniger

Mit dem nicht ganz zutreffenden Namen Neutralreiniger bezeichnet man wässrige Lösungen, die aus schaumarmen Tensiden, organischen Reinigungsverstärkern und Korrosionsinhibitoren zusammengesetzt sind, praktisch keine anorganisch-chemischen Komponenten enthalten und deren pH-Wert zwischen 7 und etwa 9 liegt. Sie werden im Spritzverfahren bei Einwirkzeiten von 2–5 min und Temperaturen von 30–80 °C angewendet und sind zur Entfernung leichter bis mittlerer Befettungen gut geeignet. Ihr Haupteinsatzbereich ist die Reinigung von Serienteilen zwischen einzelnen Stufen der mechanischen Fertigung, z. B. zwischen der spanenden Bearbeitung und der nachfolgenden Kontrolle oder Lagerung, da diese Reiniger zugleich einen temporären Korrosionsschutz vermitteln.

### Monoalkaliphosphatreiniger

Die Reinigungsmittel dieser Gruppe enthalten Tenside und Alkalidihydrogenphosphat (Monoalkaliphosphat) als Hauptkomponenten und werden in wässriger Lösung mit einer Konzentration von 5–15 g L$^{-1}$ sowie bei einem pH-Wert von etwa 3,5–6,0 angewendet. Bei Einwirkung auf Stahl, verzinktem Stahl und Aluminium findet eine chemische Reaktion mit der Metalloberfläche unter Ausbildung dünner Phosphatschichten bzw. Phosphat-Adsorptionsschichten statt, die den Metalloberflächen einen temporären Lagerschutz in überdachten Räumen vermitteln und bei geeigneter Nachspülung auch als Lackhaftgrund dienen können (vgl. Abschnitt 6.2.1.1).

Monoalkaliphosphatreiniger werden hauptsächlich im Spritzverfahren sowie im manuellen Hochdruckspritzverfahren sowohl zur Reinigung und Passivierung von Metallteilen der industriellen Serienfertigung als auch von Einzelstücken in der Werkstatt und auf der Baustelle angewendet. Die Behandlungsbäder haben üblicherweise Temperaturen zwischen 40 und 70 °C. Bei Einsatz wenig schäumender Tenside und Vorliegen leicht entfernbarer Befettungen können auch im Temperaturbereich von 25–30 °C gute Reinigungsergebnisse erzielt werden. Die Behandlungszeiten liegen im Bereich von 2–4 min. Der Arbeitsgang in einer automatischen Vierzonen-Spritzanlage für befettete Einzelteile als Vorbereitung zur Lackierung umfasst folgende Arbeitsstufen:

- Vorreinigung und beginnende Phosphatierung mit Alkalidihydrogenphosphatreiniger; ca. 2 min Spritzen bei 1–3 bar und 55–65 °C,
- Nachreinigung und Phosphatierung mit Alkalidihydrogenphosphatreiniger; ca. 2 min Spritzen bei 1–3 bar und 55–65 °C,
- Wasserspülung; ca. 0,5 min Spritzen ohne Beheizung,
- Spülung mit möglichst salzfreiem Wasser, vielfach unter Zusatz von passivierendem Nachspülmittel; ca. 0,5 min Spritzen bei Raumtemperatur bis 50 °C,
- Abbrausen mit vollentsalztem Wasser im Auslauf,
- Trocknen, falls erforderlich.

**Beizentfetter**
Beizentfetter sind wässrige Lösungen oder Emulsionen, die eine oder mehrere oxidlösende Säuren und entfettend wirkende Komponenten wie Tenside und gelöste und/oder emulgierte organische Lösemittel enthalten. Für das Handwischverfahren werden hauptsächlich Produkte auf Basis wässriger Phosphorsäure/Tensid/organische Lösemittel verwendet. In automatischen Spritzanlagen wird wässrige Phosphorsäure mit Zusätzen von emulgiertem Kohlenwasserstofflösemittel für die gleichzeitige Entfettung und Entrostung von Stahlteilen eingesetzt. In der Praxis beschränkt sich die Anwendung von Beizentfettern auf Spezialfälle.

**Organische Lösemittelreiniger**
Lösemittel werden zur Kalt- und Dampfreinigung eingesetzt. Für die Kaltreinigung werden insbesondere Kohlenwasserstoffe, denen noch Emulgatoren zugesetzt sein können, durch Handwischen, mit Bürsten und im Aufsprüh- oder Tauchverfahren aufgetragen. Nach dem Einwirken wird der Kaltreinigerfilm zusammen mit den aufgenommenen Verunreinigungen durch Abwischen mit trockenen Lappen oder durch Abspritzen mit Wasser bzw. wässriger, schwach alkalischer Reinigerlösung entfernt. Reiniger dieses Typs finden bei der Einzelstückfertigung sowie zum Aufweichen verharzter, schwer entfernbarer Ölfilme in der Serienproduktion Anwendung.

Bei der Lösemitteldampfreinigung bringt man das kalte Werkstück in den Dampfraum über siedendes Lösungsmittel [47]. Das am Werkstück kondensierende Lösemittel löst die organischen Verunreinigungen und tropft in das Bad zurück. Als unter den Einsatzbedingungen nicht brennbare Lösemittel kommen Trichlorethylen (Sdp. 87 °C), Tetrachlorethylen (Sdp. 121 °C), Methylenchlorid (Sdp. 40 °C), Trichlortrifluorethan (Sdp. 48 °C) und 1,1,1-Trichlorethan (Sdp. 74 °C) zur Anwendung. Diese Lösemittel erfordern das Arbeiten in geschlossenen Anlagen mit guter Absaugung. Zur Verbesserung der Reinigungsleistung können die Werkstücke mit kaltem Lösemittel vorbehandelt und mit sauberem Kondensat nachgespült werden. Lose aufliegender Schmutz lässt sich durch Anwendung von Ultraschall während einer Tauchbehandlung gut entfernen. Beim Arbeiten mit halogenierten Lösemitteln muss durch eine geeignete Stabilisierung oder andere Maßnahmen sichergestellt sein, dass keine korrosiv wirkende Salzsäure abgespalten wird. Der Einsatz von Lösemittelreinigern ist in jüngerer Zeit aus Umweltschutzgründen stark eingeschränkt worden.

Zur Entlackung von Metalloberflächen dienen spezielle Lösemittelgemische, die als Basiskomponente meist Methylenchlorid enthalten (moderne Entlackungsmittel sind CKW-frei) und denen zur Verstärkung des Angriffs auf den Lack weitere Substanzen wie Ameisensäure, Essigsäure, Alkohole, Glykole, Tenside, Peroxid, Wasser und gegebenenfalls Verdickungsmittel zugesetzt sind. Die Anwendung erfolgt durch Tauchen oder im manuellen Aufspritz- oder Aufstreichverfahren. Durch Quellung und Lösung verliert der Lackfilm seine Haftung zum Untergrund und kann mechanisch entfernt werden. Als umweltfreundliche Alternative zu lösemittelhaltigen Entlackungsmitteln kann die Lackschicht durch Bestrahlen mit Trockeneis entfernt werden.

**Salzschmelzreiniger**
Besonders widerstandsfähige und fest haftende Beschichtungen, z. B. aus Polyamid, Polyester, Polyethylen oder Gummi lassen sich durch Tauchen der Werkstücke in alkalische, oxidierende Salzschmelzen bei Temperaturen zwischen 250 und 500 °C beseitigen. Die Wirkung kann durch Belastung der Oberfläche mit Gleichstrom verstärkt werden.

**Abbrennverfahren**
Alle organischen Verunreinigungen verbrennen in Gegenwart von Sauerstoff, wenn sie genügend hoch und lange erhitzt werden. Die notwendige Wärmeübertragung erfolgt in Kammer- oder Durchlauföfen, in Sand- oder Aluminiumoxid-Wirbelbetten oder mit Gasbrennern (Flammstrahlen). Häufig genügt es, Lack- und Polymerfilme bis über den Zersetzungs- bzw. Erweichungspunkt zu erwärmen und den erweichten Überzug mechanisch abzustoßen.

## 6.1.2
### Entfernung oxidischer Verunreinigungen

Oxidische Verunreinigungen entstehen durch Korrosion der Metalle bei oder nahe Raumtemperatur, z. B. als Rost auf Eisen oder Weißrost auf Zink, oder durch Korrosion bei hoher Temperatur während Glüh-, Anlass- und Schweißvorgängen, z. B. als Zunder auf Eisen. Sie können mechanisch, durch Flammstrahlen, durch Behandlung mit sauren oder alkalischen wässrigen Beizlösungen und durch Reduktion bei höheren Temperaturen entfernt werden.

**Mechanische Verfahren**
Die Entrostung von Hand mittels Pickhammer, Schaber, Drahtbürste und Schleifmittel ist arbeitsintensiv und nur für die Säuberung isolierter kleiner Flächen geeignet. Rationeller ist die Handentrostung unter Verwendung rotierender Drahtbürsten und Schleifscheiben sowie von Schlagwerkzeugen und Drahtnadeldruckluftpistolen. Die höchsten Reinheitsgrade sind mit dem Strahlverfahren erzielbar [48–51].

Beim *Strahlverfahren* wird kugeliges oder kantiges Material mit hoher Geschwindigkeit auf die Metalloberfläche geschleudert. Als Strahlmittel dienen insbesondere Hartgusskies, Stahlgussschrot, Stahldrahtkorn, Korund, Schlacken und Glasperlen. Der Teilchendurchmesser liegt zwischen 0,5 und 5 mm. Das Strahlen mit Sand ist wegen Silikosegefahr durch die Verordnung über gefährliche Arbeitsstoffe stark eingeschränkt worden. Die Beschleunigung des Strahlmittels erfolgt mit strömender Pressluft, mit Druckwasser oder durch Abschleudern von schnell rotierenden Schaufelrädern. Die starke Staubbildung beim trockenen Strahlen erfordert gut wirkende Absaugeinrichtungen mit anschließender Trennung von Staub und Luft, um gesundheitliche Schädigungen auszuschließen. Durch den Strahlprozess erfährt das Metall, abhängig von der Korngröße des Strahlmittels, eine Aufrauung bis zu einer Rautiefe zwischen 40 und 100 µm. Der Reinheitsgrad gestrahlter Oberflächen wird nach DIN 55 928, Teil 4 mit den Noten Sa 1 bis Sa 3 beschrieben, wobei im ersten Fall lediglich loser Zunder, loser Rost und lose Beschichtungen und im zweiten Fall alle Verunreinigungen restlos entfernt sind. Maschinelle bzw. handentrostete Flächen erhalten je nach Sauberkeit die Bezeichnung St 2 bzw. St 3 [49]. Die mechanischen Verfahren dienen insbesondere zur Reinigung von Stahloberflächen, z. B. auf Baustellen, an Brücken, Gerüsten und Chemieanlagen, aber auch von Stahlplatten und Profilen im Fertigungsbetrieb vor dem Auftrag einer meist korrosionsschützenden Primerschicht sowie zum Reinigen und Putzen von Klein- und Gussteilen. Das Entzundern von Draht in Durchlaufanlagen ist neuerdings Stand der Technik.

**Flammstrahlen**
Bei diesem Verfahren wird die Flamme eines 50–250 mm breiten mehrflammigen Acetylen/Sauerstoff-Brenners mit einer Geschwindigkeit von ca. 3–5 m min$^{-1}$ über die mit Rost, Zunder bzw. Resten alter Anstriche bedeckte Oberfläche geführt [52]. Anhaftende Verunreinigungen werden dabei gelockert und teilweise abgesprengt oder verbrannt. Verbleibende Rückstände müssen durch anschließendes Schaben oder Bürsten entfernt werden. Zur temporären Konservierung und Vorbereitung für einen Anstrich kann danach eine phosphorsaure, wässrige Metallsalzlösung aufgetragen und durch nochmaliges Flammstrahlen in eine grauweiße Phosphatschicht übergeführt werden (Flammphosphatieren). Das Verfahren dient hauptsächlich zur Säuberung von Stahlkonstruktionen vor der organischen Beschichtung.

**Beizverfahren**
Unter Beizen versteht man die Beseitigung von Metalloxiden und anderen Korrosionsprodukten von Metalloberflächen durch chemische Auflösung und gegebenenfalls zusätzliche Absprengung mit Hilfe von wässrigen Säuren oder Alkalien [53–55]. Für die Rost- und Zunderentfernung von Stahl werden als Beizsäuren 10–20%ige Schwefelsäure (bei 50–95 °C), 10–20%ige Salzsäure (bei Raumtemperatur, in geschlossenen Anlagen bei bis zu 60 °C) oder 5–20%ige Phosphorsäure bei 50–60 °C verwendet. Phosphorsäure hat den Vorteil, keine korrosiv wirkenden Reste auf dem Metall zu hinterlassen, und wird bevorzugt für die Beizung vor einer Lackierung angewandt. Um möglichst wenig metallisches Eisen mit zu lösen und der Gefahr der Wasserstoffversprödung entgegenzuwirken, werden den Säuren Beiz-

inhibitoren zugegeben. In den Lösungen reichern sich Eisensalze an, die oberhalb bestimmter Grenzkonzentrationen die Beizwirkung beeinträchtigen. Die Säuren werden dann entweder nach entsprechender Aufbereitung (z. B. Neutralisation mit Kalk) verworfen oder regeneriert. Für die Regenerierung von Schwefelsäure werden Vakuumkristallisationsverfahren bevorzugt, bei denen der größte Teil des in der Säure enthaltenen Eisens als $FeSO_4 \cdot 7\,H_2O$ abgetrennt wird. Die regenerierte Säure wird konzentriert und dem Behandlungsbad wieder zugeführt. Eisenhaltige Salzsäurebäder lassen sich durch eine thermische Spaltung vollständig regenerieren, wobei feinteiliges Eisenoxid und nach Kondensation wieder wässrige Salzsäure anfallen. Aus Phosphorsäurebeizbädern kann das Eisen nach Oxidation zu Eisen-(III) als $FePO_4$ ausgefällt werden. Daneben wird auch das Ionenaustauschverfahren angewandt.

Für die Entfernung silicatischer Verunreinigungen auf Gusseisen und bestimmten Elektroblechqualitäten eignen sich flusssäurehaltige Beizsäuren, z. B. 3% HCl mit 1,5% HF. Material, das gegen Wasserstoffaufnahme besonders empfindlich ist, kann auch in wässrigen Lösungen aus Natriumhydroxid unter Zusatz von Komplexbildnern für Eisen(II) und Eisen(III) gereinigt werden. Kohlenstoffhaltige Verunreinigungen im Oxid hemmen allgemein die Beizwirkung. Eine wesentliche Beschleunigung wird durch vorherige Entfernung dieser Stoffe in wässrigen heißen Lösungen aus NaOH und $KMnO_4$ erzielt. Die nach dieser Behandlung verbleibenden Braunsteinreste und der Oxidbelag werden in Salzsäure gelöst. Für die Beizung von rost- und säurebeständigen Chrom- und Chrom/Nickel-Stählen finden meist flusssäurehaltige Beizen, z. B. 12% $HNO_3$ + 2% HF (max. 40 °C) und 6% $Fe_2(SO_4)_3$ + 2% HF (max. 50 °C), Verwendung. Durch Vorbeizen in billigeren Schwefelsäure/Salzsäure-Gemischen lassen sich die Behandlungskosten senken. Zunderschichten auf hochlegierten Stählen können durch Tauchbehandlung in einer oxidierend wirkenden alkalischen Schmelze (75–82% NaOH, 15% $NaNO_3$, 3–10% Borax, 480–550 °C) chemisch so verändert werden, dass sie in den genannten Säuren wesentlich schneller löslich sind. Kupfer und kupferhaltige Werkstoffe werden in Schwefelsäure oder Salzsäure gebeizt. Zur Herstellung matter oder glänzender Oberflächen dienen die sog. Brennen, das sind stark metallabtragende Gemische aus Salpetersäure und Schwefelsäure.

Für das Beizen von Aluminiumwerkstoffen eignen sich sowohl wässrige Säuren als auch Alkalien. Ein Zusatz von Komplexbildnern, z. B. Natriumgluconat, zu Natriumhydroxidbädern führt zu einem gleichmäßigeren Metallangriff und verhindert, dass Aluminiumhydroxid ausfällt und sich auf Heizregistern und Badwandungen als festhaftende Kruste abscheidet. Von der Natronlaugebehandlung herrührende Schlammbeläge werden mit Salpetersäure abgelöst. Aluminiumguss mit hohen Siliciumgehalten erhält durch Behandlung in einem Gemisch aus konzentrierter Salpetersäure und Flusssäure ein silberhelles Aussehen.

**Chemische Reduktion**

Für die Reduktion von Zunder auf Stahl eignet sich eine Tauchbehandlung in NaOH-Schmelze mit 1,5–2,0% NaH bei Temperaturen um 370 °C. Ein bei der Halbzeugherstellung, insbesondere bei der Fertigung von Stahlband, häufig benutztes

Verfahren ist das Glühen in reduzierender Gasatmosphäre, dem zur Öl- und Fettentfernung eine leicht oxidierende Glühbehandlung vorausgehen kann.

## 6.1.3
### Veränderung der Struktur der Oberfläche

Durch eine Veränderung der Struktur der Oberfläche können bestimmte anwendungstechnisch bedeutsame Eigenschaften beeinflusst werden. So führen erhöhte Rauigkeiten meist zu besserer Haftung anschließend aufgebrachter Schutzschichten und Schmierfilme, während glattere Oberflächen einen größeren Traganteil bei Gleitvorgängen aufweisen. Ferner hängen auch dekorative Eigenschaften von der Oberflächenstruktur ab.

**Mechanische Verfahren** [51]
Ein sehr wirksames Verfahren zur Veränderung der Struktur der Oberfläche ist das *Strahlen*, mit dem je nach verwendetem Strahlmittel und Anwendungsbedingungen unterschiedliche Mattierungen und Rauigkeiten erzielbar sind (vgl. Abschnitt 6.1.2). Zum *Schleifen* werden entweder starre Schleifwerkzeuge (rotierende Schleifscheiben) oder flexible Bänder benutzt, die als Schleifmittel z. B. Korund- oder Siliciumcarbidkörner in Keramik- oder Kunstharzbindung enthalten. Durch die hohe Relativgeschwindigkeit zwischen Werkstück und Schleifwerkzeug, verbunden mit einem gewissen Anpressdruck, wird Metall unter Bildung einer blanken Oberfläche mit gerichteten Kratzern abgetragen. Wenn diese Struktur stört, muss anschließend poliert werden. Das *Polieren* erfolgt auf ähnlichen Einrichtungen wie das Schleifen. Die rotierenden Scheiben bestehen jedoch aus Filz oder Tuch und sind weich und flexibel. Als Poliermittel dienen feingemahlene Festkörper, z. B. Aluminiumoxid (Korund), Eisenoxid (Polierrot), Chromoxid (Chromgrün), Wiener Kalk, Ton oder Neuburger Kieselkreide. Die Poliermittel werden bei höherer Temperatur in flüssige organische Träger wie Talg, Öle, Wachse, Stearinsäure etc. eingearbeitet und werden in Form von Stangen verwendet, die von Zeit zu Zeit gegen die rotierende Polierscheibe gedrückt werden und Poliermittel auf diese übertragen. Flüssige Poliermittel haben den Vorteil besserer Dosierbarkeit.

Beim *Honen* werden die Innenflächen von Bohrungen und Hydraulikrohren durch Rotation und gleichzeitiges Heben und Senken von Honahlen (zylindrisches Werkzeug mit durch Federkraft nach außen gedrückten Schleifkörpern) geglättet. Durch fortwährenden Richtungswechsel von Werkzeug und Werkstück mit lose aufgegebenem Schleifmittel wird beim *Läppen* eine hohe Formgenauigkeit und Oberflächengüte erzielt. In Tauchschleifmaschinen tauchen die Werkstücke, die an senkrecht stehenden, sich drehenden Spindeln befestigt sind, in einen ebenfalls rotierenden Behälter, der das Schleifmittel enthält. Für das Entgraten, Schleifen und Polieren von Massenteilen gibt es Spezialprozesse, bei denen das Gut zusammen mit Schleifkörpern und unter Zusatz wässriger Lösungen, die Tenside, pH-Regulatoren, Komplexbildner, Inhibitoren, etc. enthalten können, in Trommeln durch Rotation oder in Trögen durch Vibration bearbeitet wird. Die

Oberflächenbearbeitung mit Stahlbürsten erlaubt insbesondere auf galvanischen Überzügen die Herstellung interessanter Mattierungseffekte und Strukturen.

**Chemische und elektrochemische Verfahren**

Zum chemischen Mattieren sind die im Zusammenhang mit der Oxidentfernung erwähnten Beizverfahren geeignet. Durch Tauchen in speziell zusammengesetzte wässrige, z. T. hochkonzentrierte Säurelösungen werden bevorzugt Spitzen, Ecken und Kanten abgetragen. Die hiermit verbundene Erhöhung des Glanzes wird als chemisches Polieren bezeichnet. Chromsäurehaltige Glanzbäder dienen zur Nachbehandlung von Zinkelektroplattierschichten. Vor der anodischen Oxidation kann Aluminium zur Glanzerzeugung in konzentrierte wässrige Lösungen aus Phosphorsäure/Essigsäure, Phosphorsäure/Salpetersäure/Schwefelsäure oder bei Vorliegen von hochreinem Aluminium auch in Salpetersäure/Flusssäure getaucht werden. Weit verbreitet ist das elektrolytische Polieren [56]. Hierbei wird das zu polierende Metall in speziell zusammengesetzten Elektrolyten als Anode geschaltet. Die Stromdichte beträgt 10–100 A dm$^{-2}$ bei Arbeitstemperaturen zwischen 20 und 95 °C. Der Poliereffekt kommt dadurch zustande, dass die lokale Stromdichte an Erhebungen größer ist als in benachbarten Tälern, was zur schnelleren Metallauflösung an den Erhebungen führt. Die meisten Elektrolyte haben einen hohen Gehalt an Phosphorsäure, daneben können noch andere Säuren wie Schwefelsäure, Chromsäure und Essigsäure vorhanden sein. Im Gegensatz zum mechanischen Polieren bleibt hier das Metallgitter in der Werkstückoberfläche ungestört.

## 6.2
## Stromlose Behandlung mit wässrigen Lösungen

Die Erzeugung von Schutzschichten durch stromlose Behandlung der metallischen Werkstücke mit wässrigen Lösungen kann nach verschiedenen Reaktionsmechanismen ablaufen:
– Chemische Auflösung einer geringen Metallmenge aus der Werkstückoberfläche und Aufwachsen einer meist anorganisch-nichtmetallischen Konversionsschicht als gekoppelte Folgereaktion (Beispiel: Phosphatieren, Chromatieren),
– Ionenaustauschreaktion zwischen Metallatomen aus der Oberfläche und Metall-Kationen in der Behandlungslösung (Beispiel: Zementationsverkupferung von Stahl) und
– chemische Reduktion von Metall-Kationen zu Metall und dessen Auskristallisation an der katalytisch wirkenden Werkstückoberfläche (Beispiel: chemische Vernickelung).

### 6.2.1
### Phosphatierung

Nach dem bestimmenden Kation in der wässrigen Phosphatier-Lösung wird zwischen der Alkali-, Zink- und Manganphosphatierung unterschieden [57–62].

#### 6.2.1.1 Alkaliphosphatierung

Hauptbestandteil der wässrigen Behandlungslösungen ist Alkalidihydrogenphosphat. Die Lösungen werden im pH-Bereich von 3,5–6,0 angewendet. Zur Steuerung der Schichtbildungsgeschwindigkeit und zur Modifikation der Zusammensetzung und Struktur sowie des Flächengewichtes der Konversionsschichten können die Behandlungsbäder außerdem kondensierte Phosphate (z. B. Di- und Triphosphat), Oxidationsmittel (z. B. Chlorate, Bromate, Nitrite, organische Nitroverbindungen) und spezielle Aktivatoren (z. B. Fluoride, Molybdate) enthalten. Der Zusatz von Tensiden verleiht den Lösungen eine entfettende Wirkung. Die Bäder werden für die Oberflächenbehandlung von Stahl, aber auch von Aluminium und Zink im Tauch-, Spritz- und manuellen Hochdruckspritzverfahren bei Temperaturen zwischen 25 und 70 °C eingesetzt. Die Behandlungszeiten betragen 5–10 s (z. B. für die Spritzanwendung auf Band) und 1–3 min (z. B. für die Spritz- und Tauchbehandlung von Einzelteilen).

Die Schichtausbildung wird generell durch eine Beizreaktion eingeleitet. Die dabei aufgelösten Kationen des Grundmetalls reagieren mit Phosphat-Ionen der Behandlungslösung unter Bildung von schwerlöslichen Phosphaten, die als festhaftender Überzug auf der Metalloberfläche aufwachsen. Die auf Eisen erzeugten Eisenoxid/Eisenphosphat-Schichten sind von blaugrüner, teilweise auch rötlich irisierender Farbe und besitzen eine Flächendichte von 0,2 bis etwa 1 g m$^{-2}$. Auf Zink werden Zinkphosphatschichten und auf Aluminium phosphathaltige Adsorptionsschichten ausgebildet.

Die Deckschichten allein verleihen dem Grundmetall schon einen temporären Korrosionsschutz, der für die Konservierung zur Lagerung in trockenen Räumen ausreicht. Sie dienen weiter als Basis für den Auftrag von Lacküberzügen, verbessern deren Haftung und erhöhen die Korrosionsbeständigkeit. Typische Beispiele sind die Vorbereitung von Stahlregalen, Metallmöbeln, Kühlschrankgehäusen und Stahlband für die Lackierung. Für Korrosionsschutzanwendungen empfiehlt es sich, nach der Alkaliphosphatierung gründlich mit Wasser zu spülen, danach mit passivierenden Mitteln nachzuspülen und abschließend die Oberfläche mit vollentsalztem Wasser abzubrausen.

#### 6.2.1.2 Zinkphosphatierung

Bei der Zinkphosphatierung wird mit wässrigen Lösungen gearbeitet, deren bestimmender Bestandteil Zinkdihydrogenphosphat ist. Das Verfahren wird hauptsächlich für die Schichtbildung auf Stahl, aber auch für Zink und Aluminium angewendet. Die Badlösungen enthalten soviel freie Säure, dass sie sich im oder nahe dem Gleichgewicht mit schwerlöslichem Zinkphosphat befinden. Abhängig von der Badtemperatur und der Konzentration an Badkomponenten ist dies bei einem pH-Wert zwischen etwa 2,8 und 3,6 der Fall. Wird das Substrat mit dieser Lösung kontaktiert, erfolgt ein Beizangriff auf das Substrat und gleichzeitig an der Metalloberfläche eine Verschiebung des pH zu höheren Werten. Dadurch kommt es zu Auskristallisation von Zinkphosphat (Hopeit) auf der Oberfläche. Die Phosphatierbäder können außer Zink noch weitere Kationen, z. B. Nickel, Kupfer, Mangan, Calcium und Eisen enthalten. Diese haben z. T. eine beschleunigende Wirkung auf den Schicht-

bildungsprozess und nehmen neben Zink und Phosphat am Aufbau der Konversionsschicht teil. Dabei werden ggf. andere Phosphatkristall-Modifikationen (Phosphophyllit, Scholzit) abgeschieden. Nickel bringt insbesondere bei der Behandlung von Zink Qualitätsverbesserungen der Phosphatschicht. Ferner werden Oxidationsmittel wie Nitrat, Nitrit, Chlorat, Peroxid- oder organische Nitroverbindungen mitverwendet, die aufgrund ihres positiven Reduktionspotentials den Beizangriff beschleunigen und aufgrund des mit ihrer Reduktion verbundenen Verbrauchs von Wasserstoff-Ionen den pH-Gradienten an der Oberfläche schneller einstellen. Die Oxidationsmittel werden daher als Beschleuniger bezeichnet. Darüber hinaus sind die meisten in der Lage, aufgenommenes Eisen in die dreiwertige Form zu überführen und als Eisen(III)-phosphatschlamm auszufällen. Für die Phosphatierung von Aluminiumwerkstoffen und von bestimmten Zinkqualitäten hat es sich als günstig erwiesen, Lösungen mit Zusätzen an einfachen bzw. komplexen Fluoriden zu verwenden. Im Falle des Aluminiums ist dies auch notwendig, um in der Beizreaktion gelöstes Aluminium als Kryolith aus dem System zu entfernen. Mit Hilfe spezieller Zusätze aus der Gruppe der Polyphosphate (s. Phosphor und Phosphorverbindungen, Bd. 3, Abschn. 5.1) und organischer Hydroxycarbonsäuren besteht die Möglichkeit, das Flächengewicht der Phosphatschicht gezielt zu beeinflussen. Die Behandlungsbäder enthalten je nach Anwendungsbedingungen etwa zwischen 0,4 und 30 g $L^{-1}$ Zink sowie 4–50 g $L^{-1}$ $P_2O_5$ in Form von Phosphat. Ferner sind ein oder mehrere der bereits oben beschriebenen weiteren Komponenten in einer Gesamtmenge von etwa 0,1–30 g $L^{-1}$ vorhanden. Die Phosphatierbäder werden hauptsächlich in halb- oder vollautomatischen Anlagen im Tauchen oder Spritzen angewendet. Die Badtemperaturen liegen zwischen 25 und 95 °C. Die zur Ausbildung der Phosphatkonversionsschicht auf Stahl erforderlichen Behandlungszeiten betragen etwa 45–180 s beim Spritzverfahren und etwa 2–10 min beim Tauchverfahren. Während des Phosphatiervorganges laufen auf und an der Metalloberfläche mehrere gekoppelte physikalisch-chemische Reaktionen ab, die sich durch folgende Schritte beschreiben lassen:
- Beizangriff auf das Metall, z. B. Eisen,
- Erhöhung des pH-Wertes im angrenzenden Lösungsfilm,
- Übersättigung des Lösungsfilmes an schichtbildender Substanz,
- Kristallkeimbildung auf dem Metall,
- Aufwachsen der Phosphatschicht auf dem Metall unter gleichzeitigem Abbau der Übersättigung im angrenzenden Lösungsfilm,
- Oxidation des aufgelösten Eisens zur dreiwertigen Form und
- Ausfällung des Eisens im Bad als Eisen(III)-phosphatschlamm.

Die Schichtbildung ist abgeschlossen, wenn das Metall praktisch vollständig mit einer Phosphatschicht bedeckt und damit der die Schichtbildung auslösende Beizangriff zum Erliegen gekommen ist.

Je nach Lösungszusammensetzung und Anwendungsbedingungen werden Phosphatschichten mit einem Flächengewicht von 1,2–60 g $m^{-2}$ und einer freien Porenfläche von 0,1–3,0 % ausgebildet. Die Schichten können u. a. aus folgenden chemischen Verbindungen aufgebaut sein: $Zn_3(PO_4)_2 \cdot 4\,H_2O$ (tertiäres Zinkphosphat, Hopeit), $Zn_2Fe(PO_4)_2 \cdot 4\,H_2O$ (tertiäres Zinkeisen(II)-phosphat, Phosphophyllit),

$Zn_2Ca(PO_4)_2 \cdot 2\,H_2O$ (tertiäres Zinkcalciumphosphat, Scholzit). Die Schichtfarbe ist hell- bis dunkelgrau. Eine in der Praxis wichtige Möglichkeit zur Verringerung von Kristallgröße und Schichtgewicht bietet die Spülung mit titanphosphathaltigem Aktivierungsmittel vor der Phosphatierung. Dadurch werden Kristallkeime auf der Oberfläche gebildet, die zu einer feinkristallinen und damit dünneren Phosphatschicht führen.

Die Nachbehandlung der Phosphatschichten richtet sich nach dem Verwendungszweck. Schichten, die dem Korrosionsschutz dienen, werden vorteilhaft mit einem Passivierungsmittel, beispielsweise mit sauren Titan/Zirconiumfluorid enthaltenden Lösungen oder wässrigen Lösungen mit hydrolysierten Silanen, nachgespült. Vor einer Lackierung empfiehlt es sich, die Oberfläche mit vollentsalztem Wasser abzubrausen, um letzte Reste löslicher Salze zu entfernen, die sonst im Schwitzwasserklima zur Blasenbildung unter dem Lackfilm führen könnten. Phosphatschichten, die als Schmiermittelträger bei der spanlosen Kaltumformung vorgesehen sind, werden vorzugsweise mit schwach alkalischen Lösungen zur Neutralisation von Säureresten nachgespült. Durch eine Tauchbehandlung in 90–98 °C heißer, wässriger $SnCl_2$-Lösung können dicke Zinkphosphatschichten durch Einlagerung von Zinnverbindungen verdichtet und ohne bzw. mit Wachsnachbehandlung korrosionsbeständiger gemacht werden.

Es gibt vier Hauptanwendungen für die Zinkphosphatierung. Schichten mit einem Flächengewicht über 15 g m$^{-2}$ auf Stahl ergeben in Verbindung mit Korrosionsschutzöl, das aus wässriger Emulsion oder aus organischer Lösung aufgebracht wird, Korrosionsbeständigkeiten, die an die von Cadmium- oder Zinküberzügen heranreichen. Beispiele technischer Anwendungen sind der Korrosionsschutz von Massenkleinteilen, z. B. Schrauben, Muttern, Unterlegscheiben, Federn. Zum Korrosionsschutz von Stahl, verzinktem Stahl, Zink und Aluminium in Verbindung mit Lacken und Anstrichen dienen Zink-, Zinkcalcium- und Zinkeisenphosphatschichten mit einem Flächengewicht von 1–5 g m$^{-2}$. Durch eine Phosphatierung werden die Lackhaftung sowie die Beständigkeit gegen Lackabhebung und Unterrostung bei Korrosionsbeanspruchung wesentlich verbessert. Insbesondere haben sich solche Phosphatschichten in Verbindung mit der kathodischen Elektrotauchlackierung hervorragend bewährt. Anwendungen sind die Vorbereitung der Gehäuse von Waschmaschinen, Kühlschränken, Geschirrspülmaschinen sowie Karosserien von Personen- und Lastwagen vor der Lackierung. In Verbindung mit seifehaltigen Schmierstoffen dienen Zinkphosphatschichten mit 2–40 g m$^{-2}$ Flächengewicht zur Erleichterung der spanlosen Kaltumformung von Rohren, Drähten, Blechen und Stangenabschnitten aus Stahl durch Kaltziehen und Kaltfließpressen. Die Verformungsgeschwindigkeiten und Querschnittsabnahmen werden bei Schonung der Werkzeuge und der Werkstückoberfläche gesteigert. Ein weiteres Anwendungsgebiet ist die temperaturbeständige Isolation von Transformator- sowie Stator- und Rotorblechen in Elektromotoren. Phosphatschichten werden hauptsächlich in Tauch- und Spritzanlagen aufgebracht. Eine typische Tauchanlage zur Erzeugung dicker Phosphatschichten auf öligem, verzundertem Stahl umfasst folgende Stufen: Entfetten in stark alkalischem Reiniger durch 10 min Tauchen bei 80 °C, Spülen in kaltem Wasser, Entzundern in Schwefelsäure durch 15 min Tauchen bei

60 °C, Spülen in kaltem Wasser, Spülen in heißem Wasser, Phosphatieren durch 10 min Tauchen bei 55–75 °C, Spülen in kaltem Wasser, Nachspülen je nach Verwendungszweck und Trocknen. Nähere Angaben über die Anwendung im Spritzverfahren finden sich im Abschnitt 6.9.3.

#### 6.2.1.3 Manganphosphatierung

Die Manganphosphatierung arbeitet mit sauren wässrigen Behandlungsbädern, die Mangandihydrogenphosphat als bestimmende Komponente enthalten. Zur Beschleunigung und Modifizierung der Schichtbildung dienen Zusätze von Nitrat, Nitrit, Fluorid, organischen Nitroverbindungen, organischen Hydroxycarbonsäuren, Nickel und Eisen(II). Im übrigen besteht weitgehende Analogie zur Arbeitsweise der Zinkphosphatbäder. Die Manganphosphatschichten werden durch Tauchen der gereinigten Stahlwerkstücke in die auf etwa 80–95 °C erhitzte Behandlungslösung bei Reaktionszeiten von 5–15 min erzeugt. Die Schichtzusammensetzung entspricht meist dem Mn,Fe-Hureaulith mit der Formel $(Mn,Fe)_5H_2(PO_4)_4 \cdot 4\,H_2O$. Durch Variation der mechanischen und chemischen Vorbehandlung, der eventuellen Einschaltung einer aktivierenden Vorspülung in einer feinverteilten, wässrigen Hureaulith-Dispersion sowie durch Einstellung der Zusammensetzung und Anwendungsbedingungen des Phosphatierbades lassen sich Phosphatschichten mit einem Flächengewicht von etwa 2–30 g m$^{-2}$ ausbilden. Manganphosphatschichten finden Anwendung zur Verbesserung des Gleitverhaltens von Maschinenteilen, beispielsweise von Kolben und Zylinderrohren großer Dieselmotoren, von Zahnrädern, Tellerrädern und Kegelrädern in Schalt- und Ausgleichsgetrieben, von Schalt- und Kupplungsorganen sowie von Antriebsrädern für Kurbel- und Nockenwellen. Hierdurch werden Belastbarkeit und Notlaufeigenschaften verbessert und Geräuschentwicklung und Metallverschleiß verringert.

### 6.2.2
### Chromatierung

Bei der Chromatierung werden die Metalloberflächen mit wässrigen sauren Lösungen des sechswertigen Chroms mit speziellen, auf den Beizangriff beschleunigend wirkenden Zusätzen im Tauch- oder Spritzverfahren in Berührung gebracht. Die Beizreaktion bewirkt eine Reduktion des sauren Chrom(VI) zum basischen Chrom(III), gleichzeitig reichern sich im Flüssigkeitsgrenzfilm Kationen des behandelten Metalls an. Neutralisierungsreaktionen an der Metallgrenzfläche führen zu einer spontanen Ausfällung einer gelartigen, Chrom(III), Chrom(VI), Kationen des behandelten Metalls und sonstige Lösungspartner enthaltenden Schicht, deren Struktur sich erst durch Altern bzw. den späteren Trocknungsprozess endgültig formiert. Das Verfahren hat insbesondere für die Oberflächenbehandlung von Aluminium [63–66], Zink [67, 68] und Magnesium [69] zum Schutz gegen atmosphärische Korrosion sowie als Haftgrund für Lack- und Kunststoffschichten technische Bedeutung erlangt. In vielen Industriebereichen (Baugewerbe, Flugzeugbau) wird es noch immer verwendet, obwohl chromatfreie Alternativen auf Basis Titan/Zirconium-Fluorid, Cer, Phosphonsäuren oder Silanen erhältlich sind. Niedrige Kosten und

Systemsicherheit sprechen für die Chromatierung, die Giftigkeit und Carcinogenität der Chromate dagegen.

**Chromatierung von Aluminium**

Für die Gelbchromatierung von Aluminium werden saure Lösungen verwendet, die neben Verbindungen des sechswertigen Chroms einfache oder komplexe Fluoride und Aktivatoren zur Erhöhung der Schichtbildungsgeschwindigkeit enthalten. Der pH-Wert der Behandlungsbäder liegt bei 1,5–2,5. Die erzeugten Schichten bestehen im Wesentlichen aus Oxiden und Oxidhydraten des drei- und sechswertigen Chroms und des Aluminiums, sind leicht irisierend bis gelbbraun gefärbt und haben ein Flächengewicht von 0,1–3 g m$^{-2}$. Die in der Schicht enthaltenen Chrom(VI)-Ionen gewährleisten einen Selbstheilungseffekt an Verletzungsstellen. Die sauren wässrigen Grünchromatierbäder enthalten Chromsäure, Flusssäure und Phosphorsäure. Grünchromatierschichten bestehen überwiegend aus Chrom(III)-phosphat und Aluminium(III)-phosphat mit einem geringen Anteil von Fluoriden und Oxidhydraten. Das Flächengewicht der Schichten liegt zwischen etwa 0,1 und 4,5 g m$^{-2}$, wobei sich die Schichtfarbe mit zunehmendem Flächengewicht von irisierend grün bis sattgrün vertieft.

**Chromatierung von Zink**

Zur Chromatierung von Zink dienen wässrige Chromsäure-Lösungen, denen Chloride, einfache und komplexe Fluoride, Sulfate und Formiate als Aktivatoren zugesetzt sind. Die Bäder werden zwischen Raumtemperatur und 50 °C und bei einem pH-Wert von etwa 1,2–3,0 eingesetzt. Das Flächengewicht der Chromatierschicht beträgt 0,1-3 g m$^{-2}$. Mit zunehmender Schichtdicke wechselt die Schichtfarbe von irisierend über gelb bis braun oder olivgrün. Die Beständigkeit gegen atmosphärischen Angriff wächst mit zunehmendem Schichtgewicht, während als Vorbereitung für eine organische Beschichtung aus Gründen der besseren Biegehaftung dünnere Überzüge vorgezogen werden. Die Chromatierung findet auch als letzte Stufe einer Elektroplattierung von Zink häufige Anwendung.

**Chromatierung von Magnesium**

Die Chromatierung von Magnesium wird wegen der Unbeständigkeit dieses Metalls gegen atmosphärischen Angriff vielfach benutzt. Goldgelbe bis braune Überzüge erzielt man nach kurzer Beizung der Werkstücke in 15–20%iger Flusssäure durch eine 30 min dauernde Tauchung in eine kochende wässrige Lösung aus 10–15% $Na_2Cr_2O_7 \cdot 2 H_2O$, die an Magnesiumfluorid gesättigt ist. Schichten gleichen Typs lassen sich ferner in verdünnten chloridhaltigen Chromsäurelösungen abscheiden. Die Chromatierschichten sind auch ein guter Haftgrund für Lacke und Kleber.

## 6.2.3
**Oxidation**

Zu den chemischen Oxidationsverfahren gehört u. a. das Brünieren von Stahl, bei dem durch Tauchbehandlung in hochkonzentrierten wässrigen Lösungen bzw.

Schmelzen aus Natriumhydroxid mit Zusätzen von Phosphaten, Nitraten, Nitriten, Mangandioxid, Natriumperoxid und anderen Oxidationsmitteln bei Temperaturen von 130–150 °C dekorative tiefblaue bis schwarze Oxidschichten erzeugt werden. Zur Verbesserung des Korrosionsschutzes folgt im Allgemeinen eine Nachbehandlung mit Korrosionsschutzöl bzw. Wachs [62].

Für die chemische Oberflächenbehandlung von verzinktem Stahlband wird ein Verfahren angewendet, das in Einwirkzeiten von 5–20 s bei 50–70 °C Schichten mit einem Flächengewicht von etwa 0,1 g m$^{-2}$ aus Oxiden des Grundmetalls und der im Behandlungsbad vorhandenen Schwermetall-Kationen erzeugt. Die Behandlungslösung hat einen pH-Wert von etwa 13 und enthält neben Komplexbildnern Ionen von Ag, Mo, Cr, Mn, Co, Fe und Ni. Die Schichten werden nach dem Wasserspülen mit chrom(VI)haltiger oder Titan/Zirkonium-fluoridhaltiger Lösung nachgespült und verbessern die Haftung und Korrosionsbeständigkeit von Lack- und Kunststoffbeschichtungen.

Auf Aluminium lassen sich auf chemischem Wege etwa 0,2–2 µm dicke Oxidschichten aus Böhmit (AlOOH) aufbringen, wenn man das gereinigte Metall 3 min bis max. 10 h in vollentsalztem Wasser zwischen 85 und 160 °C behandelt. In 95 °C heißem, vollentsalztem Wasser mit Zusatz von 1,5–30 g L$^{-1}$ Triethanolamin ist die Überzugsbildung bereits nach 3–10 min abgeschlossen. Die Oxidschichten erhöhen die Korrosionsbeständigkeit des blanken Aluminiums und bieten einen guten Haftgrund für Lacke und Kleber.

### 6.2.4
### Metallisierung

Die Metallisierung von Metalloberflächen im Austauschverfahren beruht darauf, dass bei der Berührung eines unedleren Metalls mit einer wässrigen Lösung, die Ionen eines edleren Metalls enthält, ein Ionenaustausch stattfindet [70–72]. Das unedlere Metall geht in Lösung, das edlere scheidet sich dafür als Überzug ab. So können z. B. Stahlteile durch Tauchen in eine siedende $SnCl_2$, $(NH_4)_2SO_4$ und $Al_2(SO_4)_3$ enthaltende Lösung dünn verzinnt werden. Bei Kupfer und Messing gelingt dies mit cyanidischen Zinn(II)-Lösungen. Gold- und Silberschichten entstehen auf Kupfer und Messing durch Tauchen in cyanidische Gold- bzw. Silberlösungen. Ein nachträgliches Rollieren in Sägemehl schafft glänzende Oberflächen. Kupfer kann auf Stahl leicht in schwefelsauren Kupfersulfat-Lösungen, gegebenenfalls unter Zusatz von Chlorid und Inhibitoren, haftfest abgeschieden werden. Derartige Kupferschichten erleichtern u. a. auf Stahldraht die spanlose Kaltumformung (Drahtzug). Stromlos aus Nickelsulfat-Lösung abgeschiedene Nickelschichten bilden die Haftgrundlage für Email in der Einschichtemaillierung von Stahlblech (vgl. Abschnitt 6.8). Edelmetallüberzüge dienen der Erzeugung dekorativer Gegenstände und elektronischer Bauteile.

In den chemischen Reduktionsbädern sind neben den Ionen des abzuscheidenden Metalls Reduktionsmittel vorhanden, die die Metall-Ionen zum Metall zu reduzieren vermögen [69–71]. Bei Kupfer und Silber gelingt dies in alkalischen, Komplexbildner enthaltenden Lösungen durch den Zusatz von Formaldehyd oder Hydrazinsulfat als Reduktionsmittel. Für Nickel sind Verfahren entwickelt worden, die Natriumhypophosphit, Natriumboranat oder N,N-Diethylborazan zur Metallabscheidung verwenden. Die stromlos erzeugten Nickelschichten enthalten je nach Reduktionsmittel 7–10 % P bzw. 5–10 % B. Alle diese Lösungen sind unter den Arbeitsbedingungen instabil und neigen zur spontanen Metallausfällung. Um die Reduktion bevorzugt auf dem eingetauchten Werkstück ablaufen zu lassen, werden auf diesem z. B. durch Vortauchen in verdünnte Edelmetalllösungen Kristallisationskeime erzeugt. Die Verfahren dienen zur Metallabscheidung auf kompliziert geformten Werkstücken, auf Elektronikteilen und als Stufe im Rahmen der Kunststoffgalvanisierung. Die Härte der Bor bzw. Phosphor enthaltenden Nickelüberzüge kann durch nachträgliche Wärmebehandlungen sowie durch Mitabscheidung von dispergiertem Siliciumcarbid erhöht werden. Beide Maßnahmen erweitern die Einsatzmöglichkeiten zum Verschleißschutz.

### 6.2.5
**Sonstige Verfahren**

Zur Oberflächenbehandlung von Aluminium sind in neuester Zeit Verfahren auf Basis chromfreier, saurer wässriger Lösungen entwickelt worden, die komplexe Fluoride des Titans und Zirconiums, Phosphat und spezielle organische Verbindungen, z. B. Tannin enthalten. Diese Verfahren liefern in der Spritz- und Tauchanwendung bei Temperaturen bis zu 60 °C dünne, praktisch farblose Konversionsschichten mit einem Flächengewicht unter $0,1 \text{ g m}^{-2}$, die sich insbesondere als Lackhaftgrund für den Nahrungsmittel- und Getränkebereich, z. B. für tiefgezogene Aluminiumdosen, etabliert haben. Speziell für die Oberflächenbehandlung von Band stehen neuerdings die Dreistufen-Verfahren zur Verfügung, bei denen das Band nach Reinigung und Spülung mit einer abgemessenen Menge an chemischer Reaktionslösung benetzt und diese bei höherer Temperatur auf dem Metall aufgetrocknet wird. Diese Arbeitsweise, die auch unter dem Namen no-rinse-Technik bekannt geworden ist, zeichnet sich durch eine verminderte Zahl von Spül- und Behandlungsstufen und durch eine geringere Abwasserbelastung aus.

Salzsaure Lösungen mit Cerchlorid, Peroxid und Beschleuniger erzeugen auf Aluminium gelbe Schichten aus Ce/Al-Mischoxiden, die denen einer Gelbchromatierung sehr ähnlich sehen. Sie bieten unter Lack einen Korrosionsschutz und einen Haftgrund, der dem der Gelbchromatierung gleich kommt [73].

Ebenfalls für Aluminium wurde ein Vorbehandlungsverfahren auf Basis längerkettiger Phosphonsäuren entwickelt, bei denen durch Selbstorganisation eine monomolekulare Haftvermittlerschicht zwischen Metall und Lack gebildet wird. In diesem Fall ist die Schicht absolut unsichtbar und bietet somit Vorteile unter Klarlack z. B. auf Aluminiumrädern [74, 75].

Verfahren auf Basis wässriger silanhaltiger Lösungen werden seit längerer Zeit untersucht [74, 75]. Auch wenn einige Produkte am Markt erhältlich sind, z. B. als Passivierungsmittel nach der Phosphatierung, für die Passivierung von verzinktem Band und für die Vorbehandlung vor der Lackierung von Stahl und verzinktem Stahl, ist der Durchbruch bisher noch nicht geschafft. Die Entwicklung wird jedoch weiter gehen, denn Silane könnten eine weitgehend schwermetallfreie und damit umweltverträgliche Alternative zu bisher üblichen Verfahren darstellen.

Bei der Einwirkung wässriger oxalsäurehaltiger Lösungen auf Stahl und nach Zugabe von Depassivatoren wie Chlorid, Fluorid, Thiosulfat, Sulfid und Sulfit auch auf rost- und säurebeständigen Chrom- und Chrom/Nickel-Stählen bilden sich Eisen-(II)-oxalat-Schichten ($FeC_2O_4 \cdot 2\,H_2O$). Die korrosionsschützende Wirkung der Schichten ist gering, da sie leicht zu löslichem Eisen(III)-oxalat oxidiert werden. Sie dienen hauptsächlich als Schmierstoffträger bei der spanlosen Kaltumformung von Edelstahl.

Auf Titan und Zirconium werden mit sauren wässrigen Fluoridlösungen Überzüge aus komplexen Fluoriden von Ti und Zr erzeugt. Sie dienen ebenfalls als Haftgrund für Schmierstoffe zur Erleichterung der spanlosen Kaltumformung.

Die Korrosionsbeständigkeit von Stahl in Beton aufgrund der alkalischen Reaktion und der Anwesenheit schutzschichtbildender Kieselsäure wird in zementhaltigen Korrosionsschutzbeschichtungen ausgenutzt. Hierzu wird eine wässrige Zementaufschlämmung durch eine Düse auf das Metall gespritzt. Zementhaltige Anstriche haben sich zum Schutz der Innenwandungen von stählernen Wasserbehältern, von Stahlrohrleitungen und für den Schutz von Stahlkonstruktionen gegen atmosphärischen Angriff bewährt.

## 6.3
### Elektrochemische Behandlung mit wässrigen Lösungen

Für die Erzeugung von Schutzschichten nach diesen Verfahren werden die zu beschichtenden Werkstücke mit einem wässrigen Elektrolyten, meist durch Tauchen, in Berührung gebracht und als Elektrode in einen Gleichstromkreis geschaltet. Wechselstrom findet nur in Spezialfällen Anwendung. Die Schichtbildung beruht auf elektrochemischen Reaktionen, die vom Stromdurchtritt durch die Werkstückoberfläche ausgelöst werden.

### 6.3.1
**Anodische Oxidation**

Bei der anodischen Oxidation werden die zu beschichtenden Werkstücke in einem wässrigen Elektrolyten als Anode geschaltet und die während der anodischen Phase in Lösung gehenden Metall-Kationen zum Aufbau der Schicht benutzt. Das Verfahren ist auf eine Reihe von Metallen, z. B. Aluminium, Magnesium und Titan anwendbar.

**Aluminium**
Die bei der Lagerung an der Luft auf Aluminium entstehende natürliche Oxidhaut mit einer Schichtdicke von 0,01–0,1 µm ist nicht ausreichend, um gegen den Korrosionsangriff der Atmosphäre durch Wasser oder aggressive Gase zu schützen. Mit Hilfe der anodischen Oxidation in wässrigen Säuren, z. B. Schwefel-, Phosphor-, Chrom- oder Oxalsäure, können bis zu 40 µm dicke Aluminiumoxidschichten er-

**Tab. 5** Verfahren zur anodischen Oxidation von Aluminiumwerkstoffen

| Verfahren | GS | GX | GXS | GCr | WX | WGX |
|---|---|---|---|---|---|---|
| Elektrolytbestandt. | 150–300 g $L^{-1}$ $H_2SO_4$ | 30–80 g $L^{-1}$ $(COOH)_2$ | 60–80 g $L^{-1}$ $H_2SO_4$ | 20–150 g $L^{-1}$ $CrO_3$ | 25–80 g $L^{-1}$ $(COOH)_2$ | 5–30 g $L^{-1}$ $(COOH)_2$ |
| Spannung (V) zunächst |  | 12–30 | 40–60 (=) | 12–20 (=) | 20–50 (=) | 40–80 (wechselt)/(=) |
| Stromdichte (A $dm^{-2}$) | 0,5–2 | 0,5–4 | 1–3 | 0,3–2 | 0,5–3 | 1–3 |
| Badtemperatur (°C) | 10–24 | 15–30 | 25–30 | 20–45 | 18–45 | 20–35 |
| Behandlungszeit (min) | Je nach Verfahren, gewünschter Schichtdicke, Stromdichte und Werkstoff 5–90 | | | | | |
| Kathodenmaterial | Reinaluminium oder Blei; beim Wechselstromverfahren die Werkstücke | | | | | |

zeugt werden, die dem Metall eine dauerhafte Wetterbeständigkeit sowie hohe Oberflächenhärte und Verschleißfestigkeit verleihen (vgl. Tabelle 5). Die anodische Oxidation von Aluminium nennt man auch Eloxieren (Eloxal = Elektrische Oxidation des Aluminiums). Das sorgfältig gereinigte Metall wird als Wechselstromelektrode bzw. Gleichstromanode dem Säureelektrolyten für eine bestimmte Zeit ausgesetzt, wobei Stromdichte, Badzusammensetzung, Badtemperatur und Behandlungszeit, aber auch die Legierungszusammensetzung und der Oberflächen- und Gefügezustand die Farbe und Dicke des Überzugs beeinflussen.

Der Hauptbestandteil der Schicht ist amorphes $Al_2O_3$ mit geringen Anteilen an $\gamma$-$Al_2O_3$. Die aufgelöste Al-Menge entspricht streng dem Faradayschen Gesetz. Da jedoch etwas Oxid in den Elektrolyten übergeht, liegt die abgeschiedene Oxidmenge unter dem theoretischen Wert. Je Gramm aufgelöstes Aluminium scheiden sich unter praktischen Bedingungen etwa 1,35–1,46 g $Al_2O_3$ ab. Bezogen auf die Ausgangsdicke des Werkstücks, wächst der Überzug etwa zu einem Drittel nach »außen« und zu Zweidrittel nach »innen«. Der Überzug besteht aus einer etwa 0,15 µm dicken zusammenhängenden Unterschicht und einer Deckschicht, die mit senkrecht zum Metall stehenden Kapillaren (Durchmesser 0,01–0,04 µm, Abstand von Kapillare zu Kapillare ca. 0,3 µm) durchsetzt ist. Der Oxidfilm hat direkt nach seiner Erzeugung eine innere Oberfläche von ca. 100 $m^2$ $g^{-1}$ und ist chemisch sehr reaktionsfähig, sodass er nach gründlichem Wasserspülen durch Tauchen in wässrige Lösungen organischer Farbstoffe eingefärbt werden kann. Diese Farben weisen jedoch nur eine begrenzte Lichtechtheit auf. Lichtechte Einfärbungen lassen sich durch eine Wechselstrombehandlung der anodisch oxidierten Teile in wässriger Metallsalz-Lösung (Nickel, Cobalt, Zinn und deren Mischungen) erzielen. Dabei werden gefärbte Metallverbindungen in die Oxidschicht eingelagert. Wesentlich für die Oberflächenvergütung ist nach der anodischen Oxidation das Verdichten der Schicht, bei dem die Werkstücke etwa 10–30 min in kochendes Wasser getaucht oder 100–160 °C heißem Dampf ausgesetzt werden. Die Schicht nimmt hierbei Wasser auf, wandelt sich in Böhmit (AlOOH) um, verliert ihre Reaktivität und gewinnt an Korrosionsschutzwert und Härte. Die Güte der Verdichtung wird z. B. nach der Verminderung der Anfärbbarkeit mit organischen Farbstoffen beurteilt.

Es sind außerdem Verfahren entwickelt worden, bei denen in Abhängigkeit von der gewählten Al-Legierung verschieden gefärbte Oxidschichten schon während der anodischen Oxidation ausgebildet werden. Die hiermit erzielbaren Braun- und Schwarztöne haben großen Anklang in der Architektur gefunden. Hochglanz und Wetterbeständigkeit erhält man, wenn das Metall vor der anodischen Oxidation chemisch oder elektrolytisch poliert wird.

**Magnesium**
Auch für die anodische Oxidation von Magnesium stehen mehrere Verfahren zur Verfügung. Bei einem Prozess werden z. B. die alkalisch gereinigten Werkstücke 2,5–24 min bei Stromdichten von 0,5–5 A dm$^{-2}$ und einer Badtemperatur von 70–80 °C als Anode in einem wässrigen Elektrolyten aus 300 g L$^{-1}$ $NH_4HF_2$, 100 g L$^{-1}$ $Na_2Cr_2O_7 \cdot 2\,H_2O$ und 154 g L$^{-1}$ $H_3PO_4$ (85%) geschaltet (Zellspannung bis 110 V). Es bilden sich 2,5–30 µm dicke Schichten von dunkelgrüner Farbe. Der Überzug kann als alleiniger Schutz und als Haftgrund für Lacke dienen [76].

Die anodische Oxidation von Titan und seinen Legierungen findet vermehrt in der Luft- und Raumfahrt Anwendung.

## 6.3.2
**Elektrolytische Beschichtung**

Als elektrolytische oder auch galvanische Beschichtung bezeichnet man die Abscheidung von Metall- und Legierungsschichten überwiegend aus wässrigen Elektrolyten unter Zuhilfenahme von Gleichstrom auf Metallen oder anderen, entsprechend vorbehandelten Werkstoffen, z. B. Glas oder Kunststoffen. Der Einsatz dieses Verfahrens dient den unterschiedlichsten Zwecken:
– Verbesserung der Optik und der Haptik
– Erhöhung der Korrosionsbeständigkeit,
– Erhöhung des Widerstandes gegen Abrieb und Verschleiß,
– Metallauftrag auf Oberflächen mit Untermaß,
– Einstellung bestimmter elektrischer oder magnetischer Eigenschaften in der Elektrotechnik,
– Einstellung besonderer mechanischer Oberflächeneigenschaften, z. B. Schmierfähigkeit, niedriger Reibungsbeiwert,
– Einstellung spezifischer optischer Oberflächeneigenschaften, z. B. hohe bzw. niedrige Reflexion, Glätte,
– Haftvermittlung, z. B. bei Lötprozessen oder der Verbindung mit Elastomeren,
– Verminderung der Produktionskosten.

In den letzten Jahren ist ein deutlicher Trend hin zur Lösung technisch-funktioneller Aufgaben mit Hilfe elektrolytischer Beschichtung zu beobachten. Dabei gewinnt die dekorativ-funktionelle Beschichtung ebenfalls immer stärker an Bedeutung. So wird das galvanische Beschichten von Oberflächen im Automobilbereich immer beliebter. Dominierte in den 1960er Jahren die verchromte Oberfläche das Erscheinungsbild der Fahrzeuge, war diese in den 1980er Jahren fast komplett verschwunden. In den 1990er Jahren wurde die Chromoberfläche wieder entdeckt. Neben dem hochwertigen dekorativen Erscheinungsbild sind auch die Anforderungen an die

Korrosionsbeständigkeit dieser und anderer Oberflächen gestiegen. Legierungsschichten wie Zink/Eisen oder Zink/Nickel haben die traditionellen Zinkschichten im Bereich des kathodischen Korrosionsschutzes teilweise verdrängt, da ihre Korrosionsbeständigkeit gegenüber den reinen Zinkschichten stark verbessert ist. Prüfkriterium sind die Beständigkeiten der Beschichtungen im Salzsprühtest, Kesternich-Test oder auch im Temperaturwechseltest.

### 6.3.2.1 Physikalisch-chemische Grundlagen

Zur elektrolytischen Beschichtung werden eine Anode und der zu beschichtende Gegenstand als Kathode in einen Elektrolyten gebracht, der Ionen des abzuscheidenden Metalls enthält. Nach Anlegen einer elektrischen Gleichspannung bewirkt der Strom eine Entladung der Metall-Ionen und eine Abscheidung des Metalls auf der Kathode. Der Anodenprozess besteht bei angreifbaren Anoden aus einer Oxidation des Anodenmetalls unter Ionenbildung oder bei unangreifbaren Anoden z. B. aus der Entladung von $OH^-$-Ionen unter Bildung von Sauerstoff oder der Oxidation niederwertiger Ionen wie $Cr(III) \longrightarrow Cr(VI)$. Die zwischen Anode und Kathode liegende Zellspannung unterteilt man in den Spannungsabfall zwischen Anodenmetall und angrenzendem Elektrolyten, den durch den Stromfluss bewirkten Ohmschen Spannungsabfall im Elektrolyten und den Spannungsabfall zwischen dem an die Kathode grenzenden Elektrolyten und dem Kathodenmetall.

Bei Abwesenheit eines von außen aufgeprägten Stromes zeigen Metalle eine elektrische Spannung gegen den Elektrolyten, die als Ruhepotential bezeichnet wird. Unter dieser Bedingung sind die Beträge der auf der einzelnen Metalloberfläche herrschenden anodischen und kathodischen Teilströme gleich; ihr Wert pro Flächeneinheit wird Austauschstromdichte genannt. Sitz des Ruhepotentials ist die elektrochemische Doppelschicht auf dem Metall, die sich etwa 1–10 nm in den Elektrolyten hinein erstreckt und aus der starren, direkt ans Metall grenzenden Helmholtzschen Doppelschicht und der sich anschließenden diffusen Doppelschicht besteht. Die Spannung in der Doppelschicht beruht auf der Anhäufung entgegengesetzter Ladungen in verschiedenen Schichtebenen, womit sie Kondensatoreigenschaften zeigt.

Beim Einschalten des Elektrolysestromes nimmt die Kathode im Vergleich zum Ruhepotential ein negativeres und die Anode ein positiveres Potential an. Diese Abweichung wird als elektrische Polarisation bezeichnet. Ihre Höhe wird von der Struktur der Elektrodenfläche, der chemischen Zusammensetzung des Elektrolyten, der Strömungsgeschwindigkeit des Elektrolyten an der Elektrode und der Stromdichte beeinflusst und setzt sich additiv aus Konzentrations-, Durchtritts- und Widerstandspolarisation zusammen.

Die *Konzentrationspolarisation* beruht auf der durch den Stromfluss bewirkten Änderung der Aktivitäten bzw. Konzentrationen der am Elektrodenprozess beteiligten Reaktionspartner, wobei man zwischen Diffusions-, Reaktions- und Kristallisationspolarisation unterscheiden kann. Die Diffusionspolarisation steht in ursächlichem Zusammenhang mit der Verarmung oder Anreicherung der an der Bruttoreaktion teilnehmenden Reaktionspartner an der Phasengrenzfläche. Der potentialbestimmenden Reaktion vorgelagerte bzw. nachfolgende langsame Prozesse, z. B. Hydratation oder Dehydratation, können zu einer Reaktionspolarisation Anlass geben. Die Hemmung des Metalleinbaues ins Kristallgitter der Kathode oder des Ionenaustritts aus dem Kristallgitter der Anode verursacht die Kristallisationspolarisation.

Die *Durchtrittspolarisation* ist derjenige Anteil der Überspannung, der aufgewendet werden muss, um den Übergang des potentialbestimmenden Ladungsträgers durch die Phasengrenze, die sog. Durchtrittsreaktion, überhaupt stattfinden zu lassen.

Als *Widerstandpolarisation* bezeichnet man den Anteil der Überspannung, der dem Ohmschen Spannungsabfall im Elektrodenraum entspricht. Dieser Anteil kann z. B. bei der Ausbildung von Deckschichten auf der Anode größere Werte annehmen.

Die Zellspannungen für die Abscheidung metallischer Deckschichten sind bei Verwendung löslicher Anoden aus dem gleichen Metall gering, weil außer dem Elektrolytwiderstand nur die jeweiligen Anoden- und Kathodenpolarisationen überwunden werden müssen. Bei unlöslichen Anoden besteht aufgrund der Andersartigkeit der Elektrodenprozesse ein Unterschied in den Ruhepotentialen, sodass die aufzuwendende Zellspannung höher ist.

Für die praktische Anwendung ist die Stromdichte auf den Elektroden von besonderer Bedeutung, da sie die Bildungsgeschwindigkeit, die Struktur und unter speziellen Bedingungen die Zusammensetzung der Schicht beeinflusst. Für jede Elektrodenreaktion gibt es eine Grenzstromdichte, die bei weiterer Erhöhung der Zellspannung zunächst nicht überschritten wird. Die Höhe der Grenzstromdichte ist durch die Diffusion der jeweiligen Metall-Ionen zum Metall hin bestimmt. Erst nach Erreichen des Gleichgewichtspotentials einer weiteren Elektrodenreaktion steigt die Stromdichte wieder an, wobei auf dem Metall nun nebeneinander zwei oder gegebenenfalls auch mehr Reaktionen ablaufen.

Da Wasserstoff-Ionen in jedem Elektrolyten als abscheidbare Kationen vorhanden sind, verdient ihr Verhalten im Vergleich zu den Kationen, deren Abscheidung erwünscht ist, besondere Beachtung. Ist das Gleichgewichtspotential des Metall-Kations positiver als das des Wasserstoff-Ions, so wird – vorausgesetzt, dass seine Grenzstromdichte nicht überschritten wird – nur das Metall-Kation abgeschieden. Bei etwa gleichen Potentialen der beiden Partner wird Metall neben Wasserstoff an der Kathode gebildet. Ein praktisches Beispiel ist die Verchromung in wässrigen Chromsäureelektrolyten. Der Fall, dass die Wasserstoffabscheidung bei positiverer Spannung erfolgt, ist in der Galvanik ohne Bedeutung. Durch Zugabe von Komplexbildnern kann die Aktivität von Metall-Ionen und damit auch das Gleichgewichtspotential in der betreffenden Lösung verändert werden. Bei geeigneter Auswahl der Lösungskomponenten ist es möglich, die Potentiale mehrerer Metall-Ionen einander so weit zu nähern, dass sie gleichzeitig galvanisch abgeschieden werden können und Legierungsschichten bilden.

**Reaktionen an der Kathode**
Der Transport der Metall-Ionen aus dem Elektrolyten zur Kathodenoberfläche hat verschiedene Antriebskräfte. Zunächst bewirkt die angelegte Spannung eine elektrostatische Anziehung (Ionenwanderung). Die durch die Metallabscheidung im Ka-

thodenraum hervorgerufene Verarmung an Metall-Ionen wird durch Diffusion ausgeglichen. Außerhalb des an die Elektrodenfläche grenzenden Fickschen Diffusionsfilms, der eine Flüssigkeitsdicke von ca. 0,1 mm aufweist, findet ein Transport der Reaktionspartner durch Badbewegung (Konvektion, Rührung, etc.) statt.

Die Abscheidung der Metalle aus Lösungen einfacher Salze geht über mehrere Stufen. Das aus dem Lösungsinneren kommende Metall-Ion tritt in den Nernstschen Diffusionsfilm ein und stößt nach zumindest teilweiser Dehydratation bis zur äußeren Begrenzung der Helmholtz-Schicht vor. Von dieser Lage aus sind zwei Wege denkbar.

- Aufgrund von Potentialunterschieden in der Helmholtzsche Doppelschicht wandert das Kation in dieser parallel zum Metall bis zu einem Punkt höchster Anziehung, tritt hier durch die Helmholtz-Schicht, wird am Metall entladen und damit Bestandteil des Kathodenkristallgitters.
- Das Kation tritt an der Auftreffstelle durch die Helmholtz-Schicht, wird am Metall entladen und diffundiert nun als adsobiertes Atom parallel zur Kathode bis zu einer Gitterstelle mit günstigen Einlagerungsbedingungen.

Der Mechanismus der Metallabscheidung aus Komplexsalzlösungen ist noch nicht vollständig geklärt, insbesondere bei den anionischen Cyanometallkomplexen ist die Konzentration der freien Metall-Ionen im Allgemeinen zu gering, um sie als Träger der Metallabscheidung gelten zu lassen. Im Bereich der Helmholtz-Schicht existieren aber Komplexe mit geringerer Koordinationszahl als im Lösungsinneren, die als Zwischenstufen bei der Metallabscheidung angesehen werden.

Die durch Entladung entstandenen Metallatome können auf der Kathodenfläche an verschiedenen Orten des Kathodenkristallgitters angelagert werden, wobei solche bevorzugt sind, an denen die Anlagerung den größten Energiegewinn erbringt. Zunächst werden deshalb Löcher atomarer Dimensionen aufgefüllt. Nach der Fertigstellung einer glatten Kristallfläche bildet sich durch Auflagerung eines Metallatoms im Bereich der Flächenmitte ein zweidimensionaler Keim, an den sich nun weitere Atome unter Bildung einer sich ständig vergrößernden neuen Atomlage anlagern (Wachstum der Halbkristalllage). Da die Wachstumsgeschwindigkeit in der Halbkristalllage weit größer ist als die Bildungsgeschwindigkeit neuer zweidimensionaler Keime, werden die Flächen in der Regel zunächst voll ausgebildet, ehe die Besetzung neuer Flächen angefangen wird. Die energetisch aufwändige Bildung zweidimensionaler Keime ist beim Spiralwachstum nicht erforderlich, das schließlich zu einem Kristall mit Schraubenversetzung führt. Es ist experimentell nachgewiesen, das die Wachstumsgeschwindigkeit der einzelnen Kristallflächen unterschiedlich sein kann und das Verhältnis der Wachstumsgeschwindigkeiten zueinander durch Adsorption anorganischer und insbesondere organischer Verbindungen aus dem Elektrolyten beeinflussbar ist. So lässt sich die Wirkung von bestimmten Elektrolytzusätzen zur Verminderung der Rauigkeit (Einebnung) und zur Erhöhung des Glanzes der Schutzschichten (Glanzbildung) durch eine bevorzugte Adsorption an herausragenden Spitzen und Kanten und damit Erniedrigung der Wachstumsgeschwindigkeit dieser Stellen erklären. Reste der Glanzbildner sind vielfach im abgeschiedenen Metallüberzug nachzuweisen.

Eine in der elektrochemischen Abscheidung unerwünschte Wachstumserscheinung ist die Bildung von Dendriten. Es handelt sich um stängel- und baumartige Gebilde, die in der Regel über Schraubenversetzungen schnell aus der Oberfläche herauswachsen und deren Entstehen begünstigt wird, wenn die Diffusion der Kationen zum Metall geschwindigkeitsbestimmend ist. Das Angebot an Metall-Kationen ist an den herausragenden Spitzen größer als an der Basis.

Die Überspannung, mit der die Metallabscheidung abläuft, beeinflusst ebenfalls die Struktur der Deckschichten. Eine starke Abhängigkeit der Überspannung von der Stromdichte hemmt übermäßiges Schichtwachstum an hervorstehenden Spitzen, Ecken und Kanten und unterstützt eine gleichmäßige Abscheidung bei komplizierter geformten Teilen. Ferner lassen sich bei hohen Überspannungen in der Regel feiner kristalline, glattere Schichten erzeugen, da unter diesen Bedingungen die Bildung von Keimen begünstigt wird. Hohe Überspannungen werden bei Zusatz bestimmter Glanzbildner und Inhibitoren zum Elektrolyten und in Bädern, die das schichtbildende Metall in komplexer Bindung enthalten, beobachtet.

Im Allgemeinen ist die Gleichmäßigkeit der Schichten bei niedrigen Stromdichten besser. Zu hohe Stromdichten können zu einem übermäßigen Schichtaufbau an hervorstehenden Spitzen, Ecken und Kanten und zu ungenügender Beschichtung an schwerer zugänglichen Stellen der Werkstücke führen. Eine Relativbewegung zwischen Werkstück und Elektrolyt wirkt der Verarmung an Metall-Ionen im Kathodenfilm entgegen, die z. B. bei bestimmten Vernickelungsverfahren die Ausbildung matter, rauer Überzüge fördert. Gleichzeitig werden an der Kathodenfläche eventuell haftende Schmutzteilchen und Wasserstoffblasen entfernt.

Das Streuvermögen des Elektrolyten, d. h. seine Fähigkeit, ungleichmäßig geformte Kathoden gleichmäßig zu beschichten, erhöht sich mit zunehmender elektrischer Leitfähigkeit und zunehmender Kathodenüberspannung. Ferner lässt sich die Streuung durch Anbringung von geeignet geformten isolierenden Abschirmungen vor Werkstückstellen, die sonst bei der Beschichtung bevorzugt würden, verbessern. Zur Prüfung der Abhängigkeit zwischen Stromdichte und Schichtqualität wird vielfach die Hull-Zelle benutzt, die aus einem Behälter mit trapezförmigem Grundriss besteht und in dem das Anoden- und Kathodenblech an den beiden nichtparallelen Seiten angeordnet sind. Die nach Anlegen der Zellspannung von Ort zu Ort unterschiedliche Stromdichte auf dem Kathodenblech hängt mit dem unterschiedlichen Anoden/Kathoden-Abstand zusammen. Die Hull-Zelle wird zur Untersuchung der Grundeinstellung sowie zur Beurteilung der Leistungsfähigkeit, Streufähigkeit und des Einflusses von Verunreinigungen auf die Metallabscheidung angewendet.

**Reaktionen an der Anode**
Lösliche Anoden liefern das an der Kathode abgeschiedene Metall in den Elektrolyten nach. Wenn die Stromausbeute des Anoden- und des Kathodenprozesses nicht übereinstimmt, müssen zur Konstanthaltung der Metallbilanz entweder zusätzlich nichtangreifbare Anoden verwendet oder Metallverluste durch Zugabe von geeigneten Regenerationschemikalien zum Bad ausgeglichen werden. Die Anoden müssen eine definierte Zusammensetzung und Reinheit besitzen, um in den Elektrolyten

keine schädlichen Verunreinigungen einzubringen. Die Anoden werden vielfach mit Säcken aus porösem Gewebe umhüllt, in denen der Anodenschlamm und Schwebeteilchen aufgefangen werden, welche zu Abscheidungsstörungen in Form von Rauigkeiten führen können. Der Ausbildung isolierender Schichten (Passivschichten) auf den Anoden ist normalerweise unerwünscht. Ihr kann durch gute Konvektion des Elektrolyten aus dem Bad in den Anodenraum entgegengewirkt werden.

Unlösliche Anoden werden bisweilen zur Verminderung des Metallgehalts im Bad verwendet. Sie erfordern im Vergleich zu den angreifbaren Anoden eine höhere Zellspannung. Einige Verfahren wie z. B. die galvanische Verchromung können nur unter Verwendung von unlöslichen Anoden betrieben.

Hilfsanoden werden in Form und Lage an die spezielle geometrische Gestalt des Werkstücks angepasst, um die Gleichmäßigkeit der Überzüge zu verbessern.

**Elektrolyt**

Als Elektrolyt werden vornehmlich wässrige Lösungen von Verbindungen des abzuscheidenden Metalls benutzt. Einfache Elektrolyte enthalten das Metall-Kation im Wesentlichen in lockerer Bindung als Aquakomplex, während in komplexen Elektrolyten die Metall-Kationen in Form stabiler Komplexverbindungen, z. B. als komplexe Cyanide vorliegen. Zur Einstellung und Konstanthaltung des pH-Werts enthalten die Elektrolytlösungen vielfach puffernd wirkende Substanzen. Die gleichmäßige Auflösung der Anoden wird durch den Zusatz entpassivierend wirkender Salze gefördert. Leitsalze sind Zusätze, die lediglich die elektrische Leitfähigkeit erhöhen, ohne den Gehalt an schichtbildenden Metall-Ionen zu verändern. Die Leitfähigkeit steigt auch mit steigender Elektrolyttemperatur. Gleichzeitig werden dadurch die Überzüge in der Regel weicher und grobkörniger. Die üblichen Badtemperaturen liegen zwischen 20 und 50 °C bis maximal 92 °C.

Zur Verbesserung der einebnenden Wirkung und des Glanzes der Überzüge werden außerdem Glanzbildner zugesetzt. Es handelt sich dabei in der Regel um organische Substanzen aus der Gruppe der Kolloide und der Inhibitoren mit z. T. gegenüber Metalloberflächen ausgeprägt substantiven Eigenschaften. Der Zusatz von Tensiden dient zur besseren Benetzung der Substratoberfläche, zur Entfernung von Schmutzteilchen und Gasblasen von der Kathodenfläche sowie gegebenenfalls zur Ausbildung einer stabilen Schaumdecke auf dem Elektrolyten, um bei starker Gasentwicklung eine Sprühnebelbildung zu unterbinden. Dies kann auch durch Abdecken der Badoberfläche mit kleinen Schwimmkörpern aus Kunststoff erreicht werden.

Die Badzusammensetzung muss regelmäßig kontrolliert und durch Ergänzung verbrauchter Komponenten wieder in den gewünschten Konzentrationsbereich gebracht werden. Während des Betriebs können sich im Elektrolyten unerwünschte, fein dispergierte Festkörper anreichern, die zu Pickeln und sonstigen Fehlern auf dem Werkstück führen. Durch kontinuierliche oder diskontinuierliche Filtration lassen sich die Partikeln entfernen. In galvanischen Bädern nimmt während des Betriebs der Gehalt an Abbauprodukten der organischen Zusätze zu. Diese können die Schichteigenschaften negativ beeinflussen, sie verändern die Wirkungsweise frischer organischer Zusätze und erhöhen die Schichteigenspannungen. Die Abbauprodukte werden dem Elektrolyten durch eine Aktivkohlereinigung adsorptiv entzogen. Diese kann sowohl diskontinuierlich als auch kontinuierlich erfolgen.

### 6.3.2.2 Verfahrensablauf

Ein typischer Arbeitsgang der galvanischen Beschichtung, z. B. zur Abscheidung von Nickelüberzügen auf Stahl, umfasst folgende Behandlungsstufen:
- Vorreinigung mit alkalischem Tauchreiniger oder organischem Lösemittel zur groben Entfernung von Fetten
- Spülen mit Wasser
- Beizen (z. B. mit 15 %iger Salzsäure) zum Entrosten bzw. Entzundern (falls erforderlich)
- Spülen mit Wasser
- Anodische alkalische Entfettung
- Spülen mit Wasser
- Dekapieren (Neutralisieren) durch Tauchen in stark verdünnter Salzsäure, Schwefelsäure o. ä.
- Spülen mit Wasser
- Elektrolytisches Beschichten im Nickelbad
- Spülen mit Wasser
- Trocknen.

Die Vorbereitung der Metalloberfläche erfordert bei allen galvanischen Beschichtungen große Sorgfalt, da verbliebene Fett-, Rost-, Zunder- und Schmutzreste die Haftung, das Aussehen und auch die Funktion sowie das Korrosionsverhalten der Beschichtung nachteilig beeinflussen.

### 6.3.2.3 Apparative Einrichtungen

Anlagen zur galvanischen Beschichtung können automatisch oder von Hand gesteuert werden. Bei den automatischen Anlagen unterscheidet man zwischen solchen, bei denen der Ablauf der Behandlungsgänge festliegt, und Systemen, die programmgesteuerte Änderungen im Verfahrensablauf erlauben. Die zu beschichtenden Werkstücke werden entweder an Gestellen befestigt oder aber in Trommeln gegeben und auf diese Weise von Bad zu Bad transportiert. Die Gestelle bestehen aus Metall und sind mit Ausnahme der Kontaktstellen zum Werkstück und der Kontaktstellen zur Stromzuführung mit einem isolierenden Überzug, z. B. einer PVC-Beschichtung versehen. Die Befestigung der Werkstücke kann durch einfaches Aufhängen, Einklemmen und Festschrauben erfolgen. Bei der Trommelgalvanisierung werden die Werkstücke (Massenkleinteile) in perforierte, langsam rotierende Trommeln aus Kunststoff gegeben. Der Kontakt zur Kathodenzuführung ist durch ein oder mehrere, in die Trommelfüllung eintauchende flexible oder starre, außen isolierte Kabelkontakte mit leitenden Spitzen gewährleistet. Die Trommeln rotieren mit 6–15 Umdrehungen pro Minute, sodass die Trommelfüllung dauernd durcheinander fällt und sich alle Teile eine genügend lange Zeit zur Beschichtung an der Außenseite der Füllung aufhalten. Der Elektrolytaustausch gewährleistet eine gleichmäßige Beschichtung. Während der Behandlung werden die Gestelle bzw. Trommeln in die zur Beschichtung nötigen Bäder eingetaucht und so der Kontakt hergestellt.

Zur Aufnahme der Elektrolyte dienen mit Kunststoff oder Gummi ausgekleidete Stahlbehälter. Daneben sind auch Behälter aus Edelstahl, Blei und Kunststoff in Betrieb. Die Materialauswahl richtet sich nach der Aggressivität der Badfüllung. Nichtisolierte Metallbehälter können die Stromverteilung ungünstig beeinflussen. Neue Kunststoff- und insbesondere Gummibeschichtungen tragen an ihrer Oberfläche bisweilen auslaugbare Verbindungen, die das Verhalten eines Elektrolyten grundlegend ändern können. Eine gründliche, über mehrere Stunden andauernde Reinigung mit Säuren und Laugen schafft Abhilfe. Für die Beheizung der Elektrolyte werden Heizschlangen aus Stahl, Edelstahl, Blei oder Titan verwendet, wobei das Material auf die Art der Badfüllung abgestimmt wird. Als Heizmedien kommen Dampf, Gas und elektrischer Strom in Betracht. Des Weiteren werden Polytetrafluorethylen (PTFE)-ummantelte Badheizer verwendet.

Zur gründlichen Durchmischung des Elektrolyten und zur Verminderung der Diffusionsfilmdicke auf Kathode und Anode wird in die Lösung saubere Luft eingeblasen und/oder die Kathodenaufhängung mechanisch bewegt. Sich in den Bädern entwickelnde Dämpfe und Aerosole werden abgesaugt und in einer Abluftreinigung neutralisiert. Die Trocknung der Fertigteile erfolgt durch Warmluft. Massenkleinteile können auch in heizbaren Zentrifugen schnell von anhaftender Feuchtigkeit befreit werden. Zwischen den einzelnen chemischen bzw. elektrochemischen Behandlungsstufen wird mit Wasser gespült, um nachfolgende Bäder rein zu halten. Zur Verminderung des Spülwasserbedarfs wird in der Regel nach einem Hauptbehandlungsbad ein Standspülbad, d.h. ein Bad ohne kontinuierlichen Wasserzulauf, eingerichtet. Verdampfungsverluste des Hauptbehandlungsbades können durch Rückführung der Flüssigkeit aus diesem Spülbad ersetzt werden. Im Anschluss daran folgt eine Kaskadenspülung, die z.B. aus drei Einzelspülbädern besteht, wobei das Frischwasser in das letzte eingespeist wird und die überlaufenden Wassermengen jeweils dem vorausgehenden Bad zugeführt werden. Alle Elektrolyte und die mit ihnen verunreinigten Spülwässer können nur nach entsprechender Aufbereitung in das Abwasser gegeben werden. Cyanide werden in alkalischem Medium durch Chlor oder Hypochlorit zu Cyanat und weiter zu Stickstoff und Carbonat oxidiert. Sechswertiges Chrom wird mit Schwefelverbindungen zu dreiwertigem Chrom reduziert. Durch Neutralisation werden alle Schwermetalle als Oxide bzw. Hydroxide ausgefällt. Diese können dann deponiert oder dem Hochofenprozess wieder zugeführt werden. Das auf diese Weise gesäuberte Abwasser erfüllt dann alle zur Einleitung nötigen Grenzwerte und kann so in den Abwasserstrom eingeleitet werden.

Zur Erzeugung des erforderlichen Gleichstromes werden fast ausschließlich Transformatoren in Verbindung mit Siliciumgleichrichtern verwendet. Zur Erhöhung der Anlagenflexibilität und zur Verminderung von Stromverlusten ist es üblich, Bäder mit einem Strombedarf von über 500 A mit einem eigenen Gleichrichter auszurüsten.

### 6.3.2.4 Vernickelung

Nickel ist ein viel benutztes Abscheidungsmetall und wird für korrosionsschützende und dekorative Zwecke, meist in Verbindung mit einer nachfolgend aufgebrachten Schicht aus Glanzchrom, verwendet. Reine Nickelschichten dienen zur Ausbesserung abgenutzter Maschinenteile, zur Elektroformung von Matrizen für Schallplatten, von Presswerkzeugen und Gesenken sowie zur Beschichtung von Druckplatten. Nickeldispersionsschichten haben sich für den Verschleißschutz bewährt. Je nach Elektrolytzusammensetzung und Anwendungsbedingungen kann Nickel glänzend, halbglänzend und matt abgeschieden werden. Die Basis für die Vernickelung ist das Watts-Bad, das neben Nickelsulfat Chlorid-Ionen zur besseren Löslichkeit der Nickelanoden enthält:

| | |
|---|---|
| 240 g L$^{-1}$ Nickelsulfat | pH: 3,5–4,5 |
| 40 g L$^{-1}$ Nickelchlorid | Temperatur: 45–70 °C |
| 30 g L$^{-1}$ Borsäure | Kathodenstromdichte: 2–10 A dm$^{-2}$ |

Durch Zugabe bestimmter organischer Verbindungen (Glanzbildner) können hochglänzende oder halbglänzende Nickelniederschläge erzielt werden, die keiner Nachpolitur mehr bedürfen. Die Glanzbildner haben darüber hinaus die Eigenschaft, Unebenheiten des Grundmetalls durch Einebnung auszugleichen. Die Glanzbildner werden in zwei Klassen eingeteilt. Zur ersten Klasse gehören organische Sulfonate, Sulfonamide und Sulfonimide, z. B. *para*-Toluolsulfonamid und Saccharin. Diese Substanzen werden an der Kathode reduziert, wobei Schwefel in den Nickelüberzug eingebaut wird. Sie ergeben eine deutliche Kornverfeinerung des Niederschlages und weisen in der Regel Druckspannungen auf. Als Zusätze verwendet man noch Substanzen der zweiten Klasse, z. B. Formaldehyd, Butindiol, u. a., um die Glanz- und Einebnungswirkung zu verbessern. Halbglanzschichten enthalten unter 0,005 %, Hochglanzschichten mehr als 0,04 % Schwefel. Glanznickelschichten zeichnen sich durch eine hohe Duktilität und Spannungsarmut aus. Sie sind sehr gut verformbar, polierbar und mechanisch zu bearbeiten.

Das Elektrodenpotential der Schichten wird mit zunehmendem Schwefelgehalt negativer (unedler), wobei zwischen den einzelnen Schichttypen Potentialdifferenzen von 100–150 mV herrschen können. Von diesem Verhalten wird beim Aufbau von Doppel- und Dreifachnickelschichten Gebrauch gemacht. Doppel-(Duplex-) und Dreifach-(Triplex-)Nickelschichten zeichnen sich durch besonders guten Korrosionsschutz aus und werden in der Autoindustrie in Verbindung mit einer Hochglanzchromdeckschicht angewendet. Die Dicke der Gesamtnickelschicht beträgt 20–40 µm. Bei Doppelnickelschichten wird auf dem Basismetall, z. B. Stahl, das gegebenenfalls noch einen Kupferüberzug von 10–40 µm Dicke trägt, zunächst eine schwefelarme Halbglanzschicht und darauf eine schwefelreiche Hochglanzschicht aufgebracht, wobei die Dicke der Halbglanzschicht 50–80 % der Gesamtnickelschicht betragen sollte. Im Falle der Dreifachnickelschicht wird auf der schwefelreichen Hochglanzschicht wieder eine schwefelärmere erzeugt. Die Grundnickelschicht nimmt dabei 50–70 %, die Zwischenschicht etwa 10 % und die Deckschicht 20–30 % der Gesamtdicke ein. Der Korrosionsschutz dieser Schichtaufbauten beruht darauf, dass Lochfraß zunächst nicht über die unedlere Hochglanznickel-

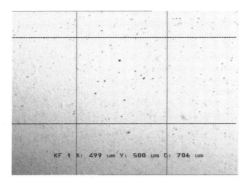

**Abb. 1** Oberflächenaufnahme einer mikroporigen Chromschicht

schicht hinausgeht. Vielmehr schützt diese die darunter liegende edlere Schicht kathodisch, indem sie selbst sich langsam opfert und somit auflöst.

Für eine optimale Verteilung des Korrosionsstromes auf die Nickelschicht ist die Struktur der darüber liegenden Chromschicht von besonderer Bedeutung. So kann z. B. durch eine feine Dispergierung von nichtleitenden Teilchen im Nickelbad ein Nickelüberzug erzeugt werden, der diese Partikeln in der Oberfläche gleichmäßig eingelagert enthält. Bei der anschließenden Verchromung bleiben über diesen Stellen Poren im Chromüberzug. Die entstehende mikroporige Verchromung (s. Abb. 1) soll mindestens 10 000 Poren pro Quadratzentimeter aufweisen, wodurch die nur bei wenigen Fehlstellen im Chromüberzug vorherrschende Lochkorrosion fast schon in einen ebenmäßigen Angriff übergeht. Eine andere Möglichkeit, den Korrosionsstrom auf eine möglichst große Fläche zu verteilen, bietet die mikrorissige Verchromung (Abb. 2). Hier wird unter der Chromschicht eine spannungsreiche, dünne Nickelschicht aufgebracht. Bei einem anschließenden Heißspülen nach der Verchromung reißt die Chromschicht auf. Das sich bildende Rissnetzwerk soll zwischen 300-800 Risse pro Zentimeter aufweisen. Dadurch wird bei einem Korro-

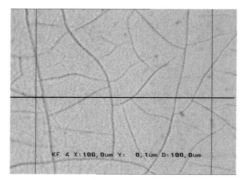

**Abb. 2** Oberflächenaufnahme einer mikrorissigen Chromschicht

sionsangriff, ähnlich wie bei der mikroporigen Beschichtung, der Korrosionsstrom auf eine große Rissfläche verteilt, wodurch die effektive Korrosionsstromdichte sinkt.

Zur Herstellung von Nickel-Dispersionsschichten für den Verschleißschutz werden Hartstoffpulver, z. B. Siliciumcarbid, Chromcarbid oder Aluminiumoxid, in Nickelbädern des Watts- oder des Sulfamattyps fein verteilt und galvanisch zusammen mit dem Nickelüberzug abgeschieden. Die Teilchengröße beträgt 1–5 µm, die angestrebte Überzugsdicke 25–50 µm. Der Gehalt an Hartstoff im Überzug beläuft sich im Falle des Siliciumcarbids z. B. auf 2,5–30 % Volumenanteil.

Die zur Abscheidung nötigen Nickelanoden werden entweder als Barren oder Platten in den Elektrolyten eingehängt oder in kugelartigen Pellets in perforierte Titankörbe gegeben. Die Stromzuleitung erfolgt im letzten Fall über das Titan, das infolge eines Sperrschichtaufbaues auf seiner Oberfläche selbst nicht anodisch aufgelöst wird. Ein geringer Kohlenstoffgehalt im Nickel führt während der Auflösung zur Ausbildung eines porösen Kohleüberzugs, der den Übertritt von Verunreinigungen in den Elektrolyten hemmt. Durch einen sehr geringen Schwefelgehalt wird ein gleichmäßiger Abtrag des Nickels gefördert. Ebenfalls depolarisierend auf die Anodenauflösung wirkt die Anwesenheit von max. 1 % Nickeloxid, das als zweite Phase im Anodenmetall gleichmäßig verteilt ist. Reines Nickel, z. B. Elektrolytnickel, löst sich nur in Elektrolyten mit hohem Chloridgehalt einwandfrei auf.

### 6.3.2.5 Verchromung

Dünne glänzende Chromüberzüge mit 0,25–2 µm Dicke dienen zur Erzeugung dekorativer anlaufbeständiger Oberflächen. Unter speziellen Abscheidungsbedingungen kann man auch schwarze Chromüberzüge ausbilden, die in Verbindung mit mattem Nickel zu einem Reflexionsverlust von ca. 94 % führen. Derartige Systeme werden in Solarzellen und für dekorative Zwecke benutzt. Die mikroporösen schwarzen Chromüberzüge sind in der Lage, die Haftung von Öl- und Lackfilmen zu erhöhen.

Die bis zu 400 µm dicken Hartchromschichten zeichnen sich durch große Härte, Verschleißbeständigkeit, geringe Fressneigung und niedrigen Reibungsbeiwert aus und finden zur Beschichtung von Verschleißteilen, z. B. Schneid- und Ziehwerkzeugen, Druckzylindern und Kolbenringen Anwendung. Spezielle poröse Hartchromüberzüge besitzen ein hohes Saugvermögen für Schmieröle und werden deshalb u. a. als Gleitschicht auf Motorzylindern und Zylinderlaufbuchsen eingesetzt. Als Verschleißschutz finden die Überzüge auch im Hydraulikbereich und im Formenbau Anwendung. Folgende Basiselektrolyte werden verwendet:

Glanzverchromung:
320–420 g $L^{-1}$ $CrO_3$      Kathodenstromdichte: 8–16 A $dm^{-2}$
3,0–4,2 g $L^{-1}$ $H_2SO_4$      Badtemperatur: 35–40 °C
geringe Mengen Cr(III)      Kathodenstromausbeute: 10–15 %

Hartverchromung:
200–300 g $L^{-1}$ $CrO_3$      Kathodenstromdichte: 10–75 A $dm^{-2}$
2–3 g $L^{-1}$ $H_2SO_4$      Badtemperatur: 50–60 °C
geringe Mengen Cr(III)      Kathodenstromausbeute: 13–24 %

Die Glanzverchromung wird fast ausschließlich in Verbindung mit einer vorherigen Vernickelung angewendet. Da es jedoch kaum gelingt, dünne Chromschichten rissfrei abzuscheiden, ist heutzutage überwiegend mikrorissiges Chrom im Einsatz.

Die Möglichkeit, mikroporige Chromüberzüge durch Abscheidung auf einer speziellen Nickelunterlage herzustellen, wird in Abschnitt 6.3.2.4 beschrieben. Als Anoden werden Legierungen aus Blei mit Zusätzen an Sb, Sn, Ag oder Te verwendet. Sie bedecken sich während der Elektrolyse mit $PbO_2$ und bewirken eine Oxidation des an der Kathode gebildeten Cr(III) zu Cr(VI). Stromlos im Bad hängende Pb-Anoden überziehen sich mit einer isolierenden gelben Bleichromatschicht, die vor Arbeitsbeginn wieder entfernt werden muss. Das Streuvermögen der Chromelektrolyte ist schlecht, sodass bei komplizierter geformten Werkstücken zusätzlich Hilfsanoden angebracht werden müssen. Netzmittel auf Basis fluorierter organischer Carbonsäuren sind im Elektrolyten beständig und bilden auf dem Bad eine Schaumdecke, die das Heraussprühen feiner Elektrolytnebel unterbindet. Wenn zwischen der Erzeugung des Glanznickelüberzugs und der Verchromung eine längere Zeit vergeht bzw. der Nickelüberzug antrocknet, wird das Nickel passiv und behindert die Ausbildung eines Glanzchromüberzugs. Die Nickelschichten lassen sich z. B. durch Tauchen über 10–30 s bei Raumtemperatur in einer aktivierenden, wässrigen Lösung mit 35 g $L^{-1}$ $H_2SO_4$ und 10 g $L^{-1}$ $CrO_3$ wieder aktivieren. Danach kann sofort ohne Spülen in das Chrombad übergehoben und verchromt werden. Um den Übertrag von sechswertigem Chrom ins Abwasser zu unterbinden, wird nach dem Standspülbad mit einer verdünnten Natriumbisulfit-Lösung gespült und dann mit kaltem und heißem Wasser nachgespült. Die Bisulfit-Lösung reduziert das sechswertige zum dreiwertigen Chrom.

Wegen der Aggressivität des sechswertigen Chroms hat es nicht an Versuchen gefehlt, Verchromungsbäder auch auf Basis von Chrom(III)-Verbindungen zu entwickeln. Dieser Badtyp mit seinen im Vergleich zum Glanzchrom dunkleren Schichten hat sich in der praktischen Anwendung nicht durchsetzen können. Aufgrund der komplexeren Zusammensetzung ist der Betrieb der Bäder mit einem hohen Wartungsaufwand und mit einer komplizierteren Abwasserbehandlung verbunden.

Dreiwertige Elektrolyte enthalten ein Chrom(III)-Salz, z. B. Chromsulfat, Komplexbildner, Salzzusätze zur Erhöhung der elektrischen Leitfähigkeit, Puffersubstanzen, z. B. Borsäure, und Netzmittel.

Der Einsatz von Elektrolyten mit sechswertigem Chrom stellt heute nach wie vor den Stand der Technik dar, Chromlektrolyte sind bezüglich der positiven Schichteigenschaften nicht zu ersetzen.

### 6.3.2.6 Verkupferung

Kupfer wird im Rahmen der galvanischen Beschichtung von Stahl, Zinkdruckguss und anderer Metalle als erste Metallschicht mit einer Dicke von 2–20 µm aufgebracht. Kupferschichten zeigen ein sehr feinkristallines Wachstum. Auf diese Schichten werden dann Nickel und Chrom abgeschieden. Funktionelle und industrielle Anwendungen der Kupferabscheidung betreffen die Herstellung von Kupferfolie für gedruckte Schaltungen, das Durchverkupfern (Durchkontaktieren) von gedruckten Schaltungen, die Herstellung von Hohlleitern sowie von Formen für die Gummi- und Kunststoffverarbeitung, von Walzen für die Druckindustrie und von Abdeckungen für Stahlflächen, die beim Einsatzhärten ausgespart bleiben sollen. Folgende Elektrolyte sind in praktischer Anwendung:

Saure Verkupferung:
150–250 g L$^{-1}$ CuSO$_4$ · 5 H$_2$O             Badtemperatur: 20–40 °C
30–75 g L$^{-1}$ H$_2$SO$_4$                       Kathodenstromdichte: 1–25 A dm$^{-2}$
30–150 mg L$^{-1}$ NaCl
Anoden: 99,9 % Cu mit 0,03–0,05 % Phosphor

Durch Glanzzusätze, wie Thioharnstoff, p-Tolylsulfid oder organische Amine, z. B. Ethylendiaminverbindungen, vielfach zusammen mit organischen Kolloiden und Netzmitteln, lassen sich hochglänzende Kupferüberzüge abscheiden. Des Weiteren werden Netzmittel zur Porenverhütung beigegeben. Die Härte der Überzüge steigt mit steigender Stromdichte. Zum Betrieb der Bäder ist eine Elektrolytbewegung durch Lufteinblasung vorzusehen.

Cyanidische Verkupferung:
45 g L$^{-1}$ Kupfercyanid                         pH: ca. 10–12, eingestellt mit Natriumhydroxid
57 g L$^{-1}$ Natriumcyanid                        Badtemperatur: 50–80 °C
30 g L$^{-1}$ Natriumcarbonat, wasserfrei          Kathodenstromdichte: 1,5–5,5 A dm$^{-2}$
45–60 g L$^{-1}$ Natriumkaliumtartrat

Im Vergleich zu den sauren Bädern sind die aus cyanidischen Elektrolyten erzeugten Überzüge feiner kristallin, von größerer Tiefenstreuung und auch auf unedlen Metallen, wie Zink und Eisen ohne störende Zementationsreaktion unmittelbar abscheidbar. Die Überzüge decken gut und besitzen eine außergewöhnlich gute Haftfestigkeit. Die Feinkristallinität wird nochmals durch die komplexbildende Wirkung des Kaliumnatriumtartrats verbessert.

Pyrophosphat-Verkupferung:
75 g L$^{-1}$ Kupferdiphosphat-Hydrat              pH: 8,6–9,2
250 g L$^{-1}$ Tetrakaliumdiphosphat               Badtemperatur: 50–55 °C
ca. 1,2 g L$^{-1}$ Ammoniak                        Kathodenstromdichte: 3,5–5,5 A dm$^{-2}$

**Glanzzusätze**

Die Pyrophosphat-Elektrolyte werden zum direkten und dekorativen Verkupfern von Zinkdruckguss und Aluminiumlegierungen verwendet. Die Streuwirkung des Glanzes liegt zwischen der von sauren und cyanidischen Bädern. Weitere Vorteile der Pyrophosphat-Elektrolyte sind die hohe Einebnungswirkung und der annähernd neutrale pH-Wert. Pyrophosphat-Elektrolyte werden auch bevorzugt für die Galvanoplastik angewendet. Nachteile sind, das sie schwierig zu warten sind, die Abwasserbehandlung aufwändig ist und Pyrophosphate während des Betriebs leicht hydrolysieren können, was zu Rauigkeiten führen kann.

Als Anodenmaterial dient bei Kupferbädern Elektrolytkupfer, wobei zur Vermeidung von Polarisationserscheinungen das Oberflächenverhältnis von Anode zu Kathode gleich 1 : (1 bis 2) gewählt wird. Gewebebeutel um die Anoden verhindern den Übertritt von Anodenschlamm in den Elektrolyten.

Kupfer wird, außer als reines Metall, auch in Form von Legierungen, z. B. Messing und Bronze, elektrolytisch abgeschieden. Messing findet als dekorativer Überzug und als Hilfsschicht zur festen Bindung von Stahl an Gummi Anwendung. Der Gehalt an Kupfer im Überzug liegt zwischen 60 und 70 %, der Rest ist Zink. Das Mengenverhältnis kann u. a. durch die Höhe der Kathodenstromdichte gesteuert werden. Ein für die Messingabscheidung geeignetes Bad besitzt z. B. folgende Zusammensetzung:

ca. 30 g $L^{-1}$ CuCN  
ca. 10 g $L^{-1}$ Zn(CN)$_2$  
ca. 70 g $L^{-1}$ KCN  

pH: 10,4–10,8  
Badtemperatur: 20–25 °C  
Kathodenstromdichte: 0,3–0,4 A dm$^{-2}$

Die Bäder arbeiten mit löslichen Messinganoden, die 60–70 % Kupfer und möglichst wenig Blei enthalten.

Bronzeüberzüge, d. h. Kupfer/Zinn-Legierungsschichten dienen als korrosionsschützende Beschichtung für Gleitflächen in Hydrauliksystemen sowie als Maskierung für Oberflächenbereiche, die nicht nitriert werden sollen.

### 6.3.2.7 Cadmierung

Cadmiumüberzüge verleihen Stahl eine gute Beständigkeit gegen atmosphärischen Korrosionsangriff. Sie finden insbesondere in der Luftfahrtindustrie für Befestigungselemente und andere Stahlteile Anwendung, weil das elektrische Kontaktpotential gegenüber Aluminium und damit die Gefahr von Kontaktkorrosion niedrig sind. Nachteilig ist die hohe Giftigkeit von Cadmiumaerosolen und Cadmiumverbindungen. Cadmium wird gewöhnlich aus cyanidischer Lösung abgeschieden:

40–60 g $L^{-1}$ Cd(CN)$_2$  
50–80 g $L^{-1}$ NaCN  
15–40 g $L^{-1}$ NaOH  
0,4 g $L^{-1}$ Ni als Ni-Salz  
Organische Feinkornbildner und Glanzbildner  

Badtemperatur: 20–30 °C  
Kathodenstromdichte: 1–3 A dm$^{-2}$

Bei der Cadmierung von Kohlenstoffstählen kann es zu einer Versprödung durch eindiffundierenden Wasserstoff kommen. Die Versprödung wird durch Erhitzen der Teile auf 200 °C über 2–24 h wieder beseitigt. Zur Erhöhung der Anlaufbeständigkeit und zur weiteren Verbesserung des Glanzes und des Korrosionsschutzes sind spezielle Chromatierverfahren bzw. chemische Passivierprozesse entwickelt worden.

### 6.3.2.8 Verzinkung

Die schützende Wirkung von Zinküberzügen auf Stahl gegen den Angriff der Atmosphäre ist seit langem bekannt. Sie beruht z. T. auf kathodischem Schutz, den die Stahlunterlage auf Kosten der Korrosion des Zinküberzugs erfährt. Andererseits bildet das Zink unter nicht zu extremen Witterungsbedingungen auf seiner Oberfläche bei gleichzeitigem Mattwerden eine schützende Oxidschicht. Entwicklungen in neuerer Zeit zielen darauf ab, durch elektrolytische Abscheidung von Zink/Nickel-Schichten mit ca. 13 % Nickel die Korrosionsbeständigkeit weiter zu verbessern. Diese Schichten werden heute aus alkalischen Elektrolyten mit einem kathodischen Wirkungsgrad von 60 % abgeschieden.

Die Dicke der elektrolytisch abgeschiedenen Zinkschichten liegt zwischen 6 und 25 µm. Oberhalb 25 µm bis etwa 75 µm ist aus Kostengründen das Verfahren der Feuerverzinkung vorzuziehen, während noch dickere Schichten durch thermisches Spritzen erzeugt werden können. Für die galvanische Abscheidung dieses Metalls werden saure und cyanidische Elektrolyte verwendet [77]:

Saure Verzinkung:
300 g $L^{-1}$ $ZnSO_4 \times 7\ H_2O$
15 g $L^{-1}$ $NH_4Cl$
15 g $L^{-1}$ $H_3BO_3$

pH: 3–4,6
Badtemperatur: 25–35 °C
Kathodenstromdichte: 0,5–3 A $dm^{-2}$

Cyanidische Verzinkung:
60–90 g $L^{-1}$ $Zn(CN)_2$
25–37 g $L^{-1}$ NaCN
52–90 g $L^{-1}$ NaOH

Badtemperatur: 40–50 °C
Kathodenstromdichte: 2–10 A $dm^{-2}$

Nach Zugabe von Glanzsubstanzen wie Thioharnstoff-Formaldehyd-Harzen, Vanillin, Anisaldehyd und dgl. werden dekorative, glänzende Überzüge erhalten. Die saure Verzinkung ist der cyanidischen in Bezug auf Glanzbildung und Streuung unterlegen. Vorteilhaft ist jedoch die höhere Stromdichte, weshalb das saure Verfahren insbesondere bei der Durchlaufverzinkung von Drähten und Bändern angewendet werden kann, Vorraussetzung dafür ist jedoch eine stark erhöhte Konvektion des Elektrolyten. Durch Tauchen in chromsäurehaltige chemische Glänzbäder gewinnt die Zinkoberfläche ein chromglänzendes Aussehen bei gleichzeitiger Erhöhung der Korrosionsbeständigkeit. Eine weitere Steigerung des Korrosionsschutzes wird durch eine Gelb- oder Olivchromatierung erzielt. Aufgrund der Forderung des Marktes werden immer mehr chromatfreie, chrom(III)-haltige Passivierungen eingesetzt, die man auch als sog. Dickschichtpassivierungen bezeichnet. In Kombination mit Nachtauchlösungen z. B. auf Acrylatbasis bieten diese Passivierungen einen hervorragenden Korrosionsschutz. Diese Verfahren und die Phosphatierung sind auch zur Vorbereitung der Oberfläche vor der Lackierung geeignet und erhöhen Lackhaftung und Beständigkeit.

Als Anodenmaterial wird Elektrolytzink verwendet. Da die Metallauflösung an der Anode größer ist als die Abscheidung an der Kathode, werden zusätzlich immer einige unlösliche Anoden mitbenutzt.

### 6.3.2.9 Verzinnung

Die elektrolytische Verzinnung von Stahl dient u. a. zur Herstellung von verzinntem Band in Durchlaufanlagen. Der Überzug wird anschließend, z. B. durch Induktionsheizung, aufgeschmolzen. Das fertige Produkt Weißblech dient mit und ohne zusätzlicher Lackierung zur Herstellung von Konservendosen. Zur Erhöhung der Korrosionsbeständigkeit wird der Zinnüberzug abschließend gegebenenfalls unter kathodischer Schaltung in chromsäurehaltigen wässrigen Lösungen nachbehandelt. Auf Weißblech ist der Zinnüberzug 0,4–1,5 µm dick. In allen übrigen Fällen werden 5–30 µm gewählt. Neben der Anwendung zum Korrosionsschutz in der Nahrungsmittelindustrie dienen Zinnüberzüge dazu, die Lötfähigkeit von Kupfer und anderen Metallen in der Elektroindustrie zu verbessern. Ferner werden sie als Schutzschicht auf Stahl gegen unerwünschte Einwirkung bei der Nitrierbehandlung benutzt.

Zinn/Nickel-Überzüge mit 35 % Nickel sind außerordentlich widerstandsfähig gegen Verfärbung und Korrosion und finden für Spezialaufgaben, z. B. den Schutz von Apparaten für Forschungszwecke, Anwendung. Eine Erhöhung des Nickelanteils führt zu harten Nickel/Zinn-Gleitschichten, die sich als Lageroberfläche in Sport- und Lastwagenmotoren bewährt haben. Sie stellen einen dekorativ wirkenden, korrosionsschützenden Überzug mit rosabräunlichem Farbton dar. Zinn-Überzüge mit 25 % Zink sind im Korrosionsschutz etwa den Cadmiumüberzügen gleichzusetzen, da sie ein Eutektikum bei 8 % Zink bilden. Diese Legierungsüberzüge sind hinsichtlich ihrer Korrosionsbeständigkeit jeder Einzelkomponente überlegen, weil sie gegenüber Stahl nur schwach anodisch sind. Zinn/Blei-Schichten (40 % Pb) dienen bei gedruckten Schaltungen als Ätzschutz für elektrolytisch abgeschiedene Kupferüberzüge.

Zur Erzeugung von Zinnüberzügen werden verschiedene Badtypen eingesetzt:

Alkalischer Stannat-Elektrolyt:
390–450 g L$^{-1}$ K$_2$SnO$_3$    Badtemperatur: 70–80 °C
15–30 g L$^{-1}$ KOH               Kathodenstromdichte: bis ca. 40 A dm$^{-2}$

Zinn(II)-sulfat-Elektrolyt
60 g L$^{-1}$ Zinn(II)-sulfat      Badtemperatur: 20–50 °C
100 g L$^{-1}$ Phenolsulfonsäure   Kathodenstromdichte: 1–25 A dm$^{-2}$
60 g L$^{-1}$ H$_2$SO$_4$
2 g L$^{-1}$ Gelatine
1 g L$^{-1}$ $\beta$-Naphthol

Zinn(II)-fluoroborat-Elektrolyt:
80 g/l Zinn(II) als Fluoroborat    Badtemperatur: 20–40 °C
50 g/l Fluoroborsäure              Kathodenstromdichte: 2,5–13 A dm$^{-2}$

Als Anodenmaterial wird in allen Elektrolyten Reinzinn verwendet. Um im alkalischen Elektrolyten das Zinn in vierwertiger Form zu lösen, muss mit hoher Anodenstromdichte gearbeitet werden.

### 6.3.2.10 Versilberung und Vergoldung

Silber und Gold werden als dekorativer Überzug, aber auch für technische Zwecke, z. B. niederohmige Kontakte in der Elektroindustrie oder zur Herstellung von Spiegeln benutzt. Die Abscheidung erfolgt fast ausschließlich aus cyanidischen Elektrolyten [78].

Cyanidischer Silberelektrolyt:
30 g L$^{-1}$ AgCN                Temperatur: 25 °C
70 g L$^{-1}$ KCN                 Stromdichte: 0,5–1,5 A dm$^{-2}$
40 g L$^{-1}$ K$_2$CO$_3$         Anoden: Reinsilber

Cyanidischer Goldelektrolyt:
2–20 g L$^{-1}$ Kaliumdicyanoaurat     Temperatur: 45–70 °C
6–30 g L$^{-1}$ KCN                    Stromdichte: 0,1–0,6 A dm$^{-2}$
0–20 g L$^{-1}$ Na$_2$CO$_3$

## 6.4 Behandlung mit geschmolzenen Stoffen

### 6.4.1 Salzschmelzbehandlung

Unter dem Begriff Salzschmelzbehandlung fasst man die Verfahren zur Oberflächenveredelung zusammen, bei denen die zu behandelnden Werkstücke in Salzschmelzen getaucht werden und durch Reaktion mit Komponenten der Schmelze eine chemische und physikalische Veränderung oberflächennaher Werkstückbereiche herbei geführt wird. Über Diffusion reichert sich die Werkstückoberfläche mit bestimmten metallischen oder nichtmetallischen Elementen an. Ziel ist es, die Härte und Verschleißfestigkeit oberflächennaher Bereiche günstig zu beeinflussen. Am bekanntesten sind das Aufkohlen, Nitrocarburieren und Nitrieren von Eisenwerkstoffen in Salzschmelzen [79]. Das Verfahren des Aufkohlens mit anschließender Wärmebehandlung zur Härtung wird auch als Einsatzhärten bezeichnet.

#### 6.4.1.1 Aufkohlen

Das Aufkohlverfahren (Carburieren) wird vornehmlich für Einsatzstähle [80] verwendet. Einsatzstähle zeichnen sich durch einen spezifisch eingestellten Kohlenstoffgehalt, um eine ausreichende Martensithärte zu erzielen, sowie durch eine hohe metallurgische Reinheit zur Minimierung des Auftretens von Härterissen aus. Bei der Salzschmelzbehandlung werden Einsatzstähle durch die Kohlenstoffanreicherung an der Oberfläche mit einer sehr harten Außenschicht ausgestattet, während der verhältnismäßig weiche Kern im Wesentlichen unverändert bleibt. Zum Aufkohlen werden die Werkstücke meist auf 300–400 °C vorgewärmt, um Feuchtigkeit zu entfernen und eine spätere Formänderung durch Verziehen möglichst zu vermeiden. Anschließend erfolgt das Tauchen in eine Salzschmelze, die als kohlenstoffabgebendes Mittel NaCN oder KCN (um 10%), $BaCl_2$ (20–60%), wechselnde Mengen an $Na_2CO_3$ sowie Aktivatoren (z. B. bestimmte Strontiumverbindungen) enthält. Die Temperatur der Salzschmelze liegt um 850 bis 1000 °C, übliche Tauchzeiten betragen 0,5–5 h. Während dieser Behandlung nimmt die Werkstückoberfläche durch chemische Reaktion mit dem Cyanid Kohlenstoff bis zu Gehalten von 0,5–1,1 % und bis zu einer Tiefe von etwa 0,5–2 mm auf. Hierbei reichert sich auch Stickstoff in Mengen von etwa 10% des Kohlenstoffwertes im Oberflächenbereich an.

Ist die gewünschte Aufkohltiefe erreicht, so werden die Werkstücke der Schmelze entnommen und durch Eintauchen in Wasser, Öl, oder in einem auf ca. 200 °C gehaltenen Salzbad schnell abgekühlt, um das martensitische Härtungsgefüge entstehen zu lassen.

### 6.4.1.2 Nitrocarburieren

Das Nitrocarburieren ist wie das Aufkohlen ein Verfahren zur Erzeugung einer harten Oberfläche auf kohlenstoffarmen Stählen. Hierbei wird eine gleichzeitige Eindiffusion von Kohlenstoff und Stickstoff herbeigeführt und anschließend abgeschreckt. Die hierfür benutzten Schmelzbäder enthalten 10–60% KCN, 1–20% KCNO, größere Anteile an $Na_2CO_3$, aber wenig oder kein $BaCl_2$. Bei Schmelztemperaturen oberhalb 800–850 °C steigt je nach Temperatur und Dauer der Behandlung die Dicke der Martensitschicht an und man erreicht beim Abschrecken, ähnlich wie beim Einsatzhärten, eine erhöhte Kernfestigkeit. Es fehlt jedoch die für die Nitrierung (s. u.) charakteristische Verbindungszone mit ihren guten Eigenschaften im Hinblick auf Verschleißfestigkeit, Notlaufeigenschaft und Korrosionsschutz. Das Massenverhältnis zwischen eindiffundiertem C und N beträgt ca. 1 : 0,3, die Eindringtiefe bis zu 0,6 mm.

Wird demgegenüber die Schmelzentemperatur auf 700–720 °C erniedrigt, so wird zusätzlich zu der härtbaren martensitischen Randzone eine dünne aus Carbiden und Nitriden bestehende Außenschicht erzeugt, die eine Dicke von etwa 5 µm und eine hohe Verschleißfestigkeit hat. Die Aufkohlung reicht bis etwa 0,1 mm in das Werkstück hinein. Das C:N-Verhältnis verändert sich bei dieser Arbeitsweise auf etwa 1 : 0,8. Es entsteht eine verschleißfeste Schicht, die durch eine darunter liegende Martensitzone abgestützt ist und höheren punktförmigen Belastungen standhält. Nach diesem Verfahren werden z. B. Bauteile für Näh- und Büromaschinen sowie verschiedenste Apparate hergestellt.

Auch für das Nitrocarburieren empfiehlt sich ein Vorwärmen der Werkstücke auf max. 400 °C. Die eigentliche Tauchbehandlung in der Schmelze dauert meist 45–60 min. Anschließend werden die Werkstücke durch Tauchen in Salzwasser oder Öl abgeschreckt. Sie zeigen nach der Behandlung in der Regel eine fleckenlose, mattgraue Oberfläche.

### 6.4.1.3 Nitrieren

Mit dem Nitrierverfahren lassen sich Schichten mit ausgezeichnetem Gleitverhalten und Verschleißwiderstand sowie hoher Dauerfestigkeit und Korrosionsbeständigkeit erzeugen [79]. Das Verfahren ist praktisch auf alle Eisenlegierungen anwendbar.

Enthalten die Werkstoffe der eingesetzten Werkstücke Legierungsbestandteile wie V, Cr oder (Nitrierstähle), und dadurch besonders harte Schichten. Ebenso kann Titan durch Nitrieren gehärtet werden. Die zum Nitrieren verwendeten Schmelzbäder enthalten um 50 % KCN und 42–50 % KCNO. Darüber hinaus sind Schmelzbadvarianten mit geringerer Umweltbelastung entwickelt worden, die nur noch ca. 4 % KCN, 35 % KCNO und Alkalicarbonat enthalten. Die Arbeitstemperatur liegt bei ca. 570 °C, die Nitrierdauer beträgt etwa 0,5–3 h. Durch Reaktion der Schmelze bildet sich auf der Werkstückoberfläche eine 12–16 µm dicke Schicht – auch Verbindungszone genannt – aus $\varepsilon$-FeN, die eine gewisse Flexibilität und gute Trockenlaufeigenschaften besitzt. Darunter liegt eine bis zu 1 mm dicke Diffusionszone, in der aus der KCNO-Zersetzung stammender Stickstoff angereichert ist. Das Massenverhältnis von aufgenommenen C zu N beträgt etwa 1 : 15.

Vor dem Einbringen in das Nitrierbad werden die Werkstücke gereinigt und auf 300–450 °C vorgewärmt. Nach der Nitrierung wird in der Regel mit heißem oder kaltem Wasser rasch abgekühlt. Danach zeigt die Oberfläche ein gleichförmig mattgraues Aussehen.

Das Nitrierverfahren findet vielfältige Anwendung. So werden z. B. Kurbelwellen, Nockenwellen, Zahnräder für den Motorenbau, Teile von Wasserpumpen und Zylinderlaufbuchsen behandelt. In der chemischen Industrie nutzt man die günstigen Gleit- und Verschleißeigenschaften z. B. bei Pumpenteilen, Extruderschnecken und Absperrorganen.

### 6.4.2
**Metallschmelzbehandlung**

Bei der Metallschmelzbehandlung, i. A. auch als Schmelztauchverfahren bezeichnet, wird das zu beschichtende Gut in eine Schmelze des Überzugsmetalls getaucht. Hierbei kommt es häufig zu Reaktionen zwischen Metallschmelze und Werkstückoberfläche. Die sich dabei bildenden Legierungsschichten haben einen großen Einfluss auf die Haftung des beim Herausnehmen des Werkstückes aus der Schmelze auf der Oberfläche verbleibenden metallischen Überzuges. Zu den wichtigsten im Schmelztauchverfahren aufgebrachten Überzugsmetallen gehören Zink, Aluminium, Zinn und Blei. Besondere technische Bedeutung haben diese Verfahren beim Korrosionsschutz von Stahl erlangt. Beim Schmelztauchen werden diskontinuierliche, sog. Stückveredelungs- und kontinuierliche Verfahren unterschieden.

#### 6.4.2.1  Feuerverzinkung, Feuerlegierverzinkung und Feueraluminierung

##### 6.4.2.1.1
**Ablauf der Eisen/Zink-Reaktionen**
Bei Einwirkung der Zinkschmelze auf Stahl findet ein Angriff auf die Metalloberfläche mit Auflösung und damit unter Bildung fester, höher schmelzender Fe/Zn-Phasen unterschiedlicher Zusammensetzung statt. Charakteristisch für die bei der Schmelztauchverzinkung von Stahl entstehenden Überzüge ist daher das Vorhan-

densein mehrerer durch Phasengrenzflächen getrennter Schichten aus Fe/Zn-Phasen, die sich direkt an die Stahloberfläche anschließen [81]. Darüber folgt ein Überzug aus im Wesentlichen reinem Zink ($\eta$-Phase), das nach dem Herausnehmen des Werkstückes aus der Schmelze auf der Oberfläche verblieben ist. Die Anordnung der Schichten aus Fe/Zn-Phasen wird durch den Eisengehalt bestimmt. Unmittelbar auf der Stahloberfläche liegt die eisenreichste Fe/Zn-Phase $\Gamma$ (21–28 % Massenanteil Fe), gefolgt von $\delta$-Phase (7,0–11,5 % Massenanteil Fe) und $\zeta$-Phase (6,0–6,2 % Massenanteil Fe), vor. Die Kinetik der Phasenbildung hängt u. a. insbesondere von der Temperatur und Zusammensetzung des Zinkbades sowie von der Stahlzusammensetzung ab. Im Falle von reinen Zinkbädern folgt die Fe/Zn-Phasenbildung im Temperaturbereich von 420–490 °C einem parabolischem Zeitgesetz, bis 520 °C einem linearen und über 520 °C wieder einem parabolischen. Für die Verzinkung üblicher Baustähle sind insbesondere die Silicium- und Phosphorgehalte von großer Bedeutung. Silicium im Stahl führt in der Praxis zur Ausbildung von unerwünschten extrem dicken (mehrere 100 µm) Verzinkungsschichten (Sandelin-Effekt). Auch Phosphor kann sich bei bestimmten Siliciumgehalten reaktionsverstärkend auswirken. Durch die Zugabe von Aluminium zur Zinkschmelze wird der Angriff auf Stahl gehemmt. Hierdurch kann die Bildung von spröden intermetallischen Fe/Zn-Phasen kontrolliert werden. Aufgrund der größeren Affinität des Aluminiums zum Eisen bildet sich zu Beginn der Reaktion eine dünne aber geschlossene Fe/Al-Legierungsschicht, die als Diffusionsbarriere die Fe/Zn-Reaktion behindert. Die gezielte Aluminiumlegierung des Zinkbades wird sowohl bei der diskontinuierlichen als auch bei der kontinuierlichen Feuerverzinkung angewandt.

#### 6.4.2.1.2
**Diskontinuierliches Schmelztauchverfahren**

Das Verfahren findet eine sehr breite Anwendung und wird auf eine Vielfalt von Objekten angewandt, angefangen von Schrauben und Beschlägen über Bleche, Rohre und Behälter bis hin zu großen Teilen für Stahlbaukonstruktionen wie z. B. Brücken, etc. [81]. Typische Tauchzeiten liegen bei dem diskontinuierlichen Schmelztauchverfahren (Stückverzinkung) im Bereich einiger Minuten, die Temperatur des Zinkbades liegt im Bereich 440–480 °C. Das Zinkbad enthält zur Kontrolle des Fe/Zn-Phasenwachstums in der Regel einen Zusatz von 0,05–0,2 % Massenanteil Al.

Bei der Stückverzinkung wird zwischen den Verfahren der Nass- und Trockenverzinkung unterschieden. Bei der Nassverzinkung werden die Werkstücke nach vorhergehender Vorbehandlung, meist durch Beizen und anschließender Spülung noch nass durch eine auf dem Zinkbad schwimmende Flussmittelschmelze aus Zink- und Ammoniumchlorid in das Verzinkungsbad eingebracht. Bei der Trockenverzinkung wird gesondert in einer wässrigen Lösung des gleichen Flussmittels vorgespült und zwischengetrocknet. So lässt sich die Tauchzeit im Verzinkungsbad verkürzen und hierdurch bedingt die Bildung von spröden intermetallischen Fe/Zn-Phasen (»Hartzink«) auf dem Eisen reduzieren. Aus Gründen des Umweltschutzes ist man bestrebt, die beim Eintauchen in die Zinkschmelze stark rauchenden ammoniumchloridhaltigen Flussmittel durch raucharme, z. B. auf Alkalichlorid basierende Produkte zu ersetzen.

Eine besondere Variante der Stückverzinkung stellt die sog. Hochtemperatur-Verzinkung dar. Anders als beim konventionellen Verfahren liegen die Zinkbadtemperaturen im Bereich von 560 °C bis über 600 °C. Die entstehenden Überzüge bestehen vollständig aus intermetallischen Fe/Zn-Phasen, hauptsächlich $\delta$-Phase. Es können sehr gleichförmige Überzüge mit kontrolliert einstellbarer Dicke erzeugt werden [82].

Weitere Varianten der Stückverzinkung wurden durch Einsatz von Zinklegierungsbädern entwickelt. Zahlreiche Legierungen wurden untersucht, darunter auch die von der kontinuierlichen Schmelztauchveredelung her bekannten 5 %-Al-Zn und 55 %-Al-Zn-Si Legierungen Galfan und Galvalume (vgl. Abschnitt 6.4.2.1.3).

### 6.4.2.1.3
**Kontinuierliches Schmelztauchverfahren**

Auch im kontinuierlichen Prozess hat die industrielle Anwendung der Schmelztauchverfahren bei Stahlerzeugnissen und hier bei warm- und kaltgewalzten Feinblechen mengenmäßig die bei weitem größte wirtschaftliche Bedeutung. So wird schmelztauchveredeltes Feinblech in hohem Umfang in der Automobil-, Bau und Hausgeräteindustrie eingesetzt [83].

Durch die beim kontinuierlichen Schmelztauchverfahren gegebene Kombination verschiedener Fertigungsschritte (rekristallisierendes Glühen + Veredeln + Dressieren) lässt sich schmelztauchveredeltes Feinblech besonders wirtschaftlich herstellen. Verfahrensbedingt wird schmelztauchveredeltes Feinblech heute praktisch ausschließlich in zweiseitig veredelter Form erzeugt. In Abbildung 3 ist eine moderne kontinuierliche Schmelztauchveredelungslinie schematisch dargestellt. Ausgangsmaterial für den Prozess ist walzhartes Kaltband. Während des Prozesses wird das

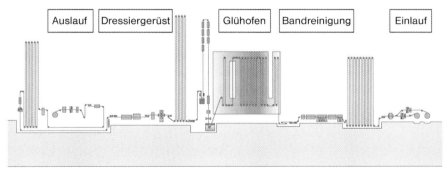

Technische Daten
Kapazität    450000 t a$^{-1}$
Banddicken  0,3 – 1,5 mm
Bandbreiten  750 – 1650 mm

**Abb. 3**  Schematische Darstellung einer modernen kontinuierlichen Schmelztauchveredelungslinie

Band vom sog. Coil abgewickelt und durchläuft nach verschiedenen Bandreinigungsschritten einen Glühofen. In diesem wird das Band in einer Schutzgasatmosphäre rekristallisierend geglüht. Hierdurch werden nicht nur die gewünschten mechanisch-technologischen Kennwerte eingestellt, sondern auch eine saubere, geeignet vorkonditionierte Oberfläche des Stahlbandes vor dem Einlaufen in das Schmelzbad. Nach dem Durchlaufen des Schmelzbads verbleibt auf dem Band ein flüssiger Schmelztauchüberzug. Überschüssige Metallschmelze wird mit Hilfe von unmittelbar oberhalb des Badspiegels angebrachten Abstreifdüsen abgeblasen und so die gewünschte Überzugsdicke eingestellt. Nach Erstarrung des Überzuges und Abkühlung des Bandes kann die Oberfläche je nach Kundenwunsch unterschiedlich nachbehandelt werden (Pressieren, Passivierung, Phosphatierung, Beölung); schließlich wird das Band wieder aufgewickelt [84]. Die chemischen Zusammensetzungen der heute wichtigsten gebräuchlichen Schmelztauchüberzüge sind in Tabelle 6 zusammengestellt.

Aufgrund ihrer großen industriellen Bedeutung werden die wichtigsten Produkte im Bereich der schmelztauchveredelten Feinbleche nachfolgend detailliert beschrieben.

*Feuerverzinktes Feinblech* wird durch einen dichten, gleichmäßigen, fest haftenden Zinküberzug gegen Korrosion geschützt [85]. Die Mikrostruktur von kontinuierlich erzeugten Feuerzinküberzügen ist – anders als bei diskontinuierlich erzeugten – in der Regel einphasig, d. h. es liegen nur Zn-Mischkristalle vor. Abhängig von der Zusammensetzung und Mikrostruktur des eingesetzten Stahlgrundwerkstoffes sowie der Zusammensetzung des Zinkbades kann während der Erstarrung und weiteren Abkühlung des Zinküberzuges an der Grenzfläche zwischen Überzug und Grundwerkstoff die Bildung von intermetallischen Fe/Zn-Phasen erfolgen. Diese Legierungsbildung kann durch den Al-Gehalt im Zinkbad gesteuert werden [76]. Bei einem Al-Gehalt von ca. 0,2 % Massenanteil bilden sich keine durchgängigen Legierungsschichten aus; die Phasenbildung erfolgt nur noch lokal an vereinzelten Stellen (Abb. 4a).

*Galvannealed-Feinblech* wird durch einen Überzug aus Zn mit 7–11 % Massenanteil Fe gegen Korrosion geschützt. Galvannealed-Überzüge bestehen aus intermetallischen Fe/Zn-Phasen (Abb. 4b). Der Herstellungsprozess entspricht im ers-

Tab. 6 Chemische Zusammensetzungen der Schmelztauchüberzüge

| Produkt | Kurzzeichen | Chemische Zusammensetzung des Überzuges (% Massenant.) |
|---|---|---|
| Feuerverzinktes Feinblech | Z | min. 99 % Zn; bis zu 1 % verfahrensbedingte Zusätze (Al, Pb, Fe) |
| Galvannealed-Feinblech | ZF | 89–93 % Zn; 7–11 % Fe; verfahrensbedingte Zusätze (Al) |
| Galfan | ZA | 95 % Zn; 5 % Al; Ce- und La-Spurenanteile |
| Galvalume | AZ | 55 % Al; 43,4 % Zn; 1,6 % Si |
| Feueraluminiertes Feinblech | AS | 90 % Al; 10 % Si (Typ 1) |

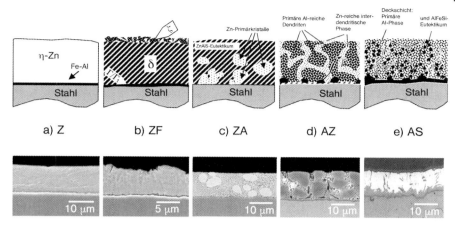

**Abb. 4** Schematische Darstellung und REM-Darstellung des Überzugsgefüges verschiedener schmelztauchveredelter Feinblechprodukte

ten Schritt im Wesentlichen dem des feuerverzinkten Feinblechs. Zusätzlich wird unmittelbar nach dem Durchlaufen des Bandes durch das Zinkbad der Zinküberzug durch eine gezielte Kurzzeitwärmebehandlung bei Temperaturen um 500 °C über Interdiffusion von Zink und Eisen in einen Zn/Fe-Legierungsüberzug mit definierter Mikrostruktur umgewandelt [86]. Es resultiert ein Überzug mit gleichmäßiger und feinkörniger Kristallausbildung an der Überzugsoberfläche und mit einer sehr hohen Oberflächenqualität, charakterisiert durch ein mattgraues Aussehen.

*Galfan*[1]*-schmelztauchveredeltes Feinblech* wird durch einen Überzug aus ca. 95 % Zn, ca. 5 % Al und Spuren von Mischmetall (Legierung aus Ce und La) gegen Korrosion geschützt [87]. Bei dieser Zusammensetzung weist das Zustandsschaubild Al-Zn einen eutektischen Punkt auf. Industriell gefertigte Galfan-Überzüge weisen prozessbedingt meist eine leicht untereutektische Mikrostruktur auf, d. h. primäre, Zn-reiche $\eta$-Kristalle sind in einer eutektischen ZnAl5-Matrix eingebettet (Abb. 4c). Besonderes Merkmal ist, dass die intermetallische Verbindungsschicht entweder sehr dünn ist oder sogar völlig fehlt; dies ist eine der Ursachen für die ausgezeichnete Umformbarkeit von Galfan-Überzügen.

*Galvalume*[2] wird durch einen Überzug aus einer Al/Zn-Legierung (55 % Al; 43,4 % Zn; 1,6 % Si) gegen Korrosion geschützt [88]. Das Gefüge von Galvalume-Überzügen (Abb. 4d) ist gekennzeichnet durch primäre aluminiumreiche Dendri-

---

1 Galfan® (for GALvanizing FANtastic) ist der Markenname für die Zinklegierung, die im Auftrag der ILZRO (International Lead Zinc Research Organization) vom C.R.M. (Centre Recherche Metallurgique, Belgien) entwickelt wurde.
2 Das Produkt wurde in den 1960er Jahren von der Bethlehem Steel Corporation unter der Bezeichnung Galvalume® entwickelt. Weitere in Europa gebräuchliche Handelsnamen sind: Aluzinc®, Algafort®, und Zalutite®.

ten, eine zinkreiche interdendritische Phase, eine intermetallische Al-Fe-Si-Zn-Verbindungsschicht sowie nadelförmige Ausscheidungen aus Si bzw. $\alpha$-Al-Fe-Si.

*Feueraluminiertes Feinblech* wird im Durchlaufofen rekristallisierend geglüht und in einem Durchgang im Schmelztauchverfahren mit Aluminium überzogen [89]. Die Aluminiumauflage enthält in der Regel Silicium, das zur Verbesserung des Umformverhaltens beiträgt (Typ 1). Das Überzugsgefüge (Abb. 4e) besteht im wesentlichen aus einer Aluminium-Matrix mit eingebetteten $\alpha$-Al-Fe-Si- und Si-Ausscheidungen. Zwischen der Aluminium-Auflage und dem Stahlgrundwerkstoff liegt eine unregelmäßig geformte Legierungsschicht aus $\alpha$-Al-Fe-Si vor. Die Si-freie Überzugsvariante (Typ 2) ist wirtschaftlich weniger bedeutend und findet nur in geringem Maße Anwendung.

In der Regel sind die Überzüge bei kontinuierlich schmelztauchveredelten Blechen deutlich dünner als bei Stückverzinkungen. Gemäß [85] sind bei Z Auflagen von 100–600 g m$^{-2}$ (beidseitig, entspricht Überzugsdicken von 7–42 µm), bei ZF 100–140 g m$^{-2}$ (7–10 µm) im üblichen Lieferumfang enthalten. Bei ZA und AZ sind Überzugsdicken im Bereich 5–30 µm üblich, bei feueraluminiertem Feinblech im Bereich 9–50 µm.

Möglichkeiten, die Oberflächen von Schmelztauchüberzügen zu verbessern, beinhalten:
- Gezielte Einstellung der Schmelzenzusammensetzung, z. B. Absenkung des Pb-Gehaltes in der Zinkschmelze zur Vermeidung von ausgeprägten Zinkkristallen (»Zinkblumen«) bei feuerverzinktem Feinblech; heute Standard
- Minimierung der Kristallitgröße durch Besprühen des schmelzflüssigen Überzuges mit einem keimbildungsfördernden Agens (z. B. Wasserdampf oder Metallpulver)
- Kaltnachwalzen (»Dressieren«), wobei unterschiedliche Verfahren zur definierten Strukturierung der Dressierwalzen (»Texturierung«) eingesetzt werden

Die ungeschützte Oberfläche von schmelztauchveredeltem Feinblech neigt bei nicht ordnungsgemäßer Lagerung unter Einfluss der äußeren Atmosphäre schnell zu Korrosion (Bildung von Weißrost, bzw. bei AZ und AS auch Schwarzrost). Daher wird die Oberfläche häufig mit einem temporären Korrosionsschutz versehen. Die Schutzwirkung ist zeitlich begrenzt, ihre Dauer hängt von der Lagerung und den atmosphärischen Bedingungen ab. Für den Einsatz in der Automobilindustrie bestimmte schmelztauchveredelte Feinbleche werden meist geölt geliefert. Das Beölen schützt die Oberfläche vor Feuchtigkeitseinwirkungen und vermindert die Gefahr einer Weißrostbildung bei Transport und Lagerung. Zudem sind schmelztauchveredelte Feinbleche, insbesondere ZF, in werkseitig phosphatierter Ausführung lieferbar. Diese führt in Kombination mit einer Beölung zu einer Verbesserung der Gleiteigenschaften der Überzugsoberfläche und damit zu einer verbesserten Umformbarkeit. Eine weitere derzeit noch sehr gebräuchliche Oberflächennachbehandlung ist die chemische Passivierung, z. B. eine Behandlung mit Chromsäure, die ebenfalls einer Erhöhung des temporären Korrosionsschutzes dient. Dieses Verfahren wird jedoch bedingt durch verschärfte Umweltauflagen im Rahmen der EU-Gesetzgebung zukünftig durch chromfreie Verfahren ersetzt.

Generell werden hinsichtlich der mechanisch-technologischen Eigenschaften an schmelztauchveredeltes Feinblech gleichartige Anforderungen gestellt wie an nicht veredeltes Feinblech. Dies wird insbesondere in den einschlägigen Normen belegt.

6.4.2.1.4
**Eigenschaften der Schmelztauchüberzüge**
Das wichtigste Merkmal von Schmelztauchüberzügen ist zweifellos der gewährleistete Korrosionsschutz für den Stahlgrundwerkstoff. Dieser nimmt im Allgemeinen mit steigender Überzugsdicke zu. Bei Einsatz von Zinklegierungsüberzügen kann der spezifische, d.h. auf die Überzugsdicke bezogene Korrosionsschutz je nach Art der Korrosionsbelastung beträchtlich gesteigert werden. In sehr vielen Fällen werden die mit Schmelztauchüberzügen versehenen Bauteile zusätzlich organisch beschichtet, wodurch ein zusätzlicher Korrosionsschutz erreicht wird. In der Praxis zeigen sich bei Kombination von Schmelztauchüberzügen und organischen Beschichtungen häufig synergetische Effekte, d.h. die Schutzwirkung eines solchen kombinierten Schichtsystems ist größer als ausgehend von der Schutzwirkung der einzelnen Beschichtungen für sich gesehen zu erwarten ist.

*Feuerzinküberzüge* gewährleisten für Stahl eine ausgezeichnete Schutzwirkung gegenüber atmosphärischer Korrosion. Dies wurde sowohl in beschleunigten Kurzzeit-Korrosionstests als auch in Langzeit-Freibewitterungen vielfach unter Beweis gestellt. Für die Korrosionsschutzwirkung des Zinks gibt es zwei prinzipielle Ursachen:
- Zink korrodiert in natürlicher Atmosphäre viel langsamer als Stahl. Ursache hierfür ist, dass Zink sehr dichte und gut haftende »Deckschichten« aus Korrosionsprodukten bildet, die als physikalische Barriere eine weitere Korrosion stark verzögern. Diese passive Schutzwirkung ist allerdings nur solange wirksam, wie der Metallüberzug trotz Eigenkorrosion geschlossen bleibt.
- Bei Verletzungen des Zinküberzuges oder bei blanken Schnittkanten geht statt des Eisens das umgebende unedlere Zink in Lösung (kathodischer Schutz). Bei dieser aktiven Schutzwirkung bildet das Zink mit dem Stahl bei Vorliegen eines wässrigen Elektrolyten (Korrosionsmedium) ein elektrochemisches Element; der Überzug aus dem elektrochemisch unedleren Zink geht dabei in Lösung, d.h. er wirkt als Opferanode (s. Abschnitt 5.1.1). Hierdurch ist der Stahl sicher geschützt, solange genügend Zink vorhanden ist, das den Schutzmechanismus aufrechterhält.

*Galvannealed-Überzüge* führen zu einer ähnlich guten Korrosionsbeständigkeit im unlackierten Zustand wie Feuerzinküberzüge. Besonders hervorzuheben ist die hervorragende Lackhaftung und eine hohe Schutzwirkung unter Steinschlagbelastung.
*Galfan-Überzüge* zeigen sowohl bei den Kurzzeitprüfungen im Salzsprühtest und im Klima-Feuchte-Wechseltest als auch insbesondere beim Freibewitterungs-

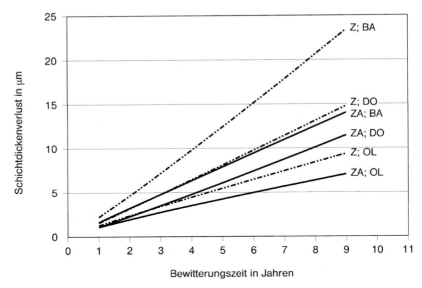

**Abb. 5** Verlauf des Überzugsdickenverlustes für feuerverzinktes Feinblech (Z) und Galfan (ZA) mit den Auflagen Z-275 bzw. ZA-255 bei Bewitterung in Olpe (OL, ländliches Klima), Dortmund (DO, industrielles Klima) und Baltrum (BA, Meeresklima). Die Berechnung der Ausgleichskurven erfolgte anhand der Auswertung von umfangreichen Freibewitterungsversuchen, nach [90]

test im ländlichen Klima bis hin zur scharfen Beanspruchung im Meeresklima eine besonders gute Korrosionsbeständigkeit (Abb. 5). Die bei der Abwitterung des unedleren Zinks an der Oberfläche verbleibenden korrosionsbeständigeren Bestandteile der Zn/Al-Überzüge wirken zusätzlich als Sperrschicht, welche die Stahloberfläche vor Korrosionsangriff schützt.

Bei *Galvalume-Überzügen* spielt die Mikrostruktur des Überzuges hinsichtlich des Korrosionsverhaltens ebenfalls eine wichtige Rolle. Die aluminiumreichen Dendriten passivieren mit Sauerstoff schneller als die zinkreichen interdendritischen Phasen. Dadurch wird das Zink allmählich verbraucht, und es bilden sich zwischen den unlöslichen Aluminiumoxidanteilen Korrosionsprodukte, die zusammen mit diesen den weiteren Korrosionsfortschritt wirksam hemmen. Entsprechend diesem günstigen Korrosionsverhalten ist Galvalume ohne zusätzliche Beschichtung mit einer Auflage von 185 g m$^{-2}$ (entsprechend 25 µm Überzugsdicke) im Rahmen der DIN 55 928–8 in die Korrosionsschutzklasse III aufgenommen worden. Weitere Merkmale von Galvalume sind gutes Wärmereflexionsvermögen, eine Temperaturbeständigkeit des Überzuges bis ca. 315 °C sowie eine sehr hohe chemische Beständigkeit in sauren Medien.

*Feueraluminiertes Feinblech* (Typ 1) besitzt eine gute Korrosions- und Oxidationsbeständigkeit sowie ein gutes Wärmereflexionsvermögen. Temperaturbeanspruchungen sind bis ca. 450 °C ohne Veränderung des Überzuges möglich. Höhere Temperaturen führen zu einem Anwachsen der Legierungsschicht und später zum vollständigen Durchlegieren des Überzuges. Der Schutz des Substrats bleibt aber auch bei höheren Temperaturen erhalten. Je nach verwendetem Grundwerkstoff kann feueraluminiertes Feinblech bis zu Temperaturen von 800 °C eingesetzt werden. Typische Einsatzbereiche von feueraluminiertem Feinblech sind solche, bei denen hohe Temperaturbeanspruchungen in Anwesenheit von korrosiven und heißen Medien gegeben sind. Einsatzschwerpunkte dieser Feinbleche sind daher Auslasssysteme von PKW. Weitere Anwendungen finden sich bei Kraftstoffbehältern.

Wie bei allen oberflächenveredelten Feinblechen hat auch bei schmelztauchveredelten Produkten die Weiterverarbeitbarkeit (vor allem Umformen oder Fügen) eine große Bedeutung. Je nach Verwendungszweck sind die spezifischen Eigenschaftsprofile der unterschiedlichen Produkte zu berücksichtigen, um eine optimale Auswahl zu treffen.

Schmelztauchveredeltes Band und Blech lässt sich grundsätzlich mit allen typischen Operationen der Blechbearbeitung wie Tiefziehen, Streckziehen, Stanzen, Falzen, Biegen, Kanten, usw. umformen. Dabei wird das Umformverhalten von schmelztauchveredeltem Band und Blech primär durch die mechanischen Eigenschaften des Grundwerkstoffes bestimmt. Um das Umformpotenzial voll auszuschöpfen, ist es ggf. notwendig, das tribologische System Werkzeug-Schmierstoff-Werkstoff zu optimieren. So kann es bei schmelztauchveredeltem Feinblech im Vergleich zu Feinblech ohne Überzug notwendig sein, die Ziehspalte und -radien im Werkzeug zu vergrößern. Der Abrieb des Überzuges und der Werkzeugverschleiß können durch Auswahl eines geeigneten Werkstoffes für die Werkzeuge minimiert werden. In den beanspruchten Bereichen des Werkzeuges sollte die Oberfläche glattpoliert und gleichmäßig sein. Dabei sichert die regelmäßige Reinigung der Werkzeuge einen störungsfreien Produktionsablauf. Speziell bei harten Überzügen wie z. B. ZF wird die Abriebmenge wesentlich durch die Überzugsdicke bestimmt. Es sollte daher grundsätzlich die Überzugsdicke – soweit mit den anwendungsspezifischen Korrosionsschutzforderungen vereinbar – so gering wie möglich gewählt werden. Auch die Art der Umformung hat einen wesentlichen Einfluss auf den Abrieb. Das Reibverhalten der schmelztauchveredelten Feinbleche unterscheidet sich von dem von Feinblechen ohne Überzug. Daher ist es häufig erforderlich, den Niederhalterdruck anzupassen. Die Umformprozesse können durch die Anwendung geeigneter Ziehhilfsmittel bezogen auf die Qualität der geformten Teile und die Minimierung der Ausschussrate entscheidend verbessert werden.

Schmelztauchveredeltes Band und Blech lässt sich grundsätzlich mit allen typischen Verfahren der Fügetechnik, wie sie auch bei Feinblech ohne Überzug zum Einsatz kommen, bearbeiten. Allerdings sind je nach Art des metallischen Überzuges die Verfahren anzupassen bzw. Besonderheiten zu beachten, so z. B. beim Punktschweißen eine Neigung zur Legierungsbildung zwischen Elektrodenkappe und dem Überzugsmetall und damit verbundenem erhöhten Elektrodenverschleiß. Generell gilt wie bei der Umformung, dass zur Optimierung des Produktionsablaufes die Überzugsdicke so gering wie möglich gewählt werden sollte.

### 6.4.2.2 Feuerverzinnung

Bei der Stückverzinnung werden ähnliche Flussmittel wie bei der Stückverzinkung eingesetzt. Besonders glänzende und fehlerfreie Überzüge ergibt die Zweibadverzinnung. Bei dieser wird nur das zweite Bad mit frischem Zinn ergänzt, während das erste seine Ergänzung aus dem zweiten erhält. Auf diese Weise bleibt das zweite Zinnbad weitgehend eisenfrei. Beim Dreibadverfahren wird ein Tauchen in Palmöl, das über den Schmelzpunkt des Zinns erhitzt ist, angeschlossen, um überschüssiges Zinn ablaufen zu lassen. Die Dicke der Zinnüberzüge liegt zwischen 1,5 und 40 µm. Direkt an die Stahloberfläche grenzt eine etwa 0,3 µm dicke Eisen/Zinn-Legierungsschicht, überwiegend $FeSn_2$. Anwendung findet das Feuerverzinnen zur Herstellung dekorativer Schichten, zur Verbesserung des Lötvermögens, als Gleitschicht auf Gusseisen sowie als Korrosionsschutz [79, 91].

### 6.4.3
**Thermisches Spritzen**

Das thermische Spritzen ist ein Verfahren zur Herstellung von Schichten aus Metallen, metallischen Legierungen und anorganischen nichtmetallischen Verbindungen, bei dem das schichtbildende Material unter Verwendung spezieller Spritzgeräte aufgeschmolzen und in Tropfform mit hoher Geschwindigkeit auf die zu beschichtenden Oberflächen aufgespritzt wird (Abb. 6). Die im Zentrum des Spritzstrahles fliegenden Teilchen treffen flüssig oder teigig auf die Werkstoffoberfläche, verschweißen teilweise untereinander und verklammern sich durch schroffes Abkühlen und damit bedingtes Schrumpfen in der vorher aufgerauten Werkstückoberfläche. Randteilchen dagegen erreichen die Oberfläche in erstarrtem, stark oxidiertem Zustand, werden so von den weicheren Teilchen umschlossen und in die Schicht eingebunden (Abb. 7). Ein wesentlicher Vorteil des thermischen Spritzens ist die geringe thermische Belastung des Werkstückes, sodass in der Regel weder Gefügeänderungen noch Verzug auftreten [92].

Als Spritzwerkstoffe eignen sich prinzipiell alle Werkstoffe, die schmelzbar sind und sich nicht zersetzen. Sie werden in Form von Drähten (duktile Metalle), Pulvern (spröde Metalle, Metalloxide, Metallcarbide, etc.), gesinterten Stäben und von

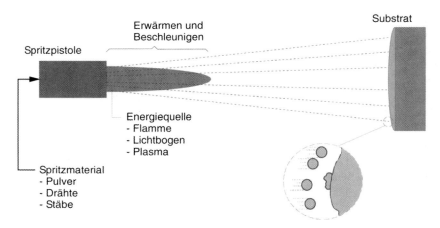

**Abb. 6** Prinzip des thermischen Spritzens (nach [92])

6 Erzeugung von Schutzschichten | 407

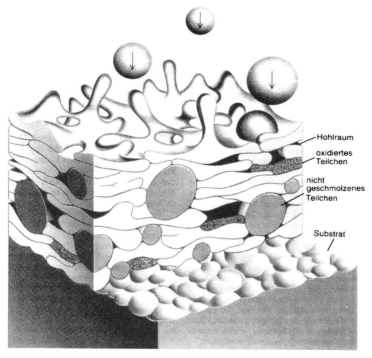

**Abb. 7** Entstehung einer thermisch gespritzten Schicht (nach [92])

mit Pulver gefüllten, rückstandsfrei verbrennbaren Kunststoffschnüren eingesetzt. Zur Herstellung von sog. Pseudolegierungen werden in Zweidrahtpistolen Drähte aus unterschiedlichen Werkstoffen gleichzeitig verspritzt und beim Auftreffen auf der Werkstückoberfläche vermischt. Sogar bestimmte Kunststoffe können thermisch gespritzt werden. Die außerordentlich vielfältige Auswahl an verspritzbaren Werkstoffen mit der Möglichkeit, auf den jeweiligen spezifischen Anwendungsfall Schichtsysteme »maß zu schneidern«, stellt einen weiteren wesentlichen Vorteil des thermischen Spritzens dar. Von den Spritzwerkstoffen für den Schutz vor atmosphärischer Korrosion haben Zink und Aluminium die größte technische Bedeutung. Sie werden als solche oder in Kombination mit darauf folgenden organischen Beschichtungen eingesetzt. Gegen Hochtemperaturkorrosion kommen z. B. Chromcarbid + Ni/Al-Verbundpulver, Zirconiumdioxid, hochlegierte Stähle sowie Wolframpulver zur Anwendung. Gute Eigenschaften im Metall-Trockengleitverschleiß und im allgemeinen Korrosionsschutz bei Temperaturbelastungen bis 400–600 °C bieten Ni/Cr/B/Si-, Ni/Cr/B/Si/W- und Co/Cr/W/B/Si/Ni-Werkstoffe in Pulverform. Ausgesprochene Verschleißschutzschichten liefern z. B. Wolframcarbid in Cobalt- oder Ni/Cr/B/Si-Bindung sowie Aluminiumoxid und Chromoxid. Für Ausbesserungen von durch Lunker in Eisenguss verursachten Fehlern werden z. B. niedriglegierte Mn/Si-Stähle aufgetragen, während niedriglegierte Si/Mn/Cr-Stähle zur Beschichtung von Lagerstellen bei Werkzeugmaschinen und Kurbelwellen dienen. Als weiterer spritzfähiger Lagerwerkstoff wird Zinnbronze eingesetzt. Nickel, Molybdän und Nickel/Aluminium werden in Spezialfällen als Haftgrundschicht gespritzt, um den Verbund mit nachfolgenden Spritzschichten aus anderen Materialien zu verbessern.

Um die Spritzteilchen auf der Werkstückoberfläche fest zu verankern, muss diese entfettet und vorzugsweise mit Hilfe von Strahlverfahren von Oxiden befreit und aufgeraut werden. Die verwendeten Strahlmittel müssen scharfkantig, trocken, sauber und frei von Beimengungen sein. Als Strahlmittel für den Verschleißschutz dient vorwiegend Hartgutkies, während für Korrosionsschutzzwecke Korund ($Al_2O_3$) vorgezogen wird. Für das Strahlen auf Baustellen ohne Rückgewinnung des Strahlmittels kommen nur gebrochene Schlacken in Betracht. Korngröße und Auftreffgeschwindigkeit werden so bemessen, dass weder eine Beeinträchtigung der Haftfestigkeit durch zu geringe Rautiefe noch eine im Verhältnis zur späteren Spritzschichtdicke zu große Rauigkeit entsteht. Typische Rauigkeitswerte liegen zwischen 50 und 80 µm. Grundsätzlich sollte unmittelbar nach dem Strahlen mit dem thermischen Spritzen begonnen werden. Oft ist es zweckmäßig, die Werkstücke vor dem thermischen Spritzen auf 80–200 °C vorzuwärmen.

Für das thermische Spritzen kommen als Verfahren hauptsächlich das Flammspritzen, das Flammschockspritzen (Detonationsspritzen), das Lichtbogenspritzen und das Plasmaspritzen zur Anwendung.

Beim *Flammspritzen* wird im Allgemeinen ein Draht mit regelbarem Vorschub durch eine ihn konzentrisch umgebende Brenngas/Sauerstoff-Flamme abgeschmolzen. Liegt der Spritzwerkstoff als Pulver vor, so wird es aus einem Vorratsbehälter durch Injektorwirkung in die Flamme geleitet. Die geschmolzenen Tröpfchen werden mit Hilfe der expandierenden Verbrennungsgase und zusätzlicher Druckluft in Form von Schmelzpartikeln auf die zu beschichtende Oberfläche geschleudert. In Abhängigkeit von den benutzten Brenngasen werden unterschiedliche Flammentemperaturen erreicht: Ethin (Acetylen)/Sauerstoff: 3150 °C, Propan/Sauerstoff: 2850 °C und Wasserstoff/Sauerstoff: 2660 °C. Nach HAEFER [93] beträgt die maximale Energiestromdichte in der Flamme $10^3$–$10^4$ W cm$^{-2}$, die Auftreffgeschwindigkeit der Partikeln am Substrat etwa 150 m s$^{-1}$ bei Metallen und 30–60 m s$^{-1}$ bei Keramikstoffen, der Materialdurchsatz von Metallen 5–8 kg h$^{-1}$ und der von Keramik 1–2 kg h$^{-1}$. Zur Durchführung des Verfahrens werden Brenner und Werkstück mit typischen Geschwindigkeiten von 0,15–0,25 m s$^{-1}$ relativ zueinander bewegt.

Das *Flammschockspritzen* (Detonationsspritzen) [92, 93] arbeitet mit einem einseitig verschlossenen Rohr, in das das zu verspritzende Pulver zusammen mit Ethin (Acetylen), Sauerstoff und einem Fördergas eingeleitet wird. Eine elektrische Zündung bringt das explosible Gemisch etwa vier bis acht Mal pro Sekunde zur Explosion. Das geschmolzene Pulver tritt mit mehrfacher Schallgeschwindigkeit aus dem Rohr aus und bildet Spritzschichten mit sehr hoher Dichte und Haftfestigkeit. Dieses Verfahren eignet sich insbesondere zur Beschichtung mit Metallcarbiden, Metalloxiden und Cermets. Nachteilig ist die hohe Lärmentwicklung, die eine Aufstellung der Beschichtungseinrichtung in einem speziellen schall- und explosionssicheren Raum erforderlich macht.

Beim *Lichtbogenspritzen* [92, 93] wird zwischen den Enden zweier aus dem Schichtmaterial bestehender Drähte ein Lichtbogen aufrechterhalten. Die Drähte schmelzen entsprechend ihrem Vorschub bei Temperaturen von 4000–10 000 °C kontinuierlich ab. Die Schmelze wird mit Hilfe eines Druckluftstromes zerstäubt und auf die Werkstückoberfläche geschleudert. Infolge der größeren Masse und Temperatur der Schmelzpartikeln kommt es zu häufigeren Teilverschweißungen in der Schicht und damit in der Regel zu einer besseren Haftung der Schichten als beim Flammspritzen.

Das *Plasmaspritzen* [92, 93] hat unter allen thermischen Spritzverfahren die größte technische Bedeutung erlangt. Bei diesem Verfahren brennt zwischen einer stabförmigen, zentrisch angeordneten Wolframkathode und einer ringförmig sie umgebenden, wassergekühlten Kupferanode ein eingeschnürter, gasstabiler Lichtbogen hoher Energiedichte. Durch diesen Lichtbogen wird ein Gas, z. B. Argon oder ein Gemisch von Argon, Stickstoff, Wasserstoff oder Helium, hindurchgeleitet und dabei auf 4000–20 000 °C erhitzt. In das austretende Gasplasma wird mit Hilfe eines Trägergases das Beschichtungspulver eingeblasen. Es schmilzt und wird durch den Gasstrom mit hoher Geschwindigkeit auf die zu beschichtende Oberfläche gefördert. Das Plasmaspritzen dient insbesondere zur Verarbeitung von Pulvern aus hochschmelzenden Metallen, Oxiden, Carbiden, Boriden und Siliciden.

Im Falle von Spritzwerkstoffen mit hoher Affinität zu Sauerstoff und Stickstoff wie z. B. Ti, Ta oder Nb oder insbesondere die für den Hochtemperatur-Korrosionsschutz entwickelten Superlegierungen vom Typ MCrAlY mit M = Co, Ni oder Fe wird das Vakuum-Plasmaspritzen eingesetzt. Hierdurch können die beim Plasmaspritzen an Luft entstehenden Oxideinschlüsse, Porositäten und eine ungenügende Haftfestigkeit vermieden werden.

Als eine interessante Variante der Spritzverfahren ist in jüngster Zeit das sog. *Kaltgasspritzen* [94] auf zunehmendes Interesse gestoßen. Hierbei wird im Gegensatz zu den thermischen Spritzverfahren der Spritzwerkstoff nicht aufgeschmolzen. Das Spritzpulver wird mittels eines Prozessgases, z. B. Stickstoff auf Geschwindigkeiten im Bereich 500–1000 m s$^{-1}$ beschleunigt, bevor es auf der Werkstückoberfläche auftrifft. Für die Ausbildung technisch nutzbarer Beschichtungen ist erforderlich, dass die Spritzwerkstoffe sich beim Aufprall auf das Substrat plastisch verformen lassen, wie z. B. Zink, Aluminium, Kupfer, Eisen bis hin zu Titan, Niob oder Tantal. Ein wesentlicher Vorteil des Verfahrens ist die Erzeugung von besonders oxidarmen Schichten, wobei der Sauerstoffanteil der Schichten in etwa dem des Pulvers entspricht.

Durch das thermische Spritzen können Schichten mit Dicken von wenigen Mikrometern bis zu mehreren Millimetern aufgebracht werden. Die Gegenwart von Sauerstoff während des Spritzvorganges bewirkt, dass die Spritzschichten einen merklichen Oxidanteil enthalten. Zudem sind die Schichten porös mit einer typischen Porosität von 10–15 %. Erst durch Nachbehandlung wie z. B. Schmelzen oder durch das Auftragen relativ dicker Schichten werden dichte Schichten erreicht. Diese Nachteile treten beim Detonationsspritzen und Vakuum-Plasmaspritzen nicht auf.

Das thermische Spritzen hat durch die relativ einfache Verfahrensweise und die Vielzahl an möglichen Grund- und Spritzwerkstoffen eine breite technische Anwendung gefunden [92, 93]. So wird es z. B. für den Schutz gegen den Angriff der Atmosphäre und von speziellen Medien sowie gegen verschiedenste Arten der Hochtemperaturkorrosion eingesetzt. Ferner lassen sich die unterschiedlichsten Aufgaben des Verschleißschutzes damit lösen. Hierbei muss allerdings die Empfindlichkeit der Spritzschichten gegen rollende, walkende und schlagende Beanspruchung berücksichtigt werden. Schließlich lassen sich so auch Ausbesserungsarbeiten an verschlissenen und fehlerhaften Oberflächen durchführen. Aus der Fülle praktischer Anwendungsbeispiele seien genannt:

- Luftfahrtindustrie: Kompressorschaufeln, Schaufelkanten, Rotordichtflächen, Lagerflächen, Triebwerks- und Nachbrennkammern in Düsen- und Raketenmotoren
- Stahlindustrie: Walzen und Wickelhaspel, Transportwalzen in Glüh- und Veredelungsöfen
- Papierindustrie: Walzen in Papiermaschinen
- Chemische Industrie: Lagerstellen, Labyrinth- und Gleitringdichtungen für Kreiselpumpen und Turboverdichter
- Kraftfahrzeugindustrie: Abgassonden, Einspritzdüsen für Dieselkraftstoff

## 6.5
**Gasphasenbehandlung**

Unter dem Begriff Gasphasenbehandlung werden diejenigen Verfahren zur Beschichtung zusammengefasst, bei denen sich das zu beschichtende Substrat in einer Gasphase des Beschichtungsmaterials ohne direkten Kontakt zu dessen flüssiger oder fester Phase befindet. Der Transport der Schichtsubstanz erfolgt ausschließlich durch den Gasraum. Je nach Verfahren laufen die Beschichtungen bei oder nahe Atmosphärendruck oder bei niedrigeren Drücken bis hin zum Hoch- und Ultrahochvakuum ab. Die sog. Pulverpackverfahren werden der grundsätzlich unterschiedlichen Verfahrenstechnik wegen an anderer Stelle behandelt, obgleich auch bei diesen der Transport des schichtbildenden Materials durch die Gasphase eine wichtige Rolle spielt.

### 6.5.1
**Chemisch-thermische Verfahren**

Als chemisch-thermische Beschichtungsverfahren aus der Gasphase bezeichnet man solche Prozesse, bei denen das auf höhere Temperatur gebrachte, zu beschichtende Substratmetall mit einem ein- oder mehrkomponentigen Reaktionsgas in Berührung gebracht wird. Schichten können sich dabei durch eine chemische Reaktion der Gaskomponenten miteinander auf der nur katalytisch wirkenden Substratoberfläche bilden oder aber das Ergebnis einer chemischen Reaktion der Gasphase mit der Werkstückoberfläche sein. Zumeist ist die Reaktion nicht nur auf Schichtbildung auf der Oberfläche beschränkt, sondern sie erstreckt sich infolge von Diffusionsvorgängen auch in das Substratinnere. Die Abgrenzung zur chemischen Gasphasenabscheidung (Chemical Vapour Deposition, CVD, s. Abschn. 6.5.1.3) besteht darin, dass sich letztere auf die Verfahren bezieht, bei welchen sich eine gasförmige Verbindung (»Prekursor«) so zersetzt, dass sich eines der Zersetzungsprodukte als Feststoff niederschlägt, während die anderen Zersetzungsprodukte gasförmig sind und laufend entfernt werden [93].

In Fällen, in denen die Substratoberfläche lediglich eine katalytische Funktion bei der Bildung der Schichtsubstanz ausübt, müssen die Reaktionsgase und der Reaktionsraum extrem sauber und möglichst frei von anderen katalytisch wirkenden Flächen sein, um Materialverluste durch Nebenreaktionen so weit wie möglich auszuschalten. Wenn für eine hinreichende Durchmischung des Gasraumes gesorgt wird, erfolgt die Beschichtung auch kompliziert geformter Werkstücke gleichmäßig auf allen Flächen. Die Behandlungsanlagen bestehen in ihrem Grundaufbau aus

- Vorbehandlungseinrichtungen zur Entfernung von Oxid-, Fett- und Schmutzschichten vom zu beschichtenden Werkstück,
- Apparaturen zur Erzeugung und Reinigung von Reaktions- und Trägergasen,
- Behandlungsaggregaten (Öfen),
- Vakuumpumpen und Abgasreinigungen,
- Kühleinrichtungen,
- Chargierhilfen und
- Mess-, Regel- und Steuereinrichtungen

### 6.5.1.1 Aufkohlen

Ein seit langer Zeit praktiziertes Verfahren ist das Aufkohlen von Stählen (Einsatzhärten) [95]. Das metallische Werkstück, vorzugsweise aus sog. Einsatzstählen mit niedrigem Kohlenstoffgehalt, wird dazu auf 900–950 °C in aufkohlend wirkenden Gasgemischen, z. B. Kohlenmonoxid/Wasserstoff oder Methan (Erdgas)/Wasserstoff erhitzt. An der Metalloberfläche bildet sich Kohlenstoff entsprechend der Gleichung:

$$CO_{(g)} + H_{2(g)} \longrightarrow /C/_{Fe(s),\ gelöst} + H_2O_{(g)}$$

Der Kohlenstoff wird im $\gamma$-Eisenmischkristall (Austenit) gelöst und kann sich bis zu Tiefen von mehr als 2 mm anreichern. Bei $T$ = 900 °C, 1 mm Aufkohlungstiefe und 0,8 % Massenanteil C an der Werkstückoberfläche gilt als Richtwert $t$ = 8 h. Durch gezielte Temperaturerhöhung auf ca. 1050 °C (sog. Hochtemperatur-Gascarburieren) lässt sich die erforderliche Behandlungszeit deutlich senken. Nachdem der Werkstoff genügend Kohlenstoff in ausreichender Tiefe aufgenommen hat, wird durch Eintauchen in ein Ölbad abgeschreckt und dadurch im Randbereich ein hartes, sprödes Martensitgefüge erzeugt. Um die Sprödigkeit und innere Spannungen zu beseitigen, wird das Werkstück nach dem Härten angelassen. Dies geschieht durch nochmaliges Erwärmen auf 180–300 °C und langsames Abkühlen. Hierdurch wird eine Verringerung der tetragonalen Verzerrung des Martensits infolge einer Diffusion von C-Atomen bewirkt. Das beschriebene Randhärtungsverfahren wird in großem Umfang zur Erhöhung der Beständigkeit von Schneidwaren, Werkzeugen, Getriebeteilen, Kugel- und Wälzlagern gegen Ermüdung und Verschleiß eingesetzt.

#### 6.5.1.2 Nitrieren

Das Gasnitrieren erzeugt ebenfalls harte Randschichten, die für Verschleiß-, Schwingungs-, sowie zusätzlich auch für leichtere Korrosionsbeanspruchungen geeignet sind [95]. Da der Prozess bei Temperaturen von nur 500–600 °C, d. h. unterhalb der eutektoiden Temperatur der Stähle abläuft, werden keine störenden Spannungen im Werkstück erzeugt. Für das Nitrieren wurden früher fast ausschließlich speziell Nitrierstähle mit Nitridhärtnern, wie Aluminium und Chrom, verwendet. Heute werden in zunehmendem Maße auch Vergütungsstähle, Werkzeugstähle und in gewissem Umfang auch korrosionsbeständige Stähle nitriert. Als Reaktionsgas dient Ammoniak im Gemisch mit Stickstoff und Wasserstoff. An der Stahloberfläche finden dabei folgende Hauptreaktionen statt:

$$2\ NH_{3(g)} \longrightarrow 2/N/_{Fe(s),\ gelöst} + 3\ H_{2(g)}$$

$$2\ NH_{3(g)} + 8\ Fe_{(s)} \longrightarrow 2\ Fe_4N_{(s)} + 3\ H_{2(g)}$$

Die Reaktion läuft langsamer als das Carburieren und erfordert relativ lange Reaktionszeiten von 10–100 h. In der äußersten, etwa 20 µm dicken Randschicht bilden sich $\varepsilon$- und $\gamma$-Eisennitrid, zum Werkstückinneren schließt sich eine Diffusionszone aus $\alpha$-Eisen/Stickstoff-Mischkristallen mit eingelagerten feinen Nitriden an, die bis zu einer Tiefe von 0,3–1 mm reichen kann. Anwendung finden Nitrierschichten als harte, auch für die Schwingungsbeanspruchung geeignete Verschleißschutzschichten, z. B. im Getriebebau bei Kegelrädern, im Werkzeugbau bei Pleuelgesenken sowie im Maschinenbau bei Zylindern und Schnecken für die Kunststoffverarbeitung.

Sehr häufige industrielle Anwendung findet auch das *Plasmanitrieren* (streng genommen gehört es zur Gruppe der Ionenplattierverfahren, vgl. Abschnitt 6.5.2.4) [93]. Hierbei werden die Werkstücke als Kathode gepolt einer Glimmentladung in einer $N_2/H_2$-Atmosphäre mit einem typischen Gasdruck von ca. 0,5 kPa ausgesetzt. Hieraus resultiert ein intensives Bombardement der Oberfläche mit positiven Stickstoff-Ionen. Durch den Beschuss mit positiven Ionen stäubt z. B. Eisen ab, welches im Glimmlichtplasma mit der Gasatmosphäre Eisennitrid bildet. Dieses lagert sich auf dem Werkstück ab und liefert unter Zersetzung den eindiffundierenden atomaren Stickstoff. Die Werkstücktemperatur bei diesem Verfahren liegt im Bereich von 350–600 °C. Durch diese relativ niedrigen Temperaturen wird eine hohe Maßhaltigkeit der Bauteile erreicht. Bereits nach Einwirkzeiten von 8–16 h können Nitriertiefen von 0,3 bis 0,5 mm erreicht werden. Gegenüber den herkömmlichen Verfahren werden für das Ionennitrieren die kürzeren Behandlungszeiten, das einfache Maskieren mit Hilfe von Blenden für Flächen, die nicht nitriert werden sollen, der geringe Gasverbrauch und die Umweltfreundlichkeit als Vorteile herausgestellt.

#### 6.5.1.3 CVD-Verfahren

CVD-Verfahren sind dadurch gekennzeichnet, dass in der Gasphase und/oder auf der Oberfläche des Substrates bzw. zu beschichtenden Werkstückes bei typischen Drücken im Bereich 0,01–1 bar und Temperaturen im Bereich 200–2000 °C chemische Reaktionen ablaufen [93]. Hierbei werden die einzelnen gasförmigen Reaktanden (sog. Prekursoren) zusammen mit einem inerten Trägergas, z. B. Argon in eine Reaktorkammer geleitet. Im Reaktor befindet sich auch das Substrat (Werkstück), auf dessen Oberfläche sich in einer heterogenen Reaktion feste Reaktionsprodukte als Schicht abscheiden. Darüber hinaus sind auch homogene Gasphasenreaktionen möglich, die jedoch in der Regel unerwünscht sind, da sich die Reaktionsprodukte im gesamten Reaktionsraum pulver- oder staubförmig ausbilden und eine Schichtbildung unterbleibt.

Bei den CVD-Verfahren werden unterschiedliche Reaktionstypen unterschieden: *Chemosynthese*, z. B. Reduktionen und Oxidationen, *Pyrolyse* (thermische Zersetzung) und *Disproportionierung*. Mit CVD-Verfahren können viele Materialien mit nahezu theoretischer Dichte, guter Haftfestigkeit, hoher Gleichförmigkeit – auch bei komplexen Werkstücken – sowie mit hoher Reinheit als Schicht abgeschieden werden (s. auch Kohlenstoffprodukte, Bd. 3, Abschn. 5.3.3). Allerdings hat die Anwendbarkeit von CVD-Prozessen auch Grenzen, da z. B. nicht für jedes gewünschte Schichtmaterial eine geeignete Reaktion existiert. Außerdem muss sichergestellt werden, dass die Bauteile den häufig recht hohen Reaktionstemperaturen der thermischen CVD-Verfahren – d.h. die erforderliche Energie wird thermisch zugeführt – standhalten. Dies ist immer dann zu beachten, wenn eine besonders hohe Maßhaltigkeit des Werkstückes gefordert ist. Zudem müssen die Werkstücke den gasförmigen Reaktanden gegenüber chemisch stabil sein. Ein heute etablierter Verfahrensweg zur Absenkung der Reaktionstemperatur besteht in der Anwendung plasma-aktivierter CVD-Verfahren (Abschnitt 6.5.1.4).

Aus der Vielzahl möglicher CVD-Reaktionen haben aus wirtschaftlicher Sicht insbesondere Reduktionen von Metallhalogeniden große Bedeutung erlangt. Hierbei handelt es sich um solche Metalle, die bei Anwesenheit von Kohlenwasserstoffen oder stickstoffhaltigen Verbindungen gute Carbid-, Nitrid- oder Carbonitridbildner sind oder mit dem Substrat durch Diffusion feste Lösungen oder intermetallische Verbindungen eingehen. Beispiele sind die Bildung von TiC, TiN-, Ti(C,N)-Aufwachsschichten, von Borid-Diffusionsschichten und von Chromcarbidschichten, die durch Reaktion von abgeschiedenem Chrom mit aus dem Grundwerkstoff stammenden Kohlenstoff entstanden sind. Derartige Schichten bzw. Randschichtmodifizierungen dienen vorwiegend dem Verschleiß und Korrosionsschutz.

Ein Beispiel für eine Reduktion unter Zufuhr von $H_2$ ist das Borieren. Dabei werden Borid-Diffusionsschichten an der Oberfläche von Werkstücken vorzugsweise aus Vergütungsstählen aber auch Hartmetallen erzeugt. Die Werkstücke werden bei Temperaturen zwischen 500 und 900 °C mit gasförmigem Bortrichlorid und Wasserstoff in Berührung gebracht:

$$BCl_{3(g)} + 3/2\ H_{2(g)} \longrightarrow B_{(s)} + 3\ HCl_{(g)}$$

Das abgeschiedene Bor reagiert mit dem metallischen Substrat weiter unter Bildung von FeB und $Fe_2B$. Die Dicke der Schichten kann je nach Reaktionsbedingungen 10–300 µm betragen. Solche Eisenboridschichten werden z. B. in der kunststoff- und gummiverarbeitenden Industrie zum Schutz von Schneckenspitzen, Zylindern, Schneidwerkzeugen und Lochplatten gegen Abrieb und Erosion eingesetzt.

Eine weitere wichtige Anwendung von CVD-Prozessen ist die Abscheidung von Titannitrid- und Titancarbidschichten. So entstehen bei der Einwirkung von Titantetrachlorid in Gegenwart von Stickstoff und/oder Kohlenwasserstoffen auf Stähle oder Hartmetalle (z. B. 6 % Massenanteil Co, 10 % Massenanteil TiC + Ta(Nb)C, Rest WC) äußerst verschleißfeste und dekorative Schichten, die z. B. zur Standmengenerhöhung von Wendeschneidplatten und im Falle des TiN mit Anteilen von 0–10 % Massenanteil TiC wegen der ansprechenden gelben bis goldbronzenen Farbe auch als extrem abriebfester Goldersatz in der Uhren- und Schmuckindustrie verwendet werden. Man unterscheidet drei Reaktionstypen:

$$TiCl_{4(g)} + CH_{4(g)} \longrightarrow TiC_{(s)} + 4\ HCl_{(g)}$$

Diese Reaktion wird in Gegenwart von Wasserstoff bei 800–1000 °C und Drücken von 1 bis 13 kPa durchgeführt.

$$2\ TiCl_{4(g)} + N_{2(g)} + 4\ H_{2(g)} \longrightarrow 2\ TiN_{(s)} + 8\ HCl_{(g)}$$

oder

$$2\ TiCl_{4(g)} + 2\ NH_{3(g)} + H_{2(g)} \longrightarrow 2\ TiN_{(s)} + 8\ HCl_{(g)}$$

Die Beschichtung findet in Gegenwart eines Überschusses von Wasserstoff bei 550–950 °C und Drücken von 1–93 kPa statt.

$$2\ TiCl_{4(g)} + 2\ CH_{4(g)} + N_{2(g)} \longrightarrow 2\ Ti(C,N)_{(s)} + 8\ HCl_{(g)}$$

Die Beschichtung erfolgt in Gegenwart von Wasserstoff bei 700–900 °C und Drücken von 1–930 kPa.

Je nach Wahl der Reaktionspartner entstehen also Schichten aus Titancarbid, Titannitrid oder Mischkristallen aus beiden Komponenten (Titancarbonitrid). Die Schichtdicke wird typischerweise zwischen 3 und 10 µm gewählt, wobei die Abscheiderate in Abhängigkeit von den Verfahrensbedingungen 4–10 µm h$^{-1}$ beträgt. Alle in diesem Abschnitt genannten Verfahren liefern Schichten, die sich durch hohe Verschleißbeständigkeit und Härte auszeichnen. Besonders Titancarbidschichten haben ein sehr breites Anwendungsspektrum. Sie finden Verwendung z. B. für Werkzeuge der spanenden und spanlosen Formgebung von Metallen (Schnittwerkzeuge, Fräser, Tiefziehstempel, Matrizen, etc.), zum Abrieb- und Erosionsschutz in der Chemie- und Gummiindustrie (Prallplatten, Ventileinsätze, Düsen, Schneckenspitzen, Kneteteile, etc.) sowie zum Schutz gegen Verschleiß durch schnell laufende Textilfasern (Fadenmesser, Fadenführungselemente, etc.). Titannitrid hat sich zur Beschichtung für Werkzeuge zur spanenden Formgebung von Metallen und zur Lösung vielfältiger Verschleißprobleme in der chemischen Industrie bewährt.

Als Beispiel für einen pyrolytischen CVD-Prozess sei die Abscheidung von pyrolytischem Graphit unter Zersetzung von Methan an der heißen ($\approx$ 1200 °C) Substratoberfläche genannt:

$$CH_{4(g)} \longrightarrow C_{(s)} + 2\ H_{2(g)}$$

Pyrolytischer Graphit wächst vorzugsweise in der c-Richtung und hat daher stark anisotrope Eigenschaften. Die Wärmeleitfähigkeit ist in der c-Richtung hundertmal kleiner als in der a- oder b-Richtung. Daher wird pyrolytischer Graphit z. B. in Raketendüsen und als sog. Re-Entry Schutz von Raumfahrzeugen eingesetzt.

6.5.2
**PA-CVD-Verfahren und Plasmapolymerisation**

Ähnlich wie CVD-Verfahren sind auch PA (Plasma Assisted)-CVD-Verfahren dadurch gekennzeichnet, dass in der Gasphase und/oder auf der Oberfläche des Substrates bzw. zu beschichtenden Werkstückes chemische Reaktionen ablaufen. Entscheidender Unterschied ist, dass dem System Atmosphäre (Prekursor- und Trägergas)/Substrat ein Plasma, z. B. eine Niederdruck-Glimmentladung überlagert wird [93]. Durch das Plasma wird dem System Energie zugeführt, durch die die Prekursor-Moleküle dissoziiert, in Radikale gespalten und/oder in angeregte Zustände überführt werden. Folglich finden die Reaktionen bei erheblich niedrigeren Temperaturen statt, als vom Standpunkt der Thermodynamik zu erwarten wäre. Somit ergibt sich der technisch interessante Vorteil einer im Vergleich zu herkömmlichen CVD-Verfahren deutlich geringeren Prozesstemperatur. Hierdurch können auch temperaturempfindlichere und/oder chemisch weniger resistente Werkstücke beschichtet werden. Zudem bilden sich nach dem Abkühlen von niedrigeren Prozesstemperaturen auf Raumtemperatur entsprechend kleinere mechanische Spannungen aus.

Eine wichtige technische Anwendung des PA-CVD Prozesses ist die Abscheidung von Schichten unter Verwendung von Kohlenwasserstoffen als Prekursoren. Je nach Prozessbedingungen, insbesondere dem Verhältnis von eingebrachter Plasmaleistung zu der vorhandenen Menge an Prekursorgas, bilden sich relativ weiche, wasserstoffreiche Polymere bis zu harten, amorphen Kohlenstoffschichten (a-C:H) mit geringem Wasserstoffgehalt [96]. Wegen der spezifischen Eigenschaften von a-C:H-Schichten wie hohe Härte, sehr geringe elektrische Leitfähigkeit, und chemische Resistenz ist vielfach auch die Bezeichnung DLC (Diamond-like Carbon) gebräuchlich (siehe Kohlenstoffprodukte, Bd. 3, Abschnitt 5). Das Reibungs- und Verschleißverhalten der a-C:H-Schichten, vor allem gegenüber Stahlwerkstoffen, ist von besonderem technischen Interesse. So werden kohlenstoffbasierte Schichten eingesetzt, um die Standzeiten von Maschinenelementen, Lagern, Getrieben, Komponenten von Einspritzpumpen, aber auch von Werkzeugen wie Messern zu erhöhen und durch reduzierte Reibung z. B. Energieverbräuche zu reduzieren (Abb. 8). Die Haftfestigkeit der a-C:H-Schichten auf dem Substrat lässt sich deutlich verbessern, indem zunächst durch Sputtern in Argon eine reine Metallschicht auf dem Substrat abgeschieden wird. Durch stetig erhöhte Zugabe von Kohlenwasserstoff zum Sputtergas wird dann eine Metall/Kohlenstoff-Schicht mit kontinuierlichem Übergang zu reinem a-C:H oder metallhaltigem (typisch 15–20 % Atomanteil Me) a-C:H erzeugt. In letzterem Fall spricht man dann von Me-C:H oder Me-DLC-Schichten.

Prinzipiell in analoger Weise zu den a-C:H Schichten lassen sich auch a-Si:H-Schichten (amorphes oder mikrokristallines Silicium, siehe Elektronische Halbleitermaterialien, Bd. 7, Abschnitt 3.1.4.6) erzeugen. Man verwendet als Prekursorgas meist Gemische aus $SiH_4$ und $H_2$. Derartige Schichten finden verbreitet photo-

**Abb. 8** (a) raster-elektronenmikroskopische Darstellung einer amorphen Kohlenstoffschicht (b) DLC-beschichtete Tassenstößel im Ventiltrieb (Quelle: Fraunhofer-Institut für Schicht- und Oberflächentechnik, Braunschweig)

elektrische Anwendungen, insbesondere zur Herstellung großflächiger Dünnschichtsolarzellen. Eine andere wichtige Anwendung der PA-CVD-Technologie besteht in der Abscheidung von amorphen Siliciumnitrid-Schichten, indem $SiH_4$ und $NH_3$ oder $SiH_4$ und $N_2$ als Reaktanden eingesetzt werden. Solche Schichten finden z. B. in der Halbleitertechnologie Anwendung zur Passivierung von integrierten Schaltkreisen.

Bei der *Plasmapolymerisation* [93, 97] handelt es sich um ein Dünnschichtverfahren, bei dem organische oder anorganische Polymerisate unter der Einwirkung einer Niederdruck-Glimmentladung, die auf unterschiedliche Weise elektrisch angeregt wird, als geschlossene Schichten abgeschieden werden können. Es bestehen prinzipielle Gemeinsamkeiten zwischen der Plasmapolymerisation und den zuvor beschriebenen PA-CVD-Prozessen. Die Plasmapolymerisation erfolgt im Vergleich zur PA-CVD meist bei höheren Drücken (Grobvakuumbereich) und geringeren Teilchenenergien im Plasma.

Die besonderen Vorteile von Plasmapolymerschichten liegen in ihrer vergleichsweise einfachen Herstellung und dem breiten Spektrum einstellbarer Schichteigenschaften je nach eingesetzten Ausgangsstoffen (Prekursoren) und Plasmabedingungen. Als Prekursoren werden hauptsächlich flüchtige Kohlenwasserstoffe und siliciumhaltige Kohlenwasserstoffe verwendet, die außerdem noch Sauerstoff oder Stickstoff enthalten können bzw. beigemischt bekommen.

Plasmapolymerschichten werden heute in unterschiedlichen Bereichen bereits industriell genutzt. Beispiele sind der Korrosionsschutz der Metallisierung von Autoscheinwerfer-Reflektoren, der Verschleißschutz tribologisch beanspruchter Maschinenbauteile, aber auch der transparente Kratzschutz von Kunststoff-Brillengläsern.

### 6.5.3
### Physikalische Dampfabscheidung (PVD-Verfahren)

Physical Vapour Deposition-Verfahren (PVD-Verfahren) sind Beschichtungsverfahren, bei denen das Beschichtungsmaterial durch intensive Energiezufuhr aus dem festen Zustand in die Gasphase überführt und von dort auf der zu beschichtenden Oberfläche niedergeschlagen wird. Um auf dem Gasphasentransport die Kondensation zu Clustern und Pulver infolge von Gasstößen zu vermeiden, müssen diese Beschichtungsverfahren grundsätzlich bei vermindertem Druck im Fein- oder Hochvakuumbereich durchgeführt werden. Unter dem Oberbegriff PVD, der sich auch in Deutschland etabliert hat, werden hauptsächlich die Aufdampf-, Kathodenzerstäubungs- und Ionenplattierverfahren (vgl. nächste Abschnitte) unterschieden. In Abbildung 9 sind diese Verfahren anhand von Prinzipskizzen dargestellt. Da die eigentlichen Beschichtungsprozesse weder verschmutztes Abwasser noch Abgase liefern, entsprechen sie in hohem Maße den Forderungen des Umweltschutzes.

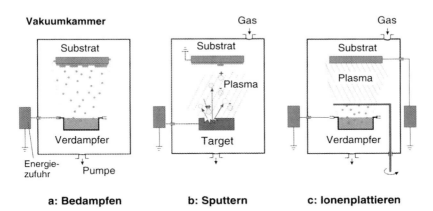

**Abb. 9**  Schematische Darstellung der Grundtypen des PVD-Verfahrens (nach [92])

### 6.5.3.1 Aufdampfen

Bei den Aufdampfverfahren wird das Beschichtungsmaterial im Vakuum unter Zufuhr thermischer Energie verdampft und auf dem zu beschichtenden Substrat, das im Vergleich zum verdampften Material eine wesentlich tiefere Temperatur hat, kondensiert. Dabei wird in der Bedampfungskammer ein Druck kleiner als $10^{-1}$ Pa (je nach den prozessspezifischen Anforderungen auch deutlich darunter) eingestellt und aufrechterhalten [93, 97]. Charakteristisch für den Bedampfungsprozess ist, dass sich die Teilchen aufgrund des niedrigen Kammerdruckes praktisch ohne Kollisionen, also geradlinig, von der Dampfquelle auf das Substrat zu bewegen.

Mittels Bedampfung lassen sich die unterschiedlichsten Beschichtungsmaterialien verdampfen und abscheiden, so z. B. reine Metalle wie Ag, Al, Cr, Cu, Mg, Pd, Ti oder Zn, aber auch Legierungen wie z. B. Ni/Cr, Fe/C, Ni/Cr/Fe oder Cu/Ni sowie anorganische Verbindungen wie z. B. $SiO_x$ oder $MgF_2$. Diese außerordentliche Flexibilität hinsichtlich der Auswahl des Beschichtungsstoffes zeichnet die PVD-Verfahren gegenüber anderen Verfahren aus. Die Verdampfung erfolgt entweder aus der flüssigen Phase, z. B. bei Al, oder durch Sublimation aus der festen Phase, z. B. bei Cr. Die Verdampfungstemperatur ist entsprechend dem eingesetzten Beschichtungsmaterial sehr unterschiedlich und kann sich auf einige 100 bis einige 1000 °C belaufen. Auch die Zufuhr der thermischen Energie, mit der das Verdampfungsgut in die Dampfphase gebracht wird, kann auf unterschiedliche Weise erfolgen. Am häufigsten werden die elektrische Widerstandsbeheizung und die Heizung mittels Elektronenstrahl verwandt. Möglich ist auch die induktive Erwärmung oder die Aufheizung durch Laserstrahlung. Sehr unterschiedlich sind Gestaltung und Materialien der Verdampfertiegel, generell auf den speziellen Einsatzfall zugeschnitten werden. So sind insbesondere Reaktionen des Verdampfungsgutes mit dem Tiegelmaterial zu vermeiden. Als Tiegelmaterial werden z. B. Aluminiumoxid, Bornitrid, Cermets, Graphit oder Titanborid verwendet. Im Falle der Widerstandsbeheizung werden sehr häufig auch Verdampferschiffchen aus hochschmelzenden Metallen (Wolfram, Molybdän, Tantal) eingesetzt, die direkt vom Strom durchflossen werden. Auch werden Verdampferschiffchen mit keramischen Einsätzen verwendet. Bei der Elektronenstrahlverdampfung werden neben sogenannten »heißen« Tiegeln aus z. B. keramischen Materialien bei hohen Reinheitsanforderungen an das Schichtmaterial vielfach wassergekühlte Kupfertiegel eingesetzt. Dadurch können Tiegelreaktionen vollständig vermieden werden, allerdings steigt gleichzeitig infolge der Wärmeableitung der Energiebedarf stark an.

Die Verdampfungsgeschwindigkeit hängt exponentiell von der Temperatur der Verdampfungsoberfläche ab. In technischen Anlagen zur Bedampfung mit Aluminium beläuft sie sich bei Temperaturen um 1400 °C auf $10^{-2}$ g s$^{-1}$ pro 1 cm$^2$ Verdampfungsoberfläche. Die gezielte Einstellung präziser Schichtdicken erfordert wegen der starken Temperaturabhängigkeit der Verdampfung gewöhnlich eine sorgfältige Überwachung des Schichtdickenwachstums. Die Schichtbildungsgeschwindigkeit beläuft sich in technischen Anlagen mit Hochleistungselektronenkanonen auf 1 bis über 50 µm s$^{-1}$. Sie ist damit deutlich höher als bei allen anderen PVD-Verfahren. Für die erreichbaren Schichtqualitäten spielt der Restgasdruck im Vakuumrezipienten eine entscheidende Rolle. Um technisch brauchbare Schichten abzuscheiden, dürfen nur wenige Stöße erfolgen, d. h. die mittlere freie Weglänge der Restgasteilchen $\lambda \approx 0{,}6 \text{ cm}/p/\text{Pa}$ darf nicht viel kleiner sein als der Abstand zwischen Verdampferquelle und Substrat. Bei einem Abstand von Quelle und Substrat von 60 cm bedeutet dies die Aufrechterhaltung eines Gasdruckes $p$ um oder kleiner als 0,01 Pa. Der Restgasdruck wird gewöhnlich unter $10^{-2}$ Pa gehalten, damit nur eine geringe Menge an Fremdbestandteilen in die Schicht eingebaut wird. Andererseits wird ein definierter Partialdruck an Reaktivgasen (z. B. Sauerstoff, Stickstoff) zur reaktiven Abscheidung von Verbindungsschichten (z. B. Oxiden, Nitriden) genutzt.

Die praktisch stoßfreie und deshalb strahlenförmig geradlinige Ausbreitung des Teilchenstromes von der heißen Oberfläche der Verdampferquelle erfordert bei komplizierter geformten Werkstücken die Installation mehrerer Verdampferquellen und/oder eine Drehung der Werkstücke, wenn eine gleichmäßige Schichtdicke erzielt werden soll. Eine einwandfreie Innenbeschichtung von tiefen Bohrungen und Hohlräumen ist dagegen in der Regel nicht durchführbar.

Die für die Kondensation auf der Werkstückoberfläche maßgebenden Vorgänge sind die Keimbildung und das nachfolgende Wachstum der Schicht. Beide Vorgänge werden in erheblichem Maß von der Energie der einfallenden Teilchen sowie der Temperatur und der Rauigkeit der Oberfläche des zu beschichtenden Substrates beeinflusst. Beim Vakuumaufdampfen treten die verdampfenden Atome mit einer relativ niedrigen Energie von typischerweise 0,1–0,3 eV in die Gasphase über. Durch die Rauigkeit der Substratoberfläche kommt es zu einer Abschattung der einfallenden Atome. Die Folge ist eine unregelmäßige Oberflächenbelegung und somit eine poröse Schichtstruktur. Die Abschattungseffekte können durch Oberflächen- oder Volumendiffusion abgebaut werden, wobei diese Vorgänge stark von der Temperatur abhängen. Wenn merkliche Oberflächendiffusion bei einer Temperatur $T_O$ und Volumendiffusion bei einer Temperatur $T_V$ einsetzt (wobei $T_O < T_V$), gilt:

- $T < T_O$     Abschattung kann nicht durch Diffusion abgebaut werden.
- $T_O < T < T_V$  Oberflächendiffusion setzt ein, aber noch keine Volumendiffusion.
- $T_V < T$     Oberflächendiffusion läuft ab, zusätzlich setzt Volumendiffusion ein.

Umfangreiche Strukturuntersuchungen wurden von MOVCHAN und DEMCHISHIN an relativ dicken Schichten (bis 2 mm) aus Ti, Ni, W, $ZrO_2$ und $Al_2O_3$ durchgeführt [98] die im Hochvakuum ($10^{-4}$–$10^{-3}$ Pa) aufgedampft wurden. Die Ergebnisse wurden als Funktion der homologen Temperatur $T/T_m$ (Substrattemperatur/Schmelztemperatur, jeweils als absolute Temperaturen in Kelvin) in einem Dreizonenmodell zusammengefasst (Abb. 10).

Zone 1: Bei niedrigem $T/T_m$ und einer relativ geringen Anzahl von Keimen entstehen nadelförmige Kristallite, die mit steigender Dicke der Schicht durch Einfangen von Schichtatomen breiter werden. Das Aussehen der Struktur erinnert an auf der Spitze stehende Kegel mit gewölbter Grundfläche. Die entstehenden Schichten besitzen eine hohe interkolumnare Porosität. Sie weisen infolge einer partiellen nachfolgenden Verdichtung gewöhnlich Zugeigenspannungen auf.

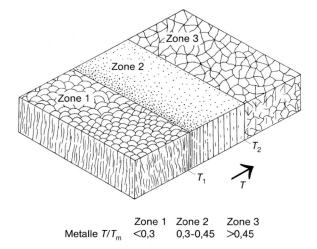

|  | Zone 1 | Zone 2 | Zone 3 |
|---|---|---|---|
| Metalle $T/T_m$ | <0,3 | 0,3–0,45 | >0,45 |

Zone 1: poröse Struktur aus nadelförmigen Kristalliten;
Zone 2: kolumnares Gefüge;
Zone 3: rekristallisiertes Gefüge

$T$ Substrattemperatur; $T_m$ Schmelztemperatur

**Abb. 10** Strukturzonen-Modell von mit PVD abgeschiedenen Aufdampfschichten nach MOVCHAN und DEMCHISHIN (nach [98])

Zone 2: In diesem Bereich ist die Oberflächendiffusion für das Wachstum bestimmend. Bei der gebildeten kolumnaren Struktur wächst mit steigender Substrattemperatur auch der Säulendurchmesser, und die Porosität nimmt auf diesem Wege ab.

Zone 3: In diesem Temperaturbereich wird das Wachstum durch die Volumendiffusion bestimmt. Das Gefüge rekristallisiert und ist im Vergleich zu den vorhergehenden Zonen dichter.

Die Substrattemperatur spielt auch bei der Haftfestigkeit der aufgedampften Schicht eine wichtige Rolle. So muss z. B. zur Sicherstellung ausreichenden Haftfestigkeit und Dichte die Mindestvorwärmtemperatur von Stahlband beim Bedampfen mit Al ca. 200 °C, mit Cu ca. 350 °C und mit Ni ca. 100 °C betragen. Um eine ausreichende Schichthaftung auf dem Substrat zu erreichen, muss dieses vorher sorgfältig gereinigt werden. Bei metallischen Substraten wird z. B. häufig eine elektrolytische Reinigung eingesetzt. Eine wirksame Feinnachreinigung der Substratoberfläche im Vakuum gelingt durch Anwendung einer Glimmentladung oder durch Beschuss mit Elektronenstrahlen.

Eine weitere Möglichkeit, Einfluss auf die Schichtstrukturen zu nehmen, insbesondere die Abscheidung ausreichend dichter Schichten zu erreichen, ist die *Plasmaaktivierung*. In diesem Fall findet der Bedampfungsprozess unter der Einwirkung eines Plasmas statt, welches im Dampf oder einem zusätzlichen Trägergas gezündet wird. Das Auftreffen von Ionen und angeregten Teilchen auf der Substratoberfläche ist mit einer energetischen Aktivierung der Kondensationsvorgänge verbunden und hat einen wesentlichen Einfluss auf die sich ausbildende Schichtstruktur. Dieser Effekt kann durch Anlegen einer negativen Vorspannung an das Substrat (Bias-Spannung), infolge derer die positiven Ionen zusätzliche kinetische Energie aufnehmen, erheblich verstärkt werden (Ionenplattieren). Die Plasmaaktivierung ist ein aktuelles Entwicklungsgebiet der Bedampfungstechnik, wobei derzeit vor allem technische Lösungen für die großflächige Beschichtung bei hohen Raten entwickelt werden. Potentielle Anwendungen bestehen in verschiedenen Funktionsschichten, z. B. zur Verbesserung des Korrosionsschutzes oder der Kratz- und Verschleißfestigkeit von Oberflächen. Möglichkeiten der Plasmaaktivierung bestehen z. B. darin, den Dampfstrom eines Elektronenstrahlverdampfers mit dem Plasma einer stromstarken Bogenentladung – entweder im Fußpunkt des Elektronenstrahls oder in Form einer separaten Hochstrom-Bogenverdampferquelle – oder mit Hohlkathodenbogenentladungen zu kombinieren (Abb. 11) [99–101].

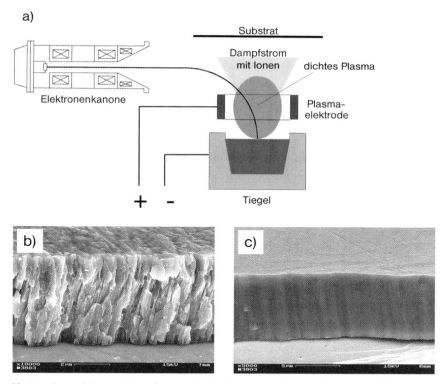

**Abb. 11** Plasmaaktivierte Bedampfung mittels Kombination von Hochrate-Elektronenstrahlverdampfung und diffuser Bogenentladung (a) Schema des SAD-Prozesses (**S**potless **A**rc **A**ctivated **D**eposition); Mikrostruktur einer Titanschicht, abgeschieden (b) ohne Plasmaaktivierung und (c) mittels SAD-Prozess (Quelle: Fraunhofer-Institut für Elektronenstrahl- und Plasmatechnik, Dresden)

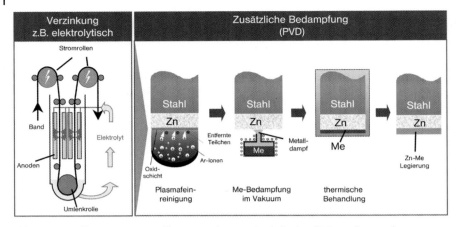

**Abb. 12** Herstellung neuartiger Zinklegierungsüberzüge durch den kombinierten Prozess der Bandverzinkung + Bedampfung (nach [102])

Aufdampfverfahren finden vielfältige Anwendungen, z. B. in der Optik (Spiegel, Filter), in der Elektronik (Kontaktbauelemente, Transistoren, Kondensatorfolien), in der Schmuckwarenindustrie und in der Metallurgie (Beschichtung von Metallband im Durchlaufverfahren). Bei der zuletzt genannten Anwendung stellen kombinierte Prozesse interessante Alternativen zu reinen PVD-Verfahren dar [102]. So werden Verfahren zur Entwicklung hochkorrosionsbeständiger metallischer Zinklegierungsüberzüge untersucht, bei denen zunächst auf das Stahlband mit herkömmlicher kontinuierlicher Bandverzinkung (z. B. Schmelztauchen oder elektrolytische Abscheidung; vgl. Abschnitt 6.4.2.1.3) ein Reinzinküberzug aufgebracht wird, auf den dann nachfolgend mittels Aufdampfen eine weitere sehr dünne metallische Schicht abgeschieden wird. Durch eine zusätzliche Wärmebehandlung können dann diffusionsgesteuert Legierungsüberzüge mit unterschiedlichen Mikrostrukturen gezielt eingestellt werden (Abb. 12). Dieser Verfahrensansatz bietet zum einen den Vorteil, dass sich durch Einsatz der PVD-Beschichtung ein stark erweiterter Spielraum für die Entwicklung neuartiger Zinklegierungsüberzüge ergibt. Andererseits ist durch die Anwendung der hocheffizienten kontinuierlichen Bandverzinkungsverfahren eine hohe Wirtschaftlichkeit des Prozesses gegeben.

### 6.5.3.2 Kathodenzerstäubung

Die Kathodenzerstäubung (Sputtern) ist ein Vakuumbeschichtungsverfahren, bei dem das Beschichtungsmaterial (Target) durch Impulsübertrag durch Beschuss mit energiereichen Ionen in die Dampfphase überführt wird. Die abgestäubten Teilchen treffen auf die zu beschichtende Fläche auf und bauen dort die Schicht auf [93, 95, 97]. Die energiereichen Ionen werden in den allermeisten Fällen durch Aufrechterhaltung einer anomalen Glimmentladung in strömendem Inertgas (meist Argon) zwischen dem Target als Kathode und dem Substrat, Substrathalter und der Rezipientenwand als Anode erzeugt. Hierzu werden Gleichspannungen oder gepulste

Gleichspannungen von 500 bis 5000 V oder auch HF-Spannungen eingesetzt. Letzteres ermöglicht, dass neben Metallen auch isolierende Werkstoffe wie Keramiken und sogar Kunststoffe zerstäubt werden können. Der Druck des Füllgases in der Beschichtungskammer liegt üblicherweise im Bereich $10^{-1}$-10 Pa.

Mit dem Sputter-Verfahren können sowohl die verschiedensten Metalle und Legierungen, z. B. Al, Cu, Cr, Pd, Pt, Au, Ti, W, Cr/Ni/Fe, als auch chemische Verbindungen wie MgO oder SnO abgeschieden werden. Wichtig ist, dass das Beschichtungsmaterial den spezifischen Anforderungen hinsichtlich Reinheit, Gasfreiheit und Kompaktheit genügt. So sind Pulver oder poröse Werkstoffe mit großen inneren Oberflächen als Target ungeeignet. Handelsübliche Targetwerkstoffe wie reine Metalle, metallische Legierungen oder Dielektrika sind in unterschiedlichen Formen und Größen erhältlich.

Vorteilhaft ist beim Sputtern, dass anders als bei thermischer Verdampfung auch bei Legierungen und Verbindungen eine weitestgehend gleichmäßige Zerstäubung aller Komponenten erfolgt. Die Zerstäubungsgeschwindigkeit hängt von der Energie und der Menge der auf das Target einfallenden Edelgas-Ionen ab. Im Vergleich zum Aufdampfen ist die Kathodenzerstäubung jedoch ein relativ langsamer Vorgang. Die erreichten Aufstäubraten liegen deutlich unter ein bis zu einigen Mikrometern pro Minute. Der hohe Energiegehalt der das Target verlassenden abgestäubten Teilchen und die relativ hohen Drücke in der Gasphase führen zu häufigen Zusammenstößen, bei denen Energieübertragungen und Richtungsänderungen eintreten und auch chemische Reaktionen ablaufen können.

Die spezifischen Unterschiede des Sputter-Prozesses im Vergleich zum reinen Bedampfungsprozess wirken sich auf den Mechanismus der Schichtbildung aus. Dies wird in dem erweiterten Strukturzonenmodell nach THORNTON [103] zum Teil berücksichtigt (Abb. 13). So wird neben der Substrattemperatur als zusätzliche Variable der Argondruck ($p_A$) betrachtet, um die Schichtbildung unter dem Einfluss einer Gasatmosphäre zu beschreiben. Die erhöhte Teilchenenergie führt im Vergleich zum Bedampfungsprozess zu einer erhöhten Keimbildung, z. B. infolge einer erhöhten Fehlstellenbildung und zu einer verstärkten Oberflächendiffusion der Adatome. Dem wird durch Einführung einer Übergangszone (= Zone T) zwischen den Zonen 1 und 2 Rechnung getragen: die Schicht ist faserförmig und gegenüber der vorhergehenden Struktur dichter. Durch Oberflächendiffusion der Adatome wird die Wirkung der Abschattung zum Teil aufgehoben. Die Zonen 1, 2 und 3 stimmen in ihren Merkmalen mit denen des einfacheren Strukturzonenmodells nach MOVCHAN und DEMCHISHIN im Wesentlichen überein.

Die Übergangstemperaturen $T_1$ und $T_2$ steigen beim Thornton-Modell mit wachsendem Argongasdruck $p_A$ an. Das auf das Substrat einfallende Inertgas reduziert durch Kollision mit Adatomen deren kinetische Energie und führt so bei wachsendem Druck zur Verschiebung der Übergangstemperatur zu den für Aufdampfprozesse typischen höheren $T/T_m$-Werten [103].

Die auf das Beschichtungsgut auftreffenden Teilchen haben eine sehr breite Energieverteilung. Neben dominierenden energiearmen Neutralteilchen gibt es einen kleineren Anteil (meist deutlich unter 10%) energiereicher Teilchen (reflektierte Sputterionen, durch Bias-Spannung beschleunigte Ionen). Aufgrund ihrer erhöhten

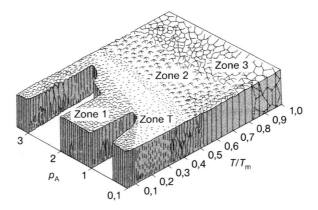

Zone 1: poröse Struktur aus nadelförmigen Kristalliten;
Zone T: dichtes faserförmiges Gefüge;
Zone 2: kolumnares Gefüge;
Zone 3: rekristallisiertes Gefüge

$T$ Substrattemperatur; $T_m$ Schmelztemperatur; $p_A$ Argondruck

**Abb. 13** Strukturzonen-Modell von mit PVD abgeschiedenen Aufdampfschichten nach THORNTON (nach [103])

Energie verändern sie die Oberfläche des zu beschichtenden Werkstücks durch Sputter-Reinigung und -Aufrauung, die Bildung von Fehlstellen im Gitter und den Aufbau lokaler Oberflächenladungen. Teilchen mit einer Energie von einigen zehn Elektronenvolt dringen in das Gefüge des Substrats ein und erzeugen so diffusionsähnliche Übergangszonen. Diese Aktivierungen bewirken eine erhöhte chemische Reaktivität mit den Restgasen, sodass im Vergleich zum Aufdampfverfahren Schichten mit wesentlich besserer Haftung und Packungsdichte entstehen. Besonders ausgeprägt sind diese Aktivierungseffekte, wenn das Substrat nicht auf Massepotential gehalten, sondern gegen Masse isoliert und an eine negative Bias-Spannung von −50− −100 V gegenüber der Anode gelegt wird (*Bias-Sputtern*). Die wachsende Schicht wird auf diese Weise einem Ionenbombardement ausgesetzt, wodurch nicht nur lose gebundene Verunreinigungen entfernt werden, sondern auch die Schichtstruktur günstig beeinflusst werden kann [93].

Die Palette an verwendbaren Materialien ist wegen der Möglichkeit, Legierungen und bei reaktiver Prozessführung auch zahlreiche chemische Verbindungen abzuscheiden, gegenüber dem Verdampfen noch drastisch erweitert. Vorteilhaft sind auch die leichte Maßstabsvergrößerung auf große Substratflächen und die Möglichkeit, den Teilchenstrom in jede beliebige Richtung zu lenken.

In der Praxis wurden zahlreiche Verfahrensvarianten des Sputterns entwickelt, von denen nachfolgend einige technisch bedeutende erwähnt werden. Diese kommen je nach den spezifischen Anforderungen an die herzustellenden Schichten zum Einsatz.

Eine wesentliche Weiterentwicklung im Vergleich zum einfachen Dioden-Sputtern stellt das *Magnetron-Sputtern* dar. Dieses ist dadurch gekennzeichnet, dass hinter den Kathoden Permanentmagnete angebracht werden. Vor dem Target wird so ein zum elektrischen Feld transversales Magnetfeld erzeugt. Durch die Lorenzkraft werden die Sekundärelektronen von ihren ohne Magnetfeld relativ geraden Bahnen zur Anode auf zykloidenförmige Bahnen abgelenkt. Diese Verlängerungen der Wege der Elektronen zur Anode haben letztendlich den Effekt, dass sich die Ionisationswahrscheinlichkeit der Inertgas-Ionen durch Sekundärelektronenstoß im Vergleich zur einfachen Diodenanordnung ohne Magnetfeld deutlich erhöht. Entsprechend erhöht sich auch die Abscheiderate bis zu einem Faktor 10 und der erforderliche Druck des Arbeitsgases (meist Argon) kann um eine Größenordnung reduziert werden. Hierdurch war in vielen Anwendungsfällen erst der wirtschaftliche Einsatz der Sputtertechniken möglich.

Das *Puls-Magnetron-Sputtern* (PMS) wird dort eingesetzt, wo durch reaktive Prozessführung ein elektrisch leitfähiges Targetmaterial zerstäubt und auf dem Substrat eine elektrisch isolierende chemische Verbindung dieses Targetmaterials abgeschieden werden soll. Würde man ein Target dieser Verbindung direkt zerstäuben, dann wäre dazu eine hochfrequente Energieeinspeisung (typisch 13,56 MHz) erforderlich. Die Nachteile dieser Verfahrensführung, vor allem die niedrige Abscheiderate, hoher technischer Aufwand und Homogenitätsprobleme bei der Skalierung auf große Substratflächen, werden durch PMS überwunden. Die Energieeinspeisung erfolgt in Form von Mittelfrequenzpulsen (10–200 kHz) bei unterschiedlichen Pulsformen. Durch Wahl geeigneter Pulsparameter beim PMS können darüber hinaus auf sehr wirkungsvolle Weise das Ladungsträgerbombardement der aufwachsenden Schicht und damit ihre Eigenschaften beeinflusst werden [104].

Beim sogenannten *Unbalanced Magnetron* (UBM) werden durch Zusatzmagneten die Magnetfelder über den Kathodenbereich bis zu den Substraten geführt, sodass das Plasma die Bauteile mit einschließt und ihre Oberflächen einem verstärkten Ionenbombardement aussetzt.

Eine aktuelle Entwicklung zur weiteren Erhöhung des Ionisationsgrades des Beschichtungsplasmas bis über 50 % ist das *Hochstrom-Pulssputtern*. Dabei werden in kurzen Pulsen von ca. 1 ms um den Faktor 10 bis 100 höhere Leistungsdichten auf dem Sputtertarget realisiert. Durch den Pulsbetrieb wird dabei der Umschlag in Bogenentladungen vermieden.

Eine weitere Variante der Sputterverfahren ist mit dem *Hohlkathoden-Gasflusssputtern* gegeben [105]. In einer Hohlkathoden-Glimmentladung wird das negative Glimmlicht der Entladung weitgehend von der Kathodenoberfläche umschlossen. Da hierdurch sowohl Ladungsträgerverluste durch Wandrekombinationen reduziert als auch die Auslösung von Sekundärelektronen begünstigt werden, ist die Plasmadichte bei Hohlkathodenanordnungen deutlich höher als bei ebenen Kathoden. Die Hohlkathode wird von Inertgas durchströmt, durch das das abgestäubte Material zum Substrat transportiert wird. Vorteile dieser Anordnung ergeben sich insbesondere durch für Sputterprozesse sehr hohe Abscheideraten. Der Inertgasstrom sorgt außerdem dafür, dass – bei geeigneter Einspeisung – Reaktivgase aus der Sputterzone ferngehalten und so unerwünschte Reaktionen mit der Kathodenoberfläche vermieden werden.

### 6.5.2.3 Ionenplattieren

Beim Ionenplattieren findet der Schichtaufbau auf einer mit negativem Potential beaufschlagten Substratoberfläche durch ein Beschichtungsplasma mit einem hohen Anteil positiver Ionen statt, sodass die Beschichtungsteilchen mit einer mittleren Energie von einigen zehn Elektronenvolt auf der zu beschichtenden Substratfläche auftreffen [93]. Die hierfür erforderlichen hohen Ionisationsgrade werden beim Verdampfen und beim Sputtern dadurch erreicht, dass das verdampfte bzw. abgestäubte schichtbildende Material in ein Gasentladungsplasma injiziert und dort entsprechend ionisiert und angeregt wird. Geeignete Gasentladungen sind stromstarke Glimmentladung von z. B. Argon bei typischen Drücken von 0,1–1 Pa [93] oder Vakuumbogenentladungen. Die durch Ionenplattieren erzeugten Schichten zeichnen sich durch eine hervorragende Haftung auf dem Substratuntergrund aus. Ursache hierfür sind die komplexen Reaktionsfolgen, die durch das Auftreffen der energiereichen Teilchen ausgelöst werden. Zunächst findet eine intensive Feinreinigung statt, die von einer Aufrauung der Oberfläche begleitet ist. An der Schichtbildung sind Diffusionsprozesse, Metallimplantationen, Mischvorgänge im atomaren Bereich, Keimbildungsreaktionen und die verschiedensten Wachstumsmechanismen beteiligt. Das Endergebnis ist eine Beschichtung mit einer gradierten Verbindungszone zum Substrat, die selbst hohen mechanischen Belastungen standhält. Aufgrund der hohen Kristallkeimdichte ergeben sich voll deckende, porenfreie Schichten bereits bei wesentlich geringeren Schichtdicken als ohne Plasmaaktivierung. Allerdings ist der Prozess auch mit einer wesentlich höheren thermischen Substratbelastung verbunden. Somit ist von Fall zu Fall zu entscheiden, ob das Ionenplattieren anwendbar ist.

### 6.5.2.4 Vakuumbogenbeschichtung

Das technologische Konzept des Ionenplattierens wird am konsequentesten bei der Vakuumbogenbeschichtung, auch Arc-PVD-Verfahren genannt, umgesetzt. Der Lichtbogen brennt hierbei im Metalldampf, der vom Lichtbogen selbst in den kathodischen Fußpunkten der Entladung erzeugt wird. Zur Initiierung der Entladung im Vakuum muss zunächst ein Startplasma erzeugt werden, indem z. B. mit Hilfe einer schnell abgehobenen Zündelektrode ein Abreißfunken erzeugt wird, aus dem sich dann der stromstarke Lichtbogen ($I$ = 50–150 A, $U$ = 15–30 V) entwickelt. Der entstehende Dampf ist für niedrigschmelzende Metalle überwiegend, für höherschmelzende vollständig und für refraktäre Metalle sogar mehrfach ionisiert. Die Vakuumbogenplasmen sind deshalb hervorragend zur Erzeugung besonders dichter und harter Schichten geeignet. Dementsprechend hat sich in der industriellen Beschichtungspraxis die Vakuumbogenbeschichtung als Standardverfahren zur Abscheidung von Hartstoffschichten wie TiN oder AlTiN auf Werkzeugen und Gleitkomponenten durchgesetzt.

Die eng lokalisierten Kathodenspots sind höchst dynamische Erscheinungen, die sich in zufälliger Weise über die Kathode bewegen (Random Arc, Abb. 14). Aus den lokalen Aufschmelzungen werden dabei Schmelztröpfchen, sog. Droplets, heraus

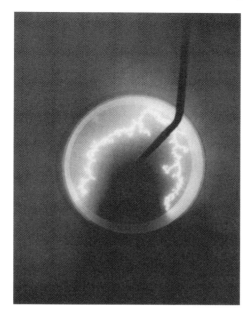

**Abb. 14** Lichtbogenspur (random arc) auf einer Ti-Kathode im Hochvakuum (nach [92])

geschleudert, die in die aufwachsende Schicht als Defekte eingebaut werden können. Mit Hilfe von im Bereich der Target-Kathoden angeordneten magnetischen Feldern lässt sich die Bewegung der Kathodenbrennflecken hinsichtlich eines gleichförmigen Kathodenstirnflächenabtrages beeinflussen und die Bildung von Droplets reduzieren. Durch verschiedene Plasmafilter, die die Droplets aus dem Beschichtungsstrom eliminieren, lassen sich – allerdings mit verringerter Effektivität – dropletarme oder sogar dropletfreie Abscheidungen realisieren, die auch für Anwendungen mit hohen Anforderungen an die Oberflächengüte (einschließlich der extremen Ansprüche der Mikroelektronik oder Mikrosystemtechnik) geeignet sind.

Auf besonderes Interesse sind in den 2000er Jahren superharte amorphe Kohlenstoffschichten zur Reibungsminderung und als Schutzschichten gestoßen [106–108]. Die Abscheidung derartiger Kohlenstoffschichten erfordert eine hohe Energie aller Beschichtungsteilchen, wie sie durch das vollständig ionisierte Vakuumbogenplasma erreicht wird. Zur Beherrschung der Brennfleckbewegung auf den Graphitkathoden sind allerdings hohe Magnetfelder erforderlich. Besonders viel versprechend sind hier gepulste Hochstrom-Bogenverfahren mit Bogenströmen im Kiloampere-Bereich, die die vom Bogenstrom selbst erzeugten Magnetfelder ausnutzen. Die bei gepulsten Bogenentladungen in schneller Folge immer wieder erforderlichen Zündungen werden beim Laser-Arc-Verfahren berührungslos durch kurze intensive Laserpulse erzeugt. Der Auftreffpunkt des Lasers bestimmt den Ansatzpunkt der Bogenentladungen, sodass diese durch Verschiebung des Laserfokus kontrolliert über die Kathode verschoben werden kann. Die hervorragende Steuerbarkeit des Laserstrahls wird auf diese Weise mit der hohen Effektivität der Vakuumbo-

**Abb. 15** (a) Schematische Darstellung eines Laser-Arc-Moduls zur Abscheidung von Diamor®-Schichten (b) PVD-Großanlage für Teile bis 1200 mm Höhe, 1200 mm Durchmesser und 2 t Gewicht, ausgerüstet mit einem Laser-Arc-Modul und 12 Bogenverdampfern (Quelle: Fraunhofer-Institut für Werkstoff- und Strahltechnik, Dresden)

genbeschichtung kombiniert. Abbildung 15 zeigt das Prinzip des Laser-Arc-Verfahrens und dessen Umsetzung in eine industrielle Großanlage.

## 6.6
### Pulverpackverfahren

Das Prinzip der Pulverpackverfahren besteht darin, die zu behandelnden Werkstücke zusammen mit pulver- oder granulatförmigem Reaktionsmaterial zu erhitzen und dabei, in der Regel durch Transport über die Gasphase, die Beschichtung oder eine sonstige gewünschte Veränderung der Metalloberfläche zu bewirken.

**Aufkohlen**
Eines der ältesten Pulverpackverfahren ist die Randaufkohlung von Eisenwerkstoffen [79, 95]. Die aufzukohlenden Teile werden in einem Einsatzkasten allseitig mit Aufkohlungsmittel umgeben, das aus Kohlenstoff (meist Holzkohle), Aktivator (meist Carbonate der Alkali- und Erdalkalimetalle), Streckmittel (z. B. Grudekoks) und Bindemittel besteht und überwiegend in Granulatform angewendet wird. Anschließend wird unter Luftabschluss bei über 900 °C geglüht, wobei mit in der Füllung noch vorhandenem Restsauerstoff folgende Reaktionen ablaufen:

$$2\,C\,(\text{Aufkohlpulver}) + O_2 \longrightarrow 2\,CO$$

$$2\,CO + 3\,Fe\,(\text{aus dem Stahl}) \longrightarrow Fe_3C\,(\text{im Stahl}) + CO_2$$

$$CO_2 + C\,(\text{Aufkohlpulver}) \longrightarrow 2\,CO$$

Der sich im Randbereich der Werkstücke einstellende Kohlenstoffgehalt hängt von der Diffusion des Kohlenoxids zum Werkstück und von der Diffusion des Kohlenstoffs aus der Randzone in das Werkstückinnere ab. Die Aufkohlgeschwindigkeit beträgt etwa 0,1 mm h$^{-1}$. Üblicherweise wird der Kohlenstoffgehalt im Rand bis auf ca. 0,9 % C erhöht. Nach der Aufkohlung muss möglichst schnell abgekühlt werden. Oberflächenbereiche, die nicht aufgekohlt werden sollen, werden mit einem Kupferüberzug oder mit einer keramischen Isolierpaste abgedeckt. Für die in festen Aufkohlungsmitteln aufgekohlten Werkstücke gilt besonders, dass möglichst bei hohen Temperaturen gehärtet werden muss, um den beim Kühlen im Kasten ausgeschiedenen Ferrit und die möglicherweise vorhandenen Carbide in Lösung zu bringen. Nach der Härtung ist ein Anlassen auf 180–230 °C zweckmäßig, um die Werkstücke zu entspannen.

**Nitrieren**

Das Pulvernitrierverfahren beruht auf der thermischen Zersetzung von Kalkstickstoff, der im Nitrierpulver zusammen mit einem Aktivator (verschiedene Tonmineralien) vorliegt. Die zu nitrierenden Werkstücke werden in das Nitrierpulver eingebettet, in hitzebeständige Kästen verpackt und während einer Dauer von 1–25 h auf 470–570 °C erhitzt [109].

**Borieren**

Durch Glühen in borabgebenden Pulvern bei Temperaturen um etwa 900 °C gelingt es, auf Eisenwerkstoffen, aber auch auf manchen NE-Metallen, ungewöhnlich harte, verschleißbeständige und die Fressneigung hemmende Boridschichten zu erzeugen. Die Boriermittel bestehen im Wesentlichen aus Borcarbid, Aktivatoren und gewissen Mengen an amorphem Kohlenstoff. Die Oberfläche der zu borierenden Werkstücke soll durch Schleifen oder Feinstdrehen so glatt wie möglich, metallisch blank und auf keinen Fall verzundert sein. Die Kästen werden nicht luftdicht verschlossen in den auf die Boriertemperatur aufgeheizten Ofen ohne Schutzgas eingebracht. Je nach Werkstückzusammensetzung werden bei Borierzeiten von 8–16 h Schichten aus $Fe_2B$ und $FeB$ mit Dicken zwischen 70 und 220 µm erzeugt. Flächen, die nicht boriert werden sollen, können durch Aufschieben von Hülsen oder durch eine elektrolytische Verkupferung geschützt werden. Boridschichten auf Stahl besitzen eine Eigenrauigkeit bis zu 3 µm. Diese kann durch Bearbeitung mit Siliciumcarbid, Korund oder Diamant geglättet werden. Die Schichten zeichnen sich durch eine hohe Oberflächenhärte, geringe Kaltverschweißneigung, gute Verklammerung mit dem Grundmaterial, hohe Warmhärte und guten Korrosionswiderstand gegenüber Alkalien und nichtoxidierenden Säuren aus. Das Korrosionsverhalten gegen Wasser und atmosphärischen Angriff ist dagegen schlecht.

**Sherardisieren**

Beim Sherardisieren wird der zu überziehende Eisenwerkstoff in Zinkpulver mit Zusatz indifferenter Füllstoffe (z. B. Sand) bei Temperaturen kurz unterhalb des Schmelzpunktes von Zink (419 °C) einige Stunden, z. B. im Drehofen, bewegt, wobei eine Schutzgasatmosphäre von Vorteil ist. Es entsteht eine mattgraue, etwa 50 µm dicke Zinkeisen-Oberflächenschicht, die gute allgemeine Korrosionsschutzeigenschaften und einen guten Untergrund für anschließend aufgebrachte organische Beschichtungen bietet [79, 95].

**Alitieren**

Das Alitierverfahren verwendet eine Mischung von Aluminiumpulver, Aluminiumoxid und Ammoniumchlorid, in welche die zu beschichtenden Eisenwerkstoffe eingebettet und auf etwa 900 °C erhitzt werden [79, 95]. Es wird intermediär leichtflüchtiges Aluminiumchlorid gebildet, das sich an der Stahloberfläche zersetzt, wobei das entstandene Aluminium in den Stahl diffundiert und aluminiumreiche, etwa 150 µm dicke Diffusionsschichten mit $FeAl_3$ und $Fe_2Al_5$ als wesentlichen Bestandteilen erzeugt. Die Schichten erhöhen die Beständigkeit des metallischen Untergrundes gegen heiße Gase, z. B. Luft, Verbrennungsgase und schwefelhaltige Verbrennungsprodukte.

**Inchromieren**

Chromdiffusionsschichten werden durch Umsetzung von gasförmigem Chrom(II)-chlorid mit der Eisenoberfläche bei etwa 1000 °C aufgebracht. Der Chromgehalt erreicht im Oberflächenbereich 30–40%, die Diffusionstiefe liegt etwa bei 150 µm. Die Korrosionsbeständigkeit der Schichten ist ähnlich der von entsprechend legiertem Chromstahl.

## 6.7
## Mechanische Plattierung und Schweißplattierung

### 6.7.1
### Mechanische Plattierung

Mechanisch plattierte Werkstoffe sind zwei- oder mehrlagige Metall/Metall-Kombinationen, die nach verschiedenen Methoden zusammengefügt und durch mechanische Verfahren, z. B. gemeinsame Umformprozesse durch Walzen und Ziehen, fest miteinander verbunden werden [91]. Im Vergleich zu den üblichen Oberflächenveredlungsverfahren liegen hier zumeist wesentlich dickere Metall- bzw. Legierungsschichten vor. Mechanisch plattierte Werkstoffe sind in den verschiedensten Halbzeugformen, wie Blech, Band und Rohr erhältlich. Verbundwerkstoffe für Zwecke des Korrosions- und Verschleißschutzes bestehen in der Regel aus einer dünneren, hochwertigen Außenlage und einem dickeren Kern bzw. einer dickeren Unterlage aus einem preisgünstigeren Massenwerkstoff z. B. Stahl. Die Metallkombinationen sind außerordentlich vielfältig und umfassen Plattierungen von Cr-Stahl, Cr/Ni-Stahl, Kupfer, Monel, Hastelloy, Messing, Nickel, Titan und Werkzeugstählen auf Stahl, aber auch von Tantal mit Kupferzwischenschicht auf Stahl.

Die meisten Erzeugungsverfahren für plattierte Werkstoffe bestehen aus zwei getrennten Arbeitsschritten, der Herstellung des Ausgangsverbundkörpers und der Umformung des Verbundkörpers zum plattierten Werkstoff.

Beim flüssig/flüssig-Verbundguss wird ein perforiertes Trennblech in eine Blockkokille gegeben. Anschließend wird gleichzeitig flüssiger Stahl A auf die eine Seite und flüssiger Stahl B auf die andere Seite des Trennbleches gegossen, wobei auf Gleichstand der beiden Flüssigkeitsspiegel geachtet werden muss, um ein Vermischen der beiden Schmelzen zu vermeiden. Nach dem Abkühlen wird der Verbundblock zu plattiertem Blech ausgewalzt. Eine andere technisch genutzte Variante des flüssig/flüssig-Verbundgusses ist der Verbundschleuderguss. Von fest/flüssig-Verbundguss spricht man, wenn in einer Kokille eine feste Metallplatte A mit flüssigem Metall B umgossen wird. Es folgt die Warmformgebung durch Walzen, um eine ausreichende Haftung zwischen den Metallen herzustellen und zum gewünschten Endmaß zu gelangen.

Das Paketwalzverfahren geht von einer gehobelten Grundwerkstoffplatte (C-Stahl) aus, auf die gebeizte und zur besseren Haftung vernickelte Platten aus dem Beschichtungswerkstoff (z. B. aus rost- oder säurebeständigem Stahl) aufgelegt werden. Nach dem Rundumverschweißen wird das Paket im Stoßofen vorgewärmt und anschließend warmgewalzt.

Plattierte Rohre können durch das Strangpressen von zwei ineinander geschobenen Hülsen erzeugt werden, wobei die feste Verbindung zwischen Plattier- und Grundwerkstoff während des Warmstrangpressens stattfindet. Eine weitere Herstellmöglichkeit besteht darin, Rohre aus den zu verbindenden Werkstoffen ineinander zu stecken und gemeinsam kalt zu ziehen. Das Explosionsplattieren ist ein Herstellverfahren für plattierte Bleche. Auf einer Platte des Grundwerkstoffes wird z. B. mit leichter Neigung eine Platte des aufzutragenden Werkstoffes so angebracht, dass beide einen spitzen Winkel miteinander bilden. Der Plattierwerkstoff ist auf seiner ganzen Fläche mit einer Sprengstoffplatte bedeckt, die von der Seite aus gezündet wird, wo Plattier- und Grundwerkstoff einander berühren. Die Detonationsfront schreitet mit hoher Geschwindigkeit über den Plattierwerkstoff fort und presst diesen fest auf den Grundwerkstoff. Zur weiteren Verbesserung des Verbundes kann ein Walzvorgang angeschlossen werden.

Das mechanische Pulververzinken von Stahl gehört ebenfalls in die Gruppe der mechanischen Plattierverfahren. Die entfetteten, zu beschichtenden Eisenkleinteile werden zusammen mit Glaskügelchen (Durchmesser 0,15–5 mm), Wasser, Säuren, Tensiden und Inhibitoren in eine Trommel gegeben und rolliert, um eine blanke Oberfläche zu erzeugen. Ohne Zwischenspülung erfolgt dann der Zusatz einer Kupferlösung, die eine dünne Zementationsverkupferung bewirkt. Zur anschließenden Verzinkung werden die Werkstücke in Gegenwart von Zinkpulver und einer wässrigen Chemikalienlösung rolliert. Das Zinkpulver wird durch die rollende und schlagende Wirkung der Glaskügelchen auf die Werkstückoberfläche aufgehämmert. Durch mehrmalige Zugaben von Zinkpulver und Chemikalienlösung lassen sich Schichtdicken von 20–75 µm erzeugen [110].

Bei Wärmebehandlungen plattierter Werkstoffe besteht die Möglichkeit, dass Diffusionsvorgänge zwischen Grund- und Plattierwerkstoff ablaufen und sich die Zusammensetzung an der Kontaktzone oder auch in größeren Bereichen ändert. Hierauf ist besonders beim Schweißen von plattierten Werkstoffen zu achten, um korrosionstechnisch unerwünschte Änderungen der Zusammensetzung auszuschließen.

## 6.7.2
### Schweißplattierung

Schäden durch Verschleiß und Korrosion können durch den Auftrag geeigneter metallischer Werkstoffe mittels Auftragsschweißen verhindert, herabgesetzt oder ausgebessert werden. Bei diesem Verfahren wird durch einen zum Werkstück brennenden Lichtbogen und/oder mit Hilfe eines thermischen Plasmas, das durch das Hindurchführen eines Argongasstromes durch einen Lichtbogen erzeugt wird, eine Randzone des zu beschichtenden Grundwerkstoffes und ein zugeführter Beschichtungswerkstoff gemeinsam aufgeschmolzen. Nach dem Abkühlen resultiert eine 3–7 mm dicke Oberflächenlegierung, die neben dem Beschichtungswerkstoff je nach Schweißverfahren 5–50% Grundwerkstoff enthält [97, 111]. Zum Auftragsschweißen sind mehrere Verfahren technisch in Anwendung.

Beim UP (Unterpulver)-Schweißen wird zwischen einem nichtummantelten Schweißdraht bzw. Schweißband und der zu beschichtenden Werkstückoberfläche ein Lichtbogen in einer Pulveraufschüttung erzeugt. Der Lichtbogen brennt in einer vom geschmolzenen Pulver lokal gebildeten Schlackenblase. Diese schützt gegen Oxidation und Gasaufnahme und ergibt beim Erstarren eine feste Schlacke, die von der fertigen Naht nach dem Erkalten abplatzt. Das nicht geschmolzene Pulver wird abgesaugt und erneut verwendet. Insbesondere bei Einsatz von Bandelektroden erreicht man mit diesem Verfahren beachtliche Auftragsleistungen (ca. 1 m$^2$ h$^{-1}$). Beim Plasmaheißdraht-Auftragsschweißen (PHA) wird eine Randzone der Werkstückoberfläche mit einem Plasmabrenner, der mit Inertgas (Argon) betrieben wird, aufgeschmolzen. In das so entstandene Metallbad tauchen zwei »Heißdrähte«, die durch Widerstandserwärmung infolge Stromdurchgang fast auf Schmelztemperatur erhitzt und in dem Maße, wie sie abschmelzen, nachgeführt werden.

Beim WIG (Wolfram-Inertgas)-Schweißen brennt zwischen einer nichtabschmelzenden Wolframelektrode und dem Werkstück ein elektrischer Lichtbogen. Die Wolframelektrode ist von einer Düse umgeben, durch die ein inertes Schutzgas (meist Argon) auf das Schmelzschweißbad strömt und einen Kontakt mit der Atmosphäre verhindert. Das aufzutragende Metall wird der Schmelze als Draht von Hand oder maschinell zugeführt.

Das MIG (Metall-Inertgas)-Schweißen unterscheidet sich vom WIG-Verfahren dadurch, dass anstelle der Wolframelektrode der Schweißdraht selbst die Elektrodenfunktion übernimmt und dabei gleichzeitig abschmilzt. Ein wesentlicher Vorteil dieser Methode ist die weit größere Abschmelzleistung.

## 6.8
### Emaillierung

Emailschichten sind glasartige, gut haftende, temperaturwechsel- und korrosionsbeständige Überzüge, die durch Aufschmelzen einer Fritte auf der Metalloberfläche aufgebracht werden. Die Emailschichten bestehen im Wesentlichen aus einer Glasmatrix, gewöhnlich Alkaliborosilikat, in der Trübungsmittel und Pigmente, z. B. Ti-

tandioxid, fein verteilt sind [79, 112, 113]. Die verschiedenen Emailtypen lassen sich untergliedern nach
- der Art des vorliegenden Grundmetalls (Stahlblechemail, Gusseisenemail, Email für Sonderwerkstoffe und -stähle, Aluminiumemail, Edelmetallemail etc.)
- der Funktion des Emails (Grundemail, Deckemail, Einschichtemail, säurefestes Email, katalytisch selbstreinigendes Backofenemail etc.).

Zur Herstellung der Emailfritten werden die aus den Rohstoffen Quarz, Feldspat, Soda, Kaliumcarbonat, Borax, Kalkstein, Mennige, gegebenenfalls Färb- und Trübkörpern, usw. bestehenden Emailversätze vermahlen bzw. gemischt und in rotierenden Trommel- bzw. Wannenöfen bei 1100–1200 °C in neutraler bis oxidierender Atmosphäre geschmolzen. Anschließend wird die Schmelze durch Einlaufen in Wasser, Anblasen der auslaufenden Schmelze mit kalter Luft oder Abschrecken zwischen gekühlten Walzen zum Erstarren gebracht und in Granalien oder Schuppen, die Emailfritte, übergeführt.

Bei mehrschichtigem Emailaufbau kommt dem Grundemail die Aufgabe zu, einen guten Haftverbund zwischen dem metallischen Untergrund, meist ein Eisenwerkstoff, und der überliegenden Schicht herzustellen. Um das zu erreichen, werden dem Versatz zur Frittenherstellung sog. Haftoxide (0,3–0,5 % CoO und/oder bis 1 % NiO) zugegeben. Sie bewirken während des Schmelzens auf dem Metall eine Austauschreaktion (Fe + CoO(NiO) $\longrightarrow$ FeO + Co(Ni)), durch die Fe/Co(Ni)-Lokalelemente entstehen. In Anwesenheit von Luftsauerstoff kommt es zu einer verstärkten Bildung von Eisenoxid, das sich in der Emailgrenzschicht anreichert. Diese Haftzwischenschicht und die durch Korrosion hervorgerufene Aufrauung der Metalloberfläche sind entscheidend für die Haftung des Emailüberzuges. Das Deckemail ist der eigentliche Träger der Gebrauchseigenschaften. Weiße Deckemails werden heute fast ausschließlich durch Zugabe von etwa 12–20 % $TiO_2$ zur Emailschmelze hergestellt. Das Titandioxid kristallisiert beim späteren Einbrennen der Emailschicht wieder aus und trübt die Schicht (Ausscheidungs- bzw. Kristallisationstrübung). Farbemails enthalten die färbenden Bestandteile entweder im Glasfluss gelöst oder fein dispergiert (Cobaltoxid: blau, Chromoxid: grün, Cadmiumsulfid: gelb, Eisenoxid: braun, Cadmiumsulfid + Cadmiumselenid: rot, Gemische aus Chrom-, Cobalt-, Mangan-, Eisen- und Kupferoxid: schwarz).

Für die einschichtige Direkt-Weiß- oder Direkt-Farbemaillierung, dem heute überwiegend benutzten Verfahren für die Beschichtung von Flachware und Kleinartikeln, werden fast ausschließlich Bor/Titan-Emails mit 16–20 % $TiO_2$, 45–50 % $SiO_2$, 10–12 % Alkali und 10–15 % $B_2O_3$ als Flussmittel eingesetzt.

Zur Erzielung hoher Säurebeständigkeit der Deckemails wird der $SiO_2$-Gehalt auf über 50 %, manchmal sogar nahe an 80 % eingestellt und der $B_2O_3$-Anteil stark herabgesetzt oder völlig eliminiert. Zur Regulierung des thermischen Ausdehnungskoeffizienten wird dabei $Li_2O$ als Base mitverwendet. Teilweise nutzt man Chromoxid als fast unlösliches Oxid, um die Säurefestigkeit stark zu erhöhen. Demgegenüber sind Emails mit einer Beständigkeit gegen starke Basen kaum herzustellen. Einen Schutz gegen mäßigen Basenangriff bieten erhöhte Gehalte an $ZrO_2$ bei mittleren $SiO_2$-Gehalten von 57 %. Hohe Beständigkeit gegen schnelle Temperaturwechsel, die vielfach im chemischen Apparatebau verlangt wird, ist mit Emails auf Basis $Li_2O-Al_2O_3-SiO_2$ erzielbar. Sie werden auf das Grundemail in mehreren sehr dünnen Schichten aufgetragen, eingebrannt und durch eine nachträgliche, gesteuerte Temperung zur Ausscheidung feinster Kristalle mit extrem niedrigem Ausdehnungskoeffizienten gebracht. Der Kristallanteil beträgt bis zu 50%. Je nach Art und Menge der Zusätze lässt sich der Ausdehnungskoeffizient weitgehend an den der metallischen Unterlage (Stahl, legierter Stahl) anpassen.

Zur Auskleidung von Backöfen werden Emails verwendet, die Metalle wie Fe, Mn, Co, Ni, Cu, Cr und deren Oxide in hohen Konzentrationen enthalten. Ihre Oberfläche besitzt die Eigenschaft, aufgespritzte organische Substanzen bei Temperaturen oberhalb 250 °C in Gegenwart von Luftsauerstoff katalytisch zu verbrennen.

Während Emailüberzüge normalerweise bei 750–900 °C eingebrannt werden, wurden speziell für die Aluminiumbeschichtung Tieftemperaturemails mit Brenntemperaturen um 560 °C entwickelt. Die Emails sind meist auf Alkali/Bleisilicat-Basis aufgebaut.

Emailüberzüge werden auf die Metalloberfläche zum überwiegenden Teil in Form einer wässrigen fein vermahlenen Dispersion (Schlicker) aufgetragen, der zur Stabilisierung Tone, Bentonite, Alginate, Methylcellulose und andere Stoffe zugesetzt sind. Die Beschichtung kann durch Übergießen, Tauchen, Spritzen, elektrostatisches Spritzen oder durch elektrophoretische Abscheidung erfolgen. Anschließend wird der Hauptteil des Wassers bei 70–90 °C entfernt. Dann folgt der eigentliche Brennvorgang unter Ausbildung des geschmolzenen Emailüberzuges. Die Haltezeit bei der Brenntemperatur liegt je nach Art des Emails zwischen 2 und 6 min. Das Einbrennen erfolgt in gas-, öl- oder elektrisch beheizten Kammer-, Tunnel- oder Umkehröfen, wobei eine möglichst weitgehende Trennung von Brenngut und Verbrennungsgasen angestrebt wird. Voraussetzung für eine einwandfreie Emaillierung ist die Einhaltung einer sauberen, oxidierenden Atmosphäre. Zu niedrige Temperaturen und/oder zu kurze Brennzeiten bewirken ungenügendes Schmelzen, mangelhafte Benetzung der Metalloberflächen, fehlenden Glanz und – bei Grundemails – eine schlechte Haftung. Zu hohe Temperaturen und/oder zu lange Brennzeiten führen zu Blasen, Durchbrennen, Verfärbungen und Glanzminderung.

In Spezialfällen erfolgt der Auftrag der vermahlenen Fritte auch auf trockenem Wege. Bei dem technisch wichtigen Heißpudern wird das Emailpulver auf das 900–1000 °C heiße Werkstück so lange aufgestreut, bis es nicht mehr festsintert. Anschließend wird zum völligen Verlauf nachgebrannt und erforderlichenfalls der Vorgang wiederholt. Eine andere Art der Trockenbeschichtung ist das elektrostatische Pulverspritzen bei Raumtemperatur. Die aufgeladenen Pulverteilchen bleiben durch elektrostatische Kräfte am Werkstück für einige Zeit hängen und werden wie die Nassemails eingebrannt.

Für die Emaillierung vorgesehene Stahlbleche sollten möglichst wenig Kohlenstoff enthalten, da dieser bei den vorkommenden Einbrenntemperaturen mit Sauerstoff unter Bildung von gasförmigem Kohlenoxid reagiert und zur Blasenbildung in der Emailschicht (Aufkochen) führen kann. Geeignete Bleche lassen sich durch eine open-coil-(OC-)Glühung nach dem Kaltwalzen erzeugen. Ein anderer Weg besteht darin, die unerwünschten Begleitelemente C, aber auch N und S durch Zulegieren von Titan oder Niob (DIN EN 10 209) als unschädliches Carbid, Carbonitrid oder Sulfid zu binden. Ein weiterer gefürchteter Fehler ist die Fischschuppenbildung, die sich als kleine halbmondförmige Ausplatzungen der Schicht in unterschiedlicher Zeit nach dem Abkühlen äußert. Sie wird darauf zurückgeführt, dass das Eisen aus der Beizvorbehandlung oder während des Brennens durch Reaktion mit Wasserdampf Wasserstoff aufnimmt (Fe + $H_2O \longrightarrow$ FeO + 2 H), der in das Metall eindiffundiert und später wieder langsam an die Umgebung abgegeben wird. Durch weitgehende Ausschaltung von Wasserdampf, richtige Auswahl der Stahlsorte und sorgfältige Führung des Emaillierprozesses lässt sich diesem Problem begegnen.

Einige typische Emaillierverfahrensgänge seien nachfolgend durch Stichworte skizziert.

*Direktemaillierung von Stahlblech* (Abb. 16a): Wässrig-alkalische Entfettung, Wasserspülen, Beizen in Schwefelsäure, Wasserspülen, wässrige stromlose Tauchvernickelung unter Abscheidung von 0,8–2 g m$^{-2}$ Ni, Wasserspülen, Neutralisation in wässriger Borax-Soda-Lösung, Trocknen, Auftrag des Einschichtemailschlickers, Trocknen, Einbrennen (Schichtdicke: 120–150 µm).

*Zweischichtemaillierung von Stahlblech* (Abb. 16b): Vorbehandlung wie vorstehend, Auftrag des Grundemailschlickers, Trocknen, Einbrennen, Abkühlen, Auftrag des Deckemailschlickers, Trocknen, Einbrennen (Gesamtschichtdicke: 250–300 µm).

*Mehrschichtemaillierung von Apparaten aus titanlegiertem Stahl:* Entspannungsglühen bei ca. 650 °C, Entzunderung durch Strahlen, Aufspritzen von Grundemailschlicker, Trocknen, Einbrennen, Abkühlen, zweiter Auftrag von Grundemailschlicker, Trocknen, Einbrennen, Abkühlen, mehrfaches Aufspritzen von Deckemailschlicker mit jeweils folgendem Trocknen und Einbrennen, Hochspannungsprüfung auf Porenfreiheit (Schichtdicke: 1–2 mm). Aufgrund des im Ver-

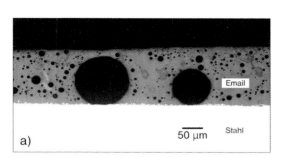
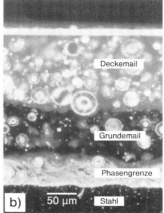

**Abb. 16** Lichtmikroskopische Aufnahmen von Emailschichten auf Stahlblech (a) Direktemaillierung, typische Schichtdicken: 120-150 µm (b) Zweischichtemaillierung, typische Schichtdicken: Grundemail ca. 120–150 µm, Deckemail ca. 120–150 µm

gleich zu Stahl niedrigeren thermischen Ausdehnungskoeffizienten herrschen im Emailüberzug unterhalb 400 °C Druckspannungen, worauf die insgesamt gute Temperaturwechselbeständigkeit beruht. Bei Überschreitung einer Temperaturdifferenz zwischen Emailaußenfläche und metallischem Untergrund von 100–140 °C ist es jedoch möglich, in den Bereich der Zugspannung bzw. übermäßiger Druckspannung mit dem Risiko der Rissbildung bzw. des Abplatzens zu gelangen. Bei der Berechnung von emaillierten Wärmeaustauschern muss die im Vergleich zu Stahl wesentlich geringere Wärmeleitfähigkeit berücksichtigt werden. Die Säurebeständigkeit ist, mit Ausnahme gegen Flusssäure, gut bis sehr gut. Die Resistenz gegen Alkali dagegen ist beschränkt. So gilt bei 100 °C pH 11 und bei 40 °C pH 14 als obere Alkalitätsgrenze. Destilliertes Wasser und Wasserdampf greifen Email oberhalb 100 °C durch Hydrolyse deutlich an. Ein Kontakt der Außenseite von emaillierten Gegenständen mit Säuren muss unbedingt vermieden werden, da eindiffundierender Wasserstoff die innenliegende Emailschicht zum Abplatzen bringen kann.

## 6.9
## Beschichtung mit organischen Stoffen

### 6.9.1
### Korrosionsschutzöle und -wachse

Korrosionsschutzöle und -wachse werden hauptsächlich für die Konservierung von blankem und phosphatiertem Stahl verwendet. Die mit ihnen erzeugten Überzüge bestehen aus einem filmbildenden Anteil unterschiedlicher Konsistenz, dem zur Verbesserung der Schutzwirkung meist noch Korrosionsinhibitoren zugesetzt sind. Häufig verwendete Filmbildner sind Mineralöl von dünnflüssigen Typen bis zum schweren Zylinderöl, Vaseline, Paraffingatsch, Wollfett, Petrolatum, mikrokristalline Wachse, Tafelparaffin und spezielle Harze. Besonders wirksame Inhibitoren, die allein oder im Gemisch benutzt werden, sind Na-, Ca-, Ba-Alkylarylsulfonate (synthetische oder die bei der Behandlung von Schmieröl mit Schwefelsäure anfallenden Petroleumsulfonate), Ölsäurepolydiethanolamide, Salze von N-(Alkylsulfonyl)glycin und N-(Acyl)sarcosin, substituierte Imidazoline, Fettamine, Fettdiamine, Phosphorsäureester, Thiophosphorsäureester und oxidierte Paraffine.

Am einfachsten sind die blanken Korrosionsschutzöle aufgebaut, in denen nur die vorgenannten Komponenten vorhanden sind und die bei Raumtemperatur durch Tauchen, Spritzen, Pinseln und dergleichen unter Bildung eines öligen Films mit 1,5–10 g m$^{-2}$ Flächengewicht aufgetragen werden. Die Öle bieten dem blanken Metall einen guten Schutz bei der Lagerung in geschlossenen Räumen. Die mit organischen Lösemitteln verdünnten Korrosionsschutzmittel, auch Fluids genannt, hinterlassen nach dem Verdunsten des Lösemittels auf dem Metall, abhängig von der Kohlenwasserstoffkomponente, einen weichen bis harten Film von 5–50 g m$^{-2}$ Flächengewicht, der einen langjährigen Innenraumschutz und auch einen temporären Schutz im Freien gewährleistet. Durch Zugabe von speziellen Additiven erhalten Korrosionsschutzöle und -wachse die Eigenschaft, Wasserfilme von Metalloberflächen zu verdrängen (dewatering effect). Diese Fähigkeit wird zum Trocknen nasser Werkstücke ausgenützt, indem man sie in das Bad eines niedrigviskosen dewatering fluids taucht. Das von den Werkstücken abtropfende und sich am Tankboden sammelnde Wasser wird von Zeit zu Zeit entfernt. Eine weitere Anwendung dieser Art sind in Lösemittel gelöste Wachse, die auf die Wandung von Flugzeuginnenräumen versprüht und in feinste Spalten eindringen und Feuchtigkeit verdrängen. Dank eingemischter Korrosionsinhibitoren bieten diese Schichten einen hervorragenden Schutz gegen Kondenswasser und Bilgenflüssigkeit.

Die in Wasser emulgierbaren Korrosionsschutzöle leiten sich von den blanken Ölen durch den Zusatz von Emulgatoren ab. Sie werden gewöhnlich durch Tauchen der Werkstücke in die heißen Emulsionsbäder aufgebracht. Der nach dem Verdunsten des Wassers verbleibende Film hat ein Flächengewicht von ca. 5 g m$^{-2}$ und schützt bei der Lagerung in Innenräumen. Die Anwendung von Korrosionsschutz-Heißtauchmassen erfolgt durch Tauchen der Teile in die auf 70–110 °C erhitzte Schmelze. Nach dem Abkühlen ergeben sich weiche bis harte Filme mit einem Flächengewicht von 40–600 g m$^{-2}$, die über mehr als ein Jahr im Freien beständig sind und in überdachten Räumen praktisch einen Dauerschutz bieten.

Für den zusätzlichen Schutz des Unterbodenbereiches und der Hohlräume von Autokarosserien werden Dispersionen von Wachsen in Kohlenwasserstofflösemitteln eingesetzt. Nach dem Verdunsten des Lösemittels verbleibt ein 20–30 µm dicker Wachsfilm, der auf blankem Stahl in der Salzsprühprüfung nach SS DIN 50 021 eine Rostfreiheit von über 360 h gewährt.

Insbesondere zur Anwendung auf Zink/Aluminium-Legierungsschichten (Galvalume, Galfan) werden seit einigen Jahren wachshaltige Polymerbeschichtungen mit einem Flächengewicht von 1–3 g m$^{-2}$ eingesetzt. Die Schichten werden im Stahlwerk im Rollcoat-Verfahren auf das verzinkte Band aufgetragen und bei 80–100 °C verfilmt. Der eingebaute Korrosionsinhibitor sorgt für einen hervorragenden Korrosionsschutz über viele Jahre, die ansonsten empfindliche Metalloberfläche wird vor dem Anlaufen durch Handschweiß geschützt (Antifingerprint) und die Wachskomponente der Beschichtung unterstützt einfache Umformoperationen (Wellblech). Das beschichtete Material wird bevorzugt im Baubereich für Außenverkleidungen und Dächer eingesetzt.

### 6.9.2
**Beschichtung mit Elastomeren und Kunststoffen**

Im Behälter-, Apparate- und Rohrleitungsbau [114] finden Auskleidungen mit Elastomeren und ähnlichen organischen Beschichtungsstoffen vielfältige praktische Anwendung. Dabei stehen der Schutz gegen Korrosion und die Vermeidung von Verschmutzungen durch Korrosionsprodukte im Vordergrund. In Sonderfällen können organische Beschichtungen auch zur Herabsetzung des Verschleißes und zur Verminderung von Krustenbildungen dienen. Die Auswahl der geeigneten Beschichtungsstoffe richtet sich nach den zu erwartenden chemischen und thermischen Belastungen. Zur Beurteilung der Beständigkeit werden häufig die Veränderungen der Härte und der Masse der Beschichtung in Abhängigkeit von der Beanspruchungsdauer herangezogen. In Anlehnung an das DECHEMA Corrosion Handbook [9] wird ein Material als beständig eingestuft, wenn innerhalb eines Jahres eine Gewichtsänderung von maximal 10% auftritt und danach keine weiteren Änderungen zu beobachten sind. Liegt die Massenänderung maximal doppelt so hoch, so spricht man von zeitlich begrenzter Beständigkeit.

Die organischen Beschichtungen weisen in der Regel einen breiten chemischen Beständigkeitsbereich auf. An die Grenzen stößt man jedoch bei solchen Beanspruchungen, die zu einer chemischen Reaktion mit dem Beschichtungsstoff führen. Als Beispiele seien der Kontakt mit Schwefelsäure (Sulfatierung), Salpeter- und Chromsäure (Oxidation) und Chlor (Chlorierung) genannt. Bestimmte organische Lösemittel, insbesondere aromatische und chlorierte Kohlenwasserstoffe, werden von der Beschichtung aufgenommen, führen zu Quellungen und damit Festigkeitsverlusten und bisweilen auch zur Herauslösung bestimmter Bestandteile, z. B. Weichmacher. Die Gefahr eines Haftungsverlustes besteht immer dann, wenn das beschichtete Metall eine tiefere Temperatur als die Außenseite der Beschichtung hat und diese sich im Kontakt mit Flüssigkeitsdampf, z. B. Wasserdampf, befindet. Der Dampf diffundiert durch die Beschichtung, kondensiert an der Grenzfläche zum Metall und sprengt den Verbund. Als Gegenmaßnahme bietet sich eine ausreichende Wärmeisolation auf der Metallseite an, um Taupunktunterschreitung auszuschließen.

Der Anwendbarkeit sind auch Grenzen durch die thermische Belastbarkeit der einzelnen Beschichtungsstoffe gesetzt (vgl. Tabelle 7), die allerdings infolge von Unterschieden in der Herstellweise und Compoundierung nicht als starr zu betrachten sind. Ferner ist wichtig zu beachten, dass organische Beschichtungsstoffe einen um 10–20 mal höheren linearen thermischen Ausdehnungskoeffizienten als Stahl besitzen. So stehen heiß vulkanisierte Bahnen von Elastomeren bei Raumtemperatur stets unter Zugspannungen, während bei Raumtemperatur aufgebrachte Schichten bei höheren Temperaturen unter Druck, bei niedrigeren Temperaturen unter Zug

**Tab. 7** Thermische Belastbarkeit organischer Werkstoffe für den Oberflächenschutz

| Werkstoff | Einsatzbereich (°C) |
| --- | --- |
| Polyvinylchlorid (PVC) | 0–60 |
| Polyethylen (PE) | 20–80 |
| Polypropylen (PP) | 0–100 |
| Polyesterharze (UP) | –20–110 |
| Hartgummi | –10–120 |
| Weichgummi | –40–130 |
| Polyvinylidenfluorid (PVDF) | –40–150 |
| Epoxidharze (EP) | –20–160 |
| Phenol-Formaldehyd-Harze | –20–190 |
| Hexafluorpropen/Vinylidenfluorid-Copolymerisat (FPM) | –40–200 |
| Polytetrafluorethylen (PTFE) | –50–260 |

stehen. Die Haftung der Beschichtung zum Untergrund muss genügend hoch und die metallische Konstruktion genügend steif sein, um diese mechanischen Beanspruchungen aufzunehmen. Die Wärmeleitfähigkeit der organischen Beschichtungen ist wesentlich geringer als die der metallischen Werkstoffe, was für den Wärmeübergang beim Heizen und Kühlen von Bedeutung ist. Die zu beschichtenden metallischen Bauteile müssen in Form, Werkstoff und festigkeitsbestimmender Dimensionierung auf den nachfolgenden Beschichtungsprozess abgestimmt sein. Oberstes Gebot ist leichte Zugänglichkeit aller Flächen. Ferner sollten scharfe Ecken und Kanten vermieden werden. Dichtflächen sind ausreichend groß zu wählen, um spätere Beschädigungen durch hohe Oberflächenpressungen auszuschließen [115]. Vor der Beschichtung müssen die Metalloberflächen frei von Verschmutzungen jeglicher Art sein. Stahlkonstruktionen werden vorzugsweise durch Strahlen entrostet, wobei in der Regel ein Reinheitsgrad Sa 3 nach DIN 55 928, Teil 4, d. h. vollständige Entfernung von Rost, Zunder und Beschichtungen, angestrebt wird. Zur Ablösung alter, noch festhaftender organischer Beschichtungen eignen sich Abbrenn- und Pyrolyseverfahren, sowie mechanische Verfahren nach Abkühlung auf –60 bis –140 °C (vgl. Abschnitt 6.1.1). Für die Beschichtung stehen die unterschiedlichsten Beschichtungsmaterialien und -verfahren zur Verfügung (vgl. Tabelle 8).

Die Gummierung gehört zur Verfahrensgruppe des Klebens und Vulkanisierens. Mischungen aus Natur- und synthetischen Kautschuken, Vulkanisationsmitteln, mineralischen Pigmenten und sonstigen Zusätzen werden auf Extrudern, Kalandern bzw. roller-head-Anlagen zu klebrigen Folien von 3–6 mm Dicke verarbeitet [116]. Diese werden auf die gut gereinigte, vorzugsweise gestrahlte und mit meist mehrschichtigem Primärauftrag versehene Metalloberfläche aufgedrückt und anschließend im Autoklaven bei 3–5 bar und etwa 110–150 °C in Gegenwart von Dampf, Heißluft oder Inertgas bei einer Reaktionszeit bis zu 6 h vulkanisiert. Um auch auf Baustellen Gummierungen durchführen zu können, wurden Gummimischungen für die Folienherstellung entwickelt, die bereits bei niedrigerer Temperatur, z. B. 2 bar und 130 °C (Dampfvulkanisation), 90–100 °C (Warmwasservulkanisation) und sogar bei Raumtemperatur (Selbstvulkanisation) vernetzt werden können. Das Gummieren mit selbstvulkanisierenden Qualitäten hat eine sehr große praktische Bedeutung erlangt. Bei diesen Kautschuken liegt die Vulkanisationszeit im Temperaturbereich von 20–25 °C zwischen einigen Wochen bis zu einigen Monaten. Die Folien müssen allerdings kühl transportiert und gelagert werden, um eine Anvulkanisation vor dem Verarbeiten auszuschließen.

Im Falle der Auskleidung mit Folien aus thermoplastischen Kunststoffen unterscheidet man zwischen der verbundfesten Auskleidung, bei der eine feste Klebverbindung mit dem metallischen Untergrund vorliegt, und der losen Auskleidung ohne Klebverbund [117]. Die Kleberhaftung an der Folienunterseite lässt sich durch vorheriges Aufrauen oder Abdämmen der Kunststofffläche oder durch Einarbeitung eines Glasgewebes verbessern. Die Stöße zwischen den Folienrändern werden verschweißt.

Aus Phenol-Formaldehyd-Harz, Graphit, Asbest und Füllstoffen lassen sich Bahnen herstellen, die unter Verwendung von Kleber verlegt und deren Ränder schräg geschnitten überlappt werden. Die Aushärtung erfolgt während 8 h bei 5 bar und 130–140 °C [118]. Die Laminierbeschichtung mit faserverstärkten Duroplasten auf

**Tab. 8** Organische Werkstoffe und Verarbeitungsverfahren für den Oberflächenschutz

| Beschichtungsverfahren | Beschichtungsmaterialien[*] |
|---|---|
| Kleben und Vulkanisieren | Bahnen auf Basis natürlicher und synthetischer Kautschuke, z. B. NR, IR, SBR, NBR, IIR, CR, CSM, FPM, SIR |
| Kleben und Verschweißen, Pulverbeschichten | Bahnen bzw. Folien bzw. Pulver aus Thermoplasten, z. B. PIB, PVC, PE, PP, PVDF, FEP, PTFE |
| Streichen, Spritzen, Gießen, Spachteln, Pulverbeschichten | Pasten und Flüssigkeiten von nicht- bzw. faserverstärkten Duroplasten, z. B. PF, EP, FU, UP |

[*] Elastomere und Kunststoffe nach DIN 7723 und 7728

| Kurzzeichen | Chemische Bezeichnung | Produkte |
|---|---|---|
| NR | Naturkautschuk | Naturkautschuk |
| IR | Polyisopren | Natsyn, Cariflex |
| SBR | Butadien/Styrol-Mischpolmerisat | Buna |
| NBR | Butadien/Acrylnitril-Mischpolymerisat | Perbunan |
| IIR | Isopren/Isobuten-Copolymer | Butylkautschuk |
| CR | Polychloropren | Baypren, Neopren |
| CSM | Chlorsulfoniertes Polyethylen | Hypalon |
| FPM | Hexafluorpropen/Vinylidenfluorid-Copolymerisat | Viton |
| SIR | Polysiloxane | Silicone, Silopren |
| PIB | Polyisobutylen | Oppanol, Rhepanol |
| PVC | Polyvinylchlorid | Hostalit |
| PE | Polyethylen | Hostalen |
| PP | Polypropylen | Hostalen PP |
| PVDF | Polyvinylidenfluorid | Symalit, Solef |
| FEP | Fluorierte Ethylen/Propylen-Copolymerisat | Teflon FEP |
| PTFE | Polytetrafluorethylen | Hostaflon TF |
| PF | Phenol-Formaldehyd-Harze | Vetrodur, Phenytal |
| EP | Epoxidharze | Araldit, Flamucolit |
| FU | Furanharze | Asplit FN |
| UP | Polyesterharze | Alpolit UP |
| PU | Polyurethane | Permatex |

Basis von Polyester-, Vinylester-, Epoxid- und Furanharz kann auf unterschiedliche Weise erfolgen [119]. Allen Verfahren ist der Auftrag einer Haftgrundierung auf die Metalloberfläche gemeinsam. Bei der Mattenlaminierung wird anschließend zunächst eine Spachtelmasse aufgetragen, auf die eine mit einem Harz/Härter-Gemisch getränkte Glasmatte aufgerollt wird. Das Versiegeln der Außenfläche erfolgt durch Auftrag eines Harz/Härter-Gemisches. Roving-Laminate unterscheiden sich hiervon dadurch, dass anstelle der Glasmatte ein Roving-Gewebe aufgebracht und anschließend mit einer zweiten Spachtelschicht abgedeckt wird. Die letzte Stufe ist wiederum eine Harz/Härter-Versiegelung. Das Faserspritzverfahren ist ein rationell arbeitender Beschichtungsprozess, bei dem auf die Grundierschicht mit Hilfe einer Mehrkomponentenspritzanlage Harz, Härter und geschnittene Roving-Fasern (2–4 mm lang) aufgetragen werden. Danach folgt eine Harz/Härter-Versiegelung. Glasflockenlaminate sind Spachtelschichten aus Glasflocken, Harz und Härter mit einer

Außenversiegelung. Alle Härter/Harz-Systeme sind so abgestimmt, dass der Härtungsprozess bei Raumtemperatur in der Regel nach 3–4 h abgeschlossen ist. Die Dicke der Gesamtbeschichtung liegt zwischen 2 und 4,5 mm.

Die Pulverbeschichtungsverfahren haben nicht zuletzt wegen ihrer Umweltfreundlichkeit eine besondere technische Bedeutung erlangt [120]. Das Verfahrensprinzip besteht darin, Pulver von Thermo- oder Duroplasten auf der Werkstückoberfläche zu schmelzen. Bei letzteren erfolgt während des Schmelzens die Vernetzung. Die erzielbaren Schichtdicken liegen zwischen 40 und mehr als 250 µm. Das älteste Verfahren dieser Gruppe ist das Wirbelsintern, bei dem die vorgeheizten Teile in ein mit kaltem Kunststoffpulver beschicktes Wirbelbett eingetaucht werden. Die Teilchen schmelzen auf der Werkstückoberfläche und verlaufen nach dem Herausnehmen, gegebenenfalls unter nochmaliger Wärmezuführung von außen, zu einem zusammenhängenden Film. Eine Variante ist das Pulveranwurfverfahren, bei dem z. B. zur Beschichtung von Stahlrohraußenflächen Pulver über die heißen, in der Waagerechten rotierenden Rohre geschüttet wird. Ähnlich lassen sich Innenflächen von Behältern beschichten, wenn in den vorgeheizten Behälter eine abgemessene Pulvermenge gegeben und der Behälter zum gleichmäßigen Schmelzen danach in eine Taumelbewegung versetzt wird. Für die Außenbeschichtung von einfach geformten Teilen ist das elektrostatische Pulverspritzverfahren geeignet. Hier wird durch Anlegen einer hohen Gleichspannung zwischen Sprühpistole und Werkstück ein elektrisches Feld erzeugt, wobei durch die besondere Ausbildung der Sprühpistolenelektroden eine Ionisation der Luft erfolgt. Durch die Anlagerung der Ionen an die Pulveroberfläche wird sowohl der Transport des Pulvers zum Objekt als auch seine Haftung auf dem Werkstück für einige Stunden bewirkt. Das Aufschmelzen kann durch Vorheizen der Werkstücke vor dem Beschichten oder durch ein nachträgliches Einbrennen erfolgen.

Die organischen Beschichtungen können ferner nach den in der Lackiertechnik üblichen Methoden (Streichen, Spritzen, Tauchen, Gießen, Fluten, usw.) aufgebracht werden.

## 6.9.3
**Lackierung**

Lacke sind flüssige oder pulvrige Produkte auf überwiegend organisch-chemischer Basis, die als dünner Überzug auf das zu beschichtende Metall aufgetragen werden. Dort bilden sie durch Trocknung (Verdampfen von Lösemittel) oder Härtung (Übergang in den festen Zustand durch chemische Vernetzungsreaktionen von kurzen Polymerketten) einen auf der Oberfläche fest haftenden, zusammenhängenden und mechanisch festen Film. Sie werden in großem Umfang für den Schutz metallischer Oberflächen eingesetzt [121, 122].

### 6.9.3.1 **Lackbestandteile und -Schichtbildung** (siehe auch Kunstharze und Lacke, Bd. 7, Abschnitt 3)
Die für die Erzeugung der Überzüge benutzten Lacke [123] sind im Allgemeinen flüssige, mit einer zu niedrigen Scherraten hin ansteigenden Viskosität (thixotrop) eingestellte Zubereitungen mit den Hauptkomponenten:

- Bindemittel: organische, filmbildende Stoffe, die nicht flüchtig, meist polymer, evtl. weiter polymerisierbar oder kondensierbar sind,
- Vernetzer: polyfunktionelle organische Moleküle, die zu den Bindemitteln komplementär reaktive Gruppen enthalten und diese bei der Härtung verknüpfen, kann in geschützter Form in der Lackzubereitung vorliegen oder kurz vor dem Applikationsprozess zugemischt werden (Ein- bzw. Zweikomponenten-Lacke)
- Pigmente und ggf. Füllstoffe: organische oder anorganische feindispergierte Feststoffe im Bereich von ca. 10 nm bis 10 µm, zur Farbgebung, Füllung und Erhöhung der mechanischen Belastbarkeit, gegebenenfalls mit spezifischen korrosionsinhibierenden Eigenschaften für das Grundmetall; bei Klarlacken nicht vorhanden,
- Lösemittel: flüchtige Flüssigkeiten (organische Stoffe oder Wasser) zum Verdünnen des Bindemittels. Im Falle der Dispersionsfarben ist das Bindemittel ebenso wie das Pigment im Lösemittel nur fein dispergiert. Viele Zweikomponenten-Lacke und die Pulverlacke enthalten kein Lösemittel.
- Zusatzstoffe: Stoffe, die bei der Herstellung, Verarbeitung oder im späteren Lackfilm eine spezifische Rolle erfüllen, wie Sikkative, Verlaufsverbesserer, Hautverhinderungsmittel, Thixotropierungszusätze, Fungizide, Weichmacher, usw.

Nach dem Auftrag des flüssigen Lacks auf die Metalloberfläche wird die Filmbildung durch das Verdampfen des Lösemittels eingeleitet. Bei den physikalisch trocknenden Bindemitteln, die bereits in polymerisierter Form im Lack vorliegen, ist der Filmbildungsprozess nach dem Verdunsten der letzten Lösemittelreste abgeschlossen. Bei den reaktiven Bindemitteln findet dagegen während der Filmbildung eine Molekülvergrößerung durch Vernetzung infolge Polymerisation, Polykondensation oder Polyaddition statt. Dieser Prozess kann, um genügend schnell abzulaufen, die Zufuhr von Wärme erfordern (Einbrennlacke). Bei Raumtemperatur härtende Lacke sind meist oxidativ trocknende oder Zweikomponenten-Systeme. Wichtig ist die Pigment-Volumenkonzentration (PVK), unter der man das prozentuale Volumenverhältnis von Pigment und Füllstoff zum Gesamtvolumen des Lackfilms versteht. Bei der kritischen Pigment-Volumenkonzentration verändern sich bestimmte Filmeigenschaften, wie Glanz, Durchlässigkeit und Blasenbildung bei Feuchtigkeitsbeanspruchung sprunghaft, da bei diesem Wert die zur Ausfüllung aller Hohlräume zwischen den Pigmentteilchen notwendige Bindemittelmenge gerade noch vorhanden ist.

Das anwendungstechnische Verhalten von Anstrichfilmen wird in hohem Maße vom verwendeten Bindemittel bestimmt. Auch die Art des im Lack verwendeten Pigments hat auf die Korrosionsbeständigkeit des Filmes Einfluss. Insbesondere in Grundierungen werden verschiedenartige Korrosionsschutzpigmente eingesetzt. Dazu zählten in der Vergangenheit beispielsweise Bleimennige oder Zinkchromat. Deren Anwendung ist jedoch aus ökologischen Gründen stark rückläufig und nur noch bei Anwendungen mit extremen Anforderungen, wie der Flugzeuglackierung anzutreffen [114]. Es kommen zunehmend Zinkphosphat, Zinkstaub sowie auf Cer oder Mangan basierende Pigmente zum Einsatz.

#### 6.9.3.2 Anwendung

Zur Erzielung einer dauerhaften Lackbeschichtung muss die Metalloberfläche vor dem Lackauftrag mechanisch und/oder chemisch gesäubert und gegebenenfalls speziell vorbereitet werden. Fett, Öl, Schmierstoffreste, lose anhaftende alte Anstriche, Staub-, Rost- und Zunderbeläge sowie selbst Spuren wasserlöslicher Salze, die z. B. von der Reaktion $SO_2$- und $SO_3$-haltiger Abgase mit dem Metall bzw. von der Verschmutzung durch Auftausalze herrühren, beeinträchtigen die Haftung und Beständigkeit anschließend aufgebrachter Lackschichten und müssen deshalb entfernt werden. Besonders vorteilhaft ist es, wenn auf dem Metall nach der Reinigung auf chemischem oder elektrochemischem Wege anorganisch-chemische Schichten, z. B. Phosphatschichten, Chromatschichten, Oxidschichten, aufgebracht werden (sog. Konversionsschichten). An dieser Stelle sind auch die sog. Wash Primer zu nennen, die insbesondere auf blanken Stahl- und Aluminiumoberflächen durch Reaktion der darin enthaltenen Phosphorsäure zu haft- und korrosionsschutzverbessernden Schichten führen [120, 124].

Eine Lackierung besteht in den meisten Fällen aus mehreren, aufeinander abgestimmten Schichten, von denen jede eine spezielle Aufgabe zu erfüllen hat [121, 123]. Aufgabe der Grundierung ist es, den geforderten Korrosionsschutz und die notwendige Haftung, auch unter korrosiven Bedingungen, zu gewährleisten. Ferner muss sie bereits eine begrenzte Einebnung und farbliche Abdeckung des Untergrundes erbringen. Starke Unebenheiten des Untergrundes, wie Punktschweißstellen, Riefen und dgl. werden mit einem sog. Spachtel, einer hochpigmentierten pastösen Masse, ausgefüllt und durch nachträgliches Schleifen egalisiert. Bei gewünschter hoher Oberflächengüte des Decklackes wird ein Füller oder auch Vorlack aufgetragen und anschließend durch Feinschleifen geglättet. Der Decklack wird in einer oder auch mehreren Schichten zuletzt aufgetragen und bestimmt durch seine Farbe, Glätte, Gleichmäßigkeit und Oberflächeneffekte das dekorative Aussehen.

Daneben stehen noch verschiedene Spezialeinstellungen zur Verfügung.

Effektlacke sind Decklacke, die bestimmte Oberflächenstrukturen, z. B. Hammerschlag, Tupfen, Runzeln, oder bestimmte Farbeffekte, z. B. Metalliceffekt oder winkelabhängige Farbeindrücke liefern. Einschichtlacke sind Decklacke, die direkt auf das vorbehandelte Grundmetall aufgebracht werden. Wenn eine hochwertige Lackbeschichtung verlangt wird, muss bereits der metallische Untergrund fehlerfrei sein, da hier weitere Korrekturmöglichkeiten fehlen.

Gleitlacke enthalten spezielle Gleitpigmente, z. B. Molybdändisulfid oder Graphit, und vermindern den Verschleiß bei Gleit- und Umformvorgängen.

Der Schutz metallischer Oberflächen durch Lackierung ist weit verbreitet und sei an folgenden Beispielen näher erläutert.

#### Automobillackierung

Die organische Beschichtung von Automobilkarosserien ist ein Beispiel für eine weitgehend automatisierte und qualitativ hoch entwickelte Lackiertechnik [40, 114, 125–131]. In Europa und in den USA werden Stahlbleche nur noch im geringen Umfang beschichtet. Stattdessen besteht die Außenhaut von Automobilkarosserien in der Regel aus elektrolytisch oder im Sendzimir-Verfahren verzinkten Blechen.

Auch einseitig verzinktes Material ist im Gebrauch sowie Galvaneal, diffusionsgeglühtes feuerverzinktes Band mit einer Eisen/Zink-Auflage. Für besonders korrosionsgefährdete Bereiche wird auch mit Schweißprimer beschichtetes verzinktes Blech eingesetzt. Schweißprimer sind mit leitfähigem Pigment (Zinkstaub, Einsenphosphid) gefüllte, ca. 5–8 µm dicke Polymerbeschichtungen mit guten Korrosionsschutzeigenschaften. Zur Verminderung des Karosseriegewichtes werden in zunehmendem Masse Leichtmetalle wie Aluminium eingesetzt. Die Oberfläche der aus dem Rohbau kommenden Karosserien ist mit Korrosionsschutzöl, Schmierstoff, Staub und Metallabrieb bedeckt. Nach dem Rohbau durchlaufen die Karosserien eine Wasch- und Phosphatieranlage, in der sie nacheinander mit alkalischer wässriger Entfettungslösung, Spülwasser, Aktivierungsmittel, saurer, oxidationsmittelhaltiger Zinkphosphatlösung, Spülwasser, wässrigem passivierendem Nachspülmittel und schließlich noch einmal mit vollentsalztem Wasser behandelt werden. Die Anwendung erfolgt im Volltauchverfahren, damit sind auch schwer zugängliche Innenflächen und Hohlräume zu erreichen. Mit Ausnahme der letzten Stufe werden die Lösungen im Kreislauf geführt und verbrauchte Chemikalien ergänzt. Das Wasser für die letzte Spülung wird nur einmal benutzt, um auf der Metalloberfläche verbliebene wasserlösliche Salze möglichst vollständig zu entfernen. Nach dieser Behandlung ist die Karosserie rost-, fett- und schmutzfrei und mit einer dünnen Zink- bzw. Zinkeisenphosphatschicht mit einem Flächengewicht von 1,1–4,5 g m$^{-2}$ bedeckt. Diese bietet einen ausgezeichneten Haftgrund für kathodischen Elektrotauchlack und verbessert die Korrosionsbeständigkeit der lackierten Oberfläche im Vergleich zu blank lackiertem Metall um den Faktor fünf bis zehn.

An die Vorbehandlung schließt sich die Lackierung an, in der auf die Karosserien drei bis vier Lackschichten mit einer Gesamtdicke von etwa 100 µm aufgebracht werden [114]. Die Grundierung erfolgt heute überwiegend mit dem kathodischen Elektrotauchverfahren unter Abscheidung von 15–35 µm dicken Lackschichten auf Basis aminisierter Epoxidharze. Nach der Elektrotauchlackierung werden die Karosserien mit dem aus dem kathodischen Tauchlack gewonnenen wässrigen Ultrafiltrat und in manchen Fällen danach noch mit vollentsalztem Wasser abgespritzt. Während des Einbrennens (ca. 15 min bei ca. 170 °C) vernetzen und härten die Lackschichten. Nach dem Abkühlen werden Karosserienähte mit PVC-Pasten abgedichtet, der Unterboden mit PVC-Plastisol bespritzt und die Radkästen mit Antidröhnmaterial beschichtet.

Der wässrige Füller ist die zweite, etwa 25–30 µm dicke Lackschicht, die meist aus mit Melamin oder Isocyanat vernetztem Polyurethan-Bindemittel aufgebaut ist und in der Regel mit einer automatischen Elektrostatikanlage unter Verwendung von Glockengeräten aufgebracht wird. Damit nicht erreichbare Oberflächenbereiche werden von Hand oder Roboter vor- bzw. nachgespritzt. Die Lackschichten härten während des Einbrennens (ca. 30 min bei 150 °C) aus, womit gleichzeitig eine Vollgelierung aller PVC-Materialien verbunden ist. In einem Zwischenschritt werden Unebenheiten der Fülleroberfläche durch Schleifen geglättet.

Anschließend erfolgt die Decklackierung, sie ist heute meist zweischichtig und besteht aus einer farbgebenden Basislackschicht (ca. 15–20 µm Dicke) und einem schützenden Klarlack (ca. 20 µm Dicke). Der Basislack ist ebenfalls wässrig, er setzt sich aus acrylierten Polyurethan-Dispersionen sowie Farb- und Effektpigmenten zusammen. Mit letzteren wird der Metalliceffekt erzielt. Appliziert wird automatisch in einer Kombination aus elektrostatischer und Hochdruck-Spritzapplikation. Anschließend erfolgt ein Zwischentrocknungsschritt. Bei den Klarlacken finden weitestgehend lösemittelhaltige Systeme auf Acrylatbasis Verwendung, die elektrostatisch appliziert und danach bei Temperaturen von 140 °C für 20 min eingebrannt werden.

Sämtliche Spritzkabinen sind mit Frischluftzuführung von oben und Bodenabsaugung versehen. Die austretende, Farbnebel enthaltende Luft wird mit Wasser unter Zusatz von alkalischem Lackkoaguliermittel gewaschen, wobei die Lackreste in eine nicht klebrige, krümelige Masse übergeführt und z. B. mit Hilfe eines Kratzbandes oder eines Schrägklärers mit nachgeschalteter Schälzentrifuge aus der Anlage entfernt werden.

Die Technik der elektrostatischen Lackierung ist soweit automatisiert, dass zwischen zwei aufeinander folgenden Karosserien ein schneller Farbwechsel möglich ist. Die Abluft der Lackeinbrennöfen wird meist durch thermische Verbrennung von Lösemitteln und den bei der Vernetzung entstehenden flüchtigen organisch-chemischen Nebenprodukten befreit.

Zur weiteren Sicherung der Korrosionsbeständigkeit werden häufig nach Abschluss aller Lackierarbeiten wichtige Karosseriehohlräume mit geschmolzenem Wachs durchflutet bzw. mit wässrigen Wachsdispersionen besprizt. Produkte der letztgenannten Art finden auch zum zusätzlichen Schutz des Unterbodens Anwendung.

**Coilcoating**
Metallband aus Aluminium, Stahl und elektrolytisch oder (Sendzimir-)verzinktem Stahl wird bereits im Walzwerk in Durchlaufanlagen chemisch oberflächenbehandelt und mit organischem Material beschichtet [114]. Nach dem Spritzreinigen und Spülen wird eine anorganische Konversionsschicht ausgebildet, die bei Stahl in der Regel aus Eisenoxid/Eisenphosphat, bei Aluminium aus Chromaten bzw. Chromphosphaten oder titan/zirconiumhaltigen Konversionsschichten und bei verzinktem Stahl aus komplexen Metalloxiden besteht und auf die eine Titan/Zirconium-Fluorid enthaltende Lösung aufgewalzt und aufgetrocknet wird. Die Chromatbehandlung wird auch hier zunehmend durch umweltverträglichere Passivierungen ersetzt. Die Beschichtung mit Lack erfolgt ein- bzw. zweischichtig im Walzenauftragsverfahren, wobei als Bindemittel u. a. Alkydharz, Acrylatharz, Siliconacrylatharz, Polyesterharz, Siliconpolyesterharz, Epoxidesterharz, PVC-Organosole, sowie Polyvinyl- oder Polyvinylidenfluorid verwendet werden. Die Filmbildung und gegebenenfalls auch die Vernetzung erfolgen im Einbrennverfahren. Die zu behandelnden Bänder sind 1–2 m breit, 0,2–1,5 mm dick und durchlaufen die mehrstufigen Anlagen mit Geschwindigkeiten von 20 bis zu 200 m min$^{-1}$. Die Vorbehandlung und Lackierung sind so ausgewählt, dass neben guter Korrosionsbeständigkeit eine hervorragende Stanz-, Biege- und Tiefziehfähigkeit gewährleistet ist. Nach dem Lackieren profilierte Bänder finden in der Bauindustrie für Fassadenverkleidungen, Sonnenblenden und Dachabdeckungen Verwendung. Weitere Anwendungen ergeben

sich in der Innenarchitektur und in der Metallmöbelindustrie. Ein aktueller Entwicklungsschwerpunkt stellt der Einsatz von Coilcoating-Blechen in der Automobilfertigung dar.

**Stahlbauten**

Stationäre Stahlkonstruktionen wie Brücken, Behälter, Stützgerüste und Verkleidungen unterliegen dem Angriff durch die Atmosphäre, durch Feuchtigkeit, Sauerstoff und Licht, der durch Abgase wie Schwefeloxide und Chlorwasserstoff, durch Flugstaub unterschiedlicher Zusammensetzung, durch Chemikalien und durch Auftausalze erheblich verstärkt wird. Zum Schutz werden organische Beschichtungssysteme eingesetzt. Ihre Wirksamkeit lässt sich durch eine vorherige Verzinkung der Stahloberfläche z. B. mit Hilfe des thermischen Spritzens oder einer Schmelztauchbehandlung wesentlich verbessern. Je nach der Aggressivität wird das Makroklima in die Typen Landatmosphäre ohne nennenswerte korrosionsfördernde Verunreinigungen, Stadtatmosphäre mit deutlichen Gehalten an Schwefeloxiden und anderen Schadstoffen, Industrieatmosphäre mit hohem Anteil an Schwefeloxiden und weiteren aggressiven Bestandteilen und schließlich Meeresatmosphäre mit Chloridverunreinigungen eingeteilt. Hohe Luftfeuchtigkeit mit häufiger Wasserkondensation wirkt korrosionsverstärkend, während ergiebige Regenfälle die Konzentration an wasserlöslichen Schadstoffen auf der Oberfläche vermindern. Die Gestalt von Stahlbauten ist von erheblichem Einfluss auf den Korrosionsangriff und die Möglichkeit, organische Schutzschichten aufzubringen. Oberstes Gebot ist die leichte Zugänglichkeit, damit der Korrosionsschutz durchgeführt, geprüft und instand gehalten werden kann. Wasser- und Schmutzansammlungen sollten durch ausreichende Flächenneigung und Dränageöffnungen an den tiefsten Punkten unterbunden werden. Dichtgeschlossene Hohlkästen und Hohlbauteile dürfen weder Luft noch Feuchtigkeit eindringen lassen, anderenfalls sind genügend dimensionierte Hand- bzw. Mannlöcher vorzusehen.

Die für den Auftrag organischer Schichten bestimmten Oberflächen liegen in unterschiedlichen Zuständen vor. Warmgewalzte Flächen weisen eine höhere Rauigkeit auf, während Kaltwalz- oder Ziehteile glatte Flächen, gegebenenfalls mit Schmierstoffresten besitzen. Frisches Warmwalzmaterial ist von festhaftendem Zunder bedeckt, der mit zunehmender Lagerung im Freien abblättert und in Rost mit beginnendem Narbenfraß übergeht. An bereits früher organisch beschichteten Flächen sind die Art der Beschichtung, der Rostgrad an Beschädigungsstellen sowie etwaige Blasenbildungen und Abblätterungen zu beachten. Schließlich können noch artfremde Verunreinigungen wie Staub, Schmutz, Ruß, Beton, Sand, Inkrustationen, Fette, Salze, Säuren, Laugen und dgl. vorliegen.

Zur Reinigung der Oberflächen benutzt man je nach Art der Verunreinigung die wässrige Hochdruckentfettung, die chemische Beizentzunderung bzw. -entrostung, die chemische Lackabbeizung, die thermische Entrostung mittels Flammstrahlen und die mechanischen Entrostungs- und Entzunderungsverfahren mittels Drahtbürste, Nadelpistolen, Schleifscheiben oder Strahlen [124], wobei der höchste Sauberkeitsgrad durch das Strahlverfahren erreicht wird. Für die meisten Beschichtungen ist eine Strahlbehandlung bis zum Reinheitsgrad Sa 2½ nach DIN 55 928, Teil 4 anzustreben, bei dem Zunder, Rost und alte Beschichtungen soweit entfernt sind, dass Reste auf der Stahloberfläche lediglich als leichte Schattierungen infolge Tönung von Poren sichtbar bleiben. Die gestrahlten Oberflächen sind sehr rostanfällig und müssen deshalb unmittelbar danach mit dem ersten Grundanstrich versehen werden.

Der klassische Korrosionsschutzanstrichaufbau besteht aus zwei Grund- und zwei Deckanstrichen. Die Gesamttrockenfilmdicke muss mindestens das Dreifache der Rauigkeit der Metalloberfläche betragen. Weitere, die Sollschichtdicke bestimmende Einflussgrößen sind die Art des Beschichtungssystems und die zu erwartende Korrosionsbeanspruchung. In der Praxis liegt sie üblicherweise zwischen 120 und 360 µm. Eine meist thixotrop eingestellte Kantenschutzbeschichtung als zusätzlicher Arbeitsgang zwischen Grund- und Deckbeschichtung soll Minderdicken an Kanten von Stahlprofilen, Schrauben, Nieten u. a. ausgleichen.

Der Anwendungsbereich von Öl- und Ölkombinationsbindemitteln ist auf leichte bis mittlere Korrosionsbeanspruchungen beschränkt. Alkydharze, Alkydharzkombinationen und Epoxidesterharze besitzen bereits einen höheren Schutzwert. Bei schweren Beanspruchungen sind Chlorkautschuk, Copolymerisate aus Vinylchlorid und Vinylacetat, zweikomponentige Epoxidharze oder Polyurethane, Teer-Epoxidharz sowie Teer-Polyurethan zu verwenden. Während für Grundbeschichtungen die bereits in Abschnitt 6.9.3.1 erwähnten Korrosionsschutzpigmente eingesetzt werden, sind für Deckbeschichtungen u. a. Pigmentierungen auf Basis von Aluminiumpulver, Eisenglimmer, Eisenoxid, Titandioxid und Zinkoxid gebräuchlich, die noch zusätzlich Bariumsulfat, Glimmer, Graphit oder Talk als Füllstoffe und zum Abtönen geeignete Farbpigmente enthalten können.

Um Stahlteile bei Transport, Lagerung und Bearbeitung vor Korrosion zu schützen, werden sie häufig bereits in der Werkstatt auf automatischen Anlagen gestrahlt und unmittelbar anschließend mit einer 15–25 µm dicken Fertigungsbeschichtung, dem sog. Shop Primer versehen. Hierbei handelt es sich meist um Anstrichsysteme auf Basis von Alkydharz, Epoxidharz oder Polyvinylbutyral, die mit Eisenoxidrot, Zinkphosphat oder Zinkstaub pigmentiert sind. Eine Kombination von Zinkstaub mit Alkalisilicat bzw. Ethylsilicat liefert Shop Primer mit guter Beständigkeit gegen Korrosion und mechanische sowie thermische Beanspruchung (400 °C). Mit Shop Primer behandelte Oberflächen können auf der Baustelle meist ohne zusätzliche Vorbereitung mit weiteren Anstrichschichten versehen werden.

**Schiffe und Wasserfahrzeuge**

Die Verfahren und Produkte zur organischen Beschichtung von Schiffen und Wasserfahrzeugen entsprechen in vieler Hinsicht denen für Stahlbauten [114, 124]. Zur Untergrundvorbereitung dienen hauptsächlich Strahlverfahren unter Verwendung von metallischem und anorganisch-nichtmetallischem körnigem Strahlmittel und das Flammstrahlen, gegebenenfalls in Verbindung mit dem Flammphosphatieren. Ein intakter Shop Primer ist ebenfalls ein für die organische Beschichtung geeigneter Untergrund.

Der Außenanstrich von Stahlschiffen unterhalb der Wasserlinie muss gut auf dem Metall haften, beständig gegen Seewasser sein und den Bewuchs durch Algen, niedere Krebse usw. hemmen. Bei Schiffen mit kathodischem Schutz wird zusätzlich eine Resistenz gegen Alkali, das sich als Folge des Schutzmechanismus an anstrichfreien Beschädigungsstellen bildet, verlangt. Das Beschichtungssystem setzt sich aus dem Korrosionsschutzanstrich mit einer Mindestdicke von 200 µm und dem zusätzlich aufzubringenden Antifouling-Anstrich mit einer Mindestdicke von 50 µm zusammen. Als Bindemittel im Unterwasserbereich werden zweikomponentiges Epoxidharz, zweikomponentiges Polyurethan, Vinylchlorid/Vinylacetat-Copolymere und Chlorkautschuk verwendet. Die drei erstgenannten Bindemittel lassen sich mit Teer kombinieren, wodurch die Wasserbeständigkeit noch verbessert wird. Zur Verhinderung der Besiedelung der Schiffsaußenwand durch tierische und pflanzliche Bewuchsorganismen wird abschließend ein Antifouling-Anstrich aufgebracht, der mit Kupfer(I)-oxid oder Zinnverbindungen pigmentiert ist. Seine Schutzwirkung beruht auf der langsamen Auflösung dieser für die Bewuchsorganismen toxischen Stoffe. Das verwendete Tributylzinn (TBT) ist jedoch auch noch für andere Meeresorganismen toxisch, daher werden intensiv Substitutionsstoffe oder Beschichtungen mit haariger oder Antihaftoberfläche erprobt.

Für den Schutz der Aufbauten kommen neben den traditionellen Anstrichen auf Ölbasis insbesondere solche in Betracht, die Alkydharze, Vinylpolymerisatharze sowie Epoxid- oder Polyurethanharze – die beiden letzten als Zweikomponentenmaterialien – enthalten. Die Beschichtung von Tankinnenflächen muss auf die zu erwartenden Korrosionsbeanspruchungen und gegebenenfalls zusätzliche Anforderungen wie physiologische Unbedenklichkeit bei Nahrungsmitteltransporten abgestimmt sein. Dementsprechend vielfältig sind auch die verwendeten Beschichtungen: Zementschlemmen (ca. 1 mm), Mineralöl-Wollfettbeschichtungen (50 bis 250 µm), Fettcompounds (ca. 500 µm), Heißasphaltierung (ca. 1 mm), Zinkstaubanstrichmittel (ca. 75 um), zweikomponentige Epoxid- und Polyurethanharze (ca. 250 µm).

**Heiße Metallflächen**
Zur Erzeugung von hitzebeständigen Lacken haben sich Aluminium-Metalleffektpigmente bewährt. Anstriche auf dieser Basis sind bis ca. 600 °C beständig, wobei allerdings das Bindemittel je nach Art bereits bei tieferer Temperatur zerstört wird. Das verbleibende Aluminium legiert sich mit dem Stahl, haftet gut auf dem Untergrund und schützt gegen Verzunderung. Gute Hitze- und Wetterbeständigkeit wird bei der Verwendung von Siliconharzen oder Butyltitanat als Bindemittel für mit Aluminium pigmentierte Farben erreicht. Diese Bindemittel verbrennen nur teilweise und liefern ein stabiles Gerüst für die Fixierung des Pigments. Farben, die Zinkstaub und Alkalisilikat oder Ethylsilicat als Bindemittel enthalten, sind bis 400 °C stabil und besitzen eine gute Wetterbeständigkeit.

## 7
**Prüftechnik bei Korrosionsschutzbeschichtungen**

Bereits bei der Herstellung und Verarbeitung von Lacken werden umfangreiche und höchst unterschiedliche Mess- und Prüftechniken zur Prozesskontrolle und Qualitätssicherung eingesetzt. Das Spektrum reicht dabei vom einfachen Auslaufbecher zur Bestimmung der Viskosität bis zu Streumethoden zur Bestimmung kolloidaler Eigenschaften [127]. Der eigentliche Schutzwert von Überzügen auf Metallen steht mit einer Reihe von Eigenschaften der Überzugsmaterialien in Zusammenhang, die sich durch physikalische und chemische Kurzprüfungen im Laboratorium ermitteln lassen [120, 121, 128]. Die genauen Prüfbedingungen sind in Normen (DIN, ISO, ASTM, MIL etc.) sowie oft in bilateralen Lieferbedingungen festgelegt [128]. Der Gesamtkomplex Korrosion ist in DIN ISO EN 12944-1-8 abgehandelt. Zusätzlich sind Langzeitprüfungen unter Praxisbedingungen notwendig, damit u. a. die Beurteilung der Übertragbarkeit der aus den Kurzprüfungen erhaltenen Ergebnisse gesichert ist.

## 7.1
### Haftung, Porosität und Morphologie der Oberfläche

Haftung der Beschichtung zum Substrat ist eine Voraussetzung für einen guten Korrosionsschutz. Die Haftfestigkeit kann mit einer sog. Twist-O-Meter-Prüfung bestimmt werden. Dabei wird ein Stempel auf die Probe geklebt und das Drehmoment zum Abdrehen sowie die Charakteristik der Bruchbilder bestimmt. Als wichtige Methode wird meist der Gitterschnitttest herangezogen, der mit gewissen Einschränkungen eine schnelle Beurteilung der Haftfestigkeit zulässt. Dabei wird ein gitterförmiges Rautenmuster in die Beschichtung geschnitten und anschließend werden mit einem Klebeband die nicht haftenden Flächenelemente abgerissen. Aus der Größe der abgeplatzten Bereiche können Rückschlüsse auf die Haftung gezogen werden (DIN EN ISO 2409).

Eine wichtige Rolle spielt die Prüfung auf Poren, deren Vorhandensein die Qualität von Deckschichten sehr beeinträchtigen kann. Als rein physikalisches Verfahren ist die Hochspannungsmethode zu nennen, bei der ein Drahtbesen oder Wischer aus leitfähigem Gummi über die elektrisch isolierende Deckschicht geführt und eine hohe elektrische Spannung zwischen diesen und das Grundmetall gelegt wird. Durchschläge, die elektronisch oder akustisch angezeigt werden können, kennzeichnen das Vorhandensein von Poren. Die chemischen oder elektrochemischen Porenprüfmethoden benutzen meist eine Korrosion des Grundmetalls und eine Farbreaktion für seine Ionen zur Bestimmung der Zahl und – mit Einschränkungen – auch der Ausdehnung der Poren. Beim Ferroxyltest dient eine wässrige Lösung aus Natriumchlorid und Kaliumhexacyanoferrat(III) als korrodierendes Medium und gleichzeitig als Indikator für aufgelöstes Eisen.

Die Morphologie der Oberfläche wird visuell als Glanz oder Mattigkeit empfunden. Messtechnisch kann daher eine Beurteilung über den Glanzgrad bei verschiedenen Betrachtungswinkeln in sog. Reflektometern erfolgen. Mit einem Profilographen wird die Oberfläche abgetastet und die Rauigkeit und Welligkeit in Kennzahlen dargestellt. Die Rauigkeit lässt sich auch optisch durch Reflektion eines Messtrahls ermitteln, wie dies in Wavescan-Geräten der Fall ist [124].

## 7.2
## Schichtdicke

Zur Bestimmung der Schichtdicke auf Metallen bieten sich Methoden an, die von den elektrischen oder magnetischen Eigenschaften der Metalle Gebrauch machen. Der Lack fungiert als eine Isolierschicht; die entsprechende Schwächung der Wechselwirkung lässt sich in eine Schichtdicke umrechnen. Für ferromagnetische Substrate wird die Veränderung eines Magnetfeldes bei der Annäherung der Sonde an den Untergrund zur Schichtdickenbestimmung herangezogen. Die Sonde besteht dabei aus zwei Spulen, von denen eine das Magnetfeld induziert und die zweite die Stärke des induzierten Magnetfeldes bestimmt (DIN EN ISO 2178).

Ist das Substrat nicht ferromagnetisch, wird die Schichtdicke mit Geräten bestimmt, die die Stärke induzierter Wirbelströme ausnutzen. Durch die isolierende Lackschicht zwischen Substrat und Sonde werden in Abhängigkeit der Schichtdicke Wirbelströme unterschiedlicher Stärke erzeugt (DIN EN ISO 2360).

Für Sonderfälle oder auch um eine detaillierte Einsicht in den Schichtaufbau zu bekommen, werden Querschliffe präpariert. Im Mikroskop können dann Schichtdicken bestimmt werden. Ebenfalls können damit die Verteilung von Pigmenten oder Lackfehler untersucht werden (DIN EN ISO 1463).

Die Schwächung der Fe-Röntgenfluoreszenz durch Zinnüberzüge dient zur Schichtdickenkontrolle in Bandverzinnungsanlagen. Das ß-Rückstreuverfahren verwendet eine ß-Strahlenquelle, deren Strahlen auf das beschichtete Metall fallen. Die Intensität der Rückstreuung ist eine Funktion der Ordnungszahl von Schichtmaterial und Basismetall sowie der Schichtdicke.

## 7.3
## Härte und Verschleißfestigkeit

Die Härte von Metallüberzügen wird hauptsächlich im Eindruckversuch bestimmt (Vickers, Knoop, Rockwell). Dabei ist zu beachten, dass die Eindringtiefe der Testkörper ein Zehntel der Überzugsdicke nicht überschreiten soll. Die Verschleißbeständigkeit lässt sich im Schleif- oder Strahlversuch ermitteln. Einen gewissen Anhalt gibt auch die Ritzung. Bei Emailschichten dient ebenfalls der Eindruck-, Ritz- und Schleifversuch zur Ermittlung von Härte und Verschleißbeständigkeit. Die Härte von Lackschichten kann durch das Eindrücken eines Testkörpers bestimmt werden (Buchholz-Härte). Bei der Prüfung der Pendel- oder Schaukelhärte wird die Dämpfungseigenschaft des Lackfilms auf die Schwingung eines aufgelagerten Pendels ermittelt wobei eine hohe Dämpfung einem weichen Film entspricht. Durch das Ziehen von Bleistiften unterschiedlicher Härte mit konstantem Druck über den Lackfilm kommt man zur sog. Bleistifthärte. Verschleiß und Abrieb lassen sich durch Abreiben mit Schmirgelpapier, Berieseln mit Stahlkugeln oder Sand, sowie durch Beschießen mit körnigem Material bestimmen.

## 7.4
## Haftung

Zur Beurteilung der Haftung metallischer Schichten auf dem Untergrund wird der Prüfkörper gebogen, gewickelt, geknickt oder abwechselnd erhitzt und abgekühlt. Beim Trennversuch mit der Metallsäge splittern gut haftende Schichten am Schnitt nicht aus. Für Emailschichten gibt ein Test, bei dem eine emaillierte Blechprobe einer zunehmenden Torsion unterworfen wird, Aufschluss über die Haftung. Praxisnahe Ergebnisse über die Schlagbeständigkeit werden beim Aufschlagen eines Körpers verschiedener kinetischer Energie erhalten. Die Haftung von Lackschichten ergibt sich z. B. aus der Gitterschnittprüfung, bei der der Lack mit einem scharfen Messer mit sich kreuzenden Parallelschnitten versehen wird. Eine gewisse Aussage lässt sich auch schon aus dem Verhalten des Lacks beim Abschälen eines Spanes machen. Zur Qualitätskontrolle der Bandlackierung benutzt man häufig das Biegen über einen konischen Dorn, über eine scharfe Kante oder das Falten um 180° mit Biegeradien im Bereich der Blechdicke.

Ein weit verbreiteter Test ist die Erichsen-Tiefung, bei der das Prüfblech auf einer Matrize durch Eindrücken einer Kugel langsam verbeult wird. Die Wölbungshöhe, die erstmals Risse bzw. Abplatzen des Lackes zeigt, dient als Maß für die Haftung. Bei der wesentlich stärker beanspruchenden Schlagtiefung wird eine ähnliche Verformung schlagartig durchgeführt. Der Tiefziehversuch unter Ausbildung eines runden oder Vierkantnäpfchens ist für die Prüfung von Tiefziehlacken von Bedeutung. Eine Spezialentwicklung für die Autoindustrie stellt der Steinschlagtest dar, bei dem das Haftungsverhalten des Lackfilms bei kurzzeitigem Beschuss mit Stahlkies geprüft wird. Zweimaliger Beschuss mit dazwischen liegender Beanspruchung im Salzsprühtest soll die Verhältnisse auf winterlichen Straßen simulieren.

## 7.5
## Korrosionsbeständigkeit

Für die Produktionskontrolle und als Schnelltest für Entwicklungsarbeiten sind Kurzprüfungen von großer Bedeutung. Ein weit verbreitetes Verfahren zur Kontrolle von Lack-, Metall- und anorganisch-nichtmetallischen Schichten ist der Salzsprühtest, bei dem die Prüfkörper dem feinverteilten Sprühnebel wässriger Natriumchlorid-Lösung ausgesetzt werden. Verschärfte Bedingungen treten nach Zusatz von Essigsäure zur Kochsalz-Lösung ein. In der Variante des CASS-Tests wird kupferchloridhaltige, mit Essigsäure angesäuerte Natriumchlorid-Lösung verwendet. Die letzte Prüfung wird vornehmlich für die Kontrolle von Elektroplattierschichten benutzt. Ebenfalls speziell für dieses Anwendungsgebiet ist der Corrodkote-Versuch entwickelt worden. Dabei werden die Prüfkörper mit einer Paste aus Kupfer(II)-nitrat, Eisen(III)-chlorid, Ammoniumchlorid und Ton bestrichen und einem Feuchtraumklima ausgesetzt.

Zur Nachahmung der Industrieatmosphäre dient ein Kondenswassertest mit Zugabe von $SO_2$ in bestimmten Zeitabständen. Die Tropenbeanspruchung ohne zusätzliche Einwirkung korrosiver Stoffe wird im Kondenswassertest bei erhöhter

Temperatur mit Betauung der Proben simuliert. Eine weitere Annäherung der Kurzzeitprüfungen an die praktischen Verhältnisse gelingt mit Wechseltests, in denen die Prüfkörper nacheinander dem Salzsprühnebel, hoher Luftfeuchtigkeit und einer Erholungszeit unter Normalklimabedingungen ausgesetzt werden. Diese Prüfmethode lässt sich durch Einschaltung von Gefrier- und Auftauzyklen noch verfeinern. Speziell für Emailschichten wurden Methoden zur Prüfung auf Beständigkeit gegen Säuren, Laugen und Wasser erarbeitet. Bei organischen Schichten kann zusätzlich zur Korrosionsbeanspruchung noch die Einwirkung von Licht- und UV-Strahlung bedeutsam sein. Für die Prüfung auf besondere Korrosionsarten wie Spannungsrisskorrosion, interkristalline Korrosion, Korrosionsermüdung, Kavitation oder Reibkorrosion bestehen Spezialverfahren. Außer den genormten Kurzprüfungen werden Langzeitbewitterungen oder Beanspruchungen unter den speziell zu erwartenden Praxisbedingungen durchgeführt.

Die Beschreibung der Prüfergebnisse kann je nach Korrosionsbild durch das Ausmaß der Flächenbedeckung mit Korrosionsprodukt, den Massenverlust, die Tiefe von Korrosionsporen sowie die Abnahme der Festigkeit und Dehnbarkeit der Probe erfolgen. Bei organischen Schichten sind die Kreidung der Oberfläche, ein Farbwechsel, Riss- und Blasenbildung und eine Verminderung der Überzugshaftung sowie eine von Beschädigungsstellen ausgehende Unterwanderung von besonderem Interesse. Blasenbildung kann auch bei Elektroplattierschichten auftreten.

Im Gegensatz zu den chemischen Korrosionsuntersuchungen liefern elektrochemische Prüfverfahren überwiegend qualitative Daten, die besonders für die Erkennung von Korrosionsmechanismen von Bedeutung sind [17]. Stromdichte/Potential-Kurven lassen z. B. Rückschlüsse auf die Wirkung von Inhibitoren und Legierungselementen zu. Aus dem Verlauf des kathodischen Astes ergeben sich Informationen über die Anwesenheit von Korrosionsstimulatoren, z. B. Sauerstoff. In einigen Fällen geben Potentialmessungen Hinweise auf die Notwendigkeit und Wirksamkeit von Schutzmaßnahmen. Die Untersuchungen können in Anpassung an die jeweilige Fragestellung nach der potentiostatischen, potentiodynamischen, galvanostatischen und galvanodynamischen Methode durchgeführt werden.

# 8
**Literatur**

1 H. H. Uhlig: *The Corrosion Handbook*, 2$^{nd}$ Ed., Wiley-VCH, Weinheim, **2000**.
2 L. L. Shreir, R. A. Jarmann, G. T. Burstein: *Corrosion*, 3$^{rd}$ Ed., Butterworth-Heinemann, Oxford, **1994**.
3 H. Kaesche: *Corrosion of Metals*, Springer, Berlin, **2003**.
4 E. Kurze: *Korrosion und Korrosionsschutz*, Wiley-VCH, Weinheim, **2001**.
5 M. Stratmann, G. S. Frankel (Hrsg.): Corrosion and Oxide Films, in *Encyclopedia of Electrochemistry*, Vol. 5, Wiley-VCH, Weinheim, **2003**
6 A. D. Sarkar: *Friction and Wear*, Academic Press, London, **1980**.
7 B. Bhushan: *Principles and Applications of Tribology*, Wiley-VCH, New York, **1999**.
8 B. Bhushan: *Modern Tribology Handbook*, CRC Press, Boca Raton, **2001**.
9 *DECHEMA Corrosion Handbook*, VCH, Weinheim, **1987**.
10 E. Wender-Kalsch, H. Gräfen: *Korrosionsschadenkunde*, Springer, Berlin, **1998**.
11 F. Tödt: *Korrosion und Korrosionsschutz*, 2. Aufl. de Gruyter, Berlin, **1961**.

12  F. W. Hirth, H. Speckhardt, *Metalloberfläche* **1975**, *29*, 291.

13  H. Spähn, *Z. Phys. Chem.* **1967**, *234*, 1.

14  A. V. Levy, *Corrosion* **1995**, *51*, 872.

15  S. A. Perusich, R. C. Alkire, *J. Electrochem. Soc.* **1991**, *138*, 700.

16  H. Rieger: *Kavitation und Tropfenschlag*, Werkstofftechnische Verlagsgesellschaft, Karlsruhe, **1977**.

17  A. Simoes, G. Grundmeier: Corrosion Protection by Organic Coatings, in J. Bard, M. Stratmann (Hrsg.): *Encyclopedia of Electrochemistry*, Vol. 5, A, Wiley-VCH, Weinheim, **2003**.

18  Gesellschaft für Tribologie: Arbeitsblatt 7, **2002**, Ernststr. 12, 47 443 Moers.

19  K.-H. Habig: *Verschleiß und Härte von Werkstoffen*, Carl Hanser, München, **1980**.

20  T. E. Fischer, *Ann. Rev. Mater. Sci.* **1988**, *18*, 303.

21  H. Gräfen, F. Kahl, A. Rahmel (Hrsg.): *Die Bedeutung der Korrosion für Planung, Bau und Betrieb von Anlagen der chemischen und der petrochemischen Technik sowie in der Mineralölindustrie*, Verlag Chemie, Weinheim, **1974**.

22  G. A. Nelson: *Corrosion Data Survey*, National Association of Corrosion Engineers, Houston, Texas, **1967**.

23  H.-E. Bühler, M. Litzkendorf, B. Schubert, K. Zerweck: *Korrosionsgerechte Konstruktion. Merkblätter zur Verhütung von Korrosion durch konstruktive und fertigungstechnische Maßnahmen*, DECHEMA, Frankfurt (M), **1981**.

24  W. V. Baeckmann, W. Schwenk, W. Prinz, (Hrsg.): *Handbuch der kathodischen Korrosionsschutzes*, VCH, Weinheim, **1989**.

25  C. C. Nathan (Hrsg.): *Corrosion Inhibitors*, NACE, Houston, **1973**.

26  J. S. Robinson: *Corrosion Inhibitors*, Noyes Data Corp., Park Ridge, NJ, **1979**.

27  V. S. Shastri: *Corrosion Inhibitors*, Wiley, Chichester, **1998**.

28  J. M. Brooke, *Hydrocarbon Process.* **1970**, *49* (*1*), 121.

29  Z. A. Foroulis, *Werkst. Korros.* **1982**, *33*, 121.

30  A. Leng, M. Stratmann, *Corros. Sci.* **1993**, *34*, 1657.

31  T. Biestek, J. Weber: *Electrolytic and Chemical Conversion Coatings. A Concise Survey of their Production, Properties and Testing*, Portcullis Press, Redhill, **1976**.

32  a) R. S. Capp: *Finishing Handbook and Directory*, Sawell Publications, London **1982**. b) H. W. Dettner, J. Ehe (Hrsg.): *Handbuch der Galvanotechnik*, Carl Hanser, München, **1963–1969**.

33  P. H. Langdon et al.: *Metal Finishing 49th Guidebook-Directory Issue 1981*, Metals and Plastics Publications, Hackensack, NJ, **1981**.

34  J. A. Murphy: *Surface Preparations and Finishes for Metals*, McGraw-Hill, New York, **1971**.

35  K.-A. van Oeteren: *Korrosionsschutz durch Beschichtungsstoffe*, Bd. 1 und 2, Carl Hanser, München, **1980**.

36  H. Silman, G. Isseriis, A. F. Averill: *Protective and Decorative Coatings of Metals*, Finishing Publications, Teddington, **1978**.

37  R. C. Snogren: *Handbook of Surface Preparation*, Palmerton Publishing, New York, **1974**.

38  A. Appen, A. Petzold: *Hitzebeständige Korrosions-, Wärme- und Verschleißschutzschichten*, Deutscher Verlag für Grundstoffindustrie, Leipzig, **1980**.

39  H. Simon, M. Thoma: *Angewandte Oberflächentechnik für metallische Werkstoffe*, Carl Hanser, München, **1985**.

40  K.-P. Müller: *Praktische Oberflächentechnik*; Vieweg, Braunschweig-Wiesbaden, **1995**.

41  E. Lutter: *Die Entfettung. Grundlagen, Theorie und Praxis*, Leuze, Saulgau/Württ., **1975**.

42  W. Machu: *Oberflächenbehandlung von Eisen- und Nichteisenmetallen*, Akadem. Verlagsgesellschaft, Leipzig, **1954**.

43  R. Streeb, R. Hoffmann: *Metall-Entfettung und -Reinigung*, 2. Aufl., Leuze, Saulgau/Württ., **1969**.

44  *Jahrbuch der Oberflächentechnik*, Metall-Verlag, Berlin, **1954–1983**.

45  Chr. Rossman, in [44], Bd. 37 (1981), 19.

46  Detergentienverordnung, (EU) Nr. 648/2004, Amtsblatt der Europäischen Union, 104, S. 1 vom 8.4.2004.

47  J. M. Schneider, in [44], Bd. 37 (1981), 30.

48. DIN EN ISO 12944: Korrosionsschutz von Stahlbauten durch Beschichtungssysteme, Beuth, Berlin, **1998**.
49. Teil 4 in [48]: Arten von Oberflächen und Oberflächenvorbereitung, Beuth, Berlin, **1998**.
50. VDI/VDE-Richtlinien 2420: Metalloberflächenbehandlung in der Feinwerktechnik, VDI-Verlag, Düsseldorf, **1981**-03.
51. Blatt 1 in [50]: Mechanische Behandlung, **1980**-5.
52. STG 4302: Richtlinien für das Flammstrahlen. 6. Ausgabe, Schiffbautechnische Gesellschaft (STG), Hamburg, **1976**.
53. Blatt 3 in [50]: Chemische Behandlung durch Beizen, **1980**-5.
54. M. Straschill: *Neuzeitliches Beizen von Metallen*, 2. Aufl., Leuze, Saulgau/Württ.: **1972**.
55. O. Vogel: *Handbuch der Metallbeizerei*, Bd. 1 und 2, Verlag Chemie, Weinheim, **1951**.
56. W. Burkart: *Modernes Schleifen und Polieren*, 6. Aufl., Leuze, Saulgau/Württ., **1991**.
57. H. Finkeinburg, in [44], Bd. 33 (1977), 15.
58. B. Siegel, in [44], Bd. 26 (1970), 63.
59. W. Rausch: *Die Phosphatierung von Metallen*, Leuze, Saulgau/Württ., 3. Auflage, **2005**.
60. J. W. Schultze, N. Müller, Metalloberfläche **1999**, *53*, 17.
61. DIN EN 12476: Phosphatierüberzüge auf Metallen – Verfahren für die Festlegung von Anforderungen, Beuth, Berlin, **2001**-10.
62. Blatt 6 in [50]: Nichtmetallische Überzüge I, chemische und elektrochemische Verfahren, **1981**-03.
63. S. Wernick: *The Surface Treatment and Finishing of Aluminium and its Alloys*, 3. Aufl., Robert Draper, Teddington, **1964**.
64. ASTM B 449: Chromatieren von Aluminium, **1993**.
65. ASTM D 1730: Standard Practises for Preparation of Aluminium and Aluminium Alloy Surfaces for Painting, **2003**.
66. DAP – Deutsches Akkreditierungssystem Prüfwesen GmbH, DIN 50939: Korrosionsschutz – Chromatieren von Aluminium-Verfahrensgrundsätze und Prüfverfahren, Beuth, Berlin, **1996**-09.
67. ASTM D 2092: Herstellung von zinkbeschichteten (galvanisierten) Stahloberflächen für den Anstrich, **1995**.
68. ISO/DIS 2082: 20–12: Metallische Überzüge – Galvanische Cadmiumüberzüge mit zusätzlichen Behandlungen auf Eisen und Stahl, Norm-Entwurf 2003-12.
Fachzeitschrift Galvanotechnik – Neue Produkte/WK, Herausgeber und Bezugsquellen: Deutsche Normen Herausgeber: DIN Deutsches Institut für Normung e. V., Berlin, Beuth Verlag GmbH.
69. ASTM D 1732: Standard Practices for Preparation of Magnesium Alloy Surfaces for Painting, **2003**.
70. W. Canning, and Co. (Hrsg.): *The Canning Handbook on Electroplating*, W. Canning, Birmingham, **1978**.
71. Blatt 5 in [50]: Metallische Überzüge II, chemische und sonstige Verfahren. **1980**-05.
72. H. Mahlkow, in [44], Bd. 38 (1982), 124.
73. A. E. Hughes, K. J. H. Nelson, P. R. Miller, Mat. Sci. and Tech., **1999**, *15*, 1124.
74. Th. Schmidt-Hansberg, P. Schubach, 3rd International Symposium ASST 2003, ATB Metallurgie 2003, *43*, 9.
75. Th. Schmidt-Hansberg, *Galvanotechnik* **2001**, *92*, 3243–3249.
76. M. Úredníček, J. S. Kirkaldy, Z. Metallkd. **1973**, *64* (12), 899.
77. B. Gaida: *Galvanotechnik in Frage und Antwort*; 4.Aufl., Leuze, Saulgau/Württ., **1983**, S. 230–236.
78. Leuze, H.: *Praktische Galvanotechnik*; 4. Aufl., Leuze, Saulgau/Württ., **1984**, S 220–225.
79. K.-P. Müller: *Praktische Oberflächentechnik*, Vieweg, Braunschweig-Wiesbaden, **1995**.
80. W. Schatt (Hrsg.): *Werkstoffe des Maschinen-, Anlagen- und Apparatebaues*, 4. Aufl., Dt. Verl. Grundstoffind., Leipzig, **1991**.
81. P. Maaß, P. Peißker (Hrsg.): *Handbuch Feuerverzinken*, 2. Aufl., VCH Weinheim-New York, **1993**.
82. Stahl-Informations-Zentrum Düsseldorf (Hrsg.): Merkblatt 329, Korrosionsschutz durch Feuerverzinken (Stückverzinken), 1. Aufl., **2001**; www.stahl-info.de/schriftenverzeichnis.

83 W. Schwarz, L. Furken, R. Brisberger, H. Litzke, N. Petsch, *Stahl u. Eisen* **1993**, *113* (5), 57.
84 R. Schönenberg, M. Dubke, J. Fischer, E. Peter, *Stahl u. Eisen* **2003**, *123* (3), 77.
85 Stahl-Informations-Zentrum Düsseldorf (Hrsg.): Merkblatt 095, Charakteristische Merkmale Schmelztauchveredeltes Band und Blech, 3. Aufl., **2001**, www.stahl-info.de/schriftenverzeichnis, Europäische Normen EN 10 142, EN 10 147 und EN 10 292.
86 H. Schmitz, R. Bode, G. Emmerich, *Stahl u. Eisen* **1989**, *109* (3), 105.
87 Stahl-Informations-Zentrum Düsseldorf (Hrsg.): Merkblatt 095, Charakteristische Merkmale Schmelztauchveredeltes Band und Blech, 3. Aufl., **2001**, www.stahl-info.de/schriftenverzeichnis, Europäische Norm EN 10 214.
88 Stahl-Informations-Zentrum Düsseldorf (Hrsg.): Merkblatt 095, Charakteristische Merkmale Schmelztauchveredeltes Band und Blech, 3. Aufl., **2001**, www.stahl-info.de/schriftenverzeichnis, Europäische Norm EN 10 215.
89 Stahl-Informations-Zentrum Düsseldorf (Hrsg.): Merkblatt 095, Charakteristische Merkmale Schmelztauchveredeltes Band und Blech, 3. Aufl., **2001**, www.stahl-info.de/schriftenverzeichnis, Europäische Norm EN 10 215.
90 B. Schuhmacher, D. Wolfhard, *Mater. Corros.* **1998**, *49*, 725.
91 A. Knauschner (Hrsg.): *Oberflächenveredeln und Plattieren von Metallen*, 2. Aufl., VEB Deutscher Verlag für Grundstoffindustrie, Leipzig, **1982**.
92 Fr.-W. Bach, T. Duda (Hrsg.): *Moderne Beschichtungsverfahren*, Wiley-VCH, Weinheim-New York, **2000**.
93 R. A. Haefer: *Oberflächen- und Dünnschicht-Technologie, Teil I Beschichtungen und Oberflächen*, Springer-Verlag, Berlin-Heidelberg, **1987**.
94 T. Stoltenhoff, H. Kreye, H. J. Richter, *J. Therm. Spray Technol.* **2002**, *11*, 542.
95 H. Simon, M. Thoma: *Angewandte Oberflächentechnik für metallische Werkstoffe*, Carl Hanser Verlag, München-Wien, **1989**.
96 K. W. Mertz, H. A. Jehn (Hrsg.): *Praxishandbuch moderne Beschichtungen*, Carl Hanser Verlag, München-Wien, **2001**.
97 G. Spur, Th. Stöferle (Hrsg.): *Handbuch der Fertigungstechnik, Band 4/1 Abtragen, Beschichten*, Carl Hanser Verlag, München-Wien, **1987**.
98 B. A. Movchan, A. V. Demchishin, *Phys. Met. Metallogr.* **1969**, *28*, 83.
99 Chr. Metzner, B. Scheffel, K. Goedicke, *Surf. Coat. Technol.* **1996**, *86–87*, 769.
100 Chr. Metzner, *Vakuum in Forschung und Praxis* **2000**, *12* (1), 45.
101 Chr. Metzner, *Le Vide* **2002**, *303* (1/4), 58.
102 B. Schuhmacher, Ch. Schwerdt, U. Seyfert, O. Zimmer, *Surf. Coat. Technol.* **2003**, *163 – 164*, 703.
103 J. A. Thornton: *Ann. Rev. Mater. Sci.* **1977**, *7*, 239.
104 S. Schiller, K. Goedicke, V. Kirchhoff, Chr. Metzner, *Vakuum in Forschung und Praxis* **1995**, *7* (4), 286.
105 K. Ortner, M. Birkholz, T. Jung, *Vakuum in Forschung und Praxis* **2003**, *15* (5), 236.
106 B. Schultrich, *Vakuum in Forschung und Praxis* **2003**, *15* (4), 209.
107 B. Schultrich, H.-J. Scheibe, H. Mai, *Adv. Eng. Mat.* **2000**, *2* (7), 419.
108 T. Stucky, U. Baier, C.-F. Meyer, H.-J. Scheibe, B. Schultrich, *Vakuum in Forschung und Praxis* **2003**, *15* (6), 299.
109 K. Hutterer, W. Kaltenbrunner, A. Kohnhauser, *Härterei-Techn. Mitt.* **1976**, *31* (3), 145.
110 *Galvanotechnik* **1982**, *73*, 249 und 264.
111 F. Schreiber, *2. Kolloquium Neue Entwicklungen bei Fügeverfahren und Korrosionsschutz*, Kuratorium Korrosionsforschung (KKF)/GfKorr – Gesellschaft für Korrosionsforschung e. V., Frankfurt, 02.–03. März **2004**.
112 A. H. Dietzel: *Emaillierung. Wissenschaftliche Grundlagen und Grundzüge der Technologie*, Springer-Verlag, Berlin, **1981**.
113 www.emailverband.de.
114 O. Rentz, I. Zilliox: *Deutsch Französisches Institut für Umweltforschung, Bericht über Beste Verfügbare Techniken im Bereich der Lack- und Klebstoffverarbeitung in Deutschland*, Karlsruhe, **2002**.
115 R. Rimanek, in [114], S. 17, 126. E. Ölke, in [114], S. 61. R. Heinrichs, in [114], S. 79.

116 VDI-Gesellschaft Kunststofftechnik (Hrsg.): *Oberflächenschutz mit organischen Werkstoffen im Behälter-, Apparate- und Rohrleitungsbau*, VDI-Verlag, Düsseldorf, **1980**.
117 H.-Th. Hasky, in [114], S. 101.
118 H. Rudlof, in [114], S. 131.
119 M. Kaempffer, in [114], S. 145.
120 J. Ruf: *Organischer Metallschutz*, Vincentz Verlag, Hannover, **1993**.
121 A. Goldschmidt, H. J. Streitberger: *BASF Handbuch Lackiertechnik*, Vincentz Verlag, Hannover, **2002**.
122 Z. W. Wicks, F. N. Jones, S. P. Pappas: *Organic Coatings*, Wiley, New York, **1999**.
123 T. Brock, M. Groteklaes, P. Mischke: *Lehrbuch der Lacktechnologie*, Vincentz Verlag, Hannover, **1998**.
124 J. Pietschmann: *Industrielle Pulverbeschichtung*, Vieweg, Wiesbaden, **2003**.
125 G. Fetis: *Automotive Paints and Coatings*, VCH, Weinheim, **1994**.
126 P. Svedja: *Prozesse und Applikationsverfahren*, Vincentz Verlag, Hannover, **2004**.
127 G. Meichsner, T. G. Mezger, J. Schröder: *Lackeigenschaften messen und steuern*, Vincentz Verlag, Hannover, **2003**.
128 Deutsches Institut für Normung: DIN-TERM Beschichtungsstoffe, Vincentz Verlag, Hannover, **2001**.
129 P. E. Pierse: The Physical Chemistry of the Cathodic Electrodeposition Process. *J. Coat. Technol.* **1981**, *53*, 52–67.
130 1. Dt. Automobilkreis: 18. Arbeitstagung »Aktuelle Fragen der Karosserielackierung«, Technik & Kommunikation Verlags GmbH, Berlin, **2003**.
131 A. H. Tulla: Automotive Coatings. *Chem. Eng. News* **2002**, *80*, 27.

# 12
# Werkstoffe in der Chemischen Technik

*Manfred Gugau, Christina Berger, Jürgen Korkhaus, Hans D. Pletka
unter Mitarbeit von Jörg Ellermeier, Torsten Troßmann, Erhard Broszeit*

| | | |
|---|---|---|
| 1 | Allgemeine Anforderungen an die Werkstoffauswahl für Chemieanlagen | 459 |
| | | |
| 2 | **Beanspruchungen** 460 | |
| 2.1 | Mechanische Beanspruchung | 460 |
| 2.2 | Thermische Beanspruchung | 463 |
| 2.3 | Korrosion 465 | |
| 2.3.1 | Gleichmäßige und ungleichmäßige Flächenkorrosion | 468 |
| 2.3.2 | Lochkorrosion | 469 |
| 2.3.3 | Spaltkorrosion | 474 |
| 2.3.4 | Interkristalline Korrosion und selektive Korrosion | 475 |
| 2.3.5 | Spannungsrisskorrosion | 479 |
| 2.3.6 | Schwingungsrisskorrosion | 483 |
| 2.3.7 | Korrosionsverschleiß | 484 |
| 2.3.8 | Schwingungsverschleiß, früher Reibkorrosion | 485 |
| 2.3.9 | Erosionskorrosion und Kavitationskorrosion | 485 |
| 2.3.10 | Wasserstoffinduzierte Rissbildung | 487 |
| | | |
| 3 | Auslegung von Komponenten für Chemieanlagen | 487 |
| | | |
| 4 | **Werkstoffe** 491 | |
| 4.1 | Metallische Werkstoffe | 491 |
| 4.1.1 | Eisenbasislegierungen | 493 |
| 4.1.1.1 | Unlegierte und niedriglegierte Stähle | 494 |
| 4.1.2 | Warmfeste und hitzebeständige Stähle | 495 |
| 4.1.3 | Rost- und säurebeständige Stähle | 498 |
| 4.1.4 | Nickelbasiswerkstoffe | 506 |
| 4.1.4.1 | Nickel | 507 |
| 4.1.4.2 | Nickel-Kupfer-Legierungen | 509 |
| 4.1.4.3 | Nickel-Chrom- und Nickel-Chrom-Eisen-Legierungen | 511 |
| 4.1.4.4 | Nickel-Molybdän- und Nickel-Molybdän-Chrom-Legierungen | 514 |

Winnacker/Küchler. *Chemische Technik: Prozesse und Produkte.*
Herausgegeben von Roland Dittmeyer, Wilhelm Keim, Gerhard Kreysa, Alfred Oberholz
Band 6b: Metalle.
Copyright © 2006 WILEY-VCH Verlag GmbH & Co. KGaA, Weinheim
ISBN: 3-527-31578-0

| 12 Werkstoffe in der Chemischen Technik

| 4.1.4.5 | Schweißeignung von Nickel und Nickelbasislegierungen 517 |
| 4.1.5 | Aluminiumwerkstoffe 517 |
| 4.2 | Kunststoffe 521 |
| 4.2.1 | Beschichtungen 524 |
| 4.2.1.1 | Härtbare Beschichtungen 524 |
| 4.2.1.2 | Pulverbeschichtungen 526 |
| 4.2.2 | Auskleidungen 527 |
| 4.2.2.1 | Gummierungen 527 |
| 4.2.2.2 | Auskleidungen mit thermoplastischen Kunststoffen 528 |
| 4.2.2.3 | Auskleidungen mit Fluorkunststoffen 529 |
| 4.3 | Reaktionsharzlaminate 532 |

**5    Überwachung und Prüfung**   533

**6    Literatur**   534

# 1
## Allgemeine Anforderungen an die Werkstoffauswahl für Chemieanlagen

Kürzer werdende Lebenszyklen chemischer Produkte und die sich rasch verändernden Marktgegebenheiten zwingen die chemische Industrie zur beschleunigten Innovation ihrer Verfahren und Produkte. So ist bei der Werkstoffauswahl zu unterscheiden, ob eine Anlage der Herstellung nur eines Produktes dient und damit die Bedingungen, bei denen die Anlage betrieben wird, in einem enger gefassten Band physikalischer und chemischer Beanspruchungen liegen oder ob es sich um so genannte Mehr- oder Vielproduktanlagen (größere Variabilität in den Beanspruchungskomponenten) handelt. Unter Berücksichtigung der bereits für Einproduktanlagen geltenden Restriktionen, ist der Systemcharakter der Werkstoffauswahl erkennbar. Es handelt sich dabei um eine vielschichtige Verknüpfung von Wechselwirkungen im Spannungsdreieck der Prozess- und Produktanforderungen mit den Anforderungen an Sicherheit sowie Wirtschaftlichkeit (Abb. 1) [1].

Um eine optimale Werkstoffauswahl zu gewährleisten, ist die Kenntnis des genauen Beanspruchungsprofils für den Werkstoff bzw. das Bauteil erforderlich. Es handelt sich hierbei um eine so genannte Komplexbeanspruchung mit zeitlich veränderlichen Einzelkomponenten aus mechanischer, thermischer und korrosiver (chemisch-elektrochemischer) Beanspruchung.

Die Optimierung erfordert aber besondere Kenntnisse und Erfahrungen, denn erst wenn Werkstoffe in einer Vielzahl von Anlagen und Apparaten hinsichtlich ihrer Verarbeitungs- und Einsatzgrenzen bekannt sind und beherrscht werden, lassen sich ihre Eigenschaftsprofile gezielt wirtschaftlich nutzen. Gerade bei modernen

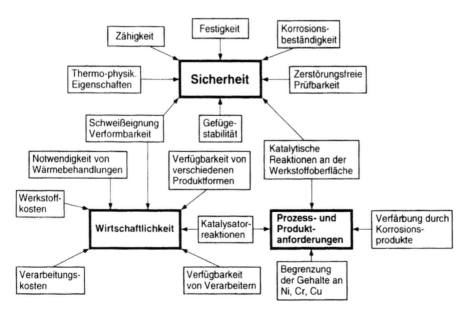

**Abb. 1** Anforderungen und Gesichtspunkte für die Werkstoffauswahl in der chemischen Technik [1].

Werkstoffen lassen sich das für den Chemieanlagenbau erforderliche Eigenschaftsspektrum und die für ihre Bearbeitung maßgebenden Daten in der Regel nicht aus den zunächst ausschließlich vorhandenen Labordaten ableiten [2]. Hier bedeutet der Werkstoffeinsatz erhöhte Sorgfalt, Umsicht und auch Mehraufwand an ingenieurmäßiger Behandlung und Betreuung.

Der Werkstoffauswahl selbst kommt somit eine zentrale Rolle in der Chemischen Technik zu. Die Vielfalt der Einflussgrößen auf die Werkstoffauswahl bedingt, dass nachfolgend keine allgemeingültigen Aussagen für das Verhalten von Konstruktionswerkstoffen in Chemieanlagen gemacht werden können. Ziel ist es vielmehr darzulegen, dass aus der Kenntnis von Beanspruchung und Beanspruchbarkeit von Werkstoffen geeignete Werkstoffe ausgewählt werden können, deren bauteilspezifische Eignung durch weitere Anforderungen (Sicherheit, Wirtschaftlichkeit, Verfügbarkeit, Verarbeitbarkeit, etc.) eingeschränkt werden kann und somit eine Optimierung der Werkstoffauswahl vorgenommen werden muss.

## 2
**Beanspruchungen**

### 2.1
**Mechanische Beanspruchung**

In chemischen Anlagen werden Apparate und Komponenten eingesetzt, die unterschiedlichen mechanischen Beanspruchungen ausgesetzt sind. Bei Druckbehältern ist die dominante mechanische Beanspruchungsgröße der Innendruck, bei Rühraggregaten hingegen spielen im Allgemeinen die zyklischen Belastungen die maßgebliche Rolle. In Reaktoren, die in Batch-Betrieben einer Heiz- und Kühlphase unterworfen sind, sind oftmals die aus den Temperaturwechseln resultierenden mechanischen Beanspruchungen die relevante Beanspruchungsgröße. Eine bauteilgerechte Werkstoffauswahl bedarf einer möglichst genauen Beanspruchungsanalyse. Die in der Praxis auftretenden mechanischen Beanspruchungen werden, um sie im Rahmen einer Analyse der Bauteilauslegung zugänglich zu machen, idealisiert in so genannte Grundlastfälle unterteilt (Abb. 2 und 3).

Von Interesse sind, insbesondere bei erhöhten Betriebstemperaturen, die Belastungszustände, bei denen kein linear-elastisches Spannungs-Dehnverhalten mehr vorliegt (Abb. 3). Hier ergeben sich unter statischer und zyklischer Belastung Spannungs- bzw. Dehnungszeitfunktionen mit einem zeitabhängigen Werkstoffverhalten, die für eine konstante Temperatur gelten.

Die Grundlastfälle beziehen sich auf Belastungsarten, bei denen sich über die Oberfläche der betrachteten Spannungsquerschnitte keine direkte Krafteinleitung vollzieht. Werden über die Oberfläche kombinierte Druck-Schub-Belastungen in das Bauteil eingebracht, wird bei ruhender oder gleitender Krafteinleitung von kraftgebundenen Oberflächen gesprochen.

Den durch die Betriebsbeanspruchungen hervorgerufenen Spannungen in den Bauteilen überlagern sich die im Bauteil vorhandenen Eigenspannungen. Diese re-

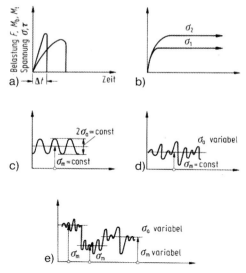

**Abb. 2** Grundlastfälle und daraus resultierende Beanspruchungs-Zeit-Funktionen: a) zügige Kurzzeit- oder Stoßbelastung; b) ruhende Langzeitbelastung (Zeitstandbelastung); c) zyklische Belastung mit konstanter Mittellast und Amplitude; d) zyklische Belastung mit konstanter Mittellast und variabler Amplitude; e) zyklische Belastung mit variabler Mittellast und Amplitude [3].

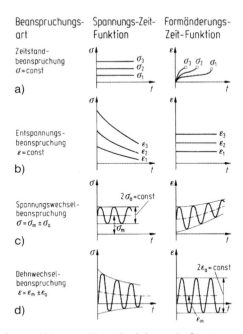

**Abb. 3** Grundlastfälle bei zeitabhängigem Materialverhalten: a) kraftgesteuerte, statische Belastung; b) weggesteuerte, statische Belastung; c) kraftgesteuerte, zyklische Belastung; d) weggesteuerte, zyklische Belastung [3].

sultieren aus Herstellungs- und Fertigungsteilschritten. Durch Formänderungsvorgänge insbesondere beim Umformen, Biegen, bei Wärmebehandlungen mit rascher Abkühlung und daraus resultierend hohen Temperaturgradienten bei der Abkühlung sowie beim Schweißen, bei dem die Schweißwärme punktförmig eingebracht wird, entstehen Eigenspannungen, die über die Bauteilabmessungen im Gleichgewicht stehen. Es können sowohl Druck- als auch Zugspannungen vorliegen. Auch durch Bearbeitungsvorgänge wie Schleifen oder Strahlen werden Eigenspannungen induziert. Während Schleifen an der Oberfläche Zugeigenspannungen hervorrufen kann, entstehen beim Strahlen Druckeigenspannungen. Die Höhe der Eigenspannungen wird in erster Näherung durch die Dehngrenze limitiert.

Eigenspannungen spielen bei allen Versagensprozessen, die im Bereich des linear-elastischen Werkstoffverhaltens stattfinden, wie z. B. Schwingungsbruch sowie Spannungs- und Schwingungsrisskorrosion eine wesentliche Rolle. Da diese Schädigungsformen von der Oberfläche oder den oberflächennahen Randzonen des Bauteils ausgehen, wird gezielt versucht, durch Einbringen von Druckeigenspannungen Rissinitierung und Anrissbildung zu unterbinden [4].

Für die Auslegung werden Werkstoffkennwerte sowohl für statische als auch für zyklische Grundlastfälle benötigt, die jeweils an einfachen Prüfkörpern ermittelt werden [5]. Sofern keine zeitabhängigen Veränderungen der Werkstoffeigenschaften zu berücksichtigen sind (z. B. bei hohen Temperaturen), können statische Werkstoffkennwerte in Kurzzeitversuchen ermittelt werden. Für Festigkeitsberechnungen werden Werkstoffkennwerte benötigt, die unter Berücksichtigung der jeweiligen Beanspruchungsart auf die Versagensfälle des Fließens und des Bruchs bezogen werden. Tabelle 1 zeigt eine Übersicht über Werkstoffkennwerte unter statischer Beanspruchung bei Raumtemperatur und höheren Temperaturen. Für die Berechnung von Spannungen und Dehnungen im linear-elastischen Bereich ist

**Tab. 1** Werkstoffkennwerte bei Raumtemperatur und bei höheren Temperaturen [3]

| Temperatur T, °C | Beanspruchungsart | Werkstoffkennwert K | | | |
|---|---|---|---|---|---|
| | | Fließen | | Bruch | |
| | | Zeichen | Bezeichnung | Zeichen | Bezeichnung |
| Raumtemperatur | Zug[a)] | $R_{p0,2}$ | 0,2%-Dehngrenze | $R_m$ ($\sigma_B$) | Zugfestigkeit |
| | | $R_{eH}$ | Streckgrenze | | |
| | Druck | $\sigma_{dF}$ | Druck-Fließgrenze | $\sigma_{dB}$ | Druckfestigkeit |
| | Biegung | $\sigma_{bF}$, $\sigma_{b0,2}$ | Biege-Fließgrenze | $\sigma_{bB}$ | Biegefestigkeit |
| | Verdrehung | $\tau_F$, $\tau_{0,4}$ | Verdreh-Fließgrenze | $\tau_B$ | Verdrehfestigkeit |
| höhere Temperatur | Zug[a)] $T < T_K$[b)] | $R_{p0,2/T}(\sigma_{0,2/T})$ | Warmstreckgrenze | $R_{m/T}(\sigma_{B/T})$ | Warmfestigkeit |
| | Zug[a)] $T > T_K$[b)] | $R_{p0,2/t/T}(\sigma_{0,2/t/T})$ | Zeitdehngrenze | | Zeitstandfestigkeit |

[a)] Die in diesen Spalten angegebenen Kennzeichnungen entsprechen den Empfehlungen der »International Organisation for Standardisation (ISO)« sowie der von der Europäischen Gemeinschaft für Kohle und Stahl (EGKS) herausgegebenen Euronorm. Die früheren Kennzeichen wurden in Klammern angegeben.
[b)] $T_K$ = Rekristallisationstemperatur

**Tab. 2** Elastizitätsmodul und Querkontraktionszahl verschiedener Werkstoffe [3]

| Werkstoffe | Elastizitätsmodul $E$ in $10^3$ N/mm² | | | | Querkontraktions- |
|---|---|---|---|---|---|
| | 20 °C | 200 °C | 400 °C | 600 °C | zahl $\mu$ bei 20 °C |
| ferritische Stähle | 211 | 196 | 177 | 127 | rd. 0,3 |
| Stähle mit ca. 12 % Cr | 216 | 200 | 179 | 127 | rd. 0,3 |
| austenitische Stähle | 196 | 186 | 174 | 157 | rd. 0,3 |
| NiCr 20 TiAl | 216 | 208 | 196 | 179 | |
| Gusseisen GG-20 | 90 ... 115 | | | | 0,25 ... 0,26 |
| Gusseisen GG-30 | 110 ... 140 | | | | 0,24 ... 0,26 |
| Gusseisen GG-40 | 125 ... 155 | | | | 0,24 ... 0,26 |
| Gusseisen GGG-38 bis GGG-72 | 170 ... 185 | 168 ... 180 | 135 ... 145 | | 0,28 ... 0,29 |
| Aluminiumlegierungen | 60 ... 80 | 54 ... 72 | | | rd. 0,33 |
| Titanlegierungen | 112 ... 130 | 99 ... 113 | 88 ... 92 | 77 ... 0,38 | 0,32 ... 0,38 |

werkstoffspezifisch eine Temperaturabhängigkeit des Elastizitätsmoduls E zu berücksichtigen (Tab. 2)).

Bei zyklisch beanspruchten Bauteilen dienen kraft- oder weggesteuerte Versuche der Ermittlung der Werkstoffkennwerte. An dieser Stelle sei auf die geltenden Konstruktionsrichtlinien im chemischen Apparatebau verwiesen.

## 2.2
## Thermische Beanspruchung

Eine thermische Beanspruchung metallischer Werkstoffe kann sowohl durch die an der Oberfläche ablaufenden Reaktionen (z. B. Hochtemperaturkorrosion) als auch durch Veränderung der Gefügeausbildung und damit der Werkstoffeigenschaften die Verwendbarkeit bei Bauteilen einschränken. Insbesondere die mechanischen Eigenschaften der metallischen Werkstoffe sind temperaturabhängig. Im Allgemeinen sinkt die Festigkeit mit höherer Temperatur während die Zähigkeit zunimmt. Bei tiefen Temperaturen (z. B. Flüssiggastechnologie) ist zu berücksichtigen, dass für die meisten Werkstoffe ein Anstieg der Festigkeit bei gleichzeitigem Abfall der Zähigkeit gegeben ist.

Bei **Hochtemperaturbeanspruchung** sind die Werkstoffkennwerte bis zu einer werkstoffspezifischen Übergangstemperatur zeitunabhängig, darüber hinaus zeitabhängig (Abb. 4 und 5). Die Übergangstemperatur trennt hierbei zwischen einem Kennwert eines Kurzzeitversuchs (z. B. Warmstreckgrenze $R_{p0,2/T}$ aus dem Warmzugversuch) und dem eines Langzeitversuchs (z. B. Zeitstandfestigkeit $R_{u/t/T}$ für eine interessierende Beanspruchungsdauer bei hoher Temperatur).

Oberhalb der Übergangstemperatur wird unter konstanter Zugspannung Kriechen als zeitabhängige Verformung maßgeblich. Es kommt zu zeit- und temperaturabhängigen Änderungen der Mikrostruktur, zu zunehmenden plastischen Dehnungen ($\varepsilon_P$), zur Anrissbildung und schließlich zum Bruch.

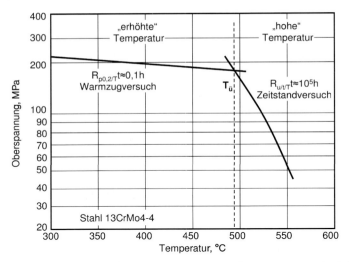

**Abb. 4** Beispiel zeitunabhängiger und zeitabhängiger Bemessungskennwerte im Bereich erhöhter und hoher Temperaturen [6].

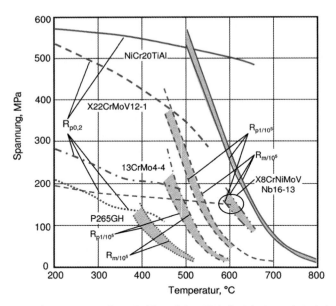

**Abb. 5** Bemessungskennwerte warmfester Stähle und einer Nickelbasislegierung bei erhöhten und hohen Temperaturen [3].

Anrissbildung und Rissfortschritt können von Spannungskonzentrationsstellen (z. B. konstruktive Kerben, herstellungsbedingte Gefügeinhomogenitäten, beanspruchungsbedingte Poren) ausgehen.

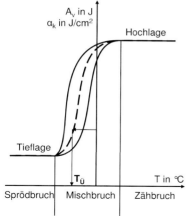

**Abb. 6** Einflüsse auf die verbrauchte Schlagarbeit im Kerbschlagbiegeversuch [3].

Die Überlagerung von Kriechen und niederfrequentem Ermüden (z. B. An- und Abfahren von Anlagen, Änderung von Produktionsbedingungen) ergibt eine Wechselbeanspruchung, die ebenfalls zur Rissbildung und Lebensdauerbegrenzung führt.

Die **Tieftemperaturbeanspruchung** ist mit einem deutlichen Abfall der Zähigkeitskennwerte verbunden. Deshalb ist es notwendig, die werkstoffspezifische Temperatur zu ermitteln, bei der es zum Übergang vom Zähbruch zum Sprödbruch kommt. Aussagen hierüber liefert der Kerbschlag-Biegeversuch. Neben den Bruchkriterien (Bruchkraft, Bruchverformung, Rissstoppverhalten) wird die Kerbschlagarbeit $A_V$ ermittelt und als Vergleichsmaß für die Lage der Übergangstemperatur herangezogen (Abb. 6)). Der Übergang vom zähen zum spröden Bruchverhalten der Tieflage (100 % Sprödbruch) wird durch Übergangstemperaturen gekennzeichnet (z. B. die Temperatur $T_{27J}$ bei einer Kerbschlagarbeit $A_V = 27$ J oder die FATT (Fracture Appearance Transition Temperature) bis 50 % Sprödbruchanteil auf der Bruchfläche der Kerbschlagprobe). Beim Vergleich von Stählen mit unterschiedlichen Übergangstemperaturen erweist sich der Werkstoff mit der höchsten Übergangstemperatur als der sprödbruchgefährdetste.

## 2.3
## Korrosion

Als Korrosion der Metalle werden von der Oberfläche ausgehende Beschädigungen metallischer Bauteile durch Reaktion des Metalls mit Bestandteilen der Umgebung bezeichnet. Vom Standpunkt der physikalischen Chemie gehören die Korrosionsvorgänge zur Klasse der Phasengrenzreaktionen [7]. Dazu zählt auch das Zundern der Metalle, d.h. die Oxidation in heißen Gasen. Zundervorgänge gehören im Folgenden nicht zu den Ausführungen, vielmehr werden die Erörterungen auf die Korrosion der Metalle durch flüssige, speziell wässrige Phasen beschränkt. Kennzeichnend hierfür steht der Begriff elektrolytische Korrosion, womit die Korrosion an Phasengrenzen Metall/Elektrolytlösung gemeint ist. Elektrolytlösungen sind Flüssigkeiten, die in Anionen und Kationen dissoziierte Substanzen enthalten. Sie besitzen elektrische und zwar speziell elektrolytische Leitfähigkeit. Durch die Elektronenleitfähigkeit des Metalls besteht insgesamt ein elektrisch leitendes System, wodurch der Ablauf der Phasengrenzreaktionen entscheidend beeinflusst wird. Durch die Kombination chemischer und elektrischer Vorgänge wird auch der Begriff elektrochemische Korrosion geprägt.

Das elektrochemische Korrosionselement besteht aus einer »anodischen« und einer »kathodischen« Fläche, die elektronenleitend miteinander verbunden sind und von demselben Elektrolyten benetzt sein müssen (Abb. 7). Es kann ein Korrosionsstrom fließen, der im Metall als Elektronenstrom und im Medium als entgegen gerichteter Ionenstrom auftritt. Als »Anode« kann ein unedler Werkstoffbereich in der Gesamtfläche oder bei einer Werkstoffpaarung (z. B. Schrauben-, Niet- oder Schweißverbindungen) wirken. Kathoden sind vergleichsweise edlere Werkstoffbereiche oder Werkstoffe.

Dieser Mechanismus, bei dem positiv geladene Metallionen in Lösung gehen, dadurch entsprechend viele Elektronen im Metall im Überschuss freigesetzt werden und ihrerseits an der Metalloberfläche Ionen aus der Elektrolytlösung entladen können, läuft in der Technik wie auch in der Natur am häufigsten ab. Deshalb werden im Folgenden vertieft elektrochemische Korrosionsreaktionen betrachtet.

Die anodische Teilreaktion (Metallauflösung, Oxidationsreaktion) lässt sich in ihrer allgemeinsten Form durch die Reaktionsgleichung

$$\mathrm{Me} \longrightarrow \mathrm{Me}^{n+} + n\mathrm{e}^- \quad (\text{Beispiel}: \mathrm{Fe} \longrightarrow \mathrm{Fe}^{2+} + 2\mathrm{e}^-)$$

beschreiben. Der korrespondierende kathodische Umsatz (Reduktionsreaktion) lässt sich grundsätzlich in zwei Gruppen (Wasserstoff- und Sauerstoffkorrosionstyp) einteilen, wobei am freien Korrosionspotential der Elektronenumsatz an der Anode dem an der Kathode entspricht (Elektroneutralitätsbedingung: Elektronen können weder entstehen noch verschwinden).

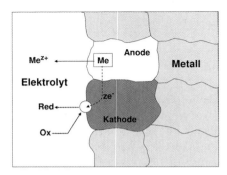

**Abb. 7** Schema eines Korrosionssystems (Anode, Kathode, Elektronenstrom ze⁻, Ionenstrom Mez⁺, Elektrolytlösung und REDOX-System [8].

**Wasserstoffkorrosionstyp** ($nH^+ + ne^- \longrightarrow n/2\ H_2$): In sauren Medien, in denen Wasserstoffionen im Überschuss vorliegen, läuft der Wasserstoffkorrosionstyp ab (Wasserstoffkorrosion, zumeist als Säurekorrosion bezeichnet). Das Metall geht anodisch in Lösung. Dabei gibt die Oxidationsreaktion (Ox) beim Übertritt von Metallionen in die Lösung Elektronen aus dem Elektronengas des Metalles frei. In edleren Oberflächenbereichen läuft gleichzeitig eine Reduktionsreaktion (Red) ab, bei der der Elektronenüberschuss im Metall zur Entladung von Wasserstoffionen aus der Lösung führt. Es können hierbei auch Metallionen aus der Lösung rückentladen werden (Entzinkung von Messing: $Cu^{2+} + 2e^- \longrightarrow Cu$).

**Sauerstoffkorrosionstyp** ($O_2 + 2H_2O + 4e^- \longrightarrow 4OH^-$): In neutralen, sauerstoffhaltigen Medien läuft die Korrosion nach dem Sauerstoffkorrosionstyp ab. Hierbei ist die anodische Teilreaktion (Metallauflösung/Oxidation) die gleiche wie beim Wasserstoffkorrosionstyp. Als kathodische Teilreaktion erfolgt jedoch eine Elektronenaufnahme durch in der Lösung vorhandenen Sauerstoff.

Je nach vorliegendem System »Werkstoff/Medium/Einbau- und Betriebsbedingungen« führt die elektrochemische Korrosion von Metallen zu einem charakteristischen Schadensbild, wobei stets die erwähnten Oxidations- und Reduktionsmechanismen erhalten bleiben. Die wesentlichen Begriffe zur Korrosion sind in der DIN EN ISO 8044 erläutert [9]. Eine detaillierte Zusammenstellung der Korrosionsarten und der Merkmale der Korrosionserscheinungsformen findet sich in der VDI-Richtlinie 3822 Blatt 3 [10].

Grundsätzlich muss unterschieden werden zwischen Korrosionsarten ohne mechanische Belastung (z. B. Flächenkorrosion, Lochkorrosion, Spaltkorrosion, interkristalline Korrosion) und Korrosionsarten bei zusätzlicher mechanischer Belastung (Spannungsrisskorrosion, Schwingungsrisskorrosion, Kavitations- und Erosionskorrosion, Korrosionsverschleiß).

Ein besonderes Augenmerk ist im chemischen Apparatebau auf die Korrosionsbeständigkeit von Schweißverbindungen zu legen. Schweißverbindungen sind stoffschlüssige Verbindungen, die die Kraftübertragung und die Dichtheitsfunktion gewährleisten. In der chemischen Technik stehen beide Funktionen zumeist gleichrangig nebeneinander. Der Schweißeignung von Werkstoffen kommt in diesem Bereich der Technik daher eine so hohe Bedeutung zu, dass sie über die Einsatzfähigkeit von Werkstoffen entscheidet. Diese kann im Einzelfall deutlich eingeschränkt sein, liegen doch in Schweißverbindungen verschiedene Gefügestrukturen in geringem Abstand voneinander vor. Das Schweißgut weist eine gussähnliche Struktur auf, in der Wärmeeinflusszone kommt es zu Grobkornbildung, ggf. zur Kornfeinung sowie auch zu Ausscheidungsvorgängen. Im Schweißgut besteht die Gefahr, dass Seigerungen die Beständigkeit örtlich absenken. Ausscheidungsvorgänge in der WEZ können ebenfalls mit einer Verminderung der Korrosionsbeständigkeit verbunden sein. Zusätzlich kann mit Oxidationsvorgängen während des Schweißens, die sich in Anlauffarben äußern, auch ein Abfall der Beständigkeit verbunden sein.

In Schweißverbindungen liegen Zugeigenspannungen vor, die im Einzelfall durchaus Werte annehmen können, die der Dehngrenze des Werkstoffs entsprechen. Hierdurch können rissbildende Korrosionsformen wie Spannungsrisskorrosion (SpRK) oder Schwingungsrisskorrosion (SwRK) begünstigt werden.

In den folgenden Kapiteln zur Korrosion werden jeweils auch Beispiele für Korrosionsschäden wiedergegeben, die mit Schweißverbindungen zusammenhängen oder durch diese hervorgerufen wurden. An diesen Beispielen soll die Vielfalt der in Schweißverbindungen auftretenden Eigenschaftsveränderungen verdeutlicht werden, die von den zu handhabenden Medien in verschiedenartiger Weise durch Korrosionsangriff offen gelegt werden.

### 2.3.1
### Gleichmäßige und ungleichmäßige Flächenkorrosion

Bei der flächigen Korrosion wird die gesamte Werkstoffoberfläche relativ gleichmäßig korrodiert, wobei sich ständig anodische und kathodische Teilbereiche abwechseln. Metalle erleiden in feuchter Atmosphäre und neutralen Wässern überwiegend Flächenabtrag, wenn sie in diesen Medien keine schützenden Deckschichten ausbilden können. Der gleichmäßige Flächenabtrag eines Bauteils stellt den einfachsten Fall der Korrosion dar. Liegen verlässliche Daten über den zeitlichen Abtrag eines Metalls in einem Korrosionsmedium vor, so kann durch entsprechende Zugaben bei der Wanddicke die Korrosion konstruktiv berücksichtigt werden.

Bei un- und niedriglegierten Stählen bilden sich in feuchter Luft (in Abhängigkeit von der relativen Feuchte und der Art sowie dem Grad der Verunreinigungen in der Luft) Adsorptionsschichten oder dünne Wasserfilme, die elektrochemische Korrosionsreaktionen (Rosten) ermöglichen. Die durch Korrosion eintretenden Abtragungsraten liegen je nach herrschender Bewitterung zwischen 0,01 mm/a (Landluft) und 0,1 mm/a (Industrieklima) sowie bis 0,3 mm/a (Meeresatmosphäre). Die größere Aggressivität der Industrieluft im Vergleich zur Landluft beruht auf den Gehalten an Schwefeldioxid, oxidierenden Verunreinigungen und hygroskopischen Stäuben. Die höhere Korrosionsgeschwindigkeit in Meeresklima ist eine Folge der längeren und häufigeren feuchten Bewitterung und des Chloridgehaltes in der Atmosphäre.

Rost- und säurebeständige Stähle (ferritische, austenitische, ferritisch-austenitische und martensitische) werden auf Grund ihrer passiven Eigenschaften häufig in sauren, alkalischen und neutralen Lösungen eingesetzt, wobei die Korrosionsgeschwindigkeiten 0,1 mm/a nicht übersteigen sollen. Ist die Passivschicht im Korrosionsmedium nicht beständig (z. B. in Säuren), entspricht die Korrosionsgeschwindigkeit weitgehend der aktiven Auflösungsgeschwindigkeit des Eisens.

Nickel besitzt auf Grund seiner Fähigkeit zur Ausbildung passivierender oxidischer Deckschichten, insbesondere in Angriffsmedien mit anodisch polarisierenden REDOX-Systemen, eine niedrige Korrosionsgeschwindigkeit. Die Korrosionsraten von Reinnickel liegen z. B. in verunreinigten und belüfteten Wässern deutlich unter 0,1 mm/a [11]. Nickel ist ferner hervorragend beständig gegen Laugen.

Kupfer und Kupferbasislegierungen sind in vielen Korrosionsmedien unempfindlich gegenüber flächiger Korrosion und finden wegen ihres guten Korrosionsverhaltens in feuchter Atmosphäre, Trink-, Brauch- sowie Hochtemperaturwässern breite Anwendung [8].

Blei verdankt seine relativ gute Beständigkeit gegenüber flächiger Korrosion der Fähigkeit, dichte, festhaftende Oberflächenschichten aus Bleiverbindungen auszubilden. In Säuren und Alkalien wird Blei durch abtragende Korrosion stark angegriffen. Es zeichnet sich jedoch durch eine hervorragende Beständigkeit gegenüber Schwefelsäure aus (Bildung von Deckschichten aus Bleisulfat in Verbindung mit den passivierenden Legierungselementen Kupfer oder Palladium). Auch gegenüber Phosphor- und Chromsäure ist es gut beständig.

Im Chemieapparatebau werden auch die refraktären Metalle Titan, Zirkon, Niob und Tantal eingesetzt. Diese weisen in vielen Korrosionsmedien eine herausragende Beständigkeit gegenüber flächigem Angriff auf. Diese Korrosionsresistenz beruht auf der spontanen Ausbildung eines dichten, fest haftenden und sich selbst regulierenden Oxidfilms.

## 2.3.2
## Lochkorrosion

Das Erscheinungsbild der Lochkorrosion ist dadurch gekennzeichnet, dass kraterförmige, die Oberfläche unterhöhlende oder auch mehr nadelstichartige Vertiefungen auftreten, bei denen die Tiefe mindestens gleich, in der Regel aber größer als ihr Durchmesser ist [8]. Lochkorrosion kann immer dann auftreten, wenn die Oberfläche des metallischen Werkstoffes mit einer korrosionshemmenden Deckschicht überzogen ist. Diese Deckschicht kann lokale Fehler aufweisen (z. B. Poren). Ist die Deckschicht in sich geschlossen, kann es durch lokale Aktivierungsvorgänge durch Bestandteile der Korrosionslösung zur lokalen Schädigung der Deckschicht kommen. In beiden Fällen wird dem Korrosionsmedium Zugang zum Metall ermöglicht. Lokale Korrosionsreaktionen können einsetzen und zu der in Abbildung 8 beispielhaft dargestellten Schädigungsform führen.

Lochkorrosion an un- und niedriglegierten Stählen ist nahezu unabhängig von der Stahlzusammensetzung. Sie tritt besonders dann auf, wenn eine Stahloberfläche partiell bedeckt oder verunreinigt ist (Walzzunder, poröse Farb- und Ölfilme, Korrosionsprodukte, etc.) und deshalb die bedeckte Teilfläche (Sauerstoffverarmung) zwangsläufig als Anode fungiert, während sich die gut benetzbare Umgebung kathodisch einstellt. Unter der Bedeckung erfolgt deshalb lokalisiert ein ra-

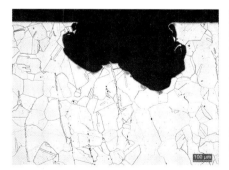 

**Abb. 8** Lochkorrosion an nichtrostenden Stählen, geätzte metallografische Schliffe; linkes Teilbild: austenitischer CrNiMo-Stahl, lösungsgeglüht, W.-Nr. 1.4404; rechtes Teilbild: martensitischer Cr-Stahl, ausscheidungsgehärtet, W.-Nr. 1.4548 [10].

sches Vordringen der Korrosion in die Tiefe des Werkstoffs mit dem Ergebnis einer erheblichen Wanddickenminderung (u. U. >2mm/Jahr).

In der Praxis wird oft eine unerwartet gute Korrosionsbeständigkeit eines Metalles beobachtet. So ist z. B. niedriglegierter Stahl in konzentrierter Säure beständig, obwohl er in verdünnter Säure außerordentlich stark korrodiert (z. B. Schwefelsäure oder Salpetersäure). Ein solches Verhalten wird als Passivität bezeichnet. Die Ursache der Passivität sind dichte, sauerstoffhaltige Deckschichten auf der Oberfläche (sogenannte Passivschichten), die das Metall und die Korrosionslösung von einander trennen und somit den Übergang von Metallionen aus dem Metall in den Korrosionselektrolyten maßgeblich behindern. Wenn bei einem Metall oder einer Legierung bewusst eine Passivität erzeugt wird, so wird das als Passivieren bezeichnet. Das Verständnis der Passivierungs- und Aktivierungsvorgänge stellt den wesentlichen Schlüssel für den Schutz von Konstruktionswerkstoffen vor Korrosion dar und bestimmt auch die Entwicklung von Legierungen.

Da Passivschichten aus Oxiden und Hydroxiden aufgebaut sind, wirken sie als Halbleiter (wichtig für den Elektronentransport; bei Eisen, Nickel, Chrom und Kupfer vom n-Typ) oder Isolatoren. Der Aufbau der Passivschichten und deren Beständigkeit hängen sowohl von der Werkstoffzusammensetzung als auch von den Umgebungsbedingungen (Medium, Temperatur) ab [12, 13, 14].

Bei Legierungen bestimmen die Legierungsbestandteile und die Mikrostruktur des Werkstoffes die Zusammensetzung, Dicke, Struktur und Eigenschaften der Passivschichten aber auch die Kinetik der Passivschichtbildung. Hinsichtlich der elektrochemischen Eigenschaften ist der Einfluss der Legierungselemente durch die Aufnahme von Stromdichte-Potenzial-Kurven bestimmbar. Die Neigung zur Passivierung kann durch eine Verringerung der maximalen Auflösungsstromdichte im Aktivbereich und durch eine Verbreiterung des Passivbereichs erhöht werden. Ferner wird eine stabilisierte Passivschicht eine verbesserte Beständigkeit gegenüber Lochkorrosion aufweisen. Unter den wichtigsten Legierungspartnern des Eisens (neben dem Kohlenstoff) sind die den Ferritbereich erweiternden Elemente Chrom und Molybdän sowie das austenitbildende Element Nickel als Passivschichtbildner bekannt. Ferritische Chromstähle, mit mehr als 13 % in der Matrix gelöstem Chrom, neigen unter atmosphärischen Bedingungen zur Passivierung.

Besonders bei rost- und säurebeständigen höher legierten Chrom- und Chrom-Nickel-Stählen besteht Lochkorrosionsgefahr in halogenidhaltigen (z. B. Chlorid und Bromid) wässrigen Lösungen. Halogenidionen sind in der Lage, die Passivschichten derartiger Stähle (Passivschichtdicke etwa 1–10 nm) zu stören und auf diese Weise lokale, aktiv korrodierende anodische Zentren zu bilden. Es existieren verschiedene Modelle, welche den Zusammenbruch der Passivschicht bei Anwesenheit von Halogenidionen zu erklären versuchen [15]. Beim Penetrationsmechanismus sollen z. B. Chloridionen in die Passivschicht eingebaut werden und diese schwächen [16, 17]. Der Durchbruchmechanismus geht von einem mechanischen Aufreißen der Passivschicht mit anschließender Unterbindung der Repassivierung durch die Halogenidionen in diesen Bereichen aus. Eine lokale Schwächung der Passivschicht bis zur Zerstörung aufgrund der Bildung leicht löslicher Komplexe bei Anwesenheit von Halogenidionen wird durch den Adsorptionsmechanismus beschrieben [15, 18].

Der lochkorrosionsartige Angriff hängt, zumindest was das Lochbildungspotenzial betrifft, von der Chloridkonzentration, der Temperatur und pH-Wert ab. Es besteht jedoch während der Lochkeimbildung durchaus noch eine ausgeprägte Tendenz zur Repassivierung [19, 20, 21].

Bereits gebildete Löcher passivieren unabhängig vom Chloridgehalt bei einem bestimmten Potenzialwert. Die Lochbildung erfolgt bei passiven Werkstoffzuständen an vielen Stellen ab einem kritischen Potenzial. Nur eine geringe Anzahl der sich bildenden Mikropits ist oberhalb des Lochbildungspotenzials in der Lage, sich zu stabilisieren oder zu wachsen, die übrigen repassivieren.

Die Lochkorrosionsgefahr erhöht sich mit zunehmender Verunreinigung des Gefüges, z. B. durch Mangansulfid, das in oberflächennahen Bereichen die Ausbildung der Passivschicht stört. Auch bei Gehalten zwischen 10 und 20 ppm Schwefel in der Schmelzanalyse kommt es im Schmiedeblock, insbesondere beim Standard-Austeniten (W.-Nr. 1.4404) vereinzelt zur Ausscheidung von Sulfiden, die Initiierungspunkte für selektive Korrosionsvorgänge darstellen (Abb. 8, erstes Bild). Die nichtmetallischen Ausscheidungen des Typs MnS sind, sofern sie sich an der Phasengrenze Metall/Elektrolyt befinden, polarisierbar und verhalten sich in rost- und säurebeständigen CrNi-Stählen im allgemeinen unedler als die umgebende Passivschicht. Deshalb werden sie bei Korrosionsvorgängen in Säuren sowie schwach sauren, chloridhaltigen Lösungen zur Lokalanode und als solche elektrochemisch gelöst [22–24].

Ein besonderes Kennzeichen der Lochkorrosion nichtrostender Stähle ist das Vorhandensein eines so genannten Lochkorrosionspotenzials, bei dessen Überschreitung die Lochkeimbildung beginnt. Dieses Potenzial liegt innerhalb des Passivbereichs des Werkstoffes und wird durch den pH-Wert des Mediums (Abb. 9), die Ha-

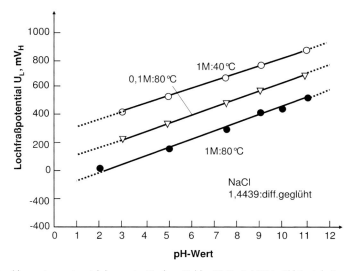

**Abb. 9** Lochkorrosionspotenzial des austenitischen Stahles W.-Nr. 1.4439 in Abhängigkeit vom pH-Wert, der Elektrolyttemperatur und der Chloridionenkonzentration [8].

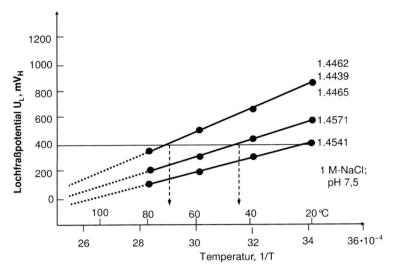

**Abb. 10** Abhängigkeit des Lochkorrosionspotenzials von der Elektrolyttemperatur [8].

logenidionenkonzentration (Abb. 10), die Elektrolyttemperatur (Abb. 9 und 10), dessen Strömungsgeschwindigkeit und die Zusammensetzung des Stahles (Abb. 11) bestimmt.

Es besteht ein eindeutiger Zusammenhang zwischen der kritischen Loch- und Spaltkorrosionstemperatur (Temperatur bei der unter definierten Bedingungen die lokale Schädigung eintritt) und der Wirksumme (Wirksumme = % Cr + 3,3 % Mo;

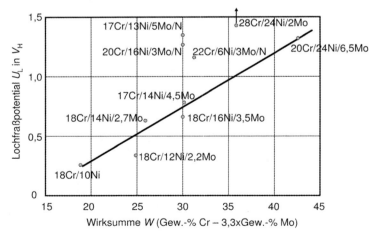

**Abb. 11** Abhängigkeit des Lochkorrosionspotenzials rost- und säurebeständiger Stähle von der Wirksumme (Wirksumme = % Cr + 3,3 % Mo). Die Daten dienen dem Werkstoffvergleich, höhere Wirksummen bedeuten Verbesserung der Lochkorrosionsbeständigkeit [8].

empirischer Zusammenhang nach [25], auch PRE Pitting-Resistance-Equivalent genannt). Legierungen mit hohen Gehalten an Chrom und insbesondere an Molybdän verhalten sich deutlich beständiger als Legierungen mit niedrigen Gehalten an diesen Legierungselementen (Abb. 11).

Hinsichtlich der halogenidinduzierten Lochkorrosion von Schweißverbindungen – es handelt sich hierbei zumeist um die chloridinduzierte Lochkorrosion – verhält es sich etwas anders. Hier sind die beim Schweißen entstehenden Anlauffarben von entscheidender Bedeutung. Anlauffarben ergeben sich aus den Interferenzen dünner Oxidschichten wie sie als »Hochtemperaturkorrosionsprodukte« auf den Bereichen entstehen, die auf Temperaturen oberhalb von ca. 600 °C erwärmt werden.

Unterhalb von Störstellen in der Oxidschicht ist der Werkstoff daher nicht mehr in der Lage, eine stabile Passivschicht aufzubauen und es kommt an solchen Stellen zur Initiierung von Lochkorrosion, während der metallische blanke Grundwerkstoff daneben noch stabil passiv und damit beständig in dem Medium ist.

Abbildung 12 zeigt einen Lochkorrosionsschaden an der Einschweißung eines Abzweiges in einer Rohrleitung aus dem ferritisch-austenitischen Stahl X2 CrNiMoN 22 5 3, die in einem hoch chloridhaltigen, alkalischen Medium eingesetzt war [26]. Der Lochkorrosionsangriff liegt auch bei dieser Rohrleitung im Bereich der Anlauffarben, wobei der Korrosionsfortschritt im Wesentlichen im Schweißgut erfolgt ist.

Wie die Beispiele verdeutlichen, spielen die Anlauffarben von Schweißnähten für deren Lochkorrosionsgefährdung eine wichtige Rolle. Das bekannteste und wirkungsvollste Verfahren, die mit Anlauffarben verbundenen Schwächungen der

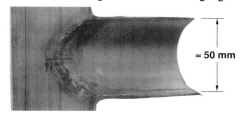
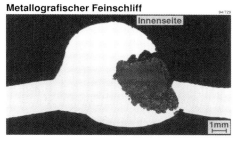

**Abb. 12** Lochkorrosion an einer Rohrleitungsschweißnaht [26].

Oberflächeneigenschaften aufzuheben, besteht im Beizen. Dabei werden nicht nur die oxidischen Interferenzschichten entfernt, sondern auch die darunter befindlichen, an Chrom und ggf. auch Molybdän verarmten Randbereiche. Beizen wird daher nach dem Schweißen vorgeschrieben. Allerdings sind das Beizrisiko und die zu handhabenden Produkte zu betrachten. Ein erhöhtes Beizrisiko ist immer dann gegeben, wenn Spalte in Konstruktionen auftreten, aus denen die Beizlösung nicht mehr entfernt werden kann. Unter diesen Bedingungen sollte auf Beizen verzichtet werden. Beizen ist ferner auch eine Frage der Anforderungen an den nichtrostenden Stahl. Wurde er nur aus Produktreinheitsgründen gewählt, so kann zumeist davon ausgegangen werden, dass auf das Beizen verzichtet werden kann. Werden saure Medien gehandhabt, die einen geringfügigen allgemeinen Angriff zur Folge haben, kann im Einzelfall gleichermaßen das Beizen unterbleiben, da dies durch das Produkt selbst erfolgt.

Besteht die Gefahr von Lochkorrosion und wird das Beizrisiko konstruktionsbedingt als zu groß eingeschätzt, so müssen die Bedingungen des Schweißprozesses, insbesondere die Formierung der Wurzel, so gewählt werden, dass Anlauffarben weitestgehend vermieden werden. Diese Vorgehensweise ist im Rohrleitungsbau eine übliche Forderung. Ziel der Vorgehensweisen, die zu einer Kontrolle der Anlauffarbenbildung führen, ist es, Sauerstoff von dem heißen Werkstoff bei der Wurzelschweißung fernzuhalten und gegebenenfalls vorhandene Sauerstoffreste durch reduzierend eingestellte Formiergase abreagieren zu lassen. Aus praktischen Gesichtspunkten – hier spielen die Spüldauer und der Formiergasverbrauch die entscheidende Rolle – sollte der zu formierende Raum klein sein und die Spülvorrichtungen so gestaltet werden, dass Injektorwirkung vermieden wird.

Die Erfahrungen aus der Vergangenheit haben gezeigt, dass überschweißte Heftstellen in Bezug auf die Entstehung von Lochkorrosion die am höchsten gefährdeten Stellen sind.

### 2.3.3
**Spaltkorrosion** [27]

Von besonderer Bedeutung und im Wesentlichen konstruktiv verursacht, ist die Spaltkorrosion. Sie ist darauf zurückzuführen, dass in engen Spalten der Austausch von Inhaltsstoffen einer Elektrolytlösung gehemmt ist und es dort zur Aufkonzentration von korrosionsfördernden Substanzen kommen kann, so dass dieser Bereich schließlich als Anode und der besser umspülte Bereich außerhalb des Spaltes als Kathode fungiert.

So kann bei passivschichtbildenden Metallen durch die Verarmung an Sauerstoff im Spalt ein Belüftungselement gebildet werden, bei dem die anodische Metallauflösung ausschließlich im Spalt stattfindet. Größe und Geschwindigkeit der Verarmung hängen von der Spaltgeometrie ab. Da in chloridhaltigen Wässern im Spalt, durch die Überführung von Chlorid-Anionen in den Spalt zur Kompensation der durch die Metallionen gebildeten Raumladungen, die Gefahr der Hydrolyse ($MeCl_2$ + $2\,H_2O \longrightarrow Me(OH)_2$ + $2\,HCl$) mit Bildung freier Säure besteht, ergibt sich bei austenitischen Chrom-Nickel-Stählen eine ausgeprägte Neigung zur Spaltkorrosion.

Hierbei ist bei Spalten unter einer Breite von 1 mm lokal mit Korrosionsgeschwindigkeiten über 0,5 mm/Jahr zu rechnen. Bemerkenswert ist in diesem Zusammenhang, dass in identischen Korrosionssystemen die kritische Temperatur der Spaltkorrosion deutlich niedriger liegt als die kritische Lochkorrosionstemperatur. Das bedeutet, dass die Spaltkorrosion bereits bei niedrigeren Temperaturen beginnt als die Lochkorrosion. Spaltkorrosion tritt auch dann ein, wenn einer der spaltbildenden Werkstoffe nichtmetallisch ist. Deshalb sind mit Dichtungen versehene Kontaktstellen spaltkorrosionsgefährdet, insbesondere wenn das Dichtungsmaterial saugende Eigenschaften besitzt (Anreicherung von Korrosions- und Hydrolyseprodukten). Die Wirkung von Spaltkorrosion auf die Lebensdauer schwingend beanspruchter Bauteile ist der einer Schädigung durch Lochkorrosion vergleichbar.

## 2.3.4
### Interkristalline Korrosion und selektive Korrosion

Interkristalline Korrosion hat bei un- und niedriglegierten Stählen praktisch keine Bedeutung, ist aber kennzeichnend für passivierbare Werkstoffe. Sie wurde früher als »Kornzerfall« bezeichnet, da der Werkstoff in seine einzelnen Körner zu zerfallen scheint.

Durch unterschiedliche Vorgänge können in metallischen Werkstoffen Kornrandzonen so verändert werden, dass die Metallauflösung im korngrenznahen Bereich schneller erfolgt als in der Matrix (Korninneres). Zur Beschreibung der Schädigungsform gibt Abbildung 13 den Ausschnitt eines durch interkristalline Korrosion geschädigten Vergütungsgefüges des Werkstoffes 1.4122 im geätzten metallografischen Schliff wieder. Voraussetzung für eine derartige Schädigung ist eine Verarmung an Legierungsbestandteilen, die für die Korrosionsbeständigkeit von Bedeutung sind. Diese Verarmung ist in der Regel bei Wärmeeinbringung (z. B. beim Schweißen oder beim Spannungsarmglühen) zu beobachten und geht mit der Ausscheidung von Gefügephasen (z. B. Karbiden) einher, in denen die wesentlichen Legierungsbestandteile gebunden sind und nicht für die Ausbildung der Passivschicht zur Verfügung stehen. Die Ursache ist die Bildung von Chromkarbiden des Typs $Cr_{23}C_6$ und $Cr_{23}C_7$ bei hochlegierten Cr-Ni-Stählen im Temperaturbereich zwischen

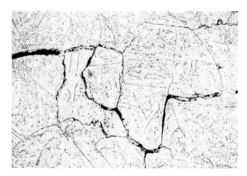

**Abb. 13**   Interkristalline Korrosion an einem rostbeständigen Stahl W.-Nr. 1.4122 [8].

450 °C und etwa 850 °C. Das nunmehr an Kohlenstoff gebundene Chrom steht nicht mehr für die Bildung einer Passivschicht zur Verfügung, der Werkstoff geht dort beschleunigt in Lösung [7]. Ein chemischer Angriff an unedlen Ausscheidungen führt ebenso zur korngrenzenorientierten Schädigung wie die Anreicherung von Spurenelementen (Phosphor, Silicium) auf den Korngrenzen [28].

Interkristalline Korrosion tritt besonders bei Schweißkonstruktionen aus rost- und säurebeständigen Stählen im Bereich der Wärmeeinflusszone auf. Die Anfälligkeit für interkristalline Korrosion wird durch Kornzerfallsschaubilder (Glühtemperatur-Glühdauer-Diagramm) beschrieben (Abb. 14).

Austenitische Stähle (geringe Diffusionsgeschwindigkeit von Chrom im kfz-Gitter, geringe Ausscheidungsgeschwindigkeit für chromreiche Karbide) sind auf Grund der Verschiebung des Gefährdungsgebietes zu höheren Haltezeiten insbesondere durch das Spannungsarmglühen geschweißter Konstruktionen gefährdet. Bei ferritischen Chromstählen ist die Geschwindigkeit der Ausscheidung chromreicher Karbide im krz-Gitter sehr hoch und kann durch eine rasche Abkühlung nicht verhindert werden. Anderseits erfolgt durch die hohe Diffusionsgeschwindigkeit des Chroms im ferritischen Gitter eine Nachdiffusion aus der unverarmten Matrix an die chromverarmten Kornrandzonen bereits nach kurzen Haltezeiten oberhalb von 600 °C. Die durch das Schweißen hervorgerufene Sensibilisierung des Gefüges kann somit nicht unterbunden werden. Sie lässt sich aber durch eine kurze Anlassbehandlung beseitigen.

Auch Nickelbasislegierungen zeigen in vielfältiger Weise Erscheinungsformen der interkristallinen Korrosion. Während diese bei Nickel-Molybdän-Legierungen auf Molybdänverarmung infolge der Ausscheidung Molybdän-reicher Phasen auf den Korngrenzen zurückzuführen ist, neigen Nickelbasislegierungen mit Chrom als Legierungsbestandteil zur Ausscheidung chromreicher Karbide.

Bei Superausteniten und Nickelbasislegierungen kommt neben der Karbidausscheidung auch noch die Bildung von Säumen intermetallischer Phasen als Ursa-

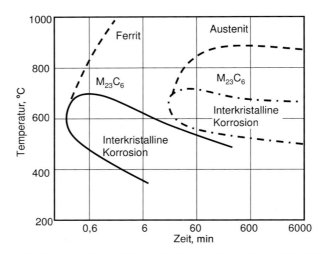

**Abb. 14** Kornzerfallsdiagramme für sensibilisierte ferritische und austenitische Stähle [29].

**Abb. 15**  Interkristalline Korrosion an einer Schweißnaht [26].

che für die verminderte Beständigkeit der Korngrenzen in Frage. Darüber hinaus können sich grundsätzlich auch Korngrenzensegregationen z. B. durch Silicium unter stark oxidierenden Angriffsbedingungen auslösend für interkristalline Korrosion auswirken. Abbildung 15 zeigt ein solches Angriffsbild an einer Schweißnaht am Werkstoff X1 CrNi 25 21 (W.-Nr. 1.4335), der mit siedender azeotroper Salpetersäure beaufschlagt worden war [26]. Hier sind nicht Chromkarbide ausschlaggebend für den Angriff im Schweißgut, sondern Silicium-Seigerungen.

**Selektive Korrosion** ist die bevorzugte Korrosion einer Phase in einem zwei- und mehrphasigen Werkstoff und beruht darauf, dass in mehrphasigen Gefügen Entmischungen an den für die Korrosionsbeständigkeit verantwortlichen Elementen wie Chrom und Molybdän vorliegen. Mehrphasigkeit kann dabei auch durch Ausscheidungsvorgänge hervorgerufen werden. Ein Beispiel für selektiven Angriff im Schweißgut in Verbindung mit interkristallinem Angriff in der Wärmeeinflusszone ist in Abbildung 16 wiedergegeben [26]. Es handelt sich hier um eine artgleiche, mehrlagig ausgeführte Schweißverbindung an der Nickelbasislegierung alloy C-276. Alloy C-276 ist eine Chrom- und Molybdän-legierte Nickelbasislegierung, die insbesondere in den USA recht häufig unter kritischen Angriffsbedingungen eingesetzt wird.

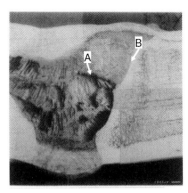

Bereich A: Selektive Korrosion am Schweißgut

Bereich B: Interkristalline Korrosion in der WEZ

Medium: Ameisensäure 20% + 2% FeCl$_3$
Temperatur: 100°C
Auslagerungszeit: 4x7 Tage

**Abb. 16**  Selektive und interkristalline Korrosion an einer artgleich geschweißten Probe aus der Legierung alloy C-276 [26].

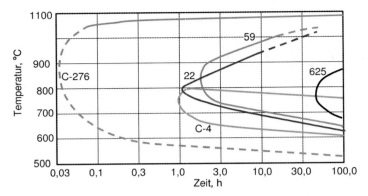

**Abb. 17** Zeit-Temperatur-Sensibilisierungs-Diagramm der NiCrMo-Legierungen alloy C-276, C-4, C-22, C-59 und 625 (Prüfung gemäß ASTM G-28A) [26].

Abbildung 17 zeigt das Sensibilisierungsschaubild verschiedener, ähnlicher Chrom- und Molybdän-legierter Nickelbasislegierungen. Wie aus dem Diagramm hervorgeht, ist die Legierung alloy C-276 diejenige mit der höchsten Sensibilisierungsneigung. Im Bereich von 900 °C liegt die für eine Sensibilisierung notwendige Haltezeit im Bereich von Minuten. Dies erklärt auch, warum die Wärmeeinwirkung beim Mehrlagenschweißen ausreicht, um das Schweißgut für selektive Korrosion und die zugehörige Wärmeeinflusszone für interkristalline Korrosion zu sensibilisieren. Voraussetzung für die selektive Korrosion des Schweißgutes sind Entmischungen in der Erstarrungsstruktur, die zu Bereichen führen, die an Molybdän verarmt sind und die deshalb bevorzugt angegriffen werden (Abb. 18) [26].

Abhilfe bezüglich der Neigung zu selektiver und interkristalliner Korrosion des Schweißgutes und der Wärmeeinflusszone bei Mehrlagenschweißungen kann auf zweierlei Weise erzielt werden. Zum einen gibt es mehrere neue Legierungen der

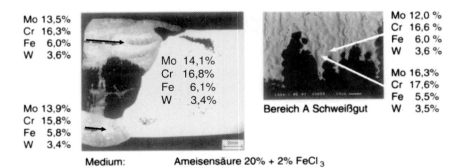

**Abb. 18** Selektive Korrosion im Schweißgut einer artgleich geschweißten Korrosionsprobe aus der Legierung alloy C-276 [26].

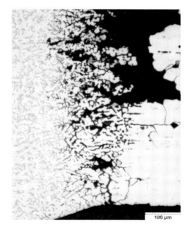

| Rohrwerkstoff: | 1.4571 |
| --- | --- |
| Betriebstemperatur: | 40 °C |
| Einsatzdauer: | ca. 10 Jahre |

**Abb. 19** Selektive Korrosion einer Rohrleitung in 60%-iger Salpetersäure [26].

alloy-C-Familie, wie alloy 59- (W.-Nr. 2.4605), Inconel 686- (W.-Nr. 2.4606), Hastelloy C 2000- (W.-Nr. 2.4675) sowie MAT 21-, die der alloy C-276 bezüglich der Beständigkeit in den meisten Fällen zumindest gleichwertig sind, die aber gleichzeitig eine geringere Ausscheidungsneigung haben. Zum anderen sollte, wenn es erforderlich ist, alloy C-276 einzusetzen, die Schweißfolge so gewählt werden, dass die Decklage der produktberührten Seite zuletzt geschweißt wird. An Stellen, an denen Einbauten etc. auch über den Querschnitt produktberührt sind, sollten die Schweißnahtquerschnitte abgedeckt werden.

Sollen geschweißte CrNi-Stähle in Säuren bei höheren Temperaturen eingesetzt werden, empfiehlt es sich, auf stabilisierte Stähle zu verzichten, da deren Stabilisierungsprodukte bevorzugt angegriffen werden. Bei heißer Säure – oberhalb ca. 80 °C – besteht die bewährte Lösung im Einsatz eines gegenüber Zweitphasen besonders reinen Stahls 1.4306 S, dessen chemische Zusammensetzung in sehr engen Grenzen spezifiziert ist und der dann auch überlegiert und δ-Ferrit-frei (geringe Streckenenergie) geschweißt werden sollte.

Weiter ist bei austenitischen CrNi-Stählen in Trinkwasser/Kühlwasser mit Chloridgehalten bis 250 ppm darauf zu achten, dass der δ-Ferrit-Gehalt im Schweißgut deutlich unter 16% bleibt, weil sonst ebenfalls die Gefahr der selektiven Korrosion besteht (Abb. 19).

## 2.3.5
### Spannungsrisskorrosion

Unter bestimmten chemischen und mechanischen Beanspruchungen können nahezu alle Werkstoffe unter Bildung von Rissen korrodieren. Es handelt sich hierbei um eine Wechselwirkung von örtlicher Korrosion und quasistatischen Zugspannungen [8]. Im Falle der Spannungsrisskorrosion sind es Gleitbänder infolge äußerer Belastung, die eine örtliche Schädigung der Passivschicht zur Folge haben.

Schweißverbindungen sind gegenüber Spannungsrisskorrosion allein deshalb stärker gefährdet, weil hier hohe Zugeigenspannungen vorliegen. Spannungsrisskorrosion tritt nur in passiven Werkstoffzuständen auf und ist im Initialstadium durch die Bildung einer Lokalanode gekennzeichnet. Die Zerstörung der schützenden Deckschicht kann sowohl durch mechanische Veränderungen (an die Oberfläche tretende Gleitstufen) als auch durch einen lokalen chemischen Angriff auf die Schutzschicht erfolgen.

Ein markantes Merkmal der Spannungsrisskorrosion ist die verformungsarme Trennung des Werkstoffes, meist ohne nennenswerte Anteile an Korrosionsprodukten. Schadensfälle aus der Praxis sind in verschiedenen Literaturstellen ausführlich erläutert [8, 30, 31].

Bei un- und niedriglegierten Stählen ist die typische Erscheinungsform der interkristalline Rissverlauf. Die Schädigung tritt nur auf, wenn die risserzeugenden Angriffsmittel deckschichtbildend sind (z. B. technisches Methanol, Alkalicarbonate, Alkalihydroxidlösungen, Nitratlösungen, flüssiger Ammoniak mit Spuren an Sauerstoff), da die Werkstoffgruppe üblicherweise der aktiven Korrosion unterliegt. Daher bestehen für die genannten Korrosionssysteme Grenzbedingungen hinsichtlich der Konzentration, der Temperatur, der mechanischen Beanspruchung und des Potenzialbereichs [8].

Von besonderer Bedeutung für die chemische Industrie ist die Anfälligkeit hochlegierter Chrom-Nickel-Stähle für transkristalline Spannungsrisskorrosion. Ferritische, nickelfreie nichtrostende Stähle sind dagegen voll beständig. Rissinitiierung und Rissfortschritt sind Lebensdauer bestimmend. Die Passivschicht wird streng lokalisiert durch ein nach außen vordringendes Gleitband durchstoßen. Dieser Bereich stellt eine Lokalanode dar. Der Korrosionsangriff folgt dem Gleitband in den Werkstoff hinein. Ist der Werkstoff in der Lage, an der Korrosionsstelle die ursprüngliche Passivschicht wieder auszubilden (Repassivierung), dann kommt der Riss vorübergehend zum Stillstand. Die auf Grund des schon erfolgten Stoffumsatzes entstandene Kerbe führt jedoch zu einer lokalen Spannungserhöhung, weshalb die gerade gebildete Passivschicht wieder aufreißt. Ist keine Zwischenrepassivierung möglich, dann erfolgt der Angriff stetig in die Tiefe. In chloridhaltigen Medien ist der Rissbildungsmechanismus oft von Lochkorrosion begleitet, die sich dann verstärkt ausbilden kann, wenn der Riss nur langsam fortschreitet.

Tabelle 3 zeigt eine Zusammenstellung von Medien, die bekanntermaßen in verschiedenen Legierungssystemen Spannungsrisskorrosion auslösen [26]. Grundsätzlich sind zur Auslösung von Spannungsrisskorrosion immer ein spezifisches Medium, Zugspannungen und die Empfindlichkeit des Werkstoffes erforderlich. Diese Betrachtung legt die Annahme nahe, dass Spannungsrisskorrosion durch Spannungsarmglühen zu beherrschen sei. Dies kann nicht als Regel gelten, zumal bei zahlreichen Werkstoffen – wie den Duplexstählen und austenitischen Stählen – die Gefahr der Sensibilisierung für interkristalline Korrosion oder der Versprödung bei einer Spannungsarmglühung besteht. Im Regelfall zwingt das Auftreten von Spannungsrisskorrosion zur Veränderung der Medienbedingungen oder der Werkstoffauswahl.

Die Standzeit in Höhe der Dehngrenze zugbelasteter Drahtproben bis zum Bruch wird in siedender $MgCl_2$-Lösung vom Nickelgehalt einer Legierung beeinflusst

**Tab. 3** Spannungsrisskorrosion auslösende Medien für verschiedene Legierungssysteme [26]

| Fe unlegierter Stahl | | austenitischer Stahl | Al | Cu | Ni |
|---|---|---|---|---|---|
| $H_2O/NO_3^-$ | inter | $H_2O/Cl^-$ | | | |
| $H_2O/OH^-$ | inter | $H_2O/OH^-$ | $H_2O/Br^-$ | $H_2O/NH_3$ | $H_2O/HF$ |
| $H_2O/CN^-$ | trans/inter | | | | $H_2SiF_6$ |
| $H_2O/PO_4^{3-}$ | inter | | | $H_2O/OH^-$ | $H_2O/Cl^-$ |
| $H_2O/SO_4^{2-}$ | trans/inter | | $H_2O/I^-$ | | $H_2O/OH^-$ |
| $H_2O/CO_3^{2-}/HCO_3^-$ | trans | $H_2O/Br^-$ | $N_2O_4$ | $H_2O$ + Amine | Polythionsäure |
| $H_2O/CO/CO_2$ | trans | $H_2O/H^+/SO_4^{2-}$ | | $H_2O$ + Citrate | Chromsäure |
| $H_2O/H_2S$ | trans/inter | Polythionsäuren | $HNO_3$ | $H_2O$ + Tartrate $H_2O/NO_3^-$ | Ameisensäure NaOH-Schmelze |
| Rohmethanol | inter | $H_2O/H_2S$ | org. Flüssigkeiten | $H_2O/NO^-$ | KOH-Schmelze |
| $NH_3$ flüssig und gasförmig | trans | $H_2O/H_2SO_3$ $H_2O/NH_4OH$ | feuchte Luft | $H_2SO_4^{2-}$ $H_2SO_3^{2-}$ $H_2O/S^{2-}$ | Dampf |
| Amine | trans/inter | | | $H_2O/F^-$ Dampf | org. Flüssigkeiten |

(Abb. 20). Es ergibt sich eine Minimierung der Standzeit, also ein Maximum der Empfindlichkeit für chloridinduzierte Spannungsrisskorrosion bei ca. 10 % Nickel, einem Legierungsgehalt, in dem die 18/10 CrNi-Stähle angesiedelt sind. Zu niedrigeren Nickelgehalten, d. h. zu höheren Ferritgehalten im Werkstoff hin, nimmt die Empfindlichkeit stark ab. Andererseits sinkt die Empfindlichkeit für chloridindu-

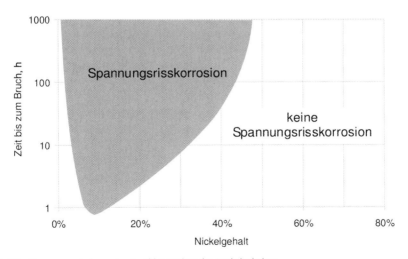

**Abb. 20** Spannungsrisskorrosion in Abhängigkeit des Nickelgehaltes (Prüfmedium: 42 %-ige MgCl$_2$-Lösung, siedend) [20].

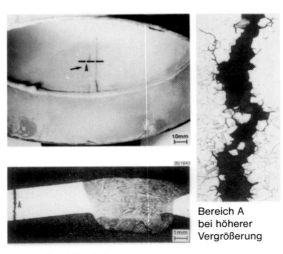

Werkstoff: Alloy B-2
Medium: Ethylbenzol, Benzol, AlCl$_3$
Temperatur: 100°C

**Abb. 21** Interkristalline Spannungsrisskorrosion an einem Rohrbogen [26].

zierte Spannungsrisskorrosion bei höheren Nickelgehalten (über 10% Nickel) und oberhalb ca. 45% tritt sie in siedender MgCl$_2$-Lösung nicht mehr auf.

Diese Kurve gilt streng genommen nur für MgCl$_2$-Lösungen. In sauren, hoch chloridhaltigen Lösungen können auch noch höher Nickel-legierte Werkstoffe chloridinduzierte Spannungsrisskorrosion erleiden. Die in den Diagrammen angedeuteten Tendenzen sind jedoch für die Werkstoffauswahl hilfreich.

Abbildung 21 zeigt interkristalline Spannungsrisskorrosion nahe der Längsnaht eines Rohrbogens aus alloy B-2, einer reinen NiMo-Legierung, die speziell für den Einsatz unter salzsauren Bedingungen oder in Schwefelsäure mittlerer Konzentration geeignet ist, sofern die Lösungen sauerstoff- und oxidationsmittelfrei sind [26]. Die aufgetretene interkristalline Spannungsrisskorrosion hängt auch in diesem Falle mit der Schweißnaht zusammen. Durch die Schweißung sind Eigenspannungen in der Schweißnaht und in der Wärmeeinflusszone vorhanden. Die Empfindlichkeit des Werkstoffs für Spannungsrisskorrosion in dem salzsauren Medium beruhte darauf, dass hier die Kombination eines ausscheidungsfreudigen Werkstoffs mit einer ungünstigen Wärmeführung beim Schweißen zu kritischen Ordnungsphasen in der Wärmeeinflusszone geführt hat. Abhilfe wäre hier, über gezielte Chargenauswahl eine unempfindlichere Werkstoffcharge zu wählen und die Wärmeeinbringung beim Schweißen zu minimieren.

## 2.3.6
### Schwingungsrisskorrosion

Schwingungsrisskorrosion tritt bei kombinierter schwingender und korrosionschemischer Beanspruchung auf. Das Besondere dabei ist, dass jeder metallische Werkstoff in jeder Elektrolytlösung gefährdet ist. Allen Systemen ist gemeinsam, dass keine Dauerfestigkeit mehr quantifiziert werden kann, sondern stets mit einer Korrosionszeitfestigkeit (bis zum Bruch) gerechnet werden muss [32]. Sie hängt von einer Vielzahl von Parametern (Werkstoff, Medium, Spannungsausschlag, Lastfolge, Belastungsfrequenz usw.) ab [27, 33]

Abbildung 22 zeigt die möglichen Schädigungsmechanismen, wobei zwischen aktivem und passivem Werkstoffzustand unterschieden wird. Allen Schädigungsverläufen ist gleich, dass mit der stets lokalisierten Tiefenwirkung der Korrosionsschädigung (im aktiven Zustand in Form von Korrosionsmulden) eine Kerbwirkung verbunden ist.

Schwingungsrisskorrosion im aktiven Zustand tritt auf, wenn der Werkstoff im gegebenen Medium lokal keine Passivschicht ausbildet und deshalb auch ohne mechanische Beanspruchung angegriffen wird. Durch die Korrosion entstehen Korrosionsgrübchen, die als Kerben wirken, von deren Grund die Rissbildung infolge der mechanischen Beanspruchungskomponente ausgeht. Der Rissverlauf erfolgt im Wesentlichen transkristallin und die Rissflanken sind auskorrodiert.

Schwingungsrisskorrosion im passiven Zustand tritt besonders bei passivierbaren Chrom- und Chrom-Nickel-Stählen auf, aber auch in allen anderen Fällen, in denen der Werkstoff im Medium beständig ist. Hierbei können allein schon durch die mechanische Beanspruchungskomponente aktive Zentren an der Oberfläche entste-

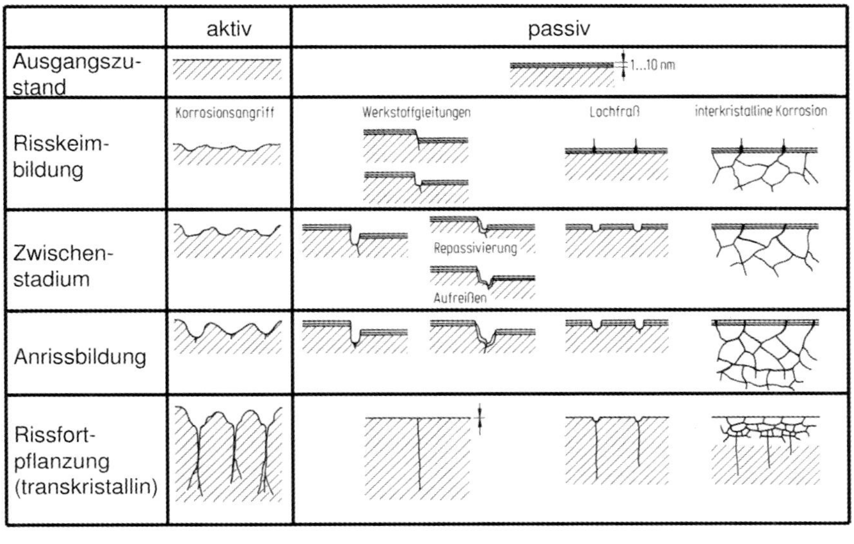

**Abb. 22** Schädigungsmechanismen der Schwingungsrisskorrosion nach Spähn (schematisch).

hen, die durch das Austreten von Gleitbändern (extrusions/intrusions) gebildet werden. Dies geschieht oftmals unter sehr geringem Stoffumsatz, so dass kaum Korrosionsprodukte auftreten. Die streng lokalisierte Reaktion des Werkstoffs mit dem Medium erfolgt entlang der Gleitbänder. Folge ist ein transkristalliner Rissfortschritt ohne erkennbare Kerbbildung an der Oberfläche. Die Risse sind im Regelfall nicht verästelt und die Rissflanken nicht auskorrodiert. Meist treten nur sehr vereinzelt Risse auf. Demzufolge ist das Bruchbild kaum von demjenigen eines Ermüdungsbruchs an Luft zu unterscheiden. Selbst Untersuchungen im Rasterelektronenmikroskop lassen oft keine eindeutigen Aussagen zu. Elektrolytseitig ist bedeutsam, ob passivitätserzeugende Bedingungen vorliegen.

Bei Schwingungsrisskorrosion im passiven Zustand mit überlagerter Lochkorrosion oder interkristalliner Korrosion erfolgt die Rissinitiierung in einem frühen Stadium der Komplexbeanspruchung mediumseitig durch Lochkorrosion oder interkristalline Korrosion. Es entstehen viele Risskeime, die schließlich zu transkristallin verlaufenden Rissen ausarten. Folglich ist in diesem Fall das Bruchbild deutlich von einem Ermüdungsbruch an Luft zu unterscheiden.

Schwingungsrisskorrosion ist gegenüber Spannungsrisskorrosion noch komplexer, da kein spezifisches Medium erforderlich ist. Auch bei Schwingungsrisskorrosion sind oft Schweißverbindungen – wie auch bei reinen Schwingungsschäden – betroffen. Die zielführende Abhilfemaßnahme liegt hier zumeist in der konstruktionsseitigen Lösung.

### 2.3.7
**Korrosionsverschleiß**

Der Korrosionsverschleiß tritt besonders im Bereich von Wellendurchgängen oder bei Rührwerken auf, wo die Passivschicht von z. B. Cr- und Cr-Ni-Stählen durch die Reibbeanspruchung zerstört und dadurch der aktive Werkstoff freigelegt wird. An einer rotierenden Welle ist die Schädigung durch Korrosionsverschleiß im Bereich des Radialwellendichtrings erkennbar (Abb. 23).

**Abb. 23** Korrosionsverschleiß an einer hartverchromten Welle im Bereich der Dichtung (Dichtungswerkstoff: Elastomer, Korrosionselektrolyt: Trinkwasser).

## 2.3.8
### Schwingungsverschleiß, früher Reibkorrosion

Der Praktiker kennt die Schadensart Schwingungsverschleiß auch unter den Begriffen »Passungsrost« oder »Bluten«. Die Folge kann ein Ermüdungsbruch sein. Dabei läuft folgender Mechanismus ab: Wenn zwei metallische Werkstoffe kraftübertragend miteinander verbunden sind und sich oszillierend gegeneinander bewegen (z. B. infolge wechselnder Biegemomente), dann können an den lokalen Kraftübertragungsorten Mikroverschweißungen und feinste Ermüdungsbrüche auftreten, die zum Herausbrechen kleinster Werkstoffpartikel führen. Dabei reicht schon eine Beanspruchung im Bereich der jeweiligen elastischen Verformbarkeit. Die Bruchflächen sind im Moment ihrer Entstehung hoch aktiv und reagieren z. B. mit Luftsauerstoff (Oxidbildung), mit Stickstoff (Nitridbildung) oder Kohlenstoff (Karbidbildung). Da die entstehenden Reaktionsprodukte voluminöser sind als der ursprüngliche Werkstoff, benötigen sie Platz und können z. B. in Welle/Nabe-Verbindungen zu Zugspannungen in der Nabeninnenfläche führen. Diese erhöhte Beanspruchung kann einen Ermüdungsbruch herbeiführen.

## 2.3.9
### Erosionskorrosion und Kavitationskorrosion

Erosionskorrosion ist dem Korrosionsverschleiß verwandt und tritt auf, wo schnell strömende und/oder mehrphasige Flüssigkeiten zu einer abrasiven mechanischen Beanspruchung der beaufschlagten Feststoffoberfläche führen (Rohrkrümmer, Rührwerke, Pumpen). Hierdurch werden Passiv- und andere schützende Deckschichten auf dem Werkstoff lokal zerstört. Der Werkstoff wird lokal mechanisch aktiviert und kann dadurch mit dem Medium selbst beschleunigt reagieren. Eine Verstärkung der Korrosion kann eintreten, wenn ständig frisch reaktionsfähiges Medium an die Metalloberfläche herangeführt wird.

In der Praxis ist Erosionskorrosion häufig z. B. in Wärmetauscherrohren zu beobachten. Neben dem örtlichen Wärmedurchgang (Deckschichtbildung) ist werkstoffabhängig (härteabhängig) insbesondere die maximale Strömungsgeschwindigkeit zu berücksichtigen (Tab. 4).

Der Begriff Kavitation (lat. cavitare: aushöhlen) kann mit Hohlraumbildung übersetzt werden. In hydraulischen Systemen wird darunter zweierlei verstanden:

Flüssigkeitskavitation als Bildung und Zusammenbruch von dampf- und gasgefüllten Hohlräumen oder Blasen in Flüssigkeiten, in denen der statische Druck örtlich oder kurzzeitig unter den Dampfdruck abgesenkt und danach wieder darüber erhöht wird. Die Dampfdruckänderungen können durch Strömungs- oder Schwingungsvorgänge (Stoß- und Schallwellen) hervorgerufen werden.

Werkstoffkavitation an Werkstoffoberflächen, hervorgerufen durch Flüssigkeitskavitation, wenn Blasen an oder in der Nähe von Oberflächen zusammenbrechen. Kavitationsschädigung beginnt mit der Aufrauung von Oberflächen und schreitet mit lochkorrosionsartiger Hohlraumbildung bis zur schwammartigen Zerstörung der Werkstoffstruktur fort (Abb. 24).

## 12 Werkstoffe in der Chemischen Technik

**Tab. 4** Maximal zulässige Strömungsgeschwindigkeit in m/s [34]

| Werkstoff | Reines Wasser | Meerwasser |
|---|---|---|
| Aluminium | 1,2–1,5 | 1,0 |
| Kupfer | 1,8 | 1,0 |
| Kupfer + As | 2,1 | 1,0 |
| Kupfer + Fe | 4,0 | 1,5 |
| Admiralitätsmessing | 2,0–2,4 | 1,5–2,0 |
| Al-Bronze | ca. 3,0 | ca. 2,0 |
| Cunifer 10 | 5,0 | 2,4 |
| Cunifer 30 | 6,0 | 4,5 |
| Stahl | 3–6 | 2–5 |
| Nickellegierungen | bis 30 | 15 bis 25 |
| Kunststoffe | 6–8 | 6–8 |

Werkstoffe setzen dem Kavitationsangriff einen stark unterschiedlichen, aber spezifischen Kavitationswiderstand entgegen, dessen Zuordnung zu mechanisch-technologischen Werkstoffkenngrößen nicht eindeutig möglich ist. Von entscheidender Bedeutung ist – schon wegen der auf mikroskopisch kleinem Raum wirkenden Kräfte – die Gefügeausbildung. Es besteht Einigkeit darüber, dass gleichzeitiger oder abwechselnder Kavitations- und Korrosionsangriff zu einer beträchtlichen Verstärkung der Schädigung führt.

Durch die Schlagwirkung der Kavitationsblasen werden oxidische Deckschichten und reaktionshemmende Belegungen aus Korrosions- oder Umwandlungsvorgängen zerschlagen und abgetragen. Kavitationsbeanspruchte Oberflächen befinden sich ständig im korrosionschemisch aktiven Zustand. Die Reaktionen werden darüber hinaus durch die Oberflächenvergrößerung beschleunigt.

Außerdem werden bevorzugt weiche (z.B. Graphit in Gusseisen) oder spröde (Ausscheidungen oder Korngrenzbelegungen) Gefügebestandteile herausgeschla-

**Abb. 24** Kavitationsschaden an einem Pumpenlaufrad.

gen. Durch die lokale plastische Verformung können Lokalelemente entstehen. Sauerstoffanteile in Blasen erhöhen das Sauerstoffangebot an der Oberfläche. Druckwellen haben in Anrissen eine Sprengwirkung, so dass Schwingungsrisskorrosionsvorgänge begünstigt werden.

## 2.3.10
### Wasserstoffinduzierte Rissbildung

Das Phänomen der wasserstoffinduzierten Rissbildung wird gemeinhin auch als »Wasserstoffversprödung« bezeichnet. Es tritt dann auf, wenn durch Korrosion nach dem Wasserstoffkorrosionstyp atomarer Wasserstoff entsteht, der rascher in den Werkstoff eindiffundiert als an der Oberfläche zum $H_2$-Molekül zu rekombinieren. Der Wasserstoff kann im Werkstoff Metallhydrid bilden, wie das bei Titan der Fall ist, und den Werkstoff dadurch verspröden. Er führt in jedem Fall aber auch zu gleitblockierenden und somit versprödend wirkenden Gitterverspannungen. Außerdem kann der Wasserstoff an so genannten inneren Oberflächen wie Korngrenzen und Seigerungen zum $H_2$-Molekül rekombinieren und dadurch den Werkstoff zusätzlich verspannen bzw. lokale Werkstofftrennungen (Blasenbildung) herbeiführen. Steht der betreffende Werkstoff unter ausreichend hohen Zugeigen- und/oder Zuglastspannungen, ist die Gefahr des Auftretens eines so genannten verzögerten Sprödbruchs gegeben. Weil der Werkstoff auf Grund der beschriebenen Gleitblockierungen weitgehend verformungslos bricht und weil der Schädigungsmechanismus Zeit braucht, wird er als »verzögerter Sprödbruch« bezeichnet.

## 3
### Auslegung von Komponenten für Chemieanlagen

Die konstruktive Auslegung von Komponenten für Chemieanlagen richtet sich primär danach, die verfahrenstechnische Funktion sicherzustellen. Daraus ergeben sich dann die Auslegungsdaten in Form der erforderlichen Einsatztemperatur und des erforderlichen Betriebsdrucks. Die Dimensionierung der Wanddicke und der Stutzenausschnitte erfolgt auf der Grundlage von im Regelwerk vorhandenen Berechnungsformeln und den Festigkeitseigenschaften des gewählten Werkstoffs. Bei der werkstofftechnischen Auslegung ist dabei sicherzustellen, dass nur zugelassene Werkstoffe zum Einsatz kommen. Für den speziellen Anwendungsfall müssen diese Werkstoffe dann noch für den vorgesehenen Temperaturbereich zugelassen sein. Maßgeblich sind hier die Einsatztemperaturgrenzen für den Werkstoff, die im technischen Regelwerk oder in Normen festgehalten sind. Nur im zulässigen Einsatztemperaturbereich sind für den Werkstoff Festigkeitswerte angegeben, die für die Dimensionierung der Komponente erforderlich sind. Die auf dem Apparateschild festgehaltenen zulässigen Temperaturen und Drücke sind grundsätzlich als Einsatzgrenzen für den Apparat zu sehen. Dies bedeutet, dass bei allen geplanten Betriebszuständen des Apparates diese Grenzen nicht überschritten werden dürfen.

Im Falle, dass zum Beispiel eine Katalysatorregeneration, bei der ausgefallener Ruß abgebrannt wird, in einem Reaktor erfolgen soll, der in der Produktionsphase nur bei einer deutlich tieferen als der Abbrenntemperatur betrieben wird, so hat dies zu Folge, dass die Auslegungsgrenzen den Regenerationsvorgang mit einschließen müssen. Die mit dem Regenerationsvorgang verbundenen zeitlichen Temperaturveränderungen können dann im Einzelfall auch die weitere Auslegung des Apparates beeinflussen, geht es doch auch darum Sekundärspannungen, die aus hohen Temperaturdifferenzen resultieren, moderat zu halten. Die Werkstoffauswahl kann in einem solchen Fall durch die Regeneration bestimmt werden, muss doch sichergestellt sein, dass der verwendete Werkstoff auch für den Temperaturbereich der Regenerierung zugelassen ist. Diese Forderung gewährleistet, dass eine Veränderung der korrosionschemischen Eigenschaften des Werkstoffs z. B. durch eine Sensibilisierung oder einer Veränderung seiner mechanischen Eigenschaften z. B. durch eine Versprödung im Zuge einer Regeneration vermieden werden. Schlussendlich muss bei der Auswahl des Werkstoffs auch berücksichtigt werden, dass bei einer solchen Regenerierung auch Korrosionsprozesse ablaufen können. In ähnlicher Weise ist auch eine regelmäßige Reinigung eines Apparates durch eine Säurebeaufschlagung bei der Werkstoffauswahl zu berücksichtigen und abzusichern.

Die Auslegung und die Auswahl des Werkstoffs müssen aber auch die sich aus der Sicherheitsbetrachtung ergebenden Bedingungen sicher umschließen. Ergibt sich aus der Sicherheitsbetrachtung, dass der Prozess zu seiner sicheren Beherrschung auch den Fall einer Notentspannung umschließen muss, so sind hierfür die notwendigen konstruktiven Maßnahmen vorzusehen. Bei der Werkstoffauswahl ergeben sich in solchen Fällen oft Fragestellungen, die daraus resultieren, dass die Notentspannung zu einer adiabatischen Abkühlung u. U. bis deutlich unter −10 °C führt. Da auch dieser Fall von den Auslegungsdaten umschlossen werden muss, muss der Apparatewerkstoff eine ausreichende Sprödbruchsicherheit besitzen. Konstruktiv ist ferner sicherzustellen, dass die mit der Abkühlung bei der Notentspannung verbundenen Sekundärspannungen sicher beherrscht werden.

Üblicherweise werden die Einsatzgrenzen für die Anlagenkomponenten nicht punktgenau auf die aktuellen Betriebsbedingungen bei der Anlagenerrichtung festgelegt, sondern umschließen etwas höhere Temperaturen und Drücke, um die im Laufe des Anlagenlebens erfolgenden Optimierungen ohne größere Umstände realisieren zu können.

Wärmeaustauscher sind in allen Chemieanlagen vertreten. Sie stellen oft zentrale Einheiten von Anlagen dar. Ihre Funktionsfähigkeit kann in starkem Maße durch Belagbildung – man spricht dann allgemein von Fouling – beeinträchtigt werden. Die Ursachen von Belagbildung reichen dabei von Produktanhaftungen bis zur Bildung eines Biofilms. Abhängig von der Frage der Belagbildung aber auch der allgemeinen Verschmutzung ergibt sich der Aspekt der Reinigung und des hierfür erforderlichen Aufwands als wichtiges Merkmal für die Apparateauswahl. Plattenwärmetauscher sind bei der Gefahr starken Foulings und starken Schmutzeintrags nicht zu empfehlen, vor allem die geschweißten Ausführungen.

Aber auch bei Röhrenwärmeaustauschern empfiehlt es sich, den Produktstrom, der zu Belagbildung führt, durch die Rohre zu leiten. Im Vergleich zum Mantelraum treten hier gleichmäßigere Strömungsverhältnisse auf, die der Bildung von Belägen entgegenwirken. Darüber hinaus lassen sich die Rohre von der Innenseite reinigen, während dies im Mantelraum nicht der Fall ist. Beläge und Ablagerungen wirken sich zum einen leistungsreduzierend auf Wärmeaustauscher aus, zum anderen führen sie häufig auch zu Korrosionsproblemen. Die unter Belägen an der Grenzfläche zum Werkstoff vorherrschenden Angriffsbedingungen sind durch einen Mangel an Sauerstoff und häufig durch Aufkonzentrationen aus dem Medium gekennzeichnet und sind somit dann auch korrosionschemisch aggressiv. Vor allem bei der unmittelbaren Verwendung von Flusswasser zu Kühlzwecken ist das Problem des Foulings zu beachten. In den Belägen kommt es zum Teil zu deutlichen Anreicherungen von Wasserinhaltsstoffen, wie z. B. Chloriden. Außerdem sind die Beläge häufig durch ein hohes Maß an mikrobiologischer Aktivität gekennzeichnet, wobei mit dem Stoffwechsel der Organismen Potenzialverschiebungen verbunden sind, die zur Auslösung von Korrosion führen. Die mikrobiell induzierten Potenzialverschiebungen können dabei zu stärker reduzierenden oder auch zu stärker oxidierenden Bedingungen führen. Stärker **oxidierende** Bedingungen erhöhen bei austenitischen Werkstoffen die Gefahr der Loch- und Spannungsrisskorrosion, wenn gleichzeitig Chloride vorhanden sind. **Reduzierende** Bedingungen, wie sie durch sulfatreduzierende Mikroorganismen hervorgerufen werden, können bei dem Einsatz un- und niedriglegierte Stähle zu $H_2S$-induzierter Schädigung vor allem im Bereich von Schweißverbindungen mit erhöhter Härte führen. Bei der Gefahr mikrobiellen Foulings und dem damit verbundenen Korrosionsrisiko sollte daher im Einzelfall überprüft werden, ob nicht ein sekundärer Kühlkreislauf die bessere Lösung darstellt. Hierbei hat es sich auch bei der Verwendung von Brack- oder Meerwasser bewährt, Plattenwärmetauscher aus Titan auf der Primärseite einzusetzen und die Anlagenkomponenten nur noch mit einem kontrollierten Wasser zu beaufschlagen, welches sekundärseitig in den Plattentauschern gekühlt wird.

Aus den aufgeführten Beispielen geht hervor, dass bei der werkstofftechnischen Auslegung von Apparatekomponenten alle möglichen, dem bestimmungsgemäßen Betrieb zuzuordnenden Bedingungen berücksichtigt werden müssen. Ein besonderes Augenmerk ist bei instationären thermischen Bedingungen den thermischen Ausdehnungskoeffizienten der Werkstoffe zu widmen, die u. U. erhebliche Sekundärspannungen zur Folge haben. Diese zu beherrschen, erfordert eine entsprechend nachgiebige, weiche Konstruktion. Auch in diesem Punkt sind Wärmeaustauscher Komponenten, denen besondere Aufmerksamkeit zu schenken ist. Werden hier aus Gründen der Werkstoffbeständigkeit austenitische Rohre in einem Röhrenwärmetauscher verwendet, während für den Mantel ein unlegierter Stahl ausreicht, so kann die Lösung der Sekundärspannungsfrage, die sich aus dem um rund ein Drittel höheren thermischen Ausdehnungskoeffizienten des austenitischen Stahls gegenüber dem unlegierten Stahl ergibt, darin bestehen, einen Kompensator im Mantel einzusetzen. Kompensatoren haben jedoch als dünnwandige und damit spezifisch hochbelastete Bauelemente im Langzeitbetrieb den Nachteil, dass sie nur für eine begrenzte Lastspielzahl ausgelegt sind und dass sie bei Auftreten von Korrosion spezifisch deutlich stärker geschädigt werden, als der Apparatemantel. Es lohnt sich daher im Einzelfall andere Apparatekonzepte, wie z. B. einen U-Rohr-Wärmetauscher oder einen Schwimmkopfwärmetauscher in Erwägung zu ziehen und diese ggf. alternativ umzusetzen.

Die aus Gründen der Werkstoffbeständigkeit in Einzelfällen erforderliche Verwendung von Nickelbasiswerkstoffen und Sonderwerkstoffen führt insbesondere dann, wenn hohe Drücke zu beherrschen sind, rasch zu der Überlegung, eine plattierte oder ausgekleidete Konstruktion zu verwenden. Hierbei erfolgt eine Funktionsteilung, indem die Druckhaltigkeit von einem vergleichsweise preiswerten Stahlmantel übernommen wird, während die Korrosionsbeständigkeit durch die Auskleidung oder Plattierung gewährleistet wird. Ein Teil der sich aus dem rationellen Werkstoffeinsatz ergebenden Investitionseinsparung bei solchen Konstruktionen ist – insbesondere dann, wenn ein gemeinsames Schweißgut aus Plattierungs-/Auskleidungswerkstoff und Trägerwerkstoff zu starken Versprödungen führen würde (Beispiel Titanplattierung auf Stahl) – auf einen erhöhten Aufwand bei der Fertigung aufzuwenden. Dennoch spricht im Allgemeinen ein deutlicher wirtschaftlicher Vorteil für die Funktionsteilung. Ob hierbei eine Plattierung oder eine Auskleidung die Konstruktion der Wahl ist, wird auch durch den vorgesehenen Betrieb und die verwendete Werkstoffkombination bestimmt. Auskleidungen sind bei wechselnden Temperaturbedingungen, wie sie z. B. in Batch-Betrieben auftreten, weniger vorteilhaft, da werkstoffbedingte Ausdehnungsunterschiede zwischen dem Trägerwerkstoff und der Auskleidung an Fixpunkten, wie z. B. Stutzen aufgenommen werden. Dies führt dazu, dass es an diesen Fixpunkten rasch zu Überbeanspruchungen kommt. Stoffschlüssige Plattierungen sind diesbezüglich weniger kritisch. Plattierungen haben jedoch den Nachteil, dass ihre Intaktheit während des Betriebs nicht zu überwachen ist. Dies kann in Einzelfällen zu erheblichen Korrosionsgefährdungen des Behälters führen. In ausgekleideten Apparaten ist eine Überwachung des Zwischenraums zwischen der Auskleidung und dem drucktragenden Mantel möglich, indem der Mantel mit Prüfbohrungen versehen wird, die dessen Druckbelastbarkeit nicht beeinflussen.

Als grundlegende Anforderungen einer werkstofftechnischen Auslegung von Chemieanlagen sind die werkstoff- und prüfgerechte Gestaltung zu sehen. Eine werkstoffgerechte Gestaltung und Auslegung berücksichtigt Faktoren, wie z. B. die erhöhte Kerbempfindlichkeit eines Werkstoffes oder dessen eingeschränkte Verformbarkeit. Im ersteren Falle sind bei der Gestaltgebung örtliche Spannungserhöhungen, wie sie durch Steifigkeitssprünge und Kerben gegeben sind, zu vermeiden. Der eingeschränkten Verformbarkeit des Werkstoffes wird bei der Konstruktion der Komponente Rechnung getragen. Eine prüfgerechte Gestaltung zielt darauf ab, hoch belastete und durch Rissbildung und Korrosion besonders gefährdete Bauteilbereiche – zumeist handelt es sich hier um Schweißverbindungen – für die fertigungsüberwachende, aber auch für die wiederkehrende Prüfung zugänglich zu machen.

Zusätzlich hierzu ist bei der Auslegung auch auf eine fertigungs- und korrosionsschutzgerechte Konstruktion zu achten. Eine fertigungsgerechte Konstruktion zeichnet sich z. B. durch die einfache Zugänglichkeit von Schweißverbindungen aus und berücksichtigt Anforderungen wie die Notwendigkeit einer örtlichen Wärmebehandlung. Aber auch der Gesichtspunkt der Reparaturfähigkeit sollte bereits bei der Auslegung und Konstruktion eine Rolle spielen und hier entsprechend berücksichtigt werden.

Eine korrosionsschutzgerechte Auslegung einer Chemieanlagenkomponente vermeidet Ablagerungen und Spalten. Ablagerungen können oft durch Einhaltung einer Mindestströmungsgeschwindigkeit vermieden werden. Spalten zu vermeiden erfordert hingegen oft einen höheren schweißtechnischen Aufwand, da offene Kehlnahtkonstruktionen, auch wenn sie rechnerisch seitens der Festigkeit ausreichen würden, dicht geschweißt werden müssen. Für Stumpfnähte gilt, dass sie generell durchzuschweißen sind.

Bei gedämmten Bauteilen ist zu beachten, dass Trag- und Stützkonstruktionen oft wie Heiz- oder Kühlrippen wirken und somit zu Taupunktunterschreitungen im Produktraum oder zu einem örtlichen Bereich erhöhter Temperatur auf der Innenseite im Mantel führen können. Beides kann unerwartete Korrosionsschäden hervorrufen, die zu vermeiden gewesen wären, wenn die Trag- und Stützkonstruktion mit eingedämmt worden wäre.

Eine werkstoffgerechte Auslegung muss eine Vielzahl von Gesichtspunkten berücksichtigen, von denen einige in den Beispielen dieses Kapitels aufgezeigt wurden. Es liegt auf der Hand, dass es sich hierbei um eine in klassischem Sinne interdisziplinäre Aufgabe handelt, bei der der Werkstoff- und Korrosionsfachmann mit dem Fertigungsingenieur und dem Betreiber zusammen arbeiten muss, um zu einer optimalen Lösung gelangen zu können.

# 4
# Werkstoffe

## 4.1
## Metallische Werkstoffe

Metallische Werkstoffe haben in der Entwicklung der chemischen Technik immer eine wichtige Rolle gespielt. Neben der Festigkeit und Zähigkeit der Metalle, die für die Beherrschung hoher Drücke die maßgeblichen Eigenschaften sind, ist vor allem ihre chemische Beständigkeit gegenüber Prozessmedien die für die chemische Technik entscheidende Eigenschaft. Un- und niedriglegierte Stähle sind in dieser Hinsicht nur für ein eingeschränktes Spektrum an Medien geeignet. Gerade diese Einschränkung war Ausgangspunkt und Motivation für intensive Bemühungen um die Weiterentwicklung der Werkstoffe, die für metallische Werkstoffe mit der Stahlentwicklung zunächst große Fortschritte für die chemische Technik brachte.

Eisenbasislegierungen werden heute mit Chromgehalten über 30 % und Molybdängehalten bis zu 7 % hergestellt (Tab. 5). Um auch bei diesen Legierungsgehalten eine hinreichende Gefügestabilität und Verarbeitbarkeit zu gewährleisten, werden Stähle mit bis zu 0,5 % Stickstoff legiert. Hierdurch kann die rasche Ausscheidung versprödender intermetallischer Phasen zeitlich verschoben werden. Mit hohen Ni-

Tab. 5 Physikalische Daten (beispielhafte Auswahl) einiger hochlegierter korrosionsbeständiger Stähle [34]

| Stahlsorte | | Dichte | Elastizitätsmodul bei 20 °C | Wärmeausdehnung zwischen 20 °C und | | Wärmeleitfähigkeit bei 20 °C | Spezifische Wärmekapazität bei 20 °C | Elektrischer Widerstand bei 20 °C |
|---|---|---|---|---|---|---|---|---|
| Kurzname | W.-Nr. | | | 100 °C | 400 °C | | | |
| | | $kg/dm^3$ | $kN/mm^2$ | $10^{-6} \times K^{-1}$ | | $W/(m \times K)$ | $J/(kg \times K)$ | $\Omega \times mm^2/m$ |
| X6Cr17 | 1.4016 | 7,7 | 220 | 10,0 | 10,5 | 25 | 460 | 0,60 |
| X2CrNi12 | 1.4003 | 7,7 | 220 | 10,4 | 11,6 | 25 | 430 | 0,60 |
| X5CrNi18-10 | 1.4301 | 7,9 | 200 | 16,0 | 17,5 | 15 | 500 | 0,73 |
| X6CrNiTi18-10 | 1.4541 | 7,9 | 200 | 16,0 | 17,5 | 15 | 500 | 0,73 |
| X5CrNiMo17-12-2 | 1.4401 | 8,0 | 200 | 16,0 | 17,5 | 15 | 500 | 0,75 |
| X6CrNiMoTi17-12-2 | 1.4571 | 8,0 | 200 | 16,5 | 18,5 | 15 | 500 | 0,75 |
| X2CrNiMoN22-5-3 | 1.4462 | 7,8 | 200 | 13,0 | – | 15 | 500 | 0,80 |

ckelgehalten bis zu 30% wird auch bei extremen Cr- und Mo-Gehalten eine rein austenitische Gefügestruktur stabilisiert, so dass diese Stähle eine Korrosionsbeständigkeit erreichen, die mit der von Nickelbasislegierungen vom Typ Alloy 625 oder sogar der Alloy-C-Famile (Alloy C-276, C-22, C-4) vergleichbar ist. Wirtschaftliche Gesichtspunkte beschränken aber den Einsatz der sehr hochlegierten Stähle auf spezifische Anwendungsbereiche, zumal die hohen Legierungsgehalte auf die Legierung abgestimmte Verarbeitungsverfahren erfordern.

### 4.1.1
**Eisenbasislegierungen**

Eisen-Kohlenstoff-Legierungen mit Kohlenstoffgehalten <2%, die ohne weitere Nachbehandlung schmiedbar sind, werden als Stähle bezeichnet. Stähle sind zäh, immer warm umformbar und bei niedrigem Kohlenstoffgehalt auch kalt umformbar. Durch Wärmebehandlung (Härten und Vergüten) lässt sich die Festigkeit steigern, allerdings nimmt die Verformbarkeit dabei ab. Die Bezeichnung von Stählen ist seit 1992 im wesentlichen in der Norm DIN EN 10027 neu geregelt. DIN EN 10027–1 regelt zwar den wichtigsten Teil der Bezeichnungen, für feinere Unterscheidungen muss zusätzlich auf DIN V 17006-Teil 100 zurückgegriffen werden.

Stähle können durch weitere Legierungselemente in ihren Eigenschaften in weiten Grenzen definiert eingestellt werden. DIN EN 10020 definiert eine Abgrenzung von unlegierten und legierten Stählen auf Basis von Grenzgehalten für Legierungselemente. Unerwünschte Beimengungen (Verunreinigungen) wie z.B. Phosphor oder Schwefel gelten nicht als Legierungselemente. In den Normen wird lediglich zwischen unlegierten und legierten Stählen unterschieden. Die legierten Stähle werden in der Praxis jedoch häufig in niedriglegierte Stähle (der Gehalt keines Legierungselementes überschreitet 5%) und hochlegierte Stähle (mindestens der Gehalt eines Legierungselementes überschreitet 5%) differenziert.

Z.B. werden bei der BASF AG in Ludwigshafen annähernd 100 000 Druckbehälter betrieben, von denen ca. 15 000 registerpflichtig sind. Ca. 65% der Druckbehälter bestehen aus un- und niedriglegierten Stählen, während rund 35% aus hochlegierten und korrosionsbeständigen Werkstoffen gefertigt sind (Abb. 25). Abbildung 26 zeigt, wie sich diese 35% auf die verschiedenen korrosionsbeständigen Werkstoffe verteilen. Wird die Gesamtmenge mit 100% angenommen, so bestehen rund 62% aus 18/10-CrNi-Stählen (zumeist der W.-Nr. 1.4541), 26% sind aus 17/12/2-CrNiMo-Güten (zumeist W.-Nr. 1.4571) und 6% sind aus dem Duplexstahl X2CrNiMoN22-5-3 (W.-Nr. 1.4462) hergestellt.

**Abb. 25** Werkstoffe für Druckbehälter, Werkbild BASF AG.

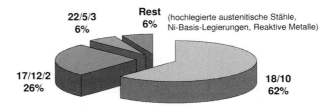

**Abb. 26** Hochlegierte Werkstoffe für Druckbehälter, Werkbild BASF AG.

Für Chemieanlagen haben drei Werkstoffgruppen der Eisenbasislegierungen eine besondere Bedeutung hinsichtlich der Anwendungshäufigkeit und werden deshalb in den folgenden Kapiteln näher beschrieben:
- un- und niedriglegierte Stähle,
- warmfeste und hitzebeständige Stähle und
- rost- und säurebeständige Stähle.

### 4.1.1.1 Unlegierte und niedriglegierte Stähle

Niedriglegierte Stähle haben prinzipiell ähnliche Eigenschaften wie unlegierte Stähle. Ihre technisch wichtigsten Eigenschaften sind Härtbarkeit, Warmfestigkeit (durch Zugabe von Molybdän und Chrom) und Anlassbeständigkeit (Legierungselemente, die Karbidbildner sind, verhindern das Erweichen des Stahles oberhalb einer Temperatur von 400 °C).

Die Unterteilung in der DIN EN 10020 nach Hauptgüteklassen unterscheidet zwischen Grundstählen (unlegierte Stähle ohne besonders geforderte Gebrauchseigenschaften), Qualitätsstählen (un- bzw. niedrig legierte Stähle, für die z. B. keine Anforderungen an den Reinheitsgrad bezüglich nichtmetallischer Einschlüsse vorgeschrieben sind, für die jedoch Anforderungen an die Gebrauchseigenschaften existieren) und Edelstählen (nicht zu verwechseln mit der falschen aber üblichen Bezeichnung »Edelstähle« für die rostfreien Stähle).

Von besonderer Bedeutung für die chemische Industrie ist die Gruppe der Edelstähle, bei denen durch exakte Einhaltung der chemischen Zusammensetzung vorgeschriebene Verarbeitungs- und Gebrauchseigenschaften erreicht werden. Hierzu zählen z. B. hohe oder definierte Festigkeit verbunden mit hoher Verformbarkeit und guter Schweißneigung. Der Höchstgehalt an Phosphor und Schwefel beträgt in der Schmelze je ±0,035 %. Mit Ausnahme von Feinkornstählen mit $R_{p0,2} < 380$ MPa sind alle legierten Stähle Edelstähle.

Niedriglegierte Stähle werden aus Kostengründen dort eingesetzt, wo das Korrosionsmedium so mild ist, so dass der Korrosionsangriff tolerierbar bleibt. Bildet sich kein passiver Werkstoffzustand aus, sind zusätzliche Korrosionsschutzmaßnahmen zu treffen. In einem Werkstoffverbund übernimmt dann der niedriglegierte Stahl die Funktion der Form, Festigkeit, und Steifigkeit und zusätzliche Schutzschichten ergeben die an der Oberfläche geforderten Eigenschaften, wie z. B. den Korrosionsschutz.

## 4.1.12
**Warmfeste und hitzebeständige Stähle**

Bauteile, die bei höheren Temperaturen mechanischen und korrosiven Beanspruchungen ausgesetzt sind, werden aus warmfesten oder hitzebeständigen Stählen gefertigt. Die Spanne der Betriebstemperaturen reicht hierbei bis 1200 °C. In der Regel erhöht sich mit steigenden Temperaturen die Gefahr der Hochtemperaturkorrosion, so dass die Stähle bei Betriebstemperaturen oberhalb 550 °C zunderbeständig sein müssen.

Durch legierungstechnische Maßnahmen und/oder Wärmebehandlungen kann sowohl die betriebsbedingte Kriechgeschwindigkeit verringert sowie der Kriechbeginn zu höheren Temperaturen angehoben werden.
- Legierungselemente in fester Lösung im Metallgitter (Mn, Mo, Co) verringern die Atombeweglichkeit und behindern bzw. verzögern Rekristallisationsvorgänge.
- Feindisperse Ausscheidungen chemisch und thermisch beständiger intermediärer Verbindungen (wie Karbide und Nitride) der Elemente Chrom, Molybdän, Vanadium, Wolfram und Titan hemmen Versetzungsbewegungen (Quergleiten, Klettern) und damit Kriechvorgänge.
- Da die Atombeweglichkeit im kfz-Gitter geringer als im krz-Gitter ist, ist die Rekristallisationstemperatur und Warmfestigkeit bei austenitischen Stählen grundsätzlich größer als bei ferritischen Stählen.

Bis zu Temperaturen von etwa 400 °C sind die Kriecherscheinungen nur gering ausgeprägt. Unlegierte Stähle (z. B. P265GH) können deshalb bis etwa 500 °C eingesetzt werden (Abb. 27). Bei Temperaturen bis 590 °C werden niedriglegierte Stähle

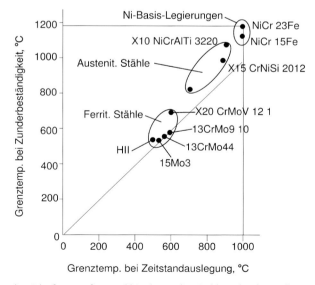

**Abb. 27** Einsatzbereiche für warmfeste und hitzebeständige Stähle in der chemischen Industrie.

mit Molybdängehalten zwischen 0,3 und 1,2 % verwendet (15 Mo 3, 13 CrMo 4 4, 10 CrMo 9 10), wobei der Molybdängehalt wegen der Gefahr der Bildung von $Mo_2C$ auf etwa 0,3 % begrenzt werden muss oder bei höheren Mo-Gehalten durch das Legierungselement Chrom deren Bildung unterbunden wird. Wird bei Temperaturen um 600 °C (eine für niedriglegierte ferritische Stähle maximale Betriebstemperatur) eine erhöhte Zunderbeständigkeit gefordert, sind hochlegierte Chrom-Molybdänstähle (z. B. X20 CrMoV 12 1) erforderlich. Diese Stähle wandeln auch bei Luftabkühlung martensitisch um. Sie werden deshalb zur Erzielung einer hohen Zähigkeit vergütet, wobei sich in einer martensitisch-perlitischen Matrix stabile Sonderkarbide einlagern.

Oberhalb von 600 °C fällt die Kriechfestigkeit der Stähle mit krz-Gitter stark ab, so dass der Übergang auf austenitische Stähle erforderlich ist. Im Vergleich zu den bei niedrigeren Temperaturen verwendeten austenitischen rost- und säurebeständigen Stählen müssen die warmfesten Varianten zur Vermeidung einer $\sigma$-Phasenversprödung eine hohe Austenitstabilität aufweisen. Zur Verbesserung der Zunderbeständigkeit werden diese Stähle zusätzlich mit Silicium (X15 CrNiSi 20 12) und Aluminium (X10 NiCrAlTi 32 20, alloy 800H) legiert. Außerdem wurden drei weitere Legierungen (X3CrNiMoN17–13, X7NiCrCeNb32–27 und X10CrMoVNb9–1) für eine hohe Zunderbeständigkeit entwickelt [35].

Es muss erwähnt werden, dass der höhere thermische Ausdehnungskoeffizient der austenitischen Stähle nachgiebige Konstruktionen erfordert und nur begrenzte Temperaturtransienten zulässt (Gefahr der Rissbildung). Eine grundlegende Forderung beim Einsatz austenitischer Stähle unter Zeitstandbedingungen ist auch, dass das Gefüge frei von $\delta$-Ferrit sein muss und die Ausscheidung versprödender Phasen, wie z. B. der $\sigma$-Phase sowie auch von Karbiden zu vermeiden ist.

Neben der ausgezeichneten Zeitstandfestigkeit besitzen austenitische Stähle auch sehr interessante Eigenschaften im Hinblick auf die Hochtemperatur-Korrosionsbeständigkeit. Bei Chromgehalten oberhalb 18 % bilden sich auch bei niedrigen Sauerstoffpartialdrücken in der Atmosphäre Oxidschichten. Der Aufbau dieser Oxidschichten wird durch den Sauerstoffpartialdruck bestimmt, der von der Gasphase zur Metalloberfläche hin sowie durch Diffusion der sauerstoffaffinen Legierungsbestandteile in Richtung der Gasphase abfällt. Unmittelbar auf der Metalloberfläche bildet sich die Schutzschicht aus Chromoxiden, die in Richtung der Gasphase durch ein Fe-Cr-Spinell sowie Eisenoxide unterschiedlichen Sauerstoffgehaltes (FeO, $Fe_3O_4$, $Fe_2O_3$) verstärkt wird. Die Chromoxid-Deckschicht ist sehr defektarm und kontrolliert die Diffusion der weiteren Legierungselemente in Richtung der Gasphase und reguliert auf diese Art den Metallabtrag. Die Chromoxide sind sehr stabil und wirken in verschiedenen Gasatmosphären schützend. Oberhalb von 1000 °C beginnen sie jedoch abzudampfen. Zur Aufrechterhaltung der Hochtemperatur-Korrosionsbeständigkeit werden andere Elemente mit höherer Affinität zum Sauerstoff zulegiert, die noch stabilere Oxide bilden. Dies sind z. B. Silicium und Aluminium.

Als hitzebeständige Werkstoffe, deren Einsatz oberhalb 850 °C liegen sollte, werden neben den Aluminium-legierten Typen (wie alloy 800H) insbesondere Siliciumlegierte Stähle verwendet. Diese Werkstoffgruppe wird als SICROMAL-Stähle bezeichnet und umfasst neben ferritischen und ferritisch-austenitischen Varianten (diese sind nicht für Druckbehälteranwendungen geeignet, sondern nur für z. B.

**Tab. 6** Hitzebeständige Stähle

| Stahlsorte | W.-Nr. | Mn [%] | Si [%] | Al [%] | Zunder-beständig bis [°C] |
|---|---|---|---|---|---|
| X10 CrAl 17, SICROMAL 8 | 1.4713 | ≤1,0 | 0,5–1,0 | 0,5–1,0 | 800 |
| X10 CrAl 13, SICROMAL 9 | 1.4724 | ≤1,0 | 0,9–1,4 | 0,7–1,2 | 850 |
| X10 CrAl 18, SICROMAL 10 | 1.4742 | ≤1,0 | 0,7–1,2 | 0,7–1,2 | 1000 |
| X10 CrAl 24, SICROMAL 12 | 1.4762 | ≤1,0 | 1,2–1,5 | 1,2–1,7 | 1150 |
| X20 CrNiSi 25 4, SICROMAL 11 | 1.4821 | ≤2,0 | 0,8–1,3 | | 1100 |
| X12 CrNiTi 18 9, SICROMAL 18/8SH | 1.4878 | ≤2,0 | ≤1,0 | | 850 |
| X15 CrNiSi 20 10, SICROMAL 20/10 | 1.4828 | ≤2,0 | 1,8–2,3 | | 1000 |
| X15 CrNiSi 25 20, SICROMAL 23/20 | 1.4841 | ≤2,0 | 1,8–2,3 | | 1150 |

Ofenroste und Hitzeschilde) im Wesentlichen austenitische Stähle. Tabelle 6 zeigt die Zusammensetzung einiger handelsüblicher Stähle.

Austenitische Stähle verhalten sich bei erhöhten Temperaturen auch sehr gut in sauerstofffreien Atmosphären mit hohem Potenzial für Nitrierung und Aufkohlung. Sie bilden dünne, schützende Nitrier- oder Aufkohlungsschichten, die ein weiteres Eindringen von Stickstoff oder Kohlenstoff in das Metall verhindern. Im Gegensatz dazu werden bei niedrig- oder unlegierten Stählen durch Nitrierungs- oder Aufkohlungsprozesse größere Teile der Wanddicke erfasst. Austenite werden deshalb für die Handhabung vieler nitrierend oder aufkohlend wirkender Atmosphären im Temperaturbereich zwischen 350 und 800 °C verwendet.

Beim Schweißen muss auf die richtige Wahl des Schweißzusatzes geachtet werden. Ein Rohr wurde produktseitig mit Naphtha und Hydrowax bei Temperaturen zwischen 780–820 °C beaufschlagt (Abb. 28). Unter diesen Bedingungen ergibt sich

Einsatzdauer: ca. 100 Tage
Produkt: Naphta, Hydrowax
Produkttemperatur: 780-820 °C

Chemische Zusammensetzung der Werkstoffe in Masse-%

| | Si | Nb | Cr | Ni |
|---|---|---|---|---|
| Rohr | 2,1 | 2,3 | 28 | 33 |
| Schweißgut | 0,5 | 3,4 | 24 | 61,5 |

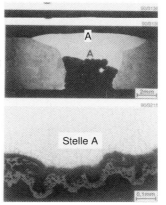

Stelle A

**Abb. 28** Aufkohlung und Verzunderung der Rundnaht eines Schleudergussrohres.

eine stark aufkohlende Atmosphäre. Im Gegensatz zum Rohrwerkstoff, der 28% Chrom und 2,1% Silicium als Oxidbildner für eine Deckschicht aufwies, waren im Schweißgut nur 24% und Chrom 0,5% Silicium enthalten. Offensichtlich war das schwächer legierte Schweißgut nicht in der Lage, unter den stark aufkohlenden Betriebsbedingungen eine protektive Oxidschicht aufzubauen, durch die eine Aufkohlung verhindert wird. Nachdem es zu ersten Aufkohlungserscheinungen im Schweißgut gekommen war, brach die Fähigkeit zur Bildung einer schützenden Oxidschicht völlig zusammen und es konnte zu einem quasi ungehemmten allgemeinen Angriff auf das Schweißgut kommen. Abhilfe ist hier die Verwendung eines mit Chrom und Silicium höher legierten Schweißzusatzes.

### 4.1.13
### Rost- und säurebeständige Stähle

Eisenbasislegierungen können durch legierungstechnische Maßnahmen so in ihren Eigenschaften verändert werden, dass sie auch bei stärkerer Korrosionsbeanspruchung eine hinreichende Beständigkeit aufweisen. Eisen ist zwar in stark oxidierenden Medien (z. B. konzentrierte Salpetersäure) passivierbar, die in Wasser lösliche Sauerstoffmenge reicht hingegen nicht für eine Passivierung aus. Wichtigstes Legierungselement ist Chrom, das ab einem Anteil von etwa 13% bei Stählen in neutralen, belüfteten Wässern zur Ausbildung einer schützenden oxidischen Deckschicht führt. Durch weitere Legierungsbestandteile lassen sich die für Chemieanlagen wichtigen Gruppen korrosionsbeständiger Stähle mit unterschiedlicher Gefügeausbildung erzeugen:

- Austenitische Chrom-Nickel-Stähle mit einer Basiszusammensetzung von $\leq 0{,}12\%$ C, $\geq 18\%$ Cr, $\geq 8\%$ Ni. Die im Vergleich zu den ferritischen Chrom-Stählen deutlich höhere Beständigkeit ist vor allem auf die Wirkung des Nickels zurückzuführen, das durch eine deutliche Senkung der Passivierungsstromdichte eine Passivierung auch in weniger oxidierenden Korrosionselektrolyten ermöglicht. Gleichzeitig wird die Beständigkeit sowohl in den sauren als auch den alkalischen Bereich ausgedehnt.
- Ferritisch-austenitische Duplexstähle sind durch höhere Festigkeitswerte und eine verbesserte Beständigkeit gegen Spannungsrisskorrosion in chloridhaltigen Medien bei den Austeniten vergleichbarer allgemeiner Korrosionsbeständigkeit gekennzeichnet. Das Gefüge weist in der Regel (X2 CrNiMoN 22 5 3) etwa gleiche Anteile an Ferrit und Austenit auf und reagiert empfindlich auf thermische Behandlung. Duplexstähle sind deshalb in ihrer Handhabung (Schweißen, Warmumformung) schwieriger.

Ferritische Stähle, martensitische Stähle und martensitisch bis austenitisch aushärtbare Stähle werden für Chemieanlagen aufgrund zu geringer Gefügestabilität nahezu nicht eingesetzt.

4.1.1.3.1
**Austenitische Stähle**

Der wesentliche Punkt des Interesses der chemischen Industrie an den austenitischen Stählen liegt in ihrer Korrosionsbeständigkeit gegenüber einer Vielzahl an aggressiven Medien bei moderaten Temperaturen. Diese Beständigkeit liegt in der Tatsache, dass die Stahloberfläche bei Kontakt mit dem Korrosionsmedium passiviert. Passivität wird erreicht durch eine wenige Nanometer dicke, nicht stöchiometrische sauerstoffreiche Schicht auf der Metalloberfläche, die die Korrosionsgeschwindigkeit um mehrere Größenordnungen zum aktiven Zustand absenkt. Das Legierungselement Chrom spielt bezüglich der Ausbildung von Passivschichten die bedeutendste Rolle, aber nur die synergistischen Effekte mit anderen Legierungselementen wie Nickel, Molybdän und Stickstoff führen zu hohen Korrosionsbeständigkeiten.

Austenitische Stähle enthalten als Basis-Legierungselemente Chrom (17 bis 25 %) und Nickel (8 bis 25 %), Tabelle 7. Zur Erhöhung der Säurebeständigkeit dienen Molybdän (erhöht zudem die Lochkorrosionsbeständigkeit) und Kupfer. Austenitische Stähle mit höheren Kohlenstoffgehalten neigen in verschiedenen Elektrolyten dann zur interkristallinen Korrosion, wenn sie durch Wärmezufuhr sensibilisiert wurden. Um eine Sensibilisierung zu vermeiden, kann einerseits der Kohlenstoffgehalt abgesenkt werden (Extra Low Carbon-(ELC)-Stähle mit kleiner 0,03 % C) andererseits können weitere Legierungselemente (Titan, Niob, Tantal) zulegiert werden, um den Kohlenstoff in Form von Sonderkarbiden abzubinden (Stabilisierung).

ELC-Stähle haben im Vergleich zu stabilisierten Austeniten Vorteile bezüglich des allgemeinen Korrosionsverhaltens, aber auch den Nachteil, dass keine Gleitbehinderungen durch die Sonderkarbide möglich sind und somit niedrigere Dehngrenzen erzielt werden. Hieraus ergibt sich die Notwendigkeit, Bauteile stärker zu dimensionieren, da die Konstruktionskennwerte der rechnerischen Auslegung im Allgemeinen auf dem beginnenden Plastifizierungsverhalten (Fließgrenze, Dehngrenze, $R_p$-Wert) basieren. Durch Zulegieren von Stickstoff zu ELC-Austeniten können bei gegenüber stabilisierten Austeniten noch höheren Festigkeitskennwerten (neben Karbiden wirken u. a. auch Karbonitride gleitbehindernd) die Vorteile der ELC-Stähle genutzt werden, ohne die Zeitstandfestigkeit und die übrigen Zeitstandkennwerte nachteilig zu verändern. Außerdem werden die an sich schon sehr guten Tieftemperatureigenschaften austenitischer Stähle positiv beeinflusst.

Grundsätzlich muss hervorgehoben werden, dass die meisten Druckbehälter aus korrosionsbeständigen Stählen in der chemischen Industrie aus den stabilisierten austenitischen Stählen, insbesondere dem Werkstoff X6 CrNiMoTi 17 12 2 (W.-Nr. 1.4571) bestehen [36, 37]. Die physikalischen Daten einiger austenitischer Stähle sind beispielhaft in Tabelle 5 aufgeführt.

Durch die Fortschritte in der Herstellung der rostfreien Stähle, besonders die Absenkung des Kohlenstoffgehaltes zu sehr niedrigen Werten, ersetzt der ELC-Stahl X2 CrNiMo 17 12 2 teilweise die titanstabilisierten Güten vom Typ X6 CrNiMoTi 17 12 2. Die Beständigkeit gegen interkristalline Korrosion ist im Vergleich zu den titanstabilisierten Varianten gleichwertig und aufgrund des geringen Anteils an Kohlenstoff ist der Werkstoff nach dem Schweißen nicht von der so genannten Messerlinienkorrosion betroffen. Die ELC-Qualität weist eine bessere Oberfläche auf und-

Tab. 7 Chemische Zusammensetzung austenitischer Stähle [34]

| Stahlsorte | | | | Chemische Zusammensetzung in % | | | | genormt in | | |
|---|---|---|---|---|---|---|---|---|---|---|
| Kurzname | W.-Nr. | C | Cr | Mo | Ni | Sonstige | | En 10088 Teil 2 | Teil 3 | Sonstige |
| X5CrNi18-10 | 1.4301 | ≤ 0,07 | 17,0/19,5 | | 8,0/10,5 | N ≤ 0,11 | | x | x | |
| X4CrNi18-12 | 1.4303 | ≤ 0,06 | 17,0/19,0 | | 11,0/13,0 | N ≤ 0,11 | | x | x | |
| X8CrNiS18-9 | 1.4305 | ≤ 0,10 | 17,0/19,0 | | 8,0/10,0 | P ≤ 0,045 S0,15/0,35 N ≤ 0,11 Cu ≤ 1,00 | | x | | |
| X2CrNi19-11 | 1.4306 | ≤ 0,03 | 18,0/20,0 | | 10,0/12,0 | N ≤ 0,11 | | x | x | |
| X2CrNi18-9 | 1.4307 | ≤ 0,03 | 17,5/19,5 | | 8,0/10,0 | N ≤ 0,11 | | x | x | |
| X2CrNiN18-10 | 1.4311 | ≤ 0,03 | 17,0/19,5 | | 8,5/11,5 | N0,12 ≤ 0,22 | | x | x | |
| X6CrNiTi18-10 | 1.4541 | ≤ 0,08 | 17,0/19,0 | | 9,0/12,0 | Ti5xC bis 0,70 | | x | x | |
| X6CrNiNb18-10 | 1.4550 | ≤ 0,08 | 17,0/19,0 | | 9,0/12,0 | Nb10xC bis 1,0 | | x | x | |
| X10CrNi18-8 | 1.4310 | 0,05/0,15 | 16,0/19,0 | ≤ 0,80 | 6,0/9,5 | N ≤ 0,11 | | x | | |
| X2CrNiN18-7 | 1.4318 | ≤ 0,03 | 16,5/18,5 | | 6,0/8,0 | N0,10/0,20 | | x | | |
| X5CrNiMo17-12-2 | 1.4401 | ≤ 0,07 | 16,5/18,5 | 2,0/2,5 | 10,0/13,0 | N ≤ 0,11 | | x | x | |
| X2CrNiMo17-12-2 | 1.4404 | ≤ 0,03 | 16,5/18,5 | 2,0/2,5 | 10,0/13,0 | N ≤ 0,11 | | x | x | |
| X6CrNiMoTi17-12-2 | 1.4571 | ≤ 0,08 | 16,5/18,5 | 2,0/2,5 | 10,5/13,5 | Ti5xC bis 0,70 | | x | x | |
| X1CrNiMoTi18-13-2 | 1.4561 | ≤ 0,2 | 17,0/18,5 | 2,0/2,5 | 11,5/13,5 | Ti0,40/0,60 | | | | SEW 400 |
| X1CrNiMoN25-25-2 | 1.4465 | ≤ 0,02 | 24,0/26,0 | 2,0/2,5 | 22,0/25,0 | N0,08/0,16 | | | | SEW 400 |
| X2CrNiMoN17-13-3 | 1.4429 | ≤ 0,03 | 16,5/18,5 | 2,5/3,0 | 11,0/14,0 | N0,12/0,22 | | x | x | |
| X2CrNiMo18-14-3 | 1.4435 | ≤ 0,03 | 17,0/19,0 | 2,5/3,0 | 12,5/15,0 | N ≤ 0,11 | | x | x | |
| X3CrNiMo17-13-3 | 1.4436 | ≤ 0,05 | 16,5/18,5 | 2,5/3,0 | 10,5/13,0 | N ≤ 0,11 | | x | x | |
| X2CrNiMnMoNbN25-18-5-4 | 1.4565 | ≤ 0,03 | 23,0/26,0 | 3,0/5,0 | 16,0/19,0 | N0,30/0,50 Nb ≤ 0,15 | | | | SEW 400 |
| X2CrNiMoN17-13-5 | 1.4439 | ≤ 0,03 | 16,5/18,5 | 4,0/5,0 | 12,5/14,5 | Mn3,5/6,5 | | x | x | |
| X1NiCrMoCuN25-20-5 | 1.4539 | ≤ 0,02 | 19,0/21,0 | 4,0/5,0 | 24,0/26,0 | N0,12/0,22 | | x | x | |
| X1NiCrMoCuN25-20-7 | 1.4529 | ≤ 0,02 | 19,0/21,0 | 6,0/7,0 | 24,0/26,0 | Cu1,2/2,0 N ≤ 0,15 Cu0,5/1,5 N0,15/0,25 | | x | x | |

kann sowohl mechanisch als auch elektrolytisch poliert werden. Auf Grund des geringen Anteils an Kohlenstoff und des Fehlens von Titan und der daraus resultierenden Ausscheidungen ist die Zerspanbarkeit besser, was sich auch in höheren Werkzeuggeschwindigkeiten und längeren Werkzeuglebensdauern äußert.

Eine im Vergleich dazu erhöhte Korrosionsbeständigkeit weist der geringfügig höher legierte Stahl mit der W.-Nr. 1.4435 (X2 CrNiMo 18 14 3) auf, der ebenfalls mit allen Verfahren schweißbar ist. Die Eigenschaften bei erhöhten Temperaturen des Stahls W.-Nr. 1.4435 sind im Wesentlichen die gleichen wie die des Stahles W.-Nr. 1.4404. Der höhere Molybdänzusatz im Vergleich zum 1.4404 macht den 1.4435 jedoch wesentlich beständiger gegen reduzierende Säuren und chloridhaltige Medien.

Die maximale Zwischenlagentemperatur während des Schweißens beträgt für den Stahl X2 CrNiMo 18 14 3 etwa 150 °C. Nach dem Schweißen ist eine Wärmebehandlung nicht notwendig, da sogar dicke Abmessungen bedingt durch den niedrigen Kohlenstoffgehalt nach dem Schweißen gegen interkristalline Korrosion beständig sind. Zunder und Anlauffarben, die durch das Schweißen oder Hochtemperaturbehandlungen verursacht wurden, müssen zwingend mechanisch oder chemisch entfernt werden, gefolgt von einer geeigneten Passivierung, um die Korrosionsbeständigkeit wiederherzustellen.

Eine weitere Verbesserung im Korrosionsverhalten ergibt sich für den Stahl AISI 904L (W.-Nr. 1.4539, X1 NiCrMoCu 25 20 5), der besonders für Medien, die Lochfraß oder Spannungsrisskorrosion verursachen, für chloridhaltige Medien, für Meerwasser bis ca. 70 °C sowie für Schwefel- und Phosphorsäurelösungen verwendet werden kann. Die Wärmebehandlungsbedingungen, die bei diesem Stahl zu optimalen Eigenschaften bezüglich Verarbeitung und Verwendung führen, bestehen in einem Halten zwischen 1060 und 1150 °C mit anschließend rascher Abkühlung an Luft oder in Wasser.

Anhand des Stahls X3 NiCrMoCuTi 27 23 (W.-Nr. 1.4503) im Vergleich zu dem Stahl X1 NiCrMoCu 25 20 5 (W.-Nr.1.4539) und der den hochlegierten korrosionsbeständigen Stählen sehr ähnlichen Nickellegierung NiCr21 Mo (W.-Nr. 2.4858), wird deutlich, wie sich Korrosionsbeständigkeit in einer technischen Schwefelsäurelösung mit Hilfe hoher Legierungszusätze von Kupfer erzielen lässt (Abb. 29). Der Kupferzusatz von 2,8 % im Stahl mit der W.-Nr. 1.4503 ist hier wirksamer als die höheren Molybdänzusätze von 4,8 % und 3,2 %, aber geringeren Kupfergehalte von 1,5 und 2,2 % der beiden Vergleichswerkstoffe.

Bei beiden Eisenbasislegierungen fällt auf, dass vergleichsweise niedrigen Zusätzen von Molybdän relativ hohe Zusätze von Kupfer gegenüberstehen. Dem Kupfer als Legierungselement zu korrosionsbeständigen Stählen galt bis in die 1980er Jahre besonderes Interesse. Als jedoch zunehmend bewusst wurde, dass neben der prozessseitigen Korrosionsbeständigkeit auch der Beständigkeit gegenüber chloridhaltigen Kühlwässern besondere Aufmerksamkeit zukommt, wurde klar, dass sich Kupfer negativ auf die Spaltkorrosionsbeständigkeit auswirken kann. Spätere Legierungsentwicklungen blieben deshalb als Kompromiss bei Kupferzusätzen unter 2 %, heute eher unter 1 Masse-%.

Austenitische Stähle lassen sich leichter schweißen als ferritische Stähle, jedoch sind auch bei den austenitischen Stählen einige Besonderheiten zu beachten:

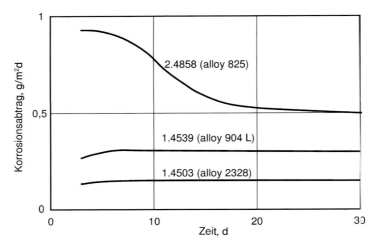

**Abb. 29** Korrosionsabtrag als Funktion der Zeit des hoch mit Kupfer legierten austenitischen Stahls W.-Nr. 1.4503 im Vergleich zu den Werkstoffen W.-Nrn. 1.4539 und 2.4858 in einer technischen Schwefelsäurelösung aus der Zinkelektrolyse bei 80 °C [7].

- Der Wärmeausdehnungskoeffizient der austenitischen Stähle liegt um ca. 50 % höher, wodurch die Entstehung von Verformungen und Restspannungen begünstigt werden.
- Die Wärmeleitfähigkeit ist um ca. 60 % niedriger. Dadurch wird die Wärme in der Schweißzone konzentriert. Durch Kupferunterlagen kann sie wirkungsvoll abgeführt werden.

Die austenitischen Stähle werden im Hinblick auf die Forderung nach gleich guter Korrosionsbeständigkeit von Grundwerkstoff und Schweißgut mit artgleichen oder höherlegierten Schweißzusätzen gefügt. Diese sind in der chemischen Zusammensetzung so abgestimmt, dass sie gegen Heißrissbildung beim Schweißen sicher sind. Die Ti- oder Nb-stabilisierten Sorten und die ELC-Stähle sind ohne Wärmenachbehandlung im geschweißten Zustand gegen interkristalline Korrosion beständig. Liegt die Blechdicke über 5 mm, so ist der Kohlenstoffgehalt auf Werte unter 0,03 % zu beschränken.

Austenitische Stähle neigen beim Schweißen zur Heißrissbildung. Hilfreich ist die Verwendung des Schaeffler-Diagramms zur Abschätzung der Heißrissgefahr eines austenitischen Stahls anhand der chemischen Zusammensetzung [38]. Auf der anderen Seite ist der Werkstoff jedoch ohne weiteres mit allen Verfahren hervorragend schweißbar. Ein Schweißen ohne Zusatzwerkstoff ist nicht ratsam, da dadurch die Heißrissneigung begünstigt wird. Die Schweißung mit artgleichem Zusatzwerkstoff bedingt eine Begrenzung der Schweißenergie auf niedrige Werte, woraus eine geringe oder gar keine Aufschmelzung resultieren kann. Die beste Lösung stellt die Verwendung eines Duplex-Zusatzwerkstoffes dar, der sich durch erhöhte Dehnungseigenschaften bei hohen Temperaturen auszeichnet. Beim Schweißzusatzwerkstoff muss darauf geachtet werden, dass der Einsatz eines Duplex-Zusatzwerkstoffes ein ferromagnetisches Schweißgut mit anderen Korrosionseigenschaften im Vergleich zum Grundwerkstoff zur Folge hat. Andere geeignete Schweißzusätze sind Nickellegierungen. In allen Fällen sollte die Zwischenlagentemperatur 150 °C nicht überschreiten. Eine Wärmebehandlung nach dem Schweißen ist nicht notwendig, und sogar dicke Bereiche sind aufgrund des niedrigen Kohlenstoffgehaltes nach dem Schweißen gegen interkristalline Korrosion beständig.

Anlauffarben sind entweder zu vermeiden (z. B. durch eine sehr gute Schutzgasabdeckung) oder nach dem Schweißen mechanisch oder chemisch sorgfältig zu entfernen, um die Korrosionsbeständigkeit der Schweißnähte sicherzustellen. Detailliertere Angaben zum Schweißen nichtrostender Stähle sind in Merkblättern und Schweißhandbüchern enthalten [38, 39].

4.1.1.3.2
**Ferritisch-austenitische Stähle**
Die mit den hochlegierten ferritischen Stählen verbundenen Risiken (evtl. Grobkornbildung und Beeinträchtigung der Zähigkeit durch Schweißen) werden vermindert, wenn die Ferrit-Phase in eine Austenit-Phase eindispergiert wird. Die Stähle mit ferritischer und austenitischer Phase werden Duplexstähle genannt. Zwei typische Vertreter der Duplexstähle sind mit geringerem Stickstoffgehalt der Werkstoff X2 CrNiMoN 22 5 3, W.-Nr. 1.4462 und mit erhöhtem Stickstoffgehalt die Werkstoffe X2 CrNiMoWN 25 7 4, W.-Nr. 1.4410 und X2 CrNiMoCuWN 25 7 4, W.-Nr. 1.4501 (Superduplexstähle).

Die den Ferrit und die den Austenit begünstigenden Legierungselemente sind bei den Duplexstählen so aufeinander abgestimmt, dass sich beim Lösungsglühen ein Ferrit/Austenit-Verhältnis von etwa 50/50 ergibt. Es wird ein Ferrit-Austenit-Verbundwerkstoff mit einer Eigenschaftskombination beider Phasen angestrebt. Das sind u. a. gute Zähigkeitseigenschaften und eine höhere Festigkeit im Raumtemperaturbereich. Die Säurebeständigkeit der Ferrit-Austenite liegt zwischen der der molybdänfreien und molybdänhaltigen austenitischen CrNi-Stählen. Duplexstähle neigen nicht zu interkristalliner Korrosion und sind unempfindlich gegenüber Spannungsrisskorrosion in neutralen oder leicht sauren Medien (pH-Werte oberhalb 4) bis zu einer Temperatur von 150 °C. Diese Werkstoffe werden daher in halogenidhaltigen, leicht sauren bis hin zu stark alkalischen Medien eingesetzt. Eine wichtige Anwendung für Duplexstähle ist die Handhabung von Kühl- und Abwässern. Darüber hinaus besitzen Duplexstähle eine ausgezeichnete Korrosionsbeständigkeit in siedenden Natrium- oder Kaliumhydroxid-Lösungen. Ein Anwendungsgebiet ist z. B. in der Abwasseraufbereitung der Ammoniumextraktionskolonnen, in dem austenitische Stähle wegen ungenügender Korrosionseigenschaften nicht zur Anwendung kommen können.

Abbildung 30 zeigt wesentliche Daten des Werkstoffes X2 CrNiMoN 22 5 3, dem typischen Vertreter dieser Werkstoffgruppe mit sehr breiter Anwendung in der chemischen Industrie. Es ist erkennbar, dass der Duplexstahl im Vergleich zu den austenitischen Stählen sowohl bei Raumtemperatur als auch bei erhöhten Temperaturen höhere Festigkeitskennwerte aufweist, bei allerdings verringerten Zähigkeitseigenschaften. Obwohl für die Mehrzahl der Anwendungen der hochlegierten korro-

| Typische Chemische Zusammensetzung (Masse %) | | | | | Kerbschlagarbeit (ISO-V-Proben, quer) | |
|---|---|---|---|---|---|---|
| C | Cr | Ni | Mo | N | bei 20 °C: | ≥ 100 J |
| 0,025 | 22 | 5,5 | 3 | 0,12–0,18 | bei −30 °C: | ≥ 75 J |

### Mechanische Eigenschaften für warmgewalzte Bleche (lösungsgeglüht)

**Festigkeitseigenschaften**

bei RT

| | | bei erhöhten Temperaturen | | | | | | |
|---|---|---|---|---|---|---|---|---|
| $R_{p0,2}$ | ≥ 480 N/mm² | T (°C) | 50 | 100 | 150 | 200 | 250 | 280 |
| $R_m$ | 680–880 N/mm² | $R_{p0,2}$ min. (N/mm²) | 410 | 360 | 335 | 310 | 295 | 285 |
| $A_5$ | ≥ 25 % | | | | | | | |

### Physikalische Eigenschaften

| Dichte (g/cm²) | Elastizitätsmodul bei 20 °C ($10^3$ N/mm²) | Wärmeleitfähigkeit bei 20 °C (W/m · K) | Spezifische Wärme bei 20 °C (J/g · K) |
|---|---|---|---|
| 7,8 | 200 | 16 | 0,45 |

| Wärmeausdehnung zwischen 20 °C und | | | Elektr. Widerstand bei 20 °C (Ohm · mm²/m) | Magnetisierbarkeit |
|---|---|---|---|---|
| 100 °C | 200 °C | 300 °C | | |
| ($10^{-6}$ m/m · K) | | | | |
| 12,0 | 12,5 | 13,0 | 0,80 | vorhanden |

### Wärmebehandlung

Alle Lieferformen werden üblicherweise im lösungsgeglühten Zustand geliefert.

| Warmformgebung | | Wärmebehandlung | | |
|---|---|---|---|---|
| °C | Abkühlung | °C | Haltezeit | Abkühlung |
| 1200-900 | Luft | 1040-1100 | nach Erreichen der Kerntemperatur ca. 2 min/mm Wandstärke | Wasser oder Luft ausreichend schnell |

Gefüge nach der Wärmebehandlung: Ferrit-Austenit (Ferritanteil 40–60 %)

**Abb. 30** Grundlegende Daten zum Duplexstahl X2 CrNiMoN 22 5 3 [40].

sionsbeständigen Stähle die Festigkeit kein primäres Kriterium ist, gibt es doch Anwendungen, wo eine höhere Festigkeit von Interesse ist, um damit am Gewicht und auch an den Werkstoffkosten zu sparen [36]. Tatsächlich sind die Festigkeitsrelationen bemerkenswert: 460 zu 280 N/mm² für die Mindestwerte der 0,2 % Dehngrenze von warmgewalztem Blech bei Raumtemperatur für den derzeitig am weitesten verbreiteten Duplexstahl X2CrNiMoN22–5-3 (W.-Nr. 1.4462) im Vergleich zu dem austenitischen stickstofflegierten Werkstoff X2 CrNiMo 17 13 3 (W.-Nr. 1.4429) und 530 zu 300 N/mm² für den entsprechenden Wert des Superduplexstahls W.-Nr. 1.4410 im Vergleich zu dem austenitischen 6 % Mo-Stahl X1 NiCrMoCuN 25 20 7 (W.-Nr.1.4529), einem so genannten Superausteniten.

Durch die Anfälligkeit sowohl gegenüber der 475°- als auch der $\sigma$-Phasenversprödung wird der Einsatz dieses Werkstoffes auf Temperaturen unterhalb von 250 °C begrenzt.

Der niedriger legierte Duplexstahl X2 CrNiMoN 22 5 3 liegt zusammen mit den austenitischen Werkstoffen X2 CrNiMo 17 13 5 und X1 NiCrMoCu 25 20 5 hinsichtlich der Korrosionsbeständigkeit am unteren Ende der hier zu betrachtenden Werkstoffe. Der Molybdängehalt liegt am oberen Rand des Bereichs der 316 L-Typen, der Chromgehalt ist allerdings etwas höher. Bei der Berechnung der Wirksumme, die eine Einschätzung der Korrosionsbeständigkeit ermöglichen soll, geht nach derzeitiger Erkenntnis der Stickstoffgehalt bei den Duplexstählen nur mit dem Faktor 16 ein, hingegen mit dem Faktor 30 bei den hochlegierten austenitischen Stählen [41]. Als mittlere Wirksummen ergeben sich 34,5 für den Duplexstahl X2 CrNiMoN 22 5 3 und 38 für die austenitischen Stähle. Andererseits kann der Duplexstahl diesen beiden austenitischen Werkstoffen auf Grund seines höheren Chromgehalts bei Korrosionsbeanspruchung durch oxidierende Medien ggf. überlegen sein und weist in chloridhaltigen Kühlwässern auch eine bessere Beständigkeit gegenüber Spannungsrisskorrosion auf als die austenitischen Stähle bis herauf zum X2 CrNiMo 17 13 5 [41]. Auf dieser Basis finden Duplexstähle eine recht breite Anwendung.

Die Entwicklung der Superduplexstähle wurde ausgelöst durch die Forderung nach geringem Gewicht auf den Offshoreplattformen in der Nordsee. So hatte auf den Offshoreplattformen der erste Superduplexstahl X2 CrNiMoCuWN 25 7 4 (W.-Nr. 1.4501) seinen Start als Gusswerkstoff für Hochdruck-Meerwasser-Pumpengehäuse und wurde in der Folge dann auch als Knetwerkstoff zu den zugehörigen Rohren und Armaturen verarbeitet [42]. Die Meerwasserbeständigkeit von Stählen wird mit einer Wirksumme von >40 für die Anforderungen der Offshore-Industrie in der Regel als ausreichend angesehen.

Auf Grund ihrer engen Verwandtschaft mit den Superferriten ist ihre weitere Verbreitung gebunden an die Verfügbarkeit von hierfür geeigneten Fertigungseinrichtungen für das Glühen und Wasserabschrecken zur Vermeidung intermetallischer Phasen. Darüber hinaus wird für den Umgang mit den Superduplexstählen vor allem gut ausgebildetes und qualifiziertes Personal (insbesondere beim Schweißen) benötigt.

Duplexstähle sind schwierig zu schweißen. Die Bearbeitungsspielräume für optimale Bedingungen sind eng und das Arbeiten mit ungeeigneten Schweißparametern führt zwangsläufig zu schlechten Ergebnissen. Die Schweißbarkeit der austenitisch-ferritischen Stähle mit Zusatzwerkstoff wird hauptsächlich durch die Eigenschaften der Wärmeeinflusszone bestimmt. Deshalb sollte eine darauf abgestimmte Schweißtechnik eingesetzt werden. Zum Schweißen wird ein Zusatzwerkstoff mit angehobenem Nickelgehalt empfohlen. Werden die Vorschriften eingehalten, ist die Schweißbarkeit gut. Der Einsatz von etwas höheren Streckenenergien (~3 kJ/mm) beim Schweißen ist empfehlenswert, da dies zu einer besseren Phasenverteilung in der Schweißzone führt. Verbesserte mechanische Eigenschaften im Schweißgut sind die Folge.

Duplexstähle reagieren empfindlich auf Thermoschockbeanspruchungen. Deshalb ist eine langsame Erwärmung auf Temperaturen bis 1200 °C notwendig, um im Temperaturbereich zwischen 1200–900 °C zu schmieden. Die anschließende Abkühlung findet an Luft statt.

### 4.1.2
### Nickelbasiswerkstoffe

Auf Grund bewährter und ausgereifter Fertigungs- und Verarbeitungstechnologien, guter mechanischer Eigenschaften und guter Korrosionsbeständigkeit in vielen Korrosionsmedien findet Nickel in einem weiten Spektrum der Chemischen und Petrochemischen Industrie Anwendung [43]. Wichtig ist die Tatsache, dass Nickel mit vielen Legierungselementen (z. B. Chrom, Kupfer, Molybdän, Wolfram und Silicium) Legierungen bildet, deren Eigenschaften die des Nickels noch übertreffen.

Wesentlich ist hierbei die in vielen wässrigen Medien verbesserte Passivität, die Unterdrückung einer Wasserstoffentwicklung in Säuren und die Verbesserung des Verhaltens in Gasen bei hohen Temperaturen (z. B. durch Veränderung der Oxidationseigenschaften nach Bildung von oberflächlichem Chromoxid auf Nickelbasislegierungen).

Hinsichtlich der Korrosionsbeständigkeit sind die wichtigsten kommerziellen Legierungen in den Systemen Ni-Cr, Ni-Cu und Ni-Cr-Mo angesiedelt. Zum Teil wird mit den Legierungsbestandteilen Wolfram und Kupfer die Beständigkeit in reduzierend wirkenden Medien und Säuren zusätzlich verbessert. Bei Gusslegierungen werden hohe Bestandteile (etwa 10%) an Silicium zur Erhöhung der Beständigkeit in heißer Schwefelsäure zulegiert.

Ebenfalls nur bei Gusslegierungen finden Anteile an Aluminium (5%) Anwendung. Bei Knetlegierungen mit verbesserter Oxidationsbeständigkeit kennt man Ni-Cr-Al-Legierungen mit bis zu 2% Aluminium, da höhere Gehalte (z. B. 5%) auf Grund des hohen Volumenanteils an ausgeschiedener $\gamma$'-Phase zu Fertigungsschwierigkeiten führen.

Tabelle 8 zeigt im Überblick die mechanischen und physikalischen Eigenschaften

**Tab. 8** Physikalische und mechanische Eigenschaften von Nickel[*)]

| Parameter | Wert |
| --- | --- |
| Wärmeleitfähigkeit (Ni 99,4 bei 20 °C) | 0,145 cal/(cm * s * Grad) |
| Wärmeausdehnung (Ni 99,4 für 25 ± 100 °C) | 13,3 $10^{-6}$ 1/Grad |
| Curie-Temperatur | 360 °C |
| Spez. el. Widerstand (bei 20 °C) | 0,085 $\Omega$ mm$^2$/m |
| 0,2% Streckgrenze (Ni 99,99) | 120 N/mm$^2$ |
| Zugfestigkeit | 450 N/mm$^2$ |
| Bruchdehnung | 40% |
| E-Modul | 186.000 N/mm$^2$ |
| Brinellhärte | 900 N/mm$^2$ |

[*)] weitergehende Informationen in DIN 17740 (Zusammensetzung von Nickelhalbzeugen) und DIN 17750 und 17752 (Festigkeitseigenschaften von Nickelhalbzeugen)

**Tab. 9** Nominelle Zusammensetzung gebräuchlicher Nickel und Nickelbasis-Knetlegierungen (angegebene Werte sind typische Gehalte in Prozent, zulässige Gehalte in DIN 17 470)

| System | Bezeichnung Alloy | DIN | C | Cr | Fe | Cu | Mo | Ni | Sonstige |
|---|---|---|---|---|---|---|---|---|---|
| Ni | 200 | 2.4066 | ≤ 0,1 | ≤ 0,4 | | ≤ 0,25 | | ≥ 99,2 | |
| | 201 | 2.4068 | ≤ 0,02 | ≤ 0,4 | | ≤ 0,25 | | ≥ 99,0 | |
| Ni-Cu | 400 | 2.4360 | ≤ 0,15 | 1,5 | | 30 | | ≥ 63,0 | |
| | K-500 | 2.4375 | ≤ 0,2 | 1,0 | | 30 | | ≥ 63,0 | 2,5 Al |
| Ni-Cr-Fe | 45-TM | 2.4889 | 0,08 | 28 | 23 | | | Rest | 0,06 Seltene Erden |
| | 600 H | 2.4816 | ≤ 0,1 | 16 | 8 | | | ≥ 72 | |
| | 601 | 2.4851 | ≤ 0,1 | 23 | 14 | | | ≥ 59 | Al, Ti, Zr |
| | 690 | 2.4642 | ≤ 0,02 | 30 | 9 | | | ≥ 58 | |
| | 602 CA | 2.4633 | 0,20 | 25 | 9,5 | | | Rest | 2,1 Al, 0,1 Y |
| Ni-Mo | B-2 | 2.4617 | ≤ 0,01 | ≤ 1 | ≤ 2 | | 28 | Rest | |
| | B-4 | 2.4600 | ≤ 0,01 | ≤ 1,5 | ≤ 6 | ≤ 0,5 | ≤ 2,5 | ≥ 65 | max. 1,5 Mn, max. 2,5 Co, 0,1–0,5 AL |
| Ni-Cr-Mo | 625 | 2.4856 | ≤ 0,025 | 22 | ≤ 3 | | 9 | Rest | 3,5 Nb |
| | C-4 | 2.4610 | ≤ 0,009 | 16 | ≤ 3 | | 16 | Rest | |
| | C-22 | 2.4602 | ≤ 0,010 | 21 | 4 | | 13,5 | Rest | 3 W |
| | C-276 | 2.4819 | ≤ 0,010 | 16 | 5,5 | | 16 | Rest | 4 W, 0,2 V |
| | 59 | 2.4605 | ≤ 0,010 | 23 | ≤ 1,5 | | 16 | Rest | 0,3 Al |
| | 617 | 2.4663 | 0,075 | 21 | ≤ 2 | | 9 | Rest | Ti, Al, Zr |
| Ni-Cr-Fe-Mo | X | 2.4665 | 0,07 | 22 | 18,5 | | 9 | Rest | 0,6 W, 0,6 Si |
| Ni-Cr-Fe-Mo-Cu | 825 | 2.4858 | ≤ 0,025 | 21,5 | 31 | 2,5 | 3 | Rest | 0,9 Ti |
| | G-3. | 24619 | ≤ 0,015 | 22,5 | 19,5 | 2 | 7 | Rest | 0,4 Nb |
| | G-30 | | ≤ 0,030 | 29,5 | 15 | 2 | 5,5 | Rest | 2,5 W, 0,8 Nb |

von Reinnickel. Tabelle 9 gibt die nominelle Zusammensetzung der am häufigsten verwendeten Ni-Basis-Knetlegierungen wieder [44–48].

#### 4.1.2.1 Nickel

Unlegiertes Nickel 99,2 (alloy 200) und LC-Nickel 99,2 (alloy 201) haben ein kubisch-flächenzentriertes Gitter vom absoluten Nullpunkt bis zum Schmelzpunkt. Alloy 200 ist durch ausgezeichnete Beständigkeit in vielen alkalischen Medien, gute mechanische Eigenschaften in einem weiten Temperaturbereich, abnehmende Sättigungsmagnetisierung zwischen −273 und +360 °C sowie Paramagnetismus oberhalb des Curie-Punktes charakterisiert. Alloy 201, mit abgesenktem Kohlenstoffgehalt von max. 0,02 %, hat eine verbesserte Korrosionsbeständigkeit, insbesondere bei Temperaturen über 300 °C durch Vermeidung von Graphitausscheidungen. Die mechanischen Kurzzeiteigenschaften (Zugfestigkeit, Dehngrenze) von LC-Nickel 99,2 sind wesentlich abhängig von der Temperatur (Abb. 31).

Nickel 99.2 und LC-Nickel 99,2 sind vorzugsweise im geglühten Zustand zu bearbeiten. Da das Material zur Kaltverfestigung neigt, sollte eine niedrige Schnittgeschwindigkeit verwendet werden und das Schneidwerkzeug ständig im Eingriff bleiben bei genügender Menge (schwefelfreiem) Schneidöl. Eine ausreichende Spantiefe ist wichtig, um die zuvor entstandene kaltverfestigte Zone zu unterschneiden.

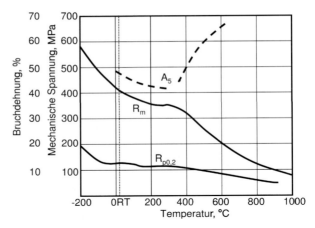

**Abb. 31** Kurzzeiteigenschaften von geglühtem LC-Nickel 99,2 [49].

Die Umformeigenschaften von unlegiertem Nickel entsprechen im Wesentlichen denen von Stählen. Kaltumformungen sollen an geglühtem Material vorgenommen werden. Bei hohen Umformgraden sind Zwischenglühungen erforderlich. Werden Festigkeitserhöhungen aus Kaltumformungen gewünscht, muss die Temperatur unter der Rekristallisationstemperatur liegen, um nur die Umformspannungen zu beseitigen. Diese Entspannungsglühung erfolgt bei 550 bis 650 °C.

Nickel 99.2 und LC-Nickel 99.2 können im Temperaturbereich zwischen 1200 und 800 °C warmgeformt werden. Zum Aufheizen sind die Werkstücke in den bereits auf Sollwert erwärmten Ofen einzulegen. Die Abkühlung an Luft ist ausreichend. Eine Wärmebehandlung nach der Warmumformung wird zur Erzielung optimaler Korrosionseigenschaften und kontrollierter mechanischer Werte empfohlen (Abb. 32).

Eine Glühung von Nickel soll bei Temperaturen von 700 bis 850 °C erfolgen mit etwa 3 min/mm Dicke. Die Glühtemperatur und die Haltezeit sind wichtig zur Erzielung von Feinkorngefüge.

Im chemischen Apparatebau wird überwiegend die Legierung alloy 201 verwendet, die sich durch einen auf max. 0,02 % begrenzten Kohlenstoffgehalt auszeichnet. Höhere Kohlenstoffgehalte können durch Überschreitung der Löslichkeit bei langzeitiger Temperaturbeanspruchung oberhalb 350 °C durch Graphitausscheidungen an den Korngrenzen zur Versprödung des Nickels führen. Bereits das unlegierte Nickel besitzt eine gute Korrosionsbeständigkeit unter reduzierenden Bedingungen, während unter oxidierenden Bedingungen (z. B. Zutritt von Luftsauerstoff) die Beständigkeit sinkt.

Hervorzuheben ist, dass Nickel eine ausgezeichnete Beständigkeit gegenüber Alkalien besitzt, wenn der Ausschluss von Luftsauerstoff gewährleistet wird. Hierin liegt auch ein wesentliches Anwendungsgebiet dieser Werkstoffgruppe. Dabei hängt die Korrosionsbeständigkeit von Nickel in Natronlauge von ihrer Konzentration und Temperatur ab [46]. Hiernach kann Nickel in NaOH bei allen Konzentrationen bis

**Allgemeine Hinweise zur Verarbeitung und Wärmebehandlung von Nickelbasislegierungen**
- Schwefel, Phosphor, Blei und andere niedrig schmelzende Metalle können bei der Wärmebehandlung von Nickellegierungen zur Schädigung führen.
- Derartige Verunreinigungen sind auch in Markierungs- und Temperaturanzeige-Farben oder -Stiften sowie in Schmierfetten, Umformhilfsmitteln, Ölen, Brennstoffen und u.v.a.m. enthalten.
- Insbesondere die Brennstoffe müssen einen möglichst niedrigen Schwefelgehalt aufweisen. Erdgas sollte einen Anteil von weniger als 0,1 Gew. % Schwefel enthalten. Heizöl mit einem Anteil von max. 0,5 Gew. % ist ebenfalls geeignet.
- Die Ofenatmosphäre soll neutral bis leicht reduzierend eingestellt werden und darf nicht zwischen oxidierend und reduzierend wechseln.
- Die Werkstücke dürfen nicht direkt von den Flammen beaufschlagt werden.
- Oxide von Nickel und Verfärbungen im Bereich von Schweißnähten haften fester als bei rost- und säurebeständigen Stählen. Schleifen mit sehr feinen Schleifbändern wird empfohlen. Vor dem Beizen in Salpeterflusssäure müssen die Oxidschichten zerstört werden.

**Abb. 32** Hinweise zur Wärmebehandlung von Nickelbasislegierungen.

zur maximal geprüften Temperatur von 371 °C eingesetzt werden [43]. Zur Vermeidung interkristalliner Rissbildung in heißen Natronlaugen (über 55 %) ist das Spannungsarmglühen notwendig.

Ein weiteres Anwendungsgebiet von Nickel besteht in Ammoniakcrackanlagen. In diesen Anlagen weist Nickel eine gute Korrosionsbeständigkeit bei Anwesenheit von molekularem Stickstoff und Wasserstoff bis zu einer Temperatur von 538 °C auf [43]. Bei Temperaturen zwischen 500 und 600 °C kommt es bei Nickel bei Anwesenheit von atomarem Stickstoff und Wasserstoff zu starker Rissbildung [43].

Für Langzeitanwendungen zwischen 400 und 800 °C bildet Schwefel (auch in sehr geringen Mengen, z. B. aus der Umgebung) die größte Gefahr für Reinnickel. Zwischen 550 und 650 °C bildet sich an der Oberfläche das niedrig schmelzende Eutektikum $Ni/Ni_3S_2$. Dieses wächst längs der Korngrenzen in den Werkstoff hinein und versprödet ihn. Geringe Zusätze an oxidierenden, alkalischen, schwefelhaltigen Salzen im Angriffsmedium verschlechtern somit die Korrosionsbeständigkeit. [50]. In gleicher Weise verändern oxidierend wirkende Verbindungen ($NaClO_3$ oder $Na_2O_2$) das Korrosionsverhalten, während $NaNO_3$ und $Na_2CrO_4$ bei hohen Temperaturen zu einer leichten Verbesserung führen.

### 4.1.2.2 Nickel-Kupfer-Legierungen

Als typischer Vertreter für diesen Legierungstyp weist die einphasige Mischkristall-Legierung NiCu30Fe, alloy 400 (Monell), ein kubisch-flächenzentriertes Gitter auf und ist charakterisiert durch:
- gute mechanische Eigenschaften bis zu Temperaturen von etwa 550 °C (Abb. 33),
- gute Verarbeitbarkeit und Schweißbarkeit sowie
- gute Korrosionsbeständigkeit.

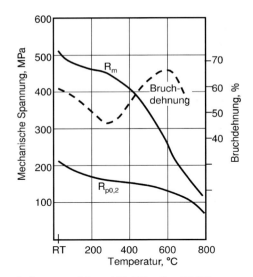

**Abb. 33**  Kurzzeiteigenschaften von geglühtem NiCu30Fe, alloy 400 [51].

Die Nickelbaislegierung ist zugelassen für Druckbehälter mit Wandtemperaturen zwischen −10 und +425 °C gemäß VdTÜV-Werkstoffblatt 263 und bis zu 480 °C nach ASME Boiler- and Pressure-Vessel Code und wird eingesetzt bei der Gefahr von Spannungsrisskorrosion.

NiCu-Legierungen sind bevorzugt im geglühten Zustand zu bearbeiten. Da eine Neigung zur Kaltverfestigung vorliegt, zeigt sich im kaltverfestigten und spannungsarm geglühten Zustand ein günstigeres Bearbeitungsverhalten. Niedrige Schnittgeschwindigkeit und ausreichende Spantiefe sind anzuwenden.

Auch bei der Kaltumformung ist die im Vergleich zu Kohlenstoffstählen höhere Neigung zur Kaltverfestigung zu berücksichtigen. Bei höheren Umformgraden sind Zwischenglühungen vorzusehen. Die Warmumformung ist zwischen 925 und 1200 °C durchzuführen. Hierzu sind die Werkstücke in den auf Solltemperatur vorgeheizten Ofen zu legen. Die Haltezeiten auf Temperatur betragen 6 min/10 mm Dicke. Glühbehandlungen zur Erzielung optimaler Korrosionsbeständigkeiten sollen vorzugsweise bei einer Temperatur von 825 °C erfolgen.

In dieser Werkstoffgruppe sind Legierungen mit ca. 30 % Kupfer und geringen Zusätzen anderer Elemente von Bedeutung. Die chemische Zusammensetzung zweier relevanter Legierungen (alloy 400 und alloy K-500) ist in Tabelle 9 wiedergegeben. Nickel-Kupfer-Legierungen haben eine gute Beständigkeit gegen nichtoxidierende anorganische und organische Säuren. Besonders hervorzuheben ist die Verwendbarkeit bei Flusssäure. Bei besonderen Anforderungen an das Umformverhalten sind LC-Varianten (low carbon) zu bevorzugen. Durch Zusatz von Aluminium und Titan wird der Werkstoff bei einer Wärmebehandlung ausscheidungshärtend.

Nickel-Kupfer-Legierungen finden in strömendem Meerwasser, auch wenn dieses partikelhaltig ist, bzw. bei Kavitationsbeanspruchung Anwendung. Hier wird die

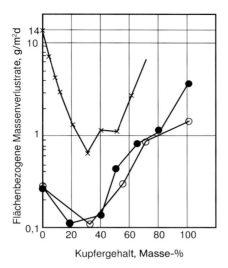

**Abb. 34** Einfluss von Kupfer auf die Korrosion von Nickel-Kupfer-Legierungen [46] (● = belüftete 4%-ige NaCl, 25 °C, 3 Tage; ○ = fließendes Seewasser, Geschwindigkeit 0,45 bis 0,9 m/s, 27 Tage; × = 80% HF, 0,5–1% $H_2SO_4$, 4% Teer, organische Polymere unbelüftet, Druck: 0,77–1,0 N/mm$^2$, 102 Tage, betrieblicher Auslagerungstest) [40].

Korrosionsgeschwindigkeit von 0,125 mm/a i. d. R. nicht überschritten [50]. Bei einem Legierungsanteil von etwa 30% Kupfer werden die geringsten Korrosionsgeschwindigkeiten erzielt (Abb. 34). Nickel-Kupfer-Legierungen zeigen, ebenso wie Nickel, unter Stillstandbedingungen im Meerwasser einen Bewuchs mit Organismen, so dass Lokalelementbildung mit Lochkorrosion eintreten kann.

Im Gegensatz zu Nickel sollten Nickel-Kupfer-Legierungen nicht in Natronlauge eingesetzt werden.

### 4.1.2.3 Nickel-Chrom-und Nickel-Chrom-Eisen-Legierungen

Legierungen des Typs NiCr15Fe, alloy 600, haben ein kubisch-flächenzentriertes Gitter und zählen zu den hitzebeständigen Legierungen. Sie sind im Wesentlichen durch eine gute Beständigkeit gegenüber Oxidation, Aufkohlung und Aufstickung charakterisiert.

Durch Veränderung der Wärmebehandlung (alloy 600: geglüht; alloy 600H: lösungsgeglüht mit einer mittleren Korngröße >65 µm) kann die Zeitstandfestigkeit ab 700 °C Einsatztemperatur verbessert werden (Abb. 35).

NiCrFe-Legierungen sind ebenfalls gut warm- und kaltumformbar, spanabhebend zu bearbeiten und schweißbar. Im kaltverfestigten und spannungsarm geglühten Zustand zeigt sich ein günstigeres Bearbeitungsverhalten, da eine Neigung zur Kaltverfestigung vorliegt. Niedrige Schnittgeschwindigkeit und ausreichende Spantiefe sind anzuwenden. Für die Wärmebehandlung gelten die grundlegenden Hinweise von Abbildung 32.

Bei der Kaltumformung ist die im Vergleich zu Kohlenstoffstählen höhere Nei-

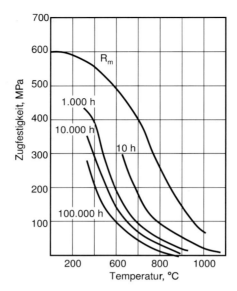

**Abb. 35** Zeitstandfestigkeit von NiCr15Fe, lösungsgeglüht, alloy 600H [52].

gung zur Kaltverfestigung zu berücksichtigen. Bei höheren Umformgraden sind Zwischenglühungen vorzusehen. Die Warmumformung ist zwischen 900 und 1200 °C durchzuführen. Eine Wärmebehandlung nach der Warmformgebung wird empfohlen. Die Weichglühung wird zwischen 920 und 1000 °C, die Hochtemperaturlösungsglühung zur Verbesserung der Langzeiteigenschaften von alloy 600H bei 1080 bis 1150 °C durchgeführt. Die Abkühlung soll jeweils schnell in Wasser erfolgen.

Vertreter dieser Werkstoffgruppe werden insbesondere als hitzebeständige, hochwarmfeste und korrosionsbeständige Legierungen eingesetzt. Zusätze an Aluminium und Titan führen zu ausscheidungshärtenden, hochwarmfesten Legierungen, deren Anwendungsbereich auf 1000 °C und darüber gesteigert werden kann, wenn eine Teilsubstitution von Nickel durch Kobalt erfolgt. Der Chromgehalt ist entscheidend für den Widerstand gegenüber oxidierenden Beanspruchungen.

Der Einfluss des Chromgehaltes in Nickel-Chrom-Legierungen auf die Oxidationsbeständigkeit bei verschiedenen Temperaturen ist in Abbildung 36 dargestellt. Es fällt auf, dass bei Temperaturen oberhalb 895 °C die Massenzunahme bei Chromgehalten von 40 bis 50 % ein Minimum aufweist [43]. Höhere Chromgehalte führen zu einer Verschlechterung der Oxidationsbeständigkeit. Zusätze von Eisen zu Nickel-Chrom-Legierungen führen zu einer Einengung des $\gamma$-Phasengebietes. Diese Änderungen des Zustandsschaubilds sind für das Oxidationsverhalten der Legierungen insofern bedeutsam, als dass in Ni-Cr-Fe-Legierungen im Temperaturbereich zwischen 500 und 900 °C $\sigma$-Phase ausgeschieden werden kann. Die damit einhergehende Chromverarmung an der Phasengrenze von spröde wirkenden $\sigma$-Phasen zur Matrix kann zur lokalisierten Oxidation führen. Im Wesentlichen zeigen

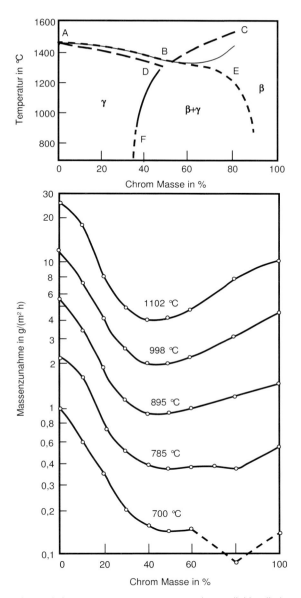

**Abb. 36** Oxidationsbeständigkeit von Ni-Cr-Legierungen. Das obere Teilbild stellt das korrespondierende binäre Ni-Cr-Zustandsschaubild dar [46].

Ni-Cr-Fe-Legierungen mit max. 10% Eisen eine den binären Cr-Ni-Legierungen an Luft vergleichbare Oxidationsbeständigkeit. In anderen oxidierenden Gasen, wie z. B. Sauerstoff oder Wasserdampf, ist bei Ni-Cr- und Ni-Cr-Fe-Legierungen ein ähnliches Verhalten wie an Luft zu beobachten [43].

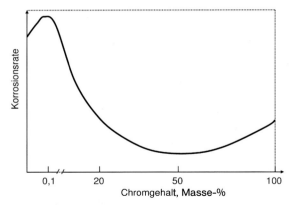

**Abb. 37** Einfluss des Chromgehaltes einer Ni-Cr-Legierung auf die Korrosionsrate in einem sulfidierenden Medium [46].

Wie bei Nickel kommt es auch bei Ni-Cr- und Ni-Cr-Fe-Legierungen bei Sulfidierung zu höherem Korrosionsangriff als bei Oxidation. Das Ausmaß der Sulfidierung wird jedoch vom Chromgehalt der Legierung bestimmt (Abb. 37).

#### 4.1.2.4 Nickel-Molybdän-und Nickel-Molybdän-Chrom-Legierungen

Ein Vertreter der Werkstoffgruppe Nickel-Molybdän ist die Legierung NiMo29Cr mit der W.-Nr. 2.4600, alloy B-4. Diese Legierung zeichnet sich durch sehr gute Warm- und Kaltumformbarkeit sowie gute Schweißeignung aus. Die Anwendungstemperatur liegt zwischen −196 °C und +400 °C. Die mechanischen Eigenschaften sind in Abbildung 38 dargestellt. Hervorzuheben ist die erhöhte Beständigkeit gegen Sensibilisierung und die höhere Beständigkeit gegenüber chloridinduzierter Spannungsrisskorrosion.

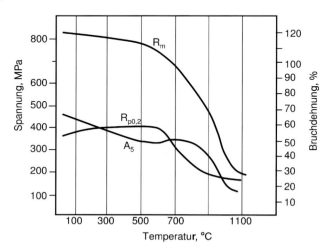

**Abb. 38** Kurzzeiteigenschaften von lösungsgeglühtem NiMo29Cr, alloy B-4 [53].

Im kaltverfestigten und spannungsarm geglühten Zustand sind NiMo29Cr-Legierungen bei niedriger Geschwindigkeit und hoher Spantiefe gut zu zerspanen. Bei der Kaltumformung ist die im Vergleich zu austenitischen Stählen höhere Neigung zur Kaltverfestigung zu berücksichtigen. Bei Umformgraden größer als 15 % sind Zwischenglühungen vorzusehen. Die Warmumformung ist zwischen 900 und 1160 °C durchzuführen. Eine Wärmebehandlung nach der Warmformgebung wird empfohlen. Die Lösungsglühung wird zwischen 1060 und 1120 °C durchgeführt. Nach allen Wärmebehandlungsschritten soll die Abkühlung schnell in Wasser erfolgen.

Die Legierung NiMo16Cr15W (mit einem extrem niedrigen Gehalt an Kohlenstoff C < 0,010 % und Silicium Si < 0,08 %), alloy C-276, ist ein typischer Vertreter der Nickel-Molybdän-Chrom-Gruppe. Alle Legierungen dieses Typs weisen ein kubisch-flächenzentriertes Gitter auf und sind durch sehr gute Beständigkeit über einen weiten Bereich korrosiver Lösungen sowohl unter oxidierenden als auch reduzierenden Bedingungen charakterisiert. Ferner haben sie eine hohe Resistenz gegenüber Loch-, Spalt- und Spannungsrisskorrosion.

Im kaltverfestigten und spannungsarm geglühten Zustand sind NiMo16Cr15W-Legierungen bei niedriger Geschwindigkeit und hoher Spantiefe (Unterschneiden der kaltverfestigten Zone) gut zu zerspanen.

Bei der Kaltumformung ist die im Vergleich zu austenitischen Stählen höhere Neigung zur Kaltverfestigung zu berücksichtigen. Bei Umformgraden größer als 15 % sind Zwischenglühungen vorzusehen. Die Warmumformung ist zwischen 950 und 1200 °C durchzuführen. Eine Wärmebehandlung nach der Warmformgebung wird empfohlen. Die Lösungsglühung wird zwischen 1100 und 1160 °C durchgeführt. Nach allen Wärmebehandlungsschritten soll die Abkühlung schnell in Wasser erfolgen. Da die Legierung im Temperaturbereich zwischen 1000 und 600 °C eine erhöhte Sensibilisierungsempfindlichkeit besitzt, muss die Verweildauer in diesem Temperaturbereich auf max. 2 min begrenzt bleiben (Abb. 39).

Das Korrosionsverhalten von Nickel wird durch das Legierungselement Molybdän maßgeblich beeinflusst. Besonders stark ist der Einfluss auf die Korrosionsge-

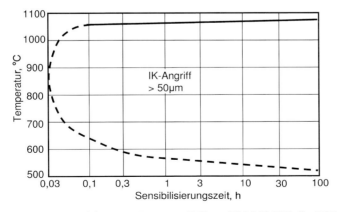

**Abb. 39** Zeit-Temperatur-Sensibilisierungs-Diagramm (ZTS) von NiMo16Cr15W, alloy C-276 (ASTM G-28, Methode A) [54].

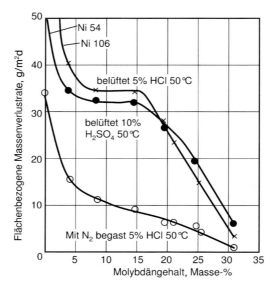

**Abb. 40** Abtragsraten von Nickel-Molybdän-Legierungen in verdünnter Salz- und Schwefelsäure in Abhängigkeit vom Molybdängehalt [55].

schwindigkeit von Nickelbasislegierungen in den Bereichen von 0 bis 6% und oberhalb von 15% (Abb. 40). Allgemein lässt sich feststellen, dass Nickel-Molybdän-Legierungen nur unter reduzierenden Bedingungen beständig sind (wie z. B. in Salzsäure und in mittelkonzentrierter Schwefelsäure). In Leitungswasser korrodieren Nickel-Molybdän-Legierungen.

Da Chrom entscheidend für die Ausbildung von Passivschichten ist, können chromfreie Ni-Mo-Legierungen nicht in oxidierenden Medien eingesetzt werden. Sowohl in unbelüfteter Schwefelsäure als auch in Salzsäure zeigt sich die Legierung B-2 allen anderen Nickelbasislegierungen überlegen, insbesondere bei Temperaturen um 100 °C [56, 57].

Der Zusatz von Chrom zu Nickel-Molybdän-Legierungen bewirkt wie der Legierungsbestandteil Eisen eine Verschiebung des Aktivbereichs in kathodische Richtung (zu unedleren Potenzialen), führt aber gleichzeitig ab einem Legierungsanteil von 15% Chrom zu einer verbesserten Passivierbarkeit in oxidierenden Lösungen und Säuren. Kupfer (<2,5%) unterstützt die Wirkung des Chroms auch bei Ni-Mo-Fe-Legierungen, was zu einer Verbesserung des Korrosionsverhaltens in reduzierenden Medien führt, auch bei höheren Temperaturen.

Bezüglich der Oxidationsbeständigkeit an Luft verhält sich der Zusatz von Molybdän zu Nickel unterschiedlich: geringe Gehalte verschlechtern die Oxidationsbeständigkeit, Molybdängehalte über 20% führen wieder zu einem Abfall der Oxidationsgeschwindigkeit, da hohe Gehalte an gebildetem Molybdänoxid nicht mehr in Nickeloxid löslich sind und es zum Aufbau einer Nickelmolybdatschicht kommt, die NiO auf der Gasseite und $MoO_2$ auf der Metallseite voneinander trennt [43]. Zusätze von Chrom führen zu einer Verbesserung der Oxidationsbeständigkeit von Nickel-Molybdän-Legierungen.

Ebenso wie Ni-Cr- bzw. Ni-Cr-Fe-Legierungen sind Ni-Cr-Mo-Legierungen bei hohen Temperaturen beständiger gegen oxidierend wirkende sulfidische Gase (z. B. Schwefeldioxid) als gegenüber reduzierend wirkenden Sulfiden.

Im Gegensatz zu Ni-Cr- bzw. Ni-Cr-Fe-Legierungen weisen Ni-Mo bzw. Ni-Cr-Mo-Legierungen in reduzierend wirkenden chlorhaltigen Gasgemischen eine bessere Beständigkeit auf, als in oxidierend wirkenden chlorhaltigen Gasgemischen [43].

#### 4.1.2.5 Schweißeignung von Nickel und Nickelbasislegierungen

Nickel und Nickelbasislegierungen können mit allen konventionellen Verfahren wie WIG-, MIG-(Impulstechnik) und Lichtbogenhandschweißen mit umhüllten Stabelektroden geschweißt werden. Zum Schweißen sollte das Material im spannungsarmen oder weichgeglühten Zustand vorliegen und frei von Zunderschichten, Fett und Markierungen sein. Eine Zone von ca. 25 mm beiderseits der Naht ist metallisch blank zu schleifen. Während des Schweißens ist peinlichste Sauberkeit Bedingung. Auf eine geringe Wärmeeinbringung und eine schnelle Wärmeabfuhr ist zu achten. Die Zwischenlagentemperatur soll 150 °C nicht überschreiten. Es ist weder ein Vorwärmen noch eine Wärmenachbehandlung erforderlich.

Der Arbeitsplatz sollte ausschließlich für Nickellegierungen Verwendung finden. Der Eintrag von Fremdpartikeln (z. B. Eisen) in die Werkstoffoberfläche muss vermieden werden (Korrosion). Hinsichtlich der Schweißnahtvorbereitung ist wegen der Wärmedehnung auf größere Wurzelspalte und Öffnungswinkel zu achten. Zum WIG- und MIG-Schweißen ist ein Zusatz vom Typ Nickel S (W.-Nr. 2.4155) und als umhüllte Stabelektrode der entsprechende Typ (W.-Nr. 2.4156) zu verwenden. Bei der Auswahl umhüllter Stabelektroden sind solche mit niedrigem Kohlenstoff- und Siliciumgehalt zu verwenden.

Beim Schweißen von Nickel-Molybdän- und Nickel-Molybdän-Chrom-Legierungen kann es zur Ausscheidung Chrom- und Molybdän-reicher Phasen kommen und damit zur Gefährdung durch interkristalline Korrosion. Hier wirkt eine Absenkung des Kohlenstoffgehaltes einer verstärkten Sensibilisierung entgegen. Ferner kann auch eine Anhebung des Molybdängehaltes oder des Nickelgehaltes verbessernd wirken.

### 4.1.3
### Aluminiumwerkstoffe

Innerhalb von über 100 Jahren, seit dem Aluminium in technischem Maßstab hergestellt wird, hat sich Aluminium hinter den Eisenwerkstoffen an zweiter Stelle unter den Gebrauchsmetallen platziert. Bei den in der chemischen Industrie verwendeten Werkstoffen handelt es sich im Wesentlichen um die Reinaluminiumtypen DIN EN 573-T3 sowie um die AlMn-, AlMg-, AlMgMn- und AlMgSi-Typen DIN EN 573-T1. Die physikalischen Kennwerte bzw. die mechanischen Kenngrößen sind im Aluminiumtaschenbuch detailliert aufgeführt [58].

Da Aluminiumwerkstoffe bei Einwirkung stark saurer und alkalischer wässriger Korrosionsmedien – von Ausnahmen abgesehen – eine unzureichende Korrosionsbeständigkeit besitzen, liegt das Hauptanwendungsgebiet von Aluminium allgemein im Neutralbereich, also dort, wo Wasser unterschiedlicher Inhaltsstoffe die Aluminiumoberfläche zeitweise oder ständig benetzt. Solche Anwendungen sind sowohl im Bau- und Fahrzeugwesen als auch im Installationssektor, in der Schifffahrt und der Offshoretechnik gegeben. In diesem Bereich zeigen kupferarme Aluminiumwerkstoffe trotz einer großen freien Reaktionsenthalpie eine bemerkenswerte Korrosionsresistenz, die auf der Bildung dünner, nahezu porenfreier Schutzschichten von sehr geringer Elektronen- und Ionenleitfähigkeit beruht. Diese Schutzschichten, die aus Oxiden und Hydroxiden des Aluminiums bestehen, bilden sich innerhalb potenzialabhängiger Grenzen, also innerhalb des Passivbereiches, bei mechanischer Beschädigung spontan wieder nach, wie Messungen an Reinstaluminium Al 99,998 und an dem Aluminiumwerkstoff AlMg2Mn0,8 in künstlichem Meerwasser gezeigt haben [59–62].

Zur Handhabung kalter bzw. schwach erwärmter hochkonzentrierter Salpetersäure werden Aluminium-Werkstoffe aus fertigungstechnischen und aus wirtschaftlichen Gründen bevorzugt herangezogen.

Im Schrifttum finden sich unterschiedliche Angaben über die Eignung der einzelnen Aluminium-Qualitäten zur Handhabung von Salpetersäure. Über die Korrosion von Aluminium unterschiedlicher Reinheit liegen zudem widersprüchliche Aussagen vor. Auf der einen Seite wird als allgemein bekannte Regel vorausgesetzt, dass die Korrosionsbeständigkeit des Aluminiums mit steigender Reinheit zunimmt [63, 64]. So zeigen [65, 66] für azeotrope Salpetersäure, dass Reinstaluminium (Al 99,99) mit 0,4 mm/a, Reinaluminium (Al 98,5) dagegen mit 0,8 mm/a bei Raumtemperatur abgetragen werden. Ähnliche Befunde erhielten [67, 68].

Die gleiche Tendenz wird bei der Korrosion der genannten Aluminium-Werkstoffe in 25 %-iger Salpetersäure bei Raumtemperatur erkennbar. Al 99,99 wird mit 0,7 mm/a, Al 98,5 mit 0,9 mm/a abgetragen. Im Gegensatz hierzu wurden in 99,6 %-iger Salpetersäure bei einer Temperatur von 20 °C und einer Versuchsdauer von 720 h eine Zunahme der Beständigkeit beim Übergang von Al 99,99 zu Al 99,8 und Al 99,5 festgestellt [64, 69]. Ähnliche Ergebnisse wurden auch in 96 %-iger Salpetersäure erzielt.

Die Legierungselemente Eisen, Silicium, Kupfer, Zink, Magnesium und Mangan als Legierungsbestandteile oder Verunreinigungen bis max. 0,9 % weisen einen wesentlichen Einfluss auf die Korrosionsbeständigkeit am Beispiel von Reinstaluminium Al 99,99, beansprucht in azeotroper Salpetersäure bei Raumtemperatur, auf [70, 71]. Gegenüber Al 99,99 (0,4 mm/a) ergab der Zusatz je Element eine Erhöhung der Abtragungsrate auf 0,9 mm/a, im Falle des Siliciums eine solche auf 0,7 mm/a. In 25 %-iger Salpetersäure werden kupferhaltige Legierungen am stärksten korrodiert. Die Korrosion verschiedener Aluminium-Werkstoffe wurde in einem Konzentrationsbereich zwischen 1 % und 100 % Salpetersäure bei Temperaturen zwischen Raumtemperatur und 80 °C untersucht. Hinsichtlich der Abhängigkeit von der Salpetersäurekonzentration fanden mehrere Bearbeiter bei Prüftemperaturen von 20 bis 80 °C Maxima der Korrosion bei verschiedenen Aluminium-Werkstoffen (Al 99, Al 99,5, Al 99,9, AlMn sowie G-AlSi12) bei 20 %-iger $HNO_3$, 30 %-iger $HNO_3$ und 40 %-iger $HNO_3$ [72–79]. Die Abtragungsraten bewegten sich je nach Werkstoffqualität zwischen 2,1 mm/a (Al 99,9) und 6,1 mm/a (G-AlSi12).

Die Temperaturabhängigkeit der Korrosion von Rein- und Reinstaluminium in Salpetersäuren hoher und mittlerer Konzentration werden als Arrhenius-Beziehungen dargestellt [70, 79]. In einem $HNO_3$-Konzentrations-Temperatur-Diagramm kann das Korrosionsverhalten der Aluminium-Werkstoffe Al 99,5 und G-AlSi12 in Salpetersäure mit Isokorrosions-Linien dargestellt werden [80]. Für $HNO_3$-Gehalte von 75 bis 90 % werden Abtragungsraten von 0,1 bis 0,2 mm/a angezeigt. Ähnliche Abtragungsraten treten in hochkonzentrierter 95 %-iger Salpetersäure bei 50 °C auf.

Höherfeste Legierungen, wie AlCuSiMn, AlCuMg1 und AlCuMg2 sind bei hohen Salpetersäure-Konzentrationen nur bei Raumtemperatur einsetzbar [81–83]. Es wurde eine mäßige Korrosionsgeschwindigkeit von 0,5 mm/a bei den Werkstoffen A 99,5, Al 99 und AlMn bei Raumtemperatur in Salpetersäure oberhalb 80 % festgestellt [76, 81–89]

In [74, 82, 90, 91] wird das Korrosionsverhalten einiger Aluminium-Werkstoffe in Salpetersäure unterschiedlicher Konzentrationen und Temperaturen verglichen. Untersuchungen von [74] in 5 bis 70 %-iger Salpetersäure bei Temperaturen von 25, 35 und 45 °C ergaben für Al 99,7, Al 99, Al Mg2,5 und AlMn abnehmende Korrosionsbeständigkeit in der genannten Reihenfolge. Bei 45 °C betrug die Abtragungsrate des beständigsten Werkstoffes in 70 %-iger Salpetersäure 7 mm/a, die des unbeständigsten 10 mm/a. Bei 25 °C lagen die Abtragungsraten bei 1 mm/a.

Strömungseinflüsse in hochkonzentrierter Salpetersäure (Zusammensetzung: 98,8 % $HNO_3$, 1,2 % $H_2O$, 0,2 % $NO_2$) wurden an folgenden Legierungen untersucht: Al 99, AlMn, AlCuSiMn, AlCuMg2, AlMgSiCu, AlMgSi0,5, AlZnMgCu3, AlMg2,5, AlMgMn, AlMg3 und G-AlMg3Si [90–94]. Die Messungen erfolgten in einer speziellen Apparatur zur Erzeugung unterschiedlicher, teils turbulenter Strömungen. Bei AlMn nahm die Abtragungsrate mit zunehmender Strömungsgeschwindigkeit von 0,025 mm/a bei 0,3 m/s auf 0,28 mm/a bei 0,9 m/s zu (Abb. 41). Bei Strö-

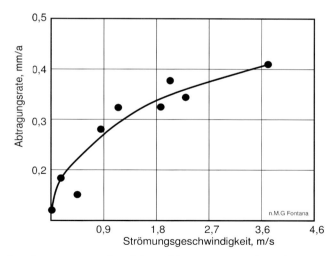

**Abb. 41** Einfluss der Strömungsgeschwindigkeit auf die Korrosion von AlMn in hochkonzentrierter Salpetersäure bei 42 °C [85].

mungsgeschwindigkeiten von 1 m/s traten Abtragungsraten zwischen 0,06 und 0,13 mm/a auf. Ungünstiger verhielten sich bei gleicher Strömungsgeschwindigkeit die Werkstoffe AlMg3 mit 0,51 mm/a und G-AlMg3Si mit 1,42 mm/a. Der mit zunehmender Strömungsgeschwindigkeit steigende Massenverlust wird mit einer gestörten Ausbildung der Aluminiumoxid-Deckschicht erklärt.

Zwischen korrosionstechnisch unterschiedlich edlen Aluminium-Werkstoffen und insbesondere in Kombination mit austenitischem CrNiNb-Stahl tritt in hochkonzentrierter Salpetersäure Kontaktkorrosion auf [85, 90–97].

Das Korrosionsverhalten von Schweißverbindungen aus Aluminium-Werkstoffen in Salpetersäure hängt von mehreren Parametern ab:
- Schweißzusatzwerkstoff
- Schweißverfahren
- mechanische und thermische Nachbehandlung des Schweißgutes
- Anwesenheit von Inhibitoren
- Einfluss der Werkstoffzusammensetzung im Makrobereich
- gefüge- und/oder fertigungsbedingte Verunreinigungen.

Die Untersuchungsergebnisse zeigen, dass das Korrosionsverhalten der Schweißverbindungen aus Aluminium-Werkstoffen in Salpetersäure maßgeblich vom Schweißverfahren in Verbindung mit der Wärmebehandlung und von der mechanischen Bearbeitung der Schweißnaht beeinflusst wird. Beispielhaft seien an dieser Stelle Ergebnisse von Versuchen in weißer rauchender Salpetersäure bei 71 °C und einer Beanspruchungsdauer von 42 Tagen dargestellt:
- nur geringfügiger Angriff auf das Al 99,6-Schweißgut der Schweißverbindung Al 99,6/Al 99,6
- Messerlinienkorrosion bei den Schweißverbindungen Al 99/Al 99, AlMn/Al 99, AlMg3/AlMg3, AlMgSi0,8/AlMgSi0,8
- bei einer Prüfdauer von 5 × 48 h wurden das Al 99-Schweißgut der Schweißverbindungen Al 99/Al 99, AlMn/Al 99, AlMg3/AlMg3 mit 1,3 bis 1,8 mm/a und das AlSi5-Schweißgut der Schweißverbindungen AlMgSiCu/AlSi5, AlMgSi0,5/AlSi5, AlMgMn/AlSi5, AlMg2,5/AlSi5 mit 2,5 bis 4,3 mm/a angegriffen [78, 79]. Die Abtragungsraten der geschweißten Gussorten G-AlSi5/AlSi5 und G-AlSi7/AlSi5 sind mit 2 mm/a geringer.

Darüber hinaus muss beachtet werden, dass die Oxidhaut beim Wolframinertgasschweißen Probleme bereitet. Die Entfernung der Oxidhaut erfolgt durch eine geeignete elektrische Anschlussschaltung und Regelung des Lichtbogens. Es steht jedoch nur ein kleines Parameterfenster für eine gute Schweißnahtqualität zur Verfügung. Dadurch besteht die Gefahr, dass es während der Schweißung zu Oxideinflüssen kommt, die die Korrosionsbeständigkeit beeinflussen können.

Über den Einsatz von Aluminium-Werkstoffen in mit Salpetersäure beaufschlagten Chemieanlagen liegen Hinweise und Berichte von verschiedenen Autoren vor. Angaben über die einzusetzende Salpetersäure beziehen sich ausnahmslos auf Säurekonzentrationen von mehr als 80 %, in verschiedenen Fällen auch von mehr als 95 %. Meist werden die Werkstoffe Al 99,6 und AlMn verwendet. An erster Stelle werden die Werkstoffe für Lagerbehälter [73, 82, 98, 99], Fässer [100], zur Tankauskleidung [101] und zur Herstellung fahrbarer Behälter [72] – diese wurden auch aus AlMgSiCu gefertigt – eingesetzt. Als weiteres Einsatzgebiet in Chemieanlagen werden Rohre, Rotameter und Fittings, Kühlschlangen und Wärmeaustauscher, Reaktionsbehälter und Absorptionskolonnen bei der Salpetersäureherstellung beschrieben.

## 4.2
**Kunststoffe** (s. auch Kunststoffe, Bd. 5)

Alternativ zu korrosionsbeständigen, höher legierten und damit teuren Werkstoffen können widerstandsfähige Auskleidungen und Beschichtungen aus organischen Werkstoffen auf herkömmlichen Baustahl zur Vermeidung von Korrosion appliziert werden. Die folgenden Ausführungen über die Kunststoffe stammen aus einer Firmenschrift der Firma Degussa, Werkstofftechnik [102].

Für den Korrosionsschutz (passiver Oberflächenschutz) steht eine umfangreiche Palette von Polymerwerkstoffen und Verbundsystemen zur Verfügung. Für die richtige Werkstoffauswahl müssen im voraus alle beim späteren Gebrauch einwirkenden Belastungen bekannt sein. Dies betrifft insbesondere die chemische, thermische und mechanische Beanspruchung.

Der Verbund von Trägerwerkstoff Stahl und organischem Oberflächenschutz soll eine Symbiose von langer Lebensdauer werden. Deshalb sind zu den genannten Beanspruchungskriterien auch die folgenden Eigenschaften bereits im Planungsstadium zu berücksichtigen: die Haftung auf dem Untergrund, die Unterschiedlichkeit im E-Modul zwischen Trägerwerkstoff und Polymerwerkstoff, der Unterschied im Wärmeausdehnungskoeffizienten, die Diffusionsdichtheit der Polymerschicht und die erforderliche Schichtdicke.

Beim Korrosionsschutz durch Kunststoffe wird in Beschichtungen und Auskleidungen mit organischen Werkstoffen unterschieden.

Als Beschichtungen sind Systeme definiert, die aus der flüssigen oder pastösen Phase appliziert werden und ganzflächig in gleichmäßiger Schichtdicke über die zu schützende Fläche verteilt werden. Hierzu gehören auch schmelzbare Pulverharze, die auf elektrostatischem Wege oder durch Wirbelsintern aufgetragen werden. Es wird differenziert in Dünnschichtsysteme (bis 0,4 mm Schichtdicke), z. B. Spritzlackierungen, Einbrennlacke, Pulverlacke, Elektrophorese-Beschichtungen) und Dickschichtsysteme (0,4 bis 3 mm Schichtdicke, z. B. Laminierharze mit und ohne Faserverstärkung, Plastisole, Spachtelungen, Sinterpulver).

Die in mehreren Arbeitsgängen aufgebrachten Beschichtungen sind in ihrer Schichtdicke durch physikalische Gegebenheiten begrenzt. So ist z. B. beim elektrostatischen Beschichten durch die immer dicker werdende Isolierschicht oder bei anderen Verfahren durch Gravitationseinflüsse eine natürliche Grenze gegeben.

Das Trägermaterial für Einbrennlackierungen und Pulverbeschichtungen muss Glüh- und Sintertemperaturen von ca. 400 °C ohne Schädigung aushalten können.

Auskleidungen werden mit vorkonfektionierten Folien, Bahnen, Tafeln und Verbundsystemen durchgeführt. Die Schichtdicken liegen, je nach Material, zwischen

1 mm und 6 mm. Hierzu gehören z. B. alle Gummierungen. Auskleidungen von Behältern oder Rohren mit thermoplastischen Folien oder Bahnen werden als Inliner bezeichnet.

Der Kunststoff selbst kann zwar mediumresistent sein, muss aber nicht unbedingt einen Langzeit-Korrosionsschutz für den Trägerwerkstoff darstellen. Dies ist dann der Fall, wenn der Schutzwerkstoff eine Diffusion des Mediums ermöglicht. Mit einer gewissen Diffusion ist bei allen Kunststoffen zu rechnen. Sie wird jedoch von mehreren Faktoren, wie Rohstoffwahl, Verarbeitung, Kristallinität/Dichte, Druck, Temperatur und Dicke der Schutzschicht beeinflusst.

Welche Werkstoffe und welche Arbeitsverfahren beim Oberflächenschutz für den Behälter-, Apparate- und Rohrleitungsbau am wirtschaftlichsten sind, muss nach der jeweiligen Beanspruchung entschieden werden: chemisch-thermisch (aggressive Medien bei höheren Temperaturen (100 °C)), thermisch-mechanisch (Frost Transport (RL 810, −5 °C)), thermisch (100 °C) und mechanisch (Abrieb während des Betriebes, Belastung bei der Montage).

Die Auswirkungen der Beanspruchungen auf den Werkstoff werden in chemische Zerstörung, Diffusion und Quellen differenziert. Häufig treten verschiedene Auswirkungen gleichzeitig auf.

Die chemische Zerstörung ist dadurch gekennzeichnet, dass die Werkstoffe durch das Medium chemisch verändert werden. Als Beispiel hierfür sei die Einwirkung von Schwefel-, Salpeter-, Chromsäure oder Chlor genannt. Je nach Konzentration und Temperatur macht sich dies durch eine Sulfatisierung, Oxidation oder Chlorierung bemerkbar. Der Prozess geht von der Oberfläche aus und ist durch eine Gewichtszu- oder -abnahme gekennzeichnet. Die Zerstörungsgeschwindigkeit ist in der Regel um so größer, je höher die Temperaturen und Konzentrationen sind.

Die chemisch-thermische Beanspruchung ist durch die Veränderung der physikalischen Werte des Oberflächenschutzes gekennzeichnet, z. B. Änderung des Spannungs-/Dehnungsverhaltens, der Kerbschlagzähigkeit, Farbe und Rauigkeit der Oberfläche. Wesentliche Merkmale bei Resistenzuntersuchungen stellen auch die Messungen von Kugeldruck- und Shore-Härte dar.

Viele Polymerwerkstoffe quellen unter dem Einfluss von Lösungsmitteln. Dabei findet weder ein chemischer Angriff noch Diffusion statt. Der makromolekulare Werkstoff geht dabei von der Oberfläche aus teilweise oder ganz in einen Gelzustand über, d. h. Lösungsmittelmoleküle lagern sich in den Zwischenräumen der Makromoleküle ein und bewirken so ein Aufquellen. Die Quellwirkung ist zuerst durch eine reversible Härteabnahme gekennzeichnet, der später eine Volumenzunahme folgt. Damit ist ein erheblicher Festigkeitsverlust verbunden.

Vor allem aromatische und chlorierte Kohlenwasserstoffe bewirken diese Quellung, aber auch aliphatische können bei längerer Einwirkung zu einer ähnlichen Zerstörung führen.

Findet ein Eindringen des Mediums in den organischen Oberflächenschutz statt, ohne dass dabei eine chemische Reaktion abläuft und ein Anlösen auszuschließen ist, so wird dies als Diffusion bezeichnet. Das angreifende Medium kann den Korrosionsschutz völlig durchwandern und seine zerstörerischen Aktivitäten erst auf dem Untergrund entfalten. Die Folge sind Haftungsschäden (Hohlstellen, Blasen) oder auch nur Pusteln in den Zwischenschichten. Mit dem Aufbrechen dieser Schwachstellen wird jedoch für das aggressive Medium der Weg zum Untergrund frei, und der für sich alleine betrachtet chemisch beständige Werkstoff versagt dadurch.

Als besonders diffusionsfreudig gelten kleine Moleküle wie HCl und $H_2O$, aber auch organische Säuren und ihre Derivate können zu dieser Gruppe gezählt werden. In den meisten Fällen handelt es sich um das Eindringen von Wasserdampf. Deswegen zählen wässrige Systeme zu den kritischsten Medien im Zusammenhang mit Beschichtungen und Auskleidungen.

Osmotische und kapillare Kräfte sind mit die Ursache für die Diffusion. Deshalb wird dieser Vorgang besonders stark in Erscheinung treten, wenn z. B. Kondensate aus destilliertem Wasser bei höherer Temperatur einwirken.

Als Faustregel für wässrige Systeme bei einer Beschichtungsstärke von ca. 1 mm gilt, dass eine Innentemperatur von 70–80 °C, bei einem Temperaturgefälle von 20–30 °C von innen nach außen, nicht überschritten werden soll.

Durch eine äußere, ganzflächige Isolierung kann der Partialdruckunterschied reduziert und damit der Diffusionsgefahr entgegengewirkt werden. Wichtig ist hierbei, dass die Isolierung ganzflächig sein muss. Werden beispielsweise Mannlöcher, Temperaturmessstutzen, Auflagepratzen etc. nicht isoliert, da der Arbeitsaufwand in ungünstigem Verhältnis zur Energieeinsparung steht, so ist an diesen Stellen mit vorzeitigen Diffusionsschäden zu rechnen.

Die thermisch-mechanische Beanspruchung entsteht am Oberflächenschutz durch Temperaturänderung. Thermoplaste, Elastomere und Duroplaste haben einen 10–20fach höheren Ausdehnungskoeffizienten als Stahl. Da sie als Oberflächenschutz bei Beschichtungen und geklebten Auskleidungen fest mit diesem verbunden sind, müssen bei Temperaturänderungen Druck- und Zugspannungen entstehen. Deren Höhe und Richtung ist von der Art des Polymers und damit auch von der Temperatur bei der Aufbringung abhängig. Bei aufvulkanisiertem Hartgummi findet der Verbund bei ca. 100 °C, bei Pulverbeschichtungen bei 300–400 °C und bei geklebten Auskleidungen bei Raumtemperatur statt. Bei dünnen Belägen können diese Spannungen über die Haftwerte am Stahl ganz oder teilweise kompensiert werden; bei dickeren, besonders härteren Belägen (Auskleidung Hartgummi) können diese Spannungen bei niedrigeren Temperaturen Werte erreichen, die eine Beschädigung bei Lagerung oder Transport begünstigen.

Bei heiß ausvulkanisierten Bahnen auf Basis von natürlichen oder synthetischen Elastomeren oder auch bei Pulverbeschichtungen bedeutet dies, dass bei Normaltemperatur Zugspannungen im Oberflächenschutz vorhanden sind, die um so größer werden, je niedriger die Betriebs- oder Umgebungstemperaturen sind. Bei kaltaushärtenden (Duroplasten) oder geklebten Systemen ist dagegen zuerst ein spannungsloser Zustand vorhanden, bei Temperaturerhöhungen entstehen jedoch Druckspannungen, die sich je nach Plastizität des Werkstoffes teilweise abbauen können. Für die zu erwartenden Spannungen ist der temperaturabhängige E-Modul entscheidend.

Auch die linearen Ausdehnungskoeffizienten der Polymerbeschichtungen unterscheiden sich zum Teil kräftig von demjenigen des Stahls. Eine Angleichung ist nur bei Duroplasten durch die Beigabe von Faserverstärkungen möglich. Es muss da-

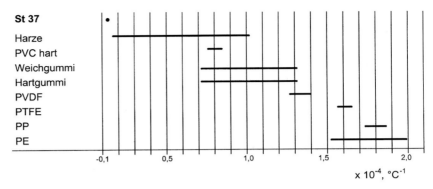

**Abb. 42**  Lineare Ausdehnungskoeffizienten verschiedener organischer Werkstoffe.

rauf geachtet werden, dass aus Gründen der chemischen Widerstandsfähigkeit die abschließende Harzschicht eine ausreichende Dicke erhält. In Abbildung 42 sind die linearen Ausdehnungskoeffizienten einiger Beschichtungswerkstoffe gezeigt.

Die thermische Belastbarkeit von organischen Polymerwerkstoffen ist in großem Maße abhängig vom zu betrachtenden System und kann von Einzelfall zu Einzelfall sehr unterschiedlich sein. Vor allem die chemische Beanspruchung setzt die thermische Stabilität stark herab.

Bei Elastomeren (Gummierungen) tritt bei längerer Überschreitung der Grenztemperatur eine von der Oberfläche ausgehende Degradation und damit ein Zerfall der Vernetzungsstellen ein.

Findet bei Thermoplasten kein chemischer Abbau und auch keine Diffusion statt, so ist deren max. vertretbare Betriebstemperatur durch die Zunahme der Plastizität bestimmt. Besonders muss darauf hingewiesen werden, dass die Grenze der thermischen Belastbarkeit in vielen Fällen nicht durch den Werkstoff selbst, sondern durch seine Haftung am zu schützenden Stahl gegeben ist.

### 4.2.1
### Beschichtungen

Je nach Anwendungszweck kann zwischen einer Vielzahl von Oberflächenschutzsystemen ausgewählt werden (Tab. 10).

#### 4.2.1.1  Härtbare Beschichtungen
Organische Beschichtungswerkstoffe in flüssiger Form, bei Schichtdicken bis ca. 1,5 mm, werden in thermisch (heiß) härtbare und in chemisch-katalytisch (kalt) härtbare Systeme eingeteilt.

#### Heißhärtende Beschichtungssysteme
Hierbei handelt es sich in der Regel um sogenannte Werkstattbeschichtungen. Das Beschichten erfolgt nicht vor Ort, sondern beim jeweiligen Beschichtungsunternehmen. Diese Systeme werden in flüssiger Form aufgetragen und einer Wärmebe-

Tab. 10  Beschichtungen und Auskleidungen

| System | Werkstoff |
|---|---|
| Härtbare Beschichtungen | |
| heißhärtende (Einbrennlackierungen) | EP, PF, EP/PF |
| kalthärtende | EP, UP, PUR, VE |
| Pulverbeschichtungen | PE, PA, EVA, EP, PVDF |
| | ECTFE, ETFE, FEP, PFA |
| Auskleidungen | |
| Gummierungen | NR, IIR, SBR, CR, NBR, CSM |
| Thermoplaste | PVC, PE, PP, PVDF, FEP |
| | PFA, ECTFE, PTFE |
| Reaktionsharzlaminate | EP, UP, FU, VE |

handlung unterzogen. Durch mehrmaliges Beschichten (Grund- und Deckschichten) wird nach dem Einbrennen der Gesamtbeschichtung bei 160–210 °C eine porenfreie Schicht von 0,2–0,3 mm Dicke erzielt.

Heißhärtende Beschichtungen zeichnen sich durch sehr gute chemische und thermische Beständigkeiten aus und verfügen über gute Elastizität, Haftfestigkeit und eine hydrophobe Oberfläche. Ein Spezialgebiet ist z. B. die Beschichtung von Rohrbündelwärmetauschern. Tabelle 11 gibt eine allgemeine Übersicht über die Beständigkeit von heißhärtenden Beschichtungssystemen.

**Kalthärtende Beschichtungssysteme**
Katalytisch härtende Beschichtungssysteme auf Basis EP, UP und PUR sind stets Zwei- oder Mehrkomponentensysteme, bei denen jede Komponente getrennt geliefert wird und entsprechend den Vorgaben des Lieferanten im genau abgestimmten Verhältnis gemischt und verarbeitet werden muss.

Kalthärtung heißt: Es wird keine Wärme von außen zugeführt. Die Härtungsreaktion ist exotherm und kann deshalb durchaus Temperaturen von 150 °C erreichen.

Tab. 11  Beständigkeit von heißhärtenden Beschichtungssystemen auf der Basis von Epoxid- sowie Epoxid-/Phenolharz-System

| beständig gegen: | nicht beständig gegen: |
|---|---|
| • Wasser und wässrige Lösungen | • stark oxidierende Stoffe |
| • schwache bis starke Alkalien | • Schwefelsäure in geringen Konzentrationen |
| • organische Säuren | • freies Chlor |
| • organische Lösemittel | • konzentrierte Salzsäure |
| • niedrig siedende Ketone | • Salpetersäure in Konzentration über 5 % |
| • Ammoniak in verschiedenen Konzentrationen | • Chromsäure |
| • Mineralöle und Treibstoffe | • Bleichlaugen |
| • Fettsäuren, Fette und Öle | |

**Tab. 12** Beständigkeit von kalthärtenden Beschichtungssystemen auf der Basis von UP-Harzen

| beständig gegen: | nicht beständig gegen: |
|---|---|
| • verschiedene oxidierende Stoffe | • Laugen |
| • verdünnte anorganische Säuren | • Ketone und Ester |
| • wässrige Salzlösungen | • Chlorkohlenwasserstoffe |
| • aliphatische Kohlenwasserstoffe | • entsalztes Wasser und Deionat |
| • Alkohole und Öle | |

Bei Beschichtungswerkstoffen auf Basis von UP-Harzen verläuft die chemische Reaktion nach dem Mischvorgang sehr intensiv, die Verarbeitungszeiten sind daher verhältnismäßig kurz. Wegen des z. T. erheblichen Schwundes beim Aushärten sollten UP-Beschichtungen zur Erzielung der erforderlichen Porenfreiheit nur im Mehrschichtenaufbau angewendet werden. Im allgemeinen werden Gesamt-Trockenschichten von 300–700 µm appliziert, bei Dickschichtsystemen auch über 1 mm. Tabelle 12 gibt einen Überblick über die Beständigkeit von UP-Systemen.

Mit Beschichtungswerkstoffen auf der Basis von Epoxidharzen werden im Allgemeinen Schichtdicken von 300–600 µm erzielt. Diese Werkstoffe sollten nach Möglichkeit oberhalb von +15 °C, auf keinen Fall aber unter +10 °C verarbeitet werden. Generell empfiehlt es sich, die Epoxid-Beschichtungen frühestens 7 Tage nach der Verarbeitung chemisch und mechanisch zu belasten, da sie erst dann ihre optimalen Eigenschaften erreicht haben. Tabelle 13 gibt einen Überblick über die Beständigkeit von Epoxidharzen.

### 4.2.1.2 Pulverbeschichtungen

Die in Tabelle 10 unter dem Begriff Pulverbeschichtungen aufgeführten Polymerwerkstoffe lassen sich in Pulverform mit verschiedenen Verfahren auf metallische Flächen aufbringen. Wesentliche Einsatzgebiete für Pulverschichtungen sind Serienkleinteile, aber auch kleinere Behälter, Apparate sowie Rohrleitungen (innen und außen) und Armaturen. Auf die verschiedenen Techniken sei hier im einzelnen nicht näher eingegangen. In zunehmendem Maße werden mit diesem Verfahren auch Fluorkunststoffe auf Basiskonstruktionen aufgebracht.

Der bekannteste Fluorkunststoff ist PTFE (Polytetrafluorethylen, Teflon, Hostaflon). Trotz universeller Chemikalienbeständigkeit ist seine Anwendung wegen der

**Tab. 13** Beständigkeit von kalthärtenden Beschichtungssystemen auf der Basis von Epoxidharz (EP)

| beständig gegen: | nicht beständig gegen: |
|---|---|
| • Alkalien | • oxidierende Stoffe |
| • verdünnte anorganische Säuren | • starke Mineralsäuren |
| • Wasser und wässrige Lösungen | • Ketone |
| • Alkohole, Mineralöle und Fette | • Chlorkohlenwasserstoffe |
| • aliphatische Kohlenwasserstoffe | • niedrig siedende Ester |

schwierigen Verarbeitbarkeit eingeschränkt. Ausreichende Schichtstärken, wie sie zumindest für eine Teilunterdrückung von Diffusionsphänomenen gefordert sind, können mit PTFE nicht erreicht werden. Die erforderliche Mindestschichtstärke für einen entsprechenden Korrosionsschutz liegt bei 0,6–0,8 mm, PTFE-Beschichtungen können fehlerfrei nur bis zu ca. 0,025 mm über eine PTFE-Emulsion aufgetragen werden. Solche Schichten eignen sich nur als Antihaftbelag.

Es können nur folgende fluorierte Thermoplaste mittels Pulverbeschichtung appliziert werden:
- ETFE: Ethylen-Tetrafluorethylen (Tefzel)
- ECTFE: Ethylen-Chlortrifluorethylen (Halar)
- PVDF: Polyvinylidenfluorid
- PFA: Perfluoralkoxy-Copolymer (Hostaflon TFA 6632)
- FEP: Fluorethylen-Propylen

Mit Beschichtungen aus Fluorkunststoffen können zwar in Sonderfällen und für einen begrenzten Zeitraum Wärmestandfestigkeiten bis 300 °C und darüber erzielt werden; die TEFLON-beschichtete Bratpfanne ist dafür ein Beispiel. Auf keinen Fall ist diese Eigenschaft aber übertragbar auf Beschichtungen in Chemieanlagen mit den vielfältigen chemischen, thermischen und mechanischen Belastungen. Insbesondere beim Einsatz in wässrigen Medien sind wegen der Diffusionsauswirkungen die zulässigen Temperaturen auf ca. 60–70 °C beschränkt.

## 4.2.2
### Auskleidungen

#### 4.2.2.1 Gummierungen

Unter Gummierungen werden Auskleidungen aus vorgefertigten Bahnen auf Basis von Natur- oder Synthesekautschuk verstanden. Die Herstellung und Verarbeitung dieser Bahnen erfolgt im plastischen, noch unvernetzten Zustand. Das Aufbringen auf die Trägerkonstruktion ist daher besonders einfach, denn die Bahnen können durch einfaches Anrollen auf den Untergrund gedrückt werden. Die Fixierung erfolgt über ein zuvor aufgetragenes Haftsystem. An den Nahtstößen ergeben sich durch geschäftete Überlappungen homogene Verbindungen, Schweißnähte entfallen. Erst nach kompletter Auskleidung erfolgt die Vulkanisation.

Es wird bei der Aufbringung der Gummierungen in Werkstattgummierungen und Gummierungen an Ort und Stelle unterschieden. Die handwerkliche Arbeit ist für beide Verfahren im Wesentlichen dieselbe, lediglich der letzte Verarbeitungsschritt, die Vulkanisation, ist von der Methode her in beiden Fällen verschieden.

Bei der Werkstattgummierung erfolgt die Vulkanisation unter Druck und Temperatur in einem geschlossenen Autoklaven. Üblich sind 3 bis 5 bar Überdruck und Temperaturen bis 150 °C. Diese Gummierungsart wird standardmäßig für alle Hartgummierungen sowie auch für die schwieriger zu verarbeitenden Weichgummierungen, z. B. auf Basis von Butylkautschuk, ausgeführt.

Durch die Vulkanisation unter Druck und hoher Temperatur wird innerhalb kurzer Zeit eine hohe Vernetzungsdichte der Kautschukmoleküle erzielt. Deshalb haben Hartgummierungen in der Regel die höhere Chemikalienbeständigkeit und auch die bessere Diffusionsdichtheit.

Butylkautschuk oder besser noch halogenierter Butylkautschuk zeichnet sich durch besonders günstige Chemikalienresistenz aus. Dieser Kautschuktyp kann aber nur als Weichgummierung verarbeitet werden. Aufgrund seines unpolaren Charakters lässt er sich auf Metalloberflächen nur schlecht verkleben; deshalb ist das Primer- und Klebersystem entsprechend aufwändig, was ebenfalls eine Werkstattvulkanisation erforderlich macht.

Weichgummierungen eignen sich für eine Gummierung an Ort und Stelle. Sie zeichnen sich durch ihre variable Verarbeitungsmöglichkeit aus. Dies ermöglicht die Gummierung von Behältern, die aufgrund ihrer Größe oder ihrer Einbausituation für einen Transport zum Gummierer nicht geeignet sind. Entscheidend für die Haltbarkeit und Haftung ist eine sorgfältige Verklebung auf dem Stahluntergrund. Das vergleichsweise aufwendige Klebersystem verteuert diese Gummierungsart gegenüber einer Hartgummierung.

Als Vulkanisationsmethoden für eine Gummierung vor Ort können verwendet werden:
- Dampfdruck, $p > 2$ bar, $T = 130\ °C$ (falls Behälter verschließbar),
- Heißwasser (70–90 °C),
- strömender Dampf,
- Selbstvulkanisation (bei Umgebungstemperatur mehrere Wochen, durch Wärmezufuhr beschleunigbar).

Weichgummierungen haben aufgrund ihrer geringeren Härte und geringeren Vernetzungsdichte gegenüber Hartgummierungen i. a. ein ungünstigeres Resistenzverhalten, schlechtere Diffusionsdichtheit und auch geringere Temperaturbelastbarkeit. Hinsichtlich Abrasionsverhalten ist zu unterscheiden zwischen Prallverschleiß und Reibverschleiß. Weichgummierungen sind vorteilhafter bei Prallverschleiß, Hartgummierungen besser bei Reibverschleiß.

Die Anforderungen an die Konstruktion der zu gummierenden Bauteile gemäß DIN 28 051 sind Vorbedingung für eine dauerhafte Ausführung. Alle Gummierungen sollten grundsätzlich nur von qualifizierten Gummierungsunternehmen ausgeführt werden.

#### 4.2.2.2 Auskleidungen mit thermoplastischen Kunststoffen

Mit den Auskleidungswerkstoffen PVC, PP und den fluorierten Thermoplasten stehen Werkstoffe von hoher Chemikalienbeständigkeit zur Verfügung. Durch die Verwendung von Folien bzw. Platten mit 1,5–5 mm Dicke wird jene Diffusionsfestigkeit erzielt, die mit Pulverbeschichtungen aufgrund der maximal erzielbaren Schichtdicke fehlt. Die genannten Auskleidungsdicken verursachen jedoch hohe Fertigungskosten, da die antiadhäsive Oberfläche der Thermoplaste, ausgenommen beim PVC, durch eine Kaschierung mit einem Gewebe oder Vlies oder durch Ätzen für eine Verklebung vorbehandelt werden muss. Die Steifheit des Halbzeuges lässt in den wenigsten Fällen ein direktes Anformen am Werkstück zu, so dass Vorverformen unter Temperatur in Werkzeugen erforderlich ist. Bei den fluorierten Thermoplasten ist zusätzlich noch der hohe Rohstoffpreis, der für manche Anwendung prohibitiv ist, zu berücksichtigen.

Die herkömmlichen Thermoplaste wie PVC, PP und PVDF werden fast ausschließlich als Inlinerwerkstoffe für GFK-Konstruktionen (Behälter, Wäscher, Kolonnen) eingesetzt. Es werden vorgefertigte Platten von 2 bis 4 mm Dicke durch Schweißverbindungen aneinandergefügt. PVC kann durch direkte Verklebung mit dem Trägerwerkstoff verbunden werden. PP und PVDF benötigen eine separate Rückseitenbehandlung, die heute zumeist aus einem aufgepressten Polyestergewebe besteht. Die Schweißnähte können die Schwachstellen bei dieser Auskleidungsart darstellen. Die Schweißungen müssen deshalb besonders sorgfältig ausgeführt werden.

Die Temperaturobergrenzen für thermoplastische Inliner in GFK-Konstruktionen liegen für PVC bei 70 °C, für PP bei 80 °C und für PVDF bei 90 °C.

Die höher fluorierten (z. B. HALAR) und vollfluorierten Thermoplaste (PFA, FEP, PTFE) finden Anwendung für die Auskleidung von Stahlkonstruktionen.

### 4.2.2.3 Auskleidungen mit Fluorkunststoffen

Die Fluorkunststoffe werden in Bereichen eingesetzt, in denen ein hoher Korrosionsschutz gegen aggressive flüssige und gasförmige Medien benötigt wird. Auch bei erhöhten Temperaturen ist dieser Korrosionsschutz gewährleistet, sofern keine Diffusion in Richtung Trägerwerkstoff erfolgt. In Tabelle 14 sind die zur Zeit für Beschichtungen und Auskleidungen verwendeten Fluorthermoplaste mit ihren Handelsnamen aufgelistet.

**Tab. 14** Fluorkunststoffe für Auskleidungen

| Kurzbezeichnung | Chemische Bezeichnung | Handelsname |
| --- | --- | --- |
| PTFE | Polytetrafluorethylen | Hostaflon TF |
| | | Teflon |
| | | Algoflon |
| | | Fluon |
| PFA | Perfluoralkoxy-Copolymer | Teflon PFA |
| | | Hostaflon TFA |
| | | Hyflon PFA |
| FEP | Perfluorethylen-Propylen-Copolymer | Teflon FEP |
| | | Hostaflon FEP |
| MFA | Perfluorethylen-Perfluormethylvinylether | Hyflon MFA |
| PCTFE | Polytrifluorchlorethylen | Voltalef |
| | | Kel-F |
| PVDF | Polyvinylidenfluorid | Kynar |
| | | Solef |
| ECTFE | Ethylen-Chlortrifluorethylen-Copolymerisat | Halar |
| ETFE | Ethylen-Tetrafluorethylen-Copolymer | Tefzel |
| | | Hostaflon ET |

Der Korrosionsschutz von Anlagenteilen wie Kolonnen, Behälter, Rohrleitungen usw. wird durch zwei unterschiedliche Verfahren erreicht: durch Massiv- oder durch Verbundkonstruktion. Bei der Massivtechnik finden Folien und extrudierte Rohre Verwendung, die meist als loses Hemd zwischen Flanschverbindungen eingeklemmt werden. Diese Konstruktion bedingt Einschränkungen in der Vakuumbeständigkeit sowie Größe und Geometrie des Bauteils. Sie hat lediglich bei PTFE-Auskleidungen eine gewisse Bedeutung erlangt.

Eine Verbesserung der Vakuumfestigkeit lässt sich durch Verkleben auf dem Untergrund erreichen. Da Fluorkunststoffe ausgezeichnete antiadhäsive Eigenschaften besitzen, müssen sie auf der Klebeseite entsprechend präpariert werden. Dies geschieht entweder durch Anätzen mit geeigneten Ätzmitteln oder durch Kaschieren der Klebebahnen mit einem festen Gewebe oder Vlies (Glas oder Polyester), wobei der Technik des Kaschierens der Vorzug gegeben wird. Die auf den Basiswerkstoff aufgebrachten Polymerbahnen werden nach peinlichster Reinigung und sauberster Verarbeitung der Stoßkanten artgleich verschweißt.

Die Temperaturgrenze, bis zu der eine sichere Dauerverklebung möglich ist, liegt bei ca. 130 °C. Scherfeste Kontaktklebstoffe werden bei Temperaturen bis 100 °C angewendet. Bei Temperaturen oberhalb 130 °C ist eine Verklebung unsicher, da die wegen der unterschiedlichen linearen Ausdehnung von Stahl und Beschichtung auftretenden Scherkräfte die bei diesen Temperaturen noch vorhandenen Klebstoff-Festigkeiten überschreiten. Die in Tabelle 15 genannten Dauergebrauchstemperaturen sind daher nur für den Kunststoff alleine gesehen gültig.

Die möglichen Auskleidungsdicken liegen zwischen 1,5 und 6 mm und sind vom angebotenen Halbzeug abhängig. Wie schon erwähnt, können Schäden durch Wahl der jeweils größtmöglichen Schichtdicke weitgehend verhindert werden. Andererseits ist eine zu große Dicke der thermoplastischen Auskleidung deshalb unerwünscht, weil bei Temperaturwechseln im Betrieb mechanische Beanspruchungen im Kunststoff entstehen, die mit dessen Wanddicke steigen.

Beim Erwärmen entstehen in der Auskleidung zunächst Druckspannungen aus verhinderter Dehnung, die sich durch Fließen des Materials langsam abbauen, beim Erkalten des Bauteils dann jedoch in Zugspannungen übergehen. Durch weitere Temperaturwechsel steigen diese weiter an und führen bei Überschreiten der Klebstoff-Festigkeit zunächst zu Ablösungen und dann meist zum Bruch der Auskleidung.

Wie bei den mechanischen und physikalischen Eigenschaften gibt es auch Unterschiede in den chemischen Eigenschaften der Fluorpolymere. Diese Unterschiede sind im Wesentlichen durch den Aufbau der Molekülketten bedingt. Die Werkstoffe PTFE, PFA und FEP gehören zu den vollfluorierten Fluorkunststoffen, da sie nur F-Atome in der äußeren Kette aufweisen. Dies ist auch der Grund für die höchste Chemikalienbeständigkeit. Die übrigen Werkstoffe sind teilfluoriert und unterscheiden sich von den vorgenannten durch die geringere chemische und thermische Beständigkeit, jedoch eine höhere Festigkeit.

Was der Vergleich zwischen den teil- und vollfluorierten Fluorkunststoffen bei einigen physikalischen Werten schon deutlich zeigt, wird bei der Betrachtung der chemischen Eigenschaften noch hervorstechender. Während PTFE, PFA, TFA und FEP

Tab. 15 Physikalische Eigenschaften von Auskleidungs- und Beschichtungs-werkstoffen auf der Basis von Fluorkunststoffen

| | Eigenschaft | NORM, DIN oder ASTM | Einheit | PTFE | PFA | FEP | ETFE | PVDF | ECTFE | PCTFE |
|---|---|---|---|---|---|---|---|---|---|---|
| allgem. | Obere Dauergebrauchtemp. ca. ohne Belastung | | °C | 250 | 250 | 200 | 150 | 140 | 150 | 150 |
| | Wasseraufnahme | 53495 | % | < 0,01 | 0,03 | < 0,01 | < 0,1 | 0,03 | < 0,1 | 0,01 |
| mechanisch | Reißfestigkeit, 23 °C / 150 °C | 53455 | N/mm² | 29–39 / 14–20 | 27–32 / 15–21 | 19–25 / 4–6 | 36–48 / 8–12 | 38–50 / 7,5–10,5 | 41–54 / 3,5–4,5 | 31–42 / 1–2 |
| | Reißdehnung bei 23 °C | 53455 | % | 200–500 | 300 | 250–350 | 200–500 | 20–250 | 200–300 | 80–250 |
| | Shorehärte D | 53505 | | 55–72 | 60–65 | 55–60 | 63–75 | 73–85 | 70–80 | 70–90 |
| | Reibungskoeffizient, Dyn. | | Trocken | 0,05–0,2 | 0,2–0,3 | 0,3–0,35 | 0,3–0,5 | 0,2–0,4 | 0,65 | 0,3–0,4 |
| thermisch | Formbeständigkeit in der Wärme A (18,5) Kp/cm² | 53461 | °C | 50–60 | 50 | 51 | 71–74 | 80–92 | 76 | 76 |
| | B (4,6) KP/cm² | ISO R 75 | | 130–140 | 74 | 70 | 104 | 146–150 | 115 | 116–126 |
| | Lin. Wärmeausdehnungs-koeffizient | | 1/K · 10⁻⁵ | 10–16 | 10–16 | 8–14 | 8–12 | 8–12 | 4–8 | 4–8 |
| | Wärmeleitfähigkeit, 23 °C | 52612 | W/K · m | 0,23 | 0,22 | | 0,23 | 0,17 | 0,15 | 0,19 |
| | Sauerstoffindex | | | > 95 | > 95 | > 95 | 30 | 43 | 60 | > 95 |
| elekt. | Oberflächenwiderstand | 53482 | | 10¹⁷ | 10¹⁷ | 10¹⁶ | 10¹⁴ | 10¹³ | 10¹⁴ | 10¹⁵ |
| | Durchschlagfestigkeit | 53481 | KV/mm | 40–80 | 50–80 | 50–80 | 60–90 | 40–80 | 50–80 | 50–70 |

gegen alle Medien und Konzentrationen bei Temperaturen bis 150 °C fast ausnahmslos beständig sind, zeigen die übrigen Kunststoffe (ETFE, PVDF, ECTFE, PCTFE) doch etliche Einschränkungen.

Alle Fluorkunststoffe sind dagegen unbeständig gegen geschmolzene oder gelöste Alkalimetalle und gegen einige Fluorverbindungen unter erhöhten Drücken und Temperaturen.

Die in Tabelle 15 verglichenen Eigenschaften beziehen sich auf die reinen Werkstoffe. Für bestimmte Anwendungen können Eigenschaften durch gezielte Zugabe von Füllstoffen wie z. B. Glas, Kohle, Graphit, Bronze usw. optimiert werden. Derartige Compounds zeichnen sich durch höhere Druck- und Verschleißfestigkeit sowie Härte aus. Allerdings nehmen Reißfestigkeit, Dehnung und Durchschlagfestigkeit ab, und die Porosität nimmt zu.

## 4.3
## Reaktionsharzlaminate

Diese Art von Korrosionsschutzschichten stellt verbesserte, dickschichtigere Systeme dar. Sie werden für großvolumige Stahlbehälter wie Lagerbehälter, Straßen- und Eisenbahnsilowagen angewendet. Sie werden sowohl als Beschichtungen als auch als Auskleidungen bezeichnet, je nach manueller Applikationstechnik.

Der Begriff Laminat besagt, dass dieser Korrosionsschutz in mehreren Lagen aufgetragen wird. Im Wesentlichen werden sogenannte Glasflockenlaminate im Airless-Spritzverfahren mehrschichtig auf den Stahluntergrund aufgetragen. Dabei sind spezifizierte Randbedingungen für die Beschichtungsprozedur wie Untergrundvorbereitung durch Strahlen (Sa 2 1/2), Rauhigkeit ($R_z$ = 50–70 µm), Grundierung, etc. sehr genau einzuhalten.

Reaktionsharze werden immer als Flüssigharze verarbeitet. Die Viskosität, und damit die mögliche Schichtdicke pro Arbeitsgang im vertikalen Bereich, ist durch entsprechende Füllstoffwahl gezielt einzustellen. Als Reaktionsharze kommen ungesättigte Polyester (UP)-Harze, Epoxid (EP)-Harze und Vinylester (VE)-Harze zum Einsatz.

Wichtigstes Laminatsystem bezüglich Chemikalienresistenz und Temperaturbelastbar keit ist ein Glasflockenlaminat auf Basis Vinylesterharz. Grundsätzlich sind alle härtbaren Beschichtungen, auch die auf Basis Vinylester, nicht absolut diffusionsdicht gegen über wässrigen Medien. Durch Einbau von Diffusionssperren kann der Diffusionsweg er schwert und damit die Diffusionsgefahr weitgehend reduziert werden. Als Diffusionssperren dienen schuppenförmige Füllstoffe, hauptsächlich Glasflocken von äußerst geringer Schichtdicke und einer Fläche von nur wenigen mm$^2$. Derartig feinteilige Glasflocken können in hinreichend hoher Konzentration im Reaktionsharz verteilt mit dem Airless-Spritzverfahren appliziert werden. Bei zwei bis drei Spritzlagen von ca. 0,3–0,5 mm pro Arbeitsgang sind dann letztendlich ca. 250 Glasflocken flächendeckend übereinander geschichtet und bilden somit eine wirkungsvolle Diffusionssperre.

# 5
## Überwachung und Prüfung

Druckbehälter und Rohrleitungen, aber auch Komponenten wie z. B. Zentrifugen, müssen nach dem geltenden Regelwerk ausgelegt und dimensioniert werden. Grundlage hierfür stellt bei den Druckbehältern und Rohrleitungen die europäische Druckgeräterichtlinie dar, die vom Gesetzgeber in Form der Druckgeräteverordnung in nationales Recht umgesetzt wurde.

Die EU-Druckgeräterichtlinie enthält im Anhang I die grundlegenden Sicherheits- und Gesundheitsanforderungen, denen ein Druckgerät genügen muss [103]. Danach muss der Hersteller unter Berücksichtigung der vorgesehenen Verwendung eine Gefahrenanalyse durchführen, die die Basis für die Auslegung und Fertigung des Druckgerätes darstellt. Hinsichtlich der zu verwendenden Werkstoffe werden Mindestanforderungen gestellt. Weiterhin ist durch ein Modulkonzept festgelegt, in welchem Umfang der Hersteller eine nach der EU-Druckgeräterichtlinie akkreditierte Prüfstelle hinzuziehen muss.

Neben der EU-Druckgeräterichtlinie, in der der Gesamtkomplex der Herstellung und des In-Verkehr-Bringens EU-weit einheitlich geregelt ist, wird der Betrieb der Komponenten durch nationales Recht in der Betriebssicherheitsverordnung geregelt.

Grundlage des Handelns stellt hier die Gefährdungsbeurteilung dar. Die in früheren Jahren durch die Druckbehälterverordnung festgelegten Zyklen für wiederkehrende innere Untersuchungen und für Druckprüfungen (5 Jahre für innere Untersuchungen, 10 Jahre für Druckprüfungen bei Druckbehältern, die wiederkehrend durch Sachverständige zu prüfen sind) gelten nicht mehr uneingeschränkt. Inspektionsintervalle werden nunmehr aus sicherheitstechnischen Analysen abgeleitet, in die der initiale Fertigungszustand des Apparates und die physikalischen und chemischen Beanspruchungsgrößen im Betrieb eingehen. Die oben angeführten festen Prüffristen sind gleichzeitig Maximalfristen.

Druckprüfungen, zumindest mit Wasser, sind bei einer Vielzahl von Apparaten aus Gründen verfahrensbedingt unzulässiger Wasserkontamination, aber auch aufgrund einer statischen Überbelastung, durch eine Wasserfüllung oft nicht möglich. Hier ist es dann notwendig, sog. Ersatzprüfungen durchzuführen, die mit der Überwachungsstelle abzustimmen sind. Ersatzprüfungen sind zerstörungsfreie Prüfungen, die vor dem Hintergrund von Betriebserfahrungen und realistischen Schadensszenarien angelegt werden. Dies bedeutet, dass seitens des Betreibers mit Hilfe von Fachleuten auf dem Gebiet der Werkstofftechnik und Korrosion sowie der zerstörungsfreien Prüfung und der Prüfstelle die zu prüfenden Stellen der Apparate und die einzusetzenden Verfahren der zerstörungsfreien Prüfungen (ZfP) festgelegt werden. Sofern z. B. Schwingungsrisse ein realistisches Szenario sind, ist eine Ultraschall-Wanddickenmessung wenig aussagefähig und damit nicht sinnvoll. Insbesondere dann, wenn die Ersatzprüfung auch die innere Untersuchung mit umschließen soll, bedarf es für deren Festlegung eines hohen Maßes an Betriebserfahrung und betriebsbezogener werkstofftechnischer Kenntnisse.

Bei Rohrleitungen, bei denen die Druckprüfung nicht möglich oder nicht zweckdienlich ist, setzen sich Prüfkonzepte zunehmend durch, die auf zerstörungsfreien

Prüfungen basieren. Aber auch bei Behältern, deren Innenbesichtung mit erheblichen wirtschaftlichen Belastungen verbunden wäre, werden solche Konzepte entwickelt.

Als Beispiel hierfür sei das Prüfkonzept für Druckwechseladsorber angeführt [98]. Druckwechselabsorber enthalten Molekularsiebe, in denen durch Druckwechsel Adsorptions- und Desorptionsvorgänge hervorgerufen werden, die eine Trennung von Wasserstoff aus dem Gasstrom bewirken. Jede innere Untersuchung, verbunden mit dem Öffnen des Apparates, hätte eine Zerstörung des sehr teuren Molekularsiebes zu Folge, dessen Lebensdauer im Regelfall größer als 5 Jahre ist.

Die Gefährdung dieses Apparates geht von einer wasserstoffunterstützten Schwingungsrissbildung aus. Mit Hilfe einer Spannungsanalyse wurden die höchst belasteten Bereiche des Mantels identifiziert. Darüber hinaus wurde das Schwingungsrisswachstum unter Wasserstoffeinfluss gemessen und geklärt. Es wurde untersucht, welche Anrissgröße mittels Ultraschallprüfung sicher erfasst werden kann. Mit Hilfe der Bruchmechanik wurde berechnet, welche Anrissgröße zum Versagen des Behälters führt. Auf der Grundlage der gemessenen Rissausbreitungsgeschwindigkeit wurden dann die zeitlichen Intervalle festgelegt, in denen an den höchstbelasteten Stellen Ultraschallprüfungen durchgeführt werden müssen. Natürlich wurden hier Sicherheitsfaktoren eingebaut.

## 6
## Literatur

1 Korkhaus, J.: Werkstoffauswahl in der Chemietechnik.
2 Heubner, U., Hoffmann, T. und Köhler, M.: Neue Werkstoffe für die Chemische Verfahrenstechnik mit besonderen Anforderungen an den Apparatebau, Materials and Corrosion, 48, 1997, 785–790.
3 Berger, C. und Kloos, K. H.: Grundlagen der Werkstoff- und Bauteileigenschaften, in: Dubbel, Taschenbuch für den Maschinenbau, Springer-Verlag, Berlin, 21 (2005).
4 Kaiser, B.: Auswirkungen mechanischer Oberflächenbehandlungen auf das Korrosionsverhalten metallischer Werkstoffe, in: Mechanische Oberflächenbehandlungen – Grundlagen – Bauteileigenschaften – Anwendungen, herausgegeben von H. Wohlfahrt und P. Krull, WILEY-VCH, Weinheim, 2000, 87–114.
5 Haibach, E.: Betriebsfestigkeit – Verfahren und Daten zur Bauteilberechnung, Springer Verlag, 2002.
6 Granacher, J.: Zur Übertragung von Hochtemperaturkennwerten auf Bauteile. VDI-Berichte Nr.852. Düsseldorf: VDI-Verlag (1991), 325–352.
7 Kaesche, H.: Die Korrosion der Metalle, Springer, Berlin, 3. Auflage 1990.
8 Wendler-Kalsch, E. und Gräfen, H.: Korrosionsschadenkunde, Springer, Berlin, 1998.
9 DIN EN ISO 8044, Korrosion von Metallen und Legierungen – Grundbegriffe und Definitionen, Beuth-Verlag, Berlin (1999).
10 VDI-Richtlinie 3822, Blatt 3, Schäden durch Korrosion in wässrigen Medien, Beuth-Verlag, Berlin (1990).
11 Volk, K. E.: Nickel und Nickellegierungen, Springer, Berlin, 1970.
12 Castle, J. E. and K. Asami: A more general method for ranking the enrichment of alloying elements in passivation films, Surface and Interface Analysis 36, 220–224 (2004).
13 Qui, J. H.: Passivity and its breakdown on stainless steels and alloys, Surface

14. Okamoto, G., Shibata, T.: Passivity and breakdown of passivity of stainless steels, The Electrochemical Society Inc., Princeton, New Jersey, 1978, 646–677.
15. Schneider, A., S. Hofmann und R. Kirchheim: Augerspektroskopische Untersuchung zur Lochkorrosion von Fe-Cr, Fe-Mo und Fe-Cr-Mo-Legierungen, Werkstoffe und Korrosion 42, 169–178 (1991).
16. Titz, J., G. H. Wagner und W. J. Lorenz: In-situ Untersuchung von Korrosionsvorgängen an inhomogenen Werkstoffoberflächen mit Hilfe von EIS, Mat.-wiss. u. Werkstofftechn. 22, 153–167 (1991).
17. El-Egamy, S. S., W. A. Badaway and H. Shehata: Passivity and Pitting Susceptibility of type 304 Stainless Steel in Acidic Sulphate Solutions, Mat.-wiss. u. Werkstofftechn. 31, 737–742 (2001).
18. Rossi, A., R. Tulifero and B. Elsener: Surface analytical and electrochemical study on the role of adsorbed chloride ions in corrosion ions in corrosion of stainless steels, Materials and Corrosion 52, 175–180 (2001).
19. Forchhammer, P., Engel, H. J.: Untersuchungen über den Lochfraß an passiven austenitischen Chrom-Nickel-Stählen in neutralen Chloridlösungen, Werkstoffe und Korrosion, 20 (1969) 1, 1–25.
20. Herbsleb, G. und Schwenk, W.: Elektrochemische Untersuchungen der Lochkorrosion chemisch beständiger Stähle, Werkstoffe und Korrosion, 24 (1973) 9, 763–773,
21. Schwenk, W.: Theory of stainless steel pitting, Corrosion, 20 (1964), 129–137.
22. Riedel, G., Voigt, C., Werner, H., Erkel, K. und Günzel, M.: The influence of acid soluble sulphide inclusions on the passivation behaviour of austenitic Cr-Ni stainless steels, Corrosion Science, 27 (1987) 6, 533–544.
23. Riedel, G., Voigt, C., Werner, H., Erkel, K. und Günzel, M., Zum Einfluss von Mangan auf die Korrosionseigenschaften von austenitischen 18.10-CrNi-Stählen, Werkstoffe und Korrosion, 37 (1986), 519–525.
24. Riedel, G. und Voigt, C.: Über elektrochemische Messungen zum Passivierungsverhalten austenitischer CrNi-Stähle in schwefelsauren Lösungen, Werkstoffe und Korrosion, 36 (1985), 156–162.
25. Oldfield, J. W.: Test Techniques for Pitting and Crevice Corrosion Resistance of Stainless Steels and Nickel-Base Alloys in Chloride-Containing Environment, NiDi Technical Series No. 10016, 1987.
26. Korkhaus, J.: Korrosionsschäden an Schweißverbindungen in Chemieanlagen, Große Schweißtechnische Tagung, Berlin, 2004.
27. Speckhardt, H. und Gugau, M.: Korrosion und Korrosionsschutz, in: Dubbel, Taschenbuch für den Maschinenbau, Springer-Verlag, Berlin, 21 (2005).
28. Spähn, H.: Elektrochemische Korrosion in wässrigen Lösungen ohne gleichzeitige mechanische Beanspruchung, in: Kunze, E. (Hrsg.), Korrosion und Korrosionsschutz, Band 5, Wiley-VCH, Weinheim, 2001, 79–192.
29. Bäumel, A.: Werkstoffe und Korrosion, 16 (1975), 433.
30. Spähn, H.: Spannungsrisskorrosion, in: Kunze, E. (Hrsg.), Korrosion und Korrosionsschutz, Band 5, Wiley-VCH, Weinheim, 2001, 193–237.
31. Korkhaus, J.: Korrosionsschäden in petrochemischen Anlagen, GfKORR Jahrestagung, Frankfurt, 2004
32. Sonsiono, C. M.: Dauerfestigkeit – Eine Fiktion, Konstruktion 4, April 2005, 87–92.
33. Spähn, H.: Schwingungsrisskorrosion, in: Kunze, E. (Hrsg.), Korrosion und Korrosionsschutz, Band 5, Wiley-VCH, Weinheim, 2001, 237–265.
34. Merkblatt 821, Edelstahlrostfrei – Eigenschaften, Informationsstelle Edelstahl Rostfrei, Düsseldorf.
35. Husemann, R. U.: Werkstoffe und ihre Gebrauchseigenschaften für Überhitzer- und Zwischenüberhitzerrohre in Kraftwerken mit erhöhten Dampfparametern, Werkstoffe und Gebrauchseigenschaften, VGB KraftwerksTechnik 9/99.
36. Heubner, U.: Hochlegierte korrosionsbeständige Stähle für Chemie-, Energie- und Meerestechnik – Rückblick und

Ausblick, Materials and Corrosion, 53 (2002), 756–762.
37  Heubner, U., Rockel, M. und Wallis, E.: Werkstoffe und Korrosion, 40 (1989), 459.
38  Dilthey, U. und Trube, S.: Schweißtechnische Fertigungsverfahren, Band 2, VDI-Verlag, Düsseldorf, 1995.
39  Merkblatt 823, Schweißen von Edelstahl-rostfrei – Eigenschaften, Informationsstelle Edelstahl Rostfrei, Düsseldorf.
40  Firmenschrift, Ferritisch-austenitischer Duplexstahl mit hoher Festigkeit und Korrosionsbeständigkeit, ThyssenKrupp Nirosta GmbH, 2003.
41  Arlt, N. und Kiesheuer, H. in: Rostfreie Stähle, Gümpel, P. und 6 Mitautoren, expert-verlag, 2001, Band 493, 38–100.
42  Francis, R., Byrne, G. und Warburton, G. R., Proc. Stainless Steel World 1999 Conference, KCI Publishing BV, Zutphen, Book I, 27–41.
43  Brill, U.: Nickel, Cobalt und Nickel- und Cobaltbasislegierungen, Korrosion und Korrosionsschutz in der chemischen Industrie, in: Kunze, E. (Hrsg.), Korrosion und Korrosionsschutz, Band 5, Wiley-VCH, Weinheim, 2001, 1076–1168.
44  Sims, C. T., Stoloff, N. S. und Hagel, W. C.: Superalloys II, Wiley, New York, 1987, 1–25, 385–408, 441–457.
45  Schillmöller, C. M. und Klein, H.: High Technology Stainless Steels and Nickel Alloys for the Chemical and Process Industries, VDM Report Nr. 4, 1983.
46  Friend, W. Z.: Corrosion of Nickel and Nickel-Base Alloys, Wiley, New York, 1980, 1–31.
47  Heubner, U.: Situation und Trends bei Nickel-Legierungen für den Chemie-Apparatebau, Dechema-Monographien 103, VCH, Weinheim 1986, 99ff.
48  Heubner, U., Hoffmann, T. und Köhler, M.: Neue Werkstoffe für die Chemische Verfahrenstechnik mit besonderen Anforderungen an den Apparatebau, Materials and Corrosion (1997), 785–790.
49  Werkstoffblatt Nr. 1101, Nickel 99,2, Ausgabe 4/1990, Revision 2003, ThyssenKrupp VDM GmbH, Werdohl.
50  Volk, K. E.: Nickel und Nickellegierungen, Springer, Berlin, 1970, 287–315 und 356–401.
51  Werkstoffblatt Nr. 4110, Nicorros – alloy 400, Ausgabe 1/1997, Revision 2003, ThyssenKrupp VDM GmbH, Werdohl.
52  Werkstoffblatt Nr. 4107, Nicrofer – alloy 600, Ausgabe 8/1998, Revision 2003, ThyssenKrupp VDM GmbH, Werdohl.
53  Werkstoffblatt Nr. 4141, Nimofer – alloy B-4, Ausgabe 3/1998, Revision 2003, ThyssenKrupp VDM GmbH, Werdohl.
54  Werkstoffblatt Nr. 4115, Nicrofer – alloy C-276, Ausgabe 9/1999, Revision 2003, ThyssenKrupp VDM GmbH, Werdohl.
55  Tödt, F.: Korrosion und Korrosionsschutz, Walter de Gruyter, Berlin (1961), 292–333.
56  Sridhar, N.: Behaviour of Nickel-Base Alloys in Corrosive Environments, in: Metals Handbook, vol. 13, Corrosion, Metals Park, OH, 1987, 643–657.
57  Hughson, R. V.: High-Nickel Alloys for Corrosion Resistance, Chemical Engineering 22 (1976), 125–134.
58  Kramer, C. (Hrsg.): Aluminium-Taschenbuch, 16. Aufl., Bd. 1, Düsseldorf: Aluminium-Verlag, 2002.
59  Huppatz, W.. Bewährte Methoden der Korrosionsuntersuchung und der Korrosionsprüfung von Aluminiumwerkstoffen und Aluminiumbauteilen, Materials and Corrosion 53, 2002, 680–691.
60  Ginsberg, H. und Huppatz, W.: Metall 26, 1972, 565.
61  Godard, H. P. und Torrible, E. G.: Corrosion Science 10, 1970, 135.
62  Ginsberg, H. und Kade, W.: Aluminium 39, 1963, 55.
63  Horn, E.-M., Dölling, H. und Schoeller, K.: 8. Internationale Leichtmetalltagung, Leoben, 21.–23. 06. 1987, Tagungshandbuch 718–722.
64  Horn, E.-M., Dölling, H. und Schoeller, K.: Zur Korrosion von Aluminium-Werkstoffen in Salpetersäure, Werkstoffe Korrosion 41, 1990, 308–329.
65  Zurbrügg, E.: Das Korrosionsverhalten des Aluminiums in Abhängigkeit von dessen Reinheitsgrad, Korrosion und Metallschutz, 15, 172 (1939) 13–15.
66  Helling, W. und Neunzig, H.: Entwicklung und Einsatzmöglichkeiten des Reinstaluminiums, Metall 5 (1951) 19/20, 424–426.

67. Hohn, H. und Fitzer, E.: Behälterwerkstoffe für flüssige, auf hochkonzentrierter Salpetersäure aufgebaute Sprengstoffe, Berg- und Hüttenmännische Monatshefte (1953) 187–193.
68. Wichmann, H., K. Niendorf und Peuker, R.: Untersuchungen zur Beständigkeit von aluminium unterschiedlicher Reinheit gegenüber hochkonzentrierter Salpetersäure, Chem. Techn. Umschau 8 (1976) 2, 18–23.
69. Reschke, L. und Geier, K.: Verhalten von Reinst- und Reinaluminium gegenüber Salpetersäure höherer Konzentrationen, Aluminium 25 (1976) 2, 18–23.
70. Zurbrügg, E. und von Zeerleder, A.: Erzeugung des Raffinats (hochreinen Aluminiums) und dessen Verwendung in der chemischen Industrie, Aluminium 20 (1938) 6, 365–378.
71. Whitaker, M.: Corrosin Resistance of Aluminium, Part II: Aluminium, Metal Industry 80 (1952) 11, 207–212.
72. Bosdorf, L.: Aluminium in der chemischen Industrie, Chemiker Zeitg./chem. Apparatur 86 (1962) 22, 819–826.
73. Binger, W. W.: Aluminium Alloys for Handling and Storage of Fuming Nitric Acid, Corrosion 8 (1952) 1, 1.
74. Singh, D. D., Chaudhary, R. S. und Agarwal, C. V.: Corrosion Characteristics of some Aluminium Alloys in Nitric Acid, J. Electrochem. Soc. 129 (1982) 9, 1869–1874.
75. Cook, E. H. jr., Horst, R. L. und Binger, W. W.: Corrosion Studies of Aluminium in Chemical Process Operations, Corrosion- Nace 17 (1961) 25t-30t.
76. von Vogel, H. U.: Korrosionsverhalten von Aluminium und Aluminiumlegierungen gegen wässrige Lösungen verschiedener Temperaturen, Korrosion und Metallschutz 16 (1940) 7/8, 259–278.
77. Rabald, E.: Beiträge zur Werkstofffrage II, Die Chemische Fabrik 8 (1935) 139–154.
78. Rabkin, D. M., Langer, N. A., Jagupolskaja, L. N. und Pochondenko, W. D.: Zur Methodik der Korrosionsprüfungen der Schweißverbindungen des Aluminiums in Salpetersäure, Avtomaticheskaja Swarka 8 (1959) 49–56.
79. Juchasz-Kis, J., Lipovetz, J., Lohonyai, N. und Sehter, K.: Studium der Korrosion des Aluminiums in Salpetersäure-Lösungen, Period. Polytechn. chem. Eng. Techn. Univ. Budapest 17 (1973) 197–201.
80. Berg, F. F.: Korrosionsschaubilder, VDI-Verlag Düsseldorf, 1965, 25.
81. Godard, H. P.: An Insight into the Corrosion Behaviour of Aluminium, Materials Performance (1981) 7, 9–15.
82. Degnan, T. F.: Materials for handling Hydrofluoric, Nitric and Sulfuric Acidx, Process Indusries Corrosion, NACE Houston (1975) 229–239.
83. Fontana, M. G.: Corrosion, Industrial Engineering Chemistry 44 (1952) 10, 101A-104A.
84. Beck, F. H., Holzworth, M. L. und Fontana, M. G.: Materials for Handling Fuming Nitric Acid, AF Technical Rep. 6519, Part 1, Ohio State University, 1952, PB 109 151.
85. Fontana, M. G.: Materials for Handling Fuming Nitric Acid, AF Technical Rep. 6519, Part 2, Ohio State University, 1952, PB 110 963.
86. Sands, G. A.: Transportation and Storage of Strong Nitric Acid, Ind. Engineering Chem. 40 (1948) 10, 1937–1945.
87. Fetter, E. C.: Nitric Acid Containers, Chem. Engineering 55 (1948) 11, 265–266.
88. Dillon, C. P.: Corrosion of Type 347 Stainless Steel and 1100 Aluminium in Strong Nitric and Mixed Nitric-Sulfuric Acids, Corrosion (Houston) 12 (1956) 12, 623t-626t.
89. Zhurawlewa, L. W. und Rebrunov, V. P.: Aluminiumlegierungen für Salpetersäurebehälter, Zashchita Metallov 6 (1970) 2, 224–227.
90. Willging, J. F., Hirth, J. P., Beck, F. H. und Fontana, M. G.: Corrosion and Erosion-Corrosion of some Metals and Alloys by Strong Nitric Acid, Corrosion 11 (1955) 2, 71t-79t.
91. Fontana, M. G.: Materials for Handling Fuming Nitric Acid and Properties of FNA with Reference to its Thermal Stability, AF Technical Rep. 6519, Part 4, Ohio State University, 1954.
92. Keeler, M. J. und Knoll, E. F.: Investigation of Hydrofluoric Acid as a Corrosion Inhibitor for Fuming Nitric Acids,

WADC Techn. Rep. 36–310, Wright-Patterson Air Force Base, OH, 1956.
93 Fontana, M. G.: Corrosion; Effects of Acid Velocity and Galvanic Couples on Corrosion of Aluminium and Stainless Steel in Strong Nitric Acid are Unusual, Ind. Engineering chem. 45 (1953) 11, 91A-94A.
94 Fontana, M. G. und Greene, N. D.: Corrosion Engineering, McGraw-Hill Book Company, New York, 1967, 77–78 und 247–248.
95 Fontana, M. G.: Materials for Handling Fuming Nitric Acid and Properties of FNA with Reference to its Thermal Stability, AF Technical Rep. 6519, Part 5, Ohio State University, 1955, PB 111 877.
96 Mason, P. M., Taylor, L. L. und Keller, H. F.: Storability of Fuming Nitric Acid, Report JPL-20–72, California Institute of Technology, Pasadena, 1953.
97 Fontana, M. G.: Materials for Handling Fuming Nitric Acid and Properties of FNA with Reference to its Thermal Stability, AF Technical Rep. 6519, Part 3, Ohio State University, 1954, PB 137 489.
98 Verink, E. D. jr. und Bird, D. B.: Designing with Aluminium, Mater. Protection 6 (1967) 2, 28–32.
99 Saenger, H.: The Storage and Handling of Acids and Cyanides, J. Electrodepos. Techn. Soc. 27 (1951) 23–33.
100 Chemical Safety Data Sheet SD-S, Washington D. C. 1947, Manufacturing Chemist's Assoc.
101 Chem. Resistance of Tank Lining Materials, Petro/Chem. Engineering 38 (1966) 5, 42–49.
102 Beschichtungen und Auskleidungen, interne Seminarunterlage Degussa AG, 2002.
103 EU-Druckgeräterichtlinie 97/23/EG, gültig seit dem 29. 05. 2002.
104 Heuser, A., Heinke, G. und Lenz, H.-W.: Beurteilung von Bauteilen mit Hilfe bruchmechanischer Methoden am Beispiel von Komponenten in Chemieanlagen, VDI-Bericht Nr. 852, 1991, 681–695.

# 13
# Nuklearer Brennstoffkreislauf

*Wolfgang Stoll (1, 2), Helmut Schmieder (1, 3), Alexander Thomas Jakubick (4), Günther Roth (5), Siegfried Weisenburger (5), Bernhard Kienzler (6), Klaus Gompper (6), Thomas Fanghänel (6)*

| | | |
|---|---|---|
| **1** | **Einleitung** 542 | |
| 1.1 | Voraussetzungen und Rahmen der Entwicklung 542 | |
| 1.2 | Rolle der Kernenergie in der Weltenergieversorgung 544 | |
| 1.3 | Brennstoff-Rückführung 547 | |
| | | |
| **2** | **Herstellung von Kernbrennstoffen** 548 | |
| 2.1 | Randbedingungen 548 | |
| 2.2 | Uranhexafluorid 549 | |
| 2.3 | Isotopentrennung 550 | |
| 2.4 | Kernbrennelemente 552 | |
| 2.4.1 | Voraussetzungen 552 | |
| 2.4.2 | Die keramischen Kernbrennstoffoxide 557 | |
| 2.4.3 | Forderungen aus der Zusammensetzung der Keramik 557 | |
| 2.4.4 | Forderungen an den Aufbau der Keramik 559 | |
| 2.5 | Herstellung und Prüfung der Brennstäbe und Brennelemente 560 | |
| 2.6 | Zirconium und seine Verarbeitung 562 | |
| 2.7 | Gadolium- und plutoniumhaltige Brennstäbe 563 | |
| 2.8 | Hochtemperaturreaktor-Brennelemente 566 | |
| 2.9 | Brennelemente für die Raumfahrt 567 | |
| | | |
| **3** | **Wiederaufbereitung** 568 | |
| 3.1 | Überblick 568 | |
| 3.2 | Aktuelle Entwicklungen 571 | |
| 3.3 | Stand der Technik: Wiederaufarbeitung von Oxidbrennstoffen 573 | |
| 3.3.1 | Nukleare Schutzmaßnahmen 573 | |
| 3.3.2 | Verfahrensschritte 573 | |
| 3.3.3 | Extraktionsprozess 578 | |
| 3.4 | Wirtschaftliches 587 | |

*Winnacker/Küchler. Chemische Technik: Prozesse und Produkte.*
Herausgegeben von Roland Dittmeyer, Wilhelm Keim, Gerhard Kreysa, Alfred Oberholz
*Band 6b: Metalle.*
Copyright © 2006 WILEY-VCH Verlag GmbH & Co. KGaA, Weinheim
ISBN: 3-527-31578-0

| | | |
|---|---|---|
| **4** | **Gewinnung von Natururankonzentrat** 589 | |
| 4.1 | Vorräte und Bedarf 589 | |
| 4.1.1 | Verteilung in der Natur und Verwendung 589 | |
| 4.1.2 | Vorräte und Bedarf 590 | |
| 4.2 | Erzgehalte und Förderung 591 | |
| 4.3 | Bergmännische Gewinnung 592 | |
| 4.3.1 | Gewinnung als Neben- oder Beiprodukt 592 | |
| 4.3.2 | Haufen- und In-Situ-Laugung 592 | |
| 4.3.3 | Übertage- und Untertagebergbau 594 | |
| 4.4 | Aufschluss und Extraktion 595 | |
| 4.4.1 | Brechen und Mahlen 595 | |
| 4.4.2 | Erzlaugung 595 | |
| 4.4.3 | Trennung und Herstellung des Urankonzentrats 598 | |
| 4.4.4 | Fällung, Trocknung und Rösten von Yellow Cake 598 | |
| 4.5 | Neue Entwicklungen 599 | |
| | | |
| **5** | **Verglasung hochradioaktiver Flüssigabfälle** 600 | |
| 5.1 | Charakterisierung hochradioaktiver Flüssigabfälle 601 | |
| 5.2 | Gläser zur Langzeitfixierung der Radioaktivitätsträger 603 | |
| 5.3 | Der Hochtemperaturprozess der Verglasung 604 | |
| 5.4 | Verglasungstechnologien in der Anwendung 606 | |
| 5.4.1 | Der flüssiggespeiste, elektrisch beheizte keramische Schmelzofen 607 | |
| 5.4.2 | Andere Schmelztechnologien 612 | |
| 5.4.3 | Reinigung der Schmelzofenabgase 613 | |
| 5.4.4 | Behandlung der Glaskokillen 614 | |
| 5.5 | Ausführung einer Verglasungsanlage 614 | |
| | | |
| **6** | **Langzeitsicherheit der Endlagerung radioaktiver Abfälle** 616 | |
| 6.1 | Einleitung 616 | |
| 6.2 | Radioaktive Abfälle 617 | |
| 6.3 | Eigenschaften der Abfallprodukte 617 | |
| 6.3.1 | Wärmeentwickelnde Abfälle 618 | |
| 6.3.1.1 | Abgebrannte Kernbrennstoffe 618 | |
| 6.3.1.2 | Hochaktive Glasprodukte 619 | |
| 6.3.2 | Abfälle mit vernachlässigbarer Wärmeentwicklung 620 | |
| 6.4 | Endlagerung 620 | |
| 6.4.1 | Multibarrierensystem 621 | |
| 6.4.2 | Potentielle Wirtsgesteine 622 | |
| 6.4.3 | Endlagerkonzepte 625 | |
| 6.4.3.1 | Steinsalz (Deutschland) 626 | |
| 6.4.3.2 | Granit (Skandinavien) 627 | |
| 6.4.3.3 | Ton (Schweiz, Frankreich) 627 | |
| 6.5 | Langzeitsicherheit der Endlagerung 629 | |
| 6.5.1 | Methoden für die Langzeitsicherheitsanalysen 630 | |
| 6.5.2 | Deterministische und probabilistische Methoden 632 | |

| | | |
|---|---|---|
| 6.5.3 | »Integrierte« Methoden: Total system performance assessment | 632 |
| 6.6 | Prozessverständnis für den Langzeitsicherheitnachweis der Endlagerung | 633 |
| 6.6.1 | Wechselwirkungen im Nahbereich | 634 |
| 6.6.2 | Wechselwirkungen im Fernbereich | 635 |
| 6.6.3 | Unsicherheiten | 635 |
| 6.6.4 | Natürliche Analoga | 636 |
| 6.7 | Alternativen zur Endlagerung langlebiger Radionuklide | 637 |
| 6.8 | Zusammenfassung | 639 |
| **7** | **Literatur** | *640* |

# 1
## Einleitung

Es entbehrt nicht der Symbolik, dass die Kernspaltung von dem in organischer Chemie promovierten Chemiker OTTO HAHN in Zusammenarbeit mit der akribisch genauen Physikerin LISE MEITNER entdeckt wurde [1.1]. Auch die industrielle Kerntechnik entstand in einem Zusammenwirken der verschiedensten Zweige von Wissenschaft und Technik, wie der Physik, der Chemie, der Werkstoff- und der Verfahrenstechnik.

Der Beitrag der Kerntechnik zur weltweiten Stromerzeugung hält sich etwa konstant bei fast 17% (2003), wobei dieser nach Ländern ungleich verteilt ist: Frankreich 78%, Slowakei 65%, Belgien 57%, Bulgarien 47%, Ukraine 46%, Korea 39%, Schweden 46%, Schweiz 40%, Japan 35%, Finnland und Deutschland je 30%, USA 20% [1.2].

In Ihren Auswirkungen in manchen Industrieländern umstritten, hat sie der Chemie eine ganz neue Gruppe von Elementen, die 5f-Actiniden als Parallele zu den 4f-Lanthaniden mit ihren besonderen Eigenschaften beschert. Das instabile, aber im periodischen System noch »fehlende« und von NODDACK und TACKE [1.3] in den 40er Jahren des 20. Jahrhunderts im Mansfelder Kupferschiefer vermutete »Masurium«, wurde als Technetium verfügbar. Eine große Zahl weiterer radioaktiver Isotope wie z. B. das $^{60}$Co, das $^{137}$Cs und das $^{99m}$Tc sind aus der modernen Medizin und Technik kaum mehr wegzudenken.

Für die hier interessierenden Teilaspekte der chemischen Verfahrenstechnik muss die außerordentliche Verfeinerung der chemischen Analytik und die Verbesserung der Trenntechnik, sowie die Entwicklung ganz neuartiger Materialien, wie z. B. von Zirkonlegierungen als Bereicherung und Erweiterung hervorgehoben werden.

## 1.1
### Voraussetzungen und Rahmen der Entwicklung

Die Isolierung der Erdmasse aus dem kosmischen Elementreservoir vor 9 Milliarden Jahren hat zur Folge, dass unter den uns zugänglichen chemischen Elementen niedriger Ordnungszahl nur noch sehr wenige radioaktive Isotope mit langen Halbwertszeiten übrig geblieben sind, wie etwa das $^{40}$K und das $^{147}$Sm und $^{148}$Sm. Erst die Elemente mit den Ordnungszahlen über 80 weisen mehrere natürlich vorkommende radioaktive Isotope auf, die normalerweise unter Abspaltung von Alphateilchen und/oder Elektronen unter gleichzeitiger Aussendung von Gammastrahlung zerfallen. Mit zunehmender Ordnungszahl zerfallen Kerne immer häufiger auch spontan unter Neutronenaussendung, was z. B. das künstlich hergestellte $^{252}$Cf zu einem starken Neutronenstrahler macht. Das Gefälle in der Bindungsenergie der Kernbausteine von den leichten und den sehr schweren Elemente zur »Mitte« der Ordnungszahlen hin, die etwa beim Eisen liegt, ermöglicht erst die Energiegewinnung durch Kernumwandlung. Unter den uns in größerer Menge zugänglichen Isotopen ist einzig das nur noch mit 0,711% im natürlichen Uran vorkommende Isotop $^{235}$U der Kernspaltung nach Bildung eines instabilen Zwischenkernes zugänglich, wobei 180 MeV an Energie, zwei etwa gleichgroße Atomkerne und zwei bis drei Neutronen freigesetzt werden. Dadurch wird eine Kettenrektion möglich, die wegen der sich mit fast Lichtgeschwindigkeit ausbreitenden Neutronen zu Energiefreisetzungen von etwa einem thermischem Megawatt pro Tag je gespaltenem Gramm in Millionstel Sekunden führt. Erst die Steuerung dieses Energie-Freisetzungsvorganges mit Hilfe verzögert, aus nachgelagerten Kernzerfallsprozessen freigesetzten Neutronen lässt eine kontrollierte Wärmeerzeugung zu. In dieser wird die in tausenden Graden zu messende Energie der im Spaltprozess beschleunigten Kernfragmente von Bauteilen und Kühlmittel so weit abgebremst, dass sie zur Dampferzeugung in Kernkraftwerken taugt.

Die erste Anwendung der Kernspaltung begann schrecklicherweise mit den Atombomben auf Hiroshima und Nagasaki. Der unter höchstem Zeitdruck und größter Geheimhaltung im Manhattan-Projekt dafür industriell mit Milliardenaufwand eingeschlagene Weg hat die 1953 durch das »Atoms for Peace«-Programm von Präsident Eisenhower erfolgte Öffnung zur friedlichen Nutzung vorgeprägt [1.4]. Für die US-amerikanische Industrie war es von Vorteil, die erheblichen Kapazitäten zur Gewinnung und Anreicherung von Uran und die Vorarbeiten für die zum Antrieb der Atom-U-Boote entwickelten Leichtwasserreaktoren zu vermarkten. Die zur Nutzung des damals eher gering erscheinenden Uranangebotes 60mal sparsamere Reaktion mit schnellen Neutronen, die dort über den Umweg der Bildung spaltbaren Plutoniums aus dem Isotop $^{238}$U gelingt, wurde zunächst wegen ungelöster Fragen zurückgestellt. Diese waren in erster Linie die Reaktivitätssteuerung und der Zwang, die hohe Volumenleistung der dafür geeigneten Reaktoren über einen zwischengeschalteten Natriumkreislauf den Bedingungen von Dampfkraftwerken anpassen zu müssen. Umfangreiche Entwicklungsprogramme führten jedoch Jahre später zu Prototyp- und Schnellbrüter-Demonstrationskraftwerken in den USA, Frankreich, England, Deutschland, Japan, Indien und Russland. Ausreichende Uranversorgung und die niedrigeren Stromerzeugungskosten etablierter Leichtwasserreaktoren haben eine Einführung von Brutreaktoren aber bisher verhindert. Außerdem haben die USA wegen des damit einhergehenden größeren Umfanges der Nutzung von Plutonium und des damit verbundenen Missbrauchsrisikos, für sich – als Vorbild für andere – die Entwicklung unter Präsident CARTER 1978 abgebrochen.

Ebenso hat sich die Nutzung des reichlich vorhandenen Thoriums, das allerdings erst im Neutronenfeld das spaltbare Isotop $^{233}$U liefert, bisher nicht großtechnisch durchgesetzt.

So leidet der Kernbrennstoffkreislauf in seiner gegenwärtigen Ausprägung unter drei Schwächen:
1. Würde man ausschließlich $^{235}$U als primären Spaltstoff nutzen, so wäre die Nutzung dessen gesicherter Reserven auf weniger als ein Jahrhundert begrenzt [1.5].
2. Die Schließung des Kreislaufes, wie es der Brüter verlangen würde, durch Wiederaufarbeitung und verbrauchende Plutonium-Nutzung ist für den Leichtwasserreaktor nicht zwingend, sodass alle Nachteile der Lagerung abgebrannter Brennelemente in Kauf genommen werden müssen.
3. Die Spaltfragmente besitzen eine extrem hohe Bewegungsenergie, die Sonnen-

temperaturen entspricht. Bisher wird sie nur »verdünnt« nach vielfacher Kollision mit Reaktorbauteilen als relativ niederwertige Wärme genutzt. Auch die nach Abbrand von den Spaltprodukten ausgehende Strahlung (und Wärme) wird bisher nur bei wenigen der Produkte ausgebeutet, sodass die meisten Spaltprodukte weiterhin das abwertende Prädikat »Abfall« tragen. Die Kernspaltung liefert pro Gewichtseinheit Spaltstoff im Vergleich zu konventionellen Brennstoffen etwa das Zweieinhalbmillionenfache an Wärme. Der Freiheitsgrad, den eine so hochkonzentrierte Wärmequelle bietet, lässt eine große Zahl von Wärmeübertragungssystemen zu. Daher wurden in der Anfangszeit alle gängigen Wärmeabfuhrmedien, wie Gase ($CO_2$ und Helium), Wasser in Siede- und Drucksystemen, auch schweres Wasser, organische Kühlmittel (Diphenyl), Flüssigmetalle wie Quecksilber, Natrium, Na-K, Blei/Bismut-Legierungen und schließlich sogar Salzschmelzen untersucht. Nach Berichten des Idaho National Laboratory sollen zwischen 1949 und 1999 in den USA 52 Reaktoren mit verschiedenen Kühlsystemen erprobt worden sein.

Wegen der gleichzeitigen Nutzbarkeit von Wasser als Neutronenmoderator hat sich heute, von wenigen Ausnahmen abgesehen, jedoch die Stromerzeugung mit Dampfturbinen über den Carnot-Prozess als Hauptrichtung durchgesetzt.

### 1.2
### Rolle der Kernenergie in der Weltenergieversorgung

Etwa $10 \cdot 10^9$ toe (toe =Tonne Öleinheit = 41,87 GJ = 11,63 MWh) Primärenergie wurden im Jahr 2000 weltweit für die Versorgung aufgewandt, etwa 80 % davon entstammten fossilen Energieträgern, mit $3,7 \cdot 10^9$ toe Erdöl. Die globale Biomassenutzung wird mit 11 % angenommen, in Indien sind es noch immer etwa 40 %.

Die Versorgung mit elektrischer Energie erreichte in 2000 1758 $GW_e$a (entspricht etwa 2000 Großkraftwerken), wovon die Hälfte aus Kohle und dazu je 17 % aus Erdgas, Kernenergie und Wasserkraft stammten [1.6]. 1,1 Mrd. Menschen in den OECD-(Organization for Economic Cooperation and Development-)Ländern verbrauchten Zweidrittel dieses Energieangebotes, während fast 2 Mrd. Menschen bisher keine Elektroenergie zur Verfügung haben.

Mit dem Wachsen der Weltbevölkerung und der individuellen Ansprüche und Möglichkeiten rechnet das Referenzszenario des US Department of Energy (DOE) [1.7] mit einem Anwachsen des Weltenergieverbrauches um 60 % von 1999 bis 2020. Für Asien wird mehr als eine Verdoppelung angenommen, während der Verbrauch der industrialisierten Länder nur um etwa 1,3 % pro Jahr steigen soll. Der Stromverbrauch soll im gleichen Zeitraum um fast 70 % zunehmen, wobei für Asien 150 % angenommen werden.

Die derzeit bekannten fossilen Energievorräte sind z. B. in [1.8] ausführlich dargestellt. Mittelfristig wird mit einer Verteuerung und Verknappung der Welt-Erdölreserven gerechnet, während Kohle unter Einbeziehung aller bekannten Vorkommen noch mehrere hundert Jahre (statische Reichweite) ausreichend zur Verfügung stehen sollte. Beim Erdöl kommt hinzu, dass die Vorräte in politisch weniger gefährdeten Zonen bereits stark ausgebeutet sind und der Zugang zu den großen Reserven erhebliche Mittel, auch Militärausgaben [1.9] binden wird. Die statische Reichweite der Reserven für Erdgas wird mit 60 Jahren nur wenig größer als die des Erdöls angenommen.

Die regenerativen Energiequellen sind, was die wirtschaftlich und ökologisch vertretbaren Reserven der Wasserkraft angeht, weitgehend ausgeschöpft. Das große Potenzial [1.10] von Wind und Sonne bedarf wegen der Ungleichzeitigkeit von Anfall und Verbrauch einer konventionellen Kraftwerksreserve oder eines Zwischenspeichers, der mit heutiger Technik nicht mit ausreichendem Wirkungsgrad zur Verfügung steht. Es ist hinzuzufügen, dass in den ärmeren Regionen Biomasse als Energiequelle noch längere Zeit eine bedeutende Rolle spielen wird.

Die aktuelle Produktion und die Einschätzung der globalen Uranvorräte wird im so genannten »Red Book« ausführlich dargestellt (s. Abschnitt 4.1.2). Die Erhebung von 2001 ist in Tabelle 1.1 unterschieden nach Erzeugungskosten dargestellt. Die angegebene statische Reichweite ist der Quotient aus den gesicherten Reserven und dem aktuellen Verbrauch.

Weil der Strompreis nur gering von den Uranbringungskosten abhängt, können auch noch sehr verdünnte Quellen, wie das Meerwasser (s. Tabelle 1.1) mit wenigen ppb Uran grundsätzlich infrage kommen, auch wenn das noch in ferner Zukunft liegt.

Ende 2002 waren weltweit 441 Kernkraftwerke mit einer Gesamtleistung von 358 $GW_e$ in Betrieb, die 294 $GW_e a$ Strom erzeugt haben, fast 17 % der Gesamterzeugung [1.5]. Betriebserfahrungen von über 11 000 Reaktorjahren haben mit Ausnahme des Unfalles in Tschernobyl eine im Vergleich mit anderen Energieerzeugungsarten hohe Zuverlässigkeit bestätigt. Zwischen 2000 und 2002 wurden sieben Kernkraftwerke abgeschaltet und 15 (vier in China, drei in Indien, zwei in Korea und Tschechien, je eins in Brasilien, Russland und Pakistan) in Betrieb genommen.

Die Anzahl von neu errichteten Kernkraftwerken, vorwiegend in Schwellenländern wie China und Korea, aber auch in Industrieländern wie Japan und neuerdings nach einer Bestellpause von 25 Jahren wieder in Finnland, hält sich derzeit etwa die Waage mit den vorgesehenen Stilllegungen in Industrieländern, wie Belgien, Italien, Deutschland und einigen Werken in den USA. In verschiedenen Szenarien zur zu-

**Tab. 1.1** Uranvorräte [1.5]

| | Verbrauch 2000 $10^3$ t U | Reserven $10^3$ t U | statische Reichweite Jahre | Ressourcen $10^3$ t U |
|---|---|---|---|---|
| Uran | 36 (64)[1)] | 2100[2)]/3930[3)] | | |
| LWR-Nutzung | | | ≈ 100 | |
| SBR-Nutzung[4)] | | | ≈ 6500 | |
| Uran in Ozeanen | | | | >100 000[5)] |

[1)] ≈ 64 000 t Natururan waren in 2000 für die Versorgung der Reaktoren (294 $GW_e a$, 2002) erforderlich, die Versorgung wurde also mit ≈ 28 000 t aus sekundären Quellen gedeckt (militärische Vorräte, Wiederaufarbeitungsuran). [2)] gewinnbar für 40 $/kg U, [3)] für bis zu 130 $/kg U. [4)] im Schnellen Brutreaktor wird 60mal weniger U verbraucht. [5)] sehr hohe Gewinnungskosten.

künftigen Energiebedarfsdeckung wird für die nächsten Dekaden allenfalls mit einem moderaten Anstieg der Kernenergieleistung etwa parallel zum Weltenergiebedarf gerechnet [1.7].

In der Bewertung der Kernenergie halten sich heute die Schwierigkeiten durch mangelnde Akzeptanz in der Bevölkerung und die hohen anfänglichen Kapitalkosten etwa die Waage mit den Vorteilen: Niedrige Stromerzeugungskosten im Grundlastbereich, der von der Zufuhr von Massengütern unabhängigen Standortwahl, der hohen Verfügbarkeit und der geringen Freisetzung von Schadstoffen, vor allem von $CO_2$.

Während in Planwirtschaften wie in staatlichen oder überregionalen Stromversorgungsnetzen große und zuverlässige Kernkraftwerkseinheiten günstig sind, ist es neuerdings in der deregulierten Stromwirtschaft der Industrieländer für die Energieversorgungsunternehmen (EVU) schwieriger geworden, den konstanten Stromabsatz längerfristig zu sichern, weshalb das Investitionsrisiko großer Kernkraftwerksblöcke nur noch selten übernommen wird. Dagegen sind bereits vorhandene und (meist schon nach 15 Jahren) abgeschriebene Kernkraftwerke nahezu konkurrenzlos kostengünstig zu betreiben.

Wie auch in anderen Technikfeldern werden sowohl etablierte Konzepte weiterentwickelt, als auch vollständig neue Konzepte verfolgt. Für bestehende Leichtwasserreaktoren werden noch immer neue Materialien entwickelt, die eine Verlängerung der Abbrände und eine noch höhere Sicherheit gegen Brennstabdefekte erreichen lassen. Darunter fallen neuartige Hüllmaterialien aus Zr/Nb-Legierungen und die Entwicklung von Uranoxid-Keramik möglichst hoher Langzeitstabilität. Auch die Rückkehr zu Uran/Zirconium-Legierungsbrennstoffen wird erwogen [1.11].

Die Kernkraftwerke selbst haben einen langen Entwicklungsweg von primitiv über kompliziert zu einfach zurückgelegt und dabei in mehreren Konzeptvarianten (z. B. der European Pressurised Reactor, EPR aus deutsch-französischer Entwicklung) soviel Sicherheit im Einschluss der enthaltenen radioaktiven Stoffe gewonnen, dass nun auch schwere Störfälle ohne Beeinträchtigung der näheren Reaktorumgebung beherrscht werden. Ein weiterer Entwicklungsstrang beschäftigt sich erneut mit der Nutzung von Thorium und der Erzeugung hoher Temperaturen unter Zuhilfenahme von keramischen Einschlusskonzepten, vorwiegend von kleinen Partikeln in konzentrischen kugelförmigen Hüllen aus Graphit und Siliciumcarbid (coated particles). Schließlich erwartet man in der Zukunft eine Rückkehr zum Schnell-Reaktorkonzept, wobei das schwer handhabbare Natrium auch durch Blei als Kühlmittel ersetzt werden könnte. Die ausschließliche Nutzung der Kernenergie zur Fernwärmeerzeugung wird ebenso weiterentwickelt wie die Nutzung in Raumfahrtreaktoren.

Kernenergie kann und wird neben der Stromerzeugung in einer Vielzahl von nichtenergetischen Anwendungen eingesetzt, mit denen viele Milliarden Dollar umgesetzt werden. Dazu gehören: Strahlenmutation (z. B. Reiszüchtung), Insektensterilisation, Lebensmittelbestrahlung (Gewürze, Fleisch), zerstörungsfreie Materialprüfung, Nutzung stabiler Isotope u. a. [1.12, 1.13].

Der Vollständigkeit halber sei erwähnt, dass auch an der Verwirklichung der

Kernfusion, dem Energieerzeugungsprozess der Sonne, für den es keine irdischen Rohstoffgrenzen gibt, gearbeitet wird. Ein ernst zu nehmender Beitrag dieser Technik zur Stromerzeugung dürfte allerdings noch Jahrzehnte Forschung erfordern.

## 1.3
### Brennstoff-Rückführung

Im Gegensatz zu Massengütern wie Stein- oder Braunkohle ist der Mengenbedarf von Kernkraftwerken an Energieträgern klein. Das gilt nicht unbedingt für die bergmännische Gewinnung des Ausgangsstoffes Uran (s. auch Phosphor und Phosphorverbindungen, Bd. 3, Abschn. 2.1.3.4), da für noch wirtschaftliche Erzgehalte von wenigen 0,1 % große Roherzmengen umgeschlagen werden müssen. In den Brennstoffkreislauf selbst fließen aber nur relativ geringe Mengen an Konzentraten und hochspezifischen Stoffen, bei denen der Wertumsatz bedeutend ist. Abbildung 1.1 zeigt im Blockschema den geschlossenen Brennstoffkreislauf.

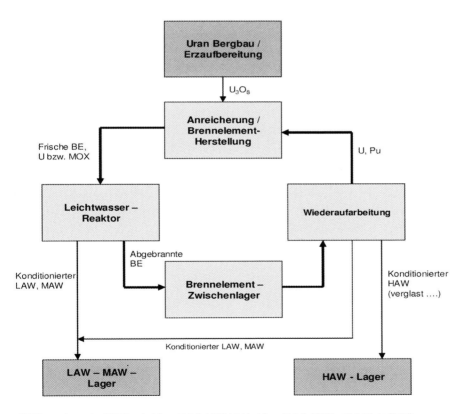

BE Brennelemente; HAW hochaktiver Abfall; LAW leicht aktiver Abfall; MAW mittelaktiver Abfall; MOX U-Pu-Mischoxid

**Abb. 1.1** Geschlossener Kernbrennstoffkreislauf

Man kann vereinfachend davon ausgehen, dass alle Kernkraftwerke zusammen jährlich rund 60 000 t Natururan verbrauchen, von denen 10 000 t als zum größeren Teil bis etwa 4 % angereichert in den Reaktoren eingesetzt werden.

Bis Ende 1997 wurden insgesamt etwa 200 000 t Schwermetall (SM) aus Reaktoren entladen, von denen nur etwa 77 000 t in zivilen Anlagen wiederaufgearbeitet wurden. Der Rest wird in verschiedenen Lagern an den Reaktoren oder zentral gelagert und soll den verschiedenen nationalen Vorgaben entsprechend entweder in tiefen geologischen Formationen endgelagert oder später wiederaufgearbeitet werden [1.14]. Für die Wiederaufbereitung standen weltweit 1998 etwa 5000 t Jahreskapazität zur Verfügung, wobei das abgetrennte Plutonium in den Ländern Frankreich, Belgien, Deutschland, Japan und der Schweiz als Mischoxidbrennstoff MOX (globale Fertigungskapazität in 2000 etwa 400 t, entsprechend 10–12 t Pu) in die vorhandenen Kernkraftwerke rückgeführt wird, wobei etwa 30 % Energiegewinn gegenüber dem nicht geschlossenen Kreislauf, der Brennelement-Endlagerung erzielt wird.

Die aktuelle internationale Forschung und Entwicklung im Bereich der Wiederaufarbeitung beschäftigt sich mit Trennverfahren (Partitioning), die auch die Abtrennung der neben Plutonium noch entstehenden anderen Actiniden wie Np, Am und Cm (minore Actiniden, MA) technisch ermöglichen soll. Diese können dann vermischt oder gesondert in Reaktoren mit möglichst starken Neutronenfeldern unter Energiegewinnung abgebaut werden (Transmutation). Die Einschlusszeit für die Radionuklide, also der Zeitraum über den sie von der Biosphäre ferngehalten werden müssen, soll auf diesem Weg verkürzt werden.

Es ist bemerkenswert, dass die Förderung der Kernforschung in den USA, die schon wegen der militärischen Bedeutung allerdings nie ganz aufhörte, mit der neuen National Energy Policy vom Mai 2001 nun auch für den zivilen Brennstoffkreislauf wieder aufgenommen und international eingebunden worden ist.

## 2
## Herstellung von Kernbrennstoffen

### 2.1
### Randbedingungen

Die ersten Kernkraftwerke wurden mit metallischem Natururan als Brennstoff und gereinigtem Graphit als Moderator ausgestattet und mit $CO_2$ gekühlt. Dafür brauchte man große Reaktorvolumina. Weil der Spaltprozess außerdem relativ schnell durch Neutroneneinfang der Spaltprodukte zum Erliegen kam, mussten die Brennelemente im Reaktorbetrieb oft ausgetauscht werden [2.1]. Um zu dauerhafterem Betrieb zu kommen, musste man die natürlich vorgegebenen Isotopenverhältnisse entweder des spaltbaren Materials oder des Moderators durch Anreicherung verändern.

Zunächst läge es nahe, den Moderator Wasser durch Schwerwasser ($D_2O$) zu ersetzen, das nur einmal zu Beginn angereichert werden muss, und Natururan zu verwenden. Von wenigen Schwerwasserreaktoren in Kanada und Indien abgesehen, hat sich jedoch genau das Umgekehrte durchgesetzt. Mehr als vier von fünf Kernkraftwerken verwenden normales (Leicht-)wasser und setzen dafür für jede Nachladung ein von 0,71 % auf bis zu 4 % $^{235}$U angereichertes Uran ein, d. h. sie verwenden nur 1 kg aus 6–7 kg Uran, je nach Restanreicherung des abgereicherten Materials. Grund ist der Unterschied in der mittleren »Bremslänge« der Moderatoren ($D_2O$: 13 cm, $H_2O$: 4 cm). Wegen der kompakteren Anordnung kann im Falle von $H_2O$ in den größten schmiedetechnisch herstellbaren stählernen Druckgefäßen (ca. 7 m Durchmesser) über 6000 MW thermische Leistung untergebracht werden anstelle von nur 2000 MW bei $D_2O$, ein entscheidender Vorteil im größenabhängigen Kostensegment.

Höhere Urananreicherungen, wie z. B. 93 % (oder neuerdings 20 %) für Forschungsreaktoren, Hochtemperaturreaktoren oder Schiffsantriebe sind der Menge nach unbedeutend (etwa 20 t $a^{-1}$, gegenüber 10 000 t $a^{-1}$ für normale Wasserreaktoren). Obwohl daneben noch eine Reihe davon abweichender Reaktorkonzepte verfolgt und teilweise immer noch weiterentwickelt werden, soll zunächst die Hauptlinie dargestellt werden.

## 2.2
### Uranhexafluorid

Die Isotopentrennung nutzt die geringen Unterschiede in den Isotopenmassen eines Elements aus. Die thermodynamischen Verfahren der Thermodiffusion, Diffusion (diese in Diaphragmen, Trenndüsen oder Wirbelrohren) und der elektrochemischen Trennung nutzen den Massenquotienten, die rein physikalischen Verfahren wie die Gasultrazentrifuge, die Massendifferenz der Uranisotope zur Trennung. Daneben gibt es auch noch die (veraltete) Trennung mit Hilfe des Massen/Ladungs-Quotienten im Calutron und die Nutzung der Unterschiede in der optischen Anregung im Laserverfahren. Bei großen Massenzahlen liegt es nahe, die physikalischen Verfahren einzusetzen. Soweit das Element selbst nicht in den gasförmigen Zustand gebracht werden kann, muss eine gasförmige Verbindung des zu trennenden Elementes verwendet werden. Sie soll als zweiten Partner möglichst ein Element mit nur einem natürlich vorkommenden Isotop haben. Daher kommt für Uran nur das Uranhexafluorid, eine unter mäßigem Druck bei 50 °C sublimierende, lagerfähige, aber mit Wasser zersetzliche Substanz infrage (Datenblatt in [2.2]).

$UF_6$ wird zur Einsparung von elementarem Fluor üblicherweise in zwei Stufen hergestellt, indem feste reaktionsfähige Uranverbindungen, meist $UO_2$ oder $U_3O_8$, die ihrerseits durch Calcination der Handelsware Ammondiuranat entstehen, in Drehrohröfen mit HF zu festem, grünem $UF_4$ fluoriert werden. Dieses wird in einer zweiten Stufe mit elementarem Fluor zu gasförmigem $UF_6$ umgesetzt [2.3, 2.4]. Während der erste Schritt in Magnesium-Drehrohröfen ablaufen kann, ist der zweite der Korrosion wegen nur in Monel- oder Nickelapparaturen durchführbar. Da nur wenige Elemente gasförmige Fluoride bilden, die dann auch andere Siedepunkte haben, ist $UF_6$ schon nach der Herstellung sehr rein.

## 2.3
### Isotopentrennung

Die ersten industriellen Trennverfahren bauten auf der Thermodiffusion in Trennrohren nach CLUSIUS und DICKEL auf [2.5] und lieferten in einem Flüssigdiffusionsverfahren nur ein Vorprodukt von 0,87% Anreicherung [2.6], aus dem man dann mit auf dem Calutron-Prinzip basierenden Massenseparatoren höher an $^{235}$U angereichertes Uran herstellte [2.7]. Aus Gründen des Durchsatzes und des Energieverbrauches ging man bald zu Gasdiffusionsanlagen über. Diese zählen wegen der sehr großen, bei niedrigem Druck umzuwälzenden Gasmengen und der hohen Zahl an Stufen (Vergleich der nötigen Stufenzahlen bei einem Trennfaktor von 1,0043 s. Abb. 2.1) [2.8], die benötigt werden, zu den größten für einen

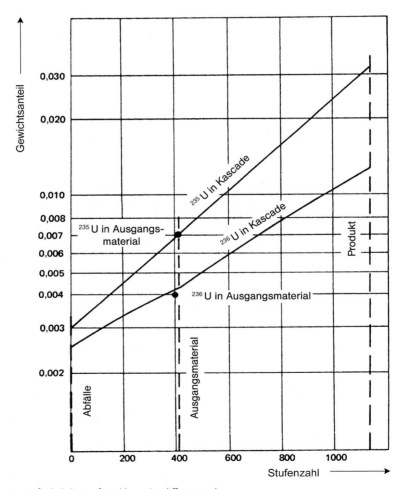

**Abb. 2.1** Erforderliche Stufenzahl von Gasdiffusionsanlagen

**Tab. 2.1** Natururan- und Trennarbeitsbedarf zur Herstellung von 1 kg angereichertem Uran für einige ausgewählte Anreicherungsgrade (Tails-Assay: 0,2 G % Anteil U-235)

| Anreicherung in Massenant.-% | kg Natururan je kg Produkt | kg Trennarbeit-Einheiten je kg Produkt (Separative Work Unit) |
|---|---|---|
| 0,711 | 1,000 | 0,000 |
| 1,00 | 1,566 | 0,380 |
| 2,0 | 3,523 | 2,194 |
| 2,5 | 4,501 | 3,229 |
| 3,0 | 5,479 | 4,306 |
| 3,5 | 6,458 | 5,414 |
| 4,0 | 7,436 | 6,544 |
| 10,0 | 19,178 | 20,863 |
| 20,0 | 38,748 | 45,747 |
| 90,0 | 175,734 | 227,341 |

einzigen Schritt gebauten industriellen Anlagen überhaupt. Die USA und die UdSSR hatten bis in die 1970er Jahre ein Anreicherungsmonopol, das für Europa erst durch die französische Anlage in Pierrelatte durchbrochen wurde. Gasdiffusionsanlagen sind für den Bedarf an Trennarbeit (Tabelle 2.1) [2.9] noch sehr große Stromverbraucher, was u.a. daraus hervor geht, dass die Anlage in Pierrelatte 4 × 900 MW$_e$ Kernenergie als Antrieb braucht. Nach Vorarbeiten in Deutschland [2.10] hat zunächst die UdSSR in großem Stil relativ einfache und nur etwa 1 m lange sehr schnell laufende Gasultrazentrifugen zur Uranisotopentrennung eingesetzt, deren prinzipieller Aufbau in Abbildung 2.2 gezeigt ist. Erst in langjähriger Entwicklung, die vorwiegend in Jülich, Capenhurst und Almelo lief, gelang es, die Trennleistung der einzelnen Zentrifuge durch Geschwindigkeitserhöhung und den Durchsatz durch längere Zentrifugenläufer so weit zu steigern, dass das Verfahren mit den bereits lange abgeschriebenen und mit Überschussstrom betriebenen Gasdiffusionsanlagen konkurrieren kann. Im Jahr 2005 wird nun auch eine der alten Diffusionsanlagen der USA zugunsten einer Zentrifugen-Anreicherungsanlage stillgelegt.

Grundsätzlich lassen sich auch die sehr kleinen Unterschiede in den spektralen Anregungsenergien sowohl der dampfförmigen Uranisotope wie auch des UF$_6$ zur Trennung durch differentielle Laseranregung ausnutzen. Während entsprechende Versuchsanlagen in den USA, Russland, Frankreich und Deutschland gebaut wurden, haben sich doch bisher die technischen Schwierigkeiten, vor allem aufgrund der mangelnden Stabilität der optischen Trennanordnung, nicht zufriedenstellend beseitigen lassen. Der Bau von größeren Anlagen ist daher derzeit nicht in Sicht. Auf absehbare Zeit besteht – auch durch die Zulieferung aus militärischem Überschussmaterial – ein Überangebot an Anreicherungsdienstleistungen, sodass keine anderen großen Neuanlagen geplant sind.

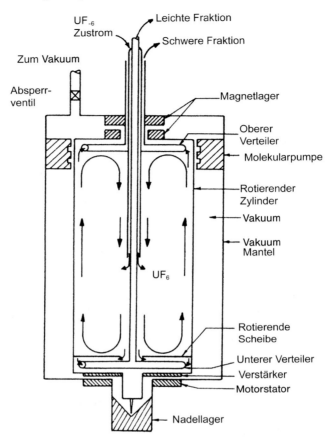

**Abb. 2.2**  Schema einer Gasultrazentrifuge

## 2.4
**Kernbrennelemente**

### 2.4.1
**Voraussetzungen**

Während grundsätzlich auch ein nicht getrenntes, homogenes Gemisch aus Kernbrennstoff und Moderator, der gleichzeitig als umlaufendes Kühlmittel dienen kann, zur Energiegewinnung aus der Kernspaltung vorstellbar ist (und anfänglich auch erprobt wurde) [2.11], werden in Kernkraftwerken Kernbrennstoff und Moderator, in manchen auch das Kühlmittel streng voneinander getrennt.

Damit müssen Kernbrennelemente (nach unserem Sprachgebrauch identisch mit »fuel assemblies« oder »fuel bundles«, während dem englischen Begriff »fuel elements« normalerweise einzelne Brennstäbe entsprechen) sehr gegensätzlichen Forderungen genügen: Sie sollen die durch Kernspaltung in ihnen entstehende Wärme möglichst ungehindert an ein Kühlmittel abgeben, während die in ihnen entstehenden Spaltprodukte zusammen mit dem Kernbrennstoff vollständig und dauerhaft zurückgehalten werden müssen. Nach den schlechten Erfahrungen mit Matrixschwellen und der Reaktionsfähigkeit von Uranmetall mit Dampf hat man im Westen für Wasserreaktoren nur noch keramische Werkstoffe in Betracht gezogen, während in Russland – besonders wegen der Stossbelastungen in Eisbrechern – metallische Brennelemente auf Basis von mit Zirconiumhüllen koextrudierten Uran/Zirconium-Stäben weiterhin mit gutem Erfolg eingesetzt werden [2.12].

Die für die Einschließung des Kernbrennstoffs gewählten Geometrien können Kugeln, Stäbe oder auch prismatische Körper (Platten) sein. Prismatische Geometrien halten dem Innendruck aus dem entbundenen Spaltgas und der Materialschwellung nur begrenzt stand und sind daher auf Forschungsreaktoren und einige Sonderfälle (russische und französische U-Boot-Kerne) begrenzt. Kugeln werden im Hochtemperaturreaktor in Form kleiner Graphit- und/oder SiC-umhüllter Kernbrennstoffteilchen (coated particles) verwendet, während die Hauptmasse der in den Wasserreaktoren verwendeten Kernbrennstäbe mit keramischem Material gefüllte endverschlossene Rohre darstellt. Als Keramik bevorzugt man Uranoxid, obwohl das Monocarbid und -nitrid, sowie Mischformen (Carbonitride) reaktorphysikalisch und als Wärmeleiter Vorzüge böten. Der Grund ist, dass letztere nicht wasserbeständig und schwerer herzustellen sind. Keramik ist kein guter Wärmeleiter und reißt unter Zugspannung. $UO_2$ verhält sich dazu noch wie ein Halbleiter mit einer stark temperaturabhängigen Wärmeleitfähigkeit (siehe Abb. 2.3 [2.13]).

Im Folgenden wird zunächst das – für den Leichtwasserreaktor bis auf etwa 4% mit $^{235}U$ angereicherte – Urandioxid behandelt, da die in Wasserreaktoren eingesetzten Mischoxide aus Uran mit bis zu 4% Plutonium von den Uranoxid-Eigenschaften nur wenig abweichen. Das gilt auch für die mit bis zu 10% Gadolinium als abbrennbarem Neutronenabsorber vermischten Oxide. Auf Abweichungen wird getrennt eingegangen.

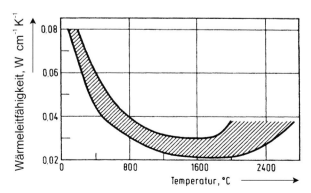

**Abb. 2.3** Wärmeleitfähigkeit von $UO_2$ in Abhängigkeit von der Temperatur

**Tab. 2.2** Legierungsbestandteile in Zircaloy außer Zirconium

|            | Sn      | Fe        | Cr        | Ni        | O         |
|------------|---------|-----------|-----------|-----------|-----------|
| Zircaloy-2 | 1,2–1,7 | 0,07–0,2  | 0,05–0,15 | 0,03–0,08 | 0,07–0,15 |
| Zircaloy-4 | 1,2–1,7 | 0,18–0,24 | 0,07–0,13 | –         | 0,1–0,16  |

Das keramische Urandioxid hat mit 2850 °C einen hohen Schmelzpunkt und ist im Arbeitsbereich phasenstabil, reagiert nicht mit dem Hüllmaterial und dem Kühlmittel und schwillt, im Gegensatz zu den Metallen, unter Strahleneinfluss nur mäßig. Der Sauerstoff dieser Verbindungen absorbiert nur marginal Neutronen und wird auch kaum von den Neutronen aktiviert.

Es waren zuerst die U-Boot-Reaktoren der USA, in denen als Brennstoff ein besonders konditioniertes Uranoxid in Form zylindrischer Tabletten (Pellets), gefüllt in Hüllrohren von zunächst rostfreiem Stahl, später einer Zirconiumlegierung (Zircaloy) eingesetzt wurde. Die Zusammensetzung zweier Zircaloy-Typen ist in Tabelle 2.2 aufgeführt.

Diesem Vorbild folgten die späteren Kernkraftwerke mit nur minimalen Abweichungen im Grundkonzept, aber einer Unzahl von Verbesserungen im Detail. Einige gängige Brennelementtypen sind in Abbildung 2.4 gezeigt.

Die Entwicklung von Zircaloy-4 ohne Ni war nötig für die Verringerung der Wasserstoffaufnahme in Druckwasserreaktoren (DWR). In Siedewasserreaktoren (SWR) verwendete man als besonderen Korrosionsschutz noch einen Überzug aus reinem Zirconium (liner).

Heute verwendet man nach russischem Vorbild die Legierungen Zr-1,5 % Nb oder nach französischem Vorbild M-5, wobei das Zirconium mit 1–1,5 % Niob legiert und beim M-5 auch Spuren eines Chalcogenids (20 ppm Schwefel) im Gitter versteifend eingebaut werden.

Der Verzicht auf Stahl liegt nahe wegen des hohen Neutroneneinfangquerschnittes der Stahllegierungspartner, vor allem des Nickels, das dann auch noch im Neutronenfluss in kleinem Umfang Cobalt-60, einen langlebigen Gammastrahler bildet. Technologische Gründe waren aber bedeutender: Stahlrohre müssen wegen des Neutroneneinfangs sehr dünnwandig (0,12–0,15 mm) sein. Das kann unter den Wechselbeanspruchungen von Pelletschwellen, dem Vorinnendruck bis 22,5 bar He und dem Spaltgas, aber auch unter dem Aussendruck des Kühlmittels zu Deformationen der Rohre führen. Damit liegen sie bald den keramischen Tabletten auf und werden ebenso wie diese verformt, was an den Stoßstellen zu Rissen führen kann (etwa 15fach überzeichnet in Abb. 2.5 [2.14]). Da das Stahlrohr außerdem den gleichen Ausdehnungskoeffizienten wie die Keramik hat, müssen die Tabletten mit sehr geringer Durchmessertoleranz in die Rohre gefüllt werden, was die Fertigung erschwert. Zur Illustration sind der Aufbau und die geforderten Leistungsdaten eines DWR- und eines SWR-Brennstabs dargestellt (Abb. 2.6 [2.15]).

2 *Herstellung von Kernbrennstoffen* | 555

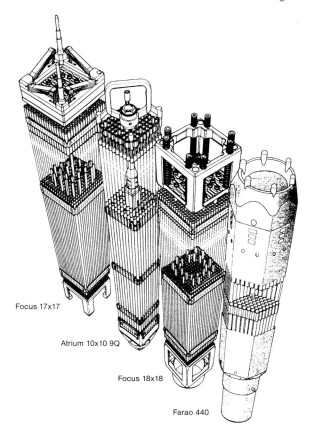

**Abb. 2.4** Brennelementtypen für Leichtwasserreaktoren

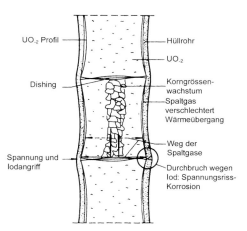

**Abb. 2.5** Schema der Pellet/Hüllrohr-Wechselwirkung

Betriebsbedingungen im Reaktorkern

|  |  | DWR 18x18-Brennelement | SWR -9-9Q-Brennelement |
|---|---|---|---|
| Kerngemittelte Stableistung | (W cm$^{-1}$) | 163 | 154 |
| Max. lokale Stableistung | (W cm$^{-1}$) | 500 | 560 |
| Neutronenfluß (> 1 MeV) | (1 cm$^{-2}\cdot$s$^{-1}$) | $\approx 10^{14}$ | $\approx 10^{14}$ |
| Mittlere Kühlmitteltemperatur | (°C) | 309 | 288 |
| Kühlmitteldruck | (bar) | 158 | 72 |

Aufbau von LWR-Brennstäben (Beispiele)
A: Brennstab aus dem KWU- 18x18 -Brennelement  DWR
B: Brennstab aus dem KWU- 9-9Q -Brennelement  SWR

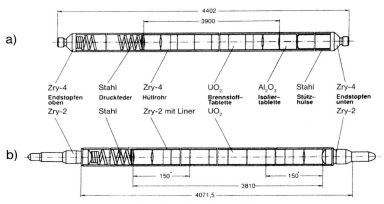

(Beispiele für Brennstäbe:

|  |  | DWR 18x18-Brennelement | SWR-9-9Q-Brennelement |
|---|---|---|---|
| Aktive Länge | (mm) | 3900 | 3810 |
| U-235-Anreicherung | (%) | 3,45 | 2,5...3,5 |
| Natururanenden | (mm) | – | 2 x 150 |
| Hüllrohr-Außendurchmesser | (mm) | 9,5 | 11,0 |
| Hüllrohr-Wanddicke | (mm) | 0,64 | 0,665 |
| Schichtdicke Zr-Liner | (mm) | – | 0,095 |
| Tablettendurchmesser | (mm) | 8,05 | 9,5 |
| Tablettenlänge | (mm) | 10 | 11,5 |
| Tablettendichte | (g cm$^{-3}$) | 10,4 | 10,55 |
| Einfüllspiel der Tabletten | (mm) | 0,17 | 0,17 |
| Dishingvolumen | (%) | 2,2 | 1,0 |
| Helium-Einfülldruck | (bar) | 22,5 | 6,5 |

**Abb. 2.6**  Leistungsdaten von DWR- und SWR-Brennstäben

## 2.4.2
### Die keramischen Kernbrennstoffoxide

Die keramischen $UO_2$-Pellets (daneben auch die Zusätze $PuO_2$ und $Gd_2O_3$) in ihren Hüllen sollen wegen der für den Wärmeübergang geforderten Formschlüssigkeit mit dem Hüllrohr bis zu möglichst hohen Abbränden ihre anfängliche Geometrie beibehalten. Das heißt, dass eine Säule aus einigen hundert Tabletten, die kalt mit einem Spalt von einigen 10 μm verfüllt wird, wegen des geringeren Ausdehnungskoeffizienten des Zircaloy bei Arbeitstemperatur an der Pelletoberfläche von einigen 600 °C gerade eben formschlüssig am Hüllrohr anliegen soll. Die Hüllrohrstabilität gegen den äußeren Kühlmitteldruck (beim Druckwasserreaktor) von 140 bar bei Arbeitstemperatur soll durch einen möglichst genau entsprechenden Innendruck von Helium im Hüllrohr gewährleistet werden, was beim Verschließen des Hüllrohres einem Fülldruck von etwa 22,5 bar entspricht.

Der keramische Brennstoff muss eine Reihe weiterer Forderungen erfüllen, deren Bedeutung sich am besten aus der Betrachtung eines verbrauchten Brennstabes ergibt. Daran erkennt man, dass die Pellets, bzw. deren ineinander verkeilte Bruchstücke im Verlaufe der Bestrahlung und der thermischen Beanspruchung deformiert werden und das Hüllrohr ihrerseits von innen nach Art einer Bambusstruktur verformen, wobei es an den Stoßstellen zu den höchsten Belastungen kommt. Ebenso verdünnen die bei der Spaltung frei werdenden Edelgase Krypton und Xenon das im Spalt zwischen Hüllrohr und Pellets eingepresste Helium und verschlechtern zusammen mit der geometrischen Verformung der Pellets den Wärmeübergang. Schließlich wird das keramische Material radial sehr unterschiedlich beansprucht, sodass sich, wie in Abbildung 2.7 [2.16] dargestellt, verschieden strukturierte Schichten ausbilden, die ihrerseits auch eine vom Durchschnitt abweichende chemische Zusammensetzung und eine verschiedene Konzentration von Spaltprodukten aufweisen. Dadurch kann es zu chemischen Angriffen einzelner Spaltprodukte wie Iod auf die Hüllrohrinnenwand kommen (s. Abb. 2.5). Wegen des im Reaktorkern nahezu kugelsymmetrisch verlaufenden Abbrandes findet dieser Angriff in Grenzen auch axial über die Brennstablänge von rund 4 m statt.

## 2.4.3
### Forderungen aus der Zusammensetzung der Keramik

Um die Verluste durch Neutronenabsorber zu minimieren, müssen für eine Reihe von Elementen unter den möglichen Verunreinigungen sehr niedrige Werte eingehalten werden (z. B. < 1 ppm Bor und Cadmium). Andere Elemente, wie z. B. Fluor oder Wasserstoff (z. B. aus enthaltener Restfeuchte oder vom $UF_6$) in der Keramik fördern den lokalen chemischen Angriff auf das Hüllrohr von innen, so dass ihre Werte auf < 10 ppm begrenzt werden müssen.

Für das im Mischoxid hinzugefügte Plutonium gelten besonders niedrige Werte für Reste an Spaltprodukten aus der Wiederaufarbeitung. Die Strahlung sollte normalerweise $< 2 \cdot 10^5$ Bq g$^{-1}$ für Energien > 0,7 MeV betragen, was etwa dem Niveau der Gamma-Eigenstrahlung der eingesetzten Pu-Isotopengemische entspricht. Eine

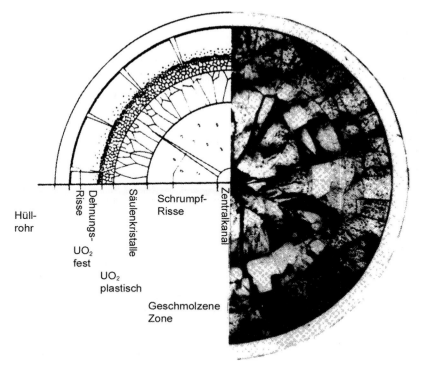

**Abb. 2.7** Schnitt durch einen verbrauchten Brennstab

besondere Bedeutung hat die Reaktivität des $UO_2$. An Luft bei Raumtemperatur ist das $U_3O_8$ die stabile Verbindung, weshalb man das keramisch eingesetzte $UO_2$-Pulver entweder gegen die spontane Oxidation stabilisieren oder unter Schutzgas hantieren muss. Die daraus durch Sinterung hergestellte Keramik ist an Luft stabil. Bei einer Sintertemperatur von 1700 °C stellt sich in reiner Wasserstoffatmosphäre eine leichte Unterstöchiometrie (O : U = 1,97) ein, die durch einen geringen Wasserdampf-Partialdruck im Sintergas auf genau 2,0 veränderbar ist. Die exakte Stöchiometrie stimmt mit der höchsten Wärmeleitfähigkeit des Uranoxids überein und ist zunächst deshalb erwünscht. Je höhere Abbrände man jedoch anstrebt, umso mehr des vierwertigen Urans aus dem Reaktoreinsatz wird durch Edelgase und überwiegend zwei- und dreiwertige Spaltprodukte ersetzt. Dies führt in der Bilanz zu einem Sauerstoffüberschuss, der seinerseits chemischen Angriff auf das Hüllrohr und eine Minderung der Leitfähigkeit auslöst. Vom Abbrandziel abhängig ist man auf einen Kompromiss angewiesen, der besonders bei den hohen Zielabbränden von Brüterbrennelementen von >150 MWd $kg^{-1}$ eine Fertigung von O : U = 1,95–1,97 erfordert, die weiter entfernt vom Stöchiometrie-Gleichgewicht ist.

## 2.4.4
**Forderungen an den Aufbau der Keramik** (s. auch Keramik, Band 8)

Im klassischen Herstellungsprozess der Pellets wird keramisches Pulver einachsig kalt zu Tabletten verdichtet und die so induzierten Verformungsspannungen in einem Hochtemperatur-Sinterprozess unter etwa 18 % Schrumpfung gelöst. Auch wenn nachfolgend die etwas unregelmäßige Zylinderfläche der Pellets bis auf eine Durchmessertoleranz von 10 µm abgeschliffen wird, so trägt der keramische Körper doch noch die Unregelmäßigkeit der doppelkegeligen Druckverteilung bei der einachsigen Verformung in sich, womit auch eine Ungleichmäßigkeit der Porenverteilung, Porengröße und der Kristallitgröße einhergeht. Pellets werden umso einheitlicher, je weniger Wandreibung im Presswerkzeug beim Verdichtungsvorgang auftritt, aber der Vorgang setzt dazu auch ein möglichst »frei fließendes« Pulver bzw. Granulat voraus.

Der Sinterprozess kann einen großen Teil der induzierten Verdichtungsspannungen lösen, aber es bleibt immer ein kleiner Rest, der beim längeren Verweilen unter hoher Temperatur eine Restschrumpfung (Nachsintern) auslöst. Dem wirkt ein fortschreitendes Korngrößenwachstum entgegen, das eine Ausdehnung der Pellets zur Folge hat. Unter Bestrahlung erfolgt eine anfängliche Schrumpfung durch Verlagerung des Porenvolumens durch Spaltfragmente in Gitterstörungen. Diese ist gefolgt von der Schwellung durch den Druck eingeschlossener gasförmiger Spaltprodukte nach Wanderung an die Korngrenzen, wobei dafür nur der eingeschlossene, aber nicht der bereits in das Hüllrohr freigesetzte Anteil zählt. Der ungefähre Verlauf ist in Abbildung 2.8 gezeigt [2.17].

Damit die sich hier teilweise gegenseitig aufhebenden, teilweise verstärkenden Geometrieänderungen minimiert werden, hat sich in der Korngrößenverteilung der Keramik eine bimodale Verteilung, d. h. ein Teil feiner und ein Teil grober Körnung mit einer Mischungslücke dazwischen, als günstigster Kompromiss herausgestellt [2.18].

Enge Grenzen gelten auch für die gewünschte Dichte der Keramik. Während einerseits die höchstmögliche Dichte zur Erzielung optimaler Wärmeleitfähigkeit ge-

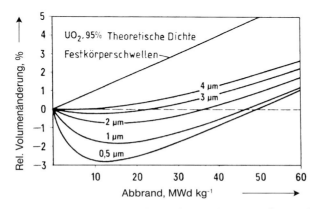

**Abb. 2.8** Nachdichtungsverhalten von $UO_2$ in Abhängigkeit von der Porengrößenverteilung [2.17]

wünscht wird, muss andererseits etwas Raum für die Spaltprodukte und etwas Entgasungsmöglichkeit für die Spaltgase verbleiben. Auch aus Gründen der Fertigung begnügt man sich mit Dichten zwischen 95 und 97 % der Theorie.

## 2.5
### Herstellung und Prüfung der Brennstäbe und Brennelemente

Einen Überblick über den Fertigungsvorgang von Brennelementen gibt Abbildung 2.9 [2.19].

Der erste Schritt besteht in der Verdichtung des keramischen Pulvers zu maßhaltigen Tabletten. Dabei wird in Pressen aus dem Pulver ein zylindrischer »Grünling« gepresst, der in einem anschließenden Sinterprozess zur Tablette verdichtet wird. Die enge Masstoleranz für das fertige Pellet von ca. 10 µm wird durch nachträgliches Schleifen der Pelletzylinderfläche eingehalten. Es ist bis heute nicht gelungen, die geforderten Eigenschaften eines Presspulvers so genau zu beschreiben, dass man ein Pulver ohne vorangehende Pressversuche zielführend verarbeiten könnte. Man kann diesen Mangel durch genaue Festschreibung der Herstellungsparameter ersetzen, die für den Pulverherstellungsvorgang gelten. Dabei kann man entweder die Pulvereigenschaften durch das Fäll- und Konditionierungsverfahren festschreiben oder man konditioniert ein zugekauftes Pulver durch entsprechende Calcinier-, Mahl-, Agglomerations- und Mischschritte für eigenen Bedarf nach. Ursprünglich stellten die Brennelementhersteller ihre $UO_2$-Ausgangspulver aus $UF_6$ in eigenen Konversionsanlagen, wie für das Ammonuranylcarbonat-Verfahren in Abbildung 2.9 gezeigt, her. Dieses Verfahren ist heute vielerorts durch ein Trockenkonversionsverfahren direkt von $UF_6$ zu $UO_2$ ersetzt.

In jedem Fall muss das Presspulver für eine durchsatzoptimierte Massenfertigung reibungsarm in die Pressform fließen, was besonders abgerundete Agglomerate mit engem Korngrößenspektrum erfordert, während im Pressvorgang die Wandreibung im Presszylinder durch reibungsmindernde Pulverzusätze (meist Stearate) oder eine Zylinderschmierung bewirkt wird, und eine Gleichmäßigkeit im Pressling eine nur mäßige Festigkeit der zunächst möglichst fließfähigen Agglomerate erfordert. Die im Pressvorgang induzierten Verdichtungsspannungen im Pressling sollen sich im Sintervorgang, meist bei etwa 1700 °C in Wasserstoffatmosphäre, in einer möglichst gleichmäßigen Volumenschrumpfung von etwa 18 % lösen, was eine innere Pulveroberfläche von etwa 5 $m^2\,g^{-1}$ voraussetzt. Die für den optimalen Reaktoreinsatz geforderte bimodale Kristallitgrößenverteilung, die wenn auch geringe, geforderte Unterstöchiometrie (O/U = 1,97), die erforderliche Dichte von etwa 95 % der Theorie und die eng begrenzte offene Porosität (um 3 %) bei der engen Durchmessertoleranz und der Abwesenheit von Feuchtigkeit (< 10 ppm Wasser) sowie die nur geringen Risse und Verformungen und die hohe Reinheit, die von der Spezifikation gefordert werden, verlangen eine gute Prozessbeherrschung und enge Qualitätskontrolle. Dennoch können bei den einzelnen Produktionslosen unterschiedliche Ausschussanteile von bis zu 10 % auftreten.

Das Füllen der Stäbe mit bis zu 400 Tabletten ist mechanisiert und darf keine äußeren Verunreinigungen des Hüllrohres durch Abrieb der Tabletten auslösen. Nach

2 Herstellung von Kernbrennstoffen | 561

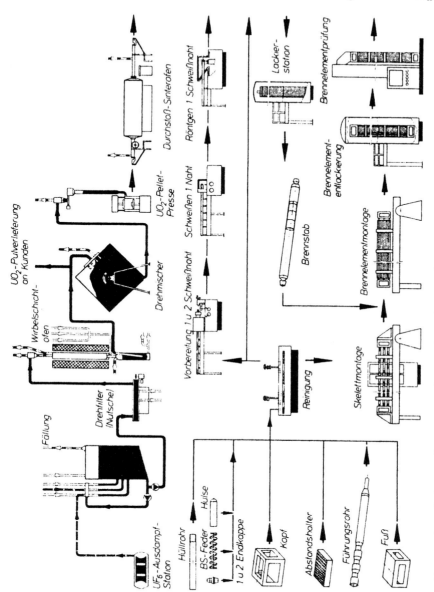

Abb. 2.9 Schema für die Herstellung von Brennelementen für Druckwasserreaktoren

Kontrolle der Reihenfolge von Federn, Abstandspellets und sonstigen Stabteilen erfolgt das Verschweißen des zweiten Endes des Hüllrohres. Dafür kam lange Zeit wegen der Empfindlichkeit des Zircaloy gegen Sauerstoff und Stickstoff nur ein Argon-Inertgasschweißen mit Wolframelektrode infrage. Dies wurde weiter dadurch kompliziert, dass nachträglich über kleine axiale Bohrungen Helium eingepresst werden musste, und die Öffnungen danach verschlossen werden mussten. Dies und die aufwändigen Prüfverfahren für die Güte der Schweißnaht führten schließlich zu einer Vereinfachung, wobei der Endstopfen in einem Abbrennstumpfschweissverfahren auf das bereits unter Heliumdruck stehende Hüllrohr aufgepresst wird. Obwohl das Verfahren viel einfacher und bisher auch defektärmer funktioniert, hat es sich gegen die traditionsgebundenen Schweißverfahren noch nicht überall durchgesetzt.

Die fertigen Brennstäbe werden in vorgefertigte Brennelement-Stützgeometrien, die entweder Kästen oder Gestelle sein können und die die Brennstäbe mit Abstandshaltern festklemmen, eingezogen. Man ist bemüht, die Oberfläche der Hüllrohre, vor allem, wenn die Hüllrohroberfläche als Korrosionsschutz voroxidiert ist, dabei möglichst wenig durch die Federn der Abstandshalter zu verkratzen, wofür verschiedene Gleitoptionen entwickelt wurden. Sie gehen von mechanischen Drehschlüsseln, die die Federn beim Einziehen wegdrücken, bis zum Einziehen nach Lackieren der Stäbe (mit nachfolgendem Entlackieren), bis zum Einziehen unter Wasser- oder unter Gleitmittelschmierung. Die Federn der Abstandshalter müssen ihre Federspannung möglichst lange auch unter Strahlung und den Einflüssen von Korrosion und Temperatur beibehalten, weshalb die Materialwahl lange Zeit auf Inconel begrenzt war, was im abgebrannten Element die Anwesenheit des starken Gammastrahlers $^{60}$Co zur Folge hatte. Seit einigen Jahren gelingt es nun, die Haltegeometrie ausschließlich aus Zircaloy herzustellen.

## 2.6
### Zirconium und seine Verarbeitung

Wegen seines geringen Neutroneneinfangquerschnittes und seiner Festigkeitseigenschaften wird Zirconium als Zircaloy trotz seiner nur begrenzten Korrosionsbeständigkeit gegen Wasser und Wasserdampf, die seinen Einsatz wegen Hydridbildung auf etwas über 300 °C begrenzt, in fast allen Wasserreaktoren als Hüllmaterial eingesetzt [2.20].

Die Verfahrensschritte von der Trennung von Zirconium und Hafnium bis zur Herstellung des Hüllrohrs zeigt Abbildung 2.10 [2.21].

Das Zirconium wird in seinen Erzen durchgängig von etwa 2% Hafnium begleitet, das wegen seiner starken Neutronenabsorption vollständig abgetrennt werden muss [2.22] (siehe Zirconium und Hafnium, Abschnitt 2.1). Es gibt nur wenige Anlagen, die diese Trennung, meist durch mehrstufige Extraktion des Ammoniumthiocyanat-Komplexes des Hafniums mit Methylisobutylketon (Hexon), bewirken, wobei die größte Anlage, die der Teledyne Wah Chang Gesellschaft in Albany, Oregon etwa 1 t Erz pro Stunde durchsetzt.

Die anderen Prozesse, wie die Extraktion mit Tributylphosphat (TBP) oder die se-

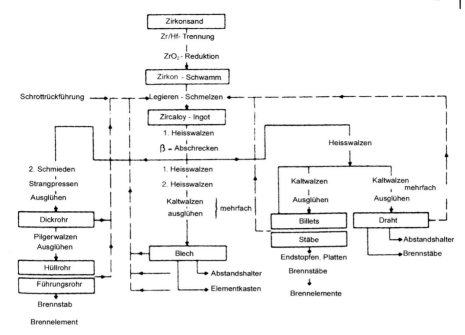

**Abb. 2.10** Überblick über die Zirconiumverarbeitung für Brennelemente

lektive Reduktion von Zr/Hf-Komplexsalzen mit in Zink gelöstem Aluminium in der Schmelze haben sich großtechnisch nicht dauerhaft durchgesetzt.

Zirconiummetall wird fast ausschließlich durch die Reduktion von gereinigten $ZrCl_4$ mit Mg im Kroll-Prozess hergestellt (siehe Zirconium und Hafnium, Abschnitt 2). Der so entstandene Zirconiumschwamm wird mit Legierungsbestandteilen geschmolzen und aus Barren metallurgisch weiterverarbeitet.

Bei diesen überwiegend einachsigen Verformungsprozessen verfestigt sich das Zirconium wegen seiner hexagonalen Gitterstruktur »bambus«-artig und muss daher jeweils durch Zwischenglühungen über die $\alpha/\beta$-Transformation (bei 800 °C) weichgeglüht werden. Bei der Herstellung der Hüllrohre macht man sich die Verfestigung bewusst zunutze, indem man die Rohre aus dickerem Vormaterial in Pilgerschrittwalzwerken auf den Rohrdurchmesser bringt, was teure Verarbeitungsmaschinen und eine ganz besonders sorgfältige Materialbehandlung voraussetzt.

## 2.7
### Gadolium- und plutoniumhaltige Brennstäbe

### Gadoliniumstäbe
Mit fortschreitender Materialentwicklung konnte die Verweilzeit von Brennelementen im Reaktor über mehrere Jahreszyklen verlängert werden. Um diese Möglichkeit zu nutzen, musste auch die Urananreicherung entsprechend erhöht werden.

Damit war die erhöhte Reaktivität der Brennelemente in den ersten Betriebszyklen durch Hinzufügung von Neutronenabsorbern, deren Wirkung mit dem fortschreitenden Abbrand abnimmt, auszugleichen. Unter den wenigen Elementen, die sowohl einen genügend hohen Neutroneneinfangquerschnitt haben, als auch keine stark absorbierenden Folgenuklide aufbauen, ragt das Gadolinium, besonders das mit 15,65 % darin enthaltene Isotop 157 heraus [2.23]. Gadolinium-157 hat mit 254 000 barn einen sehr hohen Einfangquerschnitt und bildet ausschließlich das Isotop 158 mit nur 2,3 barn. $UO_2$-Pulver kann mit (bis zu üblicherweise 9 %) $Gd_2O_3$-Pulver vermischt, zu Tabletten gepresst und diese zu stabilen Pellets gesintert werden. Ein homogener Mischkristall bildet sich aber wegen des Wertigkeitsunterschiedes nicht, was die Langzeitstabilität der Tabletten jedoch nicht ernstlich infrage stellt. Die Verarbeitung muss aber in streng von den normalen Uranbrennelementen getrennten Einrichtungen erfolgen, um eine Quervermischung zu vermeiden.

**MOX-Stäbe**

Mischoxidbrennstäbe (MOX) bestehen aus einer Mischung aus Uran- und Plutoniumoxid, wobei die in natürlichem oder abgereichertem Uranoxid fehlende Reaktivität durch spaltbares Plutonium ersetzt wird. Das ist nicht nur deshalb sinnvoll, weil damit rund ein Drittel der ursprünglich im frischen Brennstoff steckenden Energie nachträglich noch gewonnen werden kann, sondern weil damit auch das Plutonium, das die Langzeitradioaktivität der abgebrannten Brennelemente wesentlich mitbestimmt, weitgehend durch Spaltung verbraucht werden kann.

Dies setzt aber die vorangehende Abtrennung des Plutoniums durch Wiederaufarbeitung voraus, die als Verfahren der Gewinnung von Plutonium für militärische Zwecke ähnelt. Daher ist diese Technik mit Vorurteilen belegt, auch wenn das so aus abgebrannten Brennelementen gewonnene Plutonium wegen seines Gehaltes an höheren Isotopen für die unmittelbare Nutzung für Sprengladungen nur unter exotischen Randbedingungen brauchbar wäre. Während man einerseits der Kerntechnik vorwirft, sie würde radioaktive Abfälle hinterlassen, behindert man andererseits die Schließung des Brennstoffkreislauf unter Nutzung der noch spaltbaren Anteile und der damit einhergehenden Minderung des Schadenspotenzials, was gleichzeitig die Voraussetzung für noch weitergehende Spaltung auch der restlichen Actiniden wäre.

Die Plutoniumnutzung folgte der Urannutzung in Kernkraftwerken mit etwa zwanzigjährigem Abstand, da erst dann ausreichende Mengen an Überschussplutonium aus der Aufarbeitung zur Verfügung standen, deren physikalisch noch sinnvollere Nutzung in Schnellbrutreaktoren auf eine Reihe von Hindernissen traf.

Obgleich das abgetrennte Plutonium kaum noch messbare Anteile der Spaltprodukte enthält, ist es als Alphastrahler 50 000 mal wirksamer als Uran und somit hochtoxisch. Es kann daher nur in hermetisch abgeschlossenen Apparaturen und Einrichtungen gehandhabt werden. Solange diese Hantierung kleinere Mengen umfasst, genügen dazu Handschuhkästen, in die von außen eingegriffen werden kann. Erst die technisch relevanten Mengen im Maßstab von einigen Tonnen Pu pro Jahr, was wegen der Verdünnung mit Uran dann etwa das 25fache an Keramik bedeutet, machen Teil- oder Voll-Fernbedienung notwendig.

Die kleineren spezifischen Durchsätze der Plutoniumherstellung zusammen mit den Hantierungserschwernissen verteuern dessen Herstellung gegenüber der von Uran. Da man aber die Anreicherung erspart, ist bei einer nicht durch die Wiederaufarbeitungskosten belasteten Plutoniumbeistellung in heutigen größeren Anlagen dennoch etwa die Kostengleichheit mit Uranbrennelementen erreichbar.

Die Unterschiede gegenüber Uran verlangen beim Plutonium noch einige zusätzliche Maßnahmen. Das hauptsächlich anfallende Isotop $^{239}$Pu hat einen um fast die Hälfte höheren Spaltquerschnitt als $^{235}$U. Wird es zusammen mit Uranbrennstäben eingesetzt, so muss dieser Unterschied durch eine Abstufung der Anreicherungsanteile benachbarter Brennstäbe gemildert werden. Der höhere Einfangquerschnitt vor allem der höheren Pu-Isotope konkurriert mit der Wirksamkeit der Steuerstäbe des Reaktors und hat einen anderen Verlauf als Funktion der Betriebstemperatur. Dies ist zu berücksichtigen und kann ohne Sondermaßnahmen auch den Anteil der im Reaktor gemischt mit Uran einsetzbaren MOX-Brennelemente begrenzen.

Obwohl Uran- und Plutoniumoxid eine lückenlose Reihe von Mischkristallen bildet, muss bei der Herstellung der Brennstäbe auf die vom Pu bevorzugte Vierwertigkeit Rücksicht genommen werden. Weil die Zahl der Spaltungen in einer PuO$_2$-Partikel rund 200mal größer ist, als im benachbarten UO$_2$, muss zur Vermeidung von Temperaturspitzen eine sehr gute Feinverteilung der Pulver ineinander erreicht werden, was entweder durch echte Kofällung oder etwas mühsamer, aber mit weniger chemischem Aufwand, durch intensive Mischmahlung gelingt. Erst wenn beim nachfolgenden Sintern ein echter Mischkristall entsteht, ist dieser nach Bestrahlung auch in den üblichen Säuren der Wiederaufarbeitung löslich, was eine Rücknahmebedingung für solche Brennelemente ist.

Die mit dem steigenden Abbrand zunehmenden Anteile höherer Isotope und das Anwachsen des $^{238}$Pu aus dem Neptuniumeinfang und dem Curiumzerfall steigern die fühlbare Wärmeleistung des Pu-Gemisches, was sich auf die Stabilität der Oxidmischung nachteilig auswirkt. Außerdem erhöhen sie wegen der Alpha-Neutron-Wechselwirkung auch die schwer abschirmbare Neutronenstrahlung für die Beschäftigten. Dennoch sind insgesamt schon mehr als 300 t Plutonium als MOX in Reaktoren rückgeführt worden, die Hauptmenge in Frankreich. Anlässlich der Abrüstung überzähliger Waffen wurden die guten Erfahrungen mit MOX zusammengefasst [2.24].

Die Fertigung oxidischer Schnellbrüterelemente unterscheidet sich zunächst durch den um ein Mehrfaches höheren Plutoniumanteil (von max. 5 auf bis zu 30 %) und die damit einhergehenden Strahlenprobleme und Vorsorgemaßnahmen gegen unbeabsichtigte Kritikalität. Des weiteren müssen eine vom Gleichgewicht entfernte Stöchiometrie (bis max. O/U=1,96) eingestellt und kleinere Pellets produziert werden, außerdem ist die Verwendung von Stahlhüllrohren und ein Ersatz des Heliums durch metallisches Natrium als Wärmebrücke erforderlich [2.25]. Die Fertigungseinrichtungen werden damit kleinräumiger und natürlich wegen der großen Anzahl Pellets und Stäbe je Tonne Schwermetall auch teurer. Trotz dieser Mehrkosten sollte nicht übersehen werden, dass der Brüterbrennstoffkreislauf, der natürlich auch eine akzeptierte und funktionierende Aufarbeitung verlangt, eine bis zum

60fachen bessere Urannutzung erlaubt, womit die bekannten Uranreserven der Welt die Nuklearstromerzeugung für viele Jahrhunderte gewährleisten könnten.

**Trennung und Umwandlung** (Partitioning and Transmutation = P&T).
Unter dem Druck der Öffentlichkeit, für die eine untertägige Lagerung von abgebrannten Brennelementen mit dem Risiko der Rückkehr der Radionuklide in den Biozyklus behaftet zu sein scheint, werden Anstrengungen unternommen, den Brennstoffkreislauf durch eine möglichst vollständige Abtrennung langlebiger Nuklide und deren Spaltung in starken Neutronenfeldern zu bewerkstelligen. Fortgeschrittene Extraktionsverfahren existieren als Konzepte und Laboranlagen, die auch die Elemente Neptunium, Curium und Americium abzutrennen gestatten. Diese können dann in Schnellbrütern, die ein um 10-bis 20fach stärkeres Neutronenfeld als herkömmliche Reaktoren haben, oder sogar in beschleunigergetriebenen Spallationsquellen mit noch 10fach höherem Neutronenfluss gespalten werden. Für die hohen Stabilitätsanforderungen dort einzusetzender Brennelemente werden derzeit hauptsächlich Nitride vorgesehen. Der Aufbau eines solchen verfeinerten Brennstoffkreislaufs würde zunächst die Akzeptanz der bestehenden Wiederaufarbeitungsmöglichkeiten voraussetzen – das ist in Deutschland allenfalls mittelfristig vorstellbar.

## 2.8
### Hochtemperaturreaktor-Brennelemente

Herkömmliche Metalle verlieren mit steigender Temperatur so sehr an Festigkeit, dass sie als Barrierenmaterial oberhalb etwa 600 °C nicht infrage kommen. Im Unterschied dazu ist Graphit, solange man ihn nicht durch Sauerstoffzutritt schädigt, bis zu sehr hohen Temperaturen auch mechanisch belastbar. Es lag daher nahe, die Kernspaltung auch zur Erzeugung höherer Temperaturen zu nutzen, indem man im wesentlichen Kohlenstoff als Hülle und Moderator einsetzt. In diesem Rahmen wurden für den Hochtemperaturreaktor kleine Druckkörper aus Uranoxid-Teilchen im Submillimeterbereich mit dichten Pyrokohlenstoffschichten als Hülle erzeugt (Abb. 2.11). Um den Volumenzuwachs durch die Spaltprodukte aufzufangen, sind die unmittelbar das Uranoxid umgebenden Schichten aus großvolumigen und weichen Graphitschichten aufgebaut, während die Dichtigkeit und die chemische Resistenz der »coated particles« nach außen noch durch eine Schicht aus Siliciumcarbid verstärkt werden kann. Um handhabbare Elemente zu erhalten, werden einige Tausend solcher Teilchen entweder in eine Graphitkugel (von etwa 6 cm Durchmesser) (s. auch Kohlenstoffprodukte, Bd. 3, Abschn. 2.4.5) oder in hexagonal-prismatische Körper, die aneinander passen und durch Bohrungen Kühlgas durchlassen, gesetzt. Kühlmittel ist Helium unter etwa 70 bar, das entweder direkt eine Gasturbine antreibt und/oder seine Wärme an Dampfkessel abgibt. Bisher hat man als Brennstoff hoch angereichertes Uran verwendet, glaubt aber, auch mit Anreicherungen um 10 % oder sogar mit Plutonium auszukommen, obwohl die Versuche dazu erst am Anfang stehen.

Das wegen seiner sicherheitstechnischen Vorteile (keine Kernschmelze) verlockende Konzept hat den Nachteil, dass das Sekundärkühlmittel Dampf unter höherem Druck als das Helium steht und Luftzutritt wegen möglicher Graphitbrände

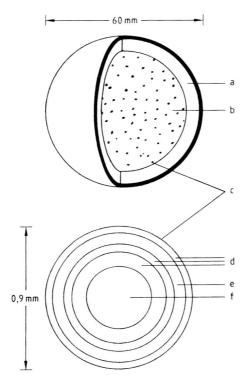

**Abb. 2.11** Hochtemperatur-Brennelement; a Graphit-Hülle, b Graphit-Matrix, c umhülltes Teilchen (= coated particle), d Kohlenstoffschichten, e Siliciumcarbid-Schicht, f Uranoxid-Kern

ausgeschlossen werden muss. Das System arbeitet mit einer vergleichsweise niedrigen Energiedichte im Kern und kann daher in den überschaubaren Geometrien und Druckkörpern nur moderate Leistungen unterbringen. Allenfalls ein modularer Aufbau von vielen parallelen Anlagen erreicht die Größe herkömmlicher LWR, was die wirtschaftliche Attraktivität schmälert.

## 2.9
**Brennelemente für die Raumfahrt**

Bis zu einigen Kilowatt können Thermobatterien, deren heißer Schenkel an $^{238}$Pu-Oxid anliegt, für Weltraumflugkörper bis zu 20 Jahre lang Energie liefern. Höhere Leistungen verlangen Kernreaktoren, die kompakt und wartungsfrei funktionieren müssen. Als Brennelemente in untermoderierten (epithermischen) Reaktoren wurden bisher schon Urannitride aus hoch angereichertem Uran oder Wolfram/Uranoxid-Cermets eingesetzt. Die Materialentwicklung hat für die anstehenden Missionen außerhalb des Sonnensystems neuen Auftrieb erhalten, ohne bisher wesentlich andere Materialpaarungen erprobt zu haben oder abgeschlossen zu sein.

# 3
# Wiederaufbereitung

## 3.1
## Überblick

Wiederaufarbeitung ist erforderlich, um die die Kettenreaktion behindernden Spaltprodukte mit großem Neutronenabsorptionsquerschnitt (einige Lanthaniden, $^{135}$Xe) vom spaltbaren Material zu trennen. Dazu reicht eine 99%ige Abtrennung vollständig aus. Werden die rückgeführten Spaltstoffe wie bei der heutigen Mischoxid-Fabrikation jedoch manuell hantiert, ist eine sehr viel weitergehende Abtrennung der harten Strahler notwendig.

Parallel zum diskontinuierlichen Wismut/Phosphat-Mitfällungsverfahren zur Gewinnung von Plutonium wurden in den 1940er Jahren kontinuierliche hydrometallurgische Verfahren (Flüssig/Flüssig-Gegenstromextraktion) für große Anlagendurchsätze entwickelt, von denen sich der *PUREX-Prozess* durchgesetzt hat [3.1–3.3]. Das Verfahren arbeitet mit verdünntem Tri-*n*-butylphosphat als Extraktionsmittel, die wässrige Phase ist Salpetersäure. Abbildung 3.1 zeigt schematisch den Anlagenaufbau, wie er z. B. in den französischen Anlagen der Cogema realisiert ist.

Auch in Deutschland wurde seit 1971 eine große Versuchsanlage, die Wiederaufarbeitungsanlage Karlsruhe, (WAK) betrieben, in der etwa 200 t Schwermetall (SM) verschiedener Brennstoffe (Beschreibung der verschiedenen Kernreaktortypen mit den zugehörigen Brennstoffspezifikationen siehe [3.4]) aufgearbeitet wurden [3.5]. Neben zahlreichen Neuerungen wurden im hochaktiven Trenn- und im Pu-Reinigungszyklus, die im Kernforschungszentrum Karlsruhe entwickelten abfallarmen elektrolytischen Verfahren erfolgreich demonstriert [3.6]. Die Anlage stellte 1990 nach Aufgabe des Projektes Wiederaufarbeitungsanlage Wackersdorf der deutschen Energieversorgungsunternehmen den Betrieb ein und wird nach Verglasung des

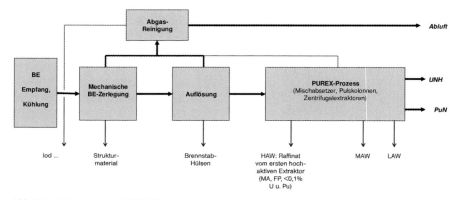

**Abb. 3.1** Anlagenschema PUREX-Prozess
PUREX Plutonium-Uran-Reduction-Extraction, BE Brennelement, UNH Uranylnitrat, PuN Plutoniumnitrat, MAW mittelaktiver Abfall, LAW leichtaktiver Abfall, FP Spaltprodukte, MA minore Actinide

hochaktiven Abfalls (HAW), dem Raffinat des ersten Extraktionszyklus, vollständig zurückgebaut.

Von den weltweit 25 Ländern mit ziviler Kernenergieerzeugung betreiben fünf, nämlich Frankreich, Großbritannien, Indien, Japan und die Russische Föderation Wiederaufarbeitungsanlagen mit einer Gesamtkapazität von rund 5000 t Schwermetall pro Jahr, die sämtlich den PUREX-Prozess nutzen [3.3]. Bis 1997 sind global rund 200 000 t SM (erwartet 2010: 340 000 t SM) aus zivilen Reaktoren angefallen, von denen insgesamt rund 77 000 t aufgearbeitet worden sind. Die weltweiten Betriebserfahrungen mit der Wiederaufarbeitung addieren sich auf mehrere hundert Anlagenjahre. In Indien, China, Japan und der Russischen Föderation wird an weiteren Wiederaufarbeitungsanlagen gebaut.

Anteile des gewonnenen Plutoniums und Urans werden in Belgien, Frankreich, Indien, Deutschland und der Schweiz als Mischoxid-Brennstoff (MOX) in Leichtwasser-Reaktoren rezykliert. Belgien, Frankreich, Großbritannien, Indien und Japan betreiben MOX-Fabrikationsanlagen (Gesamtkapazität 1998: 218 t SM, erwarteter Ausbau ≈ 500 t SM im Jahr 2005).

Der THOREX-Prozess [3.2] zur Aufarbeitung von Brennstoff (U/Th-Oxid oder -Carbid) der mit Helium gekühlten, graphitmoderierten Hochtemperaturreaktoren (HTR, THTR [3.4]) ist eine Variante des PUREX-Prozesses, die in Pilot-Anlagen untersucht, jedoch nicht zur industriellen Reife entwickelt worden ist.

**Auftrennung des hochaktiven Extraktionsraffinats**
Für die Abtrennung von Spaltprodukten und minoren Actiniden (MA), wie Np, Am, Cm, etc., aus dem Raffinat des hochaktiven ersten Extraktionszyklus wurden schon sehr früh Verfahren entwickelt [3.7]. Die Spaltprodukte (z. B. Cs, Sr) werden in Strahlenquellen und die minoren Actiniden durch Neutronenbestrahlung zur Herstellung von Nukliden für Isotopenbatterien (z. B. Pu$^{238}$) genutzt.

Auch die schon in den 1960er Jahren geführte Diskussion zur Reduzierung der Radiotoxizität des hochaktiven Abfalls durch Transmutation der langlebigen Actiniden, und der Spaltprodukte ($^{129}$I, $^{99}$Tc) über Bestrahlung mit Neutronen (Spaltung und/oder Absorption) zu kurzlebigen Nukliden, hat zu einer umfangreichen Entwicklung entsprechender wässriger Trennverfahren (Partitioning) geführt. Dazu gehörten in erster Linie Extraktionsverfahren, mit denen die MA abgetrennt werden, um z. B. entsprechende Bestrahlungselemente für die Transmutation herstellen zu können. In den USA und Frankreich wurden solche Verfahrensentwicklungen in Laboranlagen bis zur »heißen Erprobung« (mit hochaktivem Material) geführt.

Beim TRUEX-Verfahren [3.8] werden aus salpetersaurer Lösung bevorzugt die Actiniden und Lanthaniden (s. auch Seltene Erden) mit Octyl(phenyl)-$N,N$-diisobutylcarbamoylmethylphosphinoxid (CMPO) unter Zusatz von Tributylphosphat extrahiert.

Mit dem TALSPEAK-Prozess [3.9] werden die Actiniden und Lanthaniden mit Di(2-ethylhexyl)phosphorsäure (HDEHP) extrahiert. Eine Abtrennung der Actiniden wird durch Rückextraktion mit Milch- und Diethylentriaminpentaessigsäure möglich.

Beim DIAMEX-Verfahren [3.10] werden Amide zur Extraktion der Actiniden und Lanthaniden verwendet. Durch Rückextraktion mit alkylierten Tripyridyltriazin-Derivaten können Actiniden und Lanthaniden getrennt werden. Neben den genannten

Entwicklungen wurden zahlreiche andere Trennverfahren, auch Ionenaustauscher u. a. Konzepte untersucht.

**Nichtwässrige Verfahren (Pyrochemical, Pyrometallurgical Processes)**
Seit den 1950er Jahren wurde weltweit an der Entwicklung einer Vielzahl verschiedenartiger Reaktorkonzepte gearbeitet: thermischen, schnellen, heterogenen und homogenen [3.11]. Neben den heute dominierenden Oxidbrennstoffen wurden dabei Legierungsbrennstoffe (z. B. INEEL: Experimental Breeder Reactor, EBR II, $^{235}$U hochangereichert mit 5 % Edelmetallen legiert und Integral Fast Reactor, IFR mit Zr legiert), aber auch Uransulfat-Lösung, Brennstoff in Salzschmelzen (Oak Ridge National Laboratory, TN, Molten Salt Reactor, Brennstoff in Fluoridschmelze) u. a. erprobt. Parallel zur Entwicklung der Reaktoren sind für die jeweiligen Brennstoffkonzepte nichtwässrige Recyclingverfahren untersucht worden, die aber bis heute, abgesehen von speziellen Trennungen im militärischen Bereich, nur in Labor- und vereinzelt auch in Pilotanlagen erprobt worden sind [3.12–3.15]. Ein wieder aktuelles Verfahren ist der *Salt-Transport-Process* [3.16]. Dabei werden gelöste Metalle vom Brennstoff aus einer geschmolzenen Donor-Legierung mit einer zirkulierenden Halogenid-Salzschmelze zu einer anders zusammengesetzten Akzeptor-Legierung transportiert. Durch die Unterschiede in der freien Bildungsenthalpie der Elemente für die Halogenide und Legierungen wird eine Trennung der Spaltprodukte von Uran und Plutonium erreicht. Das Verfahren ist nach Reduktion in der Schmelze auch für Oxidbrennstoffe geeignet.

In einer Salzschmelzen-Elektrolyse ist die kathodische Abscheidung von U, Pu und den MA möglich. Der Prozess wurde für den Zr-legierten Metallbrennstoff des IFR im Argonne National Laboratory, IL, entwickelt [3.17]. Er liefert für sich allein nur eine niedrige, aber offenbar ausreichende Dekontamination für die Spaltprodukte. Unter den Bedingungen erlauben die Unterschiede in den Redoxpotenzialen eine separate kathodische Abscheidung von Uran (z. B. Eisenkathode, $\approx 1$ V) und Plutonium, MA sowie Anteilen der Lanthaniden an einer geschmolzenen Cd-Elektrode. Als Anode wird ein Korb mit dem Brennstoff verwendet. Der Prozess wurde »heiß« erprobt, Uran in 10 kg Chargen abgeschieden [3.18]. Der Brennstoff des IFR wurde mit einem einfachen Schmelzverfahren refabriziert. In der früheren Sowjetunion wurde ein Elektrolyseverfahren für Oxidbrennstoff entwickelt [3.19].

Im Vergleich mit hydrometallurgischen Extraktionsverfahren können insbesondere für die Prozesse in Salzschmelzen generelle Vorteile gesehen werden:
- Für potenziell zukünftige Brennstoffe mit sehr hohen Abbränden aus Schnellen Reaktoren oder von Transmutationsmaschinen mit Spallation kann die Zerfallswärmeleistung um mehr als Faktor 100 größer sein als beim Leichtwasser-Reaktor (LWR), wofür in erster Linie der sehr viel höhere Transurangehalt verantwortlich ist [3.20]. Das kann bei wässrigen Verfahren zu Radiolyseschäden führen, die nicht mehr beherrschbar sind.
- Die Trennung entfernt nur den wesentlichen, notwendigen Teil der Spaltprodukte (Neutronenabsorber) und die verbleibende Gammastrahlung verhindert eine einfache unabgeschirmte Handhabung wie beim Pu-Produkt des PUREX-Verfahrens. Durch diese Erschwerung kann das Missbrauchsrisiko als vermindert angesehen werden.

Bis zur Realisierung müssten allerdings noch zahlreiche verfahrenstechnische Hürden überwunden werden: Geeignetere Werkstoffe, fernbediente Instandhaltungs- und Reparaturtechnik, kontinuierliche Verfahrensgestaltung und die Abfallbehandlung und -minimierung.

## 3.2
### Aktuelle Entwicklungen

Heute, zum Zeitpunkt der Ausarbeitung des Artikels stehen Entwicklungen im Vordergrund, die die Senkung der Langzeit-Radiotoxizität des hochaktiven Abfalls und die Reduzierung der Wärmeleistung und des Raumbedarfes im Endlager zum Ziel haben. Durch Erweiterung des Wiederaufarbeitungsverfahrens um die Abtrennung der MA (Partitioning) und deren Recycling zur Transmutation soll dies erreicht werden. Dazu laufen weltweit F & E Projekte [3.21], wovon die wichtigsten nachfolgend zusammengefasst sind.

*Frankreich* hat mit einem Gesetz von 1991 ein Moratorium für die Konditionierung und Endlagerung von radioaktivem Abfall beschlossen und betreibt ein umfangreiches Forschungsprogramm, dessen Ergebnisse 2006 eine Auswahl »öffentlich akzeptabler, kosteneffektiver und umweltfreundlicher« Varianten für das Management des hochaktiven Abfalls ermöglichen sollen [3.22]. Das Commissariat à l'Énergie Atomique (C.E.A.) wurde mit den Untersuchungen zur Abtrennung (advanced separations) und Transmutation der langlebigen Radionuklide beauftragt. Das Programm ist mit entsprechenden Aktivitäten in Japan, Russland und in den USA verbunden und wird von der EU gefördert.

Zur Transmutation wurden neben Experimenten umfassende Studien zu Brennstoffzyklus – Szenarien für Vielfachrezyklierung beim DWR, für Schnelle Reaktoren in Kombination mit DWRs und Untersuchungen von Hybrid-Systemen (Protonen-Beschleuniger mit unterkritischem Spallationsreaktor [3.23]) durchgeführt. Aus den bisherigen Ergebnissen geht hervor, dass gegenüber der direkten Endlagerung nicht nur mit einer der untersuchten Zyklus-Varianten, hohe Wiederaufarbeitungsausbeuten für Plutonium und die MA vorausgesetzt, eine signifikante Senkung des Langzeit-Radiotoxizitätsinventars erwartet werden kann [3.24].

Bei den fortgeschrittenen Trennungen steht der DIAMEX-Prozess für die MA im Vordergrund [3.10], wobei offenbar auch für die chemisch schwierige 5f Actiniden – 4f Lanthaniden-Trennung mit Tripyridyltriazin-Derivaten (SANEX) weitere Fortschritte erzielt worden sind [3.25]. Cs kann selektiv mit Kronenverbindungen (Coronate) extrahiert werden. Für Spaltprodukte wie $^{129}I$, $^{99}Tc$ und $^{135}Cs$ werden für die Transmutation über Neutroneneinfang allerdings sehr hohe Neutronenflüsse benötigt. Deshalb wird eine auslaugfestere Konditionierung (Matrix) der isolierten Elemente als Alternative angesehen. Pyrochemische Techniken mit Salzschmelzen, einschließlich der Schmelzflusselektrolyse werden als mögliche zukünftige Verfahren ebenfalls im Rahmen des Programms bearbeitet, »heiße« Tests waren für 2005 vorgesehen.

In Japan wurde Anfang der 1990er Jahre das langfristig angelegte *OMEGA-Projekt* gegründet, das sehr ähnliche Ziele wie das französische Programm verfolgt [3.26, 3.27].

In *Russland* am Research Institute of Atomic Reactors (RIAR) in Dimitrovgrad wurde ein dem TRUEX-Prozess ähnliches wässriges Verfahren zur Auftrennung des HAW gewählt. Mit dem nichtwässrigen Salzschmelzen-Verfahren [3.19] zum direkten Recycling von $(Pu,U)O_2$ über Vibro-Packing sind mittlerweile mehrere Tausend Brennstäbe aus Schnellen Reaktoren verarbeitet worden.

In den *USA* wurde dem Kongress 1999 das Projekt ATW, Roadmap for Developing Accelerator Transmutation of Wastes Technology [3.28] vorgelegt. Es umfasste die Wiederaufarbeitung von kommerziellen Reaktorbrennstoffen mit dem im Argonne National Laboratory entwickelten nichtwässrigen Verfahren [3.17, 3.18]. Die absehbar schnelle Auslastung der Lagerkapazität der Yucca Mountain Repository in Nevada durch die laufende Kernenergieproduktion, beim gewählten Referenzkonzept der direkten Endlagerung um 2015, war Hintergrund für diesen Vorschlag. Das zu lagernde Abfallgebindevolumen für die direkte Endlagerung der Brennelemente ist sehr viel größer als für den konditionierten wärmeentwickelnden Abfall aus der Wiederaufarbeitung [3.29].

Mit der neuen Energiepolitik der USA (National Energy Policy, Mai 2001) wurde der Entwicklung der Kernenergie nach lang andauerndem Stillstand wieder eine Rolle eingeräumt. In dem langfristigem, international organisiertem F & E Programm *Generation IV* [3.30] wurden sechs Reaktorsysteme als aussichtsreich ausgewählt. Neben der Elektrizitätsproduktion wird auch die Produktion von Wasserstoff mit nuklearer Wärme (VHTR: Kohlevergasung; Thermochemischer Zyklus) als Option gesehen.

2003 wurde das langfristig angelegte Brennstoffzyklus F & E Projekt *Advanced Fuel Cycle Initiative* [3.31] gestartet, an dem in erster Linie die National Laboratorien neben Industrie und Universitäten beteiligt sind und das die Zusammenarbeit mit Frankreich, der Schweiz, Italien, Japan, Korea, Russland, der NEA-OECD, der IAEA und der EU einschließt. Als übergeordnete Ziele des Projektes werden genannt: Energiegewinnung durch Rezyklierung, Raum- und Kostenersparnis bei der Endlagerung, Vermeidung der Akkumulation von Plutonium und Reduktion der Radiotoxizität des Abfalls durch Transmutation, sodass nach etwa 1000 statt 300 000 Jahren der Strahlenpegel des eingesetzten Uranerzes erreicht werden soll.

Neben fortgeschrittenen wässrigen Verfahren, die auch die separate Abtrennung von Cs und Sr beinhalten (beide machen einen großen Anteil der anfänglichen Zerfallswärme aus, s. Abb. 3.2), wird als Hybrid-Prozess die Kombination des UREX-Verfahrens [3.32] mit den nichtwässrigen ANL-Verfahren [3.17, 3.18] im Projekt weiterverfolgt. Dem Molten-Salt-Reactor mit on-line Abtrennung der Spaltprodukte aus der Fluorid-Schmelze gilt in verschiedenen Varianten großes Interesse, auch deshalb, weil das System ohne den Schritt Brennstoff-Refabrikation auskommt und höhere Missbrauchssicherheit (Proliferation Resistance) verspricht.

## 3.3
## Stand der Technik: Wiederaufarbeitung von Oxidbrennstoffen

### 3.3.1
### Nukleare Schutzmaßnahmen

In einer Wiederaufarbeitungsanlage und auch in den Anlagen zur Brennstoffverarbeitung sind gegenüber einer konventionellen chemischen Produktionsanlage zusätzliche Schutzmaßnahmen erforderlich. Die Gründe dafür sind:
1. Durchdringende Gamma- und auch Neutronenstrahlung, der durch Abschirmungen begegnet wird.
2. Radiotoxizität von durch Inhalation oder Verschlucken inkorporierten, insbesondere in Organen akkumulierenden Radionukliden (große biologische Halbwertzeit, z. B. Transurane). Durch dichte Gestaltung der Handschuhkästen, heißen Zellen und Anlagentrakte sowie gerichtete Strömung und Filteranlagen wird die Freisetzung von Radionukliden in die Bedienungsräume und die Anlagenumgebung verhindert [3.33. 3.34].
3. Kritikalitätsrisiko. Unkontrollierte nukleare Kettenreaktionen [3.1, S. 349 ff., 3.35] werden durch Konzentrationskontrolle, geometrisch sichere Auslegung der Behälter und Apparate und Benutzung von Neutronenabsorbern verhindert [3.36].
4. Entwendungs- und Missbrauchsrisiko. Die UN-Behörde IAEA überwacht die Spaltstoffbilanzen der Anlagen [3.37]. Dabei werden die Bilanzen des Anlagenbetreibers, die auf der umfangreichen Prozessanalytik beruhen [3.38], durch IAEA-Inspektoren verifiziert.

### 3.3.2
### Verfahrensschritte

Neben dem Hauptprozess, dem PUREX-Trennverfahren ist der Verfahrensablauf einer Wiederaufarbeitungsanlage in folgende Schritte aufgeteilt (s. Abb. 3.1).

**Brennelementempfang und -kühlung**
Aus den Kühlbecken am Reaktor werden die Brennelemente in abgeschirmten Behältern zur Wiederaufarbeitungsanlage transportiert. Die Brennelemente werden vor ihrer Wiederaufarbeitung, entweder per Luftkühlung in den Transportbehältern oder in Wasser-Kühlbecken an der Anlage, für üblicherweise insgesamt mehrere Jahre gekühlt, was den Zerfall kurzlebiger Radionuklide ($\leq$100 Tage Halbwertzeit, HWZ) zur Folge hat.

Abbildung 3.2 zeigt die Zusammensetzung eines entladenen Druckwasserreaktor-Brennstoffes. Im Periodensystem sind die im Brennstoff enthaltenen Elemente markiert und die Massenanteile angegeben, Spaltprodukte mit sehr geringer Spaltausbeute und Actiniden in geringer Konzentration (< 10 ppm) sind nicht aufgeführt. Zusammen mit den Aktivierungsprodukten ist das halbe Periodensystem im entladenen Brennstoff enthalten, von den Alkalimetallen bis zu den Edelgasen und den Lanthaniden und Actiniden. Die größten Massenanteile der Spaltprodukte wer-

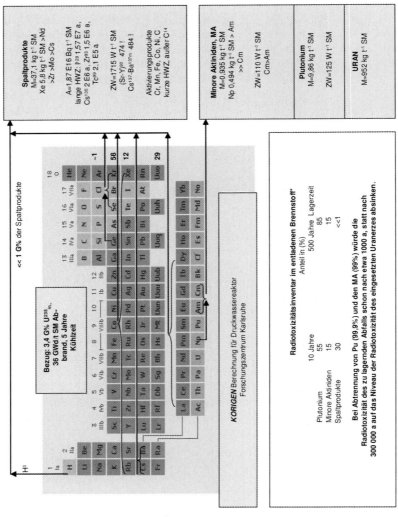

**Abb. 3.2** Massenbilanz, Radioaktivität und Zerfallswärmeleistung von Druckwasserreaktor-Brennstoff nach fünf Jahren Kühlzeit. Anteile zum Radioaktivitätsinventar siehe AREVA Vortrag »Comparison of open and closed fuel cycles« [3.39c]. SM Schwermetall, M Masse, A Radioaktivität, ZW Zerfallswärme, HWZ Halbwertszeit

en von $^{85}$Rb bis $^{131}$Xe mit 58 % und von $^{139}$La bis $^{163}$Dy mit 29 % gefunden. Von der Vielzahl der Radioisotope ist nach fünf Jahren Kühlzeit die Mehrzahl zu stabilen Isotopen zerfallen. Die verbliebene Radioaktivität (Bq) wird vom $^{137}$Cs- (HWZ 30 a) > $^{90}$Sr- (29 a) > $^{147}$Pm- (2,6 a) > $^{106}$Ru- ($\approx$1 a) > $^{144}$Ce-Zerfall (285 d) bei den Spaltprodukten und vom $^{241}$Pu ($\beta$, 14 a) > $^{238}$Pu ($\alpha$, 88 a) > $^{244}$Cm ($\alpha$, 18 a) bei den Transuranen dominiert. Nach etwa 300 Jahren Kühlzeit wird die verbliebene Radioaktivität von den Transuranen bestimmt. Die gleiche Tendenz zeigt auch die Radiotoxizität, bei der die Schädigungen für den menschlichen Organismus über Dosisfaktoren berücksichtigt sind, hier hat Pu nach 500 Jahren einen Anteil von fast 90 % (s. Abb. 3.2).

Für die aufgeführten Spaltnuklide mit sehr langen Halbwertzeit wird bei rigoroser Bewertung das Risiko ihrer Freisetzung aus dem Endlager als bedeutend angesehen, weshalb insbesondere für $^{129}$I, $^{99}$Tc und Cs zumindest eine besonders auslaugfeste Konditionierung (Matrixmaterial) in der Diskussion ist.

Die Zerfallswärme bei den Spaltprodukten stammt zu mehr als der Hälfte vom $^{90}$Sr-$^{90}$Y und $^{137}$Cs-$^{137m}$Ba, bei den Transuranen zu etwa gleichen Teilen vom Plutonium und den minoren Actiniden, wobei für letztere Cm den größten Anteil stellt.

**Mechanische Brennelement-Zerlegung (Mechanical Head-End)**

In den PUREX-Anlagen hat sich die *Chop and Leach*-Technik als Eingangsstufe durchgesetzt. Dabei wird der Brennstoff aus den in 3 bis 5 cm lange Abschnitte zerhackten Stäben mit Salpetersäure herausgelöst. Das Hüllrohrmaterial Zircaloy ist in Salpetersäure unlöslich.

In der französischen Anlage UP3 der COGEMA in La Hague [3.40, 3.41] ist die Übernahme der Brennelemente nach der Kühlung in einem separaten Zellentrakt untergebracht, der die Brennelement-Bündelschere [3.42], den Auflöser, die Klärung der Speiselösung, Teile der Abgasreinigung und die Vorkonditionierung der festen Abfälle (Strukturmaterial, Hülsenabschnitte, Klärschlamm) enthält. Die Bündelschere ist weitgehend für eine fernbediente Instandhaltung [3.43] ausgelegt, die insbesondere für den häufigeren Scherblattaustausch benötigt wird.

Die fernbediente *Instandhaltungs- und Reparaturtechnik* (Remote Maintenance) hat in den hochaktiven Bereichen einer Wiederaufarbeitungsanlage den grundsätzlichen, für die Anlagenverfügbarkeit wichtigen Vorteil, dass die Betriebsunterbrechungen beim Austausch von verfahrenstechnischen Einrichtungen zeitlich sehr viel kürzer sind als beim Eingriff durch Personal innerhalb der heißen Zelltrakte (Direct Maintenance), weil dafür lang andauernde Dekontaminationskampagnen des Bereiches vorausgehen müssen, um die Radioaktivität auf das für den Personalzutritt zulässige Niveau abzusenken. Remote Maintenance wurde schon sehr früh erfolgreich in den Anlagen von Savannah River SC [3.44] und Hanford WA demonstriert. Auch im Projekt Wiederaufarbeitungsanlage Wackersdorf der Deutschen Gesellschaft für Wiederaufarbeitung von Kernbrennstoffen (DWK) war eine weitgehende fernbediente Instandhaltungstechnik vorgesehen gewesen [3.45].

**Brennstoff-Auflösung**

Die Auflösung von $UO_2$ in Salpetersäure ist unproblematisch und wird abhängig von Konzentration und Temperatur durch folgende Hauptreaktionen beschrieben [3.46]:

$$UO_2 + 4\,HNO_3 \longrightarrow UO_2(NO_3)_2 + 2\,NO_2 + 2\,H_2O$$

$$3\,UO_2 + 8\,HNO_3 \longrightarrow 3\,UO_2(NO_3)_2 + 2\,NO + 4\,H_2O$$

Reines $PuO_2$ ist in Salpetersäure praktisch unlöslich. Mit dem starken Oxidationsmittel Ag(II), das durch anodische Oxidation erzeugt wird, gelingt die Auflösung von $PuO_2$ in Salpetersäure. Dieses Verfahren wurde für unlösliche MOX-Brennstoffanteile mit Erfolg beim C. E. A. angewendet [3.47, 3.48].

Homogene (U, Pu) $O_2$ Mischkristalle lösen sich auch bei großem Pu-Gehalt ($\leq 38\,\%$) vollständig, wenn ein Fertigungsverfahren (s. Abschnitt 2.7) für den Mischoxid-Brennstoff genutzt wurde, bei dem der Brennstoff im Zustand einer homogenen festen Lösung vorliegt. Ist das nicht der Fall, bleibt ein erheblicher Anteil des Plutoniums ungelöst [3.49].

In der dunkelbraun gefärbten, trüben Brennstofflösung sind ungelöste feindispergierte Anteile enthalten, die zur Hauptsache aus Spaltprodukten (Mo, Tc, Ru, Rh, Pd, Te, Zr) in metallischer und oxidischer Form und aus feinen Spänen des Hüllmaterials bestehen und weniger als 1 % Massenanteil des gesamten verarbeiteten Materials ausmachen; der Pu-Gehalt der Lösung ist geringer als 0,1 % Massenanteil des Gesamt-Plutoniums [3.50].

In den meisten Anlagen wurde die Auflösung als diskontinuierlicher Chargenprozess ausgeführt (s. Abb. 3.3). Durch Verbund mehrerer Auflöser, die gestaffelt in Vorauflösung, Nachauflösung und Hülsenwäsche betrieben werden, kann eine quasikontinuierliche Prozessführung ermöglicht werden [3.51]. Die französische UP3 Anlage der COGEMA ist mit einem kontinuierlichen, rotierenden Auflöser ausgestattet, der fernbedient wartbar ist [3.52].

Üblicherweise hat nach Beendigung des Auflösevorganges die Brennstofflösung eine Uran-Konzentration von etwa 250 g L$^{-1}$ und eine Säure-Konzentration bis zu 3,5 M.

**Abgasreinigung**

Die Abgasbehandlung hat neben der konventionellen Rekombination der im Auflöser entstehenden Stickoxide zu Salpetersäure, die in den Prozess rezykliert wird, die Aufgabe die folgenden Bestandteile zurückzuhalten:
- Radionuklid-Aerosole, die in hohem Maße radiotoxisch sind
- Langlebiges $^{129}I$ [3.53].
- $^{85}Kr$, $2{,}7 \cdot 10^{14}$ Bq pro Tonne SM (s Abb. 3.2). Der $\beta$-Strahler (0,4 % $\gamma$; 10,8 a HWZ) ist radiologisch eher unbedeutend.

Der $\beta$-Strahler $^{14}C$, als $CO_2$ vorliegend, wird in der Vorreinigung bei den Edelgasabtrennungsverfahren zurückgehalten oder kann mit einer alkalischen Wäsche, einer Alternative zur Iodabtrennung [3.54], absorbiert werden.

Tritium (weicher $\beta$-Strahler) das als Wasser (HTO, teilweise $TNO_3$) vorliegt, findet sich in den wässrigen Prozessströmen, nur zu $\ll 1\,\%$ im Abgas (HT). Mit einer separierten Rezyklierung von tritierter Säure und Wasser in den hochaktiven Bereich der Extraktion, kann das abzugebende Tritium-Abwasservolumen minimiert werden [3.55].

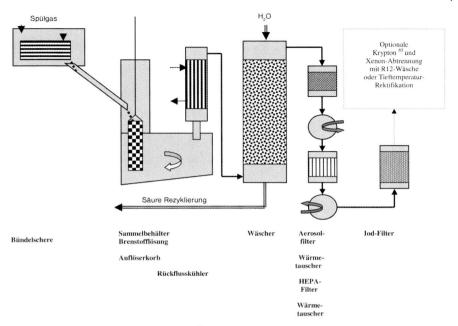

**Abb. 3.3** Verfahrensschritte der Eingangsstufe

In Abbildung 3.3 ist das Prinzip der Abgasreinigung dargestellt.

Die *Rückhaltung der Aerosole* wird in der Waschkolonne (vorzugsweise Bodenkolonne) in Reihe mit einem Vor- und einem Absolutfilter (HEPA) zuverlässig erreicht.

Für die *Iodrückhaltung* ist eine nahezu vollständige Iod-Desorption aus der Brennstofflösung Voraussetzung, um die Verschleppung in den Extraktionsprozess zu vermeiden. Dies ist in der siedenden Brennstofflösung in erster Linie dann gewährleistet, wenn über den gesamten Vorgang der Auflösung/Nachauflösung eine ausreichende $HNO_2/NO_x$-Konzentration vorliegt, um das flüchtige $I_2$ im Gleichgewicht zu stabilisieren [3.53].

Iodfilter für die Abgasstrecke wurden schon in den 1950er Jahren in Hanford entwickelt. Dafür haben sich mit Silbernitrat imprägnierte Trägermaterialien (Keramik, Silicagel) bewährt. Die Bettfilter werden bei $\approx 150$ °C betrieben [3.1, S. 109] und bis heute auch für die Rückhaltung des langlebigen $^{129}I$ verwendet.

Für die *Kryptonrückhaltung* wurden zwei Verfahren entwickelt und in Pilotanlagen »kalt« demonstriert: Tieftemperaturrektifikation (TTR) und Waschverfahren mit R12 [3.54, 3.56].

### 3.3.3
**Extraktionsprozess** (s. auch Thermische Verfahrenstechnik, Bd. 1, Abschn. 4.4.8)

**Trennerfordernisse**

Die zulässigen Verunreinigungen in den beiden Produkten des Verfahrens – Uranyl (VI)- und Plutonium(IV)-nitrat – werden durch Produktspezifikationen festgelegt, die von den nachfolgenden Anlagen im Kreislauf, wie der MOX-Brennelement-Fertigung vorgegeben werden. Aus dem Uran müssen $\beta$-$\gamma$-Strahler und $\alpha$-Strahler (Transurane) so weit abgetrennt werden, dass sich das Aktivitätsniveau von dem des Natururans nicht unterscheidet. Die unabgeschirmte Handhabung und Weiterverarbeitung des Urans sind die Gründe dafür. Für $\alpha$-Strahler werden 250 Bq g$^{-1}$ (Pu 0,01 ppm) und für $\gamma$-Strahler 1,85 · 10$^4$ Bq g$^{-1}$ üblicherweise gefordert. Die Trenneffektivität wird meist als Dekontaminationsfaktor DF angegeben, der wie folgt definiert ist:

$$DF = \frac{\text{Verunreinigung/g}(U, Pu)_{\text{vor Trennung}}}{\text{Verunreinigung/g}(U, Pu \ldots)_{\text{nach Trennung}}}$$

Für mehrere Jahre gekühlten LWR-Brennstoff ist entsprechend der Spezifikation für Uran ein Pu-DF von 10$^6$ und ein $\gamma$-DF von $\geq$ 10$^6$ erforderlich. Der sich aus der Spezifikation für Plutonium ergebende $\gamma$-DF hat die gleiche Größenordnung wie für Uran, damit das Pu in normalen Handschuhkästen gefahrlos gehandhabt werden kann; Americium- und Urangehalte im Plutonium sind auf 2500 ppm beziehungsweise $\leq$ 3000 ppm festgelegt.

Darüber hinaus werden restriktive Spezifikationen für Neutronengifte (B, Cd, Ln, Hf u. a.) gefordert. Als $^{10}$B-Äquivalent sind 8 ppm im U und 10 ppm im Pu zulässig. Auch für andere Verunreinigungen gelten restriktive Spezifikationen, z. B.: Tc = 0,5 ppm; Ti, Sb, Nb, Ta und Ru = 1 ppm im Uran.

**Chemie und Modellierung der Extraktion**

Tri-$n$-butylphosphat bildet mit Actiniden(IV)- und Actiniden(VI)O$_2$-nitraten über die Phosphorylgruppe stabile Komplexe (Koordinationszahl 6). Die Actiniden(V)O$_2$- und Actiniden(III)-nitrat TBP-Komplexe sind wenig stabil und deshalb kaum extrahierbar, das gilt auch für die meisten Spaltprodukt-Metallnitrate. Pu(III) liegt in der organischen Phase als [Pu(NO$_3$)$_3$ · 3 TBP] vor [3.57]; HNO$_3$ wird als [HNO$_3$ · TBP] extrahiert. Für den Pu(IV)-nitrat TBP-Komplex wird folgende Struktur angenommen [3.58]:

$$\begin{array}{ccccc}
C_4H_9O & NO_3 & & NO_3 & OC_4H_9 \\
| & \searrow & & \swarrow & | \\
C_4H_9O-P & \longrightarrow O \rightarrow & Pu & \leftarrow O \longleftarrow & P-OC_4H_9 \\
| & \nearrow & & \nwarrow & | \\
C_4H_9O & NO_3 & & NO_3 & OC_4H_9
\end{array}$$

In HNO$_3$-Lösung liegt Plutonium bevorzugt vier- und Uran sechswertig vor. Die Gleichgewichte für den Pu(IV)- und UO$_2$(VI)-2TBP-Komplex, sind wie folgt definiert:

$$K_{\text{Pu}} = [\text{Pu}(\text{NO}_3)_4 \cdot 2\,\text{TBP}]_{\text{org}}/[\text{Pu}^{4+}]_{\text{aq}}[\text{NO}_3^-]^4_{\text{aq}}[\text{TBP}]^2_{\text{org}}$$

$$K_{\text{U}} = [\text{UO}_2(\text{NO}_3)_2 \cdot 2\,\text{TBP}]_{\text{org}}/[\text{UO}_2^{2+}]_{\text{aq}}[\text{NO}_3^-]^2_{\text{aq}}[\text{TBP}]^2_{\text{org}}$$

Die Werte in Klammern [ ] stehen für die Aktivitäten der Spezies, die zumindest für höhere Konzentrationen nicht bekannt und variabel sind, weshalb die Verteilungskoeffizienten nicht auf einfache Weise berechnet werden können.

Das TBP wird im Prozess verdünnt mit n-Alkanen (Dodecanfraktion) angewandt. Als Kompromiss (Dichtedifferenz der beiden Phasen, Lösevermögen für die Metallkomplexe) wird heute meist eine TBP-Volumenkonzentration von 30 % gewählt. In Abbildung 3.4 sind gemessene Verteilungskoeffizienten $D$ für Uran, Plutonium und Spaltprodukte für Spurenkonzentrationen und bei Beladung der 30 % TBP-Phase mit 100 g Uran pro Liter als Funktion der $HNO_3$ Konzentration dargestellt.

Die $D$-Werte von Pu(IV) und U steigen für Spurenkonzentrationen und bei Raumtemperatur mit der Säurekonzentration bis auf >10 an; Pu(VI) ist deutlich geringer extrahierbar. Deshalb wird in der Speiselösung die Oxidationsstufe IV eingestellt, um Verluste im Raffinat der Extraktion bei optimierter Extraktorauslegung zu vermeiden. Für Pu(III) ist $D$ etwa um den Faktor 1000 kleiner als für Pu(IV), dies wird für die U/Pu-Trennung genutzt, bei der Pu(IV) zu Pu(III) reduziert wird. Abbildung 3.4 zeigt, dass $D$ bei Beladung der organischen Phase (100 g U pro Liter), für alle Komponenten mit Ausnahme von Tc sehr viel niedriger ist als bei Spurenkonzentrationen. Das erklärt sich durch die Abnahme der freien TBP-Konzentration, die mit der Beladung sinkt und um die alle extrahierbaren Komponenten des Systems im simultanen Gleichgewicht konkurrieren. In den Gegenstromextraktoren wird eine hohe Beladung der organischen Phase für die effiziente Abtrennung der Spaltprodukte genutzt.

*Neptunium* liegt in der Brennstofflösung als Np(V), -(IV) und -(VI) im Gleichgewicht vor. Np(V) wird mit TBP praktisch nicht extrahiert. Die Np-Anteile werden in erster Linie durch das Redoxpotential ($HNO_3$-$HNO_2$) bestimmt [3.59, 3.60]. Eine Einstellung der Speiselösung, bei der Np vollständig in das Raffinat geführt wird, ist bisher nicht gelungen, sodass etwa 90 % des Np im U/Pu-Extraktionsprodukt des ersten, hochaktiven Zyklus gefunden werden. Durch Abtrennung in den Reinigungszyklen muss deshalb die restriktive Produktspezifikation erreicht werden (ca. 1 ppm im U).

Bei hoher Beladung mit Pu und U kann es zur Bildung einer dritten, Pu reichen Phase [3.61] kommen, was verhindert werden muss, um Störungen im Zweiphasen-Extraktor zu vermeiden.

In die Abbildung 3.4 sind die für die Abtrennung problematischen Spaltprodukte Tc, Ru und Zr aufgenommen. Für die übrigen Spaltprodukte und Verunreinigungen werden die geforderten Produktspezifikationen mit einem ersten, hochaktiven und nachfolgenden U- und Pu-Reinigungszyklen ohne Schwierigkeiten erreicht [3.62, 3.63].

Die sehr restriktive U-Produktspezifikation für *Technetium* ($^{99}$Tc: weicher $\beta$-Strahler, HWZ 2,1 $10^5$ a, $\approx$ 0,8 kg pro Tonne LWR SM) von 0,5 ppm hat ihre Ursache

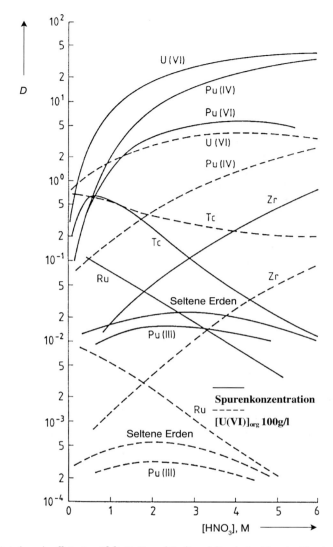

**Abb. 3.4** Verteilungskoeffizienten $D_a^o$ für U, Pu und Spaltprodukte als Funktion der Säurekonzentration: 30% Volumenanteil TBP verdünnt mit Kerosin ($n$-C$_{12}$-Fraktion) (Quelle: Institut für Heiße Chemie, Kernforschungszentrum Karlsruhe)

darin, dass Tc bei der Uran-Wiederanreicherung stört. In der salpetersauren Speiselösung liegt es hauptsächlich als Pertechnetat vor. Das Anion bildet stabile Komplexe mit $UO_2^{2+}$ und $Zr^{4+}$ die gut extrahierbar sind [$UO_2(TcO_4)(NO_3)$2TBP], während in höheren Salpetersäurekonzentrationen ohne Komplexbildung $HTcO_4$ einen niedrigeren $D$-Wert hat (vgl. Abb. 3.4). Das hat zur Folge, dass der gelöste Tc-Anteil im ersten, hochaktiven Zyklus nahezu vollständig extrahiert werden kann und deshalb bei der U/Pu-Trennung und bei der Uranreinigung abgetrennt werden muss [3.59, 3.64, 3.65].

Die Extraktion des *Ruthenium* ($^{106}$Ru ($\beta$)-$^{106}$Rh ($\beta,\gamma$): HWZ $\approx$ 1 a–2 h; $\approx$ 2,9 kg pro Tonne LWR SM) ist komplexer als es Abbildung 3.4 zeigt, weil es in der wässrigen $HNO_3$-Phase in zahlreichen Spezies, meist in den Oxidationsstufen III und IV vorliegt, von denen allerdings nur einige extrahierbar sind. Eine Verbesserung der Ru-Dekontamination wird bei erhöhter Temperatur, infolge schnellerer Einstellung des wässrigen Gleichgewichts für die Ru-Spezies und auch bei hoher Säurekonzentration (Abb. 3.4) erzielt.

*Zirconium* ($^{95}$Zr-$^{95}$Nb: HWZ 65–35 Tage; $\approx$ 4 kg pro Tonne LWR SM) ist im Brennstoff nach mehreren Jahren Kühlzeit vollständig zerfallen, bleibt jedoch auf Grund seiner komplexen Extraktionschemie ein Problemelement. *D* von Zr sinkt mit der Uranbeladung und steigt im Gegensatz zu Ru mit der Salpetersäurekonzentration an. Deshalb wird im Gegenstromprozess zur effizienten Dekontamination von beiden in den Waschextraktoren sowohl mit niedriger als auch mit hoher Säurekonzentration gearbeitet. Die eigentliche Schwierigkeit bei der Extraktion entsteht dadurch, dass das inaktive Zr mit den radiolytisch/hydrolytisch gebildeten sauren Phosphorsäureestern (($C_4H_9$)$_2$POOH, $C_4H_9$OPO(OH)$_2$) [3.66–3.68] stabile unlösliche Verbindungen bildet, die sich an der Phasengrenzschicht abscheiden (crud formation) und im Extraktor akkumulieren.

Bei der *Extraktionsmittelwäsche* mit Mischabsetzern (Mixer-Settlern) (s. auch Thermische Verfahrenstechnik, Bd. 1, Abschn. 4.4.2.1) zur Entfernung der sauren Phosphorsäureester wird traditionell Natriumcarbonat nach jedem Zyklusdurchgang angewandt [3.69]. Dabei entsteht mittelaktiver Salzabfall ($NaNO_3$ – $Na_2CO_3$). Zur Vermeidung dieser zu entsorgenden Salzfracht wurde die Verwendung einer mit $CO_2$ gesättigten Hydrazin-Lösung vorgeschlagen und erfolgreich erprobt [3.70]. Die verbrauchte Hydrazin-Lösung wird in einer Elektrooxidationszelle [3.71] zu $N_2$ oxidiert und so der beim $Na_2CO_3$-Verfahren entstehende Abfall vermieden. Eine weitere Quelle für die Verschleppung von organischen Abbauprodukten können die Konzentrate der Zwischenverdampfer sein, weil in den Verdampfer-Edukten TBP enthalten ist. Deshalb werden die wässrigen Extraktionsprodukt- (z. B. Uranprodukt) oder Raffinatströme mit Kerosin vorgewaschen oder das TBP über Harz-Absorber entfernt [3.72].

Optimale *Fließschema- und Extraktorauslegung* erfordert die Kenntnis der simultanen Verteilungsgleichgewichte. Für das Verteilungsgleichgewicht U-Pu-$HNO_3$/TBP-Dodecan wurden schon früh empirische Gleichungen, z. B. als Funktion der Ionenstärke [3.73] entwickelt, mit denen die für die McCabe-Thiele-Methode (s. auch Thermische Verfahrenstechnik, Bd. 1, Abschn. 4.1.1.2) benötigte Gleichgewichtslinie berechnet werden kann. Dieses Verfahren zur Ermittlung der Stufenzahl bleibt allerdings unbefriedigend, weil es letztlich nur für eine einzige Gleichgewichtskomponente im Mehrstufen-Gegenstromextraktor genutzt werden kann. Mit der zunehmenden Verfügbarkeit der EDV zu Beginn der 1970er Jahre wurden Computer Codes zur simultanen Gleichgewichtsberechnung für die wichtigen an der Extraktion beteiligten Komponenten über den relevanten, großen Konzentrationsbereich entwickelt [3.74, 3.75]. Die Gleichgewichtsberechnung mit dem *VISCO-Modell* [3.76], basiert auf vielen tausend evaluierten Messungen [3.77, 3.78], die numerisch verarbeitet (n-dimensionale Matrix der unabhängigen Variablen [U(VI), (IV)], [Pu(IV), (III)], [Np (IV), (VI)], [HNO$_3$], [N$_2$H$_5$NO$_3$], ... [TBP] und Temperatur) die Verteilungsgleichgewichte liefern. Mit einem System von simultan zu lösenden Differential- und algebraischen Gleichungen für die Massenbilanzen werden die Konzentrationsprofile der einzelnen Komponenten im Extraktor berechnet. Durch Einführung von Geschwindigkeitsgleichungen für die Redoxreaktionen ist es möglich, die Vorgänge bei der U/Pu-Trennung in den Extraktoren zuverlässig zu beschreiben. Bei der Berechnung von kontinuierlichen Extraktoren (Kolonne mit Tropfendispersion) ist die Kenntnis der Stoffübergangsgeschwindigkeit zwischen den Phasen unerlässlich. Eine Korrelation von Messungen der Stoffübergangsgeschwindigkeiten am Einzeltropfen [3.79] mit der aus den Gleichgewichtsverteilungen berechneten Steigung der Gleichgewichtslinie führte über den großen Konzentrationsbereich zu einer verblüffend einfachen Beziehung für die Stoffübergangskoeffizienten.

Die gute Übereinstimmung zwischen den Berechnungen mit dem VISCO-Modell und Konzentrations-Profilmessungen aus dem Anlagenbetrieb mit Mehrstufenmischabsetzern, Schnellextraktorbatterien und Kolonnen hat sich in zahlreichen Vergleichen erwiesen. Mit dem Modell können auch die im nichtbestimmungsgemäßen Betrieb im Extraktor auftretenden Pu-Akkumulationen [3.80] simuliert werden, die ein Kritikalitätsrisiko darstellen können. Und nicht zuletzt gelingt es mit VISCO die Transienten beim An- und Abfahren des gesamten PUREX-Zyklenverbundes zuverlässig zu simulieren.

**Auslegung der Extraktionsanlage**

Die vom Auflöser kommende Brennstofflösung enthält ungelöstes Material (s. oben [3.50], das fein dispergiert ist (< 10 kg pro Tonne LWR SM, $\leq$ 5μm). Es muss wirksam entfernt werden, um Störungen in der Extraktion (Akkumulation, Radiolyse) zu verhindern. Dazu werden vorzugsweise Zentrifugen mit 10 000 g und mehr angewendet, mit denen Material bis zu etwa 1 μm separiert wird. Auch bei der COGEMA La Hague [3.39] werden Zentrifugen genutzt; der Klärschlamm wird der Verglasung zugeführt.

Die Einstellung der Speiselösung wird nach Analyse der Brennstofflösung in speziellen Tanks vorgenommen. Häufig wird dabei eine Uran-Konzentration von 1 mol L$^{-1}$ und eine Salpetersäure-Konzentration von 3 mol L$^{-1}$ gewählt.

Die geforderten, teilweise extremen Produktspezifikationen werden in der PUREX-Anlage durch wiederholte Hin- und Rückextraktion in Gegenstromextraktoren (Extraktionszyklen) im seriellen Verbund erreicht. Eine Minimierung der Abfallströme wird durch effiziente Kreislaufführung der wässrigen Raffinatströme über Verdampfer und der organischen Ströme über die Extraktionsmittelbehandlung erzielt. Diese Rezyklierungen tragen wesentlich dazu bei, dass eine Extraktionsausbeute von > 99,5 % erreicht werden kann. Abbildung 3.5 zeigt schematisch vereinfacht den Verbund für eine Anlage mit fünf Extraktionszyklen, wie sie z. B. auch für die COGEMA, La Hague [3.39] konzipiert wurde.

Im Anlagenverbund wird die Hin- (A- oder D-Extraktor) und Rückextraktion (C- oder E- oder reduzierender B-Extraktor) fünfmal wiederholt. Separate HS-Extrakto-

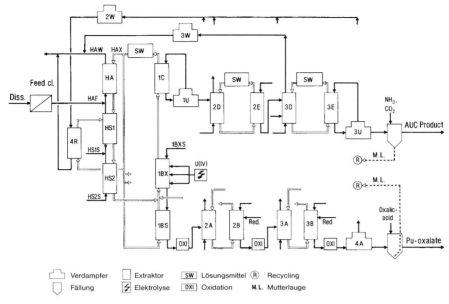

**Abb. 3.5** Konventioneller PUREX-Prozess (Quelle: Institut für Heiße Chemie, Kernforschungszentrum Karlsruhe)
Abkürzungen (US-Nomenklatur): HAF = hochaktive Speiselösung; HAW = hochaktives Raffinat:
A = U/Pu-Koextraktion; B = Pu-Rückextraktion; C = U-Rückextraktion; 2 oder 3D = U-Extraktion;
2 oder 3E = U-Rückextraktion; S = Waschextraktor oder Waschlösung; SW = Extraktionsmittelwäsche;
1 oder 3U = Urankonzentrierung; 2 oder 3W = Raffinatkonzentrierung; 4A = Plutoniumkonzentrierung;
X = Extraktionsmittel oder Extraktor; 4R = Recycle-Raffinat-Extraktor; AUC = Ammoniumcarbonatouranat;
Red. = Reduktionsmittel; Diss. = Auflöser; Feed cl. = Klärung d. Brennstofflösung

ren dienen der Spaltproduktwäsche im ersten, hochaktiven Zyklus. Die Extraktionsmittelwäsche erfolgt in den SW-Extraktoren. Raffinat- und Produktströme werden in Verdampfern (2W, 3W, 3U, 4A) konzentriert.

Für die U/Pu-Trennung wurden mehrere Verfahren entwickelt und auch genutzt; eine vergleichende Bewertung ist in [3.81] und die Beschreibung der chemischen Abläufe in [3.82] zusammengefasst. Das in situ-Elektroreduktionsverfahren [3.83] wurde in den Mischabsetzern des hochaktiven, ersten Zyklus und im Pu-Reinigungszyklus der Wiederaufarbeitungsanlage Karlsruhe erfolgreich demonstriert [3.6]. Abbildung 3.6 zeigt schematisch den Aufbau des elektrolytischen Mehrstufen-Mischabsetzers [3.84]. Als Kathoden- und Gehäusematerial erwies sich Titan als geeignet. Die in den Absetzkammern installierten Anoden sind aus platiniertem Ta- oder Ti-Streckblech gefertigt.

Bei der Konstruktion der Elektroreduktionskolonne wurden die Designprinzipien beibehalten. Das Kolonnenrohr und die Siebplatten aus Titan dienen als Kathode, der über Keramikringe isolierte, platinierte Zentralstab als Anode. Die Kolonne ($l = 8$ m) wurde im Pu-Extraktionskreislauf PUTE [3.85] erprobt. Nach hydraulischer Optimierung konnte demonstriert werden, dass mit zwei aufeinander folgenden Kolonnen

(1BX1, 6,6 m + 1BX2, 6 m – 1BS, 1 m), d. h. in einem einzigen Extraktionszyklus, die für das U-Produkt geforderte Pu-Spezifikation erreicht werden kann [3.86].

Die Elektrooxidationszelle zur Pu(III)-Hydrazin-Zwischenzyklusoxidation (Abb. 3.6) wurde in der WAK zusammen mit den Mischabsetzern erprobt.

Das Pu-Produkt des BS-Extraktors wird der Zwischenzyklusoxidation zugeführt, in der Pu(III) zum extrahierbaren Pu(IV) oxidiert und Hydrazin zerstört wird, üblicherweise geschieht das mit $NaNO_2$ oder in einer Begasungskolonne mit $NO_2$; in der WAK wurde die »salzfreie« Elektrooxidation eingesetzt. Das organische Produkt des 1BX-Extraktors wird dem 1C-Extraktor zugeführt, in dem das Uran mit stark verdünnter $HNO_3$ (0,05 M) und häufig bei erhöhter Temperatur zurückextrahiert wird. Das entladene Extraktionsmittel des 1C-Extraktors geht zur Extraktionsmittelwäsche SW, in der mit $Na_2CO_3$ in Mischabsetzern die sauren Phosphorsäureester ausgewaschen werden. Geringe Mengen Uran werden dabei als Carbonate in löslicher Form gehalten. Neben den sauren Phosphorsäureestern sind im Extraktionsmittel in kleinen Mengen andere störende organische Abbauprodukte enthalten [3.66], die z. B. durch Destillation entfernt werden können [3.69], um eine mit der Zeit auftretende Verschlechterung der Trenneffektivität zu verhindern.

Die im konventionellen ersten Extraktionszyklus erzielbare Dekontamination ist für beide Produkte sehr viel geringer als die Produktspezifikation fordert. Deshalb folgen dem ersten Zyklus die Reinigungszyklen für U und Pu.

Vor dem *1. Uran-Reinigungszyklus* wird das U-Produkt nach vorheriger Entfernung des gelösten und mitgeschleppten Extraktionsmittels (Kerosinwäsche) dem 1U-Verdampfer zur Konzentrierung des U auf $\geq 1$ M zugeführt, wie z. B. in La Hague. Nach Einstellung der Speiselösung wird im 2D-Extraktor meist mit gestaffelter Säurekonzentration (Einspeisung von Säurewaschstrom) das U extrahiert und Spaltprodukte ausgewaschen. Durch Einspeisung von Reduktionsmittel (U(IV)-Hydrazin) wird Pu als Pu(III) in das Raffinat geführt, das über den 2W-Verdampfer rezykliert wird. Unter diesen Bedingungen ist das unextrahierbare Np(V) am stabilsten, so dass es vom U getrennt wird, allerdings nicht immer im

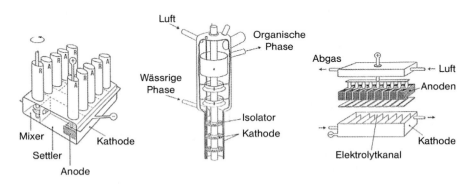

**Abb. 3.6** Elektro-Redox-Apparatur (Quelle: Institut für Heiße Chemie, Kernforschungszentrum Karlsruhe)

ausreichendem Maß. Eine Variante der Np-Abtrennung ist die verdünnte Prozessführung, bei der das U-Produkt des ersten, hochaktiven Zyklus nicht aufkonzentriert wird. Die verschiedenen Varianten für die Np-Abtrennung sind in [3.60] beschrieben. Die spezifikationsgerechte Endreinigung des Urans wird meist, auch in La Hague, mit einem fast identischen 2. U-Reinigungszyklus erreicht. Als Extraktoren werden für die U-Reinigung in La Hague Mehrstufenmischabsetzer verwendet. Das U-Produkt wird im 3U-Verdampfer auf etwa 1,7 M aufkonzentriert. Zur Weiterverarbeitung wurde in Abbildung 3.5 als Beispiel die Fällung als Ammoniumcarbonatouranat gewählt.

Das reoxidierte Pu-Produkt der BS-Kolonne wird in die 2A-Kolonne des *1. Pu-Reinigungszyklus* geführt, in der extrahiert und Spaltprodukte ausgewaschen werden. Es ist nur eine moderate Pu-Beladung der organischen Phase möglich, weil die Grenzen für die Bildung der dritten, Pu-reichen Phase beachtet werden müssen [3.61]. Deshalb ist die Spaltproduktwäsche weniger effizient als bei hoher Beladung im hochaktiven Zyklus. Die Pu-Rückextraktion im 2B-Extraktor wird reduzierend durchgeführt, mit Reduktionsmittel-Einspeisung oder wie in der WAK mit dem Elektroreduktionsmischabsetzer. In La Hague schloss sich ein ganz ähnlich ausgelegter *2. Pu-Reinigungszyklus* an. In beiden Zyklen wurde mit gepulsten Kolonnen gearbeitet. In jüngster Zeit werden in der »R4 facility« [3.87] Zentrifugalextraktoren eingesetzt und es wird nur noch ein Pu-Reinigungszyklus verwendet [3.39]. Die Pu-Produktlösung kann in einem Verdampfer, der allerdings verfahrenstechnisch nicht unproblematisch ist, aufkonzentriert werden oder es kann Plutoniumoxalat aus der verdünnten Lösung direkt gefällt werden, das bei $\approx 500\,°C$ zu $PuO_2$ calciniert wird.

Varianten der Prozessführung und PUREX-Anlagenauslegung sind in [3.88] beschrieben. Ein in der Miniaturwiederaufarbeitungsanlage *MILLI* demonstriertes, neues Konzept, mit dem die Trennerfordernisse mit einem einzigen Extraktionszyklus erreicht worden sind, wurde unter dem Titel *IMPUREX* veröffentlicht [3.89]. Das ursprüngliche Ziel der Entwicklung war die Vermeidung der Pu-Akkumulation im HA-HS-Extraktorverbund [3.80] gewesen. Eine sorgfältige Untersuchung der Pu-U-$HNO_3$/30V% TBP Verteilungsgleichgewichte mit dem Modell und experimentell zeigte, dass bei höheren $HNO_3$-Konzentrationen ($\geq 4,5$ M, $\approx 30\,°C$) und im höheren Temperaturbereich ($\geq 40\,°C$, $\approx 3,5$ M) der Pu(IV)-*D* größer ist als der von U(VI), d.h. dass im hohen [$HNO_3$]-Bereich die simultane Extraktion anders verläuft als es die Abbildung 3.5 zeigt. Wird im HA-Extraktionsbereich die Säurekonzentration und/oder die Temperatur so gewählt, dass $D$-Pu(IV)/$D$-U(VI) > 1 ist, können die Pu-Akkumulationen sicher vermieden werden und im Raffinat HAW auftretende Verluste sind als Folge U-reich, nicht wie beim traditionellen Prozess Pu-reich [3.90]. Mit diesem Befund eröffnete sich auch die Möglichkeit im Extraktions- und Waschbereich mit extrem hoher Beladung zur Verbesserung der Spaltproduktwäsche zu arbeiten, wobei die Lage der Uran-Extraktionsfront im HA-Extraktor detektiert (z. B. Temperaturgradient, verursacht durch die Extraktionswärme) und zur Regelung des Extraktionsmittelflusses benutzt werden kann, um auch U-Verluste zuverlässig zu vermeiden.

In der MILLI-Anlage wurde mit dem *IMPUREX*-Verfahren KNK-Schnellbrüterbrennstoff (12% Massenanteil Pu, Spitzenabbrand 175 GWd $t^{-1}$, Kühlzeit 15 Monate) und auch LWR-Brennstoff [3.91, 3.92] verarbeitet. Dabei wurde das schlechter extrahierbare Pu(VI) in der Speiselösung HAF vor der Extraktion mit einer Elektroreduktionszelle abgebaut, wobei offenbar auch Np zum unextrahierbarem Np(V) reduziert wurde, weil ≈90% des Np im HAW gefunden wurden. Für die Klärung der Speiselösung wurde eine hochwirksame, neue Kombination von Filtern eingesetzt, die Extraktionsmittelwäsche wurde mit dem Hydrazin-Verfahren [3.70] durchgeführt. In den MILLI - Kampagnen konnten mit einem einzigen Zyklus Dekontaminationsfaktoren für die Spaltprodukte erreicht werden, die um mindestens den Faktor 100 höher waren als beim traditionellen Prozess. Pu-Akkumulationen und Grenzschichtausscheidungen traten in den Mischabsetzbatterien nicht auf. Mit dem LWR-Brennstoff wurden die geforderten Produktspezifikationen im ersten, hochaktiven Extraktionszyklus sogar deutlich unterschritten. Ein einziger Zyklus reichte also aus. Durch Nachbehandlung des Produktes durch Kristallisation von Uranylnitrat- [3.93] konnte die Reinheit noch weiter gesteigert werden. Das Verfahren wird bei tiefen Temperaturen (–25 bis –30 °C) in stark salpetersaurer Lösung durchgeführt und beinhaltet eine Wäsche mit kalter Salpetersäure. Die Mutterlauge kann in die Extraktion rezykliert werden. Für die wichtigsten Spaltprodukte, Pu und Np können unter reduzierenden Bedingungen Dekontaminationsfaktoren von 100 und mehr erreicht werden.

Abbildung 3.7 zeigt den Vorschlag für eine Auslegung nach dem IMPUREX-Konzept, die zu einer drastischen Vereinfachung der Extraktionsanlage führen würde. Für die U/Pu-Trennung wird die kombinierte Elektroreduktionskolonne [3.94] und für die Feinreinigung eine Kristallisation von Uranylnitrat vorgeschlagen.

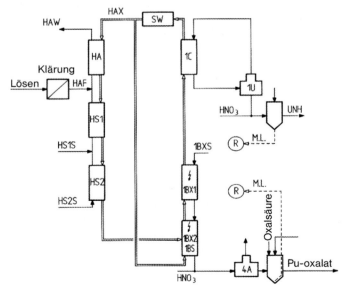

**Abb. 3.7** IMPUREX-Konzept (Abkürzungen siehe Abb. 3.5) (Quelle: Institut für Heiße Chemie, Kernforschungszentrum Karlsruhe)

## 3.4
## Wirtschaftliches

In den 1960er Jahren ging man davon aus, dass die Uranvorräte auf Grund der schnell wachsenden Kernenergie auch schnell verknappen würden, was hohe Uranpreise zur Folge gehabt hätte. Deshalb wurde die Entwicklung des Schnellen Brüters mit seiner im Vergleich zu $^{238}$U 60mal besseren Uranausnutzung einschließlich der Entwicklung des Brennstoffkreislaufes als unumgänglich notwendig angesehen. Die Kernenergie hat sich jedoch sehr viel langsamer entwickelt als damals prognostiziert. Hohe Kapitalkosten, lang dauernde Genehmigungsverfahren für Nuklearanlagen und die fehlende öffentliche Akzeptanz sind dafür in erster Linie die Gründe. Deshalb und weil zusätzliche Uranvorräte exploriert wurden sowie in letzter Zeit auch demilitarisierter Brennstoff zunehmend genutzt wird, sind die Uranpreise seit Mitte der 1970er Jahre nicht gestiegen, sondern gesunken [3.95]. Auf Grund dieser Fakten besteht heute kein ökonomischer Anreiz in das kapitalintensive Schnellbrüter-Reaktorsystem zu investieren. Neben kleineren Aktivitäten in anderen Ländern wird allerdings von der Russischen Konföderation der Bau des BN-800 weiter verfolgt, nicht ohne Chancen einer internationalen finanziellen Beteiligung.

Für die »Entsorgung« – ein nur im deutschen Sprachgebrauch benutzter Begriff für die Weiterbehandlung des entladenen Brennstoffes aus den LWR's – werden aktuell zwei Möglichkeiten verfolgt:

- Energetische Nutzung des Pu über Wiederaufarbeitung und MOX-Einsatz sowie Verfestigung und Endlagerung des hochaktiven Abfalls und zumindest optional mit Wiederanreicherung des Urans.
- Verpackung und Endlagerung der entladenen Brennelemente mit endgültigem Verzicht auf den Energieinhalt, wenn nicht die rückholbare Variante gewählt wird (US Yucca Mountain, zeitlich begrenzte Rückholbarkeit).

Die nationalen Vorschläge für die direkte Endlagerung der Brennelemente unterscheiden sich verfahrenstechnisch und vor allem auch beim gewählten Wirtsgestein (Salz, Granit u.a.), sodass bei den publizierten Kostenschätzungen auch deshalb große Unterschiede auftreten. Von der OECD/NEA (Nuclear Energy Agency) [3.96] wird ein Bereich von 300–600 $ pro Kilogramm UOX angenommen, mit einer nur zweijährigen Zwischenlagerung würden Gesamtkosten von 400–900 $ pro Kilogramm UOX entstehen. Mit dem Mittelwert ergeben sich für einen DWR mit einem Abbrand von $\approx$ 43 GWd t$^{-1}$, spezifische Kosten von 0,19 $c kWh$^{-1}$. Von der AREVA (COGEMA) [3.39c] werden diese Kosten mit 0,17 €c kWh$^{-1}$ angenommen, was etwa 6% der Stromgestehungskosten ausmacht[1].

Für den Fall Wiederaufarbeitung (plus Transport, Zwischenlagerung, Verglasung, Endlagerung) werden von AREVA spezifische Kosten von 0,18 €c kWh$^{-1}$ angegeben, die sich bei zugelassenen Pu-Verlusten von 1–2% und aktuellen Wiederaufar-

---

[1] Die Gestehungskosten für Kernenergiestrom werden von der Royal Academy of Engineering 2004 [3.101] mit 2,3 pence (~3,3 €c)/kWh und von der EDF/ Commission Ampère [3.39] mit 3 €c/kWh einschließlich Wiederaufarbeitung und Abfallmanagement angegeben.

beitungs-Verfahrenskosten sogar auf 0,12 €c kWh$^{-1}$ reduzieren sollen. Mit dem Mittelwert der OECD/NEA ergeben sich die Wiederaufarbeitungskosten zu 0,29 €c kWh$^{-1}$. Aus neueren US-Publikationen [3.97, 3.98] lassen sich niedrigere, der AREVA näher kommende spezifische Kosten abschätzen, während bei der japanischen *Rokkasho Plant* mit wesentlich höheren Kosten gerechnet wird [3.99].

Geht man von den AREVA Kosten (0,18 €c kWh$^{-1}$) aus, die auf langjährigen industriellen Erfahrungen beruhen, ergibt sich für die Wiederaufarbeitung gegenüber der direkten Endlagerung, wenn überhaupt, nur ein sehr geringer Kostennachteil.

Das Recycling des Plutoniums in MOX-Brennelementen, machte 2003 etwa 2% des gesamten in Kernkraftwerken eingesetzten Brennstoffes aus. Mit dem geplanten Ausbau des MOX-Einsatzes wird schon für 2005 erwartet, dass sich die Akkumulation des Pu aus den LWR's nicht weiter fortsetzt; daneben soll auch für die Verbrennung des vorhandenen Waffen-Plutoniums (allein frühere Sowjetunion ≈150 t) MOX als Brennstoff genutzt werden [3.100]. In der Regel wird ein Drittel des DWR-Reaktorkerns mit MOX-Brennelementen bestückt. Häufig beträgt dabei der Pu-Gehalt 5% und als Uran wird das abgereicherte Uran (tails) aus der Anreicherung verwendet. Für einen Reaktor mit einer Erzeugung von 1 GW$_e$a a$^{-1}$ als Modell, werden ≈8,5 t MOX-Brennelemente benötigt, deren Pu aus der Wiederaufarbeitung von ≈48 t UOX-Brennelementen gewonnen wird. Für die WA entstehen dabei Kosten [3.96] von ≈50 Mio. \$, für die MOX-Brennelementfabrikation von ≈9 Mio. \$ und die Beladung der restlichen Zweidrittel des Kerns mit UOX-Brennelementen kostet ≈ 20 Mio. \$. Bei vollständiger Beladung des Kerns mit frischen UOX-Brennelementen belaufen sich jedoch die Kosten nur auf ≈30 Mio \$ (4% U$^{235}$). Um diese zusätzlichen Kosten für den MOX-Einsatz auszugleichen, müsste sich z. B. der Uranpreis vervielfachen. Bei Einbeziehung des Endlagers in die Bilanz, zukünftige Vielfachrezyklierung voraussetzend, wird allerdings eine drastische Senkung der Radiotoxizität und des Langzeit-Wärmeintrages erreicht, zudem ist der Raumbedarf um ein Mehrfaches geringer [3.29]. Dieser Bonus wird jedoch monetär sehr unterschiedlich eingeschätzt.

Sollten die im Abschnitt 3.2 beschriebenen Technologieentwicklungen zur Separierung der minoren Actiniden aus dem hochaktiven Extraktionsraffinat zum Erfolg führen und realisiert werden, muss mit erheblichen Mehrkosten für den wässrigen Prozess gerechnet werden. Für die nichtwässrige Wiederaufarbeitung gibt es nur sehr vorläufige Kostenschätzungen, das Argonne National Laboratory geht von geringeren Kosten als für den PUREX-Prozess aus.

# 4
# Gewinnung von Natururankonzentrat

## 4.1
## Vorräte und Bedarf

### 4.1.1
### Verteilung in der Natur und Verwendung

Die Uranverteilung im Weltall ist nicht homogen, Meteoriten enthalten z. B. ca. 0,008 ppm (1 g t$^{-1}$) Uran. Die ozeanische Erdkruste weist ca. 0,004 ppm Uran auf. Im Meerwasser sind durchschnittlich ungefähr 0,003 ppm Uran (je nach Standort bis zu 0,005 ppm) vorhanden. Bedeutend höher ist der Urangehalt in der kontinentalen Erdkruste, wo er durchschnittlich ca. 2,8 ppm beträgt. Lokal kann die Hintergrundkonzentration (z. B. im Granit) 4 bis 50 ppm Uran erreichen.

In den primären Mineralen erreicht die Uran-Konzentration 50 bis 90 %. Das am meisten verbreitete Uranmineral ist Uraninit ($UO_2$). In der Natur liegt Uran als komplexes Oxid, die Pechblende ($U_3O_8$ bzw. präziser [$U_2O_5 \cdot UO_3$]) vor, mitunter von sekundären Uranmineralien begleitet. Es sind mindestens 60 weitere Uranmineralien bekannt – meist komplexe Oxide, Silicate, Phosphate und Vanadate – von denen allerdings nur Coffinit, Brannerit und Carnotit von wirtschaftlicher Bedeutung sind.

Uran ist im hochoxidierten Zustand ($U^{6+}$) leicht löslich und liegt in natürlichen Wässern in Form von $UO_2^{2+}$-Ionen meist als Carbonat-, Sulfat- und Chloridkomplex vor. Die Löslichkeit von $U^{4+}$ ist erheblich niedriger, es fällt dementsprechend aus uranhaltigem Grundwasser unter reduzierenden Bedingungen aus oder wird an Gestein fixiert. Reduzierende Bedingungen in geologischen Formationen entstehen durch Anwesenheit von Carbonaten, Sulfiden, Kohlenwasserstoffen und Eisen/Magnesium Mineralien. Allerdings kann Uran ebenso unter natürlichen Bedingungen durch oxidierende Lösungen wieder mobilisiert (d. h. wieder aufgelöst) werden.

Natururan besteht aus 99,3 % $^{238}U$ und 0,7 % $^{235}U$. Sowohl $^{238}U$ als auch $^{235}U$, sind durch schnelle Neutronen spaltbar, aber lediglich die Isotope mit einer ungeraden Neutronenzahl, also $^{235}U$ und $^{233}U$[1] lassen sich mit thermischen Neutronen spalten.

Beide natürlich vorkommenden Isotope, $^{238}U$ und $^{235}U$, sind die Ausgangsnuklide für die Uran- bzw. Actiniumzerfallsreihen, die zur Entstehung von Radon ($^{226}Rn$) führen, das im Strahlenschutz der Uranbergwerke eine wichtige Rolle spielt. Ansonsten hat Uran eine relativ geringe spezifische Radioaktivität, sodass Uranmengen von weniger als einem Kilogramm ohne besondere Strahlenschutzmaßnahmen gehandhabt werden können. Uran ist jedoch ein toxisches Element und die geltenden Richtwerte sind Gegenstand einer aktuellen internationalen Überprüfung.

---

**1** $^{233}U$ ist ein künstliches Isotop, das aus natürlichem Thorium in Brutreaktoren oder CANDU-Reaktoren entsteht.

Seit den 1940/50er Jahren bis Mitte der 1960er Jahre wurde Uran meist für die Produktion von Kernwaffen verwendet. Seit der Erdölkrise 1973 steht die Verwendung von Uran (d. h. von angereichertem Uran-$^{235}$U) zur Herstellung von Reaktorbrennelementen im Vordergrund. Uran ist eine sehr effiziente Energiequelle: Die bei der bergbaulichen Gewinnung und Aufbereitung eines sehr geringhaltigen Erzes mit 50 ppm Urangehalt verbrauchte Energie beträgt nur 10 % der Energie, die durch den Einsatz des enthaltenen Urans in einem Kernkraftwerk gewonnen werden kann.

Auf Grund der hohen Dichte metallischen Urans (18,8 g cm$^{-3}$) lassen sich abgereicherte Uranrückstände aus den Isotopenanreicherungsanlagen (hauptsächlich aus $^{238}$U bestehend) für kompakte Strahlungsabschirmungen und bei der Fertigung ballistischer Waffen verwenden. Teilweise ist es auch zum Austarieren von Luftfahrzeugen und in Kielen von Jachten eingesetzt worden.

4.1.2
**Vorräte und Bedarf**

Seit Mitte der 1960er Jahre veröffentlichen die Nuclear Energy Agency, NEA der OECD und IAEA gemeinsam im Abstand von jeweils zwei Jahren einen Bericht mit dem Titel »Uranium – Resources, Production and Demand« (»Red Book«). Das Red Book von 2003 gibt eine Zusammenfassung der bekannten konventionellen Reserven, *Known Conventional Resources* (KCR) aus 44 Ländern an (mit erstmaliger Erfassung von Reserven aus China und Indien) und unterscheidet dabei zwischen hinreichend gesicherten Reserven, *Reasonably Assured Resources* (RAR), mit Erzeugungskosten unter 80 US\$ kg$^{-1}$ und geschätzten Reserven, *Estimated Additional Resources*, (EAR), Kategorie I mit Erzeugungskosten unter 130 US\$ pro Kilogramm Uran. Geographisch verteilen sich die KCR (d. h. RAR + EAR) Vorräte in der Welt hauptsächlich auf Australien (28 %), Kasachstan (18 %), Kanada (14 %), Südafrika (8 %), Namibia (6 %), Brasilien (4 %), die Russische Föderation (4 %), die USA (3 %) und Usbekistan (3 %).

Die Uranreserven in der Kategorie RAR mit Erzeugungskosten unter 80 US\$ kg$^{-1}$ wurden 2003 mit ca. 3,1 · 10$^6$ t angegeben und die zusätzlichen Reserven in der Kategorie EAR auf etwa 1,1 · 10$^6$ t geschätzt. Dies zeigt, dass der Umfang der Uranreserven in der Natur überwiegend eine Funktion des Markpreises ist und keiner Beschränkung aufgrund mangelnder Ressourcen unterliegt.

Der Uranbedarf für die Erzeugung der Kernenergie liegt ziemlich konstant bei ca. 60 000 t a$^{-1}$, d. h. schon die gesicherten Natururanreserven (RAR) reichen aus, die Nachfrage über 50 Jahre zu decken.

Seit etwa 1987 wird der Uranbedarf für die Kernreaktoren zunehmend auch aus sekundären Quellen gedeckt, und zwar aus:
- Verdünnung von hochangereichertem Uran (HEU) aus der Zerlegung von Kernwaffen;
- Verkäufen aus der Lagerhaltung von Staaten, Produzenten und Elektrizitätsversorgungsunternehmen (EVUs);
- Mischoxid-Brennstoff (MOX);
- Uran aus der Wiederaufbereitung;
- Wiederanreicherung aus Aufbereitungsrückständen.

2004 stammten ungefähr 30 000 t Uran aus sekundären Quellen. Laut Prognosen ist zu erwarten, dass sich das Angebot aus sekundären Quellen während des nächsten Jahrzehnts beträchtlich verringert. Gegenwärtig deckt die Produktion des Primärurans (2002 36 042 t) 54 % des Weltbedarfs; der Rest des Bedarfs entstammt sekundären Quellen.

## 4.2
### Erzgehalte und Förderung

Seit etwa den 1990er Jahren sind Kanada und Australien die führenden Uranproduzenten der Welt und nahezu 55 % der Weltproduktion kamen in den letzten Jahren von vier bis sechs Produktionsanlagen in Kanada und Australien. Die weltweite Produktion von Primäruran betrug 2003 ca. 35 772 t U (entspricht 42 186 t $U_3O_8$).

Vermerkt sei, dass sich die geographische Verteilung der Uranproduktion in der Welt von der Verteilung der KCR Vorräte unterscheidet. Das produzierte Uran kam zu 29 % (10 457 t U) aus Kanada, zu 21 % (7572 t U) aus Australien gefolgt von Kasachstan (3300 t U), Nigeria (3143 t U) und Namibia (2036 t U).

Die Urangehalte der gewonnenen Erze liegen im Bereich von 0,03 bis 25 % $U_3O_8$. Die Gewinnung von Uran aus geringhaltigen Erzen (< 0,1 % U) ist nicht nur mit hohen Produktionskosten, sondern auch mit unverhältnismäßig großen Umweltbeeinträchtigungen verbunden, die dann bei Schließung des Bergwerks zu erheblichen Sanierungskosten führen, wie das der Fall der Sanierung der Uranbergbaufolgen in Sachsen und Thüringen zeigt [4.1].

Die letzten 50 Jahre des Uranbergbaus zeichnen sich durch Erschließung von Lagerstätten mit immer höher werdenden $U_3O_8$-Gehalten aus. Diese Entwicklung lässt sich am Beispiel der kanadischen Lagerstätten darstellen:

- Die 1950/60 in Elliot Lake erschlossenen Bergwerke haben die Produktion wegen niedriger Urangehalte in den 1990er Jahren eingestellt.
- In den 1970er Jahren wurde der Erzkörper in Rabbit Lake im nördlichen Saskatchewan mit einem Erzgehalt von 0,3 % $U_3O_8$ aufgefahren; zu damaliger Zeit galt der Erzgehalt als hoch.
- Anfang der 1980er Jahre, als im Bergwerk in Key Lake der Abbau von Erzen mit einem $U_3O_8$ Gehalt von 2,5 % begann, bedeutete dieses einen Sprung zu Erzgehalten, die um eine Größenordnung reicher waren als in den sonstigen Lagerstätten.
- Anfang 2000, als die Lagerstätte McArthur River mit einem Erzgehalt von 15 % $U_3O_8$ aufgefahren wurde, vollzog sich ein Sprung um eine weitere Größenordnung.
- Bis 2010 wird die Eröffnung der neuen, hochwertigen Lagerstätten Cigar Lake und Midwest Lake in Saskatchewan und Kiggavik in den Northwest Territories erwartet. Der Erzkörper von Cigar Lake mit annähernd 339 000 Tonnen $U_3O_8$ erreicht bereits einen Erzgehalt von 25 % $U_3O_8$.

## 4.3
**Bergmännische Gewinnung**

Nach den Angaben der Nuclear Energy Agency der OECD für das Jahr 2003 stammten 41 % der Uranproduktion in der Welt aus Untertagebergbauen, 28 % aus Tagebauen, 20 % aus Laugungsbergbau und 11 % aus der Gewinnung als Nebenprodukt.

Die Urangewinnung war am wirtschaftlichsten als Neben- oder Beiprodukt, gefolgt von Uranerzförderung aus Bergwerken (Untertagebergbau und Tagebau) und schließlich von in-situ-Laugungsbergbau (ISL). Es wird erwartet, dass die Wirtschaftlichkeit von ISL durch Einführung von neuen Technologien sowohl gesteigert als auch umweltfreundlich gestaltet werden kann und der ISL-Anteil an der Gesamturanproduktion künftig zunehmen wird.

### 4.3.1
**Gewinnung als Neben- oder Beiprodukt**

Uran gilt als Nebenprodukt, wenn es einer von zwei Rohstoffen ist, die gleichermaßen für die Rentabilität eines Bergbaubetriebs verantwortlich sind, wie es bei der Koproduktion von Uran und Kupfer aus dem Untertagebergwerk von Olympic Dam in Australien der Fall ist; 2003 wurden hier 2693 t Uran als »Nebenprodukt« gewonnen.

Uran stellt ein Beiprodukt dar, wenn es ein sekundäres oder zusätzliches Produkt ist. Dieses trifft z. B. für die Urangewinnung in den Goldminen des Vaal Reefs in Südafrika zu, wo 2003 immerhin 758 t Uran produziert wurden.

In der Phosphatdüngemittelindustrie in den USA wurde Uran als Beiprodukt bei der Herstellung von Phosphorsäure aus marinen Phosphatsedimentgesteinen gewonnen, das in den Lagerstätten von Florida zwischen 0,005 und 0,03 % $U_3O_8$ enthielt (ähnliche Vorkommen in Idaho, Montana, Wyoming und Utah) (s. auch Phosphor und Phosphorverbindungen, Bd. 3, Abschn. 2.1.3.4).

Die Gewinnung von Uran aus Kohle, Schieferton und Granit ist in kleinem Rahmen praktiziert worden. Obwohl gegenwärtig ohne wirtschaftliche Bedeutung, wurde die Gewinnung von Uran aus Süss- und aus Meerwasser (wegen der großen Mengen des enthaltenen Urans) eingehend getestet und als technologisch machbar nachgewiesen. Die Gewinnung von Uran als Beiprodukt der Wasserbehandlung von Grubenwässern wird manchmal auch praktiziert, wobei dieses meist aus der Sicht der Verringerung der Umweltbelastung und nicht aus Gründen der Wirtschaftlichkeit erfolgt.

### 4.3.2
**Haufen- und In-Situ-Laugung**

Bei geeigneter Mineralogie und geologischem Milieu können verschiedene Laugungsmethoden zur Gewinnung von Uran aus geringhaltigen Erzen direkt im Feld eingesetzt werden.

*Haufenlaugung*: Geringhaltige Erze mit vierwertigem Uran werden häufig aufgehaldet, um eine Oxidation zum sechswertigen Uran durch die Außenluft zu unterstützen, wobei der Prozess mitunter durch bakterielle Aktivität unterstützt wird. Die Erzhaufen werden über einem Sammelsystem angelegt, unter dem sich eine undurchlässige Folie befindet. Auf die Oberfläche der Haufen wird verdünnte Schwefelsäure aufgebracht und das Uran überwiegend als Sulfatkomplex $[UO_2(SO_4)]_2^{2-}$ ausgelaugt. Saure Haufenlaugungen von gebrochenen Erzen gehören in Australien zu den regulären Urangewinnungsmethoden an vielen Standorten. Durch Haufenlaugung kann eine beträchtliche Menge (50–75 %) des Urans aus dem Erz gewonnen werden. Das Sickerprodukt der Haufenlaugung wird gefasst, und das Uran durch Ionenaustausch oder Lösemittelextraktion extrahiert. Nachdem die Laugung beendet wurde, muss das verbleibende Erzhaldenmaterial entweder umgelagert oder *in situ* saniert werden, um eine unkontrollierte Ausbreitung der verbleibenden Schadstoffe (meist Thorium, Radium und Folgeprodukte) zu vermeiden.

*In-situ-Laugung (ISL)*: Bei ISL oder Laugungsbergbau wird in das Erzvorkommen über Aufgabebohrlöcher eine saure oder alkalische Laugungsflüssigkeit injiziert. Die Extraktion erfolgt untertage durch Oxidation und Komplexierung des Urans. Nach der Mobilisierung des Urans wird die uranhaltige Flüssigkeit mittels Gewinnungsbohrlöcher zur Tagesoberfläche gefördert. Die Lauge wird nach Abtrennung des Urans über Produktionsbohrungen in die Lagerstätte zurückgeführt. Für ISL eignen sich Lagerstätten, die sich in durchlässigen Sandsteinen und Sandformationen befinden und unter dem Grundwasserniveau liegen. Aus der Sicht der Wirtschaftlichkeit ist die Anwendung von ISL insbesondere für kleine und geringhaltige Lagerstätten geeignet. Das Verfahren hat den Vorteil, dass die Tagesoberfläche fast nicht gestört wird, keine Abraumhalden oder Aufbereitungsrückstände entstehen, keine Staubentwicklung erfolgt und die Radonexhalation minimal bleibt.

Die ISL-Förderung von Uran wurde Anfang der 1960er Jahre in Wyoming, USA begonnen. Seit Schließung vieler konventioneller Aufbereitungsanlagen hat die in-situ-Laugung in den USA stark zugenommen und gegenwärtig sind mehr als 30 ISL-Felder im Betrieb. Der Laugungsbergbau in den USA erfolgt mit alkalischen Lösemitteln und liefert ca. 85 % der Uranproduktion.

In Australien, in Beverley (und Honeymoon) wird eine ISL-Laugung mit schwacher Säure, unterstützt durch Sauerstoffzufuhr, aus nichtkonsolidierten Sandsteinlagerstätten erfolgreich praktiziert. In 2003 wurden in Beverley mit dem Verfahren 584 t Uran gewonnen.

Laugungsbergbau gehört in Russland, Kasachstan, Usbekistan und China zu den gängigen Verfahren der Urangewinnung. Gleichzeitig muss darauf hingewiesen werden, dass Laugungsbergbau mit konzentrierter Säure, wie in der Vergangenheit in der Tschechischen Republik (Straz pod Ralskem), Bulgarien und vor allem in Kasachstan und Usbekistan betrieben wurde, heute komplexe Sanierungsprobleme verursacht.

*Blocklaugung*: Bei der Blocklaugung wird ein durch Sprengung aufgelockerter Gesteinsblock in seiner ursprünglichen Lage in einem Untertagebergwerk gelaugt. Die Einführung der Blocklaugung in einem Untertagebergwerk ist dann sinnvoll, wenn die Wirtschaftlichkeit eines konventionellen Untertagebergbaus wegen sinkender Erzgehalte nicht mehr gegeben ist. Das frühere Uranbergwerk in Königstein bei Dresden, liefert ein Beispiel für diese Gewinnungsmethode. Die Extraktion wurde durch Aufgabe einer Schwefelsäurelösung (2 g L$^{-1}$) in den oberen Teil einzelner Laugungsblöcke eingeleitet und die Reichlauge wurde am unteren Ende des Blocks aufgefangen. Die Blöcke waren 100 × 100 m bis zu 300 × 500 m groß und bis zu 25 m hoch. Die Laugung der Blöcke erfolgte vier bis sechs Jahre lang. Der durchschnittliche Erzgehalt lag um 530 ppm $U_3O_8$. Insgesamt wurden in Königstein mit Laugungsbergbau ca. 9500 t U über eine Zeitspanne von 10 Jahren gewonnen. Wegen der Gefahr der Kontamination eines Grundwasserreservoirs, das sich oberhalb der Lagerstätte befindet, muss in diesem Fall die Schließung des Bergwerks als eine aufwändige »kontrollierte« Flutung durchgeführt werden [4.2].

### 4.3.3
### Übertage- und Untertagebergbau

Die Machbarkeit der Urangewinnung im Tagebau ist vornehmlich vom Verhältnis Erz zu Abraum abhängig, in diesem Sinne war z. B. die Tagebau-Gewinnung von reichen Erzen in Key Lake, Kanada auch bei einem hohen Abraum/Volumen wirtschaftlich gewesen.

Der größte Urantagebau der Welt ist die Rössing Mine in Namibia, die 2003 2036 t Uran produzierte. Eine bedeutende Produktionsmenge (1126 t U) stammte 2003 aus dem Tagebau in Arlit in Nigeria.

Viele Bergwerke beginnen als Tagebau und werden später als Untertagebergbau fortgesetzt. Beispiele dafür sind zwei Bergwerke in Kanada, der Tagebau von McClean Lake, der 2003 eine Produktion von 2318 t U hatte, und Rabbit Lake, z. Zt. ein Untertagebergwerk mit einer Produktion von 2281 t U im Jahr 2003.

Die Machbarkeit des Untertagebergbaus fängt dort an, wo die Wirtschaftlichkeit des Tagebaus aufhört, aber der Erzgehalt hoch genug ist, die Kosten des Untertagebergbaus zu rechtfertigen, wie das in McArthur River, Kanada, der Fall ist (2003 lag die gemeinsame Produktion von McArthur River und Key Lake bei 5831 t U).

Ein bedeutender Beitrag zur Uranproduktion (2017 t U) kam 2003 auch aus dem Untertagebergwerk von Akouta in Nigeria.

Die »neuen« Untertagebergwerke Cigar Lake und Midwest Mine in Kanada werden ca. 7000 t Uran bzw. 2200 t Uran pro Jahr produzieren.

In Uranbergwerken muss neben der konventionellen Bergsicherung auch der radioaktiven Kontamination und Strahlung Rechnung getragen werden. Um einer Belastung der Bergleute durch Radon und Radon-Folgeprodukte vorzubeugen, ist es essentiell, die Bewetterung im Bergwerk strahlenschutzgerecht zu bemessen.

Hinsichtlich der Sicherung der Uranförderkapazität soll darauf hingewiesen werden, dass die Energieversorgungsunternehmen erfahrungsgemäss eine Vorlaufzeit von ungefähr acht Jahren benötigen, um Uranlieferungen und Anreicherungsleistungen vertraglich zu sichern, bevor der tatsächliche Bedarf in den Kraftwerken entsteht.

## 4.4
## Aufschluss und Extraktion

Die Tatsache, dass die Aufbereitung der Uranerze in den letzten zwanzig Jahren mit dem stetig steigenden Erzgehalt – und zwar um mehr als zwei Größenordnungen – Schritt halten musste, führte zur Konsolidierung der Aufbereitungsprozesse, die bereits in den 1980er Jahren gut entwickelt vorlagen. Die Fließschemata der Uranaufbereitung vor 1970 sind in [4.3] dokumentiert. Die Entwicklungen der 1980er und 1990er Jahre wurden in zwei Publikationen der IAEA zusammengefasst [4.4, 4.5]. Das gegenwärtig am häufigsten benutzte Verfahren zur Gewinnung von Uran aus dem Erz ist in Abbildung 4.1 dargestellt.

### 4.4.1
### Brechen und Mahlen

Das gewonnene Erz wird gebrochen und gemahlen (s. Mechanische Verfahrenstechnik, Bd. 1, Abschn. 5.2), um die Urankörner für die Aufbereitung aufzuschließen. Die Erzaufbereitung beginnt bereits während des Abbaus mit der Untersuchung des Erzgehalts, Vorauswahl des abzubauenden Erzes und anschließender Vermischung der Erze, um ein einheitliches Aufgabegut für die Aufbereitung zu erhalten und Gehaltsschwankungen auszugleichen. Erz aus Randzonen wird am Bergbaustandort für eine spätere Vermischung mit Reicherz aufgehaldet. Die Notwendigkeit einer Zwischenlagerung kann eine zeitweilige Aufhaldung am Bergbau- oder am Aufbereitungsstandort erforderlich machen. Der erste Schritt in der Aufbereitungsanlage ist das Wiegen und die Bestimmung des Feuchtegehalts. Genaue Bestimmungen sind für eine nachvollziehbare Abrechnung zwischen Bergwerk und Aufbereitungsbetrieb sowie für die metallurgische Buchführung im Aufbereitungsbetrieb von wesentlicher Bedeutung. Sowohl die Handhabung als auch die Aufbereitung des Erzes sind von Feuchtigkeit, Klebrigkeit (kann die Lagerung in Silos einschränken), Kalkgehalt, Gehalt an Molybdän oder organischen Substanzen, Anteil harten oder klebrigen Gesteins (kann bei Uranextraktion einschränkend wirken) abhängig. Nach dem Brechen wird das Erz auf seinen Metallgehalt beprobt und in Silos gespeichert, um das Mischen und Steuern der Aufgabe bei der Aufbereitung zu erleichtern. Das gebrochene Erz wird in Kugel- oder Stabmühlen auf Korngrößen zwischen Sand- und Schlufffraktion gemahlen, wodurch die Uranmineralien freigelegt werden. Der erforderliche Mahlgrad wird durch die Beschaffenheit des Erzes und die Anforderungen des Extraktionsprozesses bestimmt, so verlangen z. B. geringhaltige Erze ein sehr feines Aufmahlen, was jedoch anschließend die Konsolidierung der eingespülten Tailings hemmt [4.6].

### 4.4.2
### Erzlaugung

Wenn das Uran im Erz in geeigneter Form vorliegt, kann der Laugung eine Flotationsstufe vorgeschaltet werden (z. B. bei sulfidhaltigen Erzen oder in Fällen, wo

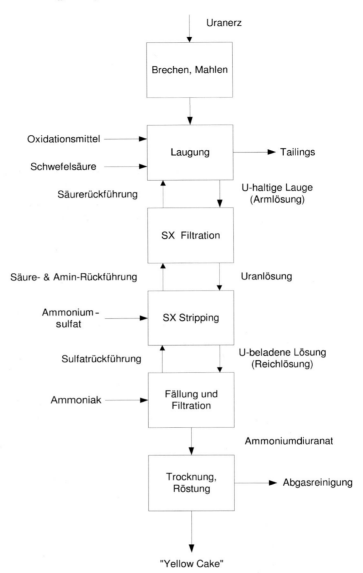

**Abb. 4.1.** Schema des gegenwärtig meist genutzten Verfahrens zur Gewinnung von »Yellow Cake« aus Uranerz

eine Trennung von hoher und niedriger Kalkfraktion für eine getrennte alkalische und saure Aufbereitung durchgeführt wird). Eindeutige wirtschaftliche Vorteile können jedoch selten aufgezeigt werden, vor allem wenn die Flotation zu einer Erhöhung der Urankonzentration in den Tailings führt. Sehr feinkörnige Mineralien und schluffhaltige Erze sind für die Flotation ungeeignet.

Da sich die Aufgabeerze stark in ihrer Zusammensetzung unterscheiden und ein breites Spektrum von unerwünschten Elementen enthalten, wird die Laugung (und Gewinnung) den Eigenschaften des jeweiligen Erzes angepasst. Generell wird immer der effizienteste Gewinnungsprozess gesucht. Durch Laugung werden die Urankörner im gemahlenen Erz bei Zugabe des Oxidationsmittels, d.h. mit verdünnter (Schwefel-)Säure gelöst:

$$UO_3 + 2\,H^+ \longrightarrow UO_2^{2+} + H_2O$$

$$UO_2^{2+} + 3\,SO_4^{2-} \longrightarrow UO_2(SO_4)_3^{4-}$$

Bei saurer Laugung erfolgt also eine Oxidation von Uran, wobei $UO_2$ als $UO_2(SO)_4$ und als anionischer Komplex $[UO_2(SO_4)_2]^{2-}$ in Lösung geht. Die Vorteile der sauren Laugung gegenüber alkalischer Laugung liegen in der höheren Ausbeute und in der mindestens doppelt so schnellen Lösung des Urans (Hälfte der Verweilzeit), die bei niedrigeren Temperaturen erfolgen kann. Die wichtigste Variable der Laugung ist die Verweilzeit, die Hauptparameter sind Mahlgrad, Säurekonzentration, Aufrechterhaltung der Oxidationsbedingungen, Laugungstemperatur (die in Abhängigkeit von der angestrebten Laugungszeit gewählt wird) und Aufrechterhaltung der optimalen Dichte und Viskosität der Trübe (hoher Schluffanteil und übermäßige Mahlung können eine zu hohe Dichte verursachen). Die Laugung mit Schwefelsäure wird gegenwärtig bei der Uranaufbereitung bevorzugt eingesetzt.

Bei geeigneten Erzen kann eine alkalische (carbonatische) Laugung vorgenommen werden, da Alkali- und Ammoniumcarbonatsalze die Fähigkeit haben, Uran als Uranyltricarbonat-Komplex, $[UO_2(CO_3)_3]^{4-}$, zu lösen. Die carbonatische Laugung ist besonders für Erze mit hohem Carbonatgehalt geeignet. Diese alkalische Laugung läuft bedeutend langsamer als die saure Laugung. Aus wirtschaftlichen Gründen muss die carbonatische Laugung in einem geschlossenen Kreislauf erfolgen, um die Lösungen zurückgewinnen und rezyklieren zu können. Bei alkalischer Laugung mit Natriumcarbonat/Natriumhydrogencarbonat (bei 40 bzw. 20 g L$^{-1}$) lässt sich jedoch eine hochgradig selektive Trennung des Urans erzielen. Die Reinheit der erhaltenen carbonatischen Reichlauge ist sogar ausreichend für eine direkte Fällung des Urans als Natrium- oder Magnesiumdiuranat. Die alkalische Laugung wird gegenwärtig selten verwendet.

Wenn der Erzmahlgrad geeignet gewählt wurde, kann die Reichlauge von der Trübe ohne größere Schwierigkeiten geklärt werden (z. B. in Waschklassierern).

Bei der Trennung der Reichlauge von der Trübe fallen große Mengen von Rückständen (Tailings) an, die eine Anzahl von potentiell gesundheitsgefährdenden Elementen wie Radium und Zerfallsprodukten sowie sonstige vergesellschaftete toxische Elemente (z. B. Arsen) mit sich führen können. Aus diesem Grund müssen die industriellen Absetzanlagen (Schlammteiche), in welche die Tailings abgeleitet werden, einen sicheren Einstau während der Betriebsphase gewährleisten und nach der Außerbetriebnahme stabilisiert und abgedeckt (saniert) werden [4.6].

### 4.4.3
**Trennung und Herstellung des Urankonzentrats**

Vor der Entwicklung geeigneter Lösemittel in den 1970er Jahren waren Ionenaustauscher (z. B. Ammoniumharze in Polystyrol-Kügelchen) die meist verbreitete Methode der Urangewinnung aus der Laugungslösung. In den 1970er Jahren ist eine Reihe von Uranextraktionsverfahren entwickelt worden, die die Extraktion mit organischen Lösemitteln vornahmen (Solvent Extraction, SX).

In der gegenwärtigen Praxis hat sich das Lösemittelverfahren (SX-Verfahren) mit tertiären Aminen in Mischabsetzern (Mixer-Settlers) und der anschließenden Extration (Stripping) mit Ammoniumsulfat am weitesten etabliert.

Nach saurer Erzlaugung liegt das Uran als Uranylsulfatkomplex vor. Die Reichlauge wird durch eine Klärvorrichtung und Sandfilter geführt, um den Schwebstoffanteil zu verringern (unter 20 mg L$^{-1}$), bevor sie in die Lösemittelextraktionsstufe geleitet wird. Die Lösemittelextraktion aus der wässrigen Lauge erfolgt im Gegenstromverfahren mit einem nicht mit Wasser mischbaren Lösemittel, das als »flüssiger Anionenaustauscher« dient. Als Lösemittel werden tertiäre Amine (z. B. Trioctylamin) benutzt, die in Kerosin gelöst sind. Die Überführung des Urankomplexes in die organische Phase erfolgt nach:

$$2\, R_3N + H_2SO_4 \longrightarrow (R_3NH)_2SO_4$$

$$2(R_3NH)_2SO_4 + UO_2(SO_4)_3^{4-} \longrightarrow (R_3NH)_4UO_2(SO_4)_3 + 2\, SO_4^{2-}$$

»R« steht für eine Alkylgruppe

Anschließend können aus dem uranhaltigen Lösemittel die Verunreinigungen entfernt werden, die Kationen mit Schwefelsäure bei pH 1,5 und die Anionen mit gasförmigem Ammoniak.

Das Uran wird dann aus dem organischen Lösemittel in einer Extraktionsstufe (Stripping-Stufe) im Gegenstromverfahren in eine wässrige Lösung extrahiert. In Abhängigkeit davon, welche störenden Elemente mit zugegen sind, wird zum Waschen (Strippen) eine Ammoniumsulfat-, Natriumchlorid- oder Natriumhydroxid-Lösung verwendet.

$$(R_3NH)_4UO_2(SO_4)_3 + 2\, (NH_4)_2SO_4 \longrightarrow 4\, R_3N + (NH_4)_4UO_2(SO_4)_3 + 2\, H_2SO_4$$

Bei Uranextraktion aus Laugen der Haufen- oder Untertagelaugung mit geringem oder schwankendem Gehalt werden weiterhin Ionenaustauscher-Kolonnen eingesetzt.

Die Uranlösung muss vor der Fällungsstufe als eine reine Lösung ohne suspendierte Feststoffe vorliegen.

### 4.4.4
**Fällung, Trocknung und Rösten von Yellow Cake**

Die abschließende Fällung aus der angereicherten Lösung, wo Uran als $[UO_2(SO_4)]_2^{2-}$ vorliegt, erfolgt durch Zuführung von Ammoniakgas (oder mit Kalk bzw. Magnesium). Alternativ kann auch Wasserstoffperoxid für die Fällung verwendet werden.

Durch die Aufgabe von Ammoniak wird Uran als Ammoniumdiuranat (ADU) ausgefällt:

$$2\,\mathrm{NH_3} + 2\,\mathrm{UO_2(SO_4)_2^{2-}} \longrightarrow (\mathrm{NH_4})_2\mathrm{U_2O_7} + 4\,\mathrm{SO_4^{2-}}$$

Bei carbonatischer Laugung, wo $[\mathrm{UO_2(CO_3)}]_3^{4-}$ vorliegt, erfolgt die Uranfällung durch Aufgabe von Natriumhydroxid, wodurch der pH-Wert auf fast 12 angehoben wird, bei dem das Uran als Natriumuranat ausfällt.

Während der Entwässerung der Uran-Suspension können mehrere zusätzliche Filter- und Waschstufen notwendig werden. Die Trocknung der Suspension erfolgt entweder kontinuierlich in der Aufbereitungsanlage oder nachdem die Suspension in eine zentrale Trocknungsanlage transportiert wurde (kanadische Praxis). Um einen besonders niedrigen Wassergehalt zu erzielen und das Ammonium (oder Sulfat, oder Chlorid) aus dem Produkt auszutreiben, wird der Yellow Cake bei Temperaturen von 750 °C geröstet. Das getrocknete Produkt enthält 70 bis 90 % Massenanteil Uranoxid und wird in 55-Gallonen-Fässern (205 L) verpackt. Die maximale Menge von Yellow Cake in einem Fass ist auf 1000 Pounds (450 kg) begrenzt. Normalerweise liegen die Mengen von Yellow Cake pro Fass zwischen 650 und 950 Pounds (270 bis 400 kg). Nach Abfüllung der Fässer erfolgt eine genaue Gewichtskontrolle und vor dem Versand werden die Fässer versiegelt. Nach internationalem Recht ist der Versand lediglich in solche Länder zulässig, die den »Nuclear Non-Proliferation Treaty« unterzeichnet hatten.

Der Yellow Cake stellt das Ausgangsmaterial für die Herstellung von Kernbrennstoff dar. Kommerzielle Reaktoren benötigen in der Regel Uran, dessen Reinheit über 99,98 % liegt und das nicht mehr als 0,00002 % »Reaktorgifte« (Elemente/Nuklide mit einem großen Neutroneneinfangquerschnitt, wie beispielsweise B, Cd, Dy) enthält.

## 4.5
### Neue Entwicklungen

Im Ergebnis des stetigen Bestrebens nach Kostensenkung der Uranproduktion, Minimierung der Strahlenexposition für Beschäftigte und Bevölkerung, Reduzierung der Umweltbeeinträchtigungen und Suche nach effizienten Sanierungslösungen ist eine Vielfalt von innovativen Lösungen in der Uranindustrie entstanden.

In den neuen Uranbergwerken in Kanada (z. B. McArthur River) sind die Bergbauarbeiten in hohem Maße automatisiert und die betroffenen Aufbereitungsanlagen sowie relevante Arbeitsprozesse aus der Sicht des Strahlenschutzes optimiert.

Die gegenwärtigen Entwicklungsarbeiten zum Einsatz von Robotern im Bergbau haben das Potenzial, sowohl die Effizienz als auch die Bergsicherung und den Strahlenschutz im Uranbergbau qualitativ auf ein vollkommen neues Niveau zu stellen. Durch »robotic mining« könnte die Wettbewerbsfähigkeit der Uranproduktion auch langfristig gesichert werden.

Die erst seit kurzer Zeit bekannt gewordenen Anwendungen von RIP-(Resin-in-

Pulp-) und RIL-(Resin-in-Leachate-)-Verfahren in der ehemaligen UdSSR (und im ehemaligen Einflussbereich der UdSSR) führten zur Entwicklung sehr widerstandsfähiger Ionenaustauscherharze, die auch bei Gesamterztrüben von 50% Feststoffmassengehalt eingesetzt werden können. In den genannten Verfahren wurden Anionenaustauscherharze in Körben direkt in die Trübe getaucht, die sich in einer Reihe mechanisch oder pneumatisch gerührter Behälter (Pachucas) befanden. Die Vorteile des Verfahrens liegen in der Möglichkeit, die Gesamterztrübe einzusetzen und das Uran auch bei hohen Feststoffgehalten aus der Trübe zu extrahieren; in der westlichen Welt werden Ionenaustauscher lediglich in Feinschlammtrüben mit 12 bis 20% Feststoffgehalt eingesetzt. Die Nutzung von widerstandsfähigen Harzen und die Integration dieses Verfahrens in die gegenwärtige Lösemittelextraktionspraxis könnten die Uranverluste bei der Erzlaugung verringern, die bei Anwesenheit von Schiefern, Tonen und Zeolithen in der Trübe auftreten. Effizienzsteigerungen könnten durch Einsatz des RIP-Verfahrens in der Gesamterztrübe und Einsatz von RIL im Gegenstromverfahren in einem Pachuca-Behältersystem mit sieben bis neun Stufen erzielt werden (siehe auch 2 Rohstoffaufbereitung, Bd. 6a, Abschnitt 3.4.2.1), wobei das Harz von der Lauge in jeder Stufe auf Vibrationssieben getrennt wird.

Während der letzten 15 Jahre hat eine Optimierung der Urangewinnung aus der Sicht der Umweltaspekte stattgefunden. Dazu zählt die Integration der Abfallentsorgung in die Erzaufbereitung, die Rückführung von Chemikalien und Wasser in den Betriebskreislauf sowie bessere Vorkehrungen für die Entsorgung von Aufbereitungsrückständen, die Wasserbehandlung der Einleitungen und/oder die Einführung von einfachen aber wirksamen Maßnahmen, wie die Verwendung von umweltverträglichen Chemikalien im Aufbereitungsprozess.

Die Erfahrungen aus der Schließung und Sanierung von Bergbau- und Aufbereitungsstandorten in den UMTRA- (USA) und WISMUT- (Deutschland) Sanierungsprojekten liefern wertvolle Hinweise für die Planung und den Betrieb von Uranbergwerken, sodass die Entstehung von späteren Sanierungsproblemen bereits in der produktiven Bergbauphase vermieden werden kann.

## 5
**Verglasung hochradioaktiver Flüssigabfälle**

Hochradioaktive Flüssigabfälle stellen aufgrund ihrer Dispersibilität ein hohes Gefährdungspotenzial für die Biosphäre dar. Konsequentes Ziel der international verfolgten Strategie ist die Überführung dieser Abfälle in eine feste, langzeitstabile Form und ihre anschließende finale Lagerung in geeigneten geologischen Formationen. Aus einer Reihe in Frage kommender Materialien haben speziell entwickelte Gläser ihre Eignung als Immobilisierungsmatrix bewiesen. Ihre Eigenschaften können so eingestellt werden, dass sie sowohl kompatibel mit den herstellungstechnischen Anforderungen als auch mit den Stabilitätskriterien für den dauerhaften Verbleib in einem geologischen Endlager sind. Für den Einschmelzprozess des Abfalls in Glas hat sich die Terminologie »Verglasung« etabliert.

Der Prozess der Verglasung hochradioaktiver Abfälle muss aufgrund des hohen Radioaktivitätsinventars in abgeschirmten, fernbedienten heißen Zellen durchgeführt werden. Die Kombination von hoher Strahlungsintensität und hohen Prozesstemperaturen erfordert besonders hoch entwickelte Technologien, die den heute geltenden Sicherheitsansprüchen und der Durchführung unter Heißzellenbedingungen gerecht werden.

## 5.1
### Charakterisierung hochradioaktiver Flüssigabfälle

Die Charakterisierung hochradioaktiver Flüssigabfälle erfolgt auf der Basis radiologischer und chemischer Kenngrößen, aus denen sich die für die endlagergerechte Konditionierung relevanten Eigenschaften ableiten lassen [5.1]. Die Eigenschaften der Flüssigabfälle sind bestimmt durch den Kernbrennstoff, die Bestrahlung im Reaktor und durch die chemischen Prozesse bei der nachfolgenden Wiederaufarbeitung. Wesentlich für die Beschaffenheit des Flüssigabfalls sind die Bedingungen während der drei Hauptphasen der Entstehung
- Im Reaktor (Reaktortyp, Kernbrennstoff, Abbrand etc.)
- Bei der Wiederaufarbeitung (Prozessbedingungen, Prozesschemikalien bzw. Additive, Trennschärfe des Prozesses, etc.)
- Bei der Lagerung (Abklingzeit, Konzentrierungsfaktor, Elemente/Verbindungen aus der Behälterkorrosion)

Die elementspezifische Zusammensetzung der Flüssigabfälle ist primär eine Folge der im Reaktor abgelaufenen Kernumwandlungsprozesse, bei denen eine Vielzahl von Isotopen verschiedener Elemente erzeugt wird, die sich wiederum aufgrund ihres Zerfalls zeitabhängig in andere Elemente umwandeln. Die chemische Zusammensetzung der Abfälle ist daher einem ständigen Wandel unterzogen, der sich allerdings bei längerer Abklingzeit stark verlangsamt. Neben dem Elementspektrum als Folgeprodukt der Kernspaltung gibt es weitere Quellen, die die Abfallzusammensetzung beeinflussen. Hierzu zählen chemische Additive, die im Zuge des Wiederaufarbeitungsprozesses zugesetzt werden und die quantitativ in die Abfalllösung gelangen. Die auf dem PUREX-Prozess basierende Wiederaufarbeitung hinterlässt eine aggressive salpetersaure Lösung, die einen weiterer Materialeintrag in den Flüssigabfall durch Korrosion der Prozessapparate während des Wiederaufarbeitungsprozesses sowie in der nachfolgenden Tanklagerung bewirkt. Zur Reduktion des Korrosionsabtrages wurden vor allem in US-Anlagen die säurehaltigen Flüssigabfälle neutralisiert.

Die radiologische Klassifikation erfolgte früher in schwach-, mittel- und hochaktive bzw. heute in Wärme erzeugende und nicht Wärme erzeugende Abfälle. Hochradioaktive Flüssigabfälle gehören zur ersten Gruppe. Die radiochemischen Eigenschaften der Abfälle werden im Wesentlichen durch den Abbrand, die Trennschärfe der Wiederaufbereitung und die Abklingzeit zwischen Reaktorentladung und Verglasung bestimmt. Prozesschemikalien und Korrosionsprodukte liefern zwar keinen Beitrag zur Radioaktivität, beeinflussen aber die chemischen Eigenschaften der

Lösung wesentlich. Die radiochemischen Daten der Abfälle sind sowohl für ihre weitere Behandlung als auch für die Belange des Endlagers von Bedeutung.

Aufgrund der Natur ihrer Entstehung variiert die Charakteristik hochradioaktiver Flüssigabfälle stark sowohl hinsichtlich ihrer chemischen als auch ihrer radiologischen Eigenschaften. So weisen beispielsweise Abfälle aus Reaktoren zur kommerziellen Stromerzeugung ein deutlich anderes Spektrum an Elementkonzentrationen auf als solche aus der Kernwaffenproduktion. Generell enthalten die Abfälle ca. 50 verschiedene chemische Elemente. Nicht neutralisierte Flüssigabfälle aus dem PUREX-Prozess (s. Abschnitt 3.3.3) enthalten den überwiegenden Teil der Feststoffe als Nitratverbindungen bzw. Nitratkomplexe in gelöster Form. Abbildung 5.1 zeigt das Beispiel der Elementzusammensetzung eines Abfalls, der in der Wiederaufarbeitungsanlage Karlsruhe (WAK) erzeugt wurde. Die aus den Kernreaktionen resultierenden Elemente sind in Spaltprodukte und Actiniden unterschieden. Der gesamte Feststoffgehalt der Lösung, ausgedrückt als Oxidrückstand nach einer Temperaturbehandlung > 800 °C, beträgt 121 g L$^{-1}$ bei einem Gehalt an freier Säure von 2,5 mol L$^{-1}$ HNO$_3$. Die spezifische Aktivität dieses Abfalls liegt bei ca. $1{,}1 \cdot 10^{13}$ Bq L$^{-1}$. Hauptaktivitätsquellen in diesem Abfall sind die im Gleichgewicht stehenden Isotopenpaare $^{137}$Cs/$^{137\,m}$Ba und $^{90}$Sr/$^{90}$Y mit ca. 97 % der gesamten $\beta/\gamma$-Aktivität. Die durch die Actiniden erzeugte $\alpha$-Aktivität liegt um etwa zwei Größenordnungen unterhalb der $\beta/\gamma$-Aktivität.

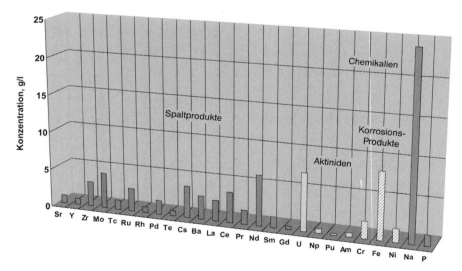

**Abb. 5.1** Typische elementspezifische Zusammensetzung eines hochradioaktiven Flüssigabfalls. Aufteilung der einzelnen Bestandteile in Gruppen entsprechend ihrer Herkunft. Elemente in sehr niedriger Konzentration (z. B. Se 0,08 g L$^{-1}$) sind weggelassen. Spezifische Aktivität ca. $1{,}1 \cdot 10^{13}$ Bq L$^{-1}$, Oxidgehalt 121 g L$^{-1}$, Säuregehalt 2,5 mol L$^{-1}$ HNO$_3$.

## 5.2
### Gläser zur Langzeitfixierung der Radioaktivitätsträger

Das derzeitige international favorisierte Konzept zur sicheren Entsorgung hochradioaktiver Abfälle basiert auf der Konditionierung und nachfolgenden Einlagerung in geeigneter tiefer Gesteinsformation für geologische Zeiträume zum Schutz der Biosphäre gegen Strahlung. Diese hält aufgrund des Vorhandenseins der Actiniden im Abfall bis zu einem Zeitraum von einer Million Jahren an. Die Strategie verlangt die vorherige Immobilisierung der Flüssigabfälle in einer geeigneten Matrix (Konditionierung), die neben der chemischen Langzeitstabilität und Strahlenbeständigkeit auch die prozesschemischen Anforderungen der Immobilisierungstechnologie erfüllt. Aus dem Spektrum in Frage kommender Materialien weisen Gläser aus der Gruppe der Alkaliborosilicatgläser alle geforderten Merkmale auf und werden seit dem Ende der 1970er Jahre weltweit industriell zum Einschmelzen hochradioaktiver Flüssigabfälle eingesetzt. Solche Gläser erlauben den Einbau einer Vielzahl chemischer Elemente in variablen, nichtstöchiometrischen Mengenverhältnissen in ihre Netzwerkstruktur. Es handelt sich um oxidische Gläser, deren Netzwerk im Wesentlichen über Sauerstoffbrücken aufgebaut ist. Fremdsubstanzen werden in der Regel als Oxide unter Aufbrechung der Sauerstoffbrücken in die Glasstruktur eingebunden. Neben der Vielzahl der gut löslichen Abfallbestandteile gibt es Begrenzungen im Aufnahmevermögen für einige Elemente wie Chrom, Schwefel und Molybdän, die unter oxidierenden Bedingungen in der Glasschmelze tetraedrische Strukturen mit relativ hohem Platzbedarf in der Glasstruktur ausbilden. Eine Überschreitung der jeweiligen Löslichkeitsgrenze führt zu produkt- und prozessbeeinträchtigenden Phasenseparationen in der Glasschmelze. Andere Elemente aus der Platinmetallgruppe, Rhodium, Palladium und Ruthenium, die aus den Spaltprodukten resultieren, zeigen praktisch keine Löslichkeit in der Glasschmelze. Sie scheiden sich in separate Phasen aus, die in höheren Konzentrationen aufgrund ihrer hohen Dichte sedimentieren und wegen ihrer hohen (metallischen) Leitfähigkeit zu Beeinträchtigungen des Prozessgeschehens und der Glasbadbeheizung führen können [5.2, 5.3].

Alkaliborosilicatgläser (s. Glas, Bd. 8, Abschn. 3.1.2, und Borverbindungen, Bd. 3) lassen sich, abhängig von der Abfallzusammensetzung, mit bis zu 25 % Massenanteil Abfalloxiden beladen. Ihre vergleichsweise niedrigen, prozess- und materialverträglichen Schmelztemperaturen von unter 1200 °C ermöglichen den Einsatz von speziellen Schmelztechnologien, die aufgrund des hohen Strahlenpegels für den fernhantierten Betrieb in Heißen Zellen entwickelt wurden. Neben den Borosilicatgläsern wären auch Phosphatgläser geeignet, die ein höheres Aufnahmevermögen aufweisen. Ihr Nachteil liegt in der chemischen Aggressivität der Schmelze, die zu verstärkter Korrosion der damit in Kontakt stehenden Materialien führt. Neuere Entwicklungen zur Verbesserung der Materialeigenschaften im Hinblick auf weiterentwickelte Verglasungstechnologien sind sowohl auf dem Gebiet der Gläser als auch im Bereich synthetischer Materialien (Sintermaterialien, Keramik) im Gange.

Zur Illustration ist in Tabelle 5.1 die Zusammensetzung einiger Alkaliborosilicatgläser zusammengestellt, die für die Fixierung unterschiedlicher hochradioaktiver

**Tab. 5.1** Zusammensetzung einiger Alkaliborosilicat-Grundgläser für die Immobilisierung hochradioaktiver Flüssigabfälle. Vergleich mit einem kommerziellen Fensterglas (Angaben in % Massenant.)

| Glastyp | $SiO_2$ | $B_2O_3$ | $Al_2O_3$ | $Na_2O$ | $Li_2O$ | $TiO_2$ | CaO | MgO | ZnO |
|---|---|---|---|---|---|---|---|---|---|
| SM513FR[1] | 58.6 | 14.7 | 3.0 | 6.5 | 4.7 | 5.1 | 5.1 | 2.3 | – |
| SM527 FR[1] | 50.0 | 28.0 | – | 11.0 | 4.0 | 2.0 | 5.0 | – | – |
| GGWAK1[2] | 60 | 17.6 | 3.1 | 7.1 | 3.5 | 1.2 | 5.3 | 2.2 | – |
| Fensterglas | 72 | – | 1 | 14 | – | – | 9 | 4 | – |

[1] PAMELA-Anlage, Mol/Belgien
[2] VEK-Anlage, Karlsruhe

Abfälle eingesetzt wurden. Die Hauptbestandteile Siliciumdioxid und Dibortrioxid dominieren die Glasnetzstruktur. Einige der Oxide haben netzwerk-modifizierende Eigenschaften und dienen der Feineinstellung und Optimierung der endlagerrelevanten Eigenschaften des Glasproduktes bzw. der schmelztechnischen Parameter unter Einbeziehung der aus dem Abfall hinzukommenden Bestandteile. Der technische Prozess der Glasherstellung stellt bestimmte Anforderungen an Glasschmelzeigenschaften wie beispielsweise Viskosität und elektrische Leitfähigkeit und deren temperaturabhängiges Verhalten. Ein Vergleich der Bestandteile der Abfallgläser in Tabelle 5.1 mit denjenigen eines kommerziellen Fensterglases zeigt dessen wesentlich einfachere Zusammensetzung.

## 5.3
### Der Hochtemperaturprozess der Verglasung

Die Immobilisierung des hochradioaktiven Flüssigabfalls in einer Glasmatrix erfolgt in einem Hochtemperaturprozess, bei dem die ursprünglich im Flüssigabfall weitgehend gelösten radioaktiven Elemente durch glaschemische Reaktionen in die Glasstruktur eingebunden werden [5.4, 5.5]. Aus physikalisch-chemischer Sicht entspricht das Einschmelzen der Rückstände einem Auflösevorgang mit der Glasschmelze als Lösungsmittel. Hierzu müssen die Abfallbestandteile durch thermische Trocknung und Aufspaltung in Oxide umgewandelt und auf Temperaturen gebracht werden, bei denen diese mit den zuzugebenden Glasbildnern (in Form von Chemikalien oder als Grundglasfritte) glaschemische Reaktionen eingehen können.

Der Übergang von der flüssigen Phase bis zu den Glasbildungsreaktionen ist gekennzeichnet durch eine Reihe von physikalisch-chemischen Prozessen, die aufgrund des Vielkomponentensystems sehr komplex ablaufen und im Detail nicht bekannt sind. Grundsätzlich lassen sich die Vorgänge temperaturabhängig in drei Teilprozesse untergliedern:

1. Bei Erhitzen des salpetersauren Flüssigabfalls auf 100 °C verdampft der Wasseranteil, was zu einer Aufkonzentrierung der Säure führt. Bei Temperaturerhöhung auf ca. 120 °C verdampft dann die konzentrierte Salpetersäure mit teilweiser Zersetzung. Danach liegt ein trockener Rückstand vorwiegend aus Nitratsalzen vor, die bei höheren Temperaturen noch ihr Kristallwasser abgeben.

2. Die verbleibenden Trockenrückstände, die bei Temperaturen oberhalb 200 °C Nitratsalzschmelzen bilden können, wandeln sich im Temperaturbereich bis etwa 700 °C unter Abgabe von Stickoxiden vollständig in Oxide um. In dieser Form können die Abfallbestandteile durch glaschemische Reaktionen in die Struktur der Glasmatrix eingebunden werden.
3. Die glaschemischen Reaktionen zwischen den Oxiden und den Glasbildnern setzen oberhalb 800 °C ein. Der Einschmelzvorgang ist bei ca. 1150 °C abgeschlossen. In diesem Temperaturbereich kommt es auch zunehmend zu Verdampfungsverlusten an leichtflüchtigen, teilweise radioaktiven Bestandteilen aus der Schmelze (wie z. B. Cs-Verbindungen, Tc-Verbindungen etc.).

Bei Grundglaszugabe als vorgeschmolzene Glasfritte beginnen diese Reaktionen an der Oberfläche der Glaspartikeln und setzen sich mit ihrem Aufschmelzen fort. Es kommt zur Ausbildung von Teilschmelzen. Der weitere Schmelzfortschritt wird von der Wärmezufuhr und von den kinetischen Bedingungen kontrolliert. Im technischen System wird durch eine genügend lange Verweilzeit und konvektive Vermischung die Ausbildung einer homogenen Schmelze unterstützt. Die mit dem Temperaturfortschritt einhergehenden physikalisch-chemischen Veränderungen des Stoffsystems Flüssigabfall/Glasbildner sind in Abbildung 5.2 für den Fall der Zugabe der Glasbildner als Glasfritte dargestellt.

Die oben beschriebenen Prozessschritte der Verglasung lassen sich in einer einzigen Prozesskomponente oder in mehreren Prozesskomponenten durchführen. In der Praxis haben sich sowohl einstufige als auch zweistufige Verfahren etabliert. Das einstufige Verfahren kommt ohne Vorbehandlung des Abfalls aus, hier findet die gesamte Stoffumwandlung – Verdampfung der Flüssiganteile, Calcinierung des Trockenrückstandes (Umwandlung des salzartigen Trockenrückstandes in Oxide durch thermische Dissoziation), Einschmelzen der Abfalloxide in die Grundglasmatrix – in einer einzigen Apparatekomponente statt. Beim zweistufigen Verfahren übernimmt eine Trocknungs- und Calcinierungsstufe die Trocknung und Umwandlung des Trockenrückstandes in Oxide, die dann im zweiten Schritt zusammen mit den Glasbildnern zum Glasprodukt erschmolzen werden.

Neben dem kombinierten Schritt der Stoffumwandlung des Trocknens, Calcinierens und Einschmelzens gibt es noch weitere Verfahrensschritte beim Verglasungs-

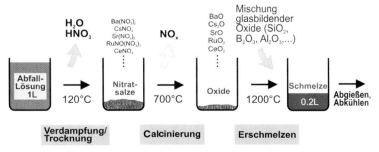

**Abb. 5.2** Prozessschritte und Stoffumwandlungen während des Verglasungsprozesses

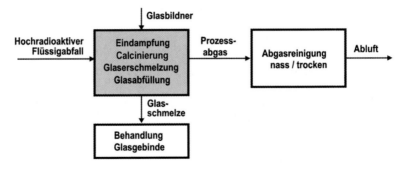

**Abb. 5.3**  Grundoperationen eines Verglasungsverfahrens

prozess. Die Grundoperationen sind in Abbildung 5.3 am Beispiel eines einstufigen Verfahrens dargestellt. Sie beinhalten die Dosierung der beiden Ausgangsströme in das Schmelzsystem, die Reinigung der radioaktiv kontaminierten Abgase sowie die Abfüllung der Glasschmelze und die Behandlung der produzierten Glasgebinde. Die Einhaltung der in einem Qualifikationsverfahren festgelegten und spezifizierten Eigenschaften des Glasproduktes erfordert eine hohe Dosiergenauigkeit des Abfallstromes und der Zugabe der Glasbildner sowie die Einhaltung von Schmelzbedingungen wie Temperatur und Verweilzeit. Die Prozessabgase müssen vor Abgabe an die Umgebung soweit von Radioaktivitätsträgern und anderen toxischen Bestandteilen wie den Stickoxiden gereinigt werden, dass ihre Belastung unterhalb der gesetzlich festgelegten Freigrenze liegt.

## 5.4
**Verglasungstechnologien in der Anwendung**

Die Anfänge der Entwicklung von Technologien zur Verglasung hochradioaktiver Flüssigabfälle reichen bis in die fünfziger Jahre des letzten Jahrhunderts zurück. Der Bedarf an diesen Technologien, der bereits aufgrund der im Rahmen der Kernwaffenproduktion erzeugten Abfälle bestand, wuchs durch die Nutzung der Kerntechnik für die kommerzielle Stromgewinnung. Die erste Inbetriebnahme einer industriellen Verglasungsanlage erfolgte im Jahre 1978 in Marcoule/Frankreich [5.6]. Ein Vierteljahrhundert später sind weltweit ein knappes Dutzend Anlagen bekannt, die entweder in Betrieb sind, in Planung sind oder bereits wieder stillgelegt wurden. Von einer Vielzahl entwickelter Verfahren werden nur zwei im technischen bzw. industriellen Maßstab angewendet: (1) Der Prozess des flüssiggespeisten, elektrisch beheizten keramischen Schmelzofens, in dem alle Prozessschritte simultan und kontinuierlich auf der Glasbadoberfläche ablaufen. Hiervon existieren verschiedene Varianten in den USA, Japan, Deutschland und Indien [5.7–5.10]; (2) ein zweistufiges Verfahren, das einen Drehrohrcalcinator mit einem induktiv beheizten metallischen Schmelzsystem kombiniert [5.6]. Es wurde in Frankreich entwickelt und findet dort sowie in Großbritannien Anwendung. Die bestehenden Technologien erzielen im Allgemeinen eine Einbindung von mehr als 99,9% der ursprünglich im Flüssigabfall enthaltenen Radioaktivität im Glasprodukt.

### 5.4.1
#### Der flüssiggespeiste, elektrisch beheizte keramische Schmelzofen

Der Verglasungsbetrieb in heißen Zellen verlangt eine einfache, robuste und sichere Technologie mit langer Lebensdauer der Komponenten. Verfahren mit einstufiger Prozessführung sind hier gegenüber mehrstufigen Prozessen aufgrund des verminderten apparativen Aufwandes grundsätzlich im Vorteil. Der Weg der Entwicklung von nuklearen Glasschmelzsystemen auf Basis der in der konventionellen Glasindustrie verbreiteten Technologien führte zu elektrisch beheizten, keramischen Glasschmelzöfen. Diese Schmelzsysteme lassen sich an die nukleartechnischen Anforderungen anpassen und ermöglichen die Verglasung der Flüssigabfälle in einer einzigen Prozesskomponente. Erste Betrachtungen für diesen Verwendungszweck wurden Mitte der 1960er Jahre angestellt. Intensive Entwicklungsarbeiten folgten dann in den nächsten 20 Jahren vor allem in den USA, in Deutschland und Japan. Als erste radioaktive Produktionsanlage ging 1985 eine deutsche Pilotverglasungsanlage mit der Bezeichnung PAMELA in Betrieb [5.11], deren Prozess- und Apparatetechnologie auf den Entwicklungsarbeiten des Instituts für Nukleare Entsorgung (INE) im Forschungszentrum Karlsruhe basierten. In den 1990er Jahren folgten dann zwei US-Anlagen sowie eine japanische Anlage. Weitere Anlagen mit keramischen Glasschmelzöfen sind derzeit in verschiedenen Ländern in Planung oder im Bau.

#### Aufbau und Funktionsprinzip
Abbildung 5.4 zeigt beispielhaft den grundsätzlichen Aufbau und das Funktionsprinzip eines flüssiggespeisten keramischen Glasschmelzofens (s. auch Glas, Bd. 8,

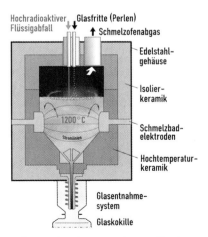

**Abb. 5.4** Stark vereinfachter Aufbau und Funktionsprinzip eines flüssiggespeisten, Joule-beheizten keramischen Glasschmelzofens

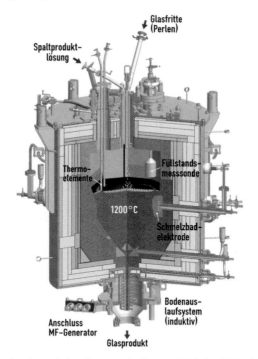

**Abb. 5.5** Flüssiggespeister keramischer Glasschmelzofen, entwickelt für die Verglasung stark platinmetallhaltiger Abfalllösungen (Forschungszentrum Karlsruhe, Institut für Nukleare Entsorgung, INE). Platinmetalle (Ru, Rh, Pd) sind in der Glasschmelze unlöslich und sedimentieren auf den Schmelzofenboden bzw. auf geneigte Schmelzofenwände in den Bodenauslaufbereich, von wo sie ausgetragen werden. Eine Akkumulation würde die Beheizung des Glasbades stören.

Abschn. 4.3). Abbildung 5.5 ist eine 3D-Illustration eines Schmelzofentyps, der im INE entwickelt wurde. Wie aus der Bezeichnung hervorgeht, besteht die Struktur des Ofens vorwiegend aus keramischen Materialien. In seinem Inneren befindet sich die Glasschmelze, die von einer glasresistenten, hochtemperaturbeständigen Keramik eingefasst wird. Der Gasraum oberhalb der Schmelze dient der Ventilation der Prozessabgase. Er wird ebenfalls durch eine glasresistente Keramik begrenzt. Die Hochtemperaturkeramik (Hauptbestandteile $Cr_2O_3$, $Al_2O_3$ und $ZrO_2$) wird durch ein Schmelzgießverfahren bei 2200 °C hergestellt und durch eine aufwändige Oberflächenbearbeitung zu passgenauen Formblöcken verarbeitet. Dadurch wird eine hohe Dichtigkeit der Schmelzwanne gegen die Glasschmelze gewährleistet. Als weitere Barriere wird die Schmelzwanne fugenüberdeckend von einer zweiten Schicht glasresistenter Keramik umgeben. Nach außen hin sorgen mehrere unterschiedliche keramische Isolationsschichten für eine kontrollierte Wärmeabfuhr mit dem Ziel, eine Oberflächentemperatur von ca. 100 °C an der Außenseite nicht zu überschreiten. Zu hohe Oberflächentemperaturen können zu Wärmeproblemen in der Heißzellenumgebung führen. Die äußere Umhüllung wird von einem weitgehend gasdichten Edelstahlgehäuse gebildet. Es dient der mechanischen Stabilität und zum Erreichen einer weitgehenden Gasdichtigkeit des Schmelzofens. Keramische Schmelzöfen dieser Art bilden große Einheiten. Alternative Konzepte sehen eine Mantelkühlung mit Wasser vor, wodurch sich die Dicke der keramischen Isolierung reduzieren lässt. Die Folgen eines möglichen Kühlwasserverlustes können allerdings beträchtlich sein.

Die elektrische Beheizung der Glasschmelze auf Temperaturen von 1150–1200 °C basiert auf der Freisetzung Joulescher Wärme. Zum Energieeintrag in die elektrisch leitfähige Schmelze dienen in die Schmelze eingetauchte, diametral gegenüberliegende metallische Elektroden, an die eine Wechselspannung angelegt wird. Durch die Wechselspannung wird eine galvanische Abscheidung vermieden. Das Anlegen von Wechselspannung führt zur Ausbildung eines räumlichen Potential- bzw. elektrischen Feldes in der Schmelze, deren lokale Stärken durch die Gesetze der Elektrotechnik gegeben sind. Lokale Feldstärke und lokale elektrische Leitfähigkeit bestimmen ihrerseits die örtliche Wärmefreisetzung. Die ebenfalls vorhandene Energiefreisetzung in der Keramikstruktur ist infolge des sehr hohen spezifischen elektrischen Widerstandes der Hochtemperaturkeramik vernachlässigbar. Ziel der Schmelzbadbeheizung ist neben dem erforderlichen Energieeintrag für den Prozess und der Aufrechterhaltung der Schmelztemperaturen auch die Erzeugung eines thermischen Konvektionsfeldes im Glasbad, um ausreichenden Wärmetransport zur Prozesszone auf der Schmelzbadoberfläche zu erreichen und eine Homogenisierung der Schmelze zu erzielen. Aufgrund dieser Forderungen können Zahl, Form und Position der Elektroden in Abhängigkeit von Größe und Geometrie des Schmelzbades stark variieren. Aus den für solche Einsatzzwecke in Frage kommenden Elektrodenmaterialien hat sich Inconel 690® (Hauptbestandteile Ni, Cr) bewährt, dessen Schmelzpunkt bei 1365 °C liegt. Allerdings verkürzt sich die Materialstandzeit bei Temperaturen oberhalb 1150 °C deutlich. Da ein Austausch der Elektroden bei nuklearen Glasschmelzöfen praktisch nicht möglich ist, wird als Schutzmaßnahme gegen vorzeitige Hochtemperaturkorrosion die Glaskontakttemperatur der Elektrode durch Luftkühlung im Elektrodeninnern auf Werte um ca. 1000 °C begrenzt.

Die Einspeisung von flüssigem hochaktiven Abfall und glasbildenden Stoffen erfolgt kontinuierlich über eine zentrale Aufgabestelle in der Schmelzofendecke unmittelbar auf die heiße Schmelzbadoberfläche. Dabei existieren folgende Zugabevarianten: (1) Der Flüssigabfall enthält alle Glasbildner als Chemikalien beigemischt; (2) der Flüssigabfall enthält alle Glasbildner als feines Glaspulver beigemischt; (3) Flüssigabfall und Glasbildner in Form vorgeschmolzener Glasfritte werden separat zugegeben. Durch die Flüssigeinspeisung des Abfalls bildet sich auf der Oberfläche der heißen Schmelze im stabilen Betrieb eine relativ kühle Prozesszone (engl. »cold cap«) aus. In ihr erfolgen nach Abbildung 5.2 die Stoffumwandlungen. In der obersten Schicht der Prozesszone verdampfen die flüssigen Abfallbestandteile, darunter erfolgt die Umwandlung der salzartigen trockenen Rückstände in Oxide, die dann in einer weiteren Zone mit der Glasfritte bzw. mit den glasbildenden Stoffen reagieren und verschmelzen. Die Aufrechterhaltung einer Schmelzbadbedeckung von 80–90 % durch die relativ kühle Prozesszone führt zu einer Minimierung des Austrags radioaktiver Elemente aus der Schmelze in das Abgasreinigungssystem.

## Glasabfüllung

Die Entnahme des schmelzflüssigen Glases erfolgt diskontinuierlich über ein Bodenauslaufsystem (siehe Abb. 5.6). Dabei wird ein Teil des Schmelzbadinventars entnommen. Der Schmelzofen wird soweit entleert, dass die Elektroden noch vollständig in die Schmelze eingetaucht bleiben. Das Glasentnahmesystem im zentralen unteren Teil der Glaswanne arbeitet nach dem Prinzip eines thermischen Ventils. Der Glasentnahmekanal besteht aus einem oberen, keramischen Teil und einem unteren, metallischen Teil (dickwandiger Rohrkanal aus Inconel 690®). Zum Ablassen der Glasschmelze in Edelstahlbehälter (Kokillen) muss der Glasentnahmekanal beheizt werden, bis das Glas im Kanal schmelzflüssig wird. Die Beheizung des in die Bodenkeramik des Schmelzofens integrierten metallischen Kanals geschieht durch eine 10 kHz Mittelfrequenz (MF)-Induktionsheizung. Zur Unterstützung der MF-Heizung bis zum Glasfluss wird das Glas im oberen keramischen Kanal für eine begrenzte Zeit über direkten Stromeintrag beheizt. Die Kontrolle des Glasstroms in die Kokille erfolgt über den induktiven Leistungseintrag in das Inconel 690®-Rohr. Zur Beendigung des Glasflusses durch Erstarren wird die Heizleistung in mehreren Stufen gedrosselt und dann abgeschaltet. Die entsprechende Auslegung gewährleistet, dass der Glasfluss nur durch externe Beheizung aufrechterhalten werden kann.

Im Übergangsbereich zwischen Glasauslaufkanal und der Glaswanne befindet sich ein metallischer Einsatz, der den tiefliegenden Kanal gegen Blockagen durch Fremdkörper wie z. B. Keramiksplitter schützt. Gleichzeitig ist der Blockageschutz mit 12 seitlichen Öffnungen sowie einem zentralen Zulaufkanal versehen, um einen ungehinderten Austrag von sich eventuell bildenden Sedimenten, wie z. B. den Edelmetallen, sicherzustellen. Diese Sedimente werden durch steil geneigte Wände in den unteren Teil der Schmelzwanne geleitet und sammeln sich dort zwischen den Glasabstichen. Der Durchgang durch die Kanäle ist strömungstechnisch so optimiert, dass ein ungehinderter Zulauf der Schmelze zum Glasauslaufkanal gewähr-

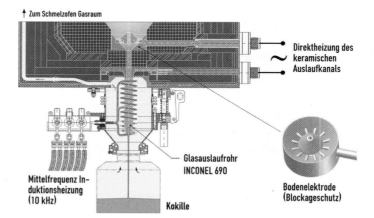

**Abb. 5.6** Induktionsbeheiztes Glasentnahmesystem (Bodenauslauf) mit Blockageschutz und Ableitung von aus dem Glasstrahl emittierten Radioaktivitätsträgern in den Gasraum des Schmelzofens

leistet ist. Neben der Schutzfunktion übernimmt der Einsatz auch die Aufgabe einer Elektrode zur Joule-Beheizung des Glases im keramischen Kanalbereich. Der Flansch des metallischen Entnahmekanals bildet die Gegenelektrode.

Zum Schutz der Zelle gegen Kontamination durch leichtflüchtige Bestandteile aus dem heißen Glasstrahl (wie Cäsiumverbindungen als Hauptaktivitätsträger) werden während des Abstichs Gase aus dem Gehäuse des Bodenauslaufs in den Gasraum des Schmelzofens abgesaugt. Dabei strömt Luft aus der Zelle in das durch eine Labyrinth-Dichtung mit der Kokille verbundene Gehäuse.

**Inbetriebnahme**

Die Inbetriebnahme eines keramischen Schmelzofens erfolgt in einer Auftemper- und einer Befüllphase. Bei dem als Auftempern bezeichneten Vorgang wird der noch leere Schmelzofen über eine temperaturgeregelte, schonende Aufheizphase von etwa drei Wochen bis auf eine Innentemperatur von ca. 1000 °C gebracht, um betriebsnahe thermische Bedingungen in der Struktur zu schaffen. Dieser Aufheizvorgang muss über zusätzliche Heizquellen erfolgen. Hierzu können in die Oberofenkeramikwände integrierte oder temporär durch Öffnungen in der Decke eingeführte externe Strahlungsheizelemente verwendet werden. Abbildung 5.7 zeigt eine Variante, bei der fünf in metallische Schutzrohre integrierte SiC-Heizelemente durch Deckenöffnungen in das Schmelzofeninnere eingeführt werden. Nach Beendigung der Aufheizphase erfolgt die Befüllung des Schmelzofens mit Glasfritte. Da Glas erst im schmelzflüssigen Zustand elektrisch leitfähig wird, kann die elektrische Beheizung durch die Elektroden anfänglich noch nicht eingesetzt werden. Der Aufschmelzprozess wird deshalb ebenfalls mit Hilfe der Startheizelemente durchgeführt (das zentrale lange Startheizelement wird jedoch vorher gezogen).

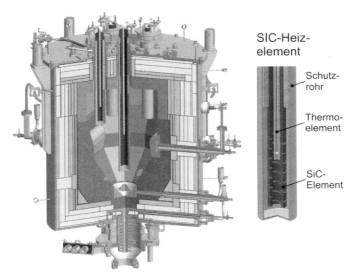

**Abb. 5.7** Schmelzofen mit Startheizelementen zum erstmaligen Auftempern auf Betriebstemperatur

## 5.4.2
**Andere Schmelztechnologien**

Der in Frankreich entwickelte zweistufige kontinuierliche Verglasungsprozess beruht auf der Kombination eines beheizten Drehrohres mit einem induktiven beheizten metallischen Glasschmelztiegel (siehe Abb. 5.8). Durch die thermische Vorbehandlung des Flüssigabfalls im Drehrohr wird ein trockenes Calcinat erzeugt, das zusammen mit Glasfritte in den Schmelztiegel eingespeist wird. Durch diese Art der Vorbehandlung wird der Schmelzprozess von der Verdampfungsleistung entlastet, was aber einen zusätzlichen apparativen Aufwand bedeutet. Die Glaserschmelzung wird durch eine induktive Beheizung der Tiegelwand erzielt. Diese Art der Beheizung, bei der der Wärmeeintrag in die Schmelze hauptsächlich durch Wärmeleitung erfolgt, limitiert den Durchmesser des Schmelztiegels und gleichzeitig seine Durchsatzkapazität, die maßgeblich durch die Schmelzbadoberfläche als Prozesszone bestimmt wird. Die Glasentnahme erfolgt über ein induktiv beheiztes Bodenauslaufsystem.

Weitere Glasschmelzsysteme wie der sog. ›Cold Crucible‹ [5.12] sind derzeit noch in der Entwicklungsphase. Bei diesem Schmelzofentyp wird die Glasschmelze über eine Hochfrequenzinduktion direkt aufgeheizt. Die Außenwand besteht hierbei aus einem System von wassergekühlten Rohren, durch deren Kühlwirkung es in Wandnähe zum Aufbau einer Schutzschicht aus kaltem Glas kommt. Elektroden sind bei diesem System nicht notwendig.

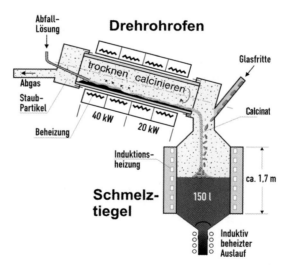

**Abb. 5.8** Zweistufiger Verglasungsprozess. Kombination aus beheiztem Drehrohr und metallischem Schmelztiegel (Frankreich)

## 5.4.3
## Reinigung der Schmelzofenabgase

Beim Hochtemperaturprozess der Verglasung entstehen im Schmelzofen Abgase, die radioaktive und andere toxische Bestandteile wie Stickoxide enthalten. Vor ihrer Abgabe an die Umgebung müssen die Prozessabgase soweit von Schadstoffen gereinigt werden, dass ihre jeweilige Konzentration unterhalb der gültigen Emissionsgrenzwerten liegt. Die Einhaltung der Abgabewerte wird durch Online-Messungen überwacht.

Die Behandlung der Schmelzofenabgase wird in einer nassen und einer trockenen Abgasstrecke vorgenommen. Die Reinigungsstufen des nassen Bereichs enthalten Schritte zur Kühlung der Gase und Kondensation der Wasserdampf-Anteile, Waschvorgänge zur Entfernung des groben und feinen Partikelspektrums aus dem Gasstrom sowie zur Absorption von Schadstoffen wie z. B. Stickoxiden. Die trockene Behandlung umfasst eine mehrstufige Filterung zur Abscheidung von Flüssigaerosolen und Feinstpartikeln. Abhängig von der Charakteristik des Abfalls können noch Stufen zur Adsorption von gasförmigen radioaktiven Schadstoffen wie z. B. Iod hinzukommen. Abbildung 5.9 zeigt den Aufbau einer typischen Abgasreinigungsstrecke. In einer ersten Vorreinigungsstufe (Gegenstrom-Nassentstauber) wird das Abgas von gröberen Partikeln befreit, bevor in einem Wärmebündeltauscher der Wasserdampf kondensiert und entfernt wird. Der gekühlte, volumenreduzierte Gasstrom passiert dann einen Strahlwäscher, der durch einen Hochdruckstrahl der umlaufenden Waschflüssigkeit im Mischrohr feine Partikeln bindet. Diese werden in einer abwärtsgerichteten Zyklonbewegung der Waschflüssigkeit abgeschieden. Die folgende Ventilbodenkolonne dient der Absorption der noch im Abgas verbliebenen Stickoxide. Zur stärkeren Absorption können oxidative Additive (z. B. Wasserstoffperoxid, $H_2O_2$) zugegeben werden. Die trockene Behandlung des Abgases beginnt mit einem rückspülbaren Glasfaserpaket-Abscheider zur Rückhaltung von Flüssig- und Festaerosolen (s. auch Mechanische Verfahrenstechnik,

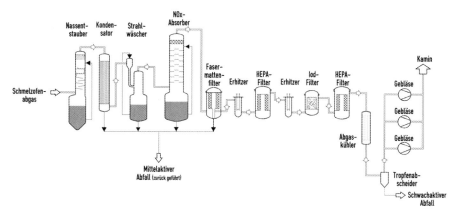

**Abb. 5.9** Typisches Beispiel einer Abgasstrecke zur Reinigung von Prozessgasen aus dem Schmelzofen einer Verglasungsanlage für hochradioaktive Flüssigabfälle

Bd. 1, Abschn. 4.2.5). Die beiden folgenden Feinstfilter (High Efficiency Particulate Adsorber, HEPA) bilden die Endstufen der Reinigung. Für die Rückhaltung von Iod ist ein Adsorptionsfilter (Silbernitrat) zwischengeschaltet. Ein Gebläse sorgt für den Abzug der Prozessgase aus dem Schmelzofen und ihre Durchleitung durch die Abgasreinigungsstrecke. Abgasreinigungsstrecken dieser Art erreichen eine sehr hohe Rückhalteeffektivität, ausgedrückt durch einen Dekontaminationsfaktor (DF = Eingangsaktivitätsstrom/Ausgangsaktivitätsstrom) in der Größenordnung von $10^{10}$.

### 5.4.4
**Behandlung der Glaskokillen**

Die im schmelzflüssigen Glas eingebundene Aktivität erreicht Werte von mehr als 99,99 % des ursprünglich im Flüssigabfall enthaltenen Inventars. In einem ersten Schritt wird die Glasschmelze in Edelstahlkokillen abgegossen, die dann einer weiteren mehrstufigen Behandlung unterzogen werden. Hierzu wird zunächst eine moderierte Abkühlung angestrebt, bis die Temperatur der Oberfläche der Kokille auf Werte unter 100 °C gesenkt ist. In einem weiteren Schritt wird die Kokille durch Verschweißung mit einem Deckel geschlossen. Die weitere Behandlung sieht eine Dekontamination vor, die die Kokille von anhaftenden Radioaktivitätsträgern befreit. Hierzu gibt es verschiedene Verfahren wie Reinigung im Ultraschallbad oder durch Sandstrahlen mit später im Prozess eingesetzter Glasfritte. Die Überprüfung der Oberfläche auf Restaktivität mittels eines Wischtests schließt den Behandlungszyklus des Glasgebindes ab und schafft die Voraussetzung für den Abtransport in ein Zwischenlager.

### 5.5
**Ausführung einer Verglasungsanlage**

Anlagen zur Verglasung hochradioaktiven Flüssigabfalls stellen aufgrund des hohen Radioaktivitätsinventars extreme Anforderungen sowohl an die Sicherheit des Gebäudes als auch an die Prozesstechnik. Abhängig von lokalen Gegebenheiten und Genehmigungsbedingungen sind solche Anlagen so auszulegen, dass sie Auswirkungen von Erdbeben und Flugzeugabstürzen standhalten. Die daraus folgenden gebäudetechnischen Forderungen in Verbindung mit denjenigen der Strahlenschutzmaßnahmen zum Schutz des Betriebspersonals führen zu massiven und komplexen Anlagen. Abbildung 5.10 zeigt ein Beispiel einer Verglasungsanlage mit der Struktur der heißen Zellen, in denen der Hauptprozess mit den höchsten Aktivitätsströmen untergebracht ist [5.13]. Diese Zellen bestehen aus Übernahmezelle, Schmelzofenzelle und Kokillenbehandlungszelle sowie den beiden Abgasbehandlungszellen (nass/trocken), die hinter der Rückwand der Schmelzofenzelle angeordnet sind. Die Heißzellentechnik erfordert die komplette Fernbedienbarkeit der Prozesstechnik in diesen Zellen und muss gegebenenfalls den Austausch ganzer, dafür vorgesehener Komponenten wie beispielsweise des Schmelzofens ermöglichen. Hierzu verfügen die Zellen über visuelle Hilfsmittel wie Bleiglasfenster und Zellenkameras sowie über Hand- und Schwerlastmanipulatoren, wobei letztere Werkzeuge zum Öffnen von Schraubverbindungen aufnehmen können. Der Austausch

5 *Verglasung hochradioaktiver Flüssigabfälle* | 615

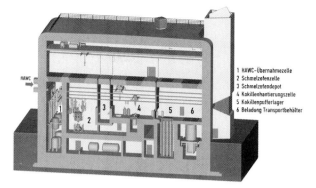

1 HAWC-Übernahmezelle
2 Schmelzofenzelle
3 Schmelzofendepot
4 Kokillenhantierungszelle
5 Kokillenpufferlager
6 Beladung Transportbehälter

**Abb. 5.10** Beispiel der Gebäudestruktur einer Verglasungsanlage mit fernbedienbaren heißen Zellen (VEK Verglasungsanlage des Forschungszentrums Karlsruhe zur Verglasung von hochradioaktivem Flüssigabfall)

von Komponenten geschieht mit Hilfe eines Zellenkrans, der wie der Schwerlastmanipulator durch Öffnen von schweren Schotts zellenübergreifend bewegt werden kann. Die Abschottung der Zellen gegeneinander stellt eine Maßnahme gegen Kontaminationsverschleppung dar.

Die Übernahmezelle enthält zwei Eingangstanks, in die der flüssige Abfall aus den Lagertanks wechselweise gefördert wird. Die Zelle weist weiterhin auch Einrichtungen zur Behandlung der Waschlösungen aus der nassen Abgasbehandlung auf, die nach Aufkonzentrierung in einem zweistufigen Verdampfersystem in den Prozess zurückgeführt werden. Die Schmelzofenzelle als die wichtigste Zelle enthält neben dem Schmelzofen einen Dosierbehälter, aus dem der flüssige Abfall dem Schmelzofen zugeleitet wird sowie zwei Komponenten zur Vorreinigung des Abgases. Die Glasbildnerzugabe in Form einer perlenförmigen Fritte erfolgt über eine separate Leitung durch die Rückwand der Zelle. Abbildung 5.11 zeigt einen Blick in die Schmelz-

**Abb. 5.11** Blick von oben in die fernbedienbare Schmelzofenzelle mit Schmelzofen, Dosierbehälter für Flüssigabfall, Kokillentransportwagen sowie zwei Abgasapparaten (PVA Prototyp-Testanlage, Forschungszentrum Karlsruhe)

ofenzelle einer Prototyp-Testanlage. Ein Kokillentransportwagen übernimmt den Transport der befüllten und leeren Kokillen sowie die Registrierung der abgefüllten Glasmenge während eines Glasabstichs. Die befüllte Kokille wird über einen Transferkanal in eine Umladeposition gefahren und von dort mittels Kran in die Kokillenhantierungszelle gebracht. In dieser finden die einzelnen Behandlungsschritte des Abkühlens, Verschweißens und Dekontaminierens der Glaskokillen statt. Über ein Pufferlager werden die Glaskokillen in einen abgeschirmten Transportbehälter verladen.

## 6
## Langzeitsicherheit der Endlagerung radioaktiver Abfälle

### 6.1
### Einleitung

Radioaktive Abfälle fallen aus dem Betrieb und der Stilllegung von Kernkraftwerken, aus der Forschung und Medizin sowie aus industriellen Anwendungen an. Sie müssen sicher entsorgt werden, um heutige und zukünftige Generationen vor den schädlichen Einwirkungen radioaktiver Strahlung zu schützen. Ein Richtlinienvorschlag der Europäischen Union zur »Entsorgung abgebrannter Kernbrennstoffe und radioaktiver Abfälle« umfasst den Schutz von Personen und Umwelt, Minimierung des Abfalls, Rechts- und Verwaltungsmaßnahmen einschließlich angemessener Finanzmittel sowie Beteiligung der Öffentlichkeit. Mit diesem Vorschlag werden die Mitgliedstaaten aufgefordert, nationale Programme für die Lagerung radioaktiver Abfälle generell und insbesondere für die Einlagerung hochradioaktiver Abfälle in großer Tiefe aufzustellen.

Die Endlagerung radioaktiver Abfälle, d.h. die dauerhafte Isolierung dieser Abfälle von der Biosphäre in einer tiefen geologisch stabilen Formation, bietet das höchste Maß an Sicherheit. Die Zeiträume für den Nachweis der Langzeitsicherheit gehen weit über das hinaus, was in den Ingenieurwissenschaften üblicherweise betrachtet wird. In den USA sollen 10 000 Jahre, in Deutschland sogar 1 Million Jahre berücksichtigt werden [6.1]. Dies ist eine wissenschaftliche Herausforderung, die es zwingend erforderlich macht, neue Konzepte und innovative Lösungsansätze zu entwickeln. Für eine wissenschaftlich fundierte Bewertung der Langzeitsicherheit von Endlagern müssen komplexe Zusammenhänge und Wechselwirkungen berücksichtigt werden. Die Komplexität erstreckt sich hierbei nicht nur auf die Geologie der Endlagerformation, die Wechselwirkungen langlebiger Radionuklide mit der geologischen Umgebung, die Unsicherheiten bei der Extrapolation von Labordaten auf lange Zeiträume, sondern auch auf die Evolution der durch menschliche Einwirkungen beeinflussten Umwelt.

In den letzten Jahren wurden neue Konzepte entwickelt, die zur Reduktion der Dauer der zu betrachtenden Zeiträume beitragen können. Die Konzepte sehen die Abtrennung langlebiger Radionuklide aus den Abfällen (Partitioning) vor um sie dann durch Neutronenbestrahlung in kurzlebige oder stabile Spaltprodukte umzuwandeln (Transmutation).

Die folgenden Ausführungen konzentrieren sich auf Abfälle aus der friedlichen Nutzung der Kernenergie. Es werden die Eigenschaften der Abfälle und ihre Endlagerung dargestellt. Die Langzeitsicherheit der endgelagerten radioaktiven Abfälle durch gekoppelte Systeme aus technischen, geotechnischen und natürlichen Barrieren wird bewertet und die notwendige Basis der Sicherheitsanalysen diskutiert.

## 6.2
### Radioaktive Abfälle

Radioaktive Abfälle werden vor dem Hintergrund der Endlagerung unterschieden in *wärmeentwickelnde Abfälle* und *Abfälle mit vernachlässigbarer Wärmeentwicklung*. Abfälle mit *vernachlässigbarer Wärmeentwicklung* stammen aus dem Betrieb und der Stilllegung von Kernkraftwerken, aus der Wiederaufarbeitung abgebrannter Kernbrennstoffe, aus Forschung und Medizin sowie aus industriellen Anwendungen. Diese Abfälle werden aus Rohabfällen mittels verschiedener Verfahren zu festen Abfallprodukten verarbeitet. Gängige Methoden sind beispielsweise die Hochdruck-Kompaktierung von Schrott, die Verbrennung von flüssigen und festen brennbaren Abfällen und die Zementierung bzw. Trocknung von Verdampferkonzentraten. *Wärmeentwickelnde Abfälle* fallen beim Betrieb von Kernkraftwerken in Form von abgebrannten Brennelementen und im Falle der Wiederaufarbeitung als hochradioaktives Glasprodukt (s. Abschnitt 5) bzw. kompaktierten Technologieabfällen an. Die wärmeentwickelnden Abfälle sind zwar vom Volumen her vergleichsweise gering, enthalten aber mehr als 95% des Radioaktivitätsinventars. Eine Prognose für die in Deutschland zu erwartenden Abfallmengen kann Tabelle 6.1 entnommen werden [6.2].

## 6.3
### Eigenschaften der Abfallprodukte

Die Eigenschaften der radioaktiven Abfallprodukte hängen von verschiedenen Faktoren ab, wie z. B. Konditionierungsverfahren, Art und Integrität der Matrix, Wärme-

**Tab. 6.1** Prognose für zu erwartende radioaktive Abfallmengen in Deutschland (Stand 2005) [6.2]

| | |
|---|---|
| Abfälle mit vernachlässigbarer Wärmeentwicklung | 280 000 m$^3$ |
| Wärmeentwickelnde Abfälle insgesamt davon: | 24 000 m$^3$ |
| Abgebrannte Brennelemente | 18 000 m$^3$ |
| Verglaste Abfälle[*] | 860 m$^3$ |
| Technologische Abfälle[*] | 2800 m$^3$ |
| Abgebrannte Brennelemente aus Forschungsreaktoren | 130 m$^3$ |
| Ausgediente Brennelemente aus Hochtemperaturreaktoren | 1975 m$^3$ |

[*] aus der Wiederaufarbeitung bei COGEMA und BNFL

entwicklung oder Radionuklidinventar. Da die Ausbreitung von Radionukliden aus einem Endlager ausschließlich über den Wasserpfad erfolgen kann, kommt der Stabilität des Abfallproduktes im Kontakt mit wässrigen Lösungen, wie sie unter den Bedingungen der Endlagerung in tiefen geologischen Formationen möglich sind, und dem sich einstellenden geochemischen Milieu entscheidende Bedeutung zu.

### 6.3.1
### Wärmeentwickelnde Abfälle

Die Wärme dieser Abfälle resultiert aus dem radioaktiven Zerfall. Der Grad der Temperaturentwicklung hängt von der Radioaktivität und Konzentration der Radionuklide im Abfallprodukt und den Wärmeabfuhrbedingungen ab. Die Radionuklidkonzentration wird durch die Anfangsanreicherung und den Abbrand des Kernbrennstoffs, d. h. der Ausnutzung der spaltbaren Elemente im Reaktor, bestimmt. Im Endlager kann die Zerfallswärme zu einer erheblichen Aufheizung des Wirtsgesteins führen, daher werden die Abfälle in meist überirdischen Zwischenlagern zum Abklingen der Zerfallswärme gelagert. Die Dauer der Abklingzeit ergibt sich aus einem Optimierungsprozess, der die Eigenschaften des Endlagerwirtsgesteins, die Endlagergeometrien, die Gebinde zur Verpackung der Abfallprodukte und die Lagerdichte berücksichtigt. Die Spaltprodukte Cäsium und Strontium mit Halbwertszeiten um 30 Jahre liefern den hauptsächlichen Beitrag zur maximalen Temperaturerhöhung in einem Endlager während der Temperaturverlauf über viele Jahrhunderte durch die Konzentration der langlebigen Actiniden bestimmt wird.

### 6.3.1.1 Abgebrannte Kernbrennstoffe

Abgebrannte Kernbrennstoffe weisen zuverlässig charakterisierbare Abfalleigenschaften sowohl für Uranoxid (UOX)- als auch für Uran-Plutonium-Mischoxid (MOX)-Brennelemente auf. Durch Spaltung von Uran oder Plutonium entstehen Spaltprodukte (z. B. Cäsium, Strontium, Iod, Lanthaniden, usw.). Neutroneneinfang im Uran erzeugt die Actiniden (u. a. Plutonium). Neutroneneinfang in Verunreinigungen (z. B. Chlor, Stickstoff) im Brennstab oder in Strukturteilen der Brennelemente führt zur Bildung von Aktivierungsprodukten. Eine Tonne abgebrannter Kernbrennstoff aus Leichtwasserreaktoren enthält etwa 10 kg Plutonium und 1 kg andere Actiniden sowie etwa 40 kg Spaltprodukte. Während des Abbrands der Brennelemente im Reaktor bilden sich in den Brennstofftabletten verschiedene Zonen aus, die das Korrosionsverhalten des abgebrannten Kernbrennstoffs beeinflussen. Dieses wird beurteilt nach Art und Menge der heraus gelösten bzw. in die Gasphase freigesetzten Radionuklide, sowie nach den Gefügeveränderungen der festen Phasen. Zur Untersuchung des Freisetzungsverhaltens von Radionukliden aus Kernbrennstoff können kaum inaktiven Simulate verwendet werden, da die Eigenschaften von Simutaten nicht denjenigen von abgebrannten Kernbrennstoffen entsprechen.

Die Freisetzung von Radionukliden (nicht Spaltgase) aus abgebrannten Kernbrennstoffen in Kontakt mit wässrigen Lösungen erfolgt nach Beschädigung des

Hüllrohrs zunächst an den zugänglichen Oberflächen der Brennstofftabletten (Ringspalt zwischen Hüllrohr und Tablette sowie Stirnflächen und Risse), an denen sich gewisse Anteile der leicht löslichen, langlebigen Radionuklide befinden. Bei Kontakt mit Grundwasser werden diese Radionuklide innerhalb kurzer Zeit ausgewaschen. Dieser Prozess wird mit »Instant Release« bezeichnet und beläuft sich für Cäsium und Iod auf etwa 7 % des gesamten Inventars. Entlang der Korngrenzen im bestrahlten Kernbrennstoff kann Wasser und ggf. Sauerstoff ins Innere des Brennstoffgefüges eindringen, wobei Diffusionsprozesse den Stofftransport kontrollieren. Im Wesentlichen werden Spaltprodukte durch diese Prozesse mobilisiert. Derzeit nimmt man an, dass ähnliche Mengen an Cäsium und Iod an den Korngrenzen akkumuliert sind wie an offen zugänglichen Spalten und Rissen.

Der größte Anteil der die Radiotoxizität bestimmenden Actiniden befindet sich in den Brennstoffkörnern. Ihre Freisetzung hängt von der Korrosionsstabilität der Urandioxidmatrix unter geologischen Bedingungen ab. Im Brennstoff liegt das Uran im vierwertigen Oxidationszustand als $UO_2$ vor. Dieses Material ist nur schwerlöslich. In Anwesenheit von oxidierenden Spezies in Lösungen wird die Urandioxidmatrix an der Oberfläche zu leicht löslichen sechswertigen Uranylverbindungen oxidiert. Oxidierende und reduzierende Spezies werden durch radiolytische Zersetzung des Wassers in Abhängigkeit von der Bestrahlungscharakteristik und der Abklingzeit des abgebrannten Kernbrennstoffs gebildet. Die Bildung dieser Spezies ist kein Gleichgewichtsprozess, oxidierende und reduzierende Spezies diffundieren mit unterschiedlichen Raten und reagieren mit den Komponenten der Lösung bzw. der Brennstoffmatrix. Insofern kann fortwährend $UO_2$ oxidiert werden. Es wurde allerdings auch beobachtet, dass sich unter reduzierenden Bedingungen bei einem gewissen Wasserstoffpartialdruck die Auflösungsgeschwindigkeit des Urans aus dem Kernbrennstoff deutlich verlangsamt.

### 6.3.1.2 Hochaktive Glasprodukte

Die Zusammensetzung von hochradioaktiven Glasprodukten (HAW-Glas) und ihre Herstellung wurde in Abschnitt 5 beschrieben. Das Glasprodukt stellt ein homogenes, gut und genau charakterisierbares Abfallprodukt dar. Untersuchungen mittels Neutronenstreuung an verschiedenen Borosilicatgläsern haben gezeigt, dass sich die Glasstruktur kaum ändert, wenn radioaktive Abfalloxide im Glas eingebunden sind. Daher lassen sich viele Aussagen zur Struktur einfacher Gläser auf die komplexen, radioaktiven Abfallgläser übertragen: Das Glasprodukt unterliegt in Gegenwart von wässrigen Lösungen Korrosionsprozessen und selektivem Herauslösen von Radionukliden. »Korrosion« bezeichnet dabei die Auflösung oder Umwandlung der strukturellen Glasmatrix unter dem Einfluss von wässrigen Medien (Grundwasser, Salzlaugen) oder von Wasserdampf. Weder Korrosion noch selektives Herauslösen müssen jedoch mit einer weiträumigen Freisetzung von Radionukliden verbunden sein. Häufig fallen anfänglich gelöste Elemente wieder aus und es bilden sich sekundäre feste Phasen. In die Struktur dieser Reaktionsprodukte werden viele Radionuklide wieder eingebaut. Die Auflösungsrate der Glasmatrix hängt vom betrachteten geochemischen Milieu ab, sie ist am niedrigsten in neutralen Lösungen mit hohem Siliciumgehalt.

## 6.3.2
### Abfälle mit vernachlässigbarer Wärmeentwicklung

Es ist zu erwarten, dass die Abfälle mit vernachlässigbarer Wärmeentwicklung in einem Endlager sehr heterogen sind, da sie aus verschiedenen Abfallströmen stammen (siehe Abschnitt 6.2). Daher ergibt sich eine komplexe chemische Zusammensetzung mit teilweise nur grober Charakterisierung der Abfall-Bestandteile. Auch können diese Abfälle gewisse Mengen an organischen Bestandteilen beinhalten, die der Biodegradation unterliegen. Im geochemischen Gleichgewicht wird dabei $CO_2$ gebildet, welches je nach geochemischen Bedingungen die anstehenden Lösungen versauert oder im Falle hoher pH-Werte zur Komplexierung besonders von Actiniden führt. Ein großer Anteil der Abfälle mit vernachlässigbarer Wärmeentwicklung ist in einer Zementmatrix fixiert. Ausgehärteter Zementstein (Mörtel) verfügt über einen großen Anteil an Portlandit ($Ca(OH)_2$), der zu einer pH-Wert Erhöhung von anstehenden Lösungen führt.

## 6.4
### Endlagerung

In den verschiedenen Ländern, in denen Kernenergie genutzt wird, werden unterschiedliche Wege der Endlagerung verfolgt. Die allgemeinen Ziele der Endlagerung radioaktiver Abfälle sind in Tabelle 6.2 aufgeführt. In den frühen Jahren der Kernenergienutzung wurde die Meeresversenkung als Entsorgungsweg für schwachradioaktive Abfälle praktiziert, nach Verabschiedung der Londoner Verträge im Jahr 1972 wurde diese zumindest in Europa nicht mehr durchgeführt und die Endlagerung auf dem Festland bevorzugt. In der Bundesrepublik Deutschland wurde bereits in den 1960er Jahren die Entscheidung zur Endlagerung aller radioaktiven Abfälle in tiefen geologischen Formationen getroffen. Zur Entwicklung der Einlagerungstechnik und zur Forschung zum Verhalten der eingelagerten Abfälle richtete man das Salzbergwerk Asse ein. In der DDR fand der Schacht Bartelsleben als Endlager für schwach- und mittelradioaktive Abfälle (Endlager für radioaktive Abfälle in Morsleben, ERAM) Verwendung. Beide Anlagen befinden sich in Salzstöcken. Auch die Waste Isolation Pilot Plant (WIPP) in New Mexico (USA) für die Endlagerung von schwachradioaktiven, transuranhaltigen Abfällen aus der Kernwaffenproduktion befindet sich in einer tiefen Salzformation.

**Tab. 6.2** Ziele der Endlagerung radioaktiver Abfälle

- Schutz der Bevölkerung und Umwelt vor schädlichen Auswirkungen der radioaktiven Stoffe
- Isolation der Abfälle von der Biosphäre
- Räumliche Aufkonzentrierung der radiotoxischen Stoffe
- Schutz gegen absichtlichen und unabsichtlichen Zugriff
- Nicht-Verbreitung von Spaltstoffen (Safeguard)

Für schwachradioaktive Abfälle wird in vielen Ländern (z. B. Frankreich, England, USA, usw.) eine oberflächennahe Endlagerung in entsprechenden Anlagen vorgenommen. Diese Anlagen befinden sich im Allgemeinen auf bzw. in einer Formation, die eine Abdichtung gegenüber dem Grundwasser gewährleistet (meist Ton). Weiter beinhalten diese Anlagen Betonstrukturen zur Aufnahme der Abfallgebinde und werden nach Abschluss der Einlagerung mit Beton und Ton gegen zutretendes Wasser abgedichtet.

Für hochradioaktive Abfälle werden höhere Anforderungen an einen Standort gestellt, da diese Abfälle eine hohe Radiotoxizität aufweisen, Wärme entwickeln und, wie z. B. abgebrannte Brennelemente, wegen des verhältnismäßig hohen Gehalts an spaltbarem Material »Safeguard« Kriterien erfüllen müssen (siehe Tabelle 6.2). Für die Endlagerung dieser Abfälle werden in allen Kernenergie nutzenden Ländern tiefe geologische Formationen untersucht, die langfristig geologisch stabil sind, möglichst keine tektonischen Störungszonen aufweisen, wenig durch Erdbeben und Vulkanismus gefährdet sind, sowie weder ausbeutungswürdige Bodenschätze enthalten noch nennenswerten Kontakt zum Grundwasser haben.

Beim Transport und der Einlagerung hochradioaktiver Abfälle und abgebrannter Kernbrennstoffe in ein Endlager werden zur Abschirmung der $\gamma$- und Neutronenstrahlung dickwandige Abschirmungen benötigt. Prinzipiell bieten sich folgende Alternativen zur Abschirmung der Abfälle an: Wieder verwendbare Abschirmungen, aus denen die Abfälle in ihre jeweilige Einlagerungsposition verbracht werden oder so genannte »verlorene Abschirmungen«, die zusammen mit den Abfällen eingelagert werden. Unabhängig davon bestimmen die Massen und Geometrien der zu transportierenden Gebinde die Auslegung eines tiefen Endlagers, seiner Schächte, Streckenquerschnitte und Transportsysteme. Es liegt auf der Hand, dass die notwendigen Hohlräume eines Endlagers im tiefen Untergrund nach Beendigung des Betriebs sorgfältig verschlossen werden müssen. Diese Verschlüsse stellen eine Barriere gegen die Freisetzung von radioaktiven Stoffen aus einem Endlager dar.

### 6.4.1
**Multibarrierensystem**

Zur Isolation der radioaktiven Abfälle im Endlager dienen Multibarrierensysteme. Diese aus mehreren unabhängigen Barrieren bestehenden Systeme sollen den Schadstoffaustrag aus dem Endlager wirkungsvoll verhindern (Abb. 6.1). Das Multibarrierensystem setzt sich aus folgenden Komponenten zusammen:

- der *technischen Barriere*, die aus dem Abfallprodukt, z. B. verglastem Abfall (HAW-Glas) bzw. abgebranntem Kernbrennstoff und den (dickwandigen) Behältern mit prognostizierbarem mechanischen Verhalten, Dichtigkeit und Korrosionsbeständigkeit besteht.
- der *geotechnischen Barriere*: sie besteht aus Verfüll- und Versatzmaterialien, die die verbleibenden Hohlräume minimieren (mechanische Stabilität), das Eindringen von Lösungen verhindern und eventuell eingedrungene Lösungen chemisch beeinflussen sollen. Zusätzlich sollen diese Stoffe Radionuklide durch verschiedene geochemische Reaktionen zurückhalten und eine gute Wärmeab-

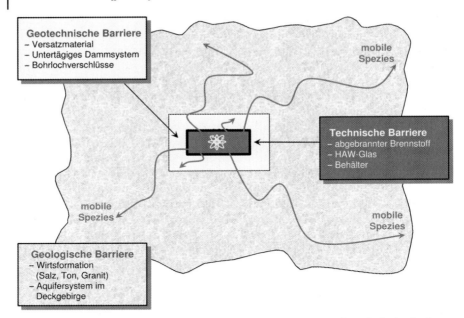

**Abb. 6.1** Schematische Darstellung der verschiedenen Barrieren in einem Endlager für hochradioaktive Abfälle

fuhr im Falle der wärmeentwickelnden Abfälle bewirken. In Tabelle 6.3 sind die Anforderungen an geotechnische Barrieren zusammengestellt.

- der *geologischen Barriere*, die aus dem umgebenden Wirtsgestein und dem überlagernden Deckgebirge besteht.

### 6.4.2
### Potentielle Wirtsgesteine

*Steinsalzformationen* wurden bisher in Deutschland als geeignet für alle Arten radioaktiver Abfälle einschließlich der wärmeentwickelnden angesehen. Die in

**Tab. 6.3** Anforderungen an die geotechnischen Barrieren im Endlager

- Barriere gegen Lösungszutritt
- Minimierung des potentiell zu den Abfällen gelangenden Lösungsvolumens
- Rückhaltung der Radionuklide (Sorption)
- Chemische Pufferung (pH, Redoxsysteme, Zusammensetzung von Lösungen...)
- Mechanische Stabilität
- gute Wärmeleitfähigkeit (im Falle wärmeproduzierender Abfälle)

Norddeutschland vorhandenen Steinsalzvorkommen wurden im Zechstein vor ca. 270 Mio. Jahren gebildet, aufgefaltet und erreichten im Tertiär ihre heutige Form. Am Salzstock Gorleben wurde nachgewiesen, dass seit seiner Auffaltung kein Kontakt zu Grundwässern bestand [6.3]. Steinsalz besitzt eine hohe Wärmeleitfähigkeit. Die bergtechnischen Anforderungen für das Auffahren und Verschließen entsprechender Hohlräume sind weit entwickelt. Steinsalz besitzt außerdem ein viskoplastisches mechanisches Stoffverhalten, welches dazu führt, dass Hohlräume je nach Tiefe (Gebirgsdruck) und Temperatur in Folge von Konvergenzprozessen innerhalb einiger Jahrzehnte wieder geschlossen werden.

*Kristalline Gesteine* wie Granit und granitische Gneise kommen insbesondere in Skandinavien als einziges potenzielles Wirtsgestein in Frage. Diese granitischen Gesteine sind über eine Milliarde Jahre alt. Sie unterlagen in ihrer Geschichte sowohl thermischen als auch tektonischen Belastungen, die zum Auftreten von Klüften und Rissen führten, welche als Wegsamkeiten für Grundwasser besonderer Beachtung und entsprechender technischer Maßnahmen bedürfen.

Im Dezember 2000 stimmte die finnische Regierung dem Vorhaben der Energieerzeugungsunternehmen zu, am Standort Olkiuoto ein Endlager für abgebrannte Brennelemente und anderen hochradioaktiven Abfall zu errichten. Im Mai 2001 stimmte das Parlament zu und 2004 wurde mit dem Bau einer Anlage zur untertägigen Erkundung und späteren Endlager an Standort Olkiluoto begonnen. In Schweden werden zurzeit zwei mögliche Standorte (bei Forsmark und bei Oskarshamn) auf ihre Eignung untersucht. In Kanada wurde ebenfalls die Eignung eines granitischen Plutons (Lac du Bonnet Batholith) untersucht und abschließend bewertet.

*Tongesteine* wurden in Frankreich, Belgien und der Schweiz als Wirtsgesteine ausgewählt. Die Tongesteine Callovo-Oxfordien in Frankreich und der Opalinuston in der Schweiz wurden im Jura vor ca. 160–200 Mio. Jahren abgelagert. In Ostfrankreich wird im Departement Meuse/Haute Marne ein (Forschungs-)Bergwerk in der Callovo Oxford Tonformation erstellt. In Belgien wird bei Mol (Antwerpen) ebenfalls eine Tonformation (Boom Clay) erkundet. In der Schweiz wurde für einen Standort im Opalinuston im Züricher Weinland ein umfassender »Entsorgungsnachweis« geführt. Der Entsorgungsnachweis umfasst die Eignung des Opalinustons für die Endlagerung, die ingenieurtechnische Machbarkeit und den Langzeitsicherheitsnachweis [6.4].

In den USA ist die Endlagerung von militärischen und zivilen hochradioaktiven Abfällen bzw. abgebrannter Brennelemente in einer *Tuff-Formation* (Yucca Mountain) im Bereich der Nevada Test Site geplant. Im Gegensatz zu den in Europa betrachteten Wirtsgesteinen liegt diese Formation oberhalb des Grundwasserspiegels. Besondere Bedingungen ergeben sich für Yucca Mountain aus der geringen Niederschlagsrate an diesem Standort, der hohen Wasserdurchlässigkeit des Gesteins und einer zukünftig nicht auszuschließenden vulkanischen Aktivität.

In Kontakt mit Grundwasser stellen sich in den hier vorgestellten Wirtsgesteinen unterschiedliche Lösungen ein. In Steinsalz bilden sich gesättigte Lösungen des ozeanischen Systems der Salze ($Na^+$, $K^+$, $Mg^{2+}$, $Ca^{2+}$/ $Cl^-$, $SO_4^{2-}$, $CO_3^{2-}$ // $H_2O$) mit hohen Ionenstärken. In den Hartgesteinen Skandinaviens finden sich unterschiedliche Grundwässer, die sich als Mischungen aus Meerwasser, Niederschlagswässern und eiszeitlichen Wässern charakterisieren lassen. Die maximale Ionenstärke liegt im Bereich von Meerwasser. In Tongesteinen finden sich Porenwasser als adsorbiertes Wasser in der Zwischenschicht der Tonmineralstruktur (interlamellares Wasser) und als Wasser um primäre Tonpartikeln (intrapartikuläres Wasser) sowie freies Wasser, welches in Mikroporen kondensiert ist. Die Zusammensetzung des Porenwassers in Tongestein wird auch durch den übrigen Phasenbestand des Gesteins (z. B. Calcit) bestimmt.

Weltweit stehen heute mehrere Untertagelaboratorien zur Verfügung, in denen die Endlagerung technisch demonstriert wird/werden soll. Das Verhalten des jeweiligen Wirtsgesteins und die Wechselwirkungen der Abfälle und Radionuklide mit dem Gestein und den technischen und geotechnischen Barrieren werden untersucht. Solche Untertagelaboratorien existieren in Schweden (Äspö Hard Rock Laboratory) und in der Schweiz (Grimsel Test Site) in Granitformationen, in Ton die Forschungsanlage Hades in Belgien (Boom Clay) sowie in der Schweiz das Felslabor Mont Terri in einer Opalinustonschicht. Forschungsarbeiten in Salzformationen können heute nur noch in der Waste Isolation Pilot Plant (WIPP) in den USA durchgeführt werden.

Im Rahmen verschiedener Studien wurden die Eigenschaften der in Deutschland in Frage kommenden Wirtsgesteine beschrieben und ihr Einfluss auf das Endlager und die Einlagerungsstrategie bewertet [6.5, 6.6]. Folgende Schlussfolgerungen wurden daraus abgeleitet: Steinsalz, kristalline Gesteine, Tongestein und sonstige Gesteine mit Tonüberdeckung sind in Deutschland verfügbar, wobei Granit die höchste Prognoseunsicherheit hinsichtlich seiner Klüftigkeit aufweist. Steinsalz findet sich in hinreichender Mächtigkeit und Tiefe in Norddeutschland, Tongesteine sind sowohl in Nord- als auch in Süddeutschland vorhanden. Im Gegensatz zu Steinsalz finden sich im Hartgestein aufgrund der stets vorhandenen Klüfte und im Tongestein wegen seines wasserhaltigen Mineralbestands immer Wasser/Lösungen. Dem

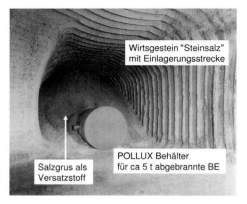

**Abb. 6.2** Einlagerungskonzept für abgebrannte Brennelemente in POLLUX-Behältern

gegenüber ist Steinsalz nahezu wasserfrei, allerdings ist Steinsalz wasserlöslich. Die Wärmeleitfähigkeit des Steinsalzes ist im Vergleich zu den anderen Wirtsgesteinen sehr hoch. In Hartgestein und in Steinsalz können bergmännische standfeste Hohlräume aufgefahren werden, in Tongestein ist ein entsprechender Ausbau zur Stabilisierung der Hohlräume erforderlich. Steinsalz ist für Lösungen und Gase weitgehend dicht, in Tongestein finden diffusionskontrollierte Transportprozesse statt, während in Hartgesteinen advektive Strömungsprozesse auftreten können, die standortabhängig zu bewerten sind.

### 6.4.3
### Endlagerkonzepte

Endlagerkonzepte sind schematisch und unabhängig von bestimmten Wirtsgesteinen in Abbildung 6.3 dargestellt. Die unterschiedlichen Eigenschaften der verschiedenen Wirtsgesteine schlagen sich in dem für das jeweilige Wirtsgestein entwickelten Endlagerkonzept nieder und bestimmen auch die Auswahl geeigneter Stoffe als geotechnische Barrieren bzw. zum Verfüllen der offenen Hohlräume. Im Falle einer

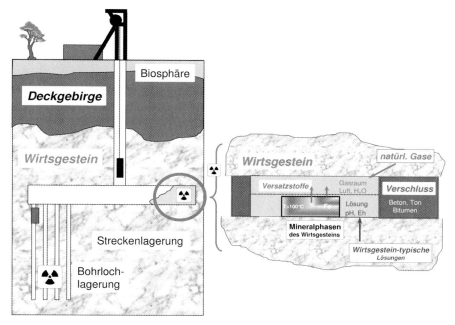

**Abb. 6.3** Schematische Darstellung eines Einlagerungskonzeptes für abgebrannte Brennelemente bzw. Glasprodukte in Bohrlöchern und in Strecken. Im Einzelnen bestehen die Barrieren aus
– dem Abfall,
– Stahlbehältern zur Aufnahme der abgebrannten Brennelemente,
– Versatzstoffen in den Einlagerungsstrecken,
– Verschlüssen der Bohrlöcher und Strecken,
– hinreichender Tiefe im Wirtsgestein.

Endlagerung im Steinsalz wird hauptsächlich Salzgrus, im Falle anderer Wirtsgesteine werden plastische Tone wie Bentonite als Versatzmaterial diskutiert. Je nach Wirtsgestein ist der Stellenwert der verschiedenen Barrieren unterschiedlich. In einem Endlager im Steinsalz bzw. in Tongestein genießt die geologische Barriere auf Grund ihrer Dichtigkeit gegenüber Grundwasser einen hohen Stellenwert. Im Hartgestein mit teilweise erheblichen Wegsamkeiten für Grundwasser gewinnen technische und geotechnische Barrieren eine hohe Bedeutung, da sie die Abdichtung der Abfälle gegen Grundwasser langfristig garantieren müssen.

Ob ein Endlager nach der Einlagerung endgültig verschlossen oder ob die Option der Rückholbarkeit der eingelagerten radioaktiven Rückstände auf der Grundlage zukünftiger Erkenntnisse verfolgt wird, hat Einfluss auf das Endlagerkonzept. Beispielsweise sollen im amerikanischen Yucca-Mountain-Konzept die Behälter mit hochradioaktiven Abfällen bzw. abgebrannten Brennelementen in horizontalen Strecken eingelagert und bis auf weiteres keine Verfüllung der Strecken vorgenommen werden. Eine Entscheidung über den endgültigen Verbleib bzw. die Rückholung soll erst in 200 bis 300 Jahren getroffen werden.

#### 6.4.3.1 **Steinsalz (Deutschland)**

Für die Endlagerung wärmeentwickelnder Abfälle (hochradioaktive Abfälle aus der Wiederaufarbeitung und abgebrannte Brennelemente) wurde in Deutschland der Salzstock Gorleben untersucht. Die hohe Wärmeproduktion dieser Abfälle beschleunigt das Kriechen des Salzgesteins und führt bei ungestörter Entwicklung zum schnellen Verschluss von Hohlräumen und damit zur Isolation der Abfälle im Wirtsgestein. Für die Endlagerung hochradioaktiver Abfälle in Steinsalz wurden in Deutschland zwei fortgeschrittene Konzepte entwickelt:

Das eine Konzept für dünnwandige HAW-Glaskokillen und spezielle Brennstabkanister (BSK 3) sieht die Endlagerung in vertikalen Bohrlöchern vor. Für den Transport dieser Abfälle ins Endlager und die Absenkung in die Bohrlöcher sind speziell konstruierte Abschirmbehälter erforderlich. In den Planungen für das Endlagerbergwerk Gorleben waren 300 m tiefe Bohrlöcher vorgesehen. Zum Abtrag der Last und zur Steuerung des Wärmeeintrags ins Wirtsgestein sollte Salzgrus zwischen die Gebinde eingebracht werden. Nach dem Befüllen des Bohrlochs war beabsichtigt, dieses zur Einlagerungsstrecke mit einem mehreren Meter mächtigen Verschluss abzuschotten und nach Beendigung der Einlagerung in einer Strecke diese mit Salzgrus zu verfüllten. Der Abstand zwischen benachbarten Einlagerungsstrecken war mit ca. 50 m geplant.

Das andere Konzept sieht die Endlagerung insbesondere von abgebrannten Brennelementen in dickwandigen, so genannten POLLUX-Behältern vor. Der POLLUX-Behälter mit einer Kapazität von 10 Druckwasserreaktor-Brennelementen besteht aus einem äußeren Abschirmbehälter und einem inneren Behälter. Der innere Behälter ist aus Feinkornbaustahl und für die mechanische Belastung infolge der Konvergenz im Endlager konzipiert. Der äußere Behälter besteht aus Gussstahl. Die Masse des POLLUX-Behälters beträgt ca. 65 t, der Durchmesser 1560 mm und die Länge 5517 mm. Der POLLUX-Behälter ist auch zur Abschirmung von Neutronen ausgestattet. Die Behälter sollten in horizontalen Strecken jeweils in einem Abstand von mehreren Metern voneinander gelagert und der Hohlraum um den Behälter und zwischen den Behältern zur besseren Wärmeabfuhr mit Salzgrus verfüllt werden. Bei der Endlagerung in POLLUX-Behältern erfolgt der Wärmeeintrag in das Wirtsgestein auf der Ebene der Einlagerungsstrecke, während bei Anwendung der Bohrlochtechnik ein größeres Volumen des Wirtsgesteins ausgenutzt wird. Abbildung 6.2 zeigt das Einlagerungskonzept der POLLUX-Behälter, wie es im Rahmen eines Untersuchungsprogramms simuliert wurde.

Die Zwischenlagerzeit und damit die Wärmeleistung der Abfälle und die Abstände der Lagerbehälter werden so gewählt, dass die Temperaturen im Steinsalz maximal 200 °C (150 °C für Brennelemente in POLLUX-Behältern) betragen. Die Abkühldauer im Zwischenlager beträgt bei den konzipierten Abständen von Behältern bzw. benachbarten Lagerstrecken etwa 40 Jahre.

### 6.4.3.2 Granit (Skandinavien)

In den skandinavischen Endlagerkonzepten ist beabsichtigt, die Endlagerbehälter aus Sphäroguss herzustellen und mit einem 5 cm dicken Kupfermantel (Overpack) zu versehen. In dem ursprünglich in Schweden entwickelten KBS-3 Konzept [6.7] ist vorgesehen, die einzelnen Kanister in vertikalen Bohrungen einzulagern. Das Endlager besteht aus einem System von Tunneln im Abstand von 25 m in einer Tiefe von mehreren hundert Metern. Das Tunnelsystem ist durch Transportstrecken verbunden. Die Bohrlöcher für die Endlagerbehälter werden in einigen Metern Abstand voneinander von der Tunnelsohle nach unten gebohrt. Die Kanister werden von einer Bentonitbarriere (ca. 0,3 m) umgeben, die bei Aufnahme von Wasser quillt. Der Ton verhindert dadurch nicht nur den Wasserzutritt zum Endlagerbehälter, sondern schützt auch die Behälter vor Gebirgsbewegungen. Dieses Konzept ist weit fortgeschritten und das Verfahren wird gegenwärtig im schwedischen Äspö Hard Rock Laboratory demonstriert. Die Wärmeleistung der Abfälle und die Abstände der Lagerbehälter werden so gewählt, dass die Temperaturen im Wirtsgestein maximal 100 °C betragen.

Das granitische Wirtsgestein bietet mechanisch und chemisch stabile Bedingungen im Endlagerbereich und begrenzt den Zutritt von Lösungen. Sollte trotzdem Radioaktivität aus den eingelagerten Abfällen freigesetzt werden, hält die Bentonitbarriere die Radionuklide durch Sorptionsprozesse zurück. Nach Beendigung der Einlagerung sollen die Strecken mit einer Mischung aus Bentonit und zerkleinertem Gestein verfüllt werden.

Die Sicherheit des skandinavischen Endlagerkonzepts basiert auf mehreren technischen und natürlichen Barrieren, die die Freisetzung der Radioaktivität verhindern oder zumindest verzögern. Die Barrieren bestehen aus dem abgebrannten Kernbrennstoff selbst, dem Kupfer-Behälter und dem Bentonit, der diesen umschließt. Als natürliche Barriere gilt die mehrere hundert Meter mächtige Gesteinsschicht zwischen dem Endlagerbereich und der Biosphäre.

### 6.4.3.3 Ton (Schweiz, Frankreich)

Der Opalinuston ist ein homogenes Tongestein, das über große Teile der Nordschweiz und dem angrenzenden Süddeutschland gleichförmig abgelagert wurde.

Ein engeres Untersuchungsgebiet wurde in der Schweiz im Zürcher Weinland ausgewählt, das die Grundanforderungen an ein geologisches Endlager erfüllt:
- Geologische Langzeitstabilität
- Günstige Wirtgesteinseigenschaften
- Robustheit gegenüber Störeinflüssen
- Explorierbarkeit
- Prognostizierbarkeit
- Flexibilität bezüglich der Platzierung

Im Jahr 2003 legte die Nationale Genossenschaft für die Lagerung radioaktiver Abfälle (Nagra) einen »Entsorgungsnachweis für abgebrannte Brennelemente, verglaste hochaktive Abfälle sowie langlebige mittelaktive Abfälle« vor, in dem ein bautechnischer Entwurf, eine Synthese der geowissenschaftlichen Untersuchungen und die sicherheitsmäßige Beurteilung eines Tiefenlagers im Opalinuston dargestellt sind. Das in der Schweiz vorgeschlagene Endlagerkonzept im Opalinuston verzichtet auf zementierte bzw. betonierte Strukturelemente. Die Endlagerbehälter werden auf Sockel aus kompaktiertem Bentonit abgelegt und die verbleibenden Hohlräume mit Hilfe einer Förderleitung mit pelletisiertem Ton verfüllt. Beim Zutritt von Lösungen quillt der Ton, baut das Wasser in seine Struktur ein und dichtet so das Endlager gegen Lösungstransport ab.

Zuständig für die Endlagerung in Frankreich ist die Andra (d'Agence nationale pour la gestion des déchets radioactifs). Der Standort Bure im Departement Meuse/Haute-Marne wurde von der Andra für die Einrichtung eines Forschungs-/Erkundungsbergwerks in der Callovo-Oxford-Tonformation ausgewählt. Die Schächte sind weitgehend abgeteuft und mit der Erstellung der untertägigen Einrichtungen wurde begonnen. Eine eingehende wissenschaftliche Untersuchung bezüglich der Permeabilität, der Stabilität und der generellen Eigenschaften (mechanisch, hydraulisch, chemisch, usw.) der Tonschicht ist die Voraussetzung zur Beurteilung der Eignung dieses Gesteins für die Endlagerung wärmeentwickelnder Abfälle.

Das französische Endlagerkonzept sieht horizontale bzw. vertikale Bohrungen in die Tonformation für mehrere HAW-Glas Behälter vor, wie sie von der COGEMA hergestellt werden. Eine endgültige Festlegung ist bisher noch nicht getroffen. Die horizontalen Bohrungen werden mit Tonpuffermaterial ausgekleidet und mit Edelstahlauskleidungen (Linern) versehen. Abbildung 6.4 zeigt schematisch die horizontale Einlagerung von verglasten hochradioaktiven Abfällen [6.8]. Im Falle der vertikalen Bohrungen ist keine Auskleidung geplant. Zur Einlagerungsstrecke hin werden die Bohrungen durch Verschlussstopfen auf der Basis von Ton abgedichtet. Zwar ist in Frankreich die Wiederaufarbeitung abgebrannter Kernbrennstoffe vorgesehen, das Endlagerkonzept beinhaltet aber die Einlagerung abgebrannter Brennelemente in Stahlbehältern entweder unterhalb der Fahrbahn der Einlagerungsstrecke oder in horizontale mit Auskleidungen versehene Bohrlöcher. Wie für das HAW-Glas sollen diese Strecken mit tonbasierten Versatzstoffen verschlossen werden. Um die Wärmeabfuhr von den Abfallprodukten zu verbessern kann den tonbasierten Versatzstoffen Graphit beigemischt werden. Durch Zugabe von Quarzsand lässt sich das

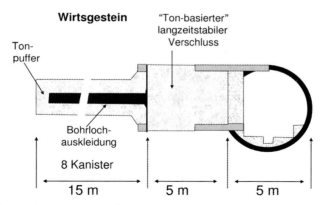

**Abb. 6.4** Schematische Darstellung des französischen Einlagerungskonzeptes für verglasten hochradioaktiven Abfall nach [6.7]. Vorgesehen sind
– 8 Kokillen pro Bohrloch
– Stahlauskleidung der Bohrlöcher
– Hinterfüllung der Bohrlöcher und Strecken mit tonhaltigen Stoffen
– Ausbau der Zugangstunnel mit Beton

Quellvermögen tonbasierter Versatzstoffe steuern, um die Druckbelastung auf die Barrieren infolge der Quellvorgänge des Tons zu optimieren.

Die Wärmeleistung der Abfälle und die Abstände der Lagerbehälter werden so gewählt, dass die Temperaturen im Tongestein maximal 100 °C betragen. Die Festlegung auf diese Temperatur wird damit begründet, dass im Falle höherer Temperaturen interlamellares Wasser freigesetzt wird und sich deshalb die Quellfähigkeit der Tone wesentlich verschlechtert.

## 6.5
## Langzeitsicherheit der Endlagerung

Das Risiko durch ein Endlager, d.h. die Freisetzung von Radionukliden, ihr Transport in die Biosphäre und die daraus resultierende Strahlenbelastung, hängt nicht nur von der Menge der eingelagerten radioaktiven Elemente ab, sondern auch davon, ob diese Elemente im Falle eines Kontakts der Abfälle mit Grundwasser mobilisiert werden können. Die Sicherheitsanalysen für ein Endlager umfassen neben den betrieblichen Sicherheitsaspekten als wesentlichstes Element die Langzeitsicherheit. Hierbei ist zu gewährleisten, dass auch für lange Zeiträume die zulässigen Grenzwerte der Strahlungsbelastung nicht überschritten werden. Dieser Grenzwert ist in Deutschland durch den §47 der Strahlenschutzverordnung auf 0,3 mSv a$^{-1}$ festgelegt [6.9].

Die Frage, über welche Zeiträume die Sicherheit eines Endlagers nachgewiesen werden muss, wird in verschiedenen Ländern unterschiedlich beantwortet. In Deutschland hatten noch 1988 die Reaktorsicherheits- und die Strahlenschutz-Kommissionen (RSK und SSK) einen Nachweiszeitraum von 10 000 Jahren vorgeschlagen. Heute halten beide Kommissionen einen deutlich längeren Zeitraum für erforderlich. Nach Meinung der Kommissionen sollten fachliche, insbesondere radiologische und weitere geologische Argumente für die Eingrenzung und Begründung des Nachweiszeitraumes herangezogen werden. Die Nachweisführung über Dosis- oder Risikobegrenzungen ist mit umso größeren Unsicherheiten behaftet, je größer die betrachteten Zeiträume werden. Die verschiedenen Elemente eines Sicherheitsnachweises sollten daher im gesamten Nachweiszeitraum nicht mit gleicher Gewichtung angewendet werden, da ihre Aussagekraft in den betrachteten Zeiträumen unterschiedlich ist [6.10]. Im Rahmen des AkEnd Abschlussberichts wird unabhängig von dem letztlich ausgewählten Wirtsgestein eine Sicherheitsanalyse über einen Zeitraum von 1 Mio. Jahren gefordert.

Die internationale Entwicklung geht dahin, diese Unsicherheiten im Sicherheitsnachweis differenziert bzw. zeitraumbezogen zu berücksichtigen. In Frankreich wurde durch das Ministerium für Industrie und Handel die Sicherheitsregel Nr. III.2.f definiert, die eine Stabilität des Standortes für einen Zeitraum von mindestens 10 000 Jahren fordert. Dieser Zeitraum galt auch in den USA für WIPP und das Yucca Mountain Projekt [6.11]. Mittlerweile wurde durch U.S. Gerichtsentscheide festgestellt, dass Zeiträume bis 1 Mio. Jahre betrachtet werden müssen.

### 6.5.1
**Methoden für die Langzeitsicherheitsanalysen**

Langzeitsicherheitsanalysen (performance assessments) sind ein wichtiger Teil der Auslegung und der Optimierung eines Endlagers für radioaktive Abfälle in einer tiefen geologischen Formation, die sich auch im Genehmigungsverfahren niederschlagen. Die Analysen berücksichtigen die geologischen, geochemischen, hydrologischen, thermischen und thermomechanischen Kenntnisse aus der Standorterkundung und aus der Endlagerstrategie (Abfallarten, Radionuklidgehalt, Einlagerungskonzept usw.) sowie die Eigenschaften der geotechnischen Barrieren. Auf theoretisch-analytischer Basis werden mögliche Freisetzungen von Schadstoffen aus der Endlagerformation in der Nachbetriebsphase ermittelt und in ihren Konsequenzen bewertet. Generell wird vorausgesetzt, dass innerhalb des zu betrachtenden Zeitraums das Wirtsgestein und die überlagernden Schichten stabil sind und keine tektonischen Störungen auftreten. Es wird auch vorausgesetzt, dass die verwendeten Barrieren mit dem Wirtsgestein verträglich sind.

Zur Durchführung der Sicherheitsanalysen müssen die zu erwartenden Abläufe im Endlager, die natürliche Evolution und mögliche Ereignisse, die die natürlichen Abläufe beeinflussen können, beschrieben werden. Hierzu bedient man sich der Szenarienanalyse, die auf der Analyse und Bewertung von Eigenschaften, Ereignissen und Prozessen (Features, Events, Processes, FEP) beruht. Kataloge der FEPs wurden sowohl generisch, d.h. standortunabhängig, als auch für verschiedene Endlagerwirtsgesteine erarbeitet [6.12].

Ausgewählte Szenarien, die bestimmte Entwicklungen des Endlagers beschreiben, werden dann quantitativ hinsichtlich ihrer Konsequenzen (z.B. der Dosisbelastung) analysiert. Hierbei können Subsysteme wie das Nah- oder Fernfeld des Endlagers definiert werden. In Nahfeld hängt die Radionuklidfreisetzung von den

Eigenschaften der Abfallprodukte, der Behälter und geotechnischen Barrieren und des Wirtsgesteins ab. Zum Teil können für Nahfeldanalysen generische Daten verwendet werden. Für den Transport von Radionukliden im Fernfeld sind jedoch standortspezifische Analysen erforderlich.

Zur Bewertung der Langzeitsicherheit eines Endlagers für radioaktive Abfälle werden
- numerische Analysen,
- Sicherheitsindikatoren und
- Plausibilitätsbetrachtungen

verwendet. Die numerischen Analysen beinhalten keine ab-initio Modelle, sondern die Modelle beschreiben Teilaspekte der Realität, auf Basis von Parametern, die aus Experimenten oder Felduntersuchungen ermittelt wurden. Damit ist die Einschränkung vorgegeben: Diese Modelle lassen keine Extrapolation über den zugrunde gelegten und parametrisierten Satz von Zuständen oder Prozessen hinaus zu.

In Abbildung 6.5 ist die Vorgehensweise einer Sicherheitsanalyse allgemein dargestellt: Ausgehend von einer Vielzahl von Eigenschaften (F), Ereignissen (E) und Prozessen (P) werden davon bestimmte ausgewählt, wobei das Auswahlverfahren meist auf Expertenwissen basiert. Die Kombination der ausgewählten FEPs zu Szenarien erfordert ebenfalls eine Entscheidung bezüglich ihrer Relevanz. Die Auswirkungen der Szenarien auf die Endlagersicherheit werden dann mittels spezifischer Rechencodes ausgewertet, wobei unterschiedliche Modelle, Datenbasen, Abläufe und Näherungen analysiert werden müssen. Die Auswertung aller Ergebnisse führt dann zu einer Aussage über die Leistungsfähigkeit des Endlagersystems und seiner Barrieren bezüglich der Rückhaltung der Radionuklide.

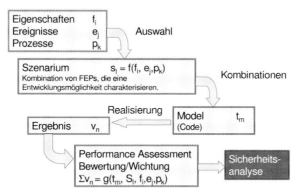

**Abb. 6.5** Auswahl und Kombination von FEPs zu Szenarien, Modellierung der Szenarien, und Wichtung der Ergebnisse für die Langzeitsicherheitsanalyse

## 6.5.2
**Deterministische und probabilistische Methoden**

Bisher wurden in Deutschland im Rahmen von Genehmigungsverfahren *deterministische Sicherheitsanalysen* durchgeführt. Diese allgemein akzeptierten Verfahren beruhen auf Annahmen über mögliche Entwicklungen des Endlagers (Szenarien). Gleichwohl sind solche Analysen nicht frei von Subjektivität, etwa durch die Auswahl von Szenarien oder die Gewichtung von FEPs. Zum Risiko, definiert als Produkt aus der Häufigkeit bestimmter Störfälle und ihrer Folgen, liefern die deterministischen Verfahren keine Aussagen. Daher weisen deterministische Sicherheitsanalysen dann Probleme auf, wenn die Kenntnisse von Ereignisketten gering sind, oder wenn große Folgen aus unwahrscheinlichen Szenarien berechnet werden.

Systematische Prognoseverfahren zum Auftreten und zu den Folgen unbeherrschter Störfälle wurden zunächst für Kernkraftwerke entwickelt. Die *probabilistischen*, d. h. wahrscheinlichkeitsbezogenen Sicherheits- und Risikoanalysen sind heute Stand der Technik bei der Beurteilung der Sicherheit von Kernkraftwerken. Der wesentliche Unterschied zur deterministischen Vorgehensweise liegt in der Auswahl der Störfälle: Die Wahrscheinlichkeit ihres Eintritts und ihre voraussichtlichen Abläufe werden aus Systemanalysen abgeleitet. Statt eine bestimmte Ereigniskette (Szenario) für die Untersuchung auszuwählen, werden alle überhaupt möglichen Ereignisketten erfasst. In probabilistischen Sicherheitsanalysen werden einzelne FEPs statistisch modelliert und in Fehler- und Ereignisbäumen verwendet, um so das Verhalten des Gesamtsystems zu modellieren. Daraus wiederum ergeben sich Randbedingungen für spezifische Szenarien, aus denen, wie bei deterministischen Analysen, die Folgen berechnet werden können. Problematisch bei probabilistischen Sicherheitsanalysen für Endlager sind die Datenunsicherheit und der Ermessensspielraum bezüglich der verwendeten Eintrittswahrscheinlichkeiten, da für geologische Systeme keine Erfahrungen vorhanden sind.

## 6.5.3
**»Integrierte« Methoden: Total system performance assessment**

Das Ziel der Erkundung eines Endlagerstandorts, der Szenarienentwicklung und der Modellierung der möglichen Entwicklungen des Endlagers ist i. A. auf eine integrale Bewertung ausgerichtet, in der die Charakteristika des Endlagersystems und die Fähigkeit des Gesamtsystems bezüglich der Radionuklidrückhaltung beschrieben werden [6.13]. Das »total system performance assessment (TSPA)« ist in den USA die Voraussetzung für die Genehmigung der Endlagerung in Yucca Mountain. Die Unsicherheiten und Variabilitäten bezüglich der möglichen Entwicklungen des Endlagersystems werden durch probabilistische Methoden behandelt, um so ein »wahrscheinliches« Verhalten des Systems unter definierten Bedingungen zu erhalten. Unsichere Parameter werden durch die probabilistische Vorgehensweise abgedeckt, zum Teil werden unterschiedliche Modellansätze für bestimmte Variabilitäten herangezogen.

## 6.6
**Prozessverständnis für den Langzeitsicherheitnachweis der Endlagerung**

Wesentlich für die Akzeptanz einer Langzeitsicherheitsanalyse sind Methoden, die es erlauben, die Übertragbarkeit von Laborergebnissen auf reale Bedingungen und die damit verbundenen Unsicherheitsfaktoren (»key uncertainties«) wissenschaftlich fundiert zu bewerten.

Die Ausbreitung von Radionukliden aus einem Endlager wird durch das Multibarrierensystem behindert und kann ausschließlich über den Wasserpfad erfolgen. Deshalb hängen Freisetzung und Transport der Radionuklide in erster Linie von ihrem chemischen Verhalten im wässrigen Milieu der jeweiligen geochemischen Umgebung ab. Die Radionuklide unterliegen in diesen komplexen aquatischen Systemen einer Vielzahl von nebeneinander ablaufenden Prozessen, wie Redoxreaktionen, Hydrolyse, Komplexierung mit Wasserinhaltsstoffen, Fest/flüssig-Phasengleichgewichten und Bildung von Kolloiden. Eine Vielzahl von möglichen Reaktionen findet an den im System vorhandenen Fest/flüssig-Grenzflächen statt. Die möglichen Radionuklid-Konzentrationen in natürlichen Wässern liegen im Bereich von $10^{-9}$ mol $\cdot$ dm$^{-3}$ (Nanomol-Bereich) im Gegensatz zu den deutlich höheren Konzentrationen der gelösten Hauptkomponenten der Grundwässer.

Die meisten durchgeführten Sicherheitsanalysen berücksichtigen nur das globale Migrationsverhalten der Radionuklide, das durch maximale Lösungskonzentrationen und Sorptionskoeffizienten bestimmt ist. Für die tri- und tetravalenten Actiniden können ohne ein Verständnis der ablaufenden Prozesse nicht einmal konservative Grenzwerte abgeschätzt werden. Ferner sind die Sorptionskoeffizienten i. A. nur für die Bedingungen gültig, unter denen sie bestimmt wurden. Beide Tatsachen tragen zu den großen Unsicherheiten in den Prognosen zur Langzeitsicherheit bei, da die Komplexität der chemischen Reaktionen und die Heterogenität des geochemischen Milieus nur unzureichend berücksichtigt werden.

Geochemische Modellierungsmethoden helfen diese Unsicherheiten zu minimieren: Für jede einzelne Barriere wird das Verhalten der Radionuklide im zeitlich und räumlich veränderten geochemischen Milieu bestimmt, und somit die Mobilisierung bzw. Immobilisierung einzelner Radionuklide in den jeweiligen Barrieren ermittelt. Auf dieser Basis ist dann die Radionuklidfreisetzung entlang des Multibarrierensystems mit Einsatz der geochemischen Modellierung ableitbar. Je nach Wirtsgestein und Szenarium kommen unterschiedliche Ansätze in Betracht:

- Kinetische Ansätze, basierend auf diffusiven/advektiven Stofftransportprozessen zur Beschreibung des Radionuklidtransports.
- Thermodynamische Ansätze, mit deren Hilfe das langfristig im Endlager zu erwartende geochemische Milieu und die Radionuklidkonzentrationen vorhergesagt werden können.

Sowohl die Reaktionsgeschwindigkeiten als auch die ablaufenden Reaktionen sind abhängig von den Umgebungsbedingungen ($T$ und $p$), darüber hinaus von zahlreichen standortspezifischen Größen, wie z. B. von Art und Konzentration von Lösungskomponenten, pH und Redoxbedingungen. Zusätzlich laufen zahlreiche

Reaktionen nur ab, wenn bestimmte feste Phasen anwesend sind. Dies betrifft Redoxreaktionen, Sorptionsreaktionen und die Bildung von neuen festen Phasen.

### 6.6.1
**Wechselwirkungen im Nahbereich**

Man muss davon ausgehen, dass ein Endlager eine Störung des gesamten Gleichgewichts des Wirtsgesteins darstellt. Aufgrund der Störung des Systems unterliegen die Barrieren bestimmten Wechselwirkungen, die sich in Änderungen ihrer Chemie bzw. Mineralogie langfristig darstellen. Da sich Experimente bzw. in-situ-Versuche nur über kurze Zeiträume erstrecken können, müssen theoretische Methoden und spezifische Experimente in speziellen Modellsystemen verwendet werden, um das Langzeitverhalten der Barrieren zu bewerten. Das durch

- Auffahren des Endlagers,
- Austrocknen der umgebenden Gesteine durch die Bewetterung,
- Oxidation von Mineralphasen durch Luftsauerstoff,
- Einbringen von großen Mengen »Fremdmaterialien«,
- Veränderung der Temperatur und
- ggf. Lösungszutritte (Störfall)

bewirkte Ungleichgewicht äußert sich im Aufbau von mechanischen Spannungen, Veränderungen der Gebirgsfeuchte (»Austrocknung« und »Aufsättigung«) und in geochemischen Gradienten. Je nach Art des Wirtsgesteins laufen unterschiedliche Prozesse ab, die das Gesamtsystem in Richtung eines neuen Gleichgewichtszustands entwickeln. Dieser neue, möglicherweise erst in längeren Zeiträumen erreichte Gleichgewichtszustand unterscheidet sich vom ursprünglichen.

Die dabei zu betrachtenden Elementarreaktionen können als Simultan- (Parallel-) oder Sukzessivreaktionen ablaufen. Diese Phänomene und die zugehörigen Geschwindigkeiten sind besonders wichtig für mögliche Umwandlungen (Mineralphasen, Porenraum, Sorptionskapazität, etc.) von Versatzstoffen. In heterogenen (mehrphasigen) Systemen müssen außerdem die Einflüsse der Diffusion, Keimbildung, Adsorption, etc. berücksichtigt werden. Die Reaktionsgeschwindigkeiten sind außerdem stark von der Temperatur abhängig.

Konstanten zur Modellierung dieser komplexen Reaktionen finden sich in mehr oder weniger qualifizierten Datenbanken. Die Bedeutung der thermodynamischen Daten wurde international erkannt. So fördert etwa die NEA der OECD die Entwicklung und Aktualisierung einer international anerkannten Standarddatenbank [6.14, 6.15]. Für die Anwendung thermodynamischer Daten im Rahmen spezifischer Endlagerprojekte wurden auf nationaler Ebene u. a. in den USA und in der Schweiz Standarddatenbanken zusammengestellt, vervollständigt und an die jeweiligen Bedürfnisse angepasst.

## 6.6.2
**Wechselwirkungen im Fernbereich**

Diffusion und strömungsgetriebene Transportprozesse (Advektion) können zur Radionuklidfreisetzung aus einem Endlager führen. Advektive Transportvorgänge können durch die Grundwasserbewegung hervorgerufen werden. Die Grundwasserbewegungen hängen vom Wirtsgestein und seiner Durchlässigkeit bzw. Klüftigkeit sowie den vorherrschenden Druckgradienten ab. In einem gewissen Abstand vom Endlager bzw. nach hinreichender Zeit nach Beendigung der Einlagerung stellen sich die natürlichen Grundwasserbewegungen wieder ein. Selbstverständlich werden die Fließgeschwindigkeiten und Austauschraten durch äußere Phänomene beeinflusst, wie z. B. durch die Niederschlagsmengen und Klima. Langfristig müssen in einigen Ländern Permafrostbedingungen sowie eine zeitweise Vergletscherung im Bereich des Endlagers berücksichtigt werden, wobei durchaus schnelle Wasserfließgeschwindigkeiten vorstellbar sind. Aus diesem Grund ist der Schutz des Endlagers durch das Wirtsgestein und die geologische Formation, die als die natürlichen Barrieren die Freisetzung von Radioaktivität zur Biosphäre verhindern bzw. verzögern, über geologische Zeitskalen erforderlich. Die Kenntnis und die Quantifizierung der Prozesse, die die Migration/Rückhaltung der Radionuklide durch die Geosphäre bestimmen, sind daher unabdingbar für jede Aussage zur Langzeitsicherheit eines Endlagers. Für verschiedene Arten von Wirtsgesteinen werden deshalb Forschungsarbeiten durchgeführt, die sich mit der Aufklärung grundlegender Prozesse bezüglich der Radionuklidmigration und der Implementierung gewonnener Erkenntnisse in die Langzeitsicherheitsanalyse befassen.

Know-how existiert hinsichtlich der Grundprinzipien bzw. der Grundlagen der Radionuklidmigration in der Geosphäre. Dies gilt für den Labormaßstab aber auch hinsichtlich der Anwendung in der realen Skala und unter Berücksichtigung der natürlichen Heterogenitäten. Bisher wurden zahlreiche Sicherheitsanalysen für verschiedene Wirtsgesteine durchgeführt. Gleichzeitig wurden neue Methoden zur Charakterisierung der geologischen Formationen und zur Beschreibung der Schlüsselprozesse der Radionuklidrückhaltung erarbeitet, nicht zuletzt durch die Forschungsarbeiten in den verschiedenen Untertagelabors. Auf der Basis solcher Forschungsarbeiten hat Finnland die Entscheidung zur Errichtung eines Endlagers für abgebrannte Kernbrennstoffe getroffen und in Schweden werden zwei mögliche Standorte untersucht. Weltweit besteht ein großer Bedarf, das grundlegende Verständnis der Prozesse zu verbessern. Darauf aufbauend muss ihre modellmäßige Darstellung zur Übertragung der Radionuklid-Rückhaltung/-Migration auf die Wirtsgesteine hinsichtlich Zeit und Dimension (Upscaling) weiter entwickelt, und entsprechende Modelle und Rechenmethoden zur Verfügung gestellt werden.

## 6.6.3
**Unsicherheiten**

Langzeitsicherheitsanalysen für Endlager erfordern belastbare Methoden und Datenbasen für die Modellierung des Radionuklidverhaltens. Viele Codes und Datenbasen sind für die geochemische Modellierung verfügbar, jedoch erfordern solche Rechnungen immer die Extrapolation von Kurzzeitbeobachtungen auf extrem lange Zeiträume. Bisherige Bewertungen der geologischen Endlagerung zeigen keine Mängel hinsichtlich der berechneten langzeitlichen Dosiswerte an. Die verwendeten Approximationen bezüglich der Zeit und der räumlichen Skala werden aber immer wieder hinterfragt. Dieses deutet auf einen Mangel an Vertrauen hinsichtlich der Nachweisführung und der Sicherheitsaussage hin. Eine Art der Unsicherheit hängt mit dem allgemeinen Problem langfristiger Vorhersagen zusammen, die kaum auf vorhergehenden Erfahrungen basieren können. Die andere Art der Ungewissheiten beruht darauf, dass als relevant erkannte Prozesse, die die Radionuklidmigration kontrollieren, nicht vollständig bekannt sind. Laufende Forschungsarbeiten für alle international betrachteten Wirtsgesteine zielen folglich auf die

- Quantifizierung von fundamentalen Parametern von bekannten Radionuklidmigrations-/rückhalteprozessen, wie Radionuklidspeziation in der Lösungs- und in festen Phasen, Auflösung und Ausfällung bzw. Mitfällung, etc. die zur Beschreibung des Radionuklidverhaltens in der Geosphäre benötigt werden.
- Aufspüren von konzeptionellen Mängeln im Verständnis der Radionuklidmigration/-rückhaltung aus Beobachtung im Labor bzw. der Natur. Beispiele für diese wenig definierten Prozesse sind Stabilität, Radionuklidreaktionen und Transportverhalten von Kolloiden, biologisch kontrollierte Reaktionen, Wechselwirkungen von Biofilmen, usw.
- Entwicklung von Strategien und Methoden zur Übertragung von Prozessen, die auf nano- bzw. mikroskopischer Ebene beobachtet werden, auf endlagerrelevante Größenbereiche und Zeiträume.
- Erstellung und Qualifizierung von entsprechenden konzeptionellen Ansätzen, Modellen und Parametersätzen zur Beschreibung des Radionuklidverhaltens in der Geosphäre.

Als Folge der in Sicherheitsanalysen verwenden Vereinfachungen zur Erfassung der Unsicherheiten, werden hohe Sicherheitszuschläge unterstellt. Trotz der teilweise überhöhten Sicherheitszuschläge ist die Öffentlichkeit häufig nicht von der Angemessenheit der Methoden überzeugt. Um die Belastbarkeit von Vorhersagen zum Langzeitverhalten von Radionukliden abschätzen zu können, sind Vergleiche zwischen den Ergebnissen von Modellrechnungen und Experimenten notwendig. Die Modelle sollten die relevanten physikalisch-chemischen Phänomene sowie die thermodynamischen und kinetischen Daten einschließen. Die Experimente müssen dabei so durchgeführt werden, dass die Prozesse, die in den Modellen abgebildet werden, geklärt bzw. verifiziert werden können.

### 6.6.4
**Natürliche Analoga**

Es ist allgemein akzeptiert, dass natürliche (und auch »man-made«) Analoga keine eins zu eins Abbilder eines Endlagers und des darin entsorgten Abfalls darstellen und somit auch nicht für eine direkte Nachweisführung für die Sicherheit des End-

lagers geeignet sind. Allerdings bieten »natürliche Analoga« ein großes Potenzial um einen Sicherheitsnachweis der Öffentlichkeit zu vermitteln [6.16]. Um die Gefahr von Fehlinterpretationen von Analoga möglichst auszuschließen, müssen die Ziele bei ihrer Verwendung im Rahmen des Sicherheitsnachweises definiert werden. Ziele können sein:
- Überprüfung von Reaktionsschemata und zeitlichen oder räumlichen Reaktionsabfolgen.
- Überprüfung des Einflusses des umgebenden Systems (Wasser, Mineralphasen, Spuren und Hauptkomponenten, Gasphase, usw.).
- Demonstration des kinetischen Verhaltens von Transport- und Reaktionsprozessen.

Ein bekanntes Beispiel ist die Untersuchung einer Bronzekanone, die über mehr als 300 Jahre im Schlick der Ostsee versenkt war, als Analogon für Kupferbehälter, die im schwedischen Endlagerkonzept vorgesehen sind. Obgleich die Korrosionsbedingungen für die Kanone und die Cu-Behälter nicht identisch sind, gibt es viele Ähnlichkeiten zwischen den zwei geochemischen Bedingungen. In beiden Fällen werden Redoxreaktionen zwischen Cu(I) und Cu(II) unterstellt und an Hand der Reaktionsprodukte belegt [6.17]. Weitere Beispiele von natürlichen Analoga sind verschiedene Uranerzlagerstätten insbesondere die Uranerzlagerstätte Oklo in Gabun. In Oklo wurden vor ca. 1,8 Mrd. Jahren mehrere Urananksammlungen kritisch, d. h. es erfolgte eine neutroneninduzierte Kernspaltung mit der Bildung von Spaltprodukten und Actiniden, deren Ausbreitung durch Bestimmung der Konzentration und Verteilung ihrer stabilen Zerfallsprodukte untersucht wird.

## 6.7
### Alternativen zur Endlagerung langlebiger Radionuklide

Vor dem Hintergrund der langen Lebensdauer einiger Radionuklide und der damit verbundenen Frage, ob über sehr lange Zeiträume sichergestellt werden kann, dass eine Freisetzung von radioaktiven Stoffen aus einem Endlager unterbleibt, werden international Alternativen zur Endlagerung langlebiger Radionuklide untersucht. Eine Alternative wäre, langlebige Radionuklide durch geeignete Prozesse aus dem abgebrannten Kernbrennstoff abzutrennen (Partitioning), um sie dann in speziellen Anlagen durch Neutronenreaktionen in stabile Spaltprodukte oder solche mit vergleichsweise kurzer Halbwertszeit zu überführen (Transmutation). Durch diese Partitioning- und Transmutationsstrategie (P+T) soll erreicht werden, dass nach einigen hundert Jahren die Radiotoxizität der endgelagerten Abfälle auf das Niveau von Natururan abgeklungen ist. Damit würde das Langzeitgefährdungspotenzial der radioaktiven Abfälle mit langlebigen Radionukliden deutlich verringert. Aus dem zeitlichen Verlauf der Radiotoxizität von abgebranntem Kernbrennstoff und dem Beitrag einzelner Radionuklide lässt sich ableiten, welche Spezies für das Langzeitgefährdungspotenzial verantwortlich sind. Abbildung 6.6 zeigt, dass in den ersten 100 Jahren die Spaltprodukte den Hauptbeitrag zur Radiotoxizität liefern, dann sind es für etwa 1000 Jahre die minoren Actiniden Neptunium, Americium und Curium

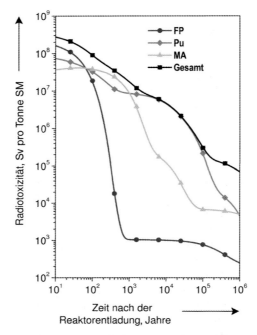

**Abb. 6.6** Radiotoxizitätsinventar einer Tonne abgebrannten Kernbrennstoffs (tSM = Tonne Schwermetall) aus einem Druckwasserreaktor (Anreicherung 4.2 % $^{235}$U, Abbrand 50 GWd t$^{-1}$, Radiotoxizität bezogen auf Ingestion [6.19]).
Beitrag von Plutonium (Pu), von den minoren Actiniden (MA) und von den Spaltprodukten (FP fission products) zur Radiotoxizität.

und danach dominiert mehr als 100 000 Jahre lang das Plutonium. Folgerichtig konzentrieren sich die Forschungs- und Entwicklungsarbeiten auf die Abtrennung und Transmutation von Plutonium und den minoren Actiniden, um eine deutliche und langfristige Reduzierung der Radiotoxizität zu erzielen. Die langlebigen Spaltprodukte sind wegen ihres niedrigen Anteils eher von geringem Interesse. Es gibt aber Überlegungen auch diese Radionuklide in die P+T-Strategie einzubeziehen.

Die Anforderungen an Abtrenn- und Transmutationsprozesse sind außerordentlich hoch. Die Radiotoxizität des abgebrannten Kernbrennstoffs erreicht erst nach weit über 100 000 Jahren das Niveau von Natururan. Um diesen Zeitraum auf unter 1000 Jahre und damit auf eine technisch überschaubare Zeit zu verkürzen, muss die Menge an Plutonium und minoren Actiniden um drei Größenordnungen reduziert werden. Während für Plutonium in modernen Wiederaufarbeitungsanlagen (wie z. B. in La Hague in Frankreich) solche Abtrennraten schon erzielt werden können, werden für die minoren Actiniden weltweit hydrometallurgische und pyrometallurgische Prozesse entwickelt [6.18]. Die Transmutation der langlebigen Radionuklide durch Neutronenreaktionen kann in speziellen Reaktortypen, wie z. B. schnellen Reaktoren oder so genannten unterkritischen ADS-Systemen erfolgen [6.19] (ADS: Accelerator Driven Systems), die effektiver als herkömmliche Leichtwasserreaktoren sind. Bis zum Betrieb von ADS-Systemen bedarf es jedoch noch umfangreicher Forschungs- und Entwicklungsarbeiten.

Partitioning und Transmutation langlebiger Radionuklide können jedoch selbst bei sehr hoher Effektivität die geologische Endlagerung nicht vollständig ersetzen. Diese wäre weiterhin für die hochradioaktiven Abfälle notwendig, die dann hauptsächlich die Spalt- und Aktivierungsprodukte aus den ursprünglichen abgebrannten Brennelementen und dem nachfolgenden Transmutationsprozess umfassen.

## 6.8
## Zusammenfassung

Die sichere Endlagerung radioaktiver Abfälle in tiefen geologischen Formationen kann in unterschiedlichen Wirtsgesteinsformation, wie z. B. Salz, Ton oder Granit erfolgen. Der Langzeitsicherheitsnachweis basiert dabei auf der Rückhaltewirkung von unterschiedlichen Barrieren. Darüber hinaus müssen unerwartete bzw. unwahrscheinliche Ereignisse und zukünftige menschliche Handlungen (»future human actions«) betrachtet werden. Die Auswahl eines Wirtsgesteins hängt in erster Linie von der Verfügbarkeit entsprechender Gesteine in den jeweiligen Ländern ab.

Sicherheitsanalysen für das komplexe System eines geologischen Endlagers, die sich zeitlich über eine Million Jahre und räumlich über viele Kilometer erstrecken, benötigen zwangsläufig bestimmte Abstraktionen und Vereinfachungen. Zahlreiche Effekte müssen durch Näherungen bezüglich des Beschreibungsniveaus der Prozesse und der verwendeten Datenbasis (Parameter) beschrieben werden. Die Übertragung von Effekten, die auf der molekularen Ebene stattfinden, auf die in diesen Analysen notwendigen Dimensionen erfordert geeignete konzeptionelle Modelle und numerische Verfahren. Effekte, zu denen wenig Informationen vorliegen, können durch »konservative« Abschätzungen berücksichtigt werden, allerdings muss die »Konservativität« nachgewiesen werden. Das System dieser Abstraktionen, Vereinfachungen und Näherungen muss nachvollziehbar und konsistent aufbereitet werden, um der wissenschaftlichen und technischen Akzeptanz Rechnung zu tragen. Alle Näherungen und Vereinfachungen sowie Konservativitäten führen zu systembedingten Unsicherheiten. Durch Einbeziehung der grundlegenden Erkenntnissen aus der Geologie, der Hydrologie, der Geo- und Radiochemie, der Thermodynamik und den Grenzflächenwechselwirkungen können diese Unsicherheiten quantifiziert und abgebaut werden.

Die Errichtung eines Endlagers basiert nicht nur auf bergtechnischen Kenntnissen und wissenschaftlichen Daten und Fakten sondern zunehmend auch auf der öffentlichen Akzeptanz. Die Akzeptanz erfordert eine entsprechende Beteiligung der Öffentlichkeit, ein transparentes Genehmigungsverfahren und die Aufbereitung der Daten und Analysen derart, dass diese in der Öffentlichkeit kommuniziert werden können.

# 7
# Literatur

## Abschnitt 1

1.1 E. Berninger: *Otto Hahn, Eine Bilddokumentation*, Moos-Verlag, München, **1939**, S. 10.
1.2 *Nuclear Technology Review – 2003 Update*, IAEA, Wien, **2003**.
1.3 W. Noddack, I. Tacke, I. Berg: Masurium. *Z. Angew. Chem.* **1925**, *38*, 1157.
1.4 D. D. Eisenhower, *Rede vor der UN-Vollversammlung am 8. 12. 1953*, Text in IAEA-Bulletin 45/2, Dec. **2003**.
1.5 *Uranium 2001: Resources, Production and Demand (»Red Book«)*, OECD Nuclear Energy Agency, Paris, Sept. **2002**.
1.6 International Energy Agency, Paris, **2002**.
1.7 International Energy Outlook 2002: *Report DOE/EIA-0484*, Washington, DC, **2002**.
1.8 *BP Statistical Review of World Energy*, London, June **2003**.
1.9 P. S. Hu, »Estimates of 1996 U. S. Military Expenditures on Defending Oil Supplies from the Middle East«, ORNL-DOE, Revised Aug. 1997
1.10 UN Development Programme: *World Energy Assessment*, New York, **2000**.
1.11 U-Zr Elemente für Eisbrecher: N. N. Ponomarev-Stepnoi, VVERT-1000 *Nonproliferative Light Water Thorium-Reactor*, Task 4, Contr.Nr. 808283, Nov. 1997.
1.12 Crop variety improvement and its effects on productivity. *J. Nucl. Sci. Technol.* 2002, ref. in IAEA-Bulletin 45/2, Wien, Dec. **2003**.
1.13 Selected industrial applications, in: IAEA Bulletin 45/2, Wien, Dec. **2003**.
1.14 IAEA: *Status and Trends in Spent Fuel Reprocessing*, TECDOC-1103, Wien, **1998**.

## Abschnitt 2

2.1 C. S. Lankton: Gas Cooled Reactors, in *Reactor Handbook, Vol. IV, Engineering*, 2$^{nd}$ Ed., Interscience, New York, **1964**, S. 682–723.
2.2 Uranit GmbH: $UF_6$– Kompendium, Jülich, Okt. **1964**, S. 8.
2.3 W. C. Ruch et al., *Chem. Eng. Progr. Symp. Ser. 28* **1960**, *56*, 35.
2.4 A. H. Sutton et al., *Chem. Eng. Progr. Symp.Ser 65* 1966, *62*, 20.
2.5 Clusius, Dickel, *Z. Physikal. Chem.* **1939** B, *44*, 397 u. 451.
2.6 P. H. Abelson, J. I. Hoover: Separation of Uranium Isotopes by Liquid Thermal Diffusion in *Proceed. of the Intern. Symp. on Isotope Separation*, Interscience, New York, **1958**, S. 483.
2.7 K. Kohen: *The Theory of Isotope Separation as applied to the Large Scale Production of 235-U*, McGraw-Hill, New York, **1951**.
2.8 M. Benedict, T. Pigford, W. Levi: *Nuclear Chemical Engineering*, McGraw-Hill, New York, **1981**, S. 700.
2.9 M. Krey, H. Mohrhauer, in H. Michaelis, C. Salander (Hrsg.): *Handbuch Kernenergie*, ECON-Verlag, Düsseldorf-Wien, **1995**, S. 497.
2.10 G. Zippe: The development of Short Bowl Ultracentrifuges, *Univ. of Virginia, School of Energy and Applied Science, Rep. EP 4420–101–60U*, Jul. 1960.
2.11 S. Glasstone: *Sourcebook on Atomic Energy*, Van Nostrand Inc., New York, **1956**, Chapter 14–98, p. 399.
2.12 N. N. Ponomarev – Stepnoi: Uran-Zirkon-elemente für Eisbrecher, *VVRT-1000-Nonproliferative Light Water Thorium Reactor, Task 4, Contract Nr. 8082083*, November **1997**.
2.13 J. L. Daniel, J. Matolich, H. W. Deern, HW 69–945 (1962) 1/39 und A. D. Feith, GE-TM 63–9-5 (1963).
2.14 H. Assmann, H. Stehle, *J. Nucl. Mater.* **1975**, *81*, 19/30.
2.15 F. Wunderlich, R. Eberle, M. Gärtner, H. Gross, in *KTG-Seminarband 5*, TÜV Rheinland, Köln **1990**, Abb.1 und 2.
2.16 H. Stehle, *Atomwirtschaft* **1970**, *15*, 450–454.
2.17 H. Assmann, M. Doerr, M. Peehs: Oxide Fuel with controlled Microstructure. *J. Am. Ceram. Soc.* **1984**, *67*, 631–736.
2.18 H. Stehle: Performance of Oxide Nuclear Fuel in Water-Cooled Power Reactors. *J. Nucl. Mater.* **1988**, *153*, 3–15.

- 2.19 V. W. Schneider, F. Plöger: Herstellung von Brennelementen. *Chemikerzeitung* **1976**, *100* (*11*), 478.
- 2.20 D. L. Douglas: The Metallurgy of Zirconium, *IAEA-Review,* Supplement **1971**.
- 2.21 H. Weidinger: Quality control in Zirconium alloy technology, *Guidebook on Quality Control of Water Reactor Fuel,* IAEA, Wien, **1983**, STI DOC 10 221.
- 2.22 J. M. Googin: The Separation of Hafnium from Zirconium, in F. R. Bruce et al. (Hrsg.): *Progress in Nuclear Energy Process Chemistry,* Series III, Vol. 2, Pergamon Press, New York, **1958**, S. 194.
- 2.23 G. Pfennig, H. Klewe-Nebenius, W. Seelmann-Eggebert, *Karlsruher Nuklidkarte* **1988**.
- 2.24 G. J. Schlosser: German Knowhow on Pu-Recycling and its Utilisation for Disposition of Weapons Grade Pu, *OECD-MEA paper: Workshop on Physics and Fuel: Paris, 28–30.9.1998.*
- 2.25 W. Stoll: *Chemical and Technological Aspects of Fast Breeder Fuel Element Fabrication, Nuclear Fuel Cycle 2*, Verlag Chemie, Weinheim, **1983**, S. 55–70.

**Abschnitt 3**
- 3.1 John F. Flagg (Hrsg.): *Chemical Processing of Reactor Fuels*, Academic Press, New York London, **1961**.
- 3.2 M. Benedict, T. H. Pigford, H. W. Levi: *Nuclear Chemical Engineering,* McGraw-Hill, New York, **1981**.
- 3.2a B. Goldschmidt: Les premiers milligrammes de Plutonium. *La Recherche* **1982**, *131* (*113*), 366.
- 3.2b F. Baumgärtner: Development of the nuclear fuel reprocessing technology up to its current status. *Kerntechnik* **1978**, *20* (*2*), 74.
- 3.3 International Atomic Energy Agency: *Status and trends in spent fuel reprocessing,* TECDOC 1103, **1998**.
- 3.4 *Ullmann's,* 5. Aufl., **A 17**, »Nuclear Technology«, VCH Verlagsgesellschaft Weinheim, **1991**.
- 3.5 W. Schüller: Operating experience with the Karlsruhe reprocessing plant, *KfK Bericht 4190,* Kernforschungszentrum Karlsruhe, **1987**, S. 3.
- 3.5a H. O. Willax, M. Weishaupt, in *Proceed. Internat. Conf. on Nuclear Fuel Reprocessing and Waste Management, RECOD 87, Paris 23. – 27. Aug.* **1987**, Bd.1, S. 203.
- 3.6 H. Hausberger, M. Weishaupt: Elektrolyseverfahren in der Wiederaufarbeitung, *KfK-Bericht 4177,* Kernforschungszentrum Karlsruhe, **1987**, S. 135.
- 3.7 Nuclear Energy Agency, OECD: *Actinide Separation Chemistry in Nuclear Waste Streams and Materials,* Dec. **1997**, S. 47 ff.
- 3.8 G. F. Vandergrift et al.: Development and Demonstration of the TRUEX Solvent Extraction Process, in R. G. Post (Hrsg.): *Technology and Programs for Radioactive Waste Management and Environmental Restoration, Waste Management,* 93, Vol. 2, **1993**.
- 3.9 G. E. Persson et al.: Hot Test of a TALSPEAK Procedure for Separation of An and Ln Using Recirculating DTPA-Lactic Acid Solution. *Solv. Extr. Ion Exch.* **1984**, *2*, 89.
- 3.10 C. Madic et al.: Actinide Partitioning from High Level Liquid Waste Using the DIAMEX Process, in *Proceed. of the Fourth International Conference on Nuclear Fuel Reprocessing and Waste Management, RECOD '94,* Vol. III, 24–28 April **1994**.
- 3.11 nuclear.inel.gov/52reactors.shtml.
- 3.12 in [3.7] S. 69 ff.
- 3.13 J. M. Cleveland: *The Chemistry of Plutonium,* American Nuclear Society, La Grange Park, Il **1979**, S. 503 ff.
- 3.14 A. V. Bychkov, O. V. Skiba: Review of Non-Aqueous Nuclear Fuel Reprocessing and Separation Methods, in G. R. Choppin, M. Kh. Khankahasayev (Hrsg.): *Chemical Separation Technology and Related Methods of Nuclear Waste Management,* Kluwer Academic Publishers, Dordrecht, **1999**, S. 71–98.
- 3.15 J. J. Laidler: Pyrochemical separation technologies envisioned for the US accelerator transmutation waste system, in *OECD/NEA workshop proceedings: Pyrochemical Separations,* Issy-les-Moulineaux, France, **2000**.
- 3.16 J. B. Knighton, C. E. Baldwin: The Pyrochemical Coprocessing of U-Pu-Dioxide LMFBR Fuel by the Salt Transport Method, in *Rocky Flats Rep. RFP-2887, CONF –790415–29,* Rocky Flats, Co, **1979**.

**3.17** L. Burris, R. K. Steunenberg, W. E. Miller: The Application of Electrorefining for Recovery and Purification of Fuel Discharged from the Integral Fast Reactor, presented at the *AIChE Annual Winter Meeting*, Miami, 2 Nov. **1986**.

**3.18** J. J. Laidler et al., *Progr. Nucl. Energy* **1997**, *31*, 131–40.

**3.19** A. V. Bychkov et al.: Pyroelectrochemical Reprocessing of Irradiated FBR MOX Fuel. Experiment on High Burn-up Fuel on the BOR-60 Reactor, in *Proceed. Intern. Conf. GLOBAL '97*, Vol.2, Yokohama, **1997**, p. 912.

**3.20** H. W. Wiese, Forschungszentrum Karlsruhe, *KFK Ber. 3014*, **1983** (KORIGEN Berechnung für LWR Brennstoff) und CAPRA-CADRA (KORIGEN Brennstoff-Berechnung für KKW Park mit CAPRA-Burner), *Internat. Seminar, Newby Bridge*, Cumbria GB, June 26–28, **2000**.

**3.21** NEA-OECD: Actinide and fission product partitioning and transmutation, in *6th Information Exchange Meeting*, Madrid, 11–13 Dec. **2000** (EUR 19783 EN)

**3.22** Commissariat à l'Énergie Atomique: *Radioactive Waste Management Research*, Clefs CEA, n° 46, **2002**.

**3.23** in [3.22] S. 31 ff.

**3.24** J.-P. Groullier et al.: Minor actinides transmutation scenario studies with PWRs, FRs and moderated Targets. *J. Nucl. Mater.* **2003**, *320*, 163–169.

**3.25** Z. Kolarik, U. Müllich, F. Gassner: Extraction of Am(III) and Eu(III) by 2,6-Di(5,6-dipropyl-1,2,4-triazine-3-yl) pyridine. *Solv. Extr. Ion Exch.* **1999**, *17*, 1155.

**3.26** C. Madic in [3.21] S. 53 ff.

**3.27** T. Inoue, H. Tanaka: Recycling of Actinides Produced in LWR and FBR Fuel Cycles by Applying Pyrometallurgical Process, in *Intern. Conf. GLOBAL'97*, Vol.1, Yokohama, **1997**, p. 646.

**3.28** J. J. Laidler, *ANL/CMT/CP-100872*, Jan. **2000**.

**3.29** K.-D. Closs: Internationaler Stand der Entsorgung radioaktiver Abfälle, in Broschüre *Radioaktivität und Kernenergie*, Forschungszentrum Karlsruhe, Karlsruhe, **2001**.

**3.30** US Dep. of Energy: A Technology Roadmap for Generation IV Nuclear Energy Systems, *DOE GIF-002–00*, Dec. **2002**.

**3.31** US Dep. of Energy Report to Congress: *Advanced Fuel Cycle Initiative: The Future Path for Advanced Spent Fuel Treatment and Transmutation Research*, Jan. **2003**.

**3.32** T. S. Rudisill et al.: Demonstration of the UREX Solvent Extraction Process with Dresden BWR Spent Fuel Solution, *Transactions of the American Nuclear Society* **2003**, *88*.

**3.33** V. W. Schneider, H. W. Lins: Hantierungstechnik, in *Gmelin*, Transuranium Elements, A2, Suppl. Vol. 8.

**3.34** K.-D. Borsetzky, H.-J. Hilpert: Barrierenkonzept der Wiederaufarbeitungsanlage Wackersdorf zum des Grundwassers und Rückhaltung radioaktiver Emissionen, in *Wissenschaftliche Veröffentlichungen und Patentanmeldungen im Jahre 1987*, DWK, **1989**, S. 107, ISBN 0934-6384.

**3.35** *Gmelin*, Transuranium Elements, A2, Suppl. Vol. 8, 361.
siehe auch: W. Thomas, W. Weber: Handbuch zur Kritikalität, Universität München, **1970**.

**3.36** H. Schmieder, W. Comper, H. Goldacker, S. Leistikow, M. Pötschke, H. P. Sattler, in Statusbericht des Projektes Wiederaufarbeitung und Abfallbehandlung«, Kernforschungszentrum Karlsruhe, 1979, *KfK Bericht 2940*, **1980**.
siehe auch: M Poetzschke, H. Schmieder, E. Warnecke, DE Pat. 2520870 (1975).

**3.37** D. Sellinschegg: Some aspects of international safeguards in future large reprocessing facilities, in F. Baumgärtner, K. Ebert, E. Gelfort, K. H. Lieser (Hrsg.): *Nukleare Entsorgung* Bd. 2, Verlag Chemie, Weinheim, **1983**, S. 218.

**3.38** F. Baumgärtner, D. Ertel: Modern PUREX process and its analytical requirements. *J. Radioanal. Chem.* **1980**, *58 (1–2)*.
siehe auch: D. Ertel: Analytical Process Control in Reprocessing, in [3.37] S. 229.

**3.39** AREVA (COGEMA) Vorträge: a) The reprocessing process, b) R & D contributions to strategic volume reduction objectives und c) Comparison of open and closed fuel cycles, in *AREVA Techni-*

cal Days 2, Dec. 4–5, **2002**; siehe auch: VT-Schemata La Hague Plant (www.areva.com).

3.40 F. Chenevier, C. Bernard, J. P. Giraud: Design and Construction of the New Reprocessing Plant at La Hague, in [3.5a], S. 97.

3.41 J. L. Desvaux et al.: COGEMA reprocessing complex: already 9 years of operation, mature and flexible, in *Proceed. Internat. Conf. on Nuclear Fuel Reprocessing and Waste Management, RECOD 98, Nice*, Bd.1, p. 27–33.

3.42 R. W. Asquith, P.I . Hudson, A. Astill: The oxide fuel shearing system for THORP«, in [3.5a], Bd.2, S. 533.

3.43 G. P. Dreyfuss, R. Richter: Maintenance design for the new reprocessing plants at La Hague, in [3.5a] Bd. 3, S. 1255; siehe auch: F. J. Poncelet et al.: Head-end process technology for the new reprocessing plants in France and Japan, in *RECOD 91, Sendai, Japan*, Bd. 1, S. 95–99.

3.44 J. M. McKibben, J. B. Starks, J. K. Brown: The Savannah River PUREX Plant – 25 years of successful remote operation, in *Proceed. Conf. Remote System Technol.*, 27$^{th}$ **1979**, S. 173.

3.45 W. Issel, P. Leister: Applications of large cell remote handling techniques in nuclear plants. *Kerntechnik* **1989**, *54*, 238; und: J. Baier, R. Kuhn, K. Blaseck, P. Leister: Design and cold operation of manipulator systems for reprocessing plant maintenance« in [3.5a], Bd. 3, S. 1247.

3.46 B. Herrmann: Auflösung unbestrahlter $UO_2$-Pellets in Salpetersäure, *KfK Bericht 3673*, Kernforschungszentrum Karlsruhe, **1983**.

3.47 S. D. Fleischmann, R. A. Pierce: US Report WRSC-MS-91–192, in *180th Meeting of the Electrochemical Society*, Phoenix AZ, **1991**.

3.48 F. J. Poncellet et al.: Industrial use of electrogenerated Ag(II) for $PuO_2$ dissolution, in *Internat. Conf. on Nuclear Fuel Reprocessing and Waste Management, RECOD 94, London*, 24–28 April **1994**.

3.49 W. Ochsenfeld, H.-J. Bleyl, H. Wertenbach: Experimental results on the solubility of LWR $UO_2$/ $PuO_2$ fuel fabricated by the earlier MOX fuel procedure, *KfK 2943*, Kernforschungszentrum Karlsruhe, **1981**.

3.49a H. J. Bleyl: Solubility of Oxide Breeder Fuel, in [3.37], S. 141.

3.49b J. L. Ryan, L. A. Bray: Dissolution of Plutonium Dioxide – A Critical Review, in J. D. Navratil, W. W. Schulz (Hrsg.): Actinide Separations, *ACS Symp. Series* **1980**, *117*, 499.

3.49c H. Kleykamp: Der chemische Zustand von AUPuC und OKOM Mischoxid in verschiedenen Stadien des Brennstoffkreislaufes, *KfK 4430*, Kernforschungszentrum Karlsruhe, **1988**.

3.50 H. Kleykamp, *J. Nucl. Mater.* **1990**, *171*, 181.

3.51 E. Henrich: Chemie der PUREX-Eingangsstufe, in F. Baumgärtner (Hrsg.): *Chemie der Nuklearen Entsorgung*, Thiemig Taschenbücher, Band 91, München, **1980**, S. 85.

3.52 B. Lorrain, D. Saudray, M. Tarnero: Continuous rotary dissolver for light water fuels prototype test, in [3.5a], Bd. 2, S. 543.

3.53 E. Henrich, R. Grimm, N. Boukis, L. Finsterwalder: Joddesorption aus der Brennstofflösung«, in 7. Statusbericht des Projektes Wiederaufarbeitung und Abfallbehandlung, *KfK 4476*, Kernforschungszentrum Karlsruhe, **1988**, S. 155.

3.54 E. Henrich, R. v. Ammon: Das Konzept der Abgasreinigung in Wiederaufarbeitungsanlagen, *Atomkernenergie – Kerntechnik* 1985, *46* (*2*), 81.

3.55 E. Henrich, H. Schmieder, K. H. Neeb: The concentration of tritium in the aqueous and solid waste of LWR fuel reprocessing plants, *IAEA-SM-245/15*, IAEA, Wien, **1980**.

3.56 E. Henrich, T. Fritsch, A. Wolff, H. J. Schmidt, *KfK Nachrichten* **1982**, *14*, 109.

3.57 V. B. Shevchenko, V. G. Timoshev, A. A. Volkova, *Soviet J. Atomic Energy*, **1960**, *6*, 293.

3.58 T. V. Healy, H. A. C. McKay, *Rec. Trav. Chim.* **1956**, *75*, 730.

3.59 H.-J. Bleyl, W. Ochsenfeld: Die Rezyklierungstechniken und die Problemelemente T, Zr, Tc und Np, in F. Baumgärtner (Hrsg.):«Chemie der Nuklearen Entsorgung, Thiemig Taschenbücher, Band 66, München, **1978**, S. 34.

**3.60** B. Guillaume, F. Wehrey, R. Ayache: La maitrise du neptunium dans le procédé PUREX«, in [3.5a], Bd.1, S. 459.

**3.60a** W. Ochsenfeld, G. Petrich, H.-J. Schmidt, A. H. Stollenwerk, H. Wiese, *Sep. Sci. Technol.* **1983**, *18*, 1685.

**3.60b** A. H. Stollenwerk, M. Weishaupt, P. Dressler, G. Petrich: Neptunium decontamination in a U purification cycle of a spent fuel reprocessing plant, in [3.5a], Bd.1, S. 467.

**3.61** G. Koch: Die chemische Aufarbeitung der bestrahlten Kernbrennstoffe. *Chemiker Zeitung* **1977**, *101*, 64–81.

**3.62** D. J. Pruett: Extraction Chemistry of Fission Products, in W. W. Schulz, L. L. Burger, J. D. Navratil (Hrsg.): *Science and Technology of Tributylphosphate*, Bd. III, CRC Press, Boca Raton, **1990**, S. 81 ff.

**3.63** Z. Kolarik, P. Dressler: Extraction and coextraction of Tc(VII), Zr(IV), Np(V,VI), Pa(V) and Nb(V) with TBP from nitric acid solutions. *Solvent Extr. Ion Exch.* **1989**, *7*, 625.

**3.64** N. Boukis, D. Ertel, B. Kanellakopulos, U. Schaarschmidt, A. H. Stollenwerk, M. Weishaupt: Verhalten von Technetium und Ammonium in der WAK, *KfK-Bericht 4177*, Kernforschungszentrum Karlsruhe, **1987**, S. 343.

**3.64a** R. Baker, J. H. Miles, P. T. Roberts: A Technetium Rejection Flowsheet, in *Extraction '90*, Institution of Chemical Engineers, Symposium Ser. No. 119, S. 213.

**3.65** U. Galla, J. Schön, H. Schmieder: U/Pu Separation in the PUREX Process: Experimental Comparison of Different Procedures, in *Proceed. of Internat. Solvent Extraction Conf., Kyoto, ISEC 90*.

**3.65a** J. Schön, H. Schmieder, B. Kanellakopulos: Operating experiences with MINKA: U/Pu separation in the presence of Technetium. *Sep. Sci. Technol.* **1990**, *25*, (*13–15*), 1737.

**3.66** L. Stieglitz, R. Becker: Chemical and Radiolytic Solvent Degradation in the PUREX Process, in [3.37], S. 333.

**3.67** H. Goldacker: Design and evaluation of extractors in the first cycle of a fast breeder reactor fuel reprocessing plant«, in [3.37], S. 177.

**3.68** R. A. Leonard: Recent Advances in Centrifugal Contactor Design. *Sep. Sci. Technol.* **1988**, *23*, 1473.

**3.69** B. Guillaume, M. Germain, M. Puyou, H. Rouyer: Gestion du solvant dans une usine de retraitement de grand capacité, in [3.5a], Bd.1, S. 433.

**3.70** H. Goldacker, H. Schmieder, F. Steinbrunn, L. Stieglitz: Newly developed solvent wash process in nuclear fuel reprocessing. *Kerntechnik* **1976**, *18/10*, 426.
siehe auch: H. Schmieder, L. Stieglitz, E. Warnecke:. DE Pat. 263 3112, 1985.

**3.71** H. Schmieder, M. Heilgeist, H. Goldacker, M. Kluth: Elektrochemische Verfahrenstechnik im PUREX Prozess, *DECHEMA Monographien*, *97*, **1984**, S. 217.

**3.72** J. Schön, W. Ochsenfeld: A new fixed bed process for purifying of aqueous product solutions in the PUREX process. *KfK-Nachrichten* **1979**, *11(3)*, 30.

**3.73** W. Ochsenfeld, G. Baumgärtel, H. Schmieder: Empirical functions for the calculation of simultaneous Pu(IV) and U(VI) distribution in the system metal nitrates – nitric acid/TBP – n-dodecane, in A. S. Kertes, Y. Marcus (Hrsg.): *Solvent Extraction Research*, John Wiley & Sons, New York, **1969**.

**3.74** W. S. Groenier, A. D. Mitchell, R. D. Jubin, in *Proceed. Fast Reactor Fuel Reprocessing Conf., Dounreay, May 15–18,* **1979**.

**3.75** B. Boullis: Modélisation des opérations du procédé PUREX, in [3.5a], Bd. 4, S. 1441.

**3.76** G. Petrich, in K. H. Ebert, P. Deuflhard, W. Jäger (Hrsg.): *Modelling of chemical reaction systems*, Springer Series in Chemical Physics 18, Springer, Heidelberg, **1981**.

**3.76a** G. Petrich: Computer-simulation of the PUREX process, in [3.37], S. 317.

**3.77** G. Petrich, Z. Kolarik: The PUREX DATA-INDEX, *KfK Bericht 3080*, Kernforschungszentrum Karlsruhe, **1981**.

**3.78** H. Schmieder, G. Petrich, A. Hollmann: The salting-out effects of Pu(III) and hydrazine nitrate on the PUREX distribution equilibria. *J. Inorg. Nucl. Chem.* **1981**, *43*, 3373.

**3.79** F. Baumgärtner, L. Finsterwalder, *J. Phys. Chem.* **1970**, *74*, 108.

**3.80** A. M. Rozen, *At. Energ.* **1959**, *7*, 277.

**3.80a** W. Ochsenfeld, H. Schmieder, S. Theis, *KfK Bericht 911*, Kernforschungszentrum Karlsruhe, **1970**.

**3.80b** J. Schön, H.-J. Bleyl, D. Ertel, H. Hamburger, M. Kluth, G. Petrich, W. Riffel: Transient behaviour of PUREX pulsed columns. *Proceed. Intern. Solv. Extr. Conf., München 1986*, Bd. 1, S. 399.

**3.80c** J. Schön, H.-J. Bleyl, M. Kluth, *Proceed. Extraction 87, ICE Symp. Series 103*, Dounreay, **1987**.

**3.81** G. Petrich, U. Galla, H. Goldacker, H. Schmieder: Electroreduction pulsed column for the PUREX process: Operational and theoretical results. Chem. Eng. Sci. **1986**, *41* (4) 981.

**3.82** J. H. Miles: Separation of Pu and U«, in [3.61], S. 11.

**3.83** F. Baumgärtner, E. Schwind, P. Schlosser, DE Pat. 1905519 (1970).

**3.83a** F. Baumgärtner, H. Schmieder: Use of eletrochemical processes in aqueous reprocessing of nuclear fuels. *Radiochim. Acta* **1978**, *25(3–4)*, 191.

**3.84** W. Ochsenfeld, W. Diefenbacher, H. C. Leichsenring: The highly shielded extraction facility MILLI at Kernforschungszentrum Karlsruhe, *IAEA-SM-209/15*, 87 Wien, **1976**.

**3.84a** H. Goldacker, H.-J. Bleyl, H. Schmieder: Aims of modernisation of MILLI, *KfK Bericht 4147*, Kernforschungszentrum Karlsruhe, **1987**.

**3.85** U. Galla, D. Leuchtmann, *KfK-Nachrichten* **1982**, 3.

**3.86** U. Galla, H. Goldacker, R. Schlenker, H. Schmieder, *Sep. Sci. Technol.* **1990**, *25*, 1751.

**3.87** G. Bertolotti, B. Gillet, I. V. de Laguérie, R. Richter: R4 innovative concept for Plutonium finishing facility, *RECOD'98*, Nice 25–28 Oct. **1998**, Bd. 1, S. 11.

**3.87a** P. Baron et al.: Pu purification cycle in centrifugal extractors: comparative study of flowsheets using uranous nitrate and hydroxylamine nitrate, in [3.87], Bd. 1, S. 401.

**3.88** J. L. Swanson: PUREX Process Flowsheets, in [3.61], S. 55.

**3.89** H. Schmieder, G. Petrich: IMPUREX: a Concept for an IMproved PUREX Process. *Radiochim. Acta* **1989**, *48*, 181.

**3.90** G. Petrich, H. Schmieder: How to avoid Pu-accumulations in the PUREX extractors? *Proceed. Int. Solv. Extr. Conf., Moscow, July 18–24*, **1988**, Bd. 4, S. 175.

**3.91** H.-J. Bleyl, D. Ertel, H. Goldacker, G. Petrich, J. Römer, H. Schmieder: Recent experimental findings on the way to the one-cycle PUREX process. *Kerntechnik* **1990**, *55(1)*, 21.

**3.92** G. Petrich, H.-J. Bleyl, D. Ertel, U. Galla, H. Goldacker, J. Roemer, H. Schmieder, J. Schoen: Progress in the development of a one-cycle PUREX process (IMPUREX), *Proceed. Intern. Solv. Extr. Conf., Kyoto, 1990, Part A*, Elsevier, Amsterdam, **1992**, S. 555.

**3.93** E. Henrich, H. Schmieder, K. Ebert: Combination of TBP extraction and nitrate crystallization 555, for spent nuclear fuel reprocessing. *Inst. Chem. Eng. Symp. Ser.* **1987**, *103*, 191.

**3.94** H. Schmieder, U. Galla: Electrochemical processes for nuclear fuel reprocessing. *J. Appl. Electrochem.* **2000**, *30*, 201.

**3.95** World Nuclear Association: *Uranium Markets*, July **2004**.

**3.96** OECD/NEA: *Trends in the Nuclear Fuel Cycle*, **2001**.

**3.97** B. B. Spencer, G. D. Del Cul, E. D. Collins: Effect of Scale on Capital Costs of Nuclear Fuel Reprocessing, ORNL, **2004** (spencerbb@ornl.gov).

**3.98** M. J. Haire: Nuclear Fuel Reprocessing Costs, *ANS Topical Meeting: Advances in Nuclear Fuel Management III*, Hilton Head Island SC, Oct. 5–8, **2003**.

**3.99** *Rokkasho Reprocessing Plant*, www.globalsecurity.org, **2004**.

**3.100** World Nuclear Association: *Mixed Oxide Fuel*, July **2003**.

**3.101** Royal Academy of Engineering: *The Cost of Generating Electricity*, London Febr. **2004**.

## Abschnitt 4

**4.1** M. Hagen, A. T. Jakubick: Environmental Remediation of the Wismut Legacy and Utilization of the Reclaimed Areas, Waste Rock Piles and Tailings Ponds, *Canadian Nuclear Society, Waste Manage-*

ment, *Decommissioning and Environmental Restoration for Canada's Nuclear Activities: Current Practices and Future Needs* Ottawa, Ontario, Canada, May 8–11 **2005**.

4.2 A. T. Jakubick, U. Jenk, R. Kahnt: Modeling of Mine Flooding and Consequences in the Mine Hydrogeological Environment: Flooding of the Koenigstein Mine, Germany, in *Environmental Geology*, Springer, Heidelberg, **2002**.

4.3 R. C. Merritt: *The extractive metallurgy of uranium*, Colorado School of Mines, Research Institute, Golden, Colorado, USA, **1971**, ISBN 71 157 076.

4.4 NEA-OECD/IAEA: *Uranium Extraction Technology: Current Practice and New Developments*, Paris, **1983**.

4.5 *Uranium Extraction Technology*, Tech. Report Series No. 359, IAEA, Wien, **1993**.

4.6 A. T. Jakubick, G. McKenna, A. M. Robertson: Stabilization of Tailings Deposits: International Experience, in Mining and the Environment III, Sudbury, Ontario, Canada, May 25–28 **2003**.

## Abschnitt 5

5.1 G. Roth, J. Fleisch: Melting of qualified glass – the process and product control of the Karlsruhe vitrification facility (VEK), *Proceedings 4$^{th}$ International Seminar on Radioactive Waste Products*, Würzburg, Germany, Sept. 22–26, **2002**, S. 219–227.

5.2 W. Tobie, S. Weisenburger: Advanced Joule-heated nuclear waste glass melters, *Proceedings Waste management, 90*, Tucson, AZ (USA). 25 Feb – 1 Mar 1990; Volume 2, HLW and LLW technology, **1990**, S. 771–778.

5.3 G. Roth, S. Weisenburger: The role of noble metals in electric melting of nuclear waste glass, *Proceedings Spectrum '90; International meeting on radioactive waste technologies, decontamination, and hazardous wastes*. Knoxville, TN (U S). 30 Sep – 4 Oct **1990**, S. 26–30.

5.4 G. Roth, S. Weisenburger: Verglasung hochradioaktiver füssiger Abfälle; Glaschemie, Prozesschemie und Prozesstechnik. *Nachrichten-Forschungszentrum-Karlsruhe* **1998**, *30*(2), 107–116.

5.5 H. Pentinghaus: Zur Chemie der Verglasung von HAWC, *KfK Bericht 4177*, Kernforschungszentrum Karlsruhe, **1987**, S. 149–185.

5.6 J. L. Desvaux et. al.: Industrial experience of HLW vitrification at La Hague and Marcoule, *Proc. WM'98 Conference*, March 1–5, Tucson, AZ, **1998**.

5.7 G. Roth: INE's HLLW Vitrification Technology. *Atomwirtschaft* **1995**, *40* (3), 144–177.

5.8 J. T. Carter et. al.: Defense Waste Processing Facility Radioactive Operations – Year Two, *Proc. WM'98 Conference*, March 1–5, Tucson, AZ, **1998**.

5.9 W. F. Hamel Jr. et. al.: Lessons learned from the first year of radioactive operations of the West Valley Demonstration Project vitrification facility, *Proc. WM'98 Conference*, March 1–5, Tucson, AZ, **1998**.

5.10 M. Yoshioka, H. Endo: Evaluation of Glass Melter Operation in Tokai Vitrification Facility, *Proc. WM 2K-Conf.*, Feb. 27-March 2, Tucson, AZ, **2000**.

5.11 G. Hoehlein, E. Tittmann, S. Weisenburger, H. Wiese: Vitrification of high-level radioactive waste – operating experience with the PAMELA plant, *Waste management '86*. Tucson, AZ (USA). 2–6 Mar 1986, Volume 2, S. 413–420.

5.12 I. A. Sobolev et al.: Waste vitrification: Using induction melting and glass composites materials, *Proc. Int. Conf. Global 1995*, Versailles, France, **1995**, S. 734.

5.13 W. Grünewald, G. Roth, S. Weisenburger, J. Fleisch: Planung der HAWC-Verglasungseinrichtung Karlsruhe, *Jahrestagung Kerntechnik '97*, 13.–15. Mai **1997**; *Tagungsbericht Inforum*, S. 340–344.

## Abschnitt 6

6.1 AkEnd: *Auswahlverfahren für Endlagerstandorte: Empfehlungen des AkEnd – Arbeitskreis Auswahlverfahren Endlagerstandorte*, **2002**.

6.2 Bundesamt für Stahlenschutz (BfS), *Abfallmengen/Prognosen, Stand 11.01*. 2005, http://www.bfs.de/endlager/abfall–prognosen.html: Salzgitter.

6.3 Bundesamt für Stahlenschutz (BfS), *Jahresbericht 1998*, http://www.bfs.de/bfs/druck/jahresberichte/jb1998.html: Salzgitter.

6.4 Nagra: *Projekt Opalinuston: Synthese der geowissenschaftlichen Untersuchungsergebnisse Entsorgungsnachweis für abgebrannte Brennelemente, verglaste hochaktive sowie langlebige mittelaktive Abfälle.* Nagra: Wettingen, Schweiz, **2002**.

6.5 R. Papp: *GEISHA Gegenüberstellung von Endlagerkonzepten in Salz und Hartgestein*, Kernforschungszentrum Karlsruhe, **1997**, PTE. p. FZKA-PTE Nr. 3.

6.6 DBETec, *Gegenüberstellung von Endlagerkonzepten in Salz- und Tongestein (GEIST)*, **2005**.

6.7 SKB: *KBS 3 – Final storage of spent nuclear fuel: I General; II Geology; III Barriers; IV Safety; – Summary*, Swedish Nuclear Fuel and Waste Management Co (SKB): Stockholm, **1983**.

6.8 J. M. Hoorelbeke et al.: The research in France on disposal concepts for high level and long lived radioactive waste in deep clay formation, *Radioactive Waste Management and Environmental Remediation – ASME*, **2001**.

6.9 StrlSchV, *Verordnung über den Schutz vor Schäden durch ionisierende Strahlen.* BGBl I 2001, 1714, (2002, 1459) vom 20. Juli 2001. Geändert durch Art. 2 V v. 18. 6.2002 I 1869, 2001.

6.10 SSK: *Gemeinsame Stellungnahme der RSK und der SSK betreffend BMU-Fragen zur Fortschreibung der Endlager-Sicherheitskriterien.* 2002, Verabschiedet in der 182. Sitzung der Strahlenschutzkommission am 04.–06. Dezember 2002.

6.11 EPA: *40 CFR Part 194: Criteria for the Certification and Recertification of the Waste Isolation Pilot Plant's Compliance With the Disposal Regulations: Certification Decision; Final Rule.* Environmental Protection Agency, USA, **1998**.

6.12 M. Mazurek, et al.: *Features, events and processes evauation catalogue for argillaceous media*, OECD/NEA, Paris, **2003**.

6.13 Nuclear Energy Agency (NEA): *Can Long-Term Safety be Evaluated? A Collective Opinion of NEA and IAEA.* OECD/NEA, Paris, **1991**.

6.14 I. Grenthe et al.: Chemical Thermodynamics of Uranium, in OECD/NEA (Hrsg.): *Chemical Thermodynamics Series*, North Holland Publisher, Amsterdam, **1992**.

6.15 R. Guillaumont et al.: Update on the Chemical Thermodynamics of Uranium, Neptunium, Plutonium, Americium and Technetium, in OECD/NEA (Hrsg.): *Chemical Thermodynamics Series*, Elsevier Science, Amsterdam, **2003**.

6.16 T. Tsuboya, I. G. McKinley: Integration of natural analogue studies within a national confidence-building programme. *Int. J. Nucl. Energy Sci. Technol.* **2004**, *1(1)*.

6.17 F. King: A natural analogue for the long-term corrosion of copper nuclear waste containers – Reanalysis of a study of a bronze cannon. *Appl. Geochem.* **1995**, *10(4)*, 477–487.

6.18 Nuclear Energy Agency (NEA). *Actinide and Fission Product Partitioning and Transmutation.* in Eighth Information Exchange Meeting, November 9–11, Las Vegas, **2004**.

6.19 Nuclear Energy Agency (NEA), *Accelerator-driven Systems (ADS) and Fast Reactors (FR) in Advanced Nuclear Fuel Cycles. A Comperative Study*, **2002**.

## Stichwortverzeichnis

**a**

a-C:H-Schichten 415
a-Si:H-Schichten 415
Abfälle, radioaktive, mit vernachlässigbarer Wärmeentwicklung 620
Abgasgesetzgebung, Staßenverkehr 263
Abgasreinigung, Automobile 261
abgebrannter Brennstoff, Zusammensetzung 573
Ablativverschleiß 348
Abrasion 346
Abrollen 345
Adhäsion 346
Adsorptionsinhibitor 357
Advanced Fuel Cycle Initiative 572
Advektion 635
Affination 230
Akkumulator
– Blei 31
– Lithium 5, 28
AlBeCast 95
AlBeMet 95
– Verwendung in Luft- und Raumfahrt 96
Algafort 401
Aliquat 336 184
Alitieren 430
Alkaliborosilicatgläser
– zur Immobilisierung hochradioaktiver Flüssigabfälle 603
– Zusammensetzung 603
Alkalimetallbrände, Löschmittel 8
Alkalimetalle 3
– Amide 8
– Aufbewahrung 9
– chemische Eigenschaften 6
– Flammenfärbung 7
– Halogenide 8
– Historie 3
– Hydride 8
– Hyperoxide 8
– Oxide 8

– physikalische Eigenschaften 6
– Sicherheit 32
– Umweltschutz 32
– Wirtschaftliches 4
Alkaliphosphatierung 370
Alkylarylsulfonsäuren, als Korrosionsinhibitoren 359
Alkylimidazolinsalze, als Korrosionsinhibitoren 359
Alkylmaleinsäurehalbamide, als Korrosionsinhibitoren 359
AlNiCo-Magnete 326
Altmarkit 135
Aluminium 517
– anodische Oxidation 377
– Beizen 367
– Legierungen mit Beryllium 95
– Verwandtschaft mit Gallium 108
Aluminium-Siliciumlegierungen 30
Aluminium/Beryllium-Legierungen 95
Aluminiumlegierungen
– gesinterte 318
– sprühkompaktierte 318
Aluminiumpulver, Herstellung durch Luftverdüsung 288
Aluminiumschaum 329
Aluminiumwerkstoffe 517
Aluzinc 401
Alvit 36
Amalgam, Zahn- 135
Amalgame 135
– flüssige 135
Amalgamfüllungen 138
Amalgamieren 135
Amalgamierverfahren, Goldgewinnung 218
Amblygonit 16
Aminoalkylbenzimidazol, als Korrosionsinhibitor 359
Aminotris(methylen)phosphonsäure, als Korrosionsinhibitor 359
Ammoniakcrackanlage 509

Winnacker/Küchler. *Chemische Technik: Prozesse und Produkte.*
Herausgegeben von Roland Dittmeyer, Wilhelm Keim, Gerhard Kreysa, Alfred Oberholz
Band 6b: Metalle.
Copyright © 2006 WILEY-VCH Verlag GmbH & Co. KGaA, Weinheim
ISBN: 3-527-31578-0

Ammoniumparawolframat 63, 65
– Calcination 66
– Herstellung 65
– Reinigung 65
Analyse, dokimastische 273
Anlagenteile, Korrosionsschutz 530
anodische Oxidation 377
anodischer Korrosionsschutz 356
Ansieden 273
Antifouling-Anstrich 448
Antiklopfmittel 4, 23
Antimon 142
– Arsengehalt 143
– chemische Eigenschaften 142
– Gewinnung 142
– MAK-Wert 145
– physikalische Eigenschaften 142
– Raffination 143
– Toxikologie 145
– Umweltschutz 145
– Verwendung 144
– Vorkommen 142
– Weltproduktion 144
Antimonblüte 142
Antimonit 121, 142
Antimonoxid 144
Antimonsulfid 144
Antimontrioxid 145
Antimonwasserstoff 145
Apatit 155
Arc-PVD-Verfahren 426
Argyrodit 115
Arsen 101, 118
– chemische Eigenschaften 119
– Gewinnung 119
– physikalische Eigenschaften 119
– Toxikologie 120
– Umweltschutz 120
– Verwendung 120
– Vorkommen 118
Arsenkies 118
Arsenolith 119
Asea-Nyby-Verfahren, Strangpressen 302
atmosphärische Korrosion, Schutz 361
Atomuhren 29
Attritor 289
Aufdampfverfahren
– Oberflächenbeschichtung 418
– Oberflächenbeschichtung, elektrische Widerstandsbeheizung 418
– Oberflächenbeschichtung, Elektronenstrahlheizung 418
– Oberflächenbeschichtung, Plasmaaktivierung 420

Aufkohlen
– chemisch-thermisches Verfahren 411
– durch Salzschmelzebehandlung 395
– von Stahl 411
Auripigment 118
Auskleidung, mit Kunststofffolien 439
Auskleidungen 527
– aus Kunststoffen 521
– mit Fluorkunststoffen 529
– mit thermoplastischen Kunststoffen 528
$\gamma'$-Ausscheidungen 317
Ausscheidungshärtung 309
Austauschstromdichte 380
austenitischer Stahl 499
Auto-Abgaskatalysator
– Komponenten 264
– Recycling 271
Autocatalytic Plating 225
Automobilabgase, Reinigung 261
Automobile
– Abgasreinigung 261
– Lackierung 443
Avicennit 113

### b

Baddeleyit 36
Balbach-Thum-Elektrolyse, Silberraffination 230
Barium 3, 6, 9
– Verwendung 31
Bariumamalgam 3
Bariumcarbonat 31
Bariumchlorat 31
Bariumcyanid 3
Bariumhydrid 4
Bariumnitrat 31
Bariumsulfat 31
Bariumsulfid 31
Bastnäsit 154
– Aufarbeitung 165, 168
– Aufschluss 167
– Aufschluss, Chlorierung 169–170
– Konzentrat, Aufarbeitung, China 167
– Konzentrat, Verarbeitung, Mountain Pass 167
– Vorkommen 159
– Zusammensetzung 160
Batterie
– mit Antimon 144
– wiederaufladbar 5, 28
Baustahl 521
Bauxit 108
Beanspruchung, tribologische 345
Beizen 366

– Rost- und Zunderentfernung 366
Beizentfetter 364
Beizinhibitor 360, 367
Beizsäure 360, 366
Benzin 4
– bleifrei 23
Benzinmotoren, katalytische
    Abgasnachbehandlung 266
Benzotriazol, als Korrosionsinhibitor 359
Bertrandit 90
– Aufschluss 90
Beryll 90
– Aufschluss 90
Beryllium
– als Legierungselement 97
– als Moderator und Reflektor in
    Kernreaktoren 96
– als Neutronenvervielfacher 95–96
– als Stützstruktur für Leiterplatten 96
– Eigenschaften 95
– Folien, für LIGA-Verfahren 96
– Gefügebild 94
– Halbzeug, Herstellung 94
– in Strahlungsfenstern von
    Röntgenröhren 96
– Legierungen mit Aluminium 95
– Metall, Herstellung 92
– Neutronenstreuquerschnitt 95
– Pulver, Herstellung 93
– Toxikologie 97
– Verarbeitung 93
– Verbrauch 97
– Verwendung in Luft- und Raumfahrt 96
– Verwendung in Präzisionsinstrumenten 96
– Vorkommen 90
Beryllium-Pebbles 93
Berylliumfluorid, Herstellung 92
Beschichtung 524
– aus Kunststoffen 521
– elektrochemische, Apparate 385
– elektrochemische, Verfahrensablauf 385
– elektrolytische 379
– elektrolytische, Grundlagen 380
– galvanische 379
– galvanische, Apparate 385
– galvanische, Grundlagen 380
– galvanische, Verfahrensablauf 385
– härtbare 524
– mit Elastomeren 437
– mit faserverstärkten Duroplasten 439
– mit Kunststoffen 437
Beschichtungsmaterialien, organische 440
Beschichtungssysteme
– heißhärtend 524

– kalthärtend 525
Betterton-Kroll-Verfahren,
    Bismutgewinnung 122
Bias-Sputtern 424
Bismut 101, 121
– chemische Eigenschaften 121
– Gewinnung 121
– physikalische Eigenschaften 121
– Toxikologie 123
– Verwendung 123
– Vorkommen 121
Bismutglanz 121
Bismutin 121
Bismutocker 121
Blei, Korrosion 468
Blei-Strontium-Legierungen 30
Bleiakkumulator 31
Bleiamalgam 135
Bleiglätte 227
Bleistifthärte 450
Bleitetraalkyle 4
Bleitetraethyl 23
Bleitetramethyl 23
Bleiverhüttung, Bismutgewinnung 122
Bluten 485
Böhmit 108
Bohrverschleiß 348
Bolton 47
Borax, als Korrosionsinhibitor 359
Borieren 413
– Pulververfahren 429
Brannerit 164, 589
– Aufschluss 172
Brennelemente 552
– abgebrannte, Partitioning 566
– abgebrannte, Transmutation 566
– für Hochtemperaturreaktoren 566
– für Raumfahrt 567
– für schnelle Brüter 565
– Herstellung 560
– Zerlegung 575
Brennstäbe 552
– Ansammlung von Spaltprodukten 557
– Beanspruchung 557
– gadoliniumhaltige 563
– Herstellung 560
– Korngrößenverteilung der Keramik 559
– Pellet-Herstellung 559
– $UO_2$, Reinheitsanforderungen 557
Brennstoff-Auflösung 575
Brennstoffkreislauf 547
Brennstoffzelle 29
Brink-Filter 32
Bronze

– galvanisches 392
– Korrosionsschutz 392
Bronzewerkstoffe, gesinterte 316
Brünieren 374
Buchholz-Härte 450
Butindiol
– als Beizinhibitor 360
– als Glanzbildner 387
Butyldibutylphosphinat,
    zur Extraktion von Seltenen Erden 186
Butylkautschuk 527

## C

Cadmierung 392
– Stahl 392
Cadmium 101, 103
– chemische Eigenschaften 103
– Gewinnung 103
– physikalische Eigenschaften 103
– Raffination 103
– Toxikologie 107
– Umweltschutz 107
– Verwendung 107
– Vorkommen 103
– Weltproduktion 107
Cadmiumoxid 104
Cadmiumsulfid 103
Cadmoselit 103
Caesium 3, 5, 8
– Herstellung 21
– Verwendung 29
Caesiumaluminiumfluorid 29
Caesiumcyanid 3
Caesiumformiat 5, 29
Caesiumiodid 30
Caesiumnitrat 29
Calcium 3, 5, 9
– Herstellung 21
– Verwendung 30
Calciumchlorid 6
Calciumiodid 3
Calciumoxid 6
Callovo-Oxford-Tonformation,
    Endlagerung radioaktiver Abfälle 628
Callovo-Oxfordien,
    für Endlagerung radioaktiver Abfälle 623
Calutron 549
Carbide, pulverförmige 284
Carbidpulver 284
Carbon-in-pulp-Verfahren 219
– Goldgewinnung 219
Carbonsäuren, als Korrosionsinhibitoren 359
Carbonyleisen 283
Carbonylnickel 283

Carboplatin 261
Carburieren 395
– chemisch-thermisches Verfahren 411
Carburierung 284
Carnallit 5
Carnotit 589
CASS-Test 451
Castner-Elektrolyse-Prozess 12
Castner-Zelle
– zur Kaliumherstellung 18
– zur Natriumherstellung 10
CBD 97
Ce/Al-Mischoxide, Schutzschichten aus 376
Cer
– Abtrennung aus SE-Gemischen 175, 177
– als Katalystorzusatz 198
– aus SE-Gemischen durch Extraktion 181
– Entdeckung 150
– Gehaltsbestimmung durch
    Redoxtitration 152
– Herstellung durch
    Schmelzflusselektrolyse 192
– Konzentrat 167
– Oxidationsverfahren 177
– Salz mit 2-Ethylhexansäure,
    als Treibstoffadditiv 189
Ceriterden, Definition 149
Cermets 280, 324, 330
– Gefüge 330
Cermischmetall 190
– Preis 192
Ceroxid
– als Komponente für Abgaskatalysatoren 198
– durch Recycling von Polierrückständen 175
– zur Entfärbung von Gläsern 199
Ceroxide, als Sauerstoffspeicher im
    Dreiwege-Katalysator 267
Cersulfid, zur herstellung von feuerfesten
    Tiegeln 199
Cerverbindungen, organische 198
CFC 333
Chemical Vapour Deposition,
    Oberflächenbeschichtung 412
Chemieanlagen
– Auslegung von Komponenten 487
– Werkstoffauswahl 459
chemische Metallisierung 225
Chinolinbasen, als Beizinhibitoren 360
Chloridprozess, Aufarbeitung von
    Niobschrott 51
Chrom-Nickel-Stahl
– austenitisch 498
– Schwingungsrisskorrosion 483

– Spaltkorrosion 474
– Spannungsrisskorrosion 480
Chrom-Stahl, Schwingungsrisskorrosion 483
Chromatierung 373
– Aluminium 374
– Magnesium 374
– Zink 374
Chromschichten, mikroporöse 389
chronic beryllium disease 97
CIP-Verfahren 219
cis-Diammindichloroplatin 261
cis-Diammin[1,1-cyclobutandicarboxylato-(2)-O,O']platin(II)), als Chemotherapeutika in der Tumorbehandlung 261
Claudetit 119
coated particles, Hochtemperaturreaktor 566
Cobalt/Seltenerd-Magnete 326
Cobaltglanz 118
Cobaltlegierungen, gesinterte 317
Cobaltpulver, Herstellung durch Elektrolyse 286
Coffinit 589
Coilcoating 445
Cold Crucible, Verglasung 612
Cold-Stream-Verfahren, Herstellung von Metallpulvern 289
Cölestin 22
Columbit 50
Coolidge 47
Cordierit 264
Corrodkote-Versuch 451
$CO_2$, als Kühlmittel für Kernkraftwerke 548
Cronstedt 62
Crookesit 113
crystal-bar 39
CVD-Verfahren 412
– Chemosynthese 413
– Disproportionierung 413
– Oberflächenbeschichtung 412
– Pyrolyse 413
Cyanidlaugerei 218
Cyanidlaugung
– Goldgewinnung 218
– Silbergewinnung 227

## d

Dampfblauen 310
Dampfkesselbetrieb, Korrosion 358
Dampfphaseninhibitor 361
Dauermagnete, polymergebundene 327
Dauermagnetwerkstoffe 326
Deckschichtbildner 358
Degunorm 223
Dekapieren 385

Dekontaminationsfaktor, Uran- und Plutoniumaufarbeitung 578
Dendriten 383
Destimulator 358
– Korrosionsinhibitor 357
Detonationsspritzen 408
Di(2-ethylhexyl)phosphorsäure, zur Extraktion von seltenen Erden 187
Di-(2-ethylhexyl)phosphorsäure, als Extraktionsmittel für Seltene Erden 184
DIAMEX-Prozess 571
DIAMEX-Verfahren 569
Diaspor 108
Dibenzylsulfoxid, als Beizinhibitor 360
Dibutylbutylphosphonat, zur Extraktion von Seltenen Erden 186
Dicyclohexylammoniumnitrit, als Dampfphaseninhibitor 361
Diesel-Oxidationskatalysator 269
Dieselkatalysator 269
Dieselmotoren, katalytische Abgasnachbehandlung 268
Diffusion, Verschleiß 347
Diffusion-Stabilized Alloy 313
Diffusionspolarisation 380
Dimethylheptylmethylphosphonat, zur Extraktion von Seltenen Erden 186
Direct Metal Laser Sintering (DMLS) 310
Direktemaillierung, Stahlblech 435
Dispersionshärtung 331
Dispersionsverfestigung 331
Distaloy 313
dokimastische Analyse 273
Doppelnickelschichten 387
Doppelschicht, elektrochemische 380
Dore-Ofen 229
Downs-Verfahren, zur Natriumherstellung 12
Downs-Zelle 4
– zur Lithiumherstellung 17
– zur Natriumherstellung 10
Dreifachnickelschichten 387
Dreiwege-Katalysator 267
Dreizonenmodell 419
Druckbehälter 460
– Prüfung 533
Druckgeräterichtlinie 533
Druckgeräteverordnung 533
Druckprüfungen, von Apparaten 533
Druckwechseladsorber, Prüfung 534
Dry-bag-Verfahren, Herstellung von Sinterteilen 297
Düngemittel, selenhaltig 125
Dünnschichtsolarzellen 107
Duplex-Nickelschichten 387

Duplexstähle 498, 503
Durchtrittspolarisation 381
Duroplaste 523
– faserverstärkte, Beschichtung mit 439

## e

E-Materials 95, 97
Edelmetalle
– Analytik 273
– Definition 211
– Eigenschaften 211, 215
– Häufigkeit 214
– katalytische Wirkung 212
– Marktentwicklung 213
– Preisentwicklung 214
– Produktionszahlen 212
– Verwendung 212
Edelstahl 494
Effektlacke 443
Einbereichsteilchen 326
Einbrennlacke 442, 521
Einproduktanlagen 459
Einsatzhärten 395, 411
Einsatzstähle, Carburieren 395
Einschichtlacke 443
Eisen, Passivität 498
Eisen-Kohlenstoff-Legierungen 493
Eisenbasislegierungen 491
Eisenwerkstoffe
– Randaufkohlung 428
– Sinter- 312
ELC-Stähle 499
Electroless Plating 225
elektrische Polarisation 380
elektrochemische Beschichtung
– Apparate 385
– Verfahrensablauf 385
elektrochemische Doppelschicht 380
elektrochemische Korrosion 342
elektrolytische Beschichtung 379
– Grundlagen 380
Elektrophorese-Beschichtungen 521
elektrostatisches Beschichten 521
Elektrotauchverfahren, kathodisches,
    Auftragen von Lacken 444
Eloxal 378
Eloxieren 378
Emailfritte 433
Emaillierung 432
Enargit 118
Endlager, radioaktive Abfälle, Konzepte 625
Endlagerung, radioaktive Abfälle 616, 620
Entrostung 365
– Flammstrahlen 366

– Strahlverfahren 365
EOLYS® 198
EP-Additive 346
Epoxid-Beschichtungen 526
Epoxidharze 526
Erbium, Entdeckung 150
Erbiumoxid
– für Glas-Laser 199
– für Glasfaserkabel 199
Erdalkalimetalle 3, 9
– als Reduktionsmittel 9
– Aufbewahrung 9
– chemische Eigenschaften 6
– Flammenfärbung 7
– Historie 3
– Hydride 9
– Hydroxide 9
– Nitride 9
– Oxide 9
– physikalische Eigenschaften 6
– Sicherheit 32
– Umweltschutz 32
– Wirtschaftliches 4
Erosionskorrosion 344, 467, 485
Erosionsverschleiß 348
erweitertes Strukturzonenmodell 423
(2-Ethylhexyl)phosphonsäuremono-
    (2-ethylhexyl)ester, als Extraktionsmittel
    für Seltene Erden 184
Eudialit 36
European Pressurised Reactor 546
Europium
– Abtrennung aus Seltenerd-Gemischen 175,
    178
– Entdeckung 150
– Gehaltsbestimmung durch Redoxtitration
    152
Europiumoxid, durch Recycling von
    Alt-Leuchtstoffen 175

## f

Farbfotografie 233
Farbgold 222
Faserverbundwerkstoffe 332
Fe/Nd/B-Legierungen, als Dauermagnete 326
Feedstock 298
Feinblech
– feueraluminiertes 402, 404
– feuerverzinktes 400
Feingold 222
Ferberite 62
ferritisch-austenitischer Stahl 503
ferritischer Stahl 503
Ferroniob 52

## Stichwortverzeichnis

– Herstellung 58
– Preise 62
– vacuum grade 59
Ferrowolfram 74
Ferroxyltest 449
fest/flüssig-Verbundguss 431
Festelektrolytkondensatoren 61
Feststoffelektrolyte, Verwendung 201
Fettsäurealkanolamide, als
 Korrosionsinhibitoren 359
Feueraluminierung 397
Feuerlegierverzinkung 397
Feuerprobe 273
Feuervergolden 135
Feuerverzinkung 397
– Eisen/Zink-Reaktionen 397
Feuerverzinnung 405
Filiformkorrosion 345
Filter 270
Fisch, Quecksilbergehalt 138
Fisher Sub Sieve Teilchengröße 291
Flächenkorrosion 468
Flammphosphatieren 366
Flammschockspritzen 408
Flammspritzen 408
Flammstrahlen 366
Fluorkunststoffe 526, 529
Fluorthermoplaste 529
Flüssig/Flüssig-Extraktion
– Trennung von Niob und Tantal 53
– Trennung von Seltenen Erden 181
flüssig/flüssig-Verbundguss 430
Flüssigabfälle
– hochradioaktive, Charakterisierung 601
– hochradioaktive, Immobilisierung 603
– hochradioaktive, Verglasung 600
– hochradioaktive, Zusammensetzung 601
Flüssigharze 532
Förderbandofen 306
Formaldehyd, als Glanzbildner 387
Fotografie 232
fotografischer Prozess 232
Francium 3
Fremdstromverfahren,
 kathodischer Korrosionsschutz 355
Friktionswerkstoffe, gesinterte 333
functionally graded hard metals 324
Furchungsverschleiß 348
Furfural, als Beizinhibitor 360

## g

Gadolinit 149
– Aufschluss 172
– Zusammensetzung 163

Gadolinium
– Entdeckung 150
– für Brennstäbe 563
– Neutroneneinfangquerschnitt 564
– Verwendung in der Kerntechnik 200
Galfan 401, 403
Gallium 101, 108
– chemische Eigenschaften 108
– Gewinnung 109
– physikalische Eigenschaften 108
– Raffination 109
– Toxikologie 109
– Verwendung 109
– Vorkommen 108
Galliumarsenid 109
Galliumnitrid 109
Galliumphosphid 109
Galvalume 401, 404
galvanische Beschichtung 379
– Apparate 385
– Grundlagen 380
– Verfahrensablauf 385
galvanische Vergoldung 224
galvanische Versilberung 235
Galvannealed 400, 403
Galvannealed-Feinblech 400
Galvanoforming, Gold 223
Gasnitrieren 412
Gasphasenbehandlung, Beschichtung 410
Gekrätze 244
Gelbchromatierung 374
Germanit 115
Germanium 101, 115
– chemische Eigenschaften 115
– Gewinnung 116
– physikalische Eigenschaften 115
– Toxikologie 118
– Verwendung 118
– Vorkommen 115
– Weltproduktion 117
Gersdorffit 118
Gettermaterial
– Barium 6, 31
– Rubidium 5, 29
Gitterschnitttest 449
Glanzbildner 382, 384
Glanzbildung 382
Glanzzusätze 391
Glasflockenlaminate 440
Glasprodukte, hochradioaktive 619
Gleiten 345
Gleitverschleiß 348
Gold
– 8 Karat 222

- 14 Karat 222
- 18 Karat 222
- Cyanidlaugung 218
- Dentaltechnik 222
- für Kontakte von Leiterplatten 224
- Gewinnung 218
- Gewinnung durch Recycling 220
- Good delivery 222
- Historisches 211
- Preis 216
- Preisentwicklung 217
- Produktion 217
- Raffination 221
- Roh- 221
- Salze 222
- Verbrauch 216
- Verwendung 216
- Vorkommen 216
- Zementation mit Zink 218

Good delivery-Gold 222
GOSE-Gehalt
- Bestimmung durch Fällung 152
- Bestimmung durch komplexometrische Titration 152

Granit, Endlagerung radioaktiver Abfälle 627
Granitische Gesteine, für Endlagerung radioaktiver Abfälle 623
Graphit
- als Moderator für Kernkraftwerke 548
- pyrolytischer 414

Grauspießglanz 142
Greenockit 103
Grenzstromdichte 381
Griesheimer Verfahren, zur Kaliumherstellung 19
Grünchromatierung 374
Grundlastfälle, Werkstoffe 460
GS 378
Güldisch 221
Gummierung 439
Gummierungen 527
GX 378
GXS 378

## h

Hafnium
- als Legierungselement für Superlegierungen 41
- crystal-bar 39
- Herstellung 38
- Recycling 42
- Reserven 37
- Schwamm 39
- Verarbeitung 39
- Verformung 39
- Verwendung als Neutronenabsorber 41

Hafniumcarbid, Verwendung in Hartmetallen 41
Hafniumtetrachlorid, Trennung von Zirconiumtetrachlorid 37
Haftoxide 433
Haftung, metallische Schichten, Prüfung 451
Halbleiter
- Arsen 120
- Gallium 109
- Germanium 115, 118
- Indium 112
- Tellur 126

Hall-Petch-Beziehung 71
Harris-Raffination, Antimongewinnung 144
Hartchromschichten, galvanische 389
Härte von Überzügen, Bestimmung 450
Hartferrite 31
Hartgummi 523
Hartgummierungen 528
Hartlote, silberhaltige 234
Hartmetalle 73, 321
- Beschichtung 323
- Eigenschaften 322
- feinkörnige 324
- Feinstkorn- und Ultrafeinstkorn- 74
- Formgebung 322
- Gruppen 322
- Herstellung 73
- pulvermetallurgische Herstellung 321
- TiC-Basis 324
- Verwendung 74, 322
- WC/FeNiCo- 323

Hartzink 398
Hawleyit 103
HC-DeNOx 269
Heißisostatpressen (HIP) 299
Heißpressen, Simulationsverfahren 311
Heißpudern, Email 434
Heißzellentechnik, Verglasungsanlage 614
Helmholtzsche Doppelschicht 380, 382
Hemmwert, eines Korrosionsinhibitors 357
Herreshoff-Ofen 78
Hexachloroplatinsäure 252
Hexamethylentetramin, als Beizinhibitor 360
Hochspannungsmethode, Prüfung auf Poren 449
Hochstrom-Pulssputtern 425
Hochtemperatur-Gascarburieren 411
Hochtemperatur-Verzinkung 399
Hochtemperaturkorrosion 342
- bei Stahl 495

Hochtemperaturreaktor 566

Höganäs-Verfahren, Herstellung von Schwammeisenpulver 283
Hohlkathoden-Gasflusssputtern 425
Holmium, Entdeckung 150
Honen 368
Hopeit 370–371
Hostaflon 526
Hubbalkenofen 306
Hübnerite 62
Hull-Zelle 383
Hunter-Verfahren 24
Hureaulith 373
Hüttenquecksilber 133
Hydrargillit 108
Hydroxyethan-1,1-diphosphonsäure, als Korrosionsinhibitor 359

*i*

Immersion Plating 224
IMPUREX 585
Inchromieren 430
Inconel 690
– für Elektroden für Glasschmelzöfen 609
– für Glasentnahmekanal im Glasschmelzofen 610
Indigosynthese 8
Indit 110
Indium 101, 110
– chemische Eigenschaften 110
– Gewinnung 110
– physikalische Eigenschaften 110
– Raffination 110
– Toxikologie 112
– Verwendung 112
– Vorkommen 110
– Weltproduktion 112
Indium-Tin-Oxide (ITO) 112
Inhibitor
– anodischer 357
– chemischer 358
– elektrochemischer 358
– kathodischer 357
– physikalischer 358
Injektionslaser, Gallium 109
Instant Release 619
interkristalline Korrosion 467, 475
Ion Adsorption Ore 155, 163
Ionenaustauschverfahren, Edelmetallabscheidung 224
Ionenplattieren 426
Iridium
– Grobabtrennung 251
– Nettobedarf 238
– Verwendung in Elektrochemie 260

– Verwendung in Elektronik 260
Iridiumpreis 238
Iridiumverbindungen, Herstellung 254
ISL 593
Isotopentrennung, Uran 549

*j*

Jamesonit 142
Just 47
Juweliergold 222

*k*

K/Na-Legierungen 5, 19
Kalium 3, 7
– Herstellung 18
– Produktion 5
– Verwendung 23
Kalium-tert-butoxid 5
Kaliumalkoxide 5
Kaliumchlorid 5
Kaliumdioxid 5
Kaliumgoldcyanid 222
Kaliumhyperoxid 5
Kaliumtetracyanoaurat 222
Kaltgasspritzen 409
Kalthärtung 525
Kaltpressen, Simulationsverfahren 311
Kapsel-HIP 300
Karat 222
Kathodenzerstäubung 422
kathodischer Korrosionsschutz 354
Kavitationskorrosion 344, 467, 485
Kerbverschleiß 348
Kernbrennelemente 552
Kernbrennstoffe
– abgebrannte 618
– Herstellung 548
– Lagerung 548
– Rückführung 547
Kernenergie
– Anteil an Energieversorgung 544
– nichtenergetische Anwendungen 546
Kernspaltung, Geschichtliches 543
Kirkendall-Effekt 305
Kjellgren-Sawyer-Prozess 90
Knetlegierungen, auf Nickelbasis 507
Knoop-Härte 450
Kohlenstoff, kohlenstofffaserverstärkter 333
Kohlenstoffschichten, amorphe, Abscheidung 427
kombinierte Prozesse 422
Kondensationskatalysator 118
Kondensatorentladungsschweißen 309

Kondenswassertest 451
Kongsbergit 135
Konstruktionswerkstoffe 460
Kontaktkorrosion 343
Konverter, Abgaskatalysator 265
Konzentrationspolarisation 380
Korngleitverschleiß 348
Kornwälzverschleiß 348
Korrosion
– an Dreiphasengrenzen 343
– atmosphärische, Schutz 361
– Definition 342
– ebenmäßige 343
– elektrochemische 342
– Erscheinungsformen 342
– Hochtemperatur- 342
– interkristalline 344
– unter Ablagerung 343
– Ursachen 342
– von Metallen 465
Korrosionsarten 467
Korrosionsbeständigkeit, Prüfung 451
Korrosionselemente 343
Korrosionserscheinungsformen 467
Korrosionsinhibitor 357
Korrosionsreaktion 342
Korrosionsschutz
– anodischer 356
– durch Konstruktionsmaßnahmen 351
– durch Kunststoffe 521
– kathodischer 354
– von Anlagenteilen 530
Korrosionsschutzbeschichtungen, Prüfung 448
Korrosionsschutzöle 436
– blanke 436
Korrosionsschutzwachse 436
Korrosionsverschleiß 467, 484
Kristallisationspolarisation 381
Kroll-Betterton-Verfahren 30
Kroll-Prozess 24
Kroll-Verfahren 38
Kugelmühle 289
Kunststoffe 521
Kunststofffolien, Beschichtung mit 439
Kupellieren 273
Kupfer
– als Legierungselement für Sinterstähle 314
– Beizen 367
– Korrosion 468
– Sinter- 316
Kupfer-Indium-Diselenid 125
Kupferanodenschlamm, Aufarbeitung 228

Kupferpulver, Herstellung durch Elektrolyse 286
Kupferverhüttung, Bismutgewinnung 122

## l

Lacke 441
– Beschichtung mit 443
– Bestandteile 441
– hitzebeständige 448
Lackierung 441
Ladungsaustauschverfahren, Edelmetallabscheidung 224
Lambdasensor 266
Lambdasonde 266
Laminat 532
Laminierharze 521
Langzeitsicherheitsanalysen 630
$LaNi_5$, als Hydridspeicher 200
Lanthan
– Entdeckung 150
– Herstellung durch Schmelzflusselektrolyse 192
Lanthanoide 149
Lanthanoidenkontraktion 151
Lanthanoxid, für optische Gläser 198
Laplacesche Gleichung 305
Läppen 368
Lasersintern 307
– direktes 310
– selektives 310
Legierungen, Korrosion 470
Leitsalze 384
Lepidolith 5, 16, 19
Letternmetall 144
Leuchtdioden, Gallium 109
Lichtbogenspritzen 409
Lipowitz-Legierung 123
Lithium 3
– Herstellung 16
– Verwendung 26
Lithium-Aluminium-Legierungen 27
Lithiumakku 5, 28
Lithiumaluminiumhydrid 5, 27
Lithiumborhydrid 27
Lithiumbromid 5
Lithiumcarbonat 7, 27
Lithiumchlorid 5, 27
Lithiumcobaltoxid 5
Lithiumhexafluorophosphat 5
Lithiumhydrid 5, 27
Lithiumhydroxid 5, 7, 27
Lithiumionenbatterien 5, 28
Lithiummineralien 16
Lithiumnitrat 5, 27

Lithiumnitrid 7
Lithiumorganyle 26
Lithiumoxid 3, 7
Lithiumphosphat 7
Lithopone 31
Lochfraß 343
Lochkorrosion 343, 467, 469
Löllingit 118
Loparit 155
– Aufarbeitung 173
– Aufschluss 172
– Zusammensetzung und Vorkommen 162
Lösemitteldampfreinigung 364
Lösemittelreiniger 364
– Kaltreinigung 364
Lutetium, Entdeckung 150

## m

Magermotor 268
Magnesium, anodische Oxidation 379
Magnetlegierungen 194
Magnetron-Sputtern 425
Magnetschrott, Aufarbeitung 175
Magnetwerkstoffe 324
– Dauer- 326
Mahlverschleiß 348
Manganphosphatierung 373
Mangansulfid, als Förderer von Lochkorrosion 471
Manhattan-Projekt 543
Marignac-Verfahren, Trennung von Niob und Tantal 52
Masurium 542
Matrizenpressen, Sinterteile 293
Mattieren, chemisches 369
Me-C, H 415
Me-DLC-Schichten 415
mechanische Plattierung 430
mechanisches Legieren 289
Mehrkomponentensysteme, Sintern 305
Mehrproduktanlagen 459
Mehrschichtemaillierung 435
Messing
– galvanische 392
– Sinter- 317
Metal Injection Moulding 297
Metal Matrix Composites 330
Metall-Inertgas-Schweißen 432
Metallabscheidung 382
– Überspannung 383
Metalle
– Anodenreaktionen 383
– elektrochemische Abscheidung 382–384

– elektrochemische Abscheidung, Elektrolyte 384
– Flächenkorrosion 468
– Korrosion 342, 465
– Lochkorrosion 469
– Passivität 470
– Spaltkorrosion 474
Metallinfiltration 306
metallische Werkstoffe 491
Metallisierung, von Metalloberflächen 375
Metallmatrix-Faserverbundwerkstoffe 332
Metallmatrix-Verbundwerkstoffe 329
Metallocene
– mit $SE^{3+}$ als Zentralatom 189
– mit $Sm^{2+}$ als Zentralatom 189
– mit $Yb^{2+}$ als Zentralatom 189
Metallpulver
– Dispersität 290
– Eigenschaften 290
– Fließverhalten 291
– Fülldichte 291
– Herstellung 282–289
– Herstellung durch Luftverdüsung 288
– Herstellung durch Schmelzflusselektrolyse 286
– Herstellung durch Zerkleinerung im festen Zustand 289
– Herstellung durch Zerstäubung von Schmelzen 287
– Herstellung, chemische Verfahren 283
– Herstellung, Elektrolyse 286
– innere Reibung 291
– spezifische Oberfläche 290
– technologische Eigenschaften 291
– Verdichtbarkeit 291
– Verdüsung 287
Metallpulverspritzguss 297
– Simulationsverfahren 311
Metallschmelzbehandlung 397
2-Methyl-2-butylpentansäure, zur Extraktion von Seltenen Erden 184
Methylenchlorid, als Lösemitteldampfreiniger 364
Methylisobutylketon, zur Trennung von Niob und Tantal 53
Methylquecksilber 138
Micropur 236
MIG-Schweißen 432
Mikrowellensintern 307
Miller-Verfahren, Gold-Raffination 221
MILLI 585
MIM 297
minore Actinide 548, 569
Mintek 219

Mischmetall 190
- Herstellung 190–191
- Herstellung, Elektrolyse 191
- Herstellung, Elektrolysezellen 191
- Verwendung in Metallurgie 197
Mischoxidbrennstäbe 564
Mixer-Settler-Extraktoren, Trennung von Seltenen Erden 183
MMC 330
Mo/Re-Legierungen, in Luft- und Raumfahrttechnik 83
Möbius-Elektrolyse, Silberraffination 230
Mohr 248
Molybdän
- als Legierungselement für Sinterstähle 315
- als Legierungselement für Stähle 82
- als Werkstoff in der chemischen Industrie 83
- chemische Eigenschaften 81
- Eigenschaften 48, 81
- Erzaufschluss 77
- Halbzeuge, Herstellung 80
- Herstellung, Fließdiagramm 48
- Legierungen 82
- Leitfähigkeit 81
- Metall, Herstellung 79
- Produktion 84
- pulvermetallurgische Verarbeitung 319
- Reinigung und Aufarbeitung 78
- Schmelzpunkt 81
- Verarbeitung 80
- Verarbeitung als Spritzpulver 80
- Verbindungen, als Katalysator 84
- Verwendung 82
- Verwendung in der Beleuchtungsindustrie 83
- Verwendung in der Elektronik und Elektrotechnik 83
- Vorkommen 77
- Widerstand 81
- Wirtschaftliches 84
- zur Stahlveredlung 82
Molybdänit 77
Molybdänsulfid, als Schmierstoff 84
Molycorp 160
Molycorp-Verfahren, Abtrennung von Yttrium 185
Monazit 154
- Aufarbeitung 165, 171
- Aufschluss 170
- Aufschluss, alkalisch 170
- Zusammensetzung und Vorkommen 161
Monoalkaliphosphatreiniger 363
Monteponit 103

MOX-Stäbe 564
Muldenkorrosion 343
Multi Layer Ceramic Capacitors 259

# n

Na/K-Legierungen 26
Nachsintern 308
Nanopulver 285
Naphthensäuren
- als Extraktionsmittel für Seltene Erden 184
- als Korrosionsinhibitoren 359
Nasspulverspritzen 299
Nassverzinkung 398
Natrium 3, 7
- Handelsformen 15
- Herstellung 4, 10
- Verwendung 23
Natriumalkoholate 4
Natriumamid 4, 8
Natriumazid 8
Natriumbenzoat, als Korrosionsinhibitor 359
Natriumborhydrid 8, 24
Natriumdicyanoaurat 218
Natriumdithionit 8
Natriumgoldcyano-Komplex 218
Natriumhydrid 8
Natriumhydroxid 10
Natriummercaptobenzothiazol, als Korrosionsinhibitor 359
Natriummolybdat, als Korrosionsinhibitor 359
Natriumnitrit, als Korrosionsinhibitor 359
Natriumsilicat, als Korrosionsinhibitor 359
Natriumsilicate, als alkalische Reiniger 362
Naturkautschuk 527
$Nb_3Sn$-Drähte, Herstellung 321
NdFeB-Magnete
- gesintert 194
- polymergebunden 194
NdFeB-Permanentmagnete, Produktion 158
Nebenmetalle 101
Neodym
- Entdeckung 150
- Herstellung durch Schmelzflusselektrolyse 192
- Magnetlegierungen 194
- Versatic-Säure-Salz, als Katalysaotr zur 1,4-Butadien-Herstellung 189
- Verwendung 157
Neodymoxid
- für Glas-Laser 199
- zum Färben von Gläsern 199
Neusilber 235
- gesintertes 317

Neutralreiniger 363
Neutronenvervielfacher 95
Nickel 507
– als Legierungselement für Sinterstähle 314
– Korrosion 468
– Legierungen 508
– physikalische Eigenschaften 506
– Schweißbarkeit 517
– Werkstoffe auf Nickelbasis 506
Nickel-Chrom-Eisen-Legierungen 511
Nickel-Chrom-Legierungen 511
Nickel-Kupfer-Legierungen 509
Nickel-Molybdän-Chrom-Legierungen 514
Nickel-Molybdän-Legierungen 514
– interkristalline Korrosion 476
Nickel/Cadmium-Zelle 107
Nickelbasislegierungen, interkristalline Korrosion 476
Nickellegierungen, gesinterte 317
Nickelniob, vacuum grade 59
Nickelpulver, Herstellung durch Elektrolyse 286
NiMH-Batterien 200
Niob
– aus Zinnschlacken 51
– Bedarf 62
– Eigenschaften 48
– Herstellung, Fließdiagramm 48
– durch aluminothermische Reduktion von Niobpentoxid 54
– durch carbothermische Reduktion von Niobpentoxid 55
– durch magnesiothermische Reduktion von Niobpentoxid 55
– durch Magnesium-Dampfreduktion von Niobpentoxid 57
– Herstellung 54
– Preise 62
– Trennung von Tantal 52
– Verarbeitung durch Direktsintern 321
– Verwendung 59–60
– Vorkommen 50
Niobschrott, Aufarbeitung 51
Nitrieren
– chemisch-thermisches Verfahren 412
– Pulververfahren 429
– Salzschmelzeverfahren, Oberflächenschichten 396
Nitrierstähle 397, 412
Nitrocarburieren 396
no-rinse-Technik 376
non-sag Wolfram 69
non-sag-wire 320
$NO_x$-Adsorber 268

## o

Oberflächenzerrüttung 347
Octadecylamin, als Korrosionsinhibitor 358
ODS-Legierungen 280, 317, 331
Oklo, kritische Urananansammlungen 637
Oleylammoniumsalze, als Korrosionsinhibitoren 359
Oleylsarkosin, Salze, als Korrosionsinhibitoren 359
Olivetti-Prinzip, Herstellung von Sinterteilen 294
Opalinuston, für Endlagerung radioaktiver Abfälle 623, 627
Opferanode 355
Organogadolinium-Verbindungen, als Diagnostika 189
Organolanthanoid-Verbindungen 189
Organolithiumverbindungen 5, 26
Osmium
– Grobabtrennung 250
– Verwendung 238
Osmiumverbindungen, Herstellung 255
Otavit 103
Oxidation, anodische 377
Oxidationsverfahren, Oberflächenbehandlung 374
Oxide Dispersion Strengthened Legierungen 317
oxidische Verunreinigungen, Entfernung 365

## p

PA-CVD-Verfahren 415
Pachucas 600
Paketwalzverfahren 431
Palladium
– Grobabtrennung 251
– Preis 238
– Raffination 251
– Verwendung in Elektronik und Elektrotechnik 259
Palladium(II)-chlorid 253
Palladium(II)-nitrat 253
Palladiumverbindungen, Herstellung 253
Paraffingatsch, als Korrosionsschutzöl 436
Parkes-Verfahren, Silbergewinnung 227
Particulate Matter 262
Partitioning 569
– von langlebigen Radionukliden 637
Partitioning- und Transmutationsstrategie 637
Passivator 358
Passivität 470
– von Eisen 498
Passungsrost 485

Pattinson-Verfahren, Silbergewinnung 228
Pechblende 589
Peierls-Spannung 71
Peltier-Effekt 123, 144
Pendelhärte 450
Pentanatriumtriphosphat,
    als alkalischer Reiniger 362
performance assessments,
    Endlagerung radioaktiver Abfälle 630
Permanentmagnete 197
Petalit 3, 16
Petrolatum, als Korrosionsschutzöl 436
Petroleumsulfonat,
    als Korrosionsinhibitor 359
Phosphatierbäder 371
Phosphatierung 369
Phosphophyllit 371
Phosphor, als Legierungselement für
    Sinterstähle 315
photoelektrische Zellen 5
Photozellen 5
Physical Vapour Deposition 417
Pigment-Volumenkonzentration 442
Plasma Assisted-Chemical Vapour
    Depostion 415
Plasmaheißdraht-Auftragsschweißen 432
Plasmanitrieren 412
Plasmapolymerisation,
    Oberflächenbeschichtung 416
Plasmaspritzen 409
Plastisole 521
Platin
– cis-Platin 261
– Grobabtrennung 251
– in der Schmuckindustrie 258
– Preis 238
– Raffination 251
– Verwendung in Elektronik 259
Platingruppenmetalle 236
– Erzaufbereitung 242
– Förderländer 240
– Gewinnung 240
– Gewinnung durch Recycling 242
– in der Dentaltechnik 259
– in der Katalyse 256
– Primärgewinnung 240
– Reindarstellung 249
– Scheidung aus Auto-
    Abgaskatalysatoren 273
– Sekundärscheidung., Verfahrensablauf 245
Platinlegierungen, Verwendung in
    Glasindustrie 260
Platinmetalle 236
– Brutto-Nachfrage 237

– Förderländer 214
– Netto-Nachfrage 236
Platinverbindungen, Herstellung 252
Plattenwärmetauscher 489
Plattierung, mechanische 430
Plutonium, für Brennstäbe 564
PM 279
Polarisation, elektrische 380
Polieren 368
– elektrolytisches 369
Pollucit 20–21
POLLUX-Behälter 626
Polyesterherstellung 118
Polymerbeschichtungen, wachshaltige 437
Polymerwerkstoffe 521, 526
Polytetrafluorethylen 526
Post-HIP 301
Powellit 77
Praseodym
– Entdeckung 150
– Herstellung durch
    Schmelzflusselektrolyse 192
Praseodymoxid, zum Färben von Gläsern 199
Promethium, Entdeckung 150
Propargylalkohol, als Beizinhibitor 360
Pseudolegierungen 407
Puls-Magnetron-Sputtern 425
Pulver
– nanoskalige 285
– ultrafeine 285
Pulveranwurfverfahren 441
Pulverbeschichtungen 523, 526
Pulverbeschichtungsverfahren,
    Beschichtung mit Kunststoffen 441
Pulverharze 521
Pulverlacke 521
Pulvermetallurgie 69
– Historisches 280
– Nachbehandlung 308
– Prozesssimulation und -modellierung 311
Pulvernitrierverfahren 429
Pulverpackverfahren 428
Pulverschmieden 301
Pulverspritzverfahren 441
Pulververzinken, mechanisches 431
Pulverwalzen 298
PUREX-Prozess 568
– Extraktionsanlage, Auslegung 582
– Flüssigabfälle 602
– Neptunium-Abtrennung 579
– Ruthenium-Abtrennung 581
– Technetium-Abtrennung 581
– Zirconium-Abtrennung 581
PUTE, Plutoniumextraktion 583

PVD-Verfahren 417
Pyridinbasen, als Beizinhibitoren 360
Pyrit 118
Pyrochlor 50–51
– Vorkommen 62
pyrolytischer Graphit 414

## q
Quartierung 230
Quecksilber
– Eigenschaften 135
– Gewinnung als Hauptprodukt 133
– Gewinnung als Nebenprodukt 133
– Gewinnung aus Erdgas 133
– Gewinnung aus Recycling 133
– MAK-Wert 133
– metallisches, Toxikologie 137
– ökologische Betrachtungen 139
– Vorkommen 133
Quecksilber(II)-sulfid 133
– Toxikologie 138
Quecksilberallergie 137
Quecksilberbatterien 138
Quecksilbergehalt, Fisch 138
Quecksilberschalter 29
Quecksilberverbindungen
– anorganische, Toxikologie 138
– organische, Toxikologie 138

## r
radioaktive Abfälle
– Endlagerung 616, 620
– Endlagerung in horizontalen
  Bohrlöchern 628
– Endlagerung in vertikalen
  Bohrlöchern 626–628
– Endlagerung, deterministische
  Langzeitsicherheitsanalysen 632
– Endlagerung, Langzeitsicherheit 629
– Endlagerung, probabilistische
  Langzeitsicherheitsanalysen 632
– Isolation, Multibarrierensystem 621
– mit vernachlässigbarer
  Wärmeentwicklung 617
– wärmeentwickelnde 617–618
Radionuklide
– Freisetzung aus Endlagern durch Diffusion
  und Advektion 635
– Freisetzung aus abgebrannten
  Kernbrennstoffen 618
– Migrationsverhalten aus Endlagern 633
Randaufkohlung, von Eisenwerkstoffen 428
Random Arc 426
Rapid Prototyping 310

Rapid Solidification Processing 331
– Herstellung von Metallpulvern 290
Reaktionsharzlaminate 532
Reaktionspolarisation 381
Reaktionssintern 306
Realgar 118
Red Book 545, 590
Refraktärmetalle
– Korrosion 469
– Namensgebung 47
Reibkorrosion 344, 485
Reibwerkstoffe 332
– gesinterte 333
Reinaluminium 518
Reiniger, alkalische 361
Reinnatrium 15
Reinnickel 507
– Korrosionsrate 468
Reinsilber 230
Reinstaluminium 518
Resin-in-Leachate-Verfahren,
  Uranextraktion 600
Resin-in-pulp-Verfahren 220
– Uranextraktion 600
Rhenium
– als Katalysator 86
– Eigenschaften 48
– Gewinnung 85
– Herstellung, Fließdiagramm 48
– Schmelzpunkt 86
– Verwendung in Superlegierungen 86
– Vorkommen 85
Rhodium
– Raffination 252
– Reindarstellung 251
– Verwendung in Elektronik 260
Rhodium(III)-chlorid 254
Rhodiumpreis 238
Rhodiumverbindungen, Herstellung 254
RIC 149
RIL-Verfahren, Uranextraktion 600
RIP-Verfahren 220
– Uranextraktion 599
robotic mining, Uran 599
Rockwell-Härte 450
Rohgold 221
Rohnatrium 15
Rohphosphate, Gehalt an Seltenen Erden 164
Röhrenwärmeaustauscher 488
Rohrleitungen, Prüfung 533
Rohsilber 230
Rollverschleiß 348
Roquesit 110
Rose 47

Roses Metall 123
Rost 366
Röstreduktion, Antimongewinnung 142
Rotating Disc Verfahren 287
Rotating Electrode Process (REP) 287
Roving-Laminate 440
Rubidium 3, 5, 8
– Herstellung 19
– Verwendung 29
Rubidiumchlorid 3
Ruhepotential 380
Rühraggregate 460
Ruthenium
– Grobabtrennung 250
– Netto-Bedarf 238
– Verwendung 238, 260
– Verwendung in Elektrochemie 260
– Verwendung in Elektronik 260
Rutheniumpreis 239
Rutheniumtetroxid 255
Rutheniumverbindungen, Herstellung 255

## S

Saccharin, als Glanzbildner 387
Salt-Transport-Process 570
Salzschmelzbehandlung 395
Salzschmelzreiniger 365
Salzsprühtest 451
Sandelin-Effekt 398
SAP 280
Säurebatterien 6
saurer Regen 262
Scandiumgruppe 149
Schaukelhärte 450
Scheele 62
Scheelit 62
Scheelite, Aufschluss 63
Scheidgut 244
Schichtdicke, auf Metallen, Messung 450
Schiffe
– Außenanstrich 447
– Beschichtung 447
Schlagtiefung 451
Schleifen, Veränderung der
 Oberflächenstruktur 368
Schlicker 434
Schmelzflusselektrolyse
– Calciumherstellung 21
– Kaliumherstellung 18
– Lithiumherstellung 16
– Natriumherstellung 4, 10
– Calciumherstellung 6
Schmelztauchüberzüge,
 Zusammensetzung 400

Schmelztauchverfahren 397
– diskontinuierliches 398
– kontinuierliches 399
Schnellarbeitsstähle 316
Schnellbrüterelemente 565
Scholzit 371–372
Schüttsintern 302
Schutzpotential 354
Schutzschichten, gegen Korrosion und
 Verschleiß 361
Schutzstromdichte 355
Schutzstromdichten, kathodische,
 auf Stahl 355
Schwarzschmelze 231
Schwarzweißfotografie 233
Schwefelsäure, Herstellung 119
Schweißbarkeit, von Duplexstählen 505
Schweißen
– Stahl 497
– Nickel 517
Schweißplattierung 430, 432
Schweißprimer 444
Schweißverbindungen
– aus Aluminiumwerkstoffen 520
– Korrosionsbeständigkeit 467
– Lochkorrosion 473
Schwenzfeier-Verfahren 92
Schwermetall, Wolframlegierung 320
Schwerwasser, als Moderator für
 Kernkraftwerke 548
Schwerwasserreaktoren 549
Schwimmkopfwärmetauscher 490
Schwingen, Verschleiß 345
Schwingungsrisskorrosion 344, 467, 483
Schwingungsverschleiß 348, 485
SCR, für Dieselmotoren 270
SCR-Katalysator 270
Seebeck-Effekt 123, 144
selektive Korrosion 475, 477
Selen 101, 123
– chemische Eigenschaften 124
– Gewinnung 124
– physikalische Eigenschaften 124
– Toxikologie 125
– Umweltschutz 125
– Verwendung 125
– Vorkommen 123
– Weltproduktion 124
Selenmangel 126
Seltene Erden
– Abtrennung aus Nassphosphorsäure 174
– Abtrennung aus Phosphorgips 174
– Abtrennung aus Rohphosphaten 174
– als Katalysatoren 197

– Analysenverfahren 153
– Chloride, Herstellung 188
– Eigenschaften 151
– Entwicklung der Industrie 155
– Erze, Vorkommen 157
– Erzvorkommen 156
– Fluoride, Herstellung 188
– Gehaltsbestimmung durch Fällung 152
– Gehaltsbestimmung durch komplexometrische Titration 152
– Häufigkeit 154
– Herstellung durch metallothermische Verfahren 193
– Labortrennverfahren 187
– Legierungen, Herstellung 194
– leichte 149
– Magnetlegierungen 194
– Oxide, für Leuchtstoffe 199
– Oxide, Herstellung 188
– Produzenten 158
– reine, Gewinnung durch Schmelzflusselektrolyse 192
– Rohstoffe, Weltproduktion 157
– Rückgewinnung aus Magnetschrott 174
– schwere 149
– Toxikologie 153
– Trennung 175–178
– Trennung durch Flüssig/Flüssig-Extraktion 181
– Trennung durch Ionenaustausch 178
– Trennung, fraktionierte Fällung 177
– Trennung, fraktionierte Kristallisation 176
– Trennung, thermische Zersetzung 177
– Trennung, Trennfaktor 175
– Triflate 189
– Verbrauch 155
– Verwendung in Elektronikindustrie 200
– Verwendung in Landwirtschaft 201
– Verwendung in Metallurgie 197
– Vorkommen 155
Seltenerdelemente 149
Seltenerdmetalle 149
Senarmontit 142
Sherardisieren 429
Sherrit-Gordon-Verfahren, Herstellung von Metallpulvern 283
Shop Primer 447
SICROMAL-Stähle 496
Silane, zur Ausbildung von Schutzschichten 377
Silber 225
– als Oxidationskatalysator 231
– Cyanidlaugung 227
– Gewinnung 227

– Gewinnung durch Recycling 229
– Historisches 211
– in der Fotografie 232
– in Elektronik und Elektrotechnik 233
– metallisches, als Bakterizid 235
– oligodynamische Eigenschaften 235
– Preisentwicklung 226
– Primärgewinnung 227
– Raffination 230
– Salze 231
– Verbrauch 225
– Verwendung 225
Silber(I)-oxid, für Knopfzellen 234
Silber(II)-oxid, für Knopfzellen 234
Silber-Ionen, als Fungizide, Bakterizide und Algizide 235
Silberamalgam 135
Silberbatterien 234
Silberbromid, in der Fotografie 232
Silberhalogenide, in der Fotografie 232
Silbernitrat 231
– photograde 231
Silberoxid 231
Silberrubidiumiodid 29
Silberschichten
– dünne 235
– dünne, durch Sputtern 235
– dünne, durch Galvanisieren 235
Sinter-HIP 301
Sinter-HIP-Anlagen 307
Sinteraluminium 318
Sinteranlagen 306
Sinterbronze, für Gleitlager 328
Sintered Aluminium Powder 280
Sintereisen 313
Sinterfügen 309
Sinterkupfer 316
Sinterlager 328
Sinterlöten 309
Sintermessing 317
Sintermetallfilter 327–328
Sintermetallgleitlager 327
Sintern 291, 303
– im Vakuum 307
– Kalibrieren 308
– Laser-, direktes 310
– Laser-, selektives 310
– Mehrkomponentensysteme 305
– Nach- 308
– Schütt- 302
– Schutzgase 307
– Simulationsverfahren 311
– Sinteratmosphären 307
– Zweifach- 308

Sinterpulver 521
Sinterstähle
– hochlegierte 315
– korrosionsbeständige 315
– niedriglegierte 314
– Schwindungskompensation 306
Sinterteile
– Ablagerung von Schmierstoffen 310
– Einsatzhärten 309
– Heißisostatpressen 299
– Heißpressen 299
– Herstellung 291
– isostatisches Pressen 296
– Kaltformgebung 293
– Metallinfiltration 309
– Nitrieren 309
– Oberflächenbeschichtung 310
– Pulverschmieden 301
– Strangpressen 302
– Wärmebehandlung 309
– Wirtschaftliches 282
Sintertitan 318
Sinterwerkstoffe 312
– Eisen- 312
Sm-Co-Legierungen, für Magnete 195
Solarzellen 127
Spachtelungen 521
Spaltkorrosion 343, 467, 472, 474
Spannungsrisskorrosion 344, 467, 479
Spodumen 16
Spongiose 344
Spritzen, thermisches 406
Spritzlackierungen 521
spröd-duktil Übergangstemperatur 71
Sprühkompaktieren 302
Sprühtrocknen 293
Spülverschleiß 348
Sputtern 422
$\beta$-Stabilisatoren 40
Stackpole-Prinzip, Herstellung von Sinterteilen 294
Stahl 493–494
– austenitisch 499
– Cadmierung 392
– ferritisch 503
– ferritisch-austenitisch 503
– Flächenkorrosion 468
– Hauptgüteklassen 494
– hitzebeständig 495
– interkristalline Korrosion 475
– Lochkorrosion 469
– niedriglegiert 494
– rostbeständig 498
– säurebeständig 498
– Schweißen 497
– Spannungsrisskorrosion 480
– Tauchreinigung 362
– unlegiert 494
– Verzinkung 393
– Verzinnung 394
– warmfest 495
– Zusammensetzung handelsüblicher Stähle 497
Stahlblech
– Direktemaillierung 435
– Zweischichtemaillierung 435
Stahlkonstruktionen, organische beschichtungen 446
Stapelfehlerenergie, spröd-duktil, Übergangstemperatur 71
Steinsalz, Endlagerung radioaktiver Abfälle 626
Steinsalzformationen, für Endlagerung radioaktiver Abfälle 622
Steinschlagtest 451
Stibnit 142
Stoßverschleiß 348
Stopfgold 222
Straßenverkehr, Abgasgesetzgebung 262
Strahlen
– Veränderung der Oberflächenstruktur 368
– Verschleiß 345
Strahlverschleiß 348
Strangpressen 298, 302
Ströme, vagabundierende, Schutz gegen 353
stromlose Metallisierung 225
Strontianit 22
Strontium 3, 9
– Verwendung 30
Strontiumcarbonat 30
Strontiumchromat 31
Strontiumnitrat 31
Strontiumsulfid 31
Strukturmodell 419
Stückverzinkung 398
Stückverzinnung 405
Stupp 133
Styrol-Butadien Blockcopolymere 27
Sudmetallisierung 224
Sulfonamide, organische, als Glanzbildner 387
Sulfonamidocarbonsäuren, als Korrosionsinhibitoren 359
Sulfonate, organische, als Glanzbildner 387
Sulfonimide, organische, als Glanzbildner 387
Superduplexstähle 505
Superferrite 505

Superlegierungen 61, 317
– dispersionsverfestigte 331
Suspensionsformgebungsverfahren 298
Synthesekautschuk 527

**t**

Tafelparaffin, als Korrosionsschutzöl 436
TALSPEAK-Prozess 569
Tantal
– aus Zinnschlacken 51
– Bedarf 62
– Eigenschaften 48
– für Dauerimplantate 61
– für Festelektrolytkondensatoren 61
– für Superlegierungen 61
– Herstellung, Fließdiagramm 48
– im Apparatebau 61
– Metall, durch elektrochemische Reduktion 56
– Metall, durch Magnesium-Dampfreduktion von Tantalpentoxid 57
– Metall, durch natriothermische Reduktion 56
– Namensgebung 47
– Trennung von Niob 52
– Verarbeitung durch Direktsintern 321
– Verwendung 60
– Vorkommen 50
Tantalcarbide 61
Tantalit 50
Tauchreinigung, Stahl 362
Taupunktkorrosion 344
TBP, als Extraktionsmittel für Cer 181
Teflon 526
Teilchenverbundwerkstoffe 330
Tellur 101, 126
– chemische Eigenschaften 126
– Gewinnung 127
– physikalische Eigenschaften 126
– Toxikologie 127
– Umweltschutz 127
– Verwendung 127
– Vorkommen 126
Terbium, Entdeckung 150
Terfenol-D® 196
Tetrachlorethylen, als Lösemitteldampfreiniger 364
Tetrachlorogoldsäure 222
Tetranatriumdiphosphat, als alkalischer Reiniger 362
Thallium 101, 113
– chemische Eigenschaften 113
– Gewinnung 114
– physikalische Eigenschaften 113

– Toxikologie 115
– Umweltschutz 115
– Verwendung 114
– Vorkommen 113
Thermisches Spritzen 406
Thermoplaste 523
Thermoplasten 528
Thioharnstoffderivate, als Beizinhibitoren 360
Thomsonsche Gleichung 304
THOREX-Prozess 569
Thortveitit 36
Thulium, Entdeckung 150
Ti/Zr-Fluorid, Schutzschichten aus 377
Tieftemperaturemail 434
Tiemannit 135
Titan
– anodische Oxidation 379
– für medizinische Implantate 319
– gesintert 318
Titan/Zirconium/Molybdän 83
Titancarbid, Herstellung 285
Titancarbidschichten 414
Titancarbonitridschichten 414
Titanlegierungen, gesinterte 318
Titannitridschichten 414
para-Toluolsulfonamid, als Glanzbildner 387
Tolyltriazo, als Korrosionsinhibitor 359
Tongesteine, für Endlagerung radioaktiver Abfälle 623
total system performance assessment, Endlagerung radioaktiver Abfälle 632
Tränklegierungen 333
Transmutation 569
– Actinide 571
– Kernbrennstoff 548
– von langlebigen Radionukliden 637
Treiben, Goldgewinnung 220
Treibprozess
– Silber/Blei-Trennung 227
– Silbergewinnung 228
Tri outlet process 182–183
Tri-n-butylphosphat
– als Extraktionsmittel für Seltene Erden 184
– komplexe 578
tribochemische Reaktion 346
tribologische Beanspruchung 345
Tribooxidation 346
Tribosublimation 347
Tricaprylylmethylammoniumnitrat, zur Extraktion von Seltenen Erden 184
1,1,1-Trichlorethan, als Lösemitteldampfreiniger 364

Trichlorethylen,
 als Lösemitteldampfreiniger 364
Trichlortrifluorethan, als
 Lösemitteldampfreiniger 364
Triethanolammoniumphosphat,
 als Korrosionsinhibitor 359
Trioctylphosphinoxid,
 zur Extraktion von seltenen Erden 184
Triplex-Nickelschichten 387
Trockenverzinkung 398
Trommelgalvanisierung 385
Tropfenkorrosion 344
Tropfenschlagkorrosion 345
Tropfenschlagverschleiß 348
TRUEX-Verfahren 569
Tuff-Formation, für Endlagerung radioaktiver
 Abfälle 623
Twist-O-Meter-Prüfung 449
TZM 83
– in Medizin- und Röntgentechnik 83

## U

Überspannung, Metallabscheidung 383
Ultrafeinstpulver 285
Umwandlungshärtung 309
Unbalanced Magnetron 425
Unterpulver-Schweißen 432
UP-Harze 526
UP-Schweißen 432
Uran
– abgereichertes, Verwendung 590
– Bedarf 590
– Bergbau 592
– Estimated Additional Resources (EAR) 590
– Gewinnung als Beiprodukt 592
– Gewinnung als Nebenprodukt 592
– Gewinnung durch alkalische Laugung 597
– Gewinnung durch Blocklaugung 593
– Gewinnung durch Haufenlaugung 592
– Gewinnung durch in-situ-Laugung 593
– Gewinnung durch saure Laugung 595
– Gewinnung im Tagebau 594
– Gewinnung im Untertagebau 594
– hochangereichertes 549
– Isotopentrennung 549
– Isotopentrennung durch differentielle
 Laseranregung 551
– Isotopentrennung durch Gasdiffusion von
 $UF_6$ 550
– Isotopentrennung durch Thermodiffusion
 von $UF_6$ 550
– Isotopentrennung in Gasultrazentrifugen
 551
– Known Conventional Resources (KCR) 590
– Konzentrat, Herstellung 598
– Mobilisierung 589
– Natur-, Isotopenzusammensetzung 589
– Radioaktivität 589
– Reasonably Assured Resources (RAR) 590
– Vorkommen 589
– Vorräte 545, 589
Uran/Plutonium-Trennung,
 Elektroreduktion 583
Uranbergbau 591
Urandioxid, für Brennstäbe 553
Uranerze 591
– Aufschluss 595
Uranhexafluorid 549–550
– Herstellung 549
Uraninit 164, 589
– Aufschluss 172
Urformen 279

## V

vacuum grade Ferroniob 59
vacuum grade Nickelniob 59
vagabundierende Ströme 353
Vakuum-Plasmaspritzen 409
Vakuumbogenbeschichtung 426
Vakuumofen 306
Vakuumsintern 308
Valentinit 142
van Arkel-de-Boer-Verfahren,
 Reinigung von Hafnium 39
Vaseline, als Korrosionsschutzöl 436
Verbindungshalbleiter 109
Verbundpresstechnik 309
Verbundschleuderguss 431
Verbundwerkstoffe, durch
 pulvermetallurgische Verfahren 329
Verchromung
– galvanische 389
– mikroporige 388
– mikrorissige 388
Verglasung 600
– einstufiges Verfahren 605–606
– hochradioaktiver Flüssigabfall,
 Anlagenauslegung 614
– im flüssiggespeisten Schmelzofen 607
– Prozess 604
– Reinigung der Schmelzofengase 613
– zweistufiges Verfahren 605–606, 612
Vergoldung
– cyanidische 395
– galvanische 224
Verkupferung
– cyanidische 391
– galvanische 390

- pyrophosphatische 391
- saure 391

Vernickelung, galvanische Vernickelung 387

Versatic-Säuren, als Extraktionsmittel für Seltene Erden 184

Verschleiß
- Definition 345
- Erscheinungsformen 345
- Ursachen 345

Versilberung
- cyanidische 395
- galvanische 235

Verzinkung 393
- cyanidische 393
- saure 393
- von Stahl 393

Verzinnung 394
- alkalische 394
- saure 394
- von Stahl 394

Vickers-Härte 450

Vielproduktanlagen 459

Vielschichtkondensatoren 212, 234, 259

virgin mercury 133

VISCO-Modell 581

Vulkanisation 527

## W

W/Re-Schichten, in Medizin- und Röntgentechnik 75

Wabenkörper 264

Wachse, mikrokristalline, als Korrosionsschutzöl 436

Waldsterben 262

Wälzverschleiß 348

Wärmeaustauscher 488

Wash Primer 443

Washcoat 265

Wasserlinienkorrosion 343

Wasserstoffversprödung 344, 487

Watts-Bad 387

Weißblech 394

Weißgold 222

Weichgummierungen 528

Werkstattbeschichtungen 524

Werkstoffe
- auf Nickelbasis 506
- Auswahl für Chemieanlagen 459
- Beanspruchung 460
- dispersionsverfestigte 331
- Erosionskorrosion 485
- faserverstärkte 332
- Flächenkorrosion 468
- Grundlastfälle 460
- Hochtemperaturbeanspruchung 463
- in der chemischen Technik 459
- interkristalline Korrosion 475
- Kavitationskorrosion 485
- Korrosionsverschleiß 484
- Lochkorrosion 469
- mechanische Beanspruchung 460
- metallische 491
- Mikrostruktur 463
- Schwingungsrisskorrosion 483
- Schwingungsverschleiß 485
- selektive Korrosion 477
- Spaltkorrosion 474
- Spannungsrisskorrosion 479
- thermische Beanspruchung 463
- Tieftemperaturbeanspruchung 465
- Wasserstoffversprödung 487
- weichmagnetische 324

Werkstoffkennwerte 462

Wet-bag-Verfahren, Herstellung von Sinterteilen 297

WGX 378

Widerstandpolarisation 381

Wiederaufarbeitung
- Abgasreinigung 576
- Verfahrensschritte 573
- Wirtschaftliches 587

Wiederaufarbeitungsanlage, Schutzmaßnahmen 573

Wiederaufbereitung, von Kernbrennstoffen 568

WIG-Schweißen 70, 432

Wirbelsintern 441, 521

Wirtsgesteine, für Endlagerung radioaktiver Abfälle 622

Witwatersrand, Goldvorkommen 219

Wohlwill-Elektrolyse, Goldraffination 221

Wolfram
- Ausdehnungskoeffizient 70
- als Elektrodenwerkstoff 75
- als Glühdraht für Lichtquellen 75
- als Katalysator 76
- als Legierungselement für Stähle 74
- chemische Eigenschaften 72
- Dampfdruck 70
- Dichte 70
- Drahtherstellung aus 320
- Eigenschaften 48, 70
- Elektronenstruktur 70
- Erze, Aufschluss 63
- Halbzeuge, durch Pulvermetallurgie 69
- Herstellung, Fließdiagramm 48
- Leitfähigkeit 70
- mechanische Eigenschaften 71

- Metall, durch Reduktion von Wolframoxid 67
- Namensgebung 47
- Produktionsentwicklung 73
- pulvermetallurgische Verarbeitung 319
- Recycling 76
- Sublimationsenthalpie 70
- Schmelzpunkt 70
- Verwendung 72
- Verwendung in Elektronik und Elektrotechnik 75
- Vickers-Härte 71
- Vorkommen 62–63

Wolfram-Inertgas-Schweißen 70, 432
Wolframcarbid
- Feinstkornpulver 69
- Pulver, Herstellung 68
- Verwendung 73

Wolframit 62
Wolframite, Aufschluss 63
Wolframoxid, Pulver, Reduktion 67
Wolframsäure 62
Wollfett, als Korrosionsschutzöl 436
Woodsches Metall 123
Wulfenit 77
WX 378

## X

Xenotim 155
- Aufschluss 172
- Zusammensetzung 163

Xerographie 125

## Y

YAG 200
YBCO, für Hochtemperatur-Supraleiter 188
Yellow Cake 599
YIG 200
Ytterbium, Entdeckung 150
Ytteerdegemisch, Trennung 186
Yttererden, Definition 149
Ytererdenminerale, Aufschluss 172
Yttrium
- Abtrennung aus Seltenerd-Gemisch, Flüssig/Flüssig-Extraktion 185
- Entdeckung 150

Yttriumoxid
- durch Recycling von Alt-Leuchtstoffen 175
- Verwendung 157

Yttroparisit 155
- Aufschluss 172
- Zusammensetzung 163

Yttrosynchisit, Aufschluss 172
Yucca-Mountain-Konzept 626

## Z

Zahnamalgam 135, 137
Zalutite 401
Zeldovic-Reaktion 262
Zementation 218
Zementationsverfahren 224
Zink, Cadmiumgewinnung 103
Zinkerze 103
Zinkphosphatierung 370
Zinkschaum 228
Zinn/Blei-Schichten 394
Zinn/Nickel-Schichten 394
Zinnober 133
Zinnschlacken, zur Gewinnung von Niob und Tantal 51
Zircaloy
- als Hülmaterial für Brennstäbe 562
- für Abstandshalter von Brenelementen 562
- für Hüllrohre für Brennstäbe 554
- Zusammensetzung 554

Zirconium
- Abtrennung von Hafnium 38
- Bedarf 42
- Erzaufschluss 37
- Legierungen 40
- Metall, Herstellung 38
- Metall, Verarbeitung 39
- Recycling 42
- Schwamm 39
- Trennung von Hafnium 562
- Verformung 39
- Verwendung als Hüllmaterial für Brennelemente 41

Zirconiumtetrachlorid 37
- Trennung von Hafniumtetrachlorid 37

Zirkon 36
- Vorkommen 36

Zunder 366
- Entfernung durch Reduktion 367

Zwei-Lambdasensor-Methode 267
Zweischichtemaillierung, Stahlblech 435